建筑工程施工质量标准

中国建筑工程总公司

中国建筑工业出版社

图书在版编目（CIP）数据

建筑工程施工质量标准／中国建筑工程总公司．—北京：中国建筑工业出版社，2011.6
ISBN 978-7-112-13211-9

Ⅰ.①建… Ⅱ.①中… Ⅲ.①建筑工程-工程质量-质量标准 Ⅳ.①TU712

中国版本图书馆CIP数据核字（2011）第085739号

本标准以国家现行建筑工程施工质量验收规范体系为基础，融入工程质量的分级评定，以便统一在施工企业建筑工程质量的内部验收方法、质量标准、质量等级评定及检查评定程序的前提下，为创工程质量的"过程精品"奠定基础。

本标准以"突出质量策划，完善技术标准、强化过程控制，坚持持续改进"为指导思想，以提高质量管理要求为核心，力求在有效控制工程制造成本的前提下，使工程施工质量得到切实保证和不断提高。

* * *

责任编辑：郦锁林
责任设计：陈　旭
责任校对：陈晶晶　赵　颖

建筑工程施工质量标准
中国建筑工程总公司
*
中国建筑工业出版社出版、发行（北京西郊百万庄）
各地新华书店、建筑书店经销
北京红光制版公司制版
北京圣夫亚美印刷有限公司印刷
*

开本：787×1092毫米　1/16　印张：81　字数：1970千字
2011年7月第一版　2011年7月第一次印刷
定价：198.00元（含光盘）
ISBN 978-7-112-13211-9
（20622）

版权所有　翻印必究
如有印装质量问题，可寄本社退换
（邮政编码　100037）

关于发布《建筑工程施工质量统一标准》等 14 项企业技术标准的通知

中建科字 [2006] 457 号

各工程局、中海集团、中建国际、中建发展：

经由中建总公司技术标准化委员会批准，以下 14 项标准为中建总公司企业技术标准，自 2007 年 1 月 1 日在集团内施行：

1. 《建筑工程施工质量统一标准》编号为（ZJQ00－SG－013－2006）；
2. 《建筑地基基础工程施工质量标准》（ZJQ00－SG－014－2006）；
3. 《砌体工程施工质量标准》（ZJQ00－SG－015－2006）；
4. 《混凝土结构工程施工质量标准》（ZJQ00－SG－016－2006）；
5. 《钢结构工程施工质量标准》（ZJQ00－SG－017－2006）；
6. 《屋面工程施工质量标准》（ZJQ00－SG－018－2006）；
7. 《地下防水工程施工质量标准》（ZJQ00－SG－019－2006）；
8. 《建筑地面工程施工质量标准》（ZJQ00－SG－020－2006）；
9. 《建筑装饰装修工程施工质量标准》（ZJQ00－SG－021－2006）；
10. 《建筑给水排水及采暖工程施工质量标准》（ZJQ00－SG－022－2006）；
11. 《通风与空调工程施工质量标准》（ZJQ00－SG－023－2006）；
12. 《建筑电气工程施工质量标准》（ZJQ00－SG－024－2006）；
13. 《电梯工程施工质量标准》（ZJQ00－SG－025－2006）；
14. 《智能建筑工程施工质量标准》（ZJQ00－SG－026－2006）。

中建总公司技术标准化委员会

《建筑工程施工质量标准》编制委员会

主 任 委 员：刘锦章

副主任委员：郭爱华　毛志兵　杨　龙

委　　　员：吴月华　李景芳　胡铁生　虢明跃
　　　　　　蒋立红　季万年　焦安亮　肖绪文
　　　　　　邓明胜　赵福明　周　勇　张大鲁
　　　　　　刘宝山　张晶波

《建筑工程施工质量标准》编审委员会

主 任 委 员：郭爱华

副主任委员：杨　龙　张大鲁

委　　　员：吴月华　胡铁生　杨春沛　李建明

《建筑工程施工质量标准》编写委员会

主　编：张大鲁

副主编：曹　光　芦德春　文声杰　袁　燕　蔡　甫
　　　　闻　静　邢　栓　刘　涛　王建英

主要编写人员：

中国建筑工程总公司

张大鲁

中国建筑一局（集团）有限公司

韩乾龙　曹　光　张国祥　薛　刚　郝洪晓　张培建
刘　源　叶　梅　冯世伟　施　清　王建华　熊爱华
李建宁　秦占民　张志敏　袁春明　李东水　陈　娣
袁　梅　王　建　付建伟　刘鹏飞　董清崇　闫　琴
于　峰　史　洁　丛日明

中国建筑第二工程局

马焕然　芦德春　张桂敏　翟　雷

中国建筑第三工程局

胡铁生　张修明　熊　涛　陈华周　陈渝萍　谢立志
张　涛　胡克非　文声杰　林建南　方　军　陈文革
蒋承红　曾　川　王朝阳　张志山　刘慧蓉　钟海洋

中国建筑第四工程局

袁　燕　左　波　张　瑜　肾　劲　廖　勇　曹　镇
何　毅　王敬惠　李方波　卢锡国

中国建筑第五工程局

蒋立红　史如明　韩朝霞　粟元甲　郑杰平

中国建筑第六工程局

季万年　朱华强　王存贵　朱春元　陆海英

中国建筑第七工程局

邢　栓　王光正　王五奇　王少宏　宋长红　孙国栋
龚　斌　汪　斌

中国建筑第八工程局

肖绪文　王玉岭　杨春沛　谢刚奎　罗能镇　裴正强
张成林　刘明贵　陈　静　宁文华　祁　春　苗冬梅
刘　涛　王　森　李本勇　曹丹桂　谢上冬　张玉年

中建国际建设公司

邓明胜　王建英　程学军　耿冬青　刘晓辉　宋福渊

目 录

建筑工程施工质量统一标准（ZJQ00-SG-013-2006） …………… 1—1
建筑地基基础工程施工质量标准（ZJQ00-SG-014-2006） …………… 2—1
砌体工程施工质量标准（ZJQ00-SG-015-2006） …………… 3—1
混凝土结构工程施工质量标准（ZJQ00-SG-016-2006） …………… 4—1
钢结构工程施工质量标准（ZJQ00-SG-017-2006） …………… 5—1
屋面工程施工质量标准（ZJQ00-SG-018-2006） …………… 6—1
地下防水工程施工质量标准（ZJQ00-SG-019-2006） …………… 7—1
建筑地面工程施工质量标准（ZJQ00-SG-020-2006） …………… 8—1
建筑装饰装修工程施工质量标准（ZJQ00-SG-021-2006） …………… 9—1
建筑给水排水及采暖工程施工质量标准（ZJQ00-SG-022-2006） …………… 10—1
通风与空调工程施工质量标准（ZJQ00-SG-023-2006） …………… 11—1
建筑电气工程施工质量标准（ZJQ00-SG-024-2006） …………… 12—1
电梯工程施工质量标准（ZJQ00-SG-025-2006） …………… 13—1

建筑工程施工质量统一标准

Unified standard for construction quality of building engineering

ZJQ00 - SG - 013 - 2006

中国建筑工程总公司

前 言

本标准是根据中国建筑工程总公司（简称中建总公司）《关于启动〈中建总公司施工工艺标准〉编制工作的通知》中建科字［2002］389号，由中国建筑工程总公司质量管理部门会同中国建筑一局（集团）有限公司、中国建筑第二工程局、中国建筑第三工程局、中国建筑第八工程局等单位共同编制完成。

现行国家建筑工程施工质量规范是一个技术标准体系，但该体系对工程质量的验收只规定了合格等级，对工程质量的实际水平缺少进一步的评价尺度和评价方法，无法区分"合格"工程中实际存在的质量差异。虽然现行规范较原规范的标准有所提高，但现在的合格标准实际上仍然只是工程施工质量的最低标准。作为施工企业，不能仅仅以国家的最低标准要求自己，而必须以企业施工质量控制标准对工程的实际施工质量水平作出评价，从而促使企业的施工质量、技术水平、管理水平在更高标准的要求下，得到不断的提高和发展。同时，国家标准只确定"合格"、"不合格"的做法也为企业制定更高标准提供了空间。

本标准为中国建筑工程总公司企业标准，总结了中国建筑工程总公司系统建筑工程施工质量管理的实践经验，以"突出质量策划、完善技术标准、强化过程控制、坚持持续改进"为指导思想，以提高质量管理要求为核心，力求在有效控制工程制造成本的前提下，使工程质量在施工过程中始终处于受控状态，并在较高标准的要求下得到不断提高。

本标准以国家现行建筑工程施工质量验收规范体系为基础，融入工程质量的分级评定，在统一中国建筑工程总公司系统施工企业建筑工程施工质量的内部验收方法、质量标准、质量等级评定及检查评定程序的前提下，为创工程质量的"过程精品"奠定基础。

本标准规定了建筑工程各专业工程施工质量标准编制的统一准则和单位工程质量内部控制的标准、内容、方法和程序；对建筑工程施工现场质量管理和质量控制等提出了高于国家标准的要求。

本标准规定的检验批质量检验抽样方案的要求、建筑工程施工质量验收中的子单位工程和子分部工程的划分、涉及建筑工程安全和主要使用功能的见证取样及抽样检测等均应执行国家现行有关标准、规范的规定。

中国建筑工程总公司建筑工程各专业工程施工质量标准应与本标准配合使用。

本标准以黑体字标志的条文为强制性条文，必须严格执行。

本标准将根据国家有关质量验收规范的变化、企业发展的需要等进行定期或不定期的修订，请各级施工单位在执行标准过程中，注意积累资料、总结经验，并请将意见或建议及有关资料随时反馈中国建筑工程总公司质量管理部门，以供本标准修订时参考。

主编单位：中国建筑工程总公司
参加单位：中国建筑一局（集团）有限公司
　　　　　中国建筑第二工程局
　　　　　中国建筑第三工程局
　　　　　中国建筑第八工程局
主　　编：张大鲁
编写人员：顾勇新　马焕然　文声杰　王玉岭　陈　娣
　　　　　翟　雷　林建南

目 次

1 总则 ··· 1—5
2 术语 ··· 1—5
3 基本规定 ·· 1—7
4 建筑工程质量评定对象的划分 ··· 1—8
5 建筑工程质量评定等级 ··· 1—9
6 建筑工程质量评定程序及组织 ··· 1—11
附录 A 施工现场质量管理检查记录 ·· 1—11
附录 B 建筑工程分部（子分部）工程、分项工程划分 ················· 1—13
附录 C 室外工程划分 ··· 1—16
附录 D 检验批质量验收、评定记录 ··· 1—17
附录 E 分项工程质量验收、评定记录 ·· 1—18
附录 F 分部（子分部）工程质量验收、评定记录 ······················· 1—20
附录 G 单位（子单位）工程质量验收、评定记录 ······················· 1—21
   附录 G.1 单位（子单位）工程质量控制资料核查记录 ············· 1—23
   附录 G.2 单位（子单位）工程安全和功能检验资料核查及主要功能抽查 ······ 1—26
附录 H 单位（子单位）工程观感质量验收、评定记录 ················· 1—28
本标准用词说明 ··· 1—31
条文说明 ·· 1—32

1 总　则

1.0.1 为了加强建筑工程质量管理力度，不断提高工程质量水平，统一中国建筑工程总公司建筑工程施工质量及质量等级的评定，制定本标准。

1.0.2 本标准适用于中国建筑工程总公司所属施工企业总承包施工的建筑工程施工质量的评定，并作为中国建筑工程总公司建筑工程各专业施工质量标准编制的统一准则。

1.0.3 本标准依据现行国家有关工程质量的法律、法规、管理标准和技术标准编制。中国建筑工程总公司建筑工程各专业施工质量标准必须与本标准配合使用。

1.0.4 本标准中以黑体字印刷的条文为强制性条文，必须严格执行。

1.0.5 本标准为中国建筑工程总公司企业标准，主要用于企业内部的工程质量控制。在工程的建设方（甲方）无特定要求时，工程的外部验收应以国家现行的各项质量验收规范为准。若工程的建设方（甲方）要求采用本标准及配套的各项专业施工质量标准作为工程质量的验收标准时，应在施工承包合同中作出明确约定，并明确由于采用本标准而引起的甲、乙双方的相关责任、权利和义务。

2 术　语

2.0.1 建筑工程　building engineering
　　为新建、改建或扩建房屋建筑物和附属构筑物设施所进行的规划、勘察、设计和施工、竣工等各项技术工作和完成的工程实体。

2.0.2 建筑工程质量　quality of building engineering
　　反映建筑工程满足相关标准规定或合同约定的要求，包括其在安全、使用功能及其在耐久性能、环境保护等方面所有明显和隐含能力的特性总和。

2.0.3 验收　acceptance
　　建筑工程在施工单位自行质量检查评定的基础上，参与建设活动的有关单位共同对检验批、分项、分部、单位工程的质量进行抽样复查，根据相关标准以书面形式对工程质量达到合格与否做出确认。

2.0.4 进场验收　site acceptance
　　对进入施工现场的材料、构配件、设备等按相关标准规定要求进行检验，对产品达到合格与否做出确认。

2.0.5 检验批　inspection lot
　　按同一的生产条件惑按规定的方式汇总起来供检验用的，由一定数量样本组成的检验体。

2.0.6 检验 inspection

对检验项目中的性能进行量测、检查、试验等,并将结果与标准规定要求进行比较,以确定每项性能是否合格所进行的活动。

2.0.7 见证取样检测 evidential testing

在监理单位或建设单位监督下,由施工单位有关人员现场取样,并送至具备相应资质的检测单位所进行的检测。

2.0.8 交接检验 handing over inspection

由施工的承接方与完成方经双方检查并对可否继续施工做出确认的活动。

2.0.9 主控项目 dominant item

建筑工程中的对安全、卫生、环境保护和公众利益起决定性作用的检验项目。

2.0.10 一般项目 general item

除主控项目以外的检验项目。

2.0.11 抽样检验 sampling inspection

按照规定的抽样方案,随机地从进场的材料、构配件、设备或建筑工程检验项目中,按检验批抽取一定数量的样本所进行的检验。

2.0.12 抽样方案 sampling scheme

根据检验项目的特性所确定的抽样数量和方法。

2.0.13 计数检验 counting inspection

在抽样的样本中,记录每一个有某种属性或计算每一个体中的缺陷数目的检查方法。

2.0.14 计量检验 quantitative inspection

在抽样检验的样本中,对每一个体测量其某个定量特性的检查方法。

2.0.15 观感质量 quality of appearance

通过观察和必要的量测所反映的工程外在质量。

2.0.16 返修 repair

对工程不符合标准规定的部位采取整修等措施。

2.0.17 返工 rework

对不合格的工程部位采取的重新制作、重新施工等措施。

2.0.18 产品质量证明文件 document of testifying quality

可以证明用于工程的材料、设备、成品、半成品质量的产品合格证、质量保证书、质量检测报告、产品认证证明等文字资料。

2.0.19 质量控制资料 data of quality control

反映施工过程质量控制的各项工作,可以证明工程内在质量,并与施工同步形成的技术、管理文件。

3 基本规定

3.0.1 建筑工程的施工现场必须依据相应的中国建筑工程总公司企业施工技术标准和《中国建筑工程总公司工程质量管理条例》对工程质量进行全面的控制。

3.0.2 建筑工程的施工现场必须按《中国建筑工程总公司工程质量管理条例》的相关规定配备足够的质量管理人员，健全质量管理体系并使其正常运行。

3.0.3 建筑工程施工现场必须建立施工质量检验制度和综合施工质量水平评定考核制度。

施工现场质量管理可按本标准附录 A 的要求进行检查记录。

3.0.4 建筑工程应按下列规定进行施工质量控制：

1 工程中采用的全部材料、半成品、成品、建筑构配件、器具和设备均应进行现场验收。凡涉及安全、使用功能的有关产品，应按各国家有关专业工程质量验收规范的规定进行复验，并应经监理工程师（建设单位技术负责人）检查认可。上述各项现场验收及复验均应有相应的文字记录，供应方必需提供产品的相关质量证明文件的原件，当确实无法提供其原件时，除必须提供抄件外还应在抄件上注明原件存放单位、抄件人、抄件单位、抄件日期并由抄件单位盖章确认。

2 每道工序均应按中国建筑工程总公司施工技术标准进行质量控制，工序施工完成后，应进行检查并作相应的记录。

3 相关各专业工种之间，应进行质量交接检验，并形成记录。未经监理工程师（建设单位技术负责人）检查认可，不得进行下道工序施工。

3.0.5 建筑工程施工质量应按下列要求进行内部质量验收与评定：

1 建筑工程施工质量应符合本标准和相关的中国建筑工程总公司专业施工质量标准的规定。在上述标准没有明确规定的情况下，必须符合国家有关标准、规范的规定。

2 建筑工程施工质量应符合工程勘察、设计文件的要求。

3 参加工程质量验收与评定的人员应具备规定的资格。

4 工程质量的内部验收与评定均应在各专业施工单位（班组）自行检查评定的基础上进行。

5 隐蔽工程在隐蔽前应由施工单位（班组）通知项目有关人员进行检查与评定，形成文件后通知监理工程师（建设单位技术负责人）进行验收并形成验收文件。

6 涉及结构安全的试块、试件以及有关材料，应按规定进行见证取样检测。

7 检验批的质量应按主控项目和一般项目进行检查与评定。

8 对涉及结构安全和使用功能的重要分部工程应进行抽样检测。

9 承担见证取样检测及有关结构安全检测的单位应具有相应资质。

10 工程的观感质量应由验收人员通过现场检查，共同确认，并作记录。详见本标准附录 H。

3.0.6 检验批的质量内部验收与评定，原则上应对该检验批的主控项目和一般项目进行全数检查和评价，但如果一般项目的施工工艺成熟，操作工人技术熟练，工序质量控制措施可靠，亦可进行抽样检验。抽样检验应根据所检验项目的特点在下列抽样方案中进行选择：

    1 计量、计数或计量—计数等抽样方案。
    2 一次、二次或多次抽样方案。
    3 根据生产连续性和生产控制稳定性情况，尚可采用调整型抽样方案。
    4 对重要的检验项目当可采用简易快速的检验方法时，可选用全数检验方案。
    5 经实践检验有效的抽样方案。

3.0.7 在制定检验批的抽样方案时，对生产方风险（或错判概率 α）和使用方风险（或漏判概率 β）可按下列规定采取：

    1 主控项目：对应于合格质量水平的 α 和 β 均不宜超过5%。
    2 一般项目：对应于合格质量水平的 α 不宜超过5%，β 不宜超过10%。

4 建筑工程质量评定对象的划分

4.0.1 建筑工程质量评定应划分为单位（子单位）工程、分部（子分部）工程、分项工程和检验批。

4.0.2 单位工程的划分应按下列原则确定：

    1 具备独立施工条件并能形成独立使用功能的建筑物或构筑物为一个单位工程。
    2 建筑规模较大的单位工程，可将其能形成独立使用功能的部分为一个子单位工程。

4.0.3 分部工程的划分应按下列原则确定：

    1 分部工程的划分应按专业性质、建筑部位确定。
    2 当分部工程较大或较复杂时，可按材料种类、施工特点、施工程序、专业系统及类别等划分为若干子分部工程。

4.0.4 分项工程应按主要工种、材料、施工工艺、设备类别等进行划分。

    建筑工程的分部（子分部）、分项工程可按本标准附录B采用。

4.0.5 分项工程可由一个或若干检验批组成，检验批可根据施工及质量控制和专业验收需要按楼层、施工段、变形缝等进行划分。

4.0.6 室外工程可根据专业类别和工程规模划分单位（子单位）工程。

    室外单位（子单位）工程、分部工程可按本标准附录C采用。

5 建筑工程质量评定等级

5.0.1 本标准的检验批、分项、分部（子分部）、单位工程质量均分为"合格"与"优良"两个等级。

5.0.2 检验批的质量等级应符合以下规定：

1 **合格**
   1) 主控项目的质量必须符合中国建筑工程总公司相应专业施工质量标准的合格规定；
   2) 一般项目的质量应符合中国建筑工程总公司相应专业施工质量标准的合格规定，当采取抽样检验时，其抽样数量（比例）应符合中国建筑工程总公司相应专业施工质量标准的规定，且允许偏差实测值应有不低于 80% 的点数在相应质量标准的规定范围之内，且最大偏差值不得超过允许值的 150%；
   3) 具有完整的施工操作依据、详实的质量控制及质量检查记录。

2 **优良**
   1) 主控项目必须符合中国建筑工程总公司相应专业施工质量标准的规定；
   2) 一般项目应符合中国建筑工程总公司相应专业施工质量标准的规定，且允许偏差实测值应有不低于 85% 的点数在中国建筑工程总公司相应专业施工质量标准的范围之内，且最大偏差不得超过允许值的 130%；
   3) 具有完整的施工操作依据、详实的质量控制及质量检查记录。

5.0.3 分项工程的质量等级应符合以下规定：

1 **合格**
   1) 分项工程所含检验批的质量均达到本标准的合格等级；
   2) 分项工程所含检验批的施工操作依据，质量检查、验收记录完整。

2 **优良**
   1) 分项工程所含检验批全部达到本标准的合格等级并且有 70% 及以上的检验批的质量达到本标准的优良等级；
   2) 分项工程所含检验批的施工操作依据，质量检查、验收记录完整。

5.0.4 分部（子分部）工程的质量等级应符合以下规定：

1 **合格**
   1) 分部（子分部）工程所含分项工程的质量全部达到本标准的合格等级；
   2) 质量控制资料完整；
   3) 地基与基础、主体结构和设备安装的分部工程有关安全及功能的检验和抽样检测结果应符合有关规定；
   4) 观感质量评定的得分率应不低于 80%。

2 **优良**

1) 分部（子分部）工程所含分项工程的质量全部达到本标准的合格等级，并且其中土建工程有 50%，安装工程有 70% 及其以上达到本标准的优良等级；
2) 质量控制资料完整；
3) 地基与基础、主体结构和设备安装的分部工程有关安全及功能的检验和抽样检测结果应符合有关规定；
4) 观感质量评定的得分率达到 90% 以上。

5.0.5 单位（子单位）工程的质量等级应符合以下规定：
　　1 合格
　　　1) 所含分部（子分部）工程的质量应全部达到本标准的合格等级；
　　　2) 质量控制资料完整，所含分部（子分部）工程有关安全和功能的检测资料完整；
　　　3) 主要功能项目的抽查结果应符合相关专业质量验收规范的规定；
　　　4) 观感质量的评定得分率不低于 **80%**。
　　2 优良
　　　1) 所含分部（子分部）工程的质量应全部达到本标准的合格等级，其中应有不低于 60% 的分部（子分部）达到优良等级，并且以建筑工程为主的单位（子单位）工程其主体工程、屋面工程、装饰工程等分部工程必须达到优良等级；以建筑设备安装为主的单位工程，其指定的分部工程必须优良。如锅炉房的给水、排水与采暖卫生分部工程，变、配电建筑的建筑电气安装分部工程，空调机房和净化车间的通风与空调分部工程等；
　　　出现任何渗漏（屋面、楼层、地下、设备、管道）的单位工程均不得评为优良工程。
　　　2) 质量控制资料完整，所含分部（子分部）工程有关安全和功能的检测资料完整；
　　　3) 主要功能项目的抽查结果应符合相关专业质量验收规范的规定；
　　　4) 观感质量评定的得分率应不低于 90%。

5.0.6 当检验批质量不符合相应质量标准合格的规定时，必须及时处理，并应按以下规定确定其质量等级：
　　1 返工重做的可重新评定质量等级；
　　2 经返修能够达到质量标准要求的，其质量仅应评定为合格等级。

5.0.7 建筑工程质量验收记录应符合下列规定：
　　1 检验批质量验收可按本标准附录 D 进行。
　　2 分项工程质量验收可按本标准附录 E 进行。
　　3 分部（子分部）工程质量验收应按本标准附录 F 进行。
　　4 单位（子单位）工程质量验收，质量控制资料核查，安全和功能检验资料核查及主要功能抽查记录，观感质量检查应按本标准附录 G 进行。

6 建筑工程质量评定程序及组织

6.0.1 检验批质量应在班组自检的基础上,由总包单位项目部质量(技术)负责人组织施工员及有关班组人员进行评定,由项目部专职质量检查员核定,总包企业质量管理部门负责对检验批质量进行抽查。

检验批的施工质量在内部验收、评定中必须达到合格或优良后,项目部方可报监理工程师(建设单位项目技术负责人)进行外部验收。

6.0.2 分项工程质量应在全部检验批质量经外部验收合格后,由总包项目部质量(技术)负责人组织项目专业质量(技术)人员、施工员等进行评定,由项目专职质量检查员核定,总包企业质量管理部门负责对分项工程质量的内部验收、评定结果进行抽查。

分项工程的施工质量在内部验收、评定中必须达到合格或优良后,项目部方可报监理工程师(建设单位技术负责人)对分项工程进行外部验收。

6.0.3 分部(子分部)工程应在所含全部分项工程经外部验收后,由总包项目负责人组织项目质量(技术)负责人、各相关专业施工员、各相关分包施工单位(施工班组)的负责人及技术(质量)负责人等进行内部评定,总包企业质量管理部门参加。

分部(子分部)工程的施工质量在内部验收、评定中必须达到合格或优良后,项目部方可报总监理工程师(建设单位项目负责人)进行外部验收。

6.0.4 单位工程完工后,由总包单位质量管理部门组织有关质量、技术人员及项目负责人进行全面内部验收、评定,其施工质量必须达到合格或优良后,方可向建设单位提交工程竣工验收报告。

附录 A 施工现场质量管理检查记录

A.0.1 施工现场质量管理检查记录应由施工项目部按表 A.0.1 填写,企业质量管理部门进行检查,并做出检查结论。

A.0.2 "检验批"是分项工程的最小质量控制单元。"检验批"划分的是否合理,关系到质量控制是否到位。"检验批"的范围过大,不利于控制;范围过小,无谓地增加工作量和管理成本。所以,"检验批"的划分应得到重视,并应纳入审批管理的范畴。

A.0.3 对作业班组的技术质量交底必须具有可操作性,并应随施工进度同步进行。

A.0.4 当建设方不采用本标准作为工程质量的验收标准时,不需要监理(建设)单位参加内部验收并签署意见。

表 A.0.1 施工现场质量管理检查记录

开工日期：

工程名称		施工许可证（开工证）	
建设单位		项目负责人	
设计单位		项目负责人	
监理单位		总监理工程师	
施工单位		项目经理	项目技术负责人

序号	项 目	检 查 情 况
1	现场质量管理制度	
2	质量责任制	
3	主要专业工种操作上岗证书	
4	分包方资质及对分包单位的管理制度	
5	施工图审查情况	
6	地质勘察资料	
7	施工组织设计及审批	
8	施工方案及审批	
9	质量检验批划分及审批	
10	技术质量交底及审批	
11	施工技术标准	
12	工程质量检验制度	
13	搅拌站及计量设置	
14	现场材料、设备存放与管理	

检查结论：

企业质量管理部门负责人：
年 月 日
总监理工程师（建设单位项目负责人）：
年 月 日

附录 B 建筑工程分部（子分部）工程、分项工程划分

B.0.1 建筑工程的分部（子分部）工程、分项工程可按表 B.0.1 划分。

表 B.0.1 建筑工程分部（子分部）工程、分项工程划分

序号	分部工程	子分部工程	分 项 工 程
1	地基与基础	无支护土方	土方开挖、土方回填
		有支护土方	排桩、降水、排水、地下连续墙、锚杆、土钉墙、水泥土桩、沉井与沉箱、钢及混凝土支撑
		地基及基础处理	灰土地基、砂和砂石地基、碎砖三合土地基、土工合成材料地基、粉煤灰地基、重锤夯实地基、强夯地基、振冲地基、砂桩地基、预压地基、高压喷射注浆地基、土和灰土挤密桩地基、注浆地基、水泥粉煤灰碎石桩地基、夯实水泥土桩地基
		桩基	锚杆静压桩及静力压桩、预应力离心管桩、钢筋混凝土预制桩、钢桩、混凝土灌注桩（成孔、钢筋笼、清孔、水下混凝土灌注）
		地下防水	防水混凝土、水泥砂浆防水层、卷材防水层、涂料防水层、金属板防水层、细部构造、喷锚支护、复合式衬砌、地下连续墙、盾构法隧道；渗排水、盲沟排水、隧道、坑道排水；预注浆、后注浆、衬砌裂缝注浆
		混凝土基础	模板、钢筋、混凝土，后浇带混凝土，混凝土结构缝处理
		砌体基础	砖砌体、混凝土砌块砌体、配筋砌体、石砌体
		劲钢（管）混凝土	劲钢（管）焊接、劲钢（管）与钢筋的连接，混凝土
		钢结构	焊接钢结构、栓接钢结构，钢结构制作，钢结构安装，钢结构涂装
2	主体结构	混凝土结构	模板、钢筋、混凝土、预应力、现浇结构，装配式结构
		劲钢（管）混凝土结构	劲钢（管）焊接、螺栓连接、劲钢（管）与钢筋的连接、劲钢（管）制作、安装，混凝土
		砌体结构	砖砌体、混凝土小型空心砌块砌体、石砌体、填充墙砌体、配筋砖砌体
		钢结构	钢结构焊接、紧固件连接、钢零部件加工、单层钢结构安装、多层钢结构安装、多层及高层钢结构安装、钢结构涂装、钢构件组装、钢构件预拼装、钢网架结构安装、压型金属板
		木结构	方木和原木结构、胶合木结构、轻型木结构，木构件防护
		网架和索膜结构	网架制作、网架安装、索膜安装、网架防火、防腐涂料

续表 B.0.1

序号	分部工程	子分部工程	分项工程
3	建筑装饰装修	地面	整体面层：基层、水泥混凝土面层、水泥砂浆面层、水磨石面层、防油渗面层、水泥钢（铁）屑面层、不发火（防爆的）面层； 板块面层：基层、砖面层（陶瓷锦砖、缸砖、陶瓷地砖和水泥花砖面层）、大理石面层和花岗岩面层、预制板块面层（预制水泥混凝土、水磨石板块面层）、料石面层（条石、块石面层）、塑料板面层、活动地板面层、地毯面层； 木竹面层：基层、实木地板面层（条材、块材）、实木复合地板面层（条材、块材）、中密度（强化）复合地板面层（条材）、竹地板面层
		抹灰	一般抹灰，装饰抹灰，清水砌体勾缝
		门窗	木门窗制作与安装、金属门窗安装、塑料门窗安装、特种门安装、门窗玻璃安装
		吊顶	暗龙骨吊顶、明龙骨吊顶
		轻质隔墙	板材隔墙、龙骨隔墙、活动隔墙、玻璃隔墙
		饰面板（砖）	饰面板安装、饰面砖粘贴
		幕墙	玻璃幕墙、金属幕墙、石材幕墙
		涂饰	水性涂料涂饰、溶剂型涂料涂饰、美术涂料
		裱糊与软包	裱糊、软包
		细部	橱柜制作与安装，窗帘盒、窗台板和暖气罩制作与安装，门窗套制作与安装，护栏和扶手制作与安装，花饰制作与安装
4	建筑屋面	卷材防水屋面	保温层，找平层，卷材防水层，细部构造
		涂膜防水屋面	保温层，找平层，涂膜防水层，细部构造
		刚性防水屋面	细石混凝土防水层，密封材料
		瓦屋面	平瓦屋面，油毡瓦屋面，金属板屋面，细部构造
		隔热屋面	架空屋面，蓄水屋面，种植屋面
5	建筑给水排水及采暖	室内给水系统	给水管道及配件安装、室内消火栓系统安装、给水设备安装、管道防腐、绝热
		室内排水系统	排水管道及配件安装、雨水管道及配件安装
		室内热水供应系统	管道及配件安装、辅助设备安装、防腐、绝热
		卫生器具安装	卫生器具安装、卫生器具给水配件安装、卫生器具排水管道安装
		室内采暖系统	管道及配件安装、辅助设备及散热器安装、金属辐射板安装、低温热水地板辐射采暖系统安装、系统水压试验及调试、防腐、绝热
		室外给水管网	给水管道安装、消防水泵接合器及室外消火栓安装、管沟及井池
		室外排水管网	排水管道安装、排水管沟及井池
		室外供热管网	管道及配件安装、系统水压试验及调试、防腐、绝热
		建筑中水系统及游泳池系统	建筑中水系统管道及辅助设备安装、游泳池水系统安装
		供热锅炉及辅助设备安装	锅炉安装、辅助设备及管道安装、安全附件安装、烘炉、煮炉和试运行、热交换站安装、防腐、绝热

续表 B.0.1

序号	分部工程	子分部工程	分项工程
6	建筑电气	室外电气	架空线路及杆上电气设备安装,变压器、箱式变电所安装,成套配电柜、控制柜(屏、台)和动力、照明配电箱(盘)及控制柜安装,电线、电缆导管和线槽敷设,电线、电缆穿管和线槽敷设,电缆头制作、导线连接和线路电气试验,建筑物外部装饰灯具、航空障碍标志灯和庭院灯安装,建筑照明通电试运行,接地装置安装
		变配电室	变压器、箱式变电所安装,成套配电柜、控制柜(屏、台)和动力、照明配电箱(盘)安装,裸母线、封闭母线、插接式母线安装,电缆沟内和电缆竖井内电缆敷设,电缆头制作、导线连接和线路电气试验,接地装置安装,避雷引下线和变配电室接地干线敷设
		供电干线	裸母线、封闭母线、插接式母线安装,桥架安装和桥架内电缆敷设,电缆沟内和电缆竖井内电缆敷设,电线、电缆导管和线槽敷设,电线、电缆穿管和线槽敷设,电缆头制作、导线连接和线路电气试验
		电气动力	成套配电柜、控制柜(屏、台)和动力、照明配电箱(盘)安装,低压电动机、电加热器及电动执行机构检查、接线,低压电气动力设备检测、试验和空载试运行,桥架安装和桥架内电缆敷设,电线、电缆导管和线槽敷设,电线、电缆穿管和线槽敷设,电缆头制作、导线连接和线路电气试验,插座、开关、风扇安装
		电气照明安装	成套配电柜、控制柜(屏、台)和动力、照明配电箱(盘)安装,电线、电缆导管和线槽敷设,电线、电缆穿管和线槽敷设,槽板配线,钢索配线,电缆头制作、导线连接和线路电气试验,插座、开关、风扇安装,建筑照明通电试运行
		备用和不间断电源安装	成套配电柜、控制柜(屏、台)和动力、照明配电箱(盘)安装,柴油发电机组安装,不间断电源的其他功能单元安装,裸母线、封闭母线、插接式母线安装,电线、电缆导管和线槽敷设,电线、电缆穿管和线槽敷设,电缆头制作、导线连接和线路电气试验,接地装置安装
		防雷及接地安装	接地装置安装,避雷引下线和变配电室接地干线敷设,建筑物等电位连接,接闪器安装
7	智能建筑	通信网络系统	通信系统、卫星及有线电视系统、公共广播系统
		办公自动化系统	计算机网络系统、信息平台及办公自动化应用软件、网络安全系统
		建筑设备监控系统	空调与通风系统、变配电系统、照明系统、给排水系统、热源和热交换系统、冷冻和冷却系统、电梯和自动扶梯系统、中央管理工作站与操作分站、子系统通信接口
		火灾报警及消防联动系统	火灾和可燃气体探测系统、火灾报警控制系统、消防联动系统
		安全防范系统	电视监控系统、入侵报警系统、巡更系统、出入口控制(门禁)系统、停车管理系统
		综合布线系统	缆线敷设和终接、机柜、机架、配线架的安装、信息插座和光缆终端的安装
		智能化集成系统	集成系统网络、实时数据库、信息安全、功能接口
		电源与接地	智能建筑电源、防雷及接地
		环境	空间环境、室内空调环境、视觉照明环境、电磁环境

续表 B.0.1

序号	分部工程	子分部工程	分项工程
7	智能建筑	住宅（小区）智能化系统	火灾自动报警及消防联动系统、安全防范系统（含电视监控系统、入侵报警系统、巡更系统、门禁系统、楼宇对讲系统、住户对讲呼救系统、停车管理系统）、物业管理系统（多表现场计量及远程传输系统、建筑设备监控系统、公共广播系统、小区网络及信息服务系统、物业办公自动化系统）、智能家庭信息平台
8	通风与空调	送排风系统	风管与配件制作，部件制作，风管系统安装，空气处理设备安装，消声设备制作与安装，风管与设备防腐，风机安装，系统调试
		防排烟系统	风管与配件制作，部件制作，风管系统安装，防排烟风口、常闭正压风口与设备安装，风管与设备防腐，风机安装，系统调试
		除尘系统	风管与配件制作，部件制作，风管系统安装，除尘器与排污设备安装，风管与设备防腐，风机安装，系统调试
		空调风系统	风管与配件制作，部件制作，风管系统安装，空气处理设备安装，消声设备制作与安装，风管与设备防腐，风机安装，风管与设备绝热，系统调试
		净化空调系统	风管与配件制作，部件制作，风管系统安装，空气处理设备安装，消声设备制作与安装，风管与设备防腐，风机安装，风管与设备绝热，高效过滤器安装，系统调试
		制冷设备系统	制冷机组安装，制冷剂管道及配件安装，制冷附属设备安装，管道及设备的防腐与绝热，系统调试
		空调水系统	管道冷热（媒）水系统安装，冷却水系统安装，冷凝水系统安装，阀门及部件安装，冷却塔安装，水泵及附属设备安装，管道及设备的防腐与绝热，系统调试
9	电梯	电力驱动的曳引式或强制式电梯安装工程	设备进场验收，土建交接检验，驱动主机，导轨，门系统，轿厢，对重（平衡重），安全部件，悬挂装置，随行电缆，补偿装置，电气装置，整机安装验收
		液压电梯安装工程	设备进场验收，土建交接检验，液压系统，导轨，门系统，轿厢，对重（平衡重），安全部件，悬挂装置，随行电缆，电气装置，整机安装验收
		自动扶梯、自动人行道安装工程	设备进场验收，土建交接检验，整机安装验收

附录 C 室外工程划分

C.0.1 室外单位（子单位）工程和分部工程可按表 C.0.1 划分。

表 C.0.1 室外工程划分

单位工程	子单位工程	分部（子分部）工程
室外建筑环境	附属建筑	车棚、围墙、大门、挡土墙、垃圾收集站
	室外环境	建筑小品、道路、亭台、连廊、花坛、场坪绿化
室外安装	给排水与采暖	室外给水系统、室外排水系统、室外供热系统
	电气	室外供电系统、室外照明系统

附录 D 检验批质量验收、评定记录

D.0.1 检验批质量评定（验收）记录由项目专业工长填写，项目专职质量检查员评定，参加人员应签字认可。检验批质量验收、评定记录表式见表 D.0.1。

D.0.2 当建设方不采用本标准作为工程质量的验收标准时，不需要监理（建设）单位参加内部验收并签署意见。

表 D.0.1 检验批质量验收、评定记录

工程名称		分项工程名称		验收部位	
施工总包单位		项目经理		专业工长	
分包单位		分包项目经理		施工班组长	
施工执行标准名称及编号			设计图纸（变更）编号		

	检查项目	企业质量标准的规定	质量检查情况	质量评定	监理
主控项目	1				
	2				
	3				
	4				
	5				
	6				
	7				
	8				
	9				
	10				

续表 D.0.1

	检查项目	企业质量标准的规定	质量检查情况								质量评定	监理
一般项目	1											
	2											
	3											
	4											
	5											
	6											
	7											
	8											

施工总包单位检查、评定结论	本检验批实测 点，符合要求 点，符合要求率 %。不符合要求点的最大偏差为规定值的 %。依据中国建筑工程总公司《建筑工程施工质量统一标准》ZJQ00-SG-013-2006 的相关规定，本检验批质量： 合格 □　　优良 □ 项目专职质量检查员： 　　　　　　　　　　　　　　　年　　月　　日
参加评定（验收）人员（签字）	总包单位项目技术负责人　（签字）　　　　　　　　　　年　　月　　日
	专业工长（施工员）　　（签字）　　　　　　　　　　年　　月　　日
	分包项目专业技术负责人　（签字）　　　　　　　　　　年　　月　　日
监理（建设）单位验收结论	同意 □　　不同意 □　施工总包单位验收意见。 监理工程师（建设单位项目专业技术负责人）： 　　　　　　　　　　　　　　　年　　月　　日

附录 E　分项工程质量验收、评定记录

E.0.1　分项工程质量评定（验收）记录由项目专职质量检查员填写，质量控制资料的检查应由项目专业技术负责人检查并作结论意见。分项工程质量验收、评定记录见表 E.0.1。

E.0.2　当建设方不采用本标准作为工程质量的验收标准时，不需要监理（建设）单位参加内部验收并签署意见。

表 E.0.1 _____分项工程质量验收、评定记录

工程名称		结构类型		检验批数量	
施工总包单位		项目经理		项目技术负责人	
分项工程分包单位		分包单位负责人		分包项目经理	

序号	检验批部位、区段	分包单位检查结果	总包单位评定（验收）结论	监理（建设）单位验收意见
1				
2				
3				
4				
5				
6				
7				
8				
9				
10				
11				
12				

质量控制资料	应有　份，实有　份，资料内容：基本详实 □　详实准确 □，核查结论：基本完整 □　齐全完整 □。 项目专业技术负责人： 　　　　　　　　　　　　　　　　年　月　日
分项工程综合评定（验收）结论	该分项工程共有　个质量检验批，其中有　个检验批质量为合格，有　个检验批质量为优良，优良率为　%，该分项工程的施工操作依据及质量控制资料（基本完整　齐全完整），依据中国建筑工程总公司《建筑工程质量统一标准》ZJQ00-SG-013-2006 的相关规定，该分项工程的质量：合格 □　优良 □ 项目专职质量检查员： 　　　　　　　　　　　　　　　　年　月　日
参加评定（验收）人员（签字）	总包单位项目负责人　（签字）　　　　　　　　　　　　　　年　月　日
	项目专业技术负责　（签字）　　　　　　　　　　　　　　　年　月　日
	分包项目技术负责人　（签字）　　　　　　　　　　　　　　年　月　日
监理（建设单位）验收结论	同意 □　不同意 □，总包单位验收意见。 监理工程师（建设单位项目专业技术负责人）： 　　　　　　　　　　　　　　　　年　月　日

附录 F 分部（子分部）工程质量验收、评定记录

F.0.1 分部（子分部）工程的质量验收评定记录应由总包项目专职质量检查员填写，总包企业的技术管理、质量管理部门均应参加验收。分部（子分部）工程评定（验收）记录见表 F.0.1。

F.0.2 当建设方不采用本标准作为工程质量的验收标准时，不需要勘察、设计、监理（建设）单位参加内部验收并签署意见。

表 F.0.1 ＿＿＿＿＿＿＿分部（子分部）工程评定（验收）记录

工程名称		施工总包单位			
技术部门负责人		质量部门负责人		项目专职质量检查员	
分包单位		分包单位负责人		分包项目经理	
序号	分项工程名称	检验批数量	检验批优良率（%）	核定意见	
1					
2					
3					
4				施工总包单位质量管理部门（盖章） 年 月 日	
5					
6					
7					
8					
9					

续表 F.0.1

技术管理资料	份	质量控制资料	份	安全和功能检验(检测)报告		份
资料验收意见	应形成　份,实际　份,结论:基本齐全 □　齐全完整 □					
观感质量验收	应得　分数,实得　分数,得分率　%,结论:合格 □　优良 □					
分部(子分部)工程验收结论	该分部(子分部)工程共含　个分项工程,其中优良分项　个,分项优良率为　%,各项资料(基本齐全　齐全完整),观感质量(合格　优良),依据中国建筑工程总公司《建筑工程质量验收统一标准》ZJQ00-SG-013-2006 的有关规定,该分部工程:合格 □　优良 □					
参加评定人员	分包单位项目经理	(签字)			年　月　日	
	分包单位技术负责人	(签字)			年　月　日	
	总包单位质量管理部门负责人	(签字)			年　月　日	
	总包单位项目技术负责人	(签字)			年　月　日	
	总包单位项目经理	(签字)			年　月　日	
	勘察单位项目负责人	(签字)			年　月　日	
	设计单位项目专业负责人	(签字)			年　月　日	
	监理(建设)单位项目总监(建设单位项目专业负责人)	(签字)			年　月　日	

附录 G　单位(子单位)工程质量验收、评定记录

G.0.1　单位(子单位)工程质量评定(验收)记录由总包项目技术负责人填写,总包企业技术负责人及总包企业质量管理部门、技术管理部门应参加验收。单位(子单位)工程质量验收、评定记录见表 G.0.1。

G.0.2　当建设方不采用本标准作为工程质量的验收标准时,不需要建设、监理、勘察、设计等单位的人员参加验收。

表 G.0.1 ＿＿＿＿＿＿单位（子单位）工程质量验收、评定记录

工程名称		结构类型		层数/面积		/m²
总包单位		技术负责人		开工日期		
项目经理		项目技术负责人		竣工日期		

序号	分部工程名称	子分部工程数量	子分部工程优良率(%)	分包单位	验收结论
1	地基与基础				
2	主体结构				
3	建筑装饰与装修				
4	建筑屋面				
5	建筑给水、排水及采暖				
6	建筑电气				
7	智能建筑				
8	通风与空调				
9	电梯				

质量控制资料	
安全及主要功能核查结果	
观感质量	建筑工程 ％，安装工程 ％，综合得分率 ％。评定：合格□ 优良□
综合验收结论	依据中国建筑工程总公司《建筑工程施工质量验收统一标准》ZJQ00-SG-013-2006 的有关规定，该单位工程质量：合格□ 优良□

参加验收单位	施工总包单位	主要施工分包单位	主要施工分包单位
	(公章) 负责人： 　年　月　日	(公章) 负责人： 　年　月　日	(公章) 负责人： 　年　月　日
	建设单位	监理单位	设计单位
	(公章) 负责人： 　年　月　日	(公章) 负责人： 　年　月　日	(公章) 负责人： 　年　月　日

附录 G.1 单位（子单位）工程质量控制资料核查记录

G.1.1 单位（子单位）工程质量控制资料由总包和各分包单位根据项目总、分包管理的有关规定负责各自资料的形成、收集，并应由总包项目部资料管理人员统一整理、装订。单位（子单位）工程质量控制资料核查记录见 G.1.1。

G.1.2 当建设方不采用本标准作为工程质量的验收标准时，不需要监理（建设）单位参加内部验收并签署意见。

表 G.1.1 单位（子单位）工程质量控制资料核查记录

工程名称				施工单位			
序号	项目	资料名称	份数	核查意见	抽查结果	核查人	
1	建筑与结构	施工组织设计、施工方案、技术交底					
2		图纸会审、设计变更、洽商记录					
3		工程定位测量、放线记录					
4		有防水要求的地面蓄水试验记录					
5		原材料出厂合格证及进场检（试）验报告					
6		施工试验报告及见证检测报告					
7		幕墙结构胶、密封胶相容性试验报告					
8		隐蔽工程验收记录					
9		施工记录					
10		预制构件、预拌混凝土合格证					
11		地基、基础、主体结构检验及抽样检测资料					
12		检验批质量验收记录					
13		分项、分部工程质量验收记录					
14		工程质量事故及事故调查处理资料					
1	给排水与采暖	施工组织设计、施工方案、技术交底					
2		图纸会审、设计变更、洽商记录					
3		材料、配件出厂合格证及进场检（试）验报告					
4		管道、设备强度、严密性试验记录					
5		隐蔽工程验收记录					
6		系统清洗、灌水、通水、通球试验记录					
7		施工记录					
8		检验批质量验收记录					
9		分项、分部工程质量验收记录					

续表 G.1.1

工程名称				施工单位				
序号	项目	资料名称		份数	核查意见	抽查结果		核查人
1	建筑电气	施工组织设计、施工方案、技术交底						
2		图纸会审、设计变更、洽商记录						
3		材料、设备出厂合格证及进场检(试)验报告						
4		设备调试记录						
5		接地、绝缘电阻测试记录						
6		隐蔽工程验收记录						
7		施工记录						
8		检验批质量验收记录						
9		分项、分部工程质量验收记录						
1	通风与空调	施工组织设计、施工方案、技术交底						
2		图纸会审、设计变更、洽商记录						
3		材料、设备出厂合格证及进场检(试)验报告						
4		制冷、空调、水管道强度、严密性试验记录						
5		隐蔽工程验收记录						
6		制冷设备运行调试记录						
7		通风、空调系统调试记录						
8		施工记录						
9		检验批质量验收记录						
10		分项、分部工程质量验收记录						
1	电梯	土建布置图纸会审、设计变更、洽商记录						
2		设备出厂合格证及开箱检验记录						
3		隐蔽工程验收记录						
4		施工记录						
5		接地、绝缘电阻测试记录						
6		负荷试验、安全装置检查记录						
7		检验批质量验收记录						
8		分项、分部工程质量验收记录						

续表 G.1.1

工程名称				施工单位			
序号	项目	资料名称		份数	核查意见	抽查结果	核查人
1	建筑智能化	施工组织设计、施工方案、技术交底					
2		图纸会审、设计变更、洽商记录、竣工图及设计说明					
3		材料、设备出厂合格证及技术文件，进场检(试)验报告					
4		隐蔽工程验收记录					
5		系统功能测定及设备调试记录					
6		系统技术、操作和维护手册					
7		系统检测报告					
8		检验批质量验收记录					
9		分项、分部工程质量验收报告					
结论			基本完整 □　完整 □				
参加核查人员		分包单位		项目技术负责人		(签字)	
		分包单位		项目技术负责人		(签字)	
		分包单位		项目技术负责人		(签字)	
		分包单位		项目技术负责人		(签字)	
		分包单位		项目技术负责人		(签字)	
		总包单位项目技术负责人				(签字)	
总监理工程师(建设单位项目负责人)		同意 □　不同意 □　上述核查结论　　　(签字)　　　　　　　　　　　　年　月　日					

附录 G.2 单位（子单位）工程安全和功能检验资料核查及主要功能抽查

G.2.1 当建设方不采用本标准作为工程质量的验收标准时，不需要监理（建设）单位参加内部验收并签署意见。单位（子单位）工程安全及主要功能抽查、核查记录见表 G.2.1。

表 G.2.1 单位（子单位）工程安全及主要功能抽查、核查记录

工程名称			施工总承包单位				
序号	项目	安全和功能检查项目	份数	核查意见	抽查结果	核查人	
1	建筑与结构	屋面防水功能检验、试验记录					
2		地下室防水效果检查记录					
3		有防水要求的地面蓄水试验记录					
4		建筑物垂直度、标高、全高测量记录					
5		建筑物沉降观测记录（报告）					
6		幕墙、外窗气密、水密、抗风压性能检测报告					
7		抽气（风）道检查记录					
8		节能、保温测试记录					
9		室内环境污染物检测报告					
1	给排水与采暖	给水管道通水、压力试验记录					
2		采暖管道、散热器压力试验记录					
3		卫生器具满水试验记录					
4		消防管道、燃气管道压力试验记录					
5		排水干管通球试验记录					
1	电气	照明全负荷试验记录					
2		大型灯具牢固性试验记录					
3		防雷接地电阻测试记录					
4		线路、器具、插座接地检验记录					

续表 G.2.1

工程名称			施工总承包单位				
序号	项目	安全和功能检查项目		份数	核查意见	抽查结果	核查人
1	通风与空调	系统试运行记录					
2		风量、温度测试记录					
3		制冷机组试运行调试记录					
4		洁净室洁净度测试记录					
1	电梯	电梯试运行记录					
2		电梯安全装置检测报告					
1	智能	系统试运行记录					
2		系统电源及接地检测报告					
3		消防系统联动控制功能调试、检测报告					

结论意见：
共检（抽）查　　项，符合相应规范要求　　项，存在问题　　项。可以 □　不可以 □ 投入使用。存在问题的项目应在　　日内整改完毕并重新进行检测
　　　　　　　　　　　　　　　　　　　　　　　总包项目技术负责人：　　年　月　日

参加人员	分包单位		项目技术负责人	
	分包单位		项目技术负责人	
	分包单位		项目技术负责人	
	分包单位		项目技术负责人	
	总包单位项目经理			

总监理工程师（建设单位项目负责人）	结论：同意 □　不同意 □ 上述核查意见　　　（签字） 　　　　　　　　　　　　　　　　　　　　年　月　日

附录 H 单位（子单位）工程观感质量验收、评定记录

H.0.1 单位（子单位）工程观感质量验收、评定记录（建筑工程）见表 H.0.1。

表 H.0.1 单位（子单位）工程观感质量验收、评定（建筑工程）

工程名称				施工总包单位				
序号	项目名称		标准分	评分等级				备注
				一级 90%以上	二级 80%	三级 70%	四级 0	
1	外檐	墙面	10					
2		大角	3					
3		横竖线脚	3					
4		散水、台阶、明沟	2					
5		滴水线（槽）	2					
6		变形缝	2					
7		水落管	2					
1	屋面	坡向	2					
2		坡度	2					
3		防水层	4					
4		水落口	2					
5		泛水及防水收口	3					
6		腰线	2					
7		保护层（保护色）	4					

续表 H.0.1

工程名称			施工总包单位				
序号	项目名称		标准分	评分等级			备注
				一级 90%以上	二级 80%	三级 70%	四级 0
1	室内	顶棚	5				
2		墙面	10				
3		阴阳角线条	5				
4		楼、地面	10				
5		楼梯	4				
6		细木	4				
7		油漆、粉刷	4				
8		门的制作与安装	4				
9		窗的制作与安装	4				
评分结果		应得　分，实得　分，得分率　％					
验收评定结论		该项工程的建筑工程观感质量的得分率为　％，根据×××标准，该工程的观感质量验收合格，并评定为：优良 □　合格 □ 总包项目专职质量检查员：　　　　年　月　日					
验收评定人员		分包单位项目技术负责人	（签字）				年　月　日
		分包单位项目技术负责人	（签字）				年　月　日
		总包单位项目技术负责人	（签字）				年　月　日
		总包单位项目经理	（签字）				年　月　日

H.0.2 单位（子单位）工程观感质量验收、评定记录（安装工程）见表 H.0.2。

表 H.0.2 单位（子单位）工程观感质量验收、评定（安装工程）

工程名称			施工总包单位				
序号	项目名称	标准分	评分等级				备注
			一级 90%以上	二级 80%	三级 70%	四级 0	
1	管道坡度、坡向	3					
2	管道接口	3					
3	支、吊架制作与安装	2					
4	防腐、标识	3					
5	检查口、清扫口、地漏	2					
6	卫生器具、配件、阀门	2					
7	散热器、支架	2					
8	伸缩器、膨胀水箱	2					
9	绝热	2					
10	泵、仪表	3					
11	锅炉、热交换器	3					
12	消火栓、喷淋头	3					
1	明配穿线管	2					
2	配电箱(盘、柜)	3					
3	设备、器具	2					
4	开关、插座、接线盒	2					
5	母线、桥架、线槽	3					
6	防雷、接地	2					
7	智能机房设备	2					
8	智能现场设备	2					

注：序号1-12为"给排水及采暖"项；序号1-8为"建筑电气及智能"项。

续表 H.0.2

工程名称			施工总包单位				
序号	项目名称		标准分	评分等级			备注
				一级 90%以上	二级 80%	三级 70%	四级 0
1	通风空调	风(水)管、支架	2				
2		风口、风阀	2				
3		风机	2				
4		制冷机组	2				
5		泵、阀门、仪表	3				
6		绝热	3				
1	电梯	层门、信号系统	1				
2		机房	1				
评分结果	应得　分,实得　分,得分率　%						
验收评定结论	该项工程的建筑设备及电气安装工程观感质量的得分率为　%,根据×××标准,该项工程的观感质量验收合格,并评定为:优良□　合格□ 总包项目专职质量检查员:(签字)　年　月　日						
验收评定人员	分包单位项目技术负责人		(签字)				年　月　日
	分包单位项目技术负责人		(签字)				年　月　日
	总包单位技术负责人		(签字)				年　月　日
	总包单位项目经理		(签字)				年　月　日

本标准用词说明

1 执行本标准时,要求严格程度不同的用词说明如下:
   1) 表示很严格,非这样做不可的,正面词采用"必须",反面词采用"严禁"。
   2) 表示严格,即在正常情况下均应这样做的,正面词采用"应",反面词采用"不应"或"不得"。
   3) 表示允许有选择,但在条件允许时应首先这样做的用词:正面词采用"宜"或"可";反面词采用"不宜"。
   表示有选择,在一定条件下可以这样做的,采用"可"。
2 条文中必须按指定的标准、规范或其他有关规定执行时,写法为"应按……执行"或"应符合……要求"。

建筑工程施工质量统一标准

ZJQ00-SG-013-2006

条 文 说 明

目 次

1 总则 …………………………………………………………… 1—34
2 术语 …………………………………………………………… 1—34
3 基本规定 ……………………………………………………… 1—35
4 建筑工程质量评定对象的划分 ……………………………… 1—36
5 建筑工程质量评定等级 ……………………………………… 1—36
6 建筑工程质量评定程序及组织 ……………………………… 1—37

1 总　　则

1.0.1 本条是制定统一标准的宗旨，也是中国建筑工程总公司制定企业工程质量标准的宗旨。作为中国最大的建筑施工企业和国际承包商，中国建筑工程总公司必须在严格遵守国家强制性标准的基础之上，制定企业的"产品质量标准"。工程的建造仅仅执行国家的"合格标准"，没有追求更高管理水平的企业质量标准，不利于中国建筑工程总公司的长远发展和"一最两跨"战略目标的实现，与中国建筑工程总公司在国内建筑行业的地位亦不相适应。

1.0.2 本标准的内容有三个方面。其一是规定了房屋建筑工程施工质量的内部检查、评定标准；其二是提出工程质量的内部评定方法；其三是规定了制定中国建筑工程总公司企业房屋建筑工程各专业施工质量标准的统一准则。

本标准提出对工程质量进行"评定"的规定，其目的是要通过对"合格"质量的进一步"评定"，以区分工程质量水平的高低，避免所有的工程质量都向"合格"看齐，从而树立较高的质量样板，以促进工程质量整体水平的提高。

1.0.3 本标准的编制依据为现行国家标准《建筑工程施工质量验收统一标准》GB 50300－2001、《中华人民共和国建筑法》、《建设工程质量管理条例》、《中国建筑工程总公司工程质量管理条例》等。

1.0.4 本标准主要作为企业内部质量控制的标准，除非建设单位（工程合同的甲方）有明确的要求。如果甲方要求采用本标准系列并达到优良等级，则乙方应就采用本标准系列可能增加的直接成本和管理成本等各方面问题与甲方进行协商并在工程承包合同中予以明确。

2 术　　语

本章中共列出 19 个术语，其中 17 个术语完全采用现行国家标准《建筑工程施工质量验收统一标准》GB 50300－2001 第二章的内容，另外又增加了本标准中所引用的术语。本标准增加的术语是从标准的角度赋予其涵义，但涵义不一定是术语的定义，其相应的英文术语亦为推荐性的，仅供参考。

3 基 本 规 定

3.0.2 本条规定施工项目部必须按照《中国建筑工程总公司建设工程质量管理条例》的要求，建立工程质量管理体系，并从人员、责任制及投入等各方面保证体系的正常运行。工程质量的稳定、提高是企业和项目的质量管理体系正常、稳定的根本保证。企业和项目有健全的质量管理体系，并正常运行的话，工程质量应能够得到保证。为此，本标准提出了具体要求。

3.0.3 本条的规定强调在质量管理体系中必须建立质量检验制度和质量水平的考评制度。

企业内部的质量检验是工程质量管理的重要活动，总包单位项目部必须认真把好这一关。同时，总包单位应建立综合质量水平的考评制度，通过对分包企业施工操作质量的综合考评，做到对分包企业技术、质量能力心中有数。对综合考评较差的企业，应及时采取针对性的措施，以防止发生严重的质量问题。

3.0.4 本条具体规定了施工质量控制的主要方面，并提出了高于现行国家标准《建筑工程施工质量验收统一标准》GB 50300-2001 的要求。除国家标准所要求的以外，本条还要求：

1 对所有材料、半成品、成品、建筑构配件、器具和设备规定进行现场验收，并做文字记录；

2 明确要求所有材料、半成品、成品、建筑构配件、器具和设备都必须有质量证明文件的原件；如不能提供原件，应对质量证明文件的抄件做出了明确规定。

从目前的情况看，工程中主要的材料、半成品、成品、建筑构配件、器具和设备的质量证明文件基本可以做到齐全，但尚不能做到所有材料、半成品、成品、建筑构配件、器具和设备的质量证明文件都齐全，特别是涉及结构安全的钢材的质量证明文件大都是抄件，但还有很多工程没有对抄件的合法性和可追溯性给予足够的重视。为此，本条特做此规定。

3 规定工序检查后应做文字记录。

每道工序的质量检查是质量过程控制的重要组成部分，然而在实际工作却是一项薄弱环节。为强化这项工作，特要求进行文字记录。

3.0.5 本条对质量验收和评定做出了具体规定。其中对参加质量验收与评定的人员的资格要求是：应是专职工程质量检查员，熟悉国家有关质量标准、规范，接受过培训并通过考核、持证上岗。

3.0.6 本条对检验批质量的检查要求高于现行国家标准《建筑工程施工质量验收统一标准》GB 50300-2001 中的 3.0.4 条的要求。

企业内部的质量检查必须严格，通过对每一检验批全数的检查，以保证在进行外部验收时无论在任何部位进行抽样检验时均可以符合要求。只有确实在施工工艺成熟，质量控制措施可靠并且施工操作人员的技术水平稳定的情况下，对检验批的质量才可以采取抽样检验的方式进行检查和评定，并且对抽样检验的方法亦应慎重选择，必须符合工程的实际情况。

4 建筑工程质量评定对象的划分

本章的规定与现行国家标准《建筑工程施工质量验收统一标准》GB 50300－2001 中第 4 章的规定一致。

5 建筑工程质量评定等级

5.0.1 本条规定了建筑工程中从检验批的质量开始，直至单位工程的整体质量均应进行评定，并分为"合格"和"优良"两个质量等级。

5.0.2 本条对检验批质量的内部评定和验收作出了规定：

1 企业内部质量评定和验收依据按中国建筑工程总公司相关专业的施工质量标准的要求进行。

2 对于"主控项目"，本标准要求应进行全数检查和评定。

3 对于"一般项目"，本标准第 3.0.6 条原则要求是全数检查，但在实际操作中应根据具体工程的施工难度、分包队伍操作人员的实际技术水平等条件确定检查的比例。

4 关于一般项目的"允许偏差值实测点数"，当检验批进行全数检查时，即为全部检验批范围内的点数；当检验批采取抽样检查时，即为抽样范围内的点数。

5 内部质量验收中"主控项目"的"合格"标准，应首先符合中国建筑工程总公司相关专业的施工工艺标准的要求，因为中国建筑工程总公司相关专业的施工工艺标准所要求达到的施工质量已经在一定程度上高于国家相应验收规范的要求，从而也就保证了主控项目的质量达到合格。

6 内部质量验收中"一般项目"的"合格"标准的依据是中国建筑工程总公司相关专业的施工工艺标准。

7 内部质量验收中"主控项目"的"优良"标准为中国建筑工程总公司相应的施工质量标准中对"主控项目"的要求。

8 内部质量验收中"一般项目"的"优良"标准的依据同上，但与"合格"的要求不同的是抽样检验中全部的实测点的允许偏差值 100% 符合中国建筑工程总公司相应施工质量标准的要求。

5.0.6 检验批的质量是工程总体质量的基础，若要有效地控制工程的总体质量，必须把好检验批的质量关。为此，进行工程质量内部验收与评定主要是应强化对检验批的质量控制，当发现不符合标准的要求时，必须返工返修或采取纠正措施。

6 建筑工程质量评定程序及组织

6.0.1 本条规定检验批质量的检查、验收、评定等工作应由项目总包单位项目经理部的质量（技术）负责人组织，也就是说：总包单位的质量检查、验收、评定要穿透分包单位的管理层，直接对接施工班组。在这一点上，本标准的要求要比国家标准的要求细致、严格。

由于总包企业的质量管理部门不可能对所有的工程的每一检验批都亲自参加（组织）检查、验收、评定，但总包企业法人层次必须对项目实施有效的管理，为此，本标准规定总包企业的质量管理部门必须对每项工程的每个分项工程的检验批都进行抽查，从而监督项目部的质量工作和工程的实际质量水平。

6.0.2 分项工程的检查、验收、评定与检验批的程序及组织要求基本相同。

检验批质量和分项工程质量的核定工作，本标准规定由总包项目部的专职质量检查员完成。所以，项目部一是必须配专职质量检查员，二是专职质量检查员必须具有相应资质，能够承担质量检查工作。

6.0.3 分部工程是工程施工的重要阶段，通过对分部工程的质量检查、验收、评定，可以对该阶段施工的各方面工作进行全面地评价和检查，所以对本标准要求由总包项目负责人组织，所有参与该分部工程施工的各分包单位负责人、技术负责人等均应参加，并且总包企业的质量管理部门也应参加。

6.0.4 对单位工程的质量验收、评定工作是对该项目的全面检查与评定，应由项目签约的总包企业的质量管理部门代表总包企业来组织这项工作，并且总包企业的主要质量、技术负责人均应参加这项工作，所有的分包单位的有关人员亦必须参加。

建筑地基基础工程施工质量标准

Standard for construction quality of building foundation

ZJQ00 - SG - 014 - 2006

中国建筑工程总公司

前　言

本标准是根据中国建筑工程总公司（简称中建总公司）中建市管字（2004）5号《关于全面开展中建总公司建筑工程各项专业施工标准编制工作的通知》的要求，由中建国际建设公司组织编制。

本标准总结了中国建筑工程总公司系统建筑地基基础工程施工质量管理的实践经验，以"突出质量策划、完善技术标准、强化过程控制、坚持持续改进"为指导思想，以提高质量管理要求为核心，力求在有效控制制造成本的前提下，使地基基础工程质量得到切实保证和不断提高。

本标准是以国家《建筑地基基础工程施工质量验收规范》GB 50202-2002、中国建筑工程总公司《建筑工程施工质量统一标准》ZJQ00-SG-013-2006为基础，综合考虑中国建筑工程总公司所属施工企业的技术水平、管理能力、施工队伍操作工人技术素质和现有市场环境等各方面客观条件，融入工程质量等级评定，以便统一中国建筑工程总公司系统施工企业地基基础工程施工质量的内部验收方法、质量标准、质量等级的评定和程序，为创工程质量的"过程精品"奠定基础。

本标准由8章正文和6个附录构成，包括总则、术语、基本规定、地基工程、桩基础工程、基坑支护工程、基坑降水工程、土方工程等内容。

本标准将根据国家有关标准、规范的变化，企业发展的需要等进行定期或不定期的修订，请各级施工单位在执行标准过程中，注意积累资料、总结经验，并请将意见或建议及有关资料及时反馈中国建筑工程总公司质量管理部门，以供本标准修订时参考。

主编单位：中建国际建设公司
主　　编：邓明胜
副 主 编：王建英
编写人员：程学军　耿冬青　刘晓辉　宋福渊

目　次

1 总则 ·· 2—5
2 术语 ·· 2—5
3 基本规定 ··· 2—8
　3.1 一般规定 ··· 2—8
　3.2 质量验收与等级评定 ·· 2—9
4 地基工程 ··· 2—10
　4.1 一般规定 ··· 2—10
　4.2 灰土地基 ··· 2—11
　4.3 砂和砂石地基 ··· 2—12
　4.4 土工合成材料地基 ··· 2—12
　4.5 粉煤灰地基 ·· 2—13
　4.6 强夯地基 ··· 2—13
　4.7 注浆地基 ··· 2—14
　4.8 预压地基 ··· 2—15
　4.9 振冲地基 ··· 2—15
　4.10 高压喷射注浆地基 ··· 2—16
　4.11 水泥土搅拌桩地基 ··· 2—17
　4.12 土和灰土挤密桩复合地基 ···································· 2—17
　4.13 水泥粉煤灰碎石桩复合地基 ································· 2—18
　4.14 夯实水泥土桩复合地基 ······································· 2—18
　4.15 砂桩地基 ··· 2—19
　4.16 石灰桩复合地基 ·· 2—19
　4.17 柱锤冲扩桩复合地基 ·· 2—20
　4.18 单液硅化地基 ··· 2—20
　4.19 碱液地基 ··· 2—21
5 桩基础工程 ·· 2—21
　5.1 一般规定 ··· 2—21
　5.2 静力压桩 ··· 2—23
　5.3 先张法预应力管桩 ··· 2—24
　5.4 混凝土预制桩 ··· 2—25
　5.5 钢桩 ··· 2—26
　5.6 混凝土灌注桩 ··· 2—27
　5.7 钻孔压浆桩 ·· 2—29

6 基坑支护工程	2—29
6.1 一般规定	2—29
6.2 排桩墙支护工程	2—31
6.3 水泥土桩墙支护工程	2—32
6.4 锚杆支护工程	2—32
6.5 土钉墙支护工程	2—32
6.6 钢或混凝土支撑系统	2—33
6.7 地下连续墙	2—34
6.8 沉井与沉箱	2—35
7 基坑降水工程	2—37
7.1 基本规定	2—37
7.2 集水明排	2—38
7.3 轻型井点	2—38
7.4 喷射井点	2—38
7.5 管（深）井井点	2—39
7.6 电渗井点	2—39
8 土方工程	2—40
8.1 一般规定	2—40
8.2 土方开挖	2—41
8.3 土方回填	2—41
附录 A 地基与基础施工验收勘察要点	2—42
A.1 一般规定	2—42
A.2 天然地基基础基槽检验要点	2—43
A.3 深基础施工勘察要点	2—43
A.4 地基处理工程施工勘察要点	2—43
A.5 地基处理工程施工勘察要点	2—44
附录 B 施工现场质量管理检查记录	2—44
附录 C 塑料排水带的性能	2—45
附录 D 检验批质量验收、评定记录	2—45
附录 E 分项工程质量验收、评定记录	2—88
附录 F 分部（子分部）工程质量验收、评定记录	2—89
本标准用词说明	2—90
条文说明	2—91

1 总 则

1.0.1 为了加强建筑工程质量管理力度，不断提高工程质量水平，统一中国建筑工程总公司地基基础工程施工质量验收及质量等级的检验评定，制定本标准。

1.0.2 本标准适用于中国建筑工程总公司所属施工企业施工的建筑工程中的地基基础工程施工质量的检查与评定。

1.0.3 本标准应与中国建筑工程总公司标准《建筑工程施工质量统一标准》ZJQ00－SG－013－2006 配套使用。

1.0.4 本标准中以黑体字印刷的条文为强制性条文，必须严格执行。

1.0.5 本标准为中国建筑工程总公司企业标准，主要用于企业内部的地基基础工程质量控制。在工程的建设方（甲方）无特定要求时，工程的外部验收应以国家现行的《建筑地基基础工程施工质量验收规范》GB50202 为准，若工程的建设方（甲方）要求采用本标准作为工程的质量标准时应在工程承包合同中作出明确约定，并明确由于采用本标准而引起的甲、乙双方的相关责任、权利和义务。

1.0.6 地基基础工程施工质量的验收除应执行本标准外，尚应符合中国建筑工程总公司和国家现行其他有关标准的规定。

2 术 语

2.0.1 土工合成材料地基 geosynthetics foundation

在土工合成材料上填以土（砂土料）构成建筑物的地基，土工合成材料可以是单层，也可以是多层。一般为浅层地基。

2.0.2 重锤夯实地基 heavy tamping foundation

利用重锤自由下落时的冲击能来夯实浅层填土地基，使表面形成一层较为均匀的硬层来承受上部载荷。强夯的锤击与落距要远大于重锤夯实地基。

2.0.3 强夯地基 dynamic consolidation foundation

工艺与重锤夯实地基类同，但锤重与落距要远大于重锤夯实地基。

2.0.4 注浆地基 grouting foundation

将配置好的化学浆液或水泥浆液，通过导管注入土体孔隙中，与土体结合，发生物化反应，从而提高土体强度，减小其压缩性和渗透性。

2.0.5 预压地基 preloading foundation

在原状土上加载，使土中水排出，以实现土的预先固结，减少建筑物地基后期沉降和提高地基承载力。按加载方法的不同，分为堆载预压、真空预压、降水预压三种不同方法的预压地基。

2.0.6 高压喷射注浆地基 jet grouting foundation

利用钻机把带有喷嘴的注浆管钻至土层的预定位置或先钻孔后将注浆管放至预定位置，以高压使浆液或水从喷嘴中射出，边旋转边喷射的浆液，使土体与浆液搅拌混合形成一固结体。施工采用单独喷出水泥浆的工艺，称为单管法；施工采用同时喷出高压空气与水泥浆的工艺，称为二管法；施工采用同时喷出高压水、高压空气及水泥浆的工艺，称为三管法。

2.0.7 水泥土搅拌桩地基 soil-cement mixed pile foundation

利用水泥作为固化剂，通过搅拌机械将其与地基土强制搅拌，硬化后构成的地基。

2.0.8 土与灰土挤密桩地基 soil-lime compacted column

在原土中成孔后分层填以素土或灰土，并夯实，使填土压密，同时挤密周围土体，构成坚实的地基。

2.0.9 水泥粉煤灰、碎石桩 cement flash gravel pile

用长螺旋钻机钻孔或沉管桩机成孔后，将水泥、粉煤灰及碎石混合搅拌后，泵压或经下料斗投入孔内，构成密实的桩体。

2.0.10 锚杆静压桩 pressed pile by anchor rod

利用锚杆将桩分节压入土层中的沉桩工艺。锚杆可用垂直土锚或临时锚在混凝土底板、承台中的地锚。

2.0.11 振冲地基 vibroflotation foundation, vibro-replacement foundation

在振冲器水平振动和高压水的共同作用下，使松砂土层振密，或在软弱土层中成孔，然后回填碎石等粗粒料桩柱，并和原地基土组成复合地基的地基。

2.0.12 夯实水泥土桩复合地基 rammed soil-cement pile com-posite foundation

将水泥和土按设计的比例拌合均匀，在孔内夯实至设计要求的密实度而形成的加固体，并与桩间土组成复合地基的地基。

2.0.13 柱锤冲扩桩 piles thrusted-expanded in column-hammer

反复将柱状重锤提到高处使其自由落下冲击成孔，然后分层填料夯实形成扩大桩体，与桩间土组成复合地基的地基。

2.0.14 单液硅化地基 silicification grouting foundation

采用硅酸钠溶液注入地基土层中，使土粒之间及其表面形成硅酸凝胶薄膜，增强了土颗粒间的联结，赋予土耐水性、稳固性和不湿陷性，并提高土的抗压和抗剪强度。

2.0.15 碱液地基 soda solution grouting foundation

将加热后的碱液（即氢氧化钠溶液），以无压自流方式注入土中，使土粒表面融合胶结形成难溶于水的，具有高强度的钙、铝硅酸盐络合物，从而达到消除黄土湿陷性，提高地基承载力。

2.0.16 静力压桩 silent piling

用静力压桩机或锚杆将预制钢筋混凝土桩分节压入地基土中的一种沉桩施工工艺。

2.0.17 先张法预应力管桩 pretensioned prestressed tube piles

采用离心脱水密实成型工艺原理，先张法施加预应力，达到规定的强度后放张预应力筋，再进行压蒸养护（或浸水养护）成型的一种预制混凝土桩。

2.0.18 混凝土预制桩 precast reinforced concrete piles

在工厂或施工现场支模、加工钢筋笼、浇筑混凝土形成的基桩。

2.0.19 钢桩 steel piles

用钢管或型钢制成的基桩。

2.0.20 钢管桩 steel tube piles

钢桩的一种，一般采用螺旋缝钢管或直缝钢管，按设计要求的规格加工而成，钢管桩的下口有开口和闭口两种形式。

2.0.21 型钢桩 profiled bar piles

简称钢桩，一般多采用热轧（或焊接）工字钢或槽钢加工而成。

2.0.22 混凝土灌注桩 cement cast-in-place piles

先用机械或人工成孔，然后再下钢筋笼、灌注混凝土的基桩。

2.0.23 钻孔压浆桩 starsol enbesol piles

是用长螺旋钻机钻孔至设计深度；提升钻杆的同时通过设在钻头上的喷嘴向孔内高压灌注已配制好的以水泥为主剂的浆液，至浆液达到没有塌孔危险，或地下水位以上 0.5～1.0m 处；待钻杆全部提出后，向孔内放置钢筋笼，并放入至少 1 根离孔底 1m 的补浆管，然后投放粗骨料至设计标高以上 0.5m 处；最后通过补浆管，在水泥浆终凝之前多次重复地向孔内补浆，直至孔口返出纯水泥浆、浆面不再下降为止而形成的灌注桩。

2.0.24 排桩墙 wall of piles in row

以某种桩型按队列式布置组成墙体的基坑支护结构。

2.0.25 锚杆 anchor

由设置于钻孔内、端部伸入稳定地层中的钢筋或钢绞线与孔内注浆体组成的受拉杆体。

2.0.26 土钉墙 soil nailing wall

采用土钉加固的基坑侧壁土体与护面等组成的支护结构。

2.0.27 支撑体系 bracing system

由钢或钢筋混凝土构件组成的用以支撑基坑侧壁的结构体系。

2.0.28 水泥土墙 cement-soil wall

由水泥土桩相互搭接形成的格栅状、壁状等形式的重力式结构，需要时在水泥土中加入钢筋或型钢形成劲性水泥土墙。

2.0.29 地下连续墙 diaphragm

用机械施工方法成槽浇灌钢筋混凝土形成的地下墙体。

2.0.30 沉井 drilled caisson

在地面或地坑上，先制作开口钢筋混凝土筒身，待筒身达到一定强度后，在井内挖土使土面逐渐降低，沉井筒身借其自重或采用附加的措施协助其克服与土壁之间的摩阻力，不断下沉、就位的一种基础施工工艺。

2.0.31 沉箱 box caisson

沉箱的外形和构造与沉井相同，下沉工艺也与沉井基本类似，只是在下部设有工作室和顶板，在上部有气闸室，施工时利用压缩空气的压力阻止外部河水（或地下水）和泥土进入箱内，使在箱底有一个工作间，以便能用水力机械或人工挖土，使其下沉到设计要求的深度和位置。

2.0.32 轻型井点降水 well point system

在基坑外围或一侧、两侧埋设井点管深入含水层内,井点管的上端通过连接弯管与集水总管再与真空泵和离心泵相连,启动抽水设备,地下水便在真空泵吸引力的作用下,经滤水管进入井点管和集水总管,排出空气后,由离心泵的排水管排出,使地下水位降低到基坑底以下。

2.0.33 喷射井点降水 eductor well point

在井点内部装设特制的喷射器,用高压水泵和空气压缩机通过井点管中的内管向喷射器输入高压水(喷水井点)或压缩空气(喷气井点),形成水气射流,将地下水经井点外管与内管之间的间隙抽出排走。

2.0.34 管井井点降水 pipe well point

沿基坑每隔一定距离设置一个管井,每个管井单独用一台水泵不断抽水降低地下水位。

2.0.35 深井井点降水 deep well point

在深基坑的周围埋置深于基底的井管,使地下水通过设置在井管内潜水电泵将地下水抽出,使地下水位低于基坑底。

2.0.36 电渗井点降水 electro-osmotic drainage

在渗透系数很小的饱和黏性土或淤泥、淤泥质土层中,利用黏性土中的电渗现象和电泳特性,结合轻型井点或喷射井点作为阴极,用钢管或钢筋作阳极,埋设在井点管环圈内侧,当通电后使黏性土空隙中的水流动加快,起到一定的疏干作用,从而使软土地基排水效率提高的一种降水方法。

3 基 本 规 定

3.1 一 般 规 定

3.1.1 地基基础工程施工前,必须具备以下资料:

1 完备的地质勘察资料及工程附近管线、建筑物、构筑物和其他公共设施的构造情况,必要时应作施工勘察和调查以确保工程质量及临近建筑物的安全,施工勘察要点详见本标准附录A。

2 工程设计图纸、设计要求及需达到的标准、检验手段。

3 施工现场应有相应的施工技术标准、健全的质量管理体系、施工质量控制和质量检验制度。

4 相应的施工组织设计或施工方案,并按规定经审查批准。

3.1.2 地基基础工程施工现场必须依据中国建筑工程总公司地基基础工程施工工艺标准和《中国建筑工程总公司工程质量管理条例》对工程质量进行全面的控制。

3.1.3 地基基础的施工必须具备相应的专业资质，并应按《中国建筑工程总公司工程质量管理条例》配备足够的质量管理人员，健全质量管理体系并使之正常运行。

3.1.4 施工现场必须建立施工质量检验制度，施工现场质量管理可按本标准附录B的要求进行检查记录。

3.1.5 从事地基基础工程检测及见证试验的单位，必须具备省级以上（含省、自治区、直辖市）建设行政主管部门颁发的资质证书和计量主管单位部门颁发的计量认证合格证书，验收时，必须采用经计量检定、校准合格的计量器具。

3.1.6 地基基础工程是分部工程，如有必要，根据现行中国建筑工程总公司标准《建筑工程施工质量统一标准》ZJQ00-SG-013-2006规定，可再划分若干子分部工程。

3.1.7 施工过程中出现异常情况时，应停止施工，由监理或建设单位组织勘察、设计、施工等有关单位共同分析情况，解决问题，消除质量隐患，并形成文件资料。

3.2 质量验收与等级评定

3.2.1 地基基础工程施工质量验收评定划分为分部（子分部）工程、分项工程和检验批，应在施工单位自检合格的基础上，按照检验批、分项工程、分部（子分部）工程进行。

3.2.2 分项工程可由一个或若干检验批组成，检验批可根据施工进度、质量控制和本专业验收需要，在与监理单位、设计单位和建设单位协商后确定。

3.2.3 对隐蔽工程应进行中间验收。

3.2.4 本标准的检验批、分项、分部（子分部）工程质量均分为"合格"与"优良"两个等级。

  1 检验批的质量等级应符合以下规定：

    1）合格

    ①主控项目的质量必须符合本标准相应分项的合格等级；其检验数量应符合本标准各分项工程中相关规定的要求；

    ②一般项目的质量应符合本标准相应项目的合格等级，抽样检验时，其抽样数量比例应符合本标准各分项工程中相关规定要求，其允许偏差实测值应有不低于**80%**的点数在相应质量标准的规定范围之内，且最大偏差值不得超过允许值的**150%**；

    ③具有完整的施工操作依据、详实的质量控制及质量检查记录。

    2）优良

    ①主控项目的质量必须符合本标准相应项目的合格等级；其检验数量应符合本标准各分项工程中相关规定的要求；

    ②一般项目的质量应符合本标准相应项目的合格等级，抽样检验时，其抽样数量比例应符合本标准各分项工程中相关规定要求，其允许偏差实测值应有不低于**85%**的点数在相应质量标准的规定范围之内，且最大偏差值不得超过允许值的**140%**；

    ③具有完整的施工操作依据、详实的质量控制及质量检查记录。

  2 分项工程的质量等级应符合以下规定：

1) 合格
　　①分项工程所含检验批的质量均达到本标准的合格等级；
　　②分项工程所含检验批的施工操作依据、质量检查、验收记录完整。
　　2) 优良
　　①分项工程所含检验批全部达到本标准的合格等级并且有70%及以上的检验批的质量达到本标准的优良等级；
　　②地基与基础专业分项工程所含检验批的施工操作依据、质量检查、验收记录完整。
　3 分部（子分部）工程的质量等级应符合以下规定：
　　1) 合格
　　①所含分项工程的质量全部达到本标准的合格等级；
　　②质量控制资料完整；
　　③地基与基础专业的检验和抽样检测结果应符合有关规定；
　　④观感质量评定的得分率应不低于**80%**。
　　2) 优良
　　①所含分项工程的质量全部达到本标准的合格等级并且其中有50%及其以上达到本标准的优良等级；
　　②质量控制资料完整；
　　③地基与基础专业的检验和抽样检测结果应符合有关规定；
　　④观感质量评定的得分率达到90%。
　4 当检验批质量不符合相应质量标准合格的规定时必须及时处理，并应按以下规定确定其质量等级：
　　1) 返工重做的可重新评定质量等级；
　　2) 经返修能够达到质量标准要求的其质量仅应评定为合格等级。
3.2.5 混凝土试件强度评定不合格或对试件的代表性有怀疑时，应采用钻芯取样，检测结果符合设计要求后可按合格验收。
3.2.6 地基基础工程质量验收记录应符合下列规定：
　1) 检验批质量验收可按本标准附录D进行。
　2) 分项工程质量验收可按本标准附录E进行。
　3) 分部（子分部）工程质量验收应按本标准附录F进行。

4 地 基 工 程

4.1 一 般 规 定

4.1.1 砂、石子、水泥、钢材、石灰、粉煤灰等原材料的质量、检验项目、批量和检验方法，应符合国家现行标准的规定。

4.1.2 地基施工结束，宜在一个间歇期后，进行质量验收，间歇期由设计确定。

4.1.3 地基加固工程，应在正式施工前进行试验段施工，论证设定的施工参数及加固效果。为验证加固效果所进行的载荷试验，其施加载荷应不低于设计载荷的 2 倍。

4.1.4 对灰土地基、砂和砂石地基、土工合成材料地基、粉煤灰地基、强夯地基、注浆地基、预压地基、单液硅化地基及碱液地基其竣工后的结果（地基强度或承载力）必须达到设计要求的标准。检验数量，每单位工程不应少于 3 点，$1000m^2$ 以上工程，每 $100m^2$ 至少应有 1 点；$3000m^2$ 以上工程，每 $300m^2$ 至少应有 1 点。每一独立基础下至少应有 1 点，基槽每 20 延米应有 1 点。

4.1.5 对水泥土搅拌桩复合地基、高压喷射注浆地基、砂桩地基、振冲桩复合地基、土和灰土挤密桩复合地基、水泥粉煤灰碎石桩复合地基、夯实水泥土桩复合地基、石灰桩复合地基及柱锤冲扩桩复合地基，其承载力检验，数量为总数的 0.5%～1%，但不应少于 3 处。有单桩强度检验要求时，数量为总数的 0.5%～1%，但不应少于 3 根。

4.1.6 除本标准第 4.1.4、4.1.5 条指定的主控项目外，其他主控项目及一般项目可随意抽查，但复合地基中的水泥土搅拌桩、高压喷射注浆桩、振冲桩、土和灰土挤密桩、水泥粉煤灰碎石桩、夯实水泥土桩、砂桩、石灰桩及柱锤冲扩桩至少应抽查 20%。

4.1.7 地基工程施工质量验收必须具备的资料：

1 岩土工程勘察报告；
2 临近建筑物和地下设施类型、分布及结构质量情况记录；
3 地基处理设计图纸、设计要求、设计交底、设计变更及洽商记录；
4 地基处理分项工程施工组织设计或施工方案、技术交底记录；
5 工程定位测量记录；
6 各种原材料出厂合格证和试验报告；
7 材料配合比报告；
8 施工记录；
9 隐蔽工程检查记录；
10 检验批、分项工程质量验收记录；
11 地基验槽记录；
12 地基承载力检测报告；
13 工程竣工图。

4.2 灰 土 地 基

4.2.1 灰土土料、石灰或水泥（当水泥替代灰土中的石灰时）等材料及配合比应符合设计要求，灰土应搅拌均匀。

4.2.2 施工过程中应检查分层铺设的厚度、分段施工时上下两层的搭接长度、夯实时加水量、夯压遍数、压实系数。

4.2.3 施工结束后，应检验灰土地基的承载力。

4.2.4 灰土地基的质量验收标准应符合表 4.2.4 的规定。

表 4.2.4 灰土地基质量检验标准

项	序	检查项目	允许偏差或允许值	检查方法
主控项目	1	地基承载力	设计要求	按规定方法
	2	配合比	设计要求	按拌合时的体积比
	3	压实系数	设计要求	现场实测
一般项目	1	石灰粒径	≤5mm	筛分法
	2	土料有机质含量	≤5%	试验室焙烧法
	3	土颗粒粒径	≤15mm	筛分法
	4	含水量（与要求的最优含水量比较）	±2%	烘干法
	5	分层厚度偏差（与设计要求比较）	±50mm	水准仪

4.3 砂和砂石地基

4.3.1 砂、石等原材料质量、配合比应符合设计要求，砂、石应搅拌均匀。

4.3.2 施工过程中必须检查分层铺设的厚度、分段施工时搭接部分的压实情况、加水量、压实遍数、压实系数。

4.3.3 施工结束后，应检验砂石地基的承载力。

4.3.4 砂和砂石地基的质量验收标准应符合表4.3.4的规定。

表 4.3.4 砂和砂石地基的质量验收标准

项	序	检查项目	允许偏差或允许值	检查方法
主控项目	1	地基承载力	设计要求	按规定方法
	2	配合比	设计要求	检查拌合时的体积比或重量比
	3	压实系数	设计要求	现场实测
一般项目	1	砂石料有机质含量	≤5%	焙烧法
	2	砂石料含泥量	≤5%	水洗法
	3	石料粒径	≤100mm	筛分法
	4	含水量（与最优含水量比较）	±2%	烘干法
	5	分层厚度（与设计要求比较）	±50mm	水准仪

4.4 土工合成材料地基

4.4.1 施工前应对土工合成材料的物理性能（单位面积的质量、厚度、密度）、强度、延伸率以及土、砂石料等做检验。土工合成材料以100m²为一批，每批应抽查5%。

4.4.2 施工过程中应检查清基、回填料铺设厚度及平整度、土工合成材料的铺设方向、接缝搭接长度或缝接状况、土工合成材料与结构的连接状况等。

4.4.3 施工结束后，应进行承载力检验。

4.4.4 土工合成材料地基质量检验标准应符合表4.4.4的规定。

表 4.4.4 土工合成材料地基质量检验标准

项	序	检查项目	允许偏差或允许值	检查方法
主控项目	1	土工合成材料强度	≤5%	置于夹具上做拉伸试验（结果与设计标准相比）
	2	土工合成材料延伸率	≤3%	置于夹具上做拉伸试验（结果与设计标准相比）
	3	地基承载力	设计要求	按规定方法
一般项目	1	土工合成材料搭接长度	≥300mm	用钢尺量
	2	土石料有机质含量	≤5%	焙烧法
	3	层面平整度	≤20mm	用2m靠尺
	4	每层铺设厚度	±25mm	水准仪

4.5 粉煤灰地基

4.5.1 施工前应检查粉煤灰材料，并对基槽清底状况、地质条件予以检验。

4.5.2 施工过程中应检查铺筑厚度、碾压遍数、施工含水量控制、搭接区碾压程度、压实系数等。

4.5.3 施工结束后，应检验地基的承载力。

4.5.4 粉煤灰地基质量检验标准应符合表4.5.4的规定。

表 4.5.4 粉煤灰地基质量检验标准

项	序	检查项目	允许偏差或允许值	检查方法
主控项目	1	压实系数	设计要求	现场实测
	2	地基承载力	设计要求	按规定方法
一般项目	1	粉煤灰粒径	0.001~2.000mm	过筛
	2	氧化铝及二氧化硅含量	≥70%	试验室化学分析
	3	烧失量	≤12%	试验室烧结法
	4	每层铺筑厚度	±50mm	水准仪
	5	含水量（与最优含水量比较）	±2%	取样后试验室确定

4.6 强夯地基

4.6.1 施工前应检查夯锤重量、尺寸，落距控制手段，排水设施及被夯地基的土质。

4.6.2 施工中应检查落距、夯击遍数、夯点位置、夯击范围。

4.6.3 施工结束后，检查被夯地基的强度并进行承载力检验。

4.6.4 强夯地基质量检验标准应符合表4.6.4的规定。

表 4.6.4 强夯地基质量检验标准

项	序	检查项目	允许偏差或允许值	检查方法
主控项目	1	地基强度	设计要求	按规定方法
	2	地基承载力	设计要求	按规定方法
	3	夯击遍数及顺序	设计要求	计数法
	4	夯锤落距	±300mm	钢索设标志
	5	锤重	±100kg	称重
一般项目	1	夯点间距	±500mm	用钢尺量
	2	夯击范围（超出基础范围距离）	设计要求	用钢尺量
	3	前后两遍间歇时间	设计要求	计时法

4.7 注 浆 地 基

4.7.1 施工前应掌握有关技术文件（注浆点位置、浆液配比、注浆施工技术参数、检测要求等）。浆液组成材料的性能应符合设计要求，注浆设备应确保正常运转。

4.7.2 施工中应经常抽查浆液的配比及主要性能指标，注浆的顺序、注浆过程中的压力控制等。

4.7.3 施工结束后，应检查注浆体强度、承载力等。检查孔数为总量的2％～5％，不合格率大于或等于20％时应进行二次注浆。检验应在注浆后15d（砂土、黄土）或60d（黏性土）进行。

4.7.4 注浆地基的质量检验标准应符合表4.7.4的规定。

表 4.7.4 注浆地基质量检验标准

项	序	检查项目		允许偏差或允许值	检查方法
主控项目	1	原材料检验	水泥	设计要求	查产品合格证书或抽样送检
			注浆用砂：粒径 细度模数 含泥量及有机物含量	<2.5mm <2.0 <3％	试验室试验
			注浆用黏土：塑性指数 黏粒含量 含砂量 有机物含量	>14 >25％ <5％ <3％	试验室试验
			粉煤灰：细度 烧失量	不粗于同时使用的水泥 <3％	试验室试验
			水玻璃：模数	2.5～3.3	抽样送检
			其他化学浆液	设计要求	查产品合格证书或抽样送检
	2	注浆孔深		±100mm	量测注浆管长度
	3	地基承载力		设计要求	按规定方法
	4	注浆体强度		设计要求	取样检验

续表 4.7.4

项	序	检查项目	允许偏差或允许值	检查方法
一般项目	1	各种注浆材料称量误差	<3%	抽查
	2	注浆孔位	±20mm	用钢尺量
	3	注浆压力（与设计参数比）	±10%	检查压力表读数

4.8 预压地基

4.8.1 施工前检查施工监测措施，沉降、孔隙水压力等原始数据，排水设施，砂井（包括袋装砂井）、塑料排水带的质量标准应符合本标准附录C的规定。

4.8.2 堆载施工应检查堆载高度、沉降速率。真空预压施工应检查密封膜的密封性能、真空表读数等。

4.8.3 施工结束后，应检查地基土的强度及要求达到的其他物理力学指标，重要建筑物地基应做承载力检验。

4.8.4 预压地基和塑料排水带质量检验标准应符合表4.8.4的规定。

表 4.8.4 预压地基和塑料排水带质量检验标准

项	序	检查项目	允许偏差或允许值	检查方法
主控项目	1	预压载荷	≤2%	水准仪
	2	固结度（与设计要求比）	≤2%	根据设计要求采用不同的方法
	3	承载力或其他性能指标	设计要求	按规定方法
	4	砂井或塑料排水带插入深度	±200mm	插入时用经纬仪检查
一般项目	1	沉降速率（与控制值比）	±10%	水准仪
	2	砂井或塑料排水带位置	±100mm	用钢尺量
	3	插入塑料排水带时的回带长度	≤500mm	用钢尺量
	4	塑料排水带或砂井高出砂垫层距离	≥200mm	用钢尺量
	5	插入塑料排水带的回带根数	<5%	目测

注：如真空预压，主控项目中预压载荷的检查为真空度降低值<2%。

4.9 振冲地基

4.9.1 施工前应检查振冲器的性能，电流表、电压表的准确度及填料的性能。

4.9.2 施工中应检查密实电流、供水压力、供水量、填料量、孔底留振时间、振冲点位置、振冲器施工参数等（施工参数由振冲试验或设计确定）。

4.9.3 施工结束后，应在有代表性的地段做地基强度或地基承载力检验。

4.9.4 振冲地基质量检验标准应符合表4.9.4的规定。

表4.9.4 振冲地基质量检验标准

项	序	检查项目	允许偏差或允许值	检查方法
主控项目	1	填料粒径	设计要求	抽样检查
	2	密实电流（黏性土） 密实电流（砂性土或粉土） （以上为功率30kW振冲器） 密实电流（其他类型振冲器）	50～55A 40～50A $(1.5～2.0)A_0$	电流表读数 电流表读数 电流表读数，A_0为空振电流
	3	桩体直径	<50mm	用钢尺量
	4	孔深	+200mm	量钻杆或重锤测
	5	地基承载力	设计要求	按规定方法
一般项目	1	填料含泥量	<5%	抽样检查
	2	振冲器喷水中心与孔径中心偏差	≤50mm	用钢尺量
	3	成孔中心与设计孔位中心偏差	≤100mm	用钢尺量

4.10 高压喷射注浆地基

4.10.1 施工前应检查水泥、外掺剂等的质量，桩位，压力表、流量表的精度和灵敏度，高压喷射设备的性能等。

4.10.2 施工中应检查施工参数（压力、水泥浆量、提升速度、旋转速度等）及施工程序。

4.10.3 施工结束后，应检验桩体强度、平均直径、桩身中心位置、桩体质量及承载力等。桩体质量及承载力检验应在施工结束后28d进行。

4.10.4 高压喷射注浆地基质量检验标准应符合表4.10.4的规定。

表4.10.4 高压喷射注浆地基质量检验标准

项	序	检查项目	允许偏差或允许值	检查方法
主控项目	1	水泥及外掺剂质量	符合出厂要求	查产品合格证书或抽样送检
	2	水泥用量	设计要求	查看流量表及水泥浆水灰比
	3	孔深	±200mm	用钢尺量
	4	桩体直径	≤50mm	开挖后用钢尺量
	5	桩体强度或完整性检验	设计要求	超声波、钻孔抽芯检测
	6	地基承载力	设计要求	静载试验
一般项目	1	钻孔位置	≤50mm	用钢尺量
	2	钻孔垂直度	≤1.5%	经纬仪测钻杆或实测
	3	注浆压力	按设定参数指标	查看压力表
	4	桩体搭接	>200mm	用钢尺量
	5	桩身中心允许偏差	≤0.2D	开挖后桩顶下500mm处用钢尺量，D为桩径

4.11 水泥土搅拌桩地基

4.11.1 施工前应检查水泥及外掺剂的质量、桩位、搅拌机工作性能及各种计量设备完好程度（主要是水泥浆流量计及其他计量装置）。

4.11.2 施工中应检查机头提升、水泥浆或水泥注入量、搅拌桩的长度及标高。

4.11.3 施工结束后，应检查桩体强度、桩体直径及地基承载力。

4.11.4 进行强度检验时，对承重水泥土搅拌桩应取 90d 后的试件；对支护水泥土搅拌桩应取 28d 后的试件。

4.11.5 水泥土搅拌桩地基质量检验标准应符合表 4.11.5 的规定。

表 4.11.5 水泥土搅拌桩地基质量检验标准

项	序	检查项目	允许偏差或允许值	检查方法
主控项目	1	水泥及外掺剂质量	设计要求	查产品合格证书或抽样送检
	2	水泥用量	参数指标	查看流量计
	3	桩径	<0.04D	用钢尺量，D 为桩径
	4	桩底标高	±200mm	测机头深度
	5	桩体强度	设计要求	按规定方法
	6	地基承载力	设计要求	按规定方法
一般项目	1	机头提升速度	≤0.5m/min	量机头上升距离及时间
	2	桩顶标高	+100mm，-50mm	水准仪（最上部 500mm 不计入）
	3	桩位偏差	<50mm	用钢尺量
	4	垂直度	≤1.5%	经纬仪
	5	搭接	>200mm	用钢尺量

4.12 土和灰土挤密桩复合地基

4.12.1 施工前应对土及灰土的质量、桩孔放样位置等做检查。

4.12.2 施工中应对桩孔直径、桩孔深度、夯击次数、填料的含水量等做检查。

4.12.3 施工结束后，应检验成桩的质量及地基承载力。

4.12.4 土和灰土挤密桩复合地基质量检验标准应符合表 4.12.4 的规定。

表 4.12.4 土和灰土挤密桩复合地基质量检验标准

项	序	检查项目	允许偏差或允许值	检查方法
主控项目	1	桩体及桩间土干密度	设计要求	现场取样检查
	2	桩长	+500mm	测桩管长度或垂球测孔深
	3	桩径	-20mm	用钢尺量
	4	地基承载力	设计要求	按规定方法

续表 4.12.4

项	序	检 查 项 目	允许偏差或允许值	检 查 方 法
一般项目	1	土料有机质含量	≤5%	试验室焙烧法
	2	石灰粒径	≤5mm	筛分法
	3	桩位偏差	满堂布桩≤0.40D，条基布桩≤0.25D	用钢尺量，D为桩径
	4	垂直度	≤1.5%	用经纬仪测桩管

注：桩径允许偏差负值是指个别断面。

4.13 水泥粉煤灰碎石桩复合地基

4.13.1 水泥、粉煤灰、砂及碎石等原材料应符合设计要求。

4.13.2 施工中应检查桩身混合料的配合比、坍落度和提拔钻杆速度（或提拔套管速度）、成孔深度、混合料灌入量等。

4.13.3 施工结束后，应对桩顶标高、桩位、桩体质量、地基承载力以及褥垫层的质量做检查。

4.13.4 水泥粉煤灰碎石桩复合地基的质量检验标准应符合表4.13.4的规定。

表 4.13.4 水泥粉煤灰碎石桩复合地基质量检验标准

项	序	检 查 项 目	允许偏差或允许值	检 查 方 法
主控项目	1	原材料	设计要求	查产品合格证书或抽样送检
	2	桩径	−20mm	用钢尺量或计算填料量
	3	桩长	+100mm	测桩管长度或垂球测孔深
	4	桩身完整性	按桩基检测技术规范	按桩基检测技术规范
	5	地基承载力	设计要求	按规定的方法
	6	桩身强度	设计要求	查28d试块强度
一般项目	1	桩位偏差	满堂布桩≤0.40D，条基布桩≤0.25D	用钢尺量，D为桩径
	2	桩垂直度	≤1.5%	用经纬仪测桩管
	3	褥垫层夯填度	≤0.9	用钢尺量

注：1 夯填度指夯实后的褥垫层厚度与虚体厚度的比值；
　　2 桩径允许偏差负值是指个别断面。

4.14 夯实水泥土桩复合地基

4.14.1 水泥及夯实用土料的质量应符合设计要求。

4.14.2 施工中应检查孔位、孔深、孔径、水泥和土的配比、混合料含水量等。

4.14.3 施工结束后，应对桩体质量及复合地基承载力做检验，褥垫层应检查其夯填度。

4.14.4 夯实水泥土桩的质量检验标准应符合表4.14.4的规定。

4.14.5 夯扩桩的质量检验标准可按本节执行。

表 4.14.4 夯实水泥土桩复合地基质量检验标准

项	序	检查项目	允许偏差或允许值	检查方法
主控项目	1	桩径	−20mm	用钢尺量
	2	桩长	+500mm	测桩孔深度
	3	桩体干密度	设计要求	现场取样检查
	4	水泥质量	设计要求	查产品质量合格证书或抽样送检
	5	地基承载力	设计要求	按规定的方法
一般项目	1	土料有机质含量	≤5%	焙烧法
	2	含水量(与最优含水量比)	±2%	烘干法
	3	土料粒径	≤20mm	筛分法
	4	桩位偏差	满堂布桩≤0.40D，条基布桩≤0.25D	用钢尺量，D为桩径
	5	桩孔垂直度	≤1.5%	用经纬仪测桩管
	6	褥垫层夯填度	≤0.9	用钢尺量

注：1 夯填度指夯实后的褥垫层厚度与虚体厚度的比值；
2 桩径允许偏差负值是指个别断面。

4.15 砂桩地基

4.15.1 施工前应检查砂料的含泥量及有机质含量、样桩的位置等。

4.15.2 施工中检查每根砂桩的桩位、灌砂量、标高、垂直度等。

4.15.3 施工结束后，应检验被加固地基的强度或承载力。

4.15.4 砂桩地基的质量检验标准应符合表4.15.4的规定。

表 4.15.4 砂桩地基质量检验标准

项	序	检查项目	允许偏差或允许值	检查方法
主控项目	1	灌砂量	≥95%	实际用砂量与计算体积比
	2	桩长	+200mm	量孔深及钻具长度
	3	地基强度	设计要求	按规定方法
	4	地基承载力	设计要求	按规定方法
一般项目	1	砂料的含泥量	≤3%	试验室测定
	2	砂料的有机质含量	≤5%	焙烧法
	3	桩位	≤50mm	用钢尺量
	4	砂桩标高	±150mm	水准仪
	5	垂直度	≤1.5%	经纬仪检查桩管垂直度

4.16 石灰桩复合地基

4.16.1 施工前应检查石灰及掺合料质量，满足设计要求。

4.16.2 施工中检查成孔深度、孔位、孔径、每次填料量等。
4.16.3 施工结束应检查桩体质量和地基承载力。
4.16.4 石灰桩复合地基质量检验标准应符合表4.16.4的规定。

表4.16.4 石灰桩复合地基质量检验标准

项	序	检查项目	允许偏差或允许值	检查方法
主控项目	1	桩径	—20mm	用钢尺量
	2	桩长	+500mm	测桩孔深度
	3	桩体强度	设计要求	按规定方法
	4	地基承载力	设计要求	按规定方法
一般项目	1	石灰粒径	≤5mm	筛分法
	2	有效氧化钙含量	设计要求	实验室测定
	3	掺合料含水量	±2%	烘干法
	4	桩位偏差	满堂布桩≤0.40D，条基布桩≤0.25D	用钢尺量，D为桩径
	5	桩孔垂直度	≤1.5%	用经纬仪测桩管

4.17 柱锤冲扩桩复合地基

4.17.1 施工前应检查填充材料的质量使其满足设计要求。
4.17.2 施工中应检查桩位、桩径、灌料量、标高、垂直度等。
4.17.3 施工结束后，应对桩体质量及复合地基承载力做检验，褥垫层应检查其夯填度。
4.17.4 柱锤冲扩桩的质量检验标准应符合表4.17.4的规定。

表4.17.4 柱锤冲扩桩复合地基质量检验标准

项	序	检查项目	允许偏差或允许值	检查方法
主控项目	1	灌料量	+10%	实际用料量与计算体积比
	2	桩径	—20mm	用钢尺量
	3	桩长	+500mm	用钢尺量
	4	桩体强度	设计要求	按规定方法
	5	地基承载力	设计要求	按规定方法
一般项目	1	填料的含泥量	≤3%	试验室测定
	2	填料的有机质含量	≤5%	焙烧法
	3	桩位	≤50mm	用钢尺量
	4	桩顶标高	±150mm	水准仪
	5	垂直度	≤1.5%	经纬仪检查桩管垂直度

4.18 单液硅化地基

4.18.1 施工中应检查灌注溶液（水玻璃）的模数、相对密度、用量、灌注孔的间距、压力等。
4.18.2 施工结束后，应对地基进行承载力及其均匀性进行检验。必要时，尚应在加固土的全部深度内，每隔1m取土样进行室内试验，测定其压缩性和湿陷性。还应对已加固地基进行沉降观测，直至沉降稳定。
4.18.3 单液硅化地基质量检验标准应符合表4.18.3的规定。

表 4.18.3 单液硅化地基质量检验标准

项	序	检查项目	允许偏差或允许值	检查方法
主控项目	1	溶液用量	设计要求	实际用量与计算体积比
	2	溶液模数	2.5～3.3	抽样送检
	3	溶液相对密度	1.13～1.15	抽样送检
	4	灌注孔深度	±200mm	量灌注管长度
	5	地基承载力及均匀性	设计要求	按规定方法
一般项目	1	灌注孔间距：压力灌注 溶液自渗	0.8～1.20m 0.40～0.60m	用钢尺量
	2	灌注压力	≤200kPa	检查压力表读数

4.19 碱液地基

4.19.1 施工中应检查灌注孔直径、填料粒径、碱液的质量、浓度、温度、灌注速度等。

4.19.2 施工结束后，应对加固土体进行无侧限抗压强度试验和水稳定性试验。还应对已加固地基进行沉降观测，直至沉降稳定。

4.19.3 碱液地基质量检验标准应符合表 4.19.3 的规定。

表 4.19.3 碱液地基质量检验标准

项	序	检查项目	允许偏差或允许值	检查方法
主控项目	1	碱液灌入量	35～45kg/m³	称重
	2	碱液浓度	90～100g/L	抽样送检
	3	灌注前容器中碱液温度 灌注中容器中碱液温度	≥90℃ ≥80℃	检查温度计读数
	4	加固土体强度	设计要求	按规定方法
一般项目	1	灌注孔直径	60～100mm	用钢尺量
	2	注液管下端石子粒径 注液管以上300mm高度内石子粒径	20～40mm 2～5mm	筛分法
	3	灌注速度	2～5L/min	检查流量计读数

5 桩基础工程

5.1 一般规定

5.1.1 桩位的放样允许偏差如下：

群桩　　20mm；

单排桩   10mm。

5.1.2 桩基工程的桩位验收,除设计有规定外,应按下述要求进行:

1 当桩顶设计标高与施工场地标高相同时,或桩基施工结束后,有可能对桩位进行检查时,桩基工程的验收应在施工结束后进行。

2 当桩顶设计标高低于施工场地标高,送桩后无法对桩位进行检查时,对打入桩可在每根桩顶沉至场地标高时,进行中间验收,待全部桩施工结束,承台或底板开挖到设计标高后,再做最终验收。对灌注桩可对护筒位置做中间验收。

5.1.3 打(压)入桩(预制混凝土方桩、先张法预应力管桩、钢桩)的桩位偏差,必须符合表5.1.3的规定。斜桩倾斜度的偏差不得大于倾斜角正切值的15%(倾斜角系桩的纵向中心线与铅垂线间夹角)。

表 5.1.3 预制桩(钢桩)桩位的允许偏差 (mm)

序号	项目	允许偏差
1	盖有基础梁的桩:垂直基础梁的中心线 沿基础梁的中心线	100+0.01H 150+0.01H
2	桩数为1~3根桩基中的桩	100
3	桩数为4~16根桩基中的桩	1/2桩径或边长
4	桩数大于16根桩基中的桩:最外边的桩中间桩	1/3桩径或边长 1/2桩径或边长

注：H为施工现场地面标高与桩顶设计标高的距离。

5.1.4 灌注桩、钻孔压浆桩的桩位偏差必须符合表5.1.4的规定,桩顶标高至少要比设计标高高出0.5m,桩底清孔质量按不同的成桩工艺有不同的要求,应按本章的各节要求执行。每浇注50m³必须有1组试件,小于50m³的桩,每根必须有1组试件。

表 5.1.4 灌注桩、钻孔压浆桩的平面位置和垂直度的允许偏差

序号	成孔方法		桩径允许偏差(mm)	垂直度允许偏差(%)	桩位允许偏差 (mm)	
					1~3根、单排桩垂直于中心线方向和群桩基础的边桩	条形桩基沿中心线方向和群桩基础的中间桩
1	泥浆护壁钻孔桩	D≤1000mm	±50	<1	D/6,且不大于100	D/4,且不大于150
		D>1000mm	±50	<1	100+0.01H	150+0.01H
2	套管成孔灌注桩	D≤500mm	−20	<1	70	150
		D>500mm	−20	<1	100	150
3	干成孔灌注桩		−20	<1	70	150
4	人工挖孔桩	混凝土护壁	+50	<0.5	50	150
		钢套管护壁	+50	<1	100	200

注：1 桩径允许偏差的负值是指个别断面;
　　2 采用复打、反插法施工的桩,其桩径允许偏差不受上表限制;
　　3 H为施工现场地面标高与桩顶设计标高的距离,D为设计桩径。

5.1.5 工程桩应进行承载力检验。对于地基基础设计等级为甲级或地质条件复杂，成桩质量可靠性低的灌注桩及钻孔压浆桩，应采用静载荷试验的方法进行检验，检验桩数不应少于总数的1％，且不应少于3根，当总桩数少于50根时，不应少于2根。

5.1.6 桩身质量应进行检验。对设计等级为甲级或地质条件复杂，成桩质量可靠性低的灌注桩及钻孔压浆桩，抽检数量不应少于总数的30％，且不应少于20根；其他桩基工程的抽检数量不应少于总数的20％，且不应少于10根；对混凝土预制桩及地下水位以上且终孔后经过核验的灌注桩，检验数量不应少于总桩数的10％，且不得少于10根。每个柱子承台下不得少于1根。

5.1.7 对砂、石子、钢材、水泥等原材料的质量、检验项目、批量和检验方法，应符合国家现行标准的规定。

5.1.8 除本标准第5.1.5、5.1.6条规定的主控项目外，其他主控项目应全部检查，对一般项目，除已明确规定外，其他可按20％抽查，但混凝土桩应全部检查。

5.1.9 桩基础工程施工质量验收必须具备的统一资料：
  1 岩土工程勘察报告；
  2 桩基设计图纸、设计要求、设计交底、设计变更、洽商记录；
  3 地基处理分项工程施工组织设计或施工方案、技术交底记录；
  4 工程定位测量记录；
  5 施工记录；
  6 成桩施工记录及桩位编号图；
  7 桩体质量及基桩承载力检测报告；
  8 见证取样记录；
  9 隐蔽工程检查记录；
  10 检验批、分项工程质量验收记录；
  11 各种原材料出厂合格证和试验报告；
  12 临近建筑物和地下设施类型、分布及结构质量情况记录；
  13 混凝土配合比报告；
  14 工程竣工图。

5.2 静 力 压 桩

5.2.1 静力压桩包括锚杆静压桩及其他各种非冲击力沉桩。

5.2.2 施工前应对成品桩（锚杆静压成品桩一般均由工厂制造，运至现场堆放）做外观及强度检验，接桩用焊条或半成品硫磺胶泥应有产品合格证书，或送有关部门检验，压桩用压力表、锚杆规格及质量也应进行检查。硫磺胶泥半成品应每100kg做一组试件（3件）。

5.2.3 压桩过程中应检查压力、桩垂直度、接桩间歇时间、桩的连接质量及压入深度。重要工程应对电焊接桩的接头做10％的探伤检查。对承受反力的结构应加强观测。

5.2.4 施工结束后，应做桩的承载力及桩体质量检验。

5.2.5 锚杆静压桩质量检验标准应符合表5.2.5的规定。

表 5.2.5 静力压桩质量检验标准

项	序	检查项目		允许偏差或允许值	检查方法
主控项目	1	桩体质量检验		按基桩检测技术规范	按基桩检测技术规范
	2	桩位偏差		见本标准表5.1.3	用钢尺量
	3	承载力		按基桩检测技术规范	按基桩检测技术规范
一般项目	1	成品桩质量：外观 外形尺寸 强度		表面平整，颜色均匀，掉角深度<10mm，蜂窝面积小于总面积0.5% 见本标准表5.4.5 满足设计要求	直观 见本标准表5.4.5 查产品合格证书或钻芯试压
	2	硫磺胶泥质量（半成品）		设计要求	查产品合格证书或抽样送检
	3	接桩	电焊接桩：焊缝质量 电焊结束后停歇时间	见本标准表5.5.4-2 >1.0min	见本标准表5.5.4-2 秒表测定
			硫磺胶泥接桩： 胶泥浇注时间 浇注后停歇时间	<2min >7min	秒表测定
	4	电焊条质量		设计要求	查产品合格证书
	5	压桩压力（设计有要求时）		±5%	查压力表读数
	6	接桩时上下节平面偏差 接桩时节点弯曲矢高		<10mm <1/1000L	用钢尺量 用钢尺量，L为两节桩长
	7	桩顶标高		±50mm	水准仪

5.3 先张法预应力管桩

5.3.1 施工前应检查进入现场的成品桩，接桩用电焊条等产品质量。

5.3.2 施工过程中应检查桩的贯入情况、桩顶完整状况、电焊接桩质量、桩体垂直度、电焊后的停歇时间。重要工程应对电焊接头做10%的焊缝探伤检查。

5.3.3 施工结束后，应做承载力检验及桩体质量检验。

5.3.4 先张法预应力管桩的质量检验应符合表5.3.4的规定。

表5.3.4 先张法预应力管桩质量标准

项	序	检查项目		允许偏差或允许值	检查方法
主控项目	1	桩体质量检验		按基桩检测技术规范	按基桩检测技术规范
	2	桩位偏差		见本标准表5.1.3	用钢尺量
	3	承载力		按基桩检测技术规范	按基桩检测技术规范
一般项目	1	成品桩质量	外观	无蜂窝、露筋、裂缝、色感均匀、桩顶处无孔隙	直观
			桩径 管壁厚度 桩尖中心线 顶面平整度 桩体弯曲	±5mm ±5mm <2mm 10mm <1/1000L	用钢尺量 用钢尺量 用钢尺量 用水平量 用钢尺量，L为桩长

续表 5.3.4

项	序	检查项目	允许偏差或允许值	检查方法
一般项目	2	接桩：焊缝质量 电焊结束后停歇时间 上下节平面偏差 节点弯曲矢高	见本标准表 5.5.4-2 ＞1.0min ＜10mm ＜1/1000L	见本标准表 5.5.4-2 秒表测定 用钢尺量 用钢尺量，L 为两节桩长
	3	停锤标准	设计要求	现场实测或查沉桩记录
	4	桩顶标高	±50mm	水准仪

5.4 混凝土预制桩

5.4.1 桩在现场预制时，应对原材料、钢筋骨架（见表 5.4.1）、混凝土强度进行检查；采用工厂生产的成品桩时，桩进场后应进行外观及尺寸检查。

表 5.4.1 预制桩钢筋骨架质量检验标准（mm）

项	序	检查项目	允许偏差或允许值	检查方法
主控项目	1	主筋距桩顶距离	±5	用钢尺量
	2	多节桩锚固钢筋位置	5	用钢尺量
	3	多节桩预埋铁件	±3	用钢尺量
	4	主筋保护层厚度	±5	用钢尺量
一般项目	1	主筋间距	±5	用钢尺量
	2	桩尖中心线	10	用钢尺量
	3	箍筋间距	±20	用钢尺量
	4	桩顶钢筋网片	±10	用钢尺量
	5	多节桩锚固钢筋长度	±10	用钢尺量

5.4.2 施工中应对桩体垂直度、沉桩情况、桩顶完整状况、接桩质量等进行检查，对电焊接桩，重要工程应做 10% 的焊缝探伤检查。

5.4.3 施工结束后，应对承载力及桩体质量做检验。

5.4.4 对长桩或总锤击数超过 500 击的锤击桩，应符合强度及 28d 龄期的两项条件才能锤击。

5.4.5 钢筋混凝土预制桩的质量检验标准应符合表 5.4.5 的规定。

表 5.4.5 钢筋混凝土预制桩质量检验标准

项	序	检查项目	允许偏差或允许值	检查方法
主控项目	1	桩体质量检验	按基桩检测技术规范	按基桩检测技术规范
	2	桩位偏差	见本标准表 5.1.3	用钢尺量
	3	承载力	按基桩检测技术规范	按基桩检测技术规范

续表 5.4.5

项	序	检查项目	允许偏差或允许值	检查方法
一般项目	1	砂、石、水泥、钢材等原材料（现场预制时）	符合设计要求	查出厂质保文件或抽样送检
	2	混凝土配合比及强度（现场预制时）	符合设计要求	检查称量及查试块记录
	3	成品桩外形	表面平整，颜色均匀，掉角深度<10mm，蜂窝面积小于总面积0.5%	直观
	4	成品桩裂缝（收缩裂缝或起吊、装运、堆放引起的裂缝）	深度<20mm，宽度<0.25mm，横向裂缝不超过边长的一半	裂缝测定仪，该项在地下水有侵蚀地区及锤击数超过500击的长桩不适用
	5	成品桩尺寸：横截面边长 桩顶对角线差 桩尖中心线 桩身弯曲矢高 桩顶平整度	±5mm <10mm <10mm <1/1000L <2	用钢尺量 用钢尺量 用钢尺量 用钢尺量，L为桩长 用水平尺量
	6	电焊接桩：焊缝质量 电焊结束后停歇时间 上下节点平面偏差 节点弯曲矢高	见本标准表5.5.4-2 >1.0min <10mm <1/1000L	见本标准表5.5.4-2 秒表测定 用钢尺量 用钢尺量，L为两节桩长
	7	硫磺胶泥接桩：胶泥浇注时间 浇注后停歇时间	<2min >7min	秒表测定 秒表测定
	8	桩顶标高	±50mm	水准仪
	9	停锤标准	设计要求	现场实测或查沉桩记录

5.5 钢 桩

5.5.1 施工前应检查进入现场的成品钢桩，成品桩的质量标准应符合本标准表5.5.4-1的规定。

5.5.2 施工中应检查钢桩的垂直度、沉入过程、电焊连接质量、电焊后的停歇时间、桩顶锤击后的完整状况。电焊质量除常规检查外，应做10%的焊缝探伤检查。

5.5.3 施工结束后应做承载力检验。

5.5.4 钢桩施工质量检验标准应符合表5.5.4-1及表5.5.4-2的规定。

表 5.5.4-1 成品钢桩质量检验标准表

项	序	检查项目	允许偏差或允许值	检查方法
主控项目	1	钢桩外径或断面尺寸：桩端 桩身	±0.5%D ±1D	用钢尺量，D 为外径或边长
	2	矢高	<1/1000L	用钢尺量，L 为桩长
一般项目	1	长度	+10mm	用钢尺量
	2	端部平整度	≤2mm	用水平尺量
	3	H 钢桩的方正度 h>300mm h<300mm	T+T'≤8mm T+T'≤6mm	用钢尺量，h、T、T'见图示
	4	端部平面与桩中心线的倾斜值	≤2mm	用水平尺量

表 5.5.4-2 钢桩施工质量检验标准

项	序	检查项目	允许偏差或允许值	检查方法
主控项目	1	桩位偏差	见本标准表 5.1.3	用钢尺量
	2	承载力	按基桩检测技术规范	按基桩检测技术规范
一般项目	1	电焊接桩焊缝： （1）上下节端部错口 （外径≥700mm） （外径<700mm） （2）焊缝咬边深度 （3）焊缝加强层高度 （4）焊缝加强层宽度 （5）焊缝电焊质量外观 （6）焊缝探伤检验	 ≤3mm ≤2mm ≤0.5mm 2mm 2mm 无气孔，无焊瘤，无裂缝 满足设计要求	 用钢尺量 用钢尺量 焊缝检查仪 焊缝检查仪 焊缝检查仪 直观 按设计要求
	2	电焊结束后停歇时间	>1.0 min	秒表测定
	3	节点弯曲矢高	<1/1000L	用钢尺量，L 为两节桩长
	4	桩顶标高	±50mm	水准仪
	5	停锤标准	设计要求	用钢尺量或沉桩记录

5.6 混凝土灌注桩

5.6.1 施工前应对水泥、砂、石子（如现场搅拌）、钢材等原材料进行检查，对施工组织设计中制定的施工顺序、监测手段（包括仪器、方法）也应检查。

5.6.2 施工中就对成孔、清渣、放置钢筋笼、灌注混凝土等进行全过程检查,人工挖孔桩尚应复验孔底持力层(岩)性。嵌岩桩必须有桩端持力层的岩性报告。

5.6.3 施工结束后,应检查混凝土强度,并应做桩体质量及承载力的检验。

5.6.4 混凝土灌注桩的质量检验标准应符合表5.6.4-1及表5.6.4-2的规定。

表5.6.4-1 混凝土灌注桩钢筋笼质量检验标准 (mm)

项目	序	检查项目	允许偏差或允许值	检查方法
主控项目	1	主筋间距	±10	用钢尺量
	2	长度	±100	用钢尺量
一般项目	1	钢筋材质检验	设计要求	抽样送检
	2	箍筋间距	±20	用钢尺量
	3	直径	±10	用钢尺量

表5.6.4-2 混凝土灌注桩质量检验标准

项目	序	检查项目	允许偏差或允许值	检查方法
主控项目	1	桩位	见本标准表5.1.4	基坑开挖前量护筒,开挖后量桩中心
	2	孔深	+300mm	只深不浅,用重锤测,或测钻杆、套管长度,嵌岩桩应确保进入设计要求的嵌岩深度
	3	桩体质量检验	按基桩检测技术规范。如钻芯取样,大直径嵌岩桩应钻至桩尖下50cm	按基桩检测技术规范
	4	混凝土强度	设计要求	试件报告或钻芯取样送检
	5	承载力	按基桩检测技术规范	按基桩检测技术规范
一般项目	1	垂直度	见本标准表5.1.4	测套管或钻杆,或用超声波探测,干施工时吊垂球
	2	桩径	见本标准表5.1.4	井径仪或超声波检测,干施工时用钢尺量,人工挖孔桩不包括内衬厚度
	3	泥浆比重(黏土或砂性土中)	1.15~1.20	用比重计测,清孔后在距孔底50cm处取样
	4	泥浆面标高(高于地下水位)	0.5~1.0m	测绳
	5	沉渣厚度:端承桩 摩擦桩	≤50mm ≤150mm	用沉渣仪或重锤测量
	6	混凝土坍落度:水下灌注 干施工	160~220mm 70~100mm	坍落度仪
	7	钢筋笼安装深度	±100mm	用钢尺量
	8	混凝土充盈系数	>1	检查每根桩的实际灌注量
	9	桩顶标高	+30mm,-50mm	水准仪,需扣除桩顶浮浆层及劣质桩体

5.6.5 人工挖孔桩、嵌岩桩的质量检验标准应按本节执行。

5.7 钻孔压浆桩

5.7.1 施工前应对水泥、砂、石子、钢材等原材料进行检查，对施工组织设计中制定的施工顺序、监测手段（包括仪器、方法）等也应检查。

5.7.2 施工中应对成孔、清渣、放置钢筋笼、投料、水灰比、注浆压力、提钻速度、补浆压力等进行全过程检查，应复验孔底持力层土（岩）性，嵌岩桩必须有桩端持力层的岩性报告。

5.7.3 施工结束后应检查混凝土强度，并作桩体质量及承载力检验。

5.7.4 钢筋笼质量检验标准见本标准表5.6.4-1。

5.7.5 钻孔压浆桩的质量检验标准应符合表5.7.5的规定。

表5.7.5 钻孔压浆桩质量检验标准

项序		检查项目	允许偏差或允许值	检查方法
主控项目	1	桩位	见本标准5.1.4	基坑开挖前量护筒，开挖后量桩中心
	2	孔深	+300mm	只深不浅，用重锤测，或测钻杆、套管长度，嵌岩桩应确保进入设计要求的嵌岩深度
	3	桩体质量检验	按基桩检测技术规范	按基桩检测技术规范
	4	注浆体强度	设计要求	钻芯取样送检
	5	承载力	按基桩检测技术规范	按基桩检测技术规范
一般项目	1	垂直度	≤1%	测钻杆，或用超声波探测
	2	桩径	−20mm	井径仪或超声波检测
	3	钢筋笼安装深度	±100mm	用钢尺量
	4	混凝土充盈系数	>1	检查每根桩的实际灌注量
	5	桩顶标高	+30mm，−50mm	水准仪，需扣除桩顶浮浆层及劣质桩体
	6	注浆压力	4～8MPa	检查压力表读数
	7	补浆压力	2～4MPa	检查压力表读数

6 基坑支护工程

6.1 一般规定

6.1.1 在基坑（槽）或管沟工程等开挖施工中，现场不宜进行放坡开挖，当可能对邻近建（构）筑物、地下管线、永久性道路产生危害时，应对基坑（槽）、管沟进行支护后再开挖。

6.1.2 基坑（槽）、管沟开挖前应做好下述工作：

1 基坑（槽）、管沟开挖前，应根据支护结构形式、挖深、地质条件、施工方法、周围环境、工期、气候和地面荷载等资料制定施工方案、环境保护措施、检测方案，经审批后方可施工。

2 土方工程施工前，应对降水、排水措施进行设计，系统应经检查和试运转，一切正常时方可开始施工。

3 有关围护结构的施工质量验收可按本标准第4章、第5章及本章第6.2、6.3、6.4、6.5、6.6、6.7、6.8节的规定执行，验收合格后放开执行土方开挖。

6.1.3 土方开挖的顺序、方法必须与设计工况相一致，并遵循"开槽支撑，先撑后挖，分层开挖，严禁超挖"的原则。

6.1.4 基坑（槽）、管沟的挖土应分层进行。在施工过程中基坑（槽）、管沟边堆置土方不应超过设计荷载，挖方时不应碰撞或损伤支护结构、降水设施。

6.1.5 基坑（槽）、管沟土方施工中应对支护结构，周围环境进行观察和监测，如出现异常情况应及时处理，待恢复正常后方可继续施工。

6.1.6 基坑（槽）、管沟开挖至设计标高后，应对坑底进行保护，经验槽合格后，方可进行垫层施工。对特大型基坑，宜分区分块挖至设计标高，分区分块及时浇筑垫层。必要时，可加强垫层。

6.1.7 基坑（槽）、管沟土方工程验收时必须确保支护结构安全和周围环境安全为前提。当设计有指标时，以设计要求为依据，如无设计指标时应按照表6.1.7规定执行。

表6.1.7 基坑变形的监控值（cm）

基坑类别	围护结构墙顶位移监控值	围护结构墙体最大位移监控值	地面最大沉降监控值
一级基坑	3	5	3
二级基坑	6	8	6
三级基坑	8	10	10

注：1 符合下列情况之一，为一级基坑：
　　1）重要工程或支护结构作主体结构的一部分；
　　2）开挖深度大于10m；
　　3）与临近建筑物、重要设施的距离在开挖深度以内的基坑；
　　4）基坑范围内有历史文物，近代优秀建筑，重要管线等需要严加保护的基坑。
　　2 三级基坑为开挖深度小于7m，且周围环境无特别要求时的基坑。
　　3 除一级和三级外的基坑属二级基坑。
　　4 当周围已有的设施有特殊要求时，尚应符合这些要求。

6.1.8 基坑支护工程施工质量验收必须具备的资料：

1 岩土工程勘察报告；

2 临近建筑物和地下设施类型、分布及结构质量情况记录；

3 支护工程设计图纸、设计要求、设计交底、设计变更及洽商记录；

4 经审批后的支护工程设计（根据各地区关于基坑支护设计审查的要求）；

5 基坑支护分项工程施工组织设计或施工方案、技术交底记录；

6 工程定位测量记录；

7 施工记录；

8 见证取样记录；

9 隐蔽工程检查记录；

10 各种原材料出厂合格证和试验报告；

11 检验批、分项工程质量验收记录；

12 混凝土配合比报告（锚杆支护、土钉墙支护、水泥土桩墙支护和钢支撑不需要填写）；

13 支护结构监测记录；

14 工程竣工图。

6.2 排桩墙支护工程

6.2.1 排桩墙支护结构包括灌注桩、预制桩、板桩等类型桩构成的支护结构。

6.2.2 灌注桩、预制桩的检验标准应符合本标准第5章的规定。钢板桩均为工厂成品，新桩可按出厂标准检验，重复使用的钢板桩应符合表6.2.2-1的规定，混凝土板桩应符合表6.2.2-2的规定。

表6.2.2-1 重复使用的钢板桩检验标准

序号	检查项目	允许偏差或允许值	检查方法
1	桩垂直度	<1%	用钢尺量
2	桩身弯曲度	<2%L	用钢尺量，L为桩长
3	齿槽平直光滑度	无电焊渣或毛刺	用1m长的桩段做通过试验
4	桩长度	不小于设计长度	用钢尺量

表6.2.2-2 混凝土板桩制作标准

项目	序	检查项目	允许偏差或允许值	检查方法
主控项目	1	桩长度	+10mm, 0mm	用钢尺量
	2	桩身弯曲度	<0.1%L	用钢尺量，L为桩长
一般项目	1	保护层厚度	±5mm	用钢尺量
	2	横截面相对两面之差	5mm	用钢尺量
	3	桩尖对桩轴线的位移	10mm	用钢尺量
	4	桩厚度	+10mm, 0mm	用钢尺量
	5	凹凸槽尺寸	±3mm	用钢尺量

6.2.3 排桩墙支护的基坑，开挖后应及时支护，每一道支撑施工应确保基坑变形在设计要求的控制范围内。

6.2.4 在含水层范围内的排桩墙支护基坑，应有确实可靠的止水措施，确保基坑施工及邻近建（构）筑物的安全。

6.3 水泥土桩墙支护工程

6.3.1 水泥土桩墙支护结构指水泥土搅拌桩（包括加筋水泥土搅拌桩）、高压喷射注浆桩所构成的围护结构。

6.3.2 水泥土搅拌桩及高压喷射注浆桩的质量检验应满足本标准第4章相关规定。

6.3.3 加筋水泥土桩应符合表6.3.3的规定。

表6.3.3 加筋水泥土桩质量检验标准

项	序号	检查项目	允许偏差或允许值	检查方法
主控项目	1	型钢长度	±10mm	用钢尺量
一般项目	1	型钢垂直度	<1%	经纬仪
	2	型钢插入标高	±30mm	水准仪
	3	型钢插入平面位置	10mm	用钢尺量

6.4 锚杆支护工程

6.4.1 施工中应对锚杆位置，钻孔直径、深度及角度、插入长度，注浆配比、压力及注浆量锚杆应力等进行检查。

6.4.2 锚杆施工完毕张力后方可进行下层土方开挖。

6.4.3 主控项目中锚杆的锁定力检查数量为总锚杆数量的5%，且不少于3根。其他主控项目和一般项目的检查数量为20%抽检。

6.4.4 锚杆支护工程质量检验应符合表6.4.4的规定。

表6.4.4 锚杆支护工程质量检验标准

项	序	检查项目	允许偏差或允许值	检查方法
主控项目	1	锚杆长度	±30mm	用钢尺量
	2	锚杆的锁定力	设计要求	现场实测
一般项目	1	锚杆位置	±100mm	用钢尺量
	2	钻孔倾斜度	±1°	测钻机倾角
	3	浆体强度	设计要求	试样送检
	4	注浆量	大于理论计算量	检查计量数据

6.5 土钉墙支护工程

6.5.1 土钉墙支护工程施工前应熟悉地质资料，设计图纸及周围环境，降水系统应确保正常工作，必需的施工设备如挖掘机、钻机、压浆泵、搅拌机等应能正常运转。

6.5.2 一般情况下，应遵循分段开挖、分段支护的原则，不宜按一次挖就再行支护的方式施工。

6.5.3 施工中应对土钉位置，钻孔直径、深度及角度，土钉插入长度，注浆配比、压力及注浆量，喷锚墙面厚度及强度、土钉应力等进行检查。

6.5.4 每段支护体施工完后，应检查坡顶或坡面位移，坡顶沉降及周围环境变化，如有异常情况应采取措施，恢复正常后方可继续施工。

6.5.5 主控项目中土钉拉力检查数量为总土钉数量的1‰，且不少于3根。一般项目中的墙面喷射混凝土厚度应采用钻孔监测，钻孔数宜为每100m² 墙面积一组，每组不应少于3点。其他主控项目和一般项目的检查数量为20％抽检。

6.5.6 土钉墙支护工程质量检验应符合表6.5.6的规定。

表6.5.6 土钉墙支护工程质量检验标准

项	序	检查项目	允许偏差或允许值	检查方法
主控项目	1	土钉长度	±30mm	用钢尺量
	2	土钉拉力	设计要求	现场实测
一般项目	1	土钉位置	±100mm	用钢尺量
	2	钻孔倾斜度	±1°	测钻机倾角
	3	浆体强度	设计要求	试样送检
	4	注浆量	大于理论计算量	检查计量数据
	5	土钉墙面厚度	±10mm	用钢尺量
	6	墙体强度	设计要求	试样送检

6.6 钢或混凝土支撑系统

6.6.1 支撑系统包括围囹及支撑，当支撑较长时（一般超过15m），还包括支撑下的立柱及相应的立柱桩。

6.6.2 施工前应熟悉支撑系统的图纸及各种计算工况，掌握开挖及支撑设置的方式、预顶力及周围环境保护的要求。

6.6.3 施工过程要严格控制开挖和支撑的程序及时间，对支撑的位置（包括立柱及立柱桩的位置）、每层开挖深度、预加顶力（如需要时）、钢围囹与围护体或支撑与围囹的密贴度应做周密检查。

6.6.4 全部支撑安装结束后，仍应维持整个系统的正常运转直至支撑全部拆除。

6.6.5 作为永久性结构的支撑系统尚应符合现行中国建筑工程总公司标准《混凝土结构工程施工质量标准》的要求。

6.6.6 主控项目中支撑点预加顶力检查数量为总支撑数量的5％，且不少于3根。其他主控项目和一般项目的检查数量为20％抽检。

6.6.7 钢或混凝土支撑系统工程质量检验标准应符合表6.6.7的规定。

表 6.6.7 钢或混凝土支撑系统工程质量检验标准

项目	序	检查项目	允许偏差或允许值	检查方法
主控项目	1	支撑位置：标高 平面	30mm 100mm	水准仪 用钢尺量
	2	预加顶力	±50kN	油泵读数或传感器
一般项目	1	围囹标高	30mm	水准仪
	2	立柱桩	参见本标准第5章	参见本标准第5章
	3	立柱位置：标高 平面	30mm 50mm	水准仪 用钢尺量
	4	开挖超深（开槽放支撑不在此范围）	<200mm	水准仪
	5	支撑安装时间	设计要求	用钟表估测

6.7 地下连续墙

6.7.1 地下连续墙均应设置导墙，导墙形式有预制及现浇两种，现浇导墙形状有"L"形或倒"L"形，可根据不同土质选用。

6.7.2 地下墙施工前宜先试成槽，以检验泥浆的配比、成槽机的选型并可复核地质资料。

6.7.3 作为永久结构的地下连续墙，其抗渗质量标准可按现行中国建筑工程总公司标准《地下防水工程施工质量标准》ZJQ 00-SG-019-2006 执行。

6.7.4 地下墙槽段间的连接接头形式，应根据地下墙的使用要求选用，且应考虑施工单位的经验，无论选用何种接头，在浇筑混凝土前，接头处必须刷干净，不留任何泥沙或污物。

6.7.5 地下墙与地下结构顶板、楼板、底板及梁之间连接可预埋钢筋或接驳器（锥螺纹或直螺纹），对接驳器也应按原材料检验要求，抽样复验。数量为每500套为一个检验批，每批应抽查3件，复验内容为外观、尺寸、抗拉试验等。

6.7.6 施工前应检验进场的钢材、电焊条。已完工的导墙应检查其净空尺寸、墙面平整度与垂直度。检查泥浆用的仪器、泥浆循环系统应完好。地下连续墙应用商品混凝土。

6.7.7 施工中应检查成槽的垂直度、槽底的淤积物厚度、泥浆相对密度、钢筋笼尺寸、浇筑导管位置、混凝土上升速度、浇筑面标高、地下墙连接面的清洗程度、商品混凝土的坍落度、锁口管或接头箱的拔出时间及速度等。

6.7.8 成槽结束后应对成槽的宽度、深度及倾斜度进行检验，重要结构每段槽段都应检查，一般结构可抽查总槽段数的20%，每段槽应抽查1个段面。

6.7.9 永久性结构的地下墙，在钢筋笼沉放后，应做二次清孔，沉渣厚度应符合要求。

6.7.10 每50m³地下墙应做1组试件，每幅槽段不得少于1组，在强度满足设计要求后方可开挖土方。

6.7.11 作为永久性结构的地下连续墙，土方开挖后应进行逐段检查，钢筋混凝土底板也应符合现行中国建筑工程总公司标准《混凝土结构工程施工质量标准》ZJQ 00-SG-

016-2006 的规定。

6.7.12 地下墙的钢筋笼检验标准应符合本标准表 5.6.4-1 的规定，其他标准符合表 6.7.12 的规定。

表 6.7.12 地下连续墙质量检验标准

项	序	项 目		允许偏差或允许值	检 查 方 法
主控项目	1	墙体强度		设计要求	查试件记录或取芯试压
	2	垂直度：永久结构 临时结构		1/300 1/150	测声波测槽仪或成槽机上的监测系统
一般项目	1	导墙尺寸	宽度 墙面平整度 导墙平面位置	W+40mm <5mm ±10mm	用钢尺量，W 为地下连续墙设计厚度 用钢尺量 用钢尺量
	2	沉渣厚度：永久结构 临时结构		≤100mm ≤200mm	重锤测或沉积物测定仪测
	3	槽深		+100mm	重锤测
	4	混凝土坍落度		180～220mm	坍落度测定器
	5	钢筋笼尺寸		见本标准表 5.6.4-1	见本标准表 5.6.4-1
	6	地下墙表面平整度	永久结构 临时结构 插入式结构	<100mm <150mm <20mm	此为均匀黏土层，松散及易塌土层由设计决定
	7	永久结构时的预埋件位置	水平向 垂直向	≤10mm ≤20mm	用钢尺量 水准仪

6.8 沉 井 与 沉 箱

6.8.1 沉井是下沉结构，必须掌握确凿的地质资料，钻孔可按下述要求进行：
1 面积在 200m² 以下（包括 200m²）的沉井（箱），应有一个钻孔（可布置在中心位置）。
2 面积在 200m² 以上的沉井（箱），在四角（圆形为相互垂直的两直径端点）应各布置一个钻孔。
3 特大沉井（箱）可根据具体情况增加钻孔。
4 钻孔底标高应深于沉井的终沉标高。
5 每座沉井（箱）应有一个钻孔提供土的各项物理力学指标、地下水位和地下水含量资料。

6.8.2 沉井（箱）的施工应由具有专业施工经验的单位承建。

6.8.3 沉井（箱）制作时，承垫木或砂垫层的采用，与沉井（箱）的结构情况、地质条件、制作高度等有关。无论采用何种形式，均应有沉井（箱）制作时的稳定计算及措施。

6.8.4 多次制作和下沉的沉井（箱），在每次制作接高时，应对下卧层作稳定复核计算，并确定确保沉井接高的稳定措施。

6.8.5 沉井采用排水封底，应确保终沉时，井内不发生管涌、涌土及沉井止沉稳定。如不能保证时，应采用水下封底。

6.8.6 沉井施工除应符合本节规定外，尚应符合现行中国建筑工程总公司标准《混凝土结构工程施工质量标准》及《地下防水工程施工质量标准》的规定。

6.8.7 沉井（箱）在施工前应对钢筋、电焊条及焊接成形的钢筋半成品进行检验。如不用商品混凝土，则应对现场的水泥、骨料做检验。

6.8.8 混凝土浇筑前，应对钢筋、模板尺寸、预埋件位置、模板的密封性进行检验。拆模后应检查浇筑质量（外观及强度），符合要求后方可下沉。浮运沉井尚需做起浮可能性检查。下沉过程中应对下沉偏差做过程控制检查。下沉后的接高应对地基强度、沉井的稳定作检查。封底结束后，应对底板的结构（有无裂缝）及渗漏做检查。有关渗漏验收标准应符合现行中国建筑工程总公司标准《地下防水工程施工质量标准》的规定。

6.8.9 沉井（箱）竣工后的验收应包括沉井（箱）的平面位置、终端标高、结构完整性、渗水等进行综合检查。

6.8.10 沉井（箱）的质量检验标准符合表6.8.10的要求。

表6.8.10 沉井（箱）的质量检验标准

项	序	项 目	允许偏差或允许值	检查方法
主控项目	1	混凝土强度	满足设计要求（下沉前必须达到70%设计强度）	查试件记录或取芯试压
	2	封底前，沉井（箱）的下沉稳定	<10mm/8h	测声波测槽仪或成槽机上的监测系统
	3	封底结束后的位置： 刃脚平均标高（与设计标高比） 刃脚平面中心线位移 四角中任何两角的底面高差	<100mm <1%H <1%L	水准仪 经纬仪，H为下沉总深度，H<10m时，控制在100mm之内 水准仪，L为两角的距离，但不超过300mm，L<10m时，控制在100mm之内
一般项目	1	钢材、对接钢筋、水泥、骨料等原材料检查	符合设计要求	查出厂质保书或抽样送检
	2	结构体外观	无裂缝，无蜂窝，孔洞，不露钢筋	直观
	3	平面尺寸：长与宽 曲线部分半径 两对角线差 预埋件	±0.5% ±0.5% 1.0% 20mm	用钢尺量，最大控制在100mm之内 用钢尺量，最大控制在50mm之内 用钢尺量 用钢尺量
	4	下沉过程中的偏差 高差 下沉过程中的偏差 平面轴线	1.5%~2.0% <1.5%H	水准仪，但最大不超过1m 经纬仪，H为下沉深度，最大应控制在300mm之内，此数值不包括高差引起的中线位移
	5	封底混凝土坍落度	180~220mm	坍落度测定器

注：主控项目3的三项偏差可同时存在，下沉总深度，系指下沉前后刃脚之高差。

7 基坑降水工程

7.1 基本规定

7.1.1 降水与排水是配合基坑开挖的安全措施,施工前应有降水与排水设计。当在基坑外降水时,应有降水范围的估算,对重要建筑物或公共设施在降水过程中应监测。

7.1.2 对不同的土质应用不同的降水形式,可分为集水明排、降水、截水和回灌等形式单独或组合使用,表 7.1.2 为常用的降水与排水形式。

表 7.1.2 降水与排水类型及适用条件

降水类型	适用条件	渗透系数(cm/s)	可能降低的水位深度(m)
集水明排		不限	5
降水	轻型井点	$10^{-2} \sim 10^{-5}$	3~6
	多级轻型井点		6~12
	喷射井点	$10^{-3} \sim 10^{-6}$	8~20
	电渗井点	$<10^{-6}$	宜配合其他形式降水使用
	深井井管	$\geqslant 10^{-5}$	>10

7.1.3 当因降水而危及基坑及周边环境安全时,宜采用截水或回灌方法。截水后,基坑中的水量或水压较大时,宜采用基坑内降水。

7.1.4 降水系统施工完后,应试运转,如发现井管失效,应采取措施使其恢复正常,如无可能恢复则应报废,另行设置新的井管。

7.1.5 降水系统运转过程中应随时检查观测孔中的水位。

7.1.6 基坑内明排水应设置排水沟及集水井,排水沟纵坡宜控制在 1‰~2‰。

7.1.7 基坑降水工程施工质量验收必须具备的资料:

1 岩土工程勘察报告;

2 临近建筑物和地下设施类型、分布及结构质量情况记录;

3 基坑降水工程设计图纸、设计要求、设计交底、设计变更及洽商记录;

4 基坑降水分项工程施工组织设计或施工方案、技术交底记录;

5 工程定位测量记录;

6 施工记录;

7 各种原材料出厂合格证和试验报告;

8 检验批、分项工程质量验收记录;

9 工程竣工图。

7.2 集水明排

7.2.1 排水沟和集水井宜布置在拟建建筑基础边净距0.4m以外,排水沟边缘离开边坡坡脚不应小于0.3m;在基坑四角或每隔30~40m应设一个集水井。

7.2.2 单独使用集水明排时,降水深度不宜大于5m。

7.2.3 排水沟底面应比挖土面低0.3~0.4m,集水井底面应比沟底面低0.5m以上。

7.2.4 集水明排质量检验标准应符合表7.2.4要求。

表7.2.4 集水明排质量检验标准

项	序	检查项目	允许偏差和允许值	检查方法
一般项目	1	排水沟坡度	1‰~2‰	目测:坑内不积水,沟内排水畅通
	2	集水井间距(与设计相比)	≤150mm	用钢尺量
	3	集水井深度(与设计相比)	≤200mm	水准仪
	4	排水沟底宽	≥400mm	用钢尺量
	5	排水沟深度	300~600mm	水准仪
	6	排水沟边坡坡度	1:1.00~1:1.50	用钢尺量
	7	集水井砾料填灌(与计算值相比)	≤5%	检查回填料用量

7.3 轻型井点

7.3.1 井点冲孔深度应比滤管底端深0.5m以上,冲孔直径应不小于300mm。

7.3.2 井点滤网和砂滤料应根据土质条件选用,当土层为砂质粉土或粉砂时,一般可选用60~80目的滤网,砂滤料可选中粗砂。

7.3.3 集水总管、滤管和泵的位置及标高应正确。

7.3.4 井点系统各部件均应安装严密,防止漏气。

7.3.5 在抽水过程中,应定时观测水量、水位、真空度。

7.3.6 轻型井点降水质量标准应符合表7.3.6的规定。

表7.3.6 轻型井点降水质量检验标准

项	序	检查项目	允许偏差和允许值	检查方法
一般项目	1	井点真空度	>60kPa	真空度表
	2	井径	±50mm	钢尺量
	3	井点插入深度(与设计相比)	≤200mm	水准仪
	4	过滤砂砾料填灌(与计算值相比)	≤5%	检查回填料用量
	5	井点垂直度	1%	插管时目测
	6	洗井效果	满足设计要求	目测
	7	井点间距(与设计相比)	≤150mm	用钢尺量

7.4 喷射井点

7.4.1 准确控制进水总管和滤管位置和标高。

7.4.2 在降水过程中，应定时观测工作水压力、地下水流量、井点的真空度和水位观测井的水位。

7.4.3 喷射井点降水质量标准应符合表7.4.3的规定。

表 7.4.3 喷射井点降水质量检验标准

项序		检 查 项 目	允许偏差和允许值	检 查 方 法
一般项目	1	井点真空度	≥93kPa	真空度表
	2	井径	±50mm	钢尺量
	3	井点插入深度（与设计相比）	≤200mm	水准仪
	4	过滤砂砾料填灌（与计算值相比）	≤5%	检查回填用量
	5	井点间距（与设计相比）	≤150mm	用钢尺量
	6	井点垂直度	1%	插管时目测
	7	洗井效果	满足设计要求	目测

7.5 管（深）井井点

7.5.1 管井点成孔直径应比井管直径大200mm。

7.5.2 深井井管直径一般为300mm，其内径一般宜大于水泵外径50mm。

7.5.3 深井井点成孔直径应比深井井管直径大300mm以上。

7.5.4 井管与孔壁间应用5～10mm的砾石填充作过滤层，地面下500mm内应用黏土填充密实。

7.5.5 质量标准应符合表7.5.5的规定。

表 7.5.5 管（深）井井点质量检验标准

项序		检 查 项 目	允许偏差和允许值	检 查 方 法
一般项目	1	孔径	±50mm	钢尺量
	2	井管插入深度（与设计相比）	≤200mm	水准仪
	3	过滤砂砾料填灌（与计算值相比）	≤5%	检查回填料用量
	4	井管间距（与设计相比）	≤150mm	用钢尺量
	5	井管垂直度	1%	插管时目测
	6	洗井效果	满足设计要求	水清砂净

7.6 电渗井点

7.6.1 阴阳极的数量应相等，阳极数量可多于阴极数量，阳极的深度应较阴极深约500mm，以露出地面200～400mm为宜，工作电流不宜大于60V，土中通电时的电流密度宜为0.5～1.0A/m²。

7.6.2 阳极埋设应垂直，严禁与阴极相碰，阳极表面可涂绝缘沥青或涂料。

7.6.3 降水期间通电时间，一般为工作通电24h后，应停电2～3h，再通电作业。

7.6.4 降水过程中，应定时观测电压、电流密度、耗电量和地下水位。

7.6.5 电渗井点质量标准应符合表7.6.5的规定。

表 7.6.5 电渗井点质量检验标准

项	序	检查项目	允许偏差和允许值	检查方法
一般项目	1	井点间距（与设计相比）	≤150mm	用钢尺量
	2	井点插入深度（与设计相比）	≤200mm	水准仪
	3	过滤砂砾填灌（与计算值相比）	≤5%	检查回填料用量
	4	电渗井点阴阳极距离：轻型井点 喷射井点	80～100mm 120～150mm	用钢尺量
	5	井点垂直度	1%	插管时目测

8 土方工程

8.1 一般规定

8.1.1 土方工程施工前应进行挖、填方的平衡计算，给定考虑土方运距最短、运程合理和各个工程项目的合理施工程序等，做好土方平衡调配，减少重复挖运。

8.1.2 土方平衡调配应尽可能与城市规划和农田水利相结合将余土一次性运到指定弃土场，做到文明施工。

8.1.3 当土方工程挖方较深时，施工单位应采取措施，防止基坑底部土的隆起并避免危害周边环境。

8.1.4 在挖方前，应做好地面排水和降低地下水位工作。

8.1.5 平整场地的表面坡度应符合设计要求，如设计无要求时，排水沟方向的坡度不应小于2‰。平整后的场地表面应逐点检查。检查点为每100～400m² 取1点，但不应少于10点；长度、宽度和边坡均为每20m取1点，每边不应少于1点。

8.1.6 土方工程施工，应经常测量和校核其平面位置、水平标高和边坡坡度。平面控制桩和水准控制点应采取可靠的保护措施，定期复测和检查。土方不应堆在基坑边缘。

8.1.7 对雨期和冬期施工还应遵守国家现行有关标准。

8.1.8 土方工程质量验收应具备的资料：

   1 岩土工程勘察报告；
   2 临近建筑物和地下设施类型、分布及结构质量情况记录；
   3 分项工程施工组织设计或施工方案、技术交底记录；
   4 铺筑厚度及压实遍数取值的根据或试验报告；
   5 填方工程基底处理记录；
   6 最优含水量选定根据或试验报告；
   7 每层填土分层压实系数测试报告和取样分布图；
   8 施工过程排水监测记录；
   9 工程定位测量记录；
   10 施工记录；

11 见证取样记录；
12 隐蔽工程检查记录；
13 各种原材料出厂合格证和试验报告；
14 检验批、分项工程质量验收记录；
15 地基验槽记录；
16 工程竣工图。

8.2 土方开挖

8.2.1 土方开挖前应检查定位放线、排水和降低地下水位系统，合理安排土方运输车的行走路线及弃土场。

8.2.2 施工过程中应检查平面位置、水平标高、边坡坡度、压实度、排水、降低地下水位系统，并随时观测周围的环境变化。

8.2.3 临时性挖方的边坡值应符合表 8.2.3 的规定。

表 8.2.3 临时性挖方边坡值

土 的 类 别		边坡值（高：宽）
砂土（不包括细砂、粉砂）		1：1.25～1：1.50
一般性黏土	硬	1：0.75～1：1.00
	硬、塑	1：1.00～1：1.25
	软	1：1.50 或更缓
碎石类土	充填坚硬、硬塑黏性土	1：0.50～1：1.00
	充填砂土	1：1.00～1：1.50

注：1 设计有要求时，应符合设计标准；
　　2 如采用降水或其他加固措施，可不受本表限制，但应计算复核；
　　3 开挖深度，对软土不应超过 4m，对硬土不应超过 8m。

8.2.4 土方开挖工程的质量检验标准应符合表 8.2.4 的规定。

表 8.2.4 土方开挖工程质量检验标准（mm）

项	序	项 目	允许偏差或允许值					检验方法
			柱基基坑基槽	挖方场地平整		管沟	地（路）面基层	
				人工	机械			
主控项目	1	标高	-50	±30	±50	-50	-50	水准仪
	2	长度、宽度（由设计中心线向两边量）	+200 -50	+300 -100	+500 -150	+100	—	经纬仪，用钢尺量
	3	边坡	设计要求					观察或用坡度尺检查
一般项目	1	表面平整度	20	20	50	20	20	用 2m 靠尺和钢尺检查
	2	基底土性	设计要求					观察或土样分析

注：地（路）面基层的偏差只适用于直接在挖、填方上做地（路）面的基层。

8.3 土方回填

8.3.1 土方回填前应清除基底的垃圾、树根等杂物，抽除坑穴积水、淤泥，验收基底标高。如在耕植土或松土上填方,应在基底压实后再进行。
8.3.2 对填方土料应按设计要求验收后方可填入。
8.3.3 填方施工过程中应检查排水措施,每层填筑厚度、含水量控制、压实程度。填筑厚度及压实遍数应根据土质,压实系数及所用机具确定。如无试验依据,应符合表 8.3.3 的规定。

表 8.3.3 填土施工时的分层厚度及压实遍数

压实机具	分层厚度(mm)	每层压实遍数
平碾	250~300	6~8
振动压实机	250~350	3~4
柴油打夯机	200~250	3~4
人工打夯	<200	3~4

8.3.4 填方施工结束后,应检查标高、边坡坡度、压实程度等,检验标准应符合表 8.3.4 的规定。

表 8.3.4 填土工程质量检验标准(mm)

项	序	项目	允许偏差或允许值					检验方法
			柱基基坑基槽	挖方场地平整		管沟	地(路)面基层	
				人工	机械			
主控项目	1	标高	-50	±30	±50	-50	-50	水准仪
	2	分层压实系数	设计要求					按规定方法
	3	边坡	设计要求					观察或用坡度尺检查
一般项目	1	回填土料	设计要求					取样检查或直观鉴别
	2	分层厚度及含水量	设计要求					水准仪及抽样检查
	3	表面平整度	20	20	30	20	20	用靠尺或水准仪

附录 A 地基与基础施工验收勘察要点

A.1 一般规定

A.1.1 所有建(构)筑物均应进行施工验槽。遇到下列情况之一时,应进行专门的施工勘察:
  1 工程地质条件复杂,详勘阶段难以查清时;
  2 开挖基槽发现土质、土层结构与勘察资料不符时;
  3 施工中边坡失稳,需查明原因,进行观察处理时;
  4 施工中,地基土受扰动,需查明其性状及工程性质时;
  5 为地基处理,需进一步提供勘察资料时;
  6 建(构)筑物有特殊要求,或在施工时出现新的岩土工程地质问题时。
A.1.2 施工勘察应针对需要解决的岩土工程问题布置工作量,勘察方法可根据具体情况选用施工验槽、钻探取样和原位测试等。

A.2 天然地基基础基槽检验要点

A.2.1 基槽开挖后，应检验下列内容：
 1 核对基坑的位置、平面尺寸、坑底标高；
 2 核对基坑土质和地下水情况；
 3 空穴、古墓、古井、防空掩体及地下埋设物的位置、深度、性状。

A.2.2 在进行直接观察时，可用袖珍式贯入仪作为辅助手段。

A.2.3 遇到下列情况之一时，应在基坑底普遍进行轻型动力触探：
 1 持力层明显不均匀；
 2 浅部有软弱下卧层；
 3 有浅埋的坑穴、古墓、古井等，直接观察难以发现时；
 4 勘察报告或设计文件规定应进行轻型动力触探时。

A.2.4 采用轻型动力触探进行基槽检验时，检验深度及间距按表 A.2.4 执行。

表 A.2.4 轻型动力触探检验深度及间距表

排列方式	基槽宽度	检验深度	检验间距
中心一排	<0.8	1.2	1.0～1.5m 视地层复杂情况定
两排错开	0.8～2.0	1.5	
梅花型	>2.0	2.1	

A.2.5 遇下列情况之一时，可不进行轻型动力触探：
 1 基坑不深处有承压水层，触探可造成冒水涌砂时；
 2 持力层为砾石层或卵石层，且厚度符合设计要求时。

A.2.6 基槽检验应填写验槽记录或检验报告。

A.3 深基础施工勘察要点

A.3.1 当预制打入桩、静力压桩或锤击沉管灌注桩的入土深度与勘察资料不符或对桩端下卧层有怀疑时，应检查桩端下主要受力层范围内的标准贯入击数和岩土工程性质。

A.3.2 在单柱单桩的大直径桩施工中，如发现地层变化异常或怀疑持力层可能存在破碎带或溶洞等情况时，应对其分布、性质、程度进行核查，评价其对工程安全的影响程度。

A.3.3 人工挖孔混凝土灌注桩应逐孔进行持力层岩土性质的描述及鉴别，当发现与勘察资料不符时，应对异常之处进行施工勘察，重新评价，并提供处理的技术措施。

A.4 地基处理工程施工勘察要点

A.4.1 根据地基处理方案，对勘察资料中场地工程地质及水文地质条件进行核查和补充；对详勘阶段遗留问题或地基处理设计中特殊要求进行有针对性的勘察，提供地基处理所需的岩土工程设计参数，评价现场施工条件及施工对环境的影响。

A.4.2 当地基处理施工中发现异常情况时，进行施工勘察，查明原因，为调整、变更设计方案提供岩土工程设计参数，并提供处理的技术措施。

A.5 地基处理工程施工勘察要点

A.5.1 施工勘察报告应包括下列主要内容：
1 工程概况；
2 目的和要求；
3 原因分析；
4 工程安全性评价；
5 处理措施及建议。

附录 B 施工现场质量管理检查记录

B.0.1 施工现场质量管理检查记录应由施工项目部按表B.0.1填写，企业质量管理部门进行检查，并做出检查结论。

当建设方不采用本标准作为地基基础工程质量的验收标准时，不需要总监理工程师参加内部验收并签署意见。

表 B.0.1 施工现场质量管理检查记录　　　　开工日期：

工程名称		施工许可证(开工证)	
建设单位		项目负责人	
设计单位		项目负责人	
监理单位		总监理工程师	
施工单位		项目经理	项目技术负责人
序号	项　　目	检 查 情 况	
1	现场质量管理制度		
2	质量责任制		
3	主要专业工种操作上岗证书		
4	分包方资质及对分包单位的管理制度		
5	施工图审查情况		
6	地质勘察资料		
7	施工组织设计及审批		
8	施工方案及审批		
9	质量检验批划分及审批		
10	技术质量交底及审批		
11	施工技术标准		
12	工程质量检验制度		
13	搅拌站及计量设置		
14	现场材料、设备存放与管理		
检查结论： 　　　　　　　　企业质量管理部门负责人： 　　　　　　　　　　　　　　　　　　　　　　年　月　日 　　　　　　　　总监理工程师（建设单位项目负责人） 　　　　　　　　　　　　　　　　　　　　　　年　月　日			

附录 C 塑料排水带的性能

C.0.1 不同型号塑料排水带的厚度应符合表 C.0.1。

表 C.0.1 不同型号塑料排水带的厚度（mm）

型 号	A	B	C	D
厚 度	>3.5	>4.0	>4.5	>6.0

C.0.2 塑料排水带的性能应符合表 C.0.2。

表 C.0.2 塑料排水带的性能

项 目		单位	A 型	B 型	C 型	条 件
纵向通水量		cm^3/s	≥15	≥25	≥40	侧压力
滤膜渗透系数		cm^3/s		≥5×10⁻⁴		试件在水中浸泡 24h
滤膜等效孔径		μm		<75		以 D_{98} 计，D 为孔径
复合体抗拉强度（干态）		kN/10cm	≥1.0	≥1.3	≥1.5	延伸率 10%时
滤膜抗拉强度	干态	N/cm	≥15	≥25	≥30	延伸率 10%时
	湿态		≥10	≥20	≥25	延伸率 15%时，试件在水中浸泡 24h
滤膜重度		N/m^2	—	0.8	—	

注：1 A 型排水带适用于插入深度小于 15m；
  2 B 型排水带适用于插入深度小于 25m；
  3 C 型排水带适用于插入深度小于 35m。

附录 D 检验批质量验收、评定记录

D.0.1 检验批质量验收记录由项目专业工长填写，项目专职质量检查员核定，参加人员应签字认可。检验批质量验收、评定记录，见表 D.0.1-1～表 D.0.1-42。

D.0.2 当建设方不采用本标准作为工程质量的验收标准时，不需要监理（建设）单位参加内部验收并签署意见。

表 D.0.1-1 灰土地基工程检验批质量验收、评定记录

工程名称		分项工程名称		验收部位	
施工总包单位		项目经理		专业工长(施工员)	
分包单位		分包项目经理		施工班组长	
施工执行标准名称及编号			设计图纸(变更)编号		

		检查项目	企业质量标准的规定	质量检查、评定情况								总包项目部验收记录
主控项目	1	地基承载力	设计要求									
	2	配合比	设计要求									
	3	压实系数	设计要求									
一般项目	1	石灰粒径	≤5mm									
	2	土粒有机质含量	≤5%									
	3	土颗粒粒径	≤15mm									
	4	含水量(与要求的含水量相比较)	±2%									
	5	分层厚度偏差(与设计要求比较)	±50mm									

施工单位检查、评定结论	本检验批实测 点,符合要求 点,符合要求率 %,不符合要求点的最大偏差为规定值的 %。依据中国建筑工程总公司《建筑工程施工质量统一标准》ZJQ00-SG-013-2006 的相关规定,评定为:合格 □ 优良 □ 项目专职质量检查员: 年 月 日
参加验收人员(签字)	分包单位项目技术负责人: 年 月 日
	专业工长(施工员): 年 月 日
	总包项目专业技术负责人: 年 月 日
监理(建设)单位验收结论	同意(不同意)施工总包单位验收意见 监理工程师(建设单位项目专业技术负责人): 年 月 日

2—46

表 D.0.1-2 砂和砂石地基工程检验批质量验收、评定记录

工程名称			分项工程名称		验收部位	
施工总包单位			项目经理		专业工长(施工员)	
分包单位			分包项目经理		施工班组长	
施工执行标准名称及编号					设计图纸(变更)编号	
检查项目			企业质量标准的规定	质量检查、评定情况		总包项目部验收记录
主控项目	1	地基承载力	设计要求			
	2	配合比	设计要求			
	3	压实系数	设计要求			
一般项目	1	砂石料有机质含量	≤5%			
	2	砂石料含泥量	≤5%			
	3	石料粒径	≤100mm			
	4	含水量(与要求的含水量相比较)	±2%			
	5	分层厚度偏差(与设计要求比较)	±50mm			
施工单位检查、评定结论			本检验批实测 点,符合要求 点,符合要求率 %,不符合要求点的最大偏差为规定值的 %。依据中国建筑工程总公司《建筑工程施工质量统一标准》ZJQ00-SG-013-2006 的相关规定,评定为:合格 □ 优良 □ 项目专职质量检查员: 年 月 日			
参加验收人员 (签字)			分包单位项目技术负责人: 年 月 日			
			专业工长(施工员): 年 月 日			
			总包项目专业技术负责人: 年 月 日			
监理(建设)单位验收结论			同意(不同意)施工总包单位验收意见 监理工程师(建设单位项目专业技术负责人): 年 月 日			

2—47

表 D.0.1-3 土工合成材料地基工程检验批质量验收、评定记录

工程名称			分项工程名称						验收部位	
施工总包单位			项目经理						专业工长(施工员)	
分包单位			分包项目经理						施工班组长	
施工执行标准名称及编号							设计图纸(变更)编号			
	检查项目		企业质量标准的规定	质量检查、评定情况						总包项目部验收记录
主控项目	1	土工合成材料强度	≤5%							
	2	土工合成材料延伸率	≤3%							
	3	地基承载力	设计要求							
一般项目	1	土工合成材料搭接长度	≥300mm							
	2	土石料有机质含量	≤5%							
	3	层面平整度	≤20mm							
	4	每层铺设厚度	±25mm							
施工单位检查、评定结论			本检验批实测　点,符合要求　点,符合要求率　%,不符合要求点的最大偏差为规定值的　%。依据中国建筑工程总公司《建筑工程施工质量统一标准》ZJQ00-SG-013-2006 的相关规定,评定为:合格□　优良□ 项目专职质量检查员: 年　月　日								
参加验收人员（签字）			分包单位项目技术负责人:　　　　　　　　　　　年　月　日							
			专业工长(施工员):　　　　　　　　　　　　　　年　月　日							
			总包项目专业技术负责人:　　　　　　　　　　　年　月　日							
监理(建设)单位验收结论			同意(不同意)施工总包单位验收意见 监理工程师(建设单位项目专业技术负责人): 年　月　日							

表 D.0.1-4　粉煤灰地基工程检验批质量验收、评定记录

工程名称		分项工程名称		验收部位	
施工总包单位		项目经理		专业工长（施工员）	
分包单位		分包项目经理		施工班组长	
施工执行标准名称及编号			设计图纸（变更）编号		

		检查项目	企业质量标准的规定	质量检查、评定情况	总包项目部验收记录
主控项目	1	压实系数	设计要求		
	2	地基承载力	设计要求		
一般项目	1	粉煤灰粒径	0.001～2.000mm		
	2	氧化铝及二氧化硅含量	≥70%		
	3	烧失量	≤12%		
	4	每层铺筑厚度	±50mm		
	5	含水量（与最优含水量比较）	±2%		

施工单位检查、评定结论	本检验批实测　点，符合要求　点，符合要求率　%，不符合要求点的最大偏差为规定值的　%。依据中国建筑工程总公司《建筑工程施工质量统一标准》ZJQ00-SG-013-2006的相关规定，评定为：合格 □　优良 □ 项目专职质量检查员： 年　月　日
参加验收人员 （签字）	分包单位项目技术负责人：　　　　　　　　　　　　年　月　日
	专业工长（施工员）：　　　　　　　　　　　　　　年　月　日
	总包项目专业技术负责人：　　　　　　　　　　　　年　月　日
监理（建设）单位验收结论	同意（不同意）施工总包单位验收意见 监理工程师（建设单位项目专业技术负责人）： 年　月　日

2—49

表 D.0.1-5　强夯地基工程检验批质量验收、评定记录

工程名称		分项工程名称		验收部位	
施工总包单位		项目经理		专业工长(施工员)	
分包单位		分包项目经理		施工班组长	
施工执行标准名称及编号				设计图纸(变更)编号	

		检查项目	企业质量标准的规定	质量检查、评定情况	总包项目部验收记录
主控项目	1	地基强度	设计要求		
	2	地基承载力	设计要求		
	3	夯击遍数及顺序	设计要求		
	4	夯锤落距	±300mm		
	5	锤重	±100kg		
一般项目	1	夯点间距	±500mm		
	2	夯击范围(超出基础范围距离)	设计要求		
	3	前后两遍间歇时间	设计要求		

施工单位检查、评定结论	本检验批实测　点，符合要求　点，符合要求率　％，不符合要求点的最大偏差为规定值的　％。依据中国建筑工程总公司《建筑工程施工质量统一标准》ZJQ00-SG-013-2006 的相关规定，评定为：合格 □　　优良 □ 专职质量检查员： 　　　　　　　　　　　　　　　　　　　　　　　　　　　　　年　月　日
参加验收人员（签字）	分包单位项目技术负责人：　　　　　　　　　　　　　　　年　月　日
	专业工长(施工员)：　　　　　　　　　　　　　　　　　　年　月　日
	总包项目专业技术负责人：　　　　　　　　　　　　　　　年　月　日
监理(建设)单位验收结论	同意(不同意)施工总包单位验收意见 监理工程师(建设单位项目专业技术负责人)： 　　　　　　　　　　　　　　　　　　　　　　　　　　　年　月　日

表 D.0.1-6 注浆地基工程检验批质量验收、评定记录

工程名称			分项工程名称		验收部位	
施工总包单位			项目经理		专业工长(施工员)	
分包单位			分包项目经理		施工班组长	
施工执行标准名称及编号					设计图纸(变更)编号	
检查项目			企业质量标准的规定		质量检查、评定情况	总包项目部验收记录
主控项目	1	原材料检验	水泥	设计要求		
			注浆用砂:粒径 细度模数 含泥量及有机物含量	<2.5mm <2.0 <3%		
			注浆用黏土:塑性指数 黏粒含量 含砂量 有机物含量	>14 >25% <5% <3%		
			粉煤灰:细度 烧失量	不粗于同时使用的水泥 <3%		
			水玻璃:模数	2.5~3.3		
			其他化学浆液	设计要求		
	2		注浆孔深	±100mm		
	3		地基承载力	设计要求		
	4		注浆体强度	设计要求		
一般项目	1		各种注浆材料称量误差	<3%		
	2		注浆孔位	±20mm		
	3		注浆压力(与设计参数比)	±10%		
施工单位 检查、评定结论			本检验批实测 点,符合要求 点,符合要求率 %,不符合要求点的最大偏差为规定值的 %。依据中国建筑工程总公司《建筑工程施工质量统一标准》ZJQ00-SG-013-2006 的相关规定,评定为:合格 □ 优良 □ 项目专职质量检查员: 年 月 日				
参加验收人员 (签字)			分包单位项目技术负责人: 年 月 日 专业工长(施工员): 年 月 日 总包项目专业技术负责人: 年 月 日			
监理(建设)单位验收结论			同意(不同意)施工总包单位验收意见 监理工程师(建设单位项目专业技术负责人): 年 月 日			

表 D.0.1-7 预压地基工程检验批质量验收、评定记录

工程名称		分项工程名称		验收部位	
施工总包单位		项目经理		专业工长(施工员)	
分包单位		分包项目经理		施工班组长	
施工执行标准名称及编号				设计图纸(变更)编号	

		检查项目	企业质量标准的规定	质量检查、评定情况	总包项目部验收记录
主控项目	1	预压荷载	≤2%		
	2	固结度(与设计要求相比较)	≤2%		
	3	承载力或其他性能指标	设计要求		
	4	砂井或塑料排水带插入深度	±200mm		
一般项目	1	沉降速率(与控制值比)	±10%		
	2	砂井或塑料排水带位置	±100mm		
	3	插入塑料排水带时的回带长度	≤500mm		
	4	塑料排水带或砂井高出砂垫层距离	≥200mm		
	5	插入塑料排水带时的回带根数	<5%		

施工单位 检查、评定结论	本检验批实测　点,符合要求　点,符合要求率　%,不符合要求点的最大偏差为规定值的　%。依据中国建筑工程总公司《建筑工程施工质量统一标准》ZJQ00-SG-013-2006 的相关规定,评定为:合格 □　优良 □ 项目专职质量检查员: 年　月　日
参加验收人员 (签字)	分包单位项目技术负责人:　　　　　　　　　　　　　年　月　日
	专业工长(施工员):　　　　　　　　　　　　　　　年　月　日
	总包项目专业技术负责人:　　　　　　　　　　　　年　月　日
监理(建设)单位验收结论	同意(不同意)施工总包单位验收意见 监理工程师(建设单位项目专业技术负责人): 年　月　日

2—52

表 D.0.1-8 振冲地基工程检验批质量验收、评定记录

工程名称			分项工程名称		验收部位	
施工总包单位			项目经理		专业工长(施工员)	
分包单位			分包项目经理		施工班组长	
施工执行标准名称及编号				设计图纸(变更)编号		
检查项目			企业质量标准的规定	质量检查、评定情况		总包项目部验收记录
主控项目	1	填料粒径	设计要求			
	2	密实电流:黏性土 砂性土或粉土 (以上为功率30kW振冲器) 密实电流(其他类型振冲器)	(50~55)A (40~50)A (1.5~2.0)A_0			
	3	桩体直径	<50mm			
	4	孔深	+200mm			
	5	地基承载力	设计要求			
一般项目	1	填料含泥量	<5%			
	2	振冲器喷水中心与孔径中心偏差	≤50mm			
	3	成孔中心与设计孔位中心偏差	≤100mm			
施工单位检查、评定结论			本检验批实测 点,符合要求 点,符合要求率 %,不符合要求点的最大偏差为规定值的 %。依据中国建筑工程总公司《建筑工程施工质量统一标准》ZJQ00-SG-013-2006 的相关规定,评定为:合格 □ 优良 □ 项目专职质量检查员: 年 月 日			
参加验收人员(签字)			分包单位项目技术负责人:			年 月 日
			专业工长(施工员):			年 月 日
			总包项目专业技术负责人:			年 月 日
监理(建设)单位验收结论			同意(不同意)施工总包单位验收意见 监理工程师(建设单位项目专业技术负责人): 年 月 日			

表 D.0.1-9 高压喷射注浆地基工程检验批质量验收、评定记录

工程名称			分项工程名称			验收部位	
施工总包单位			项目经理			专业工长(施工员)	
分包单位			分包项目经理			施工班组长	
施工执行标准名称及编号					设计图纸(变更)编号		

		检查项目	企业质量标准的规定	质量检查、评定情况	总包项目部验收记录
主控项目	1	水泥及外掺剂质量	符合出厂要求		
	2	水泥用量	设计要求		
	3	孔深	±200mm		
	4	桩体直径	≤50mm		
	5	桩体强度或完整性检验	设计要求		
	6	地基承载力	设计要求		
一般项目	1	钻孔位置	≤50mm		
	2	钻孔垂直度	≤1.5%		
	3	注浆压力	按设定参数指标		
	4	桩体搭接	>200mm		
	5	桩身中心允许偏差	≤0.2D		

施工单位检查、评定结论	本检验批实测　点,符合要求　点,符合要求率　%,不符合要求点的最大偏差为规定值的　%。依据中国建筑工程总公司《建筑工程施工质量统一标准》ZJQ00-SG-013-2006 的相关规定,评定为:合格 □　优良 □ 项目专职质量检查员: 年　月　日
参加验收人员 (签字)	分包单位项目技术负责人:　　　　　　　　　　　　年　月　日
	专业工长(施工员):　　　　　　　　　　　　　　　年　月　日
	总包项目专业技术负责人:　　　　　　　　　　　　年　月　日
监理(建设)单位验收结论	同意(不同意)施工总包单位验收意见 监理工程师(建设单位项目专业技术负责人): 年　月　日

表 D.0.1-10　水泥土搅拌桩地基工程检验批质量验收、评定记录

工程名称				分项工程名称			验收部位	
施工总包单位				项目经理			专业工长(施工员)	
分包单位				分包项目经理			施工班组长	
施工执行标准名称及编号						设计图纸(变更)编号		
		检查项目		企业质量标准的规定		质量检查、评定情况		总包项目部验收记录
主控项目	1	水泥及外掺剂质量		设计要求				
	2	水泥用量		参数指标				
	3	桩径		<0.04D				
	4	桩底标高		±200mm				
	5	桩体强度		设计要求				
	6	地基承载力		设计要求				
一般项目	1	机头提升速度		≤0.5m/min				
	2	桩顶标高		+100mm, −50mm				
	3	桩位偏差		<50mm				
	4	垂直度		≤1.5%				
	5	搭接		>200mm				
施工单位检查、评定结论				本检验批实测　点,符合要求　点,符合要求率　%,不符合要求点的最大偏差为规定值的　%。依据中国建筑工程总公司《建筑工程施工质量统一标准》ZJQ00-SG-013-2006 的相关规定,评定为:合格 □　优良 □ 　　　　　　项目专职质量检查员: 　　　　　　　　　　　　　　　　　　　　　　　　　　　年　月　日				
参加验收人员 (签字)				分包单位项目技术负责人:　　　　　　　　　　　　　　年　月　日				
				专业工长(施工员):　　　　　　　　　　　　　　　　　年　月　日				
				总包项目专业技术负责人:　　　　　　　　　　　　　　年　月　日				
监理(建设)单位验收结论				同意(不同意)施工总包单位验收意见 　　监理工程师(建设单位项目专业技术负责人): 　　　　　　　　　　　　　　　　　　　　　　　　　　　年　月　日				

2—55

表 D.0.1-11 土和灰土挤密桩地基工程检验批质量验收、评定记录

工程名称		分项工程名称		验收部位	
施工总包单位		项目经理		专业工长(施工员)	
分包单位		分包项目经理		施工班组长	
施工执行标准名称及编号				设计图纸(变更)编号	

		检查项目	企业质量标准的规定	质量检查、评定情况	总包项目部验收记录
主控项目	1	桩体及桩间土干密度	设计要求		
	2	桩长	+500mm		
	3	桩径	−20mm		
	4	地基承载力	设计要求		
一般项目	1	土料有机质含量	≤5%		
	2	石灰粒径	≤5mm		
	3	桩位偏差	满堂布桩：≤0.40D 条基布桩：≤0.25D		
	4	垂直度	≤1.5%		

施工单位检查、评定结论	本检验批实测　点,符合要求　点,符合要求率　%,不符合要求点的最大偏差为规定值的　%。依据中国建筑工程总公司《建筑工程施工质量统一标准》ZJQ00-SG-013-2006 的相关规定,评定为:合格 □　优良 □ 项目专职质量检查员: 　　　　　　　　　　　　　　　　　　　　年　月　日
参加验收人员（签字）	分包单位项目技术负责人:　　　　　　　　　　　　年　月　日
	专业工长(施工员):　　　　　　　　　　　　　　　年　月　日
	总包项目专业技术负责人:　　　　　　　　　　　　年　月　日
监理(建设)单位验收结论	同意(不同意)施工总包单位验收意见 监理工程师(建设单位项目专业技术负责人): 　　　　　　　　　　　　　　　　　　　　年　月　日

表 D.0.1-12 水泥粉煤灰碎石桩复合地基工程检验批质量验收、评定记录

工程名称				分项工程名称				验收部位			
施工总包单位				项目经理				专业工长(施工员)			
分包单位				分包项目经理				施工班组长			
施工执行标准名称及编号							设计图纸(变更)编号				

		检查项目	企业质量标准的规定	质量检查、评定情况								总包项目部验收记录
主控项目	1	原材料	设计要求									
	2	桩身完整性	设计要求									
	3	地基承载力	设计要求									
	4	桩身强度	设计要求									
	5	桩径	−20mm									
	6	桩长	+100mm									
一般项目	1	桩位偏差	满堂布桩：$\leq 0.40D$ 条基布桩：$\leq 0.25D$									
	2	桩垂直度	$\leq 1.5\%$									
	3	褥垫层夯填度	≤ 0.9									

施工单位检查、评定结论	本检验批实测 点，符合要求 点，符合要求率 %，不符合要求点的最大偏差为规定值的 %。依据中国建筑工程总公司《建筑工程施工质量统一标准》ZJQ00-SG-013-2006 的相关规定，评定为：合格 □ 优良 □ 项目专职质量检查员： 年 月 日
参加验收人员（签字）	分包单位项目技术负责人： 年 月 日
	专业工长(施工员)： 年 月 日
	总包项目专业技术负责人： 年 月 日
监理(建设)单位验收结论	同意(不同意)施工总包单位验收意见 监理工程师(建设单位项目专业技术负责人)： 年 月 日

表 D.0.1-13 夯实水泥土桩复合地基工程检验批质量验收、评定记录

工程名称			分项工程名称		验收部位	
施工总包单位			项目经理		专业工长(施工员)	
分包单位			分包项目经理		施工班组长	
施工执行标准名称及编号				设计图纸(变更)编号		
		检查项目	企业质量标准的规定	质量检查、评定情况		总包项目部验收记录
主控项目	1	桩径	－20mm			
	2	桩长	＋500mm			
	3	桩体干密度	设计要求			
	4	水泥质量	设计要求			
	5	地基承载力	设计要求			
一般项目	1	土料有机质含量	≤5%			
	2	含水量(与最优含水量相比)	±2%			
	3	土料粒径	≤20mm			
	4	桩位偏差	满堂布桩：≤0.40D 条基布桩：≤0.25D			
	5	桩孔垂直度	≤1.5%			
	6	褥垫层夯填度	≤0.9			
施工单位检查、评定结论			本检验批实测　点，符合要求　点，符合要求率　％，不符合要求点的最大偏差为规定值的　％。依据中国建筑工程总公司《建筑工程施工质量统一标准》ZJQ00-SG-013-2006 的相关规定，评定为：合格 □　优良 □ 　　　项目专职质量检查员： 　　　　　　　　　　　　　　　　　　　　　　　　年　月　日			
参加验收人员（签字）			分包单位项目技术负责人： 　　　　　　　　　　　　　　　　　　　年　月　日			
			专业工长(施工员)： 　　　　　　　　　　　　　　　　　　　　　年　月　日			
			总包项目专业技术负责人： 　　　　　　　　　　　　　　　　　　年　月　日			
监理(建设)单位验收结论			同意(不同意)施工总包单位验收意见 　　　　监理工程师(建设单位项目专业技术负责人)： 　　　　　　　　　　　　　　　　　　　　　　　　年　月　日			

表 D.0.1-14　砂桩地基工程检验批质量验收、评定记录

工程名称		分项工程名称		验收部位	
施工总包单位		项目经理		专业工长(施工员)	
分包单位		分包项目经理		施工班组长	
施工执行标准名称及编号			设计图纸(变更)编号		
检查项目		企业质量标准的规定	质量检查、评定情况		总包项目部验收记录

		检查项目	企业质量标准的规定	质量检查、评定情况	总包项目部验收记录
主控项目	1	灌砂量	≥95%		
	2	桩长	+200mm		
	3	地基强度	设计要求		
	4	地基承载力	设计要求		
一般项目	1	砂料的含泥量	≤3%		
	2	砂料的有机质含量	≤5%		
	3	桩位偏差	≤50mm		
	4	砂桩标高	±150mm		
	5	垂直度	≤1.5%		

施工单位检查、评定结论	本检验批实测　　点,符合要求　　点,符合要求率　　%,不符合要求点的最大偏差为规定值的　　%。依据中国建筑工程总公司《建筑工程施工质量统一标准》ZJQ00-SG-013-2006 的相关规定,评定为:合格 □　　优良 □ 项目专职质量检查员: 年　月　日
参加验收人员（签字）	分包单位项目技术负责人:　　　　　　　　　　　　　　年　月　日 专业工长(施工员):　　　　　　　　　　　　　　　　年　月　日 总包项目专业技术负责人:　　　　　　　　　　　　　年　月　日
监理(建设)单位验收结论	同意(不同意)施工总包单位验收意见 监理工程师(建设单位项目专业技术负责人): 年　月　日

表 D.0.1-15 石灰桩地基工程检验批质量验收、评定记录

工程名称			分项工程名称			验收部位		
施工总包单位			项目经理			专业工长(施工员)		
分包单位			分包项目经理			施工班组长		
施工执行标准名称及编号					设计图纸(变更)编号			
检查项目			企业质量标准的规定		质量检查、评定情况			总包项目部验收记录
主控项目	1	桩径	-20mm					
	2	桩长	+500mm					
	3	桩体强度	设计要求					
	4	地基承载力	设计要求					
一般项目	1	石灰粒径	≤5mm					
	2	有效氧化钙含量	设计要求					
	3	掺合料含水量	±2%					
	4	桩位偏差	满堂布桩: ≤0.40D 条基布桩: ≤0.25D					
	5	桩孔垂直度	≤1.5%					
施工单位检查、评定结论			本检验批实测　点,符合要求　点,符合要求率　%,不符合要求点的最大偏差为规定值的　%。依据中国建筑工程总公司《建筑工程施工质量统一标准》ZJQ00-SG-013-2006 的相关规定,评定为:合格 □　优良 □ 项目专职质量检查员: 　　　　　　　　　　　　　　　　　　　年　月　日						
参加验收人员 (签字)			分包单位项目技术负责人:　　　　　　　　　　　　　　年　月　日					
			专业工长(施工员):　　　　　　　　　　　　　　　　年　月　日					
			总包项目专业技术负责人:　　　　　　　　　　　　　年　月　日					
监理(建设)单位验收结论			同意(不同意)施工总包单位验收意见 监理工程师(建设单位项目专业技术负责人): 　　　　　　　　　　　　　　　　　　　年　月　日					

表 D.0.1-16 柱锤冲扩桩地基工程检验批质量验收、评定记录

工程名称		分项工程名称		验收部位		
施工总包单位		项目经理		专业工长(施工员)		
分包单位		分包项目经理		施工班组长		
施工执行标准名称及编号				设计图纸(变更)编号		

		检查项目	企业质量标准的规定	质量检查、评定情况	总包项目部验收记录
主控项目	1	灌料量	+10%		
	2	桩长	+500mm		
	3	桩径	−20mm		
	4	桩体强度	设计要求		
	5	地基承载力	设计要求		
一般项目	1	填料的含泥量	≤3%		
	2	填料的有机质含量	≤5%		
	3	桩位	≤50mm		
	4	桩顶标高	±150mm		
	5	垂直度	≤1.5%		

施工单位检查、评定结论	本检验批实测 点,符合要求 点,符合要求率 %,不符合要求点的最大偏差为规定值的 %。依据中国建筑工程总公司《建筑工程施工质量统一标准》ZJQ00-SG-013-2006 的相关规定,评定为:合格 □ 优良 □ 项目专职质量检查员: 年 月 日
参加验收人员 (签字)	分包单位项目技术负责人: 年 月 日
	专业工长(施工员): 年 月 日
	总包项目专业技术负责人: 年 月 日
监理(建设)单位验收结论	同意(不同意)施工总包单位验收意见 监理工程师(建设单位项目专业技术负责人): 年 月 日

表 D.0.1-17 单液硅化地基工程检验批质量验收、评定记录

工程名称			分项工程名称		验收部位	
施工总包单位			项目经理		专业工长（施工员）	
分包单位			分包项目经理		施工班组长	
施工执行标准名称及编号				设计图纸（变更）编号		
检查项目			企业质量标准的规定	质量检查、评定情况		总包项目部验收记录
主控项目	1	溶液用量	设计要求			
	2	溶液模数	2.3～3.3			
	3	溶液密度	1.13～1.15			
	4	灌注孔深度	±200mm			
	5	地基承载力及均匀性	设计要求			
一般项目	1	孔间距：压力灌注溶液自渗	0.8～1.2m			
			0.4～0.6m			
	2	灌注压力	≤200kPa			
施工单位检查、评定结论	本检验批实测　点，符合要求　点，符合要求率　%，不符合要求点的最大偏差为规定值的　%。依据中国建筑工程总公司《建筑工程施工质量统一标准》ZJQ00-SG-013-2006 的相关规定，评定为：合格 □　优良 □ 项目专职质量检查员： 年　月　日					
参加验收人员（签字）	分包单位项目技术负责人：　　　　　　　　　　　　　　年　月　日					
	专业工长（施工员）：　　　　　　　　　　　　　　　　年　月　日					
	总包项目专业技术负责人：　　　　　　　　　　　　　　年　月　日					
监理（建设）单位验收结论	同意（不同意）施工总包单位验收意见 监理工程师（建设单位项目专业技术负责人）： 年　月　日					

表 D.0.1-18　碱液地基检验批质量验收、评定记录

工程名称			分项工程名称		验收部位	
施工总包单位			项目经理		专业工长(施工员)	
分包单位			分包项目经理		施工班组长	
施工执行标准名称及编号				设计图纸(变更)编号		
		检查项目	企业质量标准的规定	质量检查、评定情况		总包项目部验收记录
主控项目	1	碱液灌入量	35～45kg/m³			
	2	碱液浓度	90～100g/L			
	3	灌注前容器中碱液温度	≥90℃			
		灌注中容器中碱液温度	≥80℃			
	4	加固土体强度	设计要求			
一般项目	1	灌注孔直径	60～100mm			
	2	注液管下端石子粒径注液管以上 300mm 高度内石子粒径	20～40mm			
			2～5mm			
	3	灌注速度	2～5L/min			
施工单位检查、评定结论			本检验批实测　点,符合要求　点,符合要求率　%,不符合要求点的最大偏差为规定值的　%。依据中国建筑工程总公司《建筑工程施工质量统一标准》ZJQ00-SG-013-2006 的相关规定,评定为:合格 □　优良 □ 项目专职质量检查员: 年　月　日			
参加验收人员（签字）			分包单位项目技术负责人: 年　月　日			
			专业工长(施工员): 年　月　日			
			总包项目专业技术负责人: 年　月　日			
监理(建设)单位验收结论			同意(不同意)施工总包单位验收意见 监理工程师(建设单位项目专业技术负责人): 年　月　日			

表 D.0.1-19 静力压桩工程检验批质量验收、评定记录

工程名称			分项工程名称		验收部位	
施工总包单位			项目经理		专业工长(施工员)	
分包单位			分包项目经理		施工班组长	
施工执行标准名称及编号				设计图纸(变更)编号		
	检查项目		企业质量标准的规定		质量检查、评定情况	总包项目部验收记录
主控项目	1	桩体质量检验	按基桩检测技术规范			
	2	桩位偏差	见表 5.1.3			
	3	承载力	按基桩检测技术规范			
一般项目	1	成品桩质量:外观	表面平整,颜色均匀,掉角深度<10mm,蜂窝面积小于总面积0.5%			
		外形尺寸	见表 5.4.5			
		强度	满足设计要求			
	2	硫磺胶泥质量(半成品)	设计要求			
	3	接桩	电焊接桩:焊缝质量	见表 5.5.4-2		
			电焊结束后的停歇时间	>1.0min		
			硫磺胶泥接桩:胶泥浇筑时间	<2min		
			浇筑后停歇时间	>7min		
	4	电焊条质量	设计要求			
	5	压桩压力(设计有要求时)	±5%			
	6	接桩时上下节平面偏差接桩时节点弯曲矢高	<10mm <1/1000L			
	7	桩顶标高	±50mm			
施工单位检查、评定结论			本检验批实测　点,符合要求　点,符合要求率　%,不符合要求点的最大偏差为规定值的　%。依据中国建筑工程总公司《建筑工程施工质量统一标准》ZJQ00-SG-013-2006 的相关规定,评定为:合格 □　优良 □ 项目专职质量检查员: 年　月　日				
参加验收人员(签字)			分包单位项目技术负责人:　　　　　　年　月　日			
			专业工长(施工员):　　　　　　年　月　日			
			总包项目专业技术负责人:　　　　　　年　月　日			
监理(建设)单位验收结论			同意(不同意)施工总包单位验收意见 监理工程师(建设单位项目专业技术负责人): 年　月　日			

表 D.0.1-20　先张法预应力管桩工程检验批质量验收、评定记录

工程名称				分项工程名称		验收部位	
施工总包单位				项目经理		专业工长(施工员)	
分包单位				分包项目经理		施工班组长	
施工执行标准名称及编号					设计图纸(变更)编号		
检查项目				企业质量标准的规定		质量检查、评定情况	总包项目部验收记录
主控项目	1	桩体质量检验		按基桩检测技术规范			
	2	桩位偏差		见表5.1.3			
	3	承载力		按基桩检测技术规范			
一般项目	1	成品桩质量	外观	无蜂窝、漏筋、裂缝、色感均匀、桩顶处无孔隙			
			桩径	±5mm			
			管壁厚度	±5mm			
			桩尖中心线	<2mm			
			顶面平整度	10mm			
			桩体弯曲	<1/1000L			
	2	接桩	焊缝质量	见表5.5.4-2			
			电焊结束后的停歇时间	>1.0min			
			上下节平面偏差	<10mm			
			节点弯曲矢高	<1/1000L			
	3	停锤标准		设计要求			
	4	桩顶标高		±50mm			
施工单位检查、评定结论				本检验批实测　点,符合要求　点,符合要求率　%,不符合要求点的最大偏差为规定值的　%。依据中国建筑工程总公司《建筑工程施工质量统一标准》ZJQ00-SG-013-2006的相关规定,评定为:合格□　优良□ 　　　　　　　　　　　项目专职质量检查员: 　　　　　　　　　　　　　　　　　　　　　　年　月　日			
参加验收人员(签字)				分包单位项目技术负责人:			年　月　日
				专业工长(施工员):			年　月　日
				总包项目专业技术负责人:			年　月　日
监理(建设)单位验收结论				同意(不同意)施工总包单位验收意见 　　　　　　　　　　监理工程师(建设单位项目专业技术负责人): 　　　　　　　　　　　　　　　　　　　　　　年　月　日			

表 D.0.1-21 混凝土预制桩(钢筋骨架)工程检验批质量验收、评定记录(Ⅰ)

工程名称		分项工程名称		验收部位	
施工总包单位		项目经理		专业工长(施工员)	
分包单位		分包项目经理		施工班组长	
施工执行标准名称及编号				设计图纸(变更)编号	

		检查项目	企业质量标准的规定	质量检查、评定情况	总包项目部验收记录
主控项目	1	主筋距桩顶距离	±5mm		
	2	多节桩锚固钢筋位置	5mm		
	3	多节桩预埋铁件	±3mm		
	4	主筋保护层厚度	±5mm		
一般项目	1	主筋间距	±5mm		
	2	桩尖中心线	10mm		
	3	箍筋间距	±20mm		
	4	桩顶钢筋网片	±10mm		
	5	多节桩锚固钢筋长度	±10mm		

施工单位检查、评定结论	本检验批实测 点,符合要求 点,符合要求率 %,不符合要求点的最大偏差为规定值的 %。依据中国建筑工程总公司《建筑工程施工质量统一标准》ZJQ00-SG-013-2006 的相关规定,评定为:合格 □ 优良 □ 项目专职质量检查员: 年 月 日
参加验收人员(签字)	分包单位项目技术负责人: 年 月 日
	专业工长(施工员): 年 月 日
	总包项目专业技术负责人: 年 月 日
监理(建设)单位验收结论	同意(不同意)施工总包单位验收意见 监理工程师(建设单位项目专业技术负责人): 年 月 日

表 D.0.1-22 混凝土预制桩工程检验批质量验收、评定记录(Ⅱ)

工程名称			分项工程名称		验收部位	
施工总包单位			项目经理		专业工长(施工员)	
分包单位			分包项目经理		施工班组长	
施工执行标准名称及编号				设计图纸(变更)编号		
检查项目			企业质量标准的规定	质量检查、评定情况		总包项目部验收记录
主控项目	1	桩体质量检验	按基桩检测技术规范			
	2	桩位偏差	见表 5.1.3			
	3	承载力	按基桩检测技术规范			
一般项目	1	砂、石、水泥、钢材等材料(现场预制时)	符合设计要求			
	2	混凝土配合比及强度(现场预制时)	符合设计要求			
	3	成品桩外形尺寸	表面平整,颜色均匀,掉角深度<10mm,蜂窝面积小于总面积 0.5%			
	4	成品桩裂缝(收缩裂缝或起吊、装运、堆放引起的裂缝)	深度<20mm,宽度<0.25mm,横向裂缝不超过边长的一半			
	5	成品桩尺寸:横截面边长 桩顶对角线差 桩尖中心线 桩身弯曲矢高 桩顶平整度	±5mm <10mm <10mm <1/1000L <2mm			
	6	电焊接桩:焊缝质量 电焊结束后停歇时间 上下节平面偏差 节点弯曲矢高	见表 5.5.4-2 >1.0min <10mm <1/1000L			
	7	硫磺胶泥接桩:胶泥浇筑时间 浇筑停歇时间	<2min >7min			
	8	桩顶标高	±50mm			
	9	停锤标准	设计要求			
施工单位检查、评定结论			本检验批实测 点,符合要求 点,符合要求率 %,不符合要求点的最大偏差为规定值的 %。依据中国建筑工程总公司《建筑工程施工质量统一标准》ZJQ00-SG-013-2006 的相关规定,评定为:合格 □ 优良 □ 项目专职质量检查员: 年 月 日			
参加验收人员 (签字)			分包单位项目技术负责人:			年 月 日
			专业工长(施工员):			年 月 日
			总包项目专业技术负责人:			年 月 日
监理(建设)单位验收结论			同意(不同意)施工总包单位验收意见 监理工程师(建设单位项目专业技术负责人): 年 月 日			

表 D.0.1-23 成品钢桩检验批质量验收、评定记录（Ⅰ）

工程名称			分项工程名称		验收部位						
施工总包单位			项目经理		专业工长（施工员）						
分包单位			分包项目经理		施工班组长						
施工执行标准名称及编号					设计图纸（变更）编号						
\multicolumn{3}{	c	}{检查项目}	企业质量标准的规定		质量检查、评定情况						总包项目部验收记录
主控项目	1	钢桩外径或断面尺寸：桩端 桩身	±0.5%D ±1D								
	2	矢高	<1/1000L								
一般项目	1	长度	±10mm								
	2	端部平整度	≤2mm								
	3	H钢桩的方正度 h>300mm h<300mm	T+T'≤8mm T+T'≤6mm								
	4	端部平面与桩中心线的倾斜值	≤2mm								
施工单位检查、评定结论			本检验批实测　点，符合要求　点，符合要求率　%，不符合要求点的最大偏差为规定值的　%。依据中国建筑工程总公司《建筑工程施工质量统一标准》ZJQ00-SG-013-2006 的相关规定，评定为：合格 □　优良 □ 项目专职质量检查员： 年　月　日									
参加验收人员（签字）			分包单位项目技术负责人：　　　　　　　　　　　　　年　月　日								
			专业工长（施工员）：　　　　　　　　　　　　　　　年　月　日								
			总包项目专业技术负责人：　　　　　　　　　　　　　年　月　日								
监理（建设）单位验收结论			同意（不同意）施工总包单位验收意见 监理工程师（建设单位项目专业技术负责人）： 年　月　日								

2—68

表 D.0.1-24　钢桩施工检验批质量验收、评定记录(Ⅱ)

工程名称		分项工程名称		验收部位	
施工总包单位		项目经理		专业工长(施工员)	
分包单位		分包项目经理		施工班组长	
施工执行标准名称及编号			设计图纸(变更)编号		

	检查项目	企业质量标准的规定	质量检查、评定情况	总包项目部验收记录
主控项目	1　桩位偏差	见表 5.1.3		
	2　承载力	按基桩检测技术规范		
一般项目	1　电焊接桩焊缝： 上下节端部错口 (外径≥700mm) (外径<700mm) 焊缝咬边深度 焊缝加强层高度 焊缝加强层深度 焊缝电焊质量外观 焊缝探伤检验	 ≤3mm ≤2mm ≤0.5mm 2mm 2mm 无气孔,无焊瘤,无裂缝 满足设计要求		
	2　电焊结束后停歇时间	>1.0min		
	3　节点弯曲矢高	<1/1000L		
	4　桩顶标高	±50mm		
	5　停锤标准	设计要求		

施工单位检查、评定结论	本检验批实测　点,符合要求　点,符合要求率　%,不符合要求点的最大偏差为规定值的　%。依据中国建筑工程总公司《建筑工程施工质量统一标准》ZJQ00-SG-013-2006 的相关规定,评定为:合格 □　优良 □ 项目专职质量检查员： 年　月　日
参加验收人员 (签字)	分包单位项目技术负责人：　　　　　　　　　　　　　　　年　月　日
	专业工长(施工员)：　　　　　　　　　　　　　　　　　　年　月　日
	总包项目专业技术负责人：　　　　　　　　　　　　　　　年　月　日
监理(建设)单位验收结论	同意(不同意)施工总包单位验收意见 监理工程师(建设单位项目专业技术负责人)： 年　月　日

表 D.0.1-25　混凝土灌注桩(钢筋笼)工程检验批质量验收、评定记录(Ⅰ)

工程名称			分项工程名称		验收部位	
施工总包单位			项目经理		专业工长(施工员)	
分包单位			分包项目经理		施工班组长	
施工执行标准名称及编号				设计图纸(变更)编号		
		检查项目	企业质量标准的规定	质量检查、评定情况		总包项目部验收记录
主控项目	1	主筋间距	±10mm			
	2	长度	±100mm			
一般项目	1	钢筋材质检验	见表5.1.4			
	2	箍筋间距	见表5.1.4			
	3	直径	±10mm			

施工单位 检查、评定结论	本检验批实测　点,符合要求　点,符合要求率　%,不符合要求点的最大偏差为规定值的　%。依据中国建筑工程总公司《建筑工程施工质量统一标准》ZJQ00-SG-013-2006 的相关规定,评定为:合格□　优良□ 项目专职质量检查员: 年　月　日
参加验收人员 (签字)	分包单位项目技术负责人:　　　　　　　　　　　年　月　日
	专业工长(施工员):　　　　　　　　　　　　　　年　月　日
	总包项目专业技术负责人:　　　　　　　　　　　年　月　日
监理(建设)单位验收结论	同意(不同意)施工总包单位验收意见 监理工程师(建设单位项目专业技术负责人): 年　月　日

2—70

表 D.0.1-26 混凝土灌注桩工程检验批质量验收、评定记录(Ⅱ)

工程名称			分项工程名称			验收部位		
施工总包单位			项目经理			专业工长(施工员)		
分包单位			分包项目经理			施工班组长		
施工执行标准名称及编号					设计图纸(变更)编号			
检查项目			企业质量标准的规定		质量检查、评定情况			总包项目部验收记录
主控项目	1	桩位	见表5.1.4					
	2	孔深	+300mm					
	3	桩体质量检验	按基桩检测技术规范					
	4	混凝土强度	设计要求					
	5	承载力	按基桩检测技术规范					
一般项目	1	垂直度	见表5.1.4					
	2	桩径	见表5.1.4					
	3	泥浆相对密度(黏性土或砂土中)	1.15～1.20					
	4	泥浆面标高(高于地下水位)	0.5～1.0m					
	5	沉渣厚度:端承桩 摩擦桩	≤50mm ≤150mm					
	6	混凝土坍落度:水下灌注 干施工	160～220mm 70～100mm					
	7	钢筋笼安装深度	±100mm					
	8	混凝土充盈系数	>1					
	9	桩顶标高	+30mm, -50mm					
施工单位检查、评定结论			本检验批实测　点,符合要求　点,符合要求率　%,不符合要求点的最大偏差为规定值的　%。依据中国建筑工程总公司《建筑工程施工质量统一标准》ZJQ00-SG-013-2006 的相关规定,评定为:合格□　优良□ 项目专职质量检查员: 年　月　日						
参加验收人员 (签字)			分包单位项目技术负责人:　　　　　　　　　　　　　年　月　日					
			专业工长(施工员):　　　　　　　　　　　　　　　　年　月　日					
			总包项目专业技术负责人:　　　　　　　　　　　　　年　月　日					
监理(建设)单位验收结论			同意(不同意)施工总包单位验收意见 监理工程师(建设单位项目专业技术负责人): 年　月　日					

2—71

表 D.0.1-27 钻孔压浆桩工程检验批质量验收、评定记录

工程名称			分项工程名称			验收部位	
施工总包单位			项目经理			专业工长(施工员)	
分包单位			分包项目经理			施工班组长	
施工执行标准名称及编号					设计图纸(变更)编号		

		检查项目	企业质量标准的规定	质量检查、评定情况	总包项目部验收记录
主控项目	1	桩位	见表 5.1.4		
	2	孔深	+300mm		
	3	桩体质量检验	按基桩检测技术规范		
	4	注浆体强度	设计要求		
	5	承载力	按基桩检测技术规范		
一般项目	1	垂直度	≤1%		
	2	桩径	−20mm		
	3	钢筋笼安装深度	±100mm		
	4	混凝土充盈系数	>1		
	5	桩顶标高	+30mm，−50mm		
	6	注浆压力	4～8MPa		
	7	补浆压力	2～4MPa		

施工单位检查、评定结论	本检验批实测　点,符合要求　点,符合要求率　%,不符合要求点的最大偏差为规定值的　%。依据中国建筑工程总公司《建筑工程施工质量统一标准》ZJQ00-SG-013-2006 的相关规定,评定为:合格 □　优良 □ 项目专职质量检查员： 年　月　日
参加验收人员（签字）	分包单位项目技术负责人：　　　　　　　　　　　年　月　日 专业工长(施工员)：　　　　　　　　　　　　　　年　月　日 总包项目专业技术负责人：　　　　　　　　　　　年　月　日
监理（建设）单位验收结论	同意（不同意）施工总包单位验收意见 监理工程师（建设单位项目专业技术负责人）： 年　月　日

表 D.0.1-28　排桩墙支护工程检验批质量验收、评定记录（Ⅰ）
（重复使用钢板桩）

工程名称		分项工程名称		验收部位	
施工总包单位		项目经理		专业工长(施工员)	
分包单位		分包项目经理		施工班组长	
施工执行标准名称及编号				设计图纸(变更)编号	

		检查项目	企业质量标准的规定	质量检查、评定情况	总包项目部验收记录
一般项目	1	桩垂直度	<1%		
	2	桩身弯曲度	<2‰L		
	3	齿槽平直度及光滑度	无电焊渣或毛刺		
	4	桩长度	不小于设计长度		

施工单位检查、评定结论	本检验批实测　点，符合要求　点，符合要求率　%，不符合要求点的最大偏差为规定值的　%。依据中国建筑工程总公司《建筑工程施工质量统一标准》ZJQ00-SG-013-2006 的相关规定，评定为：合格 □　优良 □ 项目专职质量检查员： 年　月　日
参加验收人员 （签字）	分包单位项目技术负责人：　　　　　　　　　　　　　年　月　日
	专业工长(施工员)：　　　　　　　　　　　　　　　　年　月　日
	总包项目专业技术负责人：　　　　　　　　　　　　　年　月　日
监理(建设)单位验收结论	同意(不同意)施工总包单位验收意见 监理工程师(建设单位项目专业技术负责人)： 年　月　日

表 D.0.1-29 排桩墙支护工程检验批质量验收、评定记录(Ⅱ)
(混凝土板桩)

工程名称		分项工程名称		验收部位	
施工总包单位		项目经理		专业工长(施工员)	
分包单位		分包项目经理		施工班组长	
施工执行标准名称及编号				设计图纸(变更)编号	

		检查项目	企业质量标准的规定	质量检查、评定情况	总包项目部验收记录
主控项目	1	桩长度	+100mm		
	2	桩身弯曲度	<0.1%L		
一般项目	1	保护层厚度	±5mm		
	2	横截面相对两面之差	5mm		
	3	桩尖对桩轴线的距离	10mm		
	4	桩厚度	+10 0 mm		
	5	凹凸槽尺寸	±3mm		

施工单位检查、评定结论	本检验批实测　点,符合要求　点,符合要求率　%,不符合要求点的最大偏差为规定值的　%。依据中国建筑工程总公司《建筑工程施工质量统一标准》ZJQ00-SG-013-2006 的相关规定,评定为:合格 □ 　优良 □ 项目专职质量检查员: 年　月　日
参加验收人员 (签字)	分包单位项目技术负责人:　　　　　　　　　　　　　　年　月　日
	专业工长(施工员):　　　　　　　　　　　　　　　　　年　月　日
	总包项目专业技术负责人:　　　　　　　　　　　　　　年　月　日
监理(建设)单位验收结论	同意(不同意)施工总包单位验收意见 监理工程师(建设单位项目专业技术负责人): 年　月　日

表 D.0.1-30 加筋水泥土桩工程检验批质量验收、评定记录

工程名称		分项工程名称		验收部位	
施工总包单位		项目经理		专业工长(施工员)	
分包单位		分包项目经理		施工班组长	
施工执行标准名称及编号			设计图纸(变更)编号		

		检查项目	企业质量标准的规定	质量检查、评定情况							总包项目部验收记录
主控项目	1	型钢长度	+10mm								
	2	型钢垂直度	<1%								
一般项目	1	型钢插入标高	±30mm								
	2	型钢插入平面位置	10mm								

施工单位检查、评定结论	本检验批实测 点,符合要求 点,符合要求率 %,不符合要求点的最大偏差为规定值的 %。依据中国建筑工程总公司《建筑工程施工质量统一标准》ZJQ00-SG-013-2006 的相关规定,评定为:合格 □ 优良 □ 项目专职质量检查员: 年 月 日
参加验收人员 (签字)	分包单位项目技术负责人: 年 月 日
	专业工长(施工员): 年 月 日
	总包项目专业技术负责人: 年 月 日
监理(建设)单位验收结论	同意(不同意)施工总包单位验收意见 监理工程师(建设单位项目专业技术负责人): 年 月 日

2—75

表 D.0.1-31 锚杆支护工程检验批质量验收、评定记录

工程名称			分项工程名称			验收部位	
施工总包单位			项目经理			专业工长(施工员)	
分包单位			分包项目经理			施工班组长	
施工执行标准名称及编号					设计图纸(变更)编号		
		检查项目	企业质量标准的规定	质量检查、评定情况			总包项目部验收记录
主控项目	1	锚杆长度	±30mm				
主控项目	2	锚杆锁定力	设计要求				
一般项目	1	锚杆位置	±100mm				
一般项目	2	钻孔倾斜度	±1°				
一般项目	3	浆体强度	设计要求				
一般项目	4	注浆量	大于设计要求				

施工单位检查、评定结论	本检验批实测　点,符合要求　点,符合要求率　％,不符合要求点的最大偏差为规定值的　％。依据中国建筑工程总公司《建筑工程施工质量统一标准》ZJQ00-SG-013-2006 的相关规定,评定为:合格 □　优良 □ 项目专职质量检查员: 年　月　日
参加验收人员 (签字)	分包单位项目技术负责人:　　　　　　　　　　　　年　月　日
	专业工长(施工员):　　　　　　　　　　　　　　　年　月　日
	总包项目专业技术负责人:　　　　　　　　　　　　年　月　日
监理(建设)单位验收结论	同意(不同意)施工总包单位验收意见 监理工程师(建设单位项目专业技术负责人): 年　月　日

表 D.0.1-32　钉墙支护工程检验批质量验收、评定记录

工程名称		分项工程名称		验收部位	
施工总包单位		项目经理		专业工长(施工员)	
分包单位		分包项目经理		施工班组长	
施工执行标准名称及编号			设计图纸(变更)编号		

		检查项目	企业质量标准的规定	质量检查、评定情况	总包项目部验收记录
主控项目	1	土钉长度	±30mm		
	2	土钉抗拔力	设计要求		
一般项目	1	土钉位置	±100mm		
	2	钻孔倾斜度	±1°		
	3	浆体强度	设计要求		
	4	注浆量	大于设计要求		
	5	土钉墙面层厚度	±10mm		
	6	墙体强度	设计要求		

施工单位检查、评定结论	本检验批实测　点,符合要求　点,符合要求率　%,不符合要求点的最大偏差为规定值的　%。依据中国建筑工程总公司《建筑工程施工质量统一标准》ZJQ00-SG-013-2006 的相关规定,评定为:合格 □　优良 □ 项目专职质量检查员: 年　月　日
参加验收人员 (签字)	分包单位项目技术负责人:　　　　　　　　　　　　　　　　　年　月　日
	专业工长(施工员):　　　　　　　　　　　　　　　　　　　　年　月　日
	总包项目专业技术负责人:　　　　　　　　　　　　　　　　　年　月　日
监理(建设)单位验收结论	同意(不同意)施工总包单位验收意见 监理工程师(建设单位项目专业技术负责人): 年　月　日

表 D.0.1-33 钢或混凝土支撑工程检验批质量验收、评定记录

工程名称			分项工程名称					验收部位		
施工总包单位			项目经理					专业工长(施工员)		
分包单位			分包项目经理					施工班组长		
施工执行标准名称及编号							设计图纸(变更)编号			
检查项目			企业质量标准的规定	质量检查、评定情况						总包项目部验收记录
主控项目	1	支撑位置:标高 平面	30mm 100mm							
	2	预加顶力	±50kN							
一般项目	1	围檩标高	30mm							
	2	立柱桩	参见本标准第5章							
	3	立柱位置:标高 平面	30mm 50mm							
	4	开挖超深(开槽放支撑不在此范围)	<200mm							
	5	支撑安装时间	设计要求							
施工单位检查、评定结论			本检验批实测　点,符合要求　点,符合要求率　%,不符合要求点的最大偏差为规定值的　%。依据中国建筑工程总公司《建筑工程施工质量统一标准》ZJQ00-SG-013-2006 的相关规定,评定为:合格 □　优良 □ 项目专职质量检查员: 年　月　日								
参加验收人员（签字）			分包单位项目技术负责人:　　　　　　　　　　年　月　日							
			专业工长(施工员):　　　　　　　　　　　　年　月　日							
			总包项目专业技术负责人:　　　　　　　　　年　月　日							
监理(建设)单位验收结论			同意(不同意)施工总包单位验收意见 监理工程师(建设单位项目专业技术负责人): 年　月　日							

2—78

表 D.0.1-34　地下连续墙工程检验批质量验收、评定记录

工程名称				分项工程名称		验收部位	
施工总包单位				项目经理		专业工长(施工员)	
分包单位				分包项目经理		施工班组长	
施工执行标准名称及编号						设计图纸(变更)编号	

		检查项目		企业质量标准的规定	质量检查、评定情况	总包项目部验收记录
主控项目	1	墙体结构		设计要求		
	2	垂直度:永久结构 临时结构		1/300 1/150		
一般项目	1	导墙尺寸	宽度 墙面平整度 导墙平面位置	W+40mm <5mm ±10mm		
	2	沉渣厚度:永久结构 临时结构		≤100mm ≤200mm		
	3	槽　深		+100mm		
	4	混凝土坍落度		180～220mm		
	5	钢筋笼尺寸		见表5.6.4-1		
	6	地下连续墙表面平整度	永久结构 临时结构 插入式结构	<100mm <150mm <20mm		
	7	永久结构时的预埋件位置	水平向 垂直向	≤10mm ≤20mm		

施工单位检查、评定结论	本检验批实测　点,符合要求　点,符合要求率　%,不符合要求点的最大偏差为规定值的　%。依据中国建筑工程总公司《建筑工程施工质量统一标准》ZJQ00-SG-013-2006 的相关规定,评定为:合格 □　优良 □ 　　　　　　　　　　　　项目专职质量检查员: 　　　　　　　　　　　　　　　　　　　　　　年　月　日
参加验收人员 (签字)	分包单位项目技术负责人:　　　　　　　　　　　年　月　日
	专业工长(施工员):　　　　　　　　　　　　　年　月　日
	总包项目专业技术负责人:　　　　　　　　　　年　月　日
监理(建设)单位验收结论	同意(不同意)施工总包单位验收意见 　　　监理工程师(建设单位项目专业技术负责人): 　　　　　　　　　　　　　　　　　　　　　　年　月　日

表 D.0.1-35 沉井、沉箱工程检验批质量验收、评定记录

工程名称			分项工程名称		验收部位	
施工总包单位			项目经理		专业工长(施工员)	
分包单位			分包项目经理		施工班组长	
施工执行标准名称及编号				设计图纸(变更)编号		
	检查项目		企业质量标准的规定	质量检查、评定情况		总包项目部验收记录
主控项目	1	混凝土强度	满足设计要求			
	2	封底前,沉井(箱)的下沉稳定	<10mm/8h			
	3	封底结束后的位置： 刃脚平均标高(与设计标高比) 刃脚平面中心线位移 四脚中任何两角的底面高差	<100mm <1%H <1%L			
一般项目	1	钢材、对接钢筋、水泥、骨料等原材料检查	符合设计要求			
	2	结构体外观	无裂缝,无蜂窝,空洞,不漏筋			
	3	平面尺寸：长与宽 曲线部分半径 两对角线差 预埋件	±0.5% ±0.5% 1.0% 20mm			
	4	下沉过程中的偏差　高差 平面轴线	1.5%～2.0% <1.5%H			
	5	钢筋笼尺寸	见表 5.6.4-1			
	6	封底混凝土坍落度	180～220mm			
施工单位检查、评定结论			本检验批实测　点,符合要求　点,符合要求率　%,不符合要求点的最大偏差为规定值的　%。依据中国建筑工程总公司《建筑工程施工质量统一标准》ZJQ00-SG-013-2006 的相关规定,评定为:合格 □　优良 □ 项目专职质量检查员： 年　月　日				
参加验收人员（签字）			分包单位项目技术负责人：			年　月　日
			专业工长(施工员)：			年　月　日
			总包项目专业技术负责人：			年　月　日
监理(建设)单位验收结论			同意(不同意)施工总包单位验收意见 监理工程师(建设单位项目专业技术负责人)： 年　月　日				

表 D.0.1-36　集水明排工程检验批质量验收、评定记录

工程名称			分项工程名称		验收部位	
施工总包单位			项目经理		专业工长(施工员)	
分包单位			分包项目经理		施工班组长	
施工执行标准名称及编号				设计图纸(变更)编号		
	检查项目		企业质量标准的规定	质量检查、评定情况		总包项目部验收记录
一般项目	1	排水沟坡度	1‰~2‰			
	2	集水井间距(与设计相比)	≤150mm			
	3	集水井深度(与设计相比)	≤200mm			
	4	排水沟底宽	≥400mm			
	5	排水沟深度	300~600mm			
	6	排水沟边坡坡度	1:1.00~1:1.50			
	7	集水井砾料填灌(与计算值相比)	≤5%			

施工单位检查、评定结论	本检验批实测　点,符合要求　点,符合要求率　％,不符合要求点的最大偏差为规定值的　％。依据中国建筑工程总公司《建筑工程施工质量统一标准》ZJQ00-SG-013-2006 的相关规定,评定为:合格 □　优良 □ 项目专职质量检查员: 年　月　日
参加验收人员 (签字)	分包单位项目技术负责人:　　　　　　　　　　　　　　年　月　日
	专业工长(施工员):　　　　　　　　　　　　　　　　　年　月　日
	总包项目专业技术负责人:　　　　　　　　　　　　　　年　月　日
监理(建设)单位验收结论	同意(不同意)施工总包单位验收意见 监理工程师(建设单位项目专业技术负责人): 年　月　日

表 D.0.1-37　轻型井点降水工程检验批质量验收、评定记录

工程名称		分项工程名称		验收部位	
施工总包单位		项目经理		专业工长(施工员)	
分包单位		分包项目经理		施工班组长	
施工执行标准名称及编号			设计图纸(变更)编号		

	检查项目		企业质量标准的规定	质量检查、评定情况	总包项目部验收记录
一般项目	1	井点真空度	>60kPa		
	2	井径	±50mm		
	3	井点插入深度(与设计相比)	≤200mm		
	4	过滤砂砾料填灌(与计算值相比)	≤5%		
	5	井点垂直度	1%		
	6	洗井效果	满足设计要求		
	7	井点间距(与设计相比)	≤150mm		

施工单位检查、评定结论	本检验批实测　点,符合要求　点,符合要求率　%,不符合要求点的最大偏差为规定值的　%。依据中国建筑工程总公司《建筑工程施工质量统一标准》ZJQ00-SG-013-2006 的相关规定,评定为:合格 □　优良 □ 项目专职质量检查员: 年　月　日
参加验收人员(签字)	分包单位项目技术负责人:　　　　　　　　　　　　　　年　月　日
	专业工长(施工员):　　　　　　　　　　　　　　　　　年　月　日
	总包项目专业技术负责人:　　　　　　　　　　　　　　年　月　日
监理(建设)单位验收结论	同意(不同意)施工总包单位验收意见 监理工程师(建设单位项目专业技术负责人): 年　月　日

表 D.0.1-38 喷射井点降水工程检验批质量验收、评定记录

工程名称		分项工程名称		验收部位	
施工总包单位		项目经理		专业工长(施工员)	
分包单位		分包项目经理		施工班组长	
施工执行标准名称及编号				设计图纸(变更)编号	

		检查项目	企业质量标准的规定	质量检查、评定情况	总包项目部验收记录
一般项目	1	井点真空度	>93kPa		
	2	井径	±50mm		
	3	井点插入深度(与设计相比)	≤200mm		
	4	过滤砂砾料填灌(与计算值相比)	≤5%		
	5	井点间距(与设计相比)	≤150mm		
	6	井点垂直度	1‰		
	7	洗井效果	满足设计要求		

施工单位 检查、评定结论	本检验批实测　点,符合要求　点,符合要求率　%,不符合要求点的最大偏差为规定值的　%。依据中国建筑工程总公司《建筑工程施工质量统一标准》ZJQ00-SG-013-2006 的相关规定,评定为:合格 □　优良 □ 项目专职质量检查员: 　　　　　　　　　　　　　　　　　　　　　　　　　年　月　日
参加验收人员 (签字)	分包单位项目技术负责人:　　　　　　　　　　　　　年　月　日
	专业工长(施工员):　　　　　　　　　　　　　　　　年　月　日
	总包项目专业技术负责人:　　　　　　　　　　　　　年　月　日
监理(建设)单位验收结论	同意(不同意)施工总包单位验收意见 监理工程师(建设单位项目专业技术负责人): 　　　　　　　　　　　　　　　　　　　　　　　　　年　月　日

2—83

表 D.0.1-39　管(深)井降水工程检验批质量验收、评定记录

工程名称		分项工程名称		验收部位	
施工总包单位		项目经理		专业工长(施工员)	
分包单位		分包项目经理		施工班组长	
施工执行标准名称及编号				设计图纸(变更)编号	

		检查项目	企业质量标准的规定	质量检查、评定情况	总包项目部验收记录
一般项目	1	孔径	±50mm		
	2	井点插入深度(与设计相比)	≤200mm		
	3	过滤砂砾料填灌(与计算值相比)	≤5%		
	4	井点间距(与设计相比)	≤150mm		
	5	井点垂直度	1%		
	6	洗井效果	满足设计要求		

施工单位检查、评定结论	本检验批实测　点,符合要求　点,符合要求率　%,不符合要求点的最大偏差为规定值的　%。依据中国建筑工程总公司《建筑工程施工质量统一标准》ZJQ00-SG-013-2006 的相关规定,评定为:合格□　优良□ 项目专职质量检查员: 　　　　　　　　　　　　　　年　月　日
参加验收人员(签字)	分包单位项目技术负责人:　　　　　　　　　　　　年　月　日
	专业工长(施工员):　　　　　　　　　　　　　　　年　月　日
	总包项目专业技术负责人:　　　　　　　　　　　　年　月　日
监理(建设)单位验收结论	同意(不同意)施工总包单位验收意见 监理工程师(建设单位项目专业技术负责人): 　　　　　　　　　　　　　　年　月　日

表 D.0.1-40　电渗井点降水工程检验批质量验收、评定记录

工程名称		分项工程名称		验收部位	
施工总包单位		项目经理		专业工长(施工员)	
分包单位		分包项目经理		施工班组长	
施工执行标准名称及编号			设计图纸(变更)编号		

		检查项目	企业质量标准的规定	质量检查、评定情况	总包项目部验收记录
一般项目	1	井点间距(与设计相比)	≤150mm		
	2	井点插入深度(与设计相比)	≤200mm		
	3	过滤砂砾料填灌(与计算值相比)	≤5%		
	4	电渗井点阴阳极距离： 轻型井点 喷射井点	80~100mm 120~150mm		
	5	井点垂直度	1%		

施工单位 检查、评定结论	本检验批实测　点,符合要求　点,符合要求率　%,不符合要求点的最大偏差为规定值的　%。依据中国建筑工程总公司《建筑工程施工质量统一标准》ZJQ00-SG-013-2006 的相关规定,评定为:合格 □　　优良 □ 项目专职质量检查员： 年　月　日
参加验收人员 (签字)	分包单位项目技术负责人：　　　　　　　　　　　　　年　月　日
	专业工长(施工员)：　　　　　　　　　　　　　　　　年　月　日
	总包项目专业技术负责人：　　　　　　　　　　　　　年　月　日
监理(建设)单位验收结论	同意(不同意)施工总包单位验收意见 监理工程师(建设单位项目专业技术负责人)： 年　月　日

表 D.0.1-41 土方开挖工程检验批质量验收、评定记录

工程名称		分项工程名称			验收部位		
施工总包单位		项目经理			专业工长(施工员)		
分包单位		分包项目经理			施工班组长		
施工执行标准名称及编号					设计图纸(变更)编号		

		检查项目	企业质量标准的规定(mm)					质量检查、评定情况	总包项目部验收记录
			柱基基坑基槽	挖方场地平整		管沟	地(路)面基层		
				人工	机械				
主控项目	1	标高	−50	±30	±50	−50	−50		
	2	长度、宽度(由设计中心线向两边量)	+200 −50	+300 −100	+500 −150	+100	—		
	3	边坡	设计要求						
一般项目	1	表面平整	20	20	50	20	20		
	2	基底土性	设计要求						

施工单位检查、评定结论	本检验批实测　点,符合要求　点,符合要求率　％,不符合要求点的最大偏差为规定值的　％。依据中国建筑工程总公司《建筑工程施工质量统一标准》ZJQ00-SG-013-2006 的相关规定,评定为:合格 □　优良 □ 项目专职质量检查员: 年　月　日
参加验收人员 (签字)	分包单位项目技术负责人:　　　　　　　　　　年　月　日
	专业工长(施工员):　　　　　　　　　　　　　年　月　日
	总包项目专业技术负责人:　　　　　　　　　　年　月　日
监理(建设)单位验收结论	同意(不同意)施工总包单位验收意见 监理工程师(建设单位项目专业技术负责人): 年　月　日

表 D.0.1-42　土方回填工程检验批质量验收、评定记录

工程名称			分项工程名称			验收部位		
施工总包单位			项目经理			专业工长(施工员)		
分包单位			分包项目经理			施工班组长		
施工执行标准名称及编号						设计图纸(变更)编号		

		检查项目	企业质量标准的规定(mm)					质量检查、评定情况	总包项目部验收记录
			柱基基坑基槽	挖方场地平整		管沟	地(路)面基层		
				人工	机械				
主控项目	1	标高	-50	±30	±50	-50	-50		
	2	分层压实系数	设计要求						
	3	边坡	设计要求						
一般项目	1	回填土料	设计要求						
	2	分层厚度及含水量	设计要求						
	3	表面平整度	20	20	30	20	20		

施工单位检查、评定结论	本检验批实测　点,符合要求　点,符合要求率　%,不符合要求点的最大偏差为规定值的　%。依据中国建筑工程总公司《建筑工程施工质量统一标准》ZJQ00-SG-013-2006 的相关规定,评定为:合格□　优良□ 项目专职质量检查员: 　　　　　　　　　　　　　　　　　年　月　日
参加验收人员 (签字)	分包单位项目技术负责人:　　　　　　　　　　　年　月　日
	专业工长(施工员):　　　　　　　　　　　　　　年　月　日
	总包项目专业技术负责人:　　　　　　　　　　　年　月　日
监理(建设)单位验收结论	同意(不同意)施工总包单位验收意见 　　监理工程师(建设单位项目专业技术负责人): 　　　　　　　　　　　　　　　　　年　月　日

附录 E 分项工程质量验收、评定记录

E.0.1 分项工程质量验收、评定记录由项目专职质量检查员填写，质量控制资料的检查应由项目专业技术负责人检查并作出结论意见。分项工程质量验收、评定记录，见表 E.0.1。

E.0.2 当建设方不采用本标准作为工程质量的验收标准时，不需要监理（建设）单位参加内部验收并签署意见。

表 E.0.1 　　　　　　分项工程质量验收、评定记录

工程名称		结构类型		检验批数量	
施工总包单位		项目经理		项目技术负责人	
分项工程分包单位		分包单位负责人		分包项目经理	

序号	检验批部位、区段	分包单位检查结果	总包单位验收、评定结论	监理（建设）单位验收意思
1				
2				
3				
4				
5				
6				
7				
8				
9				
10				
11				
12				

质量控制资料	应有　份，实有　份，资料内容：基本详实□　详实准确　□，核查结论： 基本完整□　齐全完整□ 项目专业技术负责人： 　　　　　　　　　　　　　　　　　　　　　　　　　　年　月　日
分项工程综合验收、评定结论	该分项工程共有　个质量检验批，其中有　个检验批质量为合格，有　个检验批质量为优良，优良率为　%，该分项工程的施工操作依据及质量控制资料（基本完整 齐全完整），依据中国建筑工程总公司《建筑工程施工质量统一标准》ZJQ00-SG-013-2006 的相关规定，该分项工程的质量：合格□　优良□ 项目专职质量检查员： 　　　　　　　　　　　　　　　　　　　　　　　　　　年　月　日
参加验收人员	专业工长（施工员）：　　　　　　　　　　　　　　　　年　月　日 分包单位技术（质量）负责人：　　　　　　　　　　　年　月　日 总包单位项目技术（质量）负责人：　　　　　　　　　年　月　日
监理（建设）单位验收结论	同意（不同意）施工总包单位验收意见 监理工程师（建设单位项目专业技术负责人）： 　　　　　　　　　　　　　　　　　　　　　　　　　　年　月　日

附录F 分部(子分部)工程质量验收、评定记录

F.0.1 分部(子分部)工程的质量验收评定记录应由项目专职质量检查员填写,总包企业的技术管理、质量管理部门均应参加验收。分部(子分部)工程验收、评定记录,见表F.0.1。

F.0.2 当建设方不采用本标准作为工程质量的验收标准时,不需要勘察、设计、监理(建设)单位参加内部验收并签署意见。

表 F.0.1 _____ 分部（子分部）工程验收、评定记录

工程名称		施工总包单位			
技术部门负责人		质量部门负责人		专职质量检查员	
分包单位		分包单位负责人		分包技术负责人	
序号	分项工程名称	检验批数量	检验批优良率（%）	核定意见	
1					
2					
3					
4					
5					
6				项目专职质量检查员： 年 月 日	
7					
8					
9					
技术管理资料	份	质量控制资料	份	安全和功能检验（检测）报告	份
资料验收意见	应形成 份,实际 份, 结论:基本完整□ 齐全完整□				
观感质量验收	应得 分数,实得 分数,得分率 %,结论:合格□ 优良□				
分部（子分部）工程验收结论	该分部（子分部）工程共含 个分项工程,其中优良分项 个,分项优良率 %,各项资料（基本完整 齐全完整）,观感质量评定为（合格 优良）。依据中国建筑工程总公司《建筑工程施工质量统一标准》的有关规定,该分部工程:合格□ 优良□				
参加验收人员	分包单位项目经理	（签字）			年 月 日
	分包单位项目技术负责人	（签字）			年 月 日
	总包单位质量管理部门	（签字）			年 月 日
	总包单位项目经理	（签字）			年 月 日
	勘察单位项目负责人	（签字）			年 月 日
	设计单位项目专业负责人	（签字）			年 月 日
	监理（建设）单位项目总监（建设单位项目专业负责人）	（签字）			年 月 日

本标准用词说明

1 为便于在执行本标准条文时区别对待，对要求严格程度不同的用词，说明如下：
   1）表示很严格，非这样做不可的用词：
      正面词采用"必须"，反面词采用"严禁"。
   2）表示严格，在正常情况下均应这样做的用词：
      正面词采用"应"，反面词采用"不应"或"不得"。
   3）表示允许稍有选择，在条件许可时，首先应这样做的，用词：
      正面词采用"宜"，反面词采用"不宜"；
      表示有选择，在一定条件下可以这样做的，采用"可"。

2 本标准中指明应按其他有关标准、规范执行的写法为："应符合……要求或规定"或"应按……执行"。

建筑地基基础工程施工质量标准

ZJQ00-SG-014-2006

条 文 说 明

目　次

1 总则 ·· 2—93
2 术语 ·· 2—93
3 基本规定 ·· 2—93
　3.1 一般规定 ·· 2—93
4 地基工程 ·· 2—94
　4.6 强夯地基 ·· 2—94
　4.7 注浆地基 ·· 2—94
　4.9 振冲地基 ·· 2—94
　4.10 高压喷射注浆地基 ·· 2—94
　4.11 水泥土搅拌桩地基 ·· 2—94
　4.13 水泥粉煤灰碎石桩复合地基 ······································ 2—94
　4.14 夯实水泥土桩复合地基 ·· 2—94
　4.15 砂桩地基 ·· 2—95
　4.16 石灰桩复合地基 ··· 2—95
　4.17 柱锤冲扩桩复合地基 ·· 2—95
　4.18 单液硅化地基 ·· 2—95
　4.19 碱液地基 ·· 2—96
5 桩基础工程 ·· 2—97
　5.7 钻孔压浆桩 ·· 2—97
6 基坑支护工程 ··· 2—97
　6.3 水泥土桩墙支护工程 ·· 2—97
　6.4 锚杆支护工程 ·· 2—97
7 基坑降水工程 ··· 2—97

1 总　　则

1.0.1 本条是中国建筑工程总公司制定本标准的宗旨，突出了企业对地基基础产品质量的控制要求。

1.0.2 本条规定了标准的适用范围，铁路、公路、航运、水利和矿井巷道工程，对地基基础工程有特殊要求，本标准偏重于建筑工程，对这些有特殊要求的地基基础工程，验收时应按专业标准执行。

1.0.3 现行中国建筑工程总公司《建筑工程施工质量统一标准》ZJQ00-SG-013-2006 对各个专业标准的编制具有指导性作用，在具体执行本标准时，应同上述标准配合使用。

1.0.4 本标准是企业内部质量控制的标准，除非建设单位（工程合同的甲方）有明确的要求。如果甲方要求采用本标准系列并达到优良等级，则乙方应就采用本标准系列可能增加的直接成本和管理成本等各方面问题与甲方进行协商并在工程承包合同中予以明确。

1.0.5 地基基础工程内容涉及砌体、混凝土、钢结构、地下防水工程以及桩基检测等有关内容，验收时除应符合本标准的规定外，尚应符合包括中国建筑工程总公司相关标准在内的有关要求，如中国建筑工程总公司没有相应标准或标准中没有明确描述，可参考相应国家规范。

2 术　　语

本章共列出 36 个术语，其中 10 个术语完全采用《建筑地基基础工程施工质量验收规范》GB 50202-2002 的第二章内容，考虑到标准术语的完整性，又增加了 26 个有关术语，增加的术语是从标准的角度赋予其涵义的，但涵义不一定是术语的定义，其相应的英文术语也是推荐性的，仅供参考。

3 基 本 规 定

3.1 一 般 规 定

3.1.6 有些地基与基础工程规模较大，内容较多，既有桩基又有地基处理，甚至基坑开挖等，可按工程管理的需要，根据中国建筑工程总公司《建筑工程施工质量统一标准》所划分的范围，确定子分部。

4 地基工程

4.6 强夯地基

4.6.4 强夯施工中，"夯击遍数及顺序"、"夯锤落距"、"锤重"对地基处理效果影响很大，本标准将其列为主控项目。

4.7 注浆地基

4.7.4 "注浆孔深度"是注浆设计的重要参数，本标准将其列为主控项目。

4.9 振冲地基

4.9.4 桩体直径和孔深是振冲地基设计的重要参数，本标准将其列为主控项目。

4.10 高压喷射注浆地基

4.10.4 桩体直径和孔深是高压喷射注浆桩地基设计的重要参数，本标准将其列为主控项目。

4.11 水泥土搅拌桩地基

4.11.5 桩和桩底标高是水泥土搅拌桩地基设计的重要参数，本标准将其列为主控项目。

4.13 水泥粉煤灰碎石桩复合地基

4.13.4 桩身完整性和桩长是水泥粉煤灰碎石桩复合地基设计的重要参数，本标准将其列为主控项目。

4.14 夯实水泥土桩复合地基

4.14.4 水泥质量对夯实水泥土桩的强度至关重要，本标准将其列为主控项目。

4.15 砂 桩 地 基

4.15.4 桩长是砂桩设计的重要参数，本标准将其列为主控项目。

4.16 石灰桩复合地基

4.16.1 当用于地下水位以上的土层时，宜增加掺合料的含水量并减少生石灰用量，或采取土层浸水等措施。石灰桩的主要固化剂为生石灰，掺合料宜优先选用粉煤灰、火山灰、炉渣等工业废料。

4.16.2 施工顺序宜由外围或两侧向中间进行。在软土中宜间隔成桩。

4.17 柱锤冲扩桩复合地基

4.17.1 桩体材料可采用碎砖三合土、级配砂石、矿渣、灰土、水泥混合土等。当采用碎砖三合土时，其配合比（体积比）可采用生石灰∶碎砖∶黏性土为1∶2∶4。当采用其他材料时，应经试验确定其适用性和配合比。

4.17.2 根据土质及地下水情况可分别采用下述三种成孔方式：冲击成孔、填料冲击成孔、复打成孔，当采用上述方法仍难以成孔时，也可以采用套管成孔，即用柱锤边冲孔边将套管压入土中，直至桩底设计标高。

4.17.3 冲扩桩施工结束后7～14d内，可对桩身及桩间土进行抽样检验，可采用重型动力触探进行，并对处理后桩身质量及复合地基承载力作出评价。

4.18 单 液 硅 化 地 基

4.18.1 压力灌注溶液的施工步骤除配溶液等准备工作外，主要分为打灌注管和灌注溶液。通常自基础底面标高起向下分层进行，先施工第一加固层，完成后再施工第二加固层，在灌注溶液过程中，应注意观察溶液有无上冒（即冒出地面）现象，发现溶液上冒应立即停止灌注，分析原因，采取措施，堵塞溶液不出现上冒后，再继续灌注。打灌注管及连接胶皮管时，应精心施工，不得摇动灌注管，以免灌注管壁与土接触不严，形成缝隙，此外，胶皮管与灌注管连接完毕后，还应将灌注管上部及其周围0.5m厚的土层进行夯实，其干密度不小于$1.60g/cm^3$。

加固既有建筑物地基，在基础侧向应先施工外排，后施工内排，并间隔1～3孔进行打灌注管和灌注溶液。

溶液自渗的施工步骤除配溶液与压力灌注相同外，打灌注孔及灌注溶液与压力灌注有所不同，灌注孔直接钻（或打）至设计深度，不需分层施工，可用钻机或洛阳铲成孔，采用打管成孔时，孔成后应将管拔出，孔径一般为60～80mm。

溶液自渗不需要灌注管及加压设备，而是通过灌注孔直接渗入欲加固的土层中，在自渗过程中，溶液无上冒现象，每隔一定时间向孔内添加一次溶液，防止溶液渗干。

硅酸钠溶液配好后，如不立即使用或停放一定时间后，溶液会产生沉淀现象，灌注时，应再将其搅拌均匀，以免影响顺利灌注。

不论是压力灌注还是溶液自渗，计算溶液量全部注入土中后，加固土体中的灌注孔均宜用 2∶8 灰土分层回填夯实，防止地面水、生产或生活用水浸入地基土内。

对既有建筑物或设备基础进行沉降观测，可及时发现在灌注硅酸钠溶液过程中是否会引起附加沉降以及附加沉降的大小，便于查明原因，停止灌注或采用其他处理措施。

4.19 碱 液 地 基

4.19.1 灌注孔直径的大小主要与溶液的渗透量有关。如土质疏松，由于溶液渗透快，则孔径宜小。如孔径过大，在加固过程中，大量溶液将渗入灌注孔下部，形成上小下大的蒜头形加固体。如土的渗透性弱，而孔径较小，就将使溶液渗入缓慢，灌注时间延长，溶液由于在输液管中停留时间长，热量散失，将使加固体早期强度偏低，影响加固效果。

固体烧碱质量一般均能满足加固要求，液体烧碱及氯化钙在使用前均应进行化学成分定量分析，以便确定稀释到设计浓度时所需加水量。

碱液灌注前加温主要是为了提高加固土体的早期强度。在常温下，加固强度增长很慢，加固 3d 后，强度才略有增长。温度超过 40℃ 以上时，反应过程可大大加快，连续加温 2h 即可获得较高强度。温度愈高，强度愈大。试验表明，在 40℃ 条件下养护 2h，比常温下养护 3d 的强度提高 2.87 倍，比 28d 常温养护提高 1.32 倍。因此，施工时应将溶液加热到沸腾。加热可用煤、炭、木柴、煤气或通入锅炉蒸汽，因地制宜。

碱液加固与硅化加固的施工工艺不同之处在于后者是加压灌注（一般情况下），而前者是无压自流灌注，一般渗透速度比硅化法慢。其平均灌注速度在 1~10L/min 之间，以 2~5L/min 速度效果最好。灌注速度超过 10L/min，意味着土中存在有孔洞或裂隙，造成溶液流失；当灌注速度小于 1L/min 时，意味着溶液灌不进，如排除灌注管被杂质堵塞的因素，则表明土的可灌性差。当土中含水量超过 28% 或饱和度超过 75% 时，溶液就很难注入，一般应减少灌注量或另行采取其他加固措施以进行补救。

在灌液过程中，由于土体被溶液中携带的大量水分浸湿，立即变软，而加固强度的形成尚需一定时间。在加固土强度形成以前，土体在基础荷载作用下由于浸湿软化将使基础产生一定的附加下沉，为减少施工中产生过大的附加下沉，避免建筑物产生新的危害，应采用跳孔灌液并分段施工，以防止浸湿区连成一片。由于 3d 龄期强度可达到 28d 龄期强度的 50% 左右，故相邻两孔灌注时间间隔不少于 3d。

采用 $CaCl_2$ 与 $NaOH$ 的双液法加固地基时，两种溶液在土中相遇即反应生成 $Ca(OH)_2$ 与 $NaCl$。前者将沉淀在土粒周围而起到胶结与填充的双重作用。由于黄土是钙、镁离子饱和土，故一般只采用单液法加固。但如果要提高加固土强度，也可考虑用双液法。施工时如两种溶液先后采用同一容器，则在碱液灌注完成后将容器中的残留碱液清洗干净，否则，后注入的 $CaCl_2$ 溶液将在容器中立即生成白色的 $Ca(OH)_2$ 沉淀物，从而使注液管堵塞，不利于溶液的渗入。为避免 $CaCl_2$ 溶液在土中置换过多的碱液中的钠离子，规定两种溶液间隔灌注时间不应少于 8~12h，以便使先注入的碱液与被加固土体有较充分的反应时间。

5 桩基础工程

5.7 钻孔压浆桩

5.7.5 钻孔压浆桩的施工顺序,应根据桩间距和地层可能的串浆情况,按编号顺序跳跃式进行,防止串浆造成对已施工完的邻桩的损坏。

6 基坑支护工程

6.3 水泥土桩墙支护工程

6.3.3 型钢长度对基坑支护的稳定性至关重要,本条将其列为主控项目。

6.4 锚杆支护工程

6.4.2 采用锚杆支护时,必须在锚杆张拉完成后方可开挖,锚杆张拉必须在锚杆体达到张拉强度后进行。

7 基坑降水工程

基坑降水施工质量直接对基础的施工造成影响,因此将基坑降水单列一章,并确定了不同降水施工工艺的质量要求。

砌体工程施工质量标准

Standard for construction quality of masonry engineering

ZJQ00-SG-015-2006

中国建筑工程总公司

前　言

本标准是根据中国建筑工程总公司（简称中建总公司）中建市管字（2004）5 号《关于全面开展中建总公司建筑工程各专业施工标准编制工作的通知》的要求，由中国建筑第二工程局组织编制。

本标准总结了中国建筑工程总公司系统砌体工程施工质量管理的实践经验，以"突出质量策划、完善技术标准、强化过程控制、坚持持续改进"为指导思想，以提高质量管理要求为核心，力求在有效控制工程制造成本的前提下，使砌体工程施工质量得到切实保证和不断提高。

本标准主要依据国家标准《砌体工程施工质量验收规范》GB 50203-2002 及中国建筑工程总公司《建筑工程施工质量统一标准》ZJQ00-SG-013-2006 编制。综合考虑中国建筑工程总公司所属施工企业的技术水平、管理能力、施工队伍操作工人技术素质和现有市场环境等各方面客观条件，融入工程质量等级评定，以便统一中国建筑工程总公司系统施工企业砌体工程施工质量的内部验收方法、质量标准、质量等级的评定和程序，为创工程质量的"过程精品"奠定基础。

本标准将根据国家有关规定的变化以及企业发展的需要等进行定期或不定期的修订，请各级施工单位在执行标准过程中，注意积累资料、总结经验，并请将意见或建议及有关资料及时反馈中国建筑工程总公司质量管理部门，以供本标准修订时参考。

主编单位：中国建筑第二工程局
主　　编：李景芳
副 主 编：芦德春
编写人员：张桂敏　翟　雷

目 次

1 总则 ·· 3—4
2 术语 ·· 3—4
3 基本规定 ·· 3—5
4 砌筑砂浆 ·· 3—7
5 砖砌体工程 ·· 3—8
　5.1 一般规定 ·· 3—8
　5.2 主控项目 ·· 3—9
　5.3 一般项目 ·· 3—10
6 混凝土小型空心砌块砌体工程 ·· 3—11
　6.1 一般规定 ·· 3—11
　6.2 主控项目 ·· 3—12
　6.3 一般项目 ·· 3—12
7 石砌体工程 ·· 3—13
　7.1 一般规定 ·· 3—13
　7.2 主控项目 ·· 3—13
　7.3 一般项目 ·· 3—14
8 配筋砌体工程 ·· 3—15
　8.1 一般规定 ·· 3—15
　8.2 主控项目 ·· 3—15
　8.3 一般项目 ·· 3—16
9 填充墙砌体工程 ·· 3—17
　9.1 一般规定 ·· 3—17
　9.2 主控项目 ·· 3—17
　9.3 一般项目 ·· 3—17
10 冬期施工 ·· 3—19
11 子分部工程验收 ··· 3—20
附录A 砌体工程检验批质量验收、评定记录 ························· 3—20
附录B 分项工程质量验收、评定记录 ································ 3—26
附录C 子分部工程质量验收、评定记录 ······························ 3—27
本标准用词说明 ··· 3—28
条文说明 ·· 3—30

1 总 则

1.0.1 为加强建筑工程的质量管理力度，统一中国建筑工程总公司砌体工程施工质量及质量等级的评定，制定本标准。

1.0.2 本标准适用于中国建筑工程总公司所属施工企业总承包施工的砌体工程的质量检查与评定。

1.0.3 本标准适用于建筑工程的砖、石、砌块、配筋、填充墙等砌体的施工质量控制和验收。

1.0.4 本标准与中国建筑工程总公司标准《建筑工程施工质量统一标准》ZJQ00-SG-013-2006配套使用。

1.0.5 本标准中以黑体字印刷的条文为强制性条文，必须严格执行。

1.0.6 砌体工程施工中采用的工程技术文件、承包合同文件对施工质量验收的要求不得低于本标准的规定。

1.0.7 砌体工程施工质量的验收除执行本标准外，尚应符合国家现行有关标准规范的规定。

1.0.8 本标准为中国建筑工程总公司企业标准，主要用于企业内部的工程质量控制，在工程建设方（甲方）无特定要求时，工程的外部验收应以国家或地方现行的各项质量验收规范为准。若工程的建设方（甲方）要求采用本标准作为工程的质量标准时，应在施工承包合同中作出明确约定，并明确由于采用本标准而引起的甲乙双方的相关责任、权利和义务。

2 术 语

2.0.1 施工质量控制等级 control grade of construction quality
按质量控制和质量保证若干要素对施工技术水平所作的分级。

2.0.2 形式检验 type inspection
确认产品或过程应用结果适用性所进行的检验。

2.0.3 通缝 continuous seam
砌体中，上下皮块材搭接长度小于规定数值的竖向灰缝。

2.0.4 假缝 supposititious seam
为掩盖砌体竖向灰缝内在质量缺陷，砌筑砌体时仅在表面作灰缝处理的灰缝。

2.0.5 配筋砌体 reinforced masonry

网状配筋砌体柱、水平配筋砌体墙、砖砌体和钢筋混凝土面层或钢筋砂浆面层组合砌体柱（墙）、砖砌体和钢筋混凝土构造柱组合墙以及配筋砌块砌体剪力墙的统称。

2.0.6 芯柱 core column

在砌块内部空腔中插入竖向钢筋并浇灌混凝土后形成的砌体内部的钢筋混凝土小柱。

2.0.7 原位检测 inspection at original space

采用标准的检验方法，在现场砌体中选样进行非破损或微破损检测，以判定砌筑砂浆和砌体实体强度的检测。

3 基 本 规 定

3.0.1 砌体工程所用的材料应有产品的合格证书、产品性能检测报告。块材、水泥、钢筋、外加剂等尚应有材料主要性能的进场复验报告。外加剂应符合环保要求及有关规定。严禁使用国家明令淘汰的材料。

3.0.2 砌筑基础前，应校核放线尺寸，允许偏差应符合表3.0.2的规定。

表3.0.2 放线尺寸的允许偏差

长度L、宽度B（m）	允许偏差（mm）	长度L、宽度B（m）	允许偏差（mm）
L（或B）≤30	±5	60＜L（或B）≤90	±15
30＜L（或B）≤60	±10	L（或B）＞90	±20

3.0.3 砌筑顺序应符合下列规定：

1 基底标高不同时，应从低处砌起，并应由高处向低处搭砌。当设计无要求时，搭接长度不应小于基础扩大部分的高度。

2 砌体的转角处和交接处应同时砌筑。当不能同时砌筑时，应按规定留槎、接槎。

3.0.4 在墙上留置临时施工洞口，其侧边离交接处墙面不应小于500mm，洞口净宽度不应超过1m。

抗震设防烈度为9度的地区建筑物的临时施工洞口位置，应会同设计单位确定。

临时施工洞口应做好补砌。

3.0.5 不得在下列墙体或部位设置脚手眼：

1 120mm厚墙、料石清水墙和独立柱；

2 过梁上与过梁成60°角的三角形范围及过梁净跨度1/2的高度范围内；

3 宽度小于1m的窗间墙；

4 砌体门窗洞口两侧200mm（石砌体为300mm）和转角处450mm（石砌体为600mm）范围内；

5 梁或梁垫下及其左右500mm范围内；

6 设计不允许设置脚手眼的部位。

3.0.6 施工脚手眼补砌时，灰缝应填满砂浆，不得用干砖填塞。

3.0.7 设计要求的洞口、管道、沟槽应于砌筑时正确留出或预埋,未经设计同意,不得打凿墙体和在墙体上开凿水平沟槽。宽度超过300mm的洞口上部,应设置过梁。

3.0.8 尚未施工楼板或屋面的墙或柱,当可能遇到大风时,其允许自由高度不得超过表3.0.8的规定。如超过表中限值时,必须采用临时支撑等有效措施。

表3.0.8 墙和柱的允许自由高度(m)

墙(柱)厚 (mm)	砌体密度>1600 (kg/m³)			砌体密度 1300～1600 (kg/m³)		
	风载(kN/m²)			风载(kN/m²)		
	0.3 (约7级风)	0.4 (约8级风)	0.5 (约9级风)	0.3 (约7级风)	0.4 (约8级风)	0.5 (约9级风)
190	—	—	—	1.4	1.1	0.7
240	2.8	2.1	1.4	2.2	1.7	1.1
370	5.2	3.9	2.6	4.2	3.2	2.1
490	8.6	6.5	4.3	7.0	5.2	3.5
620	14.0	10.5	7.0	11.4	8.6	5.7

注:1 本表适用于施工处相对标高(H)在10m范围内的情况。如10m<H≤15m, 15m<H≤20m时,表中的允许自由高度应分别乘以0.9、0.8的系数;如H>20m时,应通过抗倾覆验算确定其允许自由高度;
    2 当所砌筑的墙有横墙或其他结构与其连接,而且间距小于表列限值的2倍时,砌筑高度可不受本表的限制。

3.0.9 搁置预制梁、板的砌体顶面应找平,安装时应坐浆。当设计无具体要求时,应采用1:2.5的水泥砂浆。

3.0.10 砌体施工质量控制等级应分为三级,并应符合表3.0.10的规定。

表3.0.10 砌体施工质量控制等级

项 目	施工质量控制等级		
	A	B	C
现场质量管理	制度健全,并严格执行;非施工方质量监督人员经常到现场,或现场设有常驻代表;施工方有在岗专业技术管理人员,人员齐全,并持证上岗	制度基本健全,并能执行;非施工方质量监督人员间断地到现场进行质量控制;施工方有在岗专业技术管理人员,并持证上岗	有制度;非施工方质量监督人员很少现场质量控制;施工方有在岗专业技术管理人员
砂浆、混凝土强度	试块按规定制作,强度满足验收规定,离散性小	试块按规定制作,强度满足验收规定,离散性较小	试块强度满足验收规定,离散性大
砂浆拌合方式	机械拌合;配合比计量控制严格	机械拌合;配合比计量控制一般	机械或人工拌合;配合比计量控制较差
砌筑工人	中级工以上,其中高级工不少于20%	高、中级工不少于70%	初级工以上

3.0.11 设置在潮湿环境或有化学侵蚀性介质的环境中的砌体灰缝内的钢筋应采取防腐措施。

3.0.12 砌体施工时,楼面和屋面堆载不得超过楼板的允许荷载值。施工层进料口楼板下,宜采取临时加撑措施。

3.0.13 分项工程的验收应在检验批验收合格的基础上进行。验收标准分为合格和优良两个等级。检验批的确定可根据施工段划分。

3.0.14 砌体工程检验批合格质量应符合下列规定：

  1 其主控项目应全部符合本标准的规定。

  2 一般项目的质量经抽样检验合格；当采取抽样检验时，其抽样数量（比例）应符合本标准的规定，且允许偏差实测值应有不低于80%的点数在相应质量标准的规定范围之内，且最大偏差值不得超过允许值的150%。

  3 具有完整的施工操作依据、详实的质量控制及质量检查记录。

3.0.15 砌体工程检验批优良质量应符合下列规定：

  1 主控项目必须符合本标准的规定；

  2 一般项目应符合本标准的规定，且允许偏差实测值应有不低于80%的点数在相应企业质量标准的范围之内，且最大偏差不得超过允许值的120%；

  3 具有完整的施工操作依据、详实的质量控制及质量检查记录。

4 砌 筑 砂 浆

4.0.1 水泥进场使用前，应分批对其强度、安定性、凝结时间进行复验。检验批应以同一生产厂家、同一编号为一批。

  当在使用中对水泥质量有怀疑或水泥出厂超过三个月（快硬硅酸盐水泥超过一个月）时，应复查试验，并按其结果使用。

  不同品种的水泥，不得混合使用。

4.0.2 砂浆用砂不得含有有害杂物。砂浆用砂的含泥量应满足下列要求：

  1 对水泥砂浆和强度等级不小于M5的水泥混合砂浆，不应超过5%；

  2 对强度等级小于M5的水泥混合砂浆，不应超过10%；

  3 人工砂、山砂及特细砂，应经试配能满足砌筑砂浆技术条件要求。

4.0.3 配制水泥石灰砂浆时，不得采用脱水硬化的石灰膏。

4.0.4 消石灰粉不得直接使用于砌筑砂浆中。

4.0.5 拌制砂浆用水，水质应符合国家现行标准《混凝土用水标准》JGJ 63-2006的规定。

4.0.6 砌筑砂浆应通过试配确定配合比。当砌筑砂浆的组成材料有变更时，其配合比应重新确定。

4.0.7 施工中当采用水泥砂浆代替水泥混合砂浆时，应重新确定砂浆强度等级。

4.0.8 凡在砂浆中掺入有机塑化剂、早强剂、缓凝剂、防冻剂等，应经检验和试配符合要求后，方可使用。有机塑化剂应有砌体强度的形式检验报告。

4.0.9 砂浆现场拌制时，各组分材料应采用重量计量。

4.0.10 砌筑砂浆应采用机械搅拌，自投料完算起，搅拌时间应符合下列规定：

  1 水泥砂浆和水泥混合砂浆不得少于 2min;
  2 水泥粉煤灰砂浆和掺用外加剂的砂浆不得少于 3min;
  3 掺用有机塑化剂的砂浆,应为 3～5min。
4.0.11 砂浆应随拌随用,水泥砂浆和水泥混合砂浆应分别在 3h 和 4h 内使用完毕;当施工期间最高气温超过 30℃时,应分别在拌成后 2h 和 3h 内使用完毕。
  注：对掺用缓凝剂的砂浆,其使用时间可根据具体情况延长。
4.0.12 砌筑砂浆试块强度验收时其强度合格标准必须符合以下规定：
  同一验收批砂浆试块抗压强度平均值必须大于或等于设计强度等级所对应的立方体抗压强度；同一验收批砂浆试块抗压强度的最小一组平均值必须大于或等于设计强度等级所对应的立方体抗压强度的 0.75 倍。
  注：①砌筑砂浆的验收批,同一类型、强度等级的砂浆试块应不少于 3 组。当同一验收批只有一组试块时,该组试块抗压强度的平均值必须大于或等于设计强度等级所对应的立方体抗压强度。
    ②砂浆强度应以标准养护,龄期为 28d 的试块抗压试验结果为准。

  抽检数量：每一检验批且不超过 250m³ 砌体的各种类型及强度等级的砌筑砂浆,每台搅拌机应至少抽检一次。
  检验方法：在砂浆搅拌机出料口随机取样制作砂浆试块(同盘砂浆只应制作一组试块),最后检查试块强度试验报告单。
4.0.13 当施工中或验收时出现下列情况,可采用现场检验方法对砂浆和砌体强度进行原位检测或取样检测,并判定其强度：
  1 砂浆试块缺乏代表性或试块数量不足；
  2 对砂浆试块的试验结果有怀疑或有争议；
  3 砂浆试块的试验结果,不能满足设计要求。

5 砖砌体工程

5.1 一 般 规 定

5.1.1 本章适用于烧结普通砖、烧结多孔砖、蒸压灰砂砖、粉煤灰砖等砌体工程。
5.1.2 用于清水墙、柱表面的砖,应边角整齐,色泽均匀。
5.1.3 有冻胀环境和条件的地区,地面以下或防潮层以下的砌体,不宜采用多孔砖。
5.1.4 砌筑砖砌体时,砖应提前 1～2d 浇水湿润。
5.1.5 砌砖工程当采用铺浆法砌筑时,铺浆长度不得超过 750mm;施工期间气温超过 30℃时,铺浆长度不得超过 500mm。
5.1.6 240mm 厚承重墙的每层墙的最上一皮砖,砖砌体的阶台水平面上及挑出层,应整砖丁砌。

5.1.7 砖砌平拱过梁的灰缝应砌成楔形缝。灰缝的宽度，在过梁的底面不应小于5mm；在过梁的顶面不应大于15mm。

拱脚下面应伸入墙内不小于20mm，拱底应有1%的起拱。

5.1.8 砖过梁底部的模板，应在灰缝砂浆强度不低于设计强度的50%时，方可拆除。

5.1.9 多孔砖的孔洞应垂直于受压面砌筑。

5.1.10 施工时施砌的蒸压（养）砖的产品龄期不应小于28d。

5.1.11 竖向灰缝不得出现透明缝、瞎缝和假缝。

5.1.12 砖砌体施工临时间断处补砌时，必须将接槎处表面清理干净，浇水湿润，并填实砂浆，保持灰缝平直。

5.2 主 控 项 目

5.2.1 砖和砂浆的强度等级必须符合设计要求。

抽检数量：每一生产厂家的砖到现场后，按烧结砖15万块、多孔砖5万块、灰砂砖及粉煤灰砖10万块各为一验收批，抽检数量为1组。砂浆试块的抽检数量执行本标准第4.0.12条的有关规定。

检验方法：查砖和砂浆试块试验报告。

5.2.2 砌体水平灰缝的砂浆饱满度不得小于80%。

抽检数量：每检验批抽查不应少于5处。

检验方法：用百格网检查砖底面与砂浆的粘结痕迹面积。每处检测3块砖，取其平均值。

5.2.3 砖砌体的转角处和交接处应同时砌筑，严禁无可靠措施的内外墙分砌施工。对不能同时砌筑而又必须留置的临时间断处应砌成斜槎，斜槎水平投影长度不应小于高度的2/3。

抽检数量：每检验批抽20%接槎，且不应少于5处。

检验方法：观察检查。

5.2.4 非抗震设防及抗震设防烈度为6度、7度地区的临时间断处，当不能留斜槎时，除转角处外，可留直槎，但直槎必须做成凸槎。留直槎处应加设拉结钢筋，拉结钢筋的数量为每120mm墙厚放置1ϕ6拉结钢筋（120mm厚墙必须放置2ϕ6拉结钢筋），间距沿墙高不应超过500mm；埋入长度从留槎处算起每边均不应小于500mm，对抗震设防烈度6度、7度的地区，不应小于1000mm；末端应有90°弯钩（图5.2.4）。

抽检数量：每检验批抽20%接槎，且不应少于5处。

检验方法：观察和尺量检查。

合格标准：留槎正确，拉结钢筋设置数量、直径正确，竖向间距偏差不超过100mm，留置长度基本符合规定。

5.2.5 砖砌体的位置及垂直度允许偏差应符合表5.2.5的规定。

抽检数量：轴线查全部承重墙柱；外墙垂直度全高查阳角，不应少于4处，每层每20m查一处；内墙按有代表性的自然间抽10%，但不应少于3间，每间不应少于2处，柱不少于5根。

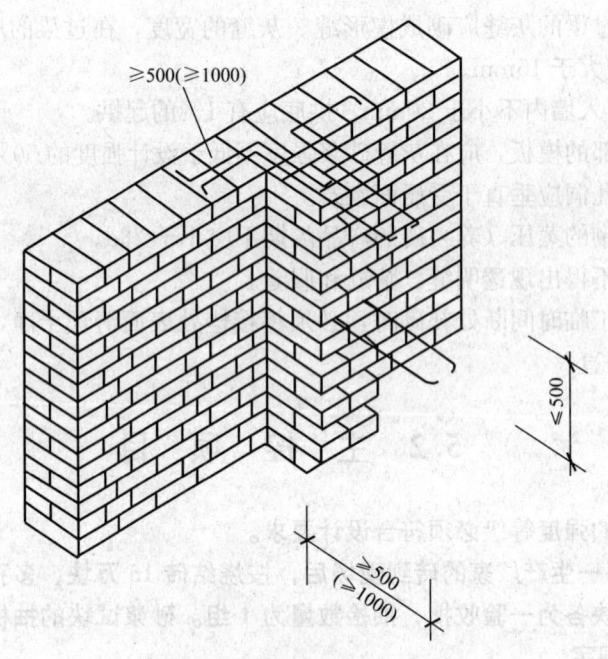

图 5.2.4

表 5.2.5　砖砌体的位置及垂直度允许偏差

项次	项　　目			允许偏差（mm）	检　验　方　法
1	轴线位置偏移			10	用经纬仪和尺检查或用其他测量仪器检查
2	垂直度	每　层		5	用2m托线板检查
		全高	≤10m	10	用经纬仪、吊线和尺检查，或用其他测量仪器检查
			>10m	20	

5.3　一　般　项　目

5.3.1　砖砌体组砌方法应正确，上、下错缝，内外搭砌，砖柱不得采用包心砌法。

　　抽检数量：外墙每20m抽查一处，每处3～5m，且不应少于3处；内墙按有代表性的自然间抽10%，且不应少于3间。

　　检验方法：观察检查。

　　合格标准：除符合本条要求外，清水墙、窗间墙无通缝；混水墙中长度大于或等于300mm的通缝每间不超过3处，且不得位于同一面墙体上。

5.3.2　砖砌体的灰缝应横平竖直，厚薄均匀。水平灰缝厚度宜为10mm，但不应小于8mm，也不应大于12mm。

　　抽检数量：每步脚手架施工的砌体，每20m抽查1处。

　　检验方法：用尺量10皮砖砌体高度折算。

5.3.3　砖砌体的一般尺寸允许偏差应符合表5.3.3的规定。

表 5.3.3 砖砌体一般尺寸允许偏差

项次	项目		允许偏差(mm)	检验方法	抽检数量
1	基础顶面和楼面标高		±15	用水准仪和尺检查	不应少于5处
2	表面平整度	清水墙、柱	5	用2m靠尺和楔形塞尺检查	有代表性自然间10%,但不应少于3间,每间不应少于2处
		混水墙、柱	8		
3	门窗洞口高、宽(后塞口)		±5	用尺检查	检验批洞口的10%,且不应少于5处
4	外墙上下窗口偏移		20	以底层窗口为准,用经纬仪或吊线检查	检验批的10%,且不应少于5处
5	水平灰缝平直度	清水墙	7	拉10m线和尺检查	有代表性自然间10%,但不应少于3间,每间不应少于2处
		混水墙	10		
6	清水墙游丁走缝		20	吊线和尺检查,以每层第一批砖为准	有代表性自然间10%,但不应少于3间,每间不应少于2处

6 混凝土小型空心砌块砌体工程

6.1 一般规定

6.1.1 本章适用于普通混凝土小型空心砌块和轻骨料混凝土小型空心砌块(以下简称小砌块)工程的施工质量验收。

6.1.2 施工时所用的小砌块的产品龄期不应小于28d。

6.1.3 砌筑小砌块时,应清除表面污物和芯柱用小砌块孔洞底部的毛边,剔除外观质量不合格的小砌块。

6.1.4 施工时所用的砂浆,宜选用专用的小砌块砌筑砂浆。

6.1.5 底层室内地面以下或防潮层以下的砌体,应采用强度等级不低于C20的混凝土灌实小砌块的孔洞。

6.1.6 小砌块砌筑时,在天气干燥炎热的情况下,可提前洒水湿润小砌块;对轻骨料混凝土小砌块,可提前浇水湿润。小砌块表面有浮水时,不得施工。

6.1.7 承重墙体严禁使用断裂小砌块。

6.1.8 小砌块墙体应对孔错缝搭砌,搭接长度不应小于90mm。墙体的个别部位不能满足上述要求时,应在灰缝中设置拉结钢筋或钢筋网片,但竖向通缝仍不得超过两皮小砌块。

6.1.9 小砌块应底面朝上反砌于墙上。

6.1.10 浇灌芯柱的混凝土，宜选用专用的小砌块灌孔混凝土，当采用普通混凝土时，其坍落度不应小于90mm。

6.1.11 浇灌芯柱混凝土，应遵守下列规定：
 1 清除孔洞内的砂浆等杂物，并用水冲洗；
 2 砌筑砂浆强度大于1MPa时，方可浇灌芯柱混凝土；
 3 在浇灌芯柱混凝土前应先注入适量与芯柱混凝土相同的去石子水泥砂浆，再浇灌混凝土。

6.1.12 需要移动砌体中的小砌块或小砌块被撞动时，应重新铺砌。

6.2 主 控 项 目

6.2.1 小砌块和砂浆的强度等级必须符合设计要求。
 抽检数量：每一生产厂家，每1万块小砌块至少应抽检一组。用于多层建筑基础和底层的小砌块抽检数量不应少于2组。砂浆试块的抽检数量执行本标准第4.0.12条的有关规定。
 检验方法：查小砌块和砂浆试块试验报告。

6.2.2 砌体水平灰缝的砂浆饱满度，应按净面积计算不得低于90%；竖向灰缝饱满度不得小于80%，竖缝凹槽部位应用砌筑砂浆填实；不得出现瞎缝、透明缝。
 抽检数量：每检验批不应少于3处。
 检验方法：用专用百格网检测小砌块与砂浆粘结痕迹，每处检测3块小砌块，取其平均值。

6.2.3 墙体转角处和纵横墙交接处应同时砌筑。临时间断处应砌成斜槎，斜槎水平投影长度不应小于高度的2/3。
 抽检数量：每检验批抽20%接槎，且不应少于5处。
 检验方法：观察检查。

6.2.4 砌体的轴线偏移和垂直度偏差应按本标准第5.2.5条的规定执行。

6.3 一 般 项 目

6.3.1 墙体的水平灰缝厚度和竖向灰缝宽度宜为10mm，但不应大于12mm，也不应小于8mm。
 抽检数量：每层楼的检测点不应少于3处。
 抽检方法：用尺量5皮小砌块的高度和2m砌体长度折算。

6.3.2 小砌块墙体的一般尺寸允许偏差应按本标准第5.3.3条表5.3.3中1～5项的规定执行。

7 石砌体工程

7.1 一般规定

7.1.1 石砌体采用的石材应质地坚实,无风化剥落和裂纹。用于清水墙、柱表面的石材,尚应色泽均匀。

7.1.2 石材表面的泥垢、水锈等杂质,砌筑前应清除干净。

7.1.3 石砌体的灰缝厚度:毛料石和粗料石砌体不宜大于20mm;细料石砌体不宜大于5mm。

7.1.4 砂浆初凝后,如移动已砌筑的石块,应将原砂浆清理干净,重新铺浆砌筑。

7.1.5 砌筑毛石基础的第一皮石块应坐浆,并将大面向下;砌筑料石基础的第一皮石块应用丁砌层坐浆砌筑。

7.1.6 毛石砌体的第一皮及转角处、交接处和洞口处,应用较大的平毛石砌筑。每个楼层(包括基础)砌体的最上一皮,宜选用较大的毛石砌筑。

7.1.7 砌筑毛石挡土墙应符合下列规定:
 1 每砌3~4皮为一个分层高度,每个分层高度应找平一次;
 2 外露面的灰缝厚度不得大于40mm,两个分层高度间分层处的错缝不得小于80mm。

7.1.8 料石挡土墙,当中间部分用毛石砌时,丁砌料石伸入毛石部分的长度不应小于200mm。

7.1.9 挡土墙的泄水孔当设计无规定时,施工应符合下列规定:
 1 泄水孔应均匀设置,在每米高度上间隔2m左右设置一个泄水孔;
 2 泄水孔与土体间铺设长宽各为300mm、厚200mm的卵石或碎石作疏水层。

7.1.10 挡土墙内侧回填土必须分层夯填,分层松土厚度应为300mm。墙顶土面应有适当坡度使流水流向挡土墙外侧面。

7.2 主控项目

7.2.1 石材及砂浆强度等级必须符合设计要求。
 抽检数量:同一产地的石材至少应抽检一组。砂浆试块的抽检数量执行本标准第4.0.12条的有关规定。
 检验方法:料石检查产品质量证明书,石材、砂浆检查试块试验报告。

7.2.2 砂浆饱满度不应小于80%。
 抽检数量:每步架抽查不应少于1处。
 检验方法:观察检查。

7.2.3 石砌体的轴线位置及垂直度允许偏差应符合表7.2.3的规定。

表 7.2.3 石砌体的轴线位置及垂直度允许偏差

项次	项目		允许偏差（mm）						检验方法
			毛石砌体		料 石 砌 体				
					毛料石		粗料石		细料石	
			基础	墙	基础	墙	基础	墙	墙、柱	
1	轴线位置		20	15	20	15	15	10	10	用经纬仪和尺检查，或用其他的测量仪器检查
2	墙面垂直度	每层		20		20		10	7	用经纬仪、吊线和尺检查或用其他的测量仪器检查
		全高		30		30		25	20	

抽检数量：外墙，按楼层（或4m高以内）每20m抽查1处，每处3延长米，但不应少于3处；内墙，按有代表性的自然间抽查10%，但不应少于3间，每间不应少于2处，柱子不应少于5根。

7.3 一 般 项 目

7.3.1 石砌体的一般尺寸允许偏差应符合表7.3.1的规定。

抽检数量：外墙，按楼层（4m高以内）每20m抽查1处，每处3延长米，但不应少于3处；内墙，按有代表性的自然间抽查10%，但不应少于3间，每间不应少于2处，柱子不应少于5根。

表 7.3.1 石砌体的一般尺寸允许偏差

项次	项 目		允许偏差（mm）						检 验 方 法
			毛石砌体		料石砌体				
			基础	墙	基础	墙	基础	墙	墙、柱	
1	基础和墙砌体顶面标高		±25	±15	±25	±15	±15	±15	±10	用水准仪和尺检查
2	砌体厚度		+30	+20 −10	+30	+20 −10	+15	+10 −5	+10 −5	用尺检查
3	表面平整度	清水墙、柱	—	20	—	20		10	5	细料石用2m靠尺和楔形塞尺检查，其他用两直尺垂直于灰缝拉2m线和尺检查
		混水墙、柱	—	20	—	20		15		
4	清水墙水平灰缝平直度		—	—	—	—		10	5	拉10m线和尺检查

7.3.2 石砌体的组砌形式应符合下列规定：

1 内外搭砌，上下错缝，拉结石、丁砌石交错设置；
2 毛石墙拉结石每 0.7m² 墙面不应少于 1 块。

检查数量：外墙，按楼层（或 4m 高以内）每 20m 抽查 1 处，每处 3 延长米，但不应少于 3 处；内墙，按有代表性的自然间抽查 10%，但不应少于 3 间。

检验方法：观察检查。

8 配筋砌体工程

8.1 一般规定

8.1.1 配筋砌体工程除应满足本章要求外，尚应符合本标准第 5、6 章的规定。

8.1.2 构造柱浇灌混凝土前，必须将砌体留槎部位和模板浇水湿润，将模板内的落地灰、砖渣和其他杂物清理干净，并在结合面处注入适量与构造柱混凝土相同的去石子水泥砂浆。振捣时，应避免触碰墙体，严禁通过墙体传震。

8.1.3 设置在砌体水平灰缝中钢筋的锚固长度不宜小于 $50d$，且其水平或垂直弯折段的长度不宜小于 $20d$ 和 150mm；钢筋的搭接长度不应小于 $55d$。

8.1.4 配筋砌块砌体剪力墙，应采用专用的小砌块砌筑砂浆和专用的小砌块灌孔混凝土。

8.2 主控项目

8.2.1 钢筋的品种、规格和数量应符合设计要求。

检验方法：检查钢筋的合格证书、钢筋性能试验报告、隐蔽工程记录。

8.2.2 构造柱、芯柱、组合砌体构件、配筋砌体剪力墙构件的混凝土或砂浆的强度等级应符合设计要求。

抽检数量：各类构件每一检验批砌体至少应做一组试块。

检验方法：检查混凝土或砂浆试块试验报告。

8.2.3 构造柱与墙体的连接处应砌成马牙槎，马牙槎应先退后进，预留的拉结钢筋应位置正确，施工中不得任意弯折。

抽检数量：每检验批抽 20% 构造柱，且不少于 3 处。

检验方法：观察检查。

合格标准：钢筋竖向移位不应超过 100mm，每一马牙槎沿高度方向尺寸不应超过 300mm。钢筋竖向位移和马牙槎尺寸偏差每一构造柱不应超过 2 处。

8.2.4 构造柱位置及垂直度的允许偏差应符合表 8.2.4 的规定。

抽检数量：每检验批抽 10%，且不应少于 5 处。

8.2.5 对配筋混凝土小型空心砌块砌体，芯柱混凝土应在装配式楼盖处贯通，不得削弱芯柱截面尺寸。

抽检数量：每检验批抽 10％，且不应少于 5 处。
检验方法：观察检查。

表 8.2.4 构造柱尺寸允许偏差

项次	项　目			允许偏差 (mm)	抽　检　方　法
1	柱中心线位置			10	用经纬仪和尺检查或用其他测量仪器检查
2	柱层间错位			8	用经纬仪和尺检查或用其他测量仪器检查
3	柱垂直度	每层		10	用 2m 托线板检查
		全高	≤10m	15	用经纬仪、吊线和尺检查，或用其他测量仪器检查
			>10m	20	

8.3 一　般　项　目

8.3.1 设置在砌体水平灰缝内的钢筋，应居中置于灰缝中。水平灰缝厚度应大于钢筋直径 4mm 以上。砌体外露面砂浆保护层的厚度不应小于 15mm。

抽检数量：每检验批抽检 3 个构件，每个构件检查 3 处。
检验方法：观察检查，辅以钢尺检测。

8.3.2 设置在砌体灰缝内的钢筋的防腐保护应符合本标准第 3.0.11 条的规定。

抽检数量：每检验批抽检 10％的钢筋。
检验方法：观察检查。
合格标准：防腐涂料无漏刷（喷浸），无起皮脱落现象。

8.3.3 网状配筋砌体中，钢筋网及放置间距应符合设计规定。

抽检数量：每检验批抽 10％，且不应少于 5 处。
检验方法：钢筋规格检查钢筋网成品，钢筋网放置间距局部剔缝观察，或用探针刺入灰缝内检查，或用钢筋位置测定仪测定。
合格标准：钢筋网沿砌体高度位置超过设计规定一皮砖厚不得多于 1 处。

8.3.4 组合砖砌体构件，竖向受力钢筋保护层应符合设计要求，距砖砌体表面距离不应小于 5mm；拉结筋两端应设弯钩，拉结筋及箍筋的位置应正确。

抽检数量：每检验批抽检 10％，且不应少于 5 处。
检验方法：支模前观察与尺量检查。
合格标准：钢筋保护层符合设计要求；拉结筋位置及弯钩设置 80％及以上符合要求，箍筋间距超过规定者，每件不得多于 2 处，且每处不得超过一皮砖。

8.3.5 配筋砌块砌体剪力墙中，采用搭接接头的受力钢筋搭接长度不应小于 35d，且不应少于 300mm。

抽检数量：每检验批每类构件抽 20％（墙、柱、连梁），且不应少于 3 件。
检验方法：尺量检查。

9 填充墙砌体工程

9.1 一 般 规 定

9.1.1 本章适用于房屋建筑采用空心砖、蒸压加气混凝土砌块、轻骨料混凝土小型空心砌块等砌筑填充墙砌体的施工质量验收。

9.1.2 蒸压加气混凝土砌块、轻骨料混凝土小型空心砌块砌筑时,其产品龄期应超过28d。

9.1.3 空心砖、蒸压加气混凝土砌块、轻骨料混凝土小型空心砌块等的运输、装卸过程中,严禁抛掷和倾倒。进场后应按品种、规格分别堆放整齐,堆置高度不宜超过2m。加气混凝土砌块应防止雨淋。

9.1.4 填充墙砌体砌筑前块材应提前2d浇水湿润。蒸压加气混凝土砌块砌筑时,应向砌筑面适量浇水。

9.1.5 用轻骨料混凝土小型空心砌块或蒸压加气混凝土砌块砌筑墙体时,墙底部应砌烧结普通砖或多孔砖,或普通混凝土小型空心砌块,或现浇混凝土坎台等,其高度不宜小于200mm。

9.2 主 控 项 目

9.2.1 砖、砌块和砌筑砂浆的强度等级应符合设计要求。

检验方法:检查砖或砌块的产品合格证书、产品性能检测报告和砂浆试块试验报告。

9.3 一 般 项 目

9.3.1 填充墙砌体一般尺寸的允许偏差应符合表9.3.1的规定。

抽检数量:

(1) 对表中1、2项,在检验批的标准间中随机抽查10%,但不应少于3间;大面积房间和楼道按两个轴线或每10延长米按一标准间计数。每间检验不应少于3处。

(2) 对表中3、4项,在检验批中抽检10%,且不应少于5处。

表9.3.1 填充墙砌体一般尺寸允许偏差

项次	项 目		允许偏差(mm)	检 验 方 法
1	轴线位移		10	用尺检查
	垂直度	≤3m	5	用2m托线板或吊线、尺检查
		>3m	10	

续表9.3.1

项次	项　　目	允许偏差（mm）	检　验　方　法
2	表面平整度	8	用2m靠尺和楔形塞尺检查
3	门窗洞口高、宽（后塞口）	±5	用尺检查
4	外墙上、下窗口偏移	20	用经纬仪或吊线检查

9.3.2 蒸压加气混凝土砌块砌体和轻骨料混凝土小型空心砌块砌体不应与其他块材混砌。

抽检数量：在检验批中抽检20%，且不应少于5处。

检验方法：外观检查。

9.3.3 填充墙砌体的砂浆饱满度及检验方法应符合表9.3.3的规定。

抽检数量：每步架子不少于3处，且每处不应少于3块。

表 9.3.3　填充墙砌体的砂浆饱满度及检验方法

砌体分类	灰缝	饱满度及要求	检验方法
空心砖砌体	水平	≥80%	采用百格网检查块材底面砂浆的粘结痕迹面积
	垂直	填满砂浆，不得有透明缝、瞎缝、假缝	
加气混凝土砌块和轻骨料混凝土小砌块砌体	水平	≥80%	
	垂直	≥80%	

9.3.4 填充墙砌体留置的拉结钢筋或网片的位置应与块体皮数相符合。拉结钢筋或网片应置于灰缝中，埋置长度应符合设计要求，竖向位置偏差不应超过一皮高度。

抽检数量：在检验批中抽检20%，且不应少于5处。

检验方法：观察和用尺量检查。

9.3.5 填充墙砌筑时应错缝搭砌，蒸压加气混凝土砌块搭砌长度不应小于砌块长度的1/3；轻骨料混凝土小型空心砌块搭砌长度不应小于90mm；竖向通缝不应大于2皮。

抽检数量：在检验批的标准间中抽检10%，且不应少于3间。

检查方法：观察和用尺检查。

9.3.6 填充墙砌体的灰缝厚度和宽度应正确。空心砖、轻骨料混凝土小型空心砌块的砌体灰缝应为8~12mm。蒸压加气混凝土砌块砌体的水平灰缝厚度及竖向灰缝宽度分别宜为15mm和20mm。

抽检数量：在检验批的标准间中抽查10%，且不应少于3间。

检查方法：用尺量5皮空心砖或小砌块的高度和2m砌体长度折算。

9.3.7 填充墙砌至接近梁、板底时，应留一定空隙，待填充墙砌筑完并应至少间隔7d后，再将其补砌挤紧。

抽检数量：每验收批抽10%填充墙片（每两柱间的填充墙为一墙片），且不应少于3片墙。

检验方法：观察检查。

10 冬 期 施 工

10.0.1 当室外日平均气温连续 5d 稳定低于 5℃时，砌体工程应采取冬期施工措施。

注：①气温根据当地气象资料确定。

②冬期施工期限以外，当日最低气温低于 0℃时，也应按本章的规定执行。

10.0.2 冬期施工的砌体工程质量验收除应符合本章要求外，尚应符合本标准前面各章的要求及国家现行标准《建筑工程冬期施工规程》JGJ 104 的规定。

10.0.3 砌体工程冬期施工应有完整的冬期施工方案。

10.0.4 冬期施工所用材料应符合下列规定：

 1 石灰膏、电石膏等应防止受冻，如遭冻结，应经融化后使用；

 2 拌制砂浆用砂，不得含有冰块和大于 10mm 的冻结块；

 3 砌体用砖或其他块材不得遭水浸冻。

10.0.5 冬期施工砂浆试块的留置，除应按常温规定要求外，尚应增留不少于 1 组与砌体同条件养护的试块，测试检验 28d 强度。

10.0.6 基土无冻胀性时，基础可在冻结的地基上砌筑；基土有冻胀性时，应在未冻的地基上砌筑。在施工期间和回填土前，均应防止地基遭受冻结。

10.0.7 普通砖、多孔砖和空心砖在气温高于 0℃条件下砌筑时，应浇水湿润。在气温低于、等于 0℃条件下砌筑时，可不浇水，但必须增大砂浆稠度。抗震设防烈度为 9 度的建筑物，普通砖、多孔砖和空心砖无法浇水湿润时，如无特殊措施，不得砌筑。

10.0.8 拌合砂浆宜采用两步投料法。水的温度不得超过 80℃；砂的温度不得超过 40℃。

10.0.9 砂浆使用温度应符合下列规定。

 1 采用掺外加剂法时，不应低于+5℃；

 2 采用氯盐砂浆法时，不应低于+5℃；

 3 采用暖棚法时，不应低于+5℃；

 4 采用冻结法当室外空气温度分别为 0～—10℃、—11～—25℃、—25℃以下时，砂浆使用最低温度分别为 10℃、15℃、20℃。

10.0.10 采用暖棚法施工，块材在砌筑时的温度不应低于+5℃，距离所砌的结构底面 0.5m 处的棚内温度也不应低于+5℃。

10.0.11 在暖棚内的砌体养护时间，应根据暖棚内温度，按表 10.0.11 确定。

表 10.0.11 暖棚法砌体的养护时间（d）

暖棚的温度（℃）	5	10	15	20
养护时间（d）	≥6	≥5	≥4	≥3

10.0.12 在冻结法施工的解冻期间，应经常对砌体进行观测和检查，如发现裂缝、不均匀下沉等情况，应立即采取加固措施。

10.0.13 当采用掺盐砂浆法施工时,宜将砂浆强度等级按常温施工的强度等级提高一级。
10.0.14 配筋砌体不得采用掺盐砂浆法施工。

11 子分部工程验收

11.0.1 砌体工程验收前,应提供下列文件和记录:
 1 施工执行的技术标准;
 2 原材料的合格证书、产品性能检测报告;
 3 混凝土及砂浆配合比通知单;
 4 混凝土及砂浆试件抗压强度试验报告单;
 5 施工记录;
 6 各检验批的主控项目、一般项目验收记录;
 7 施工质量控制资料;
 8 重大技术问题的处理或修改设计的技术文件;
 9 其他必须提供的资料。
11.0.2 砌体子分部工程验收时,应对砌体工程的观感质量作出总体评价。
11.0.3 当砌体工程质量不符合要求时,应按现行国家标准《建筑工程施工质量统一验收标准》GB 50300 规定执行。
11.0.4 对有裂缝的砌体应按下列情况进行验收:
 1 对有可能影响结构安全性的砌体裂缝,应由有资质的检测单位检测鉴定,需返修或加固处理的,待返修或加固满足使用要求后进行二次验收;
 2 对不影响结构安全性的砌体裂缝,应予以验收,对明显影响使用功能和观感质量的裂缝,应进行处理。

附录 A 砌体工程检验批质量验收、评定记录

A.0.1 检验批质量评定(验收)记录由项目专业工长填写,项目专职质量检查员评定,参加人员应签字认可。砌体工程检验批质量验收、评定记录,见表 A.0.1-1～表 A.0.1-5。
A.0.2 当建设方不采用本标准作为工程质量的验收标准时,不需要监理(建设)单位参加内部验收并签署意见。

表 A.0.1-1 砖砌体工程检验批质量验收、评定记录

工程名称		分项工程名称		验收部位	
施工总包单位		项目经理		专业工长	
分包单位		分包项目经理		施工班组长	
施工执行标准名称及编号		设计图纸（变更）编号			

		检查项目	企业质量标准的规定	质量检查情况	质量评定	监理
主控项目	1	砖强度等级	按设计要求 MU			
	2	砂浆强度等级	按设计要求 M			
	3	斜槎留置	第 5.2.3 条			
	4	直槎拉结钢筋及接槎处理	第 5.2.4 条			
	5	砂浆饱满度	≥80％			
	6	轴线位移	≤10mm			
	7	垂直度（每层）	≤5mm			
一般项目	1	组砌方法	第 5.3.1 条			
	2	水平灰缝厚度	第 5.3.2 条			
	3	顶（楼）面标高	≤±15mm			
	4	表面平整度	清水 5mm / 混水 8mm			
	5	门窗洞口	≤±5mm			
	6	窗口偏移	20mm			
	7	水平灰缝平整度	清水 7mm / 混水 10mm			
	8	清水墙游丁走缝	20mm			

施工总包单位检查、评定结论	本检验批实测 点，符合要求 点，符合要求率 ％。不符合要求点的最大偏差为规定值的 ％。依据中国建筑工程总公司《建筑工程施工质量统一标准》ZJQ00-SG-013-2006 的相关规定，评定为： 　　　合格□　　优良□ 　　　　项目专职质量检查员： 　　　　　　　　　　　　年　月　日
参加评定（验收）人员（签字）	总包单位项目技术负责人：　　　　　　　　　　　年　月　日
	专业工长（施工员）：　　　　　　　　　　　　　年　月　日
	分包项目专业技术负责人：　　　　　　　　　　　年　月　日
监理（建设）单位验收结论	同意□　不同意□　施工总包单位验收意见 监理工程师（建设单位项目专业技术负责人）： 　　　　　　　　　　　　　　　　　年　月　日

A.0.1-2 混凝土小型空心砌块砌体工程检验批质量验收、评定记录

工程名称			分项工程名称			验收部位	
施工总包单位			项目经理			专业工长	
分包单位			分包项目经理			施工班组长	
施工执行标准名称及编号				设计图纸（变更）编号			

		检查项目	企业质量标准的规定	质量检查情况			质量评定	监理
主控项目	1	砌块强度等级	设计要求 MU					
	2	砂浆强度等级	设计要求 M					
	3	砌筑留槎	第6.2.3条					
	4	水平灰缝饱满度	≥90%					
	5	竖向灰缝饱满度	≥80%					
	6	轴线位移	≤10mm					
	7	垂直度（每层）	≤5mm					
一般项目	1	灰缝厚度、宽度	8～12mm					
	2	顶面标高	≤±15mm					
	3	表面平整度	清水 5mm					
			混水 8mm					
	4	门窗洞口	≤±5mm					
	5	窗口偏移	20mm					
	6	水平灰缝平整度	清水 7mm					
			混水 10mm					

施工总包单位检查、评定结论	本检验批实测　　点，符合要求　　点，符合要求率　　%。不符合要求点的最大偏差为规定值的　　%。依据中国建筑工程总公司《建筑工程施工质量统一标准》ZJQ00-SG-013-2006 的相关规定，评定为： 合格□　　优良□ 项目专职质量检查员： 　　　　　　　　　　　　　　年　　月　　日
参加评定（验收）人员（签字）	总包单位项目技术负责人：　　　　　　　年　　月　　日 专业工长（施工员）：　　　　　　　　　年　　月　　日 分包项目专业技术负责人：　　　　　　　年　　月　　日
监理（建设）单位验收结论	同意□　不同意□　施工总包单位验收意见 监理工程师（建设单位项目专业技术负责人）： 　　　　　　　　　　　　　　　　　年　　月　　日

表 A.0.1-3　石砌体工程检验批质量验收、评定记录

工程名称		分项工程名称		验收部位	
施工总包单位		项目经理		专业工长	
分包单位		分包项目经理		施工班组长	
施工执行标准名称及编号		设计图纸（变更）编号			

		检查项目	企业质量标准的规定	质量检查情况	质量评定	监理
主控项目	1	石材强度等级	按设计要求 MU			
	2	砂浆强度等级	按设计要求 M			
	3	砂浆饱满度	≥80％			
	4	轴线位移	第 7.2.3 条			
	5	垂直度（每层）	第 7.2.3 条			
一般项目	1	顶面标高	第 7.3.1 条			
	2	砌体厚度	第 7.3.1 条			
	3	表面平整度	第 7.3.1 条			
	4	灰缝厚度	第 7.3.1 条			
	5	组砌形式	第 7.3.1 条			

施工总包单位检查、评定结论	本检验批实测　　点，符合要求　　点，符合要求率　　％。不符合要求点的最大偏差为规定值的　　％。依据中国建筑工程总公司《建筑工程施工质量统一标准》ZJQ00-SG-013-2006 的相关规定，评定为： 　　　合格 □　　优良 □ 　　　　　　　　　项目专职质量检查员： 　　　　　　　　　　　　　　　　　年　月　日
参加评定（验收）人员（签字）	总包单位项目技术负责人：　　　　　　　　　　　　　年　月　日 专业工长（施工员）：　　　　　　　　　　　　　　　年　月　日 分包项目专业技术负责人：　　　　　　　　　　　　　年　月　日
监理（建设）单位验收结论	同意 □　　不同意 □　施工总包单位验收意见 　　监理工程师（建设单位项目专业技术负责人）： 　　　　　　　　　　　　　　　　　年　月　日

表 A.0.1-4 配筋砌体工程检验批质量验收、评定记录

工程名称		分项工程名称		验收部位	
施工总包单位		项目经理		专业工长	
分包单位		分包项目经理		施工班组长	
施工执行标准名称及编号		设计图纸（变更）编号			

		检查项目	企业质量标准的规定	质量检查情况	质量评定	监理
主控项目	1	钢筋品种规格数量	按设计要求			
	2	混凝土强度等级	按设计要求 C			
	3	马牙槎拉结筋	第 8.2.3 条			
	4	芯柱	贯通截面不削弱			
	5	柱中心线位移	≤10mm			
	6	柱层间错位	≤8mm			
	7	柱垂直度	每层≤10mm			
			全高（≤10m）≤15mm			
			全高（>10m）≤20mm			
一般项目	1	水平灰缝钢筋	8.3.1 条			
	2	钢筋防锈	8.3.2 条			
	3	网状配筋及位置	8.3.3 条			
	4	组合砌体拉结筋	8.3.4 条			
	5	砌块砌体钢筋搭结	8.3.5 条			

施工总包单位检查、评定结论	本检验批实测　　点，符合要求　　点，符合要求率　　%。不符合要求点的最大偏差为规定值的　　%。依据中国建筑工程总公司《建筑工程施工质量统一标准》ZJQ00-SG-013-2006 的相关规定，评定为： 　　　　合格□　　优良□ 项目专职质量检查员： 　　　　　　　　　　　　　　　　　　　　年　月　日
参加评定（验收）人员（签字）	总包单位项目技术负责人：　　　　　　　　　　　年　月　日
	专业工长（施工员）：　　　　　　　　　　　　　年　月　日
	分包项目专业技术负责人：　　　　　　　　　　　年　月　日
监理（建设）单位验收结论	同意□　　不同意□　　施工总包单位验收意见 监理工程师（建设单位项目专业技术负责人）： 　　　　　　　　　　　　　　　　　　　　年　月　日

表 A.0.1-5　填充墙砌体工程检验批质量验收、评定记录

工程名称		分项工程名称		验收部位	
施工总包单位		项目经理		专业工长	
分包单位		分包项目经理		施工班组长	
施工执行标准名称及编号			设计图纸（变更）编号		

		检查项目	企业质量标准的规定	质量检查情况	质量评定	监理
主控项目	1	材料强度等级	按设计要求 MU			
	2	砂浆强度等级	按设计要求 M			
一般项目	1	轴线位移	≤10mm			
	2	垂直度（每层）	≤5mm			
	3	砂浆饱满度	≥80％			
	4	表面平整度	≤8mm			
	5	门窗洞口	±5mm			
	6	窗口位移	20mm			
	7	无混砌现象	第9.3.2条			
	8	拉结钢筋	第9.3.4条			
	9	搭砌长度	第9.3.5条			
	10	灰缝厚（宽）度	第9.3.6条			
	11	梁底砌法	第9.3.7条			

施工总包单位检查、评定结论	本检验批实测　　点，符合要求　　点，符合要求率　　％。不符合要求点的最大偏差为规定值的　　％。依据中国建筑工程总公司《建筑工程施工质量统一标准》ZJQ00-SG-013-2006的相关规定，评定为： 　　　　合格□　　优良□ 　　　　　　　项目专职质量检查员： 　　　　　　　　　　　　　　　　　年　　月　　日
参加评定（验收）人员（签字）	总包单位项目技术负责人：　　　　　　　　　　年　　月　　日
	专业工长（施工员）：　　　　　　　　　　　　年　　月　　日
	分包项目专业技术负责人：　　　　　　　　　　年　　月　　日
监理（建设）单位验收结论	同意□　　不同意□　施工总包单位验收意见 监理工程师（建设单位项目专业技术负责人）： 　　　　　　　　　　　　　　　　　年　　月　　日

附录 B 分项工程质量验收、评定记录

B.0.1 分项工程质量评定（验收）记录由项目专职质量检查员填写，质量控制资料的检查应由项目专业技术负责人检查并作结论意见。分项工程质量验收、评定记录，见表 B.0.1。

B.0.2 当建设方不采用本标准作为工程质量的验收标准时，不需要监理（建设）单位参加内部验收并签署意见。

表 B.0.1 _____ 分项工程质量验收、评定记录

工程名称		结构类型		检验批数量	
施工总包单位		项目经理		项目技术负责人	
分项工程分包单位		分包单位负责人		分包项目经理	
序号	检验批部位、区段	分包单位检查结果		总包单位评定（验收）结论	监理（建设）单位验收意见
1					
2					
3					
4					
5					
质量控制资料	应有 份，实有 份，资料内容：基本详实 □ 详实准确 □，核查结论：基本符合要求 □ 符合要求 □ 项目专业技术负责人： 年 月 日				

续表 B.0.1

工程名称		结构类型		检验批数量	
施工总包单位		项目经理		项目技术负责人	
分项工程分包单位		分包单位负责人		分包项目经理	
分项工程综合评定（验收）结论	该分项工程共有　个质量检验批，其中有　个检验批质量为合格，有　个检验批质量为优良，优良率为　%，该分项工程的施工操作依据及质量控制资料完整，依据中国建筑工程总公司《建筑工程施工质量统一标准》ZJQ00-SG-013-2006 的相关规定，评定该分项工程的质量等级为：　合格 □　优良 □ 项目专职质量检查员： 　　　　年　月　日				
参加评定（验收）人员（签字）	总包单位项目负责人：　　　　年　月　日				
	项目专业技术负责人：　　　　年　月　日				
	分包项目技术负责人：　　　　年　月　日				
监理（建设单位）验收结论	同意 □　不同意 □总包单位验收意见 监理工程师（建设单位项目专业技术负责人）： 　　　　年　月　日				

附录 C　子分部工程质量验收、评定记录

C.0.1　子分部工程的质量验收评定记录应由总包项目专职质量检查员填写，总包企业的技术管理、质量管理部门均应参加验收。子分部工程质量验收记录，见表 C.0.1。

C.0.2　当建设方不采用本标准作为工程质量的验收标准时，不需要勘察、设计、监理（建设）单位参加内部验收并签署意见。

3—27

表 C.0.1 子分部工程质量验收、评定记录

工程名称		施工总包单位			
技术部门负责人		质量部门负责人		项目专职质量检查员	
分包单位		分包单位负责人		分包项目经理	

序号	分项工程名称	检验批数量	检验批优良率（%）	核定意见
1				
2				施工总包单位质量管理部门（盖章）
3				
4				
5				年　　月　　日
6				

技术管理资料	份	质量控制资料	份	安全和功能检验(检测)报告	份
资料验收意见	应形成　　份，实际　　份，结论：完整 □　不完整 □				
观感质量验收	应得　　分数，实得　　分数，得分率　　%，结论：合格 □　优良 □				
分部（子分部）工程验收结论	该分部（子分部）工程共含　　个分项工程，其中优良分项　　个，分项优良率为　　%，依据中国建筑工程总公司《建筑工程施工质量统一标准》ZJQ00-SG-013-2006 的有关规定，该分部工程：合格 □　优良 □				
参加评定人员	分包单位项目经理	（签字）			年　月　日
	分包单位技术负责人	（签字）			年　月　日
	总包单位质量管理部门	（签字）			年　月　日
	总包单位项目技术负责人	（签字）			年　月　日
	总包单位项目经理	（签字）			年　月　日
	勘察单位项目负责人	（签字）			年　月　日
	设计单位项目专业负责人	（签字）			年　月　日
	监理（建设）单位项目总监（建设单位项目专业负责人）	（签字）			年　月　日

本标准用词说明

1 为便于在执行本标准条文时区别对待，对要求严格程度不同的用词说明如下：

1）表示很严格，非这样做不可的用词：
      正面词采用"必须"，反面词采用"严禁"。
   2）表示严格，在正常情况下均应这样做的用词：
      正面词采用"应"，反面词采用"不应"或"不得"。
   3）表示允许稍有选择，在条件许可时，首先应这样做的用词：
      正面词采用"宜"或"可"，反面词采用"不宜"。
  2 条文中指明必须按其他有关标准、规范执行时，采用"应按……执行"或"应符合……要求或者规定"。

砌体工程施工质量标准

ZJQ00-SG-015-2006

条 文 说 明

目　次

1 总则 …………………………………………………… 3—32
3 基本规定 ……………………………………………… 3—33
4 砌筑砂浆 ……………………………………………… 3—35
5 砖砌体工程 …………………………………………… 3—36
　5.1　一般规定 ……………………………………… 3—36
　5.2　主控项目 ……………………………………… 3—37
　5.3　一般项目 ……………………………………… 3—38
6 混凝土小型空心砌块砌体工程 ……………………… 3—38
　6.1　一般规定 ……………………………………… 3—38
　6.2　主控项目 ……………………………………… 3—39
　6.3　一般项目 ……………………………………… 3—40
7 石砌体工程 …………………………………………… 3—40
　7.1　一般规定 ……………………………………… 3—40
　7.2　主控项目 ……………………………………… 3—41
　7.3　一般项目 ……………………………………… 3—41
8 配筋砌体工程 ………………………………………… 3—41
　8.1　一般规定 ……………………………………… 3—41
　8.2　主控项目 ……………………………………… 3—41
　8.3　一般项目 ……………………………………… 3—42
9 填充墙砌体工程 ……………………………………… 3—42
　9.1　一般规定 ……………………………………… 3—42
　9.2　主控项目 ……………………………………… 3—43
　9.3　一般项目 ……………………………………… 3—43
10 冬期施工 …………………………………………… 3—43
11 子分部工程验收 …………………………………… 3—45

1 总　　则

1.0.1 制定本标准的目的，是为了统一中国建筑工程总公司砌体工程施工质量的检验评定。

1.0.2 本标准对中国建筑工程总公司砌体施工质量控制和评定的适用范围作了规定。

1.0.5 为了保证砌体工程的施工质量，必须全面执行国家和中国建筑工程总公司的有关标准，如以下标准：

  1 《砌体结构设计规范》GB 50003－2001；
  2 《建筑结构荷载规范》GB 50009－2001；
  3 《建筑抗震设计规范》GB 50011－2001；
  4 《建筑地基基础工程施工质量验收规范》GB 50202－2002；
  5 《混凝土结构工程施工质量验收规范》GB 50204－2002；
  6 《设置钢筋混凝土构造柱多层砖房抗震技术规范》JGJ/T 13－94；
  7 《混凝土小型空心砌块建筑技术规程》JGJ/T 14－2004；
  8 《建筑工程冬期施工规程》JGJ 104－97；
  9 《砌筑砂浆配合比设计规程》JGJ 98－2000；
  10 《砌体工程现场检测技术标准》GB/T 50315－2000；
  11 《建筑砂浆基本性能试验方法》JGJ 70－90；
  12 《粉煤灰在混凝土和砂浆中应用技术规程》JGJ 28－86；
  13 《混凝土外加剂应用技术规范》GB 50119－2003；
  14 《烧结普通砖》GB 5101－2003；
  15 《烧结多孔砖》GB 13544－2000；
  16 《蒸压灰砂砖》GB 11945－1999；
  17 《粉煤灰砖》JC 239－2001；
  18 《烧结空心砖和空心砌块》GB 13545－2003；
  19 《普通混凝土小型空心砌块》GB 8239－1997；
  20 《轻集料混凝土小型空心砌块》GB/T 15229－2002；
  21 《蒸压加气混凝土砌块》GB 11968－2006；
  22 《建筑生石灰》JC/T 479－92；
  23 《建筑生石灰粉》JC/T 480－92；
  24 《混凝土用水标准》JGJ 63－2006；
  25 《混凝土小型空心砌块砌筑砂浆》JC 860－2000；
  26 《混凝土小型空心砌块灌孔混凝土》JC 861－2000；
  27 《建筑砌体工程施工工艺标准》ZJQ00-SG-012－2003；
  28 《砌体工程施工质量验收规范》GB 50203－2002。

3 基本规定

3.0.1 在砌体工程中,应用合格的材料才可能砌筑出符合质量要求的工程。材料的产品合格证和产品性能检测报告是工程质量评定中必备的质量保证资料之一,因此特提出了要求。此外,对砌体质量有显著影响的块材、水泥、钢筋、外加剂等主要材料应进行性能的复试,合格后方可使用。随着国家对建筑物、建筑材料等环保性能的严格要求,因此本条增加了对外加剂应符合环保要求的规定。

3.0.2 基础砌筑放线是确定建筑平面的基础工作,砌筑基础前校核放线尺寸、控制放线精度,在建筑施工中具有重要意义。

3.0.3 基础高低台的合理搭接,对保证基础砌体的整体性至关重要。从受力角度考虑,基础扩大部分的高度与荷载、地耐力等有关。故本条规定,对有高低台的基础,应从低处砌起,在设计无要求时,也对高低台的搭接长度做了规定。

砌体的转角处和交接处同时砌筑可以保证墙体的整体性,从而大大提高砌体结构的抗震性能。从震害调查看到,不少多层砖混结构建筑,由于砌体的转角处接槎不良而导致外墙甩出和砌体倒塌。因此,必须重视砌体的转角处和交接处应同时砌筑。当不能同时砌筑时,应按本标准规定留槎并做好接槎处理。

3.0.4 在墙上留置临时洞口,限于施工条件,有时确实难免,但洞口位置不当或洞口过大,虽经补砌,也必然削弱墙体的整体性。为此,本条对在墙上留置临时施工洞口做了具体规定。

3.0.5 经补砌的脚手眼,对砌体的整体性或多或少会带来不利影响。因此,对一些受力不太有利的砌体部分留置脚手眼做了相应的规定。

3.0.6 脚手眼的补砌,不仅涉及砌体结构的整体性,而且还会影响建筑物的使用功能,故施工时应予注意。

3.0.7 建筑工程施工中,常存在各工种之间配合不好的问题。例如水电安装中应在砌体上开的洞口、埋设的管道等往往在砌好的砌体上打凿,对砌体的破坏较大。因此本条在洞口、管道、沟槽设置上做了相应的规定。

3.0.8 表 3.0.8 的数值系根据 1956 年《建筑安装工程施工及验收暂行技术规范》第二篇中表一规定推算而得。验算时,为偏安全计,略去了墙或柱底部砂浆与楼板(或下部墙体)间的粘结作用,只考虑墙体的自重和风荷载,进行倾覆验算。经验算,原表一的安全系数在 1.1~1.5 之间。

为了比较切合实际和方便查对,将原表一中的风压值改为 0.3、0.4、0.6kN/m² 三种,并列出风的相应级数。

施工时标高可按下式计算:

$$H = H_0 + h/2$$

式中 H ——施工处的标高(m);

H_0——起始计算自由高度处的标高（m）；

h——表3.0.8内相应的允许自由高度值（m）。

对于设置钢筋混凝土圈梁的墙或柱，其砌筑高度在未达到圈梁位置时，h应从地面（或楼面）算起；超过圈梁时，h则可从最近的一道圈梁处算起，但此时圈梁混凝土的抗压强度应达到$5N/mm^2$以上。

3.0.9 预制梁、板与砌体顶面接触不紧密不仅对梁、板、砌体受力不利，而且还对房顶抹灰和地面施工带来不利影响。目前施工中，搁置预制梁、板时，往往忽略了在砌体顶面找平和坐浆，致使梁、板与砌体受力不均匀；安装的预制板不平整和不平稳，而出现板缝处的裂纹，加大找平层的厚度。对此，必须加以纠正。

3.0.10 由于砌体的施工存在较大量的人工操作过程，所以，砌体结构的质量也在很大程度上取决于人的因素。施工过程对砌体结构质量的影响直接表现在砌体的强度上。在采用以概率理论为基础的极限状态设计方法中，材料的强度设计值系由材料标准值除以材料性能分项系数确定，而材料性能分项系数与材料质量和施工水平相关。在国际标准中，施工水平按质量监督人员、砂浆强度试验及搅拌、砌筑工人熟练程度等情况分为三级，材料性能分项系数也相应取为不同的三个数值。

为逐步和国际标准接轨，参照国际标准的有关规定及其控制实质根据我国工程建设的实际，在《砌体工程施工质量验收规范》GB 50203-2002已将本条的内容纳入规范中。

在《砌体结构设计规范》GB 50003-2001中，对砌体强度设计值的规定中，也考虑了砌体施工质量控制等级而取不同的数值。这样，砌体结构的实际规范与施工规范将协调一致，配套使用。

关于砂浆和混凝土的施工质量，可分为"优良"，"一般"和"差"三个等级，强度离散性分别对应为"离散性小"、"离散性较小"和"离散性大"，其划分情况参见下表。

砌筑砂浆质量水平

强度标准差 σ (MPa) \ 质量水平 \ 强度等级	M2.5	M5	M7.5	M10	M15	M20
优良	0.5	1.00	1.50	2.00	3.00	4.00
一般	0.62	1.25	1.88	2.50	3.75	5.00
差	0.75	1.50	2.25	3.00	4.50	6.00

混凝土质量水平

评定指标	生产单位	质量水平 优良		一般		差	
		强度等级 <C20	≥C20	<C20	≥C20	<C20	≥C20
强度标准差 (MPa)	预拌混凝土厂	≤3.0	≤3.5	≤4.0	≤5.0	>4.0	>5.0
	集中搅拌混凝土的施工现场	≤3.5	≤4.0	≤4.5	≤5.5	>4.5	>5.5
强度等于或大于混凝土强度等级值的百分率（%）	预拌混凝土厂、集中搅拌混凝土的施工现场	≥95		>85		≤85	

3.0.11 根据国际标准《配筋砌体结构设计规范》ISO 9652-3 的规定,从建筑物的耐久性考虑,应对砌体灰缝内设置的钢筋采取防腐措施,并且规定了不同使用环境下的方法。但鉴于我国尚未在砌体结构的设计规范中有这方面的规定,本标准对此只做了一般的要求。

3.0.12 在楼面上砌筑施工时,常发现以下几种超载现象:一是集中卸料造成超载;二是抢进度或遇停电时,提前集中备料造成超载;三是采用井架或门架上料时,吊篮停置位置偏高,接料平台倾斜有坎,运料车出吊篮后对进料口房间楼面产生较大的冲击荷载。这些超载现象常使楼板板底产生裂缝,严重者会导致安全事故。因此,为防止上述质量和安全事故发生,做了本条规定。

3.0.13 分项工程可由一个或若干个检验批组成,检验批可根据施工及质量控制和专业验收需要按楼层、施工段、变形缝等进行划分。

3.0.14 本条规定了砌体工程检验批合格质量标准中一般项目允许最大偏差值不得超过允许值的 150%。

3.0.15 本条增加了砌体工程检验批达到优良标准的规定。

4 砌 筑 砂 浆

4.0.1 水泥的强度、安定性和凝结时间是判定水泥是否合格的技术要求,因此在水泥使用前应进行复检。本标准检验批的规定中与以往的砌体施工验收规范不同之处在于"同一编号"。

由于各种水泥成分不一,当不同水泥混合使用后往往会发生材性变化或强度降低现象,引起工程质量问题,故规定不同品种的水泥,不得混合使用。

4.0.2 砂中含泥量过大,不但会增加砌筑砂浆的水泥用量,还可能使砂浆的收缩值增大,耐久性降低,影响砌体质量。对于水泥砂浆,事实上已成为水泥黏土砂浆,但又与一般使用黏土膏配制的水泥黏土砂浆在其性能上有一定差异,难以满足某些条件下的使用要求。M5 以上的水泥混合砂浆,如砂子含泥量过大,有可能导致塑化剂掺量过多,造成砂浆强度降低。因而对砂子中的含泥量做了相应的规定。

对人工砂、山砂及特细砂,由于其中的含泥量一般较大,如按上述规定执行,则一些地区施工要外地运去,不仅影响施工,又增加工程成本,故规定经试配能满足砌筑砂浆技术条件时,含泥量可适当放宽。

4.0.3、4.0.4 脱水硬化的石灰膏和消石灰粉不能起塑化作用又影响砂浆强度,故不应使用。

4.0.5 考虑到目前水源污染比较普遍,当水中含有有害物质时,将会影响水泥的正常凝结,并可能对钢筋产生腐蚀作用。因此,本条对拌制砂浆用水作出了规定。

4.0.6 砌筑砂浆通过试配确定配合比,是使施工中砂浆达到设计强度等级和减少砂浆强度离散性大的重要保证。

4.0.7 《砌体结构设计规范》GB 50003-2001 第3.2.3条规定，当砌体用水泥砂浆砌筑时，砌体抗压强度值应对3.1.1条各表中的数值乘以0.9的调整系数；砌体轴心抗拉、弯曲抗拉、抗剪强度设计值应对3.2.2条表3.2.2中数值乘以0.8的调整系数。

4.0.8 目前，在砂浆中掺加的有机塑化剂、早强剂、缓凝剂、防冻剂等产品很多，但同种产品的性能存在差异，为保证施工质量，应对这些外加剂进行检验和试配符合要求后再使用。对有机塑化剂，尚应有针对砌体强度的型式检验，根据其结果确定砌体强度。例如，对微沫剂替代石灰膏制作水泥混合砂浆，砌体抗压强度较同强度等级的混合砂浆砌筑的砌体的抗压强度降低10%；而对砌体的抗剪强度无不良影响。

4.0.9 砂浆材料配合比不准确，是砂浆达不到设计强度等级和砂浆强度离散性大的主要原因。按体积计量，水泥因操作方法不同其密度变化范围为 $980\sim1200kg/m^3$；砂因含水量不同其密度变化幅度可达20%以上。因此，砂浆现场拌制时，各组分材料应采用重量计量，以确保砂浆的强度和均匀性。

4.0.10 为了降低劳动强度和克服人工拌制砂浆不易搅拌均匀的缺点，规定砂浆应采用机械搅拌。同时，为使物料充分拌合，保证砂浆拌合质量，对不同砂浆品种分别规定了搅拌时间的要求。

4.0.11 根据湖南、山东、广东、四川、陕西等地的试验结果表明，在一般气温情况下，水泥砂浆和水泥混合砂浆在2h和3h内使用完，砂浆强度降低一般不超过20%，符合砌体强度指标的确定原则。

4.0.12 《砌体结构设计规范》GB 50003-2001对砂浆强度等级是按试块的抗压强度平均值定义的，并在此基础上考虑砂浆抗压强度降低25%的条件下确定砌体强度。实践证明，这样的规定满足结构可靠性的要求，故本标准采用以往的方法来评定砂浆强度的施工质量。

4.0.13 鉴于《砌体工程现场检测技术标准》GB/T 50315-2000已发布并实施，本条指出了对砂浆和砌体强度进行原位检测的规定。

5 砖砌体工程

5.1 一般规定

5.1.2 用于清水墙、柱表面的砖，根据砌体外观质量的需要，应采用边角整齐、色泽均匀的块材。

5.1.3 地面以下或防潮层以下的砌体，常处于潮湿的环境中，有的处于地下水位以下，在冻胀作用下，对多孔砖砌体的耐久性能影响较大，故在有受冻环境和条件的地区不宜在地面以下或防潮层以下采用多孔砖。

5.1.4 砖砌筑前浇水是砖砌体施工工艺的一个部分，砖的湿润程度对砌体的施工质量影响较大。对比试验证明，适宜的含水率不仅可以提高砖与砂浆之间的粘结力，提高砌体的抗剪强度，也可以使砂浆强度保持正常增长，提高砌体的抗压强度。同时，适宜的含水率还可以使砂浆在操作面上保持一定的摊铺流动性能，便于施工操作，有利于保证砂浆的饱满度。这些对确保砌体施工质量和力学性能都是十分有利的。

适宜含水率的数值是根据有关科研单位的对比试验和施工企业的实践经验提出的，对烧结普通砖、多孔砖含水率宜为10%；对灰砂砖、粉煤灰砖含水率宜为8%～12%。现场检验砖含水率的简易方法采用断砖法，当砖截面四周融水深度为15～20mm时，视为符合要求的适宜水率。

5.1.5 砖砌体砌筑宜随铺砂浆随砌筑。采用铺浆法砌筑时，铺浆长度对砌体的抗剪强度影响明显，陕西省建筑科学研究设计院的试验表明，在气温15℃时，铺浆后立即砌砖和铺浆后3min再砌砖，砌体的抗剪强度相差30%。施工气温高时，影响程度更大。

5.1.6 从有利于保证砌体的完整性、整体性和受力的合理性出发，强调本条所述部位应采用整砖丁砌。

5.1.7 砖平拱过梁是砖砌拱体结构的一个特例，是矢高极小的一种拱体结构。从其受力特点及施工工艺考虑，必须保证拱脚下面伸入墙内的长度和拱底应有的起拱量，保持楔形灰缝形态。

5.1.8 过梁底部模板是砌筑过程中的承重结构，只有砂浆达到一定强度后，过梁部位砌体方能承受荷载作用，才能拆除底模。砂浆强度一般以实际强度为准。

5.1.9 多孔砖的空洞垂直于受压面，能使砌体有较大的有效受压面积，有利于砂浆结合层进入上下砖块的孔洞中产生"销键"作用，提高砌体的抗剪强度和砌体的整体性。

5.1.10 灰砂砖、粉煤灰砖出釜后早期收缩值大，如果这时用于墙体上，将很容易出现明显的收缩裂缝。因而要求出釜后停放时间不应小于28d，使其早期收缩值在此期间内完成大部分，这是预防墙体早期开裂的一个重要技术措施。

5.1.11 竖向灰缝砂浆的饱满度一般对砌体的抗压强度影响不大，但是对砌体的抗剪强度影响明显。根据四川省建筑科学研究院、南京新宁砖瓦厂等单位的试验结果得到：当竖缝砂浆很不饱满甚至完全无砂浆时，其砌体的抗剪强度将降低40%～50%。此外，透明缝、瞎缝和假缝对房屋的使用功能也会产生不良影响。因此，对砌体施工时的竖向灰缝的质量要求作出了相应的规定。

5.1.12 砖砌体的施工临时间断处的接槎部位本身就是受力的薄弱点，为保证砌体的整体性，必须强调补砌时的要求。

5.2 主 控 项 目

5.2.1 砖和砂浆的强度等级符合设计要求是保证砌体受力性能的基础，因此必须合格。

烧结普通砖检验批数量的确定，应参考砌体检验批划分的基本数量（250m³砌体）；多孔砖、灰砂砖、粉煤灰砖检验批数量的确定均应按产品标准决定。

5.2.2 水平灰缝砂浆饱满度不小于80%的规定沿用已久，根据四川省建筑科学研究院试验结果，当水泥混合砂浆水平灰缝饱满度达到73.6%时，则可满足设计规范所规定的砌体抗压强度值。有特殊要求的砌体，指设计中对砂浆饱满度提出明确要求的砌体。

5.2.3、5.2.4 砖砌体转角处和交接处的砌筑和接槎质量，是保证砖砌体结构整体性能和抗震性能的关键之一，唐山等地区震害教训充分证明了这一点。根据陕西省建筑科学研究设计院对交接处同时砌筑和不同留槎形式和接槎部位连接性能试验分析，证明同时砌筑的连接性能最佳；留踏步槎（斜槎）的次之；留直槎并按规定加拉结钢筋的再次之；仅留直槎不加设拉接筋钢筋的最差。上述不同砌筑和留槎形式连接性能之比为 1.00：0.93：0.85：0.72。

对抗震设计烈度为 6 度、7 度地区的临时间断处，允许留直槎并按规定加设拉结钢筋，这与《砌体工程施工质量验收规范》GB 50203-2002 相对照做了一点放松。这主要是从实际出发，在保证施工质量的前提下，留直槎加设拉结钢筋时，其连接性能较留斜槎时降低有限，对抗震设计烈度不高的地区允许采用留直槎加设拉结钢筋是可行的。

多孔砖砌体根据砖规格尺寸，留置斜槎的长度比一般为 1：2。

5.2.5 砖砌体轴线位置偏移和垂直度是影响结构受力性能和结构安全的关键检测项目，因此，将其列入主控项目。允许偏差和抽检数量仍沿用原施工验收规范及检验评定标准的规定。

5.3 一 般 项 目

5.3.1 本条是从确保砌体结构整体性和有利于结构承载出发，对组砌方法提出的基本要求，施工中应予满足。"通缝"指上下二皮砖搭接长度小于 25mm 的部位。

5.3.2 灰缝横平竖直，厚薄均匀，既是对砌体表面美观的要求，尤其是清水墙，又有利于砌体均匀传力。此外，试验表明，灰缝厚度还影响砌体的抗压强度。例如对普通砖砌体而言，遇标准水平灰缝厚度 10mm 相比较，12mm 水平灰缝厚度砌体的抗压强度降低 2%；8mm 水平灰缝厚度的抗压强度提高 6%。对多孔砖砌体，其变化幅度还要大些。因此规定，水平灰缝的厚度不应小于 8mm，也不应大于 12mm，这是一直沿用的数据。

5.3.3 本条所列砖砌体一般尺寸偏差，虽对结构的受力性能和结构安全性不会产生重要影响，但对整个建筑物的施工质量、经济性、简便性、建筑美观和确保有效使用面积产生影响，故施工时对其偏差也应予以控制。

6 混凝土小型空心砌块砌体工程

6.1 一 般 规 定

6.1.2 小砌块龄期达到 28d 之前，自身收缩速度较快，其后收缩速度减慢，且强度趋于稳定。为有效控制砌体收缩裂缝和保证砌体强度，规定砌体施工时所用的小砌块，龄期不应小于 28d。

6.1.4 专用的小砌块砌筑砂浆是指符合国家现行标准《混凝土小型空心砌块砌筑砂浆》

JC 860-2000 的砌筑砂浆，该砂浆可提高小砌块与砂浆间的粘结力，且施工性能好。

6.1.5 填实室内地面以下或防潮层以下砌体小砌块的孔洞，属于构造措施。主要目的是提高砌体的耐久性，预防会延缓冻害，以及减轻地下有害物质对砌体的侵蚀。

6.1.6 普通混凝土小砌块具有饱和吸水率低和吸水速度迟缓的特点，一般情况下砌墙时可不浇水。轻骨料混凝土小砌块的吸水率较大，有些品种的轻骨料小砌块的饱和含水率可达15%左右，对这类小砌块宜提前浇水湿润。控制小砌块的含水率的目的，一是避免砌筑时产生砂浆流淌，二是保证砂浆不至失水过快。在此前提下，施工单位可自行控制小砌块的含水率，并应与砌筑砂浆稠度相适应。

6.1.7 依据产品标准，断裂小砌块属于废品，对砌体抗压强度将产生不利影响，所以在承重墙体中严禁使用这类小砌块。

6.1.8、6.1.9 确保小砌块砌体的砌筑质量，可简单归纳为六个字：对孔、错缝、反砌。所谓对孔，即上皮小砌块的孔洞对准下皮小砌块的孔洞，上、下皮小砌块的壁、肋可较好传递竖向荷载，保证砌体的整体性及强度。所谓错缝，即上、下皮小砌块错开砌筑（搭砌），以增加砌体的整体性，这属于砌筑工艺的基本要求。所谓反砌，即小砌块生产时的底面朝上砌筑于墙体上，易于铺放砂浆和保证水平灰缝砂浆的饱满度，这也是确定砌体强度指标的试件的基本砌法。

6.1.10 小砌块孔洞的设计尺寸为120mm×120mm，由于产品生产误差和施工误差，墙体上的孔洞截面还要小些，因此芯柱用混凝土的坍落度应尽量大一点，避免出现"卡颈"和振捣不密实。本条要求的坍落度90mm是最低控制指标。专用的小砌块灌孔混凝土坍落度不小于180mm，拌合物不离析、不泌水、施工性能好，故宜采用。专用的小砌块灌孔混凝土是指符合国家现行标准《混凝土小型空心砌块灌孔混凝土》JC 861-2000 的混凝土。

6.1.11 振捣芯柱时的振动力和施工过程中难以避免的冲撞，都可能对墙体的整体性带来不利影响，为此规定砌筑砂浆大于1MPa时方可浇灌芯柱混凝土，此时混凝土十分方便且振动力很小。

6.1.12 小砌块块体较大，单个块体对墙、柱的影响大于单块砖对墙体的影响，故做出此条的规定。

6.2 主 控 项 目

6.2.1 小砌块砌体工程中，小砌块和砌筑砂浆强度等级是砌体力学性能能否满足设计要求最基本的条件。因此，小砌块和砂浆的强度等级必须符合设计要求。

6.2.2 小砌块砌体施工时对砂浆饱满度的要求，严于砖砌体的规定。究其原因，一是由于小砌块壁较薄肋较窄，应提出更高的要求；二是砂浆饱满度对砌体强度及墙体整体性影响较大，其中抗剪强度较低又是小砌块砌体的一个弱点；三是考虑了建筑物使用功能（如防渗漏）的需要。

6.2.3 参照本标准对砖砌体工程的要求和小砌块的特点，编制本条条文。

6.3 一般项目

6.3.1 小砌块水平灰缝厚度和竖向灰缝宽度的规定，与砖砌体一致，这样也便于施工检查，多年施工经验表明，此规定是合适的。

7 石砌体工程

7.1 一般规定

7.1.1 本条对石砌体所用石材的质量做出了一些规定，以满足砌体强度和耐久性的要求。为达到美观效果，要求用于清水墙、柱表面的石材，应色泽均匀。

7.1.2 本条规定是为了保证石材与砂浆的粘结质量，避免了泥垢、水锈等杂质对粘结的隔离作用。

7.1.3 根据调研，石砌体的灰缝厚度控制，毛料石和粗料石砌体不宜大于20mm、细料石砌体不宜大于5mm的规定，经多年实践是可行的，既便于施工操作，又能满足砌体强度和稳定性要求。

7.1.4 砂浆初凝后，如果再移动已砌筑的石材，砂浆的内部及砂浆与石材的粘结面的粘结力会被破坏，使砌体产生内伤，降低砌体强度及整体性。因此应将原砂浆清理干净，重新铺浆砌筑。

7.1.5 为使毛石基础和料石基础与地基或基础垫层粘结紧密，保证传力均匀和石块平稳，故要求砌筑毛石基础时的第一皮石块应坐浆并将大面向下，砌筑料石基础时的第一皮石块应用丁砌层坐浆砌筑。

7.1.6 砌体中一些容易受到影响的重要受力部位用较大的平毛石砌筑，是为了加强该部位砌体的拉结强度和整体性。同时，为使砌体传力均匀及搁置的楼板（或屋面板）平稳牢固，要求在每个楼层（包括基础）砌体的顶面，选用较大的毛石砌筑。

7.1.7 规定砌筑毛石挡土墙时，每3~4皮石块为一个分层高度，并应找平一次，这是为了及时发现并纠正砌筑中的偏差，以保证工程质量。

7.1.8 从挡土墙的整体性和稳定性考虑，对料石挡土墙，当设计未作具体要求时，从经济出发，中间部分可填砌毛石，但应使丁砌料石伸入毛石部分的长度不小于200mm。

7.1.9 为了防止地面水渗入而造成挡土墙基础沉陷或墙体受水压作用倒塌，因此要求挡土墙设置泄水孔。同时给出了泄水孔的疏水层尺寸要求。

7.1.10 挡土墙内侧的回填土的质量是保证挡土墙可靠性的重要因素之一，应控制其质量，并在顶面应有适当坡度使流水向挡土墙外侧面，以保证挡土墙内土含水量和墙的侧向土压力无明显变化，从而确保挡土墙的安全性。

7.2 主控项目

7.2.1 石砌体是由石材和砂浆砌筑而成，其力学性能能否满足设计要求，石材和砂浆的强度等级将起到决定性作用。因此，石材及砂浆强度等级必须符合设计要求。

7.2.2 砂浆饱满度的大小，直接影响石砌体的力学性能、整体性能和耐久性能的好坏。因此，对石砌体的砂浆饱满度进行了规定。

7.2.3 石砌体的轴线位置及垂直度偏差将直接影响结构的安全性，因此把这两项允许偏差列入主控项目验收是必要的。

7.3 一般项目

7.3.1 根据多年的工程实践及调研结果，石砌体的一般尺寸允许偏差保留项目在原规范的基础上做了文字上的适当变动。如检查项目"基础和墙砌体顶面标高"提法比原"基础和楼面标高"提法所含内容更广一些。检验方法"用水准仪和尺检查"要求具体明确，便于工程质量验收。砌体厚度项目中的毛石基础、毛料石基础和粗料石基础增加了下限为"0"的控制，即不允许出现负偏差，这一规定将大大增加了基础工程的安全可靠性。

7.3.2 本条规定是为了保证砌体的整体性及砌体内部的拉结作用。

8 配筋砌体工程

8.1 一般规定

8.1.1 为避免重复，本章在"一般规定"、"主控项目"、"一般项目"的条文内容上，尚应符合本标准第5、6章的规定。

8.1.2 本条这些施工规定，是为了保证混凝土的强度和两次浇捣时结合面的密实和整体性。

8.1.3 配置在砌体水平灰缝中的受力钢筋，其握裹力较混凝土中的钢筋要差一些，因此在保证足够的砂浆保护层的条件下，其锚固长度和搭接长度要加大。

8.1.4 小砌块砌筑砂浆和小砌块灌孔混凝土性能好，对保证配筋砌块剪力墙的结构受力性能十分有利，其性能应分别符合国家现行标准《混凝土小型空心砌块砌筑砂浆》JC 860－2000和《混凝土小型空心砌块灌孔混凝土》JC 861－2000的要求。

8.2 主控项目

8.2.1、8.2.2 构造柱、芯柱、组合砌体构件、配筋砌体剪力墙构件等配筋砌体中的钢筋的品种、规格、数量和混凝土或砂浆的强度直接影响砌体的结构性能，因此应符合设计要求。

8.2.3 构造柱是房屋抗震设防的重要构造措施。为保证构造柱与墙体可靠的连接，使构造柱能充分发挥其作用而提出了施工要求。外露的拉接筋有时会妨碍施工，必要时进行弯折是可以的，但不允许随意弯折。在弯折和平直复位时，应仔细操作，避免使埋入部分的钢筋产生松动。

8.2.4 构造柱位置及垂直度的允许偏差系根据《设置钢筋混凝土构造柱多层砖房抗震技术规程》JGJ/T 13-94 的规定而确定的，经多年工程实践，证明其尺寸允许偏差是适宜的。

8.2.5 芯柱与预制楼盖相交处，应使芯柱上下连接，否则芯柱的抗震作用将受到不利影响，但又必须保证楼板的支撑长度。两者虽有矛盾，但从设计和施工两方面采取灵活的处置措施是可以满足上述规定。

8.3 一般项目

8.3.1 砌体水平灰缝中钢筋居中放置有两个目的：一是对钢筋有较好的保护；二是使砂浆层能与块体较好地粘结。要避免钢筋偏上或偏下而与块体直接接触的情况出现，因此规定水平灰缝厚度应大于钢筋直径 4mm 以上，但灰缝过厚又会降低砌体的强度，因此，施工中应予注意。

8.3.4 组合砖砌体中，为了保证钢筋的握裹力和耐久性，钢筋保护层厚度距砌体表面的距离应符合设计规定；拉结筋及箍筋为充分发挥其作用，也做了相应的规定。

8.3.5 对于钢筋在小砌块砌体灌孔混凝土锚固的可靠性，砌体设计规范修订组曾安排了专门的锚固试验，表明，位于灌孔混凝土中的钢筋，不论位置是否对中，均能在远小于规定的锚固长度内达到屈服。这是因为灌孔混凝土中的钢筋处在周边有砌块壁形成约束条件下的混凝土所致，这比在一般混凝土中锚固条件要好。

9 填充墙砌体工程

9.1 一 般 规 定

9.1.2 加气混凝土砌块、轻骨料混凝土小砌块为水泥胶凝增强的块材，以 28d 强度为标准设计强度，且龄期达到 28d 之前，自身收缩较快。为有效控制砌体收缩裂缝和保证砌体强度，对砌筑时的龄期进行了规定。

9.1.3 考虑到空心砖、加气混凝土砌块、轻骨料混凝土小砌块强度不太高，碰撞易碎，吸湿性相对较大，特做此规定。

9.1.4 块材砌筑前浇水湿润是为了使其与砌筑砂浆有较好的粘结。根据空心砖、轻骨料混凝土小砌块的吸水、失水特性合适的含水率分别为：空心砖宜为10%～15%；轻骨料混凝土小砌块宜为5%～8%。加气混凝土砌块出釜时的含水率约为35%左右，以后砌块逐渐干燥，施工时的含水率宜控制在小于15%（粉煤灰加气混凝土砌块宜小于20%）。加气混凝土砌块砌筑时在砌筑面适量浇水是为了保证砌筑砂浆的强度及砌体的整体性。

9.1.5 考虑到轻骨料混凝土小砌块和加气混凝土砌块的强度及耐久性，又不宜承受剧烈碰撞，以及吸湿性大等因素而做此规定。

9.2 主 控 项 目

9.2.1 砖、砌块和砌筑砂浆的强度等级合格是砌体力学性能的重要保证，故作此规定。

9.3 一 般 项 目

9.3.1 从填充墙砌体的非结构受力特点出发，将轴线位移和垂直度允许偏差纳入一般项目验收。

9.3.2 加气混凝土砌块砌体和轻骨料混凝土小砌块砌体的干缩较大，为防止或控制砌体干缩裂缝的产生，做出"不应混砌"的规定。但对于因构造需要的墙底部、墙顶部、局部门、窗洞口处，可酌情采用其他块材补砌。

9.3.3 填充墙砌体的砂浆饱满度虽直接影响砌体的质量，但不涉及结构的重大安全，故将其检查列入一般项目验收。砂浆饱满度的具体规定是参照本标准第4章、第5章的规定确定的。

9.3.4 此条规定是为了保证填充墙砌体与相邻的承重结构（墙或柱）有可靠的连接。

9.3.5 错缝，即上、下皮块体错开摆放，此种砌法为搭砌，以增强砌体的整体性。

9.3.6 加气混凝土砌块尺寸比空心砖、轻骨料混凝土小砌块大，故对其砌块水平灰缝厚度和竖向宽度的规定稍大一些。灰缝过厚和过宽，不仅浪费砌筑砂浆，而且砌体灰缝的收缩也将加大，不利砌体裂缝的控制。

9.3.7 填充墙砌完后，砌体还将产生一定的变形，施工不当，不仅会影响砌体与梁或板底的紧密结合，还会产生结合部位的水平裂缝。

10 冬 期 施 工

10.0.1 经过多年的实践证明，室外日平均气温连续5d稳定低于5℃时，作为划定冬期的界限，基本上是符合我国国情的，其技术效果和经济效果均比较好。若冬期施工期规定得太短，或者应采取冬期施工措施时没有采取，都会导致技术上的失误，造成工程质量事故；若冬期施工期规定得太长，到了没有必要时还采取冬期施工措施，将影响到冬期施工费用问题，增加工程造价，并给施工带来不必要的麻烦。

10.0.2 砌体工程冬期施工，由于气温低给施工带来诸多不便，必须采取一些必要的冬期技术措施来确保工程质量，同时又要保证常温施工情况下的一些工程质量要求。因此，质量验收除应符合本章规定外，尚应符合本标准前面各章的要求以及国家现行标准《建筑工程冬期施工规程》JGJ 104-1997 的规定。

10.0.3 砌体工程在冬期施工过程中，只有加强管理和采取必要的技术措施才能保证工程质量符合要求。因此，砌体工程冬期施工应有完整的冬期施工方案。

10.0.4 石灰膏、电石膏等若受冻使用，将直接影响砂浆的强度，因此石灰膏、电石膏等如遭受冻结，应经融化后方可使用。

砂中含有冰块和大于 10mm 的冻结块，也将影响砂浆强度的增长和砌体灰缝厚度的控制，因此对拌制砂浆用砂质量提出要求。

遭水浸冻后的砖和其他块材，使用时将降低它们与砂浆的粘结强度并因它们温度较低而影响砂浆强度的增长，因此规定砌体用砖或其他块材不得遭水浸冻。

10.0.5 增加本条款是考虑到冬期施工对砂浆强度影响较大，为了获得砌体中砂浆在自然养护期间的强度，确保砌体工程结构安全可靠，因此有必要增留与砌体同条件养护的砂浆试块。

10.0.6 实践证明，在冻胀基土上砌筑基础，待基土解冻时会因不均匀沉降造成基础和上部结构破坏；施工期间和回填土前如地基受冻，会因地基冻胀造成砌体胀裂或因地基解冻造成砌体损坏。

10.0.7 普通砖、多孔砖和空心砖的湿润程度对砌体强度的影响较大，特别对抗剪强度的影响更为明显，故规定在气温高于 0℃ 条件下砌筑时，仍应对砖浇水湿润。但在气温低于、等于 0℃ 条件下砌筑时，不宜对砖浇水，这是因为水在材料表面有可能立即结成薄冰膜，反而会降低和砂浆的粘结强度，同时也给施工操作带来诸多不便。此时，可浇水但必须适当增大砂浆的稠度。

抗震设计烈度为 9 度的地区虽为少数，但尚有冬期施工，因此保留原《砌体工程施工质量验收规范》GB 50203-2002 对砖浇水湿润的要求，即"无法浇水湿润时，如无特殊措施，不得砌筑"。

10.0.8 这是为了避免砂浆拌合时因砂和水过热造成水泥假凝现象。

10.0.9 本条规定主要是考虑在砌筑过程中砂浆能保持良好的流动性，从而可保证较好的砂浆饱满度和粘结强度。冻结法施工中砂浆使用最低温度的规定是参照《建筑工程冬期施工规程》JGJ 104-97 而确定的。

10.0.10 主要目的是保证砌体砂浆具有一定温度以利其强度增长。

10.0.11 砌体暖棚法施工，近似于常温施工与养护，为有利于砌体强度的增长，暖棚法尚应保持一定的温度。表中给出的最少养护期是根据砂浆等级和养护温度增长之间的关系确定的。砂浆强度达到设计强度的 30%，即达到了砂浆允许受冻临界强度值，再拆除暖棚时，遇到负温度也不会引起强度损失。表中数值是最少养护期限，并限于未掺盐的砂浆，如果施工要求强度有较快增长，可以延长养护时间或提高暖棚内养护温度以满足施工进度要求。

10.0.12 在解冻期间，砌体中砂浆基本无强度或强度较低，又可能产生不均匀沉降，造成砌体裂缝，为保证建筑物安全，在发现裂缝、不均匀下沉时应立即采取加固措施。

10.0.13 增加本条是为了和砌体设计规范相统一。若掺盐砂浆的强度等级按常温施工的强度等级高一级时，砌体强度及稳定性可不验算。

10.0.14 这是为了避免氯盐对砌体中钢筋的腐蚀。

11 子分部工程验收

11.0.3 现行国家标准《建筑工程施工质量验收统一标准》GB 50300-2001 中第 5.0.6 条规定，当建筑工程质量不合要求时，应按下列规定进行处理：

  1 经返工重做或更换器具、设备的检验批，应重新进行验收；

  2 经有资质的检测单位检测鉴定能够达到设计要求的检验批，应予以验收；

  3 经有资质的检测单位检测鉴定达不到设计要求，但经原设计单位核算认可能够满足结构安全和使用功能的验收批，可予以验收；

  4 经返修或加固处理的分项、分部工程，虽然改变外形尺寸但仍能满足安全使用要求，可按处理技术方案和协商文件进行二次验收；

  5 通过返修或加固处理仍不能满足安全使用要求的，应不予验收。

11.0.4 砌体中的裂缝现象常有发生，且又常常影响工程质量验收工作。因此，对有裂缝的砌体怎样进行验收应予规定。本条分为两种情况，即是否影响结构安全性做了不同的规定。

混凝土结构工程施工质量标准

Standard for constructional quality of concrete structures

ZJQ00-SG-016-2006

中国建筑工程总公司

4—1

前　言

本标准是根据中国建筑工程总公司（简称中建总公司）中建市管字（2004）5号《关于全面开展中建总公司建筑工程各专业施工标准编制工作的通知》的要求由中国建筑第一工程局（集团）有限公司组织编制。本标准总结了中国建筑工程总公司系统混凝土结构工程施工质量管理的实践经验，以"突出质量策划、完善技术标准、强化过程控制、坚持持续改进"为指导思想，以提高质量管理要求为核心，力求在有效控制制造成本的前提下，使混凝土结构工程质量得到切实保证和不断提高。

本标准的编制以国家标准《混凝土结构工程施工质量验收规范》GB 50204－2002为蓝本，按照中国建筑工程总公司《建筑工程施工质量统一标准》ZJQ00－SG－013－2006的相关要求，综合考虑中国建筑工程总公司所属施工企业的技术水平、管理能力、施工队伍操作工人技术素质和现有市场环境等各方面客观条件，融入工程质量等级的评定，以统一中国建筑工程总公司系统施工企业混凝土结构工程施工质量的内部验收方法、质量标准、质量等级的评定和程序，并为创工程质量的"过程精品"奠定基础。

本标准相对国家现行质量验收规范的要求有所提高，以满足企业标准高于国标的要求。具体情况如下：

1. 为加强过程检查验收，本标准中的抽查比例由国家标准规定的10%提高到了12%。

2. 为对工程实际质量水平作出评价，设置了合格、优良两个质量等级。检验批内合格点数比例80%及以上，最大允许偏差控制在150%以内，为合格质量等级；检验批内合格点数比例85%及以上，最大允许偏差控制在130%以内，为优良质量等级。对于分项工程和分部（子分部）工程的质量等级也作了明确规定。

本标准以黑体字标志的条文为强制性条文，必须严格执行。

本标准将根据国家有关规定的变化、企业发展的需要等进行定期或不定期的修订，请各级施工单位在执行标准过程中，注意积累资料、总结经验，并请将意见或建议及有关资料及时反馈中国建筑工程总公司质量管理部门，以供本标准修订时参考。

主编单位：中国建筑一局（集团）有限公司
参编单位：中国建筑第一工程局第二建筑公司
　　　　　中国建筑第一工程局第三建筑公司
　　　　　中国建筑一局建设发展公司
　　　　　中国建筑第一工程局第五建筑公司
　　　　　中国建筑一局第六建筑公司
　　　　　中国建筑一局华中建设有限公司
　　　　　中国建筑一局华江建设有限公司

主　　编：吴月华

副 主 编：韩乾龙　贺小村　曹　光　张国祥
编写人员：薛　刚　郝洪晓　张培建　叶　梅
　　　　　冯世伟　施　清　王建华　熊爱华
　　　　　李建宁　秦占民　张志敏　袁春明
　　　　　李东水　陈　娣　袁　梅　王　建
　　　　　付建伟　刘鹏飞　董清崇　闫　琴
　　　　　于　峰　史　洁　丛日明

目 次

1 总则 ··· 4—6
2 术语 ··· 4—6
3 基本规定 ··· 4—7
　3.1 一般要求 ··· 4—7
　3.2 质量验收与评定等级 ··· 4—8
　3.3 质量验收与评定程序及组织 ································ 4—9
4 模板分项工程 ··· 4—9
　4.1 一般规定 ··· 4—9
　4.2 模板安装 ··· 4—9
　4.3 模板拆除 ··· 4—12
　4.4 模板技术资料 ··· 4—13
5 钢筋分项工程 ··· 4—13
　5.1 一般规定 ··· 4—13
　5.2 原材料 ·· 4—13
　5.3 钢筋加工 ··· 4—14
　5.4 钢筋连接 ··· 4—15
　5.5 钢筋安装 ··· 4—17
　5.6 钢筋施工技术资料 ·· 4—18
6 预应力分项工程 ·· 4—18
　6.1 一般规定 ··· 4—18
　6.2 原材料 ·· 4—19
　6.3 制作与安装 ··· 4—20
　6.4 张拉和放张 ··· 4—22
　6.5 灌浆及封锚 ··· 4—23
7 混凝土分项工程 ·· 4—24
　7.1 一般规定 ··· 4—24
　7.2 原材料 ·· 4—25
　7.3 配合比设计 ··· 4—26
　7.4 混凝土施工 ··· 4—26
8 现浇结构分项工程 ··· 4—28
　8.1 一般规定 ··· 4—28
　8.2 外观质量 ··· 4—29
　8.3 尺寸偏差 ··· 4—29

  8.4 混凝土工程施工技术资料 ································· 4—31
9 装配式结构分项工程 ····································· 4—32
  9.1 一般规定 ·· 4—32
  9.2 预制构件 ·· 4—32
  9.3 结构性能检验 ·· 4—34
  9.4 装配式结构施工 ······································ 4—37
10 混凝土结构子分部工程 ··································· 4—38
  10.1 结构实体检验 ······································· 4—38
  10.2 混凝土结构子分部工程验收 ··························· 4—39
附录 A 检验批质量验收、评定记录 ··························· 4—39
附录 B 分项工程质量验收、评定记录 ························· 4—53
附录 C 分部（子分部）工程质量验收、评定记录 ··············· 4—54
附录 D 纵向受力钢筋的最小搭接长度 ························· 4—55
附录 E 预制构件结构性能检验方法 ··························· 4—56
附录 F 结构实体检验用同条件养护试件强度检验 ··············· 4—58
附录 G 结构实体钢筋保护层厚度检验 ························· 4—59
本标准用词说明 ··· 4—60
条文说明 ··· 4—61

1 总　　则

1.0.1 为了加强建筑工程质量管理力度，不断提高工程质量水平，统一中国建筑工程总公司混凝土结构工程施工质量验收及质量等级的检验评定，制定本标准。

1.0.2 本标准适用于中国建筑工程总公司所属施工企业施工的建筑工程中的混凝土结构工程施工质量的检查与评定。

1.0.3 本标准应与现行中国建筑工程总公司标准《建筑工程施工质量统一标准》ZJQ00-SG-013-2006配套使用。

1.0.4 本标准中以黑体字印刷的条文为强制性条文，必须严格执行。

1.0.5 本标准为中国建筑工程总公司企业标准，主要用于企业内部的混凝土结构工程质量控制。在工程的建设方（甲方）无特定要求时，工程的混凝土结构验收应以国家现行的《混凝土结构工程施工质量验收规范》GB 50204为准，若工程的建设方（甲方）要求采用本标准作为工程的质量标准时应在工程承包合同中作出明确约定，并明确由于采用本标准而引起的甲、乙双方的相关责任、权利和义务。

1.0.6 混凝土结构工程施工质量的验收除应执行本标准外，尚应符合中国建筑工程总公司和国家现行其他有关标准的规定。

2 术　　语

2.0.1 混凝土结构　concrete structure
以混凝土为主制成的结构，包括素混凝土结构、钢筋混凝土结构和预应力混凝土结构等。

2.0.2 现浇结构　cast-in-situ concrete structure
现浇混凝土结构的简称，是在现场支模并整体浇筑而成的混凝土结构。

2.0.3 装配式结构　prefabricated concrete structure
装配式混凝土结构的简称，是以预制构件为主要受力构件经装配、连接而成的混凝土结构。

2.0.4 缺陷　defect
建筑工程施工质量中不符合规定要求的检验项或检验点，按其程度可分为严重缺陷和一般缺陷。

2.0.5 严重缺陷　serious defect
对结构构件的受力性能或安装使用性能有决定性影响的缺陷。

2.0.6 一般缺陷 common defect

对结构构件的受力性能或安装使用性能无决定性影响的缺陷。

2.0.7 施工缝 construction joint

在混凝土浇筑过程中，因设计要求或施工需要分段浇筑而在先、后浇筑的混凝土之间所形成的接缝。

2.0.8 结构性能检验 inspection structural performance

针对结构构件的承载力、挠度、裂缝控制性能等各项指标所进行的检验。

3 基本规定

3.1 一般要求

3.1.1 混凝土结构施工现场质量管理应有相应的施工技术标准、健全的质量管理体系、施工质量控制和质量检验制度。

混凝土结构施工项目应有施工组织设计和施工技术方案，并经审查批准。

3.1.2 混凝土结构子分部工程可根据结构的施工方法分为两类：现浇混凝土结构子分部工程和装配式混凝土结构子分部工程；根据结构的分类，还可分为钢筋混凝土结构子分部工程和预应力混凝土结构子分部工程等。

混凝土结构子分部工程可划分为模板、钢筋、预应力、混凝土、现浇结构和装配式结构等分项工程。

各分项工程可根据与施工方式相一致且便于控制施工质量的原则，按工作班、楼层、结构缝或施工段划分为若干检验批。

3.1.3 对混凝土结构子分部工程的质量验收，应在钢筋、预应力、混凝土、现浇结构或装配式结构等相关分项工程验收合格的基础上，进行质量控制资料检查及观感质量验收，并应对涉及结构安全的材料、试件、施工工艺和结构的重要部位进行见证检测或结构实体检验。

3.1.4 分项工程的质量验收应在所含检验批验收合格的基础上，进行质量验收记录检查。

3.1.5 检验批的质量应按主控项目和一般项目验收，验收应包括如下内容：

1 实物检查，按下列方式进行：

　　1）对原材料、构配件和器具等产品的进场复验，应按进场的批次和产品的抽样检验方案执行；

　　2）对混凝土强度、预制构件结构性能等，应按国家现行有关标准和本标准规定的抽样检验方案执行；

　　3）对本标准中采用计数检验的项目，应按抽查总点数的合格点率进行检查。

2 资料检查，包括原材料、构配件和器具等的产品合格证（中文质量合格证明文件、规格、型号及性能检测报告等）及进场复验报告、施工过程中重要工序的自检和交接检记录、抽样检验报告、见证检测报告、隐蔽工程验收记录等。

3.1.6 检验批、分项工程、混凝土结构子分部工程的质量验收可按本标准附录 A 记录。

3.2 质量验收与评定等级

3.2.1 混凝土结构子分部工程质量验收评定划分为分项工程和检验批，应在施工单位自检合格的基础上，按照检验批、分项工程、子分部工程进行。

3.2.2 分项工程可由一个或若干检验批组成，检验批可根据施工进度、质量控制和验收需要，在与监理单位、设计单位和建设单位协商后确定。

3.2.3 本标准的检验批、分项、子分部工程质量均分为合格与优良两个等级。

  1 检验批的质量等级应符合以下规定：
    1）合格
    ①主控项目的质量必须符合本标准相应项目合格等级；其检验数量应符合本标准各分项工程中相关规定要求；
    ②一般项目的质量应符合本标准相应项目合格等级，抽样检验时，其抽样数量比例应符合本标准各分项工程中相关规定要求，其允许偏差实测值应有不低于 **80%** 的点数在相应质量标准的规定范围之内，且最大偏差值不得超过允许值的 **150%**；
    ③具有完整的施工操作依据，详实的质量控制及质量检查记录。
    2）优良
    ①主控项目的质量必须符合本标准相应项目的合格等级；其检验数量应符合本标准各分项工程中相关规定的要求；
    ②一般项目的质量应符合本标准相应项目的合格等级，抽样检验时，其抽样数量比例应符合本标准各分项工程中相关规定要求，其允许偏差实测值应有不低于 85% 的点数在相应质量标准的规定范围之内，且最大偏差不超过允许偏差值的 130%；
    ③具有完整的施工操作依据，详实的质量控制及质量检查记录。
  2 分项工程的质量等级应符合以下规定：
    1）合格
    ①分项工程所含检验批的质量均达到本标准的合格等级；
    ②分项工程所含检验批的施工操作依据、质量检查、验收记录完整。
    2）优良
    ①分项工程所含检验批全部达到本标准的合格等级，并且有 70% 及以上的检验批的质量达到本标准的优良等级；
    ②混凝土结构分项工程所含检验批的施工操作依据、质量检查、验收记录完整。
  3 分部（子分部）工程的质量等级应符合以下规定：
    1）合格
    ① 所含分项工程的质量全部达到本标准的合格等级；
    ②质量控制资料完整；
    ③有关地下防水专业安全及功能的检验和抽样检测结果应符合有关规定；

④观感质量评定的得分率应不低于**80%**。
2）优良
①所含分项工程的质量全部达到本标准的合格等级，并且其中有50%及其以上达到本标准的优良等级；
②质量控制资料完整；
③有关混凝土结构工程的安全及功能的检验和抽样检测结果应符合有关规定；
④观感质量评定的得分率达到90%。

3.2.4 当检验批质量不符合相应质量标准合格的规定时必须及时处理，并应按以下规定确定其质量等级：
 1 返工重做的可重新评定质量等级；
 2 经返修能够达到质量标准要求的其质量仅应评定为合格等级。

3.2.5 通过返修或返工仍不能满足设计要求的分项工程、分部工程，严禁验收。

3.3 质量验收与评定程序及组织

3.3.1 检验批、分项工程、分部工程的质量验收和评定的程序与组织应按照中国建筑工程总公司《建筑工程施工质量统一标准》ZJQ00-SG-013-2006的规定执行。

4 模板分项工程

4.1 一 般 规 定

4.1.1 模板及其支架应根据工程结构形式、荷载大小、地基土类别、施工设备和材料供应等条件进行设计。模板及其支架应具有足够的承载能力、刚度和稳定性，能可靠地承受浇筑混凝土的重量、侧压力以及施工荷载。

4.1.2 在浇筑混凝土之前，应对模板工程进行验收。
模板安装和浇筑混凝土时，应对模板及其支架进行观察和维护。发生异常情况时，应按施工技术方案及时进行处理。

4.1.3 模板及其支架拆除的顺序及安全措施应按施工技术方案执行。

4.2 模 板 安 装

主 控 项 目

4.2.1 安装现浇结构的上层模板及其支架时，下层楼板应具有承受上层荷载的承载能力，或加设支架；上、下层支架的立柱应对准，并铺设垫板。

检查数量：全数检查。

检验方法：对照模板设计文件和施工技术方案观察。

4.2.2 在涂刷模板隔离剂时，不得沾污钢筋和混凝土接槎处。

检查数量：全数检查。

检验方法：观察。

一 般 项 目

4.2.3 模板安装应满足下列要求：

1 模板的接缝不应漏浆；在浇筑混凝土前，木模板应浇水湿润，但模板内不应有积水；

2 模板与混凝土的接触面应清理干净并涂刷隔离剂，但不得采用影响结构性能或妨碍装饰工程施工的隔离剂；

3 浇筑混凝土前，模板内的杂物应清理干净；

4 对清水混凝土工程及装饰混凝土工程，应使用能达到设计效果的模板。

检查数量：全数检查。

检验方法：观察。

4.2.4 用作模板的地坪、胎模等应平整光洁，不得产生影响构件质量的下沉、裂缝、起砂或起鼓。

检查数量：全数检查。

检验方法：观察。

4.2.5 对跨度不小于4m的现浇钢筋混凝土梁、板，其模板应按设计要求起拱；当设计无具体要求时，起拱高度宜为跨度的1/1000～3/1000。

检查数量：在同一检验批内，对梁，应抽查构件数量的12%，且不少于3件；对板，应按有代表性的自然间抽查12%，且不少于3间；对大空间结构，板可按纵、横轴线划分检查面，抽查12%，且不少于3面。

检验方法：水准仪或拉线、钢尺检查。

4.2.6 固定在模板上的预埋件、预留孔和预留洞均不得遗漏。且应安装牢固，其偏差应符合表4.2.6的规定。

表4.2.6 预埋件和预留孔洞的允许偏差

项 目		允许偏差（mm）
预埋钢板中心线位置		3
预埋管、预留孔中心线位置		3
插 筋	中心线位置	5
	外露长度	+10，0
预埋螺栓	中心线位置	2
	外露长度	+10，0
预留洞	中心线位置	10
	尺 寸	+10，0

注：检查中心线位置时，应沿纵、横两个方向量测，并取其中的较大值。

检查数量：在同一检验批内，对梁、柱和独立基础，应抽查构件数量的12%，且不少于3件；对墙和板，应按有代表性的自然间抽查12%，且不少于3间；对大空间结构，墙可按相邻轴线间高度5m左右划分检查面，板可按纵、横轴线划分检查面，抽查12%，且均不少于3面。

检验方法：钢尺检查。

4.2.7 现浇结构模板安装的偏差应符合表4.2.7的规定。

检查数量：在同一检验批内，对梁、柱和独立基础，应抽查构件数量的12%，且不少于3件；对墙和板，应按有代表性的自然间抽查12%，且不少于3间；对大空间结构，墙可按相邻轴线间高度5m左右划分检查面，板可按纵、横轴线划分检查面，抽查12%，且均不少于3面。

表4.2.7 现浇结构模板安装的允许偏差及检验方法

项　目		允许偏差（mm）	检　验　方　法
轴线位置		5	钢尺检查
底模上表面标高		±5	水平仪或拉线、钢尺检查
截面内部尺寸	基础	±10	钢尺检查
	柱、墙、梁	+4，-5	钢尺检查
层高垂直度	不大于5m	6	经纬仪或吊线、钢尺检查
	大于5m	8	经纬仪或吊线、钢尺检查
相邻两板表面高低差		2	钢尺检查
表面平整度		5	2m靠尺和塞尺检查

注：检查轴线位移时，应沿纵、横两个方向量测，并取其中的较大值。

4.2.8 预制构件模板安装的偏差应符合表4.2.8的规定。

检查数量：首次使用及大修后的模板应全数检查；使用中的模板应定期检查，并根据使用情况不定期抽查。

表4.2.8 预制构件模板安装的允许偏差及检验方法

项　目		允许偏差（mm）	检　验　方　法
长　度	板、梁	±5	钢尺量两角边，取其中较大值
	薄腹梁、桁架	±10	
	柱	0，-10	
	墙、板	0，-5	
宽　度	板、墙板	0，-5	钢尺量一端及中部，取其中较大值
	梁、薄腹梁、桁架、柱	+2，-5	
高（厚）度	板	+2，-3	钢尺量一端及中部，取其中较大值
	墙、板	0，-5	
	梁、薄腹梁、桁架、柱	+2，-5	
侧向弯曲	梁、板、柱	$l/1000$且≤15	拉线，钢尺量最大弯曲处
	墙板、薄腹梁、桁架	$l/1500$且≤15	
板的表面平整度		3	2m靠尺和塞尺检查
相邻两板高度差		1	钢尺检查
对角线差	板	7	钢尺量两个对角线
	墙、板	5	
翘　曲	板、墙板	$l/1500$	调平尺在两端量测
设计起拱	薄腹梁、桁架、梁	±3	拉线、钢尺量跨中

注：l为构件长度（mm）。

4.3 模板拆除

主 控 项 目

4.3.1 底模及其支架拆除时的混凝土强度应符合设计要求；当设计无具体要求时，混凝土强度应符合表 4.3.1 的规定。

检查数量：全数检查。

检验方法：检查同条件养护试件强度试验报告。

表 4.3.1 底模拆除时的混凝土强度要求

构件类型	构件跨度（m）	达到设计的混凝土立方体抗压强度标准值的百分率（%）
板	≤2	≥50
	>2，≤8	≥75
	>8	≥100
梁、拱、壳	≤8	≥75
	>8	≥100
悬臂构件	—	≥100

4.3.2 对后张法预应力混凝土结构构件，侧模宜在预应力张拉前拆除；底模支架的拆除应按施工技术方案执行，当无具体要求时，不应在结构构件建立预应力前拆除。

检查数量：全数检查。

检验方法：观察。

4.3.3 后浇带模板的拆除和支顶应按施工技术方案执行。

检查数量：全数检查。

检验方法：观察。

一 般 项 目

4.3.4 侧模拆除时的混凝土强度应能保证其表面及棱角不受损伤。

检查数量：全数检查。

检验方法：观察。

4.3.5 模板拆除时，不应对楼层形成冲击荷载。拆除的模板和支架宜分散堆放并及时清运。

检查数量：全数检查。

检验方法：观察。

4.4 模板技术资料

4.4.1 模板预检工程检查记录。
4.4.2 模板安装检验批质量验收记录。
4.4.3 模板拆除检验批质量验收记录。
4.4.4 模板分项工程质量验收记录。
4.4.5 混凝土拆模申请单。

5 钢筋分项工程

5.1 一般规定

5.1.1 当钢筋的品种、级别或规格需作变更时,应办理设计变更文件。
5.1.2 在浇筑混凝土之前,应进行钢筋隐蔽工程验收,其内容包括:
    1 纵向受力钢筋的品种、规格、数量、位置等;
    2 钢筋的连接方式、接头位置、接头数量、接头面积百分率等;
    3 箍筋、横向钢筋的品种、规格、数量、间距等;
    4 预埋件的规格、数量、位置等。

5.2 原 材 料

主 控 项 目

5.2.1 钢筋进场时,应按现行国家标准《钢筋混凝土用钢》GB 1499 等的规定抽取试样作力学性能检验,其质量必须符合有关标准的规定。
    检查数量:按进场的批次和产品的抽样检验方案确定。
    检验方法:检查产品合格证、出厂检验报告和进场复验报告。

5.2.2 对有抗震设防要求的框架结构,其纵向受力钢筋的强度应满足设计要求;当设计无具体要求时,对一、二级抗震等级,检验所得的强度实测值应符合下列规定:
    1 钢筋的抗拉强度实测值与屈服强度实测值的比值不应小于 1.25;
    2 钢筋的屈服强度实测值与强度标准值的比值不应大于 1.3。
    检查数量:按进场的批次和产品的抽样检验方案确定。
    检验方法:检查进场复验报告。

5.2.3 当发现钢筋脆断、焊接性能不良或力学性能显著不正常等现象时,应对该批钢筋进行化学成分检验或其他专项检验。

检验方法：检查化学成分等专项检验报告。

一 般 项 目

5.2.4 钢筋应平直、无损伤，表面不得有裂纹、油污、颗粒状或片状老锈。
检查数量：进场时和使用前全数检查。
检验方法：观察。

5.3 钢 筋 加 工

主 控 项 目

5.3.1 受力钢筋的弯钩和弯折应符合下列规定：
　1 HPB235级钢筋末端应作180°弯钩，其弯弧内直径不应小于钢筋直径的2.5倍，弯钩的弯后平直部分长度不应小于钢筋直径的3倍；
　2 当设计要求钢筋末端需作135°弯钩时，HRB335级、HRB400级钢筋的弯弧内直径不应小于钢筋直径的4倍，弯钩的弯后平直部分长度应符合设计要求；
　3 钢筋作不大于90°的弯折时，弯折处的弯弧内直径不应小于钢筋直径的5倍。
检查数量：按每工作班同一类型钢筋、同一加工设备抽查不应少于3件。
检验方法：钢尺检查。

5.3.2 除焊接封闭环式箍筋外，箍筋的末端应作弯钩，弯钩形式应符合设计要求；当设计无具体要求时，应符合下列规定：
　1 箍筋弯钩的弯弧内直径除应满足本标准第5.3.1条的规定外，尚应不小于受力钢筋直径；
　2 箍筋弯钩的弯折角度：对一般结构，不应小于90°；对有抗震等要求的结构，应为135°；
　3 箍筋弯后平直部分长度：对一般结构，不宜小于箍筋直径的5倍；对有抗震要求的结构，不应小于箍筋直径的10倍。
检查数量：按每工作班同一类型钢筋、同一加工设备抽查不应少于3件。
检验方法：钢尺检查。

一 般 项 目

5.3.3 钢筋调直宜采用机械方法，也可采用冷拉方法。当采用冷拉方法调直钢筋时，HPB235级钢筋的冷拉率不宜大于4%，HRB335级、HRB400级和RRB400级钢筋的冷拉率不宜大于1%。
检查数量：按每工作班同一类型钢筋、同一加工设备抽查不应少于3件。
检验方法：观察，钢尺检查。

5.3.4 钢筋加工的形状、尺寸应符合设计要求，其偏差应符合表5.3.4的规定。

检查数量：按每工作班同一类型钢筋、同一加工设备抽查不应少于3件。
检验方法：钢尺检查。

表 5.3.4 钢筋加工的允许偏差

项　　目	允许偏差（mm）
受力钢筋顺长度方向全长的净尺寸	±10
弯起钢筋的弯起位置	±20
箍筋内净尺寸	±5

5.4 钢 筋 连 接

主 控 项 目

5.4.1 纵向受力钢筋的连接方式应符合设计要求。

检查数量：全数检查。
检验方法：观察。

5.4.2 在施工现场，应按国家现行标准《钢筋机械连接通用技术规程》JGJ 107、《钢筋焊接及验收规程》JGJ 18 的规定抽取钢筋机械连接接头、焊接接头试件作力学性能检验，其质量应符合有关规程的规定。

检查数量：按有关规程确定。
检验方法：检查产品合格证、接头力学性能试验报告。

一 般 项 目

5.4.3 钢筋的接头宜设置在受力较小处。同一纵向受力钢筋不宜设置两个或两个以上接头。接头末端至钢筋弯起点的距离不应小于钢筋直径的 10 倍。

检查数量：全数检查。
检验方法：观察，钢尺检查。

5.4.4 在施工现场，应按国家现行标准《钢筋机械连接通用技术规程》JGJ 107、《钢筋焊接及验收规程》JGJ 18 的规定对钢筋机械连接接头、焊接接头的外观进行检查，其质量应符合有关规程的规定。

检查数量：全数检查。
检验方法：观察。

5.4.5 当受力钢筋采用机械连接接头或焊接接头时，设置在同一构件内的接头宜相互错开。

纵向受力钢筋机械连接接头及焊接接头连接区段的长度为 35 倍 d（d 为纵向受力钢筋的较大直径）且不小于 500mm，凡接头中点位于该连接区段长度内的接头均属于同一连接区段。同一连接区段内，纵向受力钢筋机械连接及焊接的接头面积百分率为该区段内有接头的纵向受力钢筋截面面积与全部纵向受力钢筋截面面积的比值。

同一连接区段内，纵向受力钢筋的接头面积百分率应符合设计要求；当设计无具体要求时，应符合下列规定：

1 在受拉区不宜大于50%；

2 接头不宜设置在有抗震设防要求的框架梁端、柱端的箍筋加密区；当无法避开时，对等强度高质量机械连接接头，不应大于50%；

3 直接承受动力荷载的结构构件中，不宜采用焊接接头；当采用机械连接接头时，不应大于50%。

检查数量：在同一检验批内，对梁、柱和独立基础，应抽查构件数量的12%，且不少于3件；对墙和板，应按有代表性的自然间抽查12%，且不少于3间；对大空间结构，墙可按相邻轴线间高度5m左右划分检查面，板可按纵、横轴线划分检查面，抽查12%，且均不少于3面。

检验方法：观察，钢尺检查。

5.4.6 同一构件中相邻纵向受力钢筋的绑扎搭接接头宜相互错开。绑扎搭接接头中钢筋的横向净距不应小于钢筋直径，且不应小于25mm。

钢筋绑扎搭接接头连接区段的长度为$1.3l_l$（l_l为搭接长度）。凡搭接接头中点位于该连接区段长度内的搭接接头均属于同一连接区段。同一连接区段内，纵向钢筋搭接接头面积百分率为该区段内有搭接接头的纵向受力钢筋截面面积与全部纵向受力钢筋截面面积的比值（图5.4.6）。

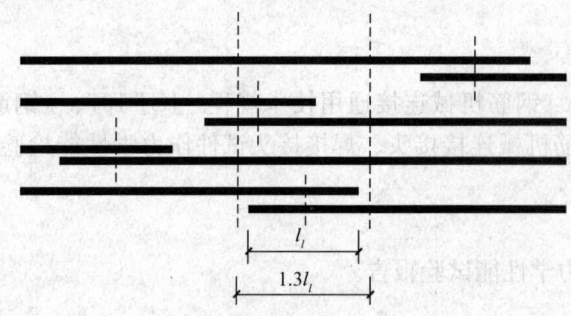

图5.4.6 钢筋绑扎搭接接头连接区段及接头面积百分率
注：图中所示搭接接头同一连接区段内的搭接钢筋为两根，当各钢筋直径相同时，接头面积百分率为50%。

同一连接区段内，纵向受拉钢筋搭接接头面积百分率应符合设计要求；当设计无具体要求时，应符合下列规定：

1 对梁类、板类及墙类构件，不宜大于25%；

2 对柱类构件，不宜大于50%；

3 当工程中确有必要增大接头面积百分率时，对梁类构件，不应大于50%；对其他构件，可根据实际情况放宽。

纵向受力钢筋绑扎搭接接头的最小搭接长度应符合本标准附录D的规定。

检查数量：在同一检验批内，对梁、柱和独立基础，应抽查构件数量的12%，且不少于3件；对墙和板，应按有代表性的自然间抽查12%，且不少于3间；对大空间结构，墙可按相邻轴线间高度5m左右划分检查面，板可按纵、横轴线划分检查面，抽查12%，且均不少于3面。

检验方法：观察，钢尺检查。

5.4.7 在梁、柱类构件的纵向受力钢筋搭接长度范围内，应按设计要求配置箍筋。当设计无具体要求时，应符合下列规定：

1 箍筋直径不应小于搭接钢筋较大直径的 0.25 倍；

2 受拉搭接区段的箍筋间距不应大于搭接钢筋较小直径的 5 倍，且不应大于 100mm；

3 受压搭接区段的箍筋间距不应大于搭接钢筋较小直径的 10 倍，且不应大于 200mm；

4 当柱中纵向受力钢筋直径大于 25mm 时，应在搭接接头两个端面外 100mm 范围内各设置两个箍筋，其间距宜为 50mm。

检查数量：在同一检验批内，对梁、柱和独立基础，应抽查构件数量的 12%，且不少于 3 件；对墙和板，应按有代表性的自然间抽查 12%，且不少于 3 间；对大空间结构，墙可按相邻轴线间高度 5m 左右划分检查面，板可按纵、横轴线划分检查面，抽查 12%，且均不少于 3 面。

检验方法：钢尺检查。

5.5 钢 筋 安 装

主 控 项 目

5.5.1 钢筋安装时，受力钢筋的品种、级别、规格和数量必须符合设计要求。

检验数量：全数检查。

检验方法：观察，钢尺检查。

一 般 项 目

5.5.2 钢筋安装位置的偏差应符合表 5.5.2 的规定。

检查数量：在同一检验批内，对梁、柱和独立基础，应抽查构件数量的 12%，且不少于 3 件；对墙和板，应按有代表性的自然间抽查 12%，且不少于 3 间；对大空间结构，墙可按相邻轴线间高度 5m 左右划分检查面，板可按纵、横轴线划分检查面，抽查 12%，且均不少于 3 面。

表 5.5.2 钢筋安装位置的允许偏差和检验方法

项 目			允许偏差（mm）	检验方法
绑扎钢筋网	长、宽		±10	钢尺检查
	网眼尺寸		±20	钢尺量连续三档，取最大值
绑扎钢筋骨架	长		±10	钢尺检查
	宽、高		±5	钢尺检查
受力钢筋	间距		±10	钢尺量两端、中间各一点，取最大值
	排距		±5	
	保护层厚度	基础	±10	钢尺检查
		柱、梁	±5	钢尺检查
		板、墙、壳	±3	钢尺检查

续表 5.5.2

项 目		允许偏差（mm）	检验方法
绑扎钢筋、横向钢筋间距		±20	钢尺量连续三档，取最大值
钢筋弯起点位置		20	钢尺检查
预埋件	中心线位置	5	钢尺检查
	水平高差	+3,0	钢尺和塞尺检查

注：1 检查预埋件中心线位置时，应沿纵、横两个方向量测，并取其中的较大值；
　　2 表中梁类、板类构件上部纵向受力钢筋保护层厚度的合格点率达到90%及以上为合格工程，合格点率达到92%及以上为优良工程，且不得有超过表中数值1.5倍的尺寸偏差。

5.6 钢筋施工技术资料

5.6.1 钢筋原材质量证明文件。

5.6.2 钢材试验报告。

5.6.3 钢筋见证取样记录及见证试验报告。

5.6.4 钢筋焊接、机械连接的形式检验报告。

5.6.5 钢筋焊接、机械连接的工艺试验及复试报告。

5.6.6 钢筋焊接、机械连接的见证取样记录及见证试验报告。

5.6.7 机械连接套筒合格证。

5.6.8 钢筋绑扎隐蔽工程检查记录表。

5.6.9 钢筋直螺纹隐蔽工程检查记录表。

5.6.10 钢筋加工预检工程检查记录表。

5.6.11 钢筋加工检验批质量验收记录。

5.6.12 钢筋安装检验批质量验收记录。

5.6.13 钢筋分项工程质量验收记录。

6 预应力分项工程

6.1 一 般 规 定

6.1.1 后张法预应力工程的施工应由具有相应资质等级的预应力专业施工单位承担。

6.1.2 预应力筋张拉机具设备及仪表，应定期维护和校验。张拉设备应配套标定，并配套使用。张拉设备的标定期限不应超过半年。当在使用过程中出现反常现象时或在千斤顶检修后，应重新标定。

注：1 张拉设备标定时，千斤顶活塞的运行方向应与实际张拉工作状态一致；
　　2 压力表的精度不应低于1.5级，标定张拉设备用的试验机或测力计精度不应低于±2%。

6.1.3 在浇筑混凝土之前，应进行预应力隐蔽工程验收，其内容包括：

1 预应力筋的品种、规格、数量、位置等；
2 预应力筋锚具和连接器的品种、规格、数量、位置等；
3 预留孔道的规格、数量、位置、形状及灌浆孔、排气兼泌水管等；
4 锚固区局部加强构造等。

6.2 原 材 料

主 控 项 目

6.2.1 预应力筋进场时，应按现行国家标准《预应力混凝土用钢绞线》GB/T 5224 等的规定抽取试件作力学性能检验，其质量必须符合有关标准的规定。

检查数量：按进场的批次和产品的抽样检验方案确定。

检验方法：检查产品合格证、出厂检验报告和进场复验报告。

6.2.2 无粘结预应力筋的涂包质量应符合无粘结预应力钢绞线标准的规定。

检查数量：每 60t 为一批，每批抽取一组试件。

检验方法：观察，检查产品合格证、出厂检验报告和进场复验报告。

注：当有工程经验，并经观察认为质量有保证时，可不作油脂用量和护套厚度的进场复验。

6.2.3 预应力筋用锚具、夹具和连接器应按设计要求采用，其性能应符合现行国家标准《预应力筋用锚具、夹具和连接器》GB/T 14370 等的规定。

检查数量：按进场批次和产品的抽样检验方案确定。

检验方法：检查产品合格证、出厂检验报告和进场复验报告。

注：对锚具用量较少的一般工程，如供货方提供有效的试验报告，可不作静载锚固性能试验。

6.2.4 孔道灌浆用水泥应采用普通硅酸盐水泥，其质量应符合本标准第 7.2.1 条的规定。孔道灌浆用外加剂的质量应符合本标准第 7.2.2 条的规定。

检查数量：按进场批次和产品的抽样检验方案确定。

检验方法：检查产品合格证、出厂检验报告和进场复验报告。

注：对孔道灌浆用水泥和外加剂用量较少的一般工程，当有可靠依据时，可不作材料性能的进场复验。

一 般 项 目

6.2.5 预应力筋使用前应进行外观检查，其质量应符合下列要求：

1 有粘结预应力筋展开后应平顺、不得有弯折，表面不应有裂纹、小刺、机械损伤、氧化铁皮和油污等；

2 无粘结预应力筋护套应光滑、无裂缝，无明显褶皱。

检查数量：全数检查。

检验方法：观察。

注：无粘结预应力筋护套轻微破损者应外包防水塑料胶带修补，严重破损者不得使用。

6.2.6 预应力筋用锚具、夹具和连接器使用前应进行外观检查，其表面应无污物、锈蚀、机械损伤和裂纹。

  检查数量：全数检查。

  检验方法：观察。

6.2.7 预应力混凝土用金属螺旋管的尺寸和性能应符合国家现行标准《预应力混凝土用金属螺旋管》JG/T 3013 的规定。

  检查数量：按进场批次和产品的抽样检验方案确定。

  检验方法：检查产品合格证、出厂检验报告和进场复验报告。

  注：对金属螺旋管用量较少的一般工程，当有可靠依据时，可不作径向刚度、抗渗漏性能的进场复验。

6.2.8 预应力混凝土用金属螺旋管在使用前应进行外观检查，其内外表面应清洁，无锈蚀，不应有油污、孔洞和不规则的褶皱，咬口不应有开裂或脱扣。

  检查数量：全数检查。

  检验方法：观察。

6.3 制作与安装

主 控 项 目

6.3.1 预应力筋安装时，其品种、级别、规格、数量必须符合设计要求。

  检查数量：全数检查。

  检验方法：观察，钢尺检查。

6.3.2 先张法预应力施工时应选用非油质类模板隔离剂，并应避免沾污预应力筋。

  检查数量：全数检查。

  检验方法：观察。

6.3.3 施工过程中应避免电火花损伤预应力筋；受损伤的预应力筋应予以更换。

  检查数量：全数检查。

  检验方法：观察。

一 般 项 目

6.3.4 预应力筋下料应符合下列要求：

 1 预应力筋应采用砂轮锯或切断机切断，不得采用电弧切割；

 2 当钢丝束两端采用镦头锚具时，同一束中各根钢丝长度的极差不应大于钢丝长度的 1/5000，且不应大于 5mm。当成组张拉长度不大于 10m 的钢丝时，同组钢丝长度的极差不得大于 2mm。

  检查数量：每工作班抽查预应力筋总数的 3%，且不少于 3 束。

  检验方法：观察，钢尺检查。

6.3.5 预应力筋端部锚具的制作质量应符合下列要求：

 1 挤压锚具制作时压力表油压应符合操作说明书的规定，挤压后预应力筋外端应露出挤压套筒 1~5mm；

2 钢绞线压花锚成形时，表面应清洁、无油污，梨形头尺寸和直线段长度应符合设计要求；

3 钢丝镦头的强度不得低于钢丝强度标准值的98%。

检查数量：对挤压锚，每工作班抽查5%，且不应少于5件；对压花锚，每工作班抽查3件；对钢丝镦头强度，每批钢丝检查6个镦头试件。

检验方法：观察，钢尺检查，检查镦头强度试验报告。

6.3.6 后张法有粘结预应力筋预留孔道的规格、数量、位置和形状除应符合设计要求外，尚应符合下列规定：

1 预留孔道的定位应牢固，浇筑混凝土时不应出现移位和变形；

2 孔道应平顺，端部的预埋锚垫板应垂直于孔道中心线；

3 成孔用管道应密封良好，接头应严密且不得漏浆；

4 灌浆孔的间距：对预埋金属螺旋管不宜大于30m；对抽芯成形孔道不宜大于12m；

5 在曲线孔道的曲线波峰部位应设置排气兼泌水管，必要时可在最低点设置排水孔；

6 灌浆孔及泌水管的孔径应能保证浆液畅通。

检查数量：全数检查。

检验方法：观察，钢尺检查。

6.3.7 预应力筋束形控制点的竖向位置偏差应符合表6.3.7的规定。

表6.3.7 束形控制点的竖向位置允许偏差

截面高（厚）度（mm）	$h \leqslant 300$	$300 < h \leqslant 1500$	$h > 1500$
允许偏差（mm）	±5	±10	±15

检查数量：在同一检验批内，抽查各类型构件中预应力筋总数的5%，且对各类型构件均不少于5束，每束不应少于5处。

检验方法：钢尺检查。

注：束形控制点的竖向位置偏差合格点率应达到90%及以上，且不得有超过表中数值1.5倍的尺寸偏差。

6.3.8 无粘结预应力筋的铺设除应符合本标准第6.3.7条的规定外，尚应符合下列要求：

1 无粘结预应力筋的定位应牢固，浇筑混凝土时不应出现移位和变形；

2 端部的预埋锚垫板应垂直于预应力筋；

3 内埋式固定端垫板不应重叠，锚具与垫板应贴紧；

4 无粘结预应力筋成束布置时应能保证混凝土密实并能裹住预应力筋；

5 无粘结预应力筋的护套应完整，局部破损处应采用防水胶带缠绕紧密。

检查数量：全数检查。

检验方法：观察。

6.3.9 浇筑混凝土前穿入孔道的后张法有粘结预应力筋，宜采取防止锈蚀的措施。

检查数量：全数检查。

检验方法：观察。

6.4 张拉和放张

主控项目

6.4.1 预应力筋张拉或放张时，混凝土强度应符合设计要求；当设计无具体要求时，不应低于设计的混凝土立方体抗压强度标准值的75%。

检查数量：全数检查。

检验方法：检查同条件养护试件试验报告。

6.4.2 预应力筋的张拉力、张拉或放张顺序及张拉工艺应符合设计及施工技术方案的要求，并应符合下列规定：

1 当施工需要超张拉时，最大张拉应力不应大于国家现行标准《混凝土结构设计规范》GB 50010 的规定；

2 张拉工艺应能保证同一束中各根预应力筋的应力均匀一致；

3 后张法施工中，当预应力筋是逐根或逐束张拉时，应保证各阶段不出现对结构不利的应力状态；同时宜考虑后批张拉预应力筋所产生的结构构件的弹性压缩对先批张拉预应力筋的影响，确定张拉力；

4 先张法预应力筋放张时，宜缓慢放松锚固装置，使各根预应力筋同时缓慢放松；

5 当采用应力控制方法张拉时，应校核预应力筋的伸长值。实际伸长值与设计计算理论伸长值的相对允许偏差为±6%。

检查数量：全数检查。

检验方法：检查张拉记录。

6.4.3 预应力筋张拉锚固后实际建立的预应力值与工程设计规定检验值的相对允许偏差为±5%。

检查数量：对先张法施工，每工作班抽查预应力筋总数的1%，且不少于3根；对后张法施工，在同一检验批内，抽查预应力筋总数的3%，且不少于5束。

检验方法：对先张法施工，检查预应力筋应力检测记录；对后张法施工，检查见证张拉记录。

6.4.4 张拉过程中应避免预应力筋断裂或滑脱；当发生断裂或滑脱时，必须符合下列规定：

1 对后张法预应力结构构件，断裂或滑脱的数量严禁超过同一截面预应力筋总根数的3%，且每束钢丝不得超过一根；对多跨双向连续板，其同一截面应按每跨计算；

2 对先张法预应力构件，在浇筑混凝土前发生断裂或滑脱的预应力筋必须予以更换。

检查数量：全数检查。

检验方法：观察，检查张拉记录。

一般项目

6.4.5 锚固阶段张拉端预应力筋的内缩量应符合设计要求；当设计无具体要求时，应符合表6.4.5的规定。
　　检查数量：每工作班抽查预应力筋总数的3%，且不少于3束。
　　检验方法：钢尺检查。

表6.4.5　张拉端预应力筋的内缩量限值

锚具类别		内缩量限值（mm）
支承式锚具（镦头锚具等）	螺帽缝隙	1
	每块后加垫板的厚度	1
锥塞式锚具		5
夹片式锚具	有压顶	5
	无压顶	6～8

6.4.6　先张法预应力筋张拉后与设计位置的偏差不得大于5mm，且不得大于构件截面短边边长的4%。
　　检查数量：每工作班抽查预应力筋总数的3%，且不少于3束。
　　检验方法：钢尺检查。

6.5　灌浆及封锚

主控项目

6.5.1　后张法有粘结预应力筋张拉后应尽早进行孔道灌浆，孔道内水泥浆应饱满、密实。
　　检查数量：全数检查。
　　检验方法：观察，检查灌浆记录。

6.5.2　锚具的封闭保护应符合设计要求；当设计无具体要求时，应符合下列规定：
　　1　应采取防止锚具腐蚀和遭受机械损伤的有效措施；
　　2　凸出式锚固端锚具的保护层厚度不应小于50mm；
　　3　外露预应力筋的保护层厚度：处于正常环境时，不应小于20mm；处于易受腐蚀的环境时，不应小于50mm。
　　检查数量：在同一检验批内，抽查预应力筋总数的5%，且不少于5处。
　　检验方法：观察，钢尺检查。

一般项目

6.5.3　后张法预应力筋锚固后的外露部分宜采用机械方法切割，其外露长度不宜小于预应力筋直径的1.5倍，且不宜小于30mm。
　　检查数量：在同一检验批内，抽查预应力筋总数的3%，且不少于5束。
　　检验方法：观察，钢尺检查。

6.5.4　灌浆用水泥浆的水灰比不应大于0.45，搅拌后3h泌水率不宜大于2%，且不应大于3%。泌水应能在24h内全部重新被水泥浆吸收。

检查数量：同一配合比检查一次。

检验方法：检查水泥浆性能试验报告。

6.5.5 灌浆用水泥浆的抗压强度不应小于 30N/mm²。

检查数量：每工作班留置一组边长为 70.7mm 的立方体试件。

检验方法：检查水泥浆试件强度试验报告。

注：1 一组试件由 6 个试件组成，试件应标准养护 28d；
2 抗压强度为一组试件的平均值，当一组试件中抗压强度最大值或最小值与平均值相差超过 20% 时，应取中间 4 个试件强度的平均值。

7 混凝土分项工程

7.1 一般规定

7.1.1 结构构件的混凝土强度应按现行国家标准《混凝土强度检验评定标准》GBJ 107 的规定分批检验评定。

对采用蒸汽法养护的混凝土结构构件，其混凝土试件应先随同结构构件同条件蒸汽养护，再转入标准条件养护共 28d。

当混凝土中掺用矿物掺合料时，确定混凝土强度时的龄期可按现行国家标准《粉煤灰混凝土应用技术规范》GBJ 146 等的规定取值。

7.1.2 检验评定混凝土强度用的混凝土试件的尺寸及强度的尺寸换算系数应按表 7.1.2 取用；其标准成型方法、标准养护条件及强度试验方法应符合普通混凝土力学性能试验方法标准的规定。

表 7.1.2 混凝土试件尺寸及强度的尺寸换算系数

骨料最大粒径（mm）	试件尺寸（mm）	强度的尺寸换算系数
≤31.5	100×100×100	0.95
≤40	150×150×150	1.00
≤63	200×200×200	1.05

注：对强度等级为 C60 及以上的混凝土试件，其强度的尺寸换算系数可通过试验确定。

7.1.3 结构构件拆模、出池、出厂、吊装、张拉、放张及施工期间临时负荷时的混凝土强度，应根据同条件养护的标准尺寸试件的混凝土强度确定。

7.1.4 当混凝土试件强度评定不合格时，可采用非破损或局部破损的检测方法，按国家现行有关标准的规定对结构构件中的混凝土强度进行推定，并作为处理的依据。

7.1.5 混凝土的冬期施工应符合国家现行标准《建筑工程冬期施工规程》JGJ 104 和施工技术方案的规定。

7.2 原材料

主控项目

7.2.1 水泥进场时应对其品种、级别、包装或散装仓号、出厂日期等进行检查，并应对其强度、安定性及其他必要的性能指标进行复验，其质量必须符合现行国家标准《通用硅酸盐水泥》GB 175 等的规定。

当在使用中对水泥质量有怀疑或水泥出厂超过三个月（快硬硅酸盐水泥超过一个月）时，应进行复验，并按复验结果使用。

钢筋混凝土结构、预应力混凝土结构中，严禁使用含氯化物的水泥。

检查数量：按同一生产厂家、同一等级、同一品种、同一批号且连续进场的水泥，袋装不超过 200t 为一批、散装不超过 500t 为一批，每批抽样不少于一次。

检验方法：检查产品合格证、出厂检验报告和进场复验报告。

7.2.2 混凝土中掺用外加剂的质量及应用技术应符合现行国家标准《混凝土外加剂》GB 8076、《混凝土外加剂应用技术规范》GB 50119 等和有关环境保护的规定。

预应力混凝土结构中，严禁使用含氯化物的外加剂。钢筋混凝土结构中，当使用含氯化物的外加剂时，混凝土中氯化物的总含量应符合现行国家标准《混凝土质量控制标准》GB 50164 的规定。

检查数量：按进场的批次和产品的抽样检验方法确定。

检验方法：检查产品合格证、出厂检验报告和进场复验报告。

7.2.3 混凝土中氯化物和碱的总含量应符合现行国家标准《混凝土结构设计规范》GB 50010 和设计的要求。

检验方法：检查原材料试验报告和氯化物、碱的总含量计算书。

一般项目

7.2.4 混凝土中掺用矿物掺合料的质量应符合现行国家标准《用于水泥和混凝土中的粉煤灰》GB1596 等的规定。矿物掺合料的掺量应通过试验确定。

检查数量：按进场的批次和产品的抽样检验方案确定。

检验方法：检查出厂合格证和进场复验报告。

7.2.5 普通混凝土所用的粗、细骨料的质量应符合国家现行标准《普通混凝土用砂、石质量及检验方法标准》JGJ 52 的规定。

检查数量：按进场的批次和产品的抽样检验方案确定。

检验方法：检查进场复验报告。

注：1 混凝土用的粗骨料，其最大颗粒粒径不得超过构件截面最小尺寸的 1/4，且不得超过钢筋最小净间距的 3/4。

2 对混凝土实心板，骨料的最大粒径不宜超过板厚的 1/3，且不得超过 40mm。

7.2.6 拌制混凝土宜采用饮用水；当采用其他水源时，水质应符合国家现行标准《混凝土用水标准》JGJ 63 的规定。

　　检查数量：同一水源检查不应少于一次。

　　检验方法：检查水质试验报告。

7.3　配合比设计

主 控 项 目

7.3.1 混凝土应按国家现行标准《普通混凝土配合比设计规程》JGJ 55 的有关规定，根据混凝土强度等级、耐久性和工作性等要求进行配合比设计。

　　对有特殊要求的混凝土，其配合比设计尚应符合国家现行有关标准的专门规定。

　　检验方法：检查配合比设计资料。

一 般 项 目

7.3.2 首次使用的混凝土配合比应进行开盘鉴定，其工作性应满足设计配合比的要求。开始生产时应至少留置一组标准养护试件，作为验证配合比的依据。

　　检验方法：检查开盘鉴定资料和试件强度试验报告。

7.3.3 混凝土拌制前，应测定砂、石含水率并根据测试结果调整材料用量，提出施工配合比。

　　检查数量：每工作班检查一次。

　　检验方法：检查含水率测试结果和施工配合比通知单。

7.4　混凝土施工

主 控 项 目

7.4.1 结构混凝土的强度等级必须符合设计要求。用于检查结构构件混凝土强度的试件，应在混凝土的浇筑地点随机抽取。取样与试件留置应符合下列规定：

　　1 每拌制 100 盘且不超过 $100m^3$ 的同配合比的混凝土，取样不得少于一次；

　　2 每工作班拌制的同一配合比的混凝土不足 100 盘时，取样不得少于一次；

　　3 当一次连续浇筑超过 $1000m^3$ 时，同一配合比的混凝土每 $200m^3$ 取样不得少于一次；

　　4 每一楼层、同一配合比的混凝土，取样不得少于一次；

　　5 每次取样应至少留置一组标准养护试件，同条件养护试件的留置组数应根据实际需要确定。

　　检验方法：检查施工记录及试件强度试验报告。

7.4.2 对有抗渗要求的混凝土结构，其混凝土试件应在浇筑地点随机取样。同一工程、同一配合比的混凝土，取样不应少于一次，留置组数可根据实际需要确定。

检验方法：检查试件抗渗试验报告。

7.4.3 混凝土原材料每盘称量的偏差应符合表 7.4.3 的规定。

表 7.4.3 原材料每盘称量的允许偏差

材 料 名 称	允 许 偏 差
水泥、掺合料	±2%
粗、细骨料	±3%
水、外加剂	±2%

注：1 各种衡器应定期校验，每次使用前应进行零点校核，保持计量准确；
    2 当遇雨天或含水率有显著变化时，应增加含水率检测次数，并及时调整水和骨料的用量。

检查数量：每工作班抽查不应少于一次。
检验方法：复称。

7.4.4 混凝土运输、浇筑及间歇的全部时间不应超过混凝土的初凝时间。同一施工段的混凝土应连续浇筑，并应在底层混凝土初凝之前将上一层混凝土浇筑完毕。

当底层混凝土初凝后浇筑上一层混凝土时，应按施工技术方案中对施工缝的要求进行处理。

检查数量：全数检查。
检验方法：观察，检查施工记录。

一 般 项 目

7.4.5 施工缝的位置应在混凝土浇筑前按设计要求和施工技术方案确定。施工缝的处理应按施工技术方案执行。

检查数量：全数检查。
检验方法：观察，检查施工记录。

7.4.6 后浇带的留置位置应按设计要求和施工技术方案确定。后浇带混凝土浇筑应按施工技术方案进行。

检查数量：全数检查。
检验方法：观察，检查施工记录。

7.4.7 混凝土浇筑完毕后，应按施工技术方案及时采取有效的养护措施，并应符合下列规定：

1 应在浇筑完毕后的 12h 以内对混凝土加以覆盖并保湿养护；

2 混凝土浇水养护的时间：对采用硅酸盐水泥、普通硅酸盐水泥或矿渣硅酸盐水泥拌制的混凝土，不得少于 7d；对掺用缓凝型外加剂或有抗渗要求的混凝土，不得少于 14d；

3 浇水次数应能保持混凝土湿润状态；混凝土养护用水应与拌制用水相同；

4 采用塑料布覆盖养护的混凝土，其敞露的全部表面应覆盖严密，并应保持塑料布内有凝结水；

5 混凝土强度达到 $1.2N/mm^2$ 前，不得在其上踩踏或安装模板及支架。

注：1 当日平均气温低于5℃时，不得浇水；
   2 当采用其他品种水泥时，混凝土的养护时间应根据所采用水泥的技术性能确定；
   3 混凝土表面不便浇水或使用塑料布时，宜涂刷养护剂；
   4 对大体积混凝土的养护，应根据气候条件按施工技术方案采取控温措施。

检查数量：全数检查。

检验方法：观察，检查施工记录。

8 现浇结构分项工程

8.1 一般规定

8.1.1 现浇结构的外观质量缺陷，应由监理（建设）单位、施工单位等各方根据其对结构性能和使用功能影响的严重程度，按表8.1.1确定。

表8.1.1 现浇结构外观质量缺陷

名称	现象	严重缺陷	一般缺陷
露筋	构件内钢筋未被混凝土包裹而外露	纵向受力筋有露筋	其他钢筋有少量露筋
蜂窝	混凝土表面缺少水泥砂浆而形成石子外露	构件主要受力部分有蜂窝	其他部位有少量蜂窝
孔洞	混凝土中孔穴深度和长度均超过保护层厚度	构件主要受力部位有孔洞	其他部位有少量孔洞
夹渣	混凝土中含有杂物且深度超过保护层厚度	构件主要受力部位有夹渣	其他部位有少量夹渣
疏松	混凝土中局部不密实	构件主要受力部位有疏松	其他部位有少量疏松
裂缝	缝隙从混凝土表面延伸至混凝土内部	构件主要受力部位有影响结构性能或使用功能的裂缝	其他部位有少量不影响结构性能或使用功能的裂缝
连接部位缺陷	构件连接处混凝土缺陷及连接钢筋、连接件松动	连接部位有影响结构传力性能的缺陷	连接部位有基本不影响结构传力性能的缺陷
外形缺陷	缺棱掉角、棱角不直、翘曲不平、飞边凸肋等	清水混凝土构件有影响使用功能或装饰效果的外形缺陷	其他混凝土构件有不影响使用功能的外形缺陷
外表缺陷	构件表面麻面、掉皮、起砂、沾污等	具有重要装饰效果的清水混凝土构件有外表缺陷	其他混凝土构件有不影响使用功能的外表缺陷

8.1.2 现浇结构拆模后，应由监理（建设）单位、施工单位对外观质量和尺寸偏差进行检查，作出记录，并应及时按施工技术方案对缺陷进行处理。

8.2 外 观 质 量

主 控 项 目

8.2.1 现浇混凝土外观质量不应有严重缺陷。对已经出现的严重缺陷，应由施工单位提出技术处理方案，并经监理（建设）单位认可后进行处理。对经处理的部位，应重新检查验收。

　　检查数量：全数检查。
　　检验方法：观察，检查技术处理方案。

一 般 项 目

8.2.2 现浇结构的外观质量不宜有一般缺陷。对已经出现的一般缺陷，应由施工单位按技术处理方案进行处理，并重新检查验收。

　　检查数量：全数检查。
　　检验方法：观察，检查技术处理方案。

8.3 尺 寸 偏 差

主 控 项 目

8.3.1 现浇结构不应有影响结构性能和使用功能的尺寸偏差。混凝土设备基础不应有影响结构和设备安装的尺寸偏差。

　　对超过尺寸允许偏差且影响结构性能和安装、使用功能的部位，应由施工单位提出技术处理方案，并经监理（建设）单位认可后进行处理。对经处理的部位，应重新检查验收。

　　检查数量：全数检查。
　　检验方法：量测，检查技术处理方案。

一 般 项 目

8.3.2 现浇结构和混凝土设备基础拆模后的尺寸偏差应符合表8.3.2-1、表8.3.2-2的规定。

　　检查数量：按楼层、结构缝或施工段划分检验批。在同一检验批内，对梁、柱和独立基础，应抽查构件数量的12%，且不少于3件；对墙和板，应按有代表性的自然间抽查12%，且不少于3间；对大空间结构，墙可按相邻轴线间高度5m左右划分检查面，板可按纵、横轴线划分检查面，抽查12%，且均不少于3面；对电梯井，应全数检查。对设备基础，应全数检查。

表8.3.2-1 现浇结构尺寸允许偏差和检验方法

项　目		允许偏差（mm）	检验方法
轴线位置	基础	15	钢尺检查
	独立基础	10	
	墙、柱、梁	8	
	剪力墙	5	
垂直度	层高 ≤5m	8	经纬仪或吊线、钢尺检查
	层高 >5m	10	经纬仪或吊线、钢尺检查
	全高（H）	H/1000且≤30	经纬仪、钢尺检查
标高	层高	±10	水准仪或拉线、钢尺检查
	全高	±30	
截面尺寸		+8，-5	钢尺检查
电梯井	井筒长、宽对定位中心线	+25，0	钢尺检查
	井筒全高（H）垂直度	H/1000且≤30	经纬仪、钢尺检查
表面平整度		8	2m靠尺、塞尺检查
预埋设施中心线位置	预埋件	10	钢尺检查
	预埋螺栓	5	
	预埋管	5	
预留洞口中心线位置		15	钢尺检查

注：检查轴线、中心线位置时，应沿纵、横两个方向量测，并取其中的较大值。

表8.3.2-2 混凝土设备基础尺寸允许偏差和检验方法

项　目		允许偏差（mm）	检验方法
坐标位置		20	钢尺检查
不同平面的标高		0，-20	水准仪或拉线、钢尺检查
平面外形尺寸		±20	钢尺检查
凸台上平面外形尺寸		0，-20	钢尺检查
凹穴尺寸		+20，0	钢尺检查
平面水平度	每米	5	水平尺、塞尺检查
	全长	10	水准仪或拉线、钢尺检查
垂直度	每米	5	经纬仪或吊线、钢尺检查
	全高	10	
预埋地脚螺栓	标高（顶部）	+20，0	水准仪或拉线、钢尺检查
	中心距	±2	钢尺检查
预埋地脚螺栓孔	中心线位置	10	钢尺检查
	深度	+20，0	钢尺检查
	孔垂直度	10	水准仪或拉线、钢尺检查
预埋活动地脚螺栓锚板	标高	+20，0	钢尺检查
	中心线位置	5	钢尺、塞尺检查
	带槽锚板平整度	5	
	带螺纹孔锚板平整度	2	钢尺、塞尺检查

注：检查坐标、中心线位置时，应沿纵、横两个方向测量，并取其中的较大值。

8.4 混凝土工程施工技术资料

8.4.1 现场搅拌混凝土施工技术资料：
1 水泥出厂合格证和试（检）验报告。
2 砂、碎（卵）石试验报告。
3 轻骨料试（检）验报告。
4 外加剂和掺合料产品合格证和试（检）验报告。
5 配合比通知单。
6 混凝土浇灌申请。
7 混凝土开盘鉴定。
8 混凝土抗压（渗）试验报告。
9 混凝土见证取样记录及见证试验报告。
10 混凝土坍落度测试记录。
11 混凝土原材料有害物含量报告。
12 混凝土测温记录。
13 混凝土养护记录。
14 大体积混凝土养护测温记录。
15 混凝土氯化物和碱含量计算书。
16 地上混凝土施工缝预检。
17 混凝土原材料及配合比设计检验批质量验收记录。
18 混凝土施工检验批质量验收记录表。
19 现浇结构外观及尺寸偏差检验批质量验收记录。
20 混凝土分项工程质量验收表。
21 混凝土强度统计、评定记录。
22 结构实体混凝土强度验收记录。
23 结构实体钢筋保护层厚度验收记录。
24 同条件养护混凝土抗压强度试验报告。

8.4.2 预拌混凝土施工技术资料：
1 混凝土配合比通知单。
2 预拌混凝土运输单。
3 预拌混凝土出厂合格证。
4 混凝土氯化物和碱含量计算书。
5 混凝土浇灌申请。
6 混凝土开盘鉴定。
7 混凝土测温记录。
8 混凝土养护记录。
9 混凝土见证记录及见证试验报告。
10 地上混凝土施工缝预检。

11 混凝土原材料及配合比设计检验批质量验收记录。
12 混凝土施工检验批质量验收记录表。
13 现浇结构外观及尺寸偏差检验批质量验收记录。
14 混凝土分项工程质量验收表。
15 混凝土强度统计、评定记录。
16 结构实体混凝土强度验收记录。
17 结构实体钢筋保护层厚度验收记录。
18 同条件养护混凝土抗压强度试验报告。
19 预拌混凝土可追溯资料：
   1）混凝土试配记录。
   2）水泥出厂合格证和试（检）验报告。
   3）砂、碎（卵）石试验报告。
   4）轻骨料试（检）验报告。
   5）外加剂和掺合料产品合格证和试（检）验报告。
   6）开盘鉴定。
   7）混凝土抗压（渗）试验报告（填入混凝土出厂合格证内）。
   8）混凝土坍落度测试记录。
   9）混凝土原材料有害物含量报告。

9 装配式结构分项工程

9.1 一般规定

9.1.1 预制构件应进行结构性能检验。结构性能检验不合格的预制构件不得用于混凝土结构。

9.1.2 叠合结构中预制构件的叠合面应符合设计要求。

9.1.3 装配式结构外观质量、尺寸偏差的验收及对缺陷的处理应按本标准第8章的相应规定执行。

9.2 预制构件

主控项目

9.2.1 预制构件应在明显部位标明生产单位、构件型号、生产日期和质量验收标志。构件上的预埋件、插筋和预留孔洞的规格、位置和数量应符合标准图或设计的要求。

检查数量：全数检查。

检验方法：观察。

9.2.2 预制构件的外观质量不应有严重缺陷。对已经出现的严重缺陷，应按技术处理方案进行处理，并重新检查验收。

检查数量：全数检查。

检验方法：观察，检查技术处理方案。

9.2.3 预制构件不应有影响结构性能和安装、使用功能的尺寸偏差。对超过尺寸允许偏差且影响结构性能和安装、使用功能的部位，应按技术处理方案进行处理，并重新检查验收。

检查数量：全数检查。

检验方法：量测，检查技术处理方案。

一 般 项 目

9.2.4 预制构件的外观质量不宜有一般缺陷。对已经出现的一般缺陷，应按技术处理方案进行处理，并重新检查验收。

检查数量：全数检查。

检验方法：观察，检查技术处理方案。

9.2.5 预制构件的尺寸偏差应符合表9.2.5的规定。

检查数量：同一工作班生产的同类型构件，抽查5%且不少于3件。

表9.2.5 预制构件尺寸的允许偏差及检验方法

项 目		允许偏差（mm）	检验方法
长度	板、梁	+10，-5	钢尺检查
	柱	+5，-10	
	墙板	±5	
	薄腹梁、桁架	+15，-10	
宽度、高（厚）度	板、梁、柱、墙板、薄腹梁、桁架	±5	钢尺量一端及中部，取其中较大值
侧向弯曲	梁、柱、板	$l/750$ 且 ≤ 20	拉线、钢尺量最大侧向弯曲处
	墙板、薄腹梁、桁架	$l/1000$ 且 ≤ 20	
预埋件	中心线位置	10	钢尺检查
	螺栓位置	5	
	螺栓外露长度	+10，-5	
预留孔	中心线位置	5	钢尺检查
预留洞	中心线位置	15	钢尺检查
主筋保护层厚度	板	+5，-3	钢尺或保护层厚度测定仪量测
	梁、柱、墙板、薄腹梁、桁架	+10，-5	
对角线差	板、墙板	10	钢尺量两个对角线
表面平整度	板、墙板、柱、梁	5	2m靠尺和塞尺检查

续表9.2.5

项 目		允许偏差（mm）	检验方法
预应力构件预留孔道位置	梁、墙板、薄腹梁、桁架	3	钢尺检查
翘曲	板	$l/750$	调平尺在两端量测
	墙板	$l/1000$	

注：1 l 为构件长度（mm）；
  2 检查中心线、螺栓和孔道位置时，应沿纵、横两个方向量测，并取其中的较大值；
  3 对形状复杂或有特殊要求的构件，其尺寸偏差应符合标准图或设计的要求。

9.3 结构性能检验

9.3.1 预制构件应按标准图或设计要求的试验参数及检验指标进行结构性能检验。

检验内容：钢筋混凝土构件和允许出现裂缝的预应力混凝土构件进行承载力、挠度和裂缝宽度检验；不允许出现裂缝的预应力混凝土构件进行承载力、挠度和抗裂检验；预应力混凝土构件中的非预应力杆件按钢筋混凝土构件的要求进行检验。对设计成熟、生产数量较少的大型构件，当采取加强材料和制作质量检验的措施时，可仅作挠度、抗裂或裂缝宽度检验；当采取上述措施并有可靠的实践经验时，可不作结构性能检验。

检验数量：对成批生产的构件，应按同一工艺正常生产的不超过1000件且不超过三个月的同类型产品为一批。当连续检验10批且每批的结构性能检验结果均符合本标准规定的要求时，对同一工艺正常生产的构件，可改为不超过2000件且不超过3个月的同类型产品为一批。在每批中应随机抽取一个构件作为试件进行检验。

检验方法：按本标准附录E规定的方法采用短期静力加载检验。

注：1 "加强材料和制作质量检验的措施"包括下列内容：
   1）钢筋进场检验合格后，在使用前再对用作构件受力主筋的同批钢筋按不超过5t抽取一组试件，并经检验合格；对经逐盘检验的预应力钢丝，可不再抽样检查；
   2）受力主筋焊接接头的力学性能，应按国家现行标准《钢筋焊接及验收规程》JGJ 18 检验合格后，再抽取一组试件，并经检验合格；
   3）混凝土按5m³ 且不超过半个工作班生产的相同配合比的混凝土，留置一组试件，并经检验合格；
   4）受力主筋焊接接头的外观质量、入模后的主筋保护层厚度、张拉预应力总值和构件的截面尺寸等，应逐件检验合格。
  2 "同类型产品"是指同一钢种、同一混凝土强度等级、同一生产工艺和同一结构形式的构件。对同类型产品进行抽样检验时，试件宜从设计荷载最大、受力最不利或生产数量最多的构件中抽取。对同类型的其他产品，也应定期进行抽样检验。

9.3.2 预制构件承载力应按下列规定进行检验：

1 当按现行国家标准《混凝土结构设计规范》GB 50010的规定进行检验时，应符合下列公式的要求：

$$\gamma_u^0 \geqslant \gamma_0 [\gamma_u] \tag{9.3.2-1}$$

式中 γ_u^0——构件的承载力检验系数实测值,即试件的荷载实测值与荷载设计值(均包括自重)的比值;

γ_0——结构重要性系数。按设计要求确定,当无专门要求时取1.0;

$[\gamma_u]$——构件的承载力检验系数允许值,按表9.3.2取用。

2 当按构件实配钢筋进行承载力检验时,应符合下列公式的要求:

$$\gamma_u^0 \geqslant \gamma_0 \eta [\gamma_u] \quad (9.3.2\text{-}2)$$

式中 η——构件承载力检验修正系数,根据现行国家标准《混凝土结构设计规范》GB 50010按实配钢筋的承载力计算确定。

承载力检验的荷载设计值是指承载能力极限状态下,根据构件设计控制截面上的内力设计值与构件检验的加载方式,经换算后确定的荷载值(包括自重)。

表9.3.2 构件的承载力检验系数允许值

受力情况	达到承载能力极限状态的检验标志		$[\gamma_u]$
轴心受拉、偏心受拉、受弯、大偏心受压	受拉主筋处的最大裂缝宽度达到1.5mm,或挠度达到最大跨度的1/50	热轧钢筋	1.20
		钢丝、钢绞线、热处理钢筋	1.35
	受压区混凝土破坏	热轧钢筋	1.30
		钢丝、钢绞线、热处理钢筋	1.45
	受拉主筋拉断		1.50
受弯构件的受剪	腹部斜裂缝达到1.5mm,或斜裂缝末端受压混凝土剪压破坏		1.40
	沿斜截面混凝土斜压破坏,受拉主筋在端部滑脱或其他锚固破坏		1.55
轴心受压、小偏心受压	混凝土受压破坏		1.50

注:热轧钢筋系指HPB235级、HRB335级、HRB400级和RRB400级钢筋。

9.3.3 预制构件的挠度应按下列规定进行检验:

1 当按现行国家标准《混凝土结构设计规范》GB 50010规定的挠度允许值进行检验时,应符合下列公式的要求:

$$a_s^0 \leqslant [a_s] \quad (9.3.3\text{-}1)$$

$$[a_s] = M_k / \{M_q(\theta-1) + M_k\}[a_f] \quad (9.3.3\text{-}2)$$

式中 a_s^0——在荷载标准值下的构件挠度实测值;

$[a_s]$——挠度检验允许值;

$[a_f]$——受弯构件的挠度限值,按现行国家标准《混凝土结构设计规范》GB 50010确定;

M_k——按荷载标准组合计算的弯矩值;

M_q——按荷载准永久组合计算的弯矩值;

θ——考虑荷载长期作用对挠度增大的影响系数,按现行国家标准《混凝土结构设计规范》GB 50010确定。

2 当按构件实配钢筋进行挠度检验或仅检验构件的挠度、抗裂或裂缝宽度时,应符合下列公式的要求:

$$a_s^0 \leqslant 1.2 a_s^c \qquad (9.3.3-3)$$

同时,还应符合公式(9.3.3-1)的要求。

式中 a_s^c——在荷载标准值下按实配钢筋确定的构件挠度计算值,按现行国家标准《混凝土结构设计规范》GB 50010确定。

正常使用极限状态检验的荷载标准值是指正常使用极限状态下,根据构件设计控制截面上的荷载标准组合效应与构件检验的加载方式,经换算后确定的荷载值。

注:直接承受重复荷载的混凝土受弯构件,当进行短期静力加荷试验时,a_s^c值应按正常使用极限状态下静力荷载标准组合相应的刚度值确定。

9.3.4 预制构件的抗裂检验应符合下列公式的要求:

$$\gamma_{cr}^0 \geqslant [\gamma_{cr}] \qquad (9.3.4-1)$$

$$[\gamma_{cr}] = 0.95 \{\sigma_{pc} + \gamma f_{tk}\}/\sigma_{ck} \qquad (9.3.4-2)$$

式中 γ_{cr}^0——构件的抗裂检验系数实测值,即试件的开裂荷载实测值与荷载标准值(均包括自重)的比值;

$[\gamma_{cr}]$——构件的抗裂检验系数允许值;

σ_{pc}——由预加力产生的构件抗拉边缘混凝土法向应力值,按现行国家标准《混凝土结构设计规范》GB 50010确定;

γ——混凝土构件截面抵抗矩塑性影响系数,按现行国家标准《混凝土结构设计规范》GB 50010计算确定;

f_{tk}——混凝土抗拉强度标准值;

σ_{ck}——由荷载标准值产生的构件抗拉边缘混凝土法向应力值,按现行国家标准《混凝土结构设计规范》GB 50010确定。

9.3.5 预制构件的裂缝宽度检验应符合下列公式的要求:

$$\omega_{s,max}^0 \leqslant [\omega_{max}] \qquad (9.3.5)$$

式中 $\omega_{s,max}^0$——在荷载标准值下,受拉主筋处的最大裂缝宽度实测值(mm);

$[\omega_{max}]$——构件检验的最大裂缝宽度允许值,按表9.3.5取用。

表9.3.5 构件检验的最大裂缝宽度允许值(mm)

设计要求的最大裂缝宽度限值	0.2	0.3	0.4
$[\omega_{max}]$	0.15	0.20	0.25

9.3.6 预制构件结构性能的检验结果应按下列规定验收:

1 当试件结构性能的全部检验结果均符合本标准第9.3.2~9.3.5条的检验要求时,该批构件的结构性能应通过验收。

2 当第一个试件的检验结果不能全部符合上述要求,但又能符合第二次检验的要求时,可再抽两个试件进行检验。第二次检验的指标,对承载力及抗裂检验系数的允许值应取本标准第9.3.2条和第9.3.4条规定的允许值减0.05;对挠度的允许值应取本标准第9.3.3条规定允许值的1.10倍。当第二次抽取的两个试件的全部检验结果均符合第二次检验的要求时,该批构件的结构性能可通过验收。

3 当第二次抽取的第一个试件的全部检验结果均已符合本标准第9.3.2～9.3.5条的要求时,该批构件的结构性能可通过验收。

9.4 装配式结构施工

主 控 项 目

9.4.1 进入现场的预制构件,其外观质量、尺寸偏差及结构性能应符合标准图或设计的要求。

检查数量:按批检查。

检验方法:检查构件合格证。

9.4.2 预制构件与结构之间的连接应符合设计要求。

连接处钢筋或埋件采用焊接或机械连接时,接头质量应符合国家现行标准《钢筋焊接及验收规程》JGJ 18、《钢筋机械连接通用技术规程》JGJ 107的要求。

检查数量:全数检查。

检验方法:观察,检查施工记录。

9.4.3 承受内力的接头和拼缝,当其混凝土强度未达到设计要求时,不得吊装上一层结构构件;当设计无具体要求时,应在混凝土强度不小于$10N/mm^2$或具有足够的支承时方可吊装上一层结构构件。已安装完毕的装配式结构,应在混凝土强度到达设计要求后,方可承受全部设计荷载。

检查数量:全数检查。

检验方法:检查施工记录及试件强度试验报告。

一 般 项 目

9.4.4 预制构件码放和运输时的支承位置和方法应符合标准图或设计的要求。

检查数量:全数检查。

检验方法:观察检查。

9.4.5 预制构件吊装前,应按设计要求在构件和相应的支承结构上标志中心线、标高等控制尺寸,按标准图或设计文件校核预埋件及连接钢筋等,并作出标志。

检查数量:全数检查。

检验方法:观察,钢尺检查。

9.4.6 预制构件应按标准图或设计的要求吊装。起吊时绳索与构件水平面的夹角不宜小于45°,否则应采用吊架或经验算确定。

检查数量:全数检查。

检验方法:观察检查。

9.4.7 预制构件安装就位后,应采取保证构件稳定的临时固定措施,并应根据水准点和轴线校正位置。

检查数量：全数检查。

检验方法：观察，钢尺检查。

9.4.8 装配式结构中的接头和拼缝应符合设计要求；当设计无具体要求时，应符合下列规定：

1 对承受内力的接头和拼缝应采用混凝土浇筑，其强度等级应比构件混凝土强度等级提高一级；

2 对不承受内力的接头和拼缝应采用混凝土或砂浆浇筑，其强度等级不应低于C15或M15；

3 用于接头和拼缝的混凝土或砂浆，宜采取微膨胀措施和快硬措施，在浇筑过程中应振捣密实，并应采取必要的养护措施。

检查数量：全数检查。

检验方法：检查施工记录及试件强度试验报告。

10 混凝土结构子分部工程

10.1 结构实体检验

10.1.1 对涉及混凝土结构安全的重要部位应进行结构实体检验。结构实体检验应在监理工程师（建设单位项目专业技术负责人）见证下，由施工项目技术负责人组织实施。承担结构实体检验的试验室应具有相应的资质。

10.1.2 结构实体检验的内容应包括混凝土强度、钢筋保护层厚度以及工程合同约定的项目；必要时可检验其他项目。

10.1.3 对混凝土强度的检验，应以在混凝土浇筑地点制备并与结构实体同条件养护的试件强度为依据。混凝土强度检验用同条件养护试件的留置、养护和强度代表值应符合本标准附录F的规定。

对混凝土强度的检验，也可根据合同的约定，采用非破损或局部破损的检测方法，按国家现行有关标准的规定进行。

10.1.4 当同条件养护试件强度的检验结果符合现行国家标准《混凝土强度检验评定标准》GBJ 107的有关规定时，混凝土强度应判为合格。

10.1.5 对钢筋保护层厚度的检验，抽样数量、检验方法、允许偏差和合格条件应符合本标准附录G的规定。

10.1.6 当未能取得同条件养护试件强度、同条件养护试件强度被判为不合格或钢筋保护层厚度不满足要求时，应委托具有相应资质等级的检测机构按国家有关标准的规定进行检测。

10.2 混凝土结构子分部工程验收

10.2.1 混凝土结构子分部工程施工质量验收时,应提供下列文件和记录:
1 设计变更文件;
2 原材料出厂合格证和进场复验报告;
3 钢筋接头的试验报告;
4 混凝土工程施工记录;
5 混凝土试件的性能试验报告;
6 装配式结构预制构件的合格证和安装验收记录;
7 预应力筋用锚具、连接器的合格证和进场复验报告;
8 预应力筋安装、张拉及灌浆记录;
9 隐蔽工程验收记录;
10 分项工程验收记录;
11 混凝土结构实体检验记录;
12 工程的重大质量问题的处理方案和验收记录;
13 其他必要的文件和记录。

10.2.2 混凝土结构子分部工程施工质量验收应符合本标准3.2.3条的规定。

10.2.3 当混凝土结构施工质量不符合要求时,应按下列规定进行处理:
1 经返工、返修或更换构件、部件的检验批,应重新进行验收;
2 经有资质的检测单位检测鉴定达到设计要求的检验批,应予以验收;
3 经有资质的检测单位检测鉴定达不到设计要求,但经原设计单位核算并确认仍可满足结构安全和使用功能的检验批,可予以验收;
4 经返修或加固处理能够满足结构安全使用要求的分项工程,可根据技术处理方案和协商文件进行验收。

10.2.4 混凝土结构工程子分部工程施工质量验收合格后,应将所有的验收文件存档备案。

附录 A 检验批质量验收、评定记录

A.0.1 检验批质量验收记录由项目专业工长填写,项目专职质量检查员评定,参加人员应签字认可。检验批质量验收、评定记录见表 A.0.1-1~表 A.0.1-13。

A.0.2 当建设方不采用本标准作为工程质量的验收标准时,不需要监理(建设)单位参加内部验收并签署意见。

表 A.0.1-1 现浇结构模板安装工程检验批质量验收、评定记录

工程名称				分项工程名称								验收部位				
施工总包单位				项目经理								专业工长				
分包单位				分包项目经理								施工班组长				
施工执行标准名称及编号								设计图纸（变更）编号								

		检查项目		企业质量标准的规定	质量检查、评定情况											总包项目部验收记录
主控项目	1	模板支撑、立柱位置和垫板		第4.2.1条												
	2	避免隔离剂沾污		第4.2.2条												
一般项目	1	模板安装的一般要求		第4.2.3条												
	2	用作模板的地坪、胎模质量		第4.2.4条												
	3	模板起拱高度		第4.2.5条												
	4	预埋件和预留孔洞的允许偏差	预埋钢板中心线位置	3mm												
			预埋管、预留洞中心线位置	3mm												
			插筋 中心线位置	5mm												
			插筋 外露长度	+10mm,0mm												
			预埋螺栓 中心线位置	2mm												
			预埋螺栓 外露长度	+10mm,0mm												
			预留洞 中心线位置	10mm												
			预留洞 尺寸	+10mm,0mm												
	5	模板安装允许偏差	轴线位置	5mm												
			底模上表面标高	±5mm												
			截面内部尺寸 基础	+10mm												
			截面内部尺寸 柱、墙、梁	+4mm,−5mm												
			层高垂直度 不大于5m	6mm												
			层高垂直度 大于5m	8mm												
			相邻两板表面高低差	2mm												
			表面平整度	5mm												

施工单位检查、评定结论	本检验批实测 点，符合要求 点，符合要求率 ％，不符合要求点的最大偏差为规定值的 ％，依据中国建筑工程总公司《建筑工程施工质量统一标准》ZJQ00-SG-013-2006的相关规定，本检验批质量：合格□ 优良□ 项目专职质量检查员： 年 月 日
参加验收人员（签字）	分包单位项目技术负责人：　　年 月 日 专业工长(施工员)：　　年 月 日 总包项目专业技术负责人：　　年 月 日
监理(建设)单位验收结论	同意(不同意)施工总包单位验收意见 监理工程师(建设单位项目专业技术负责人)： 年 月 日

表 A.0.1-2 预制构件模板安装工程检验批质量验收、评定记录

工程名称				分项工程名称		验收部位	
施工总包单位				项目经理		专业工长	
分包单位				分包项目经理		施工班组长	
施工执行标准名称及编号				设计图纸(变更)编号			
		检查项目		企业质量标准的规定	质量检查、评定情况		总包项目部验收记录
主控项目	1	避免隔离剂沾污		第4.2.2条			
一般项目	1	模板安装的一般要求		第4.2.3条			
	2	用作模板的地坪、胎模质量		第4.2.4条			
	3	模板起拱高度		第4.2.5条			
	4	预制构件模板安装的允许偏差	长度	板、梁	±5mm		
				薄腹梁、桁架	±10mm		
				柱	0, −10mm		
				墙、板	0, −5mm		
			宽度	板、墙板	0, −5mm		
				梁、薄腹梁、桁架、柱	+2mm, −5mm		
			高(厚)度	板	+2mm, −3mm		
				墙、板	0, −5mm		
				梁、薄腹梁、桁架、柱	+2mm, −5mm		
			侧向弯曲	梁、板、柱	$l/1000$ 且≤15mm		
				墙板、薄腹梁、桁架	$l/1500$ 且≤15mm		
			板的表面平整度		3mm		
			相邻两板高度差		1mm		
			对角线差	板	7mm		
				墙板	5mm		
			翘曲	板、墙板	$L/1500$		
			设计起拱	薄腹梁、桁架、梁	±3mm		
施工单位检查、评定结论	本检验批实测 点,符合要求 点,符合要求率 %,不符合要求点的最大偏差为规定值的 %。依据中国建筑工程总公司《建筑工程施工质量统一标准》ZJQ00-SG-013-2006的相关规定,本检验批质量:合格 □ 优良 □ 项目专职质量检查员: 年 月 日						
参加验收人员(签字)	分包单位项目技术负责人: 年 月 日 专业工长(施工员): 年 月 日 总包项目专业技术负责人: 年 月 日						
监理(建设)单位验收结论	同意(不同意)施工总包单位验收意见 监理工程师(建设单位项目专业技术负责人): 年 月 日						

4—41

表 A.0.1-3 现浇结构模板拆除工程检验批质量验收、评定记录

工程名称				分项工程名称		验收部位	
施工总包单位				项目经理		专业工长	
分包单位				分包项目经理		施工班组长	
施工执行标准名称及编号					设计图纸（变更）编号		
检查项目				企业质量标准的规定	质量检查、评定情况	总 包 项目部 验收记录	
主控项目	1	底模及其支架拆除时的混凝土强度	构件类型	构件跨度	混凝土强度		
			板	≤2	≥50%		
				>2，≤8	≥75%		
				>8	≥100%		
			梁、拱、壳	≤8	≥75%		
				>8	≥100%		
			悬臂	—	≥100%		
	2	后张法预应力构件侧模和底模的拆除时间			第4.3.2条		
	3	后浇带拆模和支顶			第4.3.3条		
一般项目	1	避免拆模损伤			第4.3.4条		
	2	模板拆除、堆放和清运			第4.3.5条		

施工单位 检查、评定结论	本检验批实测 点，符合要求 点，符合要求率 %，不符合要求点的最大偏差为规定值的 %。依据中国建筑工程总公司《建筑工程施工质量统一标准》ZJQ00-SG-013-2006的相关规定，本检验批质量：合格 □ 优良 □ 项目专职质量检查员： 年 月 日
参加验收人员（签字）	分包单位项目技术负责人：　　　　　　　　　　　　　　　　年 月 日 专业工长（施工员）：　　　　　　　　　　　　　　　　　　年 月 日 总包项目专业技术负责人：　　　　　　　　　　　　　　　　年 月 日
监理（建设）单位验收结论	同意（不同意）施工总包单位验收意见 监理工程师（建设单位项目专业技术负责人）： 年 月 日

表 A.0.1-4　钢筋加工工程检验批质量验收、评定记录

工程名称				分项工程名称		验收部位	
施工总包单位				项目经理		专业工长	
分包单位				分包项目经理		施工班组长	
施工执行标准名称及编号					设计图纸（变更）编号		
		检查项目		企业质量标准的规定	质量检查、评定情况		总包项目部验收记录
主控项目	1	钢筋力学性能检验		第5.2.1条			
	2	抗震用钢筋强度实测值		第5.2.2条			
	3	化学成分等专项检验		第5.2.3条			
	4	受力钢筋的弯钩和弯折		第5.3.1条			
	5	箍筋弯钩形式		第5.3.2条			
一般项目	1	外观质量		第5.2.4条			
	2	钢筋调直		第5.3.3条			
	3	钢筋加工的形状、尺寸	受力钢筋顺长度方向全长的净尺寸	±10mm			
			弯起钢筋的弯折位置	±20mm			
			箍筋内净尺寸	±5mm			
施工单位检查、评定结论	本检验批实测　点，符合要求　点，符合要求率　％，不符合要求点的最大偏差为规定值的　％。依据中国建筑工程总公司《建筑工程施工质量统一标准》ZJQ00-SG-013-2006 的相关规定，本检验批质量：合格 □　优良 □ 项目专职质量检查员： 年　月　日						
参加验收人员（签字）	分包单位项目技术负责人：　　　　　　　　　　　　　　　　　　　年　月　日						
	专业工长（施工员）：　　　　　　　　　　　　　　　　　　　　　年　月　日						
	总包项目专业技术负责人：　　　　　　　　　　　　　　　　　　　年　月　日						
监理（建设）单位验收结论	同意（不同意）施工总包单位验收意见 监理工程师（建设单位项目专业技术负责人）： 年　月　日						

4—43

表 A.0.1-5 预应力工程原材料质量检验批质量验收、评定记录

工程名称			分项工程名称		验收部位	
施工总包单位			项目经理		专业工长	
分包单位			分包项目经理		施工班组长	
施工执行标准名称及编号				设计图纸（变更）编号		

		检查项目	企业质量标准的规定	质量检查、评定情况	总包项目部验收记录
主控项目	1	预应力钢筋力学性能检验	第6.2.1条		
	2	无粘结预应力筋的涂包质量	第6.2.2条		
	3	预应力锚具、夹具和连接器质量	第6.2.3条		
	4	孔道灌浆用水泥、外加剂质量	第6.2.4条		
一般项目	1	预应力钢筋外观质量	第6.2.5条		
	2	预应力锚具、夹具和连接器外观质量	第6.2.6条		
	3	预应力用金属螺旋管尺寸和性能	第6.2.7条		
	4	预应力用金属螺旋管外观质量	第6.2.8条		

施工单位检查、评定结论	本检验批实测 点，符合要求 点，符合要求率 %，不符合要求点的最大偏差为规定值的 %。依据中国建筑工程总公司《建筑工程施工质量统一标准》ZJQ00-SG-013-2006 的相关规定，本检验批质量：合格 □ 优良 □ 项目专职质量检查员： 年 月 日
参加验收人员（签字）	分包单位项目技术负责人： 年 月 日
	专业工长（施工员）： 年 月 日
	总包项目专业技术负责人： 年 月 日
监理（建设）单位验收结论	同意（不同意）施工总包单位验收意见 监理工程师（建设单位项目专业技术负责人）： 年 月 日

表 A.0.1-6 预应力钢筋的制作和安装质量检验批质量验收、评定记录

工程名称				分项工程名称			验收部位	
施工总包单位				项目经理			专业工长	
分包单位				分包项目经理			施工班组长	
施工执行标准名称及编号						设计图纸（变更）编号		

		检查项目		企业质量标准的规定	质量检查、评定情况	总包项目部验收记录
主控项目	1	预应力钢筋品种、级别、规格和数量		第6.3.1条		
	2	非油质模板隔离剂		第6.3.2条		
	3	预应力筋是否有损伤		第6.3.3条		
一般项目	1	预应力钢筋下料长度		第6.3.4条		
	2	预应力筋端部锚具制作质量		第6.3.5条		
	3	后张预应力孔道规格、数量、位置和形状		第6.3.6条		
	4	预应力筋束形控制点位置偏差	截面高（厚）度 h ≤300mm	±5mm		
			截面高（厚）度 300＜h ≤1500mm	±10mm		
			截面高（厚）度 h ＞1500mm	±15mm		
	5	无粘结预应力筋的铺设		第6.3.8条		
	6	后张预应力筋的防锈措施		第6.3.9条		

施工单位检查、评定结论	本检验批实测 点，符合要求 点，符合要求率 %，不符合要求点的最大偏差为规定值的 %。依据中国建筑工程总公司《建筑工程施工质量统一标准》ZJQ00-SG-013-2006 的相关规定，本检验批质量：合格 □ 优良 □ 项目专职质量检查员： 年 月 日
参加验收人员（签字）	分包单位项目技术负责人： 年 月 日
	专业工长（施工员）： 年 月 日
	总包项目专业技术负责人： 年 月 日
监理（建设）单位验收结论	同意（不同意）施工总包单位验收意见 监理工程师（建设单位项目专业技术负责人）： 年 月 日

表 A.0.1-7 预应力工程张拉、放张及灌浆锚固质量检验批质量验收、评定记录

工程名称			分项工程名称			验收部位	
施工总包单位			项目经理			专业工长	
分包单位			分包项目经理			施工班组长	
施工执行标准名称及编号					设计图纸（变更）编号		

		检查项目	企业质量标准的规定	质量检查、评定情况	总包项目部验收记录
主控项目	1	预应力张拉及放张时的混凝土强度	第6.4.1条		
	2	预应力张拉力、顺序及工艺	第6.4.2条		
	3	预应力值与设计检验值的相对偏差	第6.4.3条		
	4	张拉过程中防止预应力筋断裂、滑脱	第6.4.4条		
	5	孔道灌浆饱满、密实	第6.5.1条		
	6	锚具的封闭保护	第6.5.2条		
一般项目	1	锚固端的预应力钢筋内缩量符合设计	第6.4.5条		
	2	先张法在张拉后与设计位置偏差	5mm且不大于截面短边边长的4%		
	3	预应力筋锚固后的外露长度	第6.5.3条		
	4	灌浆用的水泥浆的水灰比	第6.5.4条		
	5	灌浆用水泥浆的强度	≥30MPa		

施工单位检查、评定结论	本检验批实测　点，符合要求　点，符合要求率　%，不符合要求点的最大偏差为规定值的　%。依据中国建筑工程总公司《建筑工程施工质量统一标准》ZJQ00-SG-013-2006的相关规定，本检验批质量：合格　□　优良　□ 项目专职质量检查员： 年　月　日
参加验收人员（签字）	分包单位项目技术负责人：　　　　　　　　　　　　　　　年　月　日
	专业工长（施工员）：　　　　　　　　　　　　　　　　　年　月　日
	总包项目专业技术负责人：　　　　　　　　　　　　　　　年　月　日
监理（建设）单位验收结论	同意（不同意）施工总包单位验收意见 监理工程师（建设单位项目专业技术负责人）： 年　月　日

表 A.0.1-8 钢筋安装工程检验批质量验收、评定记录

工程名称				分项工程名称		验收部位		
施工总包单位				项目经理		专业工长		
分包单位				分包项目经理		施工班组长		
施工执行标准名称及编号					设计图纸（变更）编号			

		检查项目		企业质量标准的规定	质量检查、评定情况			总包项目部验收记录
主控项目	1	纵向受力钢筋的连接形式		第5.4.1条				
	2	机械连接和焊接接头的力学性能		第5.4.2条				
	3	受力钢筋的品种、级别、规格和数量		第5.5.1条				
一般项目	1	接头位置和数量		第5.4.3条				
	2	机械连接、焊接的外观质量		第5.4.4条				
	3	机械连接、焊接的接头面积百分率		第5.4.5条				
	4	绑扎搭接接头面积百分率和搭接长度		第5.4.6条 附录D				
	5	搭接长度范围内的箍筋		第5.4.7条				
	6	绑扎钢筋网	长、宽	±10mm				
			网眼尺寸	±20mm				
		绑扎钢筋骨架	长	±10mm				
			宽、高	±5mm				
		受力钢筋	间距	±10mm				
			排距	±5mm				
			保护层厚度 基础	±10mm				
			保护层厚度 柱、梁	±5mm				
			保护层厚度 板、墙、壳	±3mm				
		绑扎钢筋、横向钢筋间距		±20mm				
		钢筋弯起点位置		20mm				
		预埋件	中心线位置	5mm				
			水平高差	+3mm，0				

施工单位检查、评定结论	本检验批实测 点，符合要求 点，符合要求率 %，不符合要求点的最大偏差为规定值的 %。依据中国建筑工程总公司《建筑工程施工质量统一标准》ZJQ00－SG－013－2006 的相关规定，本检验批质量：合格 □ 优良 □ 项目专职质量检查员： 年 月 日
参加验收人员（签字）	分包单位项目技术负责人： 年 月 日 专业工长（施工员）： 年 月 日 总包项目专业技术负责人： 年 月 日
监理（建设）单位验收结论	同意（不同意）施工总包单位验收意见 监理工程师（建设单位项目专业技术负责人）： 年 月 日

表 A.0.1-9 混凝土原材料及配合比设计检验批质量验收、评定记录

工程名称			分项工程名称		验收部位	
施工总包单位			项目经理		专业工长	
分包单位			分包项目经理		施工班组长	
施工执行标准名称及编号				设计图纸（变更）编号		
\multicolumn{3}{	l	}{检查项目}	企业质量标准的规定	质量检查、评定情况	总包项目部验收记录	
主控项目	1	水泥进场检验	第7.2.1条			
	2	外加剂质量及应用	第7.2.2条			
	3	混凝土内氯化物、碱的总含量控制	第7.2.3条			
	4	配合比设计	第7.3.1条			
一般项目	1	矿物掺合料质量及掺量	第7.2.4条			
	2	粗细骨料的质量	第7.2.5条			
	3	拌制混凝土用水	第7.2.6条			
	4	开盘鉴定	第7.3.2条			
	5	按照砂石含水率调整配合比	第7.3.3条			
施工单位检查、评定结论	\multicolumn{5}{	l	}{本检验批实测 点，符合要求 点，符合要求率 %，不符合要求点的最大偏差为规定值的 %。依据中国建筑工程总公司《建筑工程施工质量统一标准》ZJQ00-SG-013-2006的相关规定，本检验批质量：合格 □ 优良 □ 项目专职质量检查员： 年 月 日}	
参加验收人员（签字）	\multicolumn{5}{	l	}{分包单位项目技术负责人： 年 月 日}	
	\multicolumn{5}{	l	}{专业工长（施工员）： 年 月 日}	
	\multicolumn{5}{	l	}{总包项目专业技术负责人： 年 月 日}	
监理（建设）单位验收结论	\multicolumn{5}{	l	}{同意（不同意）施工总包单位验收意见 监理工程师（建设单位项目专业技术负责人）： 年 月 日}	

表 A.0.1-10 混凝土施工检验批质量验收、评定记录

工程名称				分项工程名称			验收部位	
施工总包单位				项目经理			专业工长	
分包单位				分包项目经理			施工班组长	
施工执行标准名称及编号						设计图纸（变更）编号		
		检查项目			企业质量标准的规定	质量检查、评定情况	总包项目部验收记录	
主控项目	1	混凝土强度等级及试件的取样和留置			第7.4.1条			
	2	混凝土抗渗及试件取样和留置			第7.4.2条			
	3	原材料每盘称量的偏差	材料名称		允许偏差			
			水泥、掺合料		±2%			
			粗、细骨料		±3%			
			水、外加剂		±2%			
	4	初凝时间控制			第7.4.4条			
一般项目	1	施工缝的位置和处理			第7.4.5条			
	2	后浇带的位置和浇筑			第7.4.6条			
	3	混凝土的养护			第7.4.7条			
施工单位检查、评定结论	本检验批实测　点，符合要求　点，符合要求率　％，不符合要求点的最大偏差为规定值的　％。依据中国建筑工程总公司《建筑工程施工质量统一标准》ZJQ00－SG－013－2006 的相关规定，本检验批质量：合格　□　优良　□ 　　　　　　　　　　　　　　　　　　　　　　　　　项目专职质量检查员： 　　　　　　　　　　　　　　　　　　　　　　　　　　　　　　年　月　日							
参加验收人员（签字）	分包单位项目技术负责人：　　　　　　　　　　　　　　　　　　　　　年　月　日							
	专业工长（施工员）：　　　　　　　　　　　　　　　　　　　　　　　年　月　日							
	总包项目专业技术负责人：　　　　　　　　　　　　　　　　　　　　　年　月　日							
监理（建设）单位验收结论	同意（不同意）施工总包单位验收意见 　　　　　　　　　　　　　　　　　监理工程师（建设单位项目专业技术负责人）： 　　　　　　　　　　　　　　　　　　　　　　　　　　　　　　年　月　日							

表 A.0.1-11 现浇混凝土结构外观及尺寸偏差检验批质量验收、评定记录

工程名称				分项工程名称		验收部位	
施工总包单位				项目经理		专业工长	
分包单位				分包项目经理		施工班组长	
施工执行标准名称及编号					设计图纸（变更）编号		
		检查项目		企业质量标准的规定	质量检查、评定情况	总包项目部验收记录	
主控项目	1	混凝土外观质量		第8.2.1条			
	2	过大的尺寸偏差处理及验收		第8.3.1条			
一般项目	1	混凝土外观质量的一般缺陷		第8.2.2条			
	2	轴线位置	基础	15mm			
			独立基础	10mm			
			墙、柱、梁	8mm			
			剪力墙	5mm			
	3	垂直度	层高 ≤5m	8mm			
			层高 >5m	10mm			
			全高（H）	$H/1000$ 且≤30mm			
	4	标高	层高	±10mm			
			全高	±30mm			
	5	截面尺寸		+8mm，-5mm			
	6	电梯井	井筒长、宽对定位中心线	+25mm，0			
			井筒全高（H）垂直度	$H/1000$且≤30mm			
	7	表面平整度		8mm			
	8	预埋设施中心线位置	预埋件	10mm			
			预埋螺栓	5mm			
			预埋管	5mm			
	9	预留洞口中心线位置		15mm			
施工单位检查、评定结论		本检验批实测　点，符合要求　点，符合要求率　%，不符合要求点的最大偏差为规定值的　%。依据中国建筑工程总公司《建筑工程施工质量统一标准》ZJQ00-SG-013-2006 的相关规定，本检验批质量：合格　□　优良　□ 项目专职质量检查员： 年　月　日						
参加验收人员（签字）		分包单位项目技术负责人：					年　月　日
		专业工长（施工员）：					年　月　日
		总包项目专业技术负责人：					年　月　日
监理（建设）单位验收结论		同意（不同意）施工总包单位验收意见 监理工程师（建设单位项目专业技术负责人）： 年　月　日						

表 A.0.1-12 现浇混凝土设备基础外观及尺寸偏差检验批质量验收、评定记录

工程名称				分项工程名称		验收部位	
施工总包单位				项目经理		专业工长	
分包单位				分包项目经理		施工班组长	
施工执行标准名称及编号					设计图纸（变更）编号		
		检查项目		企业质量标准的规定	质量检查、评定情况	总包项目部验收记录	
主控项目	1	混凝土外观质量		第8.2.1条			
	2	过大的尺寸偏差处理及验收		第8.3.1条			
一般项目	1	混凝土外观质量的一般缺陷		第8.2.2条			
	2	坐标位置		20mm			
	3	不同平面的标高		0，-20mm			
	4	平面外形尺寸		±20mm			
	5	凸台上平面外形尺寸		0，-20mm			
	6	凹穴尺寸		+20mm，0			
	7	平面水平度	每米	5mm			
			全长	10mm			
	8	垂直度	每米	5mm			
			全高	10mm			
	9	预埋地脚螺栓	标高（顶部）	+20mm，0			
			中心距	±2mm			
	10	预埋地脚螺栓孔	中心线位置	10mm			
			深度	+20mm，0			
			孔垂直度	10mm			
	11	预埋活动地脚螺栓锚板	标高	+20mm，0			
			中心线位置	5mm			
			带槽锚板平整度	5mm			
			带螺纹孔锚板平整度	2mm			
施工单位检查、评定结论		本检验批实测　点，符合要求　点，符合要求率　%，不符合要求点的最大偏差为规定值的　%。依据中国建筑工程总公司《建筑工程施工质量统一标准》ZJQ00-SG-013-2006 的相关规定，本检验批质量：合格　□　优良　□ 项目专职质量检查员： 年 月 日					
参加验收人员（签字）		分包单位项目技术负责人：　　　　　　　　　　　　　　　　　　年 月 日					
		专业工长（施工员）：　　　　　　　　　　　　　　　　　　　　年 月 日					
		总包项目专业技术负责人：　　　　　　　　　　　　　　　　　　年 月 日					
监理（建设）单位验收结论		同意（不同意）施工总包单位验收意见 监理工程师（建设单位项目专业技术负责人）： 年 月 日					

表 A.0.1-13　预制混凝土构件外观及尺寸偏差检验批质量验收、评定记录

工程名称				分项工程名称		验收部位	
施工总包单位				项目经理		专业工长	
分包单位				分包项目经理		施工班组长	
施工执行标准名称及编号					设计图纸（变更）编号		
\multicolumn{4}{c}{检查项目}		企业质量标准的规定	质量检查、评定情况	总包项目部验收记录

		检查项目		企业质量标准的规定	质量检查、评定情况	总包项目部验收记录
主控项目	1	构件的标识预埋件、插筋和孔洞的规格、位置和数量符合设计		第9.2.1条		
	2	构件的外观质量不得有严重缺陷		第9.2.2条		
	3	构件不得有影响结构性能和安装、使用功能的尺寸偏差		第9.2.3条		
一般项目	1	构件外观质量的一般缺陷		第9.2.4条		
	2	预制构件尺寸的允许偏差	长度	板、梁	+10mm, −5mm		
				柱	+5mm, −10mm		
				墙板	±5mm		
				薄腹梁、桁架	+15mm, −10mm		
			宽度、高（厚）度	板、梁、柱、墙板、薄腹梁、桁架	±5mm		
			侧向弯曲	梁、柱、板	$l/750$ 且≤20mm		
				墙板、薄腹梁、桁架	$l/1000$ 且≤20mm		
			预埋件	中心线位置	10mm		
				螺栓位置	5mm		
				螺栓外露长度	+10mm, −5mm		
			预留孔	中心线位置	5mm		
			预留洞	中心线位置	15mm		
			主筋保护层厚度	板	+5mm, −3mm		
				梁、柱、墙板、薄腹梁、桁架	+10mm, −5mm		
			对角线差	板、墙板	10mm		
			表面平整度	板、墙板、柱、梁	5mm		
			预应力构件预留孔道位置	梁、墙板、薄腹梁、桁架	3mm		
			翘曲	板	$l/750$		
				墙板	$l/1000$		

施工单位检查、评定结论	本检验批实测　点，符合要求　点，符合要求率　%，不符合要求点的最大偏差为规定值的　%。依据中国建筑工程总公司《建筑工程施工质量统一标准》ZJQ00-SG-013-2006的相关规定，本检验批质量：合格 □　优良 □ 项目专职质量检查员： 年　月　日
参加验收人员（签字）	分包单位项目技术负责人：　　　　　　　　　　　　　　　　　　　　　年　月　日 专业工长（施工员）：　　　　　　　　　　　　　　　　　　　　　　　年　月　日 总包项目专业技术负责人：　　　　　　　　　　　　　　　　　　　　　年　月　日
监理（建设）单位验收结论	同意（不同意）施工总包单位验收意见 监理工程师（建设单位项目专业技术负责人）： 年　月　日

附录 B 分项工程质量验收、评定记录

B.0.1 分项工程质量验收、评定记录由项目专职质量检查员填写，质量控制资料的检查应由项目专业技术负责人检查并作结论意见。分项工程质量验收、评定记录见表 B.0.1。

B.0.2 当建设方不采用本标准作为工程质量的验收标准时，不需要监理（建设）单位参加内部验收并签署意见。

表 B.0.1 分项工程质量验收、评定记录

工程名称		结构类型		检验批数量	
施工总包单位		项目经理		项目技术负责人	
分项工程分包单位		分包单位负责人		分包项目经理	
序号	检验批部位、区段	分包单位检查结果		总包单位验收、评定结论	监理（建设）单位验收意见
1					
2					
3					
4					
5					
6					
7					
8					
9					
10					
质量控制资料核查	应有　份，实有　份，资料内容：基本详实□　详实准确□；核查结论：基本完整□　齐全完整□ 项目专业技术负责人： 　　　　　　　　　　年　月　日				
分项工程综合验收、评定结论	该分项工程共有　个质量检验批，其中有　个检验批质量为合格，有　个检验批质量为优良，优良率　%，该分项工程的施工操作依据及质量控制资料（基本完整　齐全完整），依据中国建筑工程总公司《建筑工程施工质量统一标准》ZJQ00-SG-013-2006 的相关规定，评定该分项工程质量：合格□　优良□ 项目专职质量检查员： 　　　　　　　　　　年　月　日				
参加验收人员（签字）	分包单位项目负责人：				年　月　日
	项目专业技术负责人：				年　月　日
	总包项目技术负责人：				年　月　日
监理（建设单位）验收结论	同意（不同意）总包单位验收意见 监理工程师（建设单位项目专业技术负责人）： 　　　　　　　　　　年　月　日				

附录 C 分部（子分部）工程质量验收、评定记录

C.0.1 混凝土结构分部（子分部）工程的质量验收评定记录应由总包项目专职质量检查员填写，总包企业的技术管理、质量管理部门均应参加验收。混凝土结构分部（子分部）工程质量验收、评定记录见表 C.0.1。

C.0.2 当建设方不采用本标准作为工程质量的验收标准时，不需要勘察、设计、监理（建设）单位参加内部验收并签署意见。

表 C.0.1 混凝土结构分部（子分部）工程质量验收、评定记录

工程名称			施工总包单位				
技术部门负责人			质量部门负责人			项目专职质量检查员	
分包单位			分包单位负责人			分包项目经理	
序号	分项工程名称		检验批数量	检验批优良率（%）	核定意见		
1							
2							
3							
4					施工单位质量管理部门（盖章） 年 月 日		
5							
6							
7							
技术管理资料		份	质量控制资料		份	安全和功能检验（检测）报告	份
资料验收意见	应形成 份，实际 份，结论：基本齐全□ 齐全完整□						
观感质量验收	应得 分数，实得 分数，得分率 %，结论：合格□ 优良□						
分部（子分部）工程验收结论	该分部（子分部）工程共含 个分项工程，其中优良分项 个，分项优良率为 %，各项资料（基本齐全 齐全完整），观感质量（合格 优良）。依据中国建筑工程总公司《建筑工程施工质量统一标准》ZJQ00-SG-013-2006 的有关规定，该分部工程质量：合格□ 优良□						
参加验收人员	分包单位项目经理		（签字）				年 月 日
	分包单位技术负责人		（签字）				年 月 日
	总包单位质量管理部门		（签字）				年 月 日
	总包单位项目技术负责人		（签字）				年 月 日
	总包单位项目经理		（签字）				年 月 日
	勘察单位项目负责人		（签字）				年 月 日
	设计单位项目专业负责人		（签字）				年 月 日
	监理（建设）单位项目总监（建设单位项目专业负责人）		（签字）				年 月 日

附录 D 纵向受力钢筋的最小搭接长度

D.0.1 当纵向受拉钢筋的绑扎搭接接头面积百分率不大于25%时，其最小搭接长度应符合表D.0.1的规定。

表 D.0.1 纵向受拉钢筋的最小搭接长度

钢筋类型		混凝土强度等级			
		C15	C20~C25	C30~C35	≥C40
光圆钢筋	HPB235级	$45d$	$35d$	$30d$	$25d$
带肋钢筋	HRB335级	$55d$	$45d$	$35d$	$30d$
	HRB400级、RRB400级	—	$55d$	$40d$	$35d$

注：两根直径不同钢筋的搭接长度，以较细钢筋的直径计算。

D.0.2 当纵向受拉钢筋搭接接头面积百分率大于25%，但不大于50%时，其最小搭接长度应按本附录表D.0.1中的数值乘以系数1.2取用；当接头面积百分率大于50%时，应按本附录表D.0.1中的数值乘以系数1.35取用。

D.0.3 当符合下列条件时，纵向受拉钢筋的最小搭接长度应根据本附录D.0.1条~D.0.2条确定后，按下列规定进行修正：

　1 当带肋钢筋的直径大于25mm时，其最小搭接长度应按相应数值乘以系数1.1取用；

　2 对环氧树脂涂层的带肋钢筋，其最小搭接长度应按相应数值乘以系数1.25取用；

　3 当在混凝土凝固过程中受力钢筋易受扰动时（如滑模施工），其最小搭接长度应按相应数值乘以系数1.1取用；

　4 对末端采用机械锚固措施的带肋钢筋，其最小搭接长度可按相应数值乘以系数0.7取用；

　5 当带肋钢筋的混凝土保护层厚度大于搭接钢筋直径的3倍且配有箍筋时，其最小搭接长度可按相应数值乘以系数0.8取用；

　6 对有抗震设防要求的结构构件，其受力钢筋的最小搭接长度对一、二级抗震等级应按相应数值乘以系数1.15采用；对三级抗震等级应按相应数值乘以系数1.05采用。

　在任何情况下，受拉钢筋的搭接长度不应小于300mm。

D.0.4 纵向受压钢筋搭接时，其最小搭接长度应根据本附录D.0.1条~D.0.3条的规定确定相应数值后，乘以系数0.7取用。在任何情况下，受压钢筋的搭接长度不应小于200mm。

附录 E 预制构件结构性能检验方法

E.0.1 预制构件结构性能试验条件应满足下列要求：
  1 构件应在 0℃ 以上的温度中进行试验；
  2 蒸汽养护后的构件应在冷却至常温后进行试验；
  3 构件在试验前应量测其实际尺寸，并检查构件表面，所有的缺陷和裂缝应在构件上标出；
  4 试验用的加荷设备及量测仪表应预先进行标定或校准。

E.0.2 试验构件的支承方式应符合下列规定：
  1 板、梁和桁架等简支构件，试验时应一端采用铰支承，另一端采用滚动支承。铰支承可采用角钢、半圆形钢或焊于钢板上的圆钢，滚动支承可采用圆钢；
  2 四边简支或四角简支的双向板，其支承方式应保证支承处构件能自由转动，支承面可以相对水平移动；
  3 当试验的构件承受较大集中力或支座反力时，应对支承部分进行局部受压承载力验算；
  4 构件与支承面应紧密接触；钢垫板与构件、钢垫板与墩间，宜铺砂浆垫平；
  5 构件支承的中心线位置应符合标准图或设计的要求。

E.0.3 试验构件的荷载布置应符合下列规定：
  1 构件的试验荷载布置应符合标准图或设计的要求；
  2 当试验荷载布置不能完全与标准图或设计的要求相符时，应按荷载效应等效的原则换算，即使构件试验的内力图形与设计的内力图形相似，并使控制截面上的内力值相等，但应考虑荷载布置改变后对构件其他部位的不利影响。

E.0.4 加载方法应根据标准图或设计的加载要求、构件类型及设备条件等进行选择。当按不同形式荷载组合进行加载试验（包括均布荷载、集中荷载、水平荷载和竖向荷载等）时，各种荷载应按比例增加。

  1 荷重块加载
  荷重块加载适用于均布加载试验。荷重块应按区格成垛堆放，垛与垛之间间隙不宜小于 50mm。

  2 千斤顶加载
  千斤顶加载适用于集中加载试验。千斤顶加载时，可采用分配梁系统实现多点集中加载。千斤顶的加载值宜采用荷载传感器量测，也可采用油压表量测。

  3 梁或桁架可采用水平对顶加载方法，此时构件应垫平且不应妨碍构件在水平方向的位移。梁也可采用竖直对顶的加载方法。

  4 当屋架仅作挠度、抗裂或裂缝宽度检验时，可将两榀屋架并列，安放屋面板后进行加载试验。

E.0.5 构件应分级加载。当荷载小于荷载标准值时，每级荷载不应大于荷载标准值的20%；当荷载大于荷载标准值时，每级荷载不应大于荷载标准值的10%；当荷载接近抗裂检验荷载值时，每级荷载不应大于荷载标准值的5%；当荷载接近承载力检验荷载值时，每级荷载不应大于承载力检验荷载设计值的5%。

对仅作挠度、抗裂或裂缝宽度检验的构件应分级卸载。

作用在构件上的试验设备重量及构件自重应作为第一次加载的一部分。

注：构件在试验前，宜进行预压，以检查试验装置的工作是否正常，同时应防止构件因预压而产生裂缝。

E.0.6 每级加载完成后，应持续10～15min；在荷载标准值作用下，应持续30min。在持续时间内，应观察裂缝的出现和开展，以及钢筋有无滑移等；在持续时间结束时，应观察并记录各项读数。

E.0.7 对构件进行承载力检验时，应加载至构件出现本标准表9.3.2所列承载能力极限状态的检验标志，当在规定的荷载持续时间内出现上述检验标志之一时，应取本级荷载值与前一级荷载值的平均值作为其承载力检验荷载实测值；当在规定的荷载持续时间结束后出现上述检验标志之一时，应取本级荷载值作为其承载力检验荷载实测值。

注：当受压构件采用试验机或千斤顶加载时，承载力检验荷载实测值应取构件直至破坏的整个试验过程中所达到的最大荷载值。

E.0.8 构件挠度可用百分表、位移传感器、水平仪进行观测。接近破坏阶段的挠度，可用水平仪或拉线、钢尺等测量。

试验时，应量测构件跨中位移和支座沉陷。对宽度较大的构件，应在每一量测截面的两边或两肋布置测点，并取其量测结果的平均值作为该处的位移。

当试验荷载竖直向下作用时，对水平放置的试件，在各级荷载下的跨中挠度实测值应按下列公式计算：

$$a_t^o = a_q^o + a_g^o \tag{E.0.8-1}$$

$$a_q^o = v_m^o - \frac{1}{2}(v_l^o + v_r^o) \tag{E.0.8-2}$$

$$a_g^o = \frac{M_g}{M_b} a_b^o \tag{E.0.8-3}$$

式中 a_t^o——全部荷载作用下构件跨中的挠度实测值（mm）；

a_q^o——外加试验荷载作用下构件跨中的挠度实测值（mm）；

a_g^o——构件自重及加荷设备重产生的跨中挠度值（mm）；

v_m^o——外加试验荷载作用下构件跨中的位移实测值（mm）；

v_l^o、v_r^o——外加试验荷载作用下构件左、右端支座沉陷位移的实测值（mm）；

M_g——构件自重和加荷设备重产生的跨中弯矩值（kN·m）；

M_b——从外加试验荷载开始至构件出现裂缝的前一级荷载为止的外加荷载产生的跨中弯矩值（kN·m）；

a_b^o——从外加试验荷载开始至构件出现裂缝的前一级荷载为止的外加荷载产生的跨中挠度实测值（mm）。

E.0.9 当采用等效集中力加载模拟均布荷载进行试验时，挠度实测值应乘以修正系数ψ。当采用三分点加载时ψ可取为0.98；当采用其他形式集中力加载时，ψ应经计算确定。

E.0.10 试验中裂缝的观测应符合下列规定：

　　1 观察裂缝出现可采用放大镜。若试验中未能及时观察到正截面裂缝的出现，可取荷载-挠度曲线上的转折点（曲线第一弯转段两端点切线的交点）的荷载值作为构件的开裂荷载实测值；

　　2 构件抗裂检验中，当在规定的荷载持续时间内出现裂缝时，应取本级荷载值与前一级荷载值的平均值作为其开裂荷载实测值；当在规定的荷载持续时间结束后出现裂缝时，应取本级荷载值作为其开裂荷载实测值；

　　3 裂缝宽度可采用精度为 0.05mm 的刻度放大镜等仪器进行观测；

　　4 对正截面裂缝，应量测受拉主筋处的最大裂缝宽度；对斜截面裂缝，应量测腹部斜裂缝的最大裂缝宽度。确定受弯构件受拉主筋处的裂缝宽度时，应在构件侧面量测。

E.0.11 试验时必须注意下列安全事项：

　　1 试验的加荷设备、支架、支墩等，应有足够的承载力安全储备；

　　2 对屋架等大型构件进行加载试验时，必须根据设计要求设置侧向支承，以防止构件受力后产生侧向弯曲和倾倒；侧向支承应不妨碍构件在其平面内的位移；

　　3 试验过程中应注意人身和仪表安全；为了防止构件破坏时试验设备及构件坍落，应采取安全措施（如在试验构件下面设置防护支承等）。

E.0.12 构件试验报告应符合下列要求：

　　1 试验报告应包括试验背景、试验方案、试验记录、检验结论等内容，不得漏项缺检；

　　2 试验报告中的原始数据和观察记录必须真实、准确，不得任意涂抹篡改；

　　3 试验报告宜在试验现场完成，及时审核、签字、盖章，并登记归档。

附录 F　结构实体检验用同条件养护试件强度检验

F.0.1 同条件养护试件的留置方式和取样数量，应符合下列要求：

　　1 同条件养护试件所对应的结构构件或结构部位，应由监理（建设）、施工等各方共同选定；

　　2 对混凝土结构工程中的各混凝土强度等级，均应留置同条件养护试件；

　　3 同一强度等级的同条件养护试件，其留置的数量应根据混凝土工程量和重要性确定，不宜少于 10 组，且不应少于 3 组；

　　4 同条件养护试件拆模后，应放置在靠近相应结构构件或结构部位的适当位置，并应采取相同的养护方法。

F.0.2 同条件养护试件应在达到等效养护龄期时进行强度试验。

　　等效养护龄期应根据同条件养护试件强度与在标准养护条件下 28d 龄期试件强度相等的原则确定。

F.0.3 同条件自然养护试件的等效养护龄期及相应的试件强度代表值，宜根据当地的气温和养护条件，按下列规定确定：

　　1 等效养护龄期可取按日平均温度逐日累计达到600℃·d时所对应的龄期，0℃及以下的龄期不计入；等效养护龄期不应小于14d，也不宜大于60d；

　　2 同条件养护试件的强度代表值应根据强度试验结果按现行国家标准《混凝土强度检验评定标准》GBJ 107的规定确定后，乘折算系数取用；折算系数宜取为1.10，也可根据当地的试验统计结果作适当调整。

F.0.4 冬期施工、人工加热养护的结构构件，其同条件养护试件的等效养护龄期可按结构构件的实际养护条件，由监理（建设）、施工等各方根据本附录第F.0.2条的规定共同确定。

附录G 结构实体钢筋保护层厚度检验

G.0.1 钢筋保护层厚度检验的结构部位和构件数量，应符合下列要求：

　　1 钢筋保护层厚度检验的结构部位，应由监理（建设）、施工等各方根据结构构件的重要性共同选定；

　　2 对梁类、板类构件，应各抽取构件数量的2%且不少于5个构件进行检验；当有悬挑构件时，抽取的构件中悬挑梁类、板类构件所占比例均不宜小于50%。

G.0.2 对选定的梁类构件，应对全部纵向受力钢筋的保护层厚度进行检验；对选定的板类构件，应抽取不少于6根纵向受力钢筋的保护层厚度进行检验。对每根钢筋，应在有代表性的部位测量1点。

G.0.3 钢筋保护层厚度的检验，可采用非破损或局部破损的方法，也可采用非破损方法并用局部破损方法进行校准。当采用非破损方法检验时，所使用的检测仪器应经过计量检验，检测操作应符合相应规程的规定。

　　钢筋保护层厚度检验的检测误差不应大于1mm。

G.0.4 钢筋保护层厚度检验时，纵向受力钢筋保护层厚度的允许偏差，对梁类构件为+10mm，-7mm；对板类构件为+8mm，-5mm。

G.0.5 对梁类、板类构件纵向受力钢筋的保护层厚度应分别进行验收。结构实体钢筋保护层厚度验收合格应符合下列规定：

　　1 当全部钢筋保护层厚度检验的合格点率为90%及以上时，钢筋保护层厚度的检验结果应判为合格；92%及以上时，钢筋保护层厚度的检验结果应判为优良；

　　2 当全部钢筋保护层厚度检验的合格点率小于90%但不小于80%，可再抽取相同数量的构件进行检验；当按两次抽样总和计算的合格点率为90%及以上时，钢筋保护层厚度的检验结果仍应判为合格；

　　3 每次抽样检验结果中不合格点的最大偏差均不应大于本附录G.0.4条规定允许偏差的1.5倍。

本标准用词说明

1 为了便于在执行本标准条文时区别对待，对要求严格程度不同的用词说明如下：

    1） 表示很严格，非这样做不可的用词：

        正面词采用"必须"；反面词采用"严禁"。

    2） 表示严格，在正常情况下均应这样做的用词：

        正面词采用"应"；反面词采用"不应"或"不得"。

    3） 表示允许稍有选择，在条件许可时首先这样做的用词：

        正面词采用"宜"，反面词采用"不宜"；

        表示有选择，在一定条件下可以这样做的，采用"可"。

2 标准中指定应按其他有关标准、规范执行时，写法为："应符合……的规定"或"应按……执行"。

混凝土结构工程施工质量标准

ZJQ00-SG-016-2006

条 文 说 明

目　次

1 总则 ……………………………………………………………………………… 4—64
2 术语 ……………………………………………………………………………… 4—64
3 基本规定 ………………………………………………………………………… 4—64
　3.1 一般要求 …………………………………………………………………… 4—64
　3.2 质量验收与评定等级 ……………………………………………………… 4—65
　3.3 质量验收与评定程序及组织 ……………………………………………… 4—65
4 模板分项工程 …………………………………………………………………… 4—66
　4.1 一般规定 …………………………………………………………………… 4—66
　4.2 模板安装 …………………………………………………………………… 4—66
　4.3 模板拆除 …………………………………………………………………… 4—67
　4.4 模板技术资料 ……………………………………………………………… 4—67
5 钢筋分项工程 …………………………………………………………………… 4—68
　5.1 一般规定 …………………………………………………………………… 4—68
　5.2 原材料 ……………………………………………………………………… 4—68
　5.3 钢筋加工 …………………………………………………………………… 4—69
　5.4 钢筋连接 …………………………………………………………………… 4—69
　5.5 钢筋安装 …………………………………………………………………… 4—70
　5.6 钢筋施工技术资料 ………………………………………………………… 4—70
6 预应力分项工程 ………………………………………………………………… 4—70
　6.1 一般规定 …………………………………………………………………… 4—70
　6.2 原材料 ……………………………………………………………………… 4—71
　6.3 制作与安装 ………………………………………………………………… 4—72
　6.4 张拉和放张 ………………………………………………………………… 4—73
　6.5 灌浆及封锚 ………………………………………………………………… 4—73
7 混凝土分项工程 ………………………………………………………………… 4—74
　7.1 一般规定 …………………………………………………………………… 4—74
　7.2 原材料 ……………………………………………………………………… 4—75
　7.3 配合比设计 ………………………………………………………………… 4—75
　7.4 混凝土施工 ………………………………………………………………… 4—76
8 现浇结构分项工程 ……………………………………………………………… 4—77
　8.1 一般规定 …………………………………………………………………… 4—77
　8.2 外观质量 …………………………………………………………………… 4—77
　8.3 尺寸偏差 …………………………………………………………………… 4—77

9 装配式结构分项工程		4—78
9.1 一般规定		4—78
9.2 预制构件		4—78
9.3 结构性能检验		4—78
9.4 装配式结构施工		4—79
10 混凝土结构子分部工程		4—80
10.1 结构实体检验		4—80
10.2 混凝土结构子分部工程验收		4—81
附录 A 检验批质量验收、评定记录		4—81
附录 B 分项工程质量验收、评定记录		4—81
附录 C 分部（子分部）工程质量验收、评定记录		4—82
附录 D 纵向受力钢筋的最小搭接长度		4—82
附录 E 预制构件结构性能检验方法		4—82
附录 F 结构实体检验用同条件养护试件强度检验		4—83
附录 G 结构实体钢筋保护层厚度检验		4—84

1 总则

1.0.1 编制本标准的目的是为了统一中国建筑工程总公司混凝土结构工程施工质量及质量等级的检验评定,以加强建筑工程质量管理力度,不断提高工程质量水平,保证工程质量,增强企业的竞争力,体现企业的技术水平和管理水平。

1.0.2 规定了本标准的使用范围是工业与民用建筑和一般构筑物的混凝土结构工程。包括现浇及预制结构、普通钢筋混凝土与预应力钢筋混凝土。

1.0.3 明确了本标准的编制依据。在执行本标准的同时,还应执行有关的国家和行业的质量标准。

1.0.5 明确了本标准的性质是中国建筑工程总公司的内部企业标准,主要用于企业内部的工程质量控制,并明确规定采用本标准需要甲、乙双方协商一致并需要规定双方的相关责任、权利和义务。

2 术语

本章给出了本标准有关章节中引用的 8 个术语。由于本标准应与中国建筑工程总公司《建筑工程施工质量统一标准》ZJQ00-SG-013-2006 配套使用,在该标准中出现的与本标准相关的术语不再列出。

在编写本章术语时,主要参考了《混凝土结构工程施工质量验收规范》GB 50204-2002、《建筑结构设计术语和符号标准》GB/T 50083-97、《工程结构设计基本术语和通用符号》GBJ 132-90 等国家标准中的相关术语。

本标准的术语是从混凝土结构工程施工质量验收的角度赋予其涵义的,但涵义不一定是术语的定义。同时,还给出了相应的推荐性英文术语,该英文术语不一定是国际上通用的标准术语,仅供参考。

3 基本规定

3.1 一般要求

3.1.1 根据中国建筑工程总公司《建筑工程施工质量统一标准》ZJQ00-SG-013-2006

规定，本条对混凝土结构施工现场和施工项目的质量管理体系和质量保证体系提出了要求。施工单位应推行生产控制和合格控制的全过程质量控制。对施工现场质量管理，要求有相应的施工技术标准、健全的质量管理体系、施工质量控制和质量检验制度；对具体的施工项目，要求有经审查批准的施工组织设计和施工技术方案。上述要求应能在施工过程中有效运行。

施工组织设计和施工技术方案应按程序审批，对涉及结构安全和人身安全的内容，应有明确的规定和相应的措施。

3.1.2 根据不同的施工方法和结构分类，列举了混凝土结构子分部工程的具体名称。子分部工程验收前，应根据具体的施工方法和结构分类确定应验收的分项工程。

在建筑工程施工质量验收体系中，混凝土结构子分部工程划分为六个分项工程：模板、钢筋、预应力、混凝土、现浇结构和装配式结构。

本标准中"结构缝"系指为避免温度胀缩、地基沉降和地震碰撞等而在相邻两建筑物或建筑物的两部分之间设置的伸缩缝、沉降缝和防震缝等的总称。

检验批是工程质量验收的基本单元。检验批通常按下列原则划分：

1 检验批内质量均匀一致，抽样应符合随机性和真实性的原则；
2 贯彻过程控制的原则，按施工次序、便于质量验收和控制关键工序质量的需要划分检验批。

3.1.3 子分部工程验收时，除所含分项均应验收合格外，尚应对涉及结构安全的材料、试件、施工工艺和结构的重要部位进行见证检测或结构实体检验，以确保混凝土结构的安全。对施工工艺的见证检测，系指根据工程质量控制的需要，在施工期间由参与验收的各方在现场对施工工艺进行的检测。有关施工工艺的见证检测内容在本标准中有明确规定，如预应力筋张拉时实际预应力值的检测。本条规定的子分部工程验收内容中，见证检测和结构实体检验可以在检验批或分项工程验收的相应阶段内进行。

3.1.4 分项工程验收时，除所含检验批均应验收合格外，尚应有完整的质量验收记录。

3.1.5 检验批验收的内容包括按规定的抽样方案进行的实物检查和资料检查，本条列出了实物检查的方式和资料检查的内容。

3.1.6 提出了质量验收的表格要求。

3.2 质量验收与评定等级

3.2.1～3.2.5 确定了混凝土结构工程的质量验收与评定等级。

3.3 质量验收与评定程序及组织

3.3.1 确定了混凝土结构工程质量验收与评定程序及组织。

4 模板分项工程

模板分项工程是为混凝土浇筑成型用的模板及其支架的设计、安装、拆除等一系列技术工作和完成实体的总称。由于模板可以连续周转使用，模板分项工程所含检验批通常根据模板安装和拆除的数量确定。

4.1 一般规定

4.1.1 本条提出了对模板及其支架的基本要求，这是保证模板及其支架的安全并对混凝土成型质量起重要作用的项目。多年的工程实践证明，这些要求对保证混凝土结构的施工质量是必需的。本条为强制性条文，应严格执行。

4.1.2 浇筑混凝土时，模板及支架在混凝土重力、侧压力及施工荷载等作用下胀模（变形）、跑模（位移）甚至坍塌的情况时有发生，为避免事故，保证工程质量和施工安全，提出了对模板及其支架进行观察、维护和发生异常情况时及时进行处理的要求。

4.1.3 模板及其支架拆除的顺序及相应的施工安全措施对避免重大工程事故非常重要，在制订施工技术方案时应考虑周全。模板及其支架拆除时，混凝土结构可能尚未形成设计要求的受力体系，必要时应加设临时支撑。后浇带模板的拆除及支顶易被忽视而造成结构缺陷，应特别注意。本条为强制性条文，应严格执行。

4.2 模板安装

4.2.1 现浇多层房屋和构筑物的模板及其支架安装时，上、下层支架的立柱应对准，以利于混凝土重力及施工荷载的传递，这是保证施工安全和质量的有效措施。

本标准中，凡规定全数检查的项目，通常均采用观察检查的方法，但对观察难以判定的部位，应辅以量测检查。

4.2.2 隔离剂沾污钢筋和混凝土接槎处可能对混凝土结构受力性能造成明显的不利影响，故应避免。

4.2.3 无论是采用何种材料制作的模板，其接缝都应保证不漏浆。木模板浇水湿润有利于接缝闭合而不致漏浆，但因浇水湿润后膨胀，木模板安装时的接缝不宜过于严密。模板内部和与混凝土的接触面应清理干净，以避免夹渣等缺陷。本条还对清水混凝土工程及装饰混凝土工程所使用的模板提出了要求，以适应混凝土结构施工技术发展的要求。

4.2.4 本条对用作模板的地坪、胎模等提出了应平整光洁的要求，这是为了保证预制构件的成型质量。

4.2.5 对跨度较大的现浇混凝土梁、板，考虑到自重的影响，适度起拱有利于保证构件的形状和尺寸。执行时应注意本条的起拱高度未包括设计起拱值，而只考虑模板本身在荷载下的下垂，因此对钢模板可取偏小值，对木模板可取偏大值。

本标准中，凡规定抽样检查的项目，应在全数观察的基础上，对重要部位和观察难以判定的部位进行抽样检查。抽样检查的数量通常采用"双控"的方法，即在按比例抽样的同时，还限定了检查的最小数量。本条内容对工程施工质量影响较大，因此在国家标准的基础上，提高了抽检比例，由国家标准规定的10%提高到12%。

4.2.6 对预埋件的外露长度，只允许有正偏差，不允许有负偏差；对预留洞内部尺寸，只允许大，不允许小。在允许偏差表中，不允许的偏差都以"0"来表示。

本标准中，尺寸偏差的检验除可采用条文中给出的方法外，也可采用其他方法和相应的检测工具。本条内容对工程施工质量影响较大，因此在国家标准的基础上，提高了抽检比例，由国家标准规定的10%提高到12%。

4.2.7、4.2.8 规定了现浇混凝土结构模板及预制混凝土构件模板安装尺寸的检查数量、允许偏差及检验方法。还应指出，按本标准第3.3.1条的规定，对一般项目，在不超过20%的不合格检查点中不得有影响结构安全和使用功能的过大尺寸偏差。对有特殊要求的结构中的某些项目，当有专门标准规定或设计要求时，尚应符合相应的要求。

由于模板对保证构件质量非常重要，且不合格模板容易返修成合格品，故允许模板进行修理，合格后方可投入使用。施工单位应根据构件质量检验得到的模板质量反馈信息，对连续周转使用的模板定期检查并不定期抽查。本条内容对工程施工质量影响较大，因此在国家标准的基础上，提高了抽检比例，由国家标准规定的10%提高到12%。

4.3 模 板 拆 除

4.3.1 由于过早拆模、混凝土强度不足而造成混凝土结构构件变形、缺棱掉角、开裂、甚至塌陷的情况时有发生。为保证结构的安全和使用功能，提出了拆模时混凝土强度的要求。该强度通常反映为同条件养护混凝土试件的强度。考虑到悬臂构件更容易因混凝土强度不足而引发事故，对其拆模时的混凝土强度应从严要求。

4.3.2 对后张法预应力施工，模板及其支架的拆除时间和顺序应根据施工方式的特点和需要事先在施工技术方案中确定。当施工方案中无明确规定时，应遵照本条的规定执行。

4.3.3 由于施工方式的不同，后浇带模板的拆除及支顶方法也各有不同，但都应能保证结构的安全和质量。由于后浇带较易出现安全和质量问题，故施工技术方案应对此作出明确的规定。

4.3.4 由于侧模拆除时混凝土强度不足可能造成结构构件缺棱和表面损伤，故应避免。

4.3.5 拆模时重量较大的模板倾砸楼面或模板及支架集中堆放造成楼板或其他构件的裂缝等损伤，故应避免。

4.4 模板技术资料

4.4.1～4.4.5 与国家标准相比，增加了工程质量验收的技术资料目录。

5 钢筋分项工程

钢筋分项工程是普通钢筋进场检验、钢筋加工、钢筋连接、钢筋安装等一系列技术工作和完成实体的总称。钢筋分项工程所含的检验批可根据施工工序和验收的需要确定。

5.1 一般规定

5.1.1 在施工过程中，当施工单位缺乏设计所要求的钢筋品种、级别或规格时，可进行钢筋代换。为了保证对设计蓝图的理解不产生偏差，规定当需要作钢筋代换时应办理设计变更文件，以确保满足原结构设计的要求，并明确钢筋代换由设计单位负责。本条为强制性条文，应严格执行。

5.1.2 钢筋隐蔽工程反映钢筋分项工程施工的综合质量，在浇筑混凝土之前验收是为了确保受力钢筋等的加工、连接和安装满足设计要求，并在结构中发挥其应有的作用。

5.2 原材料

5.2.1 钢筋对混凝土结构构件的承载力至关重要，对其质量应从严要求。普通钢筋应符合现行国家标准《钢筋混凝土用钢》GB 1499 和《钢筋混凝土用余热处理钢筋》GB 13014 的要求。钢筋进场时，应检查产品合格证和出厂检验报告，并按规定进行抽样检验。本条为强制性条文，应严格执行。

由于工程量、运输条件和各种钢筋的用量等的差异，很难对各种钢筋的进场检查数量作出统一规定。实际检查时，若有关标准中对进场检验数量作了具体规定，应遵照执行；若有关标准中只有对产品出厂检验数量的规定，则在进场检验时，检查数量可按下列情况确定：

1 当一次进场的数量大于该产品的出厂检验批量时，应划分为若干个出厂检验批量，然后按出厂检验的抽样方案执行；

2 当一次进场的数量小于或等于该产品的出厂检验批量时，应作为一个检验批量，然后按出厂检验的抽样方案执行；

3 对连续进场的同批钢筋，当有可靠依据时，可按一次进场的钢筋处理。

本条的检验方法中，产品合格证、出厂检验报告是对产品质量的证明资料，通常应列出产品的主要性能指标；当用户有特别要求时，还应列出某些专门检验数据。有时，产品合格证、出厂检验报告可以合并。进场复验报告是进场抽样检验的结果，并作为判断材料能否在工程中应用的依据。

本标准中，涉及原材料进场检查数量和检验方法时，除有明确规定外，都应按以上叙述理解、执行。

5.2.2 根据现行国家标准《混凝土结构设计规范》GB 50010 的规定，按一、二级抗震等级设计的框架结构中的纵向受力钢筋，其强度实测值应满足本条的要求，其目的是为了保证在地震作用下，结构某些部位出现塑性铰以后，钢筋具有足够的变形能力。本条为强制性条文，应严格执行。

5.2.3 在钢筋分项工程施工过程中，若发现钢筋性能异常，应立即停止使用，并对同批钢筋进行专项检验。

5.2.4 为了加强对钢筋外观质量的控制，钢筋进场时和使用前均应对外观质量进行检查。弯折钢筋不得敲直后作为受力钢筋使用。钢筋表面不应有颗粒状或片状老锈，以免影响钢筋强度和锚固性能。本条也适用于加工以后较长时期未使用而可能造成外观质量达不到要求的钢筋半成品的检查。

5.3 钢 筋 加 工

5.3.1、5.3.2 对各种级别普通钢筋弯钩、弯折和箍筋的弯弧内直径、弯折角度、弯后平直部分长度分别提出了要求；受力钢筋弯钩、弯折的形状和尺寸，对于保证钢筋与混凝土协同受力非常重要。根据构件受力性能的不同要求，合理配置箍筋有利于保证混凝土构件的承载力，特别是对配筋率较高的柱、受扭的梁和有抗震设防要求的结构构件更为重要。

对规定抽样检查的项目，应在全数观察的基础上，对重要部位和观察难以判定的部位进行抽样检查。抽样检查的数量通常采用"双控"的方法。这与本标准第4.2.5条的说明是一致的。

5.3.3 盘条供应的钢筋使用前需要调直。调直宜优先采用机械方法，以有效控制调直钢筋的质量；也可采用冷拉方法，但应控制冷拉伸长率，以免影响钢筋的力学性能。

5.3.4 本条提出了钢筋加工形状、尺寸偏差的要求。其中，箍筋内净尺寸是新增项目，对保证受力钢筋和箍筋本身的受力性能都较为重要。

5.4 钢 筋 连 接

5.4.1 本条提出了纵向受力钢筋连接方式的基本要求，这是保证受力钢筋应力传递及结构构件的受力性能所必需的。目前，钢筋的连接方式已有多种，应按设计要求采用。

5.4.2 近年来，钢筋机械连接和焊接的技术发展较快，国家现行标准《钢筋机械连接通用技术规程》JGJ 107、《钢筋焊接及验收规程》JGJ 18 对其应用、质量验收等都有明确的规定，验收时应遵照执行。对钢筋机械连接和焊接，除应按相应规定进行形式、工艺检验外，还应从结构中抽取试件进行力学性能检验。

5.4.3 受力钢筋的连接接头宜设置在受力较小处，同一钢筋在同一受力区段内不宜多次连接，以保证钢筋的承载、传力性能。本条还对接头距钢筋弯起点的距离作出了规定。

5.4.4 本条对施工现场的机械连接接头和焊接接头提出了外观质量要求。对全数检查的项目，通常均采用观察检查的方法，但对观察难以判定的部位，可辅以量测检查。

5.4.5 本条给出了受力钢筋机械连接和焊接的应用范围、连接区段的定义以及接头面积百分率的限制。

5.4.6 为了保证受力钢筋绑扎搭接接头的传力性能，本条给出受力钢筋搭接接头连接区段的定义、接头面积百分率的限制以及最小搭接长度的要求。在本标准附录 D 中给出了各种条件下确定受力钢筋最小搭接长度的方法。

5.4.7 搭接区域的箍筋对于约束搭接传力区域的混凝土、保证钢筋传力至关重要。根据现行国家标准《混凝土结构设计规范》GB 50010 的规定，给出了搭接长度范围内的箍筋直径、间距等构造要求。

5.5 钢 筋 安 装

5.5.1 受力钢筋的品种、级别、规格和数量对结构构件的受力性能有重要影响，必须符合设计要求。本条为强制性条文，应严格执行。

5.5.2 本条规定了钢筋安装位置的允许偏差。梁、板类构件上纵向受力钢筋的位置对结构构件的承载能力和抗裂性能等有重要影响。由于上部纵向受力钢筋移位而引发的事故通常较为严重，应加以避免。本条通过对保护层厚度偏差的要求，对上部纵向受力钢筋的位置加以控制，并单独将梁、板类构件上部纵向受力钢筋保护层厚度偏差的合格点率要求规定为 90% 及以上。对其他部位，表中所列保护层厚度的允许偏差的合格点率要求仍为 80% 及以上。本条内容对工程施工质量影响较大，因此在国家标准的基础上，提高了抽检比例，由国家标准规定的 10% 提高到 12%。

5.6 钢筋施工技术资料

5.6.1～5.6.13 与国家规范相比，增加了工程质量验收的技术资料目录。

6 预应力分项工程

预应力分项工程是预应力筋、锚具、夹具、连接器等材料的进场检验、后张法预留管道设置或预应力筋布置、预应力筋张拉、放张、灌浆直至封锚保护等一系列技术工作和完成实体的总称。由于预应力施工工艺复杂，专业性较强，质量要求较高，故预应力分项工程所含检验项目较多，且规定较为具体。根据具体情况，预应力分项工程可与混凝土结构一同验收，也可单独验收。

6.1 一 般 规 定

6.1.1 后张法预应力施工是一项专业性强、技术含量高、操作要求严的作业，故应由获得有关部门批准的预应力专项施工资质的施工单位承担。预应力混凝土结构施工前，专业施工单位应根据设计图纸，编制预应力施工方案。当设计图纸深度不具备施工条件时，预应力施工单位应予以完善，并经设计单位审核后实施。

6.1.2 本条规定了预应力张拉设备的校验和标定要求。张拉设备（千斤顶、油泵及压力表等）应配套标定，以确定压力表读数与千斤顶输出力之间的关系曲线。这种关系曲线对应于特定的一套张拉设备，故配套标定后应配套使用。由于千斤顶主动工作和被动工作时，压力表读数与千斤顶输出力之间的关系是不一致的，故要求标定时千斤顶活塞的运行方向应与实际张拉工作状态一致。

6.1.3 预应力隐蔽工程反映预应力分项工程施工的综合质量，在浇筑混凝土之前验收是为了确保预应力筋等的安装符合设计要求并在混凝土结构中发挥其应有的作用。本条对预应力隐蔽工程验收的内容作出了具体规定。

6.2 原 材 料

6.2.1 常用的预应力筋有钢丝、钢绞线、热处理钢筋等，其质量应符合相应的现行国家标准《预应力混凝土用钢丝》GB/T 5223、《预应力混凝土用钢绞线》GB/T 5224、《预应力混凝土用热处理钢筋》GB 4463 等的要求。预应力筋是预应力分项工程中最重要的原材料，进场时应根据进场批次和产品的抽样检验方案确定检验批，进行进场复验。由于各厂家提供的预应力筋产品合格证内容与格式不尽相同，为统一及明确有关内容，要求厂家除提供产品合格证外，还应提供反映预应力筋主要性能的出厂检验报告，两者也可合并提供。进场复验可仅作主要的力学性能试验。本章中，涉及原材料进场检查数量和检验方法时，除有明确外，都应按本标准第 5.2.1 条的说明理解、执行。本条为强制性条文，应严格执行。

6.2.2 无粘结预应力筋的涂包质量对保证预应力筋防腐及准确的建立预应力非常重要。涂包质量的检验内容主要有涂包层油脂用量、护套厚度及外观。当有工程经验，并经观察确认质量有保证时，可仅作外观检查。

6.2.3 目前国内锚具生产厂家较多，各自形成配套产品，产品结构尺寸及构造也不尽相同。为确保实现设计意图，要求锚具、夹具和连接器按设计规定采用，其性能和应用应分别符合国家现行标准《预应力筋用锚具、夹具和连接器》GB/T 14370 和《预应力筋用锚具、夹具和连接器应用技术规程》JGJ 85 的规定。锚具、夹具和连接器的进场检验主要作锚具（夹具、连接器）的静载试验，材质及加工尺寸等只需按出厂检验报告中所列指标进行核对。

6.2.4 孔道灌浆一般采用素水泥浆。由于普通硅酸盐水泥浆的泌水率较小，故规定应采用普通硅酸盐水泥配制水泥浆。水泥浆中掺入外加剂可改善其稠度、泌水率、膨胀率、初凝时间、强度等特性，但预应力筋对应力腐蚀较为敏感，故水泥和外加剂中均不能含有对预应力筋有害的化学成分。

孔道灌浆所采用水泥和外加剂数量较少的一般工程，如果由使用单位提供近期采用的相同品牌和型号的水泥及外加剂的检验报告，也可不作水泥和外加剂性能的进场复验。

6.2.5 预应力筋进场后可能由于保管不当引起锈蚀、污染等，故使用前应进行外观质量检查。对有粘结预应力筋，可按各相关标准进行检查；对无粘结预应力筋，若出现护套破损，不仅影响密封性，而且增加预应力摩擦损失，故应根据不同情况进行处理。

6.2.6 当锚具、夹具及连接器进场入库时间较长时，可能造成锈蚀、污染等，影响其使用性能，故使用前应重新对其外观进行检查。

6.2.7、6.2.8 目前，后张预应力工程中多采用金属螺旋管预留孔道。金属螺旋管的刚度和抗渗性能是很重要的质量指标，但试验较为复杂。当使用单位能提供近期采用的相同品牌和型号金属螺旋管的检验报告或有可靠工程经验时，也可不作这两项检验。由于金属螺旋管经运输、存放可能出现伤痕、变形、锈蚀、污染等，故使用前应进行外观质量检查。

6.3 制作与安装

6.3.1 预应力筋的品种、级别、规格和数量对保证预应力结构构件的抗裂性能及承载力至关重要，故必须符合设计要求。本条为强制性条文，应严格执行。

6.3.2 先张法预应力施工时，油质类隔离剂可能沾污预应力筋，严重影响粘结力，并且会污染混凝土表面，影响装修工程质量，故应避免。

6.3.3 预应力筋若遇电火花损伤，容易在张拉阶段脆断，故应避免。施工时应避免将预应力筋作为电焊的一极。受电火花损伤的预应力筋应予以更换。

6.3.4 预应力筋常采用无齿锯或机械切断机切割。当采用电弧切割时，电弧可能损伤高强度钢丝、钢绞线，引起预应力筋拉断，故应禁止采用。对同一束中各根钢丝下料长度的极差（最大值与最小值之差）的规定，仅适用于钢丝束两端均采用镦头锚具的情况，目的是为了保证同一束中各根钢丝的预加力均匀一致。本章中，对规定抽样检查的项目，应在全数观察的基础上，对重要部位和观察难以判定的部位进行抽样检查。

6.3.5 预应力筋的端部锚具制作质量对可靠地建立预应力非常重要。本条规定了挤压锚、压花锚、镦头锚的制作质量要求。本条对镦头锚材作质量的要求，主要是为了检测钢丝的可镦性，故规定按钢丝的进场批量检查。

6.3.6 浇筑混凝土时，预留孔道定位不牢固会发生移位，影响建立预应力的效果。为确保孔道成型质量，除应符合设计要求外，还应符合本条对预留孔道安装质量作出的相应规定。对后张法预应力混凝土结构中预留孔道的灌浆孔及泌水管等的间距和位置要求，是为了保证灌浆质量。

6.3.7 预应力筋束形直接影响建立预应力的效果，并影响结构构件的承载力和抗裂性能，故对束形控制点的竖向位置允许偏差提出了较高要求。本条按截面高度设定束形控制点的竖向位置允许偏差，以便于实际控制。

6.3.8 实际工程中常将无粘结预应力筋成束布置，以便于施工控制，但其数量及排列形状应能保证混凝土能够握裹预应力筋。此外，内埋式挤压锚具在使用中常出现垫板重叠、垫板与锚具脱离等现象，故本条作出了相应规定。

6.3.9 后张法施工中，当浇筑混凝土前将预应力筋穿入孔道时，预应力筋需经合模、混凝土浇筑、养护并达到设计要求的强度后才能张拉。在此期间，孔道内可能会有浇筑混凝土时渗进的水或从喇叭管口流入的养护水、雨水等，若时间过长，可能引起预应力筋锈蚀，故应根据工程具体情况采取必要的防锈措施。

6.4 张拉和放张

6.4.1 过早地对混凝土施加预应力，会引起较大的收缩和徐变预应力损失，同时可能因局部承压过大而引起混凝土损伤。本条规定的预应力筋张拉及放张时混凝土强度，是根据现行国家标准《混凝土结构设计规范》GB 50010 的规定确定的。若设计对此有明确要求，则应按设计要求执行。

6.4.2 预应力筋张拉应使各根预应力筋的预加力均匀一致，主要是指有粘结预应力筋张拉时应整束张拉，以使各根预应力筋同步受力，应力均匀；而无粘结预应力筋和扁锚预应力筋通常是单根张拉的。预应力筋的张拉顺序、张拉力及设计计算伸长值均应由设计确定，施工时应遵照执行。实际施工时，为了部分抵消预应力损失等，可采取超张拉方法，但最大张拉应力不应大于现行国家标准《混凝土结构设计规范》GB 50010 的规定。后张法施工中，梁或板中的预应力筋一般是逐根或逐束张拉的。后批张拉的预应力筋，所产生的混凝土结构构件的弹性压缩对先批张拉预应力筋的预应力损失的影响与梁或板的截面、预应力筋配筋量、束长等因素有关，一般影响较小时可不计。如果影响较大，可将张拉力统一增加一定值。实际张拉时通常采用张拉力控制方法，但为了确保张拉质量，还应对实际伸长值进行校核，相对允许偏差±6%是基于工程实践提出的，有利于保证张拉质量。

6.4.3 预应力筋张拉锚固后，实际建立的预应力值与量测时间有关。相隔时间越长，预应力损失值越大，故检验值应由设计通过计算确定。

预应力筋张拉后实际建立的预应力值对结构受力性能影响很大，必须予以保证。先张法施工中可以用应力测定仪器直接测定张拉锚固后预应力筋的应力值；后张法施工中预应力筋的实际应力值较难测定，故可用见证张拉代替预加力值测定。见证张拉系指监理工程师或建设单位代表现场见证下的张拉。

6.4.4 由于预应力筋断裂或滑脱对结构构件的受力性能影响极大，故施加预应力过程中，应采取措施加以避免。先张法预应力构件中的预应力筋不允许出现断裂或滑脱，若在浇筑混凝土前出现断裂或滑脱，相应的预应力筋应予以更换。后张法预应力结构构件中预应力筋断裂或滑脱的数量，不应超过本条的规定。本条为强制性条文，应严格执行。

6.4.5 实际工程中，由于锚具种类、张拉锚固工艺及放张速度等各种因素的影响。内缩量可能有较大波动，导致实际建立的预应力值出现较大偏差。因此，应控制锚固阶段张拉端预应力筋的内缩量。当设计对张拉端预应力筋的内缩量有具体要求时，应按设计要求执行。

6.4.6 对先张法构件，施工时应采取措施减小张拉后预应力筋位置与设计位置的偏差。本条对最大偏移值作出了规定。

6.5 灌浆及封锚

6.5.1 预应力筋张拉后处于高应力状态，对腐蚀非常敏感，所以应尽早进行孔道灌浆。灌浆是对预应力筋的永久性保护措施，故要求水泥浆饱满、密实，完全裹住预应力筋。灌浆质量的检验应着重于现场观察检查，必要时采用无损检查或凿孔检查。

6.5.2 封闭保护应遵照设计要求执行，并在施工技术方案中作出具体规定。后张预应力筋的锚具多配置在结构的端面，所以常处于易受外力冲击和雨水浸入的状态；此外，预应力筋张拉锚固后，锚具及预应力筋处于高应力状态，为确保暴露于结构外的锚具能够永久性地正常工作，不致受外力冲击和雨水浸入而造成破损或腐蚀，应采取防止锚具锈蚀和遭受机械损伤的有效措施。

6.5.3 锚具外多余预应力筋常采用无齿锯或机械切断机切断。实际工程中，也可采用氧-乙炔焰切割方法切断多余预应力筋，但为了确保锚具正常工作及考虑切断时热影响可能波及锚具部位，应采取锚具降温等措施。考虑到铺具正常工作及可能的热影响，本条对预应力筋外露部分长度作出了规定。切割位置不宜距离锚具太近，同时也不应影响构件安装。

6.5.4 本条规定灌浆用水泥浆水灰比的限值，其目的是为了在满足必要的水泥浆稠度的同时，尽量减小泌水率，以获得饱满、密实的灌浆效果。水泥浆中水的泌出往往造成孔道内的空腔，并引起预应力筋腐蚀。2%左右的泌水一般可被水泥浆吸收，因此应按本条的规定控制泌水率。如果有可靠的工程经验，也可以提供以往工程中相同配合比的水泥浆性能试验报告。

6.5.5 对灌浆质量，首先应强调其密实性，因为密实的水泥浆能为预应力筋提供可靠的防腐保护。同时，水泥浆与预应力筋之间的粘结力也是预应力筋与混凝土共同工作的前提。本条参考国外的有关规定并考虑目前预应力筋的实际应用强度，规定了标准尺寸水泥浆试件的抗压强度不应小于30MPa。

7 混凝土分项工程

混凝土分项工程是从水泥、砂、石、水、外加剂、矿物掺合料等原材料进场检验、混凝土配合比设计及称量、拌制、运输、浇筑、养护、试件制作直至混凝土达到预定强度等一系列技术工作和完成实体的总称。混凝土分项工程所含的检验批可根据施工工序和验收的需要确定。

7.1 一般规定

7.1.1 混凝土强度的评定应符合现行国家标准《混凝土强度检验评定标准》GBJ 107 的规定。但应指出，对掺用矿物掺合料的混凝土，由于其强度增长较慢，以28d为验收龄期可能不合适，此时可按国家现行标准《粉煤灰混凝土应用技术规范》GBJ 146、《粉煤灰在混凝土和砂浆中应用技术规程》JGJ 28 等的规定确定验收龄期。

7.1.2 混凝土试件强度的试验方法应符合普通混凝土力学性能试验方法标准的规定。混凝土试件的尺寸应根据骨料的最大粒径确定。当采用非标准尺寸的试件时，其抗压强度应乘以相应的尺寸换算系数。

7.1.3 由于同条件养护试件具有与结构混凝土相同的原材料、配合比和养护条件，能有效代表结构混凝土的实际质量。在施工过程中，根据同条件养护试件的强度来确定结构构件拆模、出池、出厂、吊装、张拉、放张及施工期间临时负荷时的混凝土强度，是行之有效的方法。

7.1.4 当混凝土试件强度评定不合格时，可根据国家现行有关标准采用回弹法、超声回弹综合法、钻芯法、后装拔出法等推定结构混凝土强度。应指出，通过检测得到的推定强度可作为判断结构是否需要处理的依据。

7.1.5 室外日平均气温连续 5d 稳定低于 5℃时，混凝土分项工程应采取冬期施工措施，具体要求应符合国家现行标准《建筑工程冬期施工规程》JGJ 104 的有关规定。

7.2 原 材 料

7.2.1 水泥进场时，应根据产品合格证检查其品种、级别等，并有序存放，以免造成混料错批。强度、安定性等是水泥的重要性能指标，进场时应作复验，其质量应符合现行国家标准《通用硅酸盐水泥》GB 175、《复合硅酸盐水泥》GB 12958 等的要求。水泥是混凝土的重要组成成分，若其中含有氯化物，可能引起混凝土结构中钢筋的锈蚀，故应严格控制。本条为强制性条文，应严格执行。

7.2.2 混凝土外加剂种类较多，且均有相应的质量标准，使用时其质量及应用技术应符合国家现行标准《混凝土外加剂》GB 8076、《混凝土外加剂应用技术规范》GB 50119、《混凝土速凝剂》JC 472、《混凝土泵送剂》JC 473、《混凝土防水剂》JC 474、《混凝土防冻剂》JC 475、《混凝土膨胀剂》JC 476 等的规定。外加剂的检验项目、方法和批量应符合相应标准的规定。若外加剂中含有氯化物，同样可能引起混凝土结构中钢筋的锈蚀，故应严格控制。本章中，涉及原材料进场检查数量和检验方法时，除有明确规定外，都应按本标准第 5.2.1 条的说明理解、执行。本条为强制性条文，应严格执行。

7.2.3 混凝土中氯化物、碱的总含量过高，可能引起钢筋锈蚀和碱骨料反应，严重影响结构构件受力性能和耐久性。现行国家标准《混凝土结构设计规范》GB 50010 中对此有明确规定，应遵照执行。

7.2.4 混凝土掺合料的种类主要有粉煤灰、粒化高炉矿渣粉、沸石粉、硅灰和复合掺合料等，有些目前尚没有产品质量标准。

对各种掺合料，均应提出相应的质量要求，并通过试验确定其掺量。工程应用时，尚应符合国家现行标准《粉煤灰混凝土应用技术规范》GBJ 146、《粉煤灰在混凝土和砂浆中应用技术规程》JGJ 28、《用于水泥与混凝土中粒化高炉矿渣粉》GB/T 18046 等的规定。

7.2.5 普通混凝土所用的砂子、石子应分别符合《普通混凝土用砂、石质量及检验方法标准》JGJ 52 的质量要求，其检验项目、检验批量和检验方法应遵照标准的规定执行。

7.2.6 考虑到今后生产中利用工业处理水的发展趋势，除采用饮用水外，也可采用其他水源，但其质量应符合现行国家标准《混凝土用水标准》JGJ 63 的要求。

7.3 配合比设计

7.3.1 混凝土应根据实际采用的原材料进行配合比设计并按普通混凝土拌合物性能试验

方法等标准进行试验、试配,以满足混凝土强度、耐久性和工作性(坍落度等)的要求,不得采用经验配合比。同时,应符合经济、合理的原则。

7.3.2 实际生产时,对首次使用的混凝土配合比应进行开盘鉴定,并至少留置一组28d标准养护试件,以验证混凝土的实际质量与设计要求的一致性。施工单位应注意积累相关资料,以利于提高配合比设计水平。

7.3.3 混凝土生产时,砂、石的实际含水率可能与配合比设计存在差异,故规定应测定实际含水率并相应地调整材料用量。

7.4 混凝土施工

7.4.1 本条针对不同的混凝土生产量,规定了用于检查结构构件混凝土强度试件的取样与留置要求。本条为强制性条文,应严格执行。

应指出的是,同条件养护试件的留置组数除应考虑用于确定施工期间结构构件的混凝土强度外,还应根据本标准第10章及附录F的规定,考虑用于结构实体混凝土强度的检验。

7.4.2 由于相同配合比的抗渗混凝土因施工造成的差异不大,故规定了对有抗渗要求的混凝土结构应按同一工程、同一配合比取样不少于一次。由于影响试验结果的因素较多,需要时可多留置几组试件。抗渗试验应符合现行国家标准《普通混凝土长期性能和耐久性能试验方法》GB 50082 的规定。

7.4.3 本条提出了对混凝土原材料计量偏差的要求。各种衡器应定期校验,以保持计量准确。生产过程中应定期测定骨料的含水率,当遇雨天施工或其他原因致使含水率发生显著变化时,应增加测定次数,以便及时调整用水量和骨料用量,使其符合设计配合比的要求。

7.4.4 混凝土的初凝时间与水泥品种、凝结条件、掺用外加剂的品种和数量等因素有关,应由试验确定。当施工环境气温较高时,还应考虑气温对混凝土初凝时间的影响。规定混凝土应连续浇筑并在底层初凝之前将上一层浇筑完毕,主要是为了防止扰动已初凝的混凝土而出现质量缺陷。当因停电等意外原因造成底层混凝土已初凝时,则应在继续浇筑混凝土之前,按照施工技术方案对混凝土接槎的要求进行处理,使新旧混凝土结合紧密,保证混凝土结构的整体性。

7.4.5 混凝土施工缝不应随意留置,其位置应事先在施工技术方案中确定。确定施工缝位置的原则为:尽可能留置在受剪力较小的部位;留置部位应便于施工。承受动力作用的设备基础,原则上不应留置施工缝;当必须留置时,应符合设计要求并按施工技术方案执行。

7.4.6 混凝土后浇带对避免混凝土结构的温度收缩裂缝等有较大作用。混凝土后浇带位置应按设计要求留置,后浇带混凝土的浇筑时间、处理方法等也应事先在施工技术方案中确定。

7.4.7 养护条件对于混凝土强度的增长有重要影响。在施工过程中,应根据原材料、配合比、浇筑部位和季节等具体情况,制订合理的施工技术方案,采取有效的养护措施,保证混凝土强度正常增长。

8 现浇结构分项工程

现浇结构分项工程以模板、钢筋、预应力、混凝土四个分项工程为依托，是拆除模板后的混凝土结构实物外观质量、几何尺寸检验等一系列技术工作的总称。现浇结构分项工程可按楼层、结构缝或施工段划分检验批。

8.1 一 般 规 定

8.1.1 对现浇结构外观质量的验收，采用检查缺陷，并对缺陷的性质和数量加以限制的方法进行。本条给出了确定现浇结构外观质量严重缺陷、一般缺陷的一般原则。各种缺陷的数量限制可由各地根据实际情况作出具体规定。当外观质量缺陷的严重程度超过本条规定的一般缺陷时，可按严重缺陷处理。在具体实施中，外观质量缺陷对结构性能和使用功能等的影响程度，应由监理（建设）单位、施工单位等各方共同确定。对于具有重要装饰效果的清水混凝土，考虑到其装饰效果属于主要使用功能，故将其表面外形缺陷、外表缺陷确定为严重缺陷。

8.1.2 现浇结构拆模后，施工单位应及时会同监理（建设）单位对混凝土外观质量和尺寸偏差进行检查，并作出记录。不论何种缺陷都应及时进行处理，并重新检查验收。

8.2 外 观 质 量

8.2.1 外观质量的严重缺陷通常会影响到结构性能、使用功能或耐久性。对已经出现的严重缺陷，应由施工单位根据缺陷的具体情况提出技术处理方案，经监理（建设）单位认可后进行处理，并重新检查验收。本条为强制性条文，应严格执行。

8.2.2 外观质量的一般缺陷通常不会影响到结构性能、使用功能，但有碍观瞻。故对已经出现的一般缺陷，也应及时处理，并重新检查验收。

8.3 尺 寸 偏 差

8.3.1 过大的尺寸偏差可能影响结构构件的受力性能、使用功能，也可能影响设备在基础上的安装、使用。验收时，应根据现浇结构、混凝土设备基础尺寸偏差的具体情况，由监理（建设）单位、施工单位等各方共同确定尺寸偏差对结构性能和安装使用功能的影响程度。对超过尺寸允许偏差且影响结构性能和安装、使用功能的部位，应由施工单位根据尺寸偏差的具体情况提出技术处理方案，经监理（建设）单位认可后进行处理，并重新检查验收。本条为强制性条文，应严格执行。

8.3.2 本条给出了现浇结构和设备基础尺寸的允许偏差及检验方法。在实际应用时，尺寸偏差除应符合本条规定外，还应满足设计或设备安装提出的要求。尺寸偏差的检验方法可采用表 8.3.2-1 和表 8.3.2-2 中的方法，也可采用其他方法和相应的检测工具。

9 装配式结构分项工程

装配式结构分项工程以模板、钢筋、预应力、混凝土四个分项工程为依托，是预制构件产品质量检验、结构性能检验、预制构件的安装等一系列技术工作和完成结构实体的总称。本章所指预制构件包括在预制构件厂和施工现场制作的构件。装配式结构分项工程可按楼层、结构缝或施工段划分检验批。

9.1 一般规定

9.1.1 装配式结构的结构性能主要取决于预制构件的结构性能和连接质量。因此，应按本标准第 9.2 节及附录 E 的规定对预制构件进行结构性能检验，合格后方能用于工程。本条为强制性条文，应严格执行。

9.1.2 预制底部构件与后浇混凝土层的连接质量对叠合结构的受力性能有重要影响，叠合面应按设计要求进行处理。

9.1.3 预制构件经装配施工后，形成的装配式结构与现浇结构在外观质量、尺寸偏差等方面的质量要求一致，故可按本标准第 8 章的相应规定进行检查验收。

9.2 预制构件

9.2.1 本条提出了对构件标志和构件上的预埋件、插筋和预留孔洞的规格、位置和数量的要求，这些要求是构件出厂、事故处理以及对构件质量进行验收所必需的。

9.2.2~9.2.4 预制构件制作完成后，施工单位应对构件外观质量和尺寸偏差进行检查，并作出记录。不论何种缺陷都应及时按技术处理方案进行处理，并重新检查验收。

9.2.5 本条给出了预制构件尺寸的允许偏差及检验方法。对形状复杂的预制构件，其细部尺寸的允许偏差可参考表 9.2.5 中的方法，也可采用其他方法和相应的检测工具。

9.3 结构性能检验

9.3.1 本条对预制构件结构性能检验的检验批、检验数量、检验内容和检验方法作出了规定，明确指出了试验参数及检验指标应符合标准图或设计的要求。本条还给出了简化或免作结构性能检验的条件。

9.3.2 本条为预制构件承载力检验的要求。根据混凝土结构设计规范对混凝土结构用钢筋的选择，考虑到配置钢丝、钢绞线及热处理钢筋的预应力构件具有较好的延性，故对此类构件受力主筋处的最大裂缝宽度达到 1.5mm 或挠度达到跨度的 1/50 时的承载力检验系数允许值调整为 1.35。根据混凝土结构设计规范对混凝土材料分项系数的调整，混凝土强度设计值降低，因此与混凝土破坏相关的承载力检验系数允许值均增加了 0.05。

在加载试验过程中，应取首先达到的标志所对应的检验系数允许值进行检验。

9.3.3 本条为预制构件挠度检验的要求。挠度检验公式（9.3.3-1）和公式（9.3.3-3）分别为根据混凝土结构设计规范规定的使用要求和按实际构件配筋情况确定的挠度检验要求。

9.3.4 本条为预应力预制构件抗裂检验的要求。检验指标的计算公式是根据预应力混凝土构件的受力原理，并按留有一定检验余量的原则而确定的。

9.3.5 本条为预制构件裂缝宽度检验的要求。混凝土结构设计规范中将允许出现裂缝的构件最大裂缝宽度限值规定为：0.2mm、0.3mm 和 0.4mm。在构件检验时，考虑标准荷载与准永久荷载的关系，换算为最大裂缝宽度的检验允许值。

9.3.6 本条给出了预制构件结构性能检验结果的验收合格条件。根据我国的实际情况，结构性能检验尚难于增加抽检数量。为了提高检验效率，结构性能检验的三项指标均采用了复式抽样检验方案。由于量测精度所限，故不再对裂缝宽度检验作二次抽检的要求。

当第一次检验的构件有某些项检验实测值不满足相应的检验指标要求，但能满足第二次检验指标要求时，可进行第二次抽样检验。

本次修订调整了承载力及抗裂检验二次抽检的条件，原为检验系数的 0.95 倍，现改为检验系数的允许值减 0.05，这样可与附录 E 中的加载程序实现同步，明确并简化了加载检验。

应该指出的是，抽检的每一个试件，必须完整地取得三项检验结果，不得因某一项检验项目达到二次抽样检验指标要求就中途停止试验而不再对其余项目进行检验，以免漏判。

9.4 装配式结构施工

9.4.1 预制构件作为产品，进入装配式结构的施工现场时，应按批检查合格证件，以保证其外观质量、尺寸偏差和结构性能符合要求。

9.4.2 预制构件与结构之间的钢筋连接对装配式结构的受力性能有重要影响。本条提出了对接头质量的要求。

9.4.3 装配式结构施工时，尚未形成完整的结构受力体系。本条提出了对接头混凝土尚未达到设计强度时，施工中应该注意的事项。

9.4.4 预制构件往往因码放或运输时支垫不当而引起非设计状态下的裂缝或其他缺陷，实际操作时应根据标准图或设计的要求进行支垫。

9.4.5 为了保证预制构件安装就位准确，吊装前应在预制构件和相应的安装位置上作出必要的控制标志。

9.4.6 预制构件吊装时，绳索夹角过小容易引起非设计状态下的裂缝或其他缺陷。本条规定了预制构件吊装时应该注意的事项。

9.4.7 预制构件安装就位后，应有一定的临时固定措施，否则易发生倾倒、移位等事故。

9.4.8 本条对装配式结构接头、拼缝的填充材料及其浇筑、养护提出了要求。

10 混凝土结构子分部工程

10.1 结构实体检验

10.1.1 根据国家标准《建筑工程施工质量验收统一标准》GB 50300-2001规定的原则，在混凝土结构子分部工程验收前应进行结构实体检验。结构实体检验的范围仅限于涉及安全的柱、墙、梁等结构构件的重要部位。结构实体检验采用由各方参与的见证抽样形式，以保证检验结果的公正性。

对结构实体进行检验，并不是在子分部工程验收前的重新检验，而是在相应分项工程验收合格、过程控制使质量得到保证的基础上，对重要项目进行的验证性检查，其目的是为了加强混凝土结构的施工质量验收，真实地反映混凝土强度及受力钢筋位置等质量指标，确保结构安全。

10.1.2 考虑到目前的检测手段，并为了控制检验工作量，结构实体检验主要对混凝土强度、重要结构构件的钢筋保护层厚度两个项目进行。当工程合同有约定时，可根据合同确定其他检验项目和相应的检验方法、检验数量、合格条件，但其要求不得低于本标准的规定。当有专门要求时，也可以进行其他项目的检验，但应由合同作出相应的规定。

10.1.3、10.1.4 试验研究和工程调查表明，与结构实体混凝土组成成分、养护条件相同的同条件养护试件，其强度可作为检验结构实体混凝土强度的依据。本标准给出了利用同条件养护试件强度判定结构实体混凝土强度合格与否的一般方法。同条件养护试件强度的判定，仍按现行国家标准《混凝土强度检验评定标准》GBJ 107的有关规定执行。这里所指的混凝土强度检验，除应对现浇结构进行之外，还应包括装配式结构中的现浇部分。

10.1.5 钢筋的混凝土保护层厚度关系到结构的承载力、耐久性、防火等性能，故除在施工过程中应进行尺寸偏差检查外，还应对结构实体中钢筋的保护层厚度进行检验。钢筋保护层厚度的检验，应按本标准附录G的规定执行。这种检验既针对现浇结构，也针对装配式结构。

10.1.6 随着检测技术的发展，已有相当多的方法可以检测混凝土强度和钢筋保护层厚度。实际应用时，可根据国家现行有关标准采用回弹法、超声回弹综合法、钻芯法、后装拔出法等检测混凝土强度，可优先选择非破损检测方法，以减少检测工作量，必要时可辅以局部破损检测方法。当采用局部破损检测方法时，检测完成后应及时修补，以免影响结构性能及使用功能。

必要时，可根据实际情况和合同的规定，进行实体的结构性能检验。

10.2 混凝土结构子分部工程验收

10.2.1 本条列出了混凝土结构子分部工程施工质量验收时应提供的主要文件和记录，反映了从基本的检验批开始，贯彻于整个施工过程的质量控制结果，落实了过程控制的基本原则，是确保工程质量的重要证据。

10.2.2 根据中国建筑工程总公司《建筑工程施工质量统一标准》ZJQ00－SG－013－2006 的规定，给出了混凝土结构子分部工程质量合格、优良条件。其中，观感质量验收应按本标准第 8 章、第 9 章的有关混凝土结构外观质量的规定检查。

10.2.3 根据国家标准《建筑工程施工质量验收统一标准》GB 50300 的规定，给出了当施工质量不符合要求时的处理方法。这些不同的验收处理方式是为了适应我国目前的经济技术发展水平，在保证结构安全和基本使用功能的条件下，避免造成不必要的经济损失和资源浪费。

10.2.4 本条提出了对验收文件存档的要求。这不仅是为了落实在设计使用年限内的责任，而且在有必要进行维护、修理、检测、加固或改变使用功能时，可以提供有效的依据。

附录 A 检验批质量验收、评定记录

A.0.1 检验批的质量验收记录应由施工项目专业工长填写，项目专职质量检查员评定，监理工程师（建设单位项目专业技术负责人）组织项目有关人员进行验收。

附录 B 分项工程质量验收、评定记录

B.0.1 各分项工程质量验收记录由项目专职质量检查员填写并评定等级，由监理工程师（建设单位项目专业技术负责人）组织项目专业技术负责人等进行验收。

分项工程的质量验收在检验批验收合格的基础上进行。一般情况下，两者具有相同或相近的性质，只是批量大小可能存在差异，因此，分项工程质量验收记录是各检验批质量验收记录的汇总。

附录 C 分部（子分部）工程质量验收、评定记录

C.0.1 混凝土结构子分部工程质量应由总监理工程师（建设单位项目专业负责人）组织施工项目经理和有关勘察、设计单位项目负责人进行验收。

由于模板在子分部工程验收时已不在结构中，且结构实体外观质量、尺寸偏差等项目的检验反映了模板工程的质量，因此，模板分项工程可不参与混凝土结构子分部工程质量的验收。

附录 D 纵向受力钢筋的最小搭接长度

D.0.1～D.0.3 根据现行国家标准《混凝土结构设计规范》GB 50010的规定，绑扎搭接受力钢筋的最小搭接长度应根据钢筋强度、外形、直径及混凝土强度等指标经计算确定，并根据钢筋搭接接头面积百分率等进行修正。为了方便施工及验收，给出了确定纵向受拉钢筋最小搭接长度的方法以及受拉钢筋搭接长度的最低限值。

D.0.4 本条给出了确定纵向受压钢筋最小搭接长度的方法以及受压钢筋搭接长度的最低限值。

附录 E 预制构件结构性能检验方法

E.0.1 考虑到低温对混凝土性能的影响，明确规定构件应在0℃以上的温度中进行试验。蒸汽养护后出池的构件，因混凝土性能尚未处于稳定状态，故不能立即进行试验，而应冷却至常温后方可进行。

E.0.2 承受较大集中力或支座反力的构件，为避免可能引起的局部受压破坏，应对试验可能达到的最大荷载值做充分的估计，并按混凝土结构设计规范进行局部受压承载力验算。预制构件局部受压处配筋构造应予加强，以保证安全。

E.0.3 本条给出了荷载布置的一般要求和荷载等效布置的原则。

E.0.4 当进行不同形式荷载的组合加载（包括均布荷载、集中荷载、水平荷载、竖向荷载等）试验时，各种荷载应按比例增加，以符合设计要求。

E.0.5 在正常使用极限状态检验时，每级加载值不应大于荷载标准值的20%或10%；当接近抗裂荷载检验值时，每级加载值不宜大于荷载标准值的5%。当进入承载力极限状态检验时，每级加载值不宜大于荷载设计值的5%。这给加载等级设计以更大的灵活性，可适应检验指标调整带来的影响，并可与复式抽样检验实现同步加载检验。

E.0.6 为了反映混凝土材料的塑性特征，规定了加载后的持荷时间。

E.0.7 本条明确规定了承载力检验荷载实测值的取值方法。此处"规定的荷载持续时间结束后"，系指本级荷载持续时间结束后至下一级荷载加荷完成前的一段时间。

E.0.8 公式（E.0.8-1）中，a_s^0 为外加试验荷载作用下构件跨中的挠度实测值，其取值应避免混入构件自重和加荷设备重产生的挠度。公式（E.0.8-3）中，M_b 和 a_b^0 均为开裂前一级的外加试验荷载产生的相应值，计算时应避免任意取值。此时，近似认为挠度随荷载增加仍呈线性变化。

E.0.9 本条对挠度实测值的修正作出了规定。等效集中力加载时，虽控制截面上的主要内力值相等，但变形及其他内力值仍有差异，因此应考虑加载形式不同引起的变化。

E.0.10 本条给出了预制构件裂缝观测的要求和开裂荷载实测值的确定方法。

E.0.11 构件加载试验时，应采取可靠措施保证试验人员和仪表设备的安全。本条给出了试验时的安全注意事项。

E.0.12 结构性能检验试验报告的原则要求是真实、准确、完整。本条给出了对试验报告的具体要求，应遵照执行。

附录 F 结构实体检验用同条件养护试件强度检验

F.0.1 本附录规定的结构实体检验，可采用对同条件养护试件强度进行检验的方法进行。这是根据试验研究和工程调查确定的。

本条根据对结构性能的影响及检验结果的代表性，规定了结构实体检验用同条件养护试件的留置方式和取样数量。同条件养护试件应由各方在混凝土浇筑入模处见证取样。同一强度等级的同条件养护试件的留置数量不宜少于10组，以构成按统计方法评定混凝土强度的基本条件；留置数量不应少于3组，是为了按非统计方法评定混凝土强度时，有足够的代表性。

F.0.2 本条规定在达到等效养护龄期时，方可对同条件养护试件进行强度试验，并给出了结构实体检验用同条件养护试件龄期的确定原则：同条件养护试件达到等效养护龄期时，其强度与标准养护条件下28d龄期的试件强度相等。

同条件养护混凝土试件与结构混凝土的组成成分、养护条件等相同，可较好地反映结构混凝土的强度。由于同条件养护的温度、湿度与标准养护条件存在差异，故等效养护龄期并不等于28d，具体龄期可由试验研究确定。

F.0.3 试验研究表明，通常条件下，当逐日累计养护温度达到600℃·d时，由于基本反映了养护温度对混凝土强度增长的影响，同条件养护试件强度与标准养护条件下28d龄期的试件强度之间有较好的对应关系。当气温为0℃及以下时，不考虑混凝土强度的增长，与此对应的养护时间不计入等效养护龄期。当养护龄期小于14d时，混凝土强度尚处于增长期；当养护龄期超过60d时，混凝土强度增长缓慢，故等效养护龄期的范围宜取为14d～60d。

结构实体混凝土强度通常低于标准养护条件下的混凝土强度，这主要是由于同条件养护试件养护条件与标准养护条件的差异，包括温度、湿度等条件的差异。同条件养护试件检验时，可将同组试件的强度代表值乘以折算系数1.10后，按现行国家标准《混凝土强度检验评定标准》GBJ 107评定。折算系数1.10主要是考虑到实际混凝土结构及同条件养护试件可能失水等不利于强度增长的因素，经试验研究及工程调查而确定的。各地区也可根据当地的试验统计结果对折算系数作适当的调整，但需增大折算系数时应持谨慎态度。

F.0.4 在冬期施工条件下，或出于缩短养护期的需要，可对结构构件采取人工加热养护。此时，同条件养护试件的留置方式和取样数量仍应按本附录第F.0.1条的规定确定，其等效养护龄期可根据结构构件的实际养护条件和当地实践经验（包括试验研究结果），由监理（建设）、施工等各方根据第F.0.2条的规定共同确定。

附录G 结构实体钢筋保护层厚度检验

G.0.1、G.0.2 对结构实体钢筋保护层厚度的检验，其检验范围主要是钢筋位置可能显著影响结构构件承载力和耐久性的构件和部位，如梁、板类构件的纵向受力钢筋。由于悬臂构件上部受力钢筋移位可能严重削弱结构构件的承载力，故更应重视对悬臂构件受力钢筋保护层厚度的检验。

"有代表性的部位"是指该处钢筋保护层厚度可能对构件承载力或耐久性有显著影响的部位。对梁柱节点等钢筋密集的部位，检验存在困难，在抽取钢筋进行检测时可避开这种部位。

对板类构件，应按有代表性的自然间抽查。对大空间结构的板，可先按纵、横轴线划分检查面，然后抽查。

G.0.3 保护层厚度的检测，可根据具体情况，采用保护层厚度测定仪器量测，或局部开槽钻孔测定，但应及时修补。

G.0.4 考虑施工扰动等不利因素的影响，结构实体钢筋保护层厚度检验时，其允许偏差在钢筋安装允许偏差的基础上作了适当调整。

G.0.5 本条明确规定了结构实体检验中钢筋保护层厚度的合格点率达到90%及以上可验收为合格；合格点率达到92%及以上可评定为优良。考虑到实际工程中钢筋保护层厚度可能在某些部位出现较大偏差，以及抽样检验的偶然性，当一次检测结果的合格点率小于90%但不小于80%时，可再次抽样，并按两次抽样总和的检验结果进行判定。本条还对抽样检验不合格点最大偏差值作出了限制。

钢结构工程施工质量标准

Standard for construction quality of steel structures

ZJQ00 - SG - 017 - 2006

中国建筑工程总公司

前　言

本标准是根据中国建筑工程总公司中建市管字（2004）5号《关于全面开展中建总公司建筑工程各项专业施工标准编制工作的通知》的要求，由中国建筑第三工程局组织编制。

本标准总结了中国建筑工程总公司系统钢结构工程施工质量管理的实践经验，以"突出质量策划、完善技术标准、强化过程控制、坚持持续改进"为指导思想，以提高质量管理要求为核心，力求在有效控制工程制造成本的前提下，使钢结构工程质量得到切实保证和提高。

本标准是以国家《钢结构工程施工质量验收规范》GB 50205、中国建筑工程总公司《建筑工程施工质量统一标准》ZJQ00－SG－013－2006为基础，综合考虑中国建筑工程总公司所属施工企业的技术水平、管理能力、施工队伍操作工人技术素质和现有市场环境等各方面客观条件，融入工程质量等级评定，以便统一中国建筑工程总公司系统施工企业钢结构工程施工质量的内部验收方法、质量标准、质量等级的评定和程序，为创工程质量的"过程精品"奠定基础。

本标准将根据国家有关规定的变化、企业发展的需要等进行定期或不定期的修订。请各级施工单位在执行标准过程中，注意积累资料、总结经验，并请将意见或建议及有关资料及时反馈中国建筑工程总公司质量管理部门，以供本标准修订时参考。

主编单位：中国建筑第三工程局
参编单位：中建三局股份钢结构公司
主　　编：顾锡明
副 主 编：胡铁生　张修明　熊　涛
编写人员：陈华周　文声杰　方　军　陈文革
　　　　　曾　川　王朝阳

目 次

1 总则 ··· 5—6
2 术语、符号 ·· 5—6
　2.1 术语 ·· 5—6
　2.2 符号 ·· 5—8
3 基本规定 ·· 5—9
　3.1 质量控制原则 ··· 5—9
　3.2 钢结构工程的划分 ·· 5—10
　3.3 质量检验评定等级 ·· 5—10
4 原材料及成品进场 ··· 5—13
　4.1 一般规定 ··· 5—13
　4.2 钢材 ·· 5—13
　4.3 焊接材料 ··· 5—14
　4.4 连接用紧固标准件 ·· 5—15
　4.5 焊接球 ·· 5—16
　4.6 螺栓球 ·· 5—16
　4.7 封板、锥头和套筒 ·· 5—17
　4.8 金属压型板 ·· 5—17
　4.9 涂装材料 ··· 5—18
　4.10 其他 ·· 5—18
5 钢结构焊接工程 ·· 5—19
　5.1 一般规定 ··· 5—19
　5.2 钢构件焊接工程 ··· 5—19
　5.3 焊钉（栓钉）焊接工程 ··· 5—22
6 紧固件连接工程 ·· 5—23
　6.1 一般规定 ··· 5—23
　6.2 普通紧固件连接 ··· 5—23
　6.3 高强度螺栓连接 ··· 5—24
7 钢零件及钢部件加工工程 ·· 5—25
　7.1 一般规定 ··· 5—25
　7.2 切割 ·· 5—25
　7.3 矫正和成型 ·· 5—26
　7.4 边缘加工 ··· 5—28
　7.5 管、球加工 ·· 5—29

5—3

7.6 制孔	5—30
8 钢构件组装工程	5—31
8.1 一般规定	5—31
8.2 焊接H形钢	5—31
8.3 组装	5—32
8.4 端部铣平及安装焊缝坡口	5—32
8.5 钢构件外形尺寸	5—33
9 钢构件预拼装工程	5—34
9.1 一般规定	5—34
9.2 预拼装	5—34
10 单层钢结构安装工程	5—35
10.1 一般规定	5—35
10.2 基础和支承面	5—36
10.3 安装和校正	5—38
11 多层及高层钢结构安装工程	5—41
11.1 一般规定	5—41
11.2 基础和支承面	5—41
11.3 安装和校正	5—42
12 钢网架结构安装工程	5—46
12.1 一般规定	5—46
12.2 支承面顶板和支承垫块	5—46
12.3 总拼与安装	5—47
13 压型金属板工程	5—49
13.1 一般规定	5—49
13.2 压型钢板制作	5—49
13.3 压型钢板安装	5—50
14 钢结构涂装工程	5—51
14.1 一般规定	5—51
14.2 钢结构防腐涂料涂装	5—52
14.3 钢结构防火涂料涂装	5—53
15 必须具备的技术资料	5—54
附录A 紧固件连接工程检验项目	5—55
附录B 钢构件组装的允许偏差	5—59
附录C 钢结构安装的允许偏差	5—66
附录D 钢结构防火涂料涂层厚度测定方法	5—68
附录E 施工现场质量管理检查记录	5—69
附录F 钢结构工程分部（子分部）工程、分项工程划分	5—70
附录G 检验批质量验收、评定记录	5—71
附录H 分项工程质量验收、评定记录	5—88

附录 J 子分部工程质量验收、评定记录 ·· 5—89
附录 K 子分部工程质量控制资料核查记录 ·· 5—91
附录 L 钢结构分部（子分部）工程有关安全及功能的检验和见证检测项目 ········ 5—92
附录 M 钢结构分部（子分部）安装工程观感质量评定表 ·························· 5—93
附录 N 钢结构制作工程观感质量检验评定表 ·· 5—94
本标准用词说明 ·· 5—95
条文说明 ·· 5—96

1 总 则

1.0.1 为加强建筑工程质量管理力度，不断提高中国建筑工程总公司钢结构工程施工全过程的质量控制能力，统一中国建筑工程总公司钢结构工程施工质量及质量等级的检验评定，保证钢结构工程质量，制定本标准。

1.0.2 本标准适用于中国建筑工程总公司所属施工企业总承包施工的单层、多层、高层以及网架、压型金属板等钢结构工程施工质量的检查与评定，并作为中国建筑工程总公司钢结构工程各分项工程施工质量标准编制的统一准则。

1.0.3 本标准主要依据现行国家标准《钢结构工程施工质量验收规范》GB 50205 和中国建筑工程总公司《钢结构工程施工工艺标准》ZJQ00－SG－005－2003 进行编制的，并在此基础上根据实际的操作经验部分项目提高了抽检数量，提高了精度。根据中国建筑工程总公司所属企业施工技术水平、管理能力、施工队伍操作工人技术素质和市场环境等客观条件的现状，体现"过程精品"就是"企业标准"的思想，从符合国家和企业基本要求的"合格工程"中选拔高于合格标准的"优良工程"，中国建筑工程总公司钢结构工程施工的企业质量标准必须与国家规范配合使用。

1.0.4 本标准为中国建筑工程总公司企业标准，主要用于企业内部的钢结构工程质量控制。在工程建设方（甲方）无特定要求时，工程的外部验收应以国家现行的各项质量验收规范为准。若工程的建设方（甲方）要求采用本标准及其所属各项专业标准作为工程的质量标准时，应在施工承包合同中作出明确约定，并明确由于采用本标准而引起的甲、乙双方的相关责任、权利和义务。

2 术语、符号

2.1 术 语

2.1.1 零件 part

组成部件或构件的最小单元，如节点板、翼缘板等。

2.1.2 部件 component

由若干零件组成的单元，如焊接 H 形钢、牛腿等。

2.1.3 构件 element

由零件或由零件和部件组成的钢结构基本单元，如梁、柱、支撑等。

2.1.4 小拼单元 the smallest assembled rigid unit

钢网架结构安装工程中，除散件之外的最小安装单元，一般分平面桁架和锥体两种类型。

2.1.5 中拼单元 intermediate assembled structure

钢网架结构安装工程中，由散件和小拼单元组成的安装单元，一般分条状和块状两种类型。

2.1.6 高强度螺栓连接副 set of high strength bolt

高强度螺栓和与之配套的螺母、垫圈的总称。

2.1.7 抗滑移系数 slip coefficient of faying surface

高强度螺栓连接中，使连接件摩擦面产生滑动时的外力与垂直于摩擦面的高强度螺栓预拉力之和的比值。

2.1.8 预拼装 test assembling

为检验构件是否满足安装质量要求而进行的拼装。

2.1.9 空间刚度单元 space rigid unit

由构件构成的基本的稳定空间体系。

2.1.10 焊钉（栓钉）焊接 stud welding

将焊钉（栓钉）一端与板件（或管件）表面接触通电引弧，待接触面熔化后，给焊钉（栓钉）一定压力完成焊接的方法。

2.1.11 环境温度 ambient temperature

制作或安装时现场的温度。

2.1.12 验收 acceptance

建筑工程在施工单位自行质量检查评定的基础上，参与建设活动的有关单位共同对检验批、分项、分部、单位工程的质量进行抽样复验，根据相关标准以书面形式对工程质量达到合格与否的确认。

2.1.13 进场验收 site acceptance

对进入施工现场的材料、构配件、设备等按相关标准规定要求进行检验，对产品达到合格与否作出确认。

2.1.14 检验批 inspection lot

按同一的生产条件或按规定的方式汇总起来供检验用的，由一定数量的样本组成的检验体。

2.1.15 检验 inspection

对检验项目中的性能进行量测、检查、试验等，并将结果与标准规定要求进行比较，以确定每项性能是否合格所进行的活动。

2.1.16 见证取样检测 evidential testing

在监理单位或建设单位监督下，由施工单位有关人员现场取样，并送至具备相应资质的检测单位所进行的检测。

2.1.17 交接检验 handing over inspection

由施工的承接方与完成方经双方检查并对可否继续施工作出确认的活动。

2.1.18 主控项目 dominant item

建筑安全中对安全、卫生、环境保护和公众利益起决定性作用的检验项目。

2.1.19 一般项目 general item

除主控项目以外的检验项目。

2.1.20 观感质量 quality of appearance

通过观察和必要的量测所反映的工程外在质量。

2.1.21 返修 repair

对工程不符合标准规定的部位采取整修等措施。

2.1.22 返工 rework

对不合格的工程部位采取的重新制作、重新施工等措施。

2.1.23 产品质量证明文件 document of testifying quality

可以证明用于工程的材料、设备、成品、半成品质量的产品合格证、质量保证书、质量检测报告、产品认证证明等文字资料。

2.1.24 质量控制资料 data of quality control

反映施工过程质量控制的各项工作，可以证明工程内在质量，并与施工同步形成的技术、管理资料。

2.2 符 号

2.2.1 作用及作用效果

P——高强度螺栓设计预拉力

ΔP——高强度螺栓预拉力的损失值

T——高强度螺栓检查扭矩

T_c——高强度螺栓终拧扭矩

T_o——高强度螺栓初拧扭矩

2.2.2 几何参数

a——间距

b——宽度或板的自由外伸宽度

d——直径

e——偏心距

f——挠度、弯曲矢高

H——柱高度

H_i——各楼层高度

h——截面高度

h_e——角焊缝计算厚度

l——长度、跨度

R_a——轮廓算术平均偏差（表面粗糙度参数）

r——半径

t——板、壁的厚度

Δ——增量

2.2.3 其他

K——系数

3 基本规定

3.1 质量控制原则

3.1.1 钢结构施工单位应具备相应资质的钢结构工程施工资质，施工现场质量管理应依据相应的中国建筑工程总公司企业施工技术标准和《中国建筑工程总公司质量管理条例》对工程质量进行全面控制。

3.1.2 钢结构工程施工质量的验收，必须采用经计量检定、校准合格的计量器具。

3.1.3 钢结构工程施工现场必须建立施工质量检验制度和综合施工质量水平评定考核制度。施工现场质量管理可按本标准附录 E 的要求进行检查记录。

3.1.4 钢结构工程应按下列规定进行施工质量控制：

 1 工程中采用的全部材料、及成品均应进行现场验收。凡涉及安全、功能的有关产品，应按国家各有关专业工程质量验收规范的规定进行复验，并应经监理工程师（建设单位技术负责人）检查认可。上述各项验收及复验均应有相应的文字记录，供应方必须提供产品的相关质量证明文件的原件，当确实无法提供其原件时，除必须提供抄件外还应在抄件上注明原件存放单位、抄件人、抄件单位、抄件日期并由抄件单位盖章。

 2 每道工序均应按施工技术标准进行质量控制，工序施工完成后，应进行检查并作相应的记录。

 3 相关各专业工种之间，应进行质量交接检查，并形成记录。未经监理工程师（建设单位技术负责人）检查认可，不得进行下道工序施工。

3.1.5 建筑工程施工质量应按下列要求进行验收与评定：

 1 建筑工程施工质量应符合《中国建筑工程总公司建筑工程施工工艺标准》、本标准和相关的总公司专业质量标准的规定。在上述标准没有明确规定的情况下必须符合国家有关标准、规范的规定。

 2 建筑工程施工质量应符合工程勘察、设计文件的要求。

 3 参加工程质量验收与评定的人员应具备规定的资格。

 4 工程质量的验收与评定均应在各专业施工单位（班组）自行检查评定的基础上进行。

 5 隐蔽工程在隐蔽前应由施工单位（班组）通知项目有关人员进行检查与评定，形成文件后通知监理工程师（建设单位技术负责人）进行验收并形成验收文件。

 6 涉及结构安全的试块、试件以及有关材料，应按规定进行见证取样检测。

 7 检验批的质量应按主控项目和一般项目进行检查与评定。

 8 对涉及结构安全和使用功能的重要分部工程应进行抽样检测。

 9 承担见证取样检测及有关结构安全检测的单位应具有相应资质。

 10 工程的观感质量应由验收人员通过现场检查，共同确认，并作记录。

3.2 钢结构工程的划分

3.2.1 钢结构工程的质量检验和评定应划分为钢结构安装工程和钢结构制作工程。

钢结构安装工程应按检验批、分项工程、分部工程进行质量检验和评定；

钢结构制作工程应按检验批、分项工程、分部工程和制作项目进行质量检验和评定。

3.2.2 钢结构分部分项的划分应符合下列规定，具体划分见附录F。

  1 钢结构安装工程。

    1）检验批。应按钢结构焊接、钢结构高强度螺栓连接、钢结构主体结构安装、钢结构围护结构安装、钢平台钢梯和防护栏杆安装、压型金属板的安装和钢结构涂装等主要工种和工序，分楼层、施工段等进行划分。

    2）分项工程。应按钢结构焊接、钢结构高强度螺栓连接、钢结构主体结构安装、钢结构围护结构安装、钢平台钢梯和防护栏杆安装、压型金属板的安装和钢结构涂装等主要工种和工序工程进行划分。

    3）分部（子分部）工程。钢结构工程作为所有主体分部工程中的一部分。

  2 钢结构制作工程。

    1）检验批。应按钢柱焊接、钢柱制作、钢柱涂装、钢桁架焊接、钢桁架制作、钢桁架涂装、钢桁架组装高强度螺栓连接、钢吊车梁和钢梁焊接、钢吊车梁和钢梁制作、钢吊车梁和钢梁涂装和压型金属板制作等构件种类的主要工种，分楼层、施工段等进行划分。

    2）分项工程。应按钢柱焊接、钢柱制作、钢柱涂装、钢桁架焊接、钢桁架制作、钢桁架涂装、钢桁架组装高强度螺栓连接、钢吊车梁和钢梁焊接、钢吊车梁和钢梁制作、钢吊车梁和钢梁涂装和压型金属板制作等构件种类的主要工种工程进行划分。

    3）分部工程。应按钢柱制作、吊车梁制作、桁架制作、墙架连接系统构件制作、钢平台、钢梯和防护栏杆制作等构件种类进行划分。

    4）制作项目应按钢结构安装分部工程的划分或钢结构制作合同规定的全部构件制作进行划分。

3.3 质量检验评定等级

3.3.1 本标准的检验批、分项工程和分部工程或制作项目的质量检验评定应划分为"优良"与"合格"两个等级。

3.3.2 检验批的质量等级应符合以下规定：

  1 合格

    1）主控项目的质量必须符合中国建筑工程总公司相应的《建筑工程施工工艺标准》的合格规定；

    2）一般项目的质量应符合中国建筑工程总公司相应的《建筑工程施工工艺标准》的合格规定。当采用抽样检验时，其抽样数量（比例）应符合本标准的规定，允许偏差实测值应有不低于80%的点数在相应质量标准的规定范围之内，且最大偏差值不应超过1.5倍的允许偏差值；
3) 具有完整的施工操作依据，详实的质量控制及质量检查记录。
2 优良
1) 主控项目应全数进行检查，并必须符合本标准的规定；
2) 一般项目应全数检查，并符合本标准的规定，允许偏差实测值应有不低于90%的点数在本标准的范围之内，且最大偏差值不应超过1.2倍的允许偏差值；
3) 具有完整的施工操作依据，详实的质量控制及质量检查记录。

3.3.3 分项工程的质量等级应符合以下规定：
1 合格
1) 分项工程所含检验批的质量均达到本标准的合格等级；
2) 分项工程所含检验批的施工操作依据、质量检查、验收记录完整。
2 优良
1) 分项工程所含检验批全部达到本标准的合格等级并且有70%及以上的检验批的质量达到本标准的优良等级；
2) 分项工程所含检验批的施工操作依据、质量检查、验收记录完整。

3.3.4 分部工程的质量等级应符合以下规定：
1 合格
1) 分部（子分部）工程所含分项工程的质量全部达到本标准的合格等级；
2) 质量控制资料完整；
3) 分部工程有关安全及功能的检验和抽样检测结果应符合有关规定；
4) 观感质量评定的得分率应不低于80%。
2 优良
1) 分部（子分部）工程所含分项工程的质量全部达到本标准的合格等级，并且其中有70%及其以上达到本标准的优良等级；
2) 质量控制资料完整；
3) 分部工程有关安全及功能的检验和抽样检测结果应符合有关规定；
4) 观感质量评定的得分率达到90%以上。

3.3.5 单位（子单位）工程的质量等级应符合以下规定：
1 合格
1) 所含分部（子分部）工程的质量应全部达到本标准的合格等级；
2) 质量控制资料完整，所含分部（子分部）工程有关安全和功能的检测资料完整；
3) 主要功能项目的抽查结果应符合相关专业质量验收规范的规定；
4) 观感质量的评定得分率不低于80%。
2 优良
1) 所含分部（子分部）工程的质量应全部达到本标准的合格等级，其中应有不低于80%的分部（子分部）达到优良等级，并且重要的分部工程必须达到优

良等级,有特殊要求的分部工程必须优良;

　　2) 质量控制资料完整,所含分部(子分部)工程有关安全和功能的检测资料完整;

　　3) 主要功能项目的抽查结果应符合钢结构质量验收规范的规定;

　　4) 观感质量评定的得分率应不低于90%。

3.3.6 当检验批质量不符合相应质量标准合格的规定时,必须及时处理,并应按以下规定确定其质量等级:

　1 返工重做的可重新评定质量等级;

　2 经返修能够达到质量标准要求的,其质量仅应评定为合格等级。

3.3.7 钢结构工程观感质量的检验评定应符合下列规定:

　1 钢结构安装工程的观感质量检验评定应按高强度螺栓连接、焊接接头安装螺栓连接、焊缝缺陷、焊渣飞溅、结构外观、普通涂层表面、防火涂层表面、标记基准点、金属压型板、梯子栏杆平台等10个项目进行。其质量标准应符合下列规定:

　　1) 高强度螺栓连接:螺栓、螺母、垫圈安装正确,方向一致,已作终拧标记;

　　2) 焊接接头安装螺栓连接:安装螺栓齐全或基本齐全,未装安装螺栓的孔已按规定处理;

　　3) 焊缝缺陷:焊缝无致命缺陷和严重缺陷;

　　4) 焊渣飞溅:焊渣飞溅清除干净,表面缺陷已按规定处理;

　　5) 结构外观:构件无变形,现场切割割口平整;构件表面无焊疤、油污和粘结泥沙,连接在结构上的临时设施已拆除或已处理;

　　6) 普通涂层表面:不应误涂、漏涂,涂层不应脱皮和返锈等。涂层应均匀,无明显皱皮、流坠、针眼和气泡等缺陷;

　　7) 防火涂层表面:防火涂料不应有误涂、漏涂,涂层应闭合无脱层、空鼓、明显凹陷、粉化松散和浮浆等外观缺陷,乳突已剔除;

　　8) 标记基准点:大型重要钢结构应设置沉降观测基准点;厂房钢柱和钢构筑物有中心标志;

　　9) 金属压型板:表面平整清洁、无明显凸凹,檐口、屋脊平行,固定螺栓牢固、布置整齐,密封材料敷设良好;

　　10) 梯子、栏杆、平台:连接牢固、平直、光滑。

　2 钢结构制作项目的观感质量检验评定,应按切割缺陷、切割精度、钻孔、焊缝缺陷、焊渣飞溅、结构外观、涂装缺陷、涂装外观、高强度螺栓连接面、标记等10个项目进行。其质量标准应符合下列规定:

　　1) 切割缺陷:断面无裂纹、夹层和超过规定的缺口;

　　2) 切割精度:粗糙度、不平度、上边缘熔化符合规定;

　　3) 钻孔:成型良好,孔边无毛刺;

　　4) 焊缝缺陷:焊缝无致命缺陷和严重缺陷;

　　5) 焊渣飞溅:焊渣飞溅清除干净,表面缺陷已按规定处理;

　　6) 结构外观:构件无变形,构件表面无焊疤、油污粘结泥沙;

　　7) 涂装缺陷:涂层无脱落和返锈,无误涂、漏涂;

8）涂装外观：涂刷均匀，色泽无明显差异，无流挂起皱，构件因切割、焊接而烘烤变质的漆膜已处理；

9）高强度螺栓连接面：无氧化铁皮、毛刺、焊疤、不应有的涂料和油污；

10）标记：中心、标高、吊装标志齐全，位置准确，色泽鲜明。

3 观感质量应由3人及以上共同检验评定。检验人员应对每个项目随机确定10处（件）进行检验，并应按本标准规定对每处（件）分别进行评定。

3.3.8 当工程质量经检验不符合本标准合格的规定时，应进行处理，并应按下列规定确定其质量等级：

1 返工的可重新评定质量等级；

2 经加固补强或经法定检测单位鉴定能够达到设计要求的，其质量仅可评为合格；

3 经法定检测单位鉴定达不到原设计要求，但经设计单位认可能够满足结构安全和使用功能要求可不加固补强的；或经加固补强改变外形尺寸和造成永久性缺陷的，其质量可定为合格，但分部工程和单位工程（制作项目）不应评为优良。

4 原材料及成品进场

4.1 一 般 规 定

4.1.1 本章适用于进入钢结构各分项工程实施现场的主要材料零（部）件、成品件、标准件等产品的进场验收。

4.1.2 进场验收的检验批原则上应与各分项工程检验批一致，也可以根据工程规模及进料实际情况划分检验批。

4.2 钢 材

主 控 项 目

4.2.1 钢材、钢铸件的品种、规格、性能等应符合现行国家产品标准和设计要求。进口钢材产品的质量应符合设计和合同规定标准的要求。

检查数量：全数检查。

检验方法：检查质量合格证明文件、中文标志及检验报告等。

4.2.2 对属于下列情况之一的钢材，应进行抽样复验，其复验结果应符合现行国家产品标准和设计要求。

1 国外进口钢材；

2 钢材混批；

3 板厚不小于40mm，且设计有Z向性能要求的厚板；

4 建筑结构安全等级为一级，大跨度钢结构中主要受力构件所采用的钢材；

5 设计有复验要求的钢材；

6 对质量有疑义的钢材；

检查数量：全数检查。

检验方法：检查复验报告。

一 般 项 目

4.2.3 钢板厚度及允许偏差应符合其产品标准的要求。

检查数量：每一品种、规格的钢板抽查 5 处。

检验方法：用游标卡尺量测。

4.2.4 型钢的规格尺寸及允许偏差应符合其产品标准的要求。

检查数量：每一品种、规格的型钢抽查 5 处。

检验方法：用钢尺和游标卡尺量测。

4.2.5 钢材的表面外观质量除应符合国家现行有关标准的规定外，尚应符合下列规定：

1 当钢材的表面有锈蚀、麻点或划痕等缺陷时，其深度不得大于该钢材厚度负允许偏差值的 1/2；

2 钢材表面的锈蚀等级应符合现行国家标准《涂装前钢材表面锈蚀等级和除锈等级》GB 8923 规定的 C 级及 C 级以上；

3 钢材端边或断口处不应有分层、夹渣等缺陷。

检查数量：全数检查。

检验方法：观察检查。

4.3 焊 接 材 料

主 控 项 目

4.3.1 焊接材料的品种、规格、性能等应符合现行国家产品标准和设计要求。

检查数量：全数检查。

检验方法：检查焊接材料的质量合格证明文件、中文标志及检验报告等。

4.3.2 重要钢结构采用的焊接材料应进行抽样复验，复验结果应符合现行国家产品标准和设计要求。

检查数量：全数检查。

检验方法：检查复验报告。

一 般 项 目

4.3.3 焊钉及焊接瓷环的规格、尺寸及偏差应符合现行国家标准《圆柱头焊钉》GB 10433 中的规定。

检查数量：按量抽查1%，且不应少于10套。
检验方法：观察检查。

4.3.4 焊条外观不应有药皮脱落、焊芯生锈等缺陷；焊剂不应受潮结块。

检查数量：按量抽查1%，且不应少于10包。
检验方法：观察检查。

4.4 连接用紧固标准件

主 控 项 目

4.4.1 钢结构连接用高强度大六角头螺栓连接副、扭剪型高强度螺栓连接副、钢网架用高强度螺栓、普通螺栓、铆钉、自攻钉、拉铆钉、射钉、锚栓（机械型和化学试剂型）、地脚螺栓等紧固标准件及螺母、垫圈等标准配件，其品种、规格、性能等应符合现行国家产品标准和设计要求。高强度大六角头螺栓连接副和扭剪型高强度螺栓连接副出厂时分别随箱带有扭矩系数和紧固轴力（预拉力）的检验报告。

检查数量：全数检查。
检验方法：检查产品的质量合格证明文件、中文标志及检验报告等。

4.4.2 高强度大六角头螺栓连接副应按本标准附录A的规定检验其扭矩系数，其结果应符合本标准附录A的规定。

检查数量：见本标准附录A。
检验方法：检查复验报告。

4.4.3 扭剪型高强度螺栓连接副应按本标准附录A的规定检验紧固轴力（预拉力），检验结果应符合本标准附录A的规定。

检查数量：见本标准附录A。
检验方法：检查复验报告。

一 般 项 目

4.4.4 高强度螺栓连接副，应按包装箱配套供货，包装箱上应标明批号、规格、数量及生产日期。螺栓、螺母、垫圈外观表面应涂油保护，不应出现生锈和沾染脏物，螺纹不应损伤。

检查数量：按包装箱数抽查5%，且不应少于3箱。
检验方法：观察检查。

4.4.5 对建筑结构安全等级为一级，跨度40m及以上的螺栓球节点钢网架结构，其连接高强度螺栓应进行表面硬度试验，对8.8级的高强度螺栓其硬度应为HRC21～29；10.9级高强度螺栓其硬度应为HRC32～36，且不得有裂纹或损伤。

检查数量：按规格抽查8只。
检验方法：硬度计、10倍放大镜或磁粉探伤。

4.5 焊接球

主控项目

4.5.1 焊接球及制造焊接球所用的原材料,其品种、规格、性能等应符合现行国家产品标准和设计要求。

检查数量:全数检查。

检验方法:检查质量合格证明文件、中文标志及检验报告等。

4.5.2 焊接球焊缝应进行无损检验,其质量应符合设计要求,当设计无要求时应符合本标准规定的二级质量标准。

检查数量:每一规格按数量抽查5%,且不应少于3个。

检验方法:超声波探伤或检查检验报告。

一般项目

4.5.3 焊接球直径、圆度、壁厚减薄量等尺寸及允许偏差应符合表4.5.3的规定。

检查数量:每一规格按数量抽查10%,且不应少于5个。

检验方法:用卡尺和测厚仪检查。

表 4.5.3 焊接球的允许偏差 (mm)

项 目	允许偏差	检验方法
直 径	±0.005d ±2.5	用卡尺和游标卡尺检查
圆 度	2.5	用卡尺和游标卡尺检查
壁厚减薄量	0.13t,且不应大于1.5	用卡尺和测厚仪检查
两半球对口错边	1.0	用套模和游标卡尺检查

4.5.4 焊接球表面应无明显波纹及局部凹凸不平不大于1.5mm。

检查数量:每一规格按数量抽查5%,且不应少于3个。

检验方法:用弧形套模、卡尺和观察检查。

4.6 螺栓球

主控项目

4.6.1 螺栓球及制造螺栓球节点所采用的原材料,其品种、规格、性能等应符合现行国家产品标准和设计要求。

检查数量:全数检查。

检验方法:检查产品的质量合格证明文件、中文标志及检验报告等。

4.6.2 螺栓球成型后，不应有裂纹、褶皱、过烧。

检查数量：每种规格抽查10%，且不应少于5个。

检验方法：10倍放大镜观察检查或表面探伤。

一 般 项 目

4.6.3 螺栓球螺纹尺寸应符合现行国家标准《普通螺纹基本尺寸》GB 196中粗牙螺纹的规定，螺纹公差必须符合现行国家标准《普通螺纹公差与配合》GB 197中6H级精度的规定。

检查数量：每种规格抽查5%，且不应少于5只。

检验方法：用标准螺纹规。

4.6.4 螺栓球直径、圆度、相邻两螺栓孔中心线夹角等尺寸及允许偏差应符合本标准的规定。

检查数量：每一规格按数量抽查5%，且不应少于3个。

检验方法：用卡尺和分度头仪检查。

4.7 封板、锥头和套筒

主 控 项 目

4.7.1 封板、锥头和套筒及制造封板、锥头和套筒所采用的原材料，其品种、规格、性能等应符合现行国家产品标准和设计要求。

检查数量：全数检查。

检验方法：检查产品的质量合格证明文件、中文标志及检验报告等。

4.7.2 封板、锥头、套筒外观不得有裂纹、过烧及氧化皮。

检查数量：每种抽查5%，且不应少于10只。

检验方法：用放大镜观察检查和表面探伤。

4.8 金属压型板

主 控 项 目

4.8.1 金属压型板及制造金属压型板所采用的原材料，其品种、规格、性能等应符合现行国家产品标准和设计要求。

检查数量：全数检查。

检验方法：检查产品的质量合格证明文件、中文标志及检验报告等。

4.8.2 压型金属泛水板、包角板和零配件的品种、规格以及防水密封材料的性能应符合现行国家产品标准和设计要求。

检查数量：全数检查。

检验方法：检查产品的质量合格证明文件、中文标志及检验报告等。

一 般 项 目

4.8.3 压型金属板的规格尺寸及允许偏差、表面质量、涂层质量等应符合设计要求和本标准的规定。

  检查数量：每种规格抽查5%，且不应少于3件。
  检验方法：观察和用10倍放大镜检查及尺量。

4.9 涂 装 材 料

主 控 项 目

4.9.1 钢结构防腐涂料、稀释剂和固化剂等材料的品种、规格、性能和质量等，应符合现行国家产品标准和设计要求。

  检查数量：全数检查。
  检验方法：检查产品质量合格证明文件、中文标志及检验报告等。

4.9.2 钢结构防火涂料的品种和技术性能应符合设计要求，并应经过具有资质的检测机构检测符合现行国家有关标准的规定和设计要求。

  检查数量：全数检查。
  检验方法：检查产品的质量合格证明文件、中文标志及检验报告等。

一 般 项 目

4.9.3 防腐涂料和防火涂料的型号、名称、颜色及有效期应与其产品质量证明文件相符。开启后，不应存在结皮、结块、凝胶等现象。

  检查数量：按桶数抽查5%，且不应少于3桶。
  检验方法：观察检查。

4.10 其 他

主 控 项 目

4.10.1 钢结构用橡胶垫的品种、规格、性能等应符合现行国家产品标准和设计要求。

  检查数量：全数检查。
  检验方法：检查产品的质量合格证明文件、中文标志及检验报告等。

4.10.2 钢结构工程所涉及的其他特殊材料，其品种、规格、性能应符合现行国家产品标准和设计要求。

  检查数量：全数检查。
  检验方法：检查产品的质量合格证明文件、中文标志及检验报告等。

5 钢结构焊接工程

5.1 一般规定

5.1.1 本章适用于钢结构制作和安装中的钢构件焊接和焊钉焊接的工程质量验收。

5.1.2 钢结构焊接工程可按相应的钢结构制作或安装工程检验批的划分原则划分为一个或若干个检验批。

5.1.3 碳素结构钢应在焊缝冷却到环境温度、低合金结构钢应在完成焊接24h以后，进行焊缝探伤检验。

5.1.4 焊缝施焊后应在工艺规定的焊缝及部位打上焊工钢印。

5.2 钢构件焊接工程

主控项目

5.2.1 焊条、焊丝、焊剂、电渣焊熔嘴等焊接材料与母材的匹配应符合设计要求和国家现行行业标准《建筑钢结构焊接技术规程》JGJ 81 的规定。焊条、焊剂、药芯焊丝、熔嘴等在使用前，应按其产品说明书及焊接工艺文件的规定进行烘焙和存放。

　　检查数量：全数检查。
　　检验方法：检查质量证明书和烘焙记录。

5.2.2 焊工必须经考试合格并取得合格证书。持证焊工必须在其考试合格项目及其认可范围内施焊。

　　检查数量：全数检查。
　　检验方法：检查焊工合格证及其认可范围、有效期。

5.2.3 施工单位对其首次采用的钢材、焊接材料、焊接方法、焊后热处理等，应进行焊接工艺评定，并应根据评定报告确定焊接工艺。

　　检查数量：全数检查。
　　检验方法：检查焊接工艺评定报告。

5.2.4 设计要求全熔透的一、二级焊缝应采用超声波探伤进行内部缺陷的检验，超声波探伤不能对缺陷作出判断时，应采用射线探伤，其内部缺陷分级及探伤方法应符合现行国家标准《钢焊缝手工超声波探伤方法和探伤结果分级法》GB 11345 或《钢熔化焊对接接头射线照相和质量分级》GB 3323 的规定。

　　焊接球节点网架焊缝、螺栓球节点网架焊缝及圆管T、K、Y形节点相关线焊缝，其内部缺陷分级及探伤方法应分别符合国家现行标准《焊接球节点钢网架焊缝超声波探伤方法及质量分级法》JBJ/T 3034.1、《螺栓球节点钢网架焊缝超声波探伤方法及质量分级法》

JBJ/T 3034.2、《建筑钢结构焊接技术规程》JGJ 81 的规定。

一级、二级焊缝的质量等级及缺陷分级应符合表 5.2.4 的规定。

检查数量：全数检查。

检验方法：检查焊缝探伤报告。

表 5.2.4 一级、二级焊缝的质量等级及缺陷分级

焊缝质量等级		一 级	二 级
内部缺陷 超声波探伤	评定等级	Ⅱ	Ⅲ
	检验等级	B级	B级
	探伤比例	100%	20%
内部缺陷 射线探伤	评定等级	Ⅱ	Ⅲ
	检验等级	AB级	AB级
	探伤比例	100%	20%

注：探伤比例的计数方法应按以下原则确定：(1) 对工厂制作焊缝，应按每条焊缝计算百分比，且探伤长度应不小于 200mm，当焊缝长度不足 200mm 时，应对整条焊缝进行探伤；(2) 对现场安装焊缝，应按同一类型、同一施焊条件的焊缝条数计算百分比，探伤长度应不小于 200mm，并应不小于 1 条焊缝。

5.2.5 焊缝表面不得有裂纹、焊瘤、烧穿、弧坑等缺陷。一级、二级焊缝不得有表面气孔、夹渣、弧坑裂纹、电弧擦伤等缺陷；且一级焊缝不得有咬边、未焊满等缺陷。

检查数量：每批同类构件抽查 15%，且不应少于 3 件；被抽查构件中，每一类型焊缝按条数抽查 5%，且不应少于 1 条；每条检查 1 处，总抽查数不应少于 10 处。

检验方法：观察检查或使用放大镜、焊缝量规和钢尺检查，当存在疑义时，采用渗透或磁粉探伤检查。

5.2.6 T 形接头、十字接头、角接接头等要求熔透的对接和角对接组合焊缝，其焊脚尺寸不应小于 $t/4$ [图 5.2.6 (a)、(b)、(c)]；设计有疲劳验算要求的吊车梁或类似构件的腹板与上翼缘连接焊缝的焊脚尺寸为 $t/2$ [图 5.2.6 (d)]，且不应大于 10mm。焊脚尺寸的允许偏差为 0～4mm。

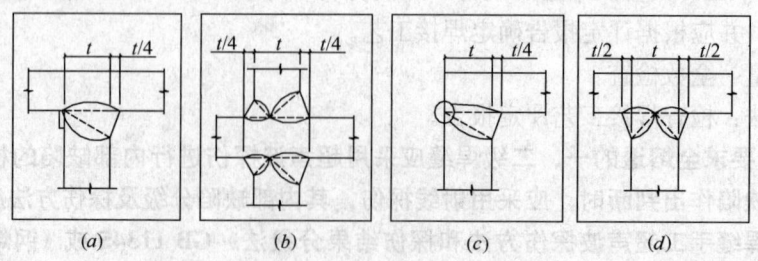

图 5.2.6 焊脚尺寸

检查数量：资料全数检查；同类焊缝抽查 10%，且不应少于 3 条。

检验方法：观察检查，用焊缝量规抽查测量。

一 般 项 目

5.2.7 对于需要进行焊前预热或焊后热处理的焊缝，其预热温度或后热温度应符合国家现行有关标准的规定或通过工艺试验确定。预热区在焊道两侧，每侧宽度均应大于焊件厚度的 1.5 倍以上，且不应小于 100mm；后热处理应在焊后立即进行，保温时间应根据板厚按每 25mm 板厚 1h 确定。

  检查数量：全数检查。

  检验方法：检查预、后热施工记录和工艺试验报告。

5.2.8 二级、三级焊缝外观质量标准应符合表 5.2.8 的规定。三级对接焊缝应按二级焊缝标准进行外观质量检验。

  检查数量：每批同类构件抽查 15%，但不应少于 3 件；被抽查构件中，每一类型焊缝应按条数各抽查 5%，但不应少于 1 条；每条检查 1 处，总抽查处不应少于 10 处。

  检验方法：观察检查或使用放大镜、钢尺和焊缝量规检查。

表 5.2.8 二级、三级焊缝外观质量标准（mm）

项 目	允 许 偏 差	
缺陷类型	二 级	三 级
为焊满（指不足设计要求）	≤0.2+0.02t，且≤1.0	≤0.2+0.04t，且≤2.0
	每 100.0 焊缝内缺陷总长≤25.0	
根部收缩	≤0.2+0.02t，且≤1.0	≤0.2+0.04t，且≤2.0
	长度不限	
咬边	≤0.05t，且≤0.5；连续长度≤100，两侧咬边总长度≤10% 焊缝总长	≤0.1t，且≤1.0，长度不限
弧坑裂纹	—	允许存在个别长度≤5.0 的弧坑裂纹
电弧擦伤	—	允许存在个别电弧擦伤
接头不良	缺口深度 0.05t，且≤0.5	缺口深度 0.1t，且≤1.0
	每 1000.0 焊缝不应超过 1 处	
表面夹渣	—	深≤0.2t，长≤0.5t，且≤20.0
表面气孔	—	每 50.0 焊缝长度内允许直径≤0.4t，且≤3.0 的气孔 2 个，孔距≥6 倍孔径

  注：表内 t 为连接处较薄的板厚。

5.2.9 焊缝尺寸允许偏差应符合表 5.2.9 的规定。

  检查数量：每批同类构件抽查 15%，且不应少于 3 件；被抽查构件中，每一类型焊缝应按条数各抽查 5%，但不应少于 1 条；每条检查 1 处，总抽查处不应少于 10 处。

检验方法：用焊缝量规检查。

5.2.10 焊成凹形的角焊缝，焊缝金属与母材间应平缓过渡；加工成凹形的角焊缝，不得在其表面留下切痕。

检查数量：每批同类构件抽查15%，且不应少于3件。

检验方法：观察检查。

5.2.11 焊缝观感应达到：外形均匀，成型良好，焊道与焊道、焊道与基本金属间过渡平滑，焊渣和飞溅物清除干净。

检查数量：每批同类构件抽查15%，但不应少于3件；被抽查构件中，每种焊缝按数量各抽查5%，总抽查处不应少于5处。

检验方法：观察检查。

表 5.2.9 焊缝尺寸允许偏差（mm）

序号	项目	图例	允许偏差	
			一级、二级	三级
1	对接焊缝余高 C		$B<20$：$0\sim3.0$ $B\geq20$：$0\sim4.0$	$B<20$：$0\sim4.0$ $B\geq20$：$0\sim5.0$
2	对接焊缝错边 d		$d<0.15t$，且≤2.0	$d<0.15t$，且≤3.0
3	焊脚尺寸 h_f		$h_f\leq6$：$0\sim1.5$ $h_f>6$：$0\sim3.0$	
4	角焊缝余高 C		$h_f\leq6$：$0\sim1.5$ $h_f>6$：$0\sim3.0$	

注：1 $h_f>8.0$mm 的角焊缝其局部焊脚尺寸允许低于设计要求值 1.0mm，但总长度不得超过焊缝长度 10%；
2 焊接 H 形梁腹板与翼缘板的焊缝两端在其两倍翼缘板宽度范围内，焊缝的焊脚尺寸不得低于设计值。

5.3 焊钉（栓钉）焊接工程

主 控 项 目

5.3.1 施工单位对其采用的焊钉和钢材焊接应进行焊接工艺评定，其结果应符合设计要求和国家现行有关标准规定。瓷环应按其产品说明书进行烘焙。

检验数量：全数检验。

检验方法：检验焊接工艺评定报告和烘焙记录。

5.3.2 焊钉焊接后应进行弯曲试验检查，其焊缝和热影响区不应有肉眼可见的裂纹。

检查数量：每批同类构件抽查15%，且不应少于10件；被抽查构件中，每件检查焊钉的数量的1%，且不应少于1个。

检验方法：焊钉弯曲30°后用角尺检查和观察检查。

一 般 项 目

5.3.3 焊接完成后的焊钉根部焊脚应均匀，焊脚立面的局部未熔合或不足360°的焊脚应进行补焊。

检验数量：按焊钉总数的1%进行抽查，且不少于10个。

检验方法：观察检验。

6 紧固件连接工程

6.1 一 般 规 定

6.1.1 本章适用于钢结构制作和安装中的普通螺栓、扭剪型高强度螺栓、高强度大六角头螺栓、钢网架螺栓球节点用高强度螺栓及射钉、自攻钉、拉铆钉等连接工程的质量验收。

6.1.2 紧固件连接工程可按相应的钢结构制作或安装工程检验批的划分原则划分为一个或若干个检验批。

6.2 普通紧固件连接

主 控 项 目

6.2.1 普通螺栓作为永久性连接螺栓时，当设计有要求或对其质量有疑义时，应进行螺栓实物最小拉力载荷复验，试验方法见本标准附录A，其结果应符合现行国家标准《紧固件机械性能螺栓、螺钉和螺柱》GB 3098的规定。

检查数量：同一批每一规格螺栓抽查8个。

检验方法：检查螺栓实物复验报告。

6.2.2 自攻钉、拉铆钉、射钉等其规格尺寸应与被连接钢板相匹配，其间距、边距等应符合设计要求。

检查数量：按连接节点数抽查1%，且不应少于3个。
检验方法：观察和尺量检查。

一 般 项 目

6.2.3 永久性普通螺栓紧固应牢固、可靠，外露丝扣不应少于2扣。可用锤击法检查。要求螺栓头（螺母）不偏移、不颤动、不松动，锤声比较干脆；否则，说明螺栓紧固质量不好，需重新紧固施工。
　　检查数量：按连接节点数抽查15%，且不应少于3个。
　　检验方法：观察和用小锤敲击检查。

6.2.4 自攻钉、拉铆钉、射钉等与连接钢板应紧固密贴，外观排列整齐。
　　检查数量：用小锤敲击检查连接节点数的15%，且不应少于3个。
　　检验方法：观察或用小锤敲击检查。

6.3　高强度螺栓连接

主 控 项 目

6.3.1 钢结构制作和安装单位应按本标准附录A的规定分别进行高强度螺栓连接摩擦面的抗滑移系数试验和复验，现场处理的构件摩擦面应单独进行摩擦面抗滑移系数试验，其结果应符合设计要求，并提出试验报告和复验报告。
　　检查数量：见本标准附录A。
　　检验方法：检查摩擦面抗滑移系数试验报告和复验报告。

6.3.2 高强度大六角头螺栓连接副终拧完成1h后、48h内应进行终拧扭矩检查，检查结果应符合本标准附录A的规定。
　　检查数量：按节点数抽查15%，且不应少于10个；每个被抽查节点按螺栓数抽查15%，且不应少于2个。
　　检验方法：见本标准附录A。

6.3.3 扭剪型高强螺栓紧固检查，以目视确认梅花头被专用扳手拧掉，即判定为合格；对于不能采用专用扳手紧固的螺栓，应按大六角头螺栓检验方法检查。
　　检查数量：按节点数抽查15%，且不应少于10个节点；每个被抽查节点按螺栓数抽查15%，且不应少于2个。
　　检验方法：观察检查。

一 般 项 目

6.3.4 高强度螺栓连接副的施拧顺序和初拧，复拧扭矩应符合设计要求和国家现行行业标准《钢结构高强度螺栓连接的设计施工及验收规程》JGJ 82的规定。
　　检查数量：全数检查资料。

检验方法：检查扭矩扳手标定记录和螺栓施工记录。

6.3.5 高强度螺栓连接副终拧后，螺栓丝扣外露应为2~3扣，其中允许有10%的螺栓丝扣外露1扣或4扣。

检查数量：按节点数抽查5%，且不应少于10个。

检验方法：观察检查。

6.3.6 高强度螺栓连接摩擦面应保持干燥、整洁、不应有飞边、毛刺、焊接飞溅物、焊疤、氧化铁皮、污垢等。除设计要求外摩擦面不应涂漆。

检查数量：全数检查。

检验方法：观察检查。

6.3.7 高强度螺栓应自由穿入螺栓孔。高强度螺栓孔不应采用气割扩孔，扩孔数量应征得设计同意，扩孔后的孔径不应超过1.2d（d为螺栓直径）。

检查数量：被扩螺栓孔全数检查。

检验方法：观察检查及用卡尺检查。

6.3.8 螺栓球节点网架总拼完成后，高强度螺栓与球节点应紧固连接，高强度螺栓拧入螺栓球内的螺纹长度不应小于1.0d（d为螺栓直径），连接处不应出现间隙、松动等未拧紧情况。

检查数量：按节点数抽查5%且不应少于10个。

检验方法：普通扳手及尺量检查。

7 钢零件及钢部件加工工程

7.1 一 般 规 定

7.1.1 本章适用于钢结构制作及安装中钢零件及钢部件加工的质量验收。

7.1.2 钢零件及钢部件加工工程，可按相应的钢结构制作工程或钢结构安装工程检验批的划分原则划分为一个或若干个检验批。

7.2 切 割

主 控 项 目

7.2.1 钢材切割面或剪切面应无裂纹、夹渣、分层和大于1mm的缺棱。

检查数量：全数检查。

检验方法：观察或用放大镜及百分尺检查，有疑义时作渗透、磁粉或超声波探伤检查。

一 般 项 目

7.2.2 气割的允许偏差应符合表7.2.2的规定。

检查数量：按切割面数抽查10%，且不应少于3个。

检验方法：观察检查或用钢尺、塞尺检查。

表7.2.2 气割的允许偏差（mm）

项 目	允许偏差
零件的宽度、长度	±3.0
切割面平面度	0.05t，但不大于2.0
割纹深度	0.3
局部缺口深度	1.0

注：t为切割面厚度。

7.2.3 机械剪切的允许偏差应符合表7.2.3的规定。

检查数量：按切割面数抽查10%，且不应少于3个。

检验方法：观察检查或用钢尺、塞尺检查。

表7.2.3 机械剪切的允许偏差（mm）

项 目	允许偏差
零件宽度、长度	±3.0
边缘缺棱	1.0
型钢端部垂直度	2.0

7.3 矫正和成型

主 控 项 目

7.3.1 碳素结构钢在环境温度低于−16℃、低合金结构钢在环境温度低于−12℃时，不应进行冷矫正和冷弯曲。碳素结构钢和低合金结构钢在加热矫正时，加热温度不应超过900℃。低合金结构钢在加热矫正后应自然冷却。

检查数量：全数检查。

检验方法：检查制作工艺报告和施工记录。

7.3.2 当零件采用热加工成型时，加热温度应控制在900～1000℃；碳素结构钢和低合金结构钢在温度分别下降到700～800℃之前，应结束加工；低合金结构钢应自然冷却。

检查数量：全数检查。

检验方法：检查制作工艺报告和施工记录。

一 般 项 目

7.3.3 矫正后的钢材表面，不应有明显的凹面或损伤，划痕深度不得大于 0.5mm，且不应大于该钢材厚度负允许偏差的 1/2。

　　检查数量：全数检查。

　　检验方法：观察检查和实测检查。

7.3.4 冷矫正和冷弯曲的最小曲率半径和最大弯曲矢高应符合表 7.3.4 的要求。

　　检查数量：按冷矫正和冷弯曲的件数抽查 10%，且不应少于 3 个。

　　检验方法：观察检查和实测检查。

7.3.5 钢材矫正后的允许偏差，应符合表 7.3.5 的要求。

　　检查数量：按矫正件数抽查 10%，且不应少于 3 件。

　　检验方法：观察检查和实测检查。

表 7.3.4　冷矫正和冷弯曲的最小曲率半径和最大弯曲矢高（mm）

钢材类别	图例	对应轴	矫正 r	矫正 f	弯曲 r	弯曲 f
钢板扁钢		$x-x$	$50t$	$L^2/400t$	$25t$	$L^2/200t$
钢板扁钢		$y-y$（仅对扁钢轴线）	$100b$	$L^2/800b$	$50b$	$L^2/400b$
角钢		$x-x$	$90b$	$L^2/720b$	$45b$	$L^2/360b$
槽钢		$x-x$	$50h$	$L^2/400h$	$25h$	$L^2/200h$
槽钢		$y-y$	$90b$	$L^2/720b$	$45b$	$L^2/360b$
工字钢		$x-x$	$50h$	$L^2/400h$	$25h$	$L^2/200h$
工字钢		$y-y$	$50b$	$L^2/400b$	$25b$	$L^2/200b$

注：r 为曲率半径；f 为弯曲矢高；L 为弯曲弦长；t 为钢板厚度。

表 7.3.5 钢材矫正后的允许偏差 (mm)

项目		允许偏差	图例
钢板的局部平面度	$t \leq 14$	$\Delta \leq 1.5$	
	$t > 14$	$\Delta \leq 1.0$	
型钢弯曲矢高		$L/1000$ 且不应大于 5.0	
角钢肢的垂直度		$\Delta \leq b/100$ 双肢栓接角钢的角度不得大于 90°	
槽钢翼缘对腹板的垂直度		$\Delta \leq b/80$	
工字钢、H型钢翼缘对腹板的垂直度		$\Delta \leq b/100$ 且不大于 2.0	

7.4 边缘加工

主控项目

7.4.1 气割或机械剪切的零件，需要进行边缘加工时，其刨削量不应小于 2mm。

检查数量：全数检查。

检验方法：检查工艺报告和施工记录。

一般项目

7.4.2 边缘加工一般采用铣、刨等方式加工。边缘加工时应注意控制加工面的垂直度和表面粗糙度。边缘加工允许偏差应符合表 7.4.2 的规定。

表 7.4.2 边缘加工允许偏差 (mm)

项目	允许偏差
零件宽度、长度	±1.0
加工边直线度	$l/3000$，但不应大于 2.0
相邻两边夹角	±6′
加工面垂直度	$0.025t$，且不应大于 0.5
加工面粗糙度 (B)	50

7.5 管、球加工

主控项目

7.5.1 钢板压成半圆球后,表面不应有裂纹、褶皱;焊接球其对接坡口应采用机械加工,对接焊缝表面应打磨平整。

检查数量:每种规格抽查10%,且不应少于5个。

检验方法:10倍放大镜观察检查或表面探伤。

一般项目

7.5.2 螺栓球加工的允许偏差应符合表7.5.2的规定。

检查数量:每种规格抽查10%,且不应少于5个。

检验方法:见表7.5.2。

表7.5.2 螺栓球加工的允许偏差(mm)

项 目		允许偏差	检验方法
圆度	$d \leqslant 120$	1.5	用卡尺和游标卡尺检查
	$d > 120$	2.5	
同一轴线上两铣平面平行度	$d \leqslant 120$	0.2	用百分表V形块检查
	$d > 120$	0.3	
铣平面距球中心距离		±0.2	用游标卡尺检查
相邻两螺栓孔中心线夹角		±30′	用分度头检查
两铣平面与螺栓孔轴线垂直度		0.005r	用百分表检查
球毛坯直径	$d \leqslant 120$	−1.0,+2.0	用卡尺和游标卡尺检查
	$d > 120$	−1.5,+3.0	

7.5.3 钢网架(桁架)用钢管杆件加工的允许偏差应符合表7.5.3的规定。

检查数量:每种规格抽查10%,且不应少于5个。

检验方法:见表7.5.3。

表7.5.3 钢网架(桁架)用钢管杆件加工的允许偏差(mm)

项 目	允许偏差	检验方法
长 度	±1.0	用钢尺和百分表检查
端面对管轴的垂直度	0.005r	用百分表V形块检查
管口曲线	1.0	用套模和游标卡尺检查

7.6 制 孔

主 控 项 目

7.6.1 A、B级螺栓孔（Ⅰ类孔）应具有H12的精度，孔壁表面粗糙度 R_a 不应大于 $12.5\mu m$。其孔径的允许偏差应符合表7.6.1的要求。

检查数量：按钢构件数量抽查10%，且不少于3件。

检验方法：用游标卡尺或孔径量规检查。

表7.6.1 A、B级螺栓孔（Ⅰ类孔）孔径的允许偏差（mm）

序号	螺栓公称直径、螺栓孔直径	螺栓公称直径允许偏差	螺栓孔直径允许偏差
1	10～18	0.00 −0.21	+0.18 0.00
2	18～30	0.00 −0.21	+0.21 0.00
3	30～50	0.00 −0.25	+0.25 0.00

7.6.2 C级螺栓孔（Ⅱ类孔），孔壁表面粗糙度 R_a 不应大于 $25\mu m$，其允许偏差应符合表7.6.2的规定。

检查数量：按钢构件数量抽查10%，且不少于3件。

检验方法：用游标卡尺或孔径量规检查。

表7.6.2 C级螺栓孔（Ⅱ类孔）孔径的允许偏差（mm）

项 目	允许偏差
直 径	+1.0 0.0
圆 度	2.0
垂直度	$0.03t$，且不应大于2.0

一 般 项 目

7.6.3 螺栓孔孔距的允许偏差应符合表7.6.3的要求。

检查数量：按钢构件数量抽查10%，且不少于3件。

检验方法：用钢尺检查。

表 7.6.3 螺栓孔孔距的允许偏差（mm）

螺栓孔孔距范围	≤500	501～1200	1201～3000	>3000
同一组内任意两孔间距离	±1.0	±1.5	—	—
相邻两组的端孔间距离	±1.5	±2.0	±2.5	±3.0

注： 1 在节点中连接板与一根杆件相连的所有螺栓孔为一组；
  2 对接接头在拼接板一侧的螺栓孔为一组；
  3 在两相邻节点或接头间的螺栓孔为一组，但不包括上述两款规定的螺栓孔；
  4 受弯构件翼缘上的连接螺栓孔，每米长度范围内的螺栓孔为一组。

7.6.4 螺栓孔孔距的允许偏差超过表 7.6.3 规定的允许偏差时，应采用与母材材质相匹配的焊条补焊，并经超声波探伤合格后，重新制孔。
  检查数量：全数检查。
  检验方法：观察检查。

8 钢构件组装工程

8.1 一 般 规 定

8.1.1 本章适用于钢结构制作中构件组装的质量验收。
8.1.2 钢构件组装工程可按钢结构制作工程检验批的划分原则划分为一个或若干个检验批。

8.2 焊 接 H 形 钢

一 般 项 目

8.2.1 焊接 H 形钢的翼缘板拼接缝和腹板拼接缝的间距不应小于 200mm。翼缘板拼接长度不应小于 2 倍板宽；腹板拼接宽度不应小于 300mm，长度不应小于 600mm。
  检查数量：全数检查。
  检验方法：观察和用钢尺检查。
8.2.2 焊接 H 形钢的允许偏差应符合本标准附录 B 中表 B.0.1 的规定。
  检查数量：按钢构件数抽查 10%，且不应少于 3 件。
  检验方法：用钢尺、角尺、塞尺等检查。

8.3 组　　装

主　控　项　目

8.3.1 吊车梁和吊车桁架不应下挠。
　　检查数量：全数检查。
　　检验方法：构件直立，在两端支承后，用水准仪和钢尺检查。

一　般　项　目

8.3.2 焊接连接组装的允许偏差应符合本标准附录 B 中表 B.0.2 的规定。
　　检查数量：按构件数抽查 10%，且不应少于 3 个。
　　检验方法：用钢尺检验。

8.3.3 顶紧接触面应有 75% 以上的面积紧贴。
　　检查数量：按接触面的数量抽查 10%，且不应少于 10 个。
　　检验方法：用 0.3mm 塞尺检查，其塞入面积应小于 25%，边缘间隙不应大于 0.8mm。

8.3.4 桁架结构杆件轴线交点错位的允许偏差不得大于 3.0mm，允许偏差不得大于 4.0mm。
　　检查数量：按构件数抽查 10%，且不应少于 3 个，每个抽查构件按节点数抽查 10%，且不应少于 3 个节点。
　　检验方法：尺量检查。

8.4　端部铣平及安装焊缝坡口

主　控　项　目

8.4.1 端部铣平的允许偏差应符合表 8.4.1 的要求。
　　检查数量：按铣平面数量抽查 10%，且不应少于 3 个。
　　检验方法：用钢尺、角尺、塞尺等检查。

表 8.4.1　端部铣平的允许偏差（mm）

项　　目	允许偏差
两端铣平时构件长度	±2.0
两端铣平时零件长度	±0.5
铣平面的平面度	0.3
铣平面对轴线的垂直度	$l/1500$

一 般 项 目

8.4.2 安装焊缝坡口的允许偏差应符合表8.4.2的规定。
　　检查数量：按坡口数量抽查10%，且不应少于3条。
　　检验方法：用焊缝量规检查。

表8.4.2 安装焊缝坡口的允许偏差

项 目	允许偏差
坡口角度	±5°
钝边	±1.0mm

8.4.3 外露铣平面应防锈保护。
　　检查数量：全数检查。
　　检验方法：观察检查。

8.5 钢构件外形尺寸

主 控 项 目

8.5.1 钢构件外形尺寸主控项目的允许偏差应符合表8.5.1的规定。
　　检查数量：全数检查。
　　检验方法：用钢尺检查。

表8.5.1 钢构件外形尺寸主控项目的允许偏差（mm）

项 目	允许偏差
单层柱、梁、桁架受力支托（支承面）表面至第一个安装孔距离	±1.0
多节柱铣平面至第一个安装孔距离	±1.0
实腹梁两端最外侧安装孔距离	±3.0
构件连接处的截面几何尺寸	±3.0
柱、梁连接处的腹板中心线偏移	2.0
受压构件（杆件）弯曲矢高	$L/1000$，且不应大于10.0

一 般 项 目

8.5.2 钢构件外形尺寸一般项目的允许偏差应符合本标准附录B中表B.0.3~表B.0.9的规定。

检查数量：按构件数量抽查10%，且不应少于3件。

检验方法：见附录B中表B.0.3~表B.0.9。

9 钢构件预拼装工程

9.1 一 般 规 定

9.1.1 本章适用于钢构件预拼装工程的质量验收。

9.1.2 钢构件预拼装工程可按钢结构制作工程检验批的划分原则划分为一个或若干个检验批。

9.1.3 预拼装所用的支承凳或平台应测量找平，检查时应拆除全部临时固定和拉紧装置。

9.1.4 进行预拼装的钢构件，其质量应符合设计要求和本标准合格质量标准的规定。

9.2 预 拼 装

主 控 项 目

9.2.1 高强度螺栓和普通螺栓连接的多层板叠，应采用试孔器进行检查，并应符合下列规定：

1 当采用比孔公称直径小1.0mm的试孔器检查时，每组孔的通过率不应小于85%；

2 当采用比螺栓公称直径大0.3mm的试孔器检查时，每组孔的通过率应为100%。

检查数量：全数检查。

检验方法：采用试孔器检查。

一 般 项 目

9.2.2 预拼装的允许偏差应符合表9.2.2的规定。

检查数量：全数检查。

检验方法：见表9.2.2。

表 9.2.2 钢构件预拼装的允许偏差（mm）

构件类型	项 目		允许偏差	检验方法
多节柱	预拼装单元总长		±5.0	用钢尺检查
	预拼装单元弯曲矢高		$L/1500$，且不应大于 10.0	用拉线和钢尺检查
	接口错边		2.0	用焊缝量规检查
	预拼装单元柱身扭曲		$H/200$，且不应大于 5.0	用拉线、吊线和钢尺检查
	顶紧面至任一牛腿距离		±2.0	
梁、桁架	跨度最外两端安装孔或两端支承面最外侧距离		+5.0 −10.0	用钢尺检查
	接口截面错位		2.0	用焊缝量规检查
	拱度	设计要求起拱	±$L/5000$	用拉线和钢尺检查
		设计未要求起拱	$L/2000$	
	节点处杆件轴线错位		4.0	画线后用钢尺检查
管构件	预拼装单元总长		±5.0	用钢尺检查
	预拼装单元弯曲矢高		$L/1500$，且不应大于 10.0	用拉线和钢尺检查
	对口错边		$t/10$，且不应大于 3.0	用焊缝量规检查
	坡口间隙		+2.0 −1.0	
构件平面总体预拼装	各楼层柱距		±4.0	用钢尺检查
	相邻楼层梁与梁之间距离		±3.0	
	各层间框架两对角线之差		$H/2000$，且不应大于 5.0	
	任意两对角线之差		$\Sigma H/2000$，且不应大于 8.0	

10 单层钢结构安装工程

10.1 一 般 规 定

10.1.1 本章适用于单层钢结构的主体结构、地下钢结构、檩条及墙架等次要构件、钢平台、钢梯防护栏杆等安装工程的质量验收。

10.1.2 单层钢结构安装工程可按变形缝或空间刚度单元等划分成一个或若干个检验批。地下钢结构可按不同地下层划分检验批。

10.1.3 钢结构安装检验批应在进场验收和焊接连接、紧固件连接、制作等分项工程验收合格的基础上进行验收。

10.1.4 安装的测量校正、高强度螺栓安装、负温度下施工及焊接工艺等，应在安装前进行工艺试验或评定，并应在此基础上制定相应的施工工艺或方案。

10.1.5 安装偏差的检测,应在结构形成空间刚度单元并连接固定后进行。

10.1.6 安装时,必须控制屋面、楼面、平台等的施工荷载,施工荷载和冰雪荷载等严禁超过梁、桁架楼面板、屋面板、平台铺板等的承载能力。

10.1.7 在形成空间刚度单元后,应及时对柱底板和基础顶面的空隙进行细石混凝土、灌浆料等二次浇灌。

10.1.8 吊车梁或直接承受动力荷载的梁其受拉翼缘、吊车桁架或直接承受动力荷载的桁架其受拉弦杆上不得焊接悬挂物和卡具等。

10.2 基础和支承面

主控项目

10.2.1 建筑物的定位轴线、基础轴线和标高、地脚螺栓的规格及其紧固应符合设计要求。其偏差值应符合表 10.2.1 的规定。

检查数量:按柱基数抽查 15%。且不应少于 3 个。

检验方法:用经纬仪、水准仪、全站仪、水平尺和钢尺实测。

表 10.2.1 建筑物定位轴线、基础上柱的定位轴线和标高、地脚螺栓(锚栓)的允许偏差表(mm)

项 目	允许偏差	图 例
钢结构定位轴线	L/20000,且不应大于 3.0	
柱定位轴线	1.0	
地脚螺栓位移	2.0	
柱底标高	±2.0	

10.2.2 基础顶面直接作为柱的支承面和基础顶面预埋钢板或支座作为柱的支承面时,其支承面、地脚螺栓(锚栓)位置的允许偏差应符合表 10.2.2 的规定。

检查数量：按柱基础抽查15%，且不应少于3个。
　　检验方法：用经纬仪、水准仪、全站仪、水平尺和钢尺实测。

表10.2.2　支承面、地脚螺栓（锚栓）位置的允许偏差（mm）

项　目		允许偏差
支承面	标高	±3.0
	水平度	L/1000
地脚螺栓（锚栓）	螺栓中心偏移	5.0
预留孔中心偏移		10.0

10.2.3 采用坐浆垫板时，坐浆垫板的允许偏差应符合表10.2.3的规定。
　　检查数量：按柱基数抽查15%，且不应少于3个。
　　检验方法：用经纬仪、水准仪、全站仪、水平尺和钢尺实测。

表10.2.3　坐浆垫板的允许偏差（mm）

项　目	允许偏差
顶面标高	-3.0，0.0
水平度	L/1000
位　置	20.0

10.2.4 采用杯口基础时，杯口尺寸的允许偏差应符合表10.2.4的规定。
　　检查数量：按柱基数抽查15%，且不应少于4处。
　　检验方法：观察及尺量检查。

表10.2.4　杯口尺寸的允许偏差（mm）

项　目	允许偏差
底面标高	-5.0，0.0
杯口深度 H	±5.0
杯口垂直度	$H/100$，且不应大于10.0
位　置	10.0

一　般　项　目

10.2.5 地脚螺栓（锚栓）尺寸的偏差应符合表10.2.5的规定。地脚螺栓（锚栓）的螺纹应受到保护。
　　检查数量：按柱基数抽查15%，且不应少于3个。
　　检验方法：用钢尺现场实测。

表10.2.5　地脚螺栓（锚栓）尺寸的允许偏差（mm）

项　目	允许偏差
螺栓（锚栓）露出长度	+25.0 / 0.0
螺纹长度	+25.0 / 0.0

10.3 安装和校正

主控项目

10.3.1 钢构件应符合设计要求和本标准的规定。运输、堆放和吊装等造成的钢构件变形及涂层脱落,应进行矫正和修补。

检查数量:按构件数抽查15%,且不应少于3个。

检验方法:用拉线、钢尺现场实测或观察。

10.3.2 设计要求顶紧的节点,顶紧接触面不应小于70%。用0.3mm厚的塞尺检查,可插入的面积之和不得大于接触顶紧面总面积的30%;边缘最大间隙不得大于0.8mm。

检查数量:按节点抽查15%,且不应少于3个。

检验方法:用钢尺及0.3mm厚和0.8mm厚的塞尺现场实测。

10.3.3 钢屋(托)架、桁架、梁及受压杆件的垂直度和侧向弯曲矢高的允许偏差应符合表10.3.3的规定。

检查数量:按同类构件抽查15%,且不应少于3个。

检验方法:用吊线、拉线、经纬仪和钢尺现场实测。

表10.3.3 钢屋架、梁及受压杆件垂直度和侧向弯曲矢高的允许偏差(mm)

项 目	允许偏差		图 例
跨中的垂直度	$H/250$,且不应大于12.0		
侧向弯曲矢高 f	$l \leqslant 30\text{m}$	$l/1000$且不应大于10.0	
	$30\text{m} < l \leqslant 60\text{m}$	$l/1000$且不应大于25.0	
	$l > 60\text{m}$	$l/1000$且不应大于45.0	

10.3.4 单层钢结构主体结构的整体垂直度和整体平面弯曲的允许偏差应符合表10.3.4的规定。

检查数量:对主要立面全部检查。对每个检查的立面,除两列角柱外,尚应至少选取一列中间柱。

检验方法：采用经纬仪、全站仪等测量。

表 10.3.4 整体垂直度和整体平面弯曲的允许偏差（mm）

项　目	允许偏差	图　例
主体结构的整体垂直度	$H/1000$，且不应大于 20.0	
主体结构的整体平面弯曲	$L/1500$，且不应大于 20.0	

一　般　项　目

10.3.5 钢柱等主要钢构件的中心线及标高基准点等标志应齐全。

检查数量：按同类构件检查 15%，且不应少于 3 件。

检验方法：观察检查。

10.3.6 当钢桁架（或梁）安装在混凝土柱上时，其支座中心对定位轴线的偏差不应大于 10mm；当采用大型混凝土屋面板时，钢桁架（或梁）间距的偏差不应大于 10mm。

检查数量：按同类构件检查 15%，且不应少于 3 榀。

检验方法：用拉线和钢尺现场实测。

10.3.7 钢柱安装的允许偏差应符合本标准附录 C.0.1 的规定。

检查数量：按钢柱数抽检 15%，且不少于 3 件。

检验方法：用吊线、钢尺、经纬仪、水准仪等。

10.3.8 钢吊车梁或直接承受动力荷载的类似构件，其安装的允许偏差应符合本标准附录 C.0.2 的规定。

检查数量：按钢吊车梁数抽检 15%，且不应少于 3 榀。

检验方法：用吊线、拉线、钢尺、经纬仪、水准仪等检查。

10.3.9 檩条、墙架等次要构件安装的允许误差应符合表 10.3.9 的规定。

检查数量：按同类构件抽查 15%，且不应少于 3 件。

检验方法：用吊线、钢尺、经纬仪等检查。

10.3.10 钢平台、钢梯、栏杆安装应符合现行国家标准《固定式钢直梯》GB 4053.1、《固定式钢斜梯》GB 4053.2、《固定式防护栏杆》GB 4053.3 和《固定式钢平台》GB 4053.4 的规定。钢平台、钢梯、防护栏杆安装的允许偏差应符合表 10.3.10 的规定。

检查数量：钢平台按总数抽查 15%，栏杆、钢梯按总长度抽查 15%，钢平台不应少于 1 个，栏杆不应少于 5m，钢梯不应少于 1 跑。

检验方法：用吊线、拉线、钢尺、经纬仪、水准仪等检查。

表 10.3.9 墙架、檩条等次要构件安装的允许偏差（mm）

项 目		允许偏差	检 验 方 法
墙架立柱	中心线对定位轴线的偏移	8.0	用钢尺检查
	垂直度	$H/1000$，且不应大于 8.0	用经纬仪或吊线和钢尺检查
	弯曲矢高	$H/1000$，且不应大于 10.0	用经纬仪或吊线和钢尺检查
抗风桁架的垂直度		$H/250$，且不应大于 15.0	用吊线和钢尺检查
檩条、墙架的间距		±5.0	用钢尺检查
檩条的弯曲矢高		$L/750$，且不应大于 12.0	用拉线和钢尺检查
墙架的弯曲矢高		$L/750$，且不应大于 10.0	用拉线和钢尺检查

注：H 为墙架立柱、抗风桁架高度；L 为檩条或墙架的长度。

表 10.3.10 钢平台、钢梯和防护栏杆安装的允许偏差（mm）

项 目	允许偏差	检 验 方 法
平台高度	±15.0	用水准仪检查
平台梁水平度	$L/1000$，且不应大于 20.0	用水准仪检查
平台支柱垂直度	$H/1000$，且不应大于 15.0	用经纬仪或吊线和钢尺检查
承重平台梁侧向弯曲	$L/1000$，且不应大于 10.0	用拉线和钢尺检查
承重平台梁垂直度	$H/250$，且不应大于 15.0	用吊线和钢尺检查
直梯垂直度	$L/1000$，且不应大于 15.0	用吊线和钢尺检查
栏杆高度	±15.0	用钢尺检查
栏杆立柱高度	±15.0	用钢尺检查

注：L 为平台梁、直梯的长度；H 为平台梁的高度、平台立柱的高度。

10.3.11 钢结构表面应干净，结构主要表面不应有疤痕、泥沙等污垢。
　　检查数量：按同类构件抽查 15%，但不应少于 3 件。
　　检验方法：观察检查。

10.3.12 焊缝组对间隙的允许偏差应符合表 10.3.12 的规定。
　　检查数量：按同类节点数抽查 15%，且不应少于 3 个。
　　检验方法：用钢尺现场实测。

表 10.3.12 现场焊缝组对间隙的允许偏差（mm）

项 目	允许偏差
无垫板间隙	0.0～+3.0
有垫板间隙	－1.0～+3.0

11 多层及高层钢结构安装工程

11.1 一 般 规 定

11.1.1 本章适用于多层及高层钢结构的主体结构、地下钢结构、檩条及墙架等次要构件、钢平台、钢梯、防护栏杆等安装工程的质量验收。

11.1.2 多层及高层钢结构安装工程可按楼层或施工段等划分为一个或若干个检验批。地下钢结构可按不同地下层划分检验批。

11.1.3 柱、梁、支撑等构件的长度尺寸应包括焊接收缩余量等变形值。

11.1.4 安装柱时，每节柱的定位轴线应从地面控制轴线直接引上，不得从下层柱的轴线引上。

11.1.5 结构的楼层标高可按相对标高或设计标高进行控制。

11.1.6 钢结构安装检验批应在进场验收和焊接连接、紧固件连接、制作等分项工程验收合格的基础上进行验收。

11.1.7 多层及高层钢结构安装应遵照本标准第 10.1.4、10.1.5、10.1.6、10.1.7、10.1.8 条的规定。

11.2 基础和支承面

主 控 项 目

11.2.1 建筑物的定位轴线、基础上柱的定位轴线和标高、地脚螺栓（锚栓）的规格和位置、地脚螺栓（锚栓）紧固应符合设计要求。当设计无要求时，应符合表 10.2.1 的规定。

检查数量：按柱基数抽查15%，且不应少于3个。
检验方法：采用全站仪、经纬仪、水准仪和钢尺实测。

11.2.2 多层建筑以基础顶面直接作为柱的支承面，或以基础顶面预埋钢板或支座作为柱的支承面时，其支承面、地脚螺栓（锚栓）位置的允许偏差应符合表 11.2.2 的规定。

检查数量：按柱基数抽查15%，且不应少于3个。
检验方法：采用全站仪、经纬仪、水准仪和钢尺实测。

11.2.3 多层建筑采用坐浆垫板时，坐浆垫板的允许偏差应符合表 11.2.3 的规定。

检查数量：资料全数检查。按柱基数抽查15%，且不应少于3个。
检验方法：采用全站仪、经纬仪、水准仪和钢尺实测。

表 11.2.2 支承面、地脚螺栓（锚栓）位置的允许偏差（mm）

项 目		允许偏差
支承面	标高	±2.0
	水平度	$L/1000$
地脚螺栓（锚栓）	螺栓中心偏移	5.0
	预留孔中心偏移	10.0

表 11.2.3 坐浆垫板的允许偏差（mm）

项 目	允许偏差
顶面标高	−3.0, 0.0
水平度	$L/1000$
位 置	15.0

11.2.4 当采用杯口基础时，杯口尺寸的允许偏差应符合表 11.2.4 的规定。

检查数量：按基础数抽查 15%，且不应少于 4 处。

检验方法：观察及尺量检查。

表 11.2.4 杯口尺寸的允许偏差（mm）

项 目	允许偏差
底面标高	−5.0, 0.0
杯口深度 H	±5.0
杯口垂直度	$H/100$，且不应大于 8.0
位 置	10.0

一 般 项 目

11.2.5 地脚螺栓（锚栓）尺寸的允许偏差应符合表 11.2.5 的规定。

检查数量：按基础数抽查 15%，且不应少于 3 处。

检验方法：用钢尺现场实测。

表 11.2.5 地脚螺栓（锚栓）尺寸的允许偏差（mm）

项 目	允许偏差
螺栓（锚栓）露出长度	0.0, +25.0
螺纹长度	0.0, +25.0

11.3 安装和校正

主 控 项 目

11.3.1 钢构件应符合设计要求、规范和本工艺标准的规定。运输、堆放和吊装等造成的构件变形及涂层脱落，应进行矫正和修补。

检查数量：按构件数抽查15%，且不应少于3个。
检验方法：用拉线、钢尺现场实测或观测。

11.3.2 柱子安装的允许偏差应符合表11.3.2的规定。

表11.3.2 柱子安装的允许偏差（mm）

项　目	允许偏差	图　例
柱定位轴线	1.0	
柱底座位移	3.0	
单节柱的垂直度	$h/1000$ 10.0	

检查数量：标准柱全部检查；非标准柱抽查15%，且不应少于3根。
检验方法：采用全站仪、经纬仪、水准仪和钢尺实测。

11.3.3 钢主梁、次梁及受压杆件的垂直度和侧向弯曲矢高的允许偏差应符合表10.3.3的规定。
检查数量：按同类构件数抽查15%，且不应少于3个。
检验方法：用吊线、拉线、经纬仪和钢尺现场实测。

11.3.4 设计要求顶紧的节点，接触面不应少于70%紧贴，且边缘最大间隙不应大于0.8mm。
检查数量：按节点数抽查15%，且不应少于3个。
检验方法：用钢尺及0.3mm和0.8mm的塞尺现场实测。

11.3.5 多层与高层钢结构主体结构的整体垂直度和整体平面弯曲的允许偏差应符合表11.3.5的规定。

表11.3.5 整体垂直度和整体平面弯曲的允许偏差（mm）

项　目	允许偏差	图　例
建筑物的平面弯曲	$L/1500$ ≤20.0	
建筑物的整体垂直度	$(H/2500)+10.0$ ≤45.0	

检查数量：对主要立面全部检查。对每个所检查的立面，除两列角柱外，还应至少选取一列中间柱。

检验方法：对于整体垂直度，可采用激光经纬仪、全站仪测量，也可根据各节柱的垂直度允许偏差累计（代数和）计算。对于整体平面弯曲，可按产生的允许偏差累计（代数和）计算。

一 般 项 目

11.3.6 钢结构表面应干净，结构主要表面不应有疤痕、泥沙等污垢。

检查数量：按同类构件数抽查15%，且不应少于3件。

检验方法：观察检查。

11.3.7 钢柱等主要构件的中心线及标高基准点等标记应齐全。

检查数量：按同类构件数抽查15%，且不应少于3件。

检验方法：观察检查。

11.3.8 钢构件安装的允许偏差应符合表11.3.8的规定。

检查数量：按同类构件或节点数抽查15%。其中柱和梁各不应少于3件，主梁与次梁连接节点不应少于3个，支承压型金属板的钢梁长度不应少于5m。

检验方法：采用全站仪、水准仪、钢尺实测。

表11.3.8 多层与高层钢结构中构件安装的允许偏差（mm）

项 目	允许偏差	图 例
上柱和下柱错位	3.0	
同一层柱的柱顶高度差	5.0	
同一根梁两端的水平度	$l/1000$ 不应大于8.0	
压型钢板在钢梁上的相邻列错位	15.0	

续表 11.3.8

项 目	允许偏差	图 例
主梁与次梁表面高差	±2.0	

11.3.9 主体结构总高度的允许偏差应符合表 11.3.9 的规定。
　　检查数量：按标准柱列数抽查 15%，且不应少于 4 列。
　　检验方法：采用全站仪、水准仪、钢尺实测。

表 11.3.9 多层及高层钢结构主体结构总高度的允许偏差（mm）

项 目		允许偏差	图 例
建筑物总高度	按相对标高安装	$\pm\sum(\Delta_h+\Delta_z+\Delta_w)$	
	按设计标高安装	$\pm H/1000$ ± 25.0	

注：表中，Δ_h 为柱的制造长度允许误差；Δ_z 为柱经荷载压缩后的缩短值；Δ_w 为柱子接头焊缝的收缩值。

11.3.10 吊车梁或直接承受动力荷载的类似构件，其安装的允许偏差应符合本标准附录 C.0.2 的规定。
　　检查数量：按钢吊车梁数抽检 15%，且不应少于 3 榀。
　　检验方法：用吊线、拉线、钢尺、经纬仪、水准仪等检查。

11.3.11 当钢构件安装在混凝土柱上时，其支座中心对定位轴线的偏差不应大于 10mm；当采用大型混凝土屋面板时，钢梁（或桁架）间距的偏差不应大于 10mm。
　　检查数量：按同类构件数抽查 15%，且不应少于 3 榀。
　　检验方法：用拉线和钢尺现场实测。

11.3.12 多层与高层钢结构中檩条、墙架等次要构件安装的允许偏差应符合表 10.3.9 的规定。
　　检查数量：按同类构件数抽查 15%，且不应少于 3 件。
　　检验方法：见表 10.3.9。

11.3.13 多层与高层钢结构中钢平台、钢梯、栏杆安装应符合现行国家标准《固定式钢直梯》GB 4053.1、《固定式钢斜梯》GB 4053.2、《固定式防护栏杆》GB 4053.3、《固定式钢平台》GB 4053.4 的规定。钢平台、钢梯和防护栏杆安装的允许偏差应符合表

10.3.10 的规定。

检查数量：按钢平台总数抽查 15%，栏杆、钢梯按总长度各抽查 15%，但钢平台不应少于 1 个，栏杆不应少于 5m，钢梯不应少于 1 跑。

检验方法：用经纬仪、水准仪、吊线和钢尺现场实测。

11.3.14 多层与高层钢结构中现场焊缝组对间隙的允许偏差应符合表 10.3.12 的规定。

检查数量：按同类节点数抽查 15%，且不应少于 3 个。

检验方法：用钢尺现场实测。

12 钢网架结构安装工程

12.1 一般规定

12.1.1 本章适用于建筑工程中的平板型钢网格结构（简称钢网架结构）安装工程的质量验收。

12.1.2 钢网架结构安装工程可按变形缝施工段或空间刚度单元划分成一个或若干检验批。

12.1.3 钢网架结构安装检验批应在进场验收和焊接连接紧固件连接制作等分项工程验收合格的基础上进行验收。

12.1.4 钢网架结构安装应遵照本标准第 10.1.4、10.1.5、10.1.6 条的规定。

12.2 支承面顶板和支承垫块

主控项目

12.2.1 钢网架结构支座定位轴线的位置、支座锚栓的规格应符合设计要求。

检查数量：按支座数抽查 15%，且不应少于 4 处。

检验方法：用经纬仪和钢尺实测。

12.2.2 支承面顶板的位置、标高、水平度以及支座锚栓位置的允许偏差应符合表 12.2.2 的规定。

检查数量：按支座数抽查 15%，且不应少于 4 处。

检验方法：用经纬仪、水准仪、水平尺和钢尺实测。

12.2.3 支承垫块的种类、规格、摆放位置和朝向，必须符合设计要求和国家现行有关标准的规定。橡胶垫块与刚性垫块之间或不同类型刚性垫块之间不得互换使用。

检查数量：按支座数抽查 15%，且不应少于 4 处。

检验方法：观察和用钢尺实测。

表 12.2.2 支承面顶板、支座锚栓位置的允许偏差（mm）

项 目		允许偏差
支承面顶板	位置	12.0
	顶面标高	0 −3.0
	顶面水平度	L/1000
支座锚栓	中心偏移	±5.0

12.2.4 网架支座锚栓的紧固应符合设计要求。

检查数量：按支座数抽查15%，且不应少于4处。

检验方法：用钢尺实测。

一 般 项 目

12.2.5 支座锚栓尺寸的允许偏差应符合表11.2.5的规定。支座锚栓的螺纹应受到保护。

检查数量：按支座数抽查15%，且不应少于4处。

检验方法：用钢尺现场实测。

12.3 总拼与安装

主 控 项 目

12.3.1 小拼单元的允许偏差应符合表12.3.1的规定。

检查数量：按单元数抽查15%，且不应少于5个。

检验方法：用钢尺和拉线等辅助量具实测。

表 12.3.1 小拼单元的允许偏差（mm）

项 目			允许偏差
节点中心偏移			2.0
焊接球节点与钢管中心的偏移			1.0
杆件轴线的弯曲矢高			$L_1/1000$，且不应大于5.0
锥体型小拼单元	弦杆长度		±2.0
	锥体高度		±2.0
	上弦杆对角线长度		±3.0
平面桁架型小拼单元	跨长	≤24m	−7.0，+3.0
		>24m	−10.0，+5.0
	跨中高度		±3.0
	跨中拱度	设计要求起拱	±L/5000
		设计未要求起拱	+10.0

注：L_1 为杆件长度；L 为跨长。

12.3.2 中拼单元的允许偏差应符合表 12.3.2 的规定。

　　检查数量：全数检查。

　　检验方法：用钢尺和辅助量具实测。

表 12.3.2 中拼单元的允许偏差（mm）

项　　目		允　许　偏　差
单元长度≤20m，拼接长度	单跨	±10.0
	多跨连续	±5.0
单元长度>20m，拼接长度	单跨	±20.0
	多跨连续	±10.0

12.3.3 对建筑结构安全等级为一级，跨度 40m 及以上的公共建筑钢网架结构，且设计有要求时，应按下列项目进行节点承载力实验，其结果应符合以下规定：

1 焊接球节点应按设计指定规格的球及其匹配的钢管焊接成试件，进行轴心拉、压承载力实验，其实验破坏荷载值大于或等于 1.6 倍设计承载力为合格。

2 螺栓球节点应按设计指定规格的球最大螺栓孔螺纹进行抗拉强度保证荷载试验，当达到螺栓的设计承载力时，螺孔、螺纹及封板仍完好无损为合格。

　　检查数量：每项试验做 3 个试件。

　　检验方法：在万能试验机上进行检验，检查实验报告。

12.3.4 钢网架结构总拼完成后及屋面工程完成后应分别测量其挠度值，且所测的挠度值不应超过相应设计值的 **1.15 倍**。

　　检查数量：跨度 **24m** 及以下钢网架结构测量下弦中央一点；跨度 **24m** 以上钢网架结构测量下弦中央一点及各向下弦跨度的四等分点。

　　检验方法：用钢尺和水准仪测量。

一　般　项　目

12.3.5 钢网架结构安装完成后，其安装的允许偏差应符合表 12.3.5 的规定。

　　检查数量：除杆件弯曲矢高按杆件数抽查 5% 外，其余全数检查。

　　检验方法：见表 12.3.5。

表 12.3.5 钢网架结构安装的允许偏差（mm）

项　目	允许偏差	检验方法
纵向、横向长度	$L/2000$，且不应大于 30.0 $-L/2000$，且不应小于 -30.0	用钢尺实测
支座中心偏移	$L/3000$，且不应大于 30.0	用钢尺和经纬仪实测
周边支承网架相邻支座高差	$L/400$，且不应大于 15.0	用钢尺和水准仪实测
支座最大高差	30.0	
多点支承网架相邻支座高差	$L_1/800$，且不应大于 30.0	

注：1　L 为纵向、横向长度；
　　2　L_1 为相邻支座间距。

12.3.6 钢网架结构安装完成后，其节点及杆件表面应干净，不应有明显的疤痕、泥沙和污垢。螺栓球节点应将所有接缝用油腻子填嵌严密，并应将多余螺孔封口。

检查数量：按节点及杆件数抽查5%，且不应少于10个节点。

检验方法：观察检查。

13 压型金属板工程

13.1 一般规定

13.1.1 本章适用于压型金属板的施工现场制作和安装工程质量验收。

13.1.2 压型金属板的制作和安装工程可按变形缝、楼层、施工段或屋面、墙面、楼面等划分为一个或若干个检验批。

13.1.3 压型金属板安装应在钢结构安装工程检验批质量验收合格后进行。

13.2 压型钢板制作

主控项目

13.2.1 压型钢板成型后，其基板不应有裂纹。

检查数量：按计件数抽查5%，且不应少于10件。

检验方法：观察和用10倍放大镜检查。

13.2.2 有涂层、镀层压型钢板成型后，镀、涂层不应有肉眼可见的裂纹、剥落和擦痕等缺陷。

检查数量：按计件数抽查5%，且不应少于10件。

检验方法：观察检查。

一般项目

13.2.3 压型金属板的尺寸允许偏差应符合表13.2.3的规定。

检查数量：按计件数抽查5%，且不应少于10件。

检验方法：用拉线和钢尺检查。

13.2.4 压型金属板成型后，表面应干净，不应有明显凹凸和皱褶。

检查数量：按计件数抽查5%且不应少于10件。

检验方法：观察检查。

13.2.5 压型金属板施工现场制作的允许偏差应符合表13.2.5的规定。

表 13.2.3 压型金属板的尺寸允许偏差 (mm)

项　目		允许偏差
波距		±2.0
波高	压型钢板 截面高度≤70	±1.5
波高	压型钢板 截面高度>70	±2.0
侧向弯曲	在测量长度 l_1 的范围内	15.0

注：l_1 为测量长度，指板长扣除两端各 0.5m 后的实际长度（小于 10m）或扣除后任选的 10m 长度。

表 13.2.5 压型金属板施工现场制作的允许偏差 (mm)

项　目		允许偏差
压型金属板的覆盖宽度	截面高度≤70	+10.0, −2.0
压型金属板的覆盖宽度	截面高度>70	+6.0, −2.0
板长		±9.0
横向剪切偏差		6.0
泛水板、包角板尺寸	板长	±6.0
泛水板、包角板尺寸	折弯面宽度	±3.0
泛水板、包角板尺寸	折弯面夹角	2°

检查数量：按计件数抽查 5%，且不应少于 10 件。
检验方法：用钢尺、角尺检查。

13.3 压型钢板安装

主 控 项 目

13.3.1 压型金属板、泛水板和包角板等应固定可靠、牢固、防腐涂料涂刷和密封材料敷设应完好，连接件数量、间距应符合设计要求和国家现行有关标准规定。

　　检查数量：全数检查。
　　检验方法：观察检查及尺量。

13.3.2 压型金属板应在支承构件上可靠搭接，搭接长度应符合设计要求，且不应小于表 13.3.2 所规定的数值。

　　检查数量：按搭接部位总长度抽查 10%，且不应少于 10m。
　　检验方法：观察和用钢尺检查。

表 13.3.2 压型金属板在支承构件上的搭接长度 (mm)

项　目		搭接长度
截面高度>70		375
截面高度≤70	屋面坡度<1/10	250
截面高度≤70	屋面坡度≥1/10	200
墙面		120

13.3.3 组合楼板中压型钢板与主体结构的锚固支承长度应符合设计要求,且不应少于50mm,端部锚固件连接应可靠,设置位置应符合设计要求。

检查数量:沿连接纵向长度抽查10%,且不应少于10m。

检验方法:观察和钢尺检查。

一 般 项 目

13.3.4 压型钢板安装应平整、顺直,板面不应有施工残留物和污物,不应有未经处理的错钻孔洞。

检查数量:按面积抽查10%,且不应少于10m²。

检验方法:观察检查。

13.3.5 压型金属板安装的允许偏差应符合表13.3.5的规定。

检查数量:檐口与屋脊的平行度:按长度抽查10%,且不应少于10m。其他项目:每20m长度应抽查1处,不应少于2处。

检验方法:用拉线、吊线和钢尺检查。

表 13.3.5 压型金属板安装的允许偏差(mm)

	项 目	允许偏差
屋面	檐口与屋脊的平行度	12.0
	压型金属板波纹线对屋脊的垂直度	$L/800$,且不应大于 25.0
	檐口相邻两块压型金属板端部错位	6.0
	压型金属板卷边板件最大波浪高	4.0
墙面	墙板波纹线的垂直度	$H/800$,且不应大于 25.0
	墙板包角板的垂直度	$H/800$,且不应大于 25.0
	相邻两块压型金属板的下端错位	6.0

注: 1 L 为屋面半坡或单坡长度;
2 H 为墙面高度。

14 钢结构涂装工程

14.1 一 般 规 定

14.1.1 本章适用于钢结构的防腐涂料(油漆类)涂装和防火涂料涂装工程的施工质量验收。

14.1.2 钢结构涂装工程可按钢结构制作或钢结构安装工程检验批的划分原则划分成一个或若干个检验批。

14.1.3 钢结构普通涂料涂装工程应在钢结构构件组装、预拼装或钢结构安装工程检验批的施工质量验收合格后进行。钢结构防火涂料涂装工程应在钢结构安装工程检验批和钢结构普通涂料涂装检验批的施工质量验收合格后进行。

14.1.4 涂装时的环境温度和相对湿度应符合涂料产品说明书的要求，当产品说明书无要求时，环境温度宜在5～38℃之间，相对湿度不应大于85％。涂装时构件表面不应有结露，涂装后4h内应保护免受雨淋。

14.2 钢结构防腐涂料涂装

主 控 项 目

14.2.1 涂装前钢构件表面除锈应符合设计要求和国家现行有关标准的规定。处理后的钢材表面不应有焊渣、焊疤、灰尘、油污、水和毛刺等。当设计无要求时，钢构件表面除锈等级应符合表14.2.1的规定。

　　检查数量：按构件数抽查10％，且同类构件不应少于3件。

　　检验方法：用铲刀检查和用现行国家标准《涂装前钢材表面锈蚀等级和除锈等级》GB 8923规定的图片对照观察检查。

14.2.2 涂料、涂装遍数、涂层厚度均应符合设计要求。当设计对涂层厚度无要求时，涂层干漆膜总厚度应为：室外应为150μm，室内应为125μm，其允许偏差为-25μm。每遍涂层干漆膜厚度的允许偏差为-5μm。

表14.2.1 各种底漆或防锈漆要求最低的除锈等级（mm）

涂料品种	除锈等级
油性酚醛、醇酸等底漆或防锈漆	St2
高氯化聚乙烯、氯化橡胶、氯磺化聚乙烯、环氧树脂、聚氨酯等底漆或防锈漆	Sa2
无机富锌、有机硅、过氯乙烯等底漆	Sa$\frac{1}{2}$

　　检查数量：按构件数抽查10％，且同类构件不应少于3件。

　　检验方法：采用干漆膜测厚仪检查。每个构件检测5处，每处的数值为3个相距50mm测点涂层干漆膜厚度的平均值。

一 般 项 目

14.2.3 防腐涂料开启包装后，不应存在结皮、结块、凝胶等现象。

　　检查数量：按桶数抽查5％，且不应少于3桶。

　　检验方法：观察检查。

14.2.4 构件表面不应误涂、漏涂，涂层不应脱皮和返锈等。涂层应均匀，无明显皱皮、流坠、针眼和气泡等缺陷。

　　　　检查数量：全数检查。

　　　　检验方法：观察检查。

14.2.5 当钢结构处于有腐蚀介质环境或外露且设计有要求时，应进行涂层附着力测试，在检测处范围内，当涂层完整程度达到70％以上时，涂层附着力达到合格质量标准的要求。

　　　　检查数量：按照构件数抽查1％，且不应少于3件，每件测3处。

　　　　检验方法：按照现行国家标准《漆膜附着力测定法》GB 1720或《色漆和清漆、漆膜的划格试验》GB 9286执行。

14.2.6 构件补刷涂层质量应符合规定要求，补刷涂层漆膜应完整。

　　　　检查数量：全数检查。

　　　　检验方法：观察检查。

14.2.7 涂装完成后，钢构件的标识、标记和编号应清晰完整。

　　　　检查数量：全数检查。

　　　　检验方法：观察检查。

14.3 钢结构防火涂料涂装

主 控 项 目

14.3.1 防火涂料涂装前钢构件表面除锈及防锈漆涂装应符合设计要求和国家现行有关标准的规定。

　　　　检查数量：按构件数抽查10％，且同类构件不应少于3件。

　　　　检验方法：表面除锈用铲刀检查和用现行国家标准《涂装前钢材表面锈蚀等级和除锈等级》GB 8923规定的图片对照观察检查。底漆涂装用干漆膜测厚仪检查，每个构件检测5处，每处的数值为3个相距50mm测点涂层干漆膜厚度的平均值。

14.3.2 钢结构防火涂料的粘结强度和抗拉强度应符合国家现行标准《钢结构防火涂料应用技术规程》CECS 24：90的规定。检验方法应符合现行国家标准《建筑构件防火喷涂材料性能试验方法》GB 9978的规定。

　　　　检查数量：每使用100t或不足100t薄涂型防火涂料应抽检一次粘结强度；每使用500t或不足500t厚涂型防火涂料应抽检一次粘结强度和抗拉强度。

　　　　检验方法：检查复验报告。

14.3.3 薄涂型防火涂料的涂层厚度应符合有关耐火极限的设计要求。厚涂型防火涂料涂层的厚度，80％及以上面积应符合有关耐火极限的设计要求，且最薄处厚度不应低于设计要求的85％。

　　　　检查数量：按同类构件数抽查10％，且均不应少于3件。

　　　　检验方法：采用涂层厚度测量仪、测厚针和钢尺检查。测量方法应符合国家现行标准《钢结构防火涂料应用技术规程》CECS 24：90的规定和本标准中附录D的规定。

14.3.4 薄涂型防火涂料涂层表面裂纹宽度不应大于0.5mm；厚涂型防火涂料涂层表面

裂纹宽度不应大于1mm。

检查数量：按同类构件数抽查10%，且均不应少于3件。

检验方法：观察和用尺量检查。

一 般 项 目

14.3.5 防火涂料涂装基层不应有油污、灰尘和泥沙等污垢。

检查数量：全数检查。

检验方法：观察检查。

14.3.6 防火涂料不应有误涂、漏涂，涂层应闭合无脱层、空鼓、明显凹陷、粉化松散和浮浆等外观缺陷，乳突已剔除。

检查数量：全数检查。

检验方法：观察检查。

15 必须具备的技术资料

15.1.1 钢结构安装工程：

1 构件出厂合格证；

2 多节柱、主梁、吊车梁和吊车桁架、网架和大跨度桁架钢材的质量证明书或试验报告；

3 多节柱、主梁、吊车梁和吊车桁架、网架球节点和大跨度桁架出厂前的一级、二级焊缝探伤报告；

4 首次采用的钢材和焊接材料出厂前的焊接工艺评定报告；

5 出厂前高强螺栓连接摩擦面抗滑移系数试验报告；

6 设计要求做强度试验的构件的试验报告；

7 安装所采用焊接材料的质量证明书；

8 一级、二级安装焊缝探伤报告；

9 高强度螺栓连接副的质量证明书、安装前高强度螺栓连接副预拉力或扭矩系数复验报告；

10 安装前高强度螺栓连接摩擦面抗滑移系数复验报告；

11 高强度螺栓安装连接检查记录；

12 安装隐蔽工程检验记录；

13 安装采用的涂料质量证明书或复验报告；

14 防火涂料的质量证明书和试验报告。

15.1.2 钢结构制作项目：

1 柱、主梁、吊车梁、网架或桁架主要构件的钢材质量证明书或试验报告；

2 焊接材料质量证明书；

3 高强度螺栓连接副的质量证明书、安装前高强度螺栓连接副预拉力或扭矩系数复验报告；

4 高强度螺栓连接摩擦面抗滑移系数试验报告；

5 首次采用的钢材和焊接材料的焊接工艺评定报告；

6 一级、二级焊缝探伤报告；

7 高强度螺栓连接检查记录；

8 隐蔽部位焊缝检验记录；

9 涂料质量证明书或复验报告；

10 多节柱制作检查记录；

11 设计要求做强度试验的构件试验报告；

12 构件预拼装检查记录。

附录 A 紧固件连接工程检验项目

A.0.1 螺栓实物最小载荷检验。

目的：测定螺栓实物的抗拉强度是否满足现行国家标准《紧固件机械性能螺栓、螺钉和螺柱》GB 3098.1 的要求。

检验方法：用专用卡具将螺栓实物置于拉力试验机上进行拉力试验，为避免试件承受横向载荷，试验机的夹具应能自动调正中心，试验时夹具应能自动调正中心，试验时夹头张拉的移动速度不应超过 25mm/min。

螺栓实物的抗拉强度应根据螺纹应力截面积（A_s）计算确定，其取值应按现行国家标准《紧固件机械性能螺栓、螺钉和螺柱》GB 3098.1 的规定取值。

进行试验时，承受拉力载荷的未旋合的螺纹长度应为 6 倍以上螺矩；当试验拉力达到现行国家标准《紧固件机械性能螺栓、螺钉和螺柱》GB 3098.1 中规定的最小拉力载荷（$A_s \cdot \sigma_b$）时不得断裂。当超过最小拉力载荷直至拉断时，断裂应发生在杆部或螺纹部分，而不应发生在螺头与杆部的交接处。

A.0.2 扭剪型高强度螺栓连接副预拉力复验。

复验用的螺栓应在施工现场待安装的螺栓批中随机抽取，每批应抽取 8 套连接副进行复验。

连接副预拉力可采用经计量检定、校准合格的轴力计进行测试。

试验用的电测轴力计、油压轴力计、电阻应变仪、扭矩扳手等计量器具，应在试验前进行标定，其误差不得超过 2%。

采用轴力计方法复验连接副预拉力时，应将螺栓直接插入轴力计。紧固螺栓分初拧、终拧两次进行，初拧应采用手动扭矩扳手或专用定扭电动扳手；初拧值应为预拉力标准值的 50%左右。终拧应采用专用电动扳手，至尾部梅花头拧掉，读出预拉力值。

每套连接副只做一次试验,不得重复使用。在紧固中垫圈发生转动,应更换连接副,重新试验。

复验螺栓连接的预拉力平均值和标准偏差应符合表 A.0.2 的规定。

表 A.0.2 扭剪型高强度螺栓紧固预拉力和标准偏差(kN)

螺栓直径(mm)	16	20	(22)	24
紧固预拉力的平均值 P	99～120	154～186	191～231	222～270
标准偏差 σ_p	10.1	15.7	19.5	22.7

A.0.3 高强度螺栓连接副施工扭矩检验。

高强度螺栓连接副扭矩检验含初拧、复拧、终拧扭矩的现场无损检验。检验所用的扭矩扳手其扭矩精度误差应不大于 3%。

高强度螺栓连接副扭矩检验分扭矩法检验和转角法检验两种,原则上检验法与施工法应相同。扭矩检验应在施拧 1h 后,48h 内完成。

1 扭矩法检验。

检验方法:在螺尾端头和螺母相对位置画线,将螺母退回 60°左右,用扭矩扳手测定拧回至原来位置时的扭矩值。该扭矩值与施工扭矩值的偏差在 10% 以内合格。

高强度螺栓连接副终拧扭矩值按下式计算:

$$T_c = K \cdot P_c \cdot d \tag{A.0.3-1}$$

式中 T_c——终拧扭矩值(N·m);
  P_c——施工预拉力值标准值(kN),见表 A.0.3;
  d——螺栓公称直径(mm);
  K——扭矩系数,按附录 A.0.4 的规定试验确定。

高强度大六角头螺栓连接副初拧扭矩值 T_0 可按 $0.5T_c$ 取值。

扭剪型高强度螺栓连接初拧扭矩值 T_0 可按下式计算:

$$T_0 = 0.065 P_c \cdot d \tag{A.0.3-2}$$

式中 T_0——初拧扭矩值(N·m);
  P_c——施工预拉力标准值(kN),见表 A.0.3;
  d——螺栓公称直径(mm)。

2 转角法检验。

检验方法:

  1) 检验初拧后在螺母与相对位置所画的终拧起始线和终止线所夹角的角度是否达到规定值。

  2) 在螺尾端头和螺母相对位置画线,然后全部卸松螺母,再按规定的初拧扭矩和终拧角度重新拧紧螺栓,观察与原画线是否重合。终拧转角偏差在 10°以内为合格。

终拧转角与螺栓的直径、长度等因素有关,应由试验确定。

3 扭剪型高强度螺栓施工扭矩检验。

检验方法:观察尾部梅花头拧掉情况。尾部梅花头被拧掉者视同其终拧扭矩达到合格质量标准；尾部梅花头未被拧掉者应按上述扭矩法或转角法检验。

表 A.0.3 高强度螺栓连接副施工预拉力标准值 (kN)

螺栓的性能等级	螺栓公称直径 (mm)					
	M16	M20	M22	M24	M27	M30
8.8s	75	120	150	170	225	275
10.9s	110	170	210	250	320	390

A.0.4 高强度大六角头螺栓连接副扭矩系数复验。

复验用螺栓应在施工现场待安装的螺栓批中随机抽取，每批应抽取 8 套连接副进行复验。

连接副扭矩系数复验用的计量器具应在试验前进行标定，误差不得超过 2%。

每套连接副只应做一次试验，不得重复使用。在紧固中垫圈发生转动时，应更换连接副，重新试验。

连接副扭矩系数的复验应将螺栓穿入轴力计，在测出螺栓预拉力 P 的同时，应测定施加于螺母上的施拧扭矩值 T，并应按下式计算扭矩系数 K。

$$K = \frac{T}{P \cdot d} \tag{A.0.4}$$

式中 T——施拧扭矩（N·m）；

d——高强度螺栓的公称直径（mm）；

P——螺栓预拉力（kN）。

进行连接副扭矩系数试验时，螺栓预拉力值应符合表 A.0.4 的规定。

表 A.0.4 螺栓预拉力值范围 (kN)

螺栓规格 (mm)		M16	M20	M22	M24	M27	M30
预拉力值 P	10.9s	93～113	142～177	175～215	206～250	265～324	325～390
	8.8s	62～78	100～120	125～150	140～170	185～225	230～275

每组 8 套连接副扭矩系数的平均值应为 0.110～0.150，标准偏差小于或等于 0.010。

扭剪型高强度螺栓连接副当采用扭矩法施工时，其扭矩系数亦按本附录的规定确定。

A.0.5 高强度螺栓连接摩擦面的抗滑移系数检验。

1 基本要求。

制造厂和安装单位应分别以钢结构制造批为单位进行抗滑移系数试验。制造批可按分部（子分部）工程划分规定的工程量每 2000t 为一批，不足 2000t 的可视为一批。选用两种及两种以上表面处理工艺时，每种处理工艺应单独检验。每批三组试件。

抗滑移系数试验应采用双摩擦面的二栓拼接的拉力试件（图 A.0.5）。

抗滑移系数试验用的试件应由制造厂加工，试件与所代表的钢结构构件应为同一材质、同批制作、采用同一摩擦面处理工艺和具有相同的表面状态，并应用同批同一性能等级的高强度螺栓连接副，在同一环境条件下存放。

试件钢板的厚度 t_1、t_2 应根据钢结构工程中有代表性的板材厚度来确定，同时应考虑在摩擦面滑移之前，试件钢板的净截面始终处于弹性状态；宽度 b 可参照表 A.0.5 规定

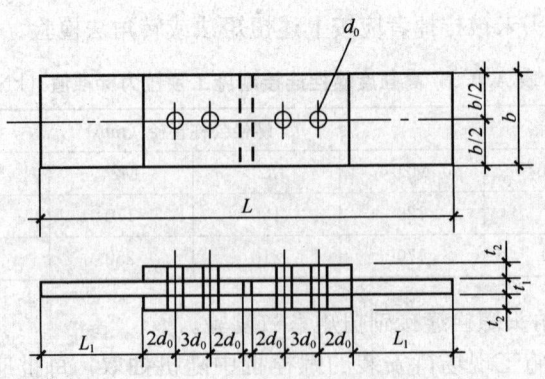

图 A.0.5 抗滑移系数拼装试件的形式和尺寸

取值。L_1 应根据试验机夹具的要求确定。

表 A.0.5 试件板的宽度 (mm)

螺栓直径 d	16	20	22	24	27	30
板宽 b	100	100	105	110	120	120

试件板面应平整,无油污,孔和板的边缘无飞边、毛刺。

2 试验方法。

试验用的试验机误差应在1%以内。

试验用的贴有电阻片的高强度螺栓、压力传感器和电阻应变仪应在试验前用试验机进行标定,其误差应在2%以内。

试件的组装顺序应符合下列规定:

先将冲钉打入试件孔定位,然后逐个换成装有压力传感器或贴有电阻片的高强度螺栓,或换成同批经预拉力复验的扭剪型高强度螺栓。

紧固高强度螺栓应分初拧、终拧。初拧应达到螺栓预拉力标准值的50%左右。终拧后,螺栓预拉力应符合下列规定:

1) 对装有压力传感器或贴有电阻片的高强度螺栓,采用电阻应变仪实测控制试件每个螺栓的预拉力值应在 $0.95P \sim 1.05P$(P 为高强度螺栓设计预拉力值)之间。
2) 不进行实测时,扭剪型高强度螺栓的预拉力(紧固轴力)可按同批复验预拉力的平均值用。

试件应在其侧面画出观察滑移的直线。

将组装好的试件置于拉力试验机上,试件的轴线应与试验机夹具中心严格对中。

加荷时,应先加10%的抗滑移设计荷载值,停1min后,再平稳加荷,加荷速度为3~5kN/s。直拉至滑动破坏,测得滑移荷载 N_v。

在试验中当发生以下情况之一时,所对应的荷载可定为试件的滑移荷载:

1) 试验机发生回针现象;
2) 试件侧面画线发生错动;
3) X—Y记录仪上变形曲线发生突变;

4）试件突然发生"嘣"的响声。

抗滑移系数，应根据试验所测得的滑移荷载 N_v 和螺栓预拉力 P 的实测值，按下式计算，宜取小数点二位有效数字。

$$\mu = \frac{N_v}{n_f \cdot \sum_{i=1}^{m} P_i} \tag{A.0.5}$$

式中 N_v——由试验测得的滑移荷载（kN）；

n_f——摩擦面面数，取 $n_f=2$；

$\sum_{i=1}^{m} P_i$——试件滑移一侧高强度螺栓预拉力实测值（或同批螺栓连接副的预拉力平均值）之和（取三位有效数字）（kN）；

m——试件一侧螺栓数量，取 $m=2$。

附录 B 钢构件组装的允许偏差

B.0.1 焊接 H 型钢的允许偏差应符合表 B.0.1 的规定。

表 B.0.1 焊接 H 型钢的允许偏差 (mm)

项 目		允许偏差	图 例
截面高度 h	$h<500$	±2.0	
	$500<h<1000$	±3.0	
	$h>1000$	±4.0	
截面宽度 b		±3.0	
腹板中心偏移		2.0	
翼板垂直度 Δ		$b/100$，且不应大于 3.0	
弯曲矢高（受力构件除外）		$l/1000$，且不应大于 10.0	
扭曲		$h/250$，且不应大于 5.0	

续表 B.0.1

项　目		允许偏差	图　例
腹板局部平面度 f	$t<14$	3.0	
	$t\geq14$	2.0	

B.0.2 焊接连接制作组装的允许偏差应符合表 B.0.2 的规定。

表 B.0.2　焊接连接制作组装的允许偏差（mm）

项　目		允许偏差	图　例
对口错边 Δ		$t/10$，且不应大于 3.0	
间隙 a		±1.0	
搭接长度 a		±5.0	
缝隙 Δ		1.5	
高度 h		±2.0	
垂直度 Δ		$b/100$，且不应大于 3.0	
中心偏移 e		±2.0	
型钢错位	连接处	1.0	
	其他处	2.0	
箱形截面高度 h		±2.0	
宽度 b		±2.0	
垂直度 Δ		$b/200$，且不应大于 3.0	

B.0.3 单层钢柱外形尺寸的允许偏差应符合表 B.0.3 的规定。

表 B.0.3 单层钢柱外形尺寸的允许偏差（mm）

项　目		允许偏差	检验方法	图　例
柱底面到柱端与桁架连接的最上一个安装孔距离 l		$\pm l/1500$ ± 15.0	用钢尺检查	
柱底面到牛腿支承面距离 l_1		$\pm l_1/1500$ ± 8.0		
牛腿面的翘曲 Δ		2.0	用拉线、直角尺和钢尺检查	
柱身弯曲矢高		$H/1200$，且不应大于 12.0		
柱身扭曲	牛腿处	3.0	用拉线、吊线和钢尺检查	
	其他处	8.0		
柱截面几何尺寸	连接处	± 3.0	用钢尺检查	
	非连接处	± 4.0		
翼缘对腹板的垂直度	连接处	1.5	用直角尺和钢尺检查	
	其他处	$B/100$，不应大于 5.0		
柱脚底板平面度		5.0	用 1m 直尺和塞尺检查	
柱脚螺栓孔中心对柱轴线的距离		3.0	用钢尺检查	

B.0.4 多节钢柱外形尺寸的允许偏差应符合表 B.0.4 的规定。

表 B.0.4 单层钢柱外形尺寸的允许偏差（mm）

项 目		允许偏差	检验方法	图 例
一节柱高度 H		±3.0	用钢尺检查	
两端最外侧安装孔距离 l_3		±2.0	用钢尺检查	
铣平面到第一安装孔距离 a		±1.0		
柱身弯曲矢高 f		$H/1500$，且不应大于5.0	用拉线和钢尺检查	
一节柱的柱身扭曲		$h/250$，且不应大于5.0	用拉线、吊线和钢尺检查	
牛腿端孔到柱轴线距离 l_2		±3.0	用钢尺检查	
牛腿的翘曲或扭曲 Δ	$l_2 \leqslant 1000$	2.0	用拉线、吊线和钢尺检查	
	$l_2 > 1000$	3.0		
柱截面尺寸	连接处	±3.0	用钢尺检查	
	非连接处	±4.0		
柱脚底板平面度		5.0	用直尺和塞尺检查	
翼缘对腹板的垂直度	连接处	1.5	用直角尺和钢尺检查	
	其他处	$b/100$，且不应大于5.0		
柱脚螺栓孔中心对柱轴线的距离 a		3.0	用钢尺检查	
箱形截面连接处对角线差		3.0	用钢尺检查	
箱形柱身板垂直度		$h(b)/150$ 且不应大于5.0	用直角尺和钢尺检查	

B.0.5 焊接实腹钢梁外形尺寸的允许偏差应符合表 B.0.5 的规定。

表 B.0.5 焊接实腹钢梁外形尺寸的允许偏差（mm）

项目		允许偏差	检验方法	图例
梁长度 l	端部有凸缘支座板	0 −5.0	用钢尺检查	
	其他形式	±l/2500 ±10.0		
端部高度 h	$h \leqslant 2000$	±2.0		
	$h > 2000$	±3.0		
拱度	设计要求起拱	±l/5000	用拉线和钢尺检查	
	设计未要求起拱	10.0 −5.0		
侧弯矢高		l/2000，且不应大于 10.0		
扭曲		h/250，且不应大于 10.0	用拉线、吊线和钢尺检查	
腹板局部平面度	$t \leqslant 14$	5.0	用 1m 直尺和塞尺检查	
	$t > 14$	4.0		
翼缘对腹板的垂直度		b/100，且不应大于 3.0	用直角尺和钢尺检查	
吊车梁上翼梁与轨道接触面平面度		1.0	1.0	
箱形截面对角线差		5.0	用钢尺检查	
箱形截面两腹板至翼缘板中心线距离 a	连接处	1.0		
	其他处	1.5		
梁端板的平面度（只允许凹进）		h/150，且不应大于 2.0	用直角尺和钢尺检查	
梁端板与腹板的垂直度		h/150，且不应大于 2.0	用直角尺和钢尺检查	

B.0.6 钢桁架外形尺寸的允许偏差应符合表 B.0.6 的规定。

表 B.0.6 钢桁架外形尺寸的允许偏差（mm）

项 目		允许偏差	检验方法	图 例
桁架最外端两个孔或两端支承面最外侧距离	$l \leqslant 24$	$+3.0$ -7.0	用钢尺检查	
	$l > 24$	$+5.0$ -10.0		
桁架跨中高度		± 10.0		
桁架跨中拱度	设计要求起拱	$\pm l/5000$		
	设计未要求起拱	10.0 -5.0		
相邻节间弦杆弯曲（受压除外）		$\pm l_1/1000$		
支承面到第一安装孔距离 a		± 1.0	用钢尺检查	铣平顶紧支承面
檩条连接支座间距		± 5.0		

B.0.7 钢管构件外形尺寸的允许偏差应符合表 B.0.7 的规定。

表 B.0.7 钢管构件外形尺寸的允许偏差（mm）

项 目	允许偏差	检验方法	图 例
直径 d	$\pm d/500$ ± 5.0	用钢尺检查	
构件长度 l	± 3.0		
管口圆度	$d/500$，且不应大于 5.0		
管面对管轴的垂直度	$d/500$，且不应大于 3.0	用焊缝量规检查	
弯曲矢高	$l/1500$，且不应大于 5.0	用拉线、吊线和钢尺检查	
对口错边	$t/10$，且不应大于 3.0	用拉线和钢尺检查	

注：对方矩形管，d 为长边尺寸。

B.0.8 墙架、檩条、支撑系统钢构件外形尺寸的允许偏差应符合表 B.0.8 的规定

表 B.0.8 墙架、檩条、支撑系统钢构件外形尺寸的允许偏差

项 目	允 许 偏 差	检 验 方 法
构件长度 l	±4.0	用钢尺检查
构件两端最外侧安装孔距离 l_1	±3.0	用钢尺检查
构件弯曲矢高	$l/1000$，且不应大于 10.0	用拉线和钢尺检查
截面尺寸	+5.0 −2.0	用钢尺检查

B.0.9 钢平台、钢梯和防护钢栏杆外形尺寸的允许偏差应符合表 B.0.9 的规定。

表 B.0.9 钢平台、钢梯和防护钢栏杆外形尺寸的允许偏差（mm）

项 目	允许偏差	检验方法	图 例
平台长度和宽度	±5.0	用钢尺检查	
平台两对角线差 $\|l_1-l_2\|$	6.0		
平台支柱高度	±3.0		
平台支柱弯曲矢高	5.0	用拉线和钢尺检查	
平台表面平面度 （1m 范围内）	6.0	用 1m 直尺和塞尺检查	
梯梁长度 l	±5.0	用钢尺检查	
钢梯宽度 b	±5.0		
钢梯安装孔距离 a	±3.0		
钢梯纵向挠曲矢高	$l/1000$	用拉线和钢尺检查	
踏步（棍）间距	±5.0	用钢尺检查	
栏杆高度	±5.0		
栏杆立柱间距	±10.0		

附录 C 钢结构安装的允许偏差

C.0.1 单层钢结构中柱子安装的允许偏差应符合表 C.0.1。

表 C.0.1 单层钢结构中柱子安装的允许偏差 (mm)

项目		允许偏差	图例	检验方法
柱脚底座中心线对定位轴线的偏移		5.0		用吊线和钢尺检查
柱基准点标高	有吊车梁的柱	+3.0 -5.0		用水准仪检查
	无吊车梁的柱	+5.0 -8.0		
弯曲矢高		$H/1200$,且不应大于 15.0		用经纬仪或拉线和钢尺检查
柱轴线垂直度	单层柱 $H \leqslant 10m$	$H/1000$		用经纬仪或吊线和钢尺检查
	单层柱 $H > 10m$	$H/1000$,且不大于 25.0		
	多节柱 单节柱	$H/1000$,且不大于 10.0		
	多节柱	35.0		

C.0.2 钢吊车梁安装允许偏差应符合表 C.0.2 的规定。

表 C.0.2 钢吊车梁安装的允许偏差（mm）

项目		允许偏差	图例	检验方法
梁的跨中垂直度 Δ		$h/500$		用吊线和钢尺检查
侧向弯曲矢高		$l/1500$，且不应大于 10.0		用拉线和钢尺检查
垂直上拱矢高		10.0		
两端支座中心位移 Δ	安装在钢柱上时，对牛腿中心的偏移	5.0		
	安装在混凝土柱上时，对定位轴线的偏移	5.0		用吊线和钢尺检查
吊车梁支座加劲板中心与柱子承压加劲板中心的偏移 Δ_1		$t/2$		
同跨间内同一横截面吊车梁顶面高差 Δ	支座处	10.0		用经纬仪、水准仪和钢尺检查
	其他处	15.0		
同跨间内同一横截面下挂式吊车梁底面高差 Δ		10.0		
同列相邻两柱间吊车梁顶面高差 Δ		$l/1500$，且不应大于 10.0		用水准仪和钢尺检查
相邻两吊车梁接头部位 Δ	中心错位	3.0		用钢尺检查
	上承式顶面高差	1.0		
	下承式底面高差	1.0		

续表 C.0.2

项　目	允许偏差	图　例	检验方法
同跨间任一截面的吊车梁中心跨距 $\triangle$	±10.0		用经纬仪和光电测距仪检查；跨度小时，可用钢尺检查
轨道中心对吊车梁腹板轴线的偏移 $\triangle$	$t/2$		用吊线和钢尺检查

附录 D　钢结构防火涂料涂层厚度测定方法

D.0.1　测针

测针（厚度测量仪），由针杆和可滑动的圆盘组成，圆盘始终保持与针杆垂直，并在其上装有固定装置，圆盘直径不大于 30mm，以保证完全接触被测试件的表面。如果厚度测量仪不易插入被插材料中，也可使用其他适宜的方法测试。

测试时，将测厚探针（图 D.0.1）垂直插入防火涂层直至钢基材表面上，记录标尺读数。

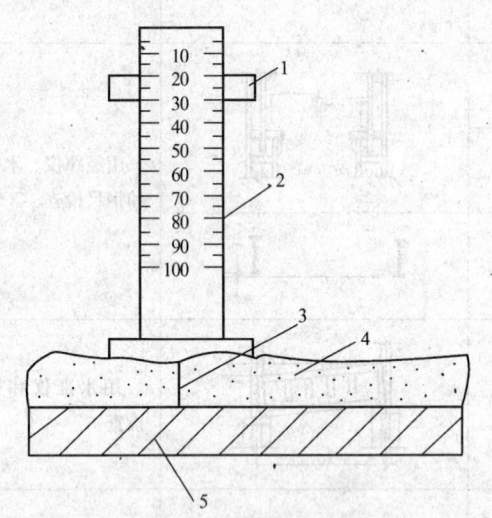

图 D.0.1　测厚度示意图
1—标尺；2—刻度；3—测针；4—防火涂层；5—钢基材

D.0.2　测点选定

1　楼板和防火墙的防火涂层厚度测定，可选两相邻纵、横轴线相交中的面积为一个单元，在其对角线上，按每米长度选一点进行测试。

2　全钢框架结构梁和柱的防火涂层厚度测定，在构件长度内每隔 3m 取一截面，按图 D.0.2 所示位置测试。

3　桁架结构，上弦和下弦按第 2 款的规定每隔 3m 取一截面检测，其他腹杆每根取一截面检测。

D.0.3　测量结果：对于楼板和墙面，在所选择的面积中，至少测出 5 个点；对于梁和柱在所选择的位置上，分别测出 6 个和 8 个点。分别计算出它们的平均值，精确到 0.5mm。

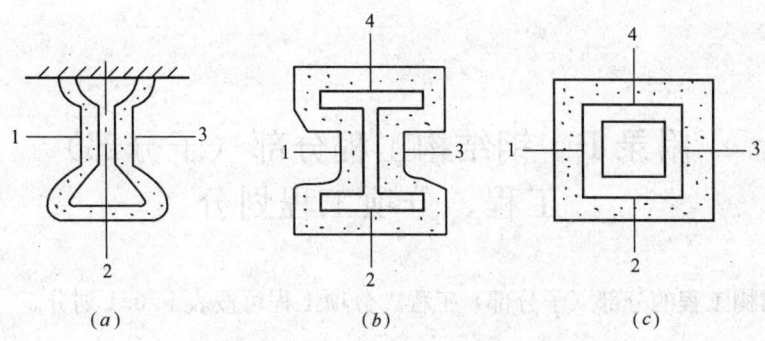

图 D.0.2 测点示意图
(a) 工字梁；(b) 工形柱；(c) 方形柱

附录 E 施工现场质量管理检查记录

E.0.1 施工现场质量管理检查记录应由施工单位按表 E.0.1 填写，总监理工程师（建设单位项目负责人）进行检查，并作出检查结论。

表 E.0.1 施工现场质量管理检查记录　　开工日期：

工程名称		施工许可证（开工证）	
建设单位		项目负责人	
设计单位		项目负责人	
监理单位		总监理工程师	
施工单位		项目经理	项目技术负责人
序号	项　目	内　容	
1	现场质量管理制度		
2	质量责任制		
3	主要专业工种操作上岗证书		
4	分包方资质与对分包单位的管理制度		
5	施工图审查情况		
6	地质勘察资料		
7	施工组织设计、施工方案及审批		
8	施工技术标准		
9	工程质量检验制度		
10	计量设置		
11	现场材料、设备存放与管理		
12			

检查结论：

总监理工程师：
（建设单位项目负责人）　　　　　　　　　　　　　　　　年　月　日

附录 F 钢结构工程分部（子分部）工程、分项工程划分

F.0.1 钢结构工程的分部（子分部）工程、分项工程可按表 F.0.1 划分。

表 F.0.1 钢结构工程分部工程、分项工程划分

序号	子分部工程	分项工程
1	钢结构制作	钢柱焊接
		钢柱制作
		钢柱涂装
		钢桁架焊接
		钢桁架制作
		钢桁架涂装
		钢桁架组装高强度螺栓连接
		钢吊车梁、钢梁焊接
		钢吊车梁、钢梁制作
		钢吊车梁、钢梁涂装
		压型钢板制作
2	钢结构安装	钢结构焊接
		钢结构高强度螺栓连接
		钢结构主体结构安装
		钢结构围护结构安装
		钢平台钢梯和防护栏杆安装
		钢承板安装
		钢结构防火涂料施工
		压型屋面板、墙面板安装

附录 G 检验批质量验收、评定记录

G.0.1 检验批的质量验收、评定记录由项目专业工长填写,项目专职质量检查员评定,参加人员应签字认可。检验批质量验收、评定记录,见表 G.0.1-1~表 G.0.1-13。

G.0.2 当建设方不采用本标准作为本工程施工质量的验收标准时,不需要监理(建设)单位的人员应参加内部验收并签署意见。

表 G.0.1-1 钢构件焊接工程检验批质量验收、评定记录

工程名称		分项工程名称		验收部位	
施工总包单位		专业工长		项目经理	
分包单位		分包项目经理		施工班组长	
施工执行标准名称及编号		设计图纸(变更)编号			
	检查项目	企业质量标准的规定	质量检查、评定情况		总包项目部验收记录
主控项目	1 焊接材料进场	第 4.3.1 条			
	2 焊接材料复验	第 4.3.2 条			
	3 材料匹配	第 5.2.1 条			
	4 焊工证书	第 5.2.2 条			
	5 焊接工艺评定	第 5.2.3 条			
	6 内部缺陷	第 5.2.4 条			
	7 组合焊缝尺寸	第 5.2.6 条			
	8 焊缝表面缺陷	第 5.2.5 条			

续表 G.0.1-1

	检查项目	企业质量标准的规定	质量检查、评定情况	总包项目部验收记录
一般项目	1 焊接材料进场	第4.3.4条		
	2 预热和后热处理	第5.2.7条		
	3 焊缝外观质量	第5.2.8条		
	4 焊缝尺寸偏差	第5.2.9条		
	5 凹形角焊缝	第5.2.10条		
	6 焊缝观感	第5.2.11条		

总包项目部检查、评定结论	本检验批实测　　点，符合要求　　点，符合要求率　　%。不符合要求点的最大偏差为规定值的　　%。依据中国建筑工程总公司《建筑工程施工质量统一标准》ZJQ00-SG-013-2006的相关规定，本检验批质量：合格□　优良□ 总包（单位）项目专职质量检查员： 年　月　日
参加验收人员	分包单位项目负责人： 年　月　日
	总包专业工长（施工员）： 年　月　日
	总包专业技术负责人： 年　月　日
监理（建设）单位验收结论	同意（不同意）施工总包单位验收意见 监理工程师（建设单位项目专业技术负责人）： 年　月　日

表 G.0.1-2 焊钉焊接工程检验批质量验收、评定记录

工程名称				分项工程名称		验收部位	
施工总包单位				专业工长		项目经理	
分包单位				分包项目经理		施工班组长	
施工执行标准名称及编号				设计图纸（变更）编号			
检查项目			企业质量标准的规定	质量检查、评定情况		总包项目部验收记录	
主控项目	1	焊接材料进场	第4.3.1条				
	2	焊接材料复验	第4.3.2条				
	3	焊接工艺评定	第5.3.1条				
	4	焊后弯曲试验	第5.3.2条				
	5						
	6						
	7						
一般项目	1	焊钉和瓷环尺寸	第4.3.3条				
	2	焊缝外观质量	第5.3.3条				
	3						
	4						

总包项目部检查、评定结论	本检验批实测　　点，符合要求　　点，符合要求率　　%。不符合要求点的最大偏差为规定值的　　%。依据中国建筑工程总公司《建筑工程施工质量统一标准》ZJQ00-SG-013-2006的相关规定，本检验批质量：合格□　优良□ 总包（单位）项目专职质量检查员： 　　　　　　　　　　　　　　　　　年　月　日
参加验收人员	分包单位项目负责人： 　　　　　　　　　　　　　　　　　年　月　日
	总包专业工长（施工员）： 　　　　　　　　　　　　　　　　　年　月　日
	总包专业技术负责人： 　　　　　　　　　　　　　　　　　年　月　日
监理（建设）单位验收结论	同意（不同意）施工总包单位验收意见 监理工程师（建设单位项目专业技术负责人）： 　　　　　　　　　　　　　　　　　年　月　日

表 G.0.1-3 普通紧固连接工程检验批质量验收、评定记录

工程名称			分项工程名称		验收部位	
施工总包单位			专业工长		项目经理	
分包单位			分包项目经理		施工班组长	
施工执行标准名称及编号			设计图纸（变更）编号			
	检查项目		企业质量标准的规定	质量检查、评定情况	总包项目部验收记录	
主控项目	1	成品进场	第4.4.1条			
	2	螺栓实物复验	第6.2.1条			
	3	匹配及间距	第6.2.2条			
	4					
	5					
	6					
	7					
一般项目	1	螺栓紧固	第6.2.3条			
	2	外观质量	第6.2.4条			
	3					
	4					

总包项目部检查、评定结论	本检验批实测　　点，符合要求　　点，符合要求率　　％。不符合要求点的最大偏差为规定值的　　％。依据中国建筑工程总公司《建筑工程施工质量统一标准》ZJQ00-SG-013-2006的相关规定，本检验批质量：合格□　优良□ 总包（单位）项目专职质量检查员： 年　月　日
参加验收人员	分包单位项目负责人：　　　　　　　　　　　　　　　　年　月　日
	总包专业工长（施工员）：　　　　　　　　　　　　　　年　月　日
	总包专业技术负责人：　　　　　　　　　　　　　　　　年　月　日
监理（建设）单位验收结论	同意（不同意）施工总包单位验收意见 监理工程师（建设单位项目专业技术负责人）： 年　月　日

表 G.0.1-4 高强度螺栓连接工程检验批质量验收、评定记录

工程名称			分项工程名称		验收部位	
施工总包单位			专业工长		项目经理	
分包单位			分包项目经理		施工班组长	
施工执行标准名称及编号			设计图纸（变更）编号			
	检查项目	企业质量标准的规定	质量检查、评定情况		总包项目部验收记录	
主控项目	1 成品进场	第4.4.1条				
	2 扭矩系数或预拉力复验	第4.4.2条或第4.4.3条				
	3 抗滑移系数试验	第6.3.1条				
	4 终拧扭矩	第6.3.2条或第6.3.3条				
	5					
	6					
	7					
一般项目	1 成品包装	第4.4.4条				
	2 表面硬度试验	第4.4.5条				
	3 初拧、复拧扭矩	第6.3.4条				
	4 连接外观质量	第6.3.5条				
	5 摩擦面外观	第6.3.6条				
	6 扩孔	第6.3.7条				
	7 网架螺栓紧固	第6.3.8条				
	8					
总包项目部检查、评定结论	本检验批实测　　点，符合要求　　点，符合要求率　　％。不符合要求点的最大偏差为规定值的　　％。依据中国建筑工程总公司《建筑工程施工质量统一标准》ZJQ00-SG-013-2006的相关规定，本检验批质量：合格□　优良□ 　　　　　　　　　　　　　　　　总包（单位）项目专职质量检查员： 　　　　　　　　　　　　　　　　　　　　　　　　　　　　年　月　日					
参加验收人员	分包单位项目负责人：　　　　　　　　　　　　　　　　年　月　日					
	总包专业工长（施工员）：　　　　　　　　　　　　　　年　月　日					
	总包专业技术负责人：　　　　　　　　　　　　　　　　年　月　日					
监理（建设）单位验收结论	同意（不同意）施工总包单位验收意见 监理工程师（建设单位项目专业技术负责人）： 　　　　　　　　　　　　　　　　　　　　　　　　　　年　月　日					

表G.0.1-5 零件及部件加工工程检验批质量验收、评定记录

工程名称		分项工程名称		验收部位	
施工总包单位		专业工长		项目经理	
分包单位		分包项目经理		施工班组长	
施工执行标准名称及编号		设计图纸（变更）编号			

		检查项目	企业质量标准的规定	质量检查、评定情况	总包项目部验收记录
主控项目	1	材料进场	第4.2.1条		
	2	钢材复验	第4.2.2条		
	3	切面质量	第7.2.1条		
	4	矫正和成型	第7.3.1条或第7.3.2条		
	5	边缘加工	第7.4.1条		
	6	螺栓球、焊接球加工	第7.5.1条或第7.5.2条		
	7	制孔	第7.6.1条		
一般项目	1	材料规格尺寸	第4.2.3条或第4.2.4条		
	2	钢材表面质量	第4.2.5条		
	3	切割精度	第7.2.2条或第7.2.3条		
	4	矫正质量	第7.3.3条或第7.3.4条或第7.3.5条		
	5	边缘加工精度	第7.4.2条		
	6	螺栓球、焊接球加工精度	第7.5.2条		
	7	管件加工精度	第7.5.3条		
	8	制孔精度	第7.6.3条或第7.6.4条		

总包项目部检查、评定结论	本检验批实测　点，符合要求　点，符合要求率　%。不符合要求点的最大偏差为规定值的　%。依据中国建筑工程总公司《建筑工程施工质量统一标准》ZJQ00-SG-013-2006的相关规定，本检验批质量：合格□　优良□ 总包（单位）项目专职质量检查员： 　　　　　　　　　　　　　　　年　月　日
参加验收人员	分包单位项目负责人：　　　　　　　　　　　　　　　年　月　日
	总包专业工长（施工员）：　　　　　　　　　　　　　年　月　日
	总包专业技术负责人：　　　　　　　　　　　　　　　年　月　日
监理（建设）单位验收结论	同意（不同意）施工总包单位验收意见 监理工程师（建设单位项目专业技术负责人）： 　　　　　　　　　　　　　　　　　　　　年　月　日

表 G.0.1-6 构件组装工程检验批质量验收、评定记录

工程名称			分项工程名称		验收部位	
施工总包单位			专业工长		项目经理	
分包单位			分包项目经理		施工班组长	
施工执行标准名称及编号			设计图纸（变更）编号			
	检查项目		企业质量标准的规定	质量检查、评定情况	总包项目部验收记录	
主控项目	1	吊车梁（桁架）	第8.3.1条			
	2	端部铣平精度	第8.4.1条			
	3	外形尺寸	第8.5.1条			
	4					
	5					
	6					
一般项目	1	顶紧接触面	第8.3.3条			
	2	铣平面保护	第8.4.3条			
	3	焊接H形钢接缝	第8.2.1条			
	4	焊接H形钢精度	第8.2.2条			
	5	焊接组装精度	第8.3.2条			
	6	轴线交点错位	第8.3.4条			
	7	焊缝坡口精度	第8.4.2条			
	8	外形尺寸	第8.5.2条			
总包项目部检查、评定结论			本检验批实测　　点，符合要求　　点，符合要求率　　%。不符合要求点的最大偏差为规定值的　　%。依据中国建筑工程总公司《建筑工程施工质量统一标准》ZJQ00-SG-013-2006的相关规定，本检验批质量：合格□　优良□ 　　　　　　　　　　　　　　　　　　　总包项目专职质量检查员： 　　　　　　　　　　　　　　　　　　　　　　　　　　年　月　日			
参加验收人员			分包单位项目负责人： 　　　　　　　　　　　　　　　　　　　　　　年　月　日			
			总包专业工长（施工员）： 　　　　　　　　　　　　　　　　　　　　　　年　月　日			
			总包专业技术负责人： 　　　　　　　　　　　　　　　　　　　　　　年　月　日			
监理（建设）单位验收结论			同意（不同意）施工总包单位验收意见 监理工程师（建设单位项目专业技术负责人）： 　　　　　　　　　　　　　　　　　　　　　　年　月　日			

表 G.0.1-7　预拼装工程检验批质量验收、评定记录

工程名称			分项工程名称		验收部位	
施工总包单位			专业工长		项目经理	
分包单位			分包项目经理		施工班组长	
施工执行标准名称及编号			设计图纸（变更）编号			
检查项目			企业质量标准的规定	质量检查、评定情况	总包项目部验收记录	
主控项目	1	多层板叠螺栓孔	第9.2.1条			
	2					
	3					
	4					
	5					
	6					
一般项目	1	预拼装精度	第9.2.2条			
	2					
	3					
	4					
总包项目部检查、评定结论	本检验批实测　　点，符合要求　　点，符合要求率　　%。不符合要求点的最大偏差为规定值的　　%。依据中国建筑工程总公司《建筑工程施工质量统一标准》ZJQ00-SG-013-2006的相关规定，本检验批质量：合格□　优良□ 总包项目专职质量检查员： 年　　月　　日					
参加验收人员	分包单位项目负责人：　　　　　　　　　　　　　　　　　　　　年　　月　　日					
	总包专业工长（施工员）：　　　　　　　　　　　　　　　　　　年　　月　　日					
	总包专业技术负责人：　　　　　　　　　　　　　　　　　　　　年　　月　　日					
监理（建设）单位验收结论	同意（不同意）施工总包单位验收意见 监理工程师（建设单位项目专业技术负责人）： 年　　月　　日					

表 G.0.1-8 单层结构安装工程检验批质量验收、评定记录

工程名称		分项工程名称		验收部位	
施工总包单位		专业工长		项目经理	
分包单位		分包项目经理		施工班组长	
施工执行标准名称及编号		设计图纸（变更）编号			

		检查项目	企业质量标准的规定	质量检查、评定情况	总包项目部验收记录
主控项目	1	基础验收	第10.2.1条或第10.2.2条第10.2.3条或第10.2.4条		
	2	构件验收	第10.3.1条		
	3	顶紧接触面	第10.3.2条		
	4	垂直度和侧弯曲	第10.3.3条		
	5	主体结构尺寸	第10.3.4条		
一般项目	1	标记	第10.3.5条		
	2	结构表面	第10.3.11条		
	3	地脚螺栓精度	第10.2.5条		
	4	桁架、梁安装精度	第10.3.6条		

5—79

续表 G.0.1-8

	检查项目		企业质量标准的规定	质量检查、评定情况								总包项目部验收记录
一般项目	5	钢柱安装精度	第10.3.7条									
	6	吊车梁安装精度	第10.3.8条									
	7	檩条等安装精度	第10.3.9条									
	8	平台等安装精度	第10.3.10条									
	9	现场组对精度	第10.3.12条									

总包项目部检查、评定结论	本检验批实测　　点，符合要求　　点，符合要求率　　％。不符合要求点的最大偏差为规定值的　　％。依据中国建筑工程总公司《建筑工程施工质量统一标准》ZJQ00-SG-013-2006的相关规定，本检验批质量：合格□　优良□ 总包（单位）项目专职质量检查员： 　　　　　　　　　　　　　　　　　　　年　　月　　日
参加验收人员	分包单位项目负责人： 　　　　　　　　　　　　　　　　　　　年　　月　　日
	总包专业工长（施工员）： 　　　　　　　　　　　　　　　　　　　年　　月　　日
	总包专业技术负责人： 　　　　　　　　　　　　　　　　　　　年　　月　　日
监理（建设）单位验收结论	同意（不同意）施工总包单位验收意见 监理工程师（建设单位项目专业技术负责人）： 　　　　　　　　　　　　　　　　　　　年　　月　　日

表 G.0.1-9 多层及高层结构安装工程检验批质量验收、评定记录

工程名称		分项工程名称		验收部位	
施工总包单位		专业工长		项目经理	
分包单位		分包项目经理		施工班组长	
施工执行标准名称及编号		设计图纸（变更）编号			

		检查项目	企业质量标准的规定	质量检查、评定情况	总包项目部验收记录
主控项目	1	基础验收	第11.2.1条或第11.2.2条第11.2.3条或第11.2.4条		
	2	构件验收	第11.3.1条		
	3	钢柱安装精度	第11.3.2条		
	4	顶紧接触面	第11.3.4条		
	5	垂直度和侧弯曲	第11.3.3条		
	6	主体结构尺寸	第11.3.5条		
一般项目	1	标记	第11.3.7条		
	2	结构表面	第11.3.6条		
	3	地脚螺栓精度	第11.2.5条		
	4	构件安装精度	第11.3.8条或第11.3.11条		

续表 G.0.1-9

检查项目		企业质量标准的规定	质量检查、评定情况									总包项目部验收记录
一般项目	5 主体结构高度	第11.3.9条										
	6 吊车梁安装精度	第11.3.10条										
	7 檩条等安装精度	第11.3.12条										
	8 平台等安装精度	第11.3.13条										
	9 现场组对精度	第11.3.14条										

总包项目部检查、评定结论	本检验批实测　　点，符合要求　　点，符合要求率　　%。不符合要求点的最大偏差为规定值的　　%。依据中国建筑工程总公司《建筑工程施工质量统一标准》ZJQ00-SG-013-2006 的相关规定，本检验批质量：合格□　优良□ 总包（单位）项目专职质量检查员： 　　　　　　　　　　　　　年　月　日
参加验收人员	分包单位项目负责人： 　　　　　　　　　　　　　年　月　日
	总包专业工长（施工员）： 　　　　　　　　　　　　　年　月　日
	总包专业技术负责人： 　　　　　　　　　　　　　年　月　日
监理（建设）单位验收结论	同意（不同意）施工总包单位验收意见 监理工程师（建设单位项目专业技术负责人）： 　　　　　　　　　　　　　年　月　日

表 G.0.1-10 网架结构安装工程检验批质量验收、评定记录

工程名称			分项工程名称		验收部位	
施工总包单位			专业工长		项目经理	
分包单位			分包项目经理		施工班组长	
施工执行标准名称及编号			设计图纸（变更）编号			
	检查项目		企业质量标准的规定	质量检查、评定情况	总包项目部验收记录	
主控项目	1	焊接球	第4.5.1条或第4.5.2条			
	2	螺栓球	第4.6.1条或第4.6.2条			
	3	封板、锥头、套筒	第4.7.1条或第4.7.2条			
	4	橡胶垫	第4.10.1条			
	5	基础验收	第12.2.1条或第12.2.2条			
	6	支座	第12.2.3条或第12.2.4条			
	7	拼装精度	第12.3.1条或第12.3.2条			
	8	节点承载力试验	第12.3.3条			
	9	结构挠度	第12.3.4条			

续表 G.0.1-10

	检查项目		企业质量标准的规定	质量检查、评定情况	总包项目部验收记录
一般项目	1	结构表面	第 12.3.6 条		
	2	焊接球精度	第 4.5.3 条或第 4.5.4 条		
	3	螺栓球精度	第 4.6.4 条		
	4	螺栓球螺纹精度	第 4.6.3 条		
	5	锚栓精度	第 12.2.5 条		
	6	安装精度	第 12.3.5 条		

总包项目部检查、评定结论	本检验批实测　　点，符合要求　　点，符合要求率　　％。不符合要求点的最大偏差为规定值的　　％。依据中国建筑工程总公司《建筑工程施工质量统一标准》ZJQ00-SG-013-2006 的相关规定，本检验批质量：合格□　优良□ 总包（单位）项目专职质量检查员： 　　　　　　　　　　　　　年　月　日
参加验收人员	分包单位项目负责人： 　　　　　　　　　　　　　年　月　日
	总包专业工长（施工员）： 　　　　　　　　　　　　　年　月　日
	总包专业技术负责人： 　　　　　　　　　　　　　年　月　日
监理（建设）单位验收结论	同意（不同意）施工总包单位验收意见。 监理工程师（建设单位项目专业技术负责人）： 　　　　　　　　　　　　　年　月　日

表 G.0.1-11 压型金属板工程检验批质量验收、评定记录

工程名称				分项工程名称		验收部位	
施工总包单位				专业工长		项目经理	
分包单位				分包项目经理		施工班组长	
施工执行标准名称及编号				设计图纸（变更）编号			
		检查项目	企业质量标准的规定	质量检查、评定情况		总包项目部验收记录	
主控项目	1	压型金属板进场	第4.8.1条或第4.8.2条				
	2	基板裂纹	第13.2.1条				
	3	涂层缺陷	第13.2.2条				
	4	现场安装	第13.3.1条				
	5	搭接	第13.3.2条				
	6	端部锚固	第13.3.3条				
一般项目	1	压型金属板精度	第4.8.3条				
	2	表面质量	第13.2.4条				
	3	安装质量	第13.3.4条				
	4	轧制精度	第13.2.3条或第13.2.5条				
	5	安装精度	第13.3.5条				
总包项目部检查、评定结论		本检验批实测　　点，符合要求　　点，符合要求率　　%。不符合要求点的最大偏差为规定值的　　%。依据中国建筑工程总公司《建筑工程施工质量统一标准》ZJQ00-SG-013-2006的相关规定，评定为：合格□　优良□ 总包（单位）项目专职质量检查员： 　　　　　　　　　　　　　　　　年　月　日					
参加验收人员		分包单位项目负责人：　　　　　　　　　　　　　　　　年　月　日					
		总包专业工长（施工员）：　　　　　　　　　　　　　　年　月　日					
		总包专业技术负责人：　　　　　　　　　　　　　　　　年　月　日					
监理（建设）单位验收结论		同意（不同意）施工总包单位验收意见 监理工程师（建设单位项目专业技术负责人）： 　　　　　　　　　　　　　　　　年　月　日					

表 G.0.1-12 防腐涂料涂装工程检验批质量验收、评定记录

工程名称			分项工程名称		验收部位	
施工总包单位			专业工长		项目经理	
分包单位			分包项目经理		施工班组长	
施工执行标准名称及编号			设计图纸（变更）编号			
	检查项目	企业质量标准的规定	质量检查、评定情况		总包项目部验收记录	
主控项目	1 产品进场	第4.9.1条				
	2 表面处理	第14.2.1条				
	3 涂层厚度	第14.2.2条				
	4					
	5					
	6					
一般项目	1 产品进场	第4.9.3条				
	2 表面质量	第14.2.4条				
	3 附着力测试	第14.2.5条				
	4 标志	第14.2.7条				
	5					
总包项目部检查、评定结论	本检验批实测 点，符合要求 点，符合要求率 %。不符合要求点的最大偏差为规定值的 %。依据中国建筑工程总公司《建筑工程施工质量统一标准》ZJQ00-SG-013-2006的相关规定，本检验批质量：合格□ 优良□ 总包（单位）项目专职质量检查员： 年　月　日					
参加验收人员	分包单位项目负责人： 年　月　日					
	总包专业工长（施工员）： 年　月　日					
	总包专业技术负责人： 年　月　日					
监理（建设）单位验收结论	同意（不同意）施工总包单位验收意见 监理工程师（建设单位项目专业技术负责人）： 年　月　日					

表 G.0.1-13　防火涂料涂装工程检验批质量验收、评定记录

工程名称			分项工程名称		验收部位	
施工总包单位			专业工长		项目经理	
分包单位			分包项目经理		施工班组长	
施工执行标准名称及编号			设计图纸（变更）编号			
		检查项目	企业质量标准的规定	质量检查、评定情况	总包项目部验收记录	
主控项目	1	产品进场	第4.9.2条			
	2	涂装基层验收	第14.3.1条			
	3	强度试验	第14.3.2条			
	4	涂层厚度	第14.3.3条			
	5	表面裂纹	第14.3.4条			
	6					
一般项目	1	产品进场	第4.9.3条			
	2	基层表面	第14.3.5条			
	3	涂层表面质量	第14.3.6条			
	4					
	5					
总包项目部检查、评定结论		本检验批实测　　点，符合要求　　点，符合要求率　　%，不符合要求点的最大偏差为规定值的　　%。依据中国建筑工程总公司《建筑工程施工质量统一标准》ZJQ00-SG-013-2006的相关规定，本检验批质量：合格□　优良□ 　　　　　　　　　　　总包（单位）项目专职质量检查员： 　　　　　　　　　　　　　　　　　　　　　　　　年　月　日					
参加验收人员		分包单位项目负责人：				年　月　日
		总包专业工长（施工员）：				年　月　日
		总包专业技术负责人：				年　月　日
监理（建设）单位验收结论		同意（不同意）施工总包单位验收意见 监理工程师（建设单位项目专业技术负责人）： 　　　　　　　　　　　　　　　　　　　　　　年　月　日					

附录 H 分项工程质量验收、评定记录

H.0.1 分项工程质量验收、评定记录由施工单位专职质检员填写，质量控制资料的检查应由项目总包专业技术负责人检查并作结论意见。分项工程质量验收、评定记录，见表 H.0.1。

H.0.2 当建设方不采用本标准作为本工程施工质量的验收标准时，不需要监理（建设）单位的人员应参加内部验收并签署意见。

表 H.0.1 _____ 分项工程质量验收、评定记录

工程名称		结构类型		检验批数量	
施工总包单位		项目经理		项目技术负责人	
分项工程分包单位		分包项目经理		项目专职质量检查员	
序号	检验批部位、区段	分包单位检查结果	总包单位验收、评定结论		监理（建设）单位验收意见
1					
2					
3					
4					
5					
6					
7					
8					
9					
10					

续表 H.0.1

质量控制资料	应有 份，实有 份，资料内容：基本详实□ 详实准确□ 核查结论：基本齐全□ 齐全完整□ 项目总包技术负责人： 年 月 日
分项工程综合验收评定结论	该分项工程共有 个质量检验批，其中有 个检验批质量为合格，有 个检验批质量为优良，优良率 %。该分项工程的施工操作依据及质量控制资料（基本完整 齐全完整），依据中国建筑工程总公司《建筑工程施工质量统一标准》ZJQ00-SG-013-2006 的相关规定，该分项工程质量：合格□ 优良□ 项目专职质量检查员： 年 月 日
参加验收人员	分包专业工长（施工员）： 年 月 日
	分包项目技术（质量）负责人： 年 月 日
	总包项目技术（质量）负责人： 年 月 日
监理（建设单位）验收结论	同意（不同意）总包单位验收意见 监理工程师（建设单位项目专业技术负责人）： 年 月 日

附录 J 子分部工程质量验收、评定记录

J.0.1 子分部工程的质量验收评定记录应由施工单位专职质量检查员填写，总包企业的技术管理、质量管理部门均应参加验收。子分部工程质量验收、评定记录，见表 J.0.1。

J.0.2 当建设方不采用本标准作为工程施工质量的验收标准时，不需要勘察、设计、监理（建设）单位的人员应参加内部验收并签署意见。

表 J.0.1 _____ 子分部工程质量验收、评定记录

工程名称		施工总包单位			
技术部门负责人		质量部门负责人		专职质量检查员	
分包单位		分包单位项目经理		分包技术负责人	

序号	分项工程名称	检验批数量	检验批合格率（％）	核定意见
1				
2				施工单位
3				质量管理部门：
4				
5				年　月　日
6				
7				
8				
9				

技术管理资料	份	质量控制资料	份	安全和功能检验（检测）报告	份
资料验收意见	应形成　份，实际　份。结论：基本完整□　齐全完整□				
观感质量验收	应得　分数，实得　分数，得分率　％。结论：合格□　优良□				
子分部工程验收结论	该子分部工程共含　个分项工程，其中合格分项　个，优良分项　个；各项资料（基本完整　齐全完整），观感质量（合格　优良）。依据中国建筑工程总公司《建筑工程施工质量统一标准》ZJQ00-SG-013-2006 的相关规定，该子分部工程：合格□　优良□				

参加验收人员	分包单位项目经理	（签字）	年　月　日
	分包单位项目技术负责人	（签字）	年　月　日
	总包单位质量管理部门	（签字）	年　月　日
	总包单位项目经理	（签字）	年　月　日
	勘察单位项目负责人	（签字）	年　月　日
	设计单位项目专业负责人	（签字）	年　月　日
	监理单位项目总监（建设单位项目专业负责人）：	（签字）	年　月　日

附录 K 子分部工程质量控制资料核查记录

K.0.1 钢结构子分部工程质量控制资料由总包和各分包单位根据项目总、分包管理的有关规定负责各自资料的形成、收集,并应由总包项目部资料管理人员统一整理、装订。子分部工程质量控制资料检查记录,见表 K.0.1。

K.0.2 当建设方不采用本标准作为工程施工质量的验收标准时,不需要勘察、设计、监理(建设)单位的人员应参加内部验收并签署意见。

表 K.0.1 子分部工程质量控制资料核查记录

工程名称			施工单位			
序号	项目	资料名称	份数	核查意见	抽查结果	核查人
1	钢结构	施工组织设计、施工方案、技术交底				
2		图纸会审、设计变更、洽商记录				
3		工程定位测量、放线记录				
4		原材料出厂合格证及进场检(试)验报告				
5		施工试验报告及见证检测报告				
6		隐蔽工程验收记录				
7		施工记录				
8		构件出厂合格证				
9		基础、主体结构检验及抽样检测资料				
10		分项、分部工程质量验收记录				
11		工程质量事故及事故调查处理资料				
参加核查人员		分包单位项目技术负责人	(签字)		年 月	日
		分包单位项目经理	(签字)		年 月	日
		分包单位项目技术负责人	(签字)		年 月	日
		总包单位质量管理部门	(签字)		年 月	日
		总包单位项目经理	(签字)		年 月	日
		勘察单位项目负责人	(签字)		年 月	日
		设计单位项目专业负责人	(签字)		年 月	日
总监理工程师(建设单位项目负责人)		结论:			年 月	日

附录L 钢结构分部（子分部）工程有关安全及功能的检验和见证检测项目

L.0.1 钢结构分部（子分部）工程有关安全及功能的检验和见证检测项目按表 L.0.1 规定进行。

表 L.0.1 钢结构子分部工程有关安全及功能的检验和见证检测项目

项次	项目	抽检数量及检验方法	合格质量标准	备注
1	见证取样试验项目 (1) 钢材及焊接材料复验 (2) 高强度螺栓预拉力、扭矩系数复验 (3) 摩擦面抗滑移系数复验 (4) 网架节点承载力试验	检验方法按本标准相应条文执行	符合设计要求和国家现行有关产品标准的规定	
2	焊缝质量： (1) 内部缺陷 (2) 外观缺陷 (3) 焊缝尺寸	一级、二级焊缝按焊缝处数随机抽检 3%，且不应少于 3 处；检验采用超声波或射线探伤及本标准相应条文执行	按本标准相应条文执行	
3	高强度螺栓施工质量 (1) 终拧扭矩 (2) 梅花头检查 (3) 网架螺栓球节点	按节点数随机抽查 3%，且不应少于 3 个节点；检验方法按本标准相应条文执行	按本标准相应条文执行	
4	柱脚及网架支座 (1) 锚栓紧固 (2) 垫板、垫块 (3) 二次灌浆	按柱脚及网架支座数随机抽检 10%，且不应少于 3 个；采用观察和尺量等方法进行检验	符合设计要求和本标准的规定	
5	主要构件变形 (1) 钢屋（托）架、桁架、钢梁、吊车梁等垂直度和侧向弯曲 (2) 钢柱垂直度 (3) 网架结构挠度	除网架结构外，其他按构件数随机抽检 3%，且不应少于 3 个；检验方法按本标准相应条文执行	按本标准相应条文执行	
6	主体结构尺寸 (1) 整体垂直度 (2) 整体平面弯曲	见本标准相应条文	按本标准相应条文执行	

附录 M 钢结构分部（子分部）安装工程观感质量评定表

M.0.1 钢结构分部（子分部）安装工程观感质量评定，见表 M.0.1。

表 M.0.1 钢结构子分部安装工程观感质量检验评定

工程名称			施工总包单位				
项次	项目名称	标准分	评定等级				备注
			一级 90%以上	二级 80%以上	三级 70%以上	四级 0	
1	高强度螺栓连接	10					
2	焊接接头安装螺栓连接	10					
3	焊缝缺陷	10					
4	焊渣飞溅	10					
5	结构外观	10					
6	普通涂装表面	10					
7	防火涂层表面	10					
8	标记基准点	10					
9	压型金属板表面	10					
10	钢平台、钢梯、钢栏杆	10					
合计		应得　　分，实得　　分，得分率　　%					
验收评定结论	该分部（子分部）工程的安装工程观感质量得分率为　　%，依据中国建筑工程总公司《建筑工程施工质量统一标准》ZJQ00-SG-013-2006 的有关规定，该项工程的观感质量：合格□　优良□ 总包项目专职质量检查员：（签字） 　　　　　　　　　　　　　　　　年　月　日						
验收评定人员	分包单位项目技术负责人	（签字）					年　月　日
	分包单位项目经理	（签字）					年　月　日
	总包单位项目技术负责人	（签字）					年　月　日
	总包单位项目经理	（签字）					年　月　日

附录 N 钢结构制作工程观感质量检验评定表

N.0.1 钢结构制作工程观感质量检验评定，见表 N.0.1。

表 N.0.1 钢结构制作工程观感质量检验评定

工程名称			施工总包单位				
项次	项目名称	标准分	评定等级				备注
			一级 90%以上	二级 80%以上	三级 70%以上	四级 0	
1	切割缺陷	10					
2	切割精度	10					
3	钻孔	10					
4	焊缝缺陷	10					
5	焊渣飞溅	10					
6	结构外观	10					
7	涂装缺陷	10					
8	涂装外观	10					
9	普通涂装表面	10					
10	高强度螺栓连接面	10					
合计			应得　　分，实得　　分，得分率　　%				
验收评定结论		该分部（子分部）工程的钢结构制作工程观感质量得分率为　　%，依据中国建筑工程总公司《建筑工程施工质量标准》ZJQ00-SG-013-2006 的有关规定，该项工程的观感质量评定为：合格□　优良□ 总包项目专职质量检查员：（签字） 　　　　　　　　　　　　　　　　　　　　　　　　　年　月　日						
验收评定人员		分包单位项目技术负责人	（签字）				年　月　日
		分包单位项目经理	（签字）				年　月　日
		总包单位项目技术负责人	（签字）				年　月　日
		总包单位项目经理	（签字）				年　月　日

本标准用词说明

1 为了便于在执行本标准条文时区别对待,对要求严格程度不同的用词说明如下:
   1) 表示很严格,非这样做不可的用词:
      正面词采用"必须",反面词采用"严禁";
   2) 表示严格,在正常情况下均应这样做的用词:
      正面词采用"应",反面词采用"不应"或"不得";
   3) 表示允许稍有选择,在条件许可时首先应这样做的用词:
      正面词采用"宜",反面词采用"不宜";
      表示有选择,在一定条件下可以这样做的,采用"可"。
2 本标准中指定应按其他有关标准、规范执行时,写法为:
"应符合……的要求或规定"或"应按……执行"。

钢结构工程施工质量标准

ZJQ00-SG-017-2006

条 文 说 明

目　次

- 1 总则 ·· 5—99
- 2 术语、符号 ·· 5—99
- 3 基本规定 ··· 5—99
  - 3.1 质量控制原则 ··· 5—99
  - 3.2 钢结构工程的划分 ·· 5—100
- 4 原材料及成品进场 ·· 5—100
  - 4.2 钢材 ·· 5—100
  - 4.3 焊接材料 ·· 5—101
  - 4.4 连接用紧固标准件 ·· 5—101
  - 4.5 焊接球 ··· 5—102
  - 4.6 螺栓球 ··· 5—102
  - 4.7 封板、锥头和套筒 ·· 5—102
  - 4.8 金属压型板 ··· 5—102
  - 4.9 涂装材料 ·· 5—102
  - 4.10 其他 ··· 5—102
- 5 钢结构焊接工程 ··· 5—103
  - 5.2 钢构件焊接工程 ··· 5—103
  - 5.3 焊钉（栓钉）焊接工程 ·· 5—104
- 6 紧固件连接工程 ··· 5—105
  - 6.2 普通紧固件连接 ··· 5—105
  - 6.3 高强度螺栓连接 ··· 5—105
- 7 钢零件及钢部件加工工程 ··· 5—106
  - 7.2 切割 ·· 5—106
  - 7.3 矫正和成型 ··· 5—106
  - 7.4 边缘加工 ·· 5—106
  - 7.5 管、球加工 ··· 5—107
  - 7.6 制孔 ·· 5—107
- 8 钢构件组装工程 ··· 5—107
  - 8.2 焊接H形钢 ·· 5—107
  - 8.3 组装 ·· 5—108
  - 8.5 钢构件外形尺寸 ··· 5—108
- 9 钢构件预拼装工程 ·· 5—108
  - 9.2 预拼装 ··· 5—108

10 单层钢结构安装工程	5—108
10.2 基础和支承面	5—108
10.3 安装和校正	5—109
11 多层及高层钢结构安装工程	5—109
11.2 基础和支承面	5—109
11.3 安装和校正	5—110
12 钢网架结构安装工程	5—110
12.2 支承面顶板和支承垫块	5—110
12.3 总拼与安装	5—111
13 压型金属板工程	5—111
13.2 压型钢板制作	5—111
13.3 压型钢板安装	5—111
14 钢结构涂装工程	5—111
14.2 钢结构防腐涂料涂装	5—111

1 总　　则

1.0.1 中国建筑工程总公司在严格遵守国家强制性标准的基础之上，制定企业的"产品质量标准"。钢结构工程作为未来的发展方向，更要追求更高的质量标准。

1.0.3 本标准的编制依据为国家标准《钢结构工程施工质量验收规范》GB 50205、《建筑工程施工质量验收统一标准》GB 50300、中国建筑工程总公司《建筑工程施工质量统一标准》ZJQ00-SG-013-2006等。

1.0.4 本标准主要作为企业内部质量控制的标准，除非建设单位（工程合同的甲方）有明确要求。如果甲方要求采用本标准系列并达到要求，则乙方就应该采用本标准系列可能增加的直接成本和管理成本等各方面问题与甲方进行协商并在工程承包合同中予以明确。

2 术语、符号

本章中共列出24个术语和20个符号基本是采用《钢结构工程施工质量验收规范》GB 50205-2001的第二章内容和《建筑工程施工质量验收统一标准》GB 50300-2001第二章的部分内容，另外又增加了本标准所引用的。本标准的术语是从标准的角度赋予的，但含义不一定是术语的定义，其相应的英文术语亦为推荐性的，仅供参考。

3 基本规定

3.1 质量控制原则

3.1.1 本条是对从事钢结构工程的施工企业进行资质和质量管理内容进行检查验收。

3.1.2 钢结构工程施工质量验收所使用的计量器具必须是根据计量法规定的，保证在检定有效期内使用。

3.1.3 本条的规定强调在质量管理体系中必须建立质量检验制度和质量水平的考评制度。企业内部的质量检验是工程质量的第一关，总包单位项目部必须认真把好这一关。同时，总包单位应建立综合质量水平的考评制度，通过对分包企业施工操作质量的综合考评做到对分包企业技术、质量能力心中有数。对综合考评较差的企业及时采取针对性的措施以防发生严重的质量问题。

3.1.4 本条具体规定了施工质量控制的主要方面,并提出了高于国家标准《建筑工程施工质量验收统一标准》GB 50300-2001 的要求,除国家标准所要求的以外本条还要求:

  1 对所有的材料、半成品、成品、建筑构配件、器具和设备规定进行验收,并做文字记录。

  2 明确要求所有材料、半成品、成品、建筑构配件、器具和设备必须有质量证明文件的原件,并对质量文件的抄件作出了明确规定。

  从目前的情况看,工程中主要的材料、半成品、成品、建筑构配件、器具和设备必须有质量证明文件基本可以做到齐全,但不能做到所有质量证明文件都齐全,特别是涉及结构安全的钢材的证明文件大都是抄件,但还有很多工程没有对抄件的合法性和追溯性给予足够的重视。

  3 规定工序检查后应做文字记录。每道工序的质量检查是质量控制的重要组成部分,然而实际工作却是一项薄弱环节。为强化这项工作,特要求进行文字记录。

3.1.5 本条对质量验收和评定作出了具体的规定,其中对参加质量验收与评定的人员的资格要求应是专职工程质量检查员,熟悉国家有关质量标准、规范,接受过对本标准系列的培训并通过考核。

3.2 钢结构工程的划分

按照制作和安装两个方面,检验批、分项工程的划分基本一一对应。

4 原材料及成品进场

4.2 钢 材

4.2.1 近些年,钢铸件在钢结构(特别是大跨度空间钢结构)中的应用逐渐增加,故对其规格和质量提出明确规定是完全必要的。另外各国进口钢材标准不尽相同,所以规定对进口钢材应按设计和合同规定的标准验收。本条为强制性条文。

4.2.2 在工程实际中,对于哪些钢材需要复验,不是太明确,本条规定了 6 种情况应进行复验,且应是见证取样、送样的试验项目。

  1 对国外进口的钢材,应进行抽样复验;当具有国家进出口质量检验部门的复验商检报告时,可以不再进行复验。

  2 由于钢材经过转运、调剂等方式供应到用户后容易产生混炉号,而钢材是按炉号和批号发材质合格证,因此对于混批的钢材应进行复验。

  3 厚钢板存在各向异性(X、Y、Z 三个方向的屈服点、抗拉强度、伸长率、冷弯冲击值等各指标,以 Z 向试验最差,尤其是塑料和冲击功值),因此当板厚等于或大于

40mm，且承受沿板厚方向拉力时，应进行复验。

  4 对大跨度钢结构来说，弦杆或梁用钢板为主要受力构件，应进行复验。

  5 当设计提出对钢材的复验要求时，应进行复验。

  6 对质量有疑义主要是指：

    1）对质量证明文件有疑义时的钢材；

    2）质量证明文件不全的钢材；

    3）质量证明书中的项目少于设计要求的钢材。

4.2.3、4.2.4 钢板的厚度、型钢的规格尺寸是影响承载力的主要因素，进场验收时重点抽查钢板厚度和型钢规格尺寸是必要的。

4.2.5 由于许多钢材基本上是露天堆放，受风吹雨淋和污染空气的侵蚀，钢材表面会出现麻点和片状锈蚀，严重者不得使用，因此对钢材表面缺陷作了本条的规定。

4.3 焊接材料

4.3.1 焊接材料对焊接质量的影响重大，因此，钢结构工程中所采用的焊接材料应按设计要求选用，同时产品应符合相应的国家现行标准要求。本条为强制性条文。

4.3.2 由于不同的生产批号质量往往存在一定的差异，本条对用于重要的钢结构工程的焊接材料的复验作出了明确规定。该复验应为见证取样、送样检验项目。本条中"重要"是指：

  1 建筑结构安全等级为一级的一级、二级焊缝；

  2 建筑结构安全等级为二级的一级焊缝；

  3 大跨度结构中一级焊缝；

  4 重级工作制吊车梁结构中一级焊缝；

  5 设计要求。

4.3.4 焊条、焊剂保管不当，容易受潮，不仅影响操作的工艺性能，而且会对接头的理化性能造成不利影响。对于外观不符合要求的焊接材料，不应在工程中采用。

4.4 连接用紧固标准件

4.4.1～4.4.3 高强度大六角头螺栓连接副的扭矩系数和扭剪型高强度螺栓连接副的紧固轴力（预拉力）是影响高强度螺栓连接质量最主要的因素，也是施工的重要依据，因此要求生产厂家在出厂前要进行检验，且出具检验报告，施工单位应在使用前及产品质量保证期内及时复验，该复验应为见证取样、送样检验项目。4.4.1条为强制性条文。

4.4.4 高强度螺栓连接副的生产厂家是按出厂批号包装供货和提供产品质量证明书的，在储存、运输、施工过程中，应严格按批号存放、使用。不同批号的螺栓、螺母、垫圈不得混杂使用。高强度螺栓连接副的表面经特殊处理。在使用前尽可能地保持其出厂状态，以免扭矩系数或紧固轴力（预拉力）发生变化。

4.4.5 螺栓球节点钢网架结构中高强度螺栓，其抗拉强度是影响节点承载力的主要因素，表面硬度与其强度存在着一定的内在关系，是通过控制硬度来保证螺栓的质量。

4.5 焊 接 球

4.5.1～4.5.4 本节是指将焊接空心球作为产品看待,在进场时所进行的验收。焊接球焊缝检验应按照国家现行标准《焊接球节点钢网架焊缝超声波探伤方法及质量分级法》JBJ/T 3034.1 执行。

4.6 螺 栓 球

4.6.1、4.6.2 本节是指将螺栓球节点作为产品看待,在进场时所进行的验收。项目在实际工程中,螺栓球节点本身的质量问题比较严重,特别是表面裂纹比较普遍,因此检查螺栓球表面裂纹是本节的重点。

4.6.3 螺栓球是网架杆件互相连接的受力部件,采取热锻成型,质量容易得到保证。对锻造球,应着重检查是否有裂纹、叠痕、过烧。

4.7 封板、锥头和套筒

4.7.1、4.7.2 本节将螺栓球节点钢网架中的封板、锥头、套筒视为产品,在进场时所进行的验收项目。

4.8 金属压型板

4.8.1、4.8.2 本节将金属压型板系列产品看作成品,金属压型板包括单层压型金属板、保温板、扣板等屋面、墙面围护板材及零配件。这些产品在进场时,均应按本节要求进行验收。

4.9 涂 装 材 料

4.9.1 涂料的进场验收除检查资料文件外,还要开桶抽查。开桶抽查除检查涂料结皮、结块、凝胶等现象外,还要与质量证明文件对照涂料的型号、名称、颜色及有效期等。

4.10 其 他

钢结构工程所涉及的其他材料原则上都要通过进场验收检查。

5 钢结构焊接工程

5.2 钢构件焊接工程

5.2.1 焊接材料对钢结构焊接工程的质量有重大影响。其选用必须符合设计文件和国家现行标准的要求。对于进场时经验收合格的焊接材料，产品的生产日期、保存状态、使用烘焙等也直接影响焊接质量。本条即规定了焊条的选用和使用要求，尤其强调了烘焙状态这是保证焊接质量的必要手段。

5.2.2 在国家经济建设中，特殊技能操作人员发挥着重要的作用。在钢结构工程施工焊接中，焊工是特殊工种。焊工的操作技能和资格对工程质量起到保证作用，必须充分予以重视。本条所指的焊工包括手工操作焊工、机械操作焊工。从事钢结构工程焊接施工的焊工，应根据所从事钢结构焊接工程的具体类型，按国家现行行业标准《建筑钢结构焊接技术规程》JGJ 81 等技术规程的要求对施焊焊工进行考试并取得相应证书。

5.2.3 由于钢结构工程中的焊接节点和焊接接头不可能进行现场实物取样检验，而探伤仅能确定焊缝的几何缺陷，无法确定接头的理化性能。为保证工程焊接质量，必须在构件制作和结构安装施工焊接前进行焊接工艺评定，并根据焊接工艺评定的结果制定相应的施工焊接工艺规范。本条规定了施工企业必须进行工艺评定的条件，施工单位应根据所承担钢结构的类型，按国家现行行业标准《建筑钢结构焊接技术规程》JGJ 81 等技术规程中的具体规定进行相应的工艺评定。

5.2.4 根据结构的承载情况不同，现行国家标准《钢结构设计规范》GB 50017 中将焊缝的质量分为三个质量等级。内部缺陷的检测一般可用超声波探伤和射线探伤。射线探伤具有直观性、一致性好的优点，过去人们觉得射线探伤可靠、客观。但是射线探伤成本高、操作程序复杂、检测周期长，尤其是钢结构中大多为 T 形接头和角接头，射线检测的效果差，且射线探伤对裂纹、未熔合等危害性缺陷的检出率低。超声波探伤则正好相反，操作程序简单、快速对各种接头形式的适应性好，对裂纹、未熔合的检测灵敏度高，因此世界上很多国家对钢结构内部质量的控制采用超声波探伤，一般已不采用射线探伤。

随着大型空间结构应用的不断增加，对于薄壁大曲率 T、K、Y 形相贯接头焊缝探伤，国家现行行业标准《建筑钢结构焊接技术规程》JGJ 81 中给出了相应的超声波探伤方法和缺陷分级。网架结构焊缝探伤应按现行国家标准《焊接球节点钢网架焊缝超声波探伤方法及质量分级法》JBJ/T 3034.1 和《螺栓球节点钢网架焊缝超声波探伤方法及质量分级法》JBJ/T 3034.2 的规定执行。

本标准规定要求全焊透的一级焊缝100%检验，二级焊缝的局部检验定为抽样检验。钢结构制作一般较长，对每条焊缝按规定的百分比进行探伤，且每处不小于200mm的规定，对保证每条焊缝质量是有利的。但钢结构安装焊缝一般都不长，大部分焊缝为梁-柱连接焊缝，每条焊缝的长度大多在 250~300mm 之间，采用焊缝条数计数抽样检测是可行的。

5.2.5 考虑不同质量等级的焊缝承载要求不同，凡是严重影响焊缝承载能力的缺陷都是严禁的，本条对严重影响焊缝承载能力的外观质量要求列入主控项目，并给出了外观合格质量要求。由于一级、二级焊缝的重要性，对表面气孔、夹渣、弧坑裂纹、电弧擦伤应有特定不允许存在的要求，咬边、未焊满、根部收缩等缺陷对动载影响很大故一级焊缝不得存在该类缺陷。抽查比例由国家规范的10%，本标准扩大为15%。

5.2.6 对T形、十字形、角接接头等要求焊透的对接与角接组合焊缝，为减小应力集中，同时避免过大的焊脚尺寸，参照相关规范的规定，确定了对静载结构和动载结构的不同焊脚尺寸的要求。

5.2.7 焊接预热可降低热影响区冷却速度，对防止焊接延迟裂纹的产生有重要作用，是各国施工焊接规范关注的重点。由于我国有关钢材焊接性试验基础工作不够系统，还没有条件就焊接预热温度的确定方法提出相应的计算公式或图表，目前大多通过工艺试验确定预热温度。必须与预热温度同时规定的是该温度区距离施焊部分各方向的范围，该温度范围越大，焊接热影响区冷却速度越小，反之则冷却速度越大。同样的预热温度要求，如果温度范围不确定，其预热的效果相差很大。

焊缝后热处理主要是对焊缝进行脱氢处理，以防止冷裂纹的产生，后热处理的时机和保温时间直接影响后热处理的效果，因此应在焊后立即进行并按板厚适当增加处理时间。

5.2.8、5.2.9 焊接时容易出现的如未焊满、咬边、电弧擦伤等缺陷对动载结构是严禁的，在二级、三级焊缝中应限制在一定范围内。对接焊缝的余高、错边，部分焊透的对接与角接组合焊缝及角焊缝的焊脚尺寸、余高等外形尺寸偏差也会影响钢结构的承载能力，必须加以限制。抽查比例由国家规范的10%，本标准扩大为15%。

5.2.10 为了减少应力集中，提高接头承受疲劳载荷的能力，部分角焊缝将焊缝表面焊接或加工为凹形。这类接头必须注意焊缝与母材之间的圆滑过渡。同时，在确定焊缝计算厚度时，应考虑焊缝外形尺寸的影响。抽查比例由国家规范的10%，本标准扩大为15%。

5.2.11 检查数量的抽查比例由国家规范的10%，本标准扩大为15%。

5.3 焊钉（栓钉）焊接工程

5.3.1 由于钢材的成分和焊钉的焊接质量有直接影响，因此必须按实际施工采用的钢材与焊钉匹配进行焊接工艺评定试验。瓷环在受潮或产品要求烘干时应按要求进行烘干，以保证焊接接头的质量。

5.3.2 焊钉焊后弯曲检验可用打弯的方法进行。焊钉可采用专用的栓钉焊接或其他电弧焊方法进行焊接。不同的焊接方法接头的外观质量要求不同。本条规定是针对采用专用的栓钉焊机所焊接头的外观质量要求。对采用其他电弧焊所焊的焊钉接头可按角焊缝的外观质量和外形尺寸要求进行检查。检查数量的抽查比例由国家规范的10%，本标准扩大为15%。

6 紧固件连接工程

6.2 普通紧固件连接

6.2.1 本条是对进场螺栓实物进行复验。其中有疑义是指不满足本标准4.3.1条的规定，没有质量证明书（出厂合格证）等质量证明文件。

6.2.3 射钉宜采用观察检查。若用小锤敲击时，应从射钉侧面或正面敲击。检查数量的抽查比例由国家规范的10%，本标准扩大为15%。

6.3 高强度螺栓连接

6.3.1 抗滑移系数是高强度螺栓连接的主要设计参数之一，直接影响构件的承载力，因此构件摩擦面无论由制造厂处理还是由现场处理，均应对抗滑移系数进行测试，测得的抗滑移系数最小值应符合设计要求。本条是强制性条文。

在安装现场局部采用砂轮打磨摩擦面时，打磨范围不小于螺栓孔径的4倍，打磨方向应与构件受力方向垂直。

除设计上采用摩擦系数小于等于0.3，并明确提出可不进行抗滑移系数试验者外，其余情况在制作时为确定摩擦面的处理方法，必须按本标准附录A要求的批量用3套同材质、同处理方法的试件进行复验。同时并附有3套同材质、同处理方法的试件供安装前复验。

6.3.2 高强度螺栓终拧1h时，螺栓预拉力的损失已大部分完成，在随后一两天内，损失趋于平稳，当超过一个月后，损失就会停止，但在外界环境影响下，螺栓扭矩系数将会发生变化，影响检查结果的准确性。为了统一和便于操作，本条规定检查时间统一定在1h后48h之内完成。检查数量的抽查比例由国家规范的10%，本标准扩大为15%。

6.3.3 在扭剪型高强度螺栓施工中，因安装顺序、安装方向考虑不周，或终拧时因对电动扳手使用掌握不熟练，致使终拧时尾部梅花头上的棱端部滑牙（即打滑），无法拧掉梅花头，造成终拧扭矩是未知数，对此应按大六角螺栓检查方法进行检查。检查数量的抽查比例由国家规范的10%，本标准扩大为15%。

6.3.4 高强度螺栓初拧、复拧的目的是为了使摩擦面能密贴，且螺栓受力均匀，对大型节点强调安装顺序是防止节点中螺栓预拉力损失不均，影响连接的刚度。

6.3.7 强行穿入螺栓会损伤丝扣，改变高强度螺栓连接副的扭矩系数，甚至连螺母都拧不上，因此强调自由穿入螺栓孔。气割扩孔很不规则，既削弱了构件的有效截面，减少了压力传力面积，还会使扩孔处钢材造成缺陷，故规定不得气割扩孔。最大扩孔量的限制也是基于构件有效截面和摩擦传力面积的考虑。

6.3.8 对于螺栓球节点网架，其刚度（挠度）往往比设计值要弱，主要原因是因为螺栓球与钢管连接的高强度螺栓紧固不牢,出现间隙、松动等未拧紧情况,当下部支撑系统拆除后,由于连接间隙、松动等原因,挠度明显加大,超过规范规定的限值。

7 钢零件及钢部件加工工程

7.2 切 割

7.2.1 钢材切割面或剪切面应无裂纹、夹渣、分层和大于1mm的缺棱。这些缺陷在气割后都能较明显地暴露出来,一般观察(用放大镜)检查即可;但有特殊要求的气割面或剪切时则不然,除观察外,必要时应采用渗透、磁粉或超声波探伤检查。

7.2.2 切割中气割偏差值是根据热切割的专业标准,并结合有关截面尺寸及缺口深度的限制,提出了气割允许偏差。

7.3 矫正和成型

7.3.1 对冷矫正和冷弯曲的最低环境温度进行限制,是为了保证钢材在低温情况下受到外力时不致产生冷脆断裂。在低温下钢材受外力而脆断要比冲孔和剪切加工时而断裂更敏感,故环境温度限制较严。

7.3.3 钢材和零件在矫正过程中,矫正设备和吊运都有可能对表面产生影响。按照钢材表面缺陷的允许程度规定了划痕深度不得大于0.5mm,且深度不得大于该钢材厚度负偏差值的1/2,以保证表面质量。

7.3.4 冷矫正和冷弯曲的最小曲率半径和最大弯曲矢高的规定是根据钢材的特性,工艺的可行性以及成型后外观质量的限制而作出的。

7.3.5 对钢材矫正成型后偏差值作了规定,除钢板的局部平面度外,其他指标在合格质量偏差和允许偏差之间有所区别,作了较严格规定。

7.4 边 缘 加 工

7.4.1 为消除切割对主体钢材造成的冷作硬化和热影响的不利影响,使加工边缘加工达到设计规范中关于加工边缘应力取值和压杆曲线的有关要求,规定边缘加工的最小刨削量不应小于2.0mm。

7.4.2 保留了相邻两夹角和加工面垂直度的质量指标,以控制零件外形满足组装、拼装和受力的要求,加工边直线度的偏差不得与尺寸偏差叠加。

7.5 管、球加工

7.5.1 焊接球体要求表面光滑光面不得有裂纹、褶皱。焊缝余高在符合焊缝表面质量后，在接管处应打磨平整。

7.5.2 焊接球的质量指标，规定了直径、圆度、壁厚减薄量和两半球对口错边量。偏差值基本同国家现行行业标准《网架结构设计与施工规程》JGJ 7 的规定，但直径一项在 $\phi 300\sim\phi 500$mm 范围内时稍有提高，而圆度一项有所降低，这是避免控制指标突变和考虑错边量能达到的程度，并相对于大直径焊接球又控制较严，以保证接管间隙和焊接质量。

7.5.3 钢管杆件的长度，端面垂直度和管口曲线，其偏差的规定值是按照组装、焊接和网架杆件受力的要求而提出的，杆件直线度的允许偏差应符合型钢矫正弯曲矢高的规定。管口曲线用样板靠紧检查其间隙不应大于 1.0mm。

7.6 制 孔

7.6.1 为了与现行国家标准《钢结构设计规范》GB 50017 一致，保证加工质量，对 A、B 级螺栓孔的质量作了规定，根据现行国家标准《紧固件公差螺栓螺钉和螺母》GB/T 3103.1 规定产品等级为 A、B、C 三级，为了便于操作和严格控制，对螺栓孔直径 10～18mm、18～30mm 和 30～50mm 三个级别的偏差值直接作为条文。

条文中 R_a 是根据现行国家标准《表面粗糙度参数及其数值》确定的。

A、B 级螺栓孔的精度偏差和孔壁表面粗糙度是指先钻小孔、组装后绞孔或铣孔应达到的质量标准。

C 级螺栓孔，包括普通螺栓孔和高强度螺栓孔。

现行国家标准《钢结构设计规范》GB 50017 规定摩擦型高强度螺栓孔径比杆径大 1.5～2.0mm，承压型高强度螺栓孔径比杆径大 1.0～1.5mm 并包括普通螺栓。

7.6.4 本条规定超差孔的处理方法。注意补焊后孔部位应修磨平整。

8 钢构件组装工程

8.2 焊接 H 形钢

8.2.1 钢板的长度和宽度有限，大多需要进行拼接，由于翼缘板与腹板相连有两条角焊缝，因此翼缘板不应再设纵向拼接缝，只允许长度拼接；而腹板则长度、宽度均可拼接，拼接缝可为十字形或 T 字形；翼缘板或腹板接缝应错开 200mm 以上，以避免焊缝交叉和焊缝缺陷的集中。

8.3 组　　装

8.3.1 起拱度或下挠度均指吊车梁安装就位后的状况，因此吊车梁在工厂制作完后，要检验其起拱度或下挠与否，应与安装就位的支承状况基本相同，即将吊车梁立放并在支承点处将梁垫高一点，以便检测或消除梁自重对拱度或挠度的影响。

8.5　钢构件外形尺寸

8.5.1 根据多年工程实践，综合考虑钢结构工程施工中钢构件部分外形尺寸的质量指标，将对工程质量有决定性影响的指标，如"单层柱、梁、桁架受力支托（支承面）表面至第一个安装孔距离"等6项作为主控项目，其余指标作为一般项目。

9　钢构件预拼装工程

9.2　预　拼　装

9.2.1 分段构件预拼装或构件与构件的总体预拼装，如为螺栓连接，在预拼装时，所有节点连接板均应装上，除检查各部尺寸外还应采用试孔器检查板叠孔的通过率。本条规定了预拼装的偏差值和检验方法。

9.2.2 除壳体结构为立体预拼装，并可设卡、夹具外，其他结构一般均为平面预拼装，预拼装的构件应处于自由状态，不得强行固定预拼装；数量可按设计或合同要求执行。

10　单层钢结构安装工程

10.2　基础和支承面

10.2.1 建筑物的定位轴线与基础的标高等直接影响到钢结构的安装质量，故应给予高度重视。检查数量的抽查比例由国家规范的10%，本标准扩大为15%。

10.2.2 检查数量的抽查比例由国家规范的10%，本标准扩大为15%。

10.2.3 考虑到坐浆垫板设置后不可调节的特性，所以规定其顶面标高允许偏差0～-3.0mm。检查数量的抽查比例由国家规范的10%，本标准扩大为15%。

10.2.4 检查数量的抽查比例由国家规范的10%，本标准扩大为15%。

10.2.5 地脚螺栓露出长度和螺纹长度偏差值由国家规范的 0～+30mm，提高为 0～+25mm。

10.3 安 装 和 校 正

10.3.1 依照全面质量管理中全过程进行质量管理的原则，钢结构安装工程质量应从原材料质量和构件质量抓起，不但要严格控制构件制作质量，而且要控制构件运输、堆放和吊装质量。采取切实可靠措施，防止构件在上述过程中变形或脱漆。如不慎构件产生变形或脱漆，应矫正或补漆后再安装。检查数量的抽查比例由国家规范的10%，本标准扩大为15%。

10.3.2 顶紧面紧贴与否直接影响节点荷载传递，是非常重要的。检查数量的抽查比例由国家规范的10%，本标准扩大为15%。

10.3.3 钢屋架、梁、及受压杆件垂直度和侧向弯曲矢高的允许偏差基本上都在国家规范的基础上有所提高，检查数量的抽查比例也由国家规范的10%，扩大为15%。

10.3.4 整体垂直度和整体平面弯曲的允许偏差有所提高，检查数量的抽查比例也由国家规范的10%，扩大为15%。

10.3.5 钢构件的定位标记（中心线和标高等标记），对工程竣工后正确地进行定期观测，积累工程档案资料和工程的改、扩建至关重要。检查数量的抽查比例由国家规范的10%，本标准扩大为15%。

10.3.6～10.3.10 检查数量的抽查比例由国家规范的10%，本标准扩大为15%。

10.3.11 在钢结构安装工程中，由于构件堆放和施工现场都是露天，风吹雨淋，构件表面极易粘结泥沙、油污等脏物，不仅影响建筑物美观，而且时间长还会侵蚀涂层，造成结构锈蚀。因此，本条提出要求。焊疤系在构件上固定工卡具的临时焊缝未清除干净以及焊工在焊缝接头处外引弧所造成的焊疤。构件的焊疤影响美观且易积存灰尘和粘结泥沙。检查数量的抽查比例由国家规范的10%，本标准扩大为15%。

10.3.12 焊缝组对间隙偏差值提高，检查数量的抽查比例也由国家规范的10%，扩大为15%。

11 多层及高层钢结构安装工程

11.2 基 础 和 支 承 面

11.2.1 检查数量的抽查比例由国家规范的10%，扩大为15%。

11.2.2 支撑面的允许偏差由国家规范的±3.0mm，缩小为±2.0mm。检查数量的抽查比例也由国家规范的10%，扩大为15%。

11.2.3 坐浆垫板的位置允许偏差由 20.0mm，缩小为 15.0mm。检查数量的抽查比例也由国家规范的 10%，扩大为 15%。

11.2.4 杯口的垂直度允许偏差由不大于 10.0mm，缩小为不大于 8.0mm。检查数量的抽查比例也由国家规范的 10%，扩大为 15%。

11.2.5 地脚螺栓露出长度和螺纹长度允许偏差由 0～30mm，缩小为 0～25mm。检查数量的抽查比例也由国家规范的 10%，扩大为 15%。

11.3 安 装 和 校 正

11.3.1～11.3.4 检查数量的抽查比例由国家规范的 10%，扩大为 15%。

11.3.5 整体垂直度和整体平面弯曲的允许偏差均在国家规范的基础上进行提高。检查数量的抽查比例也由国家规范的 10%，扩大为 15%。

11.3.6、11.3.7 检查数量的抽查比例由国家规范的 10%，扩大为 15%。

11.3.8 安装的允许偏差部分项目进行了提高，如：同一根梁的水平度不大于 10mm，缩小为不大于 8mm；检查数量的抽查比例也由国家规范的 10%，扩大为 15%。

11.3.9 建筑物总高度的允许偏差由不大于±30.0mm 提高为±25.0mm。检查数量的抽查比例也由国家规范的 10%，扩大为 15%。

11.3.10、11.3.11 检查数量的抽查比例由国家规范的 10%，扩大为 15%。

11.3.12 安装的允许偏差部分项目进行了提高，检查数量的抽查比例也由国家规范的 10%，扩大为 15%。

11.3.13 检查数量的抽查比例由国家规范的 10%，扩大为 15%。

11.3.14 焊缝组对有垫板间隙允许偏差项目提高了 1mm，检查数量的抽查比例也由国家规范的 10%，扩大为 15%。

12 钢网架结构安装工程

12.2 支承面顶板和支承垫块

12.2.1、12.2.2 检查数量的抽查比例由国家规范的 10%，扩大为 15%。

12.2.3 在对网架结构进行分析时，其杆件内力和节点变形都是根据支座节点在一定约束条件下进行计算的。而支承垫块的种类、规格、摆放位置和朝向的改变，都会对网架支座节点的约束条件产生直接的影响。支撑面顶板位置允许偏差由国家规范的 15mm，提高为 10mm，检查数量的抽查比例也由国家规范的 10%，扩大为 15%。

12.2.4、12.2.5 检查数量的抽查比例由国家规范的 10%，扩大为 15%。

12.3 总拼与安装

12.3.1 检查数量的抽查比例由国家规范的 10%，扩大为 15%。

12.3.4 网架结构理论计算挠度与网架结构安装后的实际挠度有一定的出入，这除了网架结构的计算模型与其实际的情况存在差异之外，还与网架结构的连接节点实际零件的加工精度、安装精度等有着极为密切的联系。对实际工程进行的试验表明，网架安装完毕后实测的数据都比理论计算值大约 5%~11%。所以本条允许比设计值大 15% 是适宜的。

13 压型金属板工程

13.2 压型钢板制作

13.2.1 压型金属板的成型过程，实际上也是对基板加工性能的再次评定，必须在成型后，用肉眼和 10 倍放大镜检查。

13.2.2 压型金属板主要用于建筑物的维护结构，兼结构功能与建筑功能于一体，尤其对于表面有涂层时，涂层的完整与否直接影响压型金属板的使用寿命。

13.3 压型钢板安装

13.3.1 压型金属板与支承构件（主体结构或支架）之间，以及压型金属板相互之间的连接是通过不同类型连接件来实现的，固定可靠与否直接与连接件数量、间距、连接质量有关。需设置防水密封材料处，敷设良好才能保证板间不发生渗漏水现象。

13.3.2 压型金属板在支承构件上的可靠搭接是指压型金属板通过一定的长度与支承构件接触，且在该接触范围内有足够数量的紧固件将压型金属板与支承构件连接成为一体。

13.3.3 组合楼盖中的压型钢板是楼板的基层，在高层钢结构设计与施工规程中明确规定了支承长度和端部锚固连接要求。

14 钢结构涂装工程

14.2 钢结构防腐涂料涂装

14.2.1 目前国内各大、中型钢结构加工企业一般都具备喷射除锈的能力，所以应将喷射除锈作为首选的除锈方法，而手工和动力工具除锈仅作为喷射除锈的补充手段。

14.2.4 实验证明，在涂装后的钢材表面施焊，焊缝的根部会出现密集气孔，影响焊缝质量。误涂后，用火焰吹烧或用焊条引弧吹烧都不能彻底清除油漆，焊缝根部仍然会有气孔产生。

14.2.5 涂层附着力是反映涂装质量的综合性指标，其测试方法简单易行，故增加该项检查以便综合评价整个涂装工程质量。

14.2.7 对于安装单位来说，构件的标志、标记和编号（对于重大构件应标注重量和起吊位置）是构件安装的重要依据，故要求全数检查。

屋面工程施工质量标准

Standard for constrnction quality of roof

ZJQ00-SG-018-2006

中国建筑工程总公司

前　言

本标准是根据中国建筑工程总公司（简称中建总公司）中建市管字［2004］5 号《关于全面开展中建总公司建筑工程各专业施工标准编制工作的通知》的要求，由中国建筑第五工程局组织有关单位编制。

本标准总结了中国建筑工程总公司系统屋面工程施工质量管理的实践经验，以"突出质量策划、完善技术标准、强化过程控制、坚持持续改进"为指导思想，以提高质量管理要求为核心，力求在有效控制工程制造成本的前提下，使屋面工程施工质量得到切实保证和不断提高。

本标准以国家《屋面工程质量验收规范》GB 50207、中国建筑工程总公司《建筑工程施工质量统一标准》ZJQ00-SG-013-2006 为基础，综合考虑中国建筑工程总公司所属施工企业的技术水平、管理能力、施工队伍操作工人技术素质和现有市场环境等各方面客观条件，融入工程质量等级评定，以便统一中国建筑工程总公司系统施工企业屋面工程施工质量的内部验收方法、质量标准、质量等级的评定和程序，为创工程质量的"过程精品"奠定基础。

本标准将根据国家有关标准、规范的变化以及企业发展的需要等进行定期或不定期的修订，请各级施工单位在执行标准过程中，注意积累资料、总结经验，并请将意见或建议及有关资料及时反馈到中国建筑工程总公司质量管理部门，以供本标准修订时参考。

主编单位：中国建筑第五工程局
参编单位：中国建筑第五工程局三公司
主　　编：史如明
副 主 编：韩朝霞　粟元甲
编写人员：郑杰平　韩朝霞

目　次

1 总则 …………………………………………………………… 6—4
2 术语 …………………………………………………………… 6—4
3 基本规定 ……………………………………………………… 6—6
4 质量验收、等级评定 ………………………………………… 6—8
5 卷材防水屋面工程 …………………………………………… 6—9
　5.1 屋面找平层 ……………………………………………… 6—9
　5.2 屋面保温层 ……………………………………………… 6—11
　5.3 卷材防水层 ……………………………………………… 6—12
6 涂膜防水屋面工程 …………………………………………… 6—15
　6.1 屋面找平层 ……………………………………………… 6—15
　6.2 屋面保温层 ……………………………………………… 6—15
　6.3 涂膜防水层 ……………………………………………… 6—15
7 刚性防水屋面工程 …………………………………………… 6—17
　7.1 细石混凝土防水层 ……………………………………… 6—17
　7.2 密封材料嵌缝 …………………………………………… 6—19
8 瓦屋面工程 …………………………………………………… 6—20
　8.1 平瓦屋面 ………………………………………………… 6—20
　8.2 油毡瓦屋面 ……………………………………………… 6—22
　8.3 金属板材屋面 …………………………………………… 6—23
9 隔热屋面工程 ………………………………………………… 6—24
　9.1 架空屋面（外隔热屋面） ……………………………… 6—24
　9.2 蓄水屋面 ………………………………………………… 6—25
　9.3 种植屋面 ………………………………………………… 6—26
10 细部构造 …………………………………………………… 6—26
11 分部工程验收 ……………………………………………… 6—28
12 技术资料及填写要求 ……………………………………… 6—29
附录 A 屋面工程防水和保温材料的质量指标 ……………… 6—32
附录 B 现行建筑防水工程材料标准和现场抽样复验 ……… 6—37
附录 C 检验批质量验收、评定记录 ………………………… 6—39
附录 D 分项工程质量验收、评定记录 ……………………… 6—53
附录 E 分部（子分部）工程质量验收、评定记录 ………… 6—54
附录 F 屋面分部工程观感质量评定 ………………………… 6—56
本标准用词说明 ……………………………………………… 6—57
条文说明 ……………………………………………………… 6—58

1 总　　则

1.0.1 为促进企业加强建筑工程的质量管理，统一中国建筑工程总公司建筑工程屋面工程质量的验收和质量评定，保证和提高工程质量，制定本标准。

1.0.2 本标准适用于中国建筑工程总公司所属施工企业总承包施工的新建建筑工程的屋面工程质量检验和评定。

1.0.3 本标准与中国建筑工程总公司《建筑工程施工质量统一标准》ZJQ00‐SG‐013‐2006 配套使用。

1.0.4 屋面工程质量的检验和评定除执行本标准外，尚应符合国家现行有关标准规范的规定。

1.0.5 本标准中以黑体字印刷的条文为强制性条文，必须严格执行。

1.0.6 本标准为中国建筑工程总公司企业标准，主要用于企业内部的屋面工程施工质量控制。在工程的建设方（甲方）无特定要求时，工程的外部验收应以国家现行的《屋面工程质量验收规范》GB 50207 为准，若工程的建设方（甲方）要求采用本标准作为工程的质量标准时，应在工程承包合同中作出明确约定，并明确由于采用本标准而引起的甲、乙双方的相关责任、权利和义务。

1.0.7 本标准适用于平屋顶、坡屋顶，不适用于其他屋顶。

2 术　　语

2.0.1 防水层合理使用年限 life of waterproof layer
屋面防水层能满足要求的年限。

2.0.2 一道防水设防 a separate waterproof barroer
具有单独防水能力的一道防水层。

2.0.3 分格缝 diving joint
屋面找平层、刚性防水层、刚性保护层上预先留设的缝。

2.0.4 满粘法 full adhibiting method
铺贴防水卷材时，卷材与基层采用全部粘结的施工方法。

2.0.5 空铺法 border adhibiting method
铺贴防水卷材时，卷材与基层在周边一定宽度内粘结，其余部分不粘结的施工方法。

2.0.6 点粘法 spot adhibiting method
铺贴防水卷材时，卷材或打孔卷材与基层采用点状粘结的施工方法。

2.0.7 条粘法 strip adhibiting method

铺贴防水卷材时,卷材与基层采用条状粘结的施工方法。

2.0.8 冷粘法 cold adhibiting method

在常温下采用胶粘剂等材料进行卷材与基层、卷材与卷材间粘结的施工方法。

2.0.9 热熔法 heat fusion method

采用火焰加热熔化热熔型防水卷材底层的热溶胶进行粘结的施工方法。

2.0.10 自粘法 self-adhibiting method

采用带有自粘性胶的防水卷材进行粘结的施工方法。

2.0.11 热风焊接法 hot air welding method

采用热空气焊枪进行防水卷材搭接粘合的施工方法。

2.0.12 倒置式屋面 inversion type roof

将保温层设置在防水层上的屋面。

2.0.13 隔热屋面 heat insulating roof

为减少传进室内的热量和降低室内的温度而采取的对屋顶进行隔热处理的屋面,分通风隔热屋面、蓄水屋面、种植屋面三类,其中通风隔热包含架空通风隔热屋面(外隔热)和顶棚通风隔热屋面(内隔热)。

2.0.14 架空屋面 elevated overhead roof

也称架空隔热屋面,是指通风层设在防水层之上,采用薄型制品架设一定高度的空间,起到隔热作用的屋面。

2.0.15 蓄水屋面 impouded roof

在屋面防水层上蓄一定高度的水,利用水蒸发带走水中的热量从而降低屋面温度起到隔热效果的屋面。

2.0.16 种植屋面 plantied roof

在屋面防水层上铺以种植介质,并种植植物,利用植物的蒸发和光合作用吸收太阳辐射热,起到隔热效果的屋面。

2.0.17 坡屋顶 sloping roof

屋面坡度大于5%的屋顶。

2.0.18 平屋顶 truncated roof

屋面坡度小于5%的屋顶。

2.0.19 其他屋顶 other roofs

除平屋顶、坡屋顶以外的屋顶,如球面、曲面、折面等不规则的屋顶。

2.0.20 屋面坡度 roof grade

反映屋面与水平面之间夹角大小的程度。屋面坡度表示方法有角度法、高跨比、百分比、坡度值四种。

角度法:屋面与水平面的夹角,用度表示。如:$\alpha=26°$、$30°$。

高跨比:屋顶高度与跨度之比。即:H/L,如:$H/L=1/4$、$1/5$。

百分比:屋顶高度H与坡面水平长L的百分比,如$\alpha=1\%$、2%。

坡度值:屋顶高度与跨度一半之比。即:H/l,如:$H:l=1:2$。

2.0.21 卷材防水屋面 rolled waterproofing roof

柔性防水屋面的一种，一般采用的防水材料主要有沥青防水卷材、高聚物改性沥青防水卷材、合成高分子防水卷材。

2.0.22 涂膜防水屋面 membrane waterproofing roof

柔性防水屋面的一种，一般采用的防水涂料有高聚物改性沥青防水涂料和合成高分子防水涂料。

2.0.23 刚性防水屋面 rigidity waterproofing roof

是指以防水砂浆或细石混凝土等刚性材料进一步提高密实度后，现浇成整体的防水层。

2.0.24 瓦屋面 tile roof

坡屋顶屋面防水的面层采用瓦材的屋面，材料一般有平瓦、小青瓦、油毡瓦、金属板材等。

3 基 本 规 定

3.0.1 屋面工程应根据建筑物的性质、重要程度、使用功能要求以及防水层合理使用年限，按不同等级进行设防，并应符合表 3.0.1 的要求。

表 3.0.1 屋面防水等级和设防要求

项 目	屋面防水等级			
	Ⅰ	Ⅱ	Ⅲ	Ⅳ
建筑物类别	特别重要或对防水有特殊要求的建筑	重要的建筑和高层建筑	一般的建筑	非永久性的建筑
防水层合理使用年限	25年	15年	10年	5年
防水层选用材料	宜选用合成高分子防水卷材、高聚物改性沥青防水卷材、金属板材、合成高分子防水涂料、细石混凝土等材料	宜选用高聚物改性沥青防水卷材、合成高分子防水卷材、金属板材、合成高分子防水涂料、高聚物改性沥青防水涂料、细石混凝土、平瓦、油毡瓦等材料	宜选用三毡四油沥青防水卷材、高聚物改性沥青防水卷材、合成高分子防水卷材、金属板材、高聚物改性沥青防水涂料、合成高分子防水涂料、细石混凝土、平瓦、油毡瓦等材料	可选用二毡三油沥青防水卷材、高聚物改性沥青防水涂料等材料
设防要求	三道或三道以上防水设防	二道防水设防	一道防水设防	一道防水设防

3.0.2 屋面工程应根据工程特点、地区自然条件等，按照屋面防水等级的设防要求，进行防水构造设计，重要部位应有详图；对屋面保温层的厚度，应通过计算确定。

3.0.3 屋面工程施工前，施工单位应进行图纸会审，并应编制屋面工程施工方案或技术措施。

3.0.4 屋面工程施工时，应建立各道工序的自检、交接检和专职人员检查的"三检"制度，并有完整的检查记录。每道工序完成，应经监理单位（或建设单位）检查验收，合格后方可进行下道工序施工。

3.0.5 屋面工程的防水层应由经资质审查合格的防水专业队伍进行施工。作业人员应持有当地建设行政主管部门颁发的上岗证。

3.0.6 屋面工程所采用的防水、保温隔热材料应有产品合格证书和性能检测报告，材料的品种、规格、性能等应符合现行国家产品标准和设计要求。

材料进场后，应按本标准附录A、附录B的规定抽样复验，并提出试验报告；不合格的材料，不得在屋面工程中使用。

3.0.7 当下道工序或相邻工程施工时，对屋面已完成的部分应采取保护措施。

3.0.8 伸出屋面的管道、设备或预埋件等，应在防水层施工前安设完毕。屋面防水层完工后，不得在其上凿孔打洞或重物冲击。

3.0.9 屋面工程完工后，应按本标准的有关规定对细部构造、接缝、保护层等进行外观检验，并应进行淋水或蓄水检验。

3.0.10 屋面的保温层和防水层严禁在雨天、雪天和五级风及其以上时施工。施工环境气温宜符合表3.0.10的要求。

表3.0.10 屋面保温层和防水层施工环境气温

项 目	施 工 环 境 气 温
粘结保温层	热沥青不低于-10℃；水泥砂浆不低于5℃
沥青防水卷材	不低于5℃
高聚物改性沥青防水卷材	冷粘法不低于5℃；热熔法不低于-10℃
合成高分子防水卷材	冷粘法不低于5℃；热风焊接法不低于-10℃
高聚物改性沥青防水涂料	溶剂型不低于-5℃；水溶型不低于5℃
合成高分子防水涂料	溶剂型不低于-5℃；水溶型不低于5℃
刚性防水层	不低于5℃

3.0.11 屋面工程各子分部工程和分项工程的划分，应符合表3.0.11的要求。

表3.0.11 屋面工程各子分部工程和分项工程的划分

分部工程	子分部工程	分 项 工 程
屋面工程	卷材防水屋面	保温层、找平层、卷材防水层、细部构造
	涂膜防水屋面	保温层、找平层、涂膜防水层、细部构造
	刚性防水屋面	细石混凝土防水层、密封材料嵌缝、细部构造
	瓦屋面	平瓦屋面、油毡瓦屋面、金属板材屋面、细部构造
	隔热屋面	架空屋面、蓄水屋面、种植屋面

3.0.12 屋面工程各分项工程的施工质量检验批量应符合下列规定：

1 卷材防水层面、涂膜防水层面、刚性防水屋面、瓦屋面和隔热屋面工程，应按屋面面积每100m²抽查1处，每处10m²，且不得少于3处。

2 接缝密封防水，每50m应抽查1处，每处5m，且不得少于3处。

3 细部构造根据分项工程的内容,应全部进行检查。

4 质量验收、等级评定

4.0.1 本标准的检验批、分项、分部(子分部)工程质量均分为"合格"和"优良"两个等级。

4.0.2 检验批合格质量应符合下列规定:
  1 主控项目
    1) 主控项目中的重要材料、构件配件、成品及半成品、设备性能及附件的材质、技术性能等的技术数据及项目必须符合国家有关技术标准的规定。
    2) 主控项目中的结构强度、刚度等检测数据,性能的检测等数据及项目必须符合设计要求和国家有关技术标准的规定。
    3) 主控项目的允许偏差项目,必须控制在本标准允许的偏差限值之内。
  2 一般项目
    1) 允许有一定偏差的每个项目最多有 20% 的检查点可以超过允许偏差值,但不能超过允许值的 150%;允许偏差项目抽检的所有点数中,应有 80% 及其以上的实测值在允许偏差范围内。
    2) 对不能确定偏差值而又允许出现一定缺陷的子项,缺陷数量控制在本标准规定的范围内。
    3) 定性的项目应基本符合本标准的规定。

4.0.3 检验批优良质量应符合下列规定:
  1 主控项目
    1) 主控项目中的重要材料、构件配件、成品半成品、设备性能及附件的材质、技术性能等的技术数据及项目必须符合国家有关技术标准的规定。
    2) 主控项目中的结构强度、刚度等检测数据,性能的检测等数据及项目必须符合设计要求和国家有关技术标准的规定。
    3) 主控项目的允许偏差项目,必须控制在本标准允许的偏差限值之内。
  2 一般项目
    1) 允许有一定偏差的每个项目最多有 20% 的检查点可以超过允许偏差值,但不能超过允许值的 120%;允许偏差项目抽查的所有点数中,应有 80% 及其以上的实测值在允许偏差范围内。
    2) 对不能确定偏差值而又允许出现一些缺陷的项目,缺陷数量应控制在本标准规定的范围内。
    3) 定性的项目应符合本标准的规定。

4.0.4 分项工程合格质量应符合下列规定:
  1 分项工程所含的检验批均应符合合格质量的规定。

2 分项工程所含的检验批的施工操作依据、质量检查及验收记录应完整。

3 分项工程所含的检验批中,其中达到优良质量的检验批数量未达到70%。

4 在检验批中无法检验的项目,在分项工程中直接验收,并符合本标准的规定。

4.0.5 分项工程优良质量应符合下列规定:

1 分项工程所含检验批均应符合合格质量的规定,其中达到优良质量的检验批数量达到70%及其以上。

2 分项工程所含的检验批的施工操作依据、质量检查及验收记录应完整。

3 在检验批中无法检验的项目,在分项工程中直接验收,并符合本标准的规定。

4.0.6 分部(子分部)工程合格质量应符合下列规定:

1 分部(子分部)工程所含分项工程的质量应全部合格,其中达到优良质量的分项工程数量未达到70%。

2 质量控制资料应完整。

3 观感质量验收得分率应不低于80%。

4.0.7 分部(子分部)工程优良质量应符合下列规定:

1 分部(子分部)工程所含分项工程的质量应全部合格,其中达到优良质量的分项工程数量在70%及其以上。

2 质量控制资料完整。

3 观感质量验收得分率应不低于90%。

5 卷材防水屋面工程

5.1 屋面找平层

5.1.1 本节适用于防水层基层采用水泥砂浆、细石混凝土、沥青砂浆或乳化沥青珍珠岩找平层。

5.1.2 找平层的厚度和技术要求应符合表5.1.2的规定。

表5.1.2 找平层的厚度和技术要求

类 别	基层种类	厚度(mm)	技 术 要 求
水泥砂浆找平层	整体混凝土	15～20	1:2.5～1:3(水泥:砂)体积比,水泥强度等级不低于32.5级
	整体或板状材料保温层	20～25	
	装配式混凝土板,松散材料保温层	20～30	
细石混凝土找平层	松散材料保温层	30～35	混凝土强度等级不低于C20
沥青砂浆找平层	整体混凝土	15～20	1:8(沥青:砂和粉料)重量比
	装配式混凝土板,整体或板状材料保温层	20～25	
乳化沥青珍珠岩找平层	乳化沥青珍珠岩保温层基层	设计规定	按设计要求

5.1.3 找平层的基层采用装配式钢筋混凝土板时，应符合下列规定：
   1 板端、侧缝应用细石混凝土灌缝，其强度等级不应低于C20。
   2 板缝宽度大于40mm或上宽下窄时，板缝内应设置不小于ϕ4的构造钢筋。
   3 板端缝应放置纵向ϕ6钢筋，每块板不少于1根ϕ4@500分布筋，且用水泥砂浆或细石混凝土密封处理。

5.1.4 找平层的排水坡度应符合设计要求，平屋面采用结构找坡不应小于3%，采用材料找坡宜为2%；天沟檐沟纵向找坡不应小于1%，沟底水落差不得超过200mm，内部排水的水落口周围应做成坡度不小于5%的凹坑。

5.1.5 基层与突出屋面结构（女儿墙、山墙、天窗壁、变形缝、烟囱等）的交接处和基层的转角处，找平层均应做成圆弧形，圆弧半径应符合表5.1.5的要求。

表5.1.5 转角处圆弧半径

卷材种类	圆弧半径（mm）
沥青防水卷材	100～150
高聚物改性沥青防水卷材	50
合成高分子防水卷材	20

5.1.6 找平层应设分格缝，缝宽一般为20mm，分格缝应设在板端缝处，其纵横向的最大间距：水泥砂浆或细石混凝土找平层不宜大于6m；沥青砂浆找平层不宜大于4m。分格缝兼作排汽屋面的排汽道时，可适当加宽，并应与保温层连通。

主 控 项 目

5.1.7 找平层的材料质量及配合比，必须符合设计要求。
   检验方法：检查出厂合格证、质量检验报告和计量措施。

5.1.8 屋面（含天沟、檐沟）找平层的排水坡度，必须符合设计要求。
   检验方法：用水平仪（水平尺）、拉线和尺量检查。

一 般 项 目

5.1.9 基层与突出屋面结构的交接处和整层的转角处，均应做成圆弧形，且整齐平顺。
   检验方法：观察和尺量检查。

5.1.10 找平层表面的质量应符合下列规定：
   1 水泥砂浆找平层、细石混凝土找平层应平整、压光，不得有酥松、起砂、起皮现象。
   2 沥青砂浆应表面密实，不得有拌合不匀、蜂窝现象。

5.1.11 找平层分格缝的位置和间距应符合设计要求。
   检验方法：观察和尺量检查。

5.1.12 找平层表面平整度的允许偏差为4mm。
   检验方法：2m靠尺和楔形塞尺检查。

5.2 屋面保温层

5.2.1 本节适用于松散、板状材料或整体现浇（喷）保温层。

5.2.2 保温层应干燥，封闭式保温层的含水率相当于该材料在当地自然风干状态下的平衡含水率。

5.2.3 屋面保温层干燥有困难时，应采用排汽措施。

5.2.4 倒置式屋面应采用吸水率小、长期浸水不腐烂的保温材料。保温层上应用混凝土等块材、水泥砂浆或卵石做保护层；卵石保护层与保温层之间，应干铺一层无纺聚酯纤维布做隔离层。

5.2.5 松散材料保温层施工应符合下列规定：

    1 铺设松散保温层的基层应平整、干燥、干净、无裂纹、无蜂窝。

    2 保温层材料在使用前必须过筛，含水率应符合设计要求，超过设计要求时，应晾干或烘干。

    3 松散保温材料应分层铺设并压实，压实程度应事先根据设计质量密度通过试验确定，平面隔热保温层的每层叠铺厚度不宜大于150mm，完工后的保温层厚度允许偏差为 +10%或-5%。

    4 保温层施工完成后，应及时进行找平层和防水层的施工；雨季施工时，保温层应采取遮盖措施。

5.2.6 板状材料保温层施工应符合下列规定：

    1 铺设保温层的基层应平整、干燥、洁净。

    2 干铺的板状保温材料应紧靠在需保温的基层表面上，并应铺平垫稳。

    3 分层铺设时，上下接缝应相互错开，板间隙应采用同类材料的碎屑嵌填密实。

    4 粘贴的板状保温层应贴严、铺平、粘牢。用沥青胶结材料粘贴时，板状材料相互之间和基层之间，均应满涂热沥青胶结材料。用水泥砂浆铺贴板状隔热保温材料时，一般可用1:2（体积比）水泥砂浆粘结，板间缝隙应用保温灰浆填实并勾缝。保温灰浆配合比为1:1:10=水泥:石灰:同类保温材料的碎粒（体积比）。

5.2.7 整体现浇（喷）保温层施工应符合下列规定：

    1 沥青膨胀蛭石、沥青膨胀珍珠岩宜采用机械搅拌，并应色泽一致，无沥青团；压实程度根据试验确定，铺设厚度一般为设计厚度的130%，经拍实至设计厚度。拍实后的表面，必须抹1:2.5~1:3的水泥砂浆找平层一层，厚度为7~10mm，浇水养护7d。

    2 水泥膨胀蛭石、水泥膨胀珍珠岩宜采用人工拌合，水灰比一般为2:4~2:6（体积比），拌好的水泥蛭石用手紧捏成团不散，并稍有水泥浆滴下时为合适。

    3 整体现浇保温层宜分仓铺设，每仓宽度700~900mm。

    4 整体现浇保温层应表面平整，当在保温层上直接铺设防水层时，表面平整度偏差不大于5mm；如在保温层上做找平层时，保温层平整度偏差不大于7mm。

    5 硬质聚氨酯泡沫塑料应按配合比准确计量，发泡厚度均匀一致。

主 控 项 目

5.2.8 保温材料的堆积密度或表观密度、导热系数以及板材的强度、吸水率，必须符合设计要求。

检验方法：检查出厂合格证、质量检验报告和现场抽样复验报告。

5.2.9 保温层的含水率必须符合设计要求。

检验方法：检查现场抽样检验报告。

一 般 项 目

5.2.10 保温层的铺设应符合下列要求：

1 松散保温材料：分层铺设，压实适当，表面平整，找坡正确。

2 板状保温材料：紧贴（靠）基层，铺平垫稳，拼缝严密，找坡正确。

3 整体现浇保温层：拌合均匀，分层铺设，压实适当，表面平整，找坡正确。

检验方法：观察检查。

5.2.11 保温层厚度的允许偏差：松散保温材料和整体现浇保温层为+8%和-5%；板状保温材料为±5%，且不得大于4mm。

检验方法：用钢针插入和尺量检查。

5.2.12 当倒置式屋面保护层采用卵石铺压时，卵石应分布均匀，卵石的质（重）量应符合设计要求。

5.2.13 松散材料保温层和整体保温层表面平整度在无找平层时允许偏差为5mm，有找平层时为7mm。

检验方法：用2m靠尺和楔形尺检查。

5.3 卷 材 防 水 层

5.3.1 本节适用于防水等级为Ⅰ～Ⅳ级的屋面防水。

5.3.2 卷材防水层应采用高聚物改性沥青防水卷材、合成高分子防水卷材或沥青防水卷材。所选用的基层处理剂、接缝胶粘剂、密封材料等配套材料应与铺贴的卷材材性相容。

5.3.3 在坡度大于25%的屋面上采用卷材作防水层时，应尽量避免短边搭接，并采取固定措施，如钉钉、嵌条等，固定点应密封严密。

5.3.4 铺设屋面隔汽层和防水层前，基层必须干净、干燥。

干燥程度的简易检验方法是将1m²卷材平坦干铺在找平层上，静置3～4h后掀开检查，找平层覆盖部位与卷材内侧无结露时即认为找平层已基本干燥。

5.3.5 卷材铺贴方面应符合下列规定：

1 屋面坡度小于3%时，卷材宜平行屋脊铺贴。

2 屋面坡度在3%～15%时，卷材可平行或垂直屋脊铺贴。

3 屋面坡度大于15%或屋面受震动时，沥青卷材应垂直屋脊铺贴，高聚物改性沥青防水卷材和合成高分子防水卷材可平行或垂直屋脊铺贴。

4 上、下层卷材不得相互垂直铺贴。

5.3.6 卷材厚度选用应符合表5.3.6的规定。

表5.3.6 卷材厚度选用

屋面防水等级	设防道数	合成高分子防水卷材	高聚物改性沥青防水卷材	沥青防水卷材
Ⅰ级	三道或三道以上	不应小于1.5mm	不应小于3mm	—
Ⅱ级	二道设防	不应小于1.2mm	不应小于3mm	—
Ⅲ级	一道设防	不应小于1.2mm	不应小于4mm	三毡四油
Ⅳ级	一道设防	—	—	二毡三油

5.3.7 铺贴卷材采用搭接法时，上下层及相邻两幅卷材的搭接缝应错开，各种卷材搭接宽度应符合表5.3.7的要求。

表5.3.7 卷材搭接宽度（mm）

卷材种类	铺贴方法	短边搭接		长边搭接	
		满粘法	空铺、点粘、条粘法	满粘法	空铺、点粘、条粘法
沥青防水卷材		100	150	70	100
高聚物改性沥青防水卷材		80	100	80	100
合成高分子防水卷材	胶粘剂	80	100	80	100
	胶粘带	50	60	50	60
	单缝焊	60，有效焊接宽度不小于25			
	双缝焊	80，有效焊接宽度10×2+空腔宽			

5.3.8 冷粘法铺贴卷材应符合下列规定：

1 胶粘剂涂刷应均匀，不露底，不堆积。

2 根据胶粘剂的性能，应控制胶粘剂涂刷与卷材铺贴的间隔时间。

3 铺贴的卷材下面的空气应排尽，并辊压粘结牢固。

4 铺贴卷材应平整顺直，搭接尺寸准确，不得扭曲、皱折。

5 接缝口应用密封材料封严，宽度不应小于10mm。

5.3.9 热熔法铺贴卷材应符合下列规定：

1 火焰加热器加热卷材应均匀，不得过分加热或烧穿卷材。

2 卷材表面热熔后应立即滚铺卷材，卷材下面的空气应排尽，并辊压粘结牢固，不得空鼓。

3 卷材接缝部位必须溢出热熔的改性沥青胶。

4 铺贴的卷材应平整顺直，搭接尺寸准确，不得扭曲、皱折。

5.3.10 自粘法铺贴卷材应符合下列规定：

1 铺贴卷材前基层表面应均匀涂刷基层处理剂，干燥后应及时铺贴卷材。

2 铺贴卷材时，应将自粘胶底面的隔离纸全部撕净。

  3 卷材下面的空气应排尽，并辊压粘结牢固。
  4 铺贴的卷材应平整顺直，搭接尺寸准确，不得扭曲、皱折。搭接部位宜采用热风加热，随即粘贴牢固。
  5 接缝口应用密封材料封严，宽度不应小于10mm。

5.3.11 卷材热风焊接施工应符合下列规定：
  1 焊接前卷材的铺设应平整顺直，搭接尺寸准确，不得扭曲、皱折。
  2 卷材的焊接面应清扫干净，无水滴、油污及附着物。
  3 焊接时应先焊长边搭接缝，后焊短边搭接缝。
  4 控制热风加热温度和时间，焊接处不得有漏焊、跳焊、焊焦或焊接不牢现象。
  5 焊接时不得损害非焊接部位的卷材。

5.3.12 沥青玛蹄脂的配制和使用应符合下列规定：
  1 配制沥青玛蹄脂的配合比应视使用条件、坡度和当地历年极端最高气温，并根据所用的材料经试验确定；施工中应按确定的配合比严格配料，每工作班应检查软化点和柔韧性。
  2 热沥青玛蹄脂的加热应高于240℃，使用应低于190℃。
  3 冷沥青玛蹄脂使用时应搅匀，稠度太大时可加少量溶剂稀释搅匀。
  4 沥青玛蹄脂应涂刮均匀，不得过厚或堆积。
  粘结层厚度：热沥青玛蹄脂宜为1～1.5mm，冷沥青玛蹄脂宜为0.5～1mm。
  面层厚度：热沥青玛蹄脂宜为2～3mm，冷沥青玛蹄脂宜为1～1.5mm。

5.3.13 天沟、檐沟、檐口、泛水和立面卷材收头的端部应裁齐，塞入预留凹槽内，用金属压条钉压固定，最大钉距不应大于900mm，并用密封材料嵌填封严。

5.3.14 卷材防水层完工并经验收合格后，应做好成品保护。保护层的施工应符合下列规定：
  1 绿豆砂应清洁、预热、铺撒均匀，并使其与沥青玛蹄脂粘结牢固，不得残留未粘结的绿豆砂。
  2 云母或蛭石保护层不得有粉料，撒铺应均匀，不得露底，多余的云母或蛭石应清除。
  3 水泥砂浆保护层的表面应抹平压光，并设表面分格缝，分格面积宜为$1m^2$。
  4 块体材料保护层应留设分格缝，分格面积不宜大于$100m^2$，分格缝宽度不宜小于20mm。
  5 细石混凝土保护层，混凝土应密实，表面抹平压光，并留设分格缝，分格面积不大于$36m^2$。
  6 浅色涂料保护层应与卷材粘结牢固，厚薄均匀，不得漏涂。
  7 水泥砂浆、块材或细石混凝土保护层与防水层之间应设置隔离层。
  8 刚性保护层与女儿墙、山墙之间应预留宽度为30mm的缝隙，并用密封材料嵌填严密。

主 控 项 目

5.3.15 卷材防水层所用卷材及其配套材料，必须符合设计要求。

检验方法：检查出厂合格证、质量检验报告和现场抽样复验报告。

5.3.16 卷材防水层不得有渗漏或积水现象。

检验方法：雨后或淋水、蓄水检验。

5.3.17 卷材防水层在天沟、檐沟、檐口、水落口、泛水、变形缝和伸出屋面管道的防水构造，必须符合设计要求。

检验方法：观察检查和检查隐蔽工程验收记录。

一 般 项 目

5.3.18 卷材防水层的搭接缝应粘（焊）结牢固，密封严密，不得有皱折、翘边和鼓泡等缺陷；防水层的收头应与基层粘结并固定牢固，缝口封严，不得翘边。

检验方法：观察检查。

5.3.19 卷材防水层上的撒布材料和浅色涂料应铺撒或涂刷均匀，粘结牢固；水泥砂浆、块材或细石混凝土保护层与卷材防水层间应设置隔离层；刚性保护层的分格缝留置应符合设计要求。

检验方法：观察检查。

5.3.20 排汽屋面的排汽道应纵横贯通，不得堵塞。排汽管应安装牢固，位置正确，封闭严密。

检验方法：观察检查。

5.3.21 卷材的铺贴方向应正确，卷材搭接宽度的允许偏差为—10mm。

检验方法：观察和尺量检查。

6 涂膜防水屋面工程

6.1 屋面找平层

涂膜防水屋面找平层工程应符合本标准第5.1节的规定。

6.2 屋面保温层

涂膜防水屋面保温层工程应符合本标准第5.2节的规定。

6.3 涂膜防水层

6.3.1 本节适用于防水等级为Ⅰ～Ⅳ级屋面防水。

6.3.2 防水涂料应采用高聚物改性沥青防水涂料、合成高分子防水涂料、聚氨酯防水涂料。根据设计要求，一般有三胶、一毡三胶、二毡四胶、一布一毡四胶、二布五胶等。

6.3.3 防水涂膜施工应符合下列规定：

1 涂膜应根据防水涂料的品种分层分遍涂布，不得一次涂成。

2 应待先涂的涂层干燥成膜后，方可涂后一遍涂料。

3 需铺设胎体增强材料时，屋面坡度小于15%时可平行屋脊铺设，屋面坡度大于15%时应垂直于屋脊铺设。

4 胎体长边搭接宽度不应小于50mm，短边搭接宽度不应小于70mm。

5 采用二层胎体增强材料时，上下层不得相互垂直铺设，搭接缝应错开，其间距不应少于幅宽的1/3。

6.3.4 涂膜厚度选用应符合表6.3.4的规定。

表6.3.4 涂膜厚度选用表

屋面防水等级	设防道数	高聚物改性沥青防水涂料	合成高分子防水涂料
Ⅰ级	三道或三道以上	—	不应小于1.5mm
Ⅱ级	二道设防	不应小于3mm	不应小于1.5mm
Ⅲ级	一道设防	不应小于3mm	不应小于2mm
Ⅳ级	一道设防	不应小于2mm	—

6.3.5 按设计要求对屋面板的板缝用细石混凝土填嵌密实或上部用油膏嵌缝后，将屋面清扫干净。

6.3.6 防水层施工前，在突出屋面结构的交接处、转角处加铺一层附加层，宽度250~350mm。

6.3.7 胶料可采用刷、刮涂或机械喷涂的方法。

6.3.8 铺贴玻璃丝布或毡片应采用搭接法，胎体长边搭接宽度不应小于70mm，短边搭接不应小于100mm，上、下两层及相邻两幅的搭接缝应错开1/3幅宽，但上下两层不得互相垂直铺贴。

6.3.9 涂膜应根据防水涂料的品种分层分遍涂布，不得一次涂成，上道涂料层一般实干4~24h后方可进行下道涂料施工。

6.3.10 铺设胎体材料时，屋面坡度小于15%时可平行屋脊铺设，屋面坡度大于15%时应垂直于屋脊铺设。

6.3.11 多组分涂料应按配合比准确计量，搅拌均匀，并应根据有效时间确定使用量，并应当天用完。

6.3.12 檐沟、檐口、泛水和立面涂膜防水层的收头，应用防水涂料多遍涂刷或用密封材料封严。

6.3.13 涂膜防水层完工并经验收合格后，应做好成品保护，保护层的施工应符合本标准5.3.14条的要求。

主 控 项 目

6.3.14 防水涂料、胎体增强材料、密封材料和其他材料必须符合现行国家产品标准和设计要求。

检验方法：检查出厂合格证、质量检验报告和现场抽样复验报告。

6.3.15 涂膜防水层不得有渗漏或积水现象。

检验方法：雨后或持续淋水24h，具备蓄水检验的屋面，应做蓄水。

6.3.16 防水层在天沟、檐沟、檐口、水落口、泛水、变形缝和伸出屋面管道的防水构造，必须符合设计要求。

检验方法：观察检查和检查隐蔽工程验收记录。

一 般 项 目

6.3.17 涂膜防水层应表面平整，涂布均匀，不得有流淌、皱折、鼓泡、露胎体和翘边等缺陷；涂膜防水层与基层应粘结牢固。

6.3.18 涂膜防水层的平均厚度应符合设计要求，涂膜的最小厚度不应小于设计厚度的85%。

检验方法：针测法或取样量测。

6.3.19 涂膜保护层

1 涂膜防水层上的撒布材料应在涂布最后一遍时，边涂布边均匀铺撒，保护层应铺撒均匀，粘结牢固，覆盖均匀严密、不露底。

2 涂膜防水层上采用浅色涂料做保护层时，应在涂膜干燥后做保护层涂布，使相互间粘结牢固，不露底。

3 涂膜防水层上采用防水水泥砂浆、块材或细石混凝土做保护层时，应在防水层与保护层间设置隔离层。

4 刚性保护层的分格缝留置应符合设计要求，做到留设准确不松动。

7 刚性防水屋面工程

7.1 细石混凝土防水层

7.1.1 本节适用于防水等级Ⅰ～Ⅲ级的屋面防水；不适用于设有松散材料保温层的屋面以及受较大振动或冲击的和坡度大于15%的建筑屋面。基层有：

1 整体现浇钢筋混凝土板或找平层且加设了隔离层。
2 装配式钢筋混凝土板上有找平层且加设了隔离层。
3 基层为保温层且兼作隔离层。
4 基层为柔性防水层且加设了隔离层。

7.1.2 细石混凝土不得使用火山灰水泥；当采用矿渣硅酸盐水泥时，应采用减少泌水性的措施，水泥强度等级不低于32.5。

7.1.3 砂宜采用0.3～0.5mm的中、粗砂，含泥量不大于2%；石宜采用质地坚硬，粒径5～15mm，级配良好，含泥量不超过1%的碎石或砾石。

7.1.4 混凝土水灰比不应大于0.55，强度等级不得低于C20，每立方米混凝土水泥用量不少于330kg，含砂率以35%～40%为宜，灰砂比应为1∶2～1∶2.5。

7.1.5 混凝土中掺加膨胀剂、减水剂、防水剂等外加剂，应按配合比准确计量，投料顺序得当，并应采用机械搅拌，机械振捣。

7.1.6 分格缝应设置在屋面板的支承端、屋面转折处（如屋脊）、防水层与突出屋面结构的交接处，并应与板缝对齐。

7.1.7 纵横间距一般不宜大于6m，分格面积不超过36m²为宜，分格缝上口宽30mm，下口宽20mm，分格缝内应嵌填密封材料。

7.1.8 细石混凝土防水层的厚度不应小于40mm，并应配置双向钢筋网片。设计无规定时，一般配置$\phi 4$，间距100～200mm，位置以居中偏上为宜，钢筋绑扎搭接长度必须大于250mm，焊接长度不小于25倍钢筋直径，在一个网片的同一断面内接头不得超过钢筋断面的1/4，钢筋保护层厚度不小于10mm。分格缝处钢筋要断开。

7.1.9 细石混凝土防水层与立墙及突出屋面结构等交接处，均应做柔性密封处理，细石混凝土防水层与基层间宜设置隔离层。

7.1.10 浇捣混凝土前，应将隔离层表面的浮渣、杂物清除干净，检查隔离层的质量及平整度、排水坡度和完整性，支好分隔缝模板，标注混凝土浇捣厚度。

7.1.11 材料及混凝土质量要严格保证，随时检查是否按配合比准确计量及规定的坍落度，并按规定制作试块。

7.1.12 在一个分格缝范围内的混凝土必须一次浇捣完成，不得留施工缝，分格缝宜作成直立反边，并与板面一次浇捣完成。

7.1.13 屋面泛水应严格按设计节点大样要求施工，如设计无明确要求时，泛水高度不应低于120mm，并与防水层一次浇捣完成，泛水做成半径为150mm的圆弧。

主 控 项 目

7.1.14 细石混凝土所使用的原材料、外加剂、混凝土配合比、防水性能必须符合设计要求。

检验方法：检查出厂合格证、质量检验报告、混凝土配合比试配报告、计量措施和现场抽样复验报告。

7.1.15 钢筋网片所用钢筋的品种、规格、位置及保护层厚度必须符合设计要求和本标准的规定。

7.1.16 细石混凝土防水层的坡度，必须符合设计要求，不得有渗漏或积水现象。

检验方法：坡度尺检查坡度；可蓄水30～100mm高，持续24h观察是否渗漏或积水。

7.1.17 细石混凝土防水层在天沟、檐沟、檐口、水落口、泛水、变形缝和伸出屋面管道的防水构造，必须符合设计要求或中建总公司《屋面工程施工工艺标准》的规定。

检验方法：观察检查和检查隐蔽工程验收记录。

一 般 项 目

7.1.18 细石混凝土防水层应表面平整，压实抹光，不得有裂缝、起壳、起砂等缺陷。
检验方法：观察检查。

7.1.19 细石混凝土防水层的厚度和钢筋位置应符合设计要求。
检验方法：观察和尺量检查。

7.1.20 细石混凝土分格缝的位置和间距应符合设计要求，缝格平直。
检验方法：观察和尺量检查。

7.1.21 细石混凝土防水层的表面平整度的允许偏差为5mm。
检验方法：用2m靠尺和楔形塞尺检查。

7.1.22 细石混凝土泛水高度≥120mm。
检验方法：用尺量检查。

7.2 密封材料嵌缝

7.2.1 本节适用于刚性防水屋面分格缝以及天沟、檐沟、泛水、变形缝等细部构造的密封处理。

7.2.2 分格缝或细部构造的密封处理采取单独油膏或防水接缝材料嵌缝。

7.2.3 密封防水部位的基层质量应符合下列要求：

1 基层应牢固，表面应平整、密实，不得有蜂窝、麻面、起皮和起砂现象。

2 嵌填密封材料的基层应干净，缝壁和缝两侧外50~60mm内的砂浆、杂物、浮灰必须刷净，基层应干燥（含水率不大于6%）。

7.2.4 密封防水处理连接部位的基层，应涂刷与密封材料相配套的基层处理剂。基层处理剂应配比准确，搅拌均匀。采用多组分基层处理剂时，应根据有效时间确定使用量。

7.2.5 接缝处的密封材料底部应填放背衬材料，外露的密封材料上应设置保护层，其宽度不应小于200mm，保护层可采用蛭石、云母粉、黄砂、石英砂等。

7.2.6 装配式板缝上口宽度30±10mm，板缝下部灌细石混凝土，其表面距板面20~30mm。

7.2.7 密封防水处理可采用油膏冷嵌施工，也可采取胶泥热灌施工。

7.2.8 嵌缝操作可采用特制的气压式油膏挤压枪，使挤压出的油膏紧密挤满全缝，并高出板面约10mm。手工嵌油膏时，宜分两次嵌填，第二次用油膏嵌满板缝，高出缝口5~10mm，宽出板面20mm左右；嵌完油膏后，再用稀释成的涂料，涂刷油膏表面及缝旁板面20~50mm，将油膏保护封闭。

7.2.9 热灌胶泥时，胶泥应浇出板缝两侧各20mm左右，纵向缝由上板一侧浇灌，横向缝由下而上分次灌满。

7.2.10 密封材料嵌填完成后，不得碰损及污染，固化前不得踩踏。

主 控 项 目

7.2.11 密封材料的质量必须符合设计要求。

检验方法：检查产品的合格证、配合比和现场抽样复验报告。

7.2.12 密封材料嵌填必须密实、连续、饱满、粘结牢固，无气泡、开裂、鼓泡、下塌或脱落等缺陷。

检验方法：观察检查。

7.2.13 嵌缝后的保护层粘结牢固、覆盖严密，保护层宽度超出板缝两边不少于 20mm。

检验方法：观察和尺量检查。

一 般 项 目

7.2.14 嵌填密封材料的基层应牢固、干净、干燥，无露筋、起砂现象，表面应平整、密实。

检验方法：观察检查。

7.2.15 密封防水接缝宽度的允许偏差为±10%，接缝深度为宽度的 0.5～0.7 倍。

检验方法：尺量检查。

7.2.16 嵌填的密封材料表面应平滑，缝边应顺直，无凹凸不平现象。

检验方法：观察检查。

8 瓦屋面工程

8.1 平 瓦 屋 面

8.1.1 本节适用于平瓦铺设在基层上进行屋面防水且防水等级Ⅱ、Ⅲ级以及坡度不小于 20%的屋面。

8.1.2 平瓦屋面与主墙及突出屋面结构的交接处，均应做泛水处理。天沟、檐沟的防水层，应采用合成高分子防水卷材、高聚物改性沥青防水卷材、沥青防水卷材、金属板材或塑料板材等材料铺设。

8.1.3 屋面、檐口瓦挂瓦次序从檐口由下而上进行，檐口瓦要挑出檐口 50～70mm。

8.1.4 斜脊、斜沟瓦时，沟瓦要求搭盖泛水宽度不小于 150mm，脊瓦搭盖平瓦每边不小于 40mm，斜脊、斜沟处的平瓦要保证使用部分的瓦面质量。

8.1.5 平瓦的接头口要顺主导风向，斜脊的接头口向下（即由下向上铺设），平脊与斜脊的交接处要用麻刀灰封严。

8.1.6 天沟、檐沟的防水层伸入瓦内宽度不小于 150mm。

8.1.7 突出屋面的墙或烟囱的侧面瓦伸入泛水宽度不小于50mm。

8.1.8 屋面承重结构刚度必须符合要求，挠度不得大于1/250L（跨度），相邻两承重构件的挠度差不得大于5mm。

8.1.9 檩条、椽条、顺水条、挂瓦条的材质和尺寸必须符合相应材质标准和设计要求。

8.1.10 檩端应固定牢固，不得有松动现象，檩条间距必须符合设计要求，檐口檩条必须满足檐口瓦出檐长度的要求，屋脊檩条应使瓦盖过背檩不小于30mm。

8.1.11 檩条顶面与坡面平，一个坡面上所有檩条上口应在同一个坡面上，檩条平整度为5mm，檩条挠度不应大于$1/150l$（檩长），相邻两檩条的挠度差不大于7mm。

8.1.12 椽条间距应符合设计要求，椽条装订后，要求坡面平整，平整度允许偏差4mm，椽条长度不小于两个檩距。

8.1.13 挂瓦条的间距应根据瓦的尺寸和一个坡面的长度经计算后确定，间距应符合铺瓦要求，挂瓦条长度不小于三个椽距。

8.1.14 挂瓦条应平直，接头在椽条上，钉置牢固，不得漏钉，接头要错开，同一椽条上不得连续超过三个接头。

8.1.15 木板基层加铺油毡，压毡条钉置牢固，压毡条间距不大于500mm，要求油毡铺平铺直，毡面完整，不得有缺边破洞。

8.1.16 平瓦屋面的尺寸要求应符合下列规定：
1 脊瓦在两坡面瓦上的搭盖宽度，每边不少于40mm。
2 瓦伸入天沟、檐沟的长度为50～70mm。
3 天沟、檐沟内的防水层伸入瓦内宽度不小于150mm。
4 瓦头挑出封檐板的长度为50～70mm。
5 突出屋面的墙或烟囱的侧面瓦伸入泛水宽度不小于50mm。

主 控 项 目

8.1.17 平瓦及其脊瓦的质量必须符合设计要求。
　　检验方法：观察检查和检查出厂合格证或质量检验报告。

8.1.18 平瓦必须铺置牢固，大风或地震设防地区以及坡度大于50%的屋面必须用镀锌钢丝或钢丝将瓦与挂瓦条扎牢。
　　检验方法：观察和手扳检查。

8.1.19 挂瓦次序必须正确，平瓦屋面不得有渗漏现象。
　　检验方法：雨后观察检查。

一 般 项 目

8.1.20 挂瓦条应分档均匀，铺钉平整、牢固；瓦面平整，行列整齐，搭接紧密，檐口平直。
　　检验方法：观察检查。

8.1.21 脊瓦应搭盖正确，间距均匀，封固严密；屋脊和斜脊应顺直，无起伏现象。

检验方法：观察和手扳检查。

8.1.22 泛水做法应符合设计要求，顺直整齐，结合严密，无渗漏。

检验方法：观察检查和雨后或淋水检验。

8.1.23 木基层的允许偏差和检验方法，见表8.1.23。

表8.1.23 木基层的允许偏差和检验方法

项次	项 目		允许偏差（mm）	检验方法
1	檩条、椽条的截面尺寸	10cm以下	−2	每种各抽查3根，用尺量高度和宽度检查
		10cm以上	−3	
2	原木檩（梢位）		−5	抽查3根，用尺量梢位，取其最大最小平均值
3	檩条上表面齐平	方木	5	每坡拉线，用尺量一处检查
		原木	8	
4	悬臂檩接头位置		1/50跨度	抽查3处，用尺量检查
5	封椽板平直		8	每个工程抽查3个，拉10m线和尺量检查

8.2 油毡瓦屋面

8.2.1 本节适用于油毡瓦铺设在钢筋混凝土基层或木基层上进行防水且防水等级为Ⅱ、Ⅲ级以及坡度不小于20%的屋面。

8.2.2 油毡瓦屋面与立墙及突出屋面结构等交接处，均应做泛水处理。

8.2.3 油毡瓦的基层应牢固平整。如为混凝土基层，油毡瓦应用专用水泥钢钉与冷沥青玛琋脂粘结固定在混凝土基层上；如为木基层，铺瓦前应在木基层上铺设一层沥青防水卷材垫毡，用油毡钉铺钉，钉帽应盖在垫毡下面。

8.2.4 油毡瓦屋面的有关尺寸应符合下列要求：

1 脊瓦与两坡面油毡瓦搭盖宽度每边不小于100mm。

2 脊瓦与脊瓦的压盖面不小于脊瓦面积的1/2。

3 油毡瓦在屋面与突出屋面结构的交接处铺贴高度不小于250mm。

8.2.5 其他要求同第8.1.8～8.1.16条。

主 控 项 目

8.2.6 油毡瓦的质量必须符合设计要求。

检验方法：检查出厂合格证和质量检验报告。

8.2.7 油毡瓦所用固定钉必须钉平、钉牢，严禁钉帽外露油毡瓦表面。

检验方法：观察检查。

8.2.8 铺瓦次序必须正确，油毡瓦屋面不得有渗漏现象。

检验方法：雨后观察检查。

一 般 项 目

8.2.9 油毡瓦的铺设方法应正确；油毡瓦之间的对缝，上下层不得重合。
　　检验方法：观察检查。

8.2.10 油毡瓦应与基层紧贴，瓦面平整，檐口顺直。
　　检验方法：观察检查。

8.2.11 泛水做法应符合设计要求，顺直整齐，结合严密，无渗漏。
　　检验方法：观察检查和雨后或淋水检验。

8.3 金属板材屋面

8.3.1 本节适用于防水等级为Ⅰ～Ⅲ级的采用金属板材防水的屋面，主要有平板形薄钢（铝）板、波形薄钢（铝）板、压形薄钢板（或铝板），包括其制作及安装。

8.3.2 金属板材屋面与立墙及突出屋面结构等交接处，均应做泛水处理。两板间放置通长密封条；螺栓拧紧后，两板的搭接口处应用密封材料封严。

8.3.3 对于平板型薄钢板屋面施工应符合下列要求：
　　1 根据屋面长度和运输吊装能力，将薄钢板预制成拼板或预先下料轧边成型，板表面进行涂装。
　　2 安装时先铺装檐口薄钢板，以檐口为准，伸入檐口不少于50mm，无檐沟者挑出120mm，无组织排水屋面檐口，薄钢板挑出墙面至少200mm。
　　3 薄钢板拼缝类型：对于平行流水方向的薄钢板拼缝采用立咬口，咬口的折边宽度，单立咬口时，一边为20mm，另一边为35mm；双立咬口时，一边为40mm，另一边为70mm。对于垂直流水方向的薄钢板拼缝采用平咬口。
　　4 屋面薄钢板垂直于流水方向的平咬口，应位于檩条上，并用钢板带或钉子固定在檩条上，每张板顺长度方向至少钉钢板带三道，间距不宜大于600mm。
　　5 屋面薄钢板平行流水方向的立咬口折边必须折向同一方向且顺主导风向。
　　6 屋面薄钢板与突出屋面结构的连接处，薄钢板应向上弯起再伸入突出屋面结构的预留槽中，用钉子固定后做成泛水，弯起高度不少于200mm。

8.3.4 压型板屋面施工应符合下列要求：
　　1 压型板应先从檐口开始向上铺设，挑出部分应按设计规定。设计无规定时，无檐沟的，挑出墙面不少于200mm，距檐口不少于120mm；有檐沟的深入檐沟150mm。
　　2 铺设压型板时，从檐口开始从左到右，相邻两块应顺主导风向搭接，搭接宽度横向搭接不少于一个波，纵向搭接（即上排搭接下排长度）不少于200mm。
　　3 压型板的固定采用螺栓和弯钩螺栓锁牢于檩条上，左右折叠处之螺栓中距300～450mm，上下接头之螺栓每隔三个凸陇栓一根，上下排压型板搭接必须位于檩条上。
　　4 压型板固定，应用带防水垫圈的镀锌螺栓固定，固定压型板的螺栓（螺钉）应设在波峰上，螺栓（螺钉）的数量在波瓦四周的每一搭接边上，均不应少于3个，波中央必须6个。

5 屋脊、斜脊、天沟和突出屋面结构等与屋面的连接处的泛水均应用镀锌平铁皮制作，其与压型板的搭接宽度不少于200mm，泛水高度不少于150mm。压型板与平型薄钢板搭接处，均应将波峰打平后，再与平板咬口衔接牢固。

主 控 项 目

8.3.5 金属板材及辅助材料的规格和质量，必须符合设计要求。
　　检查方法：检查出厂合格证和质量检验报告。
8.3.6 金属板材的连接和密封处理必须符合设计要求，不得有渗漏现象。
　　检验方法：观察检查和雨后或淋水检查。

一 般 项 目

8.3.7 金属板材屋面应做到坡度一致，不得有凹凸现象，并应与屋面基层紧密钉牢。
8.3.8 金属板材应咬口严密，规正，平行咬口应互相平行，间距正确，高度一致，咬口顶部不得有裂纹，咬口高度与间距的允许偏差不大于3mm。
8.3.9 金属板材屋面安装位置正确，各部位搭接尺寸符合设计要求，做到方正、严密，结合牢固；螺栓或螺钉应安装牢固、端正，间距符合规定，垫好垫圈。
8.3.10 金属板材屋面的檐口线、泛水段应顺直，无起伏现象。檐口与屋脊局部起伏5m长度内不大于10mm。

9 隔热屋面工程

9.1 架空屋面（外隔热屋面）

9.1.1 架空隔热层的高度应按照屋面宽度或坡度大小的变化确定。如设计无要求时，一般以120～300mm为宜；当屋面宽度大于10m时，宜在中部设置通风屋脊（通风桥），通风屋脊比架空隔热板高出180mm。
9.1.2 通风层设在防水层以上，架空隔热制品支座底面的卷材、涂膜防水层等应采取加强措施，操作时不得损坏已完工的防水层。
9.1.3 架空隔热层的开口应迎向夏季主导风向，当主导风向不稳定时，宜采用120mm×120mm砖墩架空。
9.1.4 架空隔热制品的质量应符合下列要求：
　　1 非上人屋面的黏土砖强度等级不低于MU7.5；上人屋面的黏土砖强度等级不低于MU10。
　　2 混凝土板的强度等级不应低于C20，板内宜加放钢丝网片。

主 控 项 目

9.1.5 架空隔热制品的质量，必须符合设计要求，严禁有断裂和露筋等缺陷。

检验方法：观察检查和检查构件合格证或试验报告。

一 般 项 目

9.1.6 架空隔热制品的铺设应平整、稳固，缝隙勾填应密实；架空隔热制品距山墙或女儿墙不得小于250mm，架空层中不得堵塞，架空高度及变形缝做法应符合设计要求。

检验方法：观察和尺量检查。

9.1.7 相邻两块隔热制品的高低差不得大于3mm。

检验方法：用直尺和楔形塞尺检查。

9.2 蓄 水 屋 面

9.2.1 蓄水屋面应采用刚性防水层或在卷材、涂膜防水层上面再做刚性防水层。防水层的做法可采用40mm厚C20细石混凝土，内配ϕ4钢筋网，也可采用在细石混凝土中加防水材料配制成防水混凝土。防水层要求耐腐蚀、耐霉烂、耐穿刺性能。

9.2.2 蓄水屋面应根据屋面面积划分为若干蓄水区段（分仓），每区段边长不宜大于10m。屋面有变形缝时，在变形缝的两侧应分成两个互不连通的蓄水区。长度超过40m的蓄水屋面应做横向伸缩缝一道，蓄水屋面应设置人行通道。

9.2.3 为便于排水，每个蓄水区段应设置1~2个泄水孔，泄水孔位于最低部位的泛水底部。

9.2.4 为保持屋面水层深度，应在蓄水池外壁上留直径ϕ50左右的溢水孔，间距3~4m，水层深度以150~200mm为宜。

9.2.5 蓄水屋面刚性防水层的泛水做法与刚性防水屋面相同，但其高度应高出水面200mm。

9.2.6 为使各蓄水区段连通，在分仓壁上应设过水孔，过水孔位于分仓壁的底部。

9.2.7 过水孔、排水管、溢水口、给水管等的安装应在防水层施工前完成。

9.2.8 每个蓄水区的防水混凝土应一次浇筑完毕，不得留施工缝。

主 控 项 目

9.2.9 蓄水屋面上设置的溢水口、过水孔、排水管、溢水管，其大小位置、标高的留设必须符合设计要求。

检验方法：观察和尺量检查。

9.2.10 蓄水屋面防水层施工必须符合设计要求，不得有渗漏现象。

检验方法：蓄水至规定高度观察检查。

一 般 项 目

9.2.11 防水层内的钢筋品种、规格、间距以及保护层厚度必须符合设计要求和本标准的规定。

检验方法：检查钢筋隐蔽验收记录。

9.2.12 细石混凝土刚性防水层的强度等级和厚度应符合设计要求，厚度允许偏差±3mm。

9.2.13 防水层表面应压实抹光，无裂缝、起壳、起砂等缺陷；表面平整度允许偏差为5mm，且每米长度内不得多于1处。

9.3 种 植 屋 面

9.3.1 种植屋面的防水层应采用耐腐蚀、耐霉烂、耐穿刺性能好的材料。

9.3.2 种植屋面采用卷材防水层时，上部应设置细石混凝土保护层。

9.3.3 种植屋面应有1‰～3‰的坡度。种植屋面四周应设挡墙，挡墙下部应设泄水孔，孔内侧放置疏水粗细骨料。

9.3.4 种植覆盖层的施工应避免损坏防水层；覆盖材料的厚度、质（重）量应符合设计要求。

主 控 项 目

9.3.5 种植屋面的防水层所采用的原材料、外加剂等质量必须符合设计要求。

检验方法：检查产品合格证和试验报告。

9.3.6 种植屋面防水层的施工必须符合设计要求，不得有渗漏现象，并进行蓄水试验，经检验合格后方能覆盖种植物。

检验方法：蓄水至规定高度观察检查。

9.3.7 种植屋面挡墙泄水孔的留置必须符合设计要求，并不得堵塞。

检验方法：观察和尺量检查。

一 般 项 目

9.3.8 种植介质表面平整且比挡墙墙身低100mm。

9.3.9 严格按设计的要求控制种植介质的厚度，厚度的允许偏差为－5％。

10 细 部 构 造

10.0.1 本节适用于屋面的天沟、檐沟、檐口、泛水、水落口、变形缝、伸出屋面管道等防水构造。

检验批量：对于伸出屋面的管道、水落口必须全数检查；对于天沟、檐沟、泛水、分格缝、变形缝等，以每50m检查1处，每处5m，且不少于3处。

10.0.2 用于细部构造处理的防水卷材、防水涂料和密封材料的质量，均应符合本标准有关规定的要求。

10.0.3 卷材或涂膜防水层在天沟、檐沟与屋面交接处、泛水、阴阳角等部位，应增加卷材或涂膜附加层。

10.0.4 天沟、檐沟的防水构造应符合下列要求：
    1 沟内附加层在天沟、檐沟与屋面交接处宜空铺，空铺的宽度不应小于200mm。
    2 卷材防水层应由沟底翻上至沟外檐顶部，卷材收头应用水泥钉固定，并用密封材料封严。
    3 涂膜收头应用防水涂料多遍涂刷或用密封材料封严。
    4 在天沟、檐沟与细石混凝土防水层的交接处，应留凹槽并用密封材料嵌填严密。

10.0.5 檐口的防水构造应符合下列要求：
    1 铺贴檐口800mm范围内的卷材应采取满粘法。
    2 卷材收头应压入凹槽，采用金属压条钉压，并用密封材料封口。
    3 涂膜收头应用防水涂料多遍涂刷或用密封材料封严。
    4 檐口下端应抹出鹰嘴和滴水槽。

10.0.6 女儿墙泛水的防水构造应符合下列要求：
    1 铺贴泛水处的卷材应采取满粘法。
    2 砖墙上的卷材收头可直接铺压在女儿墙压顶下，压顶应做防水处理；也可压入砖墙凹槽内固定密封，凹槽距屋面找平层不应小于250mm，凹槽上部的墙体应做防水处理。
    3 涂膜防水层应直接涂刷至女儿墙的压顶下，收头处理应用防水涂料多遍涂刷封严，压顶应做防水处理。
    4 混凝土墙上的卷材收头应采用金属压条钉压，并用密封材料封严。

10.0.7 水落口的防水构造应符合下列要求：
    1 水落口杯上口的标高应设置在沟底的最低处。
    2 防水层贴入水落口杯内不应小于50mm。
    3 水落口周围直径500mm范围内的坡度应小于5%，并采用防水涂料或密封材料涂封，其厚度不应小于2mm。
    4 水落口杯与基层接触处应留宽20mm、深20mm凹槽，并嵌填密封材料。

10.0.8 变形缝的防水构造应符合下列要求：
    1 变形缝的泛水高度不应小于250mm。
    2 防水层应铺贴到变形缝两侧砌体的上部。
    3 变形缝内应填充聚苯乙烯泡沫塑料，上部填放衬垫材料，并用卷材封盖。
    4 变形缝顶部应加扣混凝土或金属盖板，混凝土盖板的接缝应用密封材料嵌填。

10.0.9 伸出屋面管道的防水构造应符合下列要求：
    1 管道根部直径500mm范围内，找平层应抹出高度不小于30mm的圆台。
    2 管道周围与找平层或细石混凝土防水层之间，应预留20mm×20mm的凹槽，并用密封材料嵌填严密。
    3 管道根部四周应增设附加层，宽度和高度均不应小于300mm。

4 管道上的防水层收头处应用金属箍紧固，并用密封材料封严。

主 控 项 目

10.0.10 细部构造防水所用原材料、半成品、构配件的质量必须符合设计要求。
　　检验方法：检查产品的合格证和试验报告。
10.0.11 节点做法必须符合设计要求和本标准的规定。
10.0.12 天沟、檐沟的排水坡度，必须符合设计要求。
　　检验方法：用坡度尺检查。
10.0.13 泛水、分格缝、水落口、变形缝与大面接口必须封固严密，不开裂。
　　检验方法：观察检查。
10.0.14 天沟、檐沟、檐口、水落口、泛水、变形缝和伸出屋面管道的防水构造，必须符合设计要求，不得有渗漏现象。
　　检验方法：观察检查和检查隐蔽工程验收记录，雨后或淋水检验。

11 分部工程验收

11.0.1 屋面工程施工应按工序或分项工程进行验收，构成分项工程的各检验批应符合本质量标准的规定。
11.0.2 屋面工程隐蔽验收记录应包括以下主要内容：
　　1 卷材、涂膜防水层的基层。
　　2 密封防水处理部位。
　　3 天沟、檐沟、泛水和变形缝等细部做法。
　　4 卷材、涂膜防水层的搭接宽度和附加层。
　　5 刚性保护层与卷材、涂膜防水层之间设置的隔离层。
11.0.3 屋面工程质量应符合下列要求，并应做观感评定，建筑屋面分部工程观感质量评定见附录F。
　　1 防水层不得有渗漏或积水现象。
　　2 使用的材料应符合设计要求和质量标准的规定。
　　3 找平层表面应平整，不得有酥松、起砂、起皮现象。
　　4 保温层的厚度、含水率和表观密度应符合设计要求。
　　5 天沟、檐沟、泛水和变形缝等构造，应符合设计要求。
　　6 卷材铺贴方法和搭接顺序应符合设计要求，搭接宽度正确，接缝严密，不得有皱折、鼓泡和翘边现象。
　　7 涂膜防水层的厚度应符合设计要求，涂层无裂纹、皱折、流淌、鼓泡和露胎体现象。
　　8 刚性防水层表面应平整、压光、不起砂，不起皮，不开裂。分格缝应平直，位置正确。

9 嵌缝密封材料应与两侧基层粘牢,密封部位光滑、平直,不得有开裂、鼓泡、下塌现象。

10 平瓦屋面的基层应平整、牢固,瓦片排列整齐、平直,搭接合理,接缝严密,不得有残缺瓦片。

11.0.4 检查屋面有无渗漏、积水和排水系统是否畅通,应在雨后或持续淋水2h后进行。有可能作蓄水检验的屋面,其蓄水时间不应少于24h。

11.0.5 屋面工程验收后,应填写分部工程质量验收记录,交建设单位和施工单位存档。

12 技术资料及填写要求

12.0.1 屋面工程验收的文件和记录应按表12.0.1要求执行。

表12.0.1 屋面工程验收的文件和记录

序号	资料类别	文件和记录来源	文件和记录
1	施工管理资料	施工单位提供	防水企业资质证书及防水专业人员岗位证书
		监理单位提供	见证记录
		施工单位提供	施工日志
		施工单位提供	事故处理报告、技术总结
2	施工技术资料	施工单位提供	施工方案
		施工单位提供	技术交底记录
		施工单位提供	设计图纸及图纸会审记录
		设计或施工单位提供	设计变更通知单、技术核定单
3	施工物资资料	施工单位提供	材料、构配件进场检验记录
		供应单位提供	各种物资出厂质量合格证明文件
		供应单位提供	钢材性能检测报告
		供应单位提供	水泥性能检测报告
		供应单位提供	防水材料性能检测报告
		检测单位提供	钢材试验报告
		检测单位提供	水泥试验报告
		检测单位提供	砂试验报告
		检测单位提供	碎(卵)石试验报告
		检测单位提供	防水卷材试验报告
		检测单位提供	材料污染物含量检测报告
4	施工记录	施工单位提供	隐蔽工程检查记录
		施工单位提供	施工检查记录
		监理单位提供	防水工程试水(淋水或蓄水)检验记录

续表 12.0.1

序号	资料类别	文件和记录来源	文件和记录
5	施工试验	施工单位提供	砂浆配合比申请单、通知单
		施工单位提供	混凝土配合比申请单、通知单
		检测单位提供	混凝土抗压强度试验报告
		检测单位提供	砂浆抗压强度试验报告
6	施工质量验收记录	施工单位提供	检验批质量验收记录表
		施工单位提供	分项工程质量验收记录表
		施工单位提供	建筑屋面分部（子分部）工程验收记录表
		施工单位提供	建筑屋面分部工程观感质量评定表

12.0.2 文件和资料填写要求：

1 防水企业资质证书及防水专业人员岗位证书

在屋面防水工程正式施工前应审查防水分包单位资质以及防水专业工种操作人员的岗位证书，填写《分包单位资质报审表》，并附相关证明材料，报监理单位审核。

2 见证记录

施工过程中，应由施工单位取样人员在现场进行原材料取样和试件制作，并在《见证记录》上签字。见证记录应分类收集、汇总整理。见证试验完成，各试验项目的试验报告齐全后，应填写见证试验汇总表，附于见证记录资料前。

3 施工日志

1）建筑屋面分部工程施工的起止日期；
2）施工日期、气候、出勤人数、施工主要人员；
3）施工部位、施工内容、施工条件、施工方法、使用的材料及其品种和规格、使用的混凝土、砂浆配合比通知单编号、任务的布置与完成情况、形象进度等；
4）是否有设计变更或技术核定，设计变更或技术核定单的编号；
5）技术交底名称、交底和接受交底的人员、交底日期；
6）隐蔽工程验收的部位、验收人员、具体验收情况介绍、当场是否签字等；
7）混凝土、砂浆、防水材料是否取样、取样数量、取样人员、见证人员；
8）材料、构件、进场情况，进场材料、构件的品种、规格、型号、数量、产地或厂家是否有合格证，是否抽样送检；
9）工程质量检查情况，检查的部位、检查人员和结果、是否发生质量事故；
10）施工安全检查情况，检查的部位、检查人员和结果、是否发生安全事故；
11）其他内容，如上级和有关部门对工程质量、施工进度、安全生产、文明施工的要求和意见、工程停工、窝工、复工原因、混凝土养护、成品保护等。

4 技术交底

1）技术交底记录包括屋面防水专项施工方案技术交底、分项工程施工技术交底、设计变更技术交底，各项交底应有文字记录，交底双方签认应齐全。
2）屋面防水专项施工方案技术交底应由项目专业技术负责人负责，根据屋面防水专项施工方案对专业工长进行交底。
3) 分项工程施工技术交底应由专业工长对防水专业施工班组（或防水专业分包单位）进行交底。
4) 各级技术交底应尽可能详细，主要根据《屋面工程施工工艺标准》ZJQ00-SG-007-2006结合工程具体情况进行交底，特别是细部构造做法尤其应交代清楚。

5 防水材料相关表格填写说明

防水材料主要包括防水涂料、防水卷材、胶粘剂、止水带、膨胀胶条、密封膏、密封胶、水泥基渗透结晶型防水材料等。其物理性能指标见相关标准、规范。

1) 产品质量合格证等的检验方法及要求

① 防水材料必须有出厂质量合格证、有相应资质等级检测部门出具的检测报告、产品性能和使用说明书及防伪认证标志。检查其内容是否齐全，包括：生产厂、种类、等级、型号（牌号）、各项试验指标、编号、出厂日期、厂检验部门印章，以证明其质量是否符合标准。

② 新型及进口防水材料须有相关部门、单位的鉴定文件，并报市建委科技处办理审批手续，有专门的施工工艺操作规程和有代表性的抽样试验记录。

③ 防水材料物理性能指标及外观检查应符合相应标准规定。

④ 卷材粘结剂质量要求：改性沥青粘结剂的粘结剥离强度不应小于8N/10mm；合成高分子粘结剂的粘结剥离强度不应小于15N/10mm，浸水168h后粘结剥离强度保持率不应小于70%。

⑤ 密封材料：填充于建筑物的接缝、裂缝、门窗框、玻璃周边及管道接头或其他结构的连接处起防水、气密作用的材料。主要以下列性能判定其好坏程度：不透水、不透气性；与被粘结物之间形成防水连续体，即粘结性、施工性等；有良好伸缩性，即适应受温度、湿度、振动变化所引起的变形反复作用；有良好耐候性，即在日光、雨雪等环境长期作用下保持原性能。

⑥ 卷材粘结剂和密封材料，当用量少时，如供货方提供近期有效的试（检）验报告及出厂质量证明文件，且进场外观检查合格，可不作进场复试。

⑦ 施工单位应有施工单位资质等级证书、营业执照、施工许可证和操作者上岗证，需加盖公章（使用沥青玛琋脂作为粘结材料，应有配合比通知单和试验报告）。

2) 试验报告注意事项及要求

① 防水材料质量必须符合国家产品标准和设计要求，对于进场的主要防水材料应实行有见证取样的送检，进场抽样复试和试验项目应符合《屋面工程质量验收规范》GB 50207-2002和《地下防水工程质量验收规范》GB 50208-2002的规定。

② 检查报告单上各项目是否齐全、准确、无未了项，试验室签字盖章是否齐全；检查试验编号是否填写；试验数据是否真实；将试验结果与性能指标对比，以确定其是否符合规范技术要求。不合格的材料不能用在工程上。若发现问题应及时取双倍试样做复试，并将复试合格单或处理结论附于此单后一并存

档，同时核查试验结论。

③ 检查各试验单代表数量总和是否与总需求量相符。

6 建筑屋面工程隐检

1）隐检项目

检查基层、找平层、保温层、防水层、隔离层材料的品种、规格、厚度、铺贴方式、搭接宽度、接缝处理、粘结情况；附加层、天沟、檐沟、泛水和变形缝细部做法、隔离层设置、密封处理部位等。

2）填写要求

隐检记录按实际检查时间填写，能反映工程实际情况，可以作为今后合理使用、维护、改造、扩建的重要技术资料。要求填写项目齐全，必须注明日期，工程名称与图纸图签中一致。在隐检中一次验收未通过，应注明不合格内容，并在"复查结论"一栏中注明二次检查意见，在复查中仍出现不合格项，则按 ISO 9001：2000《不合格品管理程序》进行处置。

① "隐检部位"栏：填写具体的部位。

② "主要材料名称及规格/型号"：应填写详细具体，与工程实际相符，如钢筋绑扎，填写钢筋、绑扎丝及具体规格等。

③ "隐检内容"栏：必须按标准、规范将隐检的项目、具体内容描述清楚，要点突出且展开，条理清晰，如配筋情况、各类工程做法等并附简图（严禁照抄条文或填写笼统模糊简单、内容不全）。

7 施工检查记录

对于施工过程中影响质量、观感的工序，应在过程中做好过程控制检查并填写施工检查记录表。表中"检查依据"、"检查内容"、"检查结论"栏填写要求同隐检记录相关规定。

8 防水工程试水检验记录

1) 检查内容包括蓄水方式、蓄水时间（不得少于24h）、蓄水深度（最浅处不应小于20mm）、水落口及边缘的封堵情况和有无渗漏现象等。

2) 屋面工程完工后，应对细部构造（屋面天沟、檐沟、檐口、泛水、水落口、变形缝、伸出屋面管道等）、屋面高低跨、女儿墙根部、出屋面的烟（风）道、接缝处和保护层进行雨期观察或淋水、蓄水检查。淋水试验持续时间不得少于2h；做蓄水检查的屋面，蓄水时间不得少于24h，蓄水深度最浅处不应小于20mm。

3) 表格中"检查方法及内容"：应注意特殊部位（如屋面细部构造）蓄水检查方法等。

附录 A 屋面工程防水和保温材料的质量指标

A.0.1 防水卷材的质量指标

1 高聚物改性沥青防水卷材的外观质量和物理性能应符合表 A.0.1-1 和表 A.0.1-2 的要求。

表 A.0.1-1 高聚物改性沥青防水卷材外观质量

项目	质量要求
孔洞、缺边、裂口	不允许
边缘不整齐	不超过 10mm
胎体露白、未浸透	不允许
撒布材料粒度、颜色	均匀
每卷卷材的接头	不超过1处,较短的一段不应小于1000mm,接头处应加长150mm

表 A.0.1-2 高聚物改性沥青防水卷材物理性能

项目		性能要求		
		聚酯毡胎体	玻纤胎体	聚乙烯胎体
拉力（N/50mm）		≥450	纵向≥350,横向≥250	≥100
延伸率（%）		最大拉力时,≥30	—	断裂时,≥200
耐热度（℃,2h）		SBS卷材：90,APP卷材：110,无滑动、流淌、滴落		PEE卷材：90,无流淌、起泡
低温柔度（℃）		SBS卷材：-18,APP卷材：-5,PEE卷材：-10。3mm厚,r=15mm;4mm厚,r=25mm;3s弯180℃,无裂纹		
不透水性	压力（MPa）	≥0.3	≥0.2	≥0.3
	保持时间（min）	≥30		

注：SBS——弹性体改性沥青防水卷材;
　　APP——塑性体改性沥青防水卷材;
　　PEE——改性沥青聚乙烯胎防水卷材。

2 合成高分子防水卷材的外观质量和物理性能应符合表 A.0.1-3 和表 A.0.1-4 的要求。

表 A.0.1-3 合成高分子防水卷材外观质量

项目	质量要求
折痕	每卷不超过2处,总长度不超过20mm
杂质	大于0.5mm颗粒不允许,每1m^2不超过9mm^2
胶块	每卷不超过6处,每处面积不大于4mm^2
凹痕	每卷不超过6处,深度不超过本身厚度的30%;树脂类深度不超过15%
每卷卷材的接头	橡胶类每20m不超过1处,较短的一段不应小于3000mm,接头处应加长150mm;树脂类20m长度内不允许有接头

表 A.0.1-4 合成高分子防水卷材物理性能

项 目		性 能 要 求			
		硫化橡胶类	非硫化橡胶类	树脂类	纤维增强类
断裂拉伸强度（MPa）		≥6	≥3	≥10	≥9
扯断伸长率（%）		≥400	≥200	≥200	≥10
低温弯折（℃）		−30	−20	−20	−20
不透水性	压力（MPa）	≥0.3	≥0.2	≥0.3	≥0.3
	保持时间（min）	≥30			
加热收缩率（%）		<1.2	<2.0	<2.0	<1.0
热老化保持率（80℃，168h）	断裂拉伸强度	≥80%			
	扯断伸长率	≥70%			

3 沥青防水卷材的外观质量和物理性能应符合表 A.0.1-5 和表 A.0.1-6 的要求。

表 A.0.1-5 沥青防水卷材外观质量

项 目	质 量 要 求
孔洞、硌伤	不允许
露胎、涂盖不匀	不允许
折纹、皱折	距卷芯 1000mm 以外，长度不大于 100mm
裂纹	距卷芯 1000mm 以外，长度不大于 10mm
裂口、缺边	边缘裂口小于 20mm；缺边长度小于 50mm，深度小于 20mm
每卷卷材的接头	不超过 1 处，较短的一段不应小于 2500mm，接头处应加长 150mm

表 A.0.1-6 沥青防水卷材物理性能

项 目		性 能 要 求	
		350 号	500 号
纵向拉力（25±2℃）（N）		≥340	≥400
耐热度（85℃±2℃，2h）		不流淌，无集中性气泡	
柔度（25±2℃）		绕 φ20mm 圆棒无裂纹	绕 φ25mm 圆棒无裂纹
不透水性	压力（MPa）	≥0.10	≥0.15
	保持时间（min）	≥30	≥30

4 卷材胶粘剂的质量应符合下列规定：

1）改性沥青胶粘剂的粘结剥离强度不小于 8N/10mm。
2）合成高分子胶粘剂的粘结剥离强度不应小于 15N/10mm，浸水 168h 后的保持率不应小于 70%。
3）双面胶粘带剥离状态下的粘合性不应小于 10N/25mm，浸水 168h 后的保持率不应小于 70%。

A.0.2 防水涂料的质量指标

1 高聚物改性沥青防水涂料的物理性能应符合表 A.0.2-1 的要求。

表 A.0.2-1 高聚物改性沥青防水涂料的物理性能

项 目		性 能 要 求
固体含量（%）		≥43
耐热度（80℃，5h）		无流淌、起泡和滑动
柔性（-10℃）		3mm厚，绕φ20mm圆棒无裂纹、断裂
不透水性	压力（MPa）	≥0.1
	保持时间（min）	≥30
延伸（20±2℃拉伸，mm）		≥4.5

2 合成高分子防水涂料的物理性能应符合表 A.0.2-2 的要求。

表 A.0.2-2 合成高分子防水涂料的物理性能

项 目		性 能 要 求		
		反应固化型	挥发固化型	聚合物水泥涂料
固体含量（%）		≥94	≥65	≥65
拉伸强度（MPa）		≥1.65	≥1.5	≥1.2
断裂延伸率（%）		≥350	≥300	≥200
柔性		-30（℃），弯折无裂纹	-20（℃），弯折无裂纹	-10（℃），绕φ10mm圆棒无裂纹
不透水性	压力（MPa）	≥0.3		
	保持时间(min)	≥30		

3 胎体增强材料的质量应符合表 A.0.2-3 的要求。

表 A.0.2-3 胎体增强材料质量要求

项 目		质 量 要 求		
		聚酯无纺布	化纤无纺布	玻纤网布
外 观		均匀，无团状，平整无折皱		
拉力（N/50mm）	纵向	≥150	≥45	≥90
	横向	≥100	≥35	≥50
延伸率（%）	纵向	≥10	≥20	≥3
	横向	≥20	≥25	≥3

A.0.3 密封材料的质量指标

1 改性石油沥青密封材料的物理性能应符合表 A.0.3-1 的要求。

表 A.0.3-1 改性石油沥青密封材料物理性能

项 目		性 能 要 求	
		Ⅰ	Ⅱ
耐热度	温度（℃）	70	80
	下垂值（mm）	≤4.0	

续表 A.0.3-1

项目		性能要求	
		Ⅰ	Ⅱ
低温柔性	温度（℃）	－20	－10
	粘结状态	无裂纹和剥离现象	
拉伸粘结性（%）		≥125	
浸水后拉伸粘结性（%）		≥125	
挥发性（%）		≤2.8	
施工度（mm）		≥22.0	≥20.0

注：改性石油沥青密封材料按耐热度和低温柔度分为Ⅰ类和Ⅱ类。

2 合成高分子密封材料的物理性能应符合表 A.0.3-2 的要求。

表 A.0.3-2 合成高分子密封材料物理性能

项目		性能要求	
		弹性体密封材料	塑性体密封材料
拉伸粘结性	拉伸强度（MPa）	≥0.2	≥0.02
	延伸率（%）	≥200	≥250
柔性		－30（℃），无裂纹	－20（℃），无裂纹
拉伸-压缩循环性能	拉伸-压缩率（%）	拉伸≥20，压缩≥－20	拉伸≥10，压缩≥－10
	粘结和内聚破坏面积（%）	≤25	

A.0.4 保温材料的质量指标

1 松散保温材料的质量指标应符合表 A.0.4-1 的要求。

表 A.0.4-1 松散保温材料的质量要求

项目	膨胀蛭石	膨胀珍珠岩
粒径	3～15mm	≥0.15mm、<0.15mm 的含量不大于8%
堆积密度	≤300kg/m²	≤120kg/m²
导热系数	≤0.14 W/(m·K)	≤0.07 W/(m·K)

2 板状保温材料的质量指标应符合表 A.0.4-2 的要求。

表 A.0.4-2 板状保温材料的质量要求

项目	聚苯乙烯泡沫塑料类		硬质聚氨酯泡沫塑料	泡沫玻璃	微孔混凝土类	膨胀蛭石（珍珠岩）制品
	挤压	模压				
表观密度（kg/m³）	≥32	15～30	≥30	≥150	500～700	300～800
导热系数[W/(m·K)]	≤0.03	≤0.041	≤0.027	≤0.062	≤0.22	≤0.26

续表 A.0.4-2

项目	聚苯乙烯泡沫塑料类		硬质聚氨酯泡沫塑料	泡沫玻璃	微孔混凝土类	膨胀蛭石（珍珠岩）制品
	挤压	模压				
抗压强度（MPa）	—	—	—	≥0.4	≥0.4	≥0.3
在10%形变下的压缩应力（MPa）	≥0.15	≥0.06	≥0.15	—	—	—
70℃，48h后尺寸变化率（%）	≤2.0	≤5.0	≤5.0	≤0.5		
吸水率（V/V，100%）	≤1.5	≤6	≤3	≤0.5	—	—
外观质量	板的外形基本平整，无严重凹凸不平；厚度允许偏差为5%，且不大于4mm					

附录 B 现行建筑防水工程材料标准和现场抽样复验

B.0.1 现行建筑防水工程材料标准应按表 B.0.1 的规定选用。

表 B.0.1 屋面工程防水和保温材料的质量指标

类别	标准名称	标准号
沥青和改性沥青防水卷材	1. 石油沥青纸胎油毡、油纸 2. 石油沥青玻璃纤维胎油毡 3. 石油沥青玻璃布胎油毡 4. 铝箔面油毡 5. 改性沥青聚乙烯胎防水卷材 6. 沥青复合胎柔性防水卷材 7. 自粘橡胶沥青防水卷材 8. 弹性体改性沥青防水卷材 9. 塑性体改性沥青防水卷材	GB 326－89 GB/T 14686－93 JC/T 84－1996 JC/T 504－1992（1996） JC/T 633－1996 JC/T 690－1998 JC/T 840－1999 GB 18242－2000 GB 18243－2000
高分子防水卷材	1. 聚氯乙烯防水卷材 2. 氯化聚乙烯防水卷材 3. 氯化聚乙烯－橡胶共混防水卷材 4. 三元丁橡胶防水卷材 5. 高分子防水材料（第一部分片材）	GB 12952－2003 GB 12953－2003 JC/T 684－1997 JC/T 645－1996 GB 18173.1－2000
防水涂料	1. 聚氨酯防水涂料 2. 溶剂型橡胶沥青防水涂料 3. 聚合物乳液建筑防水涂料 4. 聚合物水泥防水涂料	JC/T 500－1992（1996） JC/T 852－1999 JC/T 864－2000 JC/T 894－2001

续表 B.0.1

类 别	标 准 名 称	标 准 号
密封材料	1. 建筑石油沥青 2. 聚氨酯建筑密封胶 3. 聚硫建筑密封胶 4. 丙烯酸建筑密封胶 5. 建筑防水沥青嵌缝油膏 6. 聚氯乙烯建筑防水接缝材料 7. 建筑用硅酮结构密封胶	GB 494－85 JC/T 482－2003 JC/T 483－2006 JC/T 484－2006 JC/T 207－1996 JC/T 798－1997 GB 16776－2005
刚性防水材料	1. 砂浆、混凝土防水剂 2. 混凝土膨胀剂 3. 水泥基渗透结晶型防水材料	JC/T 474－1999 JC/T 476－2001 GB 18445－2001
防水材料试验方法	1. 沥青防水材料试验方法 2. 建筑胶粘剂通用试验方法 3. 建筑密封材料试验方法 4. 建筑防水涂料试验方法 5. 建筑防水材料老化试验方法	GB 328－1989 GB/T 12954－1991 GB/T 13477－2003 GB/T 16777－1997 GB/T 18244－2000
瓦	1. 油毡瓦 2. 烧结瓦 3. 混凝土平瓦	JC/T 503－1992（1996） JC 709－1998 JC 746－1999

B.0.2 建筑防水工程材料现场抽样复验应符合表 B.0.2 的规定。

表 B.0.2 建筑防水工程材料现场抽样复验项目

序号	材料名称	现场抽样数量	外观质量检验	物理性能检验
1	沥青防水卷材	大于 1000 卷抽 5 卷，每 500～1000 卷抽 4 卷，100～499 卷抽 3 卷，100 卷以下抽 2 卷，进行规格尺寸和外观质量检验。在外观质量检验合格的卷中，任取一卷作物理性能检验	孔洞、硌伤、露胎、涂盖不匀、折纹、皱折、裂纹、裂口、缺边，每卷卷材的接头	纵向拉力，耐热度，柔度，不透水性
2	高聚物改性沥青防水卷	同 1	孔洞、缺边、裂口、边缘不整齐、胎体露白、未浸透、撒布材料粒度、颜色，每卷卷材的接头	拉力，最大拉力时延伸率，耐热度，低温柔度，不透水性
3	合成高分子防水卷材	同 1	折痕、杂质、胶块、凹痕，每卷卷材的接头	断裂拉伸强度，扯断伸长率，低温弯折，不透水性
4	石油沥青	同一批次最少抽 1 次	—	针入度，延度，软化点
5	沥青玛琋脂	每工作班最少抽 1 次	—	耐热度，柔韧性，粘结力
6	高聚物改性沥青防水涂料	每 10t 为一批，不足 10t 按一批抽样	包装完好无损，且标明涂料名称、生产日期、生产厂名、产品有效期；无沉淀、凝胶、分层	固含量，耐热度，柔性，不透水性，延性

续表 B.0.2

序号	材料名称	现场抽样数量	外观质量检验	物理性能检验
7	合成高分子防水涂料	同 6	包装完好无损,且标明涂料名称、生产日期、生产厂名、产品有效期	固体含量,拉伸强度,断裂延伸率,柔性,不透水性
8	胎体增强材料	每 3000m² 为一批,不足 3000m² 按一批抽样	均匀,无团状,平整,无折皱	拉力,延伸率
9	改性石油沥青密封材料	每 2t 为一批,不足 2t 按一批抽样	黑色均匀膏状,无结块和未浸透的填料	耐热度,低温柔性,拉伸粘结性,施工度
10	合成高分子密封材料	每 1t 为一批,不足 1t 按一批抽样	均匀膏状物,无结皮、凝胶或不易分散的固体团状	拉伸粘结性,柔性
11	平瓦	同一批次最少抽 1 次	边缘整齐,表面光滑,不得有分层、裂纹、露砂	—
12	油毡瓦	同一批次最少抽 1 次	边缘整齐,切槽清晰,厚薄均匀,表面无孔洞、硌伤、裂纹、折皱及起泡	耐热度,柔度
13	金属板材	同一批次最少抽 1 次	边缘整齐,表面光滑,色泽均匀,外形规则,不得有扭翘、脱膜、锈蚀	—

附录 C 检验批质量验收、评定记录

C.0.1 检验批质量验收记录由项目专业工长填写,项目专职质量检查员评定,参加人员应签字认可。检验批质量验收、评定记录,见表 C.0.1-1~表 C.0.1-13。

C.0.2 当建设方不采用本标准作为工程质量的验收标准时,不需要监理(建设)单位参加内部验收并签署意见。

表 C.0.1-1　屋面找平层检验批质量验收、评定记录

工程名称		分项工程名称		验收部位	
施工总包单位		项目经理		专业工长	
分包单位		分包项目经理		施工班组长	
施工执行标准名称及编号			设计图纸(变更)编号		
	检验项目	企业质量标准的规定	质量检查、评定情况		总包项目部验收记录
主控项目	1	找平层的材料质量及配合比,必须符合设计要求(第5.1.7条)			
	2	屋面(含天沟、檐沟)找平层的排水坡度,必须符合设计要求(第5.1.8条)			

续表 C.0.1-1

检验项目		企业质量标准的规定	质量检查、评定情况	总包项目部验收记录
一般项目	1	基层与突出屋面结构的交接处和基层的转角处，均应做成圆弧形，且整齐平顺（第5.1.9条）		
	2	水泥砂浆、细石混凝土找平层应平整、压光，不得有酥松、起砂、起皮现象；沥青砂浆找平层不得有拌合不匀、蜂窝现象（第5.1.10条）		
	3	找平层分格缝的位置和间距应符合设计要求（第5.1.11条）		
	4	找平层表面平整度的允许偏差为4mm（第5.1.12条）		

施工单位检查、评定结论	本检验批实测　点，符合要求　点，符合要求率　%，不符合要求点的最大偏差为规定值的　%。依据中国建筑工程总公司《建筑工程施工质量统一标准》ZJQ00-SG-013-2006 的相关规定，本检验批质量：合格 □　优良 □ 项目专职质量检查员： 年　月　日
参加验收人员（签字）	分包单位项目技术负责人：　　　　　　　　　　　　　年　月　日
	专业工长（施工员）：　　　　　　　　　　　　　　　年　月　日
	总包项目专业技术负责人：　　　　　　　　　　　　　年　月　日
监理（建设）单位验收结论	同意（不同意）施工总包单位验收意见 监理工程师（建设单位项目专业技术负责人）： 年　月　日

表C.0.1-2 屋面保温层检验批质量验收记录

工程名称			分项工程名称		验收部位	
施工总包单位			项目经理		专业工长	
分包单位			分包项目经理		施工班组长	
施工执行标准名称及编号				设计图纸（变更）编号		

	检验项目	企业质量标准的规定			质量检查、评定情况	总包项目部验收记录
主控项目	1	保温材料的堆积密度或表观密度、导热系数以及板材的强度、吸水率，必须符合设计要求（第5.2.8条）				
	2	保温层的含水率必须符合设计要求（第5.2.9条）				
一般项目	1	保温层（松散保温材料；板状保温材料；整体现浇保温层）的铺设应符合要求（第5.2.10条）				
	2	厚度的允许偏差	松散保温材料	+10%，-5%		
			整体现浇保温层	+10%，-5%		
			板状保温材料	±5%且≯4mm		
	3	当倒置式屋面保护层采用卵石铺压时，卵石应分布均匀，卵石的质（重）量应符合设计要求				
	4	表面平整度允许偏差	无找平层时（对于松散、整体保温层）	5mm		
			有找平层时（对于松散、整体保温层）	7mm		

施工单位 检查、评定结论	本检验批实测 点，符合要求 点，符合要求率 %，不符合要求点的最大偏差为规定值的 %。依据中国建筑工程总公司《建筑工程施工质量统一标准》ZJQ00-SG-013-2006的相关规定，本检验批质量：合格□ 优良□ 项目专职质量检查员： 年 月 日
参加验收人员 （签字）	分包单位项目技术负责人：　　　　　　　　　　　　年 月 日 专业工长（施工员）：　　　　　　　　　　　　　　年 月 日 总包项目专业技术负责人：　　　　　　　　　　　　年 月 日
监理（建设） 单位验收结论	同意（不同意）施工总包单位验收意见 监理工程师（建设单位项目专业技术负责人）： 年 月 日

表 C.0.1-3 屋面卷材防水层检验批质量验收记录

工程名称		分项工程名称		验收部位	
施工总包单位		项目经理		专业工长	
分包单位		分包项目经理		施工班组长	
施工执行标准名称及编号			设计图纸（变更）编号		

	检验项目	企业质量标准的规定	质量检查、评定情况	总包项目部验收记录
主控项目	1	卷材防水层所用卷材及其配套材料必须符合设计要求（第5.3.15条）		
	2	卷材防水层不得有渗漏或积水现象（第5.3.16条）		
	3	卷材防水层的细部防水构造必须符合设计要求（第5.3.17条）		
一般项目	1	卷材防水层的搭接缝和收头应符合本标准要求（第5.3.18条）		
	2	卷材防水层上的保护层应符合本标准要求（第5.3.19条）		
	3	排汽屋面的排汽道应纵横贯通，不得堵塞。排汽管应安装牢固，位置正确，封闭严密（第5.3.20条）		
	4	卷材的铺贴方向应正确（第5.3.21条）		
	5	卷材搭接宽度的允许偏差为-10mm（第5.3.21条）		

施工单位检查、评定结论	本检验批实测　点，符合要求　点，符合要求率　%，不符合要求点的最大偏差为规定值的　%。依据中国建筑工程总公司《建筑工程施工质量统一标准》ZJQ00-SG-013-2006的相关规定，本检验批质量：合格□　优良□ 项目专职质量检查员： 年　月　日
参加验收人员 （签字）	分包单位项目技术负责人： 年　月　日
	专业工长（施工员）： 年　月　日
	总包项目专业技术负责人： 年　月　日
监理（建设）单位验收结论	同意（不同意）施工总包单位验收意见 监理工程师（建设单位项目专业技术负责人）： 年　月　日

表 C.0.1-4 屋面涂膜防水层检验批质量验收记录

工程名称		分项工程名称		验收部位	
施工总包单位		项目经理		专业工长	
分包单位		分包项目经理		施工班组长	
施工执行标准名称及编号			设计图纸（变更）编号		

	检验项目	企业质量标准的规定	质量检查、评定情况	总包项目部验收记录
主控项目	1	防水涂料、胎体增强材料、密封材料和其他材料必须符合现行国家产品标准和设计要求（第 6.3.14 条）		
	2	涂膜防水层不得有渗漏或积水现象（第 6.3.15 条）		
	3	涂膜防水层在天沟、檐沟、檐口、水落口、泛水、变形缝和伸出屋面管道的防水构造，必须符合设计要求（第 6.3.16、10.0.14 条）		
一般项目	1	涂膜防水层应表面平整，涂布均匀，不得有流淌、皱折、鼓泡、露胎体和翘边等缺陷；涂膜防水层与基层应粘结牢固（第 6.3.17 条）		
	2	涂膜防水层的平均厚度应符合设计要求，最小厚度不应小于设计厚度的 85%（第 6.3.18 条）		
	3	涂膜防水层上的撒布材料或浅色涂料保护层应铺撒或涂刷均匀，粘结牢固，水泥砂浆、块材或细石混凝土保护层与涂膜防水层间应设置隔离层，刚性保护层的分格缝留置应符合设计要求（第 6.3.19 条）		

施工单位检查、评定结论	本检验批实测　点，符合要求　点，符合要求率　%，不符合要求点的最大偏差为规定值的　%。依据中国建筑工程总公司《建筑工程施工质量验收统一标准》ZJQ00-SG-013-2006 的相关规定，本检验批质量：合格 □　优良 □ 项目专职质量检查员： 年　月　日
参加验收人员（签字）	分包单位项目技术负责人：　　　　　　　　　　　　　　年　月　日
	专业工长（施工员）：　　　　　　　　　　　　　　　　年　月　日
	总包项目专业技术负责人：　　　　　　　　　　　　　　年　月　日
监理（建设）单位验收结论	同意（不同意）施工总包单位验收意见 监理工程师（建设单位项目专业技术负责人）： 年　月　日

表 C.0.1-5 屋面细石混凝土防水层检验批质量验收记录

工程名称		分项工程名称		验收部位	
施工总包单位		项目经理		专业工长	
分包单位		分包项目经理		施工班组长	
施工执行标准名称及编号			设计图纸（变更）编号		

	检验项目	企业质量标准的规定	质量检查、评定情况	总包项目部验收记录
主控项目	1	细石混凝土的原材料及配合比必须符合设计要求（第7.1.14条）		
	2	钢筋网片所用钢筋的品种、规格、位置及保护层厚度必须符合设计要求和本标准的规定（第7.1.15条）		
	3	细石混凝土防水层的坡度，必须符合设计要求，不得有渗漏或积水现象（第7.1.16条）		
	4	细石混凝土防水层在天沟、檐口、水落口、泛水、变形缝和伸出屋面管道的防水构造，必须符合设计要求或总公司施工工艺标准的规定（第7.1.17、10.0.15条）		
一般项目	1	细石混凝土防水层应表面平整，压实抹光，不得有裂缝、起砂等缺陷（第7.1.18条）		
	2	细石混凝土防水层的厚度和钢筋位置应符合设计要求（第7.1.19条）		
	3	细石混凝土分格线的位置和间距应符合设计要求（第7.1.20条）		
	4	细石混凝土防水层表面平整度的允许偏差为5mm（第7.1.21条）		
	5	细石混凝土泛水高度≥120mm（第7.1.22条）		

施工单位检查、评定结论	本检验批实测 点，符合要求 点，符合要求率 %，不符合要求点的最大偏差为规定值的 %。依据中国建筑工程总公司《建筑工程施工质量统一标准》ZJQ00-SG-013-2006的相关规定，本检验批质量：合格□ 优良□ 项目专职质量检查员： 年 月 日
参加验收人员（签字）	分包单位项目技术负责人：　　　　　　　　　　　　年 月 日
	专业工长（施工员）：　　　　　　　　　　　　　　年 月 日
	总包项目专业技术负责人：　　　　　　　　　　　　年 月 日
监理（建设）单位验收结论	同意（不同意）施工总包单位验收意见 监理工程师（建设单位项目专业技术负责人）： 年 月 日

表C.0.1-6 屋面密封材料嵌缝检验批质量验收记录

工程名称			分项工程名称		验收部位	
施工总包单位			项目经理		专业工长	
分包单位			分包项目经理		施工班组长	
施工执行标准名称及编号				设计图纸（变更）编号		

	检验项目	企业质量标准的规定	质量检查、评定情况	总包项目部验收记录
主控项目	1	密封材料的质量必须符合设计要求（第7.2.11条）		
	2	密封材料嵌填必须密实、连续、饱满、粘结牢固，无气泡、开裂、鼓泡、下塌或脱落等缺陷（第7.2.12条）		
	3	嵌缝后的保护层粘结牢固，覆盖严密，保护层宽度超出板缝两边不少于20mm（第7.2.13条）		
一般项目	1	嵌填密封材料的基层应牢固、干净、干燥无露筋、起砂现象，表面应平整、密实（第7.2.14条）		
	2	密封防水接缝宽度的允许偏差为±10%，接缝深度为宽度的0.5～0.7倍（第7.2.15条）		
	3	嵌填的密封材料表面应平滑，缝边应顺直，无凹凸不平现象（第7.2.16条）		

施工单位检查、评定结论	本检验批实测　点，符合要求　点，符合要求率　％，不符合要求点的最大偏差为规定值的　％。依据中国建筑工程总公司《建筑工程施工质量统一标准》ZJQ00－SG－013－2006的相关规定，本检验批质量：合格□　优良□ 项目专职质量检查员： 年　月　日
参加验收人员（签字）	分包单位项目技术负责人：　　　　　　　　　　　　年　月　日 专业工长（施工员）：　　　　　　　　　　　　　　年　月　日 总包项目专业技术负责人：　　　　　　　　　　　　年　月　日
监理（建设）单位验收结论	同意（不同意）施工总包单位验收意见 监理工程师（建设单位项目专业技术负责人）： 年　月　日

表 C.0.1-7 平瓦屋面检验批质量验收记录

工程名称		分项工程名称		验收部位	
施工总包单位		项目经理		专业工长	
分包单位		分包项目经理		施工班组长	
施工执行标准名称及编号			设计图纸（变更）编号		

	检验项目	企业质量标准的规定	质量检查、评定情况	总包项目部验收记录
主控项目	1	平瓦及其脊瓦的质量必须符合设计要求（第8.1.17条）		
	2	平瓦必须铺置牢固，大风或地震设防地区以及坡度大于50%的屋面必须用镀锌钢丝或钢丝将瓦与挂瓦条扎牢（第8.1.18条）		
	3	挂瓦次序必须正确，平瓦屋面不得有渗漏现象（第8.1.19条）		
一般项目	1	挂瓦条应分档均匀，铺钉平整、牢固；瓦面平整，行列整齐，搭接紧密，檐口平直（第8.1.20条）		
	2	脊瓦应搭盖正确，间距均匀，封固严密；屋脊和斜脊应顺直，无起伏现象（第8.1.21条）		
	3	泛水做法应符合设计要求，顺直整齐，结合严密，无渗漏（第8.1.22条）		
	4	平瓦屋面的尺寸要求应符合本标准的规定（第8.1.16条）		

施工单位检查、评定结论	本检验批实测　点，符合要求　点，符合要求率　%，不符合要求点的最大偏差为规定值的　%。依据中国建筑工程总公司《建筑工程施工质量统一标准》ZJQ00-SG-013-2006的相关规定，本检验批质量：合格□　优良□ 项目专职质量检查员： 年　月　日
参加验收人员（签字）	分包单位项目技术负责人：　　　　　　　　　　　年　月　日 专业工长（施工员）：　　　　　　　　　　　　　年　月　日 总包项目专业技术负责人：　　　　　　　　　　　年　月　日
监理（建设）单位验收结论	同意（不同意）施工总包单位验收意见 监理工程师（建设单位项目专业技术负责人）： 年　月　日

表 C.0.1-8 油毡瓦屋面检验批质量验收记录

工程名称			分项工程名称		验收部位	
施工总包单位			项目经理		专业工长	
分包单位			分包项目经理		施工班组长	
施工执行标准名称及编号				设计图纸（变更）编号		
	检验项目	企业质量标准的规定		质量检查、评定情况		总包项目部验收记录
主控项目	1	油毡瓦的质量必须符合设计要求（第8.2.6条）				
	2	油毡瓦所用固定钉必须钉平、钉牢，严禁钉帽外露油毡瓦表面（第8.2.7条）				
	3	铺瓦次序必须正确，油毡瓦屋面不得有渗漏现象（第8.2.8条）				
一般项目	1	油毡瓦的铺设方法应正确；油毡瓦之间的对缝，上下层不得重合（第8.2.9条）				
	2	油毡瓦应与基层紧贴，瓦面平整，檐口顺直（第8.2.10条）				
	3	泛水做法应符合设计要求，顺直整齐，结合严密，无渗漏（第8.2.11条）				
	4	油毡瓦屋面的尺寸要求应符合本标准的规定（第8.2.4条）				
施工单位检查、评定结论		本检验批实测　点，符合要求　点，符合要求率　%，不符合要求点的最大偏差为规定值的　%。依据中国建筑工程总公司《建筑工程施工质量统一标准》ZJQ00-SG-013-2006的相关规定，本检验批质量：合格□　优良□ 项目专职质量检查员： 年　月　日				
参加验收人员（签字）		分包单位项目技术负责人：　　　　　　　　　　　年　月　日				
		专业工长（施工员）：　　　　　　　　　　　　　年　月　日				
		总包项目专业技术负责人：　　　　　　　　　　　年　月　日				
监理（建设）单位验收结论		同意（不同意）施工总包单位验收意见 监理工程师（建设单位项目专业技术负责人）： 年　月　日				

表 C.0.1-9 金属板材屋面检验批质量验收记录

工程名称		分项工程名称		验收部位	
施工总包单位		项目经理		专业工长	
分包单位		分包项目经理		施工班组长	
施工执行标准名称及编号			设计图纸（变更）编号		

	检验项目	企业质量标准的规定	质量检查、评定情况	总包项目部验收记录
主控项目	1	金属板材及辅助材料的规格和质量必须符合设计要求（第8.3.5条）		
	2	金属板材的连接和密封处理必须符合设计要求，不得有渗漏现象（第8.3.6条）		
一般项目	1	金属板材屋面应做到坡度一致，不得有凹凸现象，并应与屋面基层紧密钉牢（第8.3.7条）		
	2	金属板材应咬口严密，规正，平行咬口应互相平行，间距正确，高度一致，咬口顶部不得有裂纹，咬口高度与间距的允许偏差不大于3mm（第8.3.8条）		
	3	金属板材屋面安装位置正确，各部位搭接尺寸符合设计要求，做到方正、严密，结合牢固；螺栓或螺钉应安装牢固、端正，间距符合规定，垫好垫圈（第8.3.9条）		
	4	金属板材屋面的檐口线、泛水段应顺直，无起伏现象，檐口与屋脊局部起伏5m长度内不大于10mm（第8.3.10条）		

施工单位检查、评定结论	本检验批实测 点，符合要求 点，符合要求率 %，不符合要求点的最大偏差为规定值的 %。依据中国建筑工程总公司《建筑工程施工质量统一标准》ZJQ00-SG-013-2006的相关规定，本检验批质量：合格 □ 优良 □ 项目专职质量检查员： 年 月 日
参加验收人员（签字）	分包单位项目技术负责人： 年 月 日 专业工长（施工员）： 年 月 日 总包项目专业技术负责人： 年 月 日
监理（建设）单位验收结论	同意（不同意）施工总包单位验收意见 监理工程师（建设单位项目专业技术负责人）： 年 月 日

表C.0.1-10 架空屋面检验批质量验收记录

工程名称		分项工程名称		验收部位	
施工总包单位		项目经理		专业工长	
分包单位		分包项目经理		施工班组长	
施工执行标准名称及编号			设计图纸（变更）编号		

	检验项目	企业质量标准的规定	质量检查、评定情况	总包项目部验收记录
主控项目	1	架空隔热制品的质量，必须符合设计要求，严禁有断裂和露筋等缺陷（第9.1.5条）		
一般项目	1	架空隔热制品的铺设应平整、稳固，缝隙勾填应密实；架空隔热制品距山墙或女儿墙不得小于250mm，架空层中不得堵塞，架空高度及变形缝做法应符合设计要求（第9.1.6条）		
	2	相邻两块隔热制品的高低差不得大于3mm（第9.1.7条）		

施工单位检查、评定结论	本检验批实测　点，符合要求　点，符合要求率　％，不符合要求点的最大偏差为规定值的　％。依据中国建筑工程总公司《建筑工程施工质量统一标准》ZJQ00－SG－013－2006的相关规定，本检验批质量：合格□　优良□ 项目专职质量检查员： 年　月　日
参加验收人员（签字）	分包单位项目技术负责人：　　　　　　　　　　　　　　年　月　日
	专业工长（施工员）：　　　　　　　　　　　　　　　　年　月　日
	总包项目专业技术负责人：　　　　　　　　　　　　　　年　月　日
监理（建设）单位验收结论	同意（不同意）施工总包单位验收意见 监理工程师（建设单位项目专业技术负责人）： 年　月　日

表 C.0.1-11 蓄水屋面检验批质量验收记录

工程名称			分项工程名称		验收部位	
施工总包单位			项目经理		专业工长	
分包单位			分包项目经理		施工班组长	
施工执行标准名称及编号				设计图纸（变更）编号		
	检验项目	企业质量标准的规定		质量检查、评定情况		总包项目部验收记录
主控项目	1	蓄水屋面上设置的溢水口、过水孔、排水管、溢水管，其大小位置，标高的留设必须符合设计要求（第9.2.9条）				
	2	蓄水屋面防水层施工必须符合设计要求，不得有渗漏现象（第9.2.10条）				
一般项目	1	防水层内的钢筋品种、规格、间距以及保护层厚度必须符合设计要求和本标准的规定（第9.2.11条）				
	2	细石混凝土刚性防水层的强度等级和厚度应符合设计要求，厚度允许偏差±3mm（第9.2.12条）				
	3	防水层表面应压实抹光，无裂缝、起壳、起砂等缺陷；表面平整度允许偏差为5mm，且每米长度内不得多于1处（第9.2.13条）				
施工单位检查、评定结论		本检验批实测 点，符合要求 点，符合要求率 %，不符合要求点的最大偏差为规定值的 %。依据中国建筑工程总公司《建筑工程施工质量统一标准》ZJQ00-SG-013-2006的相关规定，本检验批质量：合格□ 优良□ 项目专职质量检查员： 年 月 日				
参加验收人员（签字）		分包单位项目技术负责人：				年 月 日
		专业工长（施工员）：				年 月 日
		总包项目专业技术负责人：				年 月 日
监理（建设）单位验收结论		同意（不同意）施工总包单位验收意见 监理工程师（建设单位项目专业技术负责人）： 年 月 日				

表 C.0.1-12 种植屋面检验批质量验收记录

工程名称		分项工程名称		验收部位	
施工总包单位		项目经理		专业工长	
分包单位		分包项目经理		施工班组长	
施工执行标准名称及编号			设计图纸（变更）编号		

	检验项目	企业质量标准的规定	质量检查、评定情况	总包项目部验收记录
主控项目	1	种植屋面的防水层所采用的原材料、外加剂等质量必须符合设计要求（第9.3.5条）		
	2	种植屋面防水层的施工必须符合设计要求，不得有渗漏现象，并进行蓄水试验，经检验合格后方能覆盖种植物（第9.3.6条）		
	3	种植屋面挡墙泄水孔的留置必须符合设计要求，并不得堵塞（第9.3.7条）		
一般项目	1	种植介质表面平整且比挡墙墙身低100mm（第9.3.8条）		
	2	严格按设计的要求控制种植介质的厚度，厚度的允许偏差为－5δ%（第9.3.9条）		

总施工单位检查、评定结论	本检验批实测　点，符合要求　点，符合要求率　%，不符合要求点的最大偏差为规定值的　%。依据中国建筑工程总公司《建筑工程施工质量统一标准》ZJQ00-SG-013-2006的相关规定，本检验批质量：合格□　优良□ 项目专职质量检查员： 年　月　日
参加验收人员（签字）	分包单位项目技术负责人：　　　　　　　　　　　　　　　年　月　日 专业工长（施工员）：　　　　　　　　　　　　　　　　　年　月　日 总包项目专业技术负责人：　　　　　　　　　　　　　　　年　月　日
监理（建设）单位验收结论	同意（不同意）施工总包单位验收意见 监理工程师（建设单位项目专业技术负责人）： 年　月　日

表 C.0.1-13 屋面工程细部构造检验批质量验收记录

工程名称		分项工程名称		验收部位	
施工总包单位		项目经理		专业工长	
分包单位		分包项目经理		施工班组长	
施工执行标准名称及编号			设计图纸（变更）编号		

	检验项目	企业质量标准的规定	质量检查、评定情况	总包项目部验收记录
主控项目	1	细部构造防水所用原材料、半成品、构配件的质量必须符合设计要求（第10.0.10条）		
	2	节点做法必须符合设计要求和本标准的规定（第10.0.11条）		
	3	天沟、檐沟的排水坡度，必须符合设计要求（第10.0.12条）		
	4	泛水、分格缝、水落口、变形缝与大面接口必须封固严密，不开裂（第10.0.13条）		
	5	天沟、檐沟、檐口、水落口、泛水、变形缝和伸出屋面管道的防水构造，必须符合设计要求，不得有渗漏现象（第10.0.14条）		

施工单位 检查、评定结论	本检验批实测　点，符合要求　点，符合要求率　%，不符合要求点的最大偏差为规定值的　%。依据中国建筑工程总公司《建筑工程施工质量统一标准》ZJQ00-SG-013-2006的相关规定，本检验批质量：合格□　优良□ 项目专职质量检查员： 年　月　日
参加验收人员 （签字）	分包单位项目技术负责人：　　　　　　　　　　　　　年　月　日
	专业工长（施工员）：　　　　　　　　　　　　　　　年　月　日
	总包项目专业技术负责人：　　　　　　　　　　　　　年　月　日
监理（建设） 单位验收结论	同意（不同意）施工总包单位验收意见 监理工程师（建设单位项目专业技术负责人）： 年　月　日

附录 D 分项工程质量验收、评定记录

D.0.1 分项工程质量验收、评定记录由项目专职质量检查员填写，质量控制资料的检查应由项目专业技术负责人检查并作结论意见。分项工程质量验收、评定记录，见表 D.0.1。

D.0.2 当建设方不采用本标准作为工程质量的验收标准时，不需要监理（建设）单位参加内部验收并签署意见。

表 D.0:1 ＿＿＿＿＿＿分项工程质量验收、评定记录

工程名称		结构类型		检验批数量	
施工总包单位		项目经理		项目技术负责人	
分项工程分包单位		分包单位负责人		分包项目经理	
序号	检验批部位、区段	分包单位检查结果		总包单位验收、评定结论	监理（建设）单位验收意见
1					
2					
3					
4					
5					
6					
7					
8					
9					
10					

续表 D.0.1

质量控制 资料核查	应有　份，实有　份，资料内容　基本详实 □　　详实准确 □ 核查结论：基本完整 □　　齐全完整 □ 项目专业技术负责人： 年　月　日
分项工程综合 验收评定结论	该分项工程共有　个质量验收批，其中有　个质量验收批为合格，有　个质量验收批为优良，优良率　%，该分项工程的施工操作依据及质量控制资料（基本完整　齐全完整），依据中国建筑工程总公司《建筑工程施工质量统一标准》ZJQ00-SG-013-2006的相关规定，该分项工程质量：合格 □　优良 □ 项目专职质量检查员： 年　月　日
参加验收人员 （签字）	分包单位项目负责人：　　　　　　　　　　　　　　年　月　日
	项目专业技术负责人：　　　　　　　　　　　　　　年　月　日
	总包项目技术负责人：　　　　　　　　　　　　　　年　月　日
监理（建设单 位）验收结论	同意（不同意）总包单位验收意见 监理工程师（建设单位项目专业技术负责人）： 年　月　日

附录 E 分部（子分部）工程质量验收、评定记录

E.0.1 分部（子分部）工程的质量验收评定记录应由总包项目专职质量检查员填写，总包企业的技术管理、质量管理部门均应参加验收。分部（子分部）工程验收、评定记录，见表 E.0.1。

E.0.2 当建设方不采用本标准作为工程质量的验收标准时，不需要勘察、设计、监理（建设）单位参加内部验收并签署意见。

表 E.0.1 _____ 分部（子分部）工程验收、评定记录

工程名称			施工总包单位		
技术部门负责人		质量部门负责人		项目专职质量检查员	
分包单位		分包单位负责人		分包项目经理	
序号	分项工程名称	检验批数量	检验批优良率（%）	核定意见	
1				施工单位质量管理部门（盖章） 年　月　日	
2					
3					
技术管理资料	份	质量控制资料	份	安全和功能检验（检测）报告	份
资料验收意见	应形成　份，实际　份，结论：基本齐全 □　齐全完整 □				
观感质量验收	应得　分数，实得　分数，得分率　%，结论：合格 □　优良 □				
分部（子分部）工程验收结论	该分部（子分部）工程共含　个分项工程，其中优良分项　个，分项优良率为　%，各项资料（基本齐全　齐全完整），观感质量评定为（合格　优良）。综上所述，依据中国建筑工程总公司《建筑工程质量验收统一标准》ZJQ00-SG-013-2006的有关规定，该分部工程：合格 □　优良 □				
参加验收人员	分包单位项目经理	（签字）			年　月　日
	分包单位技术负责人	（签字）			年　月　日
	总包单位质量管理部门	（签字）			年　月　日
	总包单位项目技术负责人	（签字）			年　月　日
	总包单位项目经理	（签字）			年　月　日
	勘察单位项目负责人	（签字）			年　月　日
	设计单位项目专业负责人	（签字）			年　月　日
	监理（建设）单位项目总监（建设单位项目专业负责人）	（签字）			年　月　日

附录 F 屋面分部工程观感质量评定

F.0.1 屋面分部工程观感质量评定,见表 F.0.1。

表 F.0.1 屋面分部工程观感质量评定

工程名称			施工总包单位				
序号	项目名称	标准分	评定等级				备注
			一级90%及以上	二级80%及以上	三级70%及以上	四级0	
1	防水层不得有渗漏或积水现象	15					
2	使用的材料应符合设计要求和质量标准的规定	15					
3	找平层表面应平整,不得有酥松、起砂、起皮现象	8					
4	保温层的厚度、含水率和表观应符合设计要求	6					
5	天沟、檐沟、泛水和变形缝等构造,应符合设计要求	10					
6	卷材铺贴方法和搭接顺序应符合设计要求,搭接宽度正确,接缝严密,不得有皱折、鼓泡和翘边现象	10					
7	涂膜防水层的厚度应符合设计要求,涂层无裂纹、皱折、流淌、鼓泡和露胎体现象	10					
8	刚性防水层表面应平整、压光、不起砂,不起皮,不开裂。分格缝应平直,位置正确	8					
9	嵌缝密封材料应与两侧基层粘牢,密封部位光滑、平直,不得有开裂、鼓泡、下塌现象	8					
10	平瓦屋面的基层应平整、牢固,瓦片排列整齐、平直,搭接合理,接缝严密,不得有残缺瓦片	10					
合计	应得 分,实得 分,得分率 %						
观感评定结论	建筑屋面分部工程观感质量得分率为 %,根据本标准规定,该分部工程的观感质量评定为:合格 □ 优良 □						
	总包项目专职质量检查员(签字): 年 月 日						
参加评定人员	分包单位项目技术负责人	(签字)					年 月 日
	总包单位项目技术负责人	(签字)					年 月 日
	总包单位项目经理	(签字)					年 月 日
	监理单位项目总监(建设单位项目专业负责人)	(签字)					年 月 日

本标准用词说明

1 为便于在执行本标准条文时区别对待，对要求严格程度不同的用词，说明如下：

  1）表示很严格，非这样做不可的用词：
     正面词采用"必须"，反面词采用"严禁"。
  2）表示严格，在正常情况下均应这样做的用词：
     正面词采用"应"，反面词采用"不应"或"不得"。
  3）表示允许稍有选择，在条件许可时，首先应这样做的用词：
     正面词采用"宜"，反面词采用"不宜"；
     表示有选择，在一定条件下可以这样做的用词，采用"可"。

2 本标准中指明应按其他有关标准、规范执行的写法为"应符合……要求或规定"或"应按……执行"。

屋面工程施工质量标准

ZJQ00-SG-018-2006

条 文 说 明

目　次

1 总则 ·· 6—60
2 术语 ·· 6—60
3 基本规定 ·· 6—61
4 质量验收、等级评定 ··· 6—62
5 卷材防水屋面工程 ·· 6—64
　5.1 屋面找平层 ·· 6—64
　5.2 屋面保温层 ·· 6—65
　5.3 卷材防水层 ·· 6—67
6 涂膜防水屋面工程 ·· 6—70
　6.3 涂膜防水层 ·· 6—70
7 刚性防水屋面工程 ·· 6—72
　7.1 细石混凝土防水层 ·· 6—72
　7.2 密封材料嵌缝 ·· 6—74
8 瓦屋面工程 ··· 6—76
　8.1 平瓦屋面 ··· 6—76
　8.2 油毡瓦屋面 ·· 6—78
　8.3 金属板材屋面 ·· 6—79
9 隔热屋面工程 ·· 6—80
　9.1 架空屋面（外隔热屋面） ··· 6—80
　9.2 蓄水屋面 ··· 6—81
　9.3 种植屋面 ··· 6—82
10 细部构造 ··· 6—82
11 分部工程验收 ·· 6—84
12 技术资料及填写要求 ·· 6—84

1 总 则

1.0.1 为了加强建筑工程质量管理，根据中国建筑工程总公司《建筑工程施工质量统一标准》ZJQ00-SG-013-2006 提出的"突出质量策划、完善技术标准、强化过程控制、坚持持续改进"的指导思想，追求更高管理水平的企业质量标准，制定屋面工程质量标准，以统一规定中国建筑工程总公司屋面工程质量的验收方法、程序和质量指标。

1.0.2 本标准适用于中国建筑工程总公司所属施工企业总承包施工的工业与民用建筑屋面工程质量的验收。按总则、术语、基本规定、质量检验等级评定、卷材防水屋面工程、涂膜防水屋面工程、刚性防水屋面工程、瓦屋面工程、隔热屋面工程、细部构造、检验批质量验收、分项工程质量验收、分部工程质量验收等内容分章进行叙述。

1.0.3 本标准是根据中国建筑工程总公司《建筑工程施工质量统一标准》ZJQ00-SG-013-2006 规定的原则编制的。本标准对屋面工程检验批的质量指标和质量检验评定的等级都提出了要求，同时还强调执行本标准时应当与中国建筑工程总公司《建筑工程施工质量统一标准》ZJQ00-SG-013-2006 配套使用。

1.0.4 本标准编制是以现行国家标准，结合中国建筑工程总公司所属施工企业技术质量管理和工程质量现有实际水平，并参考建筑质量水平较高地区的地方标准，吸纳了企业的先进经验，比国家标准的要求更严格，企业应慎重选择本标准。

1.0.5 本标准是推荐性标准，但中国建筑工程总公司所属施工企业一经选用，就成为强制性标准，必须严格执行。

1.0.6 本标准只适合平屋顶和坡屋顶，其他如球面、曲面、折面等不规则的屋顶不适用于本标准，选用标准时应注意。

2 术 语

本章共列出 24 个术语，其中 15 个术语完全采用国家标准《屋面工程质量验收规范》GB50207-2002 的第二章的内容。另外增加了 9 个术语，是从标准的角度赋予其涵义，不一定是术语的定义。新增的 9 个术语虽在国家标准、行业标准中出现这一术语，但人们在理解和区分上存在误解，本标准予以明确。

3 基 本 规 定

3.0.1 屋面工程应根据建筑物的性质、重要程度、使用功能要求,将建筑屋面防水等级分为Ⅰ、Ⅱ、Ⅲ、Ⅳ级,防水层合理使用年限分别规定为25年、15年、10年、5年,并根据不同的防水等级规定防水层的材料选用及设防要求。

根据不同的屋面防水等级和防水层合理使用年限,分别选用高、中、低档防水材料,进行一道或多道设防,作为设计人员进行屋面工程设计时的依据。屋面防水层多道设防时,可采用同种卷材或涂膜复合等。所谓一道防水设防,是具有单独防水能力的一个防水层次。

3.0.2 根据建设部(1991)370号文《关于治理屋面渗漏的若干规定》:房屋建筑工程屋面防水设计,必须要有防水设计经验的人员承担,设计时要结合工程的特点,对屋面防水构造进行认真处理。因此,本条文规定设计人员在进行屋面工程设计时,根据建筑物的性质、重要程度、使用功能要求,确定建筑物的屋面防水等级和屋面做法,然后按照不同地区的自然条件、防水材料情况、经济技术水平和其他特殊要求等综合考虑防水材料,按设防要求的规定进行屋面工程构造设计,并应绘出屋面工程的设计图;对檐口、泛水等重要部位,还应由设计人员绘出大样图。对保温层理论厚度应通过计算后确定,作为屋面工程设计的依据。

3.0.3 根据建设部(1991)837号文《关于提高防水工程质量的若干规定》要求:防水工程施工前,施工单位要组织对图纸的会审,掌握施工图中的细部构造及有关要求。这样做一方面是对设计图纸进行把关;另一方面使施工单位切实掌握屋面防水设计的要求,避免施工中的差错。同时,制定确保防水工程质量的施工方案或技术措施。

3.0.4 屋面工程各道工序之间,常常因上道工序存在的问题未解决,而被下道工序所覆盖,给屋面防水留下质量隐患。因此,必须加强按工序、层次进行检查验收,即在操作人员自检合格的基础上,进行工序间的交接检和专职质量人员的检查,检查结果应有完整的记录,然后经监理单位(或建设单位)进行检查验收后,方可进行下一工序的施工,以达到消除质量隐患的目的。

3.0.5 防水工程施工,实际上是对防水材料的一次再加工,必须由防水专业队伍进行施工,才能确保防水工程的质量。本条文所指的是由当地建设行政主管部门对防水施工企业的规模、技术水平、业绩等综合考核后颁发资质证书的防水专业队伍。操作人员应经过防水专业培训,达到符合要求的操作技术水平,由当地建设行政主管部门发给上岗证。对非防水专业队伍或非防水施工的,当地质量监督部门应责令其停止施工。

3.0.6 防水、保温隔热材料除有产品合格证和性能检测报告等出厂质量证明文件外,还应有经当地建设行政主管部门所指定的检测单位对该产品抽样检验认证的试验报告,其质量必须符合国家产品标准和设计要求。为了控制防水、保温材料的质量,对进入现场的材料应按本标准附录A和附录B的规定进行抽样复试。如发现不合格的材料已进入现场,应责令其清退出场，决不允许使用到工程上。

3.0.7 对屋面工程的成品保护是一个非常重要的问题。很多工程在屋面施工完后，又上人去进行其他作业，如安装天线、安装广告支架、堆放脚手架工具等，造成防水层的局部破坏而出现渗漏。所以，对于防水层施工完成后的成品保护应引起重视。

3.0.8 本条文强调在防水层施工前，应将伸出屋面的管道、设备及预埋件安装完毕。如在防水层施工完毕后再上人去安装，凿孔打洞或重物冲击都会破坏防水层的整体性，从而易于导致屋面渗漏。

3.0.9 屋面工程必须做到无渗漏，才能保证使用的要求。无论是防水层的本身还是屋面细部构造，通过外观检验只能看到表面的特征是否符合设计和规范的要求，肉眼观察是否会渗漏。只有经过雨后或持续淋水 2h 后，使屋面处于工作状态下经受实际考验，才能观察出屋面工程是否有渗漏。有可能作蓄水检验的屋面，还规定其蓄水时间不应小于 24h。

3.0.10 在屋面工程的保温层和防水层施工时，气候条件对其影响很大。雨天施工会使保温层、找平层中的含水率增大，导致防水层起鼓破坏；气温过低时铺贴卷材，易出现开卷时卷材发硬、脆裂，严重影响防水层质量；低温涂刷涂料，则涂层易受冻且不易成膜；五级风以上进行屋面防水层施工操作，难以确保防水层质量和人身安全。所以，根据不同的材料性能及施工工艺，分别规定了适于施工的环境气温。

3.0.11 根据《建筑工程施工质量验收统一标准》GB 50300-2001 规定，按建筑部位确定屋面工程为一个分部工程。当分部工程较大或较复杂时，又可按材料种类、施工特点、专业类别等划分为若干子分部工程。故本标准把卷材防水屋面、涂膜防水屋面、刚性防水屋面、瓦屋面、隔热屋面均列为子分部工程。

本标准对分项工程划分，有助于及时纠正施工中出现的质量问题，符合施工实际的需要。

3.0.12 本条文规定了屋面工程中各分项工程施工质量检验批的抽查数量。各种屋面工程包括找坡层、保温层、找平层、防水层及保护层等，均为每 100m² 抽一处，每处抽查 10m²，且不得小于 3 处。这个数值的确定，是考虑到抽查的面积占屋面工程总面积的 1/10 有足够的代表性的，而且经过多年来的工程实践，大家认为还是可行的，所以本次制订质量验收规范时仍沿用这一数据。

至于细部构造，则是屋面工程中最容易出现渗漏的薄弱环节。据调查表明，在渗漏的屋面工程中，70%以上是节点渗漏。所以，对于细部构造每一个地方都是不允许渗漏的。如水落口不管有多少个，一个也不允许渗漏；天沟、檐沟必须保证纵向找坡符合设计要求，才能排水畅通、沟中不积水。鉴于较难用抽检的百分率来确定屋面防水细部构造的整体质量，所以本规范明确规定细部构造应按全部进行检查，以确保屋面工程的质量。

4 质量验收、等级评定

4.0.1 国家新版建筑工程质量验收规范只规定质量合格就行了，并且对工程质量实际水平缺少评价尺度，无法区分"合格"工程中实际存在的质量水平差异，对"合格工程"的质量水平没有给出评价标准和评价方法。本标准与国家标准最大的区别就是将质量等级分为"合格"和"优良"两个等级。

4.0.2 检验批是工程验收的最小单位，是分项工程、分部工程质量验收的基础。检验批是施工过程中条件相同并有一定数量的材料、构配件或安装项目，由于其质量基本均匀一致，因此可以作为检验的基础单位，并按批验收。

本条给出了检验批质量合格的条件，共两个方面：资料检查、主控项目检验和一般项目检验。

质量控制资料反映了检验批从原材料到最终验收的各施工工序的操作依据、检查情况以及保证质量所必须的管理制度等。对其完整性的检查，实际是对过程控制的确认，这是检验批合格的前提。

为了使检验批的质量符合安全和功能的基本要求，达到保证建筑工程质量的目的，各专业工程质量验收规范应对各检验批的主控项目、一般项目的子项合格质量给以明确的规定。

检验批的合格质量主要取决于对主控项目和一般项目的检验结果。主控项目是对检验批的基本质量起决定性影响的检验项目，因此必须全部符合国家有关专业技术标准的规定。这意味着主控项目不允许有不符合要求的检验结果，即这种项目的检查具有否决权。鉴于主控项目对基本质量的决定性影响，从严要求是必须的，因此规定主控项目中允许有一定偏差的项目必须控制在允许偏差范围以内，不得超过允许偏差值。

对于一般项目，允许有一定偏差的每个项目可以允许部分点超过允许偏差值，但不能没有限制。因此本条规定凡超过允许值的检查点，其超出值不得大于允许偏差值的150%，超过了150%就认为不合格，必须进行纠正。并且允许偏差项目抽检的所有点数中，应有70%及其以上的实测值在允许偏差范围内。

定性的子项应基本符合本标准的规定，例如卷材防水层的搭接缝应粘（焊）结牢固，密封严密，不得有皱折、翘边和鼓泡等缺陷；防水层的收头应与基层粘结并固定牢固，缝口封严，不得翘边。这些定性的子项通过目测基本能达到本标准的规定就认为是合格的。

4.0.3 检验批优良等级只是比合格要求更严格，具体的说明参照4.0.2条的说明。

4.0.4、4.0.5 分项工程的验收在检验批的基础上进行。一般情况下，两者具有相同或相近的性质，只是批量的大小不同而已。因此，将有关的检验批汇集构成分项工程。分项工程合格质量的条件比较简单，只要构成分项工程的各检验批的验收资料文件完整，并且均已验收合格，并且所包含的检验批达到优良的数量没有达到70%，则分项工程验收合格，超过了70%就是优良。

4.0.6 首先，分部工程的各分项工程必须已验收合格且相应的质量控制资料文件必须完整，这是验收的基本条件。此外，所含的分项工程达到优良的数量没有达到70%，则分部工程评为合格。关于观感质量验收，这类检查往往难以定量，只能以观察、触摸或简单量测的方式进行，并由各个人的主观印象判断，因此采取多人（三人以上）打分进行观感质量综合评价。当得分率大于或等于80%时，即作为判定该分部工程合格的条件之一。对于得分率在80%以下的检查点应通过返修处理等补救。

4.0.7 观感得分率要求达到90%及以上，所含分项工程达到优良的数量大于70%，其他条件均同第4.0.6条。本条说明参照第4.0.6条的条文说明。

5 卷材防水屋面工程

5.1 屋面找平层

5.1.1 卷材屋面防水层要求基层有较好的结构整体性和刚度，目前大多数建筑均以钢筋混凝土结构为主，故应采用水泥砂浆、细石混凝土找平层或沥青砂浆找平层作为防水层的基层。

5.1.2 找平层的厚度和技术要求，均沿用原屋面工程技术规范规定和现行作法，但对混凝土的强度等级予以提高，不低于C20。

5.1.3 目前国内较少使用小型预制构件作为结构层，但大跨度预应力多孔板和大型屋面板装配式结构仍在使用，为了获得整体性和刚度好的基层，所以对板缝的灌缝作了详细具体规定。

当板缝过宽或上窄下宽时，灌缝的混凝土干缩受震动后容易掉落，故需在缝内配筋，要求不得低于φ4的钢筋。板端缝处是变形最大的部位，板在长期荷载下的挠曲变形会导致板与板间的接头缝隙增大，板端缝应放置纵向φ6钢筋，每块板不少于1根φ4@500分布筋，故强调此处必须用水泥砂浆或细石混凝土密封处理。

5.1.4 屋面防水应以防为主，以排为辅。在完善设防的基础上，应将水迅速排走，以减少渗水的机会，所以正确的排水坡度很重要。平屋面在建筑功能许可情况下应尽量作成结构找坡，坡度应尽量大些，过小施工不易准确，所以规定不应小于3%。材料找坡时，为了减轻屋面负荷，坡度规定宜为2%。天沟、檐沟的纵向坡度不能过小，否则施工时找坡困难而造成积水，防水层长期被水浸泡会加速损坏。沟底的落差不超过200mm，即水落口离天沟分水线不得超过20m的要求。在水落口附近应作成凹坑，以利于排水。

5.1.5 基层与突出屋面结构的交接处以及基层的转角处是防水层应力集中的部位，转角处圆弧半径的大小会影响卷材的粘贴；沥青卷材防水层的转角处圆弧半径仍沿用过去传统的作法，而高聚物改性沥青防水卷材和合成高分子防水卷材柔性好且薄，因此防水层的转角处圆弧半径可以减小。

5.1.6 由于找平层收缩和温差的影响，水泥砂浆或细石混凝土找平层应预先留设分格缝，使裂缝集中于分格缝中，减少找平层大面积开裂的可能；沥青砂浆在低温时收缩更大，所以间距规定较小值。同时，为了变形集中，分格缝应留在结构变形最易发生负弯矩的板端处。分隔缝兼做排汽道时，应加宽并与保温层连通，利于排除水汽。

主 控 项 目

5.1.7 按本标准第5.1.2条的规定，水泥浆找平层采用1:2.5～1:3（水泥:砂）体积比，水泥强度等级不得低于 32.5 级；细石混凝土找平层采用强度等级不得低于 C20；沥青砂浆找平层采用 1∶8（沥青∶砂）质量比；沥青可采用 10 号、30 号的建筑石油沥青或其熔合物。具体材质及配合比应符合设计要求。

5.1.8 屋面找平层是铺设卷材、涂膜防水层的基层。平屋面的天沟、檐沟，由于排水坡度过小或找坡不正确，常会造成屋面排水不畅或积水现象。基层找坡正确，能将屋面上的雨水迅速排走，延长了防水层的使用寿命。

一 般 项 目

5.1.9 基层与突出屋面结构（女儿墙、出墙、天窗壁、变形缝、烟囱等）的交接处以及基层的转角处，均应按本标准第 5.1.5 条的规定做成圆弧形，以保证卷材、涂膜防水层的质量。

5.1.10 由于目前一些施工单位对找平层质量不够重视，致使水泥砂浆、细石混凝土找平层的表面有酥松、起砂、起皮和裂缝现象，直接影响防水层和基层的粘贴质量或导致防水层开裂。

对找平层的质量要求，除排水坡度满足设计要求外，并规定找平层要在收水后二次压光，使表面坚固、平整；水泥砂浆终凝后，应采取浇水、覆盖浇水、喷养护剂、涂刷冷底子油等手段充分养护，保护砂浆中的水泥充分水化，以确保找平层质量。

沥青砂浆找平层，除强调配合比准确外，施工中应注意拌合均匀和表面密实。找平层表面不密实会产生蜂窝现象，使卷材胶结材料或涂膜的厚度不均匀，直接影响防水层的质量。

5.1.11 卷材、涂膜防水层的不规则拉裂，是由于找平层的开裂造成的，而水泥砂浆找平层的开裂又是难以避免的。找平层合理分格后，可将变形集中到分格缝处。规范规定找平层分格缝应设在板端缝处，其纵横缝的最大间距：水泥砂浆或细石混凝土找平层，不宜大于 6m；沥青砂浆找平层，不宜大于 4m。因此，找平层分格缝的位置和间距应符合设计要求。

5.1.12 找平层的表面平整度是根据普通抹灰质量标准规定的，其允许偏差为 5mm。本标准规定为 4mm，提高对基层平整度的要求，可使卷材胶结材料或涂膜的厚度均匀一致，保证屋面工程的质量。

5.2 屋面保温层

5.2.1 根据材料形式划分，松散、板状保温材料和整体现浇（喷）保温材料均可用于屋面保温层。

5.2.2 含水率对导热系数的影响颇大，特别是负温度下更使导热系数增大。为保证建筑物的保温效果，就有必要设定保温层含水率限值。保温材料在自然环境下，因空气的湿度而具有一定的含水率。由于每一个地区的环境湿度不同，定出一个统一含水率标准是不可能的，因此，只要将自然干燥不浸水的保温材料用于保温层就可以了。

5.2.3 当屋面保温层（指正置式或封闭式）含水率过大、且不易干燥时，则应该采取措施进行排汽。排汽目的是：1）因为保温材料含水率过大，保温性能降低，达不到设计要求。2）当气温升高，水分蒸发，产生气体膨胀后，使防水层鼓泡而破坏。

5.2.4 倒置式屋面是将保温层置于防水层的上面，保温层的材料必须是低吸水率的材料和长期浸水不腐烂的材料。倒置式屋面保温层直接暴露在大气中，为了防止紫外线的直接照射、人为的损害，以及防止保温层泡雨水后上浮，故在保温层上应采用混凝土块、水泥砂浆或卵石作保护层。

5.2.5 松散保温材料的含水率过高、保温层铺压不实或过分压实均会影响使用功能，因此规定基层要干燥，材料本身含水率应符合设计要求，雨期施工要遮盖防雨，并在铺完后及时做找平层和防水层覆盖。另外还规定松散材料保温层的压实程度应经试验确定。

5.2.6 板状保温材料也要求基层干燥，铺时要求基层平整，铺板要平，缝隙要严，避免产生冷桥。

5.2.7 整体现浇（喷）保温层在本条中提出四种材料，分别是沥青膨胀蛭石（珍珠岩）、硬泡聚氨酯、水泥珍珠岩、水泥蛭石，其中沥青膨胀蛭石（珍珠岩）和硬泡聚氨酯是吸水率低的材料，逐步代替水泥珍珠岩和水泥蛭石。水泥珍珠岩和水泥蛭石其含水率可高达100%以上，且吸水率也很大，不能保证功能，故目前逐步淘汰使用。

保证现浇保温层质量的关键，是表面平整和厚度满足设计要求。

主 控 项 目

5.2.8 屋面保温层应采用吸水率低、表观密度或堆积密度和导热系数较小的材料，是为了保证保温性能；板状材料有一定的强度，主要是为了运输、搬运及施工时不易损坏，保证屋面工程质量。

5.2.9 保温材料的干湿程度与导热系数关系很大，限制含水率是保证工程质量的重要环节。经过调研归纳各地意见和原屋面工程技术规范的实施经验，本标准第5.2.2条规定了封闭式保温层的含水率，应相当于该材料在当地自然风干状态下的平衡含水率。具体地讲，当采用有机胶结材料时，保温层的含水率不得超过5%；当采用无机胶结材料时，保温层的含水率不得超过20%。

一 般 项 目

5.2.10 保温层的铺设应按本条规定检查各种保温层施工的要点和施工质量。

5.2.11 保温层厚度将体现屋面保温的效果，检查时应给出厚度的允许偏差，过厚浪费材料，过薄则达不到设计要求。这里规定松散材料和整体现浇保温层的允许偏差为+8%，−5%；板状材料保温层的允许偏差为±5%，且不得大于4mm。

5.2.12 倒置式屋面当保护层采用卵石铺压时，卵石铺设应防止过量，以免加大屋面荷载，致使结构开裂或变形过大，甚至造成结构破坏，故应严加注意。

5.2.13 松散材料保温层和整体保温层表面平整度在无找平层时允许偏差为5mm，有找平层时为7mm，提出这一条是为了保证防水层的基层平整。当保温层上部有找平层时，对于找平层的平整度要求达到4mm。当保温层上部无找平层时，防水层的基层就是保温层，因此要求平整度为5mm。

5.3 卷材防水层

5.3.1 本条文说明卷材防水层的适用范围。屋面防水多道设防时，可采用同种卷材叠层或不同卷材和涂膜复合及刚性防水和卷材复合等。采取复合使用虽增加品种对施工和采购带来不便，但对材性互补保证防水可靠性是有利的，应予提倡。

5.3.2 如今卷材品种繁多、材性各异，所以规定选用的基层处理剂、接缝胶粘剂、密封材料等应与铺贴的卷材材性相容，使之粘结良好、封闭严密，不发生腐蚀等侵害。

5.3.3 卷材屋面坡度超过25％时，常发生下滑现象，故应采取防止下滑措施。防止卷材下滑的措施除采取满粘法外，目前还有钉压固定等方法，固定点亦应封闭严密。

5.3.4 为使卷材防水层与基层粘结良好，避免卷材防水层发生鼓泡现象，基层必须干净、干燥。本条文中所示的"简易检验方法"是可行的。

5.3.5 卷材铺贴方向主要是针对沥青防水卷材规定的。考虑到沥青软化点较低，防水层较厚，屋面坡度较大时须垂直屋脊方向铺贴，以免发生流淌。高聚物改性沥青防水卷材和合成高分子防水卷材耐温性好，厚度较薄，不存在流淌问题，故对铺贴方向不予限制。上下层卷材是不允许垂直铺贴的，因为会造成上下层卷材在同一方向延伸性不一致，另外防水效果也不好。

5.3.6 为确保防水工程质量，使屋面在防水层合理使用年限内不发生渗漏，除卷材的材性材质因素外，其厚度应是最主要因素。因此，本条文对选用卷材的厚度按防水要求作出规定。卷材的厚度在防水层的施工、使用过程中，对保证屋面防水工程质量起关键作用；同时还应考虑到人们的踩踏、机具的压扎、穿刺、自然老化等，均要求卷材有足够厚度。

5.3.7 为确保卷材防水屋面的质量，所有卷材均应采用搭接法。本条文规定了沥青防水卷材、高聚物改性沥青防水卷材以及合成高分子防水卷材的搭接宽度，统一列出表格，条理明确。

5.3.8 采用冷粘法铺贴卷材时，胶粘剂的涂刷质量对保证卷材防水施工质量关系极大，涂刷不均匀、有堆积或漏涂现象，不但影响卷材的粘结力，还会造成材料浪费。

根据胶粘剂的性能和施工环境要求不同，有的可以在涂刷后立即粘贴，有的要待稍后粘贴，间隔时间还和气温、湿度、风力等因素有关。因此，本条提出原则规定，要求控制好间隔时间。

卷材防水搭接的粘结质量，关键是搭接宽度和粘结密封性能。搭接缝平直、不扭曲，是搭接起码的保证；涂满胶粘剂、粘结牢固、溢出胶粘剂，才能证明粘结牢固、封闭严密。为保证搭接尺寸，一般在已铺卷材上以规定搭接宽度弹出粉线作为标准。卷材铺贴后，要求接缝口用宽10mm的密封材料封严，以提高防水层的密封抗渗性能。

5.3.9 本条对热熔法铺贴卷材的施工要点作出规定。施工加热时卷材幅宽内必须均匀一致，要求火焰加热器的喷嘴与卷材的距离应适当，加热至卷材表面有光亮黑色时方可以粘合。若熔化不够，会影响卷材接缝的粘结强度和密封性能；加温过高，会使改性沥青老化变焦且把卷材烧穿。

因表面层所涂覆的改性沥青热熔胶较薄，采用热熔法施工容易把胎体增强材料烧坏，使其降低乃至失去拉伸强度,从而严重影响卷材防水层的质量。因此,本条还对厚度小于3mm的高聚物改性沥青防水卷材,作出严禁采用热熔法施工的规定。铺贴卷材时应将空气排出,才能粘贴牢固;滚铺卷材时缝边必须溢出热熔的改性沥青胶,使接缝粘结牢固、封闭严密。为保证铺贴的卷材平整顺直,搭接尺寸准确,不发生扭曲,应沿预留的或现场弹出的粉线作为标准进行施工作业。

5.3.10 本条文对自粘法铺贴卷材的施工要点作出规定。首先将隔离纸撕净,否则不能实现完全粘贴。为了提高卷材与基层的粘结性能,基层应涂刷处理剂,并及时铺贴卷材。为保证接缝粘结性能,搭接部位提倡采用热风加热,尤其在温度较低施工时这一措施就更为必要。

采用这种铺贴工艺,考虑到施工的可靠度、防水层的收缩,以及外力使缝口翘边开缝的可能,要求接缝口密封材料封严,以提高其密封抗渗的性能。

在铺贴立面或大坡面卷材时,立面和大坡面处卷材容易下滑,可采用加热方法使自粘卷材与基层粘结牢固,必要时还应采用钉压固定等措施。

5.3.11 本条文对热塑性卷材(如PVC卷材等)采用热风焊枪进行焊接的施工要点作出规定。为确保卷材接缝的焊接质量,要求焊接前卷材的铺设应正确,不得扭曲。

为使接缝焊接牢固、封闭严密,应将接缝表面的油污、尘土、水滴等附着物擦拭干净后,才能进行焊接施工。同时,焊接速度与热风温度、操作人员的熟练程度关系极大,焊接施工时必须严格控制,决不能出现漏焊、跳焊、焊焦或焊接不牢等现象。

5.3.12 为确保沥青卷材防水层的质量,所选用的沥青玛蹄脂应按配合比严格配料,每个工作班均应检查软化点和柔韧性。至于玛蹄脂耐热度和相对应的软化点关系数据,应由试验部门根据原材料试配后确定。热沥青玛蹄脂的加热不应超过240℃,否则会因油分挥发加速玛蹄脂的老化,影响玛蹄脂的粘结性能;热沥青玛蹄脂的使用温度也不得低于190℃,否则会因粘度增加而不便于涂刷均匀,影响了玛蹄脂对卷材的粘结性。同时,规定了冷、热沥青玛蹄脂粘结层和面层的厚度,并要求涂刷均匀不得过厚或堆积,以确保沥青卷材防水层的质量。

5.3.13 天沟、檐口、泛水和立面卷材的收头端部处理十分重要,如果处理不当容易存在渗漏隐患。为此,必须要求把卷材收头的端部裁齐,塞入预留凹槽内,采用粘结或压条(垫片)钉压固定,最大钉距不应大于900mm,凹槽内应用密封材料封严。

5.3.14 为防止紫外线对卷材防水层的直接照射和延长其使用年限,规定卷材防水层应做保护层,并按保护层所采用材料不同列款叙述。

主 控 项 目

5.3.15 卷材防水层应采用高聚物改性沥青防水卷材、合成高分子防水卷材或沥青防水卷材。

沥青防水卷材是我国传统防水材料,已制定较完整技术标准,产品质量应符合国标《石油沥青低胎油毡》GB326-89的要求。

国内新型防水材料发展很快。近年来,我国普遍应用并获得较好效果的高聚物改性沥青防水卷材,产品质量应符合国标《弹性体沥青防水卷材》GB18242-2000、《塑性体沥青防水卷材》GB18243－2000 和行标《改性沥青聚乙烯胎防水卷材》JC/T633－1996 的要求。目前国内合成高分子防水卷材的种类主要为：三元乙丙、氯化聚乙烯橡胶共混、聚氯乙烯、氯化聚乙烯和纤维增强氯化聚乙烯等产品，这些材料在国内使用也比较多，而且比较成熟。产品质量应符合国标《高分子防水材料》（第一部分片材）GB18173.1－2000 的要求。

5.3.16 防水是屋面的主要功能之一，若卷材防水层出现渗漏或积水现象，将是最大的弊病。检验屋面有无渗漏和积水、排水系统是否畅通，可在雨后或持续淋水 2h 以后进行。有可能作蓄水检验的屋面，其蓄水时间不应少于 24h。

5.3.17 天沟、檐沟、檐口、水落口、泛水、变形缝和伸出屋面管道等处，是当前屋面防水工程渗漏最严重的部位。因此，卷材屋面的防水构造设计应符合下列规定：

  1 应根据屋面的结构变形、温差变形、干缩变形和震动等因素，使节点设防能够满足基层变形的需要。

  2 应采用柔性密封、防排结合、材料防水与构造防水相结合的作法。

  3 应采用防水卷材、防水涂料、密封材料和刚性防水材料等材性互补并用的多道设防（包括设置附加层）。

上述防水构造施工尚应符合本标准第 10 章的规定。

一 般 项 目

5.3.18 天沟、檐沟与屋面交接处常发生裂缝，在这个部位应采用增铺卷材或防水涂膜附加层。由于卷材铺贴较厚，檐沟卷材收头又在沟帮顶部，不采用固定措施就会由于卷材的弹性发生翘边脱落现象。

卷材在泛水处理处应采用满粘，防止立面卷材下滑。收头密封形式还应根据墙体材料及泛水高度确定。

  1 女儿墙较低，卷材铺到压顶下，上用金属或钢筋混凝土等盖压。

  2 墙体为砖砌时，应预留凹槽将卷材收头压实，用压条钉压，密封材料封严，抹水泥砂浆或聚合物砂浆保护。凹槽距屋面找平层高度不应小于 350mm。

  3 墙体为混凝土时，卷材的收头可采用金属压条钉压，并用密封材料封固。

5.3.19 卷材防水层完工后应按本规范第 5.3.14 条的规定做好保护层。

5.3.20 排汽屋面的排汽道应纵横贯通，不得堵塞，并与大气排汽出口相通。找平层设置分格缝可兼做排汽道，排汽道间距宜为 6m，纵横设置。屋面面积每 $36m^2$ 宜设一个排汽出口。

排汽出口应埋设排汽管，排汽管应设置在结构层上，穿过保温层的管壁应设排汽孔，以保证排汽道的畅通。排汽口亦可设在檐口下或屋面排汽道交叉处。

排汽管的安装必须牢固、封闭严密，否则会使排汽管变成了进水孔，造成屋面漏水。

5.3.21 卷材的铺贴方向应符合本标准第 5.3.5 条的规定。

为保证卷材铺贴质量，本条文规定了卷材搭接宽度的允许偏差为 －10mm，不考虑正偏差。通常卷材铺贴前施工单位应根据卷材搭接宽度和允许偏差，在现场弹出尺寸粉线作为标准去控制施工质量。

6 涂膜防水屋面工程

6.3 涂膜防水层

6.3.1 涂膜防水层用于Ⅲ、Ⅳ级防水屋面时均可单独采用一道设防，也可用于Ⅰ、Ⅱ级屋面多道防水设防中的一道防水层。二道以上设防时，防水涂料与防水卷材应采用相容类材料；涂膜防水层与刚性防水层之间（如刚性防水层在其上）应设隔离层；防水涂料与防水卷材复合使用形成一道防水层，涂料与卷材应选择相容类材料。

6.3.2 将适用于涂膜防水层的涂料分成两类：

1) 高聚物改性沥青防水涂料：水乳型阳离子氯丁胶乳改性沥青防水涂料、溶剂型氯丁胶改性沥青防水涂料、再生胶改性沥青防水涂料、SBS（APP）改性沥青防水涂料等。

2) 合成高分子防水涂料：聚合物水泥防水涂料、丙烯酸酯防水涂料、单组分（双组分）聚氨酯防水涂料等。

除此之外，无机盐类防水涂料不适用于屋面防水工程；聚氯乙烯改性煤焦油防水涂料有毒和污染，施工时动用明火，目前已限制使用。

6.3.3 防水涂膜在满足厚度要求的前提下，涂刷的遍数越多对成膜的密实度越好。因此涂刷时应多遍涂刷，不论是厚质涂料还是薄质涂料均不得一次成膜；每遍涂刷应均匀，不得有露底、漏涂和堆积现象；多遍涂刷时，应待涂层干燥成膜后，方可涂刷后一遍涂料；两涂层施工间隔时间不宜过长，否则易形成分层现象。

屋面坡度小于15％时，胎体增强材料平行或垂直屋脊铺设应视方便施工而定；屋面坡度大于15％时，为防止胎体增强材料下滑应垂直于屋脊铺设。平行于屋脊铺设时，必须由最低标高处向上铺设，胎体增强材料顺着流水方向搭接，避免戗水；胎体增强材料铺贴时，应边涂刷边铺贴，避免两者分离；为了便于工程质量验收和确保涂膜防水层的完整性，规定长边搭接宽度不小于50mm，短边搭接宽度不小于70mm，没有必要按卷材搭接宽度来规定。当采用两层胎体增强材料时，上、下两层不得垂直铺设，使其两层胎体材料同方向有一致的延伸性；上、下层的搭接缝应错开不小于1/3幅宽，避免上、下层胎体材料产生重缝及防水层厚薄不均匀。

6.3.4 涂膜防水屋面涂刷的防水涂料固化后，形成有一定厚度的涂膜。如果涂膜太薄就起不到防水作用和很难达到合理使用年限的要求，所以对各类防水涂料的涂膜厚度作了规定。

高聚物改性沥青防水涂料（如溶剂型和水乳型防水涂料）称之为薄质涂料，涂布固化后很难形成较厚的涂膜，但此类涂料对沥青进行了较好的改性，材料性能优于沥青基防水涂料。所以规定了在防水等级为Ⅱ、Ⅲ级屋面上使用时厚度不应小于3mm，它可通过薄涂多次或多布多涂来达到厚度的要求。合成高分子防水涂料（如多组分聚氨酯防水涂料、丙烯酸酯类浅色防水涂料等），其性能大大优于高聚物性沥青防水涂料，所以规定其厚度不应小于2mm，它可分遍涂刮来达到厚度的要求。合成高分子防水涂料与其他防水材料复合使用时的综合防水效果好，涂膜本身厚度可适当减薄一些，但不应小于1.5mm。

6.3.5 在用细石混凝土对屋面板填嵌或上部用油膏嵌缝的施工过程中，会在基层上产生施工余料，如不清理干净，将对后续的大面防水层和板带附加防水层施工质量产生影响，降低防水层与屋面的粘结强度。

6.3.6 突出屋面结构交接处和转角处是屋面防水的薄弱环节，应采取双层防水措施，也就是在大面防水层施工前，在这些薄弱部位增设附加防水层。

6.3.7 本条给出了防水涂料的三种施工方法，应根据涂料的类型选用不同的施工方法。

6.3.8 有些防水涂料设计采取多毡多胶的方法，当采取铺贴玻璃丝布或毡片时应采用搭接法，本条对具体的搭接宽度作出了要求。

6.3.9 本条对涂膜防水层的涂布方法和对基层的含水率作出要求，涂膜防水应分层分遍涂布；在对基层的含水率方面，一般来说，涂膜防水层基层含水率越低越有利于防水层与基层的粘结；涂膜防水层不易形成气泡。水乳型防水涂料或聚合物水泥防水涂料，对基层干燥程度的要求不如溶剂性防水涂料严格。当基层干燥程度不符合规范的要求时，防水涂膜施工应按产品说明书要求操作。

6.3.10 在坡屋面涂膜防水层施工时，对多毡多胶涂膜防水层的胎体材料的铺设方向进行了规定，因为坡度大小直接涉及水流速度，当坡度较缓时，水流速度小，水不易进入胎体材料的接缝处，故可平行于屋脊方向。

6.3.11 采用多组分涂料时，由于各组分的配料计量不准和搅拌不均匀，将会影响混合料的充分化学反应，造成涂料性能指标下降。一般配成的涂料固化时间比较短，应按照一次涂布用量确定配料的多少，在固化前用完。已固化的涂料不能和未固化的涂料混合使用，否则将会降低防水涂膜的质量。当涂料黏度过大或涂料固化过快或涂料固化过慢时，可分别加入适量的稀释剂、缓凝剂或促凝剂，调节粘度或固化时间，但不得影响防水涂膜的质量。

6.3.12 天沟、檐口、泛水和涂膜防水层的收头是涂膜防水屋面的薄弱环节，施工时应确保涂膜防水层收头与基层粘结牢固，密封严密。

6.3.13 涂膜防水层完工并经验收合格后，应做好成品保护。保护层的施工应符合本标准第5.3.14条的规定。

主 控 项 目

6.3.14 防水涂料的质量指标，是根据屋面工程的需要规定了物理性能要求，必须符合国家、行业相应技术标准的规定。

6.3.15 参见本标准第5.3.16条的条文说明。

6.3.16 参见本标准第5.3.17条的条文说明。

一 般 项 目

6.3.17 涂膜防水层应表面平整，涂刷均匀，成膜后如出现流淌、鼓泡、露胎体和翘边等缺陷，会降低防水工程质量而影响使用寿命。关于涂膜防水层与基层粘结牢固的问题，考虑到防水涂料的粘结性是反映防水涂料性能优劣的一项重要指标，而且涂膜防水层施工时，基层可预见变形部位（如分格缝处）可采用空铺附加层。因此，验收时规定涂膜防水层与基层应粘结牢固是合理的要求。

6.3.18 涂膜防水层合理使用年限长短的决定因素，除防水涂料技术性能外就是涂膜的厚度，本条文规定平均厚度应符合设计要求，最小厚度不应小于设计厚度的85%，比国家标准提高5%。涂膜防水层厚度也应包括胎体厚度。

6.3.19 防水层上设置保护层，可提高防水层的合理使用年限。

7 刚性防水屋面工程

7.1 细石混凝土防水层

7.1.1 细石混凝土防水包括普通细石混凝土防水层和补偿收缩混凝土防水层。由于刚性防水材料的表观密度大、抗拉强度低、极限拉应变小，常因混凝土的干缩变形、温度变形及结构变形而产生裂缝。因此，对于屋面防水等级为Ⅱ级及其以上的重要建筑，只有在刚性与柔性防水材料结合做两道防水设防时方可使用。细石混凝土防水层所用材料易得，耐穿刺能力强，耐久性能好，维修方便，所以在Ⅲ级屋面中推广应用较为广泛。为了解决细石混凝土防水层裂缝问题，除采取设分格缝等构造措施外，还可加入膨胀剂拌制补偿收缩混凝土。对于混凝土防水层的基层，因松散材料保温层强度低、压缩变形大，易使混凝土防水层产生受力裂缝，故不得在松散材料保温层上做细石混凝土防水层。至于受较大震动或冲击的屋面，易使混凝土产生疲劳裂缝；当屋面坡度大于15%时，混凝土不易振捣密实，所以均不能采用细石混凝土防水层。

本标准列出了常见的四种基层形式。

7.1.2～7.1.4 由于火山灰质水泥干缩率大、易开裂，所以在刚性防水屋面上不得采用。矿渣硅酸盐水泥泌水性大、抗渗性能差，应采用减少泌水性大、抗渗性能差，应采用减少泌水性的措施。普通硅酸水泥或硅盐水泥早期强度高、干缩性小、性能较稳定、耐风化，同时比用其他品种水泥拌制的混凝土碳化速度慢，所以宜在刚性防水屋面上使用。

粗、细骨料的含泥量大小，直接影响细石混凝土防水层的质量。如粗、细骨料中的含泥量过大，则易导致混凝土产生裂纹。所以确定其含泥量要求时，应与强度等级等于或高于C30的普通混凝土相同。

提高混凝土的密实性，有利于提高混凝土的抗风化能力和减缓碳化速度，也有利于提高混凝土的抗渗性。混凝土水灰比是控制密实度的决定性因素，过多的水分蒸发后在混凝土中形成微小的孔隙，降低了混凝土的密实性，故本规范限定水灰比不得大于0.55。至于最小水泥用量、含砂率、灰砂比的限制，可形成足够的水泥砂浆包裹粗骨料表面，并充分堵塞骨料间的空隙，以保证混凝土的密实性和提高混凝土的抗渗性。

7.1.5 为了改善普通细石混凝土的防水性能，提倡在混凝土中加入膨胀剂、减水剂、防水剂等外加剂。外加剂掺量是关键的工艺参数，应按所选用的外加剂使用说明或通过试验确定掺量，并决定采用先掺法还是后掺法或同掺法，按配合比做到准确计量。细石混凝土应用机械充分搅拌均匀和振捣密实，以提高其防水性能。

7.1.6、7.1.7 混凝土构件受温度影响产生热胀冷缩，以及混凝土本身的干缩及荷载作用下挠曲引起的角变位，都能导致混凝土构件的板端裂缝，而装配式混凝土屋面适应变形的能力更差。在这些有规律的裂缝处设置分格缝，并用密封材料嵌填，以柔适变，刚柔结合，达到减少裂缝和增强防水的目的。分格缝的位置应设在变形较大或较易变形的屋面板支承端、屋面转折处、防水层与突出屋面结构的交接处。至于分格缝的间距，考虑到我国工业建筑柱网以 6m 为模数，而民用建筑的开间模数多数也小于 6m，所以规定分格缝不宜大于 6m。分隔缝的宽度和分隔面积要求能够满足刚性防水层自由伸缩的需要。

7.1.8 细石混凝土防水层的厚度，目前国内多采用 40mm。如厚度小于 40mm，则混凝土失水很快，水泥水化不充分，降低了混凝土的抗渗性能；另外由于混凝土防水层过薄，一些石子粒径可能超过防水层厚度的一半，上部砂浆收缩后容易在此处出现微裂而造成渗水的通道，故规定其厚度不应小于 40mm。混凝土防水层中宜配置双向钢筋网片，当钢筋间距为 100～200mm 时，可满足刚性防水屋面的构造及计算要求。分格缝处钢筋应断开，以利各分格中的混凝土防水层能自由伸缩。

7.1.9 刚性防水层与山墙、女儿墙以及突出屋面交接处变形复杂，易于开裂而造成渗漏。同时，由于刚性防水层温度和干湿度变形，造成推裂女儿墙的现象，故规定在这些部位应留设缝隙，并用柔性密封材料进行处理，以防渗漏。

由于温差、干缩、荷载作用等因素，常使结构层发生变形、开裂而导致刚性防水层产生裂缝。根据一些施工单位的经验及有关资料表明，在刚性防水层与基层之间设置隔离层，这样防水层就可以自由伸缩，减少结构变形对刚性防水层产生的不利影响，故规定在刚性防水层与基层之间宜设置隔离层。补偿收缩混凝土防水层虽有一定的抗裂性，但在刚性防水层与基层之间仍以设置隔离层为佳。

7.1.10 本条对隔离层提出要求，是为了保证刚性层的质量，如果隔离层不平，有皱折或隔离层不完整都会引起刚性层混凝土的成型质量。

7.1.11 本条是对刚性层混凝土的施工过程质量提出要求，要求配合比和坍落度符合要求。

7.1.12 本条要求刚性层在一个分仓范围内连续浇筑，防止刚性层出现裂缝，增强防水效果。

7.1.13 泛水部位也是应重点进行控制的部位，一方面该部位的刚性防水层施工质量难度较大，应保证施工质量；另一方面要保证刚性层的高度，以防止雨水或积水越过泛水顶部进入防水层。

主 控 项 目

7.1.14 细石混凝土防水层的原材料质量、各组成材料的配合比，是确保混凝土抗渗性能的基本条件。如果原材料质量不好，配合比不准确，就不能确保细石混凝土的防水性能。

7.1.15 对于刚性层内的钢筋提出要求，主要考虑到使刚性层形成钢筋混凝土自防水，另外钢筋的布置可以防止混凝土裂缝的形成，对钢筋的施工质量提出要求是合理的。

7.1.16 强调了细石混凝土防水层应在雨后或淋水2h后进行检查，使防水层经受雨淋的考验，观察有否渗漏，以确保防水层的使用功能。

7.1.17 细石混凝土防水层在天沟、檐沟、檐口、水落口、泛水、变形缝和伸出屋面管道等处，防水构造均应符合设计要求和中国建筑工程总公司《屋面工程施工工艺标准》ZJQ00-SG-007-2003的规定，确保细石混凝土防水层的整体质量。

一 般 项 目

7.1.18 细石混凝土防水层应按每个分格板一次浇筑完成，严禁留施工缝。如果防水层留设施工缝，往往因接槎处理不好，形成渗水通道导致屋面渗漏。

混凝土抹压时不得在表面洒水、加水泥浆或撒干水泥，否则只能使混凝土表面产生一层浮浆，混凝土硬化后内部与表面的强度和干缩不一致，极易产生面层的收缩龟裂、脱皮现象，降低防水层的防水效果。混凝土收水后二次压光可以封闭毛细孔，提高抗渗性，是保证防水层表面密实的极其重要的一道工序。

混凝土的养护应在浇筑12～24h后进行，养护时间不得少于14d，养护初期屋面不得上人。养护方法可采取洒水湿润，也可覆盖塑料薄膜、喷涂养护剂等，但必须保证细石混凝土处于充分的湿润状态。

7.1.19 目前国内的细石混凝土防水层厚度为40～60mm，如果厚度小于40mm，无法保证钢筋网片保护层厚度（规定不应小于10mm），从而降低了防水层的抗渗性能。双向钢筋网片配置直径4～6mm的钢筋，间距宜为100～200mm，分格缝处的钢筋应断开，满足刚性屋面的构造要求。故规定细石混凝土防水层的厚度和钢筋位置应符合设计要求。

7.1.20 为了避免因结构变形及混凝土本身变形而引起的混凝土开裂，分格缝位置应设置在变形较大或较易变形的屋面板支承端、屋面转折处、防水层与突出屋面结构的交接处。本条文规定细石混凝土防水层分格缝的位置和间距应符合设计要求。

7.1.21 细石混凝土防水层的表面平整度，应用2m直尺检查；每100m² 的屋面不应少于1处，每一屋面不应少于3处，面层与直尺间最大空隙不应大于5mm，空隙应平缓变化，每米长度不应多于1处。

7.1.22 参见本标准第7.1.13条的条文说明。

7.2 密封材料嵌缝

7.2.1 屋面工程中构件与构件、构件与配件的拼接缝，以及天沟、檐沟、泛水、变形缝等细部构造的防水层收头，都是屋面渗漏水的主要通道，密封防水处理质量直接影响屋面防水的连续性和整体性。屋面密封防水处理不能视为独立的一道防水层，应与卷材防水屋面、涂膜防水屋面、刚性防水屋面以及隔热屋面配套使用，并且适用于防水等级为Ⅰ～Ⅲ级屋面。

7.2.2 目前防水接缝的材料主要有防水油膏和其他接缝材料，不宜采用与防水层相同的胶粘剂。

7.2.3 本条文是对密封防水部位基层的规定，如果接触密封材料的基层强度不够，或有蜂窝、麻面、起皮、起砂现象，都会降低密封材料与基层的粘结强度。基层不平整、不密实或嵌填密封材料不均匀，接缝位移时会造成密封材料局部拉坏，失去密封防水的作用。

7.2.4 改性沥青密封材料的基层处理剂一般现场配制，为保证基层处理剂的质量，配比应准确，搅拌应均匀。多组分基层处理剂属于反应固化型材料，配制时应根据固化前的有效时间确定一次使用量，应用多少配制多少，未用完的材料不得下次使用。

7.2.5 基层处理剂涂刷完毕后再铺放背衬材料，将会对接缝壁的基层处理剂有一定的破坏，削弱基层处理剂的作用。这里需要说明的是，设计时应选择与背衬材料不相容的基层处理剂。

基层处理剂配制时一般均加有溶剂，当溶剂尚未完全挥发时嵌填密封材料，会影响密封材料与基层处理剂的粘结性能，降低基层处理剂的作用。因此，嵌填密封材料应待基层处理剂达到表干状态后方可进行。基层处理剂表干后应立即嵌填密封材料，否则基层处理剂被污染，也会削弱密封材料与基层的粘结强度。

背衬材料应填塞在接缝处的密封材料底部，其作用是控制密封材料的嵌填深度，预防密封材料与缝的底部粘结而形成三面粘，避免造成应力集中和破坏密封防水。因此，背衬材料应尽量选择与密封材料不粘结或粘结力弱的材料。背衬材料的形状有圆形、方形或片状，应根据实际需要决定，常用的有泡沫棒或油毡条。

外露的密封材料上设置保护层，一方面防止被破坏，另外可延缓密封材料的老化时间。

7.2.6 装配式板缝不能太宽也不能太窄，宜控制在 30±10mm，板缝灌缝宜采用细石混凝土，至少分二次灌注，且顶面离板面 20~30mm，分多次灌注是保证后浇混凝土能堵塞先浇混凝土的渗水通道，提高防水能力。

7.2.7 本条对于密封材料嵌缝给出两种方法。

7.2.8 本条对于具体的嵌缝做法提出要求，有利于保证嵌缝质量，该做法是经验的总结。

7.2.9 热灌胶泥施工要求灌出板面 20mm，是为了封口严密；提出浇灌顺序是为了保证热灌的质量。

7.2.10 嵌填完毕密封材料，一般应养护 2~3d。接缝密封防水处理通常在下一道工序施工前，应对接缝部位的密封材料采取保护措施。如施工现场清扫、隔热层施工时，对已嵌填的密封材料宜采用卷材或木板保护，以防止污染及碰损。因为密封材料嵌填对构造尺寸和形状都有一定的要求，未固化的材料不具备一定的弹性，踩踏后密封材料会发生塑性变形，导致密封材料构造尺寸不符合设计要求，所以对嵌填的密封材料固化前不得踩踏。

主 控 项 目

7.2.11 改性石油沥青密封材料按耐热度和低温柔性分为Ⅰ类和Ⅱ类，质量要求依据《建筑防水沥青嵌缝油膏》JC/T207-1996，Ⅰ类产品代号为"702"，即耐热度为 70℃，低温柔性为 -20℃，适合北方地区使用；Ⅱ类产品代号为"801"，即耐热度为 80℃，低温柔性为 -10℃，适合南方地区使用。

合成高分子密封材料分成两类：1）弹性体密封材料，如聚氨酯类、硅酮类、聚硫类密封材料，质量要求依据《聚氨酯建筑密封胶》JC/T482-2003；2）塑性体密封材料，如丙烯酸酯类、丁基橡胶类密封材料，质量要求依据《丙烯酸建筑密封胶》JC/T484-2006。

7.2.12

1 采用改性石油沥青密封材料嵌填时应注意以下两点：

　　1）热灌法施工应由下向上进行，并减少接头；垂直于屋脊的板缝宜先浇灌，同时在纵横交叉处宜沿平行于屋脊的两侧板缝各延伸浇灌150mm，并留成斜槎。密封材料熬制及浇灌温度应按不同材料要求严格控制。

　　2）冷嵌法施工应先将少量密封材料批刮到缝槽两侧，分次将密封材料嵌填在缝内，用力压嵌密实。嵌填时密封材料与缝壁不得留有空隙，并防止裹入空气。接头应采用斜槎。

2 采用合成高分子密封材料嵌填时，不管是用挤出枪还是用腻子刀施工，表面都不会光滑平直，可能还会出现凹陷、漏嵌填、孔洞、气泡等现象，故应在密封材料表干前进行修整。如果表干前不修整，则表干后不易修整，且容易将成膜固化的密封材料破坏。

上述目的是使嵌填的密封材料饱满、密实，无气泡、孔洞现象。

7.2.13 密封材料上增设保护层有利于对密封材料进行保护，另外可延长密封材料的使用寿命。

一 般 项 目

7.2.14 参见本标准第7.2.3条的条文说明。

7.2.15 屋面密封防水的接缝宽度规定不应大于40mm，且不应小于10mm。考虑到接缝宽度太窄密封材料不易嵌填，太宽造成材料浪费，故规定接缝宽度的允许偏差为±10%。如果接缝宽度不符合上述要求，应进行调整或用聚合物水泥砂浆处理；板缝为上窄下宽时，灌缝的混凝土易脱落会造成密封材料流坠，应在板外侧做成台阶形，并配置适量的构造钢筋。

本条文规定接缝深度为接缝宽度的0.5~0.7倍，是屋面密封防水工程实践中总结出来的，是一个经验值。

7.2.16 本条文规定了密封材料嵌缝的外观质量。

8 瓦屋面工程

8.1 平 瓦 屋 面

8.1.1 平瓦主要是指传统的粘土机制平瓦和混凝土平瓦。平瓦屋面适用于不小于20%的坡度，是基于瓦的特性及使用总结。平瓦均需铺设在基层上，基层包括木基层、混凝土基层等。

8.1.2 屋面与立墙及突出屋面结构等的交接处是瓦屋面防水的关键部位，应做好泛水处理；至于天沟、檐沟防水层采用什么样的材料与形式，需根据工程的综合条件要求而确定。

8.1.3 本条对挂瓦次序提出了要求，以保证后铺设的瓦搭盖先铺设的瓦，不至于倒灌，檐口瓦出檐一定的宽度，是便于自由落水。

8.1.4 不同部位的瓦与大面瓦之间的搭盖宽度是根据瓦的特性和使用总结，只有保证了瓦之间的搭盖宽度，才能防止雨水倒灌。特殊部位如斜脊、斜沟处的瓦是汇水密集的地方，对瓦面质量的要求更高，铺设时应选瓦。

8.1.5 本条是对瓦的接头提出要求，都是为了保证雨水不倒灌的措施。

8.1.6、8.1.7 对于天沟、檐沟部位的防水层与瓦之间的搭接宽度的限定，是使用总结出来的，是为了接口处不倒灌。

8.1.8～8.1.16 瓦屋面由于直接铺设在基层上，因此基层的刚度、强度、牢固程度是影响瓦屋面质量的先决条件，并且瓦屋面检修相对容易，基层检修难度较大，因此，必须重视基层的施工质量并加强检查和验收。

主 控 项 目

8.1.17 瓦在进入现场时，检查检验报告及外观检查是必不可少的。本条规定平瓦的质量必须符合有关标准，即《烧结瓦》JC709-1998和《混凝土平瓦》JC746-1999的规定。

8.1.18 为了确保安全，针对大风、地震地区或坡度大于50%的平瓦屋面，应采用固定加强措施。

8.1.19 挂瓦次序正确是保证瓦屋面不渗漏的重要条件之一，瓦屋面不漏、不倒灌是最基本的要求，因此列入主控项目。

一 般 项 目

8.1.20 挂瓦条应分档均匀，铺钉平整、牢固；瓦面平整，行列整齐，搭接紧密，檐口平直。

检验方法：观察检查。

8.1.21 脊瓦应搭盖正确，间距均匀，封固严密；屋脊和斜脊应顺直，无起伏现象。

检验方法：观察和手扳检查。

8.1.22 泛水做法应符合设计要求，顺直整齐，结合严密，无渗漏。

检验方法：观察检查和雨后或淋水检验。

8.1.23 本条对于瓦屋面基层为木基层时对于木基层的允许偏差项目的要求，单独列出对木基层的要求是因为木基层的强度、刚度、牢固程度不像混凝土基层那样容易保证，应加强检查和验收。

8.2 油毡瓦屋面

8.2.1 油毡瓦的防水等级是基于目前国内工程的使用情况而定的。一般防水等级达到Ⅱ级尚无问题，但由于具体做法与材料选择尚待系统总结，配套材料及配件还需完善，故暂按Ⅱ、Ⅲ级设定。油毡瓦适用于20%以上的坡度，也是基于材料的特性所决定的。

8.2.2 油毡瓦屋面与山墙及突出屋面结构等交接处是屋面防水的薄弱环节，做好泛水处理是保证屋面工程质量的关键。

8.2.3 油毡瓦为薄而轻的片状材料，且瓦片是相互搭接点粘。为防止大风将油毡瓦掀起，规定了用油毡钉将其固定在木基层上，或用专用水泥钢钉、冷胶结料粘结将其固定在混凝土基层上。

8.2.4 油毡瓦的基本搭接尺寸要求，应随着油毡瓦类别、规格的增加，根据具体情况制定相应的做法。

8.2.5 油毡瓦屋面的基层要求参照平瓦屋面的基层要求。

主 控 项 目

8.2.6 油毡瓦的质量必须符合《油毡瓦》JC/T503-1992（1996）的规定。为了防止质量不合格的油毡瓦在工程上使用，或因贮运、保管不当而造成瓦的缺损、粘连，应按产品标准的要求检验。油毡瓦应边缘整齐、切槽清晰、厚薄均匀，表面无孔洞、楞伤、裂纹、折皱和起泡等缺陷。同时，油毡瓦应在环境温度不高于45℃的条件下保管，避免雨淋、日晒、受潮，并注意通风和避免接近火源。

8.2.7 油毡瓦铺设时，不论在木基层或混凝土基层上都应用油毡钉铺钉。为防止钉帽外露锈蚀而影响固定，需将钉帽盖在垫毡下面，严禁钉帽外露油毡瓦的表面。

8.2.8 这是屋面质量最基本的要求。

一 般 项 目

8.2.9 油毡瓦应自檐口向上铺设，第一层油毡瓦应与檐口平行，切槽应向上指向屋脊，用油毡钉固定；第二层油毡瓦应与第一层叠合，但切槽应向下指出檐口；第三层油毡瓦应压在第二层上，并露出切槽125mm。油毡瓦之间对缝，上下层不应重合。每片油毡瓦不应少于4个油毡钉；当屋面坡度大于150%时，应增加油毡钉固定。

8.2.10 油毡瓦的基层平整，才能保证油毡瓦屋面平整。做到了油毡瓦与基层紧贴，瓦面平整与檐口顺直，既可保证瓦的搭接、防止渗漏，又可使瓦面整齐、美观。

8.2.11 屋面与突出屋面结构的交接处是防水的薄弱环节，一定要有可行的防水措施。油毡瓦应铺贴在立面上，其高度不应小于250mm。

在烟囱、管道周围应先做二毡三油垫层，待铺瓦后再用高聚物改性沥青防水卷材做单层防水。

在女儿墙泛水处，油毡瓦可沿基层与女儿墙的八字坡铺贴，并用镀锌薄钢板覆盖，钉入墙内预埋木砖上；泛水上口与墙间的缝隙应用密封材料封严。

8.3 金属板材屋面

8.3.1 金属板材的种类很多，有锌板、镀铝锌板、铝合金板、铝镁合金板、钛合金板、铜板、不锈钢板等。厚度一般为0.4~1.5mm，板的表层一般进行涂装。由于材质及涂层的质量不同，有的板寿命可达50年以上。板的制作形状可多种多样，有的为复合板，有的为单板。有的板在生产厂加工好后现场组装，有的板可以根据屋面工程的需要在现场加工。保温层有在工厂复合好的，也有在现场制作的。金属板材屋面形式多样，从大型公共建筑到厂房、库房、住宅等使用广泛。故本条文规定可在防水等级为Ⅰ-Ⅲ级屋面中使用。

8.3.2 金属板材屋面板与板之间的密封处理很重要，应根据不同屋面的形式、不同材料、不同环境要求、不同功能要求，采取相应的密封处理方法。

8.3.3 平板型薄钢板是金属板材的一个类别，目前在金属板材中占一定的比例，本条对平板型薄钢板的制作、固定及搭接规定的要求。

8.3.4 压型钢板是金属板材的一个类别，目前在金属板材中使用量很大。本条是针对冷轧辊压制成的压型钢板固定及搭接规定的要求。

主 控 项 目

8.3.5 各类金属板材和辅助材料的质量，是确保金属板材屋面质量的关键。

压型钢板应边缘整齐、表面光滑、色泽均匀；外形应规则，不得有扭翘、脱膜和锈蚀等缺陷。

压型钢板的堆放场地应平坦、坚实，且便于排除地面水。堆放时应分层，并且每隔3~5m加放垫木。

8.3.6 铺设压型钢板屋面时，相邻两块板应顺年最大频率风向搭接，可避免刮风时冷空气灌入室内；上下两排板的搭接长度，应根据板型和屋面坡长确定。由于压型钢板屋面的坡度一般较小，所以上下两块板的搭接长度宜稍长一些，最短不得小于200mm，以防刮风下雨时雨水沿搭接缝渗入室内。所有搭接缝内应用密封材料嵌填封严，防止渗漏。

一 般 项 目

8.3.7 为保证压型钢板、固定支架的稳定、牢靠，压型钢板的安装应使用单向螺栓或拉铆钉连接固定。压型钢板与固定支架应用螺栓固定。

天沟用镀锌钢板制作时，应伸入压型钢板的下面，其长度不应小于100mm；当设有檐沟时，压型钢板应伸入檐沟内，其长度不应小于50mm。檐口应用异型镀锌钢板的堵头、封檐板，山墙应用异型镀锌钢板的包角板和固定支架封严。

金属板材屋面的排水坡度，应根据屋架形式、屋面基层类别、防水构造形式、材料性能以及当地气候条件等因素，经技术经济比较后确定。

8.3.8 对于金属板材屋面，板材之间都是通过咬口连接的，咬口施工质量好坏直接影响防水质量，本条对于金属板材的咬口质量提出要求。

8.3.9 金属板材之间的搭接尺寸、固定牢固程度、板材的安装位置均影响防水质量，本条对于金属板材的上述质量提出要求。

8.3.10 压型钢板屋面的泛水板与突出屋面的墙体搭接高度不应小于300mm；安装应平直。

金属板材屋面的檐口线、泛水段应顺直，无起伏现象，檐口与屋脊局部起伏5m长度内不大于10mm，使瓦面整齐、美观。

9 隔热屋面工程

9.1 架空屋面（外隔热屋面）

9.1.1 本条说明了架空隔热屋面的适用范围。

9.1.2 本条总结了架空隔热制品的主要种类，是使用经验的总结。

9.1.3 架空隔热层的高度应根据屋面宽度和坡度大小来决定。屋面较宽时，风道中阻力增大，宜采用较高的架空层；屋面坡度较小时，宜采用较高的架空层。反之，可采用较低的架空层。根据调研情况有关架空高度相差较大，考虑到太低了隔热效果不好，太高了通风效果并不能提高多少且稳定性不好。屋面设计若无要求，架空层的高度宜为120～300mm。当屋面宽度大于10m，设置通风屋脊也是为了保证通风效果。

9.1.4 考虑架空隔热制品支座部位负荷增大，采取加强措施，避免损坏防水层。

1 本条是对于主导风向不稳定且设计未做要求时对于架空层的设置要求。

2 规定架空隔热制品的强度等级，主要考虑施工及上人时不易损坏。

主 控 项 目

9.1.5 架空屋面是采用隔热制品覆盖在屋面防水层上，并架设一定高度的空间，利用空气流动加快散热起到隔热作用。架空隔热制品的质量必须符合设计要求，如使用有断裂和露筋等缺陷的制品，日长月久后会使隔热层受到破坏，对隔热效果带来不良影响。

对于隔热屋面来讲，架空板施工完对防水层也就是保护层了。因此，隔热制品的质量对屋面防水和隔热都起着重要作用。

一 般 项 目

9.1.6 考虑到屋面在使用中要上人清扫等情况，要求架空隔热制品的铺设应做到平整和稳固，板缝应以填密实为好，使板的刚度增大形成一个整体。架空隔热制品与山墙的距离不应小于 250mm，主要是考虑在保证屋面膨胀变形的同时，防止堵塞和便于清理。当然间距也不应过大，太宽了将会降低架空隔热的作用。架空隔热层内的灰浆杂物应清扫干净，以减少空气流动时的阻力。

9.1.7 相邻两块隔热制品的高低差为 3mm，是为了不使架空隔热层表面有积水现象。

9.2 蓄 水 屋 面

9.2.1 蓄水屋面多用于我国南方地区，一般为开敞式。为加强防水层的坚固性，强调采用刚性防水层或在卷材、涂膜防水层上再做刚性防水层，并采用耐腐蚀、耐霉烂、耐穿刺性好的防水层材料，以免异物掉入时损坏防水层。并对刚性层的做法提出了要求。

9.2.2 为适应屋面变形的需要，蓄水屋面应划分为若干蓄水区。根据多年使用经验，规定每区边长不宜大于 10m 是可行的。变形缝两侧应分为两个互不连通的蓄水区，避免因缝间处理不好导致漏水。蓄水屋面长度太长会因累计变形过大导致防水层拉裂，引起屋面渗漏，故规定长度超过 40m 时应做横向伸缩缝一道。设置人行通道是为了便于使用过程中的管理。

9.2.3 设置泄水孔是为了检修的需要，可以将蓄水排净。

9.2.4 设置溢水孔是为了控制蓄水的深度，避免增大屋面的设计荷载。

9.2.5 要求泛水高出水面 200mm，是为了防水需要。

9.2.6 设置过水孔是为了给水和排水方便。

9.2.7 由于蓄水屋面防水的特殊性，屋面孔洞后凿不易保证质量，故强调预留孔洞，将管道安装完毕，缝隙密封防水处理好再作防水层。

9.2.8 为了使每个蓄水区混凝土的整体防水性好，混凝土应一次浇筑完毕，不出现施工缝，避免因接头不好导致混凝土裂缝，从而保证蓄水屋面的施工质量。

主 控 项 目

9.2.9 蓄水屋面上设置溢水口、过水孔、排水管、溢水管，是保证屋面正常使用的措施。只有按设计要求的大小、位置、标高留设，才能发挥溢水、排水、汇水的作用。

9.2.10 其他屋面规定雨后或淋水观察检查，而蓄水屋面必须蓄水至规定高度，其静置时间不应小于 24h，不得有渗漏现象。蓄水屋面的刚性防水层完工后应在混凝土终凝时即洒水养护，养护好后方可蓄水，并不可断水，以防刚性防水层产生裂缝。

一 般 项 目

9.2.11 本条实际是对刚性防水层的要求。

9.2.12 刚性防水层混凝土的强度等级是基于对混凝土的防水等级的要求，防水层的厚度太大会增加屋面荷载，太薄影响防水能力，因此要求防水层的厚度允许偏差为 ±3mm。

9.2.13 本条是对刚性防水层表面质量的要求。

9.3 种 植 屋 面

9.3.1 种植屋面的防水层上虽有保护层，但上面的覆盖介质及种植的植物会腐烂或根系坚硬会穿过保护层深入防水层，故提出对防水材料的特殊要求。

9.3.2 考虑植物根系对防水层的穿刺损坏，保证屋面防水质量，故规定在卷材防水层上部应设置细石混凝土保护层。

9.3.3 为便于排水，种植屋面应有一定的坡度。为防止种植介质的流失、下滑，四周应设有挡墙。泄水孔是为排泄种植介质中因雨水或其他原因造成过多的水而设置的。

9.3.4 种植覆盖层施工时，如破坏了防水层而产生渗漏，既不容易查找渗漏点，也不容易维修，故施工时应特别注意。对覆盖层的质（重）量的控制，其目的是防止过量超载。

主 控 项 目

9.3.5 种植屋面的关键部位是其下的防水层，因此防水层的原材料质量必须满足要求。

9.3.6 进行蓄水试验是为了检验防水层的质量，经检验合格后方能进行覆盖种植介质。如采用刚性防水层，则应与蓄水屋面一样进行养护，养护后方可蓄水试验。

9.3.7 泄水孔主要是排泄种植介质中因雨水或其他原因造成过多的水而设置的，如留设位置不正确或泄水孔中堵塞，种植介质中过多的水分不能排出，不仅会影响使用，而且会给防水层带来不利。

一 般 项 目

9.3.8、9.3.9 要求种植介质比挡墙低 100mm，是防止种植介质流失；要求种植介质的厚度是防止过量超载。

10 细 部 构 造

10.0.1 屋面的天沟、檐沟、泛水、水落口、檐口、变形缝、伸出屋面管道等部位，是屋面工程中最容易出现的渗漏的薄弱环节。据调查表明有70%的屋面渗漏都是由于节点部位的防水处理不当引起的。所以，对这些部位均应进行防水增强处理，并用重点质量检查验收。

10.0.2 用于细部构造的防水材料，由于品种多、用量少而作用非常大，所以对细部构造处理所用的防水材料，也应按照有关的材料标准进行检查验收。

10.0.3 天沟、檐沟与屋面交接处、泛水、阴阳角等部位，由于构件断面的变化和屋面的变形常会产生裂缝，对这些部位应做防水增强处理。

10.0.4 天沟、檐沟与屋面交接处的变形大，若采用满粘的防水层，防水层极易被拉裂，故该部位应作附加层，附加层宜空铺，空铺的宽度不应小于200mm。屋面采用刚性防水层时，应在天沟、檐沟与细石混凝土防水层间预留凹槽，并用密封材料嵌填严密。

天沟、檐沟的混凝土在搁轩梁部位均会产生开裂现象，裂缝会延伸至檐沟顶端，所以防水层应由沟底上翻至外檐的顶部。为防止收头翘边，卷材防水层应用压条钉压固定，涂料防水层应增加涂刷遍数，必要时用密封材料封严。

10.0.5 檐口部位的收头和滴水是檐口处理的关键。檐口800mm范围内的卷材应采取满粘法铺贴，在距檐口边缘50mm处预留凹槽，将防水层压入槽内，用金属压条钉压，密封材料封口。檐口下端用水泥砂浆抹出鹰嘴和滴水槽。

10.0.6 砖砌女儿墙、山墙常因抹灰和压顶开裂使雨水从裂缝渗入砖墙，沿砖墙流入室内，故砖砌女儿墙、山墙及压顶均应进行防水设防处理。

女儿墙泛水的收头若处理不当易产生翘边现象，使雨水从开口处渗入防水层下部，故应按设计要求进行收头处理。

10.0.7 因为水落口与天沟、檐沟的材料不同，环境温度变化的热胀冷缩会使水落口与檐沟间产生裂缝，故水落口应固定牢固。水落口杯周围500mm范围内，规定坡度不应小于5%以利排水，并采用防水涂料或密封材料涂封严密，避免水落口处开裂而产生渗漏。

10.0.8 变形缝宽度变化大，防水层往往容易断裂，防水设防时应充分考虑变形的幅度，设置能满足变形要求的卷材附加层。

10.0.9 伸出屋面管道通常采用金属或PVC管材，温差变化引起的材料收缩会使管壁四周产生裂纹，所以在管壁四周的找平层应预留凹槽用密封材料封严，并增设附加层。上翻至管壁的防水层应用金属箍或铁丝紧固，再用密封材料封严。

主 控 项 目

10.0.10 细部构造的防水材料的质量要像其他材料一样具有产品质量合格证，同时还必须进行再次检测。只有原材料合格，细部构造防水质量才有保证。

10.0.11 节点做法必须符合设计要求和本标准关于细部构造做法的要求。

10.0.12 天沟、檐沟的排水坡度和排水方向应能保证雨水及时排走，充分体现防排结合的屋面工程设计思想。如果屋面长期积水或干湿交替，在天沟等低洼处滋生青苔、杂草或发生霉烂，最后导致屋面渗漏。

10.0.13 屋面的天沟、檐沟、水落口、泛水、变形缝和伸出屋面管道的防水构造，是屋面工程最容易出现渗漏的薄弱环节。对屋面工程的综合治理，应该体现"材料是基础，设计是前提，施工是关键，管理维护要加强"的原则。因此，对屋面细部的防水构造施工必须符合设计要求。本标准规定细部构造根据分项工程的内容，应全部进行检查。

11 分部工程验收

11.0.1 分项工程检验批的质量应按主控项目和一般项目进行验收。主控项目是对建筑工程的质量起决定性作用的检验项目，本规范用黑体字标志的条文列为强制性条文，必须严格执行。本条规定屋面工程的施工质量，按构成分项工程各检验批应符合相应质量标准要求。分项工程检验批不符合质量标准要求时，应及时进行处理。

11.0.2 隐蔽工程为后续的工序或分项工程覆盖、包裹、遮挡的前一分项工程。例如防水层的基层，密封防水处理部位，天沟、檐沟、泛水和变形缝等细部构造，应经过检查符合质量标准后方可进行隐蔽，避免因质量问题造成渗漏或不易修复而直接影响防水效果。

11.0.3 本条规定找平层、保温层、防水层、密封材料嵌缝等分项施工质量的基本要求，主要用于分部工程验收时必须进行的观感质量验收。工程的观感质量应由验收人员通过现场检查，并应共同确认。

11.0.4 建筑工程施工质量验收时，对涉及结构安全和使用功能的重要分部工程应进行抽样检测。因此，屋面工程验收时，应检查屋面有无渗漏、积水和排水系统是否畅通，可在雨后或持续淋水 2h 后进行。有可能作蓄水检验的屋面，其蓄水时间不应小于 24h。检验后应填写安全和功能检验（检测）报告，作为屋面工程验收的文件和记录之一。

11.0.5 屋面工程完成后，应由施工单位先行自检，并整理施工过程中的有关文件和记录，确认合格后会同建设（监理）单位，共同按本质量标准进行验收。分部工程的验收，应在分项、子分部工程通过验收的基础上，对必要的部位进行抽样检验和使用功能满足程度的检查。分部工程应由总监理工程师（建设单位项目负责人）组织施工技术质量负责人进行验收。

屋面工程竣工验收时，施工单位应按照本标准第 11.0.2 条的规定，将验收文件和记录提供总监理工程师（建设单位项目负责人）审查，核查无误后方可做为存档资料。

12 技术资料及填写要求

12.0.1 本条在国家规范的基础上进行了细化，使工程技术人员更容易理解和接受。屋面工程验收的文件和记录体现了施工全过程控制，必须做到真实、准确，不得有涂改和伪造，各级技术负责人签字后方可有效。

12.0.2 关于技术资料的具体填写要求，一般各地区有专门的规定，如全部在本标准中阐述是不现实的，故只对主要的几项技术资料的填写作了要求。

地下防水工程施工质量标准

Standard for construction quality of underground waterproof

ZJQ00-SG-019-2006

中国建筑工程总公司

前 言

本标准是根据中国建筑工程总公司（简称中建总公司）中建市管字（2004）5号《关于全面开展中建总公司建筑工程各项专业施工标准编制工作的通知》的要求，由中建国际建设公司组织编制。

本标准总结了中国建筑工程总公司系统地下防水工程施工质量管理的实践经验，以"突出质量策划、完善技术标准、强化过程控制、坚持持续改进"为指导思想，以提高质量管理要求为核心，力求在有效工程制造成本的前提下，使地下防水工程质量得到切实保证和不断提高。

本标准是以国家《地下防水工程施工质量验收规范》GB 50208-2002、中国建筑工程总公司《建筑工程施工质量统一标准》ZJQ00-SG-013-2006为基础，综合考虑中国建筑工程总公司所属施工企业的技术水平、管理能力、施工队伍操作工人技术素质和现有市场环境等各方面客观条件，融入工程质量等级的评定，以便统一中国建筑工程总公司系统施工企业地下防水工程施工质量的内部验收方法、质量标准、质量等级的评定和程序，为创工程质量的"过程精品"奠定基础。

本标准主要内容分9部分，包括总则、术语、基本规定、地下建筑防水工程、特殊施工法防水工程、排水工程、注浆工程、细部构造、子分部工程验收。

本标准将根据国家有关规定的变化、企业发展的需要等进行定期或不定期的修订，请各级施工单位在执行标准过程中，注意积累资料、总结经验，并请将意见或建议及有关资料及时反馈给中建总公司质量管理部门，以供本标准修订时参考。

主编单位：中建国际建设公司
主　　编：邓明胜
副 主 编：王建英
编写人员：董秀林　贾震宇　程学军

目 次

1 总则 ·· 7—5
2 术语 ·· 7—5
3 基本规定 ··· 7—6
　3.1 一般要求 ·· 7—6
　3.2 质量验收与评定等级 ·· 7—9
　3.3 质量验收与评定程序及组织 ··· 7—10
4 地下建筑防水工程 ·· 7—10
　4.1 防水混凝土 ·· 7—10
　4.2 水泥砂浆防水层 ··· 7—12
　4.3 卷材防水层 ·· 7—14
　4.4 涂料防水层 ·· 7—15
　4.5 塑料板防水层 ··· 7—17
　4.6 金属板防水层 ··· 7—17
5 特殊施工法防水工程 ··· 7—18
　5.1 锚喷支护 ··· 7—18
　5.2 地下连续墙 ·· 7—20
　5.3 复合式衬砌 ·· 7—21
　5.4 沉井 ·· 7—22
　5.5 高压喷射帷幕 ··· 7—23
　5.6 手掘式顶管 ·· 7—23
　5.7 盾构法隧道 ·· 7—24
6 排水工程 ··· 7—26
　6.1 渗排水、盲沟排水 ··· 7—26
　6.2 隧道、坑道排水 ··· 7—27
7 注浆工程 ··· 7—29
　7.1 预注浆、后注浆工程 ·· 7—29
　7.2 衬砌裂缝注浆 ··· 7—30
8 细部构造 ··· 7—31
　8.1 一般规定 ··· 7—31
　8.2 变形缝 ·· 7—32
　8.3 后浇带 ·· 7—33
　8.4 孔口防水工程 ··· 7—34
　8.5 穿墙管道防水工程 ··· 7—35

8.6 坑、池防水工程 …………………………………………………… 7—35
9 子分部工程验收 ………………………………………………… 7—36
附录 A 地下工程防水材料的质量指标 …………………………… 7—37
附录 B 现行建筑防水工程材料标准和现场抽样复验 …………… 7—42
附录 C 地下防水工程渗漏水调查与量测方法 …………………… 7—44
附录 D 检验批质量验收、评定记录 ……………………………… 7—46
附录 E 分项工程质量验收、评定记录 …………………………… 7—65
附录 F 分部（子分部）工程质量验收、评定记录 ……………… 7—81
本标准用词说明 …………………………………………………… 7—83
条文说明 …………………………………………………………… 7—84

1 总 则

1.0.1 为了加强建筑工程的质量管理力度，不断提高工程质量水平，统一中国建筑工程总公司地下防水工程质量验收及质量评定，制定本标准。

1.0.2 本标准适用于中国建筑工程总公司所属施工企业自行施工或总承包施工的地下防水工程的质量检查与评定。

1.0.3 本标准应与中国建筑工程总公司《建筑工程施工质量统一标准》ZJQ00-SG-013-2006配套使用。

1.0.4 本标准中以黑体字印刷的条文为强制性条文，必须严格执行。

1.0.5 本标准为中国建筑工程总公司企业标准，主要用于企业内部的工程质量控制。在工程的建设方（甲方）无特定要求时，工程的外部验收应以国家现行的地下防水工程质量验收规范为准。若工程的建设方（甲方）要求采用本标准时，应在施工承包合同中作出明确约定，并明确由于采用本标准而引起的甲、乙双方的相关责任、权利和义务。

1.0.6 地下防水工程质量验收除应符合本标准外，尚应符合国家、行业等现行有关标准的规定。

2 术 语

2.0.1 地下防水工程 underground waterproof engineering
指对工业与民用建筑地下工程、防护工程、隧道及地下铁道等建（构）筑物，进行防水设计、防水施工和维护管理等各项技术工作的工程实体。

2.0.2 防水等级 grade of waterproof
根据地下工程的重要性和使用中对防水的要求，所确定结构允许渗漏水量的等级标准。

2.0.3 刚性防水层 rigid waterproof layer
采用较高强度和无延伸能力的防水材料，如防水砂浆、防水混凝土所构成的防水层。

2.0.4 柔性防水层 flexible waterproof layer
采用具有一定柔韧性和较大延伸率的防水材料，如防水卷材、有机防水涂料构成的防水层。

2.0.5 初期支护 primary linning
用矿山法进行暗挖法施工后，在岩体上喷射或浇筑防水混凝土所构成的第一次衬砌。

2.0.6 土工合成材料 geosynthetics

指工程建设中应用的土工织物、土工膜、土工复合材料、土工特种材料的总称。

2.0.7 盾构法隧道 shield tunnelling method

采用盾构掘进机进行开挖，钢筋混凝土管片、复合式管片、砌块、现浇混凝土等作为衬砌支护的隧道暗挖施工法。

2.0.8 高压喷射注浆法 high-pressurized jet grouting

将带有特殊喷嘴的注浆管置入土层的预定深度后，以 20MPa 以上的高压喷射流，使浆液与土搅拌混合，硬化后在土中形成防渗帷幕的一种注浆方法。

2.0.9 预注浆 pre-grouting

工程开挖前使浆液预先充填围岩裂隙，达到堵塞水流、加固围岩目的所进行的注浆。可分为工作面预注浆，即超前预注浆；地面预注浆，包括竖井地面预注浆和平巷地面预注浆。

2.0.10 沉井 drilled caisson

是在地面或地坑上，先制作开口钢筋混凝土筒身，达到一定强度后，在井筒内分层挖土、运土，随着井内土面逐渐降低，沉井筒身借其自重或采用附加措施协助其克服与土壁之间的摩阻力，不断下沉而就位的一种深基础或地下工程施工工艺，深度可达 50m。

3 基 本 规 定

3.1 一 般 要 求

3.1.1 地下工程的防水等级分为 4 级，各级标准应符合表 3.1.1 的规定。

表 3.1.1 地下工程防水等级标准

防水等级	标 准
1级	不允许渗水，结构表面无湿渍
2级	不允许漏水，结构表面可有少量湿渍； 工业与民用建筑：湿渍总面积不大于总防水面积的 1‰，单个湿渍面积不大于 $0.1m^2$，任意 $100m^2$ 防水面积不超过 1 处； 其他地下工程：湿渍总面积不大于总防水面积的 6‰，单个湿渍面积不大于 $0.2m^2$，任意 $100m^2$ 防水面积不超过 4 处
3级	有少量漏水点，不得有线流和漏泥砂； 单个湿渍面积不大于 $0.3m^2$，单个漏水点漏水量不大于 2.5L/d，任意 $100m^2$ 防水面积不超过 7 处
4级	有漏水点，不得有线流和漏泥砂； 整个工程平均漏水量不大于 $2.0L/m^2 \cdot d$，任意 $100m^2$ 防水面积的平均漏水量不大于 $4L/m^2 \cdot d$

3.1.2 地下工程的防水设防要求，应按表 3.1.2-1 和表 3.1.2-2 选用。

表 3.1.2-1 明挖法地下工程防水设防

工程部位 防水措施 防水等级	主体						施工缝					后浇带				变形缝、诱导缝						
	防水混凝土	防水砂浆	防水卷材	防水涂料	塑料防水板	金属防水板	遇水膨胀止水条	中埋式止水带	外贴式止水带	外抹防水砂浆	外涂防水涂料	膨胀混凝土	遇水膨胀止水条	外贴式止水带	防水嵌缝材料	中埋式止水带	外贴式止水带	可卸式止水带	防水嵌缝材料	外贴防水卷材	外涂防水涂料	遇水膨胀止水条
1级	应选	应选1~2种					应选2种					应选	应选2种			应选	应选2种					
2级	应选	应选1种					应选1~2种					应选	应选1~2种			应选	应选1~2种					
3级	应选	宜选1种					宜选1~2种					应选	宜选1~2种			应选	宜选1~2种					
4级	应选	—					宜选1种					应选	宜选1种			应选	宜选1种					

表 3.1.2-2 暗挖法地下工程防水设防

工程部位 防水措施 防水等级	主体				内衬砌施工缝					内衬砌变形缝、诱导缝				
	复合式衬砌	离壁式衬砌、衬套	贴壁式衬砌	喷射混凝土	外贴式止水带	遇水膨胀止水条	防水嵌缝材料	中埋式止水带	外涂防水涂料	中埋式止水带	外贴式止水带	可卸式止水带	防水嵌缝材料	遇水膨胀止水条
1级	应选1种			—	应选2种					应选	应选2种			
2级	应选1种			—	应选1~2种					应选	应选1~2种			
3级	—			应选1种	宜选1~2种					应选	宜选1~2种			
4级	—			应选1种	宜选1种					应选	宜选1种			

3.1.3 地下防水工程施工前，施工单位应进行图纸会审，掌握工程主体及细部构造的防水技术要求，并编制防水工程的施工方案。

3.1.4 地下防水工程的施工，应建立各道工序的自检、交接检和专职人员检查的"三检"制度，并有完整的检查记录。未经建设（监理）单位对上道工序的检查确认，不得进行下道工序的施工。

3.1.5 地下防水工程必须由具有相应资质的专业防水队伍进行施工；主要施工人员应持有建设行政主管部门或其指定单位颁发的执业资格证书。

3.1.6 地下防水工程所使用的防水材料，应有产品的合格证书和性能检测报告，材料的品种、规格、性能等应符合现行国家产品标准和设计要求。

对进场的防水材料应按本规范附录 A 和附录 B 的规定抽样复验，并提出试验报告；

不合格的材料不得在工程中使用。

3.1.7 地下防水工程施工期间，明挖法的基坑以及暗挖法的竖井、洞口，必须保持地下水位稳定在基底0.5m以下，必要时应采取降水措施。

3.1.8 地下防水工程的防水层，严禁在雨天、雪天和五级风及其以上时施工，其施工环境气温条件宜符合表3.1.8的规定。

表3.1.8 防水层施工环境气温条件

防水层材料	施工环境气温
高聚物改性沥青防水卷材	冷粘法不低于5℃，热熔法不低于－10℃
合成高分子防水卷材	冷粘法不低于5℃，热风焊接法不低于－10℃
有机防水涂料	溶剂型－5～35℃，水溶性5～35℃
无机防水涂料	5～35℃
防水混凝土、水泥砂浆	5～35℃

3.1.9 地下防水工程是一个子分部工程，其分项工程的划分应符合表3.1.9的要求。

表3.1.9 地下防水工程的分项工程

子分部工程	分项工程
地下防水工程	地下建筑防水工程：防水混凝土，水泥砂浆防水层，卷材防水层，涂料防水层，塑料板防水层，金属板防水层，细部构造
	特殊施工法防水工程：锚喷支护，地下连续墙，复合式衬砌，盾构法隧道，沉井，高压喷射帷幕
	排水工程：渗排水，盲沟排水，隧道、坑道排水
	注浆工程：预注浆，后注浆，衬砌裂缝注浆

3.1.10 地下防水工程应按工程设计的防水等级标准进行验收。地下防水工程渗漏水调查与量测方法应按本规范附录C执行。

3.1.11 防水工程应按下列规定进行施工质量控制：

1 工程采用的主要材料、构配件和设备，施工单位应对其外观、规格、型号和质量证明文件进行验收，并经监理工程师检查认可；凡涉及结构安全和使用功能的，由施工单位进行现场抽样检验，监理单位应按规定进行见证取样检测；

2 各工序应按施工技术标准进行质量控制，每道工序完成后，施工单位应进行检查，并形成记录；

3 工序之间应进行交接检验，上道工序应满足下道工序的施工条件和技术要求；相关专业工序之间的交接检验应经监理工程师检查认可。未经检查或检查不合格的不得进行下道工序施工。

3.1.12 防水工程施工质量应按下列要求进行验收：

1 施工质量应符合本标准和相关专业验收标准的规定；

2 施工质量应符合工程设计文件的要求；

3 参加防水工程质量验收的各方人员应具备规定的资格；

4 防水工程施工质量的验收均应在施工单位自行检查评定合格的基础上进行；

5 隐蔽工程在隐蔽前应由施工单位通知监理单位进行验收，并形成验收记录。
3.1.13 检验批的质量应按主控项目和一般项目进行验收。
3.1.14 承担见证取样检测的单位应具有相应的资质。

3.2 质量验收与评定等级

3.2.1 地下防水工程子分部工程质量验收评定划分为分项工程和检验批，应在施工单位自检合格的基础上，按照检验批、分项工程、子分部工程进行。

3.2.2 分项工程可由一个或若干检验批组成，检验批可根据施工进度、质量控制和验收需要，在与监理单位、设计单位和建设单位协商后确定。

3.2.3 本标准的检验批、分项、子分部工程质量均分为合格与优良两个等级：

1 检验批的质量等级应符合以下规定：

1）合格

①主控项目的质量必须符合本标准相应项目合格等级；其检验数量应符合本标准各分项工程中相关规定要求；

②一般项目的质量应符合本标准相应项目合格等级，抽样检验时，其抽样数量比例应符合本标准各分项工程中相关规定要求，其允许偏差实测值应有不低于**80%**的点数在相应质量标准的规定范围之内，且最大偏差值不得超过允许值的**150%**；

③具有完整的施工操作依据，详实的质量控制及质量检查记录。

2）优良

①主控项目的质量必须符合本标准相应项目的合格等级；其检验数量应符合本标准各分项工程中相关规定的要求；

②一般项目的质量应符合本标准相应项目的合格等级，抽样检验时，其抽样数量比例应符合本标准各分项工程中相关规定要求，其允许偏差实测值应有不低于85%的点数在相应质量标准的规定范围之内，且最大偏差不得超过允许偏差值的140%；

③具有完整的施工操作依据，详实的质量控制及质量检查记录。

2 分项工程的质量等级应符合以下规定：

1）合格

①分项工程所含检验批的质量均达到本标准的合格等级；

②分项工程所含检验批的施工操作依据、质量检查、验收记录完整。

2）优良

①分项工程所含检验批全部达到本标准的合格等级并且有70%及以上的检验批的质量达到本标准的优良等级；

②地下防水专业分项工程所含检验批的施工操作依据、质量检查、验收记录完整。

3 分部（子分部）工程的质量等级应符合以下规定：

1）合格

①所含分项工程的质量全部达到本标准的合格等级；
②质量控制资料完整；
③有关地下防水专业安全及功能的检验和抽样检测结果应符合有关规定；
④观感质量评定的得分率应不低于 **80%**。
2）优良
①所含分项工程的质量全部达到本标准的合格等级并且其中有50%及其以上达到本标准的优良等级；
②质量控制资料完整；
③有关地下防水专业安全及功能的检验和抽样检测结果应符合有关规定；
④观感质量评定的得分率达到 90%。

4 当检验批质量不符合相应质量标准合格的规定时必须及时处理，并应按以下规定确定其质量等级：
　　1）返工重做的可重新评定质量等级；
　　2）经返修能够达到质量标准要求的其质量仅应评定为合格等级。
5 通过返修或返工仍不能满足防水要求的分项工程、分部工程，严禁验收。

3.3　质量验收与评定程序及组织

3.3.1 检验批、分项工程、分部工程的质量验收和评定的程序与组织应按照中国建筑工程总公司《建筑工程质量统一标准》ZJQ00-SG-013-2006 的规定执行。

4　地下建筑防水工程

4.1　防　水　混　凝　土

4.1.1　一般规定
1 本节适用于防水等级为1～4级的地下整体混凝土结构。防水混凝土的环境温度，不得高于80℃；处于侵蚀性介质中防水混凝土的耐侵蚀系数，不应小于0.8。
2 防水混凝土所用的材料应符合下列规定：
水泥品种应按设计要求选用，在设计文件中未明确规定时，在不受侵蚀性介质和冻融作用时，宜优先采用普通硅酸盐水泥，也可采用矿渣硅酸盐水泥、复合硅酸盐水泥、火山灰质硅酸盐水泥、粉煤灰硅酸盐水泥。在有较轻微侵蚀性介质作用时，宜优先采用矿渣硅酸盐水泥、复合硅酸盐水泥。无论采用何种水泥，均应采用外加剂和掺合料配置混凝土，水泥强度等级不应低于32.5级。
碎石或卵石的粒径宜为5～40mm，含泥量不得大于1.0%，泥块含量不得大于0.5%。泵送时其最大粒径应为输送管径的1/4，吸水率不应大于1.5%，不得使用碱活性骨料。

砂宜用中砂，含泥量不得大于3.0%，泥块含量不得大于1.0%。

水应采用不含有害物质的洁净水。

外加剂的技术性能，应符合国家或行业标准一等品及以上的质量要求。

粉煤灰的级别不应低于Ⅱ级。掺量不宜大于20%，硅粉掺量不应大于3%，其他掺合料的掺量应通过试验确定。

3 防水混凝土的配合比应符合下列规定：

试配要求的抗渗水压值应比设计值提高0.2MPa。水泥用量不得少于300kg/m³；掺有活性掺合料时，水泥用量不得少于280kg/m³。砂率宜为35%～45%，灰砂比宜为1:2～1:2.5。水灰比不得大于0.55。普通防水混凝土坍落度不宜大于50mm，泵送时入泵坍落度宜为100～140mm。

4 混凝土拌制过程控制应符合下列规定：

拌制混凝土所用材料的品种、规格和用量，每工作班检查不应少于两次。每盘混凝土各组成材料计量结果的偏差应符合表4.1.1-1的规定。

表4.1.1-1 混凝土组成材料计量结果的允许偏差（%）

混凝土组成材料	每盘计量	累计计量
水泥、掺合料	±2	±1
粗、细骨料	±3	±2
水、外加剂	±2	±1

注：累计计量仅适用于微机控制计量的搅拌站。

5 混凝土浇筑过程控制应符合下列规定：

混凝土在浇筑地点的坍落度，每工作班至少检查两次。混凝土的坍落度试验应符合现行《普通混凝土拌合物性能试验方法》GB/T 50080的有关规定。混凝土的实测坍落度与要求坍落度之间的偏差应符合表4.1.1-2的规定。

表4.1.1-2 混凝土坍落度允许偏差

要求坍落度（mm）	允许偏差（mm）
≤40	±10
50～90	±15
≥100	±20

6 抗渗试件的留置：防水混凝土抗渗性能，应采用标准条件下养护混凝土抗渗试件的试验结果评定。试件应在浇筑地点制作。

连续浇筑混凝土每500m³应留置一组抗渗试件（一组为6个抗渗试件），且每项工程不得少于两组。采用预拌混凝土的抗渗试件，留置组数应视结构的规模和要求而定。

抗渗性能试验应符合现行《普通混凝土长期性能和耐久性能试验方法》GBJ 82的有关规定。

7 检查数量：防水混凝土的施工质量检验数量，应按混凝土外露面积每100m²抽查1处，每处10m²，且不得少于3处；细部构造应按全数检查。

4.1.2 主控项目

1 防水混凝土的原材料、配合比及坍落度必须符合设计要求。

检验方法：检查出厂合格证、质量检验报告、计量措施和现场抽样试验报告。

2 防水混凝土的抗压强度和抗渗压力必须符合设计要求。

检验方法：检查混凝土抗压、抗渗试验报告。

3 防水混凝土的变形缝、施工缝、后浇带、穿墙管道、埋设件等设置和构造，均须符合设计要求，严禁有渗漏。

检验方法：观察检查和检查隐蔽工程验收记录。

4.1.3 一般项目

1 防水混凝土结构表面应坚实、平整，不得有露筋、蜂窝等缺陷；埋设件位置应正确。

检验方法：观察和尺量检查。

2 防水混凝土结构表面的裂缝宽度不应大于0.2mm，并不得贯通。

检验方法：用刻度放大镜检查。

3 防水混凝土结构厚度不应小于250mm，其允许偏差为+15mm，-10mm；迎水面钢筋保护层厚度不应小于50mm，其允许偏差为±10mm。

检验方法：尺量检查和检查隐蔽工程验收记录。

4.1.4 质量记录

1 材料（水泥、砂、石、外加剂、掺合料等）的出厂合格证、试验报告。

2 混凝土试验报告（包括抗压及抗渗试验）。

3 隐蔽工程验收记录。

4 设计变更及技术核定。

5 分项工程质量检验评定。

6 其他技术文件。

4.2 水泥砂浆防水层

4.2.1 一般规定

1 本节适用于混凝土或砌体结构的基层上采用多层抹面的水泥砂浆防水层。不适用环境有侵蚀性、持续振动或温度高于80℃的地下工程。

2 水泥砂浆防水层所用的材料应符合下列规定：

水泥品种应按设计要求选用，宜采用普通硅酸盐水泥，也可采用复合硅酸盐水泥，其强度不应低于32.5级。不应使用过期或受潮结块水泥；禁止将不同品种或强度等级的水泥混用，并不应将同一品种、强度等级但不同批次水泥混用。

砂宜采用中砂，粒径3mm以下，含泥量不得大于1%，硫化物和硫酸盐含量不得大于1%，使用前必须过3～5mm孔径的筛。

聚合物乳液的外观应无颗粒、异物和凝固物。

外加剂的技术性能应符合国家或行业标准一等品及以上的质量要求。

3 水泥砂浆防水层的基层质量应符合下列要求：

水泥砂浆铺抹前，基层的混凝土和砌筑砂浆强度应不低于设计值的80%。

基层表面应坚实、平整、粗糙、洁净，并充分湿润，无积水。基层表面的孔洞、缝隙应用与防水层相同的砂浆填塞抹平。

4 水泥砂浆防水层施工应符合下列要求：

分层铺抹或喷涂，铺抹时应压实、抹平和表面压光。

防水层各层应紧密贴合，每层宜连续施工，必须留施工缝时应采用阶梯槎，但离开阴阳角处不得小于200mm。防水层的阴阳角处应做成圆弧形。

水泥砂浆终凝后应及时养护，养护温度不宜低于5℃并保持湿润，养护时间不少于14d。

普通水泥砂浆防水层的配合比应按表4.2.1的规定。

表4.2.1 普通水泥砂浆防水层的配合比

名　称	配合比（质量比）		水灰比	适 用 范 围
	水泥	砂		
素水泥浆	1	—	0.55～0.60	水泥砂浆防水层的第一层
素水泥浆	1	—	0.37～0.40	水泥砂浆防水层的第三层、第五层
水泥砂浆	1	1.5～2.0	0.40～0.50	水泥砂浆防水层的第二层、第四层

注：掺外加剂、掺合料、聚合物等水泥砂浆的配合比应符合所掺材料的规定，其中聚合物砂浆的用水量应包括乳液中的含水量。

5 检查数量：水泥砂浆防水层的施工质量检验数量，应按施工面积每100m^2抽查1处，每处10m^2，且不得少于3处。

4.2.2 主控项目

1 水泥砂浆防水层的原材料及配合比必须符合设计要求。

检验方法：检查出厂合格证、质量检验报告、计量措施和现场抽样试验报告。

2 水泥砂浆防水层各层之间必须结合牢固，无空鼓现象。

检验方法：观察和用小锤轻击检查。

4.2.3 一般项目

1 水泥砂浆防水层表面应密实、平整，不得有裂纹、起砂、麻面等缺陷；阴阳角处应做成圆弧形。

检验方法：观察检查。

2 水泥砂浆防水层施工缝留槎位置应正确，接槎应按层次顺序操作，层层搭接紧密。

检验方法：观察检查和检查隐蔽工程验收记录。

3 水泥砂浆防水层的平均厚度应符合设计要求，最小厚度不得小于设计值的85%。

检验方法：观察和尺量检查。

4.2.4 质量记录

1 材料（水泥、砂、外加剂、掺合料等）的出厂合格证、试验报告。

2 隐蔽工程验收记录。

3 设计变更及技术核定。

4 分项工程质量检验评定。
5 其他技术文件。

4.3 卷材防水层

4.3.1 一般规定

1 本节适用于受侵蚀性介质或受振动作用的地下工程主体迎水面铺贴的卷材防水层。

2 卷材防水层应采用高聚物改性沥青防水卷材和合成高分子防水卷材。所选用的基层处理剂、胶粘剂、密封材料等配套材料，均应与铺贴的卷材材性相容。

3 铺贴防水卷材前，应将找平层清扫干净，在基面上涂刷基层处理剂；当基面较潮湿时，应涂刷湿固化型胶粘剂或潮湿界面隔离剂。

4 卷材防水层的厚度应按防水等级选用材料，其厚度应符合表4.3.1的规定。

5 两幅卷材短边和长边的搭接宽度均不应小于100mm。采用多层卷材时，上下两层和相邻两幅卷材的接缝应错开1/3～1/2幅宽，且两层卷材不得相互垂直铺贴。

6 冷粘法铺贴卷材应符合下列规定：

胶粘剂涂刷应均匀，不露底，不堆积；

铺贴卷材时应控制胶粘剂涂刷与卷材铺贴的间隔时间，排除卷材下面的空气，并辊压粘结牢固，不得有空鼓；

铺贴卷材应平整、顺直，搭接尺寸正确，不得有扭曲、皱折；

接缝口应用密封材料封严，其宽度不应小于10mm。

表 4.3.1 防水卷材厚度（mm）

防水等级	设防道数	合成高分子防水卷材	高聚物改性沥青防水卷材
1级	三道或三道以上设防	单层：不应小于1.5mm；双层：每层不应小于1.2mm	单层：不应小于4mm；双层：每层不应小于3mm
2级	二道设防		
3级	一道设防	不应小于1.5mm	不应小于4mm
	复合设防	不应小于1.2mm	不应小于3mm

7 热熔法铺贴卷材应符合下列规定：

火焰加热器加热卷材应均匀，不得过分加热或烧穿卷材；厚度小于3mm的高聚物改性沥青防水卷材，严禁采用热熔法施工。

卷材表面热熔后应立即滚铺卷材，排除卷材下面的空气，并辊压粘结牢固，不得有空鼓、皱折。

滚铺卷材时接缝部位必须溢出沥青热熔胶，并应随即刮封接口使接缝粘结严密。

铺贴后的卷材应平整、顺直，搭接尺寸正确，不得有扭曲。

8 卷材防水层完工并经验收合格后应及时做保护层。保护层应符合下列规定：

顶板的细石混凝土保护层与防水层之间宜设置隔离层。

底板的细石混凝土保护层厚度应大于 50mm。

侧墙宜采用聚苯乙烯泡沫塑料保护层，或砌砖保护墙（边砌边填实）和铺抹 30mm 厚水泥砂浆。

9 阴阳角处应做成圆弧和 45°（135°）折角，其尺寸视卷材品质确定，在转角、阴阳角等特殊部位，应增贴 1～2 层相同的卷材，宽度不宜小于 500mm。

10 检验数量：

卷材防水层的施工质量检验数量应按铺贴面积每 100m² 抽查一处，每处 10m² 且不得少于 3 处。

4.3.2 主控项目

1 卷材防水层所用卷材及其配套材料，必须符合设计要求。

检验方法：检查出厂合格证，质量检验报告，现场抽样复验报告。

2 卷材防水层在收头处、转角处、变形缝、穿墙管道等细部构造必须符合设计构造要求。

检验方法：观察检查和检查隐蔽工程验收记录。

4.3.3 一般项目

1 卷材防水层的基层应坚实，表面应洁净、平整，不得有空鼓、松动、起砂和脱皮现象。基层阴阳角应做成圆弧形。

检验方法：观察检查和检查隐蔽工程验收记录。

2 卷材防水层的搭接缝应粘（焊）结牢固，密封严密，不得有皱折、翘边和鼓泡等缺陷；防水层的收头应与基层粘结并固定牢固，缝口封严，不得翘边。

检验方法：观察检查。

3 侧墙卷材防水层的保护层与防水层应粘结牢固。结合紧密，厚度均匀一致。

检验方法：观察检查。

4 卷材搭接宽度的允许偏差为 —10mm。

检验方法：观察和尺量检查。

4.3.4 质量记录

1 防水卷材及配套材料的合格证，产品的质量检验报告和现场抽样试验报告。

2 专业防水施工资质证明及防水工上岗证明。

3 隐蔽工程验收记录。

4 本分项工程检验批的质量验收记录。

5 其他技术文件。

4.4 涂料防水层

4.4.1 一般规定

1 本节适用于受侵蚀性介质和受振动作用的地下工程主体迎水面或背水面涂刷的涂料防水层。

2 涂料防水层应采用反应型、水乳型、聚合物水泥防水涂料或水泥基、水泥基渗透型防水涂料。防水涂料厚度选用应符合表 4.4.1 的规定。

表 4.4.1 防水涂料厚度（mm）

防水等级	设防道数	有机涂料			无机涂料	
		反应型	水乳型	聚合物水泥	水泥基	水泥基渗透结晶型
1级	三道或三道以上设防	1.2～2.0	1.2～1.5	1.5～2.0	1.5～2.0	≥0.8
2级	二道设防	1.2～2.0	1.2～1.5	1.5～2.0	1.5～2.0	≥0.8
3级	一道设防	—	—	≥2.0	≥2.0	—
	复合设防	—	—	≥1.5	≥1.5	—

3 涂料防水层的施工应符合下列规定：

涂料涂刷前应先在基层上涂一层与涂料相容的基层处理剂。待其表面干燥后，随即涂刷防水涂料。涂料与基层必须粘贴牢固。

涂膜应多遍完成，涂刷应待前遍涂层干燥成膜后进行。每次涂刷不可过厚。

每遍涂刷时应交替改变涂层的涂刷方向，同层涂膜的先后接槎宽度宜为 30～50mm。涂料涂刷要全面、严密。

涂料防水层的施工缝（甩槎）应注意保护，搭接缝宽度应大于 100mm，接涂前应将其甩槎表面处理干净。

涂刷程序应先做转角处、穿墙管道、变形缝等部位的涂料加强层，后进行大面积涂刷。

有纤维增强层时，在涂层表面干燥之前，应完成纤维布铺贴，涂膜干燥后，再进行纤维布以上涂层涂刷。涂料防水层中铺贴的胎体增强材料，同层相邻的搭接宽度应大于 100mm，上下层接缝应错开 1/3 幅宽。

4 防水涂料的保护层应符合本标准第 4.3.1 条中第 8 款的规定。

5 检查数量：涂料防水层的施工质量检验数量，应按涂层面积每 100m² 抽查 1 处，每处 10m²，且不得少于 3 处。

4.4.2 主控项目

1 涂料防水层所用材料及配合比必须符合设计要求。

检验方法：检查出厂合格证、质量检验报告、计量措施和现场抽样试验报告。

2 涂料防水层及其转角处、变形缝、穿墙管道等细部做法均须符合设计要求。

检验方法：观察检查和检查隐蔽工程的记录。

4.4.3 一般项目

1 涂料防水层的基层应牢固，基层表面应洁净、平整，不得有空鼓、松动、起砂和脱皮现象，基层的阴阳角应做成圆弧形。

检验方法：观察检查和检查隐蔽工程验收记录。

2 涂料防水层的平均厚度应符合设计要求，最小厚度不得小于设计厚度的 80%。

检验方法：针测法或割取 20mm×20mm 实样用卡尺测量。

3 涂料防水层与基层应粘贴牢固，表面平整，涂刷均匀，不得有流淌、皱折、鼓泡、露胎体和翘边等缺陷。

检验方法：观察检查。

4 侧墙涂料防水层的保护层与防水层粘结牢固，结合紧密，厚度均匀一致。

检验方法：观察检查。

4.4.4 质量验收记录

1 防水涂料及密封、胎体材料合格证，产品的质量检验报告和现场抽样试验报告。
2 专业防水施工资质证明及防水工上岗证明。
3 隐蔽工程验收记录。
4 本分项工程检验批的质量验收记录。
5 其他技术文件。

4.5 塑料板防水层

4.5.1 一般规定

1 本节适用于铺设在初期支护与二次衬砌间的塑料防水板防水层（简称"塑料板"防水层）。

2 塑料板防水层的铺设应符合下列规定：

塑料板的缓冲衬垫应用暗钉圈固定在基层上，塑料板边铺边将其与暗钉圈焊接牢固。两幅塑料板的搭接宽度应为100mm，下部塑料板应压住上部塑料板。

搭接缝宜采用双条焊缝焊接，单条焊缝的有效焊接宽度不应小于10mm。

复合式衬砌的塑料板铺设与内衬混凝土的施工距离不应小于5m。

3 检查数量：塑料板防水层的施工质量检验数量，应按铺设面积每100㎡抽查1处，每处10㎡，但不少于3处。焊缝的检验应按焊缝数量抽查5%，每条焊缝为1处，但不少于3处。

4.5.2 主控项目

1 防水层所用塑料板及配套材料必须符合设计要求。

检验方法：检查出厂合格证、质量检验报告和现场抽样试验报告。

2 塑料板的搭接必须采用热风焊接，不得有渗漏。

检验方法：双焊缝间空腔内充气检查。

4.5.3 一般项目

1 塑料板防水层的基面应坚实、平整、圆顺，无漏水现象；阴阳角处应做成圆弧形。

检验方法：观察和尺量检查。

2 塑料板的铺设应平顺并与基层固定牢固，不得有下垂、绷紧和破损现象。

检验方法：观察检查。

3 塑料板搭接宽度的允许偏差为-10mm。

检验方法：尺量检查。

4.5.4 质量记录

1 塑料板及配套材料的合格证，产品的质量检验报告和现场抽样试验报告。

2 本分项工程检验批的质量验收记录。

3 其他技术文件。

4.6 金属板防水层

4.6.1 一般规定

1 本节适用于抗渗性能要求较高的地下工程中以金属板材焊接而成的防水层。

2 金属板防水层所采用的金属材料和保护材料应符合设计要求。金属材料及焊条（剂）的规格、外观质量和主要物理性能应符合国家现行标准的规定。

3 金属板的拼接及金属板与建筑结构的锚固件连接应采用焊接。金属板的拼接焊缝应进行外观检查和无损检验。

4 当金属板表面有锈蚀、麻点或划痕等缺陷时，其深度不得大于该板材厚度的负偏差值。

5 检查数量：金属板防水层的施工质量检验数量，应按铺设面积每 10m² 抽查 1 处，每处 1m²，且不得少于 3 处。焊缝检验应按不同长度的焊缝各抽查 5％，但均不得少于 1 条。长度小于 500mm 的焊缝，每条检查 1 处；长度 500～2000mm 的焊缝，每条检查 2 处；长度大于 2000mm 的焊缝，每条检查 3 处。

4.6.2 主控项目

1 金属防水层所采用的金属板材和焊条（剂）必须符合设计要求。

检验方法：检查出厂合格证或质量检验报告和现场抽样试验报告。

2 焊工必须经考试合格并取得相应的执业资格证书。

检验方法：检查焊工执业资格证书和考核日期。

4.6.3 一般项目

1 金属板表面不得有明显凹面和损伤。

检验方法：观察检查。

2 焊缝不得有裂纹、未熔合、夹渣、焊瘤、咬边、烧穿、弧坑、针状气孔等缺陷。

检验方法：观察检查和无损检验。

3 焊缝的焊波应均匀、焊渣和飞溅物应清除干净；保护涂层不得有漏涂、脱皮和反锈现象。

检验方法：观察检查。

4.6.4 质量记录

1 金属板防水层施工完后的渗漏检验记录。

2 金属板防雷节点的安装测试记录。

3 金属板防水层验收记录。

5 特殊施工法防水工程

5.1 锚喷支护

5.1.1 一般规定

1 喷锚支护适用于矿山井巷、交通隧道、水工隧洞、地下人防等地下工程，也适用于岩质边坡、土质边坡支护结构。膨胀性以及具有严重腐蚀性的边坡不应采用喷锚支护。永久性喷锚支护锚杆的锚固段不应设置在有机质土、淤泥质土、液性大于 50％ 的土层、相对密实度小于 0.3 的土层。

2 喷射混凝土所用原材料应符合下列规定：

水泥优先选用普通硅酸盐水泥，其强度等级不应低于 32.5 级；

细骨料：采用中砂或粗砂，细度模数应大于 2.5，使用时的含水率宜为 5%～7%；

粗骨料：卵石或碎石粒径不应大于 15mm；使用碱性速凝剂时，不得使用活性二氧化硅石料；

水：采用不含有害物质的洁净水；

速凝剂：初凝时间不应超过 5min，终凝时间不应超过 10min。

3 混合料应搅拌均匀并符合下列规定：

配合比：水泥与砂石质量比宜为 1：4～4.5，砂率宜为 45%～55%，水灰比不得大于 0.45，速凝剂掺量应通过试验确定；

原材料称量允许偏差：水泥和速凝剂±2%，砂石±3%；

运输和存放中严防受潮，混合料应随拌随用，存放时间不应超过 20min。

4 在有水的岩面上喷射混凝土时应采取下列措施：

潮湿岩面增加速凝剂掺量；

表面渗、滴水采用导水盲管或盲沟排水；

集中漏水采用注浆堵水。

5 喷射混凝土终凝 2h 后应养护，养护时间不得少于 14h；当气温低于 5℃时不得喷水养护。

6 喷射混凝土试件制作组数应符合下列规定：

抗压强度试件：区间或小于区间断面的结构，每 20 延米拱和墙各取一组；车站各取两组。

抗渗试件：区间结构每 40 延米取一组；车站每 20 延米取一组。

7 锚杆应进行抗拔试验。同一批锚杆每 100 根取一组试件，每组 3 根，不足 100 根也取 3 根。

同一批试件抗拔力平均值不得小于设计锚固力，且同一批试件抗拔力最低值不应小于设计锚固力的 90%。

8 检验数量：

锚喷支护的施工质量检验数量，应按区间或小于区间断面的结构，每 20 延米检查 1 处，车站每 10 延米检查 1 处，每处 10m²，且不得少于 3 处。

5.1.2 主控项目

1 喷射混凝土所用原材料及钢筋网、锚杆必须符合设计要求。

检验方法：检查出厂合格证、质量检验报告和现场抽样试验报告。

2 **喷射混凝土抗压强度、抗渗压力及锚杆抗拔力必须符合设计要求。**

检验方法：检查混凝土抗压、抗渗试验报告和锚杆抗拔力试验报告。

5.1.3 一般项目

1 喷层与围岩及喷层之间应粘结紧密，不得有空鼓现象。

检验方法：用锤击法检查。

2 喷层厚度有 60%不小于设计厚度，平均厚度不得小于设计厚度，最小厚度不得小于设计厚度的50%。

　　检验方法：用针探或钻孔检查。

　　3　喷射混凝土应密实、平整，无裂缝、脱落、漏喷、露筋、空鼓和渗漏水。

　　检验方法：观察检查。

　　4　喷射混凝土表面平整度的允许偏差为30mm，且矢弦比不得大于1/6。

　　检验方法：尺量检查。

5.1.4　质量记录

　　1　原材料出厂合格证、材料试验报告、代用材料试用报告。

　　2　施工作业记录。

　　3　喷射混凝土强度、厚度、外观尺寸等检查和试验报告。

　　4　设计变更报告。

　　5　工程重大问题处理文件。

　　6　竣工图。

5.2　地下连续墙

5.2.1　一般规定

　　1　本节适用于黏性土、砂土、冲填土以及粒径50mm以下的砂砾层等软土层中施工。用于建（构）筑物的地下室、地下商场、停车场、地下油库、高层建筑的深坑、竖井、防渗墙、地下铁道或临时围堰支护工程，特别适用于做挡土、防渗结构。不能用于较高承压水头的夹细粉砂地层。

　　2　地下连续墙应采用掺外加剂的防水混凝土，水泥用量：采用卵石时不得少于370kg/m³，采用碎石时不得少于400kg/m³，坍落度宜为180～220mm。

　　3　地下连续墙墙体施工时，混凝土应按每一个单元槽段留置一组抗压强度试件，每五个单元槽段留置一组抗渗试件。

　　4　地下连续墙墙体内侧采用水泥砂浆防水层、卷材防水层、涂料防水层或塑料板防水层时，应分别按本标准第4.2～4.5节有关规定执行。

　　5　单元槽段接头不宜设在拐角处；采用复合式衬砌时，内外墙接头宜相互错开。

　　6　地下连续墙与工程顶板、底板、中楼板的连接处均应凿毛、清理干净，并宜设置1～2道遇水膨胀止水条，其接驳器处宜喷涂水泥基渗透结晶型防水涂料或涂抹聚合物水泥防水砂浆。

　　7　检验数量：地下连续墙的施工质量检验数量，应按连续墙每10个槽段抽查1处，每处为1个槽段，且不得少于3处。

5.2.2　主控项目

　　1　防水混凝土所用材料、配合比以及其他防水材料必须符合设计要求。

　　检验方法：检查出厂合格证、质量检验报告、计量措施和现场抽样试验报告。

　　2　地下连续墙混凝土抗压强度和抗渗压力必须符合设计要求。

　　检验方法：检查混凝土抗压、抗渗试验报告。

　　3　挖槽的平面位置、深度、宽度和垂直度，应符合设计要求。

检验方法：尺量检查。

4 泥浆配制质量、稳定性、槽底清理和泥浆置换应符合施工规范的规定。

检验方法：仪器检查。

5.2.3 一般项目

1 地下连续墙的槽段接缝以及墙体与内衬结构接缝应符合设计要求。

检验方法：观察检查和检查隐蔽工程验收记录。

2 基坑开挖后地下连续墙裸露墙面的漏筋部分应小于1‰墙面面积，且不得有露石和夹泥现象。

检验方法：观察检查。

3 地下连续墙墙体表面平整度的允许偏差：临时支护墙体为50mm，单一或复合墙体为30mm。

检验方法：尺量检查。

4 地下连续墙的钢筋骨架和预埋件的安装基本无变形，预埋件无松动和遗漏，标高、位置应符合设计要求。

检验方法：尺量检查。

5.2.4 质量记录

1 原材料出厂合格证、质量检验报告、试验报告。

2 隐蔽工程验收记录。

3 试配及施工配合比，混凝土抗压、抗渗试验报告。

4 设计变更报告。

5 工程重大问题处理文件。

6 竣工图。

5.3 复合式衬砌

5.3.1 一般规定

1 本节适用于混凝土初期支护与二次衬砌中间设置防水层和缓冲排水层的复合式衬砌隧道工程的防水施工。

2 初期支护的线流漏水或大面积渗水，应在防水层和缓冲排水层铺设之前进行封堵或引排。

3 防水层和缓冲排水层铺设与内衬混凝土的施工距离均不应小于5m。

4 二次衬砌采用防水混凝土浇筑时，应符合下列规定：

混凝土泵送时，入泵坍落度：墙体宜为100～150mm，拱部宜为160～210mm；

振捣不得直接触及防水层；

混凝土浇筑至墙拱交界处，应间隔1～1.5h后方可继续浇筑；

混凝土强度达到2.5MPa后方可拆模。

5 检查数量：复合式衬砌的施工质量检验数量，应按区间或小于区间断面的结构，每20延米检查1处，车站每10延米检查1处，每处10m²，且不得少于3处。

5.3.2 主控项目

1 塑料防水板、土工复合材料和内衬混凝土原材料必须符合设计要求。

检验方法：检查出厂合格证、质量检验报告和现场抽样试验报告。

2 防水混凝土的抗压强度和抗渗压力必须符合设计要求。

检验方法：检查混凝土抗压、抗渗试验报告。

3 施工缝、变形缝、穿墙管道、埋设件等细部构造做法均须符合设计要求，严禁有渗漏。

检验方法：观察检查和检查隐蔽工程验收记录。

5.3.3 一般项目

1 二次衬砌混凝土渗漏水量应控制在设计防水等级要求范围内。

检验方法：观察检查和渗漏水量测。

2 二次衬砌混凝土表面应坚实、平整，不得有露筋、蜂窝等缺陷。

检验方法：观察检查。

5.3.4 质量记录

1 原材料出厂合格证、质量检验报告。

2 隐蔽工程验收记录。

3 试配及施工配合比，混凝土抗压、抗渗试验报告。

4 其他技术文件。

5.4 沉 井

5.4.1 一般规定

本节适用于工业与民用建筑的地下工程，可用于各类钢筋混凝土筒身的防水施工，如工业与民用建筑的深坑、地下室、水泵房、设备深基础、桥墩、码头等沉井工程。

5.4.2 主控项目

1 防水混凝土的原材料、配合比及坍落度必须符合设计要求。

检验方法：检查出厂合格证、质量检验报告、计量措施和现场抽样试验报告。

2 防水混凝土的抗压强度和抗渗压力必须符合设计要求。

检验方法：检查混凝土抗压、抗渗试验报告。

3 防水混凝土的变形缝、施工缝、后浇带、穿墙管道、埋设件等设置和构造，均须符合设计要求，严禁有渗漏。

检验方法：观察检查和检查隐蔽工程验收记录。

5.4.3 一般项目

1 防水混凝土结构表面的裂缝宽度不应大于0.2mm，并不得贯通。

检验方法：用刻度放大镜检查。

2 防水混凝土结构表面应坚实、平整，不得有露筋、蜂窝等缺陷；埋设件位置应正确。

检验方法：观察和尺量检查。

3 防水混凝土结构厚度不应小于250mm，其允许偏差为+15mm，−10mm；迎水面钢筋保护层厚度不应小于50mm，其允许偏差为±10mm。

检验方法：尺量检查和检查隐蔽工程验收记录。

5.4.4 质量记录

1 原材料的出厂合格证及质量检验报告。
2 隐蔽工程验收记录。
3 混凝土施工记录。
4 沉降观测记录。
5 土密实度检测记录。
6 设计变更。

5.5 高压喷射帷幕

5.5.1 一般规定

本节适用于淤泥、淤泥质土、黏性土、粉土、砂土、湿陷性黄土、人工填土、碎石土等的地基加固，可用于既有建筑和新建筑的地基处理、深基坑侧壁挡土或挡水、基坑底部加固防止管涌和隆起、坝的加固与防渗帷幕等工程。但对含有较多大粒块石、坚硬黏性土、大量植物根基或含过多有机质的土以及地下水流过大、喷射浆液无法在注浆管周围凝聚的情况下，不宜采用。

5.5.2 主控项目

1 使用材料的各种指标，包括水泥和各种外加剂，必须符合设计要求。
检验方法：材料出厂证明、合格证、试验报告及施工日志。

5.5.3 一般项目

1 桩径、深度及水泥土质量，必须符合设计要求。
检验方法：一般成桩后开挖桩体，测量桩身直径、桩体连续均匀程度，要求粘结牢固、无孔洞、不松散、无裂隙、桩质坚硬、灰体强度高。在开挖出来的桩体中切取100mm×100mm×100mm立方体，在正常养护下进行强度、压缩试验。

2 经养护后进行载荷试验，试验桩体强度，应符合设计要求。
检验方法：采用十字型钢排架、钢筋混凝土地锚，用千斤顶加载或用重物加载法。

5.5.4 质量记录

1 水泥出厂证明及复验报告。
2 外掺料的出厂合格证。
3 载荷试验记录。
4 补喷孔位平面示意图。
5 高压喷射注浆法的施工记录。
6 水泥浆试配申请单和试验室签发的配合比通知单。
7 桩体强度试验报告。

5.6 手掘式顶管

5.6.1 一般规定

本节适用于土质较好的黏性土或砂性土层中，且管径在80cm以上。如地下水位较高，则需要采用井点降水等辅助施工措施。不适用于曲率半径小和软土地层的施工。

5.6.2 主控项目

1 导轨安装：

安装后的导轨应顺直、牢固、平行、等高，其纵坡应与管道设计坡度一致；

允许偏差为：轴线位置：3mm；

顶面高程：0～+3mm；

两轨内距：+2mm。

2 顶管轴线及高程质量允许偏差见表5.6.2。

表5.6.2 顶管施工允许偏差

序号	项 目		允许偏差（mm）	检查频率		检验方法
				范围	点数	
1	中线位移		50			测量并查阅测量记录
2	管内底高程	$D \leq 1500$	+30；-40	每节管	1	用水准仪测量
		$D > 1500$	+40；-50	每节管		

5.6.3 一般项目

1 后背墙

后背墙必须牢固，表面应平整、光滑、管道的中心线应与后背墙垂直。

2 管接口

管接口必须密实、平顺、不脱落；相邻管间错口不大于20mm。

3 检查井

井壁必须互相垂直，不得有通缝；必须保证灰浆饱满，抹面压光，不得有空鼓、裂缝等现象；井内流槽应平顺，踏步应安装牢固，位置准确；井框、井盖必须完整无损，安装平稳，位置正确；井的长、宽及直径的允许偏差均为20mm。

5.6.4 质量记录

1 交接复核记录；

2 管材抗压检查报告；

3 顶管轴线和高程控制记录。

5.7 盾 构 法 隧 道

5.7.1 一般规定

1 本节适用于在软土和软岩中采用盾构掘进和拼装钢筋混凝土管片方法修建的区间隧道结构。

2 不同防水等级盾构隧道衬砌防水措施应按表5.7.1-1选用。

3 钢筋混凝土管片制作应符合下列规定：

混凝土抗压强度和抗渗压力应符合设计要求；

表面应平整，无缺棱、掉角、麻面和露筋；

单块管片制作尺寸允许偏差应符合表5.7.1-2的规定。

表 5.7.1-1　盾构隧道衬砌防水措施

防水措施		高精度管片	接缝防水				混凝土或其他内衬	外防水涂层
			弹性密封垫	嵌缝	注入密封剂	螺孔密封圈		
防水等级	1级	必选	必选	应选	宜选	必选	宜选	宜选
	2级	必选	必选	宜选	宜选	应选	局部宜选	部分区段宜选
	3级	应选	应选	宜选	—	宜选	—	部分区段宜选
	4级	宜选	宜选	宜选	—	—	—	—

表 5.7.1-2　单块管片制作尺寸允许偏差

项　目	允许偏差（mm）
宽度	±1.0
弧长、弦长	±1.0
厚度	±3，−1

4 钢筋混凝土管片同一配合比每生产5环应制作抗压强度试件一组，每10环制作抗渗试件一组；管片每生产两环应抽查一块做检漏测试，检验方法按设计抗渗压力保持时间不小于2h，渗水深度不超过管片厚度的1/5为合格。若检验管片中有25％不合格时，应将当天生产管片逐块检漏。

5 钢筋混凝土管片拼装应符合下列规定：

管片验收合格后方可运至工地，拼装前应编号并进行防水处理；

管片拼装顺序应先就位底部管片，然后自下而上左右交叉安装，每环相邻管片应均布摆匀并控制环面平整度和封口尺寸，最后插入封顶管片成环；

管片拼装后螺栓应拧紧，环向及纵向螺栓应全部穿进。

6 钢筋混凝土管片接缝防水应符合下列规定：

在管片内侧环纵向边沿设置嵌缝槽，其宽深比大于2.5，槽深宜为25～55mm，单面槽宽宜为3～10mm；

管片至少应设置一道密封垫沟槽，粘贴密封垫前应将槽内清理干净；

密封垫应粘贴牢固，平整、严密，位置正确，不得有起鼓、超长和缺口现象；

管片拼装前应逐块对粘贴的密封垫进行检查，拼装时不得损坏密封垫。有嵌缝防水要求的，应在隧道基本稳定后进行；

管片拼装接缝连接螺栓孔之间应按设计加设螺孔密封圈。必要时，螺栓孔与螺栓间应采取封堵措施。

7 检查数量：盾构法隧道的施工质量检验数量，应按每连续20环抽查1处，每处为一环，且不得少于3处。

5.7.2 主控项目

1 盾构法隧道采用防水材料的品种、规格、性能必须符合设计要求。

检验方法：检查出厂合格证、质量检验报告和现场抽样试验报告。

2 钢筋混凝土管片的抗压强度和抗渗压力必须符合设计要求。

检验方法：检查混凝土抗压、抗渗试验报告和单块管片检漏测试报告。

5.7.3 一般项目

1 隧道的渗漏水量应控制在设计的防水等级要求范围内。衬砌接缝不得有线流和漏泥砂现象。

检验方法：观察检查和渗漏水量测。

2 管片拼装接缝防水应符合设计要求。

检验方法：检查隐蔽工程验收记录。

3 环向及纵向螺栓应全部穿进并拧紧，衬砌内表面的外露铁件防腐处理应符合设计要求。

检验方法：观察检查。

5.7.4 质量记录

1 地表沉降及隆起量记录。
2 隧道轴线平面高程偏差允许值记录。
3 隧道管片内径水平与垂直度直径差记录。
4 管片相邻环高差记录。
5 质量保证体系及管理制度。
6 原材料、半成品出厂报告和复试报告（包括钢筋、水泥、外加剂）。
7 混凝土配合比报告单。
8 钢筋混凝土管片单片抗渗试验报告。
9 施工每推进100m做一次质量认定表。

6 排 水 工 程

6.1 渗排水、盲沟排水

6.1.1 一般规定

1 渗排水、盲沟排水适用于无自流排水条件、防水要求较高且有抗浮要求的地下工程。盲沟排水适用于地基为弱透水性土层，地下水量不大，排水面积较小，常年地下水位在地下建筑底板以下或在丰水期地下水位高于地下建筑底板的地下防水工程。

2 渗排水应符合下列规定：

渗排水层用砂、石应洁净，不得有杂质；

粗砂过滤层总厚度宜为300mm，如较厚时应分层铺填。过滤层与基坑土层接触处应用厚度为100～150mm、粒径为5～10mm的石子铺填；

集水管应设置在粗砂过滤层下部，坡度不宜小于1％，且不得有倒坡现象。集水管之间的距离宜为5～10m，并与集水井相通；

工程底板与渗排水层之间应做隔浆层，建筑周围的渗排水层顶面应做散水坡；

钻孔爆破施工时应注意控制边线尺寸及高程。

3 盲沟排水应符合下列规定：

盲沟成型尺寸和坡度应符合设计要求；

盲沟用砂、石应洁净，不得有杂质；

反滤层的砂、石粒径组成和层次应符合设计要求；

盲沟在转弯处和高低处应设置检查井，出水口处应设置滤水箅子。

4 渗排水、盲沟排水应在地基工程验收合格后进行施工。

5 盲沟反滤层的材料应符合下列规定：

滤水层（贴天然土）：塑性指数 $I_p \leqslant 3$（砂性土）时，采用 0.1～2mm 粒径砂子；$I_p > 3$（黏性土）时，采用 2～5mm 粒径砂子。

渗水层：塑性指数 $I_p \leqslant 3$（砂性土）时，采用 1～7mm 粒径卵石；$I_p > 3$（黏性土）时，采用 5～10mm 粒径卵石。

砂石应洁净，不得有杂质，含泥量不得大于 2%。

6 集水管应采用无砂混凝土管、有孔（ϕ12mm）普通硬塑料管和加筋软管式透水盲管。

7 检验数量：渗排水、盲沟排水的施工质量检验数量应按 10% 抽查，其中按两轴线间或 10 延米为 1 处，且不得少于 3 处。

6.1.2 主控项目

1 反滤层的砂、石粒径和含泥量及土工布、排水管质量必须符合设计和规范要求。

检验方法：检查砂、石、土工布、排水管质量证明或试验报告。

2 集（排）水管的埋设深度及坡度必须符合设计和规范要求。

检验方法：观察和尺量检查。

6.1.3 一般项目

1 渗排水层的构造应符合设计要求。

检验方法：检查隐蔽工程验收记录。

2 渗排水层的铺设应分层、铺平、拍实。

检验方法：检查隐蔽工程验收记录。

3 盲沟的构造应符合设计要求。

检验方法：检查隐蔽工程验收记录。

6.1.4 质量记录

1 技术交底记录及安全交底记录。

2 测量放线及复测记录。

3 各类原材料出厂合格证、检验报告、复检报告。

4 验槽记录及隐蔽工程验收记录。

6.2 隧道、坑道排水

6.2.1 一般规定

1 本节适用于贴壁式、复合式、离壁式衬砌构造的隧道或坑道排水。

2 隧道或坑道内的排水泵站（房）设置，主排水泵站和辅助排水泵站、集水池的有效容积应符合设计规定。

3 主排水泵站、辅助排水泵站和污水泵房的废水及污水，应分别排入城市雨水和污水管道系统。污水的排放尚应符合国家现行有关标准的规定。

4 排水盲管应采用无砂混凝土集水管；导水盲管应采用外包土工布与螺旋钢丝构成的软式透水管。

盲沟应设反滤层，其所用材料应符合第6.1.1条中第5款的规定。

5 复合式衬砌的缓冲排水层铺设应符合下列规定：

土工织物的搭接应在水平铺设的场合采用缝合法或胶结法，搭接宽度不应小于300mm；

初期支护基面应用高压水冲洗清理，用风镐凿打清理尖锐的棱角；清理后即用暗钉圈将土工织物固定在初期支护上；

采用土工复合材料时，土工织物面应为迎水面，涂膜面应与后浇混凝土相接触。

6 检查数量：隧道、坑道排水的施工质量检验数量应按10%抽查，其中按两轴线间或10延米为1处，且不得少于3处。

6.2.2 主控项目

1 隧道、坑道排水系统必须畅通。

检验方法：观察检查。

2 反滤层的砂、石粒径及铺设厚度和含泥量必须符合设计要求。

检验方法：检查砂、石试验报告及尺量检查。

3 土工复合材料必须符合设计要求。

检验方法：检查出厂合格证和质量检验报告。

6.2.3 一般项目

1 隧道纵向集水盲管和排水明沟的坡度应符合设计要求。

检验方法：尺量检查。

2 隧道导水盲管和横向排水管的设置间距应符合设计要求。

检验方法：尺量检查。

3 中心排水盲沟的断面尺寸、集水管埋设及检查井位置应符合设计要求。

检验方法：观察检查和尺量检查。

4 复合式衬砌的缓冲排水层应铺设平整、均匀、连续，不得有扭曲、折皱和重叠现象。

检验方法：观察检查和检查隐蔽工程验收记录。

6.2.4 质量记录

1 图纸会审纪要、变更设计报告单及图纸、设计变更通知单和材料代用核定单。

2 隧道、坑道排水施工组织设计（施工方法、技术措施、质量保证措施）。

3 技术交底记录。

4 材料出厂合格证、产品质量检验报告、试验报告。

5 中间检查记录：分项工程开工申请单、分项工程质量验收记录、隐蔽工程验收记录。

6 排水施工记录、工程抽样质量检验及观察检查记录。

7 混凝土、砂浆试配及施工配合比、强度试验报告。
8 复合衬砌监控量测记录、图表及分析报告。
9 地质条件复杂地段的地质描述资料，排、渗水观察记录。

7 注 浆 工 程

7.1 预注浆、后注浆工程

7.1.1 一般规定

1 本节适用于工程开挖前预计涌水量较大的地段或软弱地层采用的预注浆，以及工程开挖后处理围岩渗漏、回填衬砌壁后空隙采用的后注浆。

2 注浆材料应符合下列要求：

具有较好的可注性；

具有固结收缩小，良好的粘结性、抗渗性、耐久性和化学稳定性；

无毒并对环境污染小；

注浆工艺简单，施工操作方便，安全可靠。

3 在砂卵石层中宜采用渗透注浆法；在砂层中宜采用劈裂注浆法；在黏土层中宜采用劈裂或电动硅化注浆法；在淤泥质软土中宜采用高压喷射注浆法。

4 注浆浆液应符合下列规定：

预注浆和高压喷射注浆宜采用水泥浆液、黏土水泥浆液或化学浆液；

壁后回填注浆宜采用水泥浆液、水泥砂浆或掺有石灰、黏土、粉煤灰等水泥浆液；

注浆浆液配合比应经现场试验确定。

5 注浆过程控制应符合下列规定：

根据工程地质、注浆目的等控制注浆压力；

回填注浆应在衬砌混凝土达到设计强度的70%后进行，衬砌后围岩注浆应在充填注浆固结体达到设计强度的70%后进行；

浆液不得溢出地面和超出有效注浆范围，地面注浆结束后注浆孔应封填密实；

注浆范围和建筑物的水平距离很近时，应加强对临近建筑物和地下埋设物的现场监控；

注浆点距离饮用水源或公共水域较近时，注浆施工如有污染应及时采取相应措施。

6 检验数量：注浆的施工质量检验数量，应按注浆加固或堵漏面积每100m^2抽查1处，每处10m^2，且不得少于3处。

7.1.2 主控项目

1 配置浆液的原材料及配合比必须符合设计要求。

检验方法：检查出厂合格证、质量检验报告、计量措施和试验报告。

2 注浆效果必须符合设计要求

检验方法：采用钻孔取芯、压水（或空气）等方法检查。

7.1.3 一般项目

1 注浆孔的数量、布置间距、钻孔深度及角度应符合设计要求。

检验方法：检查隐蔽工程验收记录。

2 注浆各阶段的控制压力和进浆量应符合设计要求。

检验方法：检查隐蔽工程验收记录。

3 注浆时浆液不得溢出地面和超出有效注浆范围。

检验方法：观察检查。

4 注浆对地面产生的沉降量不得超出30mm，地面的隆起不得超过20mm。

检验方法：用水准仪测量。

7.2 衬砌裂缝注浆

7.2.1 一般规定

1 本节适用于衬砌裂缝渗漏水采用的堵水注浆处理。裂缝注浆应待衬砌结构基本稳定和混凝土达到设计强度后进行。

2 防水混凝土结构出现宽度小于2mm的裂缝应选用化学注浆，注浆材料宜采用环氧树脂、聚氨酯、甲基丙烯酸甲酯等浆液；宽度大于2mm的混凝土裂缝要考虑注浆的补强效果，注浆材料宜采用超细水泥、改性水泥浆液或特殊化学浆液。

3 裂缝注浆所选用水泥的细度应符合表7.2.1的规定。

表 7.2.1 裂缝注浆水泥的细度

项　　目	普通硅酸盐水泥	磨细水泥	湿磨细水泥
平均粒径（D_{50}，μm）	20～25	8	6
比表面（cm^2/g）	3250	6300	8200

4 衬砌裂缝注浆应符合下列规定：

浅裂缝应骑槽粘埋注浆嘴，必要时沿缝开凿"V"形槽并用水泥砂浆封缝；

深裂缝应骑缝钻孔或斜向钻孔至裂缝深部，孔内埋设注浆管，间距应根据裂缝宽度而定，但每条裂缝至少有一个进浆孔和一个排气孔；

注浆嘴及注浆管应设于裂缝的交叉处、较宽处及贯穿处等部位。对封缝的密封效果应进行检查；

采用低压低速注浆，化学注浆压力宜为0.2～0.4MPa，水泥浆灌浆压力宜为0.4～0.8MPa；

注浆后待缝内浆液初凝而不外流时，方可拆下注浆嘴并进行封口抹平。

5 检查数量：衬砌裂缝注浆的施工质量检验数量，应按裂缝条数的10%抽查，每条裂缝为1处，且不得少于3处。

7.2.2 主控项目

1 注浆材料及其配合比必须符合设计要求。

检验方法：检查出厂合格证、质量检验报告、计量措施和试验报告。

2 注浆效果必须符合设计要求。

检验方法：渗漏水量测，必要时采用钻孔取芯、压水（或压空气）等方法检查。

7.2.3 一般项目

1 钻孔埋管的孔径和孔距应符合设计要求。

检验方法：检查隐蔽工程验收记录。

2 注浆的控制压力和进浆量应符合设计要求。

检验方法：检查隐蔽工程验收记录。

8 细 部 构 造

8.1 一 般 规 定

8.1.1 本节适用于防水混凝土结构的变形缝、施工缝、后浇带、穿墙管道等细部构造。

8.1.2 防水混凝土结构的变形缝、施工缝、后浇带等细部构造，应采用止水带、遇水膨胀橡胶腻子止水条等高分子防水材料和接缝密封材料。

8.1.3 变形缝的防水施工应符合下列规定：

止水带宽度和材质的物理性能均应符合设计要求，且无裂缝和气泡；接头应采用热接，不得叠接，接缝平整、牢固，不得有裂口和脱胶现象。

1 中埋式止水带中心线应和变形缝中心线重合，止水带不得穿孔或用铁钉固定；

2 变形缝设置中埋式止水带时，混凝土浇筑前应校正止水带位置，表面清理干净，止水带损坏处应修补；顶、底板止水带的下侧混凝土应振捣密实，边墙止水带内外侧混凝土应均匀，保持止水带位置正确、平直，无卷曲现象；

3 变形缝处增设的卷材或涂料防水层，应按设计要求施工；

4 变形缝处的混凝土结构厚度不应小于300mm；

5 变形缝处相邻结构单元之间的沉降差值不应大于30mm，宽度宜为20～30mm。

8.1.4 施工缝的防水施工应符合下列规定：

1 水平施工缝浇筑混凝土前，应将其表面浮浆和杂物清除，铺水泥砂浆或涂刷混凝土界面处理剂并及时浇筑混凝土；

2 垂直施工缝浇筑混凝土前，应将其表面清理干净，涂刷混凝土界面处理剂并及时浇筑混凝土；

3 施工缝采用遇水膨胀橡胶腻子止水条时，应将止水条牢固地安装在缝表面预留槽内；

4 施工缝采用中埋式止水带时，应确保止水带位置准确、固定牢靠。

8.1.5 后浇带的防水施工应符合下列规定：

1 后浇带应在其两侧混凝土龄期达到42d后再施工，但高层建筑的后浇带应在结构顶板浇筑混凝土14d后进行或由设计单位确定后浇带施工时间；

2 后浇带的接缝处理应符合本标准第8.1.4条的规定；

　　3 后浇带应采用补偿收缩混凝土，其强度等级不得低于两侧混凝土；

　　4 后浇带混凝土养护时间不得少于28d。

8.1.6 穿墙管道的防水施工应符合下列规定：

　　1 穿墙管止水环与主管或翼环与套管应连续满焊，并做好防腐处理；

　　2 穿墙管处防水层施工前，应将套管内表面清理干净；

　　3 套管内的管道安装完毕后，应在两管间嵌入内衬填料，端部用密封材料填缝。柔性穿墙时，穿墙内侧应用法兰压紧；

　　4 穿墙管外侧防水层应铺设严密，不留接茬；增铺附加层时，应按设计要求施工。

8.1.7 埋设件的防水施工应符合下列规定：

　　1 埋设件的端部或预留孔（槽）底部的混凝土厚度不得小于250mm；当厚度小于250mm时，必须局部加厚或采取其他防水措施；

　　2 预留地坑、孔洞、沟槽内的防水层，应与孔（槽）外的结构防水层保持连续；

　　3 固定模板用的螺栓必须穿过混凝土结构时，螺栓或套管应满焊止水环或翼环；采用工具式螺栓或螺栓加堵头做法，拆模后应采取加强防水措施将留下的凹槽封堵密实。

8.1.8 密封材料的防水施工应符合下列规定：

　　1 检查粘结基层的干燥程度以及接缝的尺寸，接缝内部的杂物应清除干净；

　　2 热灌法施工应自下向上进行并尽量减少接头，接头应采用斜槎；密封材料熬制及浇灌温度，应按有关材料要求严格控制；

　　3 冷嵌法施工应分次将密封材料嵌填在缝内，压嵌密实并与缝壁粘结牢固，防止裹入空气。接头应采用斜槎；

　　4 接缝处的密封材料底部应嵌填背衬材料，外露密封材料上应设置保护层，其宽度不得小于100mm。

8.1.9 检查数量

　　防水混凝土结构细部构造的施工质量检验应按全数检查。

8.2 变 形 缝

8.2.1 主控项目

　　1 变形缝所用止水带和填缝材料必须符合设计要求、相关规范或行业标准，并经现场检验不得存在厚度不均、砂眼等严重缺陷。

　　检验方法：检查出厂合格证、质量检验报告和进场抽样报告。

　　2 变形缝止水带的位置应符合设计要求或规范要求，其定位必须准确、牢固且应确保混凝土施工中不移位。

　　检验方法：观察检查和检查隐蔽工程验收记录。

　　3 止水带处的模板必须具有足够的强度、刚度及密封性，应确保混凝土施工后成型准确、密实光洁。

　　检验方法：观察检查和检查隐蔽工程验收记录。

8.2.2 一般项目

1 变形缝处的包装填缝材料应按设计的缝宽制作成型,且应紧密压实,并留有一定的浇筑混凝土压缩余量。

检验方法:观察检查。

2 中埋式止水带的中孔应对准变形缝的中部。

检验方法:观察检查和检查隐蔽工程验收记录。

3 水平中埋式的止水带所用的混凝土坍落度不宜小于80mm并应采取措施,以确保止水带下部混凝土的密实性。

检验方法:用坍落度筒检测。

8.2.3 质量记录

1 混凝土施工记录。

2 混凝土试块强度报告(混凝土试块抗渗强度报告)。

3 混凝土配合比报告单。

4 混凝土中水泥、砂、石、掺合料、外加剂、遇水膨胀橡胶止水条、止水带、膨胀剂和防水材料的合格证或检验报告。

5 混凝土外观质量检查记录。

6 现浇结构外观质量缺陷处理方案记录表。

7 变形缝隐蔽检查记录。

8 检验批质量验收记录。

8.3 后 浇 带

8.3.1 主控项目

1 后浇带所用止水带、遇水膨胀止水条和中埋式止水带和填缝材料必须符合设计要求。

检验方法:检查出厂合格证、质量检验报告和进场抽样报告。

2 后浇带、埋设件等细部做法须符合设计要求,严禁有渗漏;若设计无要求时,可按照中国建筑工程总公司《建筑防水工程施工工艺标准》ZJQ00-SG-07-2003进行选用,经设计确认后施工。

检验方法:观察检查和检查隐蔽工程验收记录。

3 混凝土必须内实外光,对出现的缺陷应有书面处理方案或措施,并保存处理记录。

检验方法:观察检查。

8.3.2 一般项目

1 后浇带的模板必须稳固、密封、平整,具有足够强度、刚度及稳定性,以确保混凝土的成型几何尺寸。

检验方法:观察检查和检查隐蔽工程验收记录。

2 后浇带的钢筋必须除锈干净,位置正确,绑扎质量应符合设计及规范要求。

检验方法:观察检查。

3 止水条应固定牢靠、平直、不得有扭曲现象。

检验方法:观察检查。

4 接缝处混凝土表面应密实、洁净、干燥。
检验方法：观察检查。

8.3.3 质量记录

1 混凝土施工记录。
2 混凝土试块强度报告（混凝土试块抗渗强度报告）。
3 混凝土配合比报告单。
4 混凝土中水泥、砂、石、掺合料、外加剂、遇水膨胀橡胶止水条、止水带、膨胀剂和防水材料的合格证或检验报告。
5 混凝土外观质量检查记录。
6 现浇结构外观质量缺陷处理方案记录表。
7 后浇带隐蔽检查记录。
8 检验批质量验收记录。

8.4 孔口防水工程

8.4.1 主控项目

1 孔口施工符合设计要求，无渗漏。
检验方法：观察检查和隐蔽工程验收记录。
2 孔口混凝土内实外光，对出现的缺陷应有处理方案或措施，并保存记录。
检验方法：观察检查。

8.4.2 一般项目

1 孔口模板必须牢固、严实、平整、有足够的刚度及稳定性，确保混凝土成型的几何尺寸。
检验方法：观察检查和隐蔽工程验收记录。
2 钢筋必须除锈，位置正确，绑扎符合规范和设计要求。
检验方法：观察检查和隐蔽工程验收记录。
3 井底底部在最高地下水位以上时，主体底板、墙与孔口底板与墙板的接缝处混凝土密实、洁净、干燥。
检验方法：观察检查。

8.4.3 质量记录

1 混凝土施工记录。
2 混凝土试块强度报告（混凝土试块抗渗强度报告）。
3 混凝土配合比报告单。
4 混凝土中水泥、砂、石、掺合料的合格证和检验报告。
5 混凝土外观质量检查记录。
6 混凝土外观质量缺陷处理方案记录表。
7 混凝土隐蔽工程验收记录。

8.5 穿墙管道防水工程

8.5.1 主控项目
1 细部构造所用的接缝密封材料必须符合设计要求。
检验方法：检查出厂合格证、质量检验报告。
2 穿墙套管的细部构造做法均应符合设计要求，严禁有渗漏。
检验方法：观察检查和检查隐蔽工程验收记录。

8.5.2 一般项目
1 穿墙套管止水环与主管或套管应连续满焊，并做防腐处理。
检验方法：观察检查和检查隐蔽工程验收记录。
2 接缝处混凝土表面应密实、洁净、干燥，密封材料应嵌填密实、粘结牢固，不得有开裂、鼓泡和下塌现象。
检验方法：观察检查。

8.5.3 质量记录
1 隐蔽工程验收记录。
2 试水记录。

8.6 坑、池防水工程

8.6.1 主控项目
1 坑、池施工符合设计要求，无渗漏。
检验方法：观察检查和检查隐蔽工程验收记录。
2 混凝土底板、壁板混凝土内实外光，如施工过程中有质量缺陷时有完整的处理方案或措施，并保存记录。
检验方法：观察检查。

8.6.2 一般项目
1 坑、池模板必须牢固、严实、平整、有足够的刚度和稳定性，确保混凝土成型的几何尺寸。
检验方法：观察检查和尺量。
2 钢筋必须除锈、位置正确、绑扎符合设计要求。
检验方法：观察检查。
3 混凝土面无渗漏、洁净、干燥，符合设计要求。
检验方法：观察检查。

8.6.3 质量记录
1 混凝土施工记录。
2 混凝土试块强度报告（混凝土试块抗渗强度报告）。
3 混凝土配合比报告单。
4 混凝土中水泥、砂、石、掺合料的合格证和检验报告。

5 混凝土外观质量检查记录。
6 混凝土外观质量缺陷处理方案记录表。
7 混凝土隐蔽工程验收记录。

9 子分部工程验收

9.0.1 地下防水工程施工应按工序或分项进行验收,构成分项工程的各检验批应符合本标准相应的规定。

9.0.2 地下防水工程验收文件和记录应按表9.0.2的要求进行。

表9.0.2 地下防水工程验收的文件和记录

序号	项 目	文 件 和 记 录
1	防水设计	设计图及会审记录、设计变更通知单和材料代用核定单
2	施工方案	施工方法、技术措施、质量保证措施
3	技术交底	施工操作要求及注意事项
4	材料质量证明文件	出厂合格证、产品质量检验报告、试验报告
5	中间检查记录	分项工程质量验收记录、隐蔽工程检查验收记录、施工检验记录
6	施工日志	逐日施工情况
7	混凝土、砂浆	试配及施工配合比,混凝土抗压、抗渗试验报告
8	施工单位资质证明	资质复印证件
9	工程检验记录	抽样质量检验及观察检查
10	其他技术资料	事故处理报告、技术总结

9.0.3 地下防水隐蔽工程验收记录应包括以下主要内容:
1 卷材、涂料防水层的基层;
2 防水混凝土结构和防水层被掩盖的部位;
3 变形缝、施工缝等防水构造的做法;
4 管道设备穿过防水层的封固部位;
5 渗排水层、盲沟和坑槽;
6 衬砌前围岩渗漏水处理;
7 基坑的超挖和回填。

9.0.4 地下建筑防水工程的质量要求:
1 防水混凝土的抗压强度和抗渗压力必须符合设计要求;
2 防水混凝土应密实,表面应平整,不得有露筋、蜂窝等缺陷;裂缝宽度应符合设计要求;
3 水泥砂浆防水层应密实、平整、粘结牢固,不得有空鼓、裂纹、起砂、麻面等缺陷;防水层厚度应符合设计要求;
4 卷材接缝应粘结牢固、封闭严密,防水层不得有损伤、空鼓、皱折等缺陷;
5 涂层应粘结牢固,不得有脱皮、流淌、鼓泡、露胎、皱折等缺陷;涂层厚度应符合设计要求；

  6 塑料板防水层应铺设牢固、平整，搭接焊缝严密，不得有焊穿、下垂、绷紧现象；

  7 金属板防水层焊缝不得有裂纹、未熔合、夹渣、焊瘤、咬边、烧穿、弧坑、针状气孔等缺陷；保护涂层应符合设计要求；

  8 变形缝、施工缝、后浇带、穿墙管道等防水构造应符合设计要求。

9.0.5 特殊施工法防水工程的质量要求：

  1 内衬混凝土表面应平整，不得有孔洞、露筋、蜂窝等缺陷；

  2 盾构法隧道衬砌自防水、衬砌外防水涂层、衬砌接缝防水和内衬结构防水应符合设计要求；

  3 锚喷支护、地下连续墙、复合式衬砌等防水构造应符合设计要求。

9.0.6 排水工程的质量要求：

  1 排水系统不淤积、不堵塞，确保排水畅通；

  2 反滤层的砂、石粒径、含泥量和层次排列应符合设计要求；

  3 排水沟断面和坡度应符合设计要求。

9.0.7 注浆工程的质量要求：

  1 注浆孔的间距、深度及数量应符合设计要求；

  2 注浆效果应符合设计要求；

  3 地表沉降控制应符合设计要求。

9.0.8 检查地下防水工程渗漏水量，应符合本标准第3.1.1条地下工程防水等级标准的规定。

9.0.9 地下防水工程验收后，应填写子分部工程质量验收记录，随同工程验收的文件和记录交建设单位和施工单位存档。

附录A 地下工程防水材料的质量指标

A.0.1 防水卷材和胶粘剂的质量应符合以下规定：

  1 高聚物改性沥青防水卷材的主要物理性能应符合表A.0.1-1的要求。

表A.0.1-1 高聚物改性沥青防水卷材主要物理性能

项　　目		性　能　要　求		
		聚酯毡胎体卷材	玻纤毡胎体卷材	聚乙烯膜胎体卷材
拉伸性能	拉力（N/50mm）	≥800（纵横向）	≥500（纵向） ≥300（横向）	≥140（纵向） ≥120（横向）
	最大拉力时延伸率（%）	≥40（纵横向）	—	≥250（纵横向）
低温柔度（℃）		≤−15		
		3mm厚，$r=15$mm；4mm厚，$r=25$mm；3s，弯180°，无裂纹		
不透水性		压力0.3MPa，保持时间30min，不透水		

2 合成高分子防水卷材的主要物理性能应符合表 A.0.1-2 的要求。

表 A.0.1-2 合成高分子防水卷材主要物理性能

项 目	性 能 要 求				
	硫化橡胶类		非硫化橡胶类	合成树脂类	纤维胎增强类
	JL_1	JL_2	JF_3	JS_1	
拉伸强度（MPa）	≥8	≥7	≥5	≥8	≥8
断裂伸长率（%）	≥450	≥400	≥200	≥200	≥10
低温弯折性（℃）	−45	−40	−20	−20	−20
不透水性	压力 0.3MPa，保持时间 30min，不透水				

3 胶粘剂的质量应符合表 A.0.1-3 的要求。

表 A.0.1-3 胶粘剂质量要求

项 目	高聚物改性沥青卷材	合成高分子卷材
粘结剥离强度（N/10mm）	≥8	≥15
浸水 168h 持粘结剥离强度保持率（%）	—	≥70

A.0.2 防水涂料和胎体增强材料的质量应符合以下规定：

1 有机防水涂料的物理性能应符合表 A.0.2-1 的要求。

表 A.0.2-1 有机防水涂料物理性能

涂料种类	可操作时间（min）	潮湿基面粘结强度（MPa）	抗渗性（MPa）			浸水 168h 后断裂伸长率（%）	浸水 168h 后拉伸强度（MPa）	耐水性（%）	表干（h）	实干（h）
			涂膜（30min）	砂浆迎水面	砂浆背水面					
反应型	≥20	≥0.3	≥0.3	≥0.6	≥0.2	≥300	≥1.65	≥80	≤8	≤24
水乳型	≥50	≥0.2	≥0.3	≥0.6	≥0.2	≥350	≥0.5	≥80	≤4	≤12
聚合物水泥	≥30	≥0.6	≥0.3	≥0.6	≥0.6	≥80	≥1.5	≥80	≤4	≤12

注：耐水性是指在浸水 168h 后材料的粘结强度及砂浆抗渗性的保持率。

2 无机防水涂料的物理性能应符合表 A.0.2-2 的要求。

表 A.0.2-2 无机防水涂料物理性能

涂料种类	抗折强度（MPa）	粘结强度（MPa）	抗渗性（MPa）	冻融循环
水泥基防水涂料	＞4	＞1.0	＞0.8	＞D50
水泥基渗透结晶型防水涂料	≥3	≥1.0	＞0.8	＞D50

3 胎体增强材料质量应符合表 A.0.2-3 的要求。

表 A.0.2-3 胎体增强材料质量要求

项目		聚酯无纺布	化纤无纺布	玻纤网布
外观		均匀无团状，平整无折皱		
拉力（宽50mm）	纵向（N）	≥150	≥45	≥90
	横向（N）	≥100	≥35	≥50
延伸率	纵向（%）	≥10	≥20	≥3
	横向（%）	≥20	≥25	≥3

A.0.3 塑料板的主要物理性能应符合表 A.0.3 的要求。

表 A.0.3 塑料板主要物理性能

项目	性能要求			
	EVA	ECB	PVC	PE
拉伸强度（MPa）≥	15	10	10	10
断裂延伸率（%）≥	500	450	200	400
不透水性24h（MPa）≥	0.2	0.2	0.2	0.2
低温弯折性（℃）≤	−35	−35	−20	−35
热处理尺寸变化率（%）≤	2.0	2.5	2.0	2.0

注：EVA—乙烯醋酸乙烯共聚物；ECB—乙烯共聚物沥青；PVC—聚氯乙烯；PE—聚乙烯。

A.0.4 高分子材料止水带质量应符合以下规定：

1 止水带的尺寸公差应符合表 A.0.4-1 的要求。

表 A.0.4-1 止水带尺寸

止水带公称尺寸		极限偏差
厚度 B	4～6mm	+1，0
	7～10mm	+1.3，0
	11～20mm	+2，0
宽度 L（%）		±3

2 止水带表面不允许有开裂、缺胶、海绵状等影响使用的缺陷，中心孔偏心不允许超过管状断面厚度的1/3；止水带表面允许有深度不大于2mm、面积不大于16mm^{2}的凹痕、气泡、杂质、明疤等缺陷不超过4处。

3 止水带的物理性能应符合表 A.0.4-2 的要求。

表 A.0.4-2 止水带物理性能

项目	性能要求		
	B型	S型	J型
硬度（邵尔A，度）	60±5	60±5	60±5
拉伸强度（MPa）≥	15	12	10

续表 A.0.4-2

项目		性能要求		
		B型	S型	J型
扯断伸长率（%）≥		380	380	300
压缩永久变形	70℃×24h，%≤	35	35	35
	23℃×168h，%≤	20	20	20
撕裂强度（kN/m）≥		30	25	25
脆性温度（℃）≤		-45	-40	-40
热空气老化	70℃×168h 硬度变化（邵尔A，度）	+8	+8	—
	70℃×168h 拉伸强度（MPa）≥	12	10	—
	70℃×168h 扯断伸长率（%）≥	300	300	—
	100℃×168h 硬度变化（邵尔A，度）	—	—	+8
	100℃×168h 拉伸强度（MPa）≥	—	—	9
	100℃×168h 扯断伸长率（%）≥	—	—	250
臭氧老化 50PPhm；20%，48h		2级	2级	0级
橡胶与金属粘合		断面在弹性体内		

注：1 B型适用于变形缝用止水带；S型适用于施工缝用止水带；J型适用于有特殊耐老化要求的接缝用止水带；
    2 橡胶与金属粘合项仅适用于具有钢边的止水带。

A.0.5 遇水膨胀橡胶腻子止水条的质量应符合以下规定：
   1 遇水膨胀橡胶腻子止水条的物理性能应符合表 A.0.5 的要求。

表 A.0.5 遇水膨胀橡胶腻子止水条物理性能

项目	性能要求		
	PN-150	PN-220	PN-300
体积膨胀倍率（%）	≥150	≥220	≥300
高温流淌性（80℃×5h）	无流淌	无流淌	无流淌
低温试验（-20℃×2h）	无脆裂	无脆裂	无脆裂

注：体积膨胀倍率＝膨胀后的体积÷膨胀前的体积×100%。

   2 选用的遇水膨胀橡胶腻子止水条应具有缓胀性能，其7d的膨胀率应不大于最终膨胀率的60%。当不符合时，应采取表面涂缓膨胀剂措施。

A.0.6 接缝密封材料的质量应符合以下规定：
   1 改性石油沥青密封材料的物理性能应符合表 A.0.6-1 的要求。

表 A.0.6-1 改性石油沥青密封材料物理性能

项目		性能要求	
		Ⅰ类	Ⅱ类
耐热度	温度（℃）	70	80
	下垂值（mm）	≤4.0	
低温柔性	温度（℃）	-20	-10
	粘结状态	无裂纹和剥离现象	
拉伸粘结性（%）		≥125	
浸水后拉伸粘结性（%）		≥125	
挥发性（%）		≤2.8	
施工度（mm）		≥22.0	≥20.0

注：改性石油沥青密封材料按耐热度和低温柔性分为Ⅰ类和Ⅱ类。

2 合成高分子密封材料的物理性能应符合表 A.0.6-2 的要求。

表 A.0.6-2 合成高分子密封材料物理性能

项目		性能要求	
		弹性体密封材料	塑性体密封材料
拉伸粘结性	拉伸强度（MPa）	≥0.2	≥0.02
	延伸率（%）	≥200	≥250
柔性（℃）		-30，无裂纹	-20，无裂纹
拉伸-压缩循环性能	拉伸-压缩率（%）	≥±20	≥±10
	粘结和内聚破坏面积（%）	≤25	

A.0.7 管片接缝密封垫材料的质量应符合以下规定：

1 弹性橡胶密封垫材料的物理性能应符合表 A.0.7-1 的要求。

表 A.0.7-1 弹性橡胶密封垫材料物理性能

项目		性能要求	
		氯丁橡胶	三元乙丙胶
硬度（邵尔 A，度）		45±5～60±5	55±5～70±5
伸长度（%）		≥350	≥330
拉伸强度（MPa）		≥10.5	≥9.5
热空气老化（70℃×96h）	硬度变化值（邵尔 A，度）	≤+8	≤+6
	拉伸强度变化率（%）	≥-20	≥-15
	扯断伸长率变化率（%）	≥-30	≥-30
压缩永久变形（70℃×24h）		≤35	≤28
防霉等级		达到与优于2级	达到与优于2级

注：以上指标均为成品切片测试的数据，若只能以胶料制成试样测试，则其力学性能数据应达到本标准的120%。

2 遇水膨胀橡胶密封垫胶料的物理性能应符合表 A.0.7-2 的要求。

表 A.0.7-2 遇水膨胀橡胶密封垫胶料物理性能

项目		性能要求			
		PZ-150	PZ-250	PZ-400	PZ-600
硬度（邵尔 A，度）		42±7	42±7	45±7	48±7
拉伸强度（MPa）≥		3.5	3.5	3	3
扯断伸长率（%）≥		450	450	350	350
体积膨胀倍率（%）≥		150	250	400	600
反复浸水试验	拉伸强度（MPa）≥	3	3	2	2
	扯断伸长率（%）≥	350	350	250	250
	体积膨胀倍率（%）≥	150	250	300	500
低温弯折（-20℃×2h）		无裂纹	无裂纹	无裂纹	无裂纹
防霉等级		达到与优于2级			

注：1 成品切片测试应达到本标准的80%；
　　2 接头部位的拉伸强度指标不得低于本标准的50%。

A.0.8 排水用土工复合材料的主要物理性能应符合表 A.0.8 的要求。

表 A.0.8 排水用土工复合材料主要物理性能

项 目	性 能 要 求	
	聚丙烯无纺布	聚酯无纺布
单位面积质量（g/m²）	≥280	≥280
纵向拉伸强度（N/50mm）	≥900	≥700
横向拉伸强度（N/50mm）	≥950	≥840
纵向伸长率（%）	≥110	≥100
横向伸长率（%）	≥120	≥105
顶破强度（kN）	≥1.11	≥0.95
渗透系数（cm/s）	$\geq 5.5 \times 10^{-2}$	$\geq 4.2 \times 10^{-2}$

附录 B 现行建筑防水工程材料标准和现场抽样复验

B.0.1 现行建筑防水工程材料标准应按表 B.0.1 的规定选用。

表 B.0.1 现行建筑防水工程材料标准

类 别	标 准 名 称	标 准 号
防水卷材	1. 聚氯乙烯防水卷材	GB 12952-91
	2. 氯化聚乙烯防水卷材	GB 12953-91
	3. 改性沥青聚乙烯胎防水卷材	JC/T 633-1996
	4. 氯化聚乙烯-橡胶共混防水卷材	JC/T 684-1997
	5. 高分子防水材料（第一部分片材）	GB 18173.1-2000
	6. 弹性体改性沥青防水卷材	GB 18242-2000
	7. 塑性体改性沥青防水卷材	GB 18243-2000
防水涂料	1. 聚氨酯防水涂料	JC/T 500-1992（1996）
	2. 溶剂型橡胶沥青防水涂料	JC/T 852-1999
	3. 聚合物乳液建筑防水涂料	JC/T 864-2000
	4. 聚合物水泥防水涂料	JC/T 894-2001
密封材料	1. 聚氨酯建筑密封膏	JC/T 482-1992（1996）
	2. 聚硫建筑密封膏	JC/T 483-1992（1996）
	3. 丙烯酸建筑密封膏	JC/T 484-1992（1996）
	4. 建筑防水沥青嵌缝油膏	JC 207-1996
	5. 聚氯乙烯建筑防水接缝材料	JC/T 798-1997
	6. 建筑用硅酮结构密封胶	GB 16776-1997

续表 B.0.1

类别	标准名称	标准号
其他防水材料	1. 高分子防水材料（第二部分止水带） 2. 高分子防水材料（第三部分遇水膨胀橡胶）	GB 18173.2－2000 GB 18173.3－2002
刚性防水材料	1. 砂浆、混凝土防水剂 2. 混凝土膨胀剂 3. 水泥基渗透结晶型防水材料	JC 474－92（1999） JC 476－92（1998） GB 18445－2001
防水材料试验方法	1. 沥青防水卷材试验方法 2. 建筑胶粘剂通用试验方法 3. 建筑密封材料试验方法 4. 建筑防水涂料试验方法 5. 建筑防水材料老化试验方法	GB 328－89 GB/T 12954－91 GB/T 13477－92 GB/T 16777－1997 GB 18244－2000

B.0.2 建筑防水工程材料的现场抽样复验应符合表 B.0.2 的规定。

表 B.0.2 建筑防水工程材料现场抽样复验

序	材料名称	现场抽样数量	外观质量检验	物理性能检验
1	高聚物改性沥青防水卷材	大于 1000 卷抽 5 卷，每 500～1000 卷抽 4 卷，100～499 卷抽 3 卷，100 卷以下抽 2 卷，进行规格尺寸和外观质量检验。在外观质量检验合格的卷材中，任取一卷作物理性能检验	断裂、皱折、孔洞、剥离、边缘不整齐、胎体露白、未浸透、撒布材料粒度、颜色，每卷卷材的接头	拉力，最大拉力时延伸率，低温柔度，不透水性
2	合成高分子防水卷材	同 1	折痕、杂质、胶块、凹痕、每卷卷材的接头	断裂拉伸强度，扯断伸长率，低温弯折，不透水性
3	沥青基防水涂料	每工作班生产量为一批抽样	搅匀和分散在水溶液中，无明显沥青丝团	固含量，耐热度，柔性，不透水性，延伸率
4	无机防水涂料	每 10t 为一批，不足 10t 按一批抽样	包装完好无损，且标明涂料名称，生产日期，生产厂家，产品有效期	抗折强度，粘结强度，抗渗性
5	有机防水涂料	每 5t 为一批，不足 5t 按一批抽样	同 4	固体含量，拉伸强度，断裂延伸率，柔性，不透水性
6	胎体增强材料	每 3000m² 为一批，不足 3000m² 按一批抽样	均匀，无团状，平整，无折皱	拉力，延伸率
7	改性石油沥青密封材料	每 2t 为一批，不足 2t 按一批抽样	黑色均匀膏状，无结块和未浸透的填料	低温柔性，拉伸粘结性，施工度
8	合成高分子密封材料	同 7	均匀膏状物，无结皮、凝胶或不易分散的固体团块	拉伸粘结性，柔性

续表 B.0.2

序	材料名称	现场抽样数量	外观质量检验	物理性能检验
9	高分子防水材料止水带	每月同标记的止水带产量为一批抽样	尺寸公差；开裂，缺胶，海绵状，中心孔偏心；凹痕，气泡，杂质，明疤	拉伸强度，扯断伸长率，撕裂强度
10	高分子防水材料遇水膨胀橡胶	每月同标记的膨胀橡胶产量为一批抽样	尺寸公差；开裂，缺胶，海绵状，凹痕，气泡，杂质，明疤	拉伸强度，扯断伸长率，体积膨胀倍率

附录 C 地下防水工程渗漏水调查与量测方法

C.0.1 渗漏水调查：

1 地下防水工程质量验收时，施工单位必须提供地下工程"背水内表面的结构工程展开图"。

2 房屋建筑地下室只调查围护结构内墙和底板。

3 全埋设于地下的结构（地下商场、地铁车站、军事地下库等），除调查围护结构内墙和底板外，背水的顶板（拱顶）系重点调查目标。

4 钢筋混凝土衬砌的隧道以及钢筋混凝土管片衬砌的隧道渗漏水调查的重点为上半环。

5 施工单位必须在"背水内表面的结构工程展开图"上详细标示：

　　1) 在工程自检时发现的裂缝，并标明位置、宽度、长度和渗漏水现象；

　　2) 经修补、堵漏的渗漏水部位；

　　3) 防水等级标准容许的渗漏水现象位置。

6 地下防水工程验收时，经检查、核对标示好的"背水内表面的结构工程展开图"必须纳入竣工验收资料。

C.0.2 渗漏水现象描述使用的术语、定义和标识符号，可按表 C.0.2 选用。

表 C.0.2 渗漏水现象描述使用的术语、定义和标识符号

术语	定　义	标识符号
湿渍	地下混凝土结构背水面，呈现明显色泽变化的潮湿斑	♯
渗水	水从地下混凝土结构衬砌内表面渗出，在背水的墙壁上可观察到明显的流挂水膜范围	○
水珠	悬垂在地下混凝土结构衬砌背水顶板（拱顶）的水珠，其滴落间隔时间超过1min 称水珠现象	◇
滴漏	地下混凝土衬砌背水顶板（拱顶）渗漏水的滴落速度每分钟至少1滴，称为滴漏现象	▽
线漏	指渗漏成线或喷水状态	↓

C.0.3 当被验收的地下工程有结露现象时，不宜进行渗漏水检测。

C.0.4 房屋建筑地下室渗漏水现象检测：

1 地下工程防水等级对"湿渍面积"与"总防水面积"（包括顶板、墙面、地面）的比例作了规定。按防水等级 2 级设防的房屋建筑地下室，单个湿渍的最大面积不大于 $0.1m^2$，任意 $100m^2$ 防水面积上的湿渍不超过 1 处。

2 湿渍的现象：湿渍主要是由混凝土密实差异造成毛细现象或由混凝土容许裂缝（宽度小于 0.2mm）产生，在混凝土表面肉眼可见的"明显色泽变化的潮湿斑"。一般在人工通风条件下可消失，即蒸发量大于渗入量的状态。

3 湿渍的检测方法：检查人员用干手触摸湿斑，无水分浸润感觉。用吸墨纸或报纸贴附，纸不变颜色。检查时，要用粉笔勾画出湿渍范围，然后用钢尺测量高度和宽度，计算面积，标示在"展开图"上。

4 渗水的现象：渗水是由于混凝土密实度差异或混凝土有害裂缝（宽度大于 0.2mm）而产生的地下水连续渗入混凝土结构，在背水的混凝土墙壁表面肉眼可观察到明显的流挂水膜范围，在加强人工通风的条件下也不会消失，即渗入量大于蒸发量的状态。

5 渗水的检测方法：检查人员用干手触摸可感觉到水分浸润，手上会沾有水分。用吸墨纸或报纸贴附，纸会浸润变颜色。检查时，要用粉笔勾画出渗水范围，然后用钢尺测量高度和宽度，计算面积，标示在"展开图"上。

6 对房屋建筑地下室检测出来的"渗水点"，一般情况下应准予修补堵漏，然后重新验收。

7 对防水混凝土结构的细部构造渗漏水检测，尚应按本条内容执行。若发现严重渗水必须分析、查明原因，应准予修补堵漏，然后重新验收。

C.0.5 钢筋混凝土隧道衬砌内表面渗漏水现象检测：

1 隧道防水工程需对湿渍和渗水作检测时，应按房屋建筑地下室渗漏水现象检测方法操作。

2 隧道上半部的明显滴漏和连续渗流，可直接用有刻度的容器收集量测，计算单位时间的渗漏量（如 L/min，或 L/h 等）。还可用带有密封缘口的规定尺寸方框，安装在要求测量的隧道内表面，将渗漏水导入量测容器内。同时，将每个渗漏点位置、单位时间渗漏水量，标示在"隧道渗漏水平面展开图"上。

3 若检测器具或登高有困难时，允许通过目测计取每分钟或数分钟内的滴落数目，计算出该点的渗漏量。经验告诉我们，当每分钟滴落速度 3～4 滴的漏水点，24h 的渗水量就是 1L。如果滴落速度每分钟大于 300 滴，则形成连续细流。

4 为使不同施工方法、不同长度和断面尺寸隧道的渗漏水状况能够相互加以比较，必须确定一个具有代表性的标准单位。国际上通用 $L/m^2 \cdot d$，即渗漏水量的定义为隧道的内表面，每平方米在一昼夜（24h）时间内的渗漏水立升值。

5 隧道内表面积的计算应按下列方法求得：

1）竣工的区间隧道验收（未实施机电设备安装）

通过计算求出横断面的内径周长，再乘以隧道长度，得出内表面积数值。对盾构法隧道不计取管片嵌缝槽、螺栓孔盒子凹进部位等实际面积。

2）即将投入运营的城市隧道系统验收（完成了机电设备安装）

通过计算求出横断面的内径周长,再乘以隧道长度,得出内表面积数值。不计取凹槽、道床、排水沟等实际面积。

C.0.6 隧道总渗漏水量的量测:

隧道总渗漏水量可采用以下 4 种方法,然后通过计算换算成规定单位:$L/m^2 \cdot d$。

1 集水井积水量测:量测在设定时间内的水位上升数值,通过计算得出渗漏水量。

2 隧道最低处积水量测:量测在设定时间内的水位上升数值,通过计算得出渗漏水量。

3 有流动水的隧道内设量水堰:靠量水堰上开设的 V 形槽口量测水流量,然后计算得出渗漏水量。

4 通过专用排水泵的运转计算隧道专用排水泵的工作时间,计算排水量,换算成渗漏水量。

附录 D 检验批质量验收、评定记录

D.0.1 检验批质量验收记录由项目专业工长填写,项目专职质量检查员评定,参加人员应签字认可。检验批质量验收、评定记录,见表 D.0.1-1~表 D.0.1-18。

D.0.2 当建设方不采用本标准作为地下防水工程质量的验收标准时,不需要监理(建设)单位参加内部验收并签署意见。

表 D.0.1-1 防水混凝土检验批质量验收、评定记录

工程名称			分项工程名称		验收部位	
施工总包单位			项目经理		专业工长	
分包单位			分包项目经理		施工班组长	
施工执行标准名称及编号				设计图纸(变更)编号		
检查项目			企业质量标准的规定	质量检查、评定情况	总包项目部验收记录	
主控项目	1	原材料、配合比及坍落度	符合设计要求			
	2	抗压强度和抗渗压力	符合设计要求			
	3	变形缝、施工缝、后浇带、穿墙管道、埋设件等设置和构造	符合设计要求,严禁有渗漏			

续表 D.0.1-1

检查项目		企业质量标准的规定	质量检查、评定情况								总包项目部验收记录
一般项目	1	结构表面应坚实、平整，不得有露筋、蜂窝等缺陷；埋设件位置应正确									
	2	结构表面的裂缝宽度	≤0.2mm，并不得贯通								
	3	结构厚度≥250mm	其允许偏差为+15mm，-10mm								
	4	迎水面钢筋保护层厚度≥50mm	其允许偏差为±10mm								

施工单位检查、评定结论	本检验批实测 点，符合要求 点，符合要求率 %，不符合要求点的最大偏差为规定值的 %。依据中国建筑工程总公司《建筑工程施工质量统一标准》ZJQ00-SG-013-2006 的相关规定，本检验批质量：合格 □ 优良 □ 项目专职质量检查员： 年 月 日
参加验收人员（签字）	分包单位项目技术负责人： 年 月 日 专业工长（施工员）： 年 月 日 总包项目专业技术负责人： 年 月 日
监理（建设）单位验收结论	同意（不同意）施工总包单位验收意见 监理工程师（建设单位项目专业技术负责人）： 年 月 日

表 D.0.1-2 水泥砂浆防水层检验批质量验收、评定记录

工程名称		分项工程名称		验收部位	
施工总包单位		项目经理		专业工长	
分包单位		分包项目经理		施工班组长	
施工执行标准名称及编号			设计图纸（变更）编号		

检查项目		企业质量标准的规定	质量检查、评定情况	总包项目部验收记录
主控项目	1	原材料及配合比必须符合设计要求		
	2	防水层各层之间必须结合牢固，无空鼓现象		
一般项目	1	表面应密实、平整，不得有裂纹、起砂、麻面等缺陷；阴阳角处应做成圆弧形		
	2	施工缝留槎位置应正确，接槎应按层次顺序操作，层层搭接紧密		
	3	防水层的平均厚度应符合设计要求，最小厚度不得小于设计值的85%		

施工单位检查、评定结论	本检验批实测　点，符合要求　点，符合要求率　%，不符合要求点的最大偏差为规定值的　%。依据中国建筑工程总公司《建筑工程施工质量统一标准》ZJQ00－SG－013－2006 的相关规定，本检验批质量：合格 □　优良 □ 项目专职质量检查员： 年　月　日
参加验收人员（签字）	分包单位项目技术负责人：　　　　　　　　　　　　　　　　　年　月　日
	专业工长（施工员）：　　　　　　　　　　　　　　　　　　　　年　月　日
	总包项目专业技术负责人：　　　　　　　　　　　　　　　　　　年　月　日
监理（建设）单位验收结论	同意（不同意）施工总包单位验收意见 监理工程师（建设单位项目专业技术负责人）： 年　月　日

表 D.0.1-3 卷材防水层检验批质量验收、评定记录

工程名称		分项工程名称		验收部位	
施工总包单位		项目经理		专业工长	
分包单位		分包项目经理		施工班组长	
施工执行标准名称及编号			设计图纸（变更）编号		

	检查项目	企业质量标准的规定	质量检查、评定情况	总包项目部验收记录
主控项目	1 卷材及其配套材料	必须符合设计要求		
	2 防水层在收头处、抹角处、变形缝、穿墙管道等细部构造	必须符合设计构造要求		
一般项目	1 基层质量	卷材防水层的基层应坚实，表面应洁净、平整，不得有空鼓、松动、起砂或脱皮现象，基层阴阳角应做成圆弧形		
	2 卷材搭接缝	搭接缝应粘（焊）结牢固，密封严密，不得有皱折、翘边和鼓泡等缺陷；防水层的收头应与基层粘结并固定牢固，缝口封严，不得翘边		
	3 保护层	侧墙卷材防水层的保护层应与防水层粘结牢固。结合紧密，厚度均匀一致		
	4 卷材搭接宽度允许偏差	≤-10mm		

施工单位检查、评定结论	本检验批实测　点，符合要求　点，符合要求率　%，不符合要求点的最大偏差为规定值的　%。依据中国建筑工程总公司《建筑工程施工质量统一标准》ZJQ00-SG-013-2006的相关规定，本检验批质量：合格□　优良□ 项目专职质量检查员： 　　　　　　　　　　　　　　　　年　月　日
参加验收人员（签字）	分包单位项目技术负责人：　　　　　　　　　　　　　年　月　日
	专业工长（施工员）：　　　　　　　　　　　　　　　年　月　日
	总包项目专业技术负责人：　　　　　　　　　　　　　年　月　日
监理（建设）单位验收结论	同意（不同意）施工总包单位验收意见 监理工程师（建设单位项目专业技术负责人）： 　　　　　　　　　　　　　　　　　　　　　　　　年　月　日

表 D.0.1-4　涂料防水层检验批质量验收、评定记录

工程名称			分项工程名称		验收部位	
施工总包单位			项目经理		专业工长	
分包单位			分包项目经理		施工班组长	
施工执行标准名称及编号				设计图纸（变更）编号		
检查项目		企业质量标准的规定		质量检查、评定情况		总包项目部验收记录
主控项目	1	材料及配合比	必须符合设计要求			
	2	防水层及其转角处、变形缝、穿墙管道等细部做法	均必须符合设计要求			
一般项目	1	基层质量	基层应牢固，基层表面应洁净、平整，不得有空鼓、松动、起砂和脱皮现象，基层的阴阳角应做成圆弧形			
	2	表面质量	防水层与基层应粘贴牢固，表面平整，涂刷均匀，不得有流淌、皱折、鼓泡、露胎体和翘边等缺陷			
	3	保护层与防水层粘结	侧墙涂料防水层的保护层与防水层粘结牢固，结合紧密，厚度均匀一致			
	4	涂料防水层的平均厚度应符合设计要求	最小厚度不得小于设计厚度的80%			
施工单位检查、评定结论		本检验批实测　点，符合要求　点，符合要求率　%，不符合要求点的最大偏差为规定值的　%。依据中国建筑工程总公司《建筑工程施工质量统一标准》ZJQ00-SG-013-2006 的相关规定，本检验批质量：合格 □　优良 □ 项目专职质量检查员： 　　　　　　　　　　　　　　　　　　　　　　　　　　　年　月　日				
参加验收人员（签字）		分包单位项目技术负责人：　　　　　　　　　　　　　　　　年　月　日				
		专业工长（施工员）：　　　　　　　　　　　　　　　　　　年　月　日				
		总包项目专业技术负责人：　　　　　　　　　　　　　　　　年　月　日				
监理（建设）单位验收结论		同意（不同意）施工总包单位验收意见 监理工程师（建设单位项目专业技术负责人）： 　　　　　　　　　　　　　　　　　　　　　　　　　　　年　月　日				

7—50

表 D.0.1-5 塑料板防水层检验批质量验收、评定记录

工程名称			分项工程名称		验收部位	
施工总包单位			项目经理		专业工长	
分包单位			分包项目经理		施工班组长	
施工执行标准名称及编号				设计图纸（变更）编号		
	检查项目	企业质量标准的规定		质量检查、评定情况	总包项目部验收记录	
主控项目	1 防水层所用塑料板及配套材料	必须符合设计要求				
	2 塑料板的搭接	必须采用热风焊接，不得有渗漏				
一般项目	1 塑料板防水层	基面应坚实、平整、圆顺，无漏水现象；阴阳角处应做成圆弧形				
	2 塑料板的铺设	应平顺并与基层固定牢固，不得有下垂、绷紧和破损现象				
	3 塑料板搭接宽度允许偏高	≤-10mm				
施工单位检查、评定结论	本检验批实测 点，符合要求 点，符合要求率 ％，不符合要求点的最大偏差为规定值的 ％。依据中国建筑工程总公司《建筑工程施工质量统一标准》ZJQ00-SG-013-2006 的相关规定，本检验批质量：合格 □ 优良 □ 项目专职质量检查员： 年 月 日					
参加验收人员（签字）	分包单位项目技术负责人： 年 月 日					
	专业工长（施工员）： 年 月 日					
	总包项目专业技术负责人： 年 月 日					
监理（建设）单位验收结论	同意（不同意）施工总包单位验收意见 监理工程师（建设单位项目专业技术负责人）： 年 月 日					

表 D.0.1-6 金属板防水层检验批质量验收、评定记录

工程名称			分项工程名称		验收部位	
施工总包单位			项目经理		专业工长	
分包单位			分包项目经理		施工班组长	
施工执行标准名称及编号			设计图纸（变更）编号			
检查项目			企业质量标准的规定	质量检查、评定情况	总包项目部验收记录	
主控项目	1	防水层所采用的金属板材和焊条（剂）	必须符合设计要求			
	2	焊工	必须经考试合格并取得相应的执业资格证书			
一般项目	1	金属板	表面不得有明显凹面和损伤			
	2	焊缝	不得有裂纹、未熔合、夹渣、焊瘤、咬边、烧穿、弧坑、针状气孔等缺陷			
	3	焊缝的焊波	应均匀、焊渣和飞溅物应清除干净；保护涂层不得有漏涂、脱皮和反锈现象			
施工单位检查、评定结论			本检验批实测 点，符合要求 点，符合要求率 ％，不符合要求点的最大偏差为规定值的 ％。依据中国建筑工程总公司《建筑工程施工质量统一标准》ZJQ00-SG-013-2006 的相关规定，本检验批质量：合格 □ 优良 □ 项目专职质量检查员： 年　月　日			
参加验收人员（签字）			分包单位项目技术负责人：　　　　　　　　　　　　　年　月　日			
			专业工长（施工员）：　　　　　　　　　　　　　　　年　月　日			
			总包项目专业技术负责人：　　　　　　　　　　　　　年　月　日			
监理（建设）单位验收结论			同意（不同意）施工总包单位验收意见 监理工程师（建设单位项目专业技术负责人）： 年　月　日			

表 D.0.1-7　细部构造检验批质量验收、评定记录

工程名称			分项工程名称		验收部位	
施工总包单位			项目经理		专业工长	
分包单位			分包项目经理		施工班组长	
施工执行标准名称及编号			设计图纸（变更）编号			
检查项目			企业质量标准的规定	质量检查、评定情况	总包项目部验收记录	
主控项目	1	细部构造所用止水带、遇水膨胀橡胶腻子止水条和接缝密封材料	必须符合设计要求			
	2	变形缝、施工缝、后浇带、穿墙管道、埋设件等细部做法	符合设计要求，严禁渗漏			
一般项目	1	中埋式止水带	中心线应与变形缝中心线重合，止水带应固定牢靠、平直，不得有明显扭曲现象			
	2	穿墙管止水环	与主管或翼环与套管应连续满焊，并做防腐处理			
	3	接缝处	混凝土表面应密实、平顺、洁净、干燥，不得有蜂窝麻面、起皮和起砂等缺陷；密封材料应嵌填严密、连续、饱满、粘结牢固，不得有开裂、鼓泡和下塌现象			
施工单位检查、评定结论			本检验批实测　点，符合要求　点，符合要求率　%，不符合要求点的最大偏差为规定值的　%。依据中国建筑工程总公司《建筑工程施工质量统一标准》ZJQ00-SG-013-2006的相关规定，本检验批质量：合格 □　优良 □ 项目专职质量检查员： 　　　　　　　　　　　　　　　　　年　月　日			
参加验收人员（签字）			分包单位项目技术负责人：　　　　　　　　　　　　　年　月　日			
			专业工长（施工员）：　　　　　　　　　　　　　　　年　月　日			
			总包项目专业技术负责人：　　　　　　　　　　　　　年　月　日			
监理（建设）单位验收结论			同意（不同意）施工总包单位验收意见 监理工程师（建设单位项目专业技术负责人）： 　　　　　　　　　　　　　　　　　年　月　日			

表 D.0.1-8 喷锚支护检验批质量验收、评定记录

工程名称			分项工程名称		验收部位	
施工总包单位			项目经理		专业工长	
分包单位			分包项目经理		施工班组长	
施工执行标准名称及编号			设计图纸（变更）编号			
检查项目			企业质量标准的规定	质量检查、评定情况	总包项目部验收记录	
主控项目	1	喷射混凝土所用原材料及钢筋网、锚杆	必须符合设计要求			
	2	喷射混凝土抗压强度、抗渗压力及锚杆抗拔力	必须符合设计要求			
一般项目	1	喷层与围岩及喷层之间	应粘结紧密，不得有空鼓现象			
	2	喷射混凝土	应密实、平整，无裂缝、脱落、漏喷、露筋、空鼓和渗漏水			
	3	喷层厚度	有60%≥设计厚度，平均厚度≥设计厚度，最小厚度≥设计厚度的50%			
	4	喷射混凝土表面平整度	≤30mm，且矢弦比不得>1/6			
施工单位检查、评定结论			本检验批实测　点，符合要求　点，符合要求率　％，不符合要求点的最大偏差为规定值的　％。依据中国建筑工程总公司《建筑工程施工质量统一标准》ZJQ00－SG－013－2006的相关规定，本检验批质量：合格 □　优良 □ 　　　　　　　　　　　　　　　　项目专职质量检查员： 　　　　　　　　　　　　　　　　　　　　　　　　年　月　日			
参加验收人员（签字）			分包单位项目技术负责人：　　　　　　　　　　年　月　日			
			专业工长（施工员）：　　　　　　　　　　　　年　月　日			
			总包项目专业技术负责人：　　　　　　　　　　年　月　日			
监理（建设）单位验收结论			同意（不同意）施工总包单位验收意见 监理工程师（建设单位项目专业技术负责人）： 　　　　　　　　　　　　　　　　　　　　　　年　月　日			

表 D.0.1-9 复合式衬砌检验批质量验收、评定记录

工程名称			分项工程名称		验收部位	
施工总包单位			项目经理		专业工长	
分包单位			分包项目经理		施工班组长	
施工执行标准名称及编号				设计图纸（变更）编号		
	检查项目		企业质量标准的规定	质量检查、评定情况	总包项目部验收记录	
主控项目	1	塑料防水板、土工复合材料和内衬混凝土原材料	必须符合设计要求			
	2	防水混凝土的抗压强度和抗渗压力	必须符合设计要求			
	3	施工缝、变形缝、穿墙管道、埋设件等细部构造做法	均须符合设计要求，严禁有渗漏			
一般项目	1	二次衬砌混凝土表面	应坚实、平整，不得有露筋、蜂窝等缺陷			
	2	二次衬砌混凝土渗漏水量	应控制在设计防水等级要求范围内			
施工单位检查、评定结论	本检验批实测 点，符合要求 点，符合要求率 %，不符合要求点的最大偏差为规定值的 %。依据中国建筑工程总公司《建筑工程施工质量统一标准》ZJQ00-SG-013-2006 的相关规定，本检验批质量：合格 □ 优良 □ 项目专职质量检查员： 年　月　日					
参加验收人员（签字）	分包单位项目技术负责人：				年　月　日	
	专业工长（施工员）：				年　月　日	
	总包项目专业技术负责人：				年　月　日	
监理（建设）单位验收结论	同意（不同意）施工总包单位验收意见 监理工程师（建设单位项目专业技术负责人）： 年　月　日					

7—55

表 D.0.1-10 沉井检验批质量验收、评定记录

工程名称		分项工程名称		验收部位	
施工总包单位		项目经理		专业工长	
分包单位		分包项目经理		施工班组长	
施工执行标准名称及编号			设计图纸（变更）编号		

		检查项目	企业质量标准的规定	质量检查、评定情况	总包项目部验收记录
主控项目	1	防水混凝土的原材料、配合比及坍落度	必须符合设计要求		
	2	防水混凝土的抗压强度和抗渗压力	必须符合设计要求		
	3	防水混凝土的变形缝、施工缝、后浇带、穿墙管道、埋设件等设置和构造	均须符合设计要求，严禁有渗漏		
一般项目	1	防水混凝土	结构表面应坚实、平整，不得有露筋、蜂窝等缺陷；埋设件位置应正确		
	2	防水混凝土结构表面的裂缝宽度	≤0.2mm，并不得贯通		
	3	防水混凝土结构厚度≥250mm	≥+15mm，-10mm		
	4	迎水面钢筋保护层厚度≥50mm	≥±10mm		

施工单位检查、评定结论	本检验批实测 点，符合要求 点，符合要求率 %，不符合要求点的最大偏差为规定值的 %。依据中国建筑工程总公司《建筑工程施工质量统一标准》ZJQ00-SG-013-2006 的相关规定，本检验批质量：合格 □ 优良 □ 项目专职质量检查员： 年 月 日
参加验收人员（签字）	分包单位项目技术负责人：　　　　　　　　　　　　　　年 月 日
	专业工长（施工员）：　　　　　　　　　　　　　　　　年 月 日
	总包项目专业技术负责人：　　　　　　　　　　　　　　年 月 日
监理（建设）单位验收结论	同意（不同意）施工总包单位验收意见 监理工程师（建设单位项目专业技术负责人）： 年 月 日

表 D.0.1-11　高压喷射帷幕检验批质量验收、评定记录

工程名称			分项工程名称		验收部位	
施工总包单位			项目经理		专业工长	
分包单位			分包项目经理		施工班组长	
施工执行标准名称及编号			设计图纸（变更）编号			
检查项目		企业质量标准的规定		质量检查、评定情况		总包项目部验收记录
主控项目	1	使用材料的各种指标，包括水泥和各种外加剂，必须符合设计要求				
一般项目	1	桩径、深度及水泥土质量，必须符合设计要求				
	2	经养护后进行载荷试验，试验桩体强度，应符合设计要求				
施工单位检查、评定结论	本检验批实测　　点，符合要求　　点，符合要求率　　%，不符合要求点的最大偏差为规定值的　　%。依据中国建筑工程总公司《建筑工程施工质量统一标准》ZJQ00－SG－013－2006 的相关规定，本检验批质量：合格 □　优良 □ 　　　　　　　　　　　　　　　　　　　　　　项目专职质量检查员： 　　　　　　　　　　　　　　　　　　　　　　　　　　　　年　月　日					
参加验收人员（签字）	分包单位项目技术负责人： 　　　　　　　　　　　　　　　　　　　　　　　　　　　　年　月　日					
	专业工长（施工员）： 　　　　　　　　　　　　　　　　　　　　　　　　　　　　年　月　日					
	总包项目专业技术负责人： 　　　　　　　　　　　　　　　　　　　　　　　　　　　　年　月　日					
监理（建设）单位验收结论	同意（不同意）施工总包单位验收意见 监理工程师（建设单位项目专业技术负责人）： 　　　　　　　　　　　　　　　　　　　　　　　　　　　　年　月　日					

表 D.0.1-12 手掘式顶管检验批质量验收、评定记录

工程名称				分项工程名称		验收部位	
施工总包单位				项目经理		专业工长	
分包单位				分包项目经理		施工班组长	
施工执行标准名称及编号				设计图纸（变更）编号			
检查项目		企业质量标准的规定		质量检查、评定情况		总包项目部验收记录	
主控项目	1	安装后的导轨应顺直、牢固、平行、等高，其纵坡应与管道设计坡度一致					
	2	轴线位置：3mm					
	3	顶面高程：0～+3mm					
	4	两轨内距：+2mm					
	5	顶管轴线 50mm					
	6	管内底高程 $D \leqslant 1500mm$ 时 +30～−40mm； $D>1500mm$ 时+40～−50mm					
一般项目	1	后背墙必须牢固，表面应平整、光滑、管道的中心线应与后背墙垂直					
	2	管接口必须密实、平顺、不脱落；相邻管间错口不大于 20mm					
	3	井壁必须互相垂直，不得有通缝；必须保证灰浆饱满，抹面压光，不得有空鼓、裂缝等现象；井内流槽应平顺，踏步应安装牢固，位置准确；井框、井盖必须完整无损，安装平稳，位置正确；井的长、宽及直径的允许偏差均为 20mm					
施工单位检查、评定结论		本检验批实测　　点，符合要求　　点，符合要求率　　%，不符合要求点的最大偏差为规定值的　　%。依据中国建筑工程总公司《建筑工程施工质量统一标准》ZJQ00-SG-013-2006 的相关规定，本检验批质量：合格 □　优良 □ 项目专职质量检查员： 　　　　年　月　日					
参加验收人员（签字）		分包单位项目技术负责人： 　　　　年　月　日					
		专业工长（施工员）： 　　　　年　月　日					
		总包项目专业技术负责人： 　　　　年　月　日					
监理（建设）单位验收结论		同意（不同意）施工总包单位验收意见 监理工程师（建设单位项目专业技术负责人）： 　　　　年　月　日					

表 D.0.1-13 地下连续墙检验批质量验收、评定记录

工程名称			分项工程名称		验收部位	
施工总包单位			项目经理		专业工长	
分包单位			分包项目经理		施工班组长	
施工执行标准名称及编号			设计图纸（变更）编号			
检查项目		企业质量标准的规定	质量检查、评定情况		总包项目部验收记录	
主控项目	1	防水混凝土所用材料、配合比以及其他防水材料必须符合设计要求				
	2	地下连续墙混凝土抗压强度和抗渗压力必须符合设计要求				
	3	挖槽的平面位置、深度、宽度和垂直度，应符合设计要求				
	4	泥浆配制质量、稳定性、槽底清理和泥浆置换应符合施工规范的规定				
一般项目	1	地下连续墙的槽段接缝以及墙体与内衬结构接缝应符合设计要求				
	2	地下连续墙的钢筋骨架和预埋件的安装基本无变形，预埋件无松动和遗漏，标高、位置应符合设计要求				
	3	基坑开挖后地下连续墙裸露墙面的漏筋部分应小于1%墙面面积，且不得有露石和夹泥现象				
	4	地下连续墙墙体表面平整度的允许偏差：临时支护墙体为50mm，单一或复合墙体为30mm				
施工单位检查、评定结论	本检验批实测　点，符合要求　点，符合要求率　%，不符合要求点的最大偏差为规定值的　%。依据中国建筑工程总公司《建筑工程施工质量统一标准》ZJQ00-SG-013-2006 的相关规定，本检验批质量：合格 □　优良 □ 　　　　　　　　　　　　　　　　　　　项目专职质量检查员： 　　　　　　　　　　　　　　　　　　　　　　　　年　月　日					
参加验收人员（签字）	分包单位项目技术负责人： 　　　　　　　　　　　　　　年　月　日					
	专业工长（施工员）： 　　　　　　　　　　　　　　年　月　日					
	总包项目专业技术负责人： 　　　　　　　　　　　　　　年　月　日					
监理（建设）单位验收结论	同意（不同意）施工总包单位验收意见 监理工程师（建设单位项目专业技术负责人）： 　　　　　　　　　　　　　　　　　　　　　　　年　月　日					

表 D.0.1-14 盾构法隧道检验批质量验收、评定记录

工程名称			分项工程名称		验收部位	
施工总包单位			项目经理		专业工长	
分包单位			分包项目经理		施工班组长	
施工执行标准名称及编号			设计图纸（变更）编号			
检查项目		企业质量标准的规定	质量检查、评定情况		总包项目部验收记录	
主控项目	1	盾构法隧道采用防水材料的品种、规格、性能必须符合设计要求				
	2	钢筋混凝土管片的抗压强度和抗渗压力必须符合设计要求				
一般项目	1	隧道的渗漏水量应控制在设计的防水等级要求范围内。衬砌接缝不得有线流和漏泥砂现象				
	2	管片拼装接缝防水应符合设计要求				
	3	环向及纵向螺栓应全部穿进并拧紧，衬砌内表面的外露铁件防腐处理应符合设计要求				
施工单位检查、评定结论		本检验批实测　点，符合要求　点，符合要求率　%，不符合要求点的最大偏差为规定值的　%。依据中国建筑工程总公司《建筑工程施工质量统一标准》ZJQ00－SG－013－2006的相关规定，本检验批：合格□　优良□ 项目专职质量检查员： 年　月　日					
参加验收人员（签字）		分包单位项目技术负责人： 年　月　日				
		专业工长（施工员）： 年　月　日				
		总包项目专业技术负责人： 年　月　日				
监理（建设）单位验收结论		同意（不同意）施工总包单位验收意见 监理工程师（建设单位项目专业技术负责人）： 年　月　日				

表 D.0.1-15 渗排水、盲沟排水检验批质量验收、评定记录

工程名称			分项工程名称		验收部位	
施工总包单位			项目经理		专业工长	
分包单位			分包项目经理		施工班组长	
施工执行标准名称及编号			设计图纸（变更）编号			
检查项目		企业质量标准的规定	质量检查、评定情况		总包项目部验收记录	
主控项目	1	反滤层的砂、石粒径和含泥量及土工布、排水管质量必须符合设计和规范要求				
	2	集（排）水管的埋设深度及坡度必须符合设计和规范要求				
一般项目	1	渗排水层的构造应符合设计要求				
	2	渗排水层的铺设应分层铺平、拍实				
	3	盲沟的构造应符合设计要求				
施工单位检查、评定结论	本检验批实测　点，符合要求　点，符合要求率　%，不符合要求点的最大偏差为规定值的　%。依据中国建筑工程总公司《建筑工程施工质量统一标准》ZJQ00-SG-013-2006 的相关规定，本检验批质量：合格 □　优良 □ 项目专职质量检查员： 年　月　日					
参加验收人员（签字）	分包单位项目技术负责人： 年　月　日					
	专业工长（施工员）： 年　月　日					
	总包项目专业技术负责人： 年　月　日					
监理（建设）单位验收结论	同意（不同意）施工总包单位验收意见 监理工程师（建设单位项目专业技术负责人）： 年　月　日					

表 D.0.1-16　隧道、坑道排水检验批质量验收、评定记录

工程名称			分项工程名称		验收部位	
施工总包单位			项目经理		专业工长	
分包单位			分包项目经理		施工班组长	
施工执行标准名称及编号			设计图纸（变更）编号			
检查项目		企业质量标准的规定	质量检查、评定情况		总包项目部验收记录	
主控项目	1	隧道、坑道排水系统必须畅通				
	2	反滤层的砂、石粒径、厚度和含泥量必须符合设计要求				
	3	土工复合材料必须符合设计要求				
一般项目	1	隧道纵向集水盲管和排水明沟的坡度应符合设计要求				
	2	隧道导水盲管和横向排水管的设置间距应符合设计要求				
	3	中心排水盲沟的断面尺寸、集水管埋设及检查井位置应符合设计要求				
	4	复合式衬砌的缓冲排水层应铺设平整、均匀、连续，不得有扭曲、折皱和重叠现象				
施工单位检查、评定结论		本检验批实测　　点，符合要求　　点，符合要求率　　%，不符合要求点的最大偏差为规定值的　　%。依据中国建筑工程总公司《建筑工程施工质量统一标准》ZJQ00－SG－013－2006 的相关规定，本检验批质量：合格 □　优良 □ 　　　　　　　　　　　　　　　　　　　　项目专职质量检查员： 　　　　　　　　　　　　　　　　　　　　　　　　　　年　月　日				
参加验收人员（签字）		分包单位项目技术负责人： 　　　　　　　　　　　　　　　　　　　　年　月　日				
		专业工长（施工员）： 　　　　　　　　　　　　　　　　　　　　年　月　日				
		总包项目专业技术负责人： 　　　　　　　　　　　　　　　　　　　　年　月　日				
监理（建设）单位验收结论		同意（不同意）施工总包单位验收意见 监理工程师（建设单位项目专业技术负责人）： 　　　　　　　　　　　　　　　　　　　　年　月　日				

表 D.0.1-17 预注浆、后注浆检验批质量验收、评定记录

工程名称				分项工程名称		验收部位	
施工总包单位				项目经理		专业工长	
分包单位				分包项目经理		施工班组长	
施工执行标准名称及编号				设计图纸（变更）编号			
检查项目			企业质量标准的规定	质量检查、评定情况		总包项目部验收记录	
主控项目		1	配置浆液的原材料及配合比必须符合设计要求				
		2	注浆效果必须符合设计要求				
一般项目		1	注浆孔的数量、布置间距、钻孔深度及角度应符合设计要求				
		2	注浆各阶段的控制压力和进浆量应符合设计要求				
		3	注浆时浆液不得溢出地面和超出有效注浆范围				
		4	注浆对地面产生的沉降量不得超出 30mm，地面的隆起不得超过 20mm				
施工单位检查、评定结论			本检验批实测　　点，符合要求　　点，符合要求率　　%，不符合要求点的最大偏差为规定值的　　%。依据中国建筑工程总公司《建筑工程施工质量统一标准》ZJQ00－SG－013－2006 的相关规定，本检验批质量：合格 □　优良 □ 　　　　　　　　　　　　　　　　　　项目专职质量检查员： 　　　　　　　　　　　　　　　　　　　　　　　　年　月　日				
参加验收人员（签字）			分包单位项目技术负责人： 　　　　　　　　　　　　　　　　　　　　　　　　年　月　日				
			专业工长（施工员）： 　　　　　　　　　　　　　　　　　　　　　　　　年　月　日				
			总包项目专业技术负责人： 　　　　　　　　　　　　　　　　　　　　　　　　年　月　日				
监理（建设）单位验收结论			同意（不同意）施工总包单位验收意见 监理工程师（建设单位项目专业技术负责人）： 　　　　　　　　　　　　　　　　　　　　　　　　年　月　日				

7—63

表 D.0.1-18 衬砌裂缝注浆检验批质量验收、评定记录

工程名称			分项工程名称		验收部位	
施工总包单位			项目经理		专业工长	
分包单位			分包项目经理		施工班组长	
施工执行标准名称及编号			设计图纸（变更）编号			
检查项目			企业质量标准的规定	质量检查、评定情况	总包项目部验收记录	
主控项目	1		注浆材料及其配合比必须符合设计要求			
	2		注浆效果必须符合设计要求			
一般项目	1		钻孔埋管的孔径和孔距应符合设计要求			
	2		注浆的控制压力和进浆量应符合设计要求			
施工单位检查、评定结论			本检验批实测　点，符合要求　点，符合要求率　％，不符合要求点的最大偏差为规定值的　％。依据中国建筑工程总公司《建筑工程施工质量统一标准》ZJQ00-SG-013-2006 的相关规定，本检验批质量：合格 □　优良 □ 项目专职质量检查员： 　　　　　　年　月　日			
参加验收人员（签字）			分包单位项目技术负责人： 　　　　　　年　月　日			
			专业工长（施工员）： 　　　　　　年　月　日			
			总包项目专业技术负责人： 　　　　　　年　月　日			
监理（建设）单位验收结论			同意（不同意）施工总包单位验收意见 监理工程师（建设单位项目专业技术负责人）： 　　　　　　年　月　日			

附录 E 分项工程质量验收、评定记录

E.0.1 分项工程质量验收、评定记录由项目专职质检查员填写，质量控制资料的检查应由项目专业技术负责人检查并作结论意见。分项工程质量验收、评定记录，见表 E.0.1-1～表 E.0.1-15。

E.0.2 当建设方不采用本标准作为地下防水工程质量的验收标准时，不需要监理（建设）单位参加内部验收并签署意见。

表 E.0.1-1 __防水混凝土__ 分项工程质量验收、评定记录

工程名称		结构类型		检验批数量	
施工总包单位		项目经理		项目技术负责人	
分项工程分包单位		分包单位负责人		分包项目经理	
序号	检验批部位、区段	分包单位检查结果		总包单位验收、评定结论	监理（建设）单位验收意见
1					
2					
3					
4					
5					
6					
7					
8					
9					
10					
11					
12					

续表 E.0.1-1

质量控制资料核查	应有　份，实有　份，资料内容　基本详实 □　详实准确 □ 核查结论：基本齐全 □　齐全完整 □ 项目专业技术负责人： 年　月　日
分项工程综合验收评定结论	该分项工程共有　个质量检验批，其中有　个检验批质量为合格，有　个检验批质量为优良，优良率　%，该分项工程的施工操作依据及质量控制资料（基本完整齐全完整），依据中国建筑工程总公司《建筑工程施工质量统一标准》ZJQ00-SG-013-2006 的相关规定，该分项工程质量：合格 □　优良 □ 项目专职质量检查员： 年　月　日
参加验收人员 （签字）	分包单位项目负责人： 年　月　日
	项目专业技术负责人： 年　月　日
	总包项目技术负责人： 年　月　日
监理（建设单位）验收结论	同意（不同意）总包单位验收意见 监理工程师（建设单位项目专业技术负责人）： 年　月　日

表 E.0.1-2 　　水泥砂浆防水层　　分项工程质量验收、评定记录

工程名称			结构类型		检验批数量	
施工总包单位			项目经理		项目技术负责人	
分项工程分包单位			分包单位负责人		分包项目经理	

序号	检验批部位、区段	分包单位检查结果	总包单位验收、评定结论	监理（建设）单位验收意见
1				
2				
3				
4				
5				
6				
7				
8				
9				
10				
11				
12				

质量控制资料	应有　份，实有　份，资料内容　基本详实 □　详实准确 □ 核查结论：基本完整 □　齐全完整 □ 　　　　　　　　　　项目专业技术负责人： 　　　　　　　　　　　　　　　　年　月　日
分项工程综合验收评定结论	该分项工程共有　个质量检验批，其中有　个检验批质量为合格，有　个检验批质量为优良，优良率为　％，该分项工程的施工操作依据及质量控制资料（基本完整　齐全完整），依据中国建筑工程总公司《建筑工程施工质量统一标准》ZJQ00-SG-013-2006 的相关规定，该分项工程质量：合格 □　优良 □ 　　　　　　　　　　项目专职质量检查员： 　　　　　　　　　　　　　　　　年　月　日
参加验收人员（签字）	分包单位项目负责人： 　　　　　　　　　　　　　　　　年　月　日 项目专业技术负责人： 　　　　　　　　　　　　　　　　年　月　日 总包项目技术负责人： 　　　　　　　　　　　　　　　　年　月　日
监理（建设单位）验收结论	同意（不同意）总包单位验收意见 监理工程师（建设单位项目专业技术负责人）： 　　　　　　　　　　　　　　　　年　月　日

表 E.0.1-3 ___卷材防水层___ 分项工程质量验收、评定记录

工程名称		结构类型		检验批数量	
施工总包单位		项目经理		项目技术负责人	
分项工程分包单位		分包单位负责人		分包项目经理	

序号	检验批部位、区段	分包单位检查结果	总包单位验收、评定结论	监理（建设）单位验收意见
1				
2				
3				
4				
5				
6				
7				
8				
9				
10				
11				

质量控制资料	应有　份，实有　份，资料内容　基本详实 □　详实准确 □ 核查结论：基本完整 □　齐全完整 □ 项目专业技术负责人： 　　　　　　　　　　　　　年　月　日
分项工程综合验收评定结论	该分项工程共有　个质量检验批，其中有　个检验批质量为合格，有　个检验批质量为优良，优良率为　%，该分项工程的施工操作依据及质量控制资料（基本完整　齐全完整），依据中国建筑工程总公司《建筑工程施工质量统一标准》ZJQ00-SG-013-2006 的相关规定，该分项工程质量：合格 □　优良 □ 项目专职质量检查员： 　　　　　　　　　　　　　年　月　日
参加验收人员（签字）	分包单位项目负责人： 　　　　　　　　　　　　　年　月　日 项目专业技术负责人： 　　　　　　　　　　　　　年　月　日 总包项目技术负责人： 　　　　　　　　　　　　　年　月　日
监理（建设单位）验收结论	同意（不同意）总包单位验收意见 监理工程师（建设单位项目专业技术负责人）： 　　　　　　　　　　　　　年　月　日

表 E.0.1-4 __涂料防水层__ 分项工程质量验收、评定记录

工程名称		结构类型		检验批数量	
施工总包单位		项目经理		项目技术负责人	
分项工程分包单位		分包单位负责人		分包项目经理	

序号	检验批部位、区段	分包单位检查结果	总包单位验收、评定结论	监理（建设）单位验收意见
1				
2				
3				
4				
5				
6				
7				
8				
9				
10				
11				

质量控制资料	应有 份，实有 份，资料内容 基本详实 □ 详实准确 □ 核查结论：基本完整 □ 齐全完整 □ 项目专业技术负责人： 年 月 日
分项工程综合验收评定结论	该分项工程共有 个质量检验批，其中有 个检验批质量为合格，有 个检验批质量为优良，优良率 %，该分项工程的施工操作依据及质量控制资料（基本完整 齐全完整），依据中国建筑工程总公司《建筑工程施工质量统一标准》ZJQ00-SG-013-2006 的相关规定，该分项工程质量：合格 □ 优良 □ 项目专职质量检查员： 年 月 日
参加验收人员 （签字）	分包单位项目负责人： 年 月 日
	项目专业技术负责人： 年 月 日
	总包项目技术负责人： 年 月 日
监理（建设单位）验收结论	同意（不同意）总包单位验收意见 监理工程师（建设单位项目专业技术负责人）： 年 月 日

表 E.0.1-5 ____塑料板防水层____ 分项工程质量验收、评定记录

工程名称			结构类型		检验批数量	
施工总包单位			项目经理		项目技术负责人	
分项工程分包单位			分包单位负责人		分包项目经理	
序号	检验批部位、区段		分包单位检查结果	总包单位验收、评定结论	监理（建设）单位验收意见	
1						
2						
3						
4						
5						
6						
7						
8						
9						
10						
11						
12						
质量控制资料	应有 份，实有 份，资料内容 基本详实 □ 详实准确 □ 核查结论：基本完整 □ 齐全完整 □ 项目专业技术负责人： 年 月 日					
分项工程综合验收评定结论	该分项工程共有 个质量检验批，其中有 个检验批质量为合格，有 个检验批质量为优良，优良率为 %，该分项工程的施工操作依据及质量控制资料（基本完整 齐全完整），依据中国建筑工程总公司《建筑工程施工质量统一标准》ZJQ00-SG-013-2006 的相关规定，该分项工程质量：合格 □ 优良 □ 项目专职质量检查员： 年 月 日					
参加验收人员（签字）	分包单位项目负责人： 年 月 日					
	项目专业技术负责人： 年 月 日					
	总包项目技术负责人： 年 月 日					
监理（建设单位）验收结论	同意（不同意）总包单位验收意见 监理工程师（建设单位项目专业技术负责人）： 年 月 日					

表 E.0.1-6　　金属板防水层　分项工程质量验收、评定记录

工程名称			结构类型		检验批数量	
施工总包单位			项目经理		项目技术负责人	
分项工程分包单位			分包单位负责人		分包项目经理	

序号	检验批部位、区段	分包单位检查结果	总包单位验收、评定结论	监理（建设）单位验收意见
1				
2				
3				
4				
5				
6				
7				
8				
9				
10				
11				
12				

质量控制资料	应有　份，实有　份，资料内容　基本详实 □　详实准确 □ 核查结论：基本完整 □　齐全完整 □ 项目专业技术负责人： 年　月　日
分项工程综合验收评定结论	该分项工程共有　个质量检验批，其中有　个检验批质量为合格，有　个检验批质量为优良，优良率为　%，该分项工程的施工操作依据及质量控制资料（基本完整　齐全完整），依据中国建筑工程总公司《建筑工程施工质量统一标准》ZJQ00-SG-013-2006 的相关规定，该分项工程质量：合格 □　优良 □ 项目专职质量检查员： 年　月　日
参加验收人员（签字）	分包单位项目负责人： 年　月　日 项目专业技术负责人： 年　月　日 总包项目技术负责人： 年　月　日
监理（建设单位）验收结论	同意（不同意）总包单位验收意见 监理工程师（建设单位项目专业技术负责人）： 年　月　日

表 E.0.1-7 ___细部构造___ 分项工程质量验收、评定记录

工程名称			结构类型		检验批数量	
施工总包单位			项目经理		项目技术负责人	
分项工程分包单位			分包单位负责人		分包项目经理	
序号	检验批部位、区段		分包单位检查结果	总包单位验收、评定结论	监理（建设）单位验收意见	
1						
2						
3						
4						
5						
6						
7						
8						
9						
10						
11						
12						
质量控制资料	应有　份，实有　份，资料内容：基本详实 □　详实准确 □ 核查结论：基本完整 □　齐全完整 □ 项目专业技术负责人： 年　月　日					
分项工程综合验收评定结论	该分项工程共有　个质量检验批，其中有　个检验批质量为合格，有　个检验批质量为优良，优良率为　％，该分项工程的施工操作依据及质量控制资料（基本完整　齐全完整），依据中国建筑工程总公司《建筑工程施工质量统一标准》ZJQ00-SG-013-2006 的相关规定，该分项工程质量：合格 □　优良 □ 项目专职质量检查员： 年　月　日					
参加验收人员（签字）	分包单位项目负责人： 年　月　日					
	项目专业技术负责人： 年　月　日					
	总包项目技术负责人： 年　月　日					
监理（建设单位）验收结论	同意（不同意）总包单位验收意见 监理工程师（建设单位项目专业技术负责人）： 年　月　日					

表 E.0.1-8 __喷锚支护__ 分项工程质量验收、评定记录

工程名称			结构类型		检验批数量	
施工总包单位			项目经理		项目技术负责人	
分项工程分包单位			分包单位负责人		分包项目经理	
序号	检验批部位、区段		分包单位检查结果	总包单位验收、评定结论	监理（建设）单位验收意见	
1						
2						
3						
4						
5						
6						
7						
8						
9						
10						
11						
12						
质量控制资料	应有　份，实有　份，资料内容：基本详实 □　详实准确 □ 核查结论：基本完整 □　齐全完整 □ 项目专业技术负责人： 年　月　日					
分项工程综合验收评定结论	该分项工程共有　个质量检验批，其中有　个检验批质量为合格，有　个检验批质量为优良，优良率为　％，该分项工程的施工操作依据及质量控制资料（基本完整　齐全完整），依据中国建筑工程总公司《建筑工程施工质量统一标准》ZJQ00-SG-013-2006 的相关规定，该分项工程质量：合格 □　优良 □ 项目专职质量检查员： 年　月　日					
参加验收人员 (签字)	分包单位项目负责人： 年　月　日					
	项目专业技术负责人： 年　月　日					
	总包项目技术负责人： 年　月　日					
监理（建设单位）验收结论	同意（不同意）总包单位验收意见 监理工程师（建设单位项目专业技术负责人）： 年　月　日					

表 E.0.1-9 ___复合式衬砌___ 分项工程质量验收、评定记录

工程名称		结构类型		检验批数量	
施工总包单位		项目经理		项目技术负责人	
分项工程分包单位		分包单位负责人		分包项目经理	

序号	检验批部位、区段	分包单位检查结果	总包单位验收、评定结论	监理（建设）单位验收意见
1				
2				
3				
4				
5				
6				
7				
8				
9				
10				
11				
12				

质量控制资料	应有 份，实有 份，资料内容：基本详实 □ 详实准确 □ 核查结论：基本完整 □ 齐全完整 □ 项目专业技术负责人： 年 月 日
分项工程综合验收评定结论	该分项工程共有 个质量检验批，其中有 个检验批质量为合格，有 个检验批质量为优良，优良率为 %，该分项工程的施工操作依据及质量控制资料（基本完整 齐全完整），依据中国建筑工程总公司《建筑工程施工质量统一标准》ZJQ00-SG-013-2006 的相关规定，该分项工程质量：合格 □ 优良 □ 项目专职质量检查员： 年 月 日
参加验收人员（签字）	分包单位项目负责人： 年 月 日
	项目专业技术负责人： 年 月 日
	总包项目技术负责人： 年 月 日
监理（建设单位）验收结论	同意（不同意）总包单位验收意见 监理工程师（建设单位项目专业技术负责人）： 年 月 日

表 E.0.1-10　　地下连续墙　分项工程质量验收、评定记录

工程名称		结构类型		检验批数量	
施工总包单位		项目经理		项目技术负责人	
分项工程分包单位		分包单位负责人		分包项目经理	

序号	检验批部位、区段	分包单位检查结果	总包单位验收、评定结论	监理（建设）单位验收意见
1				
2				
3				
4				
5				
6				
7				
8				
9				
10				
11				
12				

质量控制资料	应有　份，实有　份，资料内容：基本详实 □　详实准确 □ 核查结论：基本完整 □　齐全完整 □ 项目专业技术负责人： 年　月　日
分项工程综合验收评定结论	该分项工程共有　个质量检验批，其中有　个检验批质量为合格，有　个检验批质量为优良，优良率为　%，该分项工程的施工操作依据及质量控制资料（基本完整　齐全完整），依据中国建筑工程总公司《建筑工程施工质量统一标准》ZJQ00-SG-013-2006 的相关规定，该分项工程质量：合格 □　优良 □ 项目专职质量检查员： 年　月　日
参加验收人员（签字）	分包单位项目负责人： 年　月　日 项目专业技术负责人： 年　月　日 总包项目技术负责人： 年　月　日
监理（建设单位）验收结论	同意（不同意）总包单位验收意见 监理工程师（建设单位项目专业技术负责人）： 年　月　日

表 E.0.1-11 ___盾构法隧道___ 分项工程质量验收、评定记录

工程名称		结构类型		检验批数量	
施工总包单位		项目经理		项目技术负责人	
分项工程分包单位		分包单位负责人		分包项目经理	

序号	检验批部位、区段	分包单位检查结果	总包单位验收、评定结论	监理（建设）单位验收意见
1				
2				
3				
4				
5				
6				
7				
8				
9				
10				
11				
12				

质量控制资料	应有　份，实有　份，资料内容：基本详实 □　详实准确 □ 核查结论：基本完整 □　齐全完整 □ 项目专业技术负责人： 年　月　日
分项工程综合验收评定结论	该分项工程共有　个质量检验批，其中有　个检验批质量为合格，有　个检验批质量为优良，优良率为　％，该分项工程的施工操作依据及质量控制资料（基本完整　齐全完整），依据中国建筑工程总公司《建筑工程施工质量统一标准》ZJQ00-SG-013-2006 的相关规定，该分项工程质量：合格 □　优良 □ 项目专职质量检查员： 年　月　日
参加验收人员（签字）	分包单位项目负责人： 年　月　日 项目专业技术负责人： 年　月　日 总包项目技术负责人： 年　月　日
监理（建设单位）验收结论	同意（不同意）总包单位验收意见 监理工程师（建设单位项目专业技术负责人）： 年　月　日

表 E.0.1-12 ___渗排水、盲沟排水___ 分项工程质量验收、评定记录

工程名称		结构类型		检验批数量	
施工 总包单位		项目经理		项目技术 负责人	
分项工程 分包单位		分包单位 负责人		分包项目 经理	
序号	检验批部位、区段	分包单位 检查结果	总包单位验收、 评定结论	监理（建设）单位 验收意见	
1					
2					
3					
4					
5					
6					
7					
8					
9					
10					
11					
12					
质量控制资料	应有　份，实有　份，资料内容：基本详实 □　详实准确 □ 核查结论：基本完整 □　齐全完整 □ 项目专业技术负责人： 年　月　日				
分项工程综合验收评定结论	该分项工程共有　个质量检验批，其中有　个检验批质量为合格，有　个检验批质量为优良，优良率为　％，该分项工程的施工操作依据及质量控制资料（基本完整　齐全完整），依据中国建筑工程总公司《建筑工程施工质量统一标准》ZJQ00-SG-013-2006 的相关规定，该分项工程质量：合格 □　优良 □ 项目专职质量检查员： 年　月　日				
参加验收人员 （签字）	分包单位项目负责人： 年　月　日				
	项目专业技术负责人： 年　月　日				
	总包项目技术负责人： 年　月　日				
监理（建设单位）验收结论	同意（不同意）总包单位验收意见 监理工程师（建设单位项目专业技术负责人）： 年　月　日				

7—77

表 E.0.1-13 __隧道，坑道排水__ 分项工程质量验收、评定记录

工程名称		结构类型		检验批数量	
施工 总包单位		项目经理		项目技术 负责人	
分项工程 分包单位		分包单位 负责人		分包项目 经理	

序号	检验批部位、区段	分包单位检查结果	总包单位验收、评定结论	监理（建设）单位验收意见
1				
2				
3				
4				
5				
6				
7				
8				
9				
10				
11				
12				

质量控制资料	应有　份，实有　份，资料内容：基本详实 □　详实准确 □ 核查结论：基本完整 □　齐全完整 □ 　　　　　　　　　　项目专业技术负责人： 　　　　　　　　　　　　　　　　　　　年　月　日
分项工程综合验收评定结论	该分项工程共有　个质量检验批，其中有　个检验批质量为合格，有　个检验批质量为优良，优良率为　%，该分项工程的施工操作依据及质量控制资料（基本完整　齐全完整），依据中国建筑工程总公司《建筑工程施工质量统一标准》ZJQ00-SG-013-2006 的相关规定，该分项工程质量：合格 □　优良 □ 　　　　　　　　　　项目专职质量检查员： 　　　　　　　　　　　　　　　　　　　年　月　日
参加验收人员 （签字）	分包单位项目负责人： 　　　　　　　　　　　　　　　　　　　年　月　日
	项目专业技术负责人： 　　　　　　　　　　　　　　　　　　　年　月　日
	总包项目技术负责人： 　　　　　　　　　　　　　　　　　　　年　月　日
监理（建设单位）验收结论	同意（不同意）总包单位验收意见 监理工程师（建设单位项目专业技术负责人）： 　　　　　　　　　　　　　　　　　　　年　月　日

表 E.0.1-14　　预注浆，后注浆　分项工程质量验收、评定记录

工程名称			结构类型		检验批数量	
施工总包单位			项目经理		项目技术负责人	
分项工程分包单位			分包单位负责人		分包项目经理	
序号	检验批部位、区段	分包单位检查结果		总包单位验收、评定结论	监理（建设）单位验收意见	
1						
2						
3						
4						
5						
6						
7						
8						
9						
10						
11						
12						
质量控制资料	应有　份，实有　份，资料内容：基本详实 □　详实准确 □ 核查结论：基本完整 □　齐全完整 □ 　　　　　　　　　项目专业技术负责人： 　　　　　　　　　　　　　　　　　　年　月　日					
分项工程综合验收评定结论	该分项工程共有　个质量检验批，其中有　个检验批质量为合格，有　个检验批质量为优良，优良率为　％，该分项工程的施工操作依据及质量控制资料（基本完整　齐全完整），依据中国建筑工程总公司《建筑工程施工质量统一标准》ZJQ00-SG-013-2006 的相关规定，该分项工程质量：合格 □　优良 □ 　　　　　　　　　项目专职质量检查员： 　　　　　　　　　　　　　　　　　　年　月　日					
参加验收人员（签字）	分包单位项目负责人： 　　　　　　　　　　　年　月　日					
	项目专业技术负责人： 　　　　　　　　　　　年　月　日					
	总包项目技术负责人： 　　　　　　　　　　　年　月　日					
监理（建设单位）验收结论	同意（不同意）总包单位验收意见 监理工程师（建设单位项目专业技术负责人）： 　　　　　　　　　　　　　　　　　　年　月　日					

表 E.0.1-15 　　衬砌裂缝注浆　　分项工程质量验收、评定记录

工程名称		结构类型		检验批数量	
施工总包单位		项目经理		项目技术负责人	
分项工程分包单位		分包单位负责人		分包项目经理	

序号	检验批部位、区段	分包单位检查结果	总包单位验收、评定结论	监理（建设）单位验收意见
1				
2				
3				
4				
5				
6				
7				
8				
9				
10				
11				
12				

质量控制资料	应有　份，实有　份，资料内容：基本详实 □　详实准确 □ 核查结论：基本完整 □　齐全完整 □ 项目专业技术负责人： 　　　　　　　　　　　　年　月　日
分项工程综合验收评定结论	该分项工程共有　个质量检验批，其中有　个检验批质量为合格，有　个检验批质量为优良，优良率为　%，该分项工程的施工操作依据及质量控制资料（基本完整　齐全完整），依据中国建筑工程总公司《建筑工程施工质量统一标准》ZJQ00-SG-013-2006 的相关规定，该分项工程质量：合格 □　优良 □ 项目专职质量检查员： 　　　　　　　　　　　　年　月　日
参加验收人员（签字）	分包单位项目负责人： 　　　　　　　　　　　　年　月　日 项目专业技术负责人： 　　　　　　　　　　　　年　月　日 总包项目技术负责人： 　　　　　　　　　　　　年　月　日
监理（建设单位）验收结论	同意（不同意）总包单位验收意见 监理工程师（建设单位项目专业技术负责人）： 　　　　　　　　　　　　年　月　日

附录 F 分部（子分部）工程质量验收、评定记录

F.0.1 分部（子分部）工程的质量验收评定记录应由总包项目专职质量检查员填写，总包企业的技术管理、质量管理部门均应参加验收。分部（子分部）工程验收、评定记录，见表 F.0.1。

F.0.2 当建设方不采用本标准作为地下防水工程质量的验收标准时，不需要勘察、设计、监理（建设）单位参加内部验收并签署意见。

表 F.0.1 地下防水 分部（子分部）工程验收、评定记录

工程名称		施工总包单位			
技术部门负责人		质量部门负责人		项目专职质量检查员	
分包单位		分包单位负责人		分包项目经理	
序号	分项工程名称	检验批数量	检验批优良率（%）	核定意见	
1	防水混凝土				
2	水泥砂浆防水层			施工单位质量管理部门（盖章）年 月 日	
3	卷材防水层				
4	涂料防水层				
5	金属板防水层				
6	塑料板防水层				
7	细部构造				
8	喷锚支护				

续表 F.0.1

序号	分项工程名称	检验批数量	检验批优良率（%）	核定意见
9	复合式衬砌			
10	地下连续墙			
11	盾构法隧道			施工单位质量管理部门（盖章）
12	渗排水、盲沟排水			
13	隧道，坑道排水			年　月　日
14	预注浆，后注浆			
15	衬砌裂缝注浆			

技术管理资料	份	质量控制资料	份	安全和功能检验（检测）报告	份
资料验收意见		应形成　份，实际　份。结论：基本完整 □　齐全完整 □			
观感质量验收		应得　分数，实得　分数，得分率　%。结论：合格 □　优良 □			
分部（子分部）工程验收结论		该分部（子分部）工程共含　个分项工程，其中优良分项　个，分项优良率为　%，各项资料（基本完整　齐全完整），观感质量（合格　优良）。依据中国建筑工程总公司《建筑工程施工质量统一标准》ZJQ00-SG-013-2006 的相关规定，该分部工程：合格 □　优良 □			

参加验收人员	分包单位项目经理	（签字）	年　月　日
	分包单位技术负责人	（签字）	年　月　日
	总包单位质量管理部门	（签字）	年　月　日
	总包单位项目技术负责人	（签字）	年　月　日
	总包单位项目经理	（签字）	年　月　日
	勘察单位项目负责人	（签字）	年　月　日
	设计单位项目专业负责人	（签字）	年　月　日
	监理（建设）单位项目总监（建设单位项目专业负责人）	（签字）	年　月　日

本标准用词说明

1 为便于在执行本标准条文时区别对待，对要求严格程度不同的用词说明如下：
  1）表示很严格，非这样做不可的用词：
     正面词采用"必须"，反面词采用"严禁"；
  2）表示严格，在正常情况下均应这样做的用词：
     正面词采用"应"，反面词用"不应"或"不得"；
  3）表示允许稍有选择，在条件许可时首先应这样做的用词：
     正面词采用"宜"，反面词采用"不宜"；
  表示有选择，在一定条件下可以这样做的用词采用"可"。
2 标准中指定按其他有关标准、规范的规定执行时，写法为"应符合……的规定"或"应按……执行"。

地下防水工程施工质量标准

ZJQ00-SG-019-2006

条文说明

目 次

1 总则 ·· 7—86
2 术语 ·· 7—86
3 基本规定 ·· 7—86
4 地下建筑防水工程 ·· 7—89
    4.1 防水混凝土 ·· 7—89
    4.2 水泥砂浆防水层 ··· 7—92
    4.3 卷材防水层 ·· 7—94
    4.4 涂料防水层 ·· 7—96
    4.5 塑料板防水层 ·· 7—97
    4.6 金属板防水层 ·· 7—99
5 特殊施工法防水工程 ·· 7—100
    5.1 锚喷支护 ··· 7—100
    5.2 地下连续墙 ··· 7—102
    5.3 复合式衬砌 ··· 7—104
    5.4 沉井 ·· 7—104
    5.5 高压喷射帷幕 ·· 7—105
    5.6 手掘式顶管 ··· 7—105
    5.7 盾构法隧道 ··· 7—105
6 排水工程 ·· 7—106
    6.1 渗排水、盲沟排水 ·· 7—106
    6.2 隧道、坑道排水 ·· 7—107
7 注浆工程 ·· 7—108
    7.1 预注浆、后注浆工程 ··· 7—108
    7.2 衬砌裂缝注浆 ·· 7—111
8 细部构造 ·· 7—112
    8.1 一般规定 ··· 7—112
    8.2 变形缝 ··· 7—113
9 子分部工程验收 ··· 7—114

1 总　　则

1.0.1 根据中国建筑工程总公司建筑工程施工质量统一标准提出的"突出质量策划、完善技术标准、强化过程控制、坚持持续改进"的指导思想，追求更高管理水平的企业质量标准，特编写本标准，以统一规定中国建筑工程总公司地下防水工程质量验收。

1.0.2 强调本标准的适用范围。

1.0.3 本标准是根据中国建筑工程总公司《建筑工程施工质量统一标准》ZJQ00-SG-013-2006规定的原则编制的。本标准对地下防水工程检验批、分项、分部（子分部）的划分，质量指标和验收程序都提出了要求，同时还强调执行本标准时应当与中国建筑工程总公司《建筑工程施工质量统一标准》ZJQ00-SG-013-2006配套使用。

1.0.4 本标准是企业标准，其编制是以现行国家标准为依据，结合中国建筑工程总公司所属企业的技术质量管理和工程质量现有实际水平，并参考建筑质量水平较高地区的地方标准。

2 术　　语

本标准共列出9条术语。术语列出有三种情况：

1 在现行国家标准中规定的有6条，即2.1.1～2.1.6条。
2 虽在国家标准中有规定，但范围扩大了。这样的术语有1条，即盾构法隧道。
3 本标准中新增加的术语有3条，即2.1.8～2.1.10条。

对以上三种类型的术语在本章一一列入，并给予定义。

3 基 本 规 定

3.1.1 本条文根据国家《地下防水工程质量验收规范》GB 50208-2002将地下工程防水划分为四个等级。

表3.1.1地下工程防水等级标准的依据是：

1) 防水等级为1级的工程，其结构内壁并不是没有地下水渗透现象。由于渗水量极小，且随时被正常的人工通风所带走，通常混凝土结构的散湿量为$0.012\sim0.024\text{L/m}^2\cdot\text{d}$。当渗透小于蒸发时，结构表面不会留存湿渍，故对此不作定量指标的规定。

  2）防水等级为2级的工程，不允许有漏水，结构表面可有少量湿渍。过去《地下工程防水技术规范》GB 50108-2001中曾给出渗漏量为0.025～02L/m²·d的指标，由于这一量值较小，难以准确检测，会给工程验收带来一定的困难。经过对大量观测数据的分析，在通风不好、工程内部湿度较大的情况下，我们得到了一些有价值的数据。多年来，铁道、隧道等部门采用量测任意100m²防水面积上湿渍总面积、单个湿渍的最大面积、湿渍个数的办法来判断，已得到工程界的认可。同样，对工业与民用建筑地下工程也提出不同的量化指标。

  3）防水等级为3级的工程，允许少量漏水点，但不得有线流和漏泥砂。在地下工程中，顶（拱）的渗漏水一般为滴水，而侧墙则多呈流挂湿渍形式，当侧墙的最大湿渍面积小于0.3m²时，此处的渗漏可认为符合3级标准。为便于工程验收，标准中明确规定当湿渍的最大面积、单个漏水点的最大漏水量和漏水点数量。

  4）防水等级为4级的工程，允许有漏水点，但不得有线流和漏泥砂。标准提到任意100m²防水面积渗漏水量是整个工程渗漏水量的2倍，这是根据德国STUVA防水等级中的规定，即100m区间的渗漏水量是10m区间的1/2，是1m区间的1/4。

3.1.2 根据国家标准，地下工程的防水应包括两个部分内容：即一是主体防水，二是细部构造防水。目前，主体采用防水混凝土结构自防水的效果尚好，而细部构造（施工缝、变形缝、后浇带、诱导缝）的渗漏水现象最为普遍，工程界有所谓"十缝九漏"之称。明挖法施工时，不同防水等级的地下工程防水设防，对主体防水"应"或"宜"采用防水混凝土。当工程的防水等级为1～3级时，还应在防水混凝土的粘结表面增设一至两道其他防水层，称谓"多道设防"。一道防水设防的含义应是具有单独防水能力的一个防水层。多道设防时，所增设的防水层可采用多道卷材，亦可采用卷材、涂料、刚性防水复合使用。多道设防主要利用不同防水材料的材性，体现地下防水工程"刚柔相济"的设计原则。

  过去人们一直认为混凝土是永久性材料，但通过实践人们逐渐认识混凝土在地下工程中会受到地下水的侵蚀，其耐久性会受到影响。现在我国地下水特别是浅层地下水受污染比较严重，而防水混凝土在抗渗等级P8时的渗透系数为$(5～8)×10^{-8}$cm/s。所以，地下水对混凝土、钢筋的侵蚀破坏是一个不容忽视的问题。防水等级为1、2级的工程，大多是比较重要、使用年限较长的工程，单靠用防水混凝土来抵抗地下水的侵蚀其效果是有限的。同样，对细部构造应根据不同防水等级选用不同的防水措施，防水等级越高，所采用的防水措施越多。

  暗挖法施工是针对主体不同的衬砌，也应按不同防水等级采用不同的防水措施。

3.1.3 通过图纸会审，施工单位既要对设计质量把关，又要掌握地下工程防水构造设计的要点，施工前还应有针对性地确保防水工程质量的施工方案和技术措施。

  施工单位对地下防水工程的各工序应按企业标准进行质量控制，编制防水工程的施工方案或技术措施。

3.1.4 施工过程中建立工序质量的自查、核查和交接检查制度，是实行施工质量过程控制的根本保证。上工序完成后，应经完成方与后续工序的承接方共同检查并确认，方可进行下一工序的施工。本条文规定工序或分项工程的质量验收，应在操作人员自检合格的基础上，进行工序之间的交接检和专职质量人员的检查，检查结果应有完整的记录，然后由监理工程师代表建设单位进行检查和确认。

3.1.5 防水作业是保证地下防水工程质量的关键。目前我国一些地区由于使用不懂防水技术的工人进行防水作业，以致造成工程渗漏的严重后果。故强调必须建立具有相应资质的专业防水施工队伍，施工人员必须经过理论与实际施工操作的培训，并持有建设行政主管部门或其指定单位颁发的执业资格证书或上岗证。

3.1.6 本条文明确规定防水工程所使用的防水材料，必须经过各级法定检测部门进行抽样检验，并出具产品质量检验报告。其目的是要控制进入市场的材料，保证材料的品种、规格、性能等在符合国家标准、行业标准要求的同时尚需满足企业标准的要求。

对进入现场的材料还应按本标准附录A和附录B的规定进行抽样复试。如发现不合格的材料进入现场，应责令其清退出场，决不允许使用到工程上。

为了做到建设工程质量检测工作的科学性、公正性和正确性，根据建设部建监(1996)488号《关于加强工程质量检测工作若干意见》的要求，对进场的主要建筑材料应由监理人员（建设单位）与施工人员共同取样，并送至有资质的试验室进行试验，实行见证取样、送样制度。

3.1.7 进行防水结构或防水层施工，现场应做到无水、无泥浆，这是保证地下防水工程施工质量的一个重要条件。因此，在地下防水工程施工期间必须做好周围环境的排水和降低地下水位的工作。

排除基坑周围的地面水和基坑内的积水，以便在不带水和泥浆的基坑内进行施工。排水时应注意避免基土的流失，防止因改变基底的土层构造而导致地面沉陷。

为了确保地下防水工程的施工质量，本条明确规定地下水位要求降低至防水工程底部最低高程以下500mm的位置，并应保持已降的地下水位至整个防水工程完成。

3.1.8 在地下工程的防水层施工时，气候条件对其影响是很大的。雨天施工会使基层含水率增大，导致防水层粘结不牢；气温过低时铺贴卷材，易出现开卷时卷材发硬、脆裂，严重影响防水层质量；低温涂刷涂料，涂层易受冻且不成膜；五级风以上进行防水层施工操作，难以确保防水层质量和人身安全。故本条文根据不同的材料性能及施工工艺，分别规定了适于施工的环境气温。

3.1.9 根据国家标准《建筑工程施工质量验收统一标准》GB 50300-2001规定，确定地下防水工程为地基与基础分部工程中的一个子分部工程。由于地下防水工程包括了地下建筑防水工程、特殊施工法防水工程、排水工程和注浆工程等主要内容，表3.1.9分别对分项工程给予具体划分，有助于及时纠正施工中出现的质量问题，也符合施工实际。

3.1.10 我国对地下工程防水等级标准划分为四级，主要是根据国内工程调查资料和参考国外有关规定，结合地下工程不同的使用要求和我国实际情况，按允许渗漏水量来确定。本条方规定地下防水工程应按工程设计的防水等级标准进行验收；地下防水工程的渗漏水调查与量测方法，应按本标准附录C执行。

4 地下建筑防水工程

4.1 防水混凝土

4.1.1 一般规定

1 在明挖法地下整体式混凝土主体结构设防中，防水混凝土是一道重要防线，也是做好地下防水工程的基础。因此在1～3级地下防水工程中，防水混凝土是应选的防水措施，在4级地下防水工程中则作为宜选的防水措施。

在常温下具有较高抗渗性的防水混凝土，其抗渗性随着环境提高而降低。当温度为100℃时，混凝土抗渗性约降低40%，200℃时约降低60%以上；当温度超过250℃时，混凝土几乎完全失去抗渗能力，而抗拉强度也随之下降为原来强度的66%。为确保防水混凝土的防水功能，防水混凝土的最高使用不得超过80℃，一般应控制在50～60℃。

2 原材料的质量直接关系到防水混凝土的质量，因此所选用的材料应符合本条文的规定。

为确保防水混凝土的抗渗等级及抗压强度，规定水泥强度等级不应低于32.5级。

防水混凝土不应使用过期水泥或由于受潮而成团结块的水泥，否则将由于水化不完全而大大影响混凝土的抗渗性和强度。对过期水泥或受潮结块水泥必须重新进行检验，符合要求后方能使用。

粗、细骨料的含泥量多少，直接影响防水混凝土的质量，尤其对混凝土抗渗性影响较大。特别是黏土块，其体积不稳定，干燥时收缩、潮湿时膨胀，对混凝土有较大的破坏作用，必须加以限制。

由于化学工业的发展，水的资源受到越来越严重的污染，因此对防水混凝土的用水必须进行检测并加以控制，不应含有害物质。

外加剂对提高防水混凝土的质量极有好处，根据目前工程中应用外加剂种类和质量的情况，提出了外加剂的技术性能应符合国家或行业标准一等品以上的质量要求。如UEA膨胀剂的质量标准分为两档，一等品的限制膨胀率为0.4‰，而合格品仅为0.2‰，若在地下工程中使用合格品的膨胀剂，加量按10%～12%掺加，则肯定达不到预期的膨胀值要求。

粉煤灰、硅粉等粉细料属活性掺合料对提高防水混凝土的抗渗性起一定作用，它们的加入可以改善砂子级配（补充天然砂中部分小于0.15mm颗粒），填充混凝土部分空隙，提高混凝土的密实性和抗渗性。

掺入粉煤灰、硅粉还可以减少水泥用量，降低水化热，防止和减少混凝土裂产生。但是随着上述粉细料掺量的增加，混凝土强度随之下降。因此，根据试验及实际施工经验，本条提出了粉煤灰掺量不宜大于20%，硅粉掺量不应大于3%的规定。

3 考虑到施工现场与试验室条件的差别，试验室配制的防水混凝土其抗渗水压值应比设计要求提高 0.2MPa，以利于保证施工质量和混凝土的防水性。

适宜的水泥用量和砂率，能使混凝土中水泥砂浆的数量和质量达到最好的水平，从而获得良好的抗渗性。反之，如水泥用量过小，拌合物黏滞性差，容易出现分层离析及其他施工质量问题；如果水泥用量过大，则水化热高、增加混凝土收缩而且不经济。据现场调查及试验研究结果表明，当最小水泥用量为 300kg/m³ 时，混凝土的抗渗等级可达到大于 P8 的要求。

砂率和灰砂比对抗渗性有明显影响。如灰砂比偏大（1∶1～1∶1.5）即砂率偏低时，由于砂子数量不足而水泥和水的含量高，混凝土往往出现不均匀及收缩大的现象，混凝土抗渗性较差；如灰砂比偏小（1∶3）即砂率偏高时，由于砂子过多，拌合物干涩而缺乏粘结能力，混凝土密实性差，抗渗能力下降。因此，只有当水泥与砂的用量即灰砂比为 1∶2～1∶2.5 时最为适宜。

拌合物的水灰比对硬化混凝土孔隙率大小、数量起决定性作用，直接影响混凝土的结构密实性。水灰比越大，混凝土中多余水分蒸发后，形成孔径为 50～150μm 的毛管等开放的孔隙也就越多，这些孔隙是造成混凝土渗漏水的主要原因。

从理论上讲，在满足水泥完全水化及润湿砂石所需水量的前提下，水灰比越小，混凝土密实性越好，抗渗性和强度也就越高。但水灰比过小，混凝土极难振捣和拌合均匀，其密实性和抗渗性反而得不到保证。随着外加剂的开发应用，减水剂已成为混凝土不可缺少的组分之一，掺入减水剂后可以适量减少混凝土水灰比，而防水功能并不降低，故本条规定防水混凝土水灰比以不大于 0.55 为宜。

4 规定了各种原材料的计量标准，避免由于计量不准确或偏差过大而影响混凝土配合比的准确性，确保混凝土的匀质性、抗渗性和强度等技术性能。

5 拌合物坍落度的大小，对拌合物施工性及硬化后混凝土的抗渗性和强度有直接影响，因此加强坍落度的检测和控制是十分必要的。

由于混凝土输送条件和运距的不同，掺入外加剂后引起混凝土的坍落度损失也会不同。规定了坍落度允许偏差，减少和消除上述各种不利因素影响，保证混凝土具有良好的施工性。

6 防水混凝土不宜采用蒸汽养护。采用蒸汽养护会使毛细管因经受蒸汽压力而扩张，从而使混凝土的抗渗性急剧下降，故防水混凝土的抗渗性能必须以标准条件下养护的抗渗试块作为依据。

随着地下工程规模的日益扩大，混凝土浇筑量大大增加。近十年来地下室 3～4 层的工程并不罕见，有的工程仅底板面积即达 1 万多平方米。如果抗渗试件留设组数过多，必然造成工作量太大、试验设备条件不够、所需试验时间过长；即使试验结果全部得出，也会因不及时而失去了意义，给工程质量造成遗憾。为了比较真实地反映防水工程质量情况，规定每 500m³ 留置一组抗渗试件，且每项工程不得少于两组。

7 防水混凝土工程施工质量的检验数量，应按混凝土外露面积每 100m² 抽查 1 处，每处 10m²，且不得少于 3 处。抽查面积是以地下混凝土工程总面积的 1/10 来考虑的，具有足够的代表性，经多年工程实践证明这一数值是可行的。

细部构造是地下防水工程渗漏水的薄弱环节。细部构造一般是独立的部位，一旦出现渗漏难以修补，不能以抽检的百分率来确定地下防水工程的整体质量，因此施工质量检验时应按全数检查。

4.1.2 主控项目

1 防水混凝土包括普通防水混凝土、外加剂或掺合料防水混凝土和膨胀水泥防水混凝土三大类。

普通防水混凝土是以调整配合比的方法，提高混凝土自身的密实性和抗渗性。

外加剂防水混凝土是在混凝土拌合物中加入少量改善混凝土抗渗性的有机或无机物，如减水剂、防水剂、引气剂等外加剂；掺合料防水混凝土是在混凝土拌合物中加入少量硅粉、磨细矿渣粉、粉煤灰等无机粉料，以增加混凝土密实性和抗渗性。防水混凝土中的外加剂和掺合料均可单掺，也可复合掺用。

膨胀水泥防水混凝土是利用膨胀水泥在水化硬化过程中形成大量体积增大的结晶（如钙矾石），主要是改善混凝土的孔结构，提高混凝土抗渗性能。同时，膨胀后产生的自应力使混凝土处于受压状态，提高混凝土的抗裂能力。

上述防水混凝土的原材料、配合比及坍落度必须符合设计要求。施工过程中应检查产品的合格证书和性能检验报告，检查混凝土拌制时的计量措施。

2 防水混凝土与普通混凝土配制原则不同，普通混凝土是根据所需强度要求进行配制，而防水混凝土则是根据工程设计所需抗渗等级要求进行配制。通过调整配合比，使水泥砂浆除满足填充和粘结石子骨架作用外，还在粗骨料周围形成一定数量良好的砂浆包裹层，从而提高混凝土抗渗性。

作为防水混凝土首先必须满足设计的抗渗等级要求，同时适应强度要求。一般能满足抗渗要求的混凝土，其强度往往会超过设计要求。

3 变形缝应考虑工程结构的沉降、伸缩的可变性，并保证其在变化中的密闭性，不产生渗漏现象。变形缝处混凝土结构的厚度不应小于300mm，变形缝的宽度宜为20～30mm。全埋式地下防水工程的变形缝应为环状；半地下防水工程的变形缝应为U字形，U字形变形缝的设计高度应超出室外地坪150mm以上。

防水混凝土的施工应不留或少留施工缝，底板的混凝土应连续浇筑。墙体上不得留垂直施工缝，垂直施工缝应与变形缝相结合。最低水平施工缝距底板面应不小于300mm，距墙孔洞边缘应不小于300mm，并避免设在墙板承受弯矩或剪力最大的部位。

后浇带是一种混凝土刚性接缝，适用于不宜设置柔性变形缝以及后期变形趋于稳定的结构。后浇带应采用补偿收缩混凝土，其强度等级不得低于两侧混凝土。

穿墙管道应在浇筑混凝土前预埋。当结构变形或管道伸缩量较小时，穿墙管可采用主管直接埋入混凝土内的固定式防水法；当结构变形或管道伸缩量较大或有更换要求时，应采用套管式防水法。穿墙管线较多时宜相对集中，采用封口钢板式防水法。

埋设件端部或预留孔（槽）底部的混凝土厚度不得小于250mm；当厚度小于250mm时，应采取局部加厚或加焊止水钢板的防水措施。

4.1.3 一般项目

1 地下防水工程除主体采用防水混凝土结构自防水外，往往在其结构表面采用卷材、涂料防水层，因此要求结构表面的质量应做到坚实和平整。防水混凝土结构内的钢筋或绑扎铁丝不得触及模板，固定模板的螺栓穿墙结构必须采取防水措施，避免在混凝土结构内留下渗漏水通路。

地下铁道、隧道结构预埋件和预留孔洞多，特别是梁、柱和不同断面结合等部位钢筋密集，施工时必须事先制定措施，加强该部位混凝土振捣，保证混凝土质量。

2 工程渗漏水的轻重程度主要取决于裂缝宽度和水头压力，当裂缝宽度在 0.1～0.2mm 左右、水头压力小于 15～20m 时，一般混凝土裂缝可以自愈。所谓"自愈"现象是当混凝土产生微细裂缝时，体内的游离氢氧化钙一部分被溶出且浓度不断增大，转变成白色氢氧化钙结晶，氢氧化钙与空气中的 CO_2 发生碳化作用，形成白色碳酸钙结晶沉积在裂缝的内部和表面，最后裂缝全部愈合，使渗漏水现象消失。基于混凝土这一特性，确定地下工程防水混凝土结构裂缝宽度不得大于 0.2mm 并不得贯通。

3 防水混凝土除了要求密实性好、开放孔隙少、孔隙率小以外，还必须具有一定厚度，从而可以延长混凝土的透水通路，加大混凝土的阻水截面，使得混凝土不发生渗漏。综合考虑现场施工的不利条件及钢筋的引水作用等诸因素，防水混凝土结构的最小厚度应不小于 250mm，才能抵抗地下压力水的渗透作用。

钢筋保护层通常是指主筋的保护厚度。由于地下工程结构的主筋外面还有箍筋，箍筋处的保护层厚度较薄，加之水泥固有收缩的弱点以及使用过程中受到各种因素的影响，保护层处混凝土极易开裂，地下水沿钢筋渗入结构内部，故迎水面钢筋保护层必须具有足够的厚度。

钢筋保护层厚度的确定，结构上应保证钢筋与混凝土的共同作用，在耐久性方面还应防止混凝土受到各种侵蚀而出现钢筋锈蚀等危害。参阅国内外有关文献规范，保护层一般均为 50mm 左右。

4.2 水泥砂浆防水层

4.2.1 一般规定

1 用于混凝土或砌体结构基层上的水泥砂浆防水层，应采用多层抹压的施工工艺，以提高水泥砂浆的防水能力。鉴于水泥砂浆防水层系刚性防水材料，适应基层变形能力差，因此不适用于环境有侵蚀性、持续振动或温度大于 80℃ 的地下工程。

2 我国原来水泥标号均比国外低一个等级，即 GB 425 号水泥相当于 ISO 32.5 级水泥。在 ISO 中 32.5 级为最低标号，而国内尚有 GB 325 号水泥大多为小窑生产，质量不稳定。为了与国际接轨，保证防水砂浆的强度和抗渗性要求，采用的水泥强度等级不得低于 32.5 级。

一般水泥过期或受潮结块后，其活性均有所下降，而且在其水化硬化过程中水化速度及水化程度也均会受到影响，因此对过期和受潮结块水泥的应用必须加以限制。

防水砂浆所用原材料品质的好坏，直接影响砂浆的技术性能指标，故对砂子的含泥量、硫化物和硫酸盐的含量、水中的有害物质含量、聚合物的品质以及外加剂的技术性能要求都作了规定。

3 水泥砂浆防水层的基层质量至关重要。基层表面状态不好，不平整、不坚实，有孔洞和缝隙，则会影响水泥砂浆防水层的均匀性及与基层的粘结性。

4 施工缝是水泥砂浆防水层的薄弱部位，由于施工缝接槎不严密及位置留设不当等原因，导致防水层渗漏水。因此水泥砂浆防水层各层应紧密结合，每层宜连续施工；如必须留槎时，系用阶梯坡形槎，且离开阴阳角处不得小于200mm，接槎要依层次顺序操作，层层搭接紧密。

为了防止水泥砂浆防水层早期脱水而产生裂缝导致渗水，规定在砂浆硬化后（约12~24h）要及时进行养护。一般水泥砂浆的水化硬化速度和强度发展均较快，14d强度可达标准强度的80%。

聚合物水泥砂浆防水层应采用干湿交替的养护方法，早期（硬化后7d）采用潮湿养护，后期采用自然养护；在潮湿环境中，可在自然条件下养护。使用特种水泥、外加剂、掺合料的水泥砂浆，养护应按产品有关规定执行。

随着我国化学建材工业的发展，外加剂、掺合料、高分子聚合物种类繁多、性能各异，掺入配制防水砂浆的方法也不尽相同。配制各种防水砂浆时，其配合比应符合所掺材料的规定，才能保证防水砂浆的技术性能指标满足防水工程的要求。

5 水泥砂浆防水层工程质量的检验数量，应按抽查面积与防水层总面积的1/10考虑，这一比例要求对检验防水层质量有一定代表性，实践也证明是可行的。

4.2.2 主控项目

1 普通水泥砂浆是采用不同配合比的水泥浆和水泥砂浆，通过分层抹压构成防水层。此方法在防水要求较低的工程中使用较为适宜。

在水泥砂浆中掺入各种外加剂、掺合剂，可提高砂浆的密实性、抗渗性，应用已较为普遍。而在水泥砂浆中掺入高分子聚合物配制成具有韧性、耐冲击性好的聚合物水泥砂浆，是近来国内外发展较快、具有较好防水效果的新型防水材料。

由于外加剂、掺合物和聚合物等材料的质量参差不齐，配制防水砂浆必须根据不同防水工程部位的防水要求和所用材料的特性，提供能满足设计要求的适宜的配合比。配制过程中必须做到原材料的品种、规格和性能符合国家标准或行业标准。同时计量应准确，搅拌应均匀，现场抽样试验应符合设计要求。

2 水泥砂浆防水层属刚性防水，适应变形能力较差，不宜单独作为一个防水层，而应与基层粘结牢固并连成一体，共同承受外力及压力水的作用。故规定水泥砂浆防水层与基层之间必须结合牢固，无空鼓现象。

4.2.3 一般项目

1 水泥砂浆防水层不同于普通水泥砂浆找平层，在混凝土或砌体结构的基层上应采用多层抹面做法，防止防水层的表面产生裂纹、起砂、麻面等缺陷，保证防水层和基层的粘结质量。水泥砂浆铺抹时，应在砂浆收水后二次压光，使表面坚固密实、平整；水泥砂浆终凝后，应采取浇水、覆盖浇水、喷养护剂、涂刷冷底子油等手段充分养护，保证砂浆中的水泥充分水化，确保防水层质量。

2 参见本标准第4.2.1条第4款的条文说明。

3 水泥砂浆防水层无论在结构迎水面还是在结构背水面，都具有很好的防水效果。根据新品种防水材料的特性和目前应用的实际情况，将防水层的厚度作了重新规定。即普通水泥砂浆防水层和掺外加剂或掺合料水泥砂浆防水层，其厚度均为18~20mm；聚合物水泥砂浆防水层，其厚度为6~8mm。

水泥砂浆防水层的厚度测量，应在砂浆终凝前用钢针插入进行尺量检查，不允许在已硬化的防水层表面任意凿孔破坏。

4.3 卷材防水层

4.3.1 一般规定

1 地下工程卷材防水层适用于在混凝土结构或砌体结构迎水面铺贴，一般采用外防外贴和外防内贴两种施工方法。由于外防外贴法的防水效果优于外防内贴法，所以在施工场地和条件不受限制时一般均采用外防外贴法。

2 目前国内外用的主要卷材品种：高聚物改性沥青防水卷材有 SBS、APP、APAO、APO 等防水卷材；合成高分子防水卷材有三元乙丙、氯化聚乙烯、聚氯乙烯、氯化聚乙烯-橡胶共混等防水卷材。该类材料具有延伸率较大、对基层伸缩或开裂变形适应性较强的特点，适用于地下防水施工。

我国化学建材行业发展很快，卷材及胶粘剂种类繁多、性能各异，胶粘剂有溶剂型、水乳型、单组分、多组分等，各类不同的卷材都应有与配套（相溶）的胶粘剂及其他辅助材料。不同种类卷材的配套材料不能相互混用，否则有可能发生腐蚀侵害或达不到粘结质量标准。

3 铺贴卷材前应在其表面上涂刷基层处理剂，基层处理剂应与卷材及胶粘剂的材料相容，可采用喷涂或涂刷法施工，喷涂应均匀一致、不露底，待表面干燥后方可铺贴卷材。

目前大部分合成高分子卷材只能采用冷粘法、自粘法铺贴，为保证其在较潮湿基面上的粘结质量，故提出施工时应选用湿固化型胶粘剂或潮湿界面隔离剂。

4 为确保地下工程在防水层合理使用年限内不发生渗漏，除卷材的材性材质因素外，卷材的厚度应是最重要的因素。本条文按工程防水要求对卷材厚度的选用作出了规定。

根据国家标准，表 4.3.1 中厚度数据，是按照我国现时水平和参考国外的资料确定的。卷材的厚度在防水层的施工和使用过程中，对保证地下工程防水质量起到关键作用；同时还应考虑到人们的踩踏、机具的压扎、穿刺、自然老化等，因此要求卷材应有足够的厚度。

5 建筑工程地下防水的卷材铺贴方法，主要采用冷粘法和热溶法。底板垫层混凝土平面部位的卷材宜采用空铺法、点粘法或条粘法，其他与混凝土结构相接触的部位应采用满铺法。

为了保证卷材防水层的搭接缝粘结牢固和封闭严密，本条规定两幅卷材短边和长边的搭接缝宽度均不应小于 100mm，是根据我国目前地下工程采用的作法及参考国外有关数据而制定的。

采用多层卷材时，上下两层和相邻两幅卷材的搭接缝应错开 1/3～1/2 幅宽，且两层卷材不得相互垂直铺贴。这是为防止在同一处形成透水通路，导致防水层渗漏水。

6 采用冷粘法铺贴卷材时，胶粘剂的涂刷对保证卷材防水施工质量关系极大；涂刷不均匀，有堆积或漏涂现象，不但影响卷材的粘结力，还会造成材料的浪费。

根据胶粘剂的性能和施工环境要求，有的可以在涂刷后立即粘贴，有的要待溶剂挥发后粘贴，控制胶粘涂刷与卷材铺贴的间隔时间尤为重要。

涂满胶粘剂和溢出胶粘剂，才能证明卷材粘结牢固、封闭严密。卷材铺贴后，要求接缝口用 10mm 宽的密封材料封口，以提高防水层的密封抗渗性能。

7 对热熔法铺贴卷材的施工，加热时卷材幅宽内必须均匀一致，要求火焰加热器的喷嘴与卷材距离应适当，加热至卷材表面有光亮黑色时方可进行粘合。若熔化不够会影响卷材接缝的粘结强度和密封性能，加温过高会使改性沥青老化变焦，且把卷材烧穿。

卷材表面层所涂覆的改性沥青热熔胶，采用热熔法施工时容易把胎体增强材料烧坏，严重影响防水卷材的质量。因此对厚度小于3mm的高聚物改性沥青防水卷材，作出严禁采用热熔法施工的规定。

8 底板垫层、侧墙和顶板部位卷材防水层，铺贴完成后应作保护层，防止后续施工将其损坏。顶板保护层考虑顶板上部使用机械回填碾压时，细石混凝土保护层厚度应大于70mm。条文中建议保护层与防水层间设置隔离层（如采用干铺油毡），主要是防止保护层伸缩而破坏防水层。

砌筑保护墙过程中，保护墙与侧墙之间会出现一定的空隙，为防止回填侧压力将保护墙折断而损坏防水层，所以要求保护墙应边砌边将空隙填实。

9 卷材防水层工程施工质量的检验数量，应按所铺贴卷材面积的1/10进行抽查，每处检查10m²，且不得少于3处。

4.3.2 主控项目

1 卷材防水层应采用高聚物改性沥青防水卷材和合成高分子防水卷材。目前，国内新型防水材料的发展很快，产品质量标准都陆续发布和实施。高聚物改性沥青防水卷材应符合国标《弹性体沥青防水卷材》GB 18242-2000、《塑性体沥青防水卷材》GB 18243-2000和行标《改性沥青聚乙烯胎防水卷材》JC/T 633-1996的要求。国内合成高分子防水卷材的种类很多，产品质量应符合国标《高分子防水材料》（第一部分片材）GB 18173.1-2000的要求。

本标准附录A第A.0.1条所列入防水卷材的质量指标，具体是根据地下工程防水的需要，规定了卷材的外观质量和物理性能要求，而不是这些材料标准中的全部指标和最高或最低要求。同时，对卷材胶粘剂提出了基本要求，并对合成高分子胶粘剂浸水168h后，粘结剥离强度保持率不应低于70%作出规定。

2 地下工程的防水设防要求，应根据使用功能、结构型式、环境条件、施工方法及材料性能等因素合理确定。按设防要求的规定进行地下工程构造防水设计，设计人员应绘出大样图或指定采用建筑标准图集的具体作法。转角处、变形缝、穿墙管道等处是防水薄弱五环节，施工较为困难。为保证防水的整体效果，对上述细部做法必须严格操作和加强检查，除观察检查外还应检查隐蔽工程验收记录。

4.3.3 一般项目

1 实践证明，只有基层牢固和基层面干燥、清洁、平整，方能使卷材与基层面紧密粘贴，保证卷材的铺贴质量。

基层的转角处是防水层应力集中的部位，由于高聚物改性沥青卷材和合成高分子卷材的柔性好且卷材厚度较薄，因此防水层的转角处圆弧半径可以小些。具体地讲，转角处圆弧半径为：高聚物改性沥青卷材不应小于50mm，合成高分子卷材不应小于20mm。

2 卷材铺贴根据不同的使用功能和平面部位可采用满粘法，也可采用空铺法、点粘法、条粘法。为了保证卷材铺贴搭接宽度、位置准确和长边平直，要求铺贴卷材之前应测放基准线。

冷粘法铺贴卷材时，接缝口应用材性相溶的密封材料封严，其宽度不应小于10mm；热熔法铺贴卷材时，接缝部位必须溢出沥青热熔胶，并应随即刮封接口使接缝粘结严密。

3 本条文规定卷材保护层与防水层应粘结牢固、结合紧密、厚度均匀一致，是针对主体结构侧墙采用聚苯乙烯泡沫塑料保护层或砌砖保护墙（边砌边填实）和铺抹水泥砂浆时提出来的。

4 卷材铺贴前，施工单位应根据卷材搭接宽度和允许偏差，在现场弹线作为标准去控制施工质量。

4.4 涂料防水层

4.4.1 一般规定

1 地下工程涂料防水层适用于混凝土结构或砌体结构迎水面或被水面的涂刷，一般采用外防外涂和外防内涂两种施工方法。

2 地下结构属长期浸水部位，涂料防水层应选用具有良好的耐水性、耐久性、耐腐蚀性和耐菌性的涂料。

按地下工程应用防水涂料的分类，有机防水涂料主要包括合成橡胶类、合成树脂类和橡胶沥青类。氯丁橡胶防水涂料、SBS改性沥青防水涂料等聚合物乳液防水涂料，属挥发固化型；聚氨酯防水涂料属反应固化型。

当前国内聚合物水泥防水涂料发展很快，用量日益增多，日本称此类材料为水凝固型涂料。聚合物水泥涂料是以高分子聚合物为主要基料，加入少量无机活性粉料（如水泥及石英砂等），具有比一般有机涂料干燥快、弹性模量低、体积收缩小、抗渗性好等优点，国外称之为弹性水泥防水涂料。

无机防水涂料主要包括聚合物改性水泥基防水涂料和水泥基渗透结晶型防水涂料。应该指出，有机防水涂料固化成膜后最终是形成柔性防水层，与防水混凝土主体组合为刚性、柔性两道防水。无机防水涂料是在水泥中掺有一定的聚合物，不同程度地改变水泥固化后的物理力学性能，但是与防水混凝土主体组合仍应认为是刚性两道防水设防，不适用于变形较大或受振动部位。

涂刷的防水涂料固化后形成有一定厚度的涂膜，如果涂膜厚度太薄就起不到防水作用和很难达到合理使用年限的要求，所以对各类防水涂料的涂膜厚度作了规定。

水乳型防水涂料称之为薄质涂料，涂布固化后很难形成较厚的涂膜，可通过薄涂多次或多布多涂来达到厚度的要求。合成高分子防水涂料某些性能大大优于高聚物改性沥青防水涂料，当采用合成高分子防水涂料与其他防水材料复合使用时，涂膜本身厚度可适当减薄一些。

表4.4.1防水涂料厚度的取值，是通过防水材料试验和工程实践得出的。根据地下工程防水对涂料的要求及现有涂料的性能，本标准在附录A第A.0.2条中分别规定了无机涂料和有机涂料的性能指标要求。可以看出，防水涂料必须具有一定厚度，才能保证地下工程的防水功能。

3 防水涂膜在满足厚度要求的前提下，涂刷的遍数越多对成膜的密实度越好，因此涂刷时应多遍涂刷，不论是厚质涂料还是薄质涂料均不得一次成膜。

每遍涂刷应均匀,不得有露底、漏涂和堆积现象。多遍涂刷时,应待涂层干燥成膜后方可涂刷后一遍涂料;两涂层施工间隔时间不宜过长,否则会形成分层。

当地下工程施工出现施工面积较大时,为保护施工搭接缝的防水质量,规定搭接缝宽度应大于 100mm,接涂前应将其甩茬表面处理干净。

4 参见本标准 4.3.1 条第 8 款的条文说明。

5 涂料防水层工程施工质量的检验数量,应按涂刷涂料面积的 1/10 进行抽查,每处检查 10m²,且不得少于 3 处。

4.4.2 主控项目

1 本标准附录 A 第 A.0.2 条所列入有机防水涂料和无机防水涂料的物理性能,是根据地下工程对材料的基本要求和目前材料性能的现状提出来的。

为了充分发挥防水涂料的防水作用,对防水涂料主要提出四个方面的要求:一是要有可操作时间,操作时间越短的涂料将不利于大面积防水涂料施工;二是要有一定的粘结强度,特别是在潮湿基面(即基面饱和但无渗漏水)上有一定的粘结强度;三是防水涂料必须具有一定厚度,才能保证防水功能;四是涂膜应具有一定的抗渗性。

耐水性是用于地下工程中的涂料一项重要指标,但目前国内尚无适用于地下工程防水涂料耐水性试验方法和标准。由于地下工程处于地下水的包围之中,如涂料遇水产生溶胀现象,其物理性能就会降低。因此,借鉴屋面防水材料耐水性试验方法和标准,对有机防水涂料的耐水性提出指标要求规定。反应型防水涂料的耐水性应不小于 80%,水乳型和聚合物水泥防水涂料的耐水性也应不小于 80%。耐水性指标是在浸水 168h 后,材料的粘结强度及砂浆抗渗性的保持率。

2 参见本标准 4.3.2 条第 2 款的条文说明。

4.4.3 一般项目

1 参见本标准 4.3.3 条第 1 款的条文说明。

2 涂料防水层表面应平整,涂刷应均匀,成膜后如出现流淌、鼓泡、露胎体和翘边等缺陷,会降低防水工程质量和影响使用寿命。

涂料防水层与基层是否粘结牢固,主要决定基层的干燥程度。要想使基面达到比较干燥的程度较难,因此涂刷涂料前应先在基层上涂一层与涂料相容的基层处理剂,这是解决粘结牢固的好方法。

3 地下工程涂料防水层涂膜厚度一般都不小于 2mm,如一次涂成,会使涂膜内外收缩和干燥时间不一致而造成开裂;如前层未干就涂后层,则高部位涂料就会下淌并且越淌越薄,低处又会堆积起皱,防水工程质量难以保证。

本条文规定涂膜的平均厚度应符合设计要求,最小厚度不得小于设计厚度的 80%,可供施工人员在配料、涂刷施工时加以很好控制,既不浪费材料又能满足防水要求。

4 参见本标准 4.3.3 条第 3 款的条文说明。

4.5 塑料板防水层

4.5.1 一般规定

1 塑料板防水层一般是在初期支护上铺设,然后实施二次衬砌混凝土,工程上通常叫做复合式衬砌防水层或夹层防水。复合式衬砌防水构成了两道防水，一道是塑料板防水层；另一道是防水混凝土。塑料板不仅起防水作用，而且对初期支护和二次衬砌还起到隔离和润滑作用，防止二次衬砌混凝土因初期支护表面不平而出现开裂，保护和发挥二次衬砌的防水效能。

2 缓冲层的作用一是防止初期支护基面的高低不平或毛刺穿破塑料防水板；二是有的缓冲层具有渗排水性能，可将通过初期支护的地下水排走。目前可供选择的缓冲层材料主要有土工合成材料和PE泡沫塑料两种。土工合成材料俗称无纺布，系用合成纤维料经热压针刺无纺工艺制成；PE泡沫塑料是由化学交联、发泡制成的封闭孔式泡沫塑料，具有良好的弹性及物理力学性能。

缓冲层铺设时，工程上一般采用射钉和塑料垫圈相配套的机械固定方法，应用暗钉圈焊接固定塑料防水板，最终形成无钉孔铺设的防水层。

塑料板防水层接缝较多，防水的关键取决于接缝密封的程度。国内经常采用的是双焊缝自动热合技术，这种方法一方面能保证焊接质量；另一方面也便于充气检查。

下部塑料板压住上部塑料板的规定，是为了使塑料板外侧上部的渗漏水能顺利流下，不至于积聚在塑料板的搭接缝处而形成隐患。

塑料防水板的铺设和内衬混凝土的施工交叉作业时，如两者施工距离过近则相互间易受干扰，过远又会受施工条件限制达不到规定的要求，且会使已铺好的防水板因自重造成脱落。根据现场施工经验，两者施工距离宜为5m左右。

3 塑料板防水层工程施工质量的检验数量，应按铺设防水板总数的1/10进行抽查，每处10m^2，且不得少于3处。焊缝的检验应按焊缝数量抽查5%，且不得少于3条。

4.5.2 主控项目

1 塑料防水板是工厂定型产品，具有厚薄均匀、质量保证、施工方便和对环境无污染的优点。塑料防水板的种类很多，从生产工艺上分有吹塑型和挤塑性，从材料种类上分有橡胶型、塑料型和其他化工类产品，幅宽从1～7m不等。以下列举国内经常使用的几种产品，供设计使用时参考。

EVA膜系乙烯—醋酸乙烯共聚物，特点是抗拉及抗裂强度较大、相对密度小，具有突出的柔软性和延伸率较大的优点，施工方便，防水效果优良。

LDPE膜系低密度聚乙烯，特点是抗压强度及延伸率大、比较柔软、易于施工，在目前应用塑料防水板中价格最低；缺点是燃烧速度比EVA大，不耐阳光照射。

HDPE为高密度聚乙烯，抗拉强度、延伸率等技术指标较高，但产品比较硬，施工困难。

ECB是乙烯共聚物沥青，板厚1.0～2.0mm，在奥地利、瑞士、意大利、韩国等国家的隧道中应用较多，其抗拉强度、延伸率、抗刺穿能力等性能均优于EVA和LDPE，在有振动、扭曲等复杂环境下也能实现坚固的防水目的，但铺设稍难，造价也高。

PVC即聚氯乙烯板，厚度1～3mm，在欧洲一些国家的隧道中应用较多，国内大瑶山隧道和北京地铁隧道都有应用。这种防水板幅宽较小（国内幅宽只有1m）接缝多，相对密度大不易铺设，尤其是焊接时有HCl等有害气体逸出对健康有一定的影响。

本标准附录A第A.0.3条所列入塑料防水板主要物理性能，系根据现在使用较多的几种防水板的性能综合考虑提出的，工程设计时可根据工程的要求及投资等情况合理选用。

2 塑料板的搭接缝必须采用热风焊枪进行焊接。焊缝的检验一般是在双焊缝间空腔内进行充气检查。充气法检查，即将5号注射针与压力表相接，用打气筒进行充气，当压力表达到0.25MPa时停止充气，保持15min，压力下降在10%以内，说明焊缝合格；如压力下降过快，说明有未焊好处。用肥皂水涂在焊缝上，有气泡的地方重新补焊，直到不漏气为止。

4.5.3 一般项目

1 基层质量的好坏直接影响塑料防水板的防水效果，塑料防水板一般是在初期支护（如喷射混凝土、地下连续墙）上铺设，要求基层表面十分平整则费时费力，且也达不到理想的要求。根据工程实践经验提出：铺设塑料防水板的基层宜平整，无尖锐物。基层平整度应符合 $D/L=1/6\sim1/10$ 的要求。式中 D——初期支护基层相邻两凸面凹进去的深度；L——初期支护基层相邻两凸面间的距离。

2 塑料防水板的铺设应与基层固定牢固。防水板固定不牢会引起板面下垂，绷紧时又会将防水板拉断。

因拱顶防水板易绷紧，从而产生混凝土封顶厚度不够的现象。因此需将绷紧的防水板割开，并将切口封焊严密再浇筑混凝土，以确保封顶混凝土的厚度。

3 塑料防水板采用热压焊接法的原理：将两片PVC卷材搭接，通过焊嘴吹热风加热，使卷材的边缘部分达到熔融状态，然后用压辊加压，使两片卷材熔为一体。

塑料板搭接缝采用热风焊接施工时，单条焊缝的有效焊接宽度不应小于10mm。故塑料板搭接宽度不应小于80mm，有效焊接宽度应为10×2+空腔宽。本条文给出了搭接宽度的允许偏差，可以做到准确下料和保证防水层的施工质量。

4.6 金属板防水层

4.6.1 一般规定

1 金属板防水层重量大、工艺繁、造价高，一般地下防水工程极少使用，但对于一些抗渗性能要求较高的构筑物（如铸工浇注坑、电炉钢水坑等），金属板防水层仍占有重要地位和实用价值。因为钢水、铁水均为高温熔液，可使渗入坑内的水分汽化，一量蒸汽侵入金属熔液中会导致铸件报废，严重者还有引起爆炸的危险。

2 金属板防水层在地下水的侵蚀下易产生腐蚀现象，除了对金属材料和焊条、焊剂提出质量要求外，对保护材料也作了相应的规定。

3 金属板防水层的接缝应采用焊接，为保证接缝的防水密封，应对焊缝的质量进行外观检查和无损检验。

4 金属防水板易产生锈蚀、麻点或被其他铁件划伤，因此本条文对上述缺陷提出了质量要求。

5 本条文规定了金属板防水层工程施工质量的检验数量。因焊缝的好坏是保证金属板防水层质量的关键，所以对焊缝单独提出抽检要求。

4.6.2 主控项目

1 金属板材和焊条规格、材质必须按设计要求选择，钢材的性能应符合国标《碳素结构钢》GB 700-88和《低合金高强度结构钢》GB/T 1591-94的要求。

2 焊工考试按行业标准《建筑钢结构焊接技术规程》JGJ 81-2002的有关规定进行，焊工执业资格证书应在有效期内，执业资格证书中钢材种类、焊接方法应与施焊条件相应。

4.6.3 一般项目

1 金属板表面如有明显凹面和损伤，会使板的厚度减小，影响金属板防水层的使用寿命，甚至在使用过程中产生渗漏现象，因此金属板防水层完工后不得有明显凹面和损伤。

2 焊缝质量趋势影响金属板防水层的使用寿命，严重者会造成渗漏，因此对焊缝的缺陷进行严格的检查，必要时采用磁粉或渗透探伤等无损检验，执行时可参照行标《建筑钢结构焊接技术规程》JGJ 81-2002的规定进行。发现焊缝不合格或有渗漏时，应及时进行修整或补焊。

3 焊缝的观感应做到外形均匀、成型较好，焊道与焊道、焊道与基本金属间过渡较平滑，焊渣和飞溅物基本清除干净。

金属板防水层应加以保护，对金属板需用的保护材料应按设计规定使用。

5 特殊施工法防水工程

5.1 锚喷支护

5.1.1 一般规定

1 锚喷暗挖隧道施工，一般都是以循环节进行开挖，为防止围岩应力变化引起塌方和地面下沉，故要求挖、支、喷三个环节紧跟。同时，为了保证施工安全和提高支护效能，在初期喷射混凝土后应及时安装锚杆。

2 喷射混凝土质量与水泥品种和强度关系密切，而普通硅酸盐水泥与速凝剂有很好的相容性，所以优先选用。矿渣硅酸盐水泥和火山灰质硅酸盐水泥抗渗性好，对硫酸盐类侵蚀抵抗能力较强，但初凝时间长、早期强度低、干缩性大，所以对早期强度要求较高的喷射混凝土不如普通硅酸盐水泥好。

为减少混合料搅拌中产生粉尘和干料拌合时水泥飞扬及损失，有利于喷射时水泥充分水化，故要求砂石宜有一定的含水率。一般砂为5%～7%，石子为1%～2%，但含水率不宜过大，以免凝结成团，发生堵管现象。

粗骨料粒径的大小不应大于15mm，一是避免堵管；二是减少石子喷射时的动能，降低回弹损失。

为避免喷射混凝土时由于自重而开裂、坠落，提高其在潮湿面施喷时的适应性，故需在水泥中加入适量的速凝剂。

3 喷射混凝土配合比，通常以经验方法试配，通过实测进行修正。掺速凝剂是必要的，但掺速凝剂后又会降低混凝土强度，所以要控制掺量并通过试配确定。

由于砂率低于45%时容易堵管且回弹量高，高于55%时则会降低混凝土强度和增加混凝土收缩量，故规定砂率宜为45%～55%。

喷射混凝土采用的是干混合料，若存放过久，砂石中水分与水泥反应，影响到喷射后的质量。所以，混合料尽量随拌随用，不要超过规定的停放时间。

4 喷射表面有涌水时，不仅会使喷射混凝土的黏着性变坏，还会在混凝土的背后产生水压给混凝土带来不利影响。因此，表面有涌水时事先应尽可能作好排水处理或采取有效措施。

5 由于喷射混凝土的含砂高，水泥用量也相对较多并掺有速凝剂，其收缩变形必然要比灌注混凝土大。在喷射混凝土终凝2h后，应即进行喷水养护，并保持较长时间的养护，一般不得少于14d。当气温低于+5℃时，不得喷水养护。

6 抗压试件是反映喷射混凝土物理力学性能优劣、检验喷射混凝土强度的重要指标。所以通过常作抗压试件或采用回弹仪测试换算其抗压强度值，也可用钻芯法制取试件。喷射混凝土抗压强度的检查可参考国标《锚杆喷射混凝土支护技术规范》GBJ 50086-2001的有关规定。

7 锚杆的锚固力与安装施工工艺操作有关，锚杆安装后应进行抗拔试验，达到设计要求才为合格。本条参考《地下铁道工程施工及验收规范》GB 50299-1999 第7.6.18条规定，即同一批锚杆每100根应取一组（3根）试件，同一批试件抗拔力的平均值不得小于设计锚固力，抗拔力最低值不应小于设计锚固力的90%。

8 锚喷支护施工质量的检验数量，是参考国标《地下铁道工程施工及验收规范》GB 50299-1999 第7.6.14条的有关规定。

5.1.2 主控项目

1 根据行标《公路隧道设计规范》JTJ 026-90的规定，锚喷支护有关设计参数可按表5.1.2-1和表5.1.2-2采用。

表 5.1.2-1　锚喷衬砌的设计参数

围岩类别	单车道	双车道
Ⅵ	喷射混凝土厚度60mm	喷射混凝土厚度60～100mm；必要时设置锚杆，锚杆长度1.5～2.0m，间距1.2～1.5m
Ⅴ	喷射混凝土厚度60～100mm；必要时设置锚杆，锚杆长度1.5～2.0m，间距1.2～1.5m	喷射混凝土厚度80～120mm；锚杆长度2.0～2.5m，间距1.0～1.2m；必要时设置局部钢筋网
Ⅳ	喷射混凝土厚度80～120mm；设置锚杆，锚杆长度2.0～2.5m，间距1.0～1.2m；必要时设置局部钢筋网	喷射混凝土厚度100～150mm；锚杆长度2.5～3.0m，间距1.0m；配置钢筋网

注：1　Ⅲ类及以下围岩采用锚喷衬砌时，设计参数应通过试验确定；
　　2　边墙喷射混凝土的厚度可取表列参数的下限值，如边墙围岩稳定，可不设置锚杆和钢筋网；
　　3　配置钢筋网的网格间距一般为150～300mm，钢筋网保护层不小于20mm。

表5.1.2-2 复合式衬砌初期支护的设计参数

围岩类别	单车道	双车道
Ⅳ	喷射混凝土厚度50~100mm；设置锚杆长度2.0m，间距1.0~1.2m；必要时配置局部钢筋网	喷射混凝土厚度100~150mm；锚杆长度2.5m，间距1.0~1.2m；必要时配置局部钢筋网
Ⅲ	喷射混凝土厚度100~150mm；锚杆长度2.0~2.5m，间距1.02m；必要时配置局部钢筋网	喷射混凝土厚度150mm；锚杆长度2.5~3.0m，间距1.0m；设置局部钢筋网
Ⅱ	喷射混凝土厚度100mm；锚杆长度2.5m，间距0.8~1.0m；设置钢筋网，应施作仰拱	喷射混凝土厚度200mm；锚杆长度3.0~3.5m，间距0.8~1.0m；必要时设置钢架，应施作仰拱
Ⅰ	喷射混凝土厚度200mm；设置锚杆长度3.0m，间距0.6~0.8m；设置钢筋网；必要时设置钢架，应施作仰拱	通过试验确定

注：采用钢架时，宜选用轻型钢材制作，钢架外喷混凝土保护层不小于40mm。

2 参见本标准5.1.1条第6、7款的条文说明。

5.1.3 一般项目

1 喷层与围岩以及喷层之间粘结应用锤击法检查。

2 对喷层厚度检查宜通过在受喷面上埋设标桩或其他标志控制，也可在喷射混凝土凝结前用针探法检查，必要时可用钻孔或钻芯法检查。

地下工程支护检查喷层厚度的断面数量可按表5.1.3确定。每个独立工程的检查数量不得少于1个断面，每个断面的检查点应从拱部中线起，每2~3m设1个，但1个断面上拱部不应少于3个点，总计不应少于5个点。

表5.1.3 喷射混凝土厚度检查断面间距（m）

隧洞跨度	间距	竖井直径	间距
<5	40~50	<5	20~40
5~10	20~40	5~8	10~20
>10	10~20	—	—

合格条件：每个断面上全部检查孔处的喷层厚度，60%以上不应小于设计厚度，最小值不应小于设计厚度的50%；同时，检查孔径处厚度的平均值不应小于设计厚度值。对重要工程，拱、墙喷层厚度的检查结果应分别进行统计。

3 本条文是对喷射混凝土质量的外观检查。当发现喷射混凝土表面有裂缝、脱落、露筋、渗漏水等情况时，应予凿除喷层重喷或进行整治。

4 本条文规定是针对地下工程复合式衬砌的初期支护提出的。根据本标准4.5.3条第1款规定，要求塑料板防水层的基面应平整、圆顺，故规定喷射混凝土表面平整度的允许偏差应为30mm，且矢弦比不得大于1/6。

5.2 地下连续墙

5.2.1 一般规定

1 地下连续墙主要是用作地下工程的支护结构，也可以作防水等级为1、2级工程的与内衬结构构成复合式衬砌的初期支护。强度与抗渗性能优异的地下连续墙，还可以直接作为主体结构，但从耐久性考虑这类地下连续墙，不宜用作防水等级为1级的地下工程墙体。

2 由于地下连续墙结构是在水下灌注防水混凝土，所以其水泥用量比一般防水混凝土用量多一些。同时，为保证混凝土灌注面的上升速度，混凝土必须具有一定的流动性，坍落度也相应地大一些。其他均与本标准第4.1节防水混凝土相同。

3 本条文参考国家标准《地下铁道工程施工及验收规范》GB 50299－1999第4.6.5条的有关规定。

4 地下连续墙用作结构墙体时，应对墙壁面凿毛与清洗，必要时施作水泥砂浆防水层；地下连续墙与内衬构成复合式衬砌时，应对墙面凿毛与清洗，施作卷材、涂料或塑料板防水层后，再浇筑内衬混凝土。

5 地下连续墙的防水措施，主要是在条件允许的情况下，尽量加大槽段的长度以减少接缝，提高防水效能。由于拐角处是施工的薄弱环节，施工中易出现质量问题，所以接头尽量少设在拐角处，防止渗漏水发生。采用复合式衬砌结构的接头缝和地下连续墙接头缝要错开设置，避免通缝并防止渗漏水。

6 施作地下连续墙与内衬构成的复合式初期，可用作防水等级为1、2级的地下工程。

地下连续墙与内衬结构连接处同应按本标准4.7.1条第4款的规定进行处理。由于地下连续墙和内衬结构在板的位置上钢筋连为一体，此处防水如处理不好极易形成渗漏水通道，一旦内衬墙有渗漏很难找出渗漏水点，因此对内衬墙的细部构造必须精心施工。

7 地下连续墙施工质量的检验数量，应按连续墙槽段的1/10进行抽查，地下连续墙是以每一槽段为单元进行施工的，所以每检查1处应该是1个槽段。

5.2.2 主控项目

1 参见本标准4.1.2条第1款的条文说明。

2 参见本标准4.1.2条第2款的条文说明。

5.2.3 一般项目

1 地下连续墙的槽段接缝方式，应优先选用工字钢或十字钢板接头，并应符合设计要求。使用的锁口管应能承受混凝土灌注时的侧压力，灌注混凝土时不得位移和发生混凝土绕管现象。

地下连续墙的墙体与内衬结构接缝，应符合本标准5.2.1条第6款的规定。

2 需要开挖一侧土方的地下连续墙，尚应在开挖后检查混凝土质量。由于地下连续墙是采用导管法施工，在泥浆中依靠混凝土的自重浇筑而不进行振捣，所以混凝土质量不如在正常条件下（空气中）浇筑的质量。

为保证使用要求，裸露的地下连续墙应表面密实，无渗漏，孔洞、蜂窝累计的面积不得超过单元槽段裸露面积的2‰，而露筋不得超过1‰。否则，在施工其他防水层之前，应对上述缺陷进行修整或处理。

3 本条文参考国家标准《地下铁道工程施工及验收规范》GB 50299－1999第4.9.2条的有关规定。

5.3 复合式衬砌

5.3.1 一般规定

1 复合式衬砌近年来发展较快，在铁路隧道、地下铁道工程中已大量使用。由于在初期支护和内衬中间设置一道塑料防水板，可以大大减少内衬混凝土干缩时的约束，使内衬混凝土的裂缝变小，提高了结构主体防水的能力。

铺设塑料防水板之前，一般还应铺设缓冲层，一是考虑基层表面有不平整现象；二是避免基层表面有坚硬物体刺破防水层；三是有的缓冲层（如土工布）有渗排水性能，能起到引排水的作用。

2 地下工程防水的设计应遵循"以排为主，防、排、截、堵相结合"的综合治理原则，达到排水通畅、防水可靠、经济合理、不留后患的目的。当初期支护出现线流漏水或大面积渗水时，应先进行封堵或引排，然后进行防水层或排水层的施工。

3 参见本标准 4.5.1 条第 2 款的条文说明。

4 由于隧道内施工场地狭窄，需要采用输送泵把混凝土输送到结构内，这里规定的坍落度是根据实践确定的，由于拱部混凝土振捣要比墙体困难，故坍落度规定宜大些。

混凝土浇筑到墙拱结合部应间歇 1~1.5h，可使墙体内混凝土有一个下沉过程，保证混凝土密实，并可避免连接处产生裂缝。

二次衬砌结构是在初期支护结构变位已基本稳定后施工的，不直接承受地层的压应力，只承受结构自重的压力，所以规定结构混凝土浇筑后强度达到 2.5MPa 以上时即可拆模。

复合式衬砌施工质量的检验数量，是参考本标准 5.1.1 条第 8 款的规定。

5.3.2 主控项目

1 缓冲排水层选用的土工布应符合下列要求：

具有一定的厚度，其单位面积质量不宜小于 $180g/m^2$；

具有良好的导水性；

具有适应初期支护由于荷载或温度变化引起变形的能力；

具有良好的化学稳定性和耐久性，能抵抗地下水或混凝土、砂浆析出水的侵蚀。

2 参见本标准 4.1.2 条第 2 款的条文说明。

3 参见本标准 4.1.2 条第 3 款的条文说明。

5.3.3 一般项目

1 复合式衬砌可用作防水等级为 1、2 级的地下工程，工程验收时，应将二次衬砌渗漏水量控制在设计防水等级要求范围内。

2 参见本标准 4.1.3 条第 1 款的条文说明。

5.4 沉 井

主控项目、一般项目条文说明参见本标准第 4.1 节防水混凝土。

5.5 高压喷射帷幕

条文说明参见地基与基础相应章节。

5.6 手掘式顶管

条文说明参见地基与基础相应章节。

5.7 盾构法隧道

5.7.1 一般规定

1 盾构法施工的隧道，宜采用钢筋混凝土管片、复合管片、砌块等装配式衬砌或现浇混凝土衬砌。装配式衬砌应采用防水混凝土制作。

2 本条文是针对不同防水等级的盾构隧道，确定相应的防水措施，表5.7.1-1主要依据国内多年盾构隧道防水的实践总结，同时参考了上海市标准《盾构法隧道防水技术规程》而制定。

当隧道处于侵蚀性介质的地层时，应采用相应的耐侵蚀混凝土或耐侵蚀的防水涂层。采用外防水涂料时，应按表5.7.1-2规定"宜选"或"部分区段宜选"。

3 钢筋混凝土管片是在工厂预制的，为满足隧道结构防水要求而制定了管片制作的质量标准。

单块管片制作尺寸允许偏差似与防水关系不大，但是密封垫只有在与高精度管片相配时才能满足防水要求，故对管片的制作精度不容忽视。

4 本条规定是针对其施工特点，为保证管片制作质量和有利于对管片混凝土抗压强度和抗渗压力的检验而制定的。

对管片生产进行检漏测试，是直接对加工制作成的衬砌混凝土进行抗渗性检测。管片生产正常后，则对每生产两环抽查一块检漏，检漏应按设计抗渗压力恒压2h，渗水深度不得超过管片厚度的1/5。

5 管片拼装顺序有先封顶或先封底两种，但目前绝大多数都采用底部为第一块、最后封顶的形式，其他为左右交叉进行，最后封底环。先拼装落底的第一块容易定位，同时对以后各块管片拼装也创造工作条件。

6 钢筋混凝土管片接缝防水，主要是依靠嵌填防水密封垫，所以对密封垫的设置和粘贴提出了具体要求。同时，管片拼装前应逐块对粘贴的密封垫进行检查，在管片吊运和拼装过程中要采取措施，防止损坏密封垫。

管片接缝处防水粘贴密封垫外，还应进行嵌缝防水处理。为防止嵌缝后产生错裂现象，要求嵌缝应在隧道结构基本稳定后进行。

管片一般为肋形结构，其端部肋腔内设有管片螺栓连接孔，为防水需要应按设计加设螺孔密封圈。同时，螺栓孔与螺栓间还需充填防水材料，封闭其渗水通路，以达到防水的目的。

7 盾构法隧道施工质量的检验数量，应按每连续20环检查1处，每处为1环，但不少于3处。

5.7.2 主控项目

1 盾构隧道管片接缝防水主要采用弹性密封垫材料。

本标准附录A第A.0.7条是规定了弹性橡胶封材料和遇水膨胀橡胶密封垫胶料的物理性能其中，遇水膨胀橡胶密封垫胶料的性能是参考国家标准《高分子防水材料》（第三部分遇水膨胀橡胶）GB 18173.3－2002；弹性橡胶密封垫材料的性能指标是参考目前国内盾构法隧道密封垫设计中的通常要求。

2 参见本标准4.1.2条第2款的条文说明。

5.7.3 一般项目

1 防水等级为1～4级的盾构隧道衬砌，工程验收时应将衬砌渗漏水量控制在设计防水等级要求范围内。

2 参见本标准5.7.1条第6款的条文说明。

3 管片拼装的隧道结构是由螺栓连接成环的。管片拼装成环时，其连接螺栓应先逐片初步拧紧，脱出盾尾后再次拧紧。当后续盾构掘进至每环管片拼装之前，应对相邻已成环的3环范围内管片螺栓进行全面检查并拧紧。

管片拼装后，应填写"盾构管片拼装记录"，并按"螺栓应拧紧，环向及纵向螺栓应全部穿进"的规定进行检验。

6 排 水 工 程

6.1 渗排水、盲沟排水

6.1.1 一般规定

1 渗排水、盲沟排水是采用疏导的方法，将地下水有组织地经过排水系统排走，以削弱水对地下结构的压力，减小水对结构的渗透作用，从而辅助地下工程达到防水目的。

2 本条介绍渗排水层的构造、施工程序及要求，渗排水层对材料来源还应做到因地制宜。为使渗排水层保持通畅，充分发挥其渗排水作用，对砂石颗粒、砂石含泥量以及精砂过滤层厚度均作了规定；在构造上还要求在渗排水层顶面做隔离层，是防止渗排水层堵塞的措施。

3 盲沟排水一般设在建筑物周围，使地下水流入盲沟内，根据地形使水自动排走。如受地形限制没有自流排水条件的，可将水引到集水井中，然后用水泵将水抽出。

4 地基工程验收合格是保证渗排水、盲沟排水施工质量的前提。

5 本条文规定了盲沟反滤层的砂、石粒径组成和层次的设计要求。

6 无砂混凝土管通常均在施工现场制作，应注意检查无砂混凝土配合比和构造尺寸。

普通硬塑料管一般选用内径为100mm的硬质PVC管，壁厚6mm，沿管周六等分，间隔150mm钻12mm孔眼，隔行交错制成透水管。

加筋软管式透水盲管的应用,可参考行业标准《铁路路基土工合成材料应用技术规范》TB 10118-99 的有关规定。

7 条文中"按两轴线间",指具体工程的一个施工段。如地铁车站的一个施工段,通常为 20~30m。

6.1.2 主控项目

1 本条应符合本标准 6.1.1 条第 5 款的规定。

2 集水管应设置在粗砂过滤层下部,坡度不宜小于 1‰,且不得有倒坡现象。

6.1.3 一般项目

1 渗排水层应设置在工程结构底板下面,由粗砂过滤层与集水管组成,其顶面与结构底面之间,应干铺一层卷材或抹 30~50mm 厚 1:3 水泥砂浆作隔离层。

2 渗排水层总厚度一般不应小于 300mm。如较厚时应分层铺填,每层厚度不得超过 300mm。同时还应做到拍实和铺平。

3 盲沟的构造类型及盲沟与基础的最小距离等,应根据工程地质情况由设计人员选定。

6.2 隧道、坑道排水

6.2.1 一般规定

1 隧道、坑道排水是采用各种排水措施,使地下水能顺着预设的各种管沟被排到工程外,以降低地下水位和减少地下工程中的渗水量。

贴壁式衬砌采用暗沟或盲沟将水导入排水沟内,盲沟宜设在衬砌与围岩之间,而排水暗沟可设置在衬砌内。

复合式衬砌的排水系统,除纵向集水盲管设置在塑料防水板外侧并与缓冲排水层连接畅通外,其他均与贴壁式衬砌的要求相同。

离壁式衬砌的拱肩应设置排水沟,沟底预埋排水管或设排水孔,在侧墙和拱肩处应设检查孔。侧墙外排水应做明沟。

2 排水泵站的设置以及集水池的有效容积等设计,与隧道消防排水、汛期雨水等有密切关系,应注意本相关专业的验收要求和规定。

3 本条提到污水的排入应符合国家现行有关标准的规定,涉及污水处理问题应遵循当地规定并协商解决。

4 作为隧道衬砌外壁的排水盲管和衬砌内壁的导水盲管,可有多种制品供设计和施工选择,应注意其制品有否企业标准,并按其标准检验质量。

5 土工织物的连接方法应符合下列要求:

搭接法应采用水平铺设的场合,搭接宽度不得小于 300mm;

缝合法是使用移动式缝合机将尼龙线或涤纶线面对面缝合,缝合处强度应达到纤维强度的 60%~80%;

胶结法是使用胶粘剂将两块土工织物胶结在一起,搭接宽度不得小于 100mm,粘后应停放 2h 以上,以便增强接缝处强度;

土工织物与混凝土面固定主要采用胶结法,但必须做到基面平整且不渗水。采用有涂膜的土工织物时,应使土工织物面为迎水面,而使涂膜(塑)面与后浇混凝土或水泥砂浆相接触，以防土工织物被水泥浆堵塞。

6 参见本标准6.1.1条第7款的条文说明。

6.2.2 主控项目

1 新建和改建隧道时应对地表水和地下水作妥善处理，洞内外应有完整的防排水设施，以保证结构物和设备的正常使用和行车安全。

2 参见本标准6.1.2条第1款的条文说明。

3 地下工程引排水用土工织物功能特性，主要反映在渗透系数、厚度和有效孔径等指标，施工时应按设计要求选用。在特殊部位设置土工织物时，还应考虑抗刺穿能力、拉伸率等指标。

本标准附录A第A.0.8条已列入排水用土工复合材料的主要物理性能，可供设计和施工人员选用。

6.2.3 一般项目

1 隧道基底排水系统是由纵向集中盲管、横向排水管、排水明沟、中心排水盲沟等组成。纵向集中盲管的坡度应符合设计要求，当设计无要求时，其坡度不得小于0.2%；横向排水管的坡度宜为2%；排水明沟的纵向坡度不得小于0.5%。铁路、公路隧道长度大于200m时，宜设双侧排水沟，纵向坡度与线路坡度一致，且不得小于0.1%；中心排水盲沟的纵向坡度应符合设计规定。

2 隧道采用导水盲管排水时，导水盲管的设置应符合下列规定：

盲管应沿隧道、坑道的周边固定于围岩表面；

盲管的间距宜为5～20m，可在水较大处增设1～2道；

盲管与混凝土衬砌接触部位应用外包无纺布作隔浆层。

横向排水管的设置应符合下列规定：

宜采用渗水盲管或混凝土暗槽；

间距宜为5～15m；

坡度宜为2%。

3 中心排水盲沟宜采用无砂大孔混凝土管或渗水盲管，其管径应由渗漏水量大小确定，内径不得小于ϕ250mm。

4 本条文主要从排水的说明土工织物铺设的要点。同时，还应符合本标准6.2.1条第5款的规定。

7 注 浆 工 程

7.1 预注浆、后注浆工程

7.1.1 一般规定

1 注浆按地下工程施工顺序可分为预注浆和后注浆。注浆方案应根据工程地质及水文地质条件，按下列要求选择：

在工程开挖前，预计涌水量大的地段、软弱地层，宜采用预注浆；

开挖后有大股涌水或大面积渗漏水时，应采用衬砌前围岩注浆；

衬砌后渗漏水严重或充填壁后空隙的地段，宜进行回填注浆；

回填注浆后仍有渗漏水时，宜采用衬砌后围岩注浆。

上述所列条款可单独进行，也可按工程情况采用几种注浆方案，确保地下工程达到要求的防水等级。

2 由于国内注浆材料的品种多、性能差异大，事实上目前还没有一种浆材能全部满足工程需要，一般能满足本条规定中的几项要求就算不错了。所以要熟悉掌握各种浆材的特性，并根据工程地质、水文地质条件、注浆目的、注浆工艺、设备和成本等因素加以选择。

3 本条列举了用于预注浆和后注浆的三种常用方法，供工程上参考。

渗透注浆不破坏原土的颗粒排列，使泺液渗透扩散到土粒间的孔隙，孔隙中的气体和水分被浆液固结体排除，从而使土壤密实达到加固防渗的目的。因为渗透注浆的对象主要是各种形式的砂土层，所以要求被注体应具有一定的孔隙（即渗透系数大于 $10^{-5}\,\mathrm{cm/s}$），否则难以保证注浆效果。

劈裂注浆是在较高的注浆压力下，把浆液渗入到渗透性小的土层中，并形成不规则的脉状固结物。由注浆压力而挤密的土体与不受注浆土体构成复合地基，具有一定的密实性和承载能力。因此，劈裂注浆一般用于渗透系数不大于 $10^{-6}\,\mathrm{cm/s}$ 的黏土层。

高压喷射注浆是利用钻机把带有喷嘴的注浆管钻进至土中的预定位置，以高压设备使浆液成为高压流从喷嘴喷出，土粒在喷射流的作用下与浆液混合形成固结体。高压喷射注浆的浆液以水泥类材料为主，化学材料为辅。高压喷射注浆法可用于加固软弱地层。

4 注浆材料包括了主剂和在浆液中掺入各种外加剂。主剂可分颗粒浆液和化学浆液两种。颗粒浆液主要包括水泥浆、水泥砂浆、黏土浆、水泥黏土浆以及粉煤灰、石灰浆等；化学浆液常用的有聚氨酯类、丙烯酰胺类、硅酸盐类、水玻璃等。

在隧道工程注浆中，常采用颗粒浆液先堵塞大的孔隙，再注入化学浆液，既经济又起到注浆的满意效果。壁后回填注浆因为是起填充作用的，所以尽量采用颗粒浆液。各种浆液配合比，必须根据注浆效果经过现场试验后确定。

5 注浆压力能克服浆液在注浆管内的阻力，把浆液压入隧道周边地层中。如有地下水时，其注浆压力尚应高于地层中的水压，但压力不宜过高。由于注浆浆液溢出地表或其有效范围之外，会给周边结构带来不良影响，所以应严格控制注浆压力。

回填注浆时间的确定，是以衬砌能否承受回填注浆压力作用为依据的，避免结构过早受力而产生裂缝。回填注浆压力一般都小于 0.8MPa，因此规定回填注浆应在衬砌混凝土达到设计强度 70%后进行。为避免衬砌后围岩注浆影响回填注浆浆液固结体，因此规定衬砌后围岩注浆应在回填注浆浆液固结体达到设计强度 70%后进行。

隧道地面建筑多、交通繁忙，地下各种管线纵横交错，一旦浆液溢出地面和有效注浆范围，就会危及建筑物或地下管线的安全。因此，注浆过程中应经常观测，出现异常情况应立即采取措施。在地面进行垂直注浆后，为防止坍孔造成地沉陷，要求注浆后应用砂子将注浆孔封填密实。

浆液的注浆压力应控制在有效范围内，如果周围的建筑物与被注点距离较近，有可能发生地面隆起、墙体开裂等工程事故。所以，在注浆作业时要定期对周围的建筑物和构筑物以及地下管线进行施工监测，保证施工安全。

注浆浆液特别是化学浆液，有的有一定毒性，如丙烯酰胺类等。为防止污染地下水，施工期间应定期检查地下水的水质。

6 注浆工程施工质量的检验数量，应按注浆加固或堵漏面积每 $100m^2$ 抽查 1 处，每处 $10m^2$，且不得少于 3 处。

7.1.2 主控项目

1 几乎所有品牌的水泥都可以作为注浆材料使用，为了达到不同的注浆要求，往往在水泥中加入外加剂和掺合料，这样既扩大了水泥注浆的应用范围，也提高了固结体的技术性能。由于水泥和外加剂的品种繁多，浆液的组成较复杂，所以有必要对进场后的材料进行抽查检验。

水玻璃又称硅酸钠（$Na_2O \cdot nSiO_2$），由于其没有毒性，一直被广泛用于各种注浆工程中。水玻璃类浆液是以水玻璃为主剂，加入胶凝剂生成凝胶体，充填于被注体的空隙内，达到堵水防渗目的。水玻璃中 Na_2O 和 SiO_2 含量不同，所获得的注浆体性能也不相同。水玻璃浆液一般用波美度和模数来表示，以 $40°Be'$ 左右的水玻璃应用最为广泛。

聚氨酯是一种防渗堵漏能力强、固结体强度高的注浆材料。聚氨酯浆液主要有预聚体和各种外加剂组成。按配方组成的不同分为水溶性和油溶性两种。油溶性的聚氨酯预聚体是由多异氰酸酯和聚醚树脂合成而得，水溶性的聚氨酯预聚体由环氧乙烷开环聚合或环氧乙烷与环氧丙烷开环共聚所得的聚醚与多异氰酸酯反应而成。两种聚氨酯除了预聚体的合成途径不同外，外加剂品种基本相同，只是组成有所改变。外加剂的组成中，增塑剂的作用是提高浆液固结体的弹性和韧性；活性剂主要是提高发泡体的稳定性并改善发光体结构；催化剂是加速浆液与水反应速度，控制发泡时间和凝结固化速度；乳化剂可以提高催化剂在浆液和水中的分散度；稀释剂的目的是降低浆液粘度提高其可注性。

2 注浆结束前，为防止开挖时发生坍塌或涌水事故，必须对注浆效果进行检验。通常是根据注浆设计、注浆记录、注浆结束标准，在分析各注浆孔资料的基础上，按设计要求对注浆薄弱地方进行钻孔取芯检查，检查浆液扩散、固结情况；有条件时还可进行压力（抽水）试验，检查地层的吸水率（透水率），计算渗透系数及开挖时的出水量。

7.1.3 一般项目

1 预注浆钻孔应根据岩层裂隙状态、地下水情况、设备能力、浆液有效扩散半径、钻孔偏斜率和对注浆效果的要求等，综合分析后确定注浆孔数、布孔方式及钻孔角度。

2 注浆压力是浆液在裂缝中扩散、充填、压实、脱水的动力。注浆压力太低，浆液不能充填裂缝，扩散范围受到限制而影响注浆质量；注浆压力太高，会引起裂缝扩大、岩层移动和抬升，浆液易扩散到预定注浆范围之外。特别在浅埋隧道还会引起地表隆起，破坏地面设施。因此本条规定注浆各阶段的控制压力和注浆量应符合设计要求。

3 浆液沿注浆管壁冒出地面时，宜在地表孔口用水泥、水玻璃（或氯化钙）混合料封闭管壁与地表土孔隙，或用橡胶与气囊等栓塞进行密封，并间隔一段时间后再进行下一深度的注浆。

在松散的填土地层注浆时，宜采取间隙注浆，增加浆液浓度和速凝剂掺量，降低注浆压力等方法。

当浆液从已注好的注浆孔上冒（串浆）时，应采用跳孔施工。

4 当工程处于房屋和重要工程的密集段时，施工应会同有关单位采取有效的保护措施，并进行必要的施工监测，以确保建（构）筑物及地下管线的正常使用和安全运营。

7.2 衬砌裂缝注浆

7.2.1 一般规定

1 衬砌混凝土表面有轻度或微量渗水时，一般采用聚合物水泥砂浆抹面或刚性防水多层抹面方法处理。当混凝土表面大面积严重渗漏，或有众多明显裂缝，或有大量蜂窝、麻面、孔洞时，都必须采用注浆处理。故本条规定了衬砌裂缝渗漏水采用堵水注浆处理的适用范围。

对于以混凝土承载力为主的受压构件和受剪构件，往往会出现原结构与加固部分先后破坏的各个击破现象，致使加固效果很不理想或根本不起作用，所以混凝土结构加固时，为适应加固结构应力、应变滞后现象，特别要求裂缝注浆应待结构基本稳定和混凝土达到设计强度后进行。

2 注浆法是采用各种树脂浆液、水泥浆液或聚合物水泥浆液注入裂缝深部，达到恢复结构的整体性、耐久性及防水性的目的。注浆材料要求粘结力强，可注性好。因此，树脂类材料较水泥类材料应用得普遍，尤其是环氧树脂；水泥类材料一般仅用于宽度大于2mm的特大裂缝注浆。

3 防水混凝土衬砌一般孔隙小、裂缝细微，而普通水泥浆颗粒大难以注入，故常选用特种水泥浆或将水泥浆和化学浆配合使用，如超细水泥浆，超细水泥水玻璃浆，自流平水泥浆，硫铝酸盐水泥浆等。故本条提供了裂缝注浆水泥的细度以供施工时选用。

4 本条文参考了《混凝土结构加固技术规范》CECS25：90 的有关规定，介绍裂缝注浆施工的工艺流程，便于施工过程对质量的控制。

5 衬砌裂缝注浆施工质量的检验数量，应按裂缝条数 1/10 抽查，每条裂缝为 1 处，且不得少于 3 处。

7.2.2 主控项目

1 参见本标准 7.1.2 条第 1 款的条文说明。

2 衬砌裂缝注浆质量检查，一般可采用向缝中通入压缩空气或压力水检验注浆密实情况，也可钻芯取样检查浆体的外观质量，测试浆体的力学性能。

在渗漏水状态下进行修堵时，必须把大面积渗漏变成小面积渗漏或线漏，线漏变成点漏，片漏变成孔漏。因此，可采取本标准附录 C 对渗漏水进行量测。

7.2.3 一般项目

1 浅裂缝应骑槽粘埋注浆嘴，必要时沿缝开凿"V"槽并用水泥砂浆封缝；深裂缝应骑缝钻孔或斜向钻孔至裂缝深部，孔内埋设注浆管。注浆嘴及注浆管设于裂缝交叉处、较宽处、端部及裂缝贯穿处等部位，注浆嘴间距宜为 100～1000mm，注浆管间距宜为 1000～2000mm。原则上应做到缝窄应密，缝宽可稀，但每条裂缝至少有一个进浆孔和排气孔。

2 参见本标准 7.2.1 条第 4 款的条文说明。

8 细部构造

8.1 一般规定

8.1.1 地下工程设置变形缝的目的,是在工程伸缩、沉降变形条件下使结构不致损坏。因此,变形缝防水设计首先要满足密封防水,以适应变形的要求。用于伸缩的变形缝宜不设或少设,可根据不同的工程结构类别及工程地质情况采用诱导缝或后浇带等措施。

主体采用防水混凝土时,施工缝的防水除了与选用的构造措施有关外,还与施工质量有很大的联系。

8.1.2 地下工程设置封闭严密的变形缝,变形缝的构造应以简单可靠、易于施工为原则。选用变形缝的构造形式和材料时,应根据工程特点、地基或结构变形情况以及水压、水质影响等因素,以适应防水混凝土结构的伸缩和沉降的需要,并保证防水结构不受破坏。对水压大于 0.3MPa、变形量为 20~30mm、结构厚度大于等于 300mm 的变形缝,应采用中埋式橡胶止水带;对环境温度高于 5℃、结构厚度大于等于 300mm 的变形缝,可采用 2mm 厚的紫铜片或 3mm 厚的不锈钢等金属止水带,其中间呈圆弧形。

由于变形缝是防水薄弱环节,成为地下工程渗漏的通病之一。因此,根据本标准第 3.1.2 条的规定,对变形缝的防水措施作了具体的要求。变形缝的复合防水构造,是将中埋式止水带与遇水膨胀橡胶腻子止水条、嵌缝材料复合使用,形成了多道防线。

8.1.3 变形缝的渗漏水除设计不合理的原因之外,施工不精心也是一个重要的原因。针对目前存在的一些问题,本条作了具体规定。

8.1.4 关于墙体留置施工缝时,一般应留在受剪力或弯矩较小处,水平施工缝应高出底板 300mm 处;拱(板)墙结合的水平施工缝,宜留在拱(板)墙接缝线以下 150~300mm 处。

传统的处理方法是将混凝土施工缝做成凹凸型接缝和阶梯接缝清理困难,不便施工。实践证明这两种方法的效果并不理想,故本条采用留平缝加设遇水膨胀橡胶腻子止水条或中埋止水带的方法。

施工缝处采用遇水膨胀橡胶腻子止水条时,一是应采取表面涂缓膨胀剂措施,防止由于降雨或施工用水等使止水条过早膨胀;二是应将止水条牢固地安装在缝表面预留槽内。

8.1.5 为防止混凝土由于收缩和温度差效应而产生裂缝,一般在防水混凝土结构较长或体积较大时设置后浇带。后浇带的位置应设在受力和变形较小而收缩应力最大的部位,其宽度一般为 0.7~1.0m,并可采用垂直平缝或阶梯缝。

后浇带两侧先浇筑的混凝土,龄期达到 42d 混凝土得到充分收缩和变形后,采用微膨胀混凝土进行后浇带施工,可以保证后浇筑混凝土具有一定的补偿收缩性能。

8.1.6 止水环的作用是改变地下水的渗透路径,延长渗透路线。如果止水环与管不满焊或满焊而不密实,则止水环与管接触处形成漏水的隐患。

套管内壁表面应清理干净。套管内的管道安装完毕后，应在两管间嵌入内衬填料，端部还需采用其他防水措施。

8.1.7 固定模板用的螺栓必须穿过混凝土结构时，可采用下列止水措施：

在螺栓或套管上加焊止水环，止水环必须满焊；

采用工具式螺栓或螺栓加堵头做法；

拆模后应采取加强防水措施，将留下的凹槽封堵密实。

8.1.8 背衬材料应填塞在接缝处密封材料底部，其作用是控制密封材料嵌填深度，预防密封材料与缝的底部粘结而形成三面粘，不至于造成应力集中和破坏密封防水。因此，背衬材料应尽量选择与密封材料不粘结或粘结力弱的材料。背衬材料的形状有圆形、方形或片状，应根据实际需要决定。

密封材料嵌填时，对构造尺寸和形状有一定的要求，未固化的材料不具备一定的弹性，施工中容易碰损而产生塑性变形，故规定应在其上设置宽度不小于100mm的保护层。

8.1.9 防水混凝土结构的细部构造是地下工程防水的薄弱环节，施工质量检验时应按全数检查。

8.2 变 形 缝

8.2.1 主控项目

1 关于止水带的尺寸允许偏差和物理性能，本标准附录A第A.0.4条已作了规定。指标要求依据是国家标准《高分子防水材料》（第二部分止水带）GB 18173.3－2002。

关于遇水膨胀橡胶腻子止水条的物理性能，本标准附录A第A.0.5条已作了规定。指标要求依据是国家标准《高分子防水材料》（第三部分遇水膨胀橡胶）GB 18173.3－2002。

关于接缝密封材料的物理性能，本标准附录A第A.0.6条已作了规定。指标要求依据是行业标准《建筑防水沥青嵌缝油膏》JC/T 207－1996、《聚氨酯建筑密封膏》JC/T 482－1992（1996）、《丙烯酸建筑密封膏》JC/T 484－1992（1996）。

2 参见本标准第4.1.9条的条文说明。

8.2.2 一般项目

1 中埋式止水带施工时常发现止水带的埋设位置不准确，严重时止水带一侧往往折至缝边，根本起不到止水的作用。过去常用铁丝固定止水带，因铁丝在振捣力的作用下会变形甚至振断，故其效果不佳。止水带端部应先用扁钢夹紧，再将钢与结构内的钢筋焊牢，使止水带固定牢靠、平直。

2 穿墙管的主管与止水环以及套管翼环都应连续满焊，对改变地下水的渗透路径、延长渗透路线是很有益的。

3 在地下工程防水设防中，变形缝除中埋式止水带一道设防外，还应选用遇水膨胀橡胶腻子止水条和防水嵌缝材料。因此，本条文对防水混凝土结构的变形缝采用密封材料施工提出了要求。

9 子分部工程验收

9.0.1 《建筑工程施工质量验收统一标准》GB 50300-2001 规定地下防水工程为一个子分部工程。分项工程按检验批进行，有助于及时纠正施工中出现的质量问题，确保工程质量，符合施工实际的需要。

分项工程检验批的质量应按主控项目和一般项目进行验收。主控项目是对建筑工程的质量起决定性作用的检验项目，本标准用黑体字标志的条文为强制性条文，必须严格执行。本条规定地下防水工程的施工质量，应按构成分项工程的各检验批符合相应质量标准要求。分项工程检验批不符合质量标准要求时，应及时进行处理。

9.0.2 地下防水工程验收的文件和记录体现了施工全过程控制，必须做到真实、准确，不得有涂改和伪造，各级技术负责人签字后方可有效。

9.0.3 隐蔽工程为后续的工序或分项工程覆盖、包裹、遮挡的前一分项工程，如变形缝构造、渗排水层、衬砌前围岩渗漏水处理等，经过检查验收质量符合规定方可进行隐蔽，避免因质量问题造成渗漏或不易修复而直接影响防水效果。

9.0.4 本条规定地下建筑防水、特殊施工法防水、排水和注浆等工程施工质量的基本要求，主要用于子分部工程验收进行的观感质量。工程观感质量由验收人员通过现场检查，并应共同确认。

9.0.5 按国家标准《建筑工程施工质量验收统一标准》GB 50300-2001的规定，建筑工程施工质量验收时，对涉及结构安全和使用功能的重要分部（子分部）工程应进行抽样检测。因此，地下防水工程验收时，应检查地下工程有无渗漏现象，渗漏水量调查与量测方法应按本标准附录C执行。检验后应填写安全和功能检验（检测）报告，作为地下防水工程验收文件和记录之一。

9.0.6 地下防水工程完成后，应由施工单位先行自检，并整理施工过程中的有关文件和记录，确认合格后会同建设（监理）单位，共同按质量标准进行验收。子分部工程的验收，应在分项工程通过验收的基础上，对必要的部位进行抽样检验和使用功能满足程度检查。子分部工程应由总监理工程师（建设单位项目负责人）组织施工技术质量负责人进行验收。

地下防水工程验收时，施工单位应按照本标准第9.1.2条规定，将验收文件和记录提供总监理工程师（建设单位项目负责人）审查，检查无误后方可作为存档资料。

建筑地面工程施工质量标准

Standard for construction quality of building ground

ZJQ00-SG-020-2006

中国建筑工程总公司

前　言

本标准是根据中国建筑工程总公司（简称中建总公司）中建市管字（2004）5 号《关于全面开展中建总公司建筑工程各专业施工标准编制工作的通知》的要求，由中国建筑第三工程局组织编制。

本标准总结了中国建筑工程总公司系统建筑地面工程施工质量管理的实践经验，以"突出质量策划、完善技术标准、强化过程控制、坚持持续改进"为指导思想，以提高质量管理要求为核心，力求在有效控制工程制造成本的前提下，使建筑地面工程质量得到切实保证和不断提高。

本标准是以国家《建筑地面工程施工质量验收规范》GB 50209、中国建筑工程总公司《建筑工程施工质量统一标准》ZJQ00－SG－013－2006 为基础，综合考虑中国建筑工程总公司所属施工企业的技术水平、管理能力、施工队伍操作工人技术素质和现有市场环境等各方面客观条件，融入工程质量等级评定，以便统一中国建筑工程总公司系统施工企业建筑地面工程施工质量的内部验收方法、质量标准、质量等级的评定和程序，为创工程质量的"过程精品"奠定基础。

本标准将根据国家有关规定的变化、企业发展的需要等进行定期或不定期的修订，请各级施工单位在执行本标准的过程中，注意积累资料、总结经验，并请将意见或建议及有关资料及时反馈中国建筑工程总公司质量管理部门，以供本标准修订时参考。

主编单位：中国建筑第三工程局
参编单位：中国建筑第三工程局东方装饰设计工程公司
主　　编：顾锡明
副 主 编：胡铁生　张修明　张　涛
编写人员：胡克非　文声杰　林建南　蒋承红　曾　川　钟海洋

目　次

1 总则 ·· 8—5
2 术语 ·· 8—5
3 基本规定 ·· 8—6
4 基层铺设 ·· 8—9
　4.1 一般规定 ·· 8—9
　4.2 基土 ·· 8—9
　4.3 灰土垫层 ·· 8—10
　4.4 砂垫层和砂石垫层 ··· 8—11
　4.5 碎石垫层和碎砖垫层 ·· 8—11
　4.6 三合土垫层 ··· 8—12
　4.7 炉渣垫层 ·· 8—12
　4.8 水泥混凝土垫层 ·· 8—13
　4.9 找平层 ··· 8—13
　4.10 隔离层 ··· 8—14
　4.11 填充层 ··· 8—15
5 整体面层铺设 ·· 8—16
　5.1 一般规定 ·· 8—16
　5.2 水泥混凝土面层 ·· 8—17
　5.3 水泥砂浆面层 ··· 8—18
　5.4 水磨石面层 ··· 8—18
　5.5 水泥钢（铁）屑面层 ·· 8—19
　5.6 防油渗面层 ··· 8—20
　5.7 不发火（防爆的）面层 ·· 8—21
6 板块面层铺设 ·· 8—22
　6.1 一般规定 ·· 8—22
　6.2 砖面层 ··· 8—23
　6.3 大理石面层和花岗石面层 ······································· 8—24
　6.4 预制板块面层 ··· 8—25
　6.5 料石面层 ·· 8—26
　6.6 塑料板面层 ··· 8—27
　6.7 活动地板面层 ··· 8—28
　6.8 地毯面层 ·· 8—28
7 木、竹面层铺设 ··· 8—29

7.1	一般规定	8—29
7.2	实木地板面层	8—30
7.3	实木复合地板面层	8—31
7.4	中密度（强化）复合地板面层	8—32
7.5	竹地板面层	8—33

8 分部（子分部）工程质量验收 ······ 8—34
附录A 不发生火花（防爆的）建筑地面材料及其制品不发火性的实验方法 ····· 8—35
附录B 检验批质量验收、评定记录 ······ 8—35
附录C 分项工程质量验收、评定记录 ······ 8—71
附录D 分部（子分部）工程质量验收、评定记录 ······ 8—73
附录E 建筑地面子分部工程观感质量验收、评定记录 ······ 8—75
本标准用词说明 ······ 8—80
条文说明 ······ 8—81

1 总　　则

1.0.1 为了加强建筑工程质量管理力度，不断提高工程质量水平，统一中国建筑工程总公司建筑地面工程施工质量及质量等级的检验评定，制定本标准。

1.0.2 本标准适用于中国建筑工程总公司所属施工企业承包施工的建筑地面工程（含室外散水、明沟、踏步、台阶和坡道等附属工程）施工质量内部验收与质量等级评定。不适用于保温、隔热、超净、屏蔽、绝缘、防止放射线以及防腐蚀等特殊要求的建筑地面工程施工质量内部验收与质量等级评定。

1.0.3 本标准应与中国建筑工程总公司《建筑工程施工质量统一标准》ZJQ00-SG-013-2006 配套使用。

1.0.4 本标准中以黑体字印刷的条文为强制性条文，必须严格执行。

1.0.5 本标准为中国建筑工程总公司企业标准，主要用于企业内部的工程质量控制，在工程的建设方（甲方）无特定要求时，工程的外部验收应以国家现行《建筑地面工程施工质量验收规范》GB 50209 为准。若工程的建设方（甲方）要求采用本标准作为工程的质量标准时，应在施工承包合同中作出明确约定，并明确由于采用本标准而引起的甲乙双方的相关责任、权利和义务。

1.0.6 建筑地面工程的质量验收除应执行本标准外，尚应符合国家现行有关标准的规定。

2 术　　语

2.0.1 建筑地面　building ground
建筑物底层地面（地面）和楼层地面（楼面）的总称。

2.0.2 基体　primary structure
建筑物的主体结构。

2.0.3 基层　base course
面层下的构造层，包括填充层、隔离层、找平层、垫层和基土等。

2.0.4 面层　surface course
直接承受各种物理和化学作用的建筑地面表面层。

2.0.5 结合层　combined course
面层与下一构造层相联结的中间层。

2.0.6 填充层　filler course

在建筑地面上起隔声、保温、找坡和暗敷管线等作用的构造层。

2.0.7 隔离层 isolating course

防止建筑地面上各种液体和地下水、潮气渗透地面等作用的构造层；仅防止地下潮气透过地面时，可称作防潮层。

2.0.8 找平层 troweling course

在垫层、楼板上或填充层（轻质、松散材料）上起整平、找坡或加强作用的构造层。

2.0.9 垫层 under layer

承受并传递地面荷载于基土上的构造层。

2.0.10 基土 foundation earth layer

底层地面的地基土层。

2.0.11 缩缝 shrinkage crack

防止水泥混凝土垫层在气温降低时产生不规则裂缝而设置的收缩缝。

2.0.12 伸缝 stretching crack

防止水泥混凝土垫层在气温升高时在缩缝边缘产生挤碎或拱起而设置的伸胀缝。

2.0.13 纵向缩缝 lengthwise shrinkage crack

平行于混凝土施工流水作业方向的缩缝。

2.0.14 横向缩缝 crosswise stretching crack

垂直于混凝土施工流水作业方向的缩缝。

2.0.15 计量单位与符号

本标准中所采用的计量单位，一律为国家法定计量单位，相应符号为国家法定符号。

3 基本规定

3.0.1 建筑地面工程、子分部工程、分项工程的划分，按表3.0.1执行。

表3.0.1 建筑地面工程、子分部工程、分项工程的划分表

分部工程	子分部工程		分项工程
建筑装饰装修工程	地面	整体面层	基层：基土、灰土垫层、砂垫层和砂石垫层、碎石垫层和碎砖垫层、三合土垫层、炉渣垫层、水泥混凝土垫层、找平层、隔离层、填充层
			面层：水泥混凝土面层、水泥砂浆面层、水磨石面层、防油渗面层、水泥钢（铁）屑面层、不发火（防爆的）面层
		板块面层	基层：基土、灰土垫层、砂垫层和砂石垫层、碎石垫层和碎砖垫层、三合土垫层、炉渣垫层、水泥混凝土垫层、找平层、隔离层、填充层
			面层：砖面层（陶瓷锦砖、缸砖、陶瓷地砖和水泥花砖面层）、大理石面层和花岗石面层、预制板块面层（水泥混凝土板块、水磨石板块面层）、料石面层（条石、块石面层）、塑料板面层、活动地板面层、地毯面层

续表 3.0.1

分部工程	子分部工程	分项工程
建筑装饰装修工程	地面 木、竹面层	基层：基土、灰土垫层、砂垫层和砂石垫层、碎石垫层和碎砖垫层、三合土垫层、炉渣垫层、水泥混凝土垫层、找平层、隔离层、填充层
		面层：实木地板面层（条材、块材面层）、实木复合地板面层（条材、块材面层）、中密度（强化）复合地板面层（条材面层）、竹地板面层

3.0.2 建筑施工企业在建筑地面工程施工时，应有质量管理体系、环境管理体系和职业健康安全管理体系，并按中国建筑工程总公司《建筑装饰装修工程施工工艺标准》ZJQ00-SG-001-2003执行。

3.0.3 建筑地面工程采用的材料应按设计要求和本标准的规定选用，并必须符合中国建筑工程总公司施工工艺标准的规定；进场材料应有中文质量合格证明文件、规格、型号及性能检测报告，对重要材料应有复验报告。

3.0.4 建筑地面采用的大理石、花岗石等天然石材必须符合国家现行行业标准《天然石材产品放射防护分类控制标准》JC 518中有关材料有害物质的限量规定。进场应具有检测报告。

3.0.5 建筑地面所用的胶粘剂、沥青胶结料和涂料等材料应按设计要求选用，并应符合现行国家标准《民用建筑工程室内环境污染控制规范》GB 50325的规定。

3.0.6 厕浴间和有防滑要求的建筑地面的板块材料应符合设计要求。

3.0.7 建筑地面下的沟槽、暗管等工程完工后，经检验合格并做隐蔽记录，方可进行建筑地面工程的施工。

3.0.8 建筑地面工程基层（各构造层）和面层的铺设，均应待其下一层检验合格后方可施工上一层。建筑地面工程各层铺设前与相关专业的分部（子分部）工程、分项工程以及设备管道安装工程之间，应进行交接检验。

3.0.9 建筑地面工程施工时，各层环境温度的控制应符合下列规定：

1 采用掺有水泥、石灰的拌合料铺设以及用石油沥青胶结料铺贴时，不应低于5℃；

2 采用有机胶粘剂粘贴时，不应低于10℃；

3 采用砂、石材料铺设时，不应低于0℃。

3.0.10 铺设有坡度的地面应采用基土高差达到设计要求的坡度；铺设有坡度的楼面（或架空地面）应采用在钢筋混凝土板上变更填充层（或找平层）铺设的厚度或以结构起坡达到设计要求的坡度。

3.0.11 室外散水、明沟、踏步、台阶和坡道等附属工程，其面层和基层（各构造层）均应符合设计要求。施工时应按本标准基层铺设中基土和相应垫层以及面层的规定执行。

3.0.12 水泥混凝土散水、明沟，应设置伸缩缝，其延米间距不得大于10m；房屋转角处应做45°缝。水泥混凝土散水、明沟和台阶等与建筑物连接处应设缝处理。上述缝宽度为15～20mm，缝内填嵌柔性密封材料。

3.0.13 建筑地面的变形缝应按设计要求设置，并应符合下列规定：

1 建筑地面的沉降缝、伸缩缝和防震缝，应与结构相应缝的位置一致，且应贯通建筑地面的各构造层；

2 沉降缝和防震缝的宽度应符合设计要求，缝内清理干净，以柔性密封材料填嵌后用板封盖，并应与面层齐平。

3.0.14 建筑地面镶边，当设计无要求时，应符合下列规定：

1 有强烈机械作用下的水泥类整体面层与其他类型的面层邻接处，应设置金属镶边构件；

2 采用水磨石整体面层时，应用同类材料以分格条设置镶边；

3 条石面层和砖面层与其他面层邻接处，应用顶铺的同类材料镶边；

4 采用木、竹面层和塑料板面层时，应用同类材料镶边；

5 地面面层与管沟、孔洞、检查井等邻接处，均应设置镶边；

6 管沟、变形缝等处的建筑地面面层的镶边构件，应在面层铺设前装设。

3.0.15 厕浴间、厨房和有排水（或其他液体）要求的建筑地面面层与相连接各类面层的标高差应符合设计要求。

3.0.16 检验水泥混凝土和水泥砂浆强度试块的组数，按每一层（或检验批）建筑地面工程不应小于 1 组。当每一层（或检验批）建筑地面面积大于 1000m² 时，每增加 1000m² 应增做 1 组试块；小于 1000m²，按 1000m² 计算。当改变配合比时，亦应相应地制作试块组数。

3.0.17 各类面层的铺设宜在室内装饰工程基本完工后进行。木、竹面层以及活动地板、塑料板、地毯面层的铺设，应待抹灰工程或管道试压等施工完工后进行。

3.0.18 建筑地面工程施工质量的检验，应符合下列规定：

1 基层（各构造层）和各类面层的分项工程的施工质量验收应按每一层次或每层施工段（或变形缝）作为检验批，高层建筑的标准层可按每三层（不足三层接三层计）作为检验批；

2 每检验批应以各子分部工程的基层（各构造层）和各类面层所划分的分项工程按自然间（或标准间）检验，抽查数量应随机检验不应少于 3 间；不足 3 间，应全数检查；其中，走廊（过道）应以 10 延长米为 1 间，工业厂房（按单跨计）、礼堂、门厅应以两个轴线为 1 间计算；

3 有防水要求的建筑地面子分部工程的分项工程施工质量每检验批抽查数量应按其房间总数随机检验不应少于 4 间，不足 4 间，应全数检查。

3.0.19 建筑地面工程的分项工程施工质量检验的主控项目，必须达到本标准规定的质量标准，认定为合格；一般项目90%以上的检查点（处）符合本标准规定的质量要求，其他检查点（处）不得有明显影响使用，并不得大于允许偏差值的30%为合格。凡达不到质量标准时，应按现行中国建筑工程总公司《建筑工程施工质量验收统一标准》的规定处理。

3.0.20 建筑地面工程完工后，施工质量验收应在建筑施工企业自检合格的基础上，由监理单位组织有关单位对分项工程、子分部工程进行检验。

3.0.21 检验方法应符合下列规定：

1 检查允许偏差应采用钢尺、2m靠尺、楔形塞尺、坡度尺和水准仪；

2 检查空鼓应采用敲击的方法；

3 检查有防水要求建筑地面的基层（各构造层）和面层用泼水或蓄水方法，蓄水时间不得少于24h；

　　4 检查各类面层（含不需铺设部分或局部面层）表面的裂纹、脱皮、麻面和起砂等缺陷，应采用观感的方法。

3.0.22 建筑地面工程完工后，应对面层采取保护措施。

4 基层铺设

4.1 一般规定

4.1.1 本节适用于基土、垫层、找平层、隔离层和填充层等基层分项工程的施工质量检验。

4.1.2 基层铺设的材料质量、密实度和强度等级（或配合比）等应符合设计要求和本标准的规定。

4.1.3 基层铺设前，其下一层表面应干净、无积水。

4.1.4 当垫层、找平层内埋设暗管时，管道应按设计要求予以稳固。

4.1.5 基层的标高、坡度、厚度等应符合设计要求。基层表面应平整，其允许偏差应符合表4.1.5的规定。

表 4.1.5 基层表面的允许偏差和检验方法（mm）

项次	项目	允许偏差											检验方法
		基土	垫层			找平层						填充层		隔离层	
					毛地板										
		砂、砂石、碎石、碎砖	灰土、三合土、炉渣、水泥混凝土	木搁栅	拼花木地板、拼实木复合地板面层	其他种类面层	用沥青玛碲脂做结合层铺拼花木板、拼实木复合地板面层	用水泥砂浆做结合层铺设拼花木板、块板面层	用胶粘剂做结合层铺设拼花木板、塑料板、强化复合地板、竹地板面层	松散材料	板、块材料	防水、防潮、防油渗	
1	表面平整度	12	12	8	3	3	4	3	4	2	5	4	3	用2m靠尺和楔形塞尺检查
2	标高	0 -40	±15	±8	±5	±5	±7	±5	±7	±3	±3	±3	±3	用水准仪检查
3	坡度	不大于房间相应尺寸的2/1000，且不大于30													用坡度尺检查
4	厚度	在个别地方不大于设计厚度的1/10													用钢尺检查

4.2 基 土

4.2.1 对软弱土层应按设计要求进行处理。

4.2.2 填土应分层压（夯）实，填土质量应符合现行国家标准《建筑地基基础工程施工质量验收规范》GB 50202 的有关规定。

4.2.3 填土时应为最优含水量。重要工程或大面积的地面填土前，应取土样，按击实试验确定最优含水量与相应的最大干密度。

Ⅰ 主 控 项 目

4.2.4 基土严禁用淤泥、腐殖土、冻土、耕植土、膨胀土和含有有机物质大于8%的土作为填土。

检验方法：观察检查和检查土质记录。

4.2.5 基土应均匀密实，压实系数应符合设计要求，设计无要求时，不应小于0.90。

检验方法：观察检查和检查试验记录。

Ⅱ 一 般 项 目

4.2.6 基土表面的允许偏差应符合本标准表4.1.5的规定。

检验方法：应按本标准表4.1.5中的检验方法检验。

4.3 灰 土 垫 层

4.3.1 灰土垫层应采用熟化石灰与黏土（或粉质黏土、粉土）的拌合料铺设，其厚度不应小于100mm。

4.3.2 熟化石灰可采用磨细生石灰，亦可用粉煤灰或电石渣代替。

4.3.3 灰土垫层应铺设在不受地下水浸泡的基土上。施工后应有防止水浸泡的措施。

4.3.4 灰土垫层应分层夯实，经湿润养护、晾干后方可进行下一道工序施工。

Ⅰ 主 控 项 目

4.3.5 灰土体积比应符合设计要求。

检验方法：观察检查和检查配合比通知单记录。

Ⅱ 一 般 项 目

4.3.6 熟化石灰颗粒粒径不得大于5mm；黏土（或粉质黏土、粉土）内不得含有有机物质，颗粒粒径不得大于15mm。

检验方法：观察检查和检查材质合格记录。

4.3.7 灰土垫层表面的允许偏差应符合本标准表4.1.5的规定。

检验方法：应按本标准表4.1.5中的检验方法检验。

4.4 砂垫层和砂石垫层

4.4.1 砂垫层厚度不应小于60mm；砂石垫层厚度不应小于100mm。

4.4.2 砂石应选用天然级配材料。颗粒级配良好，铺设时不应有粗细颗粒分离现象，压（夯）至不松动为止。

Ⅰ 主 控 项 目

4.4.3 砂和砂石不得含有草根等有机杂质；砂应采用中砂；石子最大粒径不得大于垫层厚度的2/3，并不宜大于50mm。

检验方法：观察检查和检查材质合格证明文件及检测报告。

4.4.4 砂垫层和砂石垫层的干密度（或贯入度）应符合设计要求。

检验方法：观察检查和检查试验记录。

Ⅱ 一 般 项 目

4.4.5 表面不应有砂窝、石堆等质量缺陷。

检验方法：观察检查。

4.4.6 砂垫层和砂石垫层表面的允许偏差应符合本标准表4.1.5的规定。

检验方法：应按本标准表4.1.5中的检验方法检验。

4.5 碎石垫层和碎砖垫层

4.5.1 碎石垫层和碎砖垫层厚度不应小于100mm。

4.5.2 垫层应分层压（夯）实，达到表面坚实、平整。

Ⅰ 主 控 项 目

4.5.3 碎石的强度应均匀，最大粒径不应大于垫层厚度的2/3；碎砖不应采用风化、酥松、夹有有机杂质的砖料，颗粒粒径不应大于60mm。

检验方法：观察检查和检查材质合格证明文件及检测报告。

4.5.4 碎石、碎砖垫层的密实度应符合设计要求。

检验方法：观察检查和检查试验记录。

Ⅱ 一 般 项 目

4.5.5 碎石、碎砖垫层的表面允许偏差应符合本标准表4.1.5的规定。

检验方法：应按本标准表4.1.5中的检验方法检验。

4.6 三合土垫层

4.6.1 三合土垫层采用石灰、砂（可掺入少量黏土）与碎砖的拌合料铺设，其厚度不应小于100mm。

4.6.2 三合土垫层应分层夯实。

Ⅰ 主 控 项 目

4.6.3 熟化石灰颗粒粒径不得大于5mm；砂应用中砂，并不得含有草根等有机物质；碎砖不应采用风化、酥松和有机杂质的砖料，颗粒粒径不应大于60mm。

检验方法：观察检查和检查材质合格证明文件及检测报告。

4.6.4 三合土的体积比应符合设计要求。

检验方法：观察检查和检查配合比通知单记录。

Ⅱ 一 般 项 目

4.6.5 三合土垫层表面的允许偏差应符合本标准表4.1.5的规定。

检验方法：应按本标准表4.1.5中的检验方法检验。

4.7 炉渣垫层

4.7.1 炉渣垫层采用炉渣或水泥与炉渣或水泥、石灰与炉渣的拌合料铺设，其厚度不应小于80mm。

4.7.2 炉渣或水泥炉渣垫层的炉渣，使用前应浇水闷透；水泥石灰炉渣垫层的炉渣，使用前应用石灰浆或用熟化石灰浇水拌合闷透；闷透时间均不得少于5d。

4.7.3 在垫层铺设前，其下一层应湿润；铺设时应分层压实，铺设后应养护，待其凝结后方可进行下一道工序施工。

Ⅰ 主 控 项 目

4.7.4 炉渣内不应含有有机杂质和未燃尽的煤块，颗粒粒径不应大于40mm，且颗粒粒径在5mm及其以下的颗粒，不得超过总体积的40%；熟化石灰颗粒粒径不得大于5mm。

检验方法：观察检查和检查材质合格证明文件及检测报告。

4.7.5 炉渣垫层的体积比应符合设计要求。

检验方法：观察检查和检查配合比通知单。

Ⅱ 一 般 项 目

4.7.6 炉渣垫层与其下一层结合牢固，不得有空鼓和松散炉渣颗粒。

检验方法：观察检查和用小锤轻击检查。

4.7.7 炉渣垫层表面的允许偏差应符合本标准表4.1.5的规定。

检验方法：应按本标准表4.1.5中的检验方法检验。

4.8 水泥混凝土垫层

4.8.1 水泥混凝土垫层铺设在基土上，当气温长期处于0℃以下，设计无要求时，垫层应设置伸缩缝。

4.8.2 水泥混凝土垫层的厚度不应小于60mm。

4.8.3 垫层铺设前，其下一层表面应湿润。

4.8.4 室内地面的水泥混凝土垫层，应设置纵向缩缝和横向缩缝；纵向缩缝间距不得大于6m，横向缩缝不得大于12m。

4.8.5 垫层的纵向缩缝应做平头缝或加肋板平头缝。当垫层厚度大于150mm时，可做企口缝。横向缩缝应做假缝。

平头缝和企口缝的缝间不得放置隔离材料，浇筑时应互相紧贴。企口缝的尺寸应符合设计要求，假缝宽度为5~20mm，深度为垫层厚度的1/3，缝内填水泥砂浆。

4.8.6 工业厂房、礼堂、门厅等大面积水泥混凝土垫层应分区段浇筑。分区段应结合变形缝位置、不同类型的建筑地面连接处和设备基础的位置进行划分，并应与设置的纵向、横向缩缝间距相一致。

4.8.7 水泥混凝土施工质量检验尚应符合现行国家标准《混凝土结构工程施工质量验收规范》GB 50204的有关规定。

Ⅰ 主 控 项 目

4.8.8 水泥混凝土垫层采用的粗骨料，其最大粒径不应大于垫层厚度的2/3；含泥量不应大于2%；砂为中粗砂，其含泥量不应大于3%。

检验方法：观察检查和检查材质合格证明文件及检测报告。

4.8.9 混凝土的强度等级应符合设计要求，且不应小于C10。

检验方法：观察检查和检查配合比通知单及检测报告。

Ⅱ 一 般 项 目

4.8.10 水泥混凝土垫层表面的允许偏差应符合本标准表4.1.5的规定。

检验方法：应按本标准表4.1.5中的检验方法检验。

4.9 找 平 层

4.9.1 找平层应采用水泥砂浆或水泥混凝土铺设，并应符合本标准第5章有关面层的规定。

4.9.2 铺设找平层前，当其下一层有松散填充料时，应予铺平振实。
4.9.3 有防水要求的建筑地面工程，铺设前必须对立管、套管和地漏与楼板节点之间进行密封处理；排水坡度应符合设计要求。
4.9.4 在预制钢筋混凝土板上铺设找平层前，板缝填嵌的施工应符合下列要求：
  1 预制钢筋混凝土板相邻缝底宽不应小于20mm；
  2 填嵌时，板缝内应清理干净，保持湿润；
  3 填缝采用细石混凝土，其强度等级不得小于C20。填缝高度应低于板面10～20mm，且振捣密实，表面不应压光；填缝后应养护；
  4 当板缝底宽大于40mm时，应按设计要求配置钢筋。
4.9.5 在预制钢筋混凝土板上铺设找平层时，其板端应按设计要求做防裂的构造措施。

Ⅰ 主 控 项 目

4.9.6 找平层采用碎石或卵石的粒径不应大于其厚度的2/3，含泥量不应大于2％；砂为中粗砂，其含泥量不应大于3％。
  检验方法：观察检查和检查材质合格证明文件及检测报告。
4.9.7 水泥砂浆体积比或水泥混凝土强度等级应符合设计要求，且水泥砂浆体积比不应小于1∶3（或相应的强度等级）；水泥混凝土强度等级不应小于C15。
  检验方法：观察检查和检查配合比通知单及检测报告。
4.9.8 有防水要求的建筑地面工程的立管、套管、地漏处严禁渗漏，坡向应正确、无积水。
  检验方法：观察检查和蓄水、泼水检验及坡度尺检查。

Ⅱ 一 般 项 目

4.9.9 找平层与其下一层结合牢固，不得有空鼓。
  检验方法：用小锤轻击检查。
4.9.10 找平层表面应密实，不得有起砂、蜂窝和裂缝等缺陷。
  检验方法：观察检查。
4.9.11 找平层的表面允许偏差应符合本标准表4.1.5的规定。
  检验方法：应按本标准表4.1.5中的检验方法检验。

4.10 隔 离 层

4.10.1 隔离层的材料，其材质应经有资质的检测单位认定。
4.10.2 在水泥类找平层上铺设沥青类防水卷材、防水涂料或以水泥类材料作为防水隔离层时，其表面应坚固、洁净、干燥。铺设前，应涂刷基层处理剂。基层处理剂应采用与卷材性能配套的材料或采用同类涂料的底子油。

4.10.3 当采用掺有防水剂的水泥类找平层作为防水隔离层时，其掺量和强度等级（或配合比）应符合设计要求。

4.10.4 铺设防水隔离层时，在管道穿过楼板面四周，防水材料应向上铺涂，并超过套管的上口；在靠近墙面处，应高出面层200～300mm或按设计要求的高度铺涂。阴阳角和管道穿过楼板面的根部应增加铺涂附加防水隔离层。

4.10.5 防水材料铺设后，必须蓄水检验。蓄水深度应为20～30mm，24h内无渗漏为合格，并做记录。

4.10.6 隔离层施工质量检验应符合现行国家标准《屋面工程质量验收规范》GB 50207的有关规定。

Ⅰ 主控项目

4.10.7 隔离层材质必须符合设计要求和国家产品标准的规定。

　　检验方法：观察检查和检查材质合格证明文件、检测报告。

4.10.8 厕浴间和有防水要求的建筑地面必须设置防水隔离层。楼层结构必须采用现浇混凝土或整块预制混凝土板，混凝土强度等级不应小于C20；楼板四周除门洞外，应做混凝土翻边，其高度不应小于120mm。施工时结构层标高和预留孔洞位置应准确，严禁乱凿洞。

　　检验方法：观察和钢尺检查。

4.10.9 水泥类防水隔离层的防水性能和强度等级必须符合设计要求。

　　检验方法：观察检查和检查检测报告。

4.10.10 防水隔离层严禁渗漏，坡向应正确、排水通畅。

　　检验方法：观察检查和蓄水、泼水检验或坡度尺检查及检查检验记录。

Ⅱ 一般项目

4.10.11 隔离层厚度应符合设计要求。

　　检验方法：观察检查和用钢尺检查。

4.10.12 隔离层与其下一层粘结牢固，不得有空鼓；防水涂层应平整、均匀，无脱皮、起壳、裂缝、鼓泡等缺陷。

　　检验方法：用小锤轻击检查和观察检查。

4.10.13 隔离层表面的允许偏差应符合本标准表4.1.5的规定。

　　检验方法：应按本标准表4.1.5中的检验方法检验。

4.11 填 充 层

4.11.1 填充层应按设计要求选用材料，其密度和导热系数应符合国家有关产品标准的规定。

4.11.2 填充层的下一层表面应平整。当为水泥类时，尚应洁净、干燥，并不得有空鼓、裂缝和起砂等缺陷。

4.11.3 采用松散材料铺设填充层时，应分层铺平拍实；采用板、块状材料铺设填充层时，应分层错缝铺贴。

4.11.4 填充层施工质量检验尚应符合现行国家标准《屋面工程质量验收规范》GB 50207有关规定。

Ⅰ 主 控 项 目

4.11.5 填充层的材料质量必须符合设计要求和国家产品标准的规定。

　　检验方法：观察检查和检查材质合格证明文件、检测报告。

4.11.6 填充层的配合比必须符合设计要求。

　　检验方法：观察检查和检查配合比通知单。

Ⅱ 一 般 项 目

4.11.7 松散材料填充层铺设应密实；板块状材料填充层应压实、无翘曲。

　　检验方法：观察检查。

4.11.8 填充层表面的允许偏差应符合本标准表4.1.5的规定。

　　检验方法：应按本标准表4.1.5中的检验方法检验。

5 整体面层铺设

5.1 一 般 规 定

5.1.1 本章适用于水泥混凝土（含细石混凝土）面层、水泥砂浆面层、水磨石面层、水泥钢（铁）屑面层、防油渗面层和不发火（防爆的）面层等面层分项工程的施工质量检验。

5.1.2 铺设整体面层时，其水泥类基层的抗压强度不得小于1.2MPa；表面应粗糙、洁净、湿润并不得有积水。铺设前宜涂刷界面处理剂。

5.1.3 铺设整体面层，应符合设计要求和本标准第3.0.13条的规定。

5.1.4 整体面层施工后，养护时间不应少于7d；抗压强度应达到5MPa后，方准上人行走；抗压强度应达到设计要求后，方可正常使用。

5.1.5 当采用掺有水泥拌合料做踢脚线时，不得用石灰砂浆打底。

5.1.6 整体面层的抹平工作应在水泥初凝前完成，压光工作应在水泥终凝前完成。

5.1.7 整体面层的允许偏差应符合表5.1.7的规定。

表 5.1.7 整体面层的允许偏差和检验方法（mm）

项次	项目	允许偏差						检验方法
		水泥混凝土面层	水泥砂浆面层	普通水磨石面层	高级水磨石面层	水泥钢(铁)屑面层	防油渗混凝土和不发火（防爆的）面层	
1	表面平整度	4	3	3	2	3	4	用2m靠尺和楔形塞尺检查
2	踢脚线上口平直	3	3	2	2	3	3	拉5m线和用钢尺检查
3	缝格平直	3	3	2	2	3	3	

5.2 水泥混凝土面层

5.2.1 水泥混凝土面层厚度应符合设计要求。

5.2.2 水泥混凝土面层铺设不得留施工缝。当施工间隙超过允许时间规定时，应对接槎处进行处理。

Ⅰ 主 控 项 目

5.2.3 水泥混凝土采用的粗骨料，其最大粒径不应大于面层厚度的2/3，细石混凝土面层采用的石子粒径不应大于15mm。

　　检验方法：观察检查和检查材质合格证明文件及检测报告。

5.2.4 面层的强度等级应符合设计要求，且水泥混凝土面层强度等级不应小于C20；水泥混凝土垫层兼面层强度等级不应小于C15。

　　检验方法：检查配合比通知单及检测报告。

5.2.5 面层与下一层应结合牢固，无空鼓、裂纹。

　　检验方法：用小锤轻击检查。

　　注：空鼓面积不应大于400cm^2，且每自然间（标准间）不多于2处可不计。

Ⅱ 一 般 项 目

5.2.6 面层表面不应有裂纹、脱皮、麻面、起砂等缺陷。

　　检验方法：观察检查。

5.2.7 面层表面的坡度应符合设计要求，不得有倒泛水和积水现象。

　　检验方法：观察和采用泼水或用坡度尺检查。

5.2.8 水泥砂浆踢脚线与墙面应紧密结合，高度一致，出墙厚度均匀。

　　检验方法：用小锤轻击、钢尺和观察检查。

　　注：局部空鼓长度不应大于300mm，且每自然间（标准间）不多于2处可不计。

5.2.9 楼梯踏步的宽度、高度应符合设计要求。楼层梯段相邻踏步高度差不应大于10mm，每踏步两端宽度差不应大于10mm；旋转楼梯梯段的每踏步两端宽度的允许偏差为5mm。楼梯踏步的齿角应整齐，防滑条应顺直。

检验方法：观察和钢尺检查。

5.2.10 水泥混凝土面层的允许偏差应符合本标准表5.1.7的规定。

检验方法：应按本标准表5.1.7中的检验方法检验。

5.3 水 泥 砂 浆 面 层

5.3.1 水泥砂浆面层的厚度应符合设计要求，均不应小于20mm。

Ⅰ 主 控 项 目

5.3.2 水泥采用硅酸盐水泥、普通硅酸盐水泥，其强度等级不应小于32.5，不同品种、不同强度等级的水泥严禁混用；砂应为中粗砂，当采用石屑时，其粒径应为1～5mm，且含泥量不应大于3%。

检验方法：观察检查和检查材质合格证明文件及检测报告。

5.3.3 水泥砂浆面层的体积比（强度等级）必须符合设计要求；且体积比应为1∶2，强度等级不应小于M15。

检验方法：检查配合比通知单和检测报告。

5.3.4 面层与下一层应结合牢固，无空鼓、裂纹。

检验方法：用小锤轻击检查。

注：空鼓面积不应大于400cm^2，且每自然间（标准间）不多于2处可不计。

Ⅱ 一 般 项 目

5.3.5 面层表面的坡度应符合设计要求，不得有倒泛水和积水现象。

检验方法：观察和采用泼水或坡度尺检查。

5.3.6 面层表面应洁净，无裂纹、脱皮、麻面、起砂等缺陷。

检验方法：观察检查。

5.3.7 踢脚线与墙面应紧密结合，高度一致，出墙厚度均匀。

检验方法：用小锤轻击、钢尺和观察检查。

注：局部空鼓长度不应大于300mm，且每自然间（标准间）不多于2处可不计。

5.3.8 楼梯踏步的宽度、高度应符合设计要求。楼层梯段相邻踏步高度差不应大于10mm，每踏步两端宽度差不应大于10mm；旋转楼梯梯段的每踏步两端宽度的允许偏差为5mm。楼梯踏步的齿角应整齐，防滑条应顺直。

检验方法：观察和钢尺检查。

5.3.9 水泥砂浆面层的允许偏差应符合本标准表5.1.7的规定。

检验方法：应按本标准表5.1.7中的检验方法检验。

5.4 水 磨 石 面 层

5.4.1 水磨石面层应采用水泥与石粒的拌合料铺设。面层厚度除有特殊要求外，宜为12

~18mm，且按石粒粒径确定。水磨石面层的颜色和图案应符合设计要求。

5.4.2 白色或浅色的水磨石面层，应采用白水泥；深色的水磨石面层，宜采用硅酸盐水泥、普通硅酸盐水泥或矿渣硅酸盐水泥；同颜色的面层应使用同一批水泥。同一彩色面层应使用同厂、同批的颜料；其掺入量宜为水泥重量的3%～6%或由试验确定。

5.4.3 水磨石面层的结合层的水泥砂浆体积比宜为1:3，相应的强度等级不应小于M10，水泥砂浆稠度（以标准圆锥体沉入度计）宜为30～35mm。

5.4.4 普通水磨石面层磨光遍数不应少于3遍。高级水磨石面层的厚度和磨光遍数由设计确定。

5.4.5 在水磨石面层磨光后，涂草酸和上蜡前，其表面不得污染。

Ⅰ 主 控 项 目

5.4.6 水磨石面层的石粒，应采用坚硬可磨白云石、大理石等岩石加工而成，石粒应洁净无杂物，其粒径除特殊要求外应为6～15mm；水泥强度等级不应小于32.5；颜料应采用耐光、耐碱的矿物原料，不得使用酸性颜料。

检验方法：观察检查和检查材质合格证明文件。

5.4.7 水磨石面层拌合料的体积比应符合设计要求，且为1:1.5～1:2.5（水泥:石粒）。

检验方法：检查配合比通知单和检测报告。

5.4.8 面层与下一层结合应牢固，无空鼓、裂纹。

检验方法：用小锤轻击检查。

注：空鼓面积不应大于400cm²，且每自然间（标准间）不多于2处可不计。

Ⅱ 一 般 项 目

5.4.9 面层表面应光滑；无明显裂纹、砂眼和磨纹；石粒密实，显露均匀；颜色图案一致，不混色；分格条牢固、顺直和清晰。

检验方法：观察检查。

5.4.10 踢脚线与墙面应紧密结合，高度一致，出墙厚度均匀。

检验方法：用小锤轻击、钢尺和观察检查。

注：局部空鼓长度不大于300mm，且每自然间（标准间）不多于2处可不计。

5.4.11 楼梯踏步的宽度、高度应符合设计要求。楼层梯段相邻踏步高度差不应大于10mm，每踏步两端宽度差不应大于10mm，旋转楼梯梯段的每踏步两端宽度的允许偏差为5mm。楼梯踏步的齿角应整齐，防滑条应顺直。

检验方法：观察和钢尺检查。

5.4.12 水磨石面层的允许偏差应符合本标准表5.1.7的规定。

检验方法：应按本标准表5.1.7中的检验方法检验。

5.5 水泥钢（铁）屑面层

5.5.1 水泥钢（铁）屑面层应采用水泥与钢（铁）屑的拌合料铺设。

5.5.2 水泥钢(铁)屑面层配合比应通过试验确定。当采用振动法使水泥钢(铁)屑拌合料密实时,其密度不应小于2000kg/m³,其稠度不应大于10mm。

5.5.3 水泥钢(铁)屑面层铺设时应先铺一层厚20mm的水泥砂浆结合层,面层的铺设应在结合层的水泥初凝前完成。

Ⅰ 主 控 项 目

5.5.4 水泥强度等级不应小于32.5;钢(铁)屑的粒径应为1～5mm;钢(铁)屑中不应有其他杂质,使用前应去油除锈,冲洗干净并干燥。

检验方法:观察检查和检查材质合格证明文件及检测报告。

5.5.5 面层和结合层的强度等级必须符合设计要求,且面层抗压强度不应小于40MPa;结合层体积比为1∶2(相应的强度等级不应小于M15)。

检验方法:检查配合比通知单和检测报告。

5.5.6 面层与下一层结合必须牢固,无空鼓。

检验方法:用小锤轻击检查。

Ⅱ 一 般 项 目

5.5.7 面层表面坡度应符合设计要求。

检验方法:用坡度尺检查。

5.5.8 面层表面不应有裂纹、脱皮、麻面等缺陷。

检验方法:观察检查。

5.5.9 踢脚线与墙面应结合牢固,高度一致,出墙厚度均匀。

检验方法:用小锤轻击、钢尺和观察检查。

5.5.10 水泥钢(铁)屑面层的允许偏差应符合本标准表5.1.7的规定。

检验方法:应按本标准表5.1.7中的检验方法检验。

5.6 防 油 渗 面 层

5.6.1 防油渗面层应采用防油渗混凝土铺设或采用防油渗涂料涂刷。

5.6.2 防油渗面层设置防油渗隔离层(包括与墙、柱连接处的构造)时,应符合设计要求。

5.6.3 防油渗混凝土面层厚度应符合设计要求,防油渗混凝土的配合比应按设计要求的强度等级和抗渗性能通过试验确定。

5.6.4 防油渗混凝土面层应按厂房柱网分区段浇筑,区段划分及分区段缝应符合设计要求。

5.6.5 防油渗混凝土面层内不得敷设管线。凡露出面层的电线管、接线盒、预埋套管和地脚螺栓等的处理,以及与墙、柱、变形缝、孔洞等连接处泛水均应符合设计要求。

5.6.6 防油渗面层采用防油渗涂料时,材料应按设计要求选用,涂层厚度宜为5～7mm。

Ⅰ 主 控 项 目

5.6.7 防油渗混凝土所用的水泥应采用普通硅酸盐水泥,其强度等级应不小于32.5;碎石应采用花岗石或石英石,严禁使用松散多孔和吸水率大的石子,粒径为5～15mm,其最大粒径不应大于20mm,含泥量不应大于1%;砂应为中砂,洁净无杂物,其细度模数应为2.3～2.6;掺入的外加剂和防油渗剂应符合产品质量标准。防油渗涂料应具有耐油、耐磨、耐火和粘结性能。

检验方法:观察检查和检查材质合格证明文件及检测报告。

5.6.8 防油渗混凝土的强度等级和抗渗性能必须符合设计要求,且强度等级不应小于C30;防油渗涂料抗拉粘结强度不应小于0.3MPa。

检验方法:检查配合比通知单和检测报告。

5.6.9 防油渗混凝土面层与下一层应结合牢固、无空鼓。

检验方法:用小锤轻击检查。

5.6.10 防油渗涂料面层与基层应粘结牢固,严禁有起皮、开裂、漏涂等缺陷。

检验方法:观察检查。

Ⅱ 一 般 项 目

5.6.11 防油渗面层表面坡度应符合设计要求,不得有倒泛水和积水现象。

检验方法:观察和泼水或用坡度尺检查。

5.6.12 防油渗混凝土面层表面不应有裂纹、脱皮、麻面和起砂现象。

检验方法:观察检查。

5.6.13 踢脚线与墙面应紧密结合、高度一致,出墙厚度均匀。

检验方法:用小锤轻击、钢尺和观察检查。

5.6.14 防油渗面层的允许偏差应符合本标准表5.1.7的规定。

检验方法:应按本标准表5.1.7中的检验方法检验。

5.7 不发火(防爆的)面层

5.7.1 不发火(防爆的)面层应采用水泥类的拌合料铺设,其厚度并应符合设计要求。

5.7.2 不发火(防爆的)各类面层的铺设,应符合本章相应面层的规定。

5.7.3 不发火(防爆的)面层采用石料和硬化后的试件,应在金刚砂轮上做摩擦试验。试验时应符合本标准附录A的规定。

Ⅰ 主 控 项 目

5.7.4 不发火(防爆的)面层采用的碎石应选用大理石、白云石或其他石料加工而成,并以金属或石料撞击时不发生火花为合格;砂应质地坚硬、表面粗糙,其粒径宜为

0.15～5mm，含泥量不应大于3%，有机物含量不应大于0.5%；水泥应采用普通硅酸盐水泥，其强度等级不应小于32.5；面层分格的嵌条应采用不发生火花的材料配制。配制时应随时检查，不得混入金属或其他易发生火花的杂质。

检验方法：观察检查和检查材质合格证明文件及检测报告。

5.7.5 不发火（防爆的）面层的强度等级应符合设计要求。

检验方法：检查配合比通知单和检测报告。

5.7.6 面层与下一层应结合牢固，无空鼓、无裂纹。

检验方法：用小锤轻击检查。

注：空鼓面积不应大于400cm²，且每自然间（标准间）不多于2处可不计。

5.7.7 不发火（防爆的）面层的试件，必须检验合格。

检验方法：检查检测报告。

Ⅱ 一 般 项 目

5.7.8 面层表面应密实，无裂缝、蜂窝、麻面等缺陷。

检验方法：观察检查。

5.7.9 踢脚线与墙面应紧密结合、高度一致、出墙厚度均匀。

检验方法：用小锤轻击、钢尺和观察检查。

5.7.10 不发火（防爆的）面层的允许偏差应符合本标准表5.1.7的规定。

检验方法：应按本标准表5.1.7中的检验方法检验。

6 板块面层铺设

6.1 一 般 规 定

6.1.1 本章适用于砖面层、大理石面层和花岗石面层、预制板块面层、料石面层、塑料板面层、活动地板面层和地毯面层等面层分项工程的施工质量检验。

6.1.2 铺设板块面层时，其水泥类基层的抗压强度不得小于1.2MPa。

6.1.3 铺设板块面层的结合层和板块间的填缝采用水泥砂浆，应符合下列规定：

  1 配制水泥砂浆应采用硅酸盐水泥、普通硅酸盐水泥或矿渣硅酸盐水泥；其水泥强度等级不宜小于32.5；

  2 配制水泥砂浆的砂应符合国家现行行业标准《普通混凝土用砂质量标准及检验方法》JGJ 52规定；

  3 配制水泥砂浆的体积比（或强度等级）应符合设计要求。

6.1.4 结合层和板块面层填缝的沥青胶结材料应符合国家现行有关产品标准和设计要求。

6.1.5 板块的铺砌应符合设计要求，当设计无要求时，宜避免出现板块小于1/4边长的边角料。

6.1.6 铺设水泥混凝土板块、水磨石板块、水泥花砖、陶瓷锦砖、陶瓷地砖、缸砖、料石、大理石和花岗石面层等的结合层和填缝的水泥砂浆，在面层铺设后，表面应覆盖、湿润，其养护时间不应少于7d。

当板块面层的水泥砂浆结合层的抗压强度达到设计要求后，方可正常使用。

6.1.7 板块类踢脚线施工时，不得采用石灰砂浆打底。

6.1.8 板、块面层的允许偏差应符合表6.1.8的规定。

表6.1.8 板、块面层的允许偏差和检验方法（mm）

项次	项目	允许偏差										检验方法
		陶瓷锦砖面层、高级水磨石板、陶瓷地砖面层	缸砖面层	水泥花砖面层	水磨石板块面层	大理石面层和花岗石面层	塑料板面层	水泥混凝土板块面层	碎拼大理石、碎拼花岗石面层	活动地板面层	条石面层	块石面层	
1	表面平整度	2.0	3.0	3.0	3.0	1.0	2.0	3.0	3.0	2.0	8.0	8.0	用2m靠尺和楔形塞尺检查
2	缝格平直	2.5	2.5	2.5	2.5	2.0	2.5	2.5	—	2.0	7.0	7.0	拉5m线和用钢尺检查
3	接缝高低差	0.5	1.5	0.5	1.0	0.5	0.5	1.5	—	0.3	1.5	—	用钢尺和楔形塞尺检查
4	踢脚线上口平直	3.0	—	—	3.0	1.0	2.0	3.0	1.0	—	—	—	拉5m线和用钢尺检查
5	板块间隙宽度	2.0	2.0	2.0	2.0	—	—	5.0	—	0.3	4.0	—	用钢尺检查

6.2 砖 面 层

6.2.1 砖面层采用陶瓷锦砖、缸砖、陶瓷地砖和水泥花砖应在结合层上铺设。

6.2.2 有防腐蚀要求的砖面层采用的耐酸瓷砖、浸渍沥青砖、缸砖的材质、铺设以及施工质量验收应符合现行国家标准《建筑防腐蚀工程施工及验收规范》GB 50212的规定。

6.2.3 在水泥砂浆结合层上铺贴缸砖、陶瓷地砖和水泥花砖面层时，应符合下列规定：

1 在铺贴前，应对砖的规格尺寸、外观质量、色泽等进行预选，浸水湿润晾干待用；

2 勾缝和压缝应采用同品种、同强度等级、同颜色的水泥，并做养护和保护。

6.2.4 在水泥砂浆结合层上铺贴陶瓷锦砖面层时，砖底面应洁净，每联陶瓷锦砖之间、与结合层之间以及在墙角、镶边和靠墙处，应紧密贴合。在靠墙处不得采用砂浆填补。

6.2.5 在沥青胶结料结合层上铺贴缸砖面层时，缸砖应干净，铺贴时应在摊铺热沥青胶结料上进行，并应在胶结料凝结前完成。

6.2.6 采用胶粘剂在结合层上粘贴砖面层时，胶粘剂选用应符合现行国家标准《民用建筑工程室内环境污染控制规范》GB 50325的规定。

Ⅰ 主控项目

6.2.7 面层所用的板块的品种、质量必须符合设计要求。
检验方法：观察检查和检查材质合格证明文件及检测报告。

6.2.8 面层与下一层的结合（粘结）应牢固，无空鼓。
检验方法：用小锤轻击检查。
注：凡单块砖边角有局部空鼓，且每自然间（标准间）不超过总数的5%可不计。

Ⅱ 一般项目

6.2.9 砖面层的表面应洁净、图案清晰，色泽一致，接缝平整，深浅一致，周边顺直。板块无裂纹、掉角和缺棱等缺陷。
检验方法：观察检查。

6.2.10 面层邻接处的镶边用料及尺寸应符合设计要求，边角整齐、光滑。
检验方法：观察和用钢尺检查。

6.2.11 踢脚线表面应洁净、高度一致、结合牢固、出墙厚度一致。
检验方法：观察和用小锤轻击及钢尺检查。

6.2.12 楼梯踏步和台阶板块的缝隙宽度应一致、齿角整齐；楼层梯段相邻踏步高度差不应大于10mm；防滑条顺直。
检验方法：观察和用钢尺检查。

6.2.13 面层表面的坡度应符合设计要求，不倒泛水、无积水；与地漏、管道结合处应严密牢固，无渗漏。
检验方法：观察、泼水或坡度尺及蓄水检查。

6.2.14 砖面层的允许偏差应符合本标准表6.1.8的规定。
检验方法：应按本标准表6.1.8中的检验方法检验。

6.3 大理石面层和花岗石面层

6.3.1 大理石、花岗石面层采用天然大理石、花岗石（或碎拼大理石、碎拼花岗石）板材应在结合层上铺设。

6.3.2 天然大理石、花岗石的技术等级、光泽度、外观等质量要求应符合国家现行行业标准《天然大理石建筑板材》JC/T 79、《天然花岗石建筑板材》JC 205的规定。

6.3.3 板材有裂缝、掉角、翘曲和表面有缺陷时应予剔除，品种不同的板材不得混杂使用；在铺设前，应根据石材的颜色、花纹、图案、纹理等按设计要求，试拼编号。

6.3.4 铺设大理石、花岗石面层前，板材应浸湿、晾干；结合层与板材应分段同时铺设。

Ⅰ 主 控 项 目

6.3.5 大理石、花岗石面层所用板块的品种、质量应符合设计要求。

检验方法：观察检查和检查材质合格记录。

6.3.6 面层与下一层应结合牢固，无空鼓。

检验方法：用小锤轻击检查。

注：凡单块板块边角有局部空鼓，且每自然间（标准间）不超过总数的5%可不计。

Ⅱ 一 般 项 目

6.3.7 大理石、花岗石面层的表面应洁净、平整、无磨痕，且应图案清晰、色泽一致、接缝均匀、周边顺直、镶嵌正确、板块无裂纹、掉角、缺棱等缺陷。

检验方法：观察检查。

6.3.8 踢脚线表面应洁净，高度一致，结合牢固、出墙厚度一致。

检验方法：观察和用小锤轻击及钢尺检查。

6.3.9 楼梯踏步和台阶板块的缝隙宽度应一致、齿角整齐，楼层梯段相邻踏步高度差不应大于10mm，防滑条应顺直、牢固。

检验方法：观察和用钢尺检查。

6.3.10 面层表面的坡度应符合设计要求，不倒泛水、无积水；与地漏、管道结合处应严密牢固，无渗漏。

检验方法：观察、泼水或坡度尺及蓄水检查。

6.3.11 大理石和花岗石面层（或碎拼大理石、碎拼花岗石）的允许偏差应符合本标准表6.1.8的规定。

检验方法：应按本标准表6.1.8中的检验方法检验。

6.4 预制板块面层

6.4.1 预制板块面层采用水泥混凝土板块、水磨石板块应在结合层上铺设。

6.4.2 在现场加工的预制板块应按本标准第5章的有关规定执行。

6.4.3 水泥混凝土板块面层的缝隙，应采用水泥浆（或砂浆）填缝；彩色混凝土板块和水磨石板块应用同色水泥浆（或砂浆）擦缝。

Ⅰ 主 控 项 目

6.4.4 预制板块的强度等级、规格、质量应符合设计要求；水磨石板块尚应符合国家现行行业标准《建筑水磨石制品》JC 507的规定。

检验方法：观察检查和检查材质合格证明文件及检测报告。

6.4.5 面层与下一层应结合牢固、无空鼓。

检验方法：用小锤轻击检查。

注：凡单块板块料边角有局部空鼓，且每自然间（标准间）不超过总数的5%可不计。

Ⅱ 一 般 项 目

6.4.6 预制板块表面应无裂缝、掉角、翘曲等明显缺陷。

检验方法：观察检查。

6.4.7 预制板块面层应平整洁净，图案清晰，色泽一致，接缝均匀，周边顺直，镶嵌正确。

检验方法：观察检查。

6.4.8 面层邻接处的镶边用料尺寸应符合设计要求，边角整齐、光滑。

检验方法：观察和钢尺检查。

6.4.9 踢脚线表面应洁净、高度一致、结合牢固、出墙厚度一致。

检验方法：观察和用小锤轻击及钢尺检查。

6.4.10 楼梯踏步和台阶板块的缝隙宽度一致、齿角整齐，楼层梯段相邻踏步高度差不应大于10mm，防滑条顺直。

检验方法：观察和钢尺检查。

6.4.11 水泥混凝土板块和水磨石板块面层的允许偏差应符合本标准表6.1.8的规定。

检验方法：应按本标准表6.1.8中的检验方法检验。

6.5 料 石 面 层

6.5.1 料石面层采用天然条石和块石应在结合层上铺设。

6.5.2 条石和块石面层所用的石材的规格、技术等级和厚度应符合设计要求。条石的质量应均匀，形状为矩形六面体，厚度为80~120mm；块石形状为直棱柱体，顶面粗琢平整，底面面积不宜小于顶面面积的60%，厚度为100~150mm。

6.5.3 不导电的料石面层的石料应采用辉绿岩石加工制成。填缝材料亦采用辉绿岩石加工的砂嵌实。耐高温的料石面层的石料，应按设计要求选用。

6.5.4 块石面层结合层铺设厚度：砂垫层不应小于60mm；基土层应为均匀密实的基土或夯实的基土。

Ⅰ 主 控 项 目

6.5.5 面层材质应符合设计要求；条石的强度等级应大于MU60，块石的强度等级应大于MU30。

检验方法：观察检查和检查材质合格证明文件及检测报告。

6.5.6 面层与下一层应结合牢固、无松动。

检验方法：观察检查和用锤击检查。

Ⅱ 一 般 项 目

6.5.7 条石面层应组砌合理,无十字缝,铺砌方向和坡度应符合设计要求;块石面层石料缝隙应相互错开,通缝不超过两块石料。

检验方法:观察和用坡度尺检查。

6.5.8 条石面层和块石面层的允许偏差应符合本标准表6.1.8的规定。

检验方法:应按本标准表6.1.8中的检验方法检验。

6.6 塑料板面层

6.6.1 塑料板面层应采用塑料板块材、塑料板焊接、塑料卷材以胶粘剂在水泥类基层上铺设。

6.6.2 水泥类基层表面应平整、坚硬、干燥、密实、洁净、无油脂及其他杂质,不得有麻面、起砂、裂缝等缺陷。

6.6.3 胶粘剂选用应符合现行国家标准《民用建筑工程室内环境污染控制规范》GB 50325的规定。其产品应按基层材料和面层材料使用的相容性要求,通过试验确定。

Ⅰ 主 控 项 目

6.6.4 塑料板面层所用的塑料板块和卷材的品种、规格、颜色、等级应符合设计要求和现行国家标准的规定。

检验方法:观察检查和检查材质合格证明文件及检测报告。

6.6.5 面层与下一层的粘结应牢固,不翘边、不脱胶、无溢胶。

检验方法:观察检查和用敲击及钢尺检查。

注:卷材局部脱胶处面积不应大于20cm²,且相隔间距不小于50cm可不计;凡单块板块料边角局部脱胶处且每自然间(标准间)不超过总数的5%者可不计。

Ⅱ 一 般 项 目

6.6.6 塑料板面层应表面洁净,图案清晰,色泽一致,接缝严密、美观。拼缝处的图案、花纹吻合,无胶痕;与墙边交接严密,阴阳角收边方正。

检验方法:观察检查。

6.6.7 板块的焊接,焊缝应平整、光洁,无焦化变色、斑点、焊瘤和起鳞等缺陷,其凹凸允许偏差为±0.6mm。焊缝的抗拉强度不得小于塑料板强度的75%。

检验方法:观察检查和检查检测报告。

6.6.8 镶边用料应尺寸准确、边角整齐、拼缝严密、接缝顺直。

检验方法:用钢尺和观察检查。

6.6.9 塑料板面层的允许偏差应符合本标准表6.1.8的规定。

检验方法：应按本标准表 6.1.8 中的检验方法检验。

6.7 活动地板面层

6.7.1 活动地板面层用于防尘和防静电要求的专业用房的建筑地面工程。采用特制的平压刨花板为基材，表面饰以装饰板和底层用镀锌板经粘结胶合组成的活动地板块，配以横梁、橡胶垫条和可供调节高度的金属支架组装成架空板铺设在水泥类面层（或基层）上。

6.7.2 活动地板所有的支座柱和横梁应构成框架一体，并与基层连接牢固；支架抄平后高度应符合设计要求。

6.7.3 活动地板面层包括标准地板、异形地板和地板附件（即支架和横梁组件）。采用的活动地板块应平整、坚实，面层承载力不得小于 7.5MPa，其系统电阻：A 级板为 $1.0 \times 10^5 \sim 1.0 \times 10^8 \Omega$；B 级板为 $1.0 \times 10^5 \sim 1.0 \times 10^{10} \Omega$。

6.7.4 活动地板面层的金属支架应支承在现浇水泥混凝土基层（或表面），基层表面平整、光洁、不起灰。

6.7.5 活动板块与横梁接触搁置处应达到四角平整、严密。

6.7.6 当活动地板不符合模数时，其不足部分在现场根据实际尺寸将板块切割后镶补，并配装相应的可调支撑和横梁。切割边不经处理不得镶补安装，并不得有局部膨胀变形情况。

6.7.7 活动地板在门口处或预留洞口处应符合设置构造要求，四周侧边应用耐磨硬质板材封闭或用镀锌钢板包裹，胶条封边应符合耐磨要求。

Ⅰ 主控项目

6.7.8 面层材质必须符合设计要求，且应具有耐磨、防潮、阻燃、耐污染、耐老化和导静电等特点。

检验方法：观察检查和检查材质合格证明文件及检测报告。

6.7.9 活动地板面层应无裂纹、掉角和缺楞等缺陷。行走无声响、无摆动。

检验方法：观察和脚踩检查。

Ⅱ 一般项目

6.7.10 活动地板面层应排列整齐、表面洁净、色泽一致、接缝均匀、周边顺直。

检验方法：观察检查。

6.7.11 活动地板面层的允许偏差应符合本标准表 6.1.8 的规定。

检验方法：应按本标准表 6.1.8 中的检验方法检验。

6.8 地毯面层

6.8.1 地毯面层采用方块、卷材地毯在水泥类面层（或基层）上铺设。

6.8.2 水泥类面层（或基层）表面应坚硬、平整、光洁、干燥、无凹坑、麻面、裂缝，并应清除油污、钉头和其他突出物。

6.8.3 海绵衬垫应满铺平整，地毯拼缝处不露底衬。

6.8.4 固定式地毯铺设应符合下列规定：
  1 固定地毯用的金属卡条（倒刺板）、金属压条、专用双面胶带等必须符合设计要求；
  2 铺设的地毯张拉应适宜，四周卡条固定牢；门口处应用金属压条等固定；
  3 地毯周边应塞入卡条和踢脚线之间的缝中；
  4 粘贴地毯应用胶粘剂与基层粘贴牢固。

6.8.5 活动式地毯铺设应符合下列规定：
  1 地毯拼成整块后直接铺在洁净的地上，地毯周边应塞入踢脚线下；
  2 与不同类型的建筑地面连接处，应按设计要求收口；
  3 小方块地毯铺设，块与块之间应挤紧服帖。

6.8.6 楼梯地毯铺设，每梯段顶级地毯应用压条固定于平台上，每级阴角处应用卡条固定牢。

Ⅰ 主控项目

6.8.7 地毯的品种、规格、颜色、花色、胶料和辅料及其材质必须符合设计要求和国家现行地毯产品标准的规定。
  检验方法：观察检查和检查材质合格记录。

6.8.8 地毯表面应平服、拼缝处粘贴牢固、严密平整、图案吻合。
  检验方法：观察检查。

Ⅱ 一般项目

6.8.9 地毯表面不应起鼓、起皱、翘边、卷边、显拼缝、露线和无毛边，绒面毛顺光一致，毯面干净，无污染和损伤。
  检验方法：观察检查。

6.8.10 地毯同其他面层连接处、收口处和墙边、柱子周围应顺直、压紧。
  检验方法：观察检查。

7 木、竹面层铺设

7.1 一般规定

7.1.1 本章适用于实木地板面层、实木复合地板面层、中密度（强化）复合地板面层、竹地板面层等（包括免刨免漆类）分项工程的施工质量检验。

7.1.2 木、竹地板面层下的木搁栅、垫木、毛地板等采用木材的树种、选材标准和铺设时木材含水率以及防腐、防蛀处理等，均应符合现行国家标准《木结构工程施工质量验收规范》GB 50206 的有关规定。所选用的材料，进场时应对其断面尺寸、含水率等主要技术指标进行抽检，抽检数量应符合产品标准的规定。

7.1.3 与厕浴间、厨房等潮湿场所相邻木、竹面层连接处应做防水（防潮）处理。

7.1.4 木、竹面层铺设在水泥类基层上，其基层表面应坚硬、平整、洁净、干燥、不起砂。

7.1.5 建筑地面工程的木、竹面层搁栅下架空结构层（或构造层）的质量检验，应符合相应国家现行标准的规定。

7.1.6 木、竹面层的通风构造层包括室内通风沟、室外通风窗等，均应符合设计要求。

7.1.7 木、竹面层的允许偏差，应符合表 7.1.7 的规定。

表 7.1.7 木、竹面层的允许偏差和检验方法（mm）

项次	项目	允许偏差 实木地板面层 松木地板	允许偏差 实木地板面层 硬木地板	允许偏差 实木地板面层 拼花地板	实木复合地板、中密度（强化）复合地板面层、竹地板面层	检验方法
1	板面缝隙宽度	1.0	0.5	0.2	0.5	用钢尺检查
2	表面平整度	3.0	2.0	2.0	2.0	用2m靠尺和楔形塞尺检查
3	踢脚线上口平齐	3.0	3.0	3.0	3.0	拉5m通线，不足5m拉通线和用钢尺检查
4	板面拼缝平直	3.0	3.0	3.0	3.0	
5	相邻板材高差	0.5	0.5	0.5	0.5	用钢尺和楔形塞尺检查
6	踢脚线与面层的接缝	1.0				楔形塞尺检查

7.2 实木地板面层

7.2.1 实木地板面层采用条材和块材实木地板或采用拼花实木地板，以空铺或实铺方式在基层上铺设。

7.2.2 实木地板面层可采用双层面层和单层面层铺设，其厚度应符合设计要求。实木地板面层的条材和块材应采用具有商品检验合格证的产品，其产品类别、型号、适用树种、检验规则以及技术条件等均应符合现行国家标准《实木地板块》GB/T 15036.1～6 的规定。

7.2.3 铺设实木地板面层时，其木搁栅的截面尺寸、间距和稳固方法等均应符合设计要求。木搁栅固定时，不得损坏基层和预埋管线。木搁栅应垫实钉牢，与墙之间应留出30mm的缝隙，表面应平直。

7.2.4 毛地板铺设时，木材髓心应向上，其板间缝隙不应大于3mm，与墙之间应留8~12mm空隙，表面应刨平。

7.2.5 实木地板面层铺设时，面板与墙之间应留8~12mm缝隙。

7.2.6 采用实木制作的踢脚线，背面应抽槽并做防腐处理。

Ⅰ 主 控 项 目

7.2.7 实木地板面层所采用的材质和铺设时的木材含水率必须符合设计要求。木搁栅、垫木和毛地板等必须做防腐、防蛀处理。

检验方法：观察检查和检查材质合格证明文件及检测报告。

7.2.8 木搁栅安装应牢固、平直。

检验方法：观察、脚踩检查。

7.2.9 面层铺设应牢固；粘结无空鼓。

检验方法：观察、脚踩或用小锤轻击检查。

Ⅱ 一 般 项 目

7.2.10 实木地板面层应刨平、磨光，无明显刨痕和毛刺等现象；图案清晰、颜色均匀一致。

检验方法：观察、手摸和脚踩检查。

7.2.11 面层缝隙应严密；接头位置应错开、表面洁净。

检验方法：观察检查。

7.2.12 拼花地板接缝应对齐，粘、钉严密；缝隙宽度均匀一致；表面洁净，胶粘无溢胶。

检验方法：观察检查。

7.2.13 踢脚线表面应光滑，接缝严密，高度一致。

检验方法：观察和钢尺检查。

7.2.14 实木地板面层的允许偏差应符合本标准表7.1.7的规定。

检验方法：应按本标准表7.1.7中的检验方法检验。

7.3 实木复合地板面层

7.3.1 实木复合地板面层采用条材和块材实木复合地板或采用拼花实本复合地板，以空铺或实铺方式在基层上铺设。

7.3.2 实木复合地板面层的条材和块材应采用具有商品检验合格证的产品，其技术等级及质量要求均应符合国家现行标准的规定。

7.3.3 铺设实木复合地板面层时，其木搁栅的截面尺寸、间距和稳固方法等均应符合设计要求。木搁栅固定时，不得损坏基层和预埋管线。木搁栅应垫实钉牢，与墙之间应留出30mm缝隙，表面应平直。

7.3.4 毛地板铺设时，按本标准第7.2.4条规定执行。

7.3.5 实木复合地板面层可采用整贴和点贴法施工。粘贴材料应采用具有耐老化、防水和防菌、无毒等性能的材料，或按设计要求选用。

7.3.6 实木复合地板面层下衬垫的材质和厚度应符合设计要求。

7.3.7 实木复合地板面层铺设时，相邻板材接头位置应错开不小于300mm距离；与墙之间应留不小于10mm空隙。

7.3.8 大面积铺设实木复合地板面层时，应分段铺设，分段缝的处理应符合设计要求。

Ⅰ 主 控 项 目

7.3.9 实木复合地板面层所采用的条材和块材，其技术等级及质量要求应符合设计要求。木搁栅、垫木和毛地板等必须做防腐、防蛀处理。

　　检验方法：观察检查和检查材质合格证明文件及检测报告。

7.3.10 木搁栅安装应牢固、平直。

　　检验方法：观察、脚踩检查。

7.3.11 面层铺设应牢固；粘贴无空鼓。

　　检验方法：观察、脚踩或用小锤轻击检查。

Ⅱ 一 般 项 目

7.3.12 实木复合地板面层图案和颜色应符合设计要求，图案清晰，颜色一致，板面无翘曲。

　　检验方法：观察、用2m靠尺和楔形塞尺检查。

7.3.13 面层的接头应错开、缝隙严密、表面洁净。

　　检验方法：观察检查。

7.3.14 踢脚线表面光滑，接缝严密，高度一致。

　　检验方法：观察和钢尺检查。

7.3.15 实木复合地板面层的允许偏差应符合本标准表7.1.7的规定。

　　检验方法：应按本标准表7.1.7中的检验方法检验。

7.4 中密度（强化）复合地板面层

7.4.1 中密度（强化）复合地板面层的材料以及面层下的板或衬垫等材质应符合设计要求，并采用具有商品检验合格证的产品，其技术等级及质量要求均应符合国家现行标准的规定。

7.4.2 中密度（强化）复合地板面层铺设时，相邻条板端头应错开不小于300mm距离；衬垫层及面层与墙之间应留不小于10mm空隙。

Ⅰ 主 控 项 目

7.4.3 中密度（强化）复合地板面层所采用的材料，其技术等级及质量要求应符合设计要求。木搁栅、垫木和毛地板等应做防腐、防蛀处理。

　　检验方法：观察检查和检查材质合格证明文件及检测报告。

7.4.4 木搁栅安装应牢固、平直。

　　检验方法：观察、脚踩检查。

7.4.5 面层铺设应牢固。

　　检验方法：观察、脚踩检查。

Ⅱ 一 般 项 目

7.4.6 中密度（强化）复合地板面层图案和颜色应符合设计要求，图案清晰，颜色一致，板面无翘曲。

　　检验方法：观察、用2m靠尺和楔形塞尺检查。

7.4.7 面层的接头应错开、缝隙严密、表面洁净。

　　检验方法：观察检查。

7.4.8 踢脚线表面应光滑，接缝严密，高度一致。

　　检验方法：观察和钢尺检查。

7.4.9 中密度（强化）复合木地板面层的允许偏差应符合本标准表7.1.7的规定。

　　检验方法：应按本标准表7.1.7中的检验方法检验。

7.5 竹地板面层

7.5.1 竹地板面层的铺设应按本标准第7.2节的规定执行。

7.5.2 竹子具有纤维硬、密度大、水分少、不易变形等优点。竹地板应经严格选材、硫化、防腐、防蛀处理，并采用具有商品检验合格证的产品，其技术等级及质量要求均应符合国家现行行业标准《竹地板》LY/T 1573的规定。

Ⅰ 主 控 项 目

7.5.3 竹地板面层所采用的材料，其技术等级和质量要求应符合设计要求。木搁栅、毛地板和垫木等应做防腐、防蛀处理。

　　检验方法：观察检查和检查材质合格证明文件及检测报告。

7.5.4 木搁栅安装应牢固、平直。

　　检验方法：观察、脚踩检查。

7.5.5 面层铺设应牢固；粘贴无空鼓。

　　检验方法：观察、脚踩或用小锤轻击检查。

Ⅱ 一 般 项 目

7.5.6 竹地板面层品种与规格应符合设计要求，板面无翘曲。

检验方法：观察、用2m靠尺和楔形塞尺检查。

7.5.7 面层缝隙应均匀、接头位置错开，表面洁净。

检验方法：观察检查。

7.5.8 踢脚线表面应光滑，接缝均匀，高度一致。

检验方法：观察和用钢尺检查。

7.5.9 竹地板面层的允许偏差应符合本标准表7.1.7的规定。

检验方法：应按本标准表7.1.7中的检验方法检验。

8 分部（子分部）工程质量验收

8.0.1 建筑地面工程施工质量中各类面层子分部工程的面层铺设与其相应的基层铺设的分项工程施工质量检验应全部合格。

8.0.2 建筑地面工程子分部工程质量验收应检查下列工程质量文件和记录：

 1 建筑地面工程设计图纸和变更文件等；

 2 原材料的出厂检验报告和质量合格保证文件、材料进场检（试）验报告（含抽样报告）；

 3 各层的强度等级、密实度等试验报告和测定记录；

 4 各类建筑地面工程施工质量控制文件；

 5 各构造层的隐蔽验收及其他有关验收文件。

8.0.3 建筑地面工程子分部工程质量验收应检查下列安全和功能项目：

 1 有防水要求的建筑地面子分部工程的分项工程施工质量的蓄水检验记录，并抽查复验认定；

 2 建筑地面板块面层铺设子分部工程和木、竹面层铺设子分部工程采用的天然石材、胶粘剂、沥青胶结料和涂料等材料证明资料。

8.0.4 建筑地面工程子分部工程观感质量综合评价应检查下列项目：

 1 变形缝的位置和宽度以及填缝质量应符合规定；

 2 室内建筑地面工程按各子分部工程经抽查分别作出评价；

 3 楼梯、踏步等工程项目经抽查分别作出评价。

附录 A 不发生火花（防爆的）建筑地面材料及其制品不发火性的实验方法

A.1 不发火性的定义

A.1.1 当所有材料与金属或石块等坚硬物体发生摩擦、冲击或冲擦等机械作用时，不发生火花（或火星），致使易燃物引起发火或爆炸的危险，即为具有不发火性。

A.2 试验方法

A.2.1 实验前的准备。材料不发火的鉴定，可采用砂轮来进行。实验的房间完全黑暗，以便在实验时易于看见火花。

实验用的砂轮直径为 150mm，实验时其转速应为 600~1000r/min，并在暗室内检查其分离火花的能力。检查砂轮是否合格，可在砂轮旋转时用工具钢、石英石或含有石英石的混凝土等能发生火花的试件进行摩擦，摩擦时应加 10~20N 的压力，如果发生清晰的火花，则该砂轮即认为合格。

A.2.2 粗骨料的试验。从不少于 50 个试件中选出做不发生火花试验的试件 10 个。被选出试件，应是不同表面、不同颜色、不同结晶体、不同硬度的。每个试件重 50~250g，准确度应达到 1g。

试验时也应在完全黑暗的房间内进行。每个试件在砂轮上摩擦时，应加以 10~20N 的压力，将试件任意部分接触砂轮后，仔细观察试件与砂轮摩擦的地方，有无火花发生。

必须在每个试件上磨掉不少于 20g 后，才能结束试验。

在试验中如没有发现任何瞬时的火花，该材料即为合格。

A.2.3 粉状骨料的试验。粉状骨料除着重试验其制造的原料外，并应将这些细粒材料用胶结料（水泥或沥青）制成块状材料来进行试验，以便以后发现制品不符合不发火的要求时，能检查原因，同时，也可以减少制品不符合要求的可能性。

A.2.4 不发火水泥砂浆、水磨石和水泥混凝土的试验。主要试验方法同本节。

附录 B 检验批质量验收、评定记录

B.0.1 检验批质量验收记录由项目专业工长填写，项目专职质量检查员评定，参加人员应签字认可。检验批质量验收、评定记录按表 B.0.1-1~表 B.0.1-26 记录。

B.0.2 当建设方不采用本标准作为工程质量的验收标准时，不需要监理（建设）单位参加内部验收并签署意见。

表 B.0.1-1 基土垫层地面检验批质量验收、评定记录

工程名称			分项工程名称		验收部位	
施工总包单位			项目经理		专业工长	
分包单位			分包项目经理		施工班组长	
施工执行标准名称及编号				设计图纸（变更）编号		
		检查项目	企业质量标准的规定	质量检查、评定情况		总包项目部验收记录
主控项目	1	基土土料	设计要求			
	2	基土压实	应均匀密实，压实系数应符合设计要求，设计无要求时，不应小于0.90			
一般项目	1	表面平整度	15mm			
	2	允许偏差 标高	0~45mm			
	3	坡度	2/1000,且≯30mm			
	4	厚度	<1/10设计厚度			
施工单位检查、评定结论			本检验批实测 点,符合要求 点,符合要求率 %。不符合要求点的最大偏差为规定值的 %。依据中国建筑工程总公司《建筑工程施工质量统一标准》ZJQ00-SG-013-2006的相关规定,本检验批质量:合格 □ 优良 □ 项目专职质量检查员： 年 月 日			
参加验收人员（签字）			分包单位项目技术负责人： 年 月 日			
			专业工长（施工员）： 年 月 日			
			总包项目专业技术负责人： 年 月 日			
监理（建设）单位验收结论			同意（不同意）施工总包单位验收意见 监理工程师（建设单位项目专业技术负责人）： 年 月 日			

表 B.0.1-2 灰土垫层检验批质量验收、评定记录

工程名称			分项工程名称		验收部位	
施工总包单位			项目经理		专业工长	
分包单位			分包项目经理		施工班组长	
施工执行标准名称及编号			设计图纸（变更）编号			

	检查项目		企业质量标准的规定	质量检查、评定情况	总包项目部验收记录
主控项目	灰土体积比		设计要求		
一般项目	1	材料质量	熟化石灰颗粒粒径不得大于5mm，黏土内不得含有有机物质，颗粒粒径不得大于15mm		
	2	允许偏差 表面平整度	10mm		
	3	标高	±10mm		
	4	坡度	2/1000，且≥30mm		
	5	厚度	<1/10设计厚度		

施工单位检查、评定结论	本检验批实测 点，符合要求 点，符合要求率 %。不符合要求点的最大偏差为规定值的 %。依据中国建筑工程总公司《建筑工程施工质量统一标准》ZJQ00－SG－013－2006的相关规定，本检验批质量：合格 □ 优良 □ 项目专职质量检查员： 年 月 日
参加验收人员（签字）	分包单位项目技术负责人： 年 月 日
	专业工长（施工员）： 年 月 日
	总包项目专业技术负责人： 年 月 日
监理（建设）单位验收结论	同意（不同意）施工总包单位验收意见 监理工程师（建设单位项目专业技术负责人）： 年 月 日

表 B.0.1-3 砂垫层和砂石垫层检验批质量验收、评定记录

工程名称			分项工程名称		验收部位	
施工总包单位			项目经理		专业工长	
分包单位			分包项目经理		施工班组长	
施工执行标准名称及编号				设计图纸（变更）编号		

		检查项目	企业质量标准的规定	质量检查、评定情况	总包项目部验收记录
主控项目	1	砂和砂石质量	设计要求		
	2	垫层干密度	设计要求		
一般项目	1	垫层表面质量	不应有砂窝、石堆等		
	2	允许偏差 表面平整度	15mm		
	3	标高	±20mm		
	4	坡度	2/1000，且≯30mm		
	5	厚度	<1/10 设计厚度		

施工单位检查、评定结论	本检验批实测　点，符合要求　点，符合要求率　%。不符合要求点的最大偏差为规定值的　%。依据中国建筑工程总公司《建筑工程施工质量统一标准》ZJQ00-SG-013-2006 的相关规定，本检验批质量：合格 □　优良　□ 项目专职质量检查员： 年　月　日
参加验收人员（签字）	分包单位项目技术负责人： 年　月　日 专业工长（施工员）： 年　月　日 总包项目专业技术负责人： 年　月　日
监理（建设）单位验收结论	同意（不同意）施工总包单位验收意见 监理工程师（建设单位项目专业技术负责人）： 年　月　日

表 B.0.1-4 碎石垫层和碎砖垫层检验批质量验收、评定记录

工程名称				分项工程名称		验收部位	
施工总包单位				项目经理		专业工长	
分包单位				分包项目经理		施工班组长	
施工执行标准名称及编号					设计图纸（变更）编号		
主控项目	检查项目		企业质量标准的规定	质量检查、评定情况		总包项目部验收记录	
	1	材料质量		设计要求			
	2	垫层密实度		设计要求			
一般项目	1	允许偏差	表面平整度	15mm			
	2		标高	±20mm			
	3		坡度	2/1000，且≯30mm			
	4		厚度	＜1/10 设计厚度			
施工单位检查、评定结论	本检验批实测　点，符合要求　点，符合要求率　％。不符合要求点的最大偏差为规定值的　％。依据中国建筑工程总公司《建筑工程施工质量统一标准》ZJQ00-SG-013-2006 的相关规定，本检验批质量：合格 □　优良 □ 项目专职质量检查员： 年　月　日						
参加验收人员（签字）	分包单位项目技术负责人： 年　月　日						
	专业工长（施工员）： 年　月　日						
	总包项目专业技术负责人： 年　月　日						
监理（建设）单位验收结论	同意（不同意）施工总包单位验收意见 监理工程师（建设单位项目专业技术负责人）： 年　月　日						

表 B.0.1-5　三合土垫层检验批质量验收、评定记录

工程名称			分项工程名称		验收部位	
施工总包单位			项目经理		专业工长	
分包单位			分包项目经理		施工班组长	
施工执行标准名称及编号				设计图纸（变更）编号		
主控项目	检查项目		企业质量标准的规定	质量检查、评定情况	总包项目部验收记录	
主控项目	1	材料质量	设计要求			
主控项目	2	体积比	设计要求			
一般项目	1	允许偏差 表面平整度	10mm			
一般项目	2	允许偏差 标高	±10mm			
一般项目	3	允许偏差 坡度	2/1000，且≯30mm			
一般项目	4	允许偏差 厚度	＜1/10 设计厚度			

施工单位检查、评定结论	本检验批实测　点，符合要求　点，符合要求率　％。不符合要求点的最大偏差为规定值的　％。依据中国建筑工程总公司《建筑工程施工质量统一标准》ZJQ00－SG－013－2006 的相关规定，本检验批质量：合格　□　优良　□ 项目专职质量检查员： 　　　　　　　　　　　　　　　年　月　日
参加验收人员（签字）	分包单位项目技术负责人： 　　　　　　　　　　　　　　　年　月　日
参加验收人员（签字）	专业工长（施工员）： 　　　　　　　　　　　　　　　年　月　日
参加验收人员（签字）	总包项目专业技术负责人： 　　　　　　　　　　　　　　　年　月　日
监理（建设）单位验收结论	同意（不同意）施工总包单位验收意见 监理工程师（建设单位项目专业技术负责人）： 　　　　　　　　　　　　　　　年　月　日

表 B.0.1-6 炉渣垫层检验批质量验收、评定记录

工程名称			分项工程名称		验收部位	
施工总包单位			项目经理		专业工长	
分包单位			分包项目经理		施工班组长	
施工执行标准名称及编号				设计图纸（变更）编号		

		检查项目	企业质量标准的规定	质量检查、评定情况	总包项目部验收记录
主控项目	1	材料质量	不应含有有机杂质和未燃尽的煤块，颗粒粒径不应大于40mm，粒径在5mm及其以下的颗粒，不得超过总体积的40%；熟化石灰颗粒粒径不得大于5mm		
	2	垫层体积比	设计要求		
一般项目	1	垫层与下一层粘结	层结合牢固，不得有空鼓和松散炉渣颗粒		
	2	表面平整度	10mm		
	3	允许偏差 标高	±10mm		
	4	坡度	2/1000，且≯30mm		
	5	厚度	<1/10设计厚度		

施工单位检查、评定结论	本检验批实测　点，符合要求　点，符合要求率　%。不符合要求点的最大偏差为规定值的　%。依据中国建筑工程总公司《建筑工程施工质量统一标准》ZJQ00-SG-013-2006的相关规定，本检验批质量：合格 □　优良 □ 项目专职质量检查员： 年　月　日
参加验收人员（签字）	分包单位项目技术负责人： 年　月　日
	专业工长（施工员）： 年　月　日
	总包项目专业技术负责人： 年　月　日
监理（建设）单位验收结论	同意（不同意）施工总包单位验收意见 监理工程师（建设单位项目专业技术负责人）： 年　月　日

表 B.0.1-7 水泥混凝土垫层检验批质量验收、评定记录

工程名称			分项工程名称		验收部位	
施工总包单位			项目经理		专业工长	
分包单位			分包项目经理		施工班组长	
施工执行标准名称及编号				设计图纸（变更）编号		
主控项目	检查项目		企业质量标准的规定	质量检查、评定情况		总包项目部验收记录
主控项目	1	材料质量	设计要求			
主控项目	2	混凝土强度等级	设计要求			
一般项目	1	允许偏差 表面平整度	10mm			
一般项目	2	允许偏差 标高	±10mm			
一般项目	3	允许偏差 坡度	2/1000，且≯30mm			
一般项目	4	允许偏差 厚度	＜1/10 设计厚度			
施工单位检查、评定结论	本检验批实测　点，符合要求　点，符合要求率　%。不符合要求点的最大偏差为规定值的　%。依据中国建筑工程总公司《建筑工程施工质量统一标准》ZJQ00-SG-013-2006 的相关规定，本检验批质量：合格　□　优良　□ 项目专职质量检查员： 年　月　日					
参加验收人员（签字）	分包单位项目技术负责人： 年　月　日					
参加验收人员（签字）	专业工长（施工员）： 年　月　日					
参加验收人员（签字）	总包项目专业技术负责人： 年　月　日					
监理（建设）单位验收结论	同意（不同意）施工总包单位验收意见 监理工程师（建设单位项目专业技术负责人）： 年　月　日					

表 B.0.1-8 找平层检验批质量验收、评定记录

工程名称			分项工程名称		验收部位	
施工总包单位			项目经理		专业工长	
分包单位			分包项目经理		施工班组长	
施工执行标准名称及编号			设计图纸（变更）编号			

		检查项目	企业质量标准的规定	质量检查、评定情况	总包项目部验收记录
主控项目	1	材料质量	设计要求		
	2	配合比或强度等级	设计要求		
	3	有防水要求套管地漏	严禁渗漏，坡向应正确、无积水		
一般项目	1	找平层与下层结合	结合牢固无空鼓		
	2	找平层表面质量	密实，不得有起砂、蜂窝和裂缝等缺陷		
	3	表面平整度、标高	用胶粘剂做结合层，铺设拼花木板、塑料板、强化复合地板、竹地板面层	表面平整度	2mm								
				标高	±4mm								
			用沥青玛琋脂做结合层，铺设拼花木板、板块面层及毛地板铺木地板	表面平整度	3mm								
				标高	±5mm								
			用水泥砂浆做结合层，铺设板块面层，其他种类面层	表面平整度	5mm								
				标高	±8mm								

续表 B.0.1-8

一般项目		检查项目	企业质量标准的规定	质量检查、评定情况	总包项目部验收记录
	4	坡度	2/1000 且≯30mm		
	5	厚度	＜1/10 设计厚度		

施工单位检查、评定结论	本检验批实测　点，符合要求　点，符合要求率　%。不符合要求点的最大偏差为规定值的　%。依据中国建筑工程总公司《建筑工程施工质量统一标准》ZJQ00-SG-013-2006 的相关规定，本检验批质量：合格　□　优良　□ 项目专职质量检查员： 年　月　日
参加验收人员 （签字）	分包单位项目技术负责人： 年　月　日
	专业工长（施工员）： 年　月　日
	总包项目专业技术负责人： 年　月　日
监理（建设）单位验收结论	同意（不同意）施工总包单位验收意见 监理工程师（建设单位项目专业技术负责人）： 年　月　日

表 B.0.1-9 隔离层检验批质量验收、评定记录

工程名称				分项工程名称		验收部位	
施工总包单位				项目经理		专业工长	
分包单位				分包项目经理		施工班组长	
施工执行标准名称及编号					设计图纸（变更）编号		

		检查项目	企业质量标准的规定	质量检查、评定情况	总包项目部验收记录
主控项目	1	材料质量	设计要求		
	2	隔离层设置要求	厕浴间和有防水要求的建筑地面必须设置防水隔离层，严禁乱凿洞		
	3	水泥类隔离层防水性能	防水性能和强度等级必须符合设计要求		
	4	防水层防水要求	严禁渗漏，坡向应正确、排水通畅		
一般项目	1	隔离层厚度	设计要求		
	2	隔离层与下一层粘结	粘结牢固，不得有空鼓		
	3	防水涂层	应平整、均匀，无脱皮、起壳、裂缝、鼓泡等缺陷		
	4	允许偏差 表面平整度	3mm		
		标高	±4mm		
		坡度	2/1000,且≥30mm		
		厚度	<1/10设计厚度		

施工单位检查、评定结论	本检验批实测 点，符合要求 点，符合要求率 %。不符合要求点的最大偏差为规定值的 %。依据中国建筑工程总公司《建筑工程施工质量统一标准》ZJQ00-SG-013-2006的相关规定，本检验批质量：合格 □ 优良 □ 项目专职质量检查员： 年 月 日
参加验收人员（签字）	分包单位项目技术负责人： 年 月 日
	专业工长（施工员）： 年 月 日
	总包项目专业技术负责人： 年 月 日
监理（建设）单位验收结论	同意（不同意）施工总包单位验收意见 监理工程师（建设单位项目专业技术负责人）： 年 月 日

表 B.0.1-10 填充层检验批质量验收、评定记录

工程名称			分项工程名称		验收部位	
施工总包单位			项目经理		专业工长	
分包单位			分包项目经理		施工班组长	
施工执行标准名称及编号				设计图纸（变更）编号		

		检查项目	企业质量标准的规定		质量检查、评定情况	总包项目部验收记录
主控项目	1	材料质量	设计要求			
	2	配合比	设计要求			
一般项目	1	填充层铺设	松散材料铺设应密实；板块状材料应压实。无翘曲			
	2	允许偏差	表面平整度	板块 5mm		
				松散（材料）7mm		
			标高	±4mm		
			坡度	2/1000，且≥30mm		
			厚度	<1/10设计厚度		

施工单位检查、评定结论	本检验批实测 点，符合要求 点，符合要求率 %。不符合要求点的最大偏差为规定值的 %。依据中国建筑工程总公司《建筑工程施工质量统一标准》ZJQ00-SG-013-2006的相关规定，本检验批质量：合格 □ 优良 □ 项目专职质量检查员： 年 月 日
参加验收人员（签字）	分包单位项目技术负责人： 年 月 日
	专业工长（施工员）： 年 月 日
	总包项目专业技术负责人： 年 月 日
监理（建设）单位验收结论	同意（不同意）施工总包单位验收意见 监理工程师（建设单位项目专业技术负责人）： 年 月 日

表 B.0.1-11 水泥混凝土面层检验批质量验收、评定记录

工程名称				分项工程名称		验收部位	
施工总包单位				项目经理		专业工长	
分包单位				分包项目经理		施工班组长	
施工执行标准名称及编号				设计图纸（变更）编号			
		检查项目	企业质量标准的规定	质量检查、评定情况		总包项目部验收记录	
主控项目	1	骨料粒径	设计要求				
	2	面层强度等级	设计要求				
	3	面层与下一层结合	牢固，无空鼓、裂纹				
一般项目	1	表面质量	不应有裂纹、脱皮、麻面、起砂等缺陷				
	2	表面坡度	符合设计要求，不得有倒泛水和积水现象				
	3	踢脚线与墙面结合	紧密结合，高度一致，出墙厚度均匀				
	4	楼梯踏步	宽度、高度应符合设计要求。相邻踏步高度差不应大于10mm，每踏步两端宽度差不应大于10mm；旋转楼梯梯段的每踏步两端宽度的允许偏差为5mm。楼梯踏步的齿角应整齐，防滑条应顺直				
	5	允许偏差	表面平整度	5mm			
			踢脚线下口平直	4mm			
			缝格平直	3mm			
			旋转楼梯踏步两端宽度	5mm			

续表 B.0.1-11

施工单位检查、评定结论	本检验批实测　点，符合要求　点，符合要求率　%。不符合要求点的最大偏差为规定值的　%。依据中国建筑工程总公司《建筑工程施工质量统一标准》ZJQ00－SG－013－2006 的相关规定，本检验批质量：合格　□　优良　□ 项目专职质量检查员： 年　月　日
参加验收人员（签字）	分包单位项目技术负责人： 年　月　日
	专业工长（施工员）： 年　月　日
	总包项目专业技术负责人： 年　月　日
监理（建设）单位验收结论	同意（不同意）施工总包单位验收意见 监理工程师（建设单位项目专业技术负责人）： 年　月　日

表 B.0.1-12 水磨石面层检验批质量验收、评定记录

工程名称			分项工程名称		验收部位	
施工总包单位			项目经理		专业工长	
分包单位			分包项目经理		施工班组长	
施工执行标准名称及编号				设计图纸（变更）编号		

		检查项目	企业质量标准的规定		质量检查、评定情况	总包项目部验收记录
主控项目	1	材料质量	设计要求			
	2	拌合料体积比（水泥：石料）	1：1.5～1：2.5			
	3	面层与下一层结合	牢固，无空鼓、无裂纹			
一般项目	1	允许偏差	表面平整度	高级水磨石 2mm		
				普通水磨石 3mm		
			踢脚线上口平直	3mm		
			缝格平直	高级水磨石 2mm		
				普通水磨石 3mm		
			旋转楼梯踏步两端宽度	5mm		

施工单位检查、评定结论	本检验批实测 点，符合要求 点，符合要求率 %。不符合要求点的最大偏差为规定值的 %。依据中国建筑工程总公司《建筑工程施工质量统一标准》ZJQ00-SG-013-2006 的相关规定，本检验批质量：合格 □ 优良 □ 项目专职质量检查员： 年 月 日
参加验收人员（签字）	分包单位项目技术负责人： 年 月 日
	专业工长（施工员）： 年 月 日
	总包项目专业技术负责人： 年 月 日
监理（建设）单位验收结论	同意（不同意）施工总包单位验收意见 监理工程师（建设单位项目专业技术负责人）： 年 月 日

表 B.0.1-13 水泥钢（铁）屑面层检验批质量验收、评定记录

工程名称				分项工程名称		验收部位	
施工总包单位				项目经理		专业工长	
分包单位				分包项目经理		施工班组长	
施工执行标准名称及编号					设计图纸（变更）编号		
		检查项目	企业质量标准的规定	质量检查、评定情况		总包项目部验收记录	
主控项目	1	材料质量	设计要求				
	2	面层和结合层强度	设计要求				
	3	面层与下一层结合	牢固，无空鼓				
一般项目	1	面层表面坡度	设计要求				
	2	面层表面质量	不应有裂纹、脱皮、麻面				
	3	踢脚线与墙面结合	牢固，高度一致，出墙厚度均匀				
	4	允许偏差 表面平整度	4mm				
		踢脚线上口平直	4mm				
		缝格平直	3mm				
施工单位检查、评定结论			本检验批实测 点，符合要求 点，符合要求率 %。不符合要求点的最大偏差为规定值的 %。依据中国建筑工程总公司《建筑工程施工质量统一标准》ZJQ00-SG-013-2006的相关规定，本检验批质量：合格 □ 优良 □ 项目专职质量检查员： 年 月 日				
参加验收人员（签字）			分包单位项目技术负责人： 年 月 日				
			专业工长（施工员）： 年 月 日				
			总包项目专业技术负责人： 年 月 日				
监理（建设）单位验收结论			同意（不同意）施工总包单位验收意见 监理工程师（建设单位项目专业技术负责人）： 年 月 日				

表 B.0.1-14 防油渗面层检验批质量验收、评定记录

工程名称			分项工程名称		验收部位	
施工总包单位			项目经理		专业工长	
分包单位			分包项目经理		施工班组长	
施工执行标准名称及编号				设计图纸（变更）编号		

		检查项目	企业质量标准的规定	质量检查、评定情况	总包项目部验收记录
主控项目	1	材料质量	设计要求		
	2	强度等级抗渗性能	设计要求		
	3	面层与下一层结合	牢固、无空鼓		
	4	面层与基层粘结	牢固，严禁有起皮、开裂、漏涂等缺陷		
一般项目	1	表面坡度	设计要求，不得有倒泛水和积水现象		
	2	表面质量	不应有裂纹、脱皮、麻面和起砂现象		
	3	踢脚线与墙面结合	紧密结合、高度一致，出墙厚度均匀		
	4 允许偏差	表面平整度	4mm		
		踢脚线上口平直	4mm		
		缝格平直	3mm		

施工单位检查、评定结论	本检验批实测 点，符合要求 点，符合要求率 %。不符合要求点的最大偏差为规定值的 %。依据中国建筑工程总公司《建筑工程施工质量统一标准》ZJQ00－SG－013－2006 的相关规定，本检验批质量：合格 □ 优良 □ 项目专职质量检查员： 年 月 日
参加验收人员 （签字）	分包单位项目技术负责人： 年 月 日 专业工长（施工员）： 年 月 日 总包项目专业技术负责人： 年 月 日
监理（建设）单位验收结论	同意（不同意）施工总包单位验收意见 监理工程师（建设单位项目专业技术负责人）： 年 月 日

表 B.0.1-15　不发火（防爆的）面层检验批质量验收、评定记录

工程名称			分项工程名称		验收部位	
施工总包单位			项目经理		专业工长	
分包单位			分包项目经理		施工班组长	
施工执行标准名称及编号				设计图纸（变更）编号		

		检查项目	企业质量标准的规定	质量检查、评定情况	总包项目部验收记录
主控项目	1	材料质量	设计要求		
	2	面层强度等级	设计要求		
	3	面层与下一层结合	牢固，无空鼓、无裂纹		
	4	面层试件检验	设计要求		
一般项目	1	面层表面质量	密实，无裂缝、蜂窝、麻面		
	2	踢脚线与墙面结合	紧密结合、高度一致、出墙厚度均匀		
	3 允许偏差	表面平整度	4mm		
		踢脚线上口平直	4mm		
		缝格平直	3mm		

施工单位检查、评定结论	本检验批实测　点，符合要求　点，符合要求率　%。不符合要求点的最大偏差为规定值的　%。依据中国建筑工程总公司《建筑工程施工质量统一标准》ZJQ00-SG-013-2006 的相关规定，本检验批质量：合格 □　优良 □ 项目专职质量检查员： 年　月　日
参加验收人员（签字）	分包单位项目技术负责人： 年　月　日
	专业工长（施工员）： 年　月　日
	总包项目专业技术负责人： 年　月　日
监理（建设）单位验收结论	同意（不同意）施工总包单位验收意见 监理工程师（建设单位项目专业技术负责人）： 年　月　日

表 B.0.1-16 砖面层检验批质量验收、评定记录

工程名称				分项工程名称		验收部位	
施工总包单位				项目经理		专业工长	
分包单位				分包项目经理		施工班组长	
施工执行标准名称及编号				设计图纸（变更）编号			

		检查项目	企业质量标准的规定		质量检查、评定情况	总包项目部验收记录
主控项目	1	块材质量	设计要求			
	2	面层与下一层结合	牢固，无空鼓			
一般项目	1	面层表面质量	洁净、图案清晰，色泽一致，接缝平整，深浅一致，周边顺直。板块无裂纹、掉角和缺棱			
	2	邻接处镶边用料	尺寸应符合设计要求，边角整齐、光滑			
	3	踢脚线质量	洁净、高度一致、结合牢固、出墙厚度一致			
	4	楼梯踏步高度差	不应大于10mm			
	5	面层表面坡度	设计要求，不倒泛水、无积水			
	6 允许偏差	表面平整度	缸砖	4mm		
			水泥花砖	3mm		
			陶瓷锦砖、陶瓷地砖	2mm		
		缝格平直	3.0mm			
		接缝高低差	陶瓷锦砖、陶瓷地砖、水泥花砖	0.5mm		
			缸砖	1.5mm		
		踢脚线上口平直	陶瓷锦砖、陶瓷地砖、水泥花砖	3mm		
			缸砖	4mm		
		板块间隙宽度	2mm			

续表 B.0.1-16

施工单位检查、评定结论	本检验批实测　点，符合要求　点，符合要求率　％。不符合要求点的最大偏差为规定值的　％。依据中国建筑工程总公司《建筑工程施工质量统一标准》ZJQ00-SG-013-2006 的相关规定，本检验批质量：合格　□　优良　□ 项目专职质量检查员： 年　月　日
参加验收人员（签字）	分包单位项目技术负责人： 年　月　日
	专业工长（施工员）： 年　月　日
	总包项目专业技术负责人： 年　月　日
监理（建设）单位验收结论	同意（不同意）施工总包单位验收意见 监理工程师（建设单位项目专业技术负责人）： 年　月　日

8—54

表 B.0.1-17 大理石和花岗石面层检验批质量验收、评定记录

工程名称				分项工程名称		验收部位	
施工总包单位				项目经理		专业工长	
分包单位				分包项目经理		施工班组长	
施工执行标准名称及编号				设计图纸（变更）编号			

		检查项目	企业质量标准的规定	质量检查、评定情况	总包项目部验收记录
主控项目	1	板块品种、质量	设计要求		
	2	面层与下一层结合	牢固，无空鼓		
一般项目	1	面层表面质量	洁净、平整、无磨痕，且应图案清晰、色泽一致、接缝均匀、周边顺直、镶嵌正确、板块无裂纹、掉角、缺棱		
	2	踢脚线表面质量	洁净，高度一致、结合牢固、出墙厚度一致		
	3	楼梯踏步和台阶质量	缝隙宽度应一致、齿角整齐，楼层梯段相邻踏步高度差不应大于10mm，防滑条应顺直、牢固		
	4	面层表面坡度等	设计要求，不倒泛水、无积水		
	5	允许偏差	表面平整度	1.0mm		
			缝格平直	2.0mm		
			接缝高低差	0.5mm		
			踢脚线上口平直	1.0mm		
			板块间隙宽度	1.0mm		

续表 B.0.1-17

施工单位检查、评定结论	本检验批实测　点，符合要求　点，符合要求率　％。不符合要求点的最大偏差为规定值的　％。依据中国建筑工程总公司《建筑工程施工质量统一标准》ZJQ00-SG-013-2006 的相关规定，本检验批质量：合格　□　优良　□ 项目专职质量检查员： 　　　　　　　　　　　　　　年　月　日
参加验收人员（签字）	分包单位项目技术负责人： 　　　　　　　　　　　　　　年　月　日
	专业工长（施工员）： 　　　　　　　　　　　　　　年　月　日
	总包项目专业技术负责人： 　　　　　　　　　　　　　　年　月　日
监理（建设）单位验收结论	同意（不同意）施工总包单位验收意见 监理工程师（建设单位项目专业技术负责人）： 　　　　　　　　　　　　　　年　月　日

表 B.0.1-18 预制板块面层检验批质量验收、评定记录

工程名称				分项工程名称		验收部位	
施工总包单位				项目经理		专业工长	
分包单位				分包项目经理		施工班组长	
施工执行标准名称及编号				设计图纸（变更）编号			
		检查项目	企业质量标准的规定	质量检查、评定情况		总包项目部验收记录	
主控项目	1	强度、品种、质量	设计要求				
	2	面层与下一层结合	牢固、无空鼓				
一般项目	1	预制板块质量	无裂缝、掉角、翘曲				
	2	预制板块面层质量	平整洁净，图案清晰，色泽一致，接缝均匀，周边顺直，镶嵌正确				
	3	邻接处的镶边用料尺寸符合	设计要求，边角整齐、光滑				
	4	踢脚线质量	洁净、高度一致、结合牢固、出墙厚度一致				
	5	楼梯踏步和台阶板块要求	缝隙宽度一致、齿角整齐，楼层梯段相邻踏步高度差不应大于10mm，防滑条顺直				
	6	允许偏差	表面平整度	高级水磨石	2mm		
				普通水磨石	3mm		
				混凝土	4mm		
			缝格平直		3mm		
			接缝高低差	高级水磨石	0.5mm		
				普通水磨石	1mm		
				混凝土	1.5mm		
			踢脚线上口平直	高级水磨石	3mm		
				普通水磨石及混凝土	4mm		
			板块间隙宽度	高级水磨石	2mm		
				混凝土	6mm		

8—57

续表 B.0.1-18

施工单位检查、评定结论	本检验批实测　点，符合要求　点，符合要求率　％。不符合要求点的最大偏差为规定值的　％。依据中国建筑工程总公司《建筑工程施工质量统一标准》ZJQ00-SG-013-2006 的相关规定，本检验批质量：合格　□　优良　□ 项目专职质量检查员： 年　月　日
参加验收人员（签字）	分包单位项目技术负责人： 年　月　日
	专业工长（施工员）： 年　月　日
	总包项目专业技术负责人： 年　月　日
监理（建设）单位验收结论	同意（不同意）施工总包单位验收意见 监理工程师（建设单位项目专业技术负责人）： 年　月　日

8—58

表 B.0.1-19 料石面层检验批质量验收、评定记录

工程名称				分项工程名称			验收部位	
施工总包单位				项目经理			专业工长	
分包单位				分包项目经理			施工班组长	
施工执行标准名称及编号					设计图纸（变更）编号			
		检查项目	企业质量标准的规定	质量检查、评定情况				总包项目部验收记录
主控项目	1	料石质量	设计要求					
	2	面层与下一层结合	牢固、无松动					
一般项目	1	组砌方法	条石面层应组砌合理，无十字缝，铺砌方向和坡度应符合设计要求；块石面层石料缝隙应相互错开，通缝不超过两块石料					
	2	允许偏差	表面平整度	条石、块石	8mm			
			缝格平直	条石、块石	7mm			
			接缝高低差	条石	2.0mm			
			板块间隙宽度	条石	5mm			
施工单位检查、评定结论			本检验批实测 点，符合要求 点，符合要求率 ％。不符合要求点的最大偏差为规定值的 ％。依据中国建筑工程总公司《建筑工程施工质量统一标准》ZJQ00－SG－013－2006 的相关规定，本检验批质量：合格 □ 优良 □ 项目专职质量检查员： 年 月 日						
参加验收人员（签字）			分包单位项目技术负责人： 年 月 日					
			专业工长（施工员）： 年 月 日					
			总包项目专业技术负责人： 年 月 日					
监理（建设）单位验收结论			同意（不同意）施工总包单位验收意见 监理工程师（建设单位项目专业技术负责人）： 年 月 日					

表 B.0.1-20 塑料板面层检验批质量验收、评定记录

工程名称				分项工程名称		验收部位	
施工总包单位				项目经理		专业工长	
分包单位				分包项目经理		施工班组长	
施工执行标准名称及编号				设计图纸（变更）编号			
		检查项目	企业质量标准的规定	质量检查、评定情况		总包项目部验收记录	
主控项目	1	塑料板块质量	设计要求				
	2	面层与下一层粘结	牢固、不翘边、不脱胶、无溢胶				
一般项目	1	面层质量	表面洁净，图案清晰，色泽一致，接缝严密、美观。拼缝处的图案、花纹吻合，无胶痕；与墙边交接严密，阴阳角收边方正				
	2	焊接质量	焊缝应平整、光洁，无焦化变色、斑点、焊瘤和起鳞等缺陷，其凹凸允许偏差为±0.6mm。焊缝的抗拉强度不得小于塑料板强度的75％				
	3	镶边用料	尺寸准确、边角整齐、拼缝严密、接缝顺直				
	4	允许偏差	表面平整度	2mm			
			缝格平直	3mm			
			接缝高低差	0.5mm			
			踢脚线上口平直	2.0mm			

续表 B.0.1-20

施工单位检查、评定结论	本检验批实测　点，符合要求　点，符合要求率　%。不符合要求点的最大偏差为规定值的　%。依据中国建筑工程总公司《建筑工程施工质量统一标准》ZJQ00-SG-013-2006 的相关规定，本检验批质量：合格　□　优良　□ 项目专职质量检查员： 年　月　日
参加验收人员（签字）	分包单位项目技术负责人： 年　月　日
	专业工长（施工员）： 年　月　日
	总包项目专业技术负责人： 年　月　日
监理（建设）单位验收结论	同意（不同意）施工总包单位验收意见 监理工程师（建设单位项目专业技术负责人）： 年　月　日

表 B.0.1-21 活动地板面层检验批质量验收、评定记录

工程名称			分项工程名称		验收部位	
施工总包单位			项目经理		专业工长	
分包单位			分包项目经理		施工班组长	
施工执行标准名称及编号				设计图纸(变更)编号		

		检查项目	企业质量标准的规定	质量检查、评定情况	总包项目部验收记录
主控项目	1	材料质量	设计要求		
	2	面层质量要求	无裂纹、掉角和缺棱等缺陷。行走无声响、无摆动		
一般项目	1	面层表面质量	排列整齐、表面洁净、色泽一致、接缝均匀、周边顺直		
	2	允许偏差	表面平整度	2.0mm		
			缝格平直	2.5mm		
			接缝高低差	0.4mm		
			板块间隙宽度	0.3mm		

施工单位检查、评定结论	本检验批实测 点,符合要求 点,符合要求率 %。不符合要求点的最大偏差为规定值的 %。依据中国建筑工程总公司《建筑工程施工质量统一标准》ZJQ00-SG-013-2006的相关规定,本检验批质量:合格 □ 优良 □ 项目专职质量检查员: 年 月 日
参加验收人员(签字)	分包单位项目技术负责人: 年 月 日
	专业工长(施工员): 年 月 日
	总包项目专业技术负责人: 年 月 日
监理(建设)单位验收结论	同意(不同意)施工总包单位验收意见 监理工程师(建设单位项目专业技术负责人): 年 月 日

表 B.0.1-22 地毯面层检验批质量验收、评定记录

工程名称			分项工程名称		验收部位	
施工总包单位			项目经理		专业工长	
分包单位			分包项目经理		施工班组长	
施工执行标准名称及编号				设计图纸（变更）编号		

		检查项目	企业质量标准的规定	质量检查、评定情况	总包项目部验收记录
主控项目	1	地毯、胶料及辅料质量	设计要求		
	2	地毯铺设质量	地毯表面应平服、拼缝处粘贴牢固、严密平整、图案吻合		
一般项目	1	地毯表面质量	不应起鼓、起皱、翘边、卷边、显拼缝，绒面毛顺光一致，毯面干净，无污染和损伤		
	2	地毯细部连接	地毯同其他面层连接处、收口处和墙边、柱子周围应顺直、压紧		

施工单位检查、评定结论	本检验批实测 点，符合要求 点，符合要求率 %。不符合要求点的最大偏差为规定值的 %。依据中国建筑工程总公司《建筑工程施工质量统一标准》ZJQ00-SG-013-2006的相关规定，本检验批质量：合格 □ 优良 □ 项目专职质量检查员： 年 月 日
参加验收人员（签字）	分包单位项目技术负责人： 年 月 日
	专业工长（施工员）： 年 月 日
	总包项目专业技术负责人： 年 月 日
监理（建设）单位验收结论	同意（不同意）施工总包单位验收意见 监理工程师（建设单位项目专业技术负责人）： 年 月 日

表B.0.1-23 实木地板面层检验批质量验收、评定记录

工程名称				分项工程名称		验收部位	
施工总包单位				项目经理		专业工长	
分包单位				分包项目经理		施工班组长	
施工执行标准名称及编号				设计图纸（变更）编号			

		检查项目	企业质量标准的规定		质量检查、评定情况	总包项目部验收记录
主控项目	1	材料质量	设计要求			
	2	木搁栅安装	牢固、平直			
	3	面层铺设	牢固，粘结无空鼓			
一般项目	1	面层质量	刨平、磨光，无明显刨痕和毛刺等现象；图案清晰、颜色均匀一致			
	2	面层缝隙	面板与墙之间应留8～12mm缝隙，面层缝隙应严密；接头位置应错开、表面洁净			
	3	拼花地板	对齐，粘、钉严密；缝隙宽度均匀一致；表面洁净，胶粘无溢胶			
	4	踢脚线	光滑，接缝严密，高度一致			
	5 允许偏差	板面缝隙宽度	拼花地板	0.2mm		
			硬木地板	0.5mm		
			松木地板	1.0mm		
		表面平整度	拼花、硬木地板	2.0mm		
			松木地板	3.0mm		
		踢脚线上口平齐		3.0mm		
		板面拼缝平直		3.0mm		
		相邻板材高差		0.5mm		
		踢脚线与面层接缝		1.0mm		

续表 B.0.1-23

施工单位检查、评定结论	本检验批实测　点，符合要求　点，符合要求率　%。不符合要求点的最大偏差为规定值的　%。依据中国建筑工程总公司《建筑工程施工质量统一标准》ZJQ00-SG-013-2006的相关规定，本检验批质量：合格　□　优良　□ 项目专职质量检查员： 年　月　日
参加验收人员（签字）	分包单位项目技术负责人： 年　月　日
	专业工长（施工员）： 年　月　日
	总包项目专业技术负责人： 年　月　日
监理（建设）单位验收结论	同意（不同意）施工总包单位验收意见 监理工程师（建设单位项目专业技术负责人）： 年　月　日

8—65

表 B.0.1-24 实木复合地板面层检验批质量验收、评定记录

工程名称				分项工程名称		验收部位	
施工总包单位				项目经理		专业工长	
分包单位				分包项目经理		施工班组长	
施工执行标准名称及编号				设计图纸（变更）编号			

		检查项目	企业质量标准的规定	质量检查、评定情况	总包项目部验收记录
主控项目	1	材料质量	设计要求		
	2	木搁栅安装	平直、牢固		
	3	面层铺设质量	牢固、粘结无空鼓		
一般项目	1	面层外观质量	图案和颜色应符合设计要求，图案清晰，颜色一致，板面无翘曲		
	2	面层接头	接头应错开、缝隙严密、表面洁净		
	3	踢脚线	表面光滑，接缝严密，高度一致		
	4 允许偏差	板面缝隙宽度	0.5mm		
		表面平整度	2.0mm		
		踢脚线上口平齐	3.0mm		
		板面拼缝平直	3.0mm		
		相邻板材高差	0.5mm		
		踢脚线与面层接缝	1.0mm		

续表 B.0.1-24

施工单位检查、评定结论	本检验批实测 点，符合要求 点，符合要求率 %。不符合要求点的最大偏差为规定值的 %。依据中国建筑工程总公司《建筑工程施工质量统一标准》ZJQ00-SG-013-2006 的相关规定，本检验批质量：合格 □ 优良 □ 项目专职质量检查员： 年 月 日
参加验收人员（签字）	分包单位项目技术负责人： 年 月 日
	专业工长（施工员）： 年 月 日
	总包项目专业技术负责人： 年 月 日
监理（建设）单位验收结论	同意（不同意）施工总包单位验收意见 监理工程师（建设单位项目专业技术负责人）： 年 月 日

表 B.0.1-25 中密度（强化）复合地板面层检验批质量验收、评定记录

工程名称				分项工程名称		验收部位	
施工总包单位				项目经理		专业工长	
分包单位				分包项目经理		施工班组长	
施工执行标准名称及编号				设计图纸（变更）编号			

		检查项目	企业质量标准的规定	质量检查、评定情况							总包项目部验收记录
主控项目	1	材料质量	设计要求								
	2	木搁栅安装	牢固、平直								
	3	面层铺设	牢固								
一般项目	1	面层外观质量	图案和颜色应符合设计要求，图案清晰，颜色一致，板面无翘曲								
	2	面层接头	接头应错开、缝隙严密、表面洁净								
	3	踢脚线	表面应光滑，接缝严密，高度一致								
	4	允许偏差	板面缝隙宽度	0.5mm							
			表面平整度	2.0mm							
			踢脚线上口平齐	3.0mm							
			板面拼缝平直	3.0mm							
			相邻板材高差	0.5mm							
			踢脚线与面层接缝	1.0mm							

续表 B.0.1-25

施工单位检查、评定结论	本检验批实测　点，符合要求　点，符合要求率　％。不符合要求点的最大偏差为规定值的　％。依据中国建筑工程总公司《建筑工程施工质量统一标准》ZJQ00-SG-013-2006的相关规定，本检验批质量：合格　□　优良　□ 项目专职质量检查员： 年　月　日
参加验收人员（签字）	分包单位项目技术负责人： 年　月　日
	专业工长（施工员）： 年　月　日
	总包项目专业技术负责人： 年　月　日
监理（建设）单位验收结论	同意（不同意）施工总包单位验收意见 监理工程师（建设单位项目专业技术负责人）： 年　月　日

表 B.0.1-26 竹地板面层检验批质量验收、评定记录

工程名称			分项工程名称		验收部位	
施工总包单位			项目经理		专业工长	
分包单位			分包项目经理		施工班组长	
施工执行标准名称及编号				设计图纸（变更）编号		

		检查项目	企业质量标准的规定	质量检查、评定情况	总包项目部验收记录
主控项目	1	材料质量	设计要求		
	2	木搁栅安装	牢固、平直		
	3	面层铺设	铺设牢固、无空鼓		
一般项目	1	面层品种规格	设计要求，板面无翘曲		
	2	面层缝隙	应均匀、接头位置错开，表面洁净		
	3	踢脚线	表面应光滑，接缝均匀，高度一致		
	4	允许偏差	板面缝隙宽度	0.5mm	
			表面平整度	2.0mm	
			踢脚线上口平齐	3.0mm	
			板面拼缝平直	3.0mm	
			相邻板材高差	0.5mm	
			踢脚线与面层接缝	1.0mm	

施工单位检查、评定结论	本检验批实测 点，符合要求 点，符合要求率 %。不符合要求点的最大偏差为规定值的 %。依据中国建筑工程总公司《建筑工程施工质量统一标准》ZJQ00－SG－013－2006的相关规定，本检验批质量：合格 □ 优良 □ 项目专职质量检查员： 年 月 日
参加验收人员（签字）	分包单位项目技术负责人： 年 月 日
	专业工长（施工员）： 年 月 日
	总包项目专业技术负责人： 年 月 日
监理（建设）单位验收结论	同意（不同意）施工总包单位验收意见 监理工程师（建设单位项目专业技术负责人）： 年 月 日

附录 C 分项工程质量验收、评定记录

C.0.1 分项工程质量验收、评定记录由项目专职质量检查员填写，质量控制资料的检查应由项目专业技术负责人检查并作结论意见。分项工程质量验收、评定记录按表 C.0.1 记录。

C.0.2 当建设方不采用本标准作为工程质量的验收标准时，不需要监理（建设）单位参加内部验收并签署意见。

表 C.0.1 ＿＿＿分项工程质量验收、评定记录

工程名称		结构类型		检验批数量	
施工总包单位		项目经理		项目技术负责人	
分项工程分包单位		分包单位负责人		分包项目经理	
序号	检验批部位、区段	分包单位检查结果	总包单位验收、评定结论	监理（建设）单位验收意见	
1					
2					
3					
4					
5					
6					
7					
8					

续表 C.0.1

质量控制资料	应有　份，实有　份，资料内容（基本详实，详实准确），核查结论： 项目专业技术负责人： 年　月　日
分项工程综合验收评定结论	该分项工程共有　个质量检验批，其中有　个检验批质量为合格，有　个检验批质量为优良，优良率为　%，该分项工程的施工操作依据及质量控制资料完整，依据中国建筑工程总公司《建筑工程施工质量统一标准》ZJQ00-SG-013-2006 的相关规定，本分项工程质量：合格　□ 优良　□ 项目专职质量检查员： 年　月　日
参加验收人员（签字）	分包单位项目负责人：　　　　　　　　　　　　　　　　　　　年　月　日
	项目专业技术负责人：　　　　　　　　　　　　　　　　　　　年　月　日
	总包项目技术负责人：　　　　　　　　　　　　　　　　　　　年　月　日
监理（建设单位）验收结论	同意（不同意）总包单位验收意见 监理工程师（建设单位项目专业技术负责人）： 年　月　日

8—72

附录 D 分部（子分部）工程质量验收、评定记录

D.0.1 分部（子分部）工程的质量验收评定记录应由总包项目专职质量检查员填写，总包企业的技术管理、质量管理部门均应参加验收。分部（子分部）工程验收、评定记录按表 D.0.1 记录。

D.0.2 当建设方不采用本标准作为混凝土结构工程质量的验收标准时，不需要监理（建设）单位参加内部验收并签署意见。

表 D.0.1 ＿＿分部（子分部）工程验收、评定记录

工程名称				施工总包单位		
技术部门负责人		质量部门负责人			项目专职质量检查员	
分包单位		分包单位负责人			分包项目经理	
序号	分项工程名称		检验批数量	检验批优良率（%）	核定意见	
1						
2						
3						
4						
5						
6						
7						
8					施工单位质量管理部门（盖章）	
9					年 月 日	

续表 D.0.1

技术管理资料	份	质量控制资料	份	安全和功能检验（检测）报告	份
资料验收意见	应形成 份， 实有 份。结论：基本齐全 □ 齐全完整 □				
观感质量验收	应得 分数， 实得 分数，得分率 %。结论：合格 □ 优良 □				
分部（子分部）工程验收结论	该分部（子分部）工程共含 个分项工程，其中优良分项 个，分项优良率为 %，各项资料（基本齐全 齐全完整），观感质量（合格 优良）。综上所述，依据中国建筑工程总公司《建筑工程施工质量统一标准》ZJQ00-SG-013-2006 的有关规定，该分部工程质量：合格 □ 优良 □				
参加验收人员	分包单位项目经理	（签字）			年 月 日
	分包单位技术负责人	（签字）			年 月 日
	总包单位质量管理部门	（签字）			年 月 日
	总包单位项目技术负责人	（签字）			年 月 日
	总包单位项目经理	（签字）			年 月 日
	勘察单位项目负责人	（签字）			年 月 日
	设计单位项目专业负责人	（签字）			年 月 日
	监理单位项目总监（建设单位项目专业负责人）	（签字）			年 月 日

附录 E 建筑地面子分部工程观感质量验收、评定记录

建筑地面子分部工程观感质量验收、评定记录按表E.0.1-1～表E.0.1-3记录。

表 E.0.1-1 整体地面工程观感质量验收、评定记录

工程名称							
			施工单位				
项次	项 目 名 称	标准分	评 定 等 级				备注
			一级 90% 以上	二级 80% 以上	三级 70% 以上	四级 0	
1	面层表面不应有裂纹、脱皮、麻面、起砂、砂眼和磨纹等缺陷	15					
2	有坡度要求的应符合设计要求，不得有倒泛水和积水现象	15					
3	楼梯踏步的边角应整齐，防滑条应顺直	10					
4	踢脚线与墙面应紧密结合，高度一致，出墙厚度均匀一致	15					
5	有颜色的地面石粒密实，显露均匀；颜色图案一致，不混色	10					
6	防油渗涂料面层与基层应粘结牢固，严禁有起皮积水现象	15					
7	分格条牢固、顺直和清晰	10					

续表 E.0.1-1

项次	项 目 名 称	标准分	评 定 等 级				备注
			一级 90%以上	二级 80%以上	三级 70%以上	四级 0	
8	板块不应有打磨及明显的缺楞掉角现象	10					
合 计	应得　　分，实得　　分，得分率　　%						
验收评定结论	该子分部工程观感质量得分率为　%，依据中国建筑工程总公司《建筑工程施工质量统一标准》ZJQ00-SG-013-2006，该子分部工程的观感质量：合格 □　优良 □ 总包项目专职质量检查员：（签字） 　　　　　　　　　　　　　　　　　　　　　　　　　　　年　月　日						
验收评定人员	分包单位项目技术负责人	（签字）					年　月　日
	分包单位项目经理	（签字）					年　月　日
	总包单位项目技术负责人	（签字）					年　月　日
	总包单位项目经理	（签字）					年　月　日

表 E.0.1-2 板块地面工程观感质量验收、评定记录

工程名称				施工单位			
项次	项 目 名 称	标准分	评 定 等 级				备注
			一级 90% 以上	二级 80% 以上	三级 70% 以上	四级 0	
1	表面应洁净、图案清晰,色泽一致	10					
2	接缝平整,深浅一致,周边顺直	8					
3	板块无裂纹、掉角和缺楞等缺陷	10					
4	边角整齐、光滑,防滑条顺直	8					
5	踢脚线高度一致、结合牢固、出墙厚度一致	8					
6	坡度应符合设计要求,无倒泛水、无积水;与地漏、管道结合处应严密牢固,无渗漏	10					
7	面层与基层不翘边、不脱胶、无溢胶	10					
8	活动地板面层应无裂纹、掉角和缺楞等缺陷,行走无声响、无摆动	8					
9	地毯表面应平服、拼缝处粘贴牢固、严密平整、图案吻合	10					

续表 E.0.1-2

项次	项 目 名 称	标准分	评 定 等 级				备注
			一级 90% 以上	二级 80% 以上	三级 70% 以上	四级 0	
10	毯面干净，无污染和损伤	8					
11	地毯同其他面层连接处、收口处和墙边、柱子周围应顺直、压紧	10					
合 计	应得　　分，实得　　分，得分率　　%						
验收评定结论	该子分部工程观感质量得分率为　%，依据中国建筑工程总公司《建筑工程施工质量统一标准》ZJQ00-SG-013-2006 的有关规定，该子分部工程的观感质量：合格 □ 优良 □ 总包项目专职质量检查员：（签字） 年　月　日						
验收评定人员	分包单位项目技术负责人	（签字）					年　月　日
	分包单位项目经理	（签字）					年　月　日
	总包单位项目技术负责人	（签字）					年　月　日
	总包单位项目经理	（签字）					年　月　日

表 E.0.1-3 木、竹面层工程观感质量验收、评定记录

工程名称							
				施工单位			
项次	项 目 名 称	标准分	评 定 等 级				备注
			一级 90%以上	二级 80%以上	三级 70%以上	四级 0	
1	行走无声响、无摆动	15					
2	实木地板面层应刨平、磨光，无明显刨痕和毛刺等现象	15					
3	面层缝隙应均匀、严密；接头位置应错开	10					
4	拼花地板接缝应对齐，粘、钉严密；缝隙宽度均匀一致	10					
5	踢脚线表面应光滑，接缝严密，高度一致	15					
6	实木地板面层图案清晰、颜色均匀一致	15					
7	表面洁净，胶粘无溢胶	10					
8	板面无起拱，变形及接缝高低	10					
合 计	应得 分，实得 分，得分率 %						
验收评定结论	该子分部工程观感质量得分率为 %，依据中国工程建筑总公司《建筑工程施工质量统一标准》ZJQ00-SG-013-2006 的有关规定，该子分部工程的观感质量：合格 □ 优良 □ 总包项目专职质量检查员：（签字） 年 月 日						
验收评定人员	分包单位项目技术负责人	（签字）					年 月 日
	分包单位项目经理	（签字）					年 月 日
	总包单位项目技术负责人	（签字）					年 月 日
	总包单位项目经理	（签字）					年 月 日

本标准用词说明

1 为了便于在执行本标准条文时区别对待,对要求严格程度不同的用词说明如下:
   1) 表示很严格,非这样做不可的用词:
      正面词采用"必须",反面词采用"严禁";
   2) 表示严格,在正常情况下均应这样做的用词:
      正面词采用"应",反面词采用"不应"或"不得";
   3) 表示允许稍有选择,在条件许可时首先应这样做的用词:
      正面词采用"宜",反面词采用"不宜";
      表示有选择,在一定条件下可以这样做的,采用"可"。
2 本标准中指定应按其他有关标准、标准执行时的写法为:
"应符合……的要求或规定"或"应按……执行"。

建筑地面工程施工质量标准

ZJQ00-SG-020-2006

条 文 说 明

目　次

1 总则 ··· 8—84
2 术语 ··· 8—84
3 基本规定 ··· 8—84
4 基层铺设 ··· 8—86
   4.1 一般规定 ·· 8—86
   4.2 基土 ·· 8—86
   4.3 灰土垫层 ·· 8—86
   4.4 砂垫层和砂石垫层 ·· 8—87
   4.5 碎石垫层和碎砖垫层 ··· 8—87
   4.6 三合土垫层 ··· 8—88
   4.7 炉渣垫层 ·· 8—88
   4.8 水泥混凝土垫层 ··· 8—89
   4.9 找平层 ··· 8—89
   4.10 隔离层 ··· 8—90
   4.11 填充层 ··· 8—90
5 整体面层铺设 ··· 8—91
   5.1 一般规定 ·· 8—91
   5.2 水泥混凝土面层 ··· 8—91
   5.3 水泥砂浆面层 ·· 8—92
   5.4 水磨石面层 ··· 8—93
   5.5 水泥钢（铁）屑面层 ··· 8—93
   5.6 防油渗面层 ··· 8—94
   5.7 不发火（防爆的）面层 ·· 8—94
6 板块面层铺设 ··· 8—95
   6.1 一般规定 ·· 8—95
   6.2 砖面层 ··· 8—95
   6.3 大理石面层和花岗石面层 ··· 8—96
   6.4 预制板块面层 ·· 8—97
   6.5 料石面层 ·· 8—97
   6.6 塑料板面层 ··· 8—98
   6.7 活动地板面层 ·· 8—98
   6.8 地毯面层 ·· 8—99
7 木、竹面层铺设 ·· 8—99

  7.1 一般规定 ·· 8—99
  7.2 实木地板面层 ·· 8—100
  7.3 实木复合地板面层 ·· 8—101
  7.4 中密度（强化）复合地板面层 ······························ 8—101
  7.5 竹地板面层 ·· 8—102
8 分部（子分部）工程质量验收 ··································· 8—102
附录A 不发生火花（防爆的）建筑地面材料及其制品不发火性的试验方法 ······ 8—103

1 总　　则

1.0.1 本条是制定统一标准的宗旨，也是中国建筑工程总公司制定企业工程质量标准的宗旨。作为中国最大的建筑工程公司和国际承包商，中国建筑工程总公司必须在严格遵守国家强制性标准的基础之上，制定企业的"产品质量标准"。工程的建造仅仅执行国家的"合格标准"，没有追求更高管理水平的企业质量标准，不利于总公司的发展和"一最两跨"战略目标的实现，与中国建筑工程总公司在国内建筑行业的地位亦不相适应。

1.0.2 本标准规定了制定中国建筑工程总公司企业建筑地面工程施工质量标准的统一准则。本标准提出对工程质量进行"评定"的规定，其目的是要通过对"合格"质量的进一步"评定"以区分工程质量水平的高低，避免所有的工程质量都向"合格"看齐，从而树立较高的质量样板，以促进工程质量整体水平的提高。

1.0.3 本标准的编制依据为国家标准《建筑工程施工质量验收统一标准》GB 50300、《中华人民共和国建筑法》、《建设工程质量管理条例》、《中国建筑工程总公司工程质量管理条例》等。

1.0.4 本标准主要作为企业内部质量控制的标准，除非建设单位（工程合同的甲方）有明确的要求。如果甲方要求采用本标准系列并达到优良等级，则乙方应就采用本标准系列可能增加的直接成本和管理成本等各方面问题与甲方进行协商并在工程承包合同中予以明确。

2 术　　语

本章共有15条术语、符号，均系本标准有关章节中所引用的。所列术语是从本标准的角度赋予其涵义的，并与现行国家标准术语基本上是符合的。涵义不一定是术语的定义，主要的是说明本术语所指的工程内容的含义。本章术语与现行中国建筑工程总公司《建筑工程施工质量统一标准》ZJQ00-SG-013-2006中的术语配套使用。

3 基 本 规 定

本章所列条文均系本标准各章、节中有共性方面的规定。

3.0.1 本条主要针对"建筑地面"构成各层的组成,结合本标准的适用范围,确定其各子分部工程和相应的各分项工程名称的划分,以利施工质量的检验和验收。

3.0.2 本条为了进一步明确和加强质量管理而提出的要求,以保证建筑地面工程的施工质量。

3.0.3 本条为强制性条文。主要是控制进场材料质量,提出对进场建筑材料应有中文质量合格证明文件,以防假冒产品,并强调按规定抽验和做好检验记录,严把材料进场的质量关。

3.0.4 本条的规定,对含有对人体直接有害物质的石材严格按中国建筑工程总公司标准和施工工艺标准控制。

3.0.5 本条的规定,因木、竹面层采用的胶粘剂、饰品涂料对人体直接有害,严格进行控制。

3.0.6 本条为强制性条文。以满足浴厕间使用功能要求,防止使用时对人体的伤害。

3.0.7、3.0.8 这两条强调施工顺序,避免上层与下层因施工质量缺陷而造成的返工,以保证建筑地面(含构造层)工程整体施工质量水平的提高。建筑地面各构造层施工时,不仅是本工程上、下层的施工顺序,有时还涉及与其他各分部工程之间交叉进行。为保证相关土建和安装之间的施工质量,避免完工后发生质量问题的纠纷,强调中间交接质量检验是极其重要的。

3.0.9 本条对建筑地面工程各层的施工规定了铺设该层的环境温度,这不仅是使各层具有正常凝结和硬化的条件,更主要的是保证了工程质量。

3.0.10 本条提出是保证建筑地面工程起坡的正确性。

3.0.11 本条明确室外附属工程质量检验的标准。

3.0.12 本条提出水泥混凝土散水、明沟必须设置伸缩缝的重要性。

3.0.13 本条提出变形缝设置范围,强调缝的构造作用和缝的处理要求。

3.0.14 本条提出建筑地面工程设置镶边的规定。

3.0.15 本条为强制性条文。强调相邻面层的标高差的重要性和必要性,以防止有排水的建筑地面面层水倒泄入相邻面层,影响正常使用。

3.0.16 本条提出检验水泥混凝土和水泥砂浆试块组数的确定。

3.0.17 本条强调施工工序,以保证建筑地面的施工质量。

3.0.18 本条采用随机抽查的自然间(标准间)和最低量,考虑了高层建筑中建筑地面工程量较大、较繁,改为除裙楼外按高层标准间以每三层划作为检验批。对于有防水要求的房间,虽已做蓄水检验,为保证不渗漏,随机抽查数略有提高,以保证可靠。

3.0.19 本条提出子分部工程、分项工程的质量检验的主控项目的规定和一般项目的规定。对于分项工程的子分项目和允许偏差,考虑了目前的施工条件,提出80%(含80%)以上的检查点符合质量要求即认为合格,以及处理的有关规定。

3.0.20 本条明确了建筑地面子分部工程完工后如何组织和验收工作,进一步强化验收,以确保建筑地面工程质量。

3.0.21 本条提出常规检查方法的规定,但不排除新的工具和检验方法。

3.0.22 本条为保证面层完工后的表面免遭破损,强调做好面层的保护工作是非常必要的。

4 基层铺设

4.1 一般规定

4.1.1 本节所列条文均系基层共性方面的规定。

4.1.2 本条提出了对基层材质和基层铺设夯实后的施工质量要求。

4.1.3 本条提出在基层铺设前，对其下一层表面的施工质量要求。

4.1.4 本条提出埋设暗管应予以稳固。

4.1.5 本条规定了基层（各构造层）表面质量的允许偏差值和相应的检验方法。

4.2 基 土

4.2.1 本条提出软弱土层应进行处理。

4.2.2 本条提出施工过程中的质量控制和对土质的质量要求应符合中国建筑工程总公司有关标准的规定。强调分层压（夯）实的重要性。

4.2.3 本条提出填土压实时，土料宜控制在最优含水量的状态下进行。重要工程或大面积的地面系指厂房、公共建筑地面和高填土应采取击实试验确定最优含水量与相应的最大干密度。

Ⅰ 主 控 项 目

4.2.4 本条对基土土质提出了严格要求，规定严禁用几种土料做地面下填土。

4.2.5 本条强调了基土的密实度和每层压实后的压实系数不应小于0.9及检验方法。

Ⅱ 一 般 项 目

4.2.6 本条规定了基土表面质量的允许偏差和相应的检验方法。

4.3 灰 土 垫 层

4.3.1 本条提出了灰土垫层所采用的材料，并规定了其厚度的最小限值，以便与现行国家标准《建筑地面设计规范》GB 50037相一致。

4.3.2 本条提出可采用磨细生石灰，但应按体积比与黏土拌合洒水堆放8h后使用；还提出了两种代用材料，有利于三废处理和保护环境，有一定的经济效益和社会效益。

4.3.3 本条提出了灰土垫层在施工中和施工后的质量要求。

4.3.4 本条提出了在施工中的质量保证措施。

Ⅰ 主 控 项 目

4.3.5 本条严格规定了灰土垫层的材质要求和检验方法。

Ⅱ 一 般 项 目

4.3.6 本条规定必须检查灰土垫层的体积比。当设计无要求时，一般常规提出熟化石灰：黏土为3：7。并提出了检验方法。
4.3.7 本条提出了灰土垫层表面质量的允许偏差值和相应的检验方法。

4.4 砂垫层和砂石垫层

4.4.1 本条规定了砂垫层和砂石垫层最小厚度的限值，以便与《建筑地面设计规范》GB 50037 相一致。
4.4.2 本条提出了施工过程中的质量控制。

Ⅰ 主 控 项 目

4.4.3 本条规定了垫层的材质要求和检验方法。
4.4.4 本条规定了必须检查垫层的干密度和检验方法，可采取环刀法测定干密度或采用小型锤击贯入度测定。

Ⅱ 一 般 项 目

4.4.5 本条提出了检查垫层表面的质量缺陷和检验方法。
4.4.6 本条提出了垫层表面质量的允许偏差值和相应的检验方法。

4.5 碎石垫层和碎砖垫层

4.5.1 本条提出了垫层最小厚度的限值，以便与《建筑地面设计规范》GB 50037 相一致。
4.5.2 本条提出了施工过程中和夯实后的质量要求，以保证施工质量。

Ⅰ 主 控 项 目

4.5.3 本条规定了垫层材料的质量要求和检验方法。
4.5.4 本条规定必须检查垫层的密实度和检验方法。

Ⅱ 一 般 项 目

4.5.5 本条提出了垫层的表面质量的允许偏差值和相应的检验方法。

4.6 三 合 土 垫 层

4.6.1 本条提出了三合土垫层所采用的材料；并规定了垫层最小的厚度的限值，以便与《建筑地面设计规范》GB 50037 相一致；还提出了代用材料。
4.6.2 本条提出了三合土垫层在施工过程中的质量控制。

Ⅰ 主 控 项 目

4.6.3 本条规定了三合土垫层材料的质量要求和检验方法。
4.6.4 本条规定必须检查三合土的体积比和检验方法。

Ⅱ 一 般 项 目

4.6.5 本条提出了三合土垫层表面质量的允许偏差值和相应的检验方法。

4.7 炉 渣 垫 层

4.7.1 本条规定了垫层分别采用不同的组成材料的三种做法和垫层最小厚度的限值，以便与《建筑地面设计规范》GB 50037 相一致。
4.7.2 本条提出了炉渣材料使用前的施工质量控制和炉渣闷透的时间最低限值，以防止炉渣闷不透而引起体积膨胀造成质量事故。
4.7.3 本条提出了施工过程中的质量控制，以保证垫层质量。

Ⅰ 主 控 项 目

4.7.4 本条规定了炉渣垫层材料的质量要求和检验方法。
4.7.5 本条规定必须检查炉渣垫层的体积比和检验方法。

Ⅱ 一 般 项 目

4.7.6 本条提出了炉渣垫层施工后的质量要求和检验方法。
4.7.7 本条提出了检查炉渣垫层表面质量的允许偏差值和相应的检验方法。

4.8 水泥混凝土垫层

4.8.1 本条强调地面处于长期低温下应设置伸缩缝，以便引起施工中的重视。

4.8.2 本条规定了水泥混凝土垫层最小厚度的限值，以便与《建筑地面设计规范》GB 50037相一致。

4.8.3 本条提出了垫层铺设前，对其下一层表面的质量要求。

4.8.4 本条规定了垫层纵、横缩缝间距的最大限值。

4.8.5 本条提出了垫层纵、横向缩缝的类型和施工质量要求确保垫层的质量。

4.8.6 本条提出垫层分区、段浇筑的划分方法，并应与变形缝的位置相一致。

4.8.7 本条提出了水泥混凝土施工质量检验还要符合中国建筑工程总公司标准《混凝土结构工程施工质量标准》ZJQ00-SG-016-2006的有关规定的要求。

Ⅰ 主 控 项 目

4.8.8 本条规定了水泥混凝土垫层材料的质量要求和检验方法。

4.8.9 本条规定必须检查水泥混凝土的强度等级和检验方法。还规定了其强度等级的最小限值，以与设计规范相一致。

Ⅱ 一 般 项 目

4.8.10 本条提出了水泥混凝土垫层表面质量的允许偏差值和相应的检验方法。

4.9 找 平 层

4.9.1 本条提出了找平层分别采用不同的组成材料的两种做法；并规定了除执行本标准本节规定外，还应符合本标准第5章相应面层的规定。

4.9.2 本条提出了铺设找平层前，其下一层施工质量的控制。

4.9.3 本条为强制性条文。针对有防水要求的建筑地面工程规定的保证施工质量要求，以免渗漏和积水等缺陷。

4.9.4 本条系统地提出了预制钢筋混凝土板板缝宽度、清理、填缝、养护和保护等各道工序的具体施工质量要求，以增强楼面与地面（架空板）的整体性，防止滑板缝方向开裂的质量缺陷。

4.9.5 本条针对预制钢筋混凝土板的板端缝之间提出应增加防止面层开裂的构造措施是很重要的，也是克服水泥类面层裂缝出现的方法之一。

Ⅰ 主 控 项 目

4.9.6 本条规定了找平层材料的质量要求和检验方法。

4.9.7 本条规定必须检查找平层的体积比或强度等级和检验方法。还规定了其相应最小限值，以便与《建筑地面设计规范》GB 50037 相一致。

4.9.8 严格规定对有防水要求的建筑地面工程的施工质量要求，强调必须进行蓄水、泼水检验，一般蓄水深度为 20～30mm，24h 内无渗漏为合格。

Ⅱ 一 般 项 目

4.9.9 本条提出了对找平层与下一层之间的施工质量要求和检验方法。

4.9.10 本条提出了对找平层表面的质量要求和检验方法。

4.9.11 本条提出了检查找平层表面质量的允许偏差值和相应的检验方法。

4.10 隔 离 层

4.10.1 本条提出了隔离层施工质量检验除执行本标准本节的规定外，还应符合相关现行国家规范的有关规定。

4.10.2 本条强调了隔离层材质的性能检测必须送有资质的检测单位进行认定。

4.10.3 本条提出采用水泥类找平层作为防水隔离层时，其防水剂掺量和水泥类找平层强度等级应符合设计要求。

4.10.4 本条对铺设隔离层和穿管四周、墙面以及管道与套管之间的施工工艺作了严格的规定，从施工角度保证工程质量达到隔离要求。

4.10.5 本条针对目前厕浴间和有防水要求的建筑地面工程完工后，做蓄水试验的方法及要求。

Ⅰ 主 控 项 目

4.10.7 本条规定了隔离层材质的要求和国家现行产品标准的规定及检验方法。

4.10.8 本条为强制性条文。为了防止厕浴间和有防水要求的建筑地面不至于发生渗漏现象，对楼层结构层提出了确保质量的规定及检验方法。

4.10.9 本条规定必须检查水泥类防水隔离层的防水性能和强度等级及检验方法。

4.10.10 本条为强制性条文。严格规定了防水隔离层的施工质量要求及检验方法。

Ⅱ 一 般 项 目

4.10.11 本条提出了隔离层的厚度要求和检验方法。

4.10.12 本条提出了隔离层与其下一层粘结质量和对防水涂层的施工质量要求及检验方法。

4.10.13 本条提出了隔离层表面质量的允许偏差值和相应的检验方法。

4.11 填 充 层

4.11.1 本条提出了填充层施工质量检验除执行本标准本节的规定外，还应符合相关现行国家标准的规定。

4.11.2 本条提出了对填充层下一层的施工质量要求,以保证铺贴质量。

4.11.3 本条提出了对铺设填充层材料的质量要求。

4.11.4 本条提出了对填充层施工过程中的质量要求。

Ⅰ 主 控 项 目

4.11.5 本条规定了对填充层材质的要求和检验方法。

4.11.6 本条规定必须检查填充层的配合比和检验方法。

Ⅱ 一 般 项 目

4.11.7 本条提出了填充层铺设后的质量要求和检验方法。

4.11.8 本条提出了填充层表面质量的允许偏差值和相应的检验方法。

5 整体面层铺设

5.1 一 般 规 定

5.1.1 本条根据现行中国建筑工程总公司《建筑工程施工质量统一标准》ZJQ00-SG-013-2006 的子分部工程划分,指明内容的适用范围及本章所列面层为整体面层子分部的分项工程。细石混凝土属混凝土,故加"(含细石混凝土)"以明确。

5.1.2 本条强调铺设整体面层对水泥类基层的要求,以保证上下层结合牢固。

5.1.3 本条就防治整体类面层因温差、收缩等造成裂缝或拱起、起壳等质量缺陷,提出原则性的设缝要求,施工过程中应有较明确的工艺要求。

5.1.4 本条是对养护及使用前的保护要求,以保证面层的耐久性能。

5.1.5 本条主要是为了防治水泥类踢脚线的空鼓。

5.1.6 本条为一般规定,主要是对压光、抹平等工序要求,防止因操作使表面结构破坏,影响面层质量。

5.1.7 本标准表 5.1.7 规定了各整体类面层表面平整度、踢脚线上口平直、缝格平直允许偏差限值。

5.2 水泥混凝土面层

5.2.1 本条对面层厚度提出要求,因此施工过程中应对面层厚度采取控制措施并进行检查,以符合本标准和设计对面层厚度的要求。

5.2.2 本条提出铺设时不得留施工缝及对接槎处质量作出规定。

Ⅰ 主 控 项 目

5.2.3 本条对粗骨料的粒径提出要求和检验方法。
5.2.4 本条对面层强度提出要求和检验方法。
5.2.5 本条对面层结合牢固提出要求和检验方法。

Ⅱ 一 般 项 目

5.2.6 本条对面层的表面外观质量提出要求和检验方法。
5.2.7 本条对面层的坡度提出要求和检验方法。
5.2.8 本条对踢脚线质量提出要求和检验方法。
5.2.9 本条对楼梯踏步质量提出要求和检验方法。根据调研情况对踏步高度差允许偏差做了调整，并增加了踏步宽度差允许偏差。
5.2.10 本条对面层的允许偏差提出要求和检验方法。

5.3 水泥砂浆面层

5.3.1 本条对面层厚度提出要求，施工中应采取相应控制措施并进行检查。

Ⅰ 主 控 项 目

5.3.2 本条对面层所有材料如水泥、砂或石屑提出要求和检验方法。根据施工经验分析，石屑粒径要求由"宜为3～5mm"改为"应为1～5mm"，"其含粉量不大于3%"改为"含泥量不应大于3%"。
5.3.3 本条对水泥砂（石屑）浆配合比及相应强度等级提出要求和检验方法。
5.3.4 本条对面层结合牢固提出要求和检验方法。

Ⅱ 一 般 项 目

5.3.5 本条对面层的坡度提出要求和检验方法。
5.3.6 本条对面层的表面外观质量提出要求和检验方法。
5.3.7 本条对踢脚线质量提出要求和检验方法。
5.3.8 本条是根据中国建筑工程总公司《建筑工程施工质量统一标准》ZJQ00-SG-013-2006的要求，对楼梯踏步质量提出要求和检验方法，根据调研情况对踏步高度允许偏差做了调整，并增加了踏步宽度偏差限值。
5.3.9 本条是根据中国建筑工程总公司《建筑工程施工质量统一标准》ZJQ00-SG-013-2006的要求，对面层的允许偏差提出要求和检验方法。

5.4 水磨石面层

5.4.1 本条明确面层厚度除有特殊要求外，宜为 12～18mm。
5.4.2 本条明确深色、浅色水磨石面层应采用的水泥品种及对彩色面层使用水泥和颜料的要求。
5.4.3 本条明确面层的结合层、水泥砂浆的体积比、相应的强度等级以及水泥砂浆稠度要求。
5.4.4 本条明确普通水磨石面层的磨光遍数。
5.4.5 本条要求在水磨石面层磨光后应做好面层保护，防止污染。

Ⅰ 主 控 项 目

5.4.6 本条强调了对水磨石面层石粒、水泥、颜料的要求和检验方法。
5.4.7 本条明确对水磨石面层拌合料体积比的要求和检验方法。
5.4.8 本条强调了水磨石面层与下一层结合应牢固、无空鼓和检验方法。

Ⅱ 一 般 项 目

5.4.9 本条明确对面层目测检查的要求和方法。
5.4.10 本条明确对水磨石踢脚线的要求和检验方法。
5.4.11 本条明确对水磨石楼梯踏步的要求和检验方法。
5.4.12 本条明确对水磨石面层的允许偏差和检验方法。

5.5 水泥钢（铁）屑面层

5.5.1 水泥钢（铁）屑面层，是我国应用较早的普通性耐磨地面。
5.5.2 本条强调必须通过试验以确定水泥钢（铁）屑面层配合比。
5.5.3 本条指出铺设水泥钢（铁）屑面层先铺设水泥砂浆结合层，对结合层所用的水泥砂浆提出要求，同时对面层铺设时间控制提出要求。

Ⅰ 主 控 项 目

5.5.4 本条对所用水泥强度等级、钢（铁）屑粒径作出规定和检验方法。
5.5.5 本条对面层及结合层强度提出要求和检验方法。
5.5.6 本条对面层结合牢固提出检验要求和检验方法。

Ⅱ 一 般 项 目

5.5.7 本条对面层的坡度提出检验要求和检验方法。

5.5.8 本条对面层的表面外观质量提出要求和检验方法。
5.5.9 本条对踢脚线质量提出要求和检验方法。
5.5.10 本条对面层的允许偏差提出要求和检验方法。

5.6 防油渗面层

5.6.1 本条对防油渗面层作出定义。
5.6.2 本条对防油渗隔离层做法提出原则要求，施工前应提出详细明确的工艺要求，施工中严格执行。
5.6.3 本条对防油渗混凝土面层厚度及施工配合比等提出明确要求，以便施工中加强控制。
5.6.4 本条对防油渗混凝土浇筑及分区段缝提出原则要求，施工时应拟订详细工艺要求并严格执行。
5.6.5 本条对防油渗水泥混凝土面层的一些构造做法作出规定。
5.6.6 本条对防油渗涂料面层的厚度及所有材料作出规定。

Ⅰ 主控项目

5.6.7 本条对防油渗水泥混凝土所用的材料作出了规定和检验方法。
5.6.8 本条对防油渗面层材料的强度等级、抗渗性能提出要求和检验方法。
5.6.9 本条对面层结合牢固提出要求和检验方法。
5.6.10 本条对防油渗涂料面层结合牢固等提出要求和检验方法。

Ⅱ 一般项目

5.6.11 本条对面层的坡度提出要求和检验方法。
5.6.12 本条对面层的表面外观质量提出要求和检验方法。
5.6.13 本条对踢脚线质量提出要求和检验方法。
5.6.14 本条对面层的允许偏差提出要求和检验方法。

5.7 不发火（防爆的）面层

5.7.1 本条明确不发火（防爆的）面层应采用水泥类材料铺设。
5.7.2 本条明确不发火（防爆的）面层铺设质量要求应同本章同类面层规定。
5.7.3 本条明确采用的石料和硬化后的试件，均应在金刚砂轮上做摩擦试验，并附试验方法和要求（见附录A）。

Ⅰ 主控项目

5.7.4 本条为强制性条文。强调面层在原材料加工和配制时，应随时检查，不得混入金属或其他易发生火花的杂质。

5.7.5 本条强调面层的强度等级必须符合设计要求和检验方法。

5.7.6 本条强调面层与基层的结合必须牢固、无空鼓和检验方法。

5.7.7 本条明确面层的试件必须检验合格和检验方法。

Ⅱ 一般项目

5.7.8 本条明确面层目测检查的要求和检验方法。

5.7.9 本条明确踢脚线的要求和检验方法。

5.7.10 本条明确面层的允许偏差及检验方法。

6 板块面层铺设

6.1 一般规定

6.1.1 本条阐明板块面层子分部施工质量检验所涵盖的分项工程为砖地面、大理石和花岗石面层、预制板块面层、料石面层、塑料地板面层、活动地板面层、地毯面层等。

6.1.2 本条规定为在面层施工时，保证基层应具有相当的强度。

6.1.3 本条对结合层和填缝材料为水泥砂浆的拌制材料提出要求，以满足强度等级要求和适用性要求为主。

6.1.4 本条对沥青胶结材料提出应符合设计要求和国家现行的产品标准。

6.1.5 小于1/4板块边长的边角，影响观感效果，故作此规定。

6.1.6 本条同水泥类材料的养护标准要求。

6.1.7 本条主要是为防治板块类踢脚线的空鼓。

6.1.8 本条对板块面层允许偏差和检验方法提出标准。标准考虑了不同板块的材料质量和材料特性对其铺设质量的影响。

6.2 砖面层

6.2.1 本条阐明了砖面层为陶瓷锦砖、陶瓷地砖、缸砖和水泥花砖等。

6.2.2 本条明确防腐蚀要求砖面层应符合现行国家标准《建筑防腐蚀工程施工及验收规范》GB 50212的规定。

6.2.3 本条对水泥砂浆结合层上铺贴缸砖、陶瓷地砖和水泥花砖面层时，在铺贴前检验和铺贴时、铺贴后养护提出了应遵守的规定。

6.2.4 本条提出对陶瓷锦砖铺贴检验的有关质量要求。

6.2.5 本条对缸砖面层用沥青胶结料铺贴时按照热沥青特点而作出的规定。

6.2.6 为防止污染对人体的伤害，提出了对胶粘剂材料的污染控制应符合现行国家标准《民用建筑工程室内环境污染控制规范》GB 50325 的规定。

Ⅰ 主 控 项 目

6.2.7 本条作为主控项目，规定了砖的品种、质量应符合设计要求，并规定了检验方法。
6.2.8 本条规定了面层与基层的结合要求和检验方法。

Ⅱ 一 般 项 目

6.2.9 本条为砖面层观感质量检验标准和方法。
6.2.10 本条为砖面层的镶边质量检验要求和方法。
6.2.11 本条为砖面层踢脚线质量检验标准和方法。
6.2.12 本条为楼梯踏步和台阶的质量检验标准和方法。
6.2.13 本条对坡度面层提出质量检验标准和方法。以检查泼水不积水和蓄水不漏水为主要标准。
6.2.14 本条提出了检查砖面层表面质量的允许偏差和相应的检验方法。

6.3 大理石面层和花岗石面层

6.3.1 本条阐明板材面层为大理石、花岗石等，其中大理石和磨光花岗石板材不得用于室外地面，鉴于大理石为石灰岩用于室外易风化的特性，磨光板材用于室外地面易滑伤人。
6.3.2 本条对大理石和花岗石板材技术等级、光泽度、外观等质量检验提出应符合国家现行的行业标准。
6.3.3 本条为板材的现场检验、使用品种、试拼等的规定。
6.3.4 本条对大理石、花岗石板面层的铺设提出规定，以便于检查验收。

Ⅰ 主 控 项 目

6.3.5 本条作为主控项目，规定了所用板块的品种、质量应符合设计要求为主，并提出检验方法。
6.3.6 同本标准第 6.2.8 条。

Ⅱ 一 般 项 目

6.3.7 本条为大理石、花岗石面层观感质量和检验方法。
6.3.8 同本标准第 6.2.11 条。
6.3.9 同本标准第 6.2.12 条。

6.3.10 同本标准第 6.2.13 条。
6.3.11 同本标准第 6.2.14 条。

6.4 预制板块面层

6.4.1 本条阐明了预制板块面层为水泥混凝土板块和水磨石板块等两种板材。
6.4.2 本条对现场加工的预制板块提出质量验收规定。
6.4.3 本条对不同色泽的预制板材填缝材料提出验收规定，若设计有要求，按设计要求验收。

Ⅰ 主 控 项 目

6.4.4 本条规定预制板块强度等级、规格，依据设计和国家现行行业标准为准，不再作规定。
6.4.5 同本标准第 6.2.8 条。

Ⅱ 一 般 项 目

6.4.6 本条对预制板块的缺陷作出规定和检验方法。
6.4.7 本条对预制板块观感、质量的规定和检验方法。
6.4.8 本条对面层镶边观感质量的要求和检验方法。
6.4.9 同本标准第 6.2.11 条。
6.4.10 同本标准第 6.2.12 条。
6.4.11 同本标准第 6.2.14 条。

6.5 料 石 面 层

6.5.1 本条阐明料石面层为天然条石和块石。
6.5.2 本条明确所用石材的规格、技术等级和厚度以设计要求为检验依据。
6.5.3 本条规定不导电料石面层为辉绿岩石加工，除设计规定外，采用其他材料验收将不予认可。
6.5.4 本条对块石面层、结合层厚度提出规定。

Ⅰ 主 控 项 目

6.5.5 本条提出面层材质规定和条石、块石的强度等级的确定和检验方法。
6.5.6 本条为面层和基层的结合要求和检验方法。

Ⅱ 一 般 项 目

6.5.7 本条以满足观感要求为主，并规定检验方法。

6.5.8 本条为面层允许偏差和检验方法。

6.6 塑料板面层

6.6.1 本条阐明塑料板面层采用材料的品种和粘结用材料。
6.6.2 本条对水泥类基层表面规定验收要求,并规定不应有麻面、起砂、裂缝。
6.6.3 鉴于胶结剂含有害物对人体有直接影响,规定胶结剂必须执行现行国家标准,不再作具体规定。基层和面层能否结合好应做相容性试验。

Ⅰ 主 控 项 目

6.6.4 本条对材料要求的验收规定符合设计和国家现行有关标准的要求,并规定了检验方法。
6.6.5 本条对面层与下一层粘结质量检验提出标准和允许存在局部脱胶的限度,并提出检验方法。

Ⅱ 一 般 项 目

6.6.6 本条为塑料板面层的观感质量标准和检验方法。
6.6.7 本条为板块焊接时的质量要求和检验方法。
6.6.8 本条对塑料板的镶边质量提出规定和检验方法。
6.6.9 本条为塑料板面层允许偏差和检验方法。

6.7 活动地板面层

6.7.1 本条阐明了活动地板面层为防尘和防静电要求的专业用房。对其构造要求作了明确规定。
6.7.2 本条对板块的基层和金属支架牢固度规定了质量检验要求。
6.7.3 本条对活动地板的面层承载力提出数值标准,如体积电阻率等技术性能作出规定。
6.7.4 本条对金属支架支承的现浇水泥混凝土基层规定了检验标准。
6.7.5 本条对面板的搁置作出验收规定。
6.7.6 本条对活动地板镶补作出质量检验的规定,并对切割边镶补处理要求作出规定。
6.7.7 本条主要源于洞口处人员活动频繁,洞口四周侧边和转角易损坏,意在洞口处进行加强,并作为洞口处质量检验的依据。

Ⅰ 主 控 项 目

6.7.8 本条为面层材质要求,主要以符合设计和国家现行的规范和标准。并提出检验方法。

6.7.9 本条为观感和动感要求的质量的规定和检验方法。

Ⅱ 一 般 项 目

6.7.10 本条为观感质量的规定和检验方法。

6.8 地 毯 面 层

6.8.1 本条规定了地毯面层采用的两种材料类型。
6.8.2 本条规定了对地毯面层下一层的施工质量要求。
6.8.3 本条规定了对地毯面层下衬垫的施工质量要求。
6.8.4 本条规定了对固定式地毯的施工质量要求。
6.8.5 本条规定了对活动式地毯的施工质量要求。
6.8.6 本条规定了对楼梯地毯的施工质量要求。

Ⅰ 主 控 项 目

6.8.7 本条规定了对地毯、胶料和辅料的材质要求和检验方法。
6.8.8 本条规定了地毯表面的施工质量要求和检验方法。

Ⅱ 一 般 项 目

6.8.9 本条规定了地毯表面的施工质量要求和检验方法。
6.8.10 本条规定了地毯与其他交接处、收口处的施工质量要求和检验方法。

7 木、竹面层铺设

7.1 一 般 规 定

7.1.1 本章明确了建筑地面工程木、竹面层(子分部工程)是由实木地板面层、实木复合地板面层、中密度(强化)复合地板面层、竹地板面层等分项工程组成,并对其各分项工程(包括免刨、免漆类的板、块)面层的施工质量检验或验收作出了规定。
7.1.2 木、竹地板面层构成各类的木搁栅、垫木、毛地板等材板质量应符合现行国家标准《木结构工程施工质量验收规范》GB 50206 的要求。木、竹地板面层构成的各层木、竹材料(含免刨、免漆类产品)除达到设计选材质量等级要求外,必须严格控制其含水率限值和防腐、防蛀等要求;根据地区自然条件,含水率限值应为 8%~13%;

防腐、防蛀、防潮的处理严禁采用沥青类处理剂，其处理剂产品的技术质量标准必须符合现行国家标准《民用建筑工程室内环境污染控制规范》GB 50325 的规定。

7.1.3 建筑工程的厕浴间、厨房及有防水、防潮要求的建筑地面与木、竹地面应有建筑标高差，其标高差必须符合设计要求；与其相邻的木、竹地面层应有防水、防潮处理，防水、防潮的构造处理及做法应符合设计要求。

7.1.4 木、竹面层铺设在水泥类基层上，其基层的技术质量标准应符合规范整体面层的铺设要求，水泥类基层通过质量验收后方可铺设木、竹面层施工。

7.1.5 建筑地面木、竹面层采用架空构造设计时，其搁栅下的架空构造的施工除应符合设计要求外，尚应符合下列规定：

1 架空构造的砖石地垄墙（墩）的砌筑和质量检验应符合中国建筑工程总公司标准《砌体工程施工质量标准》ZJQ00-SG-015-2006 的要求。

2 架空构造的水泥混凝土地垄墙（墩）的浇筑和质量检验应符合中国建筑工程总公司标准《混凝土结构工程施工质量标准》ZJQ00-SG-016-2006 的要求。

3 木质架空构造的铺设施工和质量检验应符合现行国家标准《木结构工程施工质量验收规范》GB 50206 的要求。

4 钢材架空构造的施工和质量检验应符合中国建筑工程总公司标准《钢结构工程施工质量标准》ZJQ00-SG-017-2006 的要求。

7.1.6 通过对不同时期的木板面层的应用情况和民用、公共、体育、文艺、艺术等建筑的木板面层进行了调研和考察，同时结合正在施工的大型、大面积木板面层的施工进行了考察。调研及考察及实施结果证明，木、竹面层的面层构造层、架空构造层、通风等设计与施工是组成建筑木、竹地面的三大要素，其设计与施工质量结果直接影响建筑木、竹地面的正常使用功能、耐久程度及环境保护效果；通风设计与施工尤为突出，无论原始的自然通风，或是近代的室内外的有组织通风，还是现代的机械通风，其通风的长久功能效果主要涉及室内通风沟或其室外通风窗的构造、施工及管理必须符合设计要求。所以本标准从施工方面明确其重要性。

7.1.7 木、竹面层的施工允许偏差是根据大量的调查研究确定的，同时增加了实木复合地板，中密度（强化）复合地板、竹地板等面层的内容。

7.2 实木地板面层

7.2.1～7.2.6 本节各条对关键施工过程控制提出了要求，同时强调木搁栅固定时应采取措施防止损坏基层和基层中的预埋管线；为防止实木地板面层整体产生线膨胀效应，对木搁栅与墙之间留出 30mm 的缝隙、毛地板与墙之间留出 8～12mm 的缝隙、实木地板与墙之间留出 8～12mm 缝隙的做法提出了构造要求。

Ⅰ 主 控 项 目

7.2.7～7.2.9 强调选用的材质必须符合中国建筑工程总公司标准，木搁栅、垫木和毛地板必须进行防腐、防蛀处理，木材含水率应符合设计要求；面层铺设必须牢固、无松动，脚踩检验时不应有明显声响。

Ⅱ 一 般 项 目

7.2.10~7.2.14 要求板缝严密，接头错开，粘、钉严密，高度一致；表面观感应刨平、磨光、洁净，无刨痕、毛刺，图案清晰、颜色均匀一致。明确了实木地板面层施工质量的允许偏差应符合本标准表7.1.7的规定。

7.3 实木复合地板面层

7.3.1 实木复合地板面层采用条材和块材或采用拼花实木复合地板，以空铺或实铺方式铺设，可采用整贴和粘贴法施工。本节对其关键施工过程控制提出了要求。

Ⅰ 主 控 项 目

7.3.9~7.3.11 强调选用的材质必须符合中国建筑工程总公司标准要求，木搁栅、垫木和毛地板等必须防腐、防蛀处理，含水率应符合设计要求，铺设必须牢固，粘贴无空鼓，脚踩检验时不应有明显的声响。

Ⅱ 一 般 项 目

7.3.12~7.3.15 面层缝隙严密，接头应错开，高度一致。表面观感应图案清晰、颜色一致，板面无翘曲。明确了实木复合地板面层施工质量的允许偏差应符合本标准表7.1.7的规定。

7.4 中密度（强化）复合地板面层

7.4.1、7.4.2 本节对中密度（强化）复合地板面层材料以及面层下的板或衬垫等材质提出了要求，强调了主控项目和一般项目的施工质量及验收内容。对相邻条板端头应错开，并不应小于300mm的构造做法作出了规定。

Ⅰ 主 控 项 目

7.4.3~7.4.5 强调选用的材质必须符合国家现行标准的要求，其技术等级及质量要求必须符合设计要求，所采用的木搁栅和毛地板等必须做防腐、防蛀处理，木搁栅安装必须牢固、平直。面层铺设必须牢固，脚踩检验时不应有明显的声响。

Ⅱ 一 般 项 目

7.4.6~7.4.9 要求板缝严密，端头错开，图案清晰，颜色均匀一致，板面无翘曲。同时明确了中密度（强化）复合地板面层施工质量的允许偏差应符合本标准表7.1.7的规定。

7.5 竹地板面层

7.5.1、7.5.2 本节除强调竹地板面层铺设的施工过程控制应参照实木地板面层铺设的相关规定外，还提出了主控项目和一般项目的施工质量验收内容。

Ⅰ 主 控 项 目

7.5.3～7.5.5 强调选用的材质其技术等级和质量要求应符合国家现行行业标准的规定，并必须符合设计要求，所采用的木搁栅、毛地板和垫木等必须做防腐、防蛀处理，木搁栅安装必须牢固、平直。地板面层必须铺设牢固，脚踩检验时应无明显声响。

Ⅱ 一 般 项 目

7.5.6～7.5.9 要求缝隙均匀，接头错开，表面洁净，选用的竹地板板面无翘曲。明确了竹地板面层施工质量的允许偏差应符合本标准表7.1.7的规定。

8 分部（子分部）工程质量验收

8.0.1 本条为核定建筑地面工程子分部工程合格的评定基础。
8.0.2 本条提出验收建筑地面工程时工程质量检查控制资料，均可符合保证工程质量验收的要求。
8.0.3 本条对建筑地面工程安全和功能项目检验的规定作出了具体要求，以符合中国建筑工程总公司《建筑工程施工质量统一标准》ZJQ00-SG-013-2006的要求。
8.0.4 本条对建筑地面工程观感质量检验提出了具体规定，以符合中国建筑工程总公司《建筑工程施工质量统一标准》ZJQ00-SG-013-2006的要求。

附录 A 不发生火花（防爆的）建筑地面材料及其制品不发火性的试验方法

本附录主要满足本标准第 5.7 节不发火（防爆的）面层中第 5.7.4 条所规定采用的 A.1 不发火性的定义和 A.2 试验方法的参考资料，以指导试验。

建筑装饰装修工程施工质量标准

Standard for construction quality of
building decoration

ZJQ00-SG-021-2006

中国建筑工程总公司

前 言

本标准是根据中国建筑工程总公司（简称中建总公司）中建市管字（2004）5号《关于全面开展中建总公司建筑工程各专业施工标准编制工作的通知》的要求，由中国建筑第三工程局组织编制。

本标准总结了中国建筑工程总公司系统建筑装饰装修工程施工质量管理的实践经验，以"突出质量策划、完善技术标准、强化过程控制、坚持持续改进"为指导思想，以提高质量管理要求为核心，力求在有效控制工程制造成本的前提下，使建筑装饰装修工程质量得到切实保证和不断提高。

本标准是以国家标准《建筑装饰装修工程施工质量验收规范》GB 50210、中国建筑工程总公司《建筑工程施工质量统一标准》ZJQ00-SG-013-2006为基础，综合考虑中国建筑工程总公司所属施工企业的技术水平、管理能力、施工队伍操作工人技术素质和现有市场环境等各方面客观条件，融入工程质量等级评定，以便统一中国建筑工程总公司系统施工企业建筑装饰装修工程施工质量的内部验收方法、质量标准、质量等级的评定和程序，为创工程质量的"过程精品"奠定基础。

本标准将根据国家有关规范的变化、企业发展的需要等进行定期或不定期的修订。请各级施工企业在执行本标准过程中，注意积累资料、总结经验，并请将意见或建议及有关资料及时反馈中国建筑工程总公司质量管理部门，以供本标准修订时参考。

主编单位：中国建筑第三工程局

参编单位：中国建筑第三工程局深圳装饰设计工程公司

主　　编：顾锡明

副 主 编：胡铁生　张修明　陈渝萍

编写人员：谢立志　文声杰　林建南　张志山　刘慧蓉
　　　　　曾　川

目　次

1 总则 ·· 9—5
2 术语 ·· 9—5
3 基本规定 ·· 9—6
　3.1 设计 ··· 9—6
　3.2 材料 ··· 9—6
　3.3 施工 ··· 9—7
4 抹灰工程 ·· 9—8
　4.1 一般规定 ··· 9—8
　4.2 一般抹灰工程 ··· 9—8
　4.3 装饰抹灰工程 ··· 9—10
　4.4 清水砌体勾缝工程 ··· 9—11
5 门窗工程 ·· 9—12
　5.1 一般规定 ··· 9—12
　5.2 木门窗制作与安装工程 ··· 9—13
　5.3 金属门窗安装工程 ··· 9—15
　5.4 塑料门窗工程安装工程 ··· 9—17
　5.5 特种门安装工程 ·· 9—19
　5.6 门窗玻璃安装工程 ··· 9—20
6 吊顶工程 ·· 9—21
　6.1 一般规定 ··· 9—21
　6.2 暗龙骨吊顶工程 ·· 9—22
　6.3 明龙骨吊顶工程 ·· 9—23
7 轻质隔墙工程 ·· 9—25
　7.1 一般规定 ··· 9—25
　7.2 板材隔墙工程 ··· 9—25
　7.3 骨架隔墙工程 ··· 9—26
　7.4 活动隔墙工程 ··· 9—27
　7.5 玻璃隔墙工程 ··· 9—28
8 饰面板（砖）工程 ·· 9—29
　8.1 一般规定 ··· 9—29
　8.2 饰面板安装工程 ·· 9—30
　8.3 饰面砖粘贴工程 ·· 9—31
9 幕墙工程 ·· 9—33

9.1	一般规定	9—33
9.2	玻璃幕墙工程	9—35
9.3	金属幕墙工程	9—38
9.4	石材幕墙工程	9—40

10 涂饰工程 ... 9—42
- 10.1 一般规定 ... 9—42
- 10.2 水性涂料涂饰工程 ... 9—43
- 10.3 溶剂型涂料涂饰工程 ... 9—44
- 10.4 美术涂饰工程 ... 9—45

11 裱糊与软包工程 ... 9—46
- 11.1 一般规定 ... 9—46
- 11.2 裱糊工程 ... 9—47
- 11.3 软包工程 ... 9—48

12 细部工程 ... 9—49
- 12.1 一般规定 ... 9—49
- 12.2 橱柜制作与安装工程 ... 9—49
- 12.3 窗帘盒、窗台板和散热器罩制作与安装工程 ... 9—50
- 12.4 门窗套制作与安装工程 ... 9—51
- 12.5 护栏和扶手制作与安装工程 ... 9—52
- 12.6 花饰制作与安装工程 ... 9—53

13 分部工程质量验收 ... 9—54
- 13.1 质量验收与评定等级 ... 9—54
- 13.2 质量验收与评定程序、组织及相应的记录 ... 9—56

附录A 木门窗用木材的质量要求 ... 9—57
附录B 子分部工程及其分项工程划分 ... 9—58
附录C 检验批质量验收、评定记录 ... 9—58
附录D 分项工程质量验收、评定记录 ... 9—115
附录E 分部（子分部）工程质量验收、评定记录 ... 9—117
附录F 装饰装修子分部工程观感质量评定 ... 9—118
本标准用词说明 ... 9—128
条文说明 ... 9—129

1 总 则

1.0.1 为了加强建筑工程质量管理力度，不断提高工程质量水平，统一中国建筑工程总公司建筑装饰装修工程施工质量及质量等级的评定，制定本标准。

1.0.2 本标准适用于中国建筑工程总公司所属施工企业承包施工的建筑装饰装修工程质量验收的检查与评定。

1.0.3 本标准应与中国建筑工程总公司《建筑工程施工质量统一标准》ZJQ00-SG-013-2006 配套使用。

1.0.4 本标准中以黑体字印刷的条文为强制性条文，必须严格执行。

1.0.5 本标准为中国建筑工程总公司企业标准，主要用于企业内部的工程质量控制，在工程的建设方（甲方）无特定要求时，工程的外部验收应以国家现行《建筑装饰装修工程质量验收规范》GB 50210 为准。若工程的建设方（甲方）要求采用本标准作为工程的质量标准时，应在施工承包合同中作出明确约定，并明确由于采用本标准而引起的甲乙双方的相关责任、权利和义务。

1.0.6 建筑装饰装修工程的质量除应执行本标准外，尚应符合国家、地方现行有关标准的规定。

2 术 语

2.0.1 建筑装饰装修 building decoration

为保护建筑物的主体结构、完善建筑物的使用功能和美化建筑物，采用装饰装修材料或饰物，对建筑物的内外表面及空间进行的各种处理过程。

2.0.2 基体 primary structure

建筑物的主体结构或围护结构。

2.0.3 基层 base course

直接承受装饰装修施工的面层。

2.0.4 细部 detail

建筑装饰装修工程中局部采用的部件或饰物。

2.0.5 面层 surface course

直接承受各种物理和化学作用的表面层。

2.0.6 计量单位与符号

本标准中所采用的计量单位，一律为国家法定计量单位，相应符号为国家法定符号。

3 基本规定

3.1 设 计

3.1.1 建筑装饰装修工程必须进行设计,并出具完整的施工图,设计计算书等设计文件。

3.1.2 承担建筑装饰装修工程设计的单位应具备相应的资质,并应建立质量管理体系。由于设计原因造成的质量问题应由设计单位负责。

3.1.3 建筑装饰装修设计应符合城市规划、消防、环保、节能等有关规定。

3.1.4 承担建筑装饰装修设计的单位应对建筑物进行必要的了解和实地勘察,设计深度应满足施工要求。

3.1.5 建筑装饰装修工程设计必须保证建筑物的结构安全和主要使用功能。当涉及主体和承重结构改动或增加荷载时,必须由原结构设计单位或具备相应资质的设计单位核查有关原始资料,对既有建筑结构的安全性进行核验、确认。

3.1.6 建筑装饰装修工程的防火、防雷和抗震设计应符合现行国家标准的规定。

3.1.7 当墙体或吊顶内的管线可能产生冰冻或结露时,应进行防冻或防结露设计。

3.2 材 料

3.2.1 建筑装饰装修工程所用材料的品种、规格和质量应符合设计要求和国家现行标准的规定。当设计无要求时应符合国家现行标准的规定。严禁使用国家明令淘汰的材料。

3.2.2 建筑装饰装修工程所用材料的燃烧性能应符合现行国家标准《建筑内部装修设计防火规范》GB 50222、《建筑设计防火规范》GB 50016 和《高层民用建筑设计防火规范》GB 50045 的规定。

3.2.3 建筑装饰装修工程所用材料应符合国家有关建筑装饰装修材料有害物质限量标准的规定。

3.2.4 所有材料进场时应对品种、规格、外观和尺寸进行验收。材料包装应完好,应有产品合格证书、中文说明书及相关性能的检测报告;进口产品应按规定进行商品检验,并提供外文和中文商品检验报告。

3.2.5 进场后需要进行复验的材料种类及项目应符合本标准各章的规定。同一厂家生产的同一品种、同一类型、同一批次的进场材料应至少抽取一组样品进行复验,当合同另有约定时应按照合同执行。

3.2.6 当国家规定或合同约定应对材料进行见证检测时,或对材料的质量发生争议时,应进行见证检测。

3.2.7 承担建筑装饰装修材料检测的单位应具备相应的资质，并应建立质量管理体系。

3.2.8 建筑装饰装修工程所使用的材料在运输、储存和施工过程中，必须采取有效措施防止损坏、变质和污染环境。

3.2.9 建筑装饰装修工程所使用的材料应按设计要求进行防火、防腐和防虫处理。

3.2.10 现场配制的材料如砂浆、胶粘剂等，应按设计要求或产品说明书配制。

3.3 施 工

3.3.1 承担建筑装饰装修工程施工的单位应具备相应的资质，并应建立质量管理体系。施工单位应编制施工组织设计并应经过审查批准。施工单位应按有关的施工工艺标准或经审定的施工技术方案施工，并应对施工全过程实行质量控制。

3.3.2 承担建筑装饰装修工程施工的人员应有相应岗位的资格证书。

3.3.3 建筑装饰装修工程的施工质量应符合设计要求和本标准的规定，由于违反设计文件和本标准的规定施工造成的质量问题应由施工单位负责。

3.3.4 建筑装饰装修工程施工中，严禁违反设计文件擅自改动建筑主体、承重结构或主要使用功能；严禁未经设计确认和有关部门批准擅自拆改水、暖、电、燃气、通信等配套设施。

3.3.5 施工单位应遵守有关环境保护的法律法规，并应采取有效措施控制现场的各种粉尘、废气、废弃物、噪声、振动等对周围环境造成的污染和危害。

3.3.6 施工单位应遵守有关施工安全、劳动保护、防火和防毒的法律法规，应建立相应的管理制度，并应配备必要的设备、器具和标识。

3.3.7 建筑装饰装修工程应在基体或基层的质量验收合格后施工。对既有建筑进行装饰装修前，应对基层进行处理并达到本标准的要求。

3.3.8 建筑装饰装修工程施工前应有主要材料的样板或做样板间（件），并应经有关各方确认。

3.3.9 墙面采用保温材料的建筑装饰装修工程，所用保温材料的类型、品种、规格及施工工艺应符合设计要求。

3.3.10 管道、设备等安装及调试应在建筑装饰装修工程施工前完成，当必须同步进行时，应在饰面层施工前完成。装饰装修工程不得影响管道、设备等的使用和维修。涉及燃气管道的建筑装饰装修工程必须符合有关安全管理的规定。

3.3.11 建筑装饰装修工程的电器安装应符合设计要求和国家现行标准的规定。严禁不经穿管直接埋设电线。

3.3.12 室内外装饰装修工程施工的环境条件应满足施工工艺的要求。施工环境温度不应低于5℃。当必须在低于5℃气温下施工时，应采取保证工程质量的有效措施。

3.3.13 建筑装饰装修工程施工过程中应做好半成品、成品的保护，防止污染和损坏。

3.3.14 建筑装饰装修工程验收前应将施工现场清理干净。

4 抹 灰 工 程

4.1 一 般 规 定

4.1.1 本章适用于一般抹灰、装饰抹灰和清水砌体勾缝等分项工程的质量验收。

4.1.2 抹灰工程验收时应检查下列文件和记录：
  1 抹灰工程的施工图、设计说明及其他设计文件。
  2 材料的产品合格证书、性能检测报告、进场验收记录和复验报告。
  3 隐蔽工程验收记录。
  4 施工记录。

4.1.3 抹灰工程应对水泥的凝结时间和安定性进行复验。

4.1.4 抹灰工程应对下列隐蔽工程项目进行验收：
  1 抹灰总厚度大于或等于35mm时的加强措施。
  2 不同材料基体交接处的加强措施。

4.1.5 各分项工程的检验批应按下列规定划分：
  1 相同材料、工艺和施工条件的室外抹灰工程每500～1000m² 应划分为一个检验批，不足500m² 也应划分为一个检验批。
  2 相同材料、工艺和施工条件的室内抹灰工程每50个自然间（大面积房间和走廊按抹灰面积30m² 为一间）应划分为一个检验批，不足50间也应划分为一个检验批。

4.1.6 检查数量应符合下列规定：
  1 室内每个检验批应至少抽查10%，并不得少于3间；不足3间时应全数检查。
  2 室外每个检验批每100m² 应至少抽查一处，每处不得小于10m²。

4.1.7 外墙抹灰工程施工前应先安装钢木门窗框、护栏等，并应将墙上的施工孔洞堵塞密实。

4.1.8 抹灰用的石灰膏的熟化期不应少于15d；罩面用的磨细石灰粉的熟化期不应少于3d。

4.1.9 室内墙面、柱面和门洞口的阳角做法应符合设计要求。设计无要求时，应采用1：2水泥砂浆做暗护角，其高度不应低于2m，每侧宽度不应小于50mm。

4.1.10 当要求抹灰层具有防水、防潮功能时，应采用防水砂浆。

4.1.11 各种砂浆抹灰层，在凝结前应防止快干、水冲、撞击、振动和受冻，在凝结后应采取措施防止玷污和损坏。水泥砂浆抹灰层应在湿润条件下养护。

4.1.12 外墙和顶棚的抹灰层与基层之间及各抹灰层之间必须粘结牢固，不得有脱落现象。

4.2 一 般 抹 灰 工 程

4.2.1 本节适用于石灰砂浆、水泥砂浆、水泥混合砂浆、聚合物水泥砂浆和麻刀石灰、纸筋石灰、石膏灰等一般抹灰工程的质量验收评定。一般抹灰工程分为普通抹灰和高级抹灰，当设计无要求时，按普通抹灰验收。

主 控 项 目

4.2.2 抹灰前基层表面的尘土、污垢、油渍等应清除干净，并应洒水润湿。
检验方法：检查施工记录。

4.2.3 一般抹灰所用材料的品种和性能应符合设计要求。水泥的凝结时间和安定性复验应合格。砂浆的配合比应符合设计要求。
检验方法：检查产品合格证书、进场验收记录、复验报告和施工记录。

4.2.4 抹灰工程应分层进行。当抹灰总厚度大于或等于35mm时，应采取加强措施。不同材料基体交接处表面的抹灰，应采取防止开裂的加强措施，当采用加强网时，加强网与各基体的搭接宽度不应小于100mm。
检验方法：检查隐蔽工程验收记录和施工记录。

4.2.5 抹灰层与基层之间及各抹灰层之间必须粘结牢固，抹灰层应无脱层、空鼓，面层应无爆灰和裂缝。
检验方法：观察；用小锤轻击检查；检查施工记录。

一 般 项 目

4.2.6 一般抹灰工程的表面质量应符合下列规定：
1 普通抹灰表面应光滑、洁净、接槎平整，分格缝应清晰。
2 高级抹灰表面应光滑、洁净、颜色均匀、无抹纹，分格缝和灰线应清晰美观。
检验方法：观察；手摸检查。

4.2.7 护角、孔洞、槽、盒周围的抹灰表面应整齐、光滑；管道后面的抹灰表面应平整。
检验方法：观察。

4.2.8 抹灰层的总厚度应符合设计要求；水泥砂浆不得抹在石灰砂浆层上；罩面石膏灰不得抹在水泥砂浆层上。
检验方法：检查施工记录。

4.2.9 抹灰分格缝的设置应符合设计要求；宽度和深度应均匀，表面应光滑，棱角应整齐。
检查方法：观察；尺量检查。

4.2.10 有排水要求的部位应做滴水线（槽）。滴水线（槽）应整齐顺直，滴水线应内高外低，滴水槽的宽度和深度均不应小于10mm。
检验方法：观察；尺量检查。

4.2.11 一般抹灰工程质量的允许偏差和检验方法应符合表4.2.11的规定。

表 4.2.11 一般抹灰的允许偏差和检验方法

项次	项 目	允许偏差（mm） 普通抹灰	允许偏差（mm） 高级抹灰	检验方法
1	立面垂直度	4	3	用2m垂直检测尺检查
2	表面平整度	4	3	用2m靠尺和塞尺检查
3	阴阳角方正	4	3	用直角检测尺检查
4	分格条（缝）直线度	4	3	拉5m线，不足5m拉通线，用钢直尺检查
5	墙裙、勒脚上口直线度	4	3	拉5m线，不足5m拉通线，用钢直尺检查

注：1. 普通抹灰，本表第3项阴角方正可不检查；
　　2. 顶棚抹灰，本表第2项表面平整度可不检查，但应平顺。

4.3 装饰抹灰工程

4.3.1 本节适用于水刷石、斩假石、干粘石、假面砖等装饰抹灰工程的质量验收。

主 控 项 目

4.3.2 抹灰前基层表面尘土、污垢、油渍等应清除干净，并应洒水润湿。
　　检验方法：检查施工记录。

4.3.3 装饰抹灰工程所用材料的品种和性能应符合设计要求。水泥的凝结时间和安定性复验应合格。砂浆的配合比应符合设计要求。
　　检验方法：检查产品合格证书、进场验收记录、复验报告和施工记录。

4.3.4 抹灰工程应分层进行。当抹灰总厚度大于或等于35mm时，应采取加强措施。不同材料基体交接处表面的抹灰，应采取防止开裂的加强措施，当采用加强网时，加强网与各基体的搭接宽度不应小于100mm。
　　检验方法：检查隐蔽工程验收记录和施工记录。

4.3.5 各抹灰层之间及抹灰层与基体之间必须粘结牢固，抹灰层应无脱层、空鼓和裂缝。
　　检验方法：观察；用小锤轻击检查；检查施工记录。

一 般 项 目

4.3.6 装饰抹灰工程的表面质量应符合下列规定：
　　1 水刷石表面应石粒清晰、分布均匀、紧密平整、色泽一致，应无掉粒和接槎痕迹。
　　2 斩假石表面剁纹应均匀顺直、深浅一致，应无漏剁处；阳角处应横剁并留出宽窄一致的不剁边条，棱角应无损坏。
　　3 干粘石表面应色泽一致、不露浆、不漏粘，石粒应粘结牢固、分布均匀，阳角处应无明显黑边。

4 假面砖表面应平整、沟纹清晰、留缝整齐、色泽一致,应无掉角、脱皮、起砂等缺陷。

检查方法:观察;手摸检查。

4.3.7 装饰抹灰分格条(缝)的设置应符合设计要求,宽度和深度应均匀,表面应平整光滑,棱角应整齐。

检查方法:观察。

4.3.8 有排水要求的部位应做滴水线(槽)。滴水线(槽)应整齐顺直,滴水线应内高外低,滴水槽的宽度和深度均不应小于10mm。

检验方法:观察;尺量检查。

4.3.9 装饰抹灰工程质量的允许偏差和检验方法应符合表4.3.9的规定。

表 4.3.9 装饰抹灰的允许偏差和检验方法

项次	项目	允许偏差(mm)				检验方法
		水刷石	斩假石	干粘石	假面砖	
1	立面垂直度	5	4	5	5	用2m垂直检测尺检查
2	表面平整度	3	3	5	4	用2m靠尺和塞尺检查
3	阳角方正	3	3	4	4	用直角检测尺检查
4	分格条(缝)直线度	3	3	3	3	拉5m线,不足5m拉通线,用钢直尺检查
5	墙裙、勒脚上口直线度	3	3	—	—	拉5m线,不足5m拉通线,用钢直尺检查

4.4 清水砌体勾缝工程

4.4.1 本节适用于清水砌体砂浆勾缝和原浆勾缝工程的质量验收。

主 控 项 目

4.4.2 清水砌体勾缝所用水泥的凝结时间和安定性复验合格。砂浆的配合比应符合设计要求。

检验方法:检查复验报告和施工记录。

4.4.3 清水砌体勾缝应无漏勾。勾缝材料应粘结牢固、无开裂。

检验方法:观察。

一 般 项 目

4.4.4 清水砌体勾缝应横平竖直,交接处应平顺,宽度和深度应均匀,表面应压实抹平。

检验方法:观察;尺量检查。

4.4.5 灰缝应颜色一致,砌体表面应洁净。

检验方法:观察。

5 门窗工程

5.1 一般规定

5.1.1 本章适用于木门窗制作与安装、金属门窗安装、塑料门窗安装、特种门安装、门窗玻璃安装等分项工程的质量验收。

5.1.2 门窗工程验收时应检查下列文件和记录：
1. 门窗工程的施工图、设计说明及其他设计文件。
2. 材料的产品合格证书、性能检测报告、进场验收记录和复验报告。
3. 特种门及其附件的生产许可文件。
4. 隐蔽工程验收记录。
5. 施工记录。

5.1.3 门窗工程应对下列材料及其性能指标进行复验：
1. 人造木板的甲醛含量。
2. 建筑外墙金属窗、塑料窗的抗风压性能、空气渗透性能和雨水渗漏性能。

5.1.4 门窗工程应对下列隐蔽工程项目进行验收：
1. 预埋件和锚固件。
2. 隐蔽部位的防腐、填嵌处理。

5.1.5 各分项工程的检验批应按下列规定划分：
1. 同一品种、类型和规格的木门窗、金属门窗、塑料门窗及门窗玻璃每100樘应划分为一个检验批。不足100樘也应划分为一个检验批。
2. 同一品种、类型和规格的特种门每50樘应划分为一个检验批，不足50樘也应划分为一个检验批。

5.1.6 检查数量应符合下列规定：
1. 木门窗、金属门窗、塑料门窗及门窗玻璃，每个检验批应至少抽查5%，并不得少于3樘，不足3樘时应全数检查；高层建筑的外窗，每个检验批应至少抽查10%，并不得少于6樘，不足6樘时应全数检查。
2. 特种门每个检验批应至少抽查50%，并不得少于10樘，不足10樘时应全数检查。

5.1.7 门窗安装前，应对门窗洞口尺寸进行检验。

5.1.8 金属门窗和塑料门窗安装应采用预留洞口的方法施工，不得采用边安装边砌口或先安装后砌口的方法施工。

5.1.9 木门窗与砖石砌体、混凝土或抹灰层接触处应进行防腐处理并应设置防潮层；埋入砌体或混凝土中的木砖应进行防腐处理。

5.1.10 当金属窗或塑料窗组合时，其拼樘料的尺寸、规格、壁厚应符合设计要求。

5.1.11 建筑外门窗的安装必须牢固。在砌体上安装门窗严禁用射钉固定。

5.1.12 特种门安装除应符合设计要求和本标准规定外，还应符合有关专业标准和主管部门的规定。

5.2 木门窗制作与安装工程

5.2.1 本节适用于木门窗制作与安装工程的质量验收。

主 控 项 目

5.2.2 木门窗的木材品种、材质等级、规格、尺寸、框扇的线型及人造木板的甲醛含量应符合设计要求。设计未规定材质等级时，所用木材的质量应符合本标准附录A的规定。

检验方法：观察；检查材料进场验收记录和复验报告。

5.2.3 木门窗应采用烘干的木材，含水率应符合《建筑木门、木窗》JG/T 122的规定。

检验方法：检查材料进场验收记录。

5.2.4 木门窗的防火、防腐、防虫处理应符合设计要求。

检验方法：观察；检查材料进场验收记录。

5.2.5 木门窗的结合处和安装配件处不得有木节或已填补的木节。木门窗如有允许限值以内的死节及直径较大的虫眼时，应用同一材质的木塞加胶填补。对于清漆制品，木塞的木纹和色泽应与制品一致。

检验方法：观察。

5.2.6 门窗框和厚度大于50mm门窗扇应用双榫连接。榫槽应采用胶料严密嵌合，并应用胶楔加紧。

检验方法：观察；手扳检查。

5.2.7 胶合板门、纤维板门和模压门不得脱胶。胶合板不得刨透表层单板，不得有戗槎。制作胶合板门、纤维板门时，边框和横楞应在同一平面上，面层、边框及横楞应加压胶结。横楞和上、下冒头应各钻两个以上的透气孔，透气孔应通畅。

检验方法：观察。

5.2.8 木门窗的品种、类型、规格、开启方向、安装位置及连接方式应符合设计要求。

检验方法：观察；尺量检查；检查成品门的产品合格证书。

5.2.9 木门窗框的安装必须牢固。预埋木砖的防腐处理、木门窗框固定点的数量、位置及固定方法应符合设计要求。

检验方法：观察；手扳检查；检查隐蔽工程验收记录和施工记录。

5.2.10 木门窗扇必须安装牢固，并应开关灵活，关闭严密，无倒翘。

检验方法：观察；开启和关闭检查；手扳检查。

5.2.11 木门窗配件的型号、规格、数量应符合设计要求，安装应牢固，位置应正确，功能应满足使用要求。

检验方法：观察；开启和关闭检查；手扳检查。

一 般 项 目

5.2.12 木门窗表面应洁净，不得有刨痕、锤印。
检验方法：观察和手摸检查。

5.2.13 木门窗的割角、拼缝应严密平整。门窗框、扇裁口应顺直，刨面应平整。
检验方法：观察。

5.2.14 木门窗上的槽、孔应边缘整齐，无毛刺。
检验方法：观察。

5.2.15 木门窗与墙体间缝隙的填嵌材料应符合设计要求，填嵌应饱满。寒冷地区外门窗（或门窗框）与砌体间的空隙应该填充保温材料。
检验方法：轻敲门窗框检查；检查隐蔽工程验收记录和施工记录。

5.2.16 木门窗批水、盖口条、压缝条、密封条的安装应顺直，与门窗结合应牢固、严密。
检验方法：观察；手扳检查。

5.2.17 木门窗制作的允许偏差和检验方法应符合表5.2.17的规定。

表 5.2.17 木门窗制作的允许偏差和检验方法

项次	项 目	构件名称	允许偏差(mm) 普通	允许偏差(mm) 高级	检 验 方 法
1	翘曲	框	3	2	将框、扇平放在检查平台上，用塞尺检查
		扇	2	2	
2	对角线长度差	框、扇	3	2	用钢尺检查，框量裁口里角，扇量外角
3	表面平整度	扇	2	2	用1m靠尺和塞尺检查
4	高度、宽度	框	0;-2	0;-1	用钢尺检查，框量裁口里角，扇量外角
		扇	+2;0	+1;0	
5	裁口、线条结合处高低差	框、扇	1	0.5	用钢尺和塞尺检查
6	相邻棂子两端间距	扇	2	1	用钢尺检查

5.2.18 木门窗安装的留缝限值、允许偏差和检验方法应符合表5.2.18的规定。

表 5.2.18 木门窗安装的留缝限值、允许偏差和检验方法

项次	项 目	留缝限值(mm) 普通	留缝限值(mm) 高级	允许偏差(mm) 普通	允许偏差(mm) 高级	检验方法
1	门窗槽口对角线长度差	—	—	3	2	用钢尺检查
2	门窗框的正、侧面垂直度	—	—	2	1	用1m垂直检测尺检查
3	框与扇、扇与扇接缝高低差	—	—	—	1	用钢直尺和塞尺检查

续表 5.2.18

项次	项目		留缝限值(mm)		允许偏差(mm)		检验方法
			普通	高级	普通	高级	
4	门窗扇对口缝		1~2.5	1.5~2	—	—	用塞尺检查
5	工业厂房双扇大门对口缝		2~5	—	—	—	
6	门窗扇与上框间留缝		1~2	1~1.5	—	—	
7	门窗扇与侧框间留缝		1~2.5	1~1.5	—	—	
8	窗扇与下框间留缝		2~3	2~2.5	—	—	
9	门扇与下框间留缝		3~5	3~4	—	—	
10	双层门窗内外框间距		—	—	4	3	用钢尺检查
11	无下框时门扇与地面间留缝	外门	4~7	5~6	—	—	用塞尺检查
		内门	5~8	6~7	—	—	
		卫生间门	8~12	8~10	—	—	
		厂房大门	10~20	—	—	—	

5.3 金属门窗安装工程

5.3.1 本节适用于钢门窗、铝合金门窗、涂色镀锌钢板门窗等金属门窗安装工程的质量验收。

主 控 项 目

5.3.2 金属门窗的品种、类型、规格、尺寸、性能、开启方向、安装位置、连接方式及铝合金门窗的型材壁厚应符合设计要求。金属门窗的防腐处理及填嵌、密封处理应符合设计要求。

检验方法：观察；尺量检查；检查产品合格证书、性能检测报告、进场验收记录和复验报告；检查隐蔽工程验收记录。

5.3.3 金属门窗框和副框的安装必须牢固。预埋件的数量、位置、埋设方式、与框的连接方式必须符合设计要求。

检验方法：手扳检查；检查隐蔽工程验收记录。

5.3.4 金属门窗扇必须安装牢固，并应开关灵活、关闭严密、无倒翘。推拉门窗扇必须有防脱落措施。

检验方法：观察；开启和关闭检查；手扳检查。

5.3.5 金属门窗配件的型号、规格、数量应符合设计要求，安装应牢固，位置应正确，功能应满足使用要求。

检验方法：观察；开启和关闭检查；手扳检查。

一般项目

5.3.6 金属门窗表面应洁净、平整、光滑、色泽一致，无锈蚀。大面应无划痕、碰伤。漆膜或保护层应连续。

检验方法：观察。

5.3.7 铝合金门窗推拉门窗扇开关力应不大于100N。

检验方法：用弹簧秤检查。

5.3.8 金属门窗框与墙体之间的缝隙应填嵌饱满，并采用密封胶密封。密封胶表面应光滑、顺直，无裂纹。

检验方法：观察；轻敲门窗框检查；检查隐蔽工程验收记录。

5.3.9 金属门窗扇的橡胶密封条或毛毡密封条应安装完好，不得脱槽。

检验方法：观察；开启和关闭检查。

5.3.10 有排水孔的金属门窗，排水孔应畅通，位置和数量应符合设计要求。

检验方法：观察。

5.3.11 钢门窗安装的留缝限值、允许偏差和检验方法应符合表5.3.11的规定。

表5.3.11 钢门窗安装的留缝限值、允许偏差和检验方法

项次	项目		留缝限值（mm）	允许偏差（mm）	检验方法
1	门窗槽口宽度、高度	≤1500mm	—	2.5	用钢尺检查
		>1500mm	—	3.5	
2	门窗槽口对角线长度差	≤2000mm	—	5	用钢尺检查
		>2000mm	—	6	
3	门窗框的正、侧面垂直度		—	3	用1m垂直检测尺检查
4	门窗横框的水平度		—	3	用1m水平检测尺和塞尺检查
5	门窗横框标高		—	5	用钢尺检查
6	门窗竖向偏离中心		—	4	用钢尺检查
7	双层门窗内外框间距		—	5	用钢尺检查
8	门窗框、扇配合间隙		≤2	—	用塞尺检查
9	无下框时门扇与地面间留缝		4～8	—	用塞尺检查

5.3.12 铝合金门窗安装的允许偏差和检验方法应符合表5.3.12的规定。

表 5.3.12 铝合金门窗安装的允许偏差和检验方法

项次	项目		允许偏差（mm）	检验方法
1	门窗槽口宽度、高度	≤1500mm	1.5	用钢尺检查
		>1500mm	2	
2	门窗槽口对角线长度差	≤2000mm	3	用钢尺检查
		>2000mm	4	
3	门窗框的正、侧面垂直度		2.5	用垂直检测尺检查
4	门窗横框的水平度		2	用1m水平尺和塞尺检查
5	门窗横框标高		5	用钢尺检查
6	门窗竖向偏离中心		5	用钢尺检查
7	双层门窗内外框间距		4	用钢尺检查
8	推拉门窗扇与框搭接量		1.5	用钢直尺检查

5.3.13 涂色镀锌钢板门窗安装的允许偏差和检验方法应符合表 5.3.13 的规定。

表 5.3.13 涂色镀锌钢板门窗安装的允许偏差和检验方法

项次	项目		允许偏差（mm）	检验方法
1	门窗槽口宽度、高度	≤1500mm	2	用钢尺检查
		>1500mm	3	
2	门窗槽口对角线长度差	≤2000mm	4	用钢尺检查
		>2000mm	5	
3	门窗框的正、侧面垂直度		3	用垂直检测尺检查
4	门窗横框的水平度		3	用1m水平尺和塞尺检查
5	门窗横框标高		5	用钢尺检查
6	门窗竖向偏离中心		5	用钢尺检查
7	双层门窗内外框间距		4	用钢尺检查
8	推拉门窗扇与框搭接量		2	用钢直尺检查

5.4 塑料门窗工程安装工程

5.4.1 本节适用于塑料门窗安装工程的质量验收。

主 控 项 目

5.4.2 塑料门窗的品种、类型、规格、尺寸、开启方向、安装位置、连接方式及填嵌密封处理应符合设计要求，内衬增强型钢的壁厚及设置应符合国家现行产品标准的质量要求。

检验方法：观察；尺量检查；检查产品合格证书、性能检测报告、进场验收记录和复验报告；检查隐蔽工程验收记录。

5.4.3 塑料门窗框、副框和扇的安装必须牢固。固定片或膨胀螺栓的数量与位置应正确，连接方式应符合设计要求。固定点应距窗角、中横框、中竖框150~200mm，固定点间距应不大于600mm。

检验方法：观察；手扳检查；检查隐蔽工程验收记录。

5.4.4 塑料门窗拼樘料内衬增强型钢的规格、壁厚必须符合设计要求，型钢应与型材内腔紧密吻合，其两端必须与洞口固定牢固。窗框必须与拼樘料连接紧密，固定点间距应不大于600mm。

检验方法：观察；手扳检查；尺量检查；检查进场验收记录。

5.4.5 塑料门窗扇应开关灵活、关闭严密，无倒翘。推拉门窗扇必须有防脱落措施。

检验方法：观察；开启和关闭检查；手扳检查。

5.4.6 塑料门窗配件的型号、规格、数量应符合设计要求，安装应牢固，位置应正确，功能应满足使用要求。

检验方法：观察；手扳检查；尺量检查。

5.4.7 塑料门窗框与墙体间缝隙应采用闭孔弹性材料填嵌饱满，表面应采用密封胶密封。密封胶应粘结牢固，表面应光滑、顺直、无裂纹。

检验方法：观察；检查隐蔽工程验收记录。

一 般 项 目

5.4.8 塑料门窗表面应洁净、平整、光滑，大面应无划痕、碰伤。

检验方法：观察。

5.4.9 塑料门窗扇的密封条不得脱槽。旋转窗间隙应基本均匀。

检验方法：观察。

5.4.10 塑料门窗扇的开关力应符合下列规定：

  1 平开门窗扇平铰链的开关力不应大于80N；滑撑铰链的开关力应不大于80N，并不小于30N。

  2 推拉门窗扇的开关力应不大于100N。

检验方法：观察；用弹簧秤检查。

5.4.11 玻璃密封条与玻璃及玻璃槽口的接缝应平整，不得卷边、脱槽。

检验方法：观察。

5.4.12 排水孔应畅通，位置和数量应符合设计要求。

检验方法：观察。

5.4.13 塑料门窗安装的允许偏差和检验方法应符合5.4.13的规定。

表5.4.13 塑料门窗安装的允许偏差和检验方法

项次	项目		允许偏差(mm)	检验方法
1	门窗槽口宽度、高度	≤1500mm	2	用钢尺检查
		>1500mm	3	
2	门窗槽口对角线长度差	≤2000mm	3	用钢尺检查
		>2000mm	5	

续表 5.4.13

项次	项 目	允许偏差(mm)	检验方法
3	门窗框的正、侧面垂直度	3	用1m垂直检测尺检查
4	门窗横框的水平度	3	用1m水平尺和塞尺检查
5	门窗横框标高	5	用钢尺检查
6	门窗竖向偏离中心	5	用钢直尺检查
7	双层门窗内外框间距	4	用钢尺检查
8	同樘平开门窗相邻扇高度差	2	用钢直尺检查
9	平开门窗铰链部位配合间隙	+2；-1	用塞尺检查
10	推拉门窗扇与框搭接量	+1.5；-2.5	用钢直尺检查
11	推拉门窗扇与竖框平行度	2	用1m水平尺和塞尺检查

5.5 特种门安装工程

5.5.1 本节适用于防火门、防盗门、自动门、全玻门、旋转门、金属卷帘门等特种门安装工程的质量验收。

主 控 项 目

5.5.2 特种门的质量和各项性能应符合设计要求。
检验方法：检查生产许可证、产品合格证书和性能检测报告。

5.5.3 特种门的品种、类型、规格、尺寸、开启方向、安装位置及防腐处理应符合设计要求。
检验方法：观察；尺量检查；检查进场验收记录和隐蔽工程验收记录。

5.5.4 带有机械装置、自动装置或智能化装置的特种门，其机械装置、自动装置或智能化装置的功能应符合设计要求和有关标准的规定。
检验方法：启动机械装置、自动装置或智能化装置，观察。

5.5.5 特种门的安装必须牢固。预埋件的数量、位置、埋设方式、与框的连接方式必须符合设计要求。
检验方法：观察；手扳检查；检查隐蔽工程验收纪录。

5.5.6 特种门的配件应齐全，位置应正确，安装应牢固，功能应满足使用要求和特种门的各项性能要求。
检验方法：观察；手扳检查；检查产品合格证书、性能检测报告和进场验收记录。

一 般 项 目

5.5.7 特种门的表面装饰应符合设计要求。
检验方法：观察。

5.5.8 特种门的表面应洁净,无划痕、碰伤。

检验方法:观察。

5.5.9 推拉自动门安装的留缝限值、允许偏差和检验方法应符合表5.5.9的规定。

表5.5.9 推拉自动门安装的留缝限值、允许偏差和检验方法

项次	项目		留缝限值（mm）	允许偏差（mm）	检验方法
1	门槽口宽度、高度	≤1500mm	—	1.5	用钢尺检查
		>1500mm	—	2	
2	门槽口对角线长度差	≤2000mm	—	2	用钢尺检查
		>2000mm	—	2.5	
3	门框的正、侧面垂直度		—	1	用1m垂直检测尺检查
4	门构件装配间隙		—	0.3	用塞尺检查
5	门梁导轨水平度		—	1	用1m水平尺和塞尺检查
6	下导轨与门梁导轨平行度		—	1.5	用钢尺检查
7	门扇与侧框间留缝		1.2~1.8	—	用塞尺检查
8	门扇对口缝		1.2~1.8	—	用塞尺检查

5.5.10 推拉自动门的感应时间限值和检验方法应符合表5.5.10的规定。

表5.5.10 推拉自动门的感应时间限值和检验方法

项次	项目	感应时间限值（s）	检验方法
1	开门响应时间	≤0.5	用秒表检查
2	堵门保护延时	16~20	用秒表检查
3	门扇全开启后保持时间	13~17	用秒表检查

5.5.11 旋转门安装的允许偏差和检验方法应符合表5.5.11的规定。

表5.5.11 旋转门安装的允许偏差和检验方法

项次	项目	允许偏差（mm）		检验方法
		金属框架玻璃旋转门	木质旋转门	
1	门扇正、侧面垂直度	1.5	1.5	用1m垂直检测尺检查
2	门扇对角线长度差	1.5	1.5	用钢尺检查
3	相邻扇高度差	1	1	用钢尺检查
4	扇与圆弧边留缝	1.5	2	用塞尺检查
5	扇与上顶间留缝	2	2.5	用塞尺检查
6	扇与地面间留缝	2	2.5	用塞尺检查

5.6 门窗玻璃安装工程

5.6.1 本节适用于平板、吸热、反射、中空、夹层、夹丝、磨砂、钢化、压花玻璃等玻璃安装工程的质量验收。

主 控 项 目

5.6.2 玻璃的品种、规格、尺寸、色彩、图案和涂膜朝向应符合设计要求。单块玻璃大于 1.5m² 时应使用安全玻璃。

检验方法：观察；检查产品合格证书、性能检测报告和进场验收记录。

5.6.3 门窗玻璃裁割尺寸应正确。安装后的玻璃应牢固，不得有裂纹、损伤和松动。

检验方法：观察；轻敲检查。

5.6.4 玻璃的安装方法应符合设计要求。固定玻璃的钉子或钢丝卡的数量、规格应保证玻璃安装牢固。

检验方法：观察；检查施工记录。

5.6.5 镶钉木压条接触玻璃处，应与裁口边缘平齐。木压条应互相紧密连接，并与裁口边缘紧贴，割角应整齐。

检验方法：观察。

5.6.6 密封条与玻璃、玻璃槽口的接触应紧密、平整。密封胶与玻璃、玻璃槽口的边缘应粘结牢固、接缝平齐。

检验方法：观察。

5.6.7 带密封条的玻璃压条，其密封条必须与玻璃全部贴紧，压条与型材之间应无明显缝隙，压条接缝应不大于 0.5mm。

检验方法：观察；尺量检查。

一 般 项 目

5.6.8 玻璃表面应洁净，不得有腻子、密封胶、涂料等污渍。中空玻璃内外表面均应洁净，玻璃中空层内不得有灰尘和水蒸气。

检验方法：观察。

5.6.9 门窗玻璃不应直接接触型材。单面镀膜玻璃的镀膜层及磨砂玻璃的磨砂面应朝向室内。中空玻璃的单面镀膜玻璃应在最外层，镀膜层应朝向室内。

检验方法：观察。

5.6.10 腻子应填抹饱满、粘结牢固；腻子边缘与裁口应平齐。固定玻璃的卡子不应在腻子表面显露。

检验方法：观察。

6 吊 顶 工 程

6.1 一 般 规 定

6.1.1 本章适用于暗龙骨吊顶、明龙骨吊顶等分项工程的质量验收。

6.1.2 吊顶工程验收时应检查下列文件和记录：
  1 吊顶工程的施工图、设计说明及其他设计文件。
  2 材料的产品合格证书、性能检测报告、进场验收记录和复验报告。
  3 隐蔽工程验收记录。
  4 施工记录。

6.1.3 吊顶工程应对人造木板的甲醛含量进行复验。

6.1.4 吊顶工程应对下列隐蔽工程项目进行验收：
  1 吊顶内管道、设备的安装及水管试压。
  2 木龙骨防火、防腐处理。
  3 预埋件或拉结筋。
  4 吊杆安装。
  5 龙骨安装。
  6 填充材料的设置。

6.1.5 各分项工程的检验批应按下列规定划分：
  同一品种的吊顶工程每50间（大面积和走廊按吊顶面积30m² 为一间）应划分为一个检验批，不足50间也应划分为一个检验批。

6.1.6 检查数量应符合下列规定：
  每个检验批应至少抽查10%，并不得少于3间，不足3间时应全数检查。

6.1.7 安装龙骨前，应按设计要求对房间净高、洞口标高和吊顶内管道、设备及其支架的标高进行交接检验。

6.1.8 吊顶工程的木吊杆、木龙骨和木饰面板必须进行防火处理，并应符合有关设计防火规范的规定。

6.1.9 吊顶工程中的预埋件、钢筋吊杆和型钢吊杆应进行防锈处理。

6.1.10 安装饰面板前应完成吊顶内管道和设备的调试及验收。

6.1.11 吊杆距主龙骨端部距离不得大于300mm，当大于300mm时，应增加吊杆。当吊杆长度大于1.5m时，应设置反支撑。当吊杆与设备相遇时，应调整并增设吊杆。

6.1.12 **重型灯具、电扇及其他重型设备严禁安装在吊顶工程的龙骨上。**

6.2 暗龙骨吊顶工程

6.2.1 本节适用于以轻钢龙骨、铝合金龙骨、木龙骨等为骨架，以石膏板、金属板、矿棉板、木板、塑料板或格栅等为饰面材料的暗龙骨吊顶工程的质量验收。

主 控 项 目

6.2.2 吊顶标高、尺寸、起拱和造型应符合设计要求。
  检验方法：观察；尺量检查。

6.2.3 饰面材料的材质、品种、规格、图案和颜色应符合设计要求。
  检验方法：观察；检查产品合格证书、性能检测报告、进场验收记录和复验报告。

6.2.4 暗龙骨吊顶工程的吊杆、龙骨和饰面材料的安装必须牢固。

检验方法：观察；手扳检查；检查隐蔽工程验收记录和施工记录。

6.2.5 吊杆、龙骨的材质、规格、安装间距及连接方式应符合设计要求。金属吊杆、龙骨应经过表面防腐处理；木吊杆、龙骨应进行防腐、防火处理。

检验方法：观察；尺量检查；检查产品合格证书、性能检测报告、进场验收记录和隐蔽工程验收记录。

6.2.6 石膏板的接缝应按其施工工艺标准进行板缝防裂处理。安装双层石膏板时，面层板与基层板的接缝应错开，并不得在同一根龙骨上接缝。

检验方法：观察。

一 般 项 目

6.2.7 饰面材料表面应洁净、色泽一致，不得有翘曲、裂缝及缺损。压条应平直、宽窄一致。

检验方法：观察；尺量检查。

6.2.8 饰面板上的灯具、烟感器、喷淋头、风口箅子等设备的位置应合理、美观，与饰面板的交接应吻合、严密。

检验方法：观察。

6.2.9 金属吊杆、龙骨的接缝应均匀一致，角缝应吻合，表面应平整，无翘曲、锤印。木质吊杆、龙骨应顺直，无劈裂、变形。

检验方法：检查隐蔽工程验收记录和施工记录。

6.2.10 吊顶内填充吸声材料的品种和铺设厚度应符合设计要求，并应有防散落措施。

检验方法：检查隐蔽工程验收记录和施工记录。

6.2.11 暗龙骨吊顶工程安装的允许偏差和检验方法应符合表6.2.11的规定。

表6.2.11 暗龙骨吊顶工程安装的允许偏差和检验方法

项次	项 目	允许偏差（mm）				检验方法
		纸面石膏板	金属板	矿棉板	木板、塑料板、格栅	
1	表面平整度	3	2	2	2	用2m靠尺和塞尺检查
2	接缝直线度	3	1.5	3	3	拉5m线，不足5m拉通线，用钢直尺检查
3	接缝高低差	1	1	1.5	1	用钢直尺和塞尺检查

6.3 明龙骨吊顶工程

6.3.1 本节适用于以轻钢龙骨、铝合金龙骨、木龙骨等为骨架，以石膏板、金属板、矿棉板、塑料板、玻璃板或格栅等为饰面材料的明龙骨吊顶工程的质量验收。

主 控 项 目

6.3.2 吊顶标高、尺寸、起拱和造型应符合设计要求。

检验方法：观察；尺量检查。

6.3.3 饰面材料的材质、品种、规格、图案和颜色应符合设计要求。当饰面材料为玻璃板时，应使用安全玻璃或采取可靠的安全措施。

检验方法：观察；检查产品合格证书、性能检测报告和进场验收记录。

6.3.4 饰面材料的安装应稳固严密。饰面材料与龙骨的搭接宽度应大于龙骨受力面宽度的2/3。

检验方法：观察；手扳检查；尺量检查。

6.3.5 吊杆、龙骨的材质、规格、安装间距及连接方式应符合设计要求。金属吊杆、龙骨应进行表面防腐处理；木龙骨应进行防腐、防火处理。

检验方法：观察；尺量检查；检查产品合格证书、进场验收记录和隐蔽工程验收记录。

6.3.6 明龙骨吊顶工程的吊杆和龙骨安装必须牢固。

检验方法：手扳检查；检查隐蔽工程验收记录和施工记录。

一 般 项 目

6.3.7 饰面材料表面应洁净、色泽一致，不得有翘曲、裂缝及缺损。饰面板与明龙骨的搭接应平整、吻合，压条应平直、宽窄一致。

检验方法：观察；尺量检查。

6.3.8 饰面板上的灯具、烟感器、喷淋头、风口篦子等设备的位置应合理、美观，与饰面板的交接应吻合、严密。

检验方法：观察。

6.3.9 金属龙骨的接缝应平整、吻合、颜色一致，不得有划伤、擦伤等表面缺陷。木质龙骨应平整、顺直，无劈裂。

检验方法：观察。

6.3.10 吊顶内填充吸声材料的品种和铺设厚度应符合设计要求，并应有防散落措施。

检验方法：检查隐蔽工程验收记录和施工记录。

6.3.11 明龙骨吊顶工程安装的允许偏差和检验方法应符合表6.3.11的规定。

表6.3.11 明龙骨吊顶工程安装的允许偏差和检验方法

项次	项 目	允许偏差（mm）				检验方法
		石膏板	金属板	矿棉板	塑料板、玻璃板	
1	表面平整度	3	2	3	2	用2m靠尺和塞尺检查
2	接缝直线度	3	2	3	3	拉5m线，不足5m拉通线，用钢直尺检查
3	接缝高低差	1	1	2	1	用钢直尺和塞尺检查

7 轻质隔墙工程

7.1 一般规定

7.1.1 本章适用于板材隔墙、骨架隔墙、活动隔墙、玻璃隔墙等分项工程的质量验收。

7.1.2 轻质隔墙工程验收时应检查下列文件和记录：
1 轻质隔墙工程的施工图、设计说明及其他设计文件。
2 材料的产品合格证书、性能检测报告、进场验收记录和复验报告。
3 隐蔽工程验收记录。
4 施工记录。

7.1.3 轻质隔墙工程应对人造木板的甲醛含量进行复验。

7.1.4 轻质隔墙工程应对下列隐蔽工程项目进行验收：
1 骨架隔墙中设备管线的安装及水管试压。
2 木龙骨防火、防腐处理。
3 预埋件或拉结筋。
4 龙骨安装。
5 填充材料的设置。

7.1.5 各分项工程的检验批应按下列规定划分：
同一品种的轻质隔墙工程每 50 间（大面积房间和走廊按轻质隔墙的墙面 30m² 为一间）应划分为一个检验批，不足 50 间也应划分为一个检验批。

7.1.6 轻质隔墙与顶棚和其他墙体的交接处应采取防开裂措施。

7.1.7 民用建筑轻质隔墙工程的隔声性能应符合现行国家标准《民用建筑隔声设计规范》GBJ 118 的规定。

7.2 板材隔墙工程

7.2.1 本节适用于复合轻质墙板、石膏空心板、预制或现制的钢丝网水泥板等板材隔墙工程的质量验收。

7.2.2 板材隔墙工程的检查数量应符合下列规定：
每个检验批应至少抽查 10%，并不得少于 3 间；不足 3 间时应全数检查。

主 控 项 目

7.2.3 隔墙板材的品种、规格、性能、颜色应符合设计要求。有隔声、隔热、阻燃、防潮等特殊要求的工程，板材应有相应性能等级的检测报告。

检验方法：观察；检查产品合格证书、进场验收记录和性能检测报告。

7.2.4 安装隔墙板材所需预埋件、连接件的位置、数量及连接方法应符合设计要求。

检查方法：观察；尺量检查；检查隐蔽工程验收记录。

7.2.5 隔墙板材安装必须牢固。现制钢丝网水泥隔墙与周边墙体的连接方法应符合设计要求，并应连接牢固。

检验方法：观察；手扳检查。

7.2.6 隔墙板材所用接缝材料的品种及接缝方法应符合设计要求。

检验方法：观察；检查产品合格证书和施工记录。

一 般 项 目

7.2.7 隔墙板材安装应垂直、平整、位置正确，板材不应有裂缝或缺损。

检验方法：观察；尺量检查。

7.2.8 板材隔墙表面应平整光滑、色泽一致、洁净、接缝应均匀、顺直。

检验方法：观察；手摸检查。

7.2.9 隔墙上的孔洞、槽、盒应位置正确、套割方正、边缘整齐。

检验方法：观察。

7.2.10 板材隔墙安装的允许偏差和检验方法应符合表7.2.10的规定。

表 7.2.10 板材隔墙安装的允许偏差和检验方法

项次	项 目	允许偏差（mm）				检验方法
		复合轻质墙板		石膏空心板	钢丝网水泥板	
		金属夹芯板	其他复合板			
1	立面垂直度	2	3	3	3	用2m垂直检测尺检查
2	表面平整度	2	3	3	3	用2m靠尺和塞尺检查
3	阴阳角方正	3	3	3	4	用直角检测尺检查
4	接缝高低差	1	2	2	3	用钢直尺和塞尺检查

7.3 骨架隔墙工程

7.3.1 本节适用于以轻钢龙骨、木龙骨等为骨架，以纸面石膏板、人造木板、水泥纤维板等为墙面板的隔墙工程的质量验收。

7.3.2 骨架隔墙工程的检查数量应符合下列规定：

每个检验批应至少抽查10%，并不得少于3间；不足3间时应全数检查。

主 控 项 目

7.3.3 骨架隔墙所用龙骨、配件、墙面板、填充材料及嵌缝材料的品种、规格、性能和木材含水率应符合设计要求。有隔声、隔热、阻燃、防潮等特殊要求的工程，材料应有相应性能等级的检测报告。

检验方法：观察；检查产品合格证书、进场验收记录、性能检测报告和复验报告。

7.3.4 骨架隔墙工程边框龙骨必须与基体结构连接牢固，并应平整、垂直、位置正确。

检验方法：手扳检查；尺量检查；检查隐蔽工程验收记录。

7.3.5 骨架隔墙中龙骨间距和构造连接方法应符合设计要求。骨架内设备管线的安装、门窗洞口等部位加强龙骨应安装牢固、位置正确，填充材料的设置应符合设计要求。

检验方法：检查隐蔽工程验收记录。

7.3.6 木龙骨及木墙面板的防火和防腐处理必须符合设计要求。

检验方法：检查隐蔽工程验收记录。

7.3.7 骨架隔墙的墙面板应安装牢固，无脱层、翘曲、折裂及缺损。

检验方法：观察；手扳检查。

7.3.8 墙面板所用接缝材料的接缝方法应符合设计要求。

检验方法：观察。

一 般 项 目

7.3.9 骨架隔墙表面应平整光滑、色泽一致、洁净、无裂缝，接缝应均匀、顺直。

检验方法：观察；手摸检查。

7.3.10 骨架隔墙上的孔洞、槽、盒应位置正确、套割吻合、边缘整齐。

检验方法：观察。

7.3.11 骨架隔墙内的填充材料应干燥，填充应密实、均匀、无下坠。

检验方法：轻敲检查；检查隐蔽工程验收记录。

7.3.12 骨架隔墙安装的允许偏差和检验方法应符合表 7.3.12 的规定。

表 7.3.12 骨架隔墙安装的允许偏差和检验方法

项次	项 目	允许偏差（mm）		检验方法
		纸面石膏板	人造木板、水泥纤维板	
1	立面垂直度	3	4	用 2m 垂直检测尺检查
2	表面平整度	3	3	用 2m 靠尺和塞尺检查
3	阴阳角方正	3	3	用直角检测尺检查
4	接缝直线度	—	3	拉 5m 线，不足 5m 拉通线，用钢直尺检查
5	压条直线度	—	3	拉 5m 线，不足 5m 拉通线，用钢直尺检查
6	接缝高低差	1	1	用钢直尺和塞尺检查

7.4 活 动 隔 墙 工 程

7.4.1 本节适用于各种活动隔墙工程的质量验收。

7.4.2 活动隔墙工程的检查数量应符合下列规定：

每个检验批应至少抽查 20%，并不得少于 6 间；不足 6 间时应全数检查。

主 控 项 目

7.4.3 活动隔墙所用墙板、配件等材料的品种、规格、性能和木材的含水率应符合设计要求。有阻燃、防潮等特性要求的工程,材料应有相应性能等级的检测报告。

检验方法:观察;检查产品合格证书、进场验收记录、性能检测报告和复验报告。

7.4.4 活动隔墙轨道必须与基体结构连接牢固,并应位置正确。

检验方法:尺量检查;手扳检查。

7.4.5 活动隔墙用于组装、推拉和制动的构配件必须安装牢固、位置正确,推拉必须安全、平稳、灵活。

检验方法:尺量检查;手扳检查;推拉检查。

7.4.6 活动隔墙制作方法、组合方式应符合设计要求。

检验方法:观察。

一 般 项 目

7.4.7 活动隔墙表面应色泽一致、平整光滑、洁净,线条应顺直、清晰。

检验方法:观察;手摸检查。

7.4.8 活动隔墙上的孔洞、槽、盒应位置正确、套割吻合、边缘整齐。

检验方法:观察;尺量检查。

7.4.9 活动隔墙推拉应无噪声。

检验方法:推拉检查。

7.4.10 活动隔墙安装的允许偏差和检验方法应符合表7.4.10的规定。

表7.4.10 活动隔墙安装的允许偏差和检验方法

项次	项 目	允许偏差(mm)	检验方法
1	立面垂直度	3	用2m垂直检测尺检查
2	表面平整度	2	用2m靠尺和塞尺检查
3	接缝直线度	3	拉5m线,不足5m拉通线,用钢直尺检查
4	接缝高低差	2	用钢直尺和塞尺检查
5	接缝宽度	2	用钢直尺检查

7.5 玻璃隔墙工程

7.5.1 本节适用于玻璃砖、玻璃板隔墙工程的质量验收。

7.5.2 玻璃隔墙工程的检查数量应符合下列规定:

每个检验批应至少抽查20%,并不得少于6间;不足6间时应全数检查。

主 控 项 目

7.5.3 玻璃隔墙工程所用材料的品种、规格、性能、图案和颜色应符合设计要求。玻璃板隔墙应使用安全玻璃。
　　检验方法：观察；检查产品合格证书、进场验收记录和性能检测报告。
7.5.4 玻璃砖隔墙的砌筑或玻璃板隔墙的安装方法应符合设计要求。
　　检验方法：观察。
7.5.5 玻璃砖隔墙砌筑中埋设的拉结筋必须与基体结构连接牢固，并应位置正确。
　　检验方法：手扳检查；尺量检查；检查隐蔽工程验收记录。
7.5.6 玻璃板隔墙的安装必须牢固。玻璃板隔墙胶垫的安装应正确。
　　检验方法：观察；手推检查；检查施工记录。

一 般 项 目

7.5.7 玻璃隔墙表面应色泽一致、平整洁净、清晰美观。
　　检验方法：观察。
7.5.8 玻璃隔墙接缝应横平竖直，玻璃应无裂痕、缺损和划痕。
　　检验方法：观察。
7.5.9 玻璃板隔墙嵌缝及玻璃砖隔墙勾缝应密实平整、均匀顺直、深浅一致。
　　检验方法：观察。
7.5.10 玻璃隔墙安装的允许偏差和检验方法应符合表7.5.10的规定。

表 7.5.10　玻璃隔墙安装的允许偏差和检验方法

项次	项　　目	允许偏差（mm）		检验方法
		玻璃砖	玻璃板	
1	立面垂直度	3	2	用2m垂直检测尺检查
2	表面平整度	3	—	用2m靠尺和塞尺检查
3	阴阳角方正	—	2	用直角检测尺检查
4	接缝直线度	—	2	拉5m线，不足5m拉通线，用钢直尺检查
5	接缝高低差	3	2	用钢直尺和塞尺检查
6	接缝宽度	—	1	用钢直尺检查

8 饰面板（砖）工程

8.1 一 般 规 定

8.1.1 本章适用于饰面板安装、饰面砖粘贴等分项工程的质量验收。
8.1.2 饰面板（砖）工程验收时应检查下列文件和记录：
　1 饰面板（砖）工程的施工图、设计说明及其他设计文件。
　2 材料的产品合格证书、性能检测报告、进场验收记录和复验报告。

3 后置埋件的现场拉拔检测报告。
　　4 外墙饰面砖样板件的粘结强度检测报告。
　　5 隐蔽工程验收记录。
　　6 施工记录。
8.1.3 饰面板（砖）工程应对下列材料及其性能指标进行复验：
　　1 室内用花岗石的放射性。
　　2 粘贴用水泥的凝结时间、安定性和抗压强度。
　　3 外墙陶瓷面砖的吸水率。
　　4 寒冷地区外墙陶瓷面砖的抗冻性。
8.1.4 饰面板（砖）工程应对下列隐蔽工程项目进行验收：
　　1 预埋件（或后置埋件）。
　　2 连接节点。
　　3 防水层。
8.1.5 各分项工程的检验批按下列规定划分：
　　1 相同材料、工艺和施工条件的室内饰面板（砖）工程每 50 间（大面积房间和走廊按施工面积 $30m^2$ 为一间）应划分为一个检验批，不足 50 间也应划分为一个检验批。
　　2 相同材料、工艺和施工条件的室外饰面板（砖）工程每 $500\sim1000m^2$ 应划分为一个检验批，不足 $500m^2$ 也应划分为一个检验批。
8.1.6 检查数量应符合下列规定：
　　1 室内每个检验批应至少抽查 10%，并不得少于 3 间；不足 3 间时应全数检查。
　　2 室外每个检验批每 $100m^2$ 应至少抽查一处，每处不得小于 $10m^2$。
8.1.7 外墙饰面砖粘贴前和施工过程中，均应在相同基层上做样板件，并对样板件的饰面砖粘结强度进行检验，其检验方法和结果判定应符合《建筑工程饰面砖粘结强度检验标准》JGJ 110 的规定。
8.1.8 饰面板（砖）工程的抗震缝、伸缩缝、沉降缝等部位的处理应保证缝的使用功能和饰面的完整性。

8.2　饰面板安装工程

8.2.1 本节适用于内墙饰面板安装工程和高度不大于 24m、抗震设防烈度不大于 7 度的外墙饰面板安装工程的质量验收。

主　控　项　目

8.2.2 饰面板的品种、规格、颜色和性能应符合设计要求，木龙骨、木饰面板和塑料饰面板的燃烧性能等级应符合设计要求。
　　检验方法：观察；检查产品合格证书、进场验收记录和性能检测报告。
8.2.3 饰面板孔、槽的数量、位置和尺寸应符合设计要求。
　　检验方法：检查进场验收记录和施工记录。

8.2.4 饰面板安装工程的预埋件（或后置埋件）、连接件的数量、规格、位置、连接方法和防腐处理必须符合设计要求。后置埋件的现场拉拔强度必须符合设计要求。饰面板安装必须牢固。

检验方法：手扳检查；检查进场验收记录、现场拉拔检测报告、隐蔽工程验收记录和施工记录。

一 般 项 目

8.2.5 饰面板表面应平整、洁净、色泽一致，无裂痕和缺损。石材表面应无泛碱等污染。

检验方法：观察。

8.2.6 饰面板嵌缝密实、平直，宽度和深度应符合设计要求，嵌填材料色泽应一致。

检验方法：观察；尺量检查。

8.2.7 采用湿作业法施工的饰面板工程，石材应进行防碱背涂处理。饰面板与基体之间的灌注材料应饱满、密实。

检验方法：用小锤轻击检查；检查施工记录。

8.2.8 饰面板上的孔洞应套割吻合，边缘应整齐。

检验方法：观察。

8.2.9 饰面板安装的允许偏差和检验方法应符合表8.2.9的规定。

表8.2.9 饰面板安装的允许偏差和检验方法

项次	项 目	允许偏差（mm）							检验方法
		石材			瓷板	木材	塑料	金属	
		光面	剁斧石	蘑菇石					
1	立面垂直度	2	3	3	2	1.5	2	2	用2m垂直检测尺检查
2	表面平整度	2	3	—	1.5	1	3	3	用2m靠尺和塞尺检查
3	阴阳角方正	2	4	4	2	1.5	3	3	用直角检测尺检查
4	接缝直线度	2	4	4	2	1	1	1	拉5m线，不足5m拉通线，用钢直尺检查
5	墙裙、勒脚上口直线度	2	3	3	2	2	2	2	拉5m线，不足5m拉通线，用钢直尺检查
6	接缝高低差	0.5	3	—	0.5	0.5	1	1	用钢直尺和塞尺检查
7	接缝宽度	1	2	2	1	1	1	1	用钢直尺检查

8.3 饰面砖粘贴工程

8.3.1 本节适用于内墙饰面砖粘贴工程和高度不大于100m、抗震设防烈度不大于8度、采用满粘法施工的外墙面砖粘贴工程的质量验收。

主 控 项 目

8.3.2 饰面砖的品种、规格、图案、颜色和性能应符合设计要求。

检验方法：观察；检查产品合格证书、进场验收记录、性能检测报告和复验报告。

8.3.3 饰面砖粘贴工程的找平、防水、粘结和勾缝材料及施工方法应符合设计要求及国家现行产品标准和工程技术标准的规定。

检验方法：检查产品合格证书、复验报告和隐蔽工程验收记录。

8.3.4 饰面砖粘贴必须牢固。

检验方法：检查样板件粘结强度检测报告和施工记录。

8.3.5 满粘法施工的饰面砖工程应无空鼓、裂缝。

检验方法：观察；用小锤轻击检查。

一 般 项 目

8.3.6 饰面砖表面应平整、洁净、色泽一致，无裂痕和缺损。

检验方法：观察。

8.3.7 阴阳角处搭接方式、非整砖使用部位应符合设计要求。

检验方法：观察。

8.3.8 墙面突出物周围的饰面砖应整砖套割吻合，边缘应整齐。墙裙、贴脸突出墙面的厚度应一致。

检验方法：观察；尺量检查。

8.3.9 饰面砖接缝应平直、光滑，填嵌应连续、密实；宽度和深度应符合设计要求。

检验方法：观察；尺量检查。

8.3.10 有排水要求的部位应做滴水线（槽）。滴水线（槽）应顺直，流水坡向应正确，坡度应符合设计要求。

检验方法：观察；用水平尺检查。

8.3.11 饰面砖粘贴的允许偏差和检验方法应符合表8.3.11的规定。

表 8.3.11 饰面砖粘贴的允许偏差和检验方法

项次	项 目	允许偏差 (mm) 外墙面砖	允许偏差 (mm) 内墙面砖	检验方法
1	立面垂直度	3	2	用2m垂直检测尺检查
2	表面平整度	4	3	用2m靠尺和塞尺检查
3	阴阳角方正	3	3	用直角检测尺检查
4	接缝直线度	3	2	拉5m线，不足5m拉通线，用钢直尺检查
5	接缝高低差	1	0.5	用钢直尺和塞尺检查
6	接缝宽度	1	1	用钢直尺检查

9 幕 墙 工 程

9.1 一 般 规 定

9.1.1 本章适用于玻璃幕墙、金属幕墙、石材幕墙等分项工程的质量验收。

9.1.2 幕墙工程验收时应检查下列文件和记录：

    1 幕墙工程的施工图、结构计算书、设计说明及其他设计文件。

    2 建筑设计单位对幕墙工程设计的确认文件。

    3 幕墙工程所用各种材料、五金配件、构件及组件的产品合格证书、性能检测报告、进场验收记录和复验报告。

    4 幕墙工程所用硅酮结构胶的认定证书和抽查合格证明；进口硅酮结构胶的商检证；国家指定检测机构出具的硅酮结构胶相容性和剥离粘结性试验报告；石材用密封胶的耐污染性试验报告。

    5 后置埋件的现场拉拔强度检测报告。

    6 幕墙的抗风压性能、空气渗透性能、雨水渗漏性能及平面变形性能检测报告。

    7 打胶、养护环境的温度、湿度记录；双组分硅酮结构胶的混匀性试验记录及拉断试验记录。

    8 防雷装置测试记录。

    9 隐蔽工程验收记录。

    10 幕墙构件和组件的加工制作记录；幕墙安装施工记录。

9.1.3 幕墙工程应对下列材料及其性能指标进行复验：

    1 铝塑复合板的剥离强度。

    2 石材的弯曲强度；寒冷地区石材的耐冻融性；室内用花岗石的放射性。

    3 玻璃幕墙用结构胶的邵氏硬度、标准条件拉伸粘结强度、相容性试验；石材用结构胶的粘结强度；石材用密封胶的污染性。

9.1.4 幕墙工程应对下列隐蔽工程项目进行验收：

    1 预埋件（或后置埋件）。

    2 构件的连接节点。

    3 变形缝及墙面转角处的构造节点。

    4 幕墙防雷装置。

    5 幕墙防火构造。

9.1.5 各分项工程的检验批应按下列规定划分：

    1 相同设计、材料、工艺和施工条件的幕墙工程每 500~1000m^2 应划分为一个检验批，不足 500m^2 也应划分为一个检验批。

    2 同一单位工程的不连续的幕墙工程应单独划分检验批。

3 对于异型或有特殊要求的幕墙，检验批的划分应根据幕墙的结构、工艺特点及幕墙工程规模，由监理单位（或建设单位）和施工单位协商确定。

9.1.6 检查数量应符合下列规定：

1 每个检验批每 100m² 应至少抽查一处，每处不得小于 10m²。

2 对于异型或有特殊要求的幕墙工程，应根据幕墙的结构和工艺特点，由监理单位（或建设单位）和施工单位协商确定。

9.1.7 幕墙及其连接件应有足够的承载力、刚度和相对于主体结构的位移能力。幕墙构架立柱的连接金属角码与其他连接件应采用螺栓连接，并应有防松动措施。

9.1.8 隐框、半隐框幕墙所采用的结构粘结材料必须是中性硅酮结构密封胶，其性能必须符合《建筑用硅酮结构密封胶》GB 16776 的规定；硅酮结构密封胶必须在有效期内使用。

9.1.9 立柱和横梁等主要受力构件，其截面受力部分的壁厚应经计算确定，且铝合金型材壁厚不应小于 3.0mm，钢型材壁厚不应小于 3.5mm。

9.1.10 隐框、半隐框幕墙构件中板材与金属框之间硅酮结构密封胶的粘结宽度，应分别计算风荷载标准值和板材自重标准值作用下硅酮结构密封胶的粘结宽度，并取其较大值，且不得小于 7.0mm。

9.1.11 硅酮结构密封胶应打注饱满，并应在温度 15～30℃、相对湿度 50%以上、洁净的室内进行；不得在现场墙上打注。

9.1.12 幕墙的防火除应符合现行国家标准《建筑设计防火规范》GB 50016 和《高层民用建筑设计防火规范》GB 50045 的有关规定外，还应符合下列规定：

1 应根据防火材料的耐火极限决定防火层的厚度和宽度，并应在楼板处形成防火带。

2 防火层应采取隔离措施。防火层的衬板应采用经防腐处理且厚度不小于 1.5mm 的钢板，不得采用铝板。

3 防火层的密封材料应采用防火密封胶。

4 防火层与玻璃不应直接接触，一块玻璃不应跨两个防火分区。

9.1.13 主体结构与幕墙连接的各种预埋件，其数量、规格、位置和防腐处理必须符合设计要求。

9.1.14 幕墙的金属框架与主体结构预埋件的连接、立柱与横梁的连接及幕墙面板的安装必须符合设计要求，安装必须牢固。

9.1.15 单元幕墙连接处和吊挂处的铝合金型材的壁厚应通过计算确定，并不得小于 5.0mm。

9.1.16 幕墙的金属框架与主体结构应通过预埋件连接，预埋件应在主体结构混凝土施工时埋入，预埋件的位置应准确。当没有条件采用预埋件连接时，应采用其他可靠的连接措施，并应通过试验确定其承载力。

9.1.17 立柱应采用螺栓与角码连接，螺栓直径应经过计算，并不应小于 10mm。不同金属材料接触时应采用绝缘垫片分隔。

9.1.18 幕墙的抗震缝、伸缩缝、沉降缝等部位的处理应保证缝的使用功能和饰面的完整性。

9.1.19 幕墙工程的设计应满足维护和清洁的要求。

9.2 玻璃幕墙工程

9.2.1 本节适用于建筑高度不大于150m、抗震设防烈度不大于8度的隐框玻璃幕墙、半隐框玻璃幕墙、明框玻璃幕墙、全玻幕墙及点支承玻璃幕墙工程的质量验收。

主 控 项 目

9.2.2 玻璃幕墙工程所用的各种材料、构件和组件的质量，应符合设计要求及国家现行产品标准和工程技术规范的规定。

检验方法：检查材料、构件、组件的产品合格证书、进场验收记录、性能检测报告和材料的复验报告。

9.2.3 玻璃幕墙的造型和立面分格应符合设计要求。

检验方法：观察；尺量检查。

9.2.4 玻璃幕墙使用的玻璃应符合下列规定：

1 幕墙应使用安全玻璃，玻璃的品种、规格、颜色、光学性能及安装方向应符合设计要求。

2 幕墙玻璃的厚度不应小于6.0mm。全玻幕墙肋玻璃的厚度不应小于12mm。

3 幕墙的中空玻璃应采用双道密封。明框幕墙的中空玻璃应采用聚硫密封胶及丁基密封胶；隐框和半隐框幕墙的中空玻璃应采用硅酮结构密封胶及丁基密封胶；镀膜面应在中空玻璃的第2或第3面上。

4 幕墙的夹层玻璃应采用聚乙烯醇缩丁醛（PVB）胶片干法加工合成的夹层玻璃。点支承玻璃幕墙夹层玻璃的夹层胶片（PVB）厚度不应小于0.76mm。

5 钢化玻璃表面不得有损伤；8.0mm以下的钢化玻璃应进行引爆处理。

6 所有幕墙玻璃均应进行边缘处理。

检验方法：观察；尺量检查；检查施工记录。

9.2.5 玻璃幕墙与主体结构连接的各种埋件、连接件、紧固件必须安装牢固，其数量、规格、位置、连接方法和防腐处理应符合设计要求。

检验方法：观察；检查隐蔽工程验收记录和施工记录。

9.2.6 各种连接件、紧固件的螺栓应有防松动措施；焊接连接应符合设计要求和焊接规范的规定。

检查方法：观察；检查隐蔽工程验收记录和施工记录。

9.2.7 隐框或半隐框玻璃幕墙，每块玻璃下端应设置两个铝合金或不锈钢托条，其长度不应小于100mm，厚度不应小于2mm，托条外端应低于玻璃外表面2mm。

检验方法：观察；检查施工记录。

9.2.8 明框玻璃幕墙的玻璃安装应符合下列规定：

1 玻璃槽口与玻璃的配合尺寸应符合设计要求和技术标准的规定。

2 玻璃与构件不得直接接触，玻璃四周与构件凹槽底部应保持一定的空隙，每块玻璃下部应至少放置两块宽度与槽口宽度相同、长度不小于100mm的弹性定位垫块；玻璃两边嵌入量及空隙应符合设计要求。

3 玻璃四周橡胶条的材质、型号应符合设计要求，镶嵌应平整，橡胶条长度应比边框内槽长1.5%～2.0%，橡胶条在转角处应斜面断开，并应用粘结剂粘结牢固后嵌入槽内。

检验方法：观察；检查施工记录。

9.2.9 高度超过4m的全玻幕墙应吊挂在主体结构上，吊夹具应符合设计要求，玻璃与玻璃、玻璃与玻璃肋之间的缝隙，应采用硅酮结构密封胶填嵌严密。

检验方法：观察；检查隐蔽工程验收记录和施工记录。

9.2.10 点支承玻璃幕墙应采用带万向头的活动不锈钢爪，其钢爪间的中心距离应大于250mm。

检验方法：观察；尺量检查。

9.2.11 玻璃幕墙四周、玻璃幕墙内表面与主体结构之间的连接节点、各种变形缝、墙角的连接节点应符合设计要求和技术标准的规定。

检验方法：观察；检查隐蔽工程验收记录和施工记录。

9.2.12 玻璃幕墙应无渗漏。

检验方法：在易渗漏部位进行淋水检查。

9.2.13 玻璃幕墙结构胶和密封胶的打注应饱满、密实、连续、均匀、无气泡，宽度和厚度应符合设计要求和技术标准的规定。

检验方法：观察；尺量检查；检查施工记录。

9.2.14 玻璃幕墙开启窗的配件应齐全，安装应牢固，安装位置和开启方向、角度应正确；开启应灵活，关闭应严密。

检验方法：观察；手扳检查；开启和关闭检查。

9.2.15 玻璃幕墙的防雷装置必须与主体结构的防雷装置可靠连接。

检验方法：观察；检查隐蔽工程验收记录和施工记录。

一 般 项 目

9.2.16 玻璃幕墙表面应平整、洁净；整幅玻璃的色泽应均匀一致；不得有污染和镀膜损坏。

检验方法：观察。

9.2.17 每平方米玻璃的表面质量和检验方法应符合表9.2.17的规定。

表9.2.17 每平方米玻璃的表面质量和检验方法

项次	项 目	质量要求	检验方法
1	明显划伤和长度＞100mm的轻微划伤	不允许	观察
2	长度≤100mm的轻微划伤	≤8条	用钢尺检查
3	擦伤总面积	≤500mm²	用钢尺检查

9.2.18 一个分格铝合金型材的表面质量和检验方法应符合表9.2.18的规定。

表 9.2.18 一个分格铝合金型材的表面质量和检验方法

项次	项 目	质量要求	检验方法
1	明显划伤和长度>100mm的轻微划伤	不允许	观察
2	长度≤100mm的轻微划伤	≤2条	用钢尺检查
3	擦伤总面积	≤500mm^2	用钢尺检查

9.2.19 明框玻璃幕墙的外露框或压条应横平竖直，颜色、规格应符合设计要求，压条安装应牢固。单元玻璃幕墙的单元拼缝或隐框玻璃幕墙的分格玻璃拼缝应横平竖直、均匀一致。

检验方法：观察；手扳检查；检查进场验收记录。

9.2.20 玻璃幕墙的密封胶缝应横平竖直、深浅一致、宽窄均匀、光滑顺直。

检验方法：观察；手摸检查。

9.2.21 防火、保温材料填充应饱满、均匀，表面应密实、平整。

检验方法：检查隐蔽工程验收记录。

9.2.22 玻璃幕墙隐蔽节点的遮封装修应牢固、整齐、美观。

检验方法：观察；手扳检查。

9.2.23 明框玻璃幕墙安装的允许偏差和检验方法应符合表9.2.23的规定。

表 9.2.23 明框玻璃幕墙安装的允许偏差和检验方法

项次	项 目		允许偏差（mm）	检验方法
1	幕墙垂直度	幕墙高度≤30m	10	用经纬仪检查
		30m<幕墙高度≤60m	15	
		60m<幕墙高度≤90m	20	
		幕墙高度>90m	25	
2	幕墙水平度	幕墙幅宽≤35m	5	用水平仪检查
		幕墙幅宽>35m	7	
3	构件直线度		2	用2m靠尺和塞尺检查
4	构件水平度	构件长度≤2m	2	用水平仪检查
		构件长度>2m	3	
5	相邻构件错位		1	用钢直尺检查
6	分格框对角线长度差	对角线长度≤2m	3	用钢尺检查
		对角线长度>2m	4	

9.2.24 隐框、半隐框玻璃幕墙安装的允许偏差和检验方法应符合表9.2.24的规定。

表 9.2.24 隐框、半隐框玻璃幕墙安装的允许偏差和检验方法

项次	项目		允许偏差(mm)	检验方法
1	幕墙垂直度	幕墙高度≤30m	10	用经纬仪检查
		30m<幕墙高度≤60m	15	
		60m<幕墙高度≤90m	20	
		幕墙高度>90m	25	
2	幕墙水平度	层高≤3m	3	用水平仪检查
		层高>3m	5	
3	幕墙表面平整度		2	用2m靠尺和塞尺检查
4	板材立面垂直度		2	用垂直检测尺检查
5	板材上沿水平度		2	用1m水平尺和钢直尺检查
6	相邻板材板角错位		1	用钢直尺检查
7	阳角方正		2	用直角检测尺检查
8	接缝直线度		3	拉5m线,不足5m拉通线,用钢直尺检查
9	接缝高低差		1	用钢直尺和塞尺检查
10	接缝宽度		1	用钢直尺检查

9.3 金属幕墙工程

9.3.1 本节适用于建筑高度不大于150m的金属幕墙工程的质量验收。

主 控 项 目

9.3.2 金属幕墙工程所使用的各种材料和配件,应符合设计要求及国家现行产品标准和工程技术规范的规定。

检验方法:检查产品合格证书、性能检测报告、材料进场验收记录和复验报告。

9.3.3 金属幕墙的造型和立面分格应符合设计要求。

检验方法:观察;尺量检查。

9.3.4 金属面板的品种、规格、颜色、光泽及安装方向应符合设计要求。

检验方法:观察;检查进场验收记录。

9.3.5 金属幕墙主体结构上的预埋件、后置埋件的数量、位置及后置埋件的拉拔力必须符合设计要求。

检验方法:检查拉拔力检测报告和隐蔽工程验收记录。

9.3.6 金属幕墙的金属框架立柱与主体结构预埋件的连接、立柱与横梁的连接、金属面板的安装必须符合设计要求,安装必须牢固。

检验方法:手扳检查;检查隐蔽工程验收记录。

9.3.7 金属幕墙的防火、保温、防潮材料的设置应符合设计要求,并应密实、均匀、厚

度一致。

检验方法：检查隐蔽工程验收记录。

9.3.8 金属框架及连接件的防腐处理应符合设计要求。

检验方法：检查隐蔽工程验收记录和施工记录。

9.3.9 金属幕墙的防雷装置必须与主体结构的防雷装置可靠连接。

检验方法：检查隐蔽工程验收记录。

9.3.10 各种变形缝、墙角的连接节点应符合设计要求和技术标准的规定。

检验方法：观察；检查隐蔽工程验收记录。

9.3.11 金属幕墙的板缝注胶应饱满、密实、连续、均匀、无气泡，宽度和厚度应符合设计要求和技术标准的规定。

检验方法：观察；尺量检查；检查施工记录。

9.3.12 金属幕墙应无渗漏。

检验方法：在易渗漏部位进行淋水检查。

一 般 项 目

9.3.13 金属板表面应平整、洁净、色泽一致。

检验方法：观察。

9.3.14 金属幕墙的压条应平直、洁净、接口严密、安装牢固。

检验方法：观察；手扳检查。

9.3.15 金属幕墙的密封胶缝应横平竖直、深浅一致、宽窄均匀、光滑顺直。

检验方法：观察。

9.3.16 金属幕墙上的滴水线、流水坡向应正确、顺直。

检验方法：观察；用水平尺检查。

9.3.17 每平方米金属板的表面质量和检验方法应符合表9.3.17的规定。

表 9.3.17 每平方米金属板的表面质量和检验方法

项次	项　　目	质量要求	检验方法
1	明显划伤和长度>100mm的轻微划伤	不允许	观察
2	长度≤100mm的轻微划伤	≤8条	用钢尺检查
3	擦伤总面积	≤500mm²	用钢尺检查

9.3.18 金属幕墙安装的允许偏差和检验方法应符合表9.3.18的规定。

表 9.3.18 金属幕墙安装的允许偏差和检验方法

项次	项　　目		允许偏差（mm）	检验方法
1	幕墙垂直度	幕墙高度≤30m	10	用经纬仪检查
		30m<幕墙高度≤60m	15	
		60m<幕墙高度≤90m	20	
		幕墙高度>90m	25	

续表 9.3.18

项次	项目		允许偏差（mm）	检验方法
2	幕墙水平度	层高≤3m	3	用水平仪检查
		层高>3m	5	
3	幕墙表面平整度		2	用2m靠尺和塞尺检查
4	板材立面垂直度		3	用垂直检测尺检查
5	板材上沿水平度		2	用1m水平尺和钢直尺检查
6	相邻板材板角错位		1	用钢直尺检查
7	阳角方正		2	用直角检测尺检查
8	接缝直线度		3	拉5m线，不足5m拉通线，用钢直尺检查
9	接缝高低差		1	用钢直尺和塞尺检查
10	接缝宽度		1	用钢直尺检查

9.4 石材幕墙工程

9.4.1 本节适用于建筑高度不大于100m、抗震设防烈度不大于8度的石材幕墙工程的质量验收。

主 控 项 目

9.4.2 石材幕墙工程所用材料的品种、规格、性能和等级，应符合设计要求及国家现行产品标准和工程技术规范的规定。石材的弯曲强度不应小于8.0MPa；吸水率应小于0.8%。石材幕墙的铝合金挂件厚度不应小于4.0mm，不锈钢挂件厚度不应小于3.0mm。

检验方法：观察；尺量；检查产品合格证书、性能检测报告、材料进场验收记录和复验报告。

9.4.3 石材幕墙的造型、立面分格、颜色、光泽、花纹和图案应符合设计要求。

检验方法：观察。

9.4.4 石材孔、槽的数量、深度、位置、尺寸应符合设计要求。

检验方法：检查进场验收记录或施工记录。

9.4.5 石材幕墙主体结构上的预埋件和后置埋件的位置、数量及后置埋件的拉拔力必须符合设计要求。

检验方法：检查拉拔力检测报告和隐蔽工程验收记录。

9.4.6 石材幕墙的金属框架立柱与主体结构预埋件的连接、立柱与横梁的连接、连接件与金属框架的连接、连接件与石材面板的连接必须符合设计要求，安装必须牢固。

检验方法：手扳检查；检查隐蔽工程验收记录。

9.4.7 金属框架和连接件的防腐处理必须符合设计要求。

检验方法：检查隐蔽工程验收记录。

9.4.8 石材幕墙的防雷装置必须与主体结构防雷装置可靠连接。

检验方法：观察；检查隐蔽工程验收记录和施工记录。

9.4.9 石材幕墙的防火、保温、防潮材料的设置应符合设计要求，填充应密实、均匀、厚度一致。

检验方法：检查隐蔽工程验收记录。

9.4.10 各种结构变形缝、墙角的连接节点应符合设计要求和技术标准的规定。

检验方法：检查隐蔽工程验收记录和施工记录。

9.4.11 石材表面和板缝的处理应符合设计要求。

检验方法：观察。

9.4.12 石材幕墙的板缝注胶应饱满、密实、连续、均匀、无气泡，板缝宽度和厚度应符合设计要求和技术标准的规定。

检验方法：观察；尺量检查；检查施工记录。

9.4.13 石材幕墙应无渗漏。

检验方法：在易渗漏部位进行淋水检查。

一 般 项 目

9.4.14 石材幕墙表面应平整、洁净，无污染、缺损和裂痕，颜色和花纹应协调一致，无明显色差，无明显修痕。

检验方法：观察。

9.4.15 石材幕墙的压条应平直、洁净、接口严密、安装牢固。

检验方法：观察；手扳检查。

9.4.16 石材接缝应横平竖直、宽窄均匀；阴阳角石板压向应正确，板边合缝应顺直；凸凹线出墙厚度应一致，上下口应平直；石材面板上洞口、槽边应套割吻合，边缘应整齐。

检验方法：观察；尺量检查。

9.4.17 石材幕墙的密封胶缝应横平竖直、深浅一致、宽窄均匀、光滑顺直。

检验方法：观察。

9.4.18 石材幕墙上的滴水线、流水坡向应正确、顺直。

检验方法：观察；用水平尺检查。

9.4.19 每平方米石材的表面质量和检验方法应符合表 9.4.19 的规定。

表 9.4.19 每平方米石材的表面质量和检验方法

项次	项 目	质量要求	检验方法
1	裂痕、明显划伤和长度>100mm 的轻微划伤	不允许	观察

续表 9.4.19

项次	项 目	质量要求	检验方法
2	长度≤100mm 的轻微划伤	≤8 条	用钢尺检查
3	擦伤总面积	≤500mm²	用钢尺检查

9.4.20 石材幕墙安装的允许偏差和检验方法应符合表 9.4.20 的规定。

表 9.4.20 石材幕墙安装的允许偏差和检验方法

项次	项 目		允许偏差(mm)		检验方法
			光面	麻面	
1	幕墙垂直度	幕墙高度≤30m	10		用经纬仪检查
		30m<幕墙高度≤60m	15		
		60m<幕墙高度≤90m	20		
		幕墙高度>90m	25		
2	幕墙水平度		3		用水平仪检查
3	板材立面垂直度		3		用水平仪检查
4	板材上沿水平度		2		用 1m 水平尺和钢直尺检查
5	相邻板材板角错位		1		用钢直尺检查
6	幕墙表面平整度		2	3	用垂直检测尺检查
7	阳角方正		2	4	用直角检测尺检查
8	接缝直线度		3	4	拉 5m 线,不足 5m 拉通线,用钢直尺检查
9	接缝高低差		1	—	用钢直尺和塞尺检查
10	接缝宽度		1	2	用钢直尺检查

10 涂 饰 工 程

10.1 一 般 规 定

10.1.1 本章适用于水性涂料涂饰、溶剂型涂料涂饰、美术涂饰等分项工程的质量验收。

10.1.2 涂饰工程验收时应检查下列文件和记录:
  1 涂料工程的施工图、设计说明及其他设计文件。
  2 材料的产品合格证书、性能检测报告和进场验收记录。

3 施工记录。

10.1.3 各分项工程的检验批应按下列规定划分：

1 室外涂饰工程每一栋楼的同类涂料涂饰墙面每 500～1000m² 应划分为一个检验批，不足 500m² 也应划分为一个检验批。

2 室内涂饰工程同类涂料涂饰的墙面每 50 间（大面积房间和走廊按涂饰面积 30m² 为一间）应划分为一个检验批，不足 50 间也应划分为一个检验批。

10.1.4 检查数量应符合下列规定：

1 室外涂饰工程每 100m² 应至少检查一处，每处不得小于 10m²。

2 室内涂饰工程每个检验批应至少抽查 10%，并不得少于 3 间；不足 3 间时应全数检查。

10.1.5 涂饰工程的基层处理应符合下列要求：

1 新建筑物的混凝土或抹灰基层在涂饰涂料前应涂刷抗碱封闭底漆。

2 旧墙面在涂饰涂料前应清除疏松的旧装修层，并涂刷界面剂。

3 混凝土或抹灰基层涂刷溶剂型涂料时，含水率不得大于 8%；涂刷乳液型涂料时，含水率不得大于 10%。木材基层的含水率不得大于 12%。

4 基层腻子应平整、坚实、牢固，无粉化、起皮和裂缝；内墙腻子的粘结强度应符合《建筑室内用腻子》JG/T 3049 的规定。

5 厨房、卫生间墙面必须使用耐水腻子。

10.1.6 水性涂料涂饰工程施工的环境温度应在 5～35℃之间。

10.1.7 涂饰工程应在涂层养护期满后进行质量验收。

10.2 水性涂料涂饰工程

10.2.1 本节适用于乳液型涂料、无机涂料、水溶性涂料等水性涂料涂饰工程的质量验收。

主 控 项 目

10.2.2 水性涂料涂饰工程所用涂料的品种、型号和性能应符合设计要求。

检验方法：检查产品合格证书、性能检测报告和进场验收记录。

10.2.3 水性涂料涂饰工程的颜色、图案应符合设计要求。

检验方法：观察。

10.2.4 水性涂料涂饰工程应涂饰均匀、粘结牢固，不得漏涂、透底、起皮和掉粉。

检验方法：观察；手摸检查。

10.2.5 水性涂料涂饰工程的基层处理应符合本标准第 10.1.5 条的要求。

检验方法：观察；手摸检查；检查施工记录。

一 般 项 目

10.2.6 薄涂料的涂饰质量和检验方法应符合表 10.2.6 的规定。

10.2.7 厚涂料的涂饰质量和检验方法应符合表10.2.7的规定。
10.2.8 复层涂料的涂饰质量和检验方法应符合表10.2.8的规定。
10.2.9 涂层与其他装修材料和设备衔接处应吻合，界面应清晰。
　　检验方法：观察。

表10.2.6　薄涂料的涂饰质量和检验方法

项次	项　目	普通涂饰	高级涂饰	检验方法
1	颜色	均匀一致	均匀一致	观察
2	泛碱、咬色	允许少量轻微	不允许	
3	流坠、疙瘩	允许少量轻微	不允许	
4	砂眼、刷纹	允许少量轻微砂眼、刷纹通顺	无砂眼、无刷纹	
5	装饰线、分色线直线度允许偏差(mm)	2	1	拉5m线，不足5m拉通线，用钢直尺检查

表10.2.7　厚涂料的涂饰质量和检验方法

项次	项　目	普通涂饰	高级涂饰	检验方法
1	颜色	均匀一致	均匀一致	观察
2	泛碱、咬色	允许少量轻微	不允许	
3	点状分布	—	疏密均匀	

表10.2.8　复层涂料的涂饰质量和检验方法

项次	项　目	质量要求	检验方法
1	颜色	均匀一致	观察
2	泛碱、咬色	不允许	
3	喷点疏密程度	均匀，不允许连片	

10.3　溶剂型涂料涂饰工程

10.3.1 本节适用于丙烯酸酯涂料、聚氨酯丙烯酸涂料、有机硅丙烯酸涂料等溶剂型涂料涂饰工程的质量验收。

主　控　项　目

10.3.2 溶剂型涂料涂饰工程所选用涂料的品种、型号和性能应符合设计要求。
　　检验方法：检查产品合格证书、性能检测报告和进场验收记录。
10.3.3 溶剂型涂料涂饰工程的颜色、光泽、图案应符合设计要求。
　　检验方法：观察。
10.3.4 溶剂型涂料涂饰工程应涂饰均匀、粘结牢固，不得漏涂、透底、起皮和反锈。

检验方法：观察；手摸检查。

10.3.5 溶剂型涂料涂饰工程的基层处理应符合本标准第10.1.5条的要求。

检验方法：观察，手摸检查；检查施工记录。

一 般 项 目

10.3.6 色漆的涂饰质量和检验方法应符合表10.3.6的规定。

表10.3.6 色漆的涂饰质量和检验方法

项次	项 目	普通涂饰	高级涂饰	检验方法
1	颜色	均匀一致	均匀一致	观察
2	光泽、光滑	光泽基本均匀，光滑无挡手感	光泽均匀一致，光滑	观察、手摸检查
3	刷纹	刷纹通顺	无刷纹	观察
4	裹棱、流坠、皱皮	明显处不允许	不允许	观察
5	装饰线、分色线直线度允许偏差（mm）	2	1	拉5m线，不足5m拉通线，用钢直尺检查

注：无光色漆不检查光泽。

10.3.7 清漆的涂饰质量和检验方法应符合表10.3.7的规定。

表10.3.7 清漆的涂饰质量和检验方法

项次	项 目	普通涂饰	高级涂饰	检验方法
1	颜色	基本一致	均匀一致	观察
2	木纹	棕眼刮平、木纹清楚	棕眼刮平、木纹清楚	观察
3	光泽、光滑	光泽基本均匀，光滑无挡手感	光泽均匀一致，光滑	观察、手摸检查
4	刷纹	无刷纹	无刷纹	观察
5	裹棱、流坠、皱皮	明显处不允许	不允许	观察

10.3.8 涂层与其他装修材料和设备衔接处应吻合，界面应清晰。

检验方法：观察。

10.4 美术涂饰工程

10.4.1 本节适用于套色涂饰、滚花涂饰、仿花纹涂饰等室内外美术涂饰工程的质量验收。

主 控 项 目

10.4.2 美术涂饰所用材料的品种、型号和性能应符合设计要求。

检验方法：观察；检查产品合格证书、性能检测报告和进场验收记录。

10.4.3 美术涂饰工程应涂饰均匀、粘结牢固，不得漏涂、透底、起皮、掉粉和反锈。

检验方法：观察；手摸检查。

10.4.4 美术涂饰工程的基层处理应符合本标准第10.1.5条的要求。

检验方法：观察；手摸检查；检查施工记录。

10.4.5 美术涂饰的套色、花纹和图案应符合设计要求。

检验方法：观察。

一 般 项 目

10.4.6 美术涂饰表面应洁净，不得有流坠现象。

检验方法：观察。

10.4.7 仿花纹涂饰的饰面应具有被模仿材料的纹理。

检验方法：观察

10.4.8 套色涂饰的图案不得移位，纹理和轮廓应清晰。

检验方法：观察。

11 裱糊与软包工程

11.1 一 般 规 定

11.1.1 本章适用于裱糊、软包等分项工程的质量验收。

11.1.2 裱糊与软包工程验收时应检查下列文件和记录：
1 裱糊与软包工程的施工图、设计说明及其他设计文件。
2 饰面材料的样板及确认文件。
3 材料的产品合格证书、性能检测报告、进场验收记录和复验报告。
4 施工记录。

11.1.3 各分项工程的检验批应按下列规定划分：

同一品种的裱糊或软包工程每50间（大面积房间和走廊按施工面积30m² 为一间）应划分为一个检验批，不足50间也应划分为一个检验批。

11.1.4 检查数量应符合下列规定：
1 裱糊工程每个检验批应至少抽查10%，并不得少于3间，不足3间时应全数检查。
2 软包工程每个检验批应至少抽查20%，并不得少于6间，不足6间时应全数检查。

11.1.5 裱糊前，基层处理质量应达到下列要求：
1 新建筑物的混凝土或抹灰基层墙面在刮腻子前应涂刷抗碱封闭底漆。

2 旧墙面在裱糊前应清除疏松的旧装修层，并涂刷界面剂。

3 混凝土或抹灰基层含水率不得大于8%；木材基层的含水率不得大于12%。

4 基层腻子应平整、坚实、牢固、无粉化、起皮和裂缝；腻子的粘结强度应符合《建筑室内用腻子》JG/T 3049 N型的规定。

5 基层表面平整度、立面垂直度及阴阳角方正应达到本标准第4.2.11条高级抹灰的要求。

6 基层表面颜色应一致。

7 裱糊前应用封闭底胶涂刷基层。

11.2 裱糊工程

11.2.1 本章适用于聚氯乙烯塑料壁纸、复合纸质壁纸、墙布等裱糊工程的质量验收。

主 控 项 目

11.2.2 壁纸、墙布的种类、规格、图案、颜色和燃烧性能等级必须符合设计要求及国家现行标准的有关规定。

检验方法：观察；检查产品合格证书、进场验收记录和性能检测报告。

11.2.3 裱糊工程基层处理质量应符合本标准第11.1.5条的要求。

检验方法：观察；手摸检查；检查施工记录。

11.2.4 裱糊后各幅拼接应横平竖直，拼接处花纹、图案应吻合，不离缝，不搭接，不显拼缝。

检验方法：观察；拼缝检查距离墙面1.5m处正视。

11.2.5 壁纸、墙布应粘贴牢固，不得有漏贴、补贴、脱层、空鼓和翘边。

检验方法：观察；手摸检查。

一 般 项 目

11.2.6 裱糊后的壁纸、墙布表面应平整，色泽应一致，不得有波纹起伏、气泡、裂缝、皱折及斑污，斜视时应无胶痕。

检验方法：观察；手摸检查。

11.2.7 复合压花壁纸的压痕及发泡壁纸的发泡层应无损坏。

检验方法：观察。

11.2.8 壁纸、墙布与各种装饰线、设备线盒应交接严密。

检验方法：观察。

11.2.9 壁纸、墙布边缘应平直整齐，不得有纸毛、飞刺。

检验方法：观察。

11.2.10 壁纸、墙布阴角处搭接应顺光，阳角处应无接缝。

检验方法：观察。

11.3 软包工程

11.3.1 本节适用于墙面、门等软包工程的质量验收。

主控项目

11.3.2 软包面料、内衬材料及边框的材质、颜色、图案、燃烧性能等级和木材的含水率应符合设计要求及国家现行标准的有关规定。

检验方法：观察；检查产品合格证书、进场验收记录和性能检测报告。

11.3.3 软包工程的安装位置及构造做法应符合设计要求。

检验方法：观察；尺量检查；检查施工记录。

11.3.4 软包工程的龙骨、衬板、边框应安装牢固，无翘曲，拼缝应平直。

检验方法：观察；手扳检查。

11.3.5 单块软包面料不应有接缝，四周应绷压严密。

检验方法：观察；手摸检查。

一般项目

11.3.6 软包工程表面应平整、洁净，无凹凸不平及皱折；图案应清晰、无色差，整体应协调美观。

检验方法：观察。

11.3.7 软包边框应平整、顺直、接缝吻合。其表面涂饰质量应符合本标准第10章的有关规定。

检验方法：观察；手摸检查。

11.3.8 清漆涂饰木制边框的颜色、木纹应协调一致。

检验方法：观察。

11.3.9 软包工程安装的允许偏差和检验方法应符合表11.3.9的规定。

表11.3.9 软包工程安装的允许偏差和检验方法

项次	项 目	允许偏差（mm）	检 验 方 法
1	垂直度	3	用1m垂直检测尺检查
2	边框宽度、高度	0；-2	用钢尺检查
3	对角线长度差	3	用钢尺检查
4	裁口、线条接缝高低差	1	用钢直尺和塞尺检查

12 细 部 工 程

12.1 一 般 规 定

12.1.1 本章适用于下列分项工程的质量验收：
1 橱柜制作与安装。
2 窗帘盒、窗台板、散热器罩制作与安装。
3 门窗套制作与安装。
4 护栏和扶手制作与安装。
5 花饰制作与安装。

12.1.2 细部工程验收时应检查下列文件和记录：
1 施工图、设计说明及其他设计文件。
2 材料的产品合格证书、性能检测报告、进场验收记录和复验报告。
3 隐蔽工程验收记录。
4 施工记录。

12.1.3 细部工程应对人造木板的甲醛含量进行复验。

12.1.4 细部工程应对下列部位进行隐蔽工程验收：
1 预埋件（或后置埋件）。
2 护栏与预埋件的连接节点。

12.1.5 各分项工程的检验批应按下列规定划分：
1 同类制品每 50 间（处）应划分为一个检验批，不足 50 间（处）也应划分为一个检验批。
2 每部楼梯应划分为一个检验批。

12.2 橱柜制作与安装工程

12.2.1 本节适用于位置固定的壁柜、吊柜等橱柜制作与安装工程的质量验收。

12.2.2 检查数量应符合下列规定：
每个检验批应至少抽查 3 间（处），不足 3 间（处）时应全数检查。

主 控 项 目

12.2.3 橱柜制作与安装所用材料的材质和规格、木材的燃烧性能等级和含水率、花岗石的放射性及人造木板的甲醛含量应符合设计要求及国家现行标准的有关规定。

检验方法：观察；检查产品合格证书、进场验收记录、性能检测报告和复验报告。

12.2.4 橱柜安装预埋件或后置埋件的数量、规格、位置应符合设计要求。

检验方法：检查隐蔽工程验收记录和施工记录。

12.2.5 橱柜的造型、尺寸、安装位置、制作和固定方法应符合设计要求。橱柜安装必须牢固。

检验方法：观察；尺量检查；手扳检查。

12.2.6 橱柜配件的品种、规格应符合设计要求。配件应齐全，安装应牢固。

检验方法：观察；手扳检查；检查进场验收记录。

12.2.7 橱柜的抽屉和柜门应开关灵活、回位正确。

检验方法：观察；开启和开闭检查。

一 般 项 目

12.2.8 橱柜表面应平滑、洁净、色泽一致，不得有裂缝、翘曲及损坏。

检验方法：观察。

12.2.9 橱柜裁口应顺直、拼缝应严密。

检验方法：观察。

12.2.10 橱柜安装的允许偏差和检验方法应符合表12.2.10的规定。

表12.2.10 橱柜安装的允许偏差和检验方法

项次	项　　目	允许偏差（mm）	检 验 方 法
1	外形尺寸	3	用钢尺检查
2	立面垂直度	2	用1m垂直检测尺检查
3	门与框架的平行度	2	用钢尺检查

12.3 窗帘盒、窗台板和散热器罩制作与安装工程

12.3.1 本节适用于窗帘盒、窗台板和散热器罩制作与安装工程的质量验收。

12.3.2 检查数量应符合下列规定：

每个检验批应至少抽查3间（处），不足3间（处）时应全数检查。

主 控 项 目

12.3.3 窗帘盒、窗台板和散热器罩制作与安装所使用材料的材质和规格、木材的燃烧性能等级和含水率、花岗石的放射性及人造木板的甲醛含量应符合设计要求及国家现行标准的有关规定。

检验方法：观察；检查产品合格证书、进场验收记录、性能检测报告和复验报告。

12.3.4 窗帘盒、窗台板和散热器罩的造型、规格、尺寸、安装位置和固定方法必须符合设计要求。窗帘盒、窗台板和散热器罩的安装必须牢固。

检验方法：观察；尺量检查；手扳检查。

12.3.5 窗帘盒配件的品种、规格应符合设计要求，安装应牢固。

检验方法：手扳检查；检查进场验收记录。

一 般 项 目

12.3.6 窗帘盒、窗台板和散热器罩表面应平整、洁净、线条顺直、接缝严密、色泽一致，不得有裂缝、翘曲及损坏。

检验方法：观察。

12.3.7 窗帘盒、窗台板和散热器罩与墙面、窗框的衔接应严密，密封胶缝应顺直、光滑。

检验方法：观察。

12.3.8 窗帘盒、窗台板和散热器罩安装的允许偏差和检验方法应符合表12.3.8的规定。

表12.3.8 窗帘盒、窗台板和散热器罩安装的允许偏差和检验方法

项次	项 目	允许偏差（mm）	检验方法
1	水平度	2	用1m水平尺和塞尺检查
2	上口、下口直线度	3	拉5m线，不足5m拉通线，用钢直尺检查
3	两端距窗洞长度差	2	用钢直尺检查
4	两端出墙厚度差	3	用钢直尺检查

12.4 门窗套制作与安装工程

12.4.1 本节适用于门窗套制作与安装工程的质量验收。

12.4.2 检查数量应符合下列规定：

每个检验批应至少抽查3间（处），不足3间（处）时应全数检查。

主 控 项 目

12.4.3 门窗套制作与安装所使用材料的材质、规格、花纹和颜色、木材的燃烧性能等级和含水率、花岗石的放射性和人造木板的甲醛含量应符合设计要求及国家现行标准的有关规定。

检验方法：观察；检查产品合格证书、进场验收记录、性能检测报告和复验报告。

12.4.4 门窗套的造型、尺寸和固定方法应符合设计要求,安装应牢固。

检验方法:观察;尺量检查;手扳检查。

一 般 项 目

12.4.5 门窗套表面应平整、洁净、线条顺直、接缝严密、色泽一致,不得有裂缝、翘曲及损坏。

检验方法:观察。

12.4.6 门窗套安装的允许偏差和检验方法应符合表 12.4.6 的规定。

表 12.4.6 门窗套安装的允许偏差和检验方法

项次	项 目	允许偏差（mm）	检 验 方 法
1	正、侧面垂直度	3	用1m垂直检测尺检查
2	门窗套上口水平度	1	用1m水平检测尺和塞尺检查
3	门窗套上口直线度	3	拉5m线,不足5m拉通线,用钢直尺检查

12.5 护栏和扶手制作与安装工程

12.5.1 本节适用于护栏和扶手制作与安装工程的质量验收。

12.5.2 检查数量应符合下列规定:

每个检验批的护栏和扶手应全部检查。

主 控 项 目

12.5.3 护栏和扶手制作与安装所使用材料的材质、规格、数量和木材、塑料的燃烧性能等级应符合设计要求。

检验方法:观察;检查产品合格证书、进场验收记录和性能检测报告。

12.5.4 护栏和扶手的造型、尺寸及安装位置应符合设计要求。

检验方法:观察;尺量检查;检查进场验收记录。

12.5.5 护栏和扶手安装预埋件的数量、规格、位置以及护栏与预埋件的连接节点应符合设计要求。

检验方法:检查隐蔽工程验收记录和施工记录。

12.5.6 **护栏高度、栏杆间距、安装位置必须符合设计要求。护栏安装必须牢固。**

检验方法:观察;尺量检查;手扳检查。

12.5.7 护栏玻璃应使用公称厚度不小于12mm 的钢化玻璃或钢化夹层玻璃。当护栏一侧距楼地面高度为5m 及以上时,应使用钢化夹层玻璃。

检验方法:观察;尺量检查;检查产品合格证书和进场验收记录。

一 般 项 目

12.5.8 护栏和扶手转角弧度应符合设计要求，接缝应严密，表面应光滑，色泽应一致，不得有裂缝、翘曲及损坏。

检验方法：观察；手摸检查。

12.5.9 护栏和扶手安装的允许偏差和检验方法应符合表 12.5.9 的规定。

表 12.5.9 护栏和扶手安装的允许偏差和检验方法

项次	项 目	允许偏差（mm）	检 验 方 法
1	护栏垂直度	3	用 1m 垂直检测尺检查
2	栏杆间距	3	用钢尺检查
3	扶手直线度	4	拉通线，用钢直尺检查
4	扶手高度	3	用钢尺检查

12.6 花饰制作与安装工程

12.6.1 本节适用于混凝土、石材、木材、塑料、金属、玻璃、石膏等花饰制作与安装工程的质量验收。

12.6.2 检查数量应符合下列规定：

    1 室外每个检验批应全部检查。

    2 室内每个检验批应至少抽查 3 间（处）；不足 3 间（处）时应全数检查。

主 控 项 目

12.6.3 花饰制作与安装所使用材料的材质、规格应符合设计要求。

检验方法：观察；检查产品合格证书和进场验收记录。

12.6.4 花饰的造型、尺寸应符合设计要求。

检验方法：观察；尺量检查。

12.6.5 花饰的安装位置和固定方法必须符合设计要求，安装必须牢固。

检验方法：观察；尺量检查；手扳检查。

一 般 项 目

12.6.6 花饰表面应洁净，接缝应严密吻合，不得有歪斜、裂缝、翘曲及损坏。

检验方法：观察。

12.6.7 花饰安装的允许偏差和检验方法应符合表 12.6.7 的规定。

表12.6.7 花饰安装的允许偏差和检验方法

项次	项目		允许偏差（mm）		检验方法
			室内	室外	
1	条型花饰的水平度或垂直度	每米	1	2	拉线和用1m垂直检测尺检查
		全长	3	6	
2	单独花饰中心位置偏移		10	15	拉线和用钢直尺检查

13 分部工程质量验收

13.1 质量验收与评定等级

13.1.1 建筑装饰装修分部（子分部）工程质量验收评定划分为分项工程和检验批，应在施工单位自检合格的基础上，按照检验批、分项工程、分部（子分部）工程进行。

13.1.2 分项工程可由一个或若干个检验批组成，检验批应根据本标准的规定进行确定，也可根据施工进度、质量控制和验收需要，在与监理单位、设计单位和建设单位协商后确定。

13.1.3 建筑装饰装修工程的检验批、分项、分部（子分部）工程质量均分为合格与优良两个等级。

13.1.4 检验批的质量等级应符合以下规定：

1 合格

　　1) 主控项目的质量必须符合本标准相应项目合格等级；其检验数量应符合本标准各分项工程中相关规定要求；

　　2) 一般项目的质量应符合本标准相应项目合格等级，抽样检验时，其抽样数量比例应符合本标准各分项工程中相关规定要求，其允许偏差实测值应有不低于80%的点数在相应质量标准的规定范围之内，且最大偏差值不得超过允许值的150%；

　　3) 具有完整的施工操作依据，详实的质量控制及质量检查记录。

2 优良

　　1) 主控项目的质量必须符合本标准相应项目的合格等级；其检验数量应符合本标准各分项工程中相关规定的要求；

　　2) 一般项目的质量应符合本标准相应项目的合格等级，抽样检验时，其抽样数量比例应符合本标准各分项工程中相关规定要求，其允许偏差实测值应有不低于85%的点数在相应质量标准的规定范围之内，且最大偏差不超过允许偏差值的140%；
3) 具有完整的施工操作依据，详实的质量控制及质量检查记录。

13.1.5 分项工程的质量等级应符合以下规定：
  1 合格
   1) 分项工程所含检验批的质量均达到本标准的合格等级；
   2) 分项工程所含检验批的施工操作依据、质量检查、验收记录完整。
  2 优良
   1) 分项工程所含检验批全部达到本标准的合格等级并且有70%及以上的检验批的质量达到本标准的优良等级；
   2) 建筑装饰装修各分项工程所含检验批的施工操作依据、质量检查、验收记录完整。

13.1.6 分部（子分部）工程的质量等级应符合以下规定：
  1 合格
   1) 所含分项工程的质量全部达到本标准的合格等级；
   2) 质量控制资料完整；
   3) 建筑装饰装修工程施工涉及的专业安全及功能的检验和抽样检测结果应符合有关规定，主要的检测项目见表13.1.6；
   4) 观感质量评定的得分率应不低于80%，观感质量检查项目按附录F规定进行。

表13.1.6 建筑装饰装修工程有关安全和功能的检测项目

项次	分项工程	检测项目
1	门窗工程	1 建筑外墙金属窗的抗风性能、空气渗透性能和雨水渗漏性能 2 建筑外墙塑料窗的抗风压性能、空气渗透性能和雨水渗漏性能
2	饰面板（砖）工程	1 饰面板后置埋件的现场拉拔强度 2 饰面砖样板件的粘结强度
3	幕墙工程	1 硅酮结构胶的相容性试验 2 幕墙后置埋件的现场拉拔强度 3 幕墙的抗风压性能、空气渗透性能、雨水渗漏性能及平面变形性能

  2 优良
   1) 所含分项工程的质量全部达到本标准的合格等级并且其中有50%及其以上达到本标准的优良等级；
   2) 质量控制资料完整；
   3) 建筑装饰装修工程施工涉及的专业安全及功能的检验和抽样检测结果应符合有关规定；
   4) 观感质量评定的得分率达到90%，观感质量检查项目按附录F规定进行。

13.1.7 当建筑工程只有装饰装修分部工程时，该工程应作为单位工程验收。单位（子单位）工程的质量等级应符合以下规定：
1 合格
  1）所含分部（子分部）工程的质量应全部达到本标准的合格等级；
  2）质量控制资料完整，所含分部（子分部）工程有关安全和功能的检测资料完整；
  3）主要功能项目的抽查结果应符合相关专业质量验收规范的规定；
  4）观感质量的评定得分率不低于 **80%**。
2 优良
  1）所含分部（子分部）工程的质量应全部达到本标准的合格等级，其中应有不低于 80% 的分部（子分部）达到优良等级，并且以建筑工程为主的单位（子单位）工程装饰工程等重要的分部工程必须达到优良等级；
  2）质量控制资料完整，所含分部（子分部）工程有关安全和功能的检测资料完整；
  3）主要功能项目的抽查结果应符合相关专业质量验收标准的规定；
  4）观感质量评定的得分率应不低于 90%。

13.1.8 当检验批质量不符合相应质量标准合格的规定时必须及时处理，并应按以下规定确定其质量等级：
1 返工重做的可重新评定质量等级。
2 经返修能够达到质量标准要求的，其质量仅应评定为合格等级。

13.1.9 通过返修或返工仍不能满足设计要求的分项工程、分部工程，严禁验收。

13.1.10 未经竣工验收合格的建筑装饰装修工程不得投入使用。

13.2 质量验收与评定程序、组织及相应的记录

13.2.1 建筑装饰装修工程的检验批、分项工程、分部工程的质量验收和评定的程序与组织应按照中国建筑工程总公司《建筑工程质量统一标准》ZJQ00-SG-013-2006 的规定执行。

13.2.2 建筑装饰装修工程的子分部工程及其分项工程应按本标准附录 B 划分。

13.2.3 建筑装饰装修工程施工过程中，应按本标准各章一般规定的要求对隐蔽工程进行验收，并按本标准附录 C 的格式记录。

13.2.4 建筑装饰装修工程检验批、分项、分部工程的质量验收评定的记录：
1 检验批的质量验收应按本标准附录 D 的格式记录。
2 分项工程的质量验收应按本标准附录 E 的格式记录。
3 分部（子分部）工程的质量验收应按本标准附录 F 的格式记录。

13.2.5 有特殊要求的建筑装饰装修工程，竣工验收时应按合同约定加测相关技术指标。

13.2.6 建筑装饰装修工程的室内环境质量应符合国家现行标准《民用建筑工程室内环境污染控制规范》GB 50325 的规定。

附录 A 木门窗用木材的质量要求

A.0.1 制作普通木门窗所用木材的质量应符合表 A.0.1 的规定。

表 A.0.1 普通木门窗用木材的质量要求

木材缺陷		木门窗的立梃、冒头、中冒头	窗棂、压条、门窗及气窗的线脚、通风窗立梃	门心板	门窗框
活节	不计个数,直径	<15mm	<5mm	<15mm	<15mm
	计算个数,直径	≤材宽的1/3	≤材宽的1/3	≤30mm	≤材宽的1/3
	任1延米个数	≤3	≤2	≤3	≤5
死节		允许,计入活节总数	不允许	允许,计入活节总数中	
髓心		不露出表面的,允许	不允许	不露出表面的,允许	
裂缝		深度及长度≤厚度及材长的1/5	不允许	允许可见裂缝	深度及长度≤厚度及材长的1/4
斜纹的斜率(%)		≤7	≤5	不限	≤12
油眼		非正面,允许			
其他		浪形纹理,圆形纹理,偏心及化学变色,允许			

A.0.2 制作高级木门窗所用木材的质量应符合表 A.0.2 的规定。

表 A.0.2 高级木门窗用木材的质量要求

木材缺陷		木门窗的立梃、冒头、中冒头	窗棂、压条、门窗及气窗的线脚、通风窗立梃	门心板	门窗框
活节	不计个数,直径	<10mm	<5mm	<10mm	<10mm
	计算个数,直径	≤材宽的1/4	≤材宽的1/4	≤20mm	≤材宽的1/3
	任1延米个数	≤2	0	≤2	≤3
死节		允许,包括在活节总数中	不允许	允许,包括在活节总数中	不允许
髓心		不露出表面的,允许	不允许	不露出表面的,允许	
裂缝		深度及长度≤厚度及材长的1/6	不允许	允许可见裂缝	深度及长度≤厚度及材长的1/5
斜纹的斜率(%)		≤6	≤4	≤15	≤10
油眼		非正面,允许			
其他		浪形纹理,圆形纹理,偏心及化学变色,允许			

附录 B 子分部工程及其分项工程划分

B.0.1 子分部工程及其分项工程划分，见表 B.0.1。

表 B.0.1 子分部工程及其分项工程划分

项次	子分部工程	分项工程
1	抹灰工程	一般抹灰、装饰抹灰、清水砌体勾缝
2	门窗工程	木门窗制作与安装、金属门窗安装、塑料门窗安装、特种门安装、门窗玻璃安装
3	吊顶工程	暗龙骨吊顶、明龙骨吊顶
4	轻质隔墙工程	板材隔墙、骨架隔墙、活动隔墙、玻璃隔墙
5	饰面板（砖）工程	饰板面安装、饰面砖粘贴
6	幕墙工程	玻璃幕墙、金属幕墙、石材幕墙
7	涂饰工程	水性涂料涂饰、溶剂型涂料涂饰、美术涂饰
8	裱糊与软包工程	裱糊、软包
9	细部工程	橱柜制作与安装、窗帘盒、窗台板和散热器罩制作与安装、门窗套制作与安装、护栏和扶手制作与安装、花饰制作与安装

附录 C 检验批质量验收、评定记录

C.0.1 检验批质量验收记录由项目专业工长填写，项目专职质量检查员评定，参加人员应签字认可。

检验批质量验收、评定记录，见表 C.0.1-1～表 C.0.1-35。

C.0.2 当建设方不采用本标准作为工程质量的验收标准时，不需要监理（建设）单位参加内部验收并签署意见。

表 C.0.1-1 一般抹灰工程检验批质量验收、评定记录

工程名称		分项工程名称		验收部位	
施工总包单位		项目经理		专业工长	
分包单位		分包项目经理		施工班组长	
施工执行标准名称及编号		设计图纸（变更）编号			

续表 C.0.1-1

	检查项目		企业质量标准的规定		质量检查、评定情况	总包项目部验收记录
主控项目	1	基层表面	表面清洁，洒水润湿			
	2	材料品种和性能	应符合设计要求			
	3	操作要求	第4.2.4条			
	4	层粘结及面层质量	粘结牢固，抹灰层无脱层、空鼓，面层无爆灰和裂缝			
一般项目	1	表面质量	第4.2.6条			
	2	细部质量	第4.2.7条			
	3	层与层间材料要求层总厚度	第4.2.8条			
	4	分格缝	应符合设计要求			
	5	滴水线（槽）	第8.2.10条			
	6 允许偏差	要求等级	普通抹灰	高级抹灰		
		立面垂直度	4mm	3mm		
		表面平整度	4mm	3mm		
		阴阳角方正	4mm	3mm		
		分格条（缝）直线度	4mm	3mm		
		墙裙、勒脚上口直线度	4mm	3mm		

施工单位检查、评定结论	本检验批实测 点，符合要求 点，符合要求率 %。不符合要求点的最大偏差为规定值的 %。依据中国建筑工程总公司《建筑工程施工质量统一标准》ZJQ00-SG-013-2006的相关规定，本检验批质量：合格 □ 优良 □ 项目专职质量检查员： 年 月 日
参加验收人员（签字）	分包单位项目技术负责人： 年 月 日
	专业工长（施工员）： 年 月 日
	总包项目专业技术负责人： 年 月 日
监理（建设）单位验收结论	同意（不同意）施工总包单位验收意见 监理工程师（建设单位项目专业技术负责人）： 年 月 日

表 C.0.1-2 装饰抹灰工程检验批质量验收、评定记录

工程名称		分项工程名称		验收部位	
施工总包单位		项目经理		专业工长	
分包单位		分包项目经理		施工班组长	
施工执行标准名称及编号		设计图纸（变更）编号			

		检查项目	企业质量标准的规定	质量检查、评定情况				总包项目部验收记录
主控项目	1	基层表面	表面清洁，洒水润湿					
	2	材料品种和性能	应符合设计要求					
	3	操作要求	第4.3.4条					
	4	层粘结及面层质量	粘结牢固，抹灰层无脱层、空鼓和裂缝					
一般项目	1	表面质量	第4.3.6条					
	2	分格条（缝）	应符合设计要求					
	3	滴水线	第8.3.8条					
	4	允许偏差	工艺名称	水刷石	斩假石	干粘石	假面砖	
			立面垂直度	5	4	5	5	
			表面平整度	3	3	5	4	
			阴阳角方正	3	3	4	4	
			分格条（缝）直线度	3	3	3	3	
			墙裙、勒脚上口直线度	3	3	—	—	

施工单位检查、评定结论	本检验批实测 点，符合要求 点，符合要求率 ％。不符合要求点的最大偏差为规定值的 ％。依据中国建筑工程总公司《建筑工程施工质量统一标准》ZJQ00-SG-013-2006 的相关规定，本检验批质量：合格 □ 优良 □ 项目专职质量检查员： 年 月 日
参加验收人员（签字）	分包单位项目技术负责人： 年 月 日
	专业工长（施工员）： 年 月 日
	总包项目专业技术负责人： 年 月 日
监理（建设）单位验收结论	同意（不同意）施工总包单位验收意见 监理工程师（建设单位项目专业技术负责人）： 年 月 日

表 C.0.1-3 清水砌体勾缝工程检验批质量验收、评定记录

工程名称			分项工程名称		验收部位	
施工总包单位			项目经理		专业工长	
分包单位			分包项目经理		施工班组长	
施工执行标准名称及编号			设计图纸（变更）编号			
检查项目			企业质量标准的规定	质量检查、评定情况		总包项目部验收记录
主控项目	1	水泥及配合比	水泥的凝结时间和安定性复验合格；砂浆的配合比符合设计要求			
	2	勾缝牢固性	无漏勾，勾缝材料应粘结牢固、无开裂			
一般项目	1	勾缝外观质量	横平竖直，交接处应平顺，宽度和深度应均匀，表面压实抹平			
	2	灰缝及表面	颜色一致，表面洁净			

施工单位检查、评定结论	本检验批实测　点，符合要求　点，符合要求率　%。不符合要求点的最大偏差为规定值的　%。依据中国建筑工程总公司《建筑工程施工质量统一标准》ZJQ00-SG-013-2006 的相关规定，本检验批质量：合格 □　优良 □ 　　　　　　　　　　　　　　　　　　　　　　项目专职质量检查员： 　　　　　　　　　　　　　　　　　　　　　　　　　　　　年　月　日
参加验收人员(签字)	分包单位项目技术负责人： 　　　　　　　　　　　　　　　　　　　　　　　　　　　　年　月　日
	专业工长（施工员）： 　　　　　　　　　　　　　　　　　　　　　　　　　　　　年　月　日
	总包项目专业技术负责人： 　　　　　　　　　　　　　　　　　　　　　　　　　　　　年　月　日
监理（建设）单位验收结论	同意（不同意）施工总包单位验收意见 　　　　　　　　　　　监理工程师（建设单位项目专业技术负责人）： 　　　　　　　　　　　　　　　　　　　　　　　　　　　　年　月　日

表 C.0.1-4 木门窗制作工程检验批质量验收、评定记录

工程名称				分项工程名称		验收部位	
施工总包单位				项目经理		专业工长	
分包单位				分包项目经理		施工班组长	
施工执行标准名称及编号				设计图纸(变更)编号			
	检查项目			企业质量标准的规定	质量检查、评定情况		总包项目部验收记录
主控项目	1	材料质量		应符合设计要求			
	2	木材含水率		《建筑木门、木窗》JG/T 122			
	3	防火、防腐、防虫		应符合设计要求			
	4	木节及虫眼		第5.2.5条			
	5	榫槽连接		第5.2.6条			
	6	胶合板门、纤维板门、压模的质量		第5.2.7条			
一般项目	1	木门窗表面质量		应洁净无刨痕、锤痕			
	2	木门窗割角拼缝		严密平整,裁口顺直			
	3	木门窗槽孔质量		边缘整齐无毛刺			
	4	制作允许偏差	翘曲	框	普通	3		
					高级	2		
				扇	普通	2		
					高级	2		
			对角线长度差	框扇	普通	3		
					高级	2		
			表面平整度	扇	普通	2		
					高级	2		
			高度、宽度	框	普通	0;−2		
					高级	0;−1		
				扇	普通	+2;0		
					高级	+1;0		
			裁口、线条结合处高低差	框扇	普通	1		
					高级	0.5		
			相邻棂子两端间距	扇	普通	2		
					高级	1		
施工单位检查、评定结论	本检验批实测 点,符合要求 点,符合要求率 %。不符合要求点的最大偏差为规定值的 %。依据中国建筑工程总公司《建筑工程施工质量统一标准》ZJQ00-SG-013-2006的相关规定,本检验批质量:合格 □ 优良 □ 项目专职质量检查员: 年 月 日						
参加验收人员(签字)	分包单位项目技术负责人: 年 月 日						
	专业工长(施工员): 年 月 日						
	总包项目专业技术负责人: 年 月 日						
监理(建设)单位验收结论	同意(不同意)施工总包单位验收意见 监理工程师(建设单位项目专业技术负责人): 年 月 日						

表 C.0.1-5 木门窗安装工程检验批质量验收、评定记录

工程名称					分项工程名称			验收部位	
施工总包单位					项目经理			专业工长	
分包单位					分包项目经理			施工班组长	
施工执行标准名称及编号					设计图纸(变更)编号				
	检查项目		企业质量标准的规定			质量检查、评定情况		总包项目部验收记录	

		检查项目	企业质量标准的规定				质量检查、评定情况	总包项目部验收记录
主控项目	1	木门窗品种、规格、安装方向位置	应符合设计要求					
	2	木门窗框安装	应符合设计要求					
	3	木门窗扇安装	安装牢固,开关灵活,关闭严密,无倒翘					
	4	门窗配件安装	应符合设计要求,功能满足使用要求					
一般项目	1	缝隙嵌填材料	应符合设计要求					
	2	批水、盖口条等细部	应安装顺直,与门窗结合应牢固、严密					
	3	安装留缝隙值及允许偏差	留缝限值 (mm)		允许偏差 (mm)			
			普通	高级	普通	高级		
	4	门窗槽口对角线长度差	—	—	3	2		
	5	门窗框的正、侧面垂直度	—	—	2	1		
	6	框与扇、扇与扇接缝高低差	—	—	2	1		
	7	门窗扇对口缝	1~2.5	1.5~2	—	—		
	8	工业厂房双扇大门对口缝	2~5	—	—	—		
	9	门窗扇与上框间留缝	1~2	1~1.5	—	—		
	10	门窗扇与侧框间留缝	1~2.5	1~1.5	—	—		
	11	窗扇与下框间留缝	2~3	2~2.5	—	—		
	12	门扇与下框间留缝	3~5	3~4	—	—		
	13	双层门窗内外框间距	—	—	4	3		
	14	无下框时门扇与地面间留缝 外门	4~7	5~6	—	—		
		内门	5~8	6~7	—	—		
		卫生间门	8~12	8~10	—	—		
		厂房大门	10~20	—	—	—		

施工单位检查、评定结论	本检验批实测 点,符合要求 点,符合要求率 %。不符合要求点的最大偏差为规定值的 %。依据中国建筑工程总公司《建筑工程施工质量统一标准》ZJQ00-SG-013-2006 的相关规定,本检验批质量:合格 □ 优良 □ 项目专职质量检查员: 年 月 日
参加验收人员 (签字)	分包单位项目技术负责人: 年 月 日
	专业工长(施工员): 年 月 日
	总包项目专业技术负责人: 年 月 日
监理(建设)单位验收结论	同意(不同意)施工总包单位验收意见 监理工程师(建设单位项目专业技术负责人): 年 月 日

表 C.0.1-6 金属门窗（钢门窗）安装工程检验批质量验收、评定记录

工程名称				分项工程名称		验收部位	
施工总包单位				项目经理		专业工长	
分包单位				分包项目经理		施工班组长	
施工执行标准名称及编号				设计图纸(变更)编号			
	检查项目		企业质量标准的规定	质量检查、评定情况		总包项目部验收记录	

		检查项目	企业质量标准的规定		质量检查、评定情况	总包项目部验收记录
主控项目	1	门窗质量	应符合设计要求			
	2	框和副框安装，预埋件	应符合设计要求			
	3	门窗扇安装	安装牢固，开关灵活，关闭严密，无倒翘。推拉门必须有防脱落措施			
	4	配件质量及安装	应符合设计要求，功能满足使用要求			
一般项目	1	表面质量	应洁净、平整、光滑、色泽一致，无锈蚀。大面应无划痕、碰伤。漆膜或保护层应连续			
	2	框与墙体间缝隙	应安装顺直，与门窗结合应牢固、严密			
	3	扇密封胶条或毛毡密封条	安装完好，不得脱槽			
	4	排水孔	符合设计要求			
	5	留缝隙值和允许偏差	留缝限值（mm）	允许偏差（mm）		
	6	门窗槽口宽度、高度	≤1500mm	—	2.5	
			>1500mm	—	3.5	
	7	门窗槽口对角线长度差	≤2000mm	—	5	
			>2000mm	—	6	
	8	门窗框的正、侧面垂直度			3	
	9	窗框的水平度			3	
	10	门窗横框标高			5	
	11	门窗竖向偏离中心		—	4	
	12	双层门窗内外框间距			5	
	13	门窗框、扇配合间隙	≤2		—	
	14	无下框时门扇与地面间留缝	4~8		—	

续表 C.0.1-6

施工单位检查、评定结论	本检验批实测 点，符合要求 点，符合要求率 %。不符合要求点的最大偏差为规定值的 %。依据中国建筑工程总公司《建筑工程施工质量统一标准》ZJQ00－SG－013－2006的相关规定，本检验批质量：合格 □ 优良 □ 项目专职质量检查员： 年 月 日
参加验收人员（签字）	分包单位项目技术负责人： 年 月 日
	专业工长（施工员）： 年 月 日
	总包项目专业技术负责人： 年 月 日
监理（建设）单位验收结论	同意（不同意）施工总包单位验收意见 监理工程师（建设单位项目专业技术负责人）： 年 月 日

表 C.0.1-7 金属门窗（铝合金门窗）安装工程检验批质量验收、评定记录

工程名称				分项工程名称		验收部位	
施工总包单位				项目经理		专业工长	
分包单位				分包项目经理		施工班组长	
施工执行标准名称及编号				设计图纸(变更)编号			
		检查项目	企业质量标准的规定	质量检查、评定情况			总包项目部验收记录
主控项目	1	门窗质量	应符合设计要求				
	2	框和副框安装，预埋件	应符合设计要求				
	3	门窗扇安装	安装牢固，开关灵活，关闭严密，无倒翘。推拉门必须有防脱落措施				
	4	配件质量及安装	应符合设计要求，功能满足使用要求				
一般项目	1	表面质量	应洁净、平整、光滑、色泽一致，无锈蚀。大面应无划痕、碰伤。漆膜或保护层应连续				
	2	推拉扇开关应力	应不大于100N				
	3	框与墙体间缝隙	填充饱满并用密封胶密封，密封胶表面应光滑、顺直、无裂纹				
	4	扇密封胶条或毛毡密封条	安装完好，不得脱槽				
	5	排水孔	应符合设计要求				
	6	安装允许偏差	门窗槽口宽度、高度 ≤1500mm	1.5			
			>1500mm	2			
			门窗槽口对角线长度差 ≤2000mm	3			
			>2000mm	4			
			门窗框的正、侧面垂直度	2.5			
			门窗框的水平度	2			
			门窗横框标高	5			
			门窗竖向偏离中心	5			
			双层门窗内外框间距	4			
			推拉门窗扇与框搭接量	1.5			

续表C.0.1-7

施工单位检查、评定结论	本检验批实测　点，符合要求　点，符合要求率　％。不符合要求点的最大偏差为规定值的　％。依据中国建筑工程总公司《建筑工程施工质量统一标准》ZJQ00-SG-013-2006的相关规定，本检验批质量：合格 □　优良 □ 项目专职质量检查员： 年　月　日
参加验收人员（签字）	分包单位项目技术负责人： 年　月　日
	专业工长（施工员）： 年　月　日
	总包项目专业技术负责人： 年　月　日
监理（建设）单位验收结论	同意（不同意）施工总包单位验收意见 监理工程师（建设单位项目专业技术负责人）： 年　月　日

表 C.0.1-8 塑料门窗安装工程检验批质量验收、评定记录

工程名称			分项工程名称		验收部位	
施工总包单位			项目经理		专业工长	
分包单位			分包项目经理		施工班组长	
施工执行标准名称及编号			设计图纸(变更)编号			
检查项目			企业质量标准的规定	质量检查、评定情况	总包项目部验收记录	

		检查项目	企业质量标准的规定	质量检查、评定情况							总包项目部验收记录
主控项目	1	门窗质量	应符合设计要求								
	2	框、扇安装	应符合设计要求								
	3	拼樘料与框连接	第5.4.4条								
	4	门窗扇安装	安装牢固,开关灵活,关闭严密,无倒翘。推拉门必须有防脱落措施								
	5	配件质量及安装	应符合设计要求,功能满足使用要求								
	6	框与墙体缝隙填嵌	第5.4.7条								
一般项目	1	表面质量	应洁净、平整、光滑,大面应无划痕、碰伤。								
	2	密封条及旋转门窗间隙	不得脱槽,旋转窗间隙应基本均匀								
	3	门窗扇开关力	第5.4.10条								
	4	玻璃密封条、玻璃槽口	接缝应平整,不得卷边脱槽								
	5	排水孔	符合设计要求								
	6	安装允许偏差	门窗槽口宽度、高度 ≤1500mm	2							
			门窗槽口宽度、高度 >1500mm	3							
			门窗槽口对角线长度差 ≤2000mm	3							
			门窗槽口对角线长度差 >2000mm	5							
			门窗框的正、侧面垂直度	3							
			门窗框的水平度	3							
			门窗横框标高	5							
			门窗竖向偏离中心	5							
			双层门窗内外框间距	4							
			同樘平开门窗相邻扇高度	2							
			平开门窗铰链部位配合间隙	+2;-1							
			推拉门窗扇与框搭接量	+1.5;-2.5							
			推拉门窗扇与竖框平行度	2							

续表C.0.1-8

施工单位检查、评定结论	本检验批实测 点，符合要求 点，符合要求率 %。不符合要求点的最大偏差为规定值的 %。依据中国建筑工程总公司《建筑工程施工质量统一标准》ZJQ00-SG-013-2006的相关规定，本检验批质量：合格 □ 优良 □ 项目专职质量检查员： 年 月 日
参加验收人员（签字）	分包单位项目技术负责人： 年 月 日
	专业工长（施工员）： 年 月 日
	总包项目专业技术负责人： 年 月 日
监理（建设）单位验收结论	同意（不同意）施工总包单位验收意见 监理工程师（建设单位项目专业技术负责人）： 年 月 日

表C.0.1-9 特种门安装工程检验批质量验收、评定记录

工程名称				分项工程名称		验收部位	
施工总包单位				项目经理		专业工长	
分包单位				分包项目经理		施工班组长	
施工执行标准名称及编号				设计图纸（变更）编号			
检查项目			企业质量标准的规定	质量检查、评定情况		总包项目部验收记录	
主控项目	1	门窗质量	应符合设计要求				
	2	门品种规格、方向位置	应符合设计要求				
	3	机械、自动和智能化装置	应符合设计要求和有关标准的规定				
	4	安装及预埋件	安装必须牢固，预埋件的数量、位置、埋设方式、与框的连接方式必须符合设计要求				
	5	配件、安装及功能	配件应齐全，位置应正确，安装应牢固，功能应满足使用要求和特种门的各项性能要求				
一般项目	1	表面装饰	应符合设计要求				
	2	表面质量	应洁净，无划痕、碰伤				
	3	推拉自动门留缝隙值及允许偏差	第5.5.9条				
	4	推拉自动门感应时间限值	第5.5.10条				
	5	旋转门安装允许偏差	第5.5.11条				
施工单位检查、评定结论			本检验批实测 点，符合要求 点，符合要求率 %。不符合要求点的最大偏差为规定值的 %。依据中国建筑工程总公司《建筑工程施工质量统一标准》ZJQ00-SG-013-2006的相关规定，本检验批质量：合格 □ 优良 □ 项目专职质量检查员： 年 月 日				
参加验收人员（签字）			分包单位项目技术负责人： 年 月 日				
			专业工长（施工员）： 年 月 日				
			总包项目专业技术负责人： 年 月 日				
监理（建设）单位验收结论			同意（不同意）施工总包单位验收意见 监理工程师（建设单位项目专业技术负责人）： 年 月 日				

表 C.0.1-10　门窗玻璃安装工程检验批质量验收、评定记录

工程名称			分项工程名称		验收部位	
施工总包单位			项目经理		专业工长	
分包单位			分包项目经理		施工班组长	
施工执行标准名称及编号			设计图纸（变更）编号			
	检查项目		企业质量标准的规定	质量检查、评定情况	总包项目部验收记录	
主控项目	1	玻璃质量	应符合设计要求			
	2	玻璃裁割与安装质量	裁割尺寸应正确。安装后的玻璃应牢固，不得有裂纹、损伤和松动			
	3	安装方法	应符合设计要求			
		钉子或钢丝卡	数量规格应保证玻璃安装牢固			
	4	木压条	镶钉木压条接触玻璃处应与裁口边缘平齐。木压条应紧密连接，并与裁口边缘紧贴，割角应整齐			
	5	密封条	密封条与玻璃、玻璃槽口的接触应紧密、平整。密封胶与玻璃、玻璃槽口的边缘应粘贴、接缝平齐			
	6	带密封条的玻璃压条	密封条必须与玻璃全部紧贴，压条与型材间无明显缝隙，压条接缝不大于 0.5mm			
一般项目	1	玻璃表面	应洁净无腻子、密封胶、涂料等污渍；中空玻璃内外表面均应洁净，玻璃中空层内不得有灰尘和水蒸气			
	2	玻璃与型材	玻璃不应直接接触型材			
		镀膜层及磨砂层	第 5.6.9 条			
	3	腻子	抹填饱满、粘结牢固；腻子边缘与裁口平齐。固定玻璃卡子不应在腻子表面显露			

续表 C.0.1-10

施工单位检查、评定结论	本检验批实测 点，符合要求 点，符合要求率 %。不符合要求点的最大偏差为规定值的 %。依据中国建筑工程总公司《建筑工程施工质量统一标准》ZJQ00-SG-013-2006 的相关规定，本检验批质量：合格 □ 优良 □ 项目专职质量检查员： 年 月 日
参加验收人员（签字）	分包单位项目技术负责人： 年 月 日
	专业工长（施工员）： 年 月 日
	总包项目专业技术负责人： 年 月 日
监理（建设）单位验收结论	同意（不同意）施工总包单位验收意见 监理工程师（建设单位项目专业技术负责人）： 年 月 日

表 C.0.1-11 暗龙骨吊顶工程检验批质量验收、评定记录

工程名称			分项工程名称		验收部位	
施工总包单位			项目经理		专业工长	
分包单位			分包项目经理		施工班组长	
施工执行标准名称及编号			设计图纸（变更）编号			
	检查项目	企业质量标准的规定	质量检查、评定情况			总包项目部验收记录

		检查项目	企业质量标准的规定	质量检查、评定情况					
主控项目	1	标高，尺寸，起拱，造型	应符合设计要求						
	2	饰面材料	应符合设计要求						
	3	吊杆、龙骨、饰面材料安装	安装必须牢固						
	4	吊杆、龙骨材质、间距、防腐处理	第6.2.5条						
	5	石膏板接缝	第6.2.6条						
一般项目	1	材料表面质量	应洁净、色泽一致，不得有翘曲、裂缝及缺损。压条应平直、宽窄一致						
	2	灯具等设备	位置应合理、美观，与饰面板的交接应吻合、严密						
	3	龙骨、吊杆接缝	第6.2.9条						
	4	填充材料	应符合设计要求						
	5 允许偏差	材料品种	纸面石膏板	金属板	矿棉板	木板、塑料板、格栅			
		表面平整度	3	2	2	2			
		接缝直线度	3	1.5	3	3			
		接缝高低差	1	1	1.5	1			

续表C.0.1-11

施工单位检查、评定结论	本检验批实测 点，符合要求 点，符合要求率 %。不符合要求点的最大偏差为规定值的 %。依据中国建筑工程总公司《建筑工程施工质量统一标准》ZJQ00-SG-013-2006的相关规定，本检验批质量：合格 □ 优良 □ 项目专职质量检查员： 年 月 日
参加验收人员（签字）	分包单位项目技术负责人： 年 月 日
	专业工长（施工员）： 年 月 日
	总包项目专业技术负责人： 年 月 日
监理（建设）单位验收结论	同意（不同意）施工总包单位验收意见 监理工程师（建设单位项目专业技术负责人）： 年 月 日

表 C.0.1-12 明龙骨吊顶工程检验批质量验收、评定记录

工程名称				分项工程名称			验收部位	
施工总包单位				项目经理			专业工长	
分包单位				分包项目经理			施工班组长	
施工执行标准名称及编号					设计图纸（变更）编号			
检查项目			企业质量标准的规定	质量检查、评定情况			总包项目部验收记录	
主控项目	1	吊顶标高起拱及造型	应符合设计要求					
	2	饰面材料	应符合设计要求					
	3	饰面材料安装	应稳固严密，饰面材料与龙骨的搭接宽度应大于龙骨受力面宽的2/3					
	4	吊杆、龙骨材质	应进行防腐处理；木龙骨应进行防腐、防火处理					
	5	吊杆、龙骨安装	安装必须牢固					
一般项目	1	材料表面质量	应洁净、色泽一致，不得有翘曲、裂缝及缺损。饰面板与明龙骨的搭接应平整吻合，压条应平直、宽窄一致					
	2	灯具等设备	位置应合理、美观，与饰面板的交接应吻合、严密					
	3	龙骨接缝	第6.3.9条					
	4	填充材料	应符合设计要求					
	5 允许偏差	材料品种	石膏板	金属板	矿棉板	塑料板、玻璃板		
		表面平整度	3	2	3	2		
		接缝直线度	3	2	3	3		
		接缝高低差	1	1	2	1		

续表C.0.1-12

施工单位检查、评定结论	本检验批实测　点，符合要求　点，符合要求率　％。不符合要求点的最大偏差为规定值的　％。依据中国建筑工程总公司《建筑工程施工质量统一标准》ZJQ00－SG－013－2006的相关规定，本检验批质量：合格　□　优良　□ 项目专职质量检查员： 年　月　日
参加验收人员（签字）	分包单位项目技术负责人： 年　月　日
	专业工长（施工员）： 年　月　日
	总包项目专业技术负责人： 年　月　日
监理（建设）单位验收结论	同意（不同意）施工总包单位验收意见 监理工程师（建设单位项目专业技术负责人）： 年　月　日

表 C.0.1-13 板材隔墙工程检验批质量验收、评定记录

工程名称			分项工程名称		验收部位	
施工总包单位			项目经理		专业工长	
分包单位			分包项目经理		施工班组长	
施工执行标准名称及编号			设计图纸（变更）编号			

		检查项目	企业质量标准的规定	质量检查、评定情况	总包项目部验收记录
主控项目	1	板材品种、规格、性能、颜色等	应符合设计要求，有特殊要求的工程，板材应有相应性能等级的检测报告		
	2	预埋件、连接件	应符合设计要求		
	3	安装质量	必须牢固，现制钢丝网水泥隔墙与周边墙体连接方法应符合设计要求，连接牢固		
	4	接缝材料、方法	应符合设计要求		
一般项目	1	安装位置	安装应垂直、平整、位置正确，板材不应有裂缝或破损		
	2	表面质量	应平整光滑、色泽一致、洁净、接缝应均匀、顺直		
	3	孔洞、槽、盒	位置正确，套割方正，边缘整齐		

		允许偏差	材料品种	复合轻质隔板		石膏空心板	钢丝网水泥板		
	4			金属夹芯板	其他复合板				
			立面垂直度	2	3	3	3		
			表面平整度	2	3	3	3		
			阴阳角方正	3	3	3	4		
			接缝高低差	1	2	2	3		

续表 C.0.1-13

施工单位检查、评定结论	本检验批实测　点，符合要求　点，符合要求率　%。不符合要求点的最大偏差为规定值的　%。依据中国建筑工程总公司《建筑工程施工质量统一标准》ZJQ00-SG-013-2006 的相关规定，本检验批质量：合格 □　优良 □ 项目专职质量检查员： 年　月　日
参加验收人员（签字）	分包单位项目技术负责人： 年　月　日
	专业工长（施工员）： 年　月　日
	总包项目专业技术负责人： 年　月　日
监理（建设）单位验收结论	同意（不同意）施工总包单位验收意见 监理工程师（建设单位项目专业技术负责人）： 年　月　日

表 C.0.1-14 骨架隔墙工程检验批质量验收、评定记录

工程名称				分项工程名称			验收部位	
施工总包单位				项目经理			专业工长	
分包单位				分包项目经理			施工班组长	
施工执行标准名称及编号				设计图纸（变更）编号				
	检查项目		企业质量标准的规定	质量检查、评定情况			总包项目部验收记录	
主控项目	1	材料质量	材料应符合设计要求，有特殊要求的工程，材料应有相应性能等级的检测报告					
	2	龙骨连接	应连接牢固、平整、垂直、位置正确					
	3	龙骨间距、构造连接	应符合设计要求，加强龙骨安装牢固					
	4	防火、防腐	应符合设计要求					
	5	墙面板安装	必须安装牢固，无脱层、翘曲、折裂及破损					
	6	墙面板接缝材料及方法	应符合设计要求					
一般项目	1	表面质量	应平整光滑、色泽一致、洁净、接缝应均匀、顺直					
	2	孔洞、槽、盒	位置正确，套割吻合、边缘整齐					
	3	填充材料	填充材料应干燥，填充应密实、均匀、无下坠					
	4 允许偏差	材料品种	纸面石膏板	人造木板、水泥纤维板				
		立面垂直度	3	4				
		表面平整度	3	3				
		阴阳角方正	3	3				
		接缝直线度	—	3				
		压条直线度	—	3				
		接缝高低差	1	1				

续表 C.0.1-14

施工单位检查、评定结论	本检验批实测　点，符合要求　点，符合要求率　%。不符合要求点的最大偏差为规定值的　%。依据中国建筑工程总公司《建筑工程施工质量统一标准》ZJQ00-SG-013-2006 的相关规定，本检验批质量：合格　□　优良　□ 项目专职质量检查员： 年　月　日
参加验收人员（签字）	分包单位项目技术负责人： 年　月　日
	专业工长（施工员）： 年　月　日
	总包项目专业技术负责人： 年　月　日
监理（建设）单位验收结论	同意（不同意）施工总包单位验收意见 监理工程师（建设单位项目专业技术负责人）： 年　月　日

表 C.0.1-15 活动隔墙工程检验批质量验收、评定记录

工程名称				分项工程名称		验收部位	
施工总包单位				项目经理		专业工长	
分包单位				分包项目经理		施工班组长	
施工执行标准名称及编号				设计图纸（变更）编号			
		检查项目	企业质量标准的规定	质量检查、评定情况			总包项目部验收记录
主控项目	1	材料质量	材料应符合设计要求，有特殊要求的工程，材料应有相应性能等级的检测报告				
	2	轨道安装	轨道必须与基体结构连接牢固，并应位置正确				
	3	构配件安装	必须安装牢固，位置正确，推拉必须安全、平稳、灵活				
	4	制作方法、组合方式	应符合设计要求				
一般项目	1	表面质量	应平整光滑、色泽一致、洁净、线条应顺直、清晰				
	2	孔洞、槽、盒	位置正确，套割吻合、边缘整齐				
	3	隔墙推拉	推拉应无噪声				
	4 允许偏差	立面垂直度	3				
		表面平整度	2				
		接缝直线度	3				
		接缝高低差	2				
		接缝宽度	2				

续表C.0.1-15

施工单位检查、评定结论	本检验批实测　点，符合要求　点，符合要求率　%。不符合要求点的最大偏差为规定值的　%。依据中国建筑工程总公司《建筑工程施工质量统一标准》ZJQ00-SG-013-2006的相关规定，本检验批质量：合格　□　优良　□ 项目专职质量检查员： 年　月　日
参加验收人员（签字）	分包单位项目技术负责人： 年　月　日
	专业工长（施工员）： 年　月　日
	总包项目专业技术负责人： 年　月　日
监理（建设）单位验收结论	同意（不同意）施工总包单位验收意见 监理工程师（建设单位项目专业技术负责人）： 年　月　日

表 C.0.1-16 玻璃隔墙工程检验批质量验收、评定记录

工程名称				分项工程名称		验收部位	
施工总包单位				项目经理		专业工长	
分包单位				分包项目经理		施工班组长	
施工执行标准名称及编号				设计图纸（变更）编号			
检查项目			企业质量标准的规定	质量检查、评定情况			总包项目部验收记录
主控项目	1	材料质量	应符合设计要求，玻璃板隔墙应使用玻璃				
	2	砌筑或安装	应符合设计要求				
	3	砖隔墙拉结筋	拉结筋必须与基体结构连接牢固，并应位置正确				
	4	板隔墙安装	安装必须牢固，玻璃板隔墙胶垫的安装应正确				
一般项目	1	表面质量	应色泽一致、平整洁净、清晰美观				
	2	接缝	应横平竖直，玻璃应无裂痕、缺损和划痕				
	3	嵌缝及勾缝	应密实平整、均匀顺直、深浅一致				
	4 允许偏差	材料品种	玻璃砖	玻璃板			
		立面垂直度	2	1.5			
		表面平整度	2	—			
		阴阳角方正	—	1.5			
		接缝直线度	—	1.5			
		压条直线度	3	1.5			
		接缝高低差	—	1			

续表 C.0.1-16

施工单位检查、评定结论	本检验批实测　点，符合要求　点，符合要求率　%。不符合要求点的最大偏差为规定值的　%。依据中国建筑工程总公司《建筑工程施工质量统一标准》ZJQ00－SG－013－2006 的相关规定，本检验批质量：合格　□　优良　□ 项目专职质量检查员： 年　月　日
参加验收人员（签字）	分包单位项目技术负责人： 年　月　日
	专业工长（施工员）： 年　月　日
	总包项目专业技术负责人： 年　月　日
监理（建设）单位验收结论	同意（不同意）施工总包单位验收意见 监理工程师（建设单位项目专业技术负责人）： 年　月　日

表 C.0.1-17 饰面板安装工程检验批质量验收、评定记录

工程名称										分项工程名称				验收部位	
施工总包单位										项目经理				专业工长	
分包单位										分包项目经理				施工班组长	
施工执行标准名称及编号										设计图纸（变更）编号					
检查项目			企业质量标准的规定							质量检查、评定情况				总包项目部验收记录	
主控项目	1	材料质量	应符合设计要求												
	2	饰面板孔、槽	应符合设计要求												
	3	饰面板安装	饰面板安装的预埋件（或后置埋件）、连接件的数量、规格、位置、连接方法和防腐处理必须符合设计要求。后置埋件的现场拉拔强度必须符合设计要求。饰面板安装必须牢固												
一般项目	1	饰面板表面质量	应平整洁净、色泽一致，无裂缝及缺损。石材表面无泛碱等污染												
	2	饰面板嵌缝	应符合设计要求												
	3	湿作业施工	石材进行防碱背涂处理，饰面板与基体间的灌注材料饱满密实												
	4	饰面板孔洞套割	应套割吻合，边缘应整齐												
	5	饰面板安装允许偏差	材料品种	石材			瓷板	木材	塑料	金属					
				光面	剁斧石	蘑菇石									
			立面垂直度	2	3	3	2	1.5	2	2					
			表面平整度	2	3	—	1.5	1	3	3					
			阴阳角方正	2	4	4	2	1.5	3	3					
			接缝直线度	2	4	4	2	1	1	1					
			墙裙、勒脚上口直线度	2	3	3	2	2	2	2					
			接缝高低差	0.5	3	—	0.5	0.5	1	1					
			接缝宽度	1	2	2	1	1	1	1					

续表 C.0.1-17

施工单位检查、评定结论	本检验批实测　点，符合要求　点，符合要求率　%。不符合要求点的最大偏差为规定值的　%。依据中国建筑工程总公司《建筑工程施工质量统一标准》ZJQ00-SG-013-2006 的相关规定，本检验批质量：合格 □　优良 □ 项目专职质量检查员： 年　月　日
参加验收人员（签字）	分包单位项目技术负责人： 年　月　日
	专业工长（施工员）： 年　月　日
	总包项目专业技术负责人： 年　月　日
监理（建设）单位验收结论	同意（不同意）施工总包单位验收意见 监理工程师（建设单位项目专业技术负责人）： 年　月　日

表 C.0.1-18　饰面砖粘贴工程检验批质量验收、评定记录

工程名称				分项工程名称		验收部位	
施工总包单位				项目经理		专业工长	
分包单位				分包项目经理		施工班组长	
施工执行标准名称及编号				设计图纸（变更）编号			
		检查项目	企业质量标准的规定	质量检查、评定情况		总包项目部验收记录	
主控项目	1	饰面砖质量	应符合设计要求				
	2	饰面砖粘贴材料	应符合设计要求及国家现行产品标准和工程技术标准的规定				
	3	饰面砖粘贴	饰面板粘贴必须牢固				
	4	满粘法施工	应无空鼓、裂缝				
一般项目	1	饰面砖表面质量	应平整洁净、色泽一致，无裂缝及缺损				
	2	阴阳角及非套砖	应符合设计要求				
	3	墙面突出物周围	应整砖套割吻合，边缘应整齐。墙裙、贴脸突出墙面厚度应一致				
	4	饰面砖接缝、填嵌、宽深	应符合设计要求				
	5	滴水线	滴水线应顺直，流水坡向正确，坡度应符合设计要求				
	6	允许偏差	允许偏差（mm）				
			外墙面砖	内墙面砖			
		立面垂直度	3	2			
		表面平整度	4	3			
		阴阳角方正	3	3			
		接缝直线度	3	2			
		接缝高低差	1	0.5			
		接缝宽度	1	1			

续表 C.0.1-18

施工单位检查、评定结论	本检验批实测　点，符合要求　点，符合要求率　%。不符合要求点的最大偏差为规定值的　%。依据中国建筑工程总公司《建筑工程施工质量统一标准》ZJQ00-SG-013-2006的相关规定，本检验批质量：合格　□　优良　□ 项目专职质量检查员： 年　月　日
参加验收人员（签字）	分包单位项目技术负责人： 年　月　日
	专业工长（施工员）： 年　月　日
	总包项目专业技术负责人： 年　月　日
监理（建设）单位验收结论	同意（不同意）施工总包单位验收意见 监理工程师（建设单位项目专业技术负责人）： 年　月　日

表 C.0.1-19 玻璃幕墙工程（主控项目）检验批质量验收、评定记录

工程名称			分项工程名称		验收部位	
施工总包单位			项目经理		专业工长	
分包单位			分包项目经理		施工班组长	
施工执行标准名称及编号			设计图纸（变更）编号			
	检查项目	企业质量标准的规定	质量检查、评定情况		总包项目部验收记录	
主控项目	1 各种材料、构件、组件	应符合设计要求及国家现行产品标准和工程技术规范的规定				
	2 造型和立面分格	应符合设计要求				
	3 玻璃	第9.2.4条				
	4 与主体结构连接件	应安装牢固，符合设计要求				
	5 连接紧件螺栓	应有防松动措施；焊接连接应符合设计要求和焊接规范的规定				
	6 玻璃下端托条	第9.2.7条				
	7 明框幕墙玻璃安装	第9.2.8条				
	8 超过4m高的全玻璃幕墙安装	应吊挂在主体结构上，吊夹具应符合设计要求，玻璃与玻璃、玻璃与玻璃肋之间的缝隙应采用硅酮结构密封胶填嵌严密				
	9 点支承幕墙安装	应采用带万向的活动不锈钢爪，其钢爪中心距应大于250mm				
	10 细部	应符合设计要求和技术标准的规定				

9—89

续表 C.0.1-19

检查项目			企业质量标准的规定	质量检查、评定情况	总包项目部验收记录
主控项目	11	幕墙防水	玻璃幕墙应无渗漏		
	12	结构胶、密封胶打注	应符合设计要求和技术标准的规定		
	13	幕墙开启窗	配件应齐全，安装应牢固，安装位置和开启方向、角度正确；开启灵活、关闭严密		
	14	防雷装置	防雷装置必须与主体结构的防雷装置可靠连接		

施工单位检查、评定结论	本检验批实测　点，符合要求　点，符合要求率　％。不符合要求点的最大偏差为规定值的　％。依据中国建筑工程总公司《建筑工程施工质量统一标准》ZJQ00-SG-013-2006的相关规定，本检验批质量：合格　□　优良　□ 项目专职质量检查员： 年　月　日
参加验收人员（签字）	分包单位项目技术负责人： 年　月　日
	专业工长（施工员）： 年　月　日
	总包项目专业技术负责人： 年　月　日
监理（建设）单位验收结论	同意（不同意）施工总包单位验收意见 监理工程师（建设单位项目专业技术负责人）： 年　月　日

表 C.0.1-20 玻璃幕墙工程(明框幕墙一般项目)
检验批质量验收、评定记录

工程名称				分项工程名称						验收部位			
施工总包单位				项目经理						专业工长			
分包单位				分包项目经理						施工班组长			
施工执行标准名称及编号				设计图纸(变更)编号									
检查项目			企业质量标准的规定	质量检查、评定情况						总包项目部验收记录			
一般项目	1	表面质量	玻璃墙表面应平整、洁净;整幅玻璃的色泽应均匀一致;不得有污染和镀膜损坏										
	2	玻璃表面质量	第9.2.17条										
	3	铝合金型材表面质量	第9.2.18条										
	4	明框外露框或压条	应符合设计要求										
	5	密封胶缝	应横平竖直、深浅一致、宽窄均匀、光滑顺直										
	6	防火保温材料	填充饱满均匀,表面密实平整										
	7	隐蔽节点	遮封装修应牢固整齐美观										
	8	明框幕墙安装允许偏差	幕墙垂直度	幕墙高度≤30m	10								
				30m<幕墙高度≤60m	15								
				60m<幕墙高度≤90m	20								
				幕墙高度>90m	25								
			幕墙水平度	幕墙幅宽≤35m	5								
				幕墙幅宽>35m	7								
			构件直线度		2								
			构件水平度	构件长度≤2m	2								
				构件长度>2m	3								
			相邻构件错位		1								
			分格框对角线长度差	对角线长度≤2m	3								
				对角线长度>2m	4								

续表 C.0.1-20

施工单位检查、评定结论	本检验批实测　点，符合要求　点，符合要求率　%。不符合要求点的最大偏差为规定值的　%。依据中国建筑工程总公司《建筑工程施工质量统一标准》ZJQ00-SG-013-2006 的相关规定，本检验批质量：合格　□　优良　□ 项目专职质量检查员： 年　月　日
参加验收人员（签字）	分包单位项目技术负责人： 年　月　日 专业工长（施工员）： 年　月　日 总包项目专业技术负责人： 年　月　日
监理（建设）单位验收结论	同意（不同意）施工总包单位验收意见 监理工程师（建设单位项目专业技术负责人）： 年　月　日

表 C.0.1-21 玻璃幕墙工程（隐框、半隐框幕墙一般项目）
检验批质量验收、评定记录

工程名称					分项工程名称						验收部位		
施工总包单位					项目经理						专业工长		
分包单位					分包项目经理						施工班组长		
施工执行标准名称及编号					设计图纸（变更）编号								
	检查项目			企业质量标准的规定	质量检查、评定情况						总包项目部验收记录		
一般项目	1	表面质量		玻璃墙表面应平整、洁净；整幅玻璃的色泽应均匀一致；不得有污染和镀膜损坏									
	2	玻璃表面质量		第9.2.17条									
	3	铝合金型材表面质量		第9.2.18条									
	4	明框外露框或压条		应符合设计要求									
	5	密封胶缝		应横平竖直、深浅一致、宽窄均匀、光滑顺直									
	6	防火保温材料		填充饱满均匀，表面密实平整									
	7	隐蔽节点		遮封装修应牢固整齐美观									
	8	隐框半隐框幕墙安装允许偏差	幕墙垂直度	幕墙高度≤30m	10								
				30m<幕墙高度≤60m	15								
				60m<幕墙高度≤90m	20								
				幕墙高度>90m	25								
			幕墙水平度	层高≤3m	3								
				层高>3m	5								
			幕墙表面平整度		2								
			板材立面垂直度		2								
			板材上沿水平度		2								
			相邻板材板角错位		1								
			阳角方正		2								
			接缝直线度		3								
			接缝高低差		1								
			接缝宽度		1								

续表C.0.1-21

施工单位检查、评定结论	本检验批实测 点，符合要求 点，符合要求率 %。不符合要求点的最大偏差为规定值的 %。依据中国建筑工程总公司《建筑工程施工质量统一标准》ZJQ00-SG-013-2006的相关规定，本检验批质量：合格 □ 优良 □ 项目专职质量检查员： 年 月 日
参加验收人员（签字）	分包单位项目技术负责人： 年 月 日
	专业工长（施工员）： 年 月 日
	总包项目专业技术负责人： 年 月 日
监理（建设）单位验收结论	同意（不同意）施工总包单位验收意见 监理工程师（建设单位项目专业技术负责人）： 年 月 日

表 C.0.1-22 金属幕墙工程（主控项目）检验批质量验收、评定记录

工程名称			分项工程名称		验收部位	
施工总包单位			项目经理		专业工长	
分包单位			分包项目经理		施工班组长	
施工执行标准名称及编号			设计图纸（变更）编号			
	检查项目	企业质量标准的规定	质量检查、评定情况			总包项目部验收记录
主控项目	1 材料、配件质量	应符合设计要求及国家现行产品标准和工程技术规范的规定				
	2 造型和立面分格	应符合设计要求				
	3 金属面板质量	应符合设计要求				
	4 预埋件、后置件	应符合设计要求				
	5 立柱与预埋件与横梁连接，面板安装	应符合设计要求，安装必须牢固				
	6 防火、保温、防潮材料	应符合设计要求，并应密实、均匀、厚度一致				
	7 框架及连接件防腐	应符合要求				
	8 防雷装置	防雷装置必须与主体结构的防雷装置可靠连接				
	9 连接节点	应符合设计要求及国家现行产品标准和工程技术规范的规定				
	10 板缝注胶	应饱满密实、连续均匀、无气泡，宽度和厚度应符合设计要求和技术标准、规范的要求				
	11 防水	金属幕墙应无渗漏				

续表 C.0.1-22

施工单位检查、评定结论	本检验批实测　点，符合要求　点，符合要求率　％。不符合要求点的最大偏差为规定值的　％。依据中国建筑工程总公司《建筑工程施工质量统一标准》ZJQ00-SG-013-2006 的相关规定，本检验批质量：合格　□　优良　□ 项目专职质量检查员： 年　月　日
参加验收人员（签字）	分包单位项目技术负责人： 年　月　日 专业工长（施工员）： 年　月　日 总包项目专业技术负责人： 年　月　日
监理（建设）单位验收结论	同意（不同意）施工总包单位验收意见 监理工程师（建设单位项目专业技术负责人）： 年　月　日

表 C.0.1-23 金属幕墙工程（一般项目）检验批质量验收、评定记录

工程名称					分项工程名称		验收部位	
施工总包单位					项目经理		专业工长	
分包单位					分包项目经理		施工班组长	
施工执行标准名称及编号					设计图纸（变更）编号			
检查项目			企业质量标准的规定		质量检查、评定情况		总包项目部验收记录	
一般项目	1	表面质量	金属板表面应平整、洁净、色泽一致					
	2	压条	平直、洁净、接口严密、安装牢固					
	3	密封胶缝	横平竖直、深浅一致、宽窄均匀、光滑顺直					
	4	滴水线	坡向正确、顺直					
	5	表面质量	明显划伤和长度>100mm的轻微划伤	不允许				
			长度≤100mm的轻微划伤	≤8条				
			擦伤总面积	≤500mm				
	6	安装允许偏差	幕墙垂直度	幕墙高度≤30m	10			
				30m<幕墙高度≤60m	15			
				60m<幕墙高度≤90m	20			
				幕墙高度>90m	25			
			幕墙水平度	幕墙幅宽≤3m	3			
				幕墙幅宽>3m	5			
			幕墙表面平整度		2			
			板材立面垂直度		3			
			板材上沿水平度		2			
			相邻板材板角错位		1			
			阳角方正		2			
			接缝直线度		3			
			接缝高低差		1			
			接缝宽度		1			

续表 C.0.1-23

施工单位检查、评定结论	本检验批实测 点，符合要求 点，符合要求率 %。不符合要求点的最大偏差为规定值的 %。依据中国建筑工程总公司《建筑工程施工质量统一标准》ZJQ00-SG-013-2006 的相关规定，本检验批质量：合格 □ 优良 □ 项目专职质量检查员： 年 月 日
参加验收人员（签字）	分包单位项目技术负责人： 年 月 日
	专业工长（施工员）： 年 月 日
	总包项目专业技术负责人： 年 月 日
监理（建设）单位验收结论	同意（不同意）施工总包单位验收意见 监理工程师（建设单位项目专业技术负责人）： 年 月 日

表 C.0.1-24 石材幕墙工程（主控项目）检验批质量验收、评定记录

工程名称			分项工程名称		验收部位	
施工总包单位			项目经理		专业工长	
分包单位			分包项目经理		施工班组长	
施工执行标准名称及编号			设计图纸（变更）编号			
	检查项目		企业质量标准的规定	质量检查、评定情况		总包项目部验收记录
主控项目	1	材料质量	应符合设计要求及国家现行产品标准和工程技术规范的规定			
	2	造型、分格、颜色、光泽、花纹、图案	应符合设计要求			
	3	石材孔、槽	应符合设计要求			
	4	预埋件和后置埋件	应符合设计要求			
	5	各种构件连接	应安装牢固，符合设计要求			
	6	框架和连接件防腐	应符合设计要求			
	7	防雷装置	防雷装置必须与主体结构的防雷装置可靠连接			
	8	防火、保温、防潮材料	应符合设计要求，填充应密实、均匀、厚度一致			
	9	结构变形缝、墙角连接点	应符合设计要求和技术标准的规定			
	10	表面和板缝处理	应符合设计要求			
	11	板缝注胶	板缝注胶应饱满、密实、连续、均匀、无气泡，板缝宽度和厚度应符合设计要求和技术标准的规定			
	12	防水	石材幕墙应无渗漏			

续表 C.0.1-24

施工单位检查、评定结论	本检验批实测　点，符合要求　点，符合要求率　％。不符合要求点的最大偏差为规定值的　％。依据中国建筑工程总公司《建筑工程施工质量统一标准》ZJQ00-SG-013-2006的相关规定，本检验批质量：合格 □ 优良 □ 项目专职质量检查员： 年　月　日
参加验收人员（签字）	分包单位项目技术负责人： 年　月　日
	专业工长（施工员）： 年　月　日
	总包项目专业技术负责人： 年　月　日
监理（建设）单位验收结论	同意（不同意）施工总包单位验收意见 监理工程师（建设单位项目专业技术负责人）： 年　月　日

表 C.0.1-25 石材幕墙工程（一般项目）检验批质量验收、评定记录

工程名称				分项工程名称		验收部位	
施工总包单位				项目经理		专业工长	
分包单位				分包项目经理		施工班组长	
施工执行标准名称及编号				设计图纸（变更）编号			
	检查项目		企业质量标准的规定		质量检查、评定情况		总包项目部验收记录

		检查项目	企业质量标准的规定			
一般项目	1	表面质量	石材幕墙表面应平整洁净，无污染、缺损和裂痕，颜色和花纹应协调一致，无明显色差和修痕			
	2	压条	应平直洁净、接口严密安装牢固			
	3	细部质量	第9.4.16条			
	4	密封胶缝	密封胶缝应横平竖直、深浅一致、宽窄均匀、光滑顺直			
	5	滴水线	流水坡向应正确，顺直			
	6	石材表面质量	第9.4.19条			
	7	安装允许偏差	幕墙垂直度	幕墙高度≤30m	10	
				30m＜幕墙高度≤60m	15	
				60m＜幕墙高度≤90m	20	
				幕墙高度＞90m	25	
			幕墙水平度		3	
			板材立面垂直度		3	
			板材上沿水平度		2	
			相邻板材板角错位		1	
			幕墙表面平整度		光2 麻3	
			阳角方正		光2 麻4	
			接缝直线度		光3 麻4	
			接缝高低差		光1 麻—	
			接缝宽度		光1 麻2	

续表 C.0.1-25

施工单位检查、评定结论	本检验批实测　点，符合要求　点，符合要求率　％。不符合要求点的最大偏差为规定值的　％。依据中国建筑工程总公司《建筑工程施工质量统一标准》ZJQ00-SG-013-2006 的相关规定，本检验批质量：合格　□　优良　□ 项目专职质量检查员： 年　月　日
参加验收人员（签字）	分包单位项目技术负责人： 年　月　日 专业工长（施工员）： 年　月　日 总包项目专业技术负责人： 年　月　日
监理（建设）单位验收结论	同意（不同意）施工总包单位验收意见 监理工程师（建设单位项目专业技术负责人）： 年　月　日

表 C.0.1-26 水性涂料涂饰工程检验批质量验收、评定记录

工程名称				分项工程名称		验收部位	
施工总包单位				项目经理		专业工长	
分包单位				分包项目经理		施工班组长	
施工执行标准名称及编号				设计图纸（变更）编号			
		检查项目		企业质量标准的规定	质量检查、评定情况	总包项目部验收记录	
主控项目	1	材料质量		应符合设计要求			
	2	涂饰颜色和图案		应符合设计要求			
	3	涂饰综合质量		应涂饰均匀、粘结牢固，不得漏涂、透底、起皮和掉粉			
	4	基层处理		第10.1.5条			
一般项目	1	薄涂料涂饰质量允许偏差	颜色	普通涂饰	均匀一致		
				高级涂饰	均匀一致		
			泛碱、咬色	普通涂饰	允许少量轻微		
				高级涂饰	不允许		
			流坠、疙瘩	普通涂饰	允许少量轻微		
				高级涂饰	不允许		
			砂眼、刷纹	普通涂饰	允许少量轻微砂眼、刷纹通顺		
				高级涂饰	无砂眼、无刷纹		
			装饰线、分色线直线度	普通涂饰	2		
				高级涂饰	1		
	2	厚涂料涂饰质量允许偏差	颜色	普通涂饰	均匀一致		
				高级涂饰	均匀一致		
			泛碱、咬色	普通涂饰	允许少量轻微		
				高级涂饰	不允许		
			点状分布	普通涂饰	—		
				高级涂饰	疏密均匀		
	3	复层涂饰质量允许偏差	颜色		均匀一致		
			泛碱、咬色		不允许		
			喷点疏密程度		均匀，不允许连片		
	4	与其他材料和设备衔接处		应吻合，界面清晰			

续表C.0.1-26

施工单位检查、评定结论	本检验批实测 点，符合要求 点，符合要求率 %。不符合要求点的最大偏差为规定值的 %。依据中国建筑工程总公司《建筑工程施工质量统一标准》ZJQ00-SG-013-2006的相关规定，本检验批质量：合格 □ 优良 □ 项目专职质量检查员： 年 月 日
参加验收人员（签字）	分包单位项目技术负责人： 年 月 日
	专业工长（施工员）： 年 月 日
	总包项目专业技术负责人： 年 月 日
监理（建设）单位验收结论	同意（不同意）施工总包单位验收意见 监理工程师（建设单位项目专业技术负责人）： 年 月 日

表 C.0.1-27 溶剂型涂料涂饰工程检验批质量验收、评定记录

工程名称				分项工程名称		验收部位	
施工总包单位				项目经理		专业工长	
分包单位				分包项目经理		施工班组长	
施工执行标准名称及编号				设计图纸（变更）编号			
	检查项目			企业质量标准的规定	质量检查、评定情况	总包项目部验收记录	
主控项目	1	涂料质量		应符合设计要求			
	2	颜色、光泽、图案		应符合设计要求			
	3	涂饰综合质量		应涂饰均匀、粘结牢固，不得漏涂、透底、起皮和反锈			
	4	基层处理		第10.1.5条			
一般项目	1	色漆涂饰质量	颜色	普通涂饰	均匀一致		
				高级涂饰	均匀一致		
			光泽、光滑	普通涂饰	光泽基本均匀，光滑无挡手感		
				高级涂饰	光泽均匀一致，光滑		
			刷纹	普通涂饰	刷纹通顺		
				高级涂饰	无刷纹		
			裹棱、流坠、皱皮	普通涂饰	明显处不允许		
				高级涂饰	不允许		
			装饰线、分色线直线度	普通涂饰	2		
				高级涂饰	1		
	2	清漆涂饰质量	颜色	普通涂饰	基本一致		
				高级涂饰	均匀一致		
			木纹	普通涂饰	棕眼刮平，木纹清楚		
				高级涂饰	棕眼刮平，木纹清楚		
			光泽、光滑	普通涂饰	光泽基本均匀，光滑无挡手感		
				高级涂饰	光泽均匀一致，光滑		
			刷纹	普通涂饰	无刷纹		
				高级涂饰	无刷纹		
			裹棱、流坠、皱皮	普通涂饰	明显处不允许		
				高级涂饰	不允许		
	3	与其他材料和设备衔接处		应吻合，界面清晰			

续表 C.0.1-27

施工单位检查、评定结论	本检验批实测 点，符合要求 点，符合要求率 %。不符合要求点的最大偏差为规定值的 %。依据中国建筑工程总公司《建筑工程施工质量统一标准》ZJQ00-SG-013-2006的相关规定，本检验批质量：合格 □ 优良 □ 项目专职质量检查员： 年 月 日
参加验收人员（签字）	分包单位项目技术负责人： 年 月 日
	专业工长（施工员）： 年 月 日
	总包项目专业技术负责人： 年 月 日
监理（建设）单位验收结论	同意（不同意）施工总包单位验收意见 监理工程师（建设单位项目专业技术负责人）： 年 月 日

表 C.0.1-28 美术涂饰工程检验批质量验收、评定记录

工程名称			分项工程名称		验收部位	
施工总包单位			项目经理		专业工长	
分包单位			分包项目经理		施工班组长	
施工执行标准名称及编号			设计图纸（变更）编号			
检查项目		企业质量标准的规定	质量检查、评定情况		总包项目部验收记录	
主控项目	1 材料质量	应符合设计要求				
	2 涂饰综合质量	应涂饰均匀、粘结牢固，不得漏涂、透底、起皮和反锈				
	3 基层处理	第 10.1.5 条				
	4 套色、花纹、图案	应符合设计要求				
一般项目	1 表面质量	应洁净，不得有流坠现象				
	2 仿花纹理涂饰表面质量	应具有被模仿材料的纹理				
	3 套色涂饰图案	图案不得移位，纹理和轮廓应清晰				
施工单位检查、评定结论	本检验批实测 点，符合要求 点，符合要求率 %。不符合要求点的最大偏差为规定值的 %。依据中国建筑工程总公司《建筑工程施工质量统一标准》ZJQ00－SG－013－2006 的相关规定，本检验批质量：合格 □ 优良 □ 项目专职质量检查员： 年　月　日					
参加验收人员（签字）	分包单位项目技术负责人： 年　月　日					
	专业工长（施工员）： 年　月　日					
	总包项目专业技术负责人： 年　月　日					
监理（建设）单位验收结论	同意（不同意）施工总包单位验收意见 监理工程师（建设单位项目专业技术负责人）： 年　月　日					

表 C.0.1-29 裱糊工程检验批质量验收、评定记录

工程名称			分项工程名称		验收部位	
施工总包单位			项目经理		专业工长	
分包单位			分包项目经理		施工班组长	
施工执行标准名称及编号			设计图纸（变更）编号			
检查项目			企业质量标准的规定	质量检查、评定情况	总包项目部验收记录	
主控项目	1	材料质量	应符合设计要求及国家现行标准的有关规定			
	2	基层处理	第11.1.5条			
	3	各幅拼接	应横平竖直，拼接处花纹、图案应吻合，不离缝，不搭接，不显拼缝			
	4	壁纸、墙布粘贴	应粘结牢固，不得有漏贴、补贴、脱层、空鼓和翘边			
一般项目	1	裱糊表面质量	应平整，色泽应一致，不得有波纹起伏、气泡、裂缝、皱折及斑污，斜视时应无胶痕			
	2	壁纸压痕及发泡层	应无损坏			
	3	与装饰线、设备线盒交接	应交接严密			
	4	壁纸、墙布边缘	应平直整齐，不得有纸毛、飞刺			
	5	壁纸、墙布阴、阳角无接缝	阴角处搭接应顺光，阳角处应无接缝			
施工单位检查、评定结论			本检验批实测 点，符合要求 点，符合要求率 %。不符合要求点的最大偏差为规定值的 %。依据中国建筑工程总公司《建筑工程施工质量统一标准》ZJQ00-SG-013-2006 的相关规定，本检验批质量：合格 □ 优良 □ 项目专职质量检查员： 年 月 日			
参加验收人员（签字）			分包单位项目技术负责人： 年 月 日			
			专业工长（施工员）： 年 月 日			
			总包项目专业技术负责人： 年 月 日			
监理（建设）单位验收结论			同意（不同意）施工总包单位验收意见 监理工程师（建设单位项目专业技术负责人）： 年 月 日			

表 C.0.1-30 软包工程检验批质量验收、评定记录

工程名称			分项工程名称		验收部位	
施工总包单位			项目经理		专业工长	
分包单位			分包项目经理		施工班组长	
施工执行标准名称及编号			设计图纸（变更）编号			
检查项目		企业质量标准的规定	质量检查、评定情况		总包项目验收记录	
主控项目	1	材料质量	应符合设计要求及国家现行标准的有关规定			
	2	安装位置、构造做法	应符合设计要求			
	3	龙骨、衬板、边框安装	安装应牢固，无翘曲，拼缝平直			
	4	单块面料	无接缝，四周绷压严密			
一般项目	1	软包表面质量	应平整、洁净，无凹凸不平及皱折，图案应清晰、无色差，整体应协调美观			
	2	边框安装质量	应平整、顺直、接缝吻合			
	3	清漆涂饰	颜色、木纹应协调一致			
	4 安装允许偏差	垂直度(mm)	3			
		边框宽度、高度(mm)	0；-2			
		对角线长度差(mm)	3			
		裁口、线条接缝高低差(mm)	1			
施工单位检查、评定结论			本检验批实测 点，符合要求 点，符合要求率 %。不符合要求点的最大偏差为规定值的 %。依据中国建筑工程总公司《建筑工程施工质量统一标准》ZJQ00-SG-013-2006 的相关规定，本检验批质量：合格 □ 优良 □ 项目专职质量检查员： 年 月 日			
参加验收人员(签字)			分包单位项目技术负责人： 年 月 日			
			专业工长（施工员）： 年 月 日			
			总包项目专业技术负责人： 年 月 日			
监理（建设）单位验收结论			同意（不同意）施工总包单位验收意见 监理工程师（建设单位项目专业技术负责人）： 年 月 日			

9—109

表 C.0.1-31　橱柜制作与安装工程检验批质量验收、评定记录

工程名称				分项工程名称		验收部位	
施工总包单位				项目经理		专业工长	
分包单位				分包项目经理		施工班组长	
施工执行标准名称及编号				设计图纸（变更）编号			
检查项目			企业质量标准的规定	质量检查、评定情况			总包项目验收记录
主控项目	1	材料质量	应符合设计要求及国家现行标准的有关规定				
	2	预埋件或后置件	应符合设计要求				
	3	制作、安装、固定方法	应符合设计要求，橱柜安装必须牢固				
	4	橱柜配件	应符合设计要求，配件应齐全，安装应牢固				
	5	抽屉和柜门	应开关灵活，回位正确				
一般项目	1	橱柜表面质量	应平滑、洁净、色泽一致，不得有裂缝、翘曲及损坏				
	2	橱柜裁口	裁口应顺直、拼缝应严密				
	3	橱柜安装允许偏差	外形尺寸（mm）	3			
			立面垂直度（mm）	2			
			门与框架的平行度（mm）	2			

施工单位检查、评定结论	本检验批实测　点，符合要求　点，符合要求率　%。不符合要求点的最大偏差为规定值的　%。依据中国建筑工程总公司《建筑工程施工质量统一标准》ZJQ00-SG-013-2006的相关规定，本检验批质量：合格　□　优良　□ 项目专职质量检查员： 　　　　　　　　　　　　　　　　年　月　日
参加验收人员（签字）	分包单位项目技术负责人： 　　　　　　　　　　　　　　　　年　月　日
	专业工长（施工员）： 　　　　　　　　　　　　　　　　年　月　日
	总包项目专业技术负责人： 　　　　　　　　　　　　　　　　年　月　日
监理（建设）单位验收结论	同意（不同意）施工总包单位验收意见 监理工程师（建设单位项目专业技术负责人）： 　　　　　　　　　　　　　　　　年　月　日

表C.0.1-32 窗帘盒、窗台板和散热器罩制作与安装
工程检验批质量验收、评定记录

工程名称				分项工程名称		验收部位	
施工总包单位				项目经理		专业工长	
分包单位				分包项目经理		施工班组长	
施工执行标准名称及编号				设计图纸（变更）编号			
检查项目			企业质量标准的规定	质量检查、评定情况		总包项目验收记录	
主控项目	1	材料质量	应符合设计要求及国家现行标准的有关规定				
	2	造型尺寸、安装、固定	应符合设计要求，安装应牢固				
	3	窗帘盒配件	应符合设计要求，安装应牢固				
一般项目	1	表面质量	应平整、洁净、线条顺直、接缝严密、色泽一致，不得有裂缝、翘曲及损坏				
	2	与墙面、窗框衔接	衔接应严密，密封胶缝应顺直、光滑				
	3 安装允许偏差	水平度	2				
		上口、下口直线度	3				
		两端距窗洞口长度差	2				
		两端出大部厚度差	3				
施工单位检查、评定结论	本检验批实测　点，符合要求　点，符合要求率　%。不符合要求点的最大偏差为规定值的　%。依据中国建筑工程总公司《建筑工程施工质量统一标准》ZJQ00-SG-013-2006的相关规定，本检验批质量：合格 □　优良 □ 项目专职质量检查员： 年　月　日						
参加验收人员（签字）	分包单位项目技术负责人： 年　月　日						
	专业工长（施工员）： 年　月　日						
	总包项目专业技术负责人： 年　月　日						
监理（建设）单位验收结论	同意（不同意）施工总包单位验收意见 监理工程师（建设单位项目专业技术负责人）： 年　月　日						

表 C.0.1-33　门窗套制作与安装工程检验批质量验收、评定记录

工程名称			分项工程名称		验收部位	
施工总包单位			项目经理		专业工长	
分包单位			分包项目经理		施工班组长	
施工执行标准名称及编号			设计图纸（变更）编号			
检查项目		企业质量标准的规定	质量检查、评定情况		总包项目验收记录	
主控项目	1	材料质量	应符合设计要求及国家现行标准的有关规定			
	2	造型、尺寸及固定	应符合设计要求，安装应牢固			
一般项目	1	表面质量	应平整、洁净、线条顺直、接缝严密、色泽一致，不得有裂缝、翘曲及损坏			
	2	安装允许偏差	正、侧面垂直度（mm）	3		
			门窗套上口水平度（mm）	1		
			门窗套上口直线度（mm）	3		

施工单位检查、评定结论	本检验批实测　点，符合要求　点，符合要求率　％。不符合要求点的最大偏差为规定值的　％。依据中国建筑工程总公司《建筑工程施工质量统一标准》ZJQ00-SG-013-2006的相关规定，本检验批质量：合格 □　优良 □ 项目专职质量检查员： 年　月　日
参加验收人员（签字）	分包单位项目技术负责人： 年　月　日 专业工长（施工员）： 年　月　日 总包项目专业技术负责人： 年　月　日
监理（建设）单位验收结论	同意（不同意）施工总包单位验收意见 监理工程师（建设单位项目专业技术负责人）： 年　月　日

表 C.0.1-34 护栏和扶手制作与安装工程检验批质量验收、评定记录

工程名称			分项工程名称									验收部位	
施工总包单位			项目经理									专业工长	
分包单位			分包项目经理									施工班组长	
施工执行标准名称及编号			设计图纸（变更）编号										
检查项目		企业质量标准的规定	质量检查、评定情况									总包项目验收记录	
主控项目	1 材料质量	应符合设计要求											
	2 造型、尺寸	应符合设计要求											
	3 预埋件及连接	应符合设计要求											
	4 护栏高度、位置与安装	必须符合设计要求，护栏安装必须牢固											
	5 护栏玻璃	第12.5.7条											
一般项目	1 转角、接缝及表面质量	应符合设计要求，接缝应严密、色泽一致，不得有裂缝、翘曲及损坏											
	2 安装允许偏差	护栏垂直度（mm） 3											
		栏杆间距（mm） 3											
		扶手直线度（mm） 4											
		扶手高度（mm） 3											
施工单位检查、评定结论		本检验批实测 点，符合要求 点，符合要求率 %。不符合要求点的最大偏差为规定值的 %。依据中国建筑工程总公司《建筑工程施工质量统一标准》ZJQ00-SG-013-2006的相关规定，本检验批质量：合格 □ 优良 □ 项目专职质量检查员： 年 月 日												
参加验收人员（签字）		分包单位项目技术负责人：										年 月 日	
		专业工长（施工员）：										年 月 日	
		总包项目专业技术负责人：										年 月 日	
监理（建设）单位验收结论		同意（不同意）施工总包单位验收意见 监理工程师（建设单位项目专业技术负责人）： 年 月 日											

表C.0.1-35 花饰制作与安装工程检验批质量验收、评定记录

工程名称					分项工程名称							验收部位		
施工总包单位					项目经理							专业工长		
分包单位					分包项目经理							施工班组长		
施工执行标准名称及编号					设计图纸（变更）编号									
检查项目			企业质量标准的规定		质量检查、评定情况							总包项目验收记录		
主控项目	1	材料质量	应符合设计要求											
	2	造型、尺寸	应符合设计要求											
	3	安装位置与固定方法	应符合设计要求，安装必须牢固											
一般项目	1	表面质量	表面应洁净，接缝应严密吻合，不得有歪斜、翘曲及损坏											
	2	安装允许偏差	条型条花饰的水平度或垂直度	每米	室内	1								
					室外	2								
				全长	室内	3								
					室外	6								
			单位花饰中心位置偏移		室内	10								
					室外	15								

施工单位检查、评定结论	本检验批实测 点，符合要求 点，符合要求率 ％。不符合要求点的最大偏差为规定值的 ％。依据中国建筑工程总公司《建筑工程施工质量统一标准》ZJQ00-SG-013-2006的相关规定，本检验批质量：合格 □ 优良 □ 项目专职质量检查员： 年 月 日
参加验收人员（签字）	分包单位项目技术负责人： 年 月 日 专业工长（施工员）： 年 月 日 总包项目专业技术负责人： 年 月 日
监理（建设）单位验收结论	同意（不同意）施工总包单位验收意见 监理工程师（建设单位项目专业技术负责人）： 年 月 日

附录 D 分项工程质量验收、评定记录

D.0.1 分项工程质量验收、评定记录见表 D.0.1，由项目专职质量检查员填写，质量控制资料的检查应由项目专业技术负责人检查并作结论意见。

D.0.2 当建设方不采用本标准作为工程质量的验收标准时，不需要勘察、设计、监理（建设）单位参加内部验收并签署意见。

表 D.0.1 _____ 分项工程质量验收、评定记录

工程名称		结构类型		检验批数量	
施工总包单位		项目经理		项目技术负责人	
分项工程分包单位		分包单位负责人		分包项目经理	
序号	检验批部位、区段	分包单位检查结果	总包单位验收、评定结论	监理（建设）单位验收意见	
1					
2					
3					
4					
5					
6					
7					
8					
9					
10					
11					
12					
质量控制资料	应有 份，实有 份，资料内容 基本详实 □ 详实准确 □。 核查结论：基本完整 □ 齐全完整 □ 项目专业技术负责人： 年 月 日				

续表 D.0.1

分项工程综合验收评定结论	该分项工程共有 个质量检验批，其中有 个检验批质量为合格，有 个检验批质量为优良，优良率 %，该分项工程的施工操作依据及质量控制资料（基本完整 齐全完整），依据中国建筑工程总公司《建筑工程施工质量统一标准》ZJQ00-SG-013-2006 的相关规定，该分项工程质量：合格 □ 优良 □ 项目专职质量检查员： 年 月 日
参加验收人员 （签字）	分包单位项目负责人： 年 月 日
	项目专业技术负责人： 年 月 日
	总包项目技术负责人： 年 月 日
监理（建设单位）验收结论	同意（不同意）总包单位验收意见 监理工程师（建设单位项目专业技术负责人）： 年 月 日

附录 E 分部（子分部）工程质量验收、评定记录

E.0.1 分部（子分部）工程的质量验收评定记录见表 E.0.1，应由总包项目专职质量检查员填写，总包企业的技术管理、质量管理部门均应参加验收。

E.0.2 当建设方不采用本标准作为建筑装饰装修工程质量的验收标准时，不需要勘察、设计、监理（建设）单位参加内部验收并签署意见。

表 E.0.1 ＿＿＿＿＿＿分部（子分部）工程验收、评定记录

工程名称			施工总包单位		
技术部门负责人			质量部门负责人		项目专职质量检查员
分包单位			分包单位负责人		分包项目经理
序号	分项工程名称		检验批数量	检验批优良率（%）	核定意见
1					
2					
3					
4					施工单位质量管理部门（盖章）
5					
6					
7					年 月 日
8					
9					
技术管理资料	份	质量控制资料	份	安全和功能检验（检测）报告	份
资料验收意见	应形成 份， 实际 份。结论：基本完整 □ 齐全完整 □				
观感质量验收	应得 分数，实得 分数，得分率 %。结论：合格 □ 优良 □				
分部（子分部）工程验收结论	该分部（子分部）工程共含 个分项工程，其中优良分项 个，分项优良率为 %，各项资料（基本完整 齐全完整），观感质量（合格 优良）。依据中国建筑工程总公司《建筑工程施工质量统一标准》ZJQ00-SG-013-2006 的有关规定，该分部工程：合格□ 优良 □				

续表 E.0.1

参加验收人员	分包单位项目经理	（签字）		年 月 日
	分包单位技术负责人	（签字）		年 月 日
	总包单位质量管理部门	（签字）		年 月 日
	总包单位项目技术负责人	（签字）		年 月 日
	总包单位项目经理	（签字）		年 月 日
	勘察单位项目负责人	（签字）		年 月 日
	设计单位项目专业负责人	（签字）		年 月 日
	监理（建设）单位项目总监（建设单位项目专业负责人）	（签字）		年 月 日

附录 F 装饰装修子分部工程观感质量评定

F.0.1 装饰装修子分部工程观感质量评定，见表 F.0.1-1～F.0.1-9。

表 F.0.1-1 抹灰工程观感质量检验评定

	工程名称			施工总包单位				
项次	项目名称	标准分	评定等级				备注
			一级 90%以上	二级 80%以上	三级 70%以上	四级 0	
1	普通抹灰表面应光滑、洁净、接槎平整，分格缝应清晰	10					
2	高级抹灰表面应光滑、洁净、颜色均匀、无抹纹，分格缝和灰线应清晰美观	10					
3	护角、孔洞、槽、盒周围的抹灰表面应整齐、光滑；管道后面的抹灰表面应平整	10					
4	抹灰分格缝的宽度和深度应均匀，表面应光滑，棱角应整齐	10					
5	有排水要求的部位应做滴水线（槽）。滴水线（槽）应整齐顺直，滴水线应内高外低	10					
6	水刷石表面应石粒清晰、分布均匀、紧密平整、色泽一致，应无掉粒和接槎痕迹	10					
7	斩假石表面剁纹应均匀顺直、深浅一致，应无漏剁处；阳角处应横剁并留出宽窄一致的不剁边条，棱角应无损坏	10					
8	干粘石表面应色泽一致、不露浆、不漏粘，石粒应粘结牢固、分布均匀，阳角处应无明显黑边	10					

续表 F.0.1-1

项次	项目名称	标准分	评定等级				备注
			一级 90%以上	二级 80%以上	三级 70%以上	四级 0	
9	假观砖表面应平整、沟纹清晰、留缝整齐、色泽一致,应无掉角、脱皮、起砂等缺陷	10					
10	清水砌体勾缝应横平竖直,交接处应平顺,宽度和深度应均匀,表面应压实抹平	10					
11	清水砌体灰缝应颜色一致,砌体表面洁净	10					
合计	应得　　分,实得　　分,得分率　　%							

验收评定结论	该子分部工程的观感质量得分率为　　%,根据标准,该子分部工程的观感质量验收合格,并评定为:合格 □　优良 □　　　　　　　　　　　　　　　　　　　　　　　　　　　总包项目专职质量检查员:(签字)　　　　　　　　　　　　　　年　月　日		
验收评定人员	分包单位项目技术负责人	(签字)	年　月　日
	分包单位项目经理	(签字)	年　月　日
	总包单位项目技术负责人	(签字)	年　月　日
	总包单位项目经理	(签字)	年　月　日

表 F.0.1-2 门窗工程观感质量检验评定

工程名称				施工总包单位			
项次	项目名称	标准分	评定等级				备注
			一级 90%以上	二级 80%以上	三级 70%以上	四级 0	
1	木门窗表面应洁净,不得有刨痕、锤印	10					
2	木门窗的割角、拼缝应严密平整。门窗框、扇裁口应顺直,刨面应平整	10					
3	木门窗上的槽、孔应边缘整齐,无毛刺	10					
4	木门窗与墙体间缝隙的填嵌材料填嵌应饱满	10					
5	木门窗批水、盖口条、压缝条、密封条的安装应顺直,与门窗结合应牢固、严密	10					
6	金属门窗表面应洁净、平整、光滑、色泽一致,无锈蚀。大面应无划痕、碰伤。漆膜或保护层应连续	10					

续表 F.0.1-2

项次	项目名称	标准分	评定等级				备注
			一级 90%以上	二级 80%以上	三级 70%以上	四级 0	
7	金属门窗框与墙体之间的缝隙应填嵌饱满，并采用密封胶密封。密封胶表面应光滑、顺直，无裂纹	10					
8	金属门窗扇的橡胶密封条或毛毡密封条应安装完好，不得脱槽	10					
9	排水孔应畅通	10					
10	塑料门窗表面应洁净、平整、光滑，大面应无划痕、碰伤	10					
11	塑料门窗的密封条不得脱槽。旋转窗间隙应基本均匀	10					
12	玻璃密封条与玻璃及玻璃槽口的接缝应平整，不得卷边、脱槽	10					
13	特种门的表面应洁净，无划痕、碰伤	10					
14	玻璃表面应洁净，不得有腻子、密封胶、涂料等污渍。中空玻璃内外表面均应洁净，玻璃中空层内不得有灰尘和水蒸气	10					
15	门窗玻璃不应直接接触型材。单面镀膜玻璃的镀膜层及磨砂玻璃的磨砂面应朝向室内。中空玻璃的单面镀膜玻璃应在最外层，镀膜层应朝向室内	10					
16	腻子应填抹饱满、粘结牢固；腻子边缘与裁口应平齐。固定玻璃的卡子不应在腻子表面显露	10					
合计	应得　　分，实得　　分，得分率　　%						

验收评定结论	该子分部工程观感质量得分率为　　%，根据标准，该子分部工程的观感质量验收合格，并评定为：合格□　优良□ 总包项目专职质量检查员：（签字） 年　月　日

验收评定人员	分包单位项目技术负责人	（签字）	年　月　日
	分包单位项目经理	（签字）	年　月　日
	总包单位项目技术负责人	（签字）	年　月　日
	总包单位项目经理	（签字）	年　月　日

表 F.0.1-3 吊顶工程观感质量检验评定

工程名称				施工总包单位				
项次	项目名称	标准分	评定等级				备注
			一级 90%以上	二级 80%以上	三级 70%以上	四级 0	
1	饰面材料表面应洁净、色泽一致,不得有翘曲、裂缝及缺损。压条应平直、宽窄一致	10					
2	饰面板上的灯具、烟感器、喷淋头、风口箅子等设备的位置应合理、美观,与饰面板的交接应吻合、严密	10					
3	金属龙骨的接缝应平整、吻合、颜色一致,不得有划伤、擦伤等表面缺陷。木质龙骨应平整、顺直,无劈裂	10					
合计	应得　　分,实得　　分,得分率　　%						

验收评定结论	该子分部工程观感质量得分率为　　%,根据标准,该子分部工程的观感质量验收合格,并评定为:合格 □ 优良 □ 总包项目专职质量检查员:(签字) 　　　　　　　　　　　　　　　　年　月　日

验收评定人员	分包单位项目技术负责人	(签字)	年　月　日
	分包单位项目经理	(签字)	年　月　日
	总包单位项目技术负责人	(签字)	年　月　日
	总包单位项目经理	(签字)	年　月　日

表 F.0.1-4 轻质隔墙工程观感质量检验评定

工程名称							
			施工总包单位				
项次	项目名称	标准分	评定等级				备注
			一级 90%以上	二级 80%以上	三级 70%以上	四级 0	
1	隔墙板材安装应垂直、平整、位置正确，板材不应有裂缝或缺损	10					
2	隔墙表面应平整光滑、色泽一致、洁净，接缝应均匀、顺直	10					
3	隔墙上的孔洞、槽、盒应位置正确，套割方正、边缘整齐	10					
4	玻璃隔墙接缝应横平竖直，玻璃应无裂痕、缺损和划痕	10					
5	玻璃板隔墙嵌缝及安装玻璃砖墙勾缝应密实平整、均匀顺直、深浅一致	10					
合计	应得　　分，实得　　分，得分率　　％						

验收评定结论	该子分部工程观感质量得分率为　　％，根据标准，该子分部工程的观感质量验收合格，并评定为：合格□　优良□ 总包项目专职质量检查员：（签字） 年　月　日

验收评定人员	分包单位项目技术负责人	（签字）	年　月　日
	分包单位项目经理	（签字）	年　月　日
	总包单位项目技术负责人	（签字）	年　月　日
	总包单位项目经理	（签字）	年　月　日

表 F.0.1-5 饰面板（砖）工程观感质量检验评定

工程名称			施工总包单位				
项次	项目名称	标准分	评定等级			四级 0	备注
			一级 90%以上	二级 80%以上	三级 70%以上		
1	饰面板（砖）表面应平整、洁净、色泽一致，无裂痕和缺损。石材表面应无泛碱等污染	10					
2	饰面板（砖）嵌缝密实、平直，宽度和深度应符合设计要求，嵌填材料色泽应一致	10					
3	饰面板（砖）的孔洞应套割吻合，边缘应整齐	10					
4	饰面砖阴阳角表面搭接方式、非整砖使用部位应符合设计要求	10					
5	墙面突出物周围的饰面砖应整砖套割吻合，边缘应整齐。墙裙、贴脸突出墙面的厚度应一致	10					
6	有排水要求的部位应做滴水线（槽）。滴水线（槽）应顺直，流水坡向应正确	10					
7							
8							
合计	应得　　分，实得　　分，得分率　　%						
验收评定结论	该子分部工程观感质量得分率为　　%，根据标准，该子分部工程的观感质量验收合格，并评定为：合格 □　优良 □ 　　　　　　　　　　　　总包项目专职质量检查员：（签字） 　　　　　　　　　　　　　　　　　　　　　　　　年　月　日						
验收评定人员	分包单位项目技术负责人	（签字）					年　月　日
	分包单位项目经理	（签字）					年　月　日
	总包单位项目技术负责人	（签字）					年　月　日
	总包单位项目经理	（签字）					年　月　日

表 F.0.1-6 幕墙工程观感质量检验评定

工程名称				施工总包单位			
项次	项目名称	标准分	评定等级				备注
			一级 90%以上	二级 80%以上	三级 70%以上	四级 0	
1	玻璃幕墙表面应平整、洁净；整幅玻璃的色泽应均匀一致；不得有污染和镀膜损坏	10					
2	明框玻璃的幕墙的外露框或压条应横平竖直，颜色、规格应符合设计要求，压条安装应牢固。单元玻璃幕墙的单元拼缝或隐框玻璃幕墙的分格玻璃拼缝应横平竖直、均匀一致	10					
3	玻璃幕墙的密封胶缝应横平竖直、深浅一致、宽窄均匀、光滑顺直	10					
4	金属板表面应平整、洁净、色泽一致	10					
5	幕墙的压条应平直、洁净、接口严密、安装牢固	10					
6	幕墙的密封胶缝应横平竖直、深浅一致、宽窄均匀、光滑顺直	10					
7	幕墙上的滴水线、流水坡向应正确、顺直						
8	石材幕墙表面应平整、洁净，无污染、缺损和裂痕，颜色和花纹应协调一致，无明显色差，无明显修痕						
9	石材接缝应横平竖直、宽窄均匀；阴阳角石板压向应正确，板边合缝应顺直；凸凹线出墙厚度应一致，上下口应平直；石材面板上洞口、槽边应套割吻合，边缘应整齐						
合计	应得　　分,实得　　分,得分率　　　%						
验收评定结论	该子分部工程观感质量得分率为　　%，根据标准，该子分部工程的观感质量验收合格，并评定为：合格 □　优良 □ 总包项目专职质量检查员：（签字） 年　月　日						
验收评定人员	分包单位项目技术负责人	（签字）					年　月　日
	分包单位项目经理	（签字）					年　月　日
	总包单位项目技术负责人	（签字）					年　月　日
	总包单位项目经理	（签字）					年　月　日

表 F.0.1-7 涂饰工程观感质量检验评定

工程名称				施工总包单位				
项次	项目名称		标准分	评定等级				备注
				一级 90%以上	二级 80%以上	三级 70%以上	四级 0	
1	涂饰均匀、粘结牢固,不得漏涂、透底、起皮和掉粉		10					
2	涂层与其他装修材料和设备衔接处应吻合,界面应清晰		10					
3	表面应洁净,不得有流坠现象		10					
4	仿花纹涂饰的饰面应具有被模仿材料的纹理		10					
5	套色涂饰的图案不得移位,纹理和轮廓应清晰		10					
合计	应得 分,实得 分,得分率 %							
验收评定结论	该子分部工程观感质量得分率为 %,根据标准,该子分部工程的观感质量验收合格,并评定为:合格□ 优良□ 总包项目专职质量检查员:(签字) 年 月 日							
验收评定人员	分包单位项目技术负责人			(签字)				年 月 日
	分包单位项目经理			(签字)				年 月 日
	总包单位项目技术负责人			(签字)				年 月 日
	总包单位项目经理			(签字)				年 月 日

表 F.0.1-8 裱糊与软包工程观感质量检验评定

工程名称				施工总包单位			
项次	项目名称	标准分	评定等级				备注
			一级 90%以上	二级 80%以上	三级 70%以上	四级 0	
1	裱糊后各幅拼接应横平竖直,拼接处花纹、图案应吻合,不离缝,不搭接,不显拼缝	10					
2	壁纸、墙布应粘贴牢固,不得有漏贴、补贴、脱层、空鼓和翘边	10					
3	裱糊后的壁纸、墙布表面应平整,色泽应一致,不得有波纹起伏、气泡、裂缝、皱折及斑污,斜视时应无胶痕	10					
4	复合压花壁纸的压痕及发泡壁纸的发泡层应无损坏	10					
5	壁纸、墙布与各种装饰线、设备线盒应交接严密	10					
6	壁纸、墙布边缘应平直整齐,无纸毛、飞刺	10					
7	壁纸、墙布阴角处搭接应顺光,阳角处应无接缝	10					
8	单块软包面料不应有接缝,四周应绷压严密	10					
9	软包工程表面应平整、洁净,无凹凸不平及皱折;图案应清晰、无色差,整体应协调美观	10					
10	软包边框应平整、顺直、接缝吻合	10					
合计	应得 分,实得 分,得分率 %						
验收评定结论	该子分部工程观感质量得分率为 %,根据标准,该子分部工程的观感质量验收合格,并评定为:合格 □ 优良 □ 总包项目专职质量检查员:(签字) 年 月 日						
验收评定人员	分包单位项目技术负责人		(签字)				年 月 日
	分包单位项目经理		(签字)				年 月 日
	总包单位项目技术负责人		(签字)				年 月 日
	总包单位项目经理		(签字)				年 月 日

表 F.0.1-9 细部工程观感质量检验评定

工程名称			施工总包单位				
项次	项目名称	标准分	评定等级			四级 0	备注
			一级 90%以上	二级 80%以上	三级 70%以上		
1	橱柜配件应齐全，安装应牢固	10					
2	橱柜的抽屉和柜门应开关灵活、回位正确	10					
3	橱柜表面应平滑、洁净、色泽一致，不得有裂缝、翘曲及损坏	10					
4	橱柜裁口应顺直、拼缝应严密	10					
5	窗帘盒、窗台板和散热器罩表面应平整、洁净、线条顺直、接缝严密、色泽一致，不得有裂缝、翘曲及损坏	10					
6	窗帘盒、窗台板和散热器罩与墙面、窗框的衔接应严密，密封胶缝应顺直、光滑	10					
7	门窗套表面应平整、洁净、线条顺直、接缝严密、色泽一致，不得有裂缝、翘曲及损坏	10					
8	护栏和扶手转角弧度应符合设计要求，接缝应严密，表面应光滑，色泽应一致，不得有裂缝、翘曲及损坏	10					
合计	应得　　分，实得　　分，得分率　　%						
验收评定结论	该子分部工程观感质量得分率为　　%，根据标准，该子分部工程的观感质量验收合格，并评定为：合格 □　优良 □ 总包项目专职质量检查员：（签字） 年　月　日						
验收评定人员	分包单位项目技术负责人	（签字）					年　月　日
	分包单位项目经理	（签字）					年　月　日
	总包单位项目技术负责人	（签字）					年　月　日
	总包单位项目经理	（签字）					年　月　日

本标准用词说明

1 为了便于在执行本标准条文时区别对待,对要求严格程度不同的用词说明如下:
  1)表示很严格,非这样做不可的用词:
     正面词采用"必须",反面词采用"严禁";
  2)表示严格,在正常情况下均应这样做的用词:
     正面词采用"应",反面词采用"不应"或"不得";
  3)表示允许稍有选择,在条件许可时首先应这样做的用词:
     正面词采用"宜",反面词采用"不宜";
     表示有选择,在一定条件下可以这样做的,采用"可"。
2 标准中指定应按其他有关标准、标准执行时,写法为:"应符合……的规定"或"应按……执行"。

建筑装饰装修工程施工质量标准

ZJQ00-SG-021-2006

条 文 说 明

目　次

1 总则 …………………………………………………………………… 9—131
2 术语 …………………………………………………………………… 9—131
3 基本规定 ……………………………………………………………… 9—132
4 抹灰工程 ……………………………………………………………… 9—133
5 门窗工程 ……………………………………………………………… 9—134
6 吊顶工程 ……………………………………………………………… 9—135
7 轻质隔墙工程 ………………………………………………………… 9—136
8 饰面板（砖）工程 …………………………………………………… 9—137
9 幕墙工程 ……………………………………………………………… 9—138
10 涂饰工程 ……………………………………………………………… 9—140
11 裱糊与软包工程 ……………………………………………………… 9—140
12 细部工程 ……………………………………………………………… 9—141
13 分部工程质量验收 …………………………………………………… 9—142

1 总 则

1.0.1 本条是制定统一标准的宗旨，也是中国建筑工程总公司制定企业工程质量标准的宗旨。作为中国最大的建筑工程公司和国际承包商，中国建筑工程总公司必须在严格遵守国家强制性标准的基础之上，制定企业的"产品质量标准"。工程的建造仅仅执行国家的"合格标准"，没有追求更高管理水平的企业质量标准，不利于总公司的发展和"一最两跨"战略目标的实现，与中国建筑工程总公司在国内建筑行业的地位亦不相适应。

1.0.2 本标准规定了制定中国建筑工程总公司企业房屋建筑工程装饰装修专业施工质量标准的统一准则。本标准提出对工程质量进行"评定"的规定，其目的是要通过对"合格"质量的进一步"评定"以区分工程质量水平的高低，避免所有的工程质量都向"合格"看齐，从而树立较高的质量样板，以促进工程质量整体水平的提高。

1.0.3 本标准的编制依据为国家标准《建筑工程施工质量验收统一标准》GB 50300、《中华人民共和国建筑法》、《建设工程质量管理条例》、《中国建筑工程总公司工程质量管理条例》等。

1.0.4 本标准主要作为企业内部质量控制的标准，除非建设单位（工程合同的甲方）有明确的要求。如果甲方要求采用本标准系列并达到优良等级，则乙方应就采用本标准系列可能增加的直接成本和管理成本等各方面问题与甲方进行协商并在工程承包合同中予以明确。

2 术 语

本章共有 17 条术语、符号，均系本标准有关章节中所引用的。所列术语是从本标准的角度赋予其涵义的，并与现行国家标准术语基本上是符合的。涵义不一定是术语的定义，主要的是说明本术语所指的工程内容的含义。本章术语与中国建筑工程总公司标准《建筑工程施工质量统一标准》ZJQ00-SG-013-2006 中的术语配套使用。

2.0.1 关于建筑装饰装修，目前还有几种习惯性说法，如建筑装饰、建筑装修、建筑装潢等。从三个名词在正规文件中的使用情况来看，《建筑装饰工程施工及验收规范》JGJ 73 和《建筑工程质量检验评定标准》GBJ 301 沿用了建筑装饰一词，《建设工程质量管理条例》和《建筑内部装修设计防火规范》GB 50222 沿用了"建筑装修"一词。从三个名词的含义来看，"建筑装饰"反映面层处理比较贴切，"装修"一词与基层处理、龙骨设置等工程内容更为符合，而装潢一词的本意是指裱面。另外，装饰装修一词在实际使用中越来越广泛。由于上述原因，本规范决定采用"装饰装修"一词并对"建筑装饰装修"加以定义。本条所列"建筑装饰装修"术语的含义包括了目前使用的"建筑装饰"、"建筑装修"和"建筑装潢"。

3 基 本 规 定

3.1.1 建筑装饰装修设计中涉及建筑安全性的部分必须进行安全计算，并应有相应的详细计算说明书。

3.1.5 随着我国经济的快速发展和人民生活水平的提高，建筑装饰装修行业已经成为一个重要的新兴行业，年产值已超过 1000 亿元人民币，从业人数达到 500 多万人。建筑装饰装修行业为公众营造出了美丽、舒适的居住和活动空间，为社会积累了财富，已成为现代生活中不可或缺的一个组成部分。但是，在装饰装修活动中也存在一些不规范甚至相当危险的做法。例如，为了扩大使用面积随意拆改承重墙等。为了保证在任何情况下，建筑装饰装修活动本身不会导致建筑物的安全度降低，或影响到建筑物的主要使用功能如防水、采暖、通风、供电、供水、供燃气等，特制定本条。

3.2.5 对进场材料进行复验，是为保证建筑装饰装修工程质量采取的一种确认方式。在目前建筑材料市场假冒伪劣现象较多的情况下，进行复验有助于避免不合格材料用于装饰装修工程，也有助于解决提供样品与供货质量不一致的问题。本标准各章的第一节"一般规定"明确规定了需要复验的材料及项目。在确定项目时，考虑了三个因素：一是保证安全和主要使用功能；二是尽量减少复验发生的费用；三是尽量选择检测周期较短的项目。关于抽样数量的规定是最低要求。为了达到控制质量的目的，在抽取样品时应首先选取有疑问的样品，也可以由双方商定增加抽样数量。

3.2.9 建筑装饰装修工程采用大量的木质材料，包括木材和各种各样的人造木板，这些材料不经防火处理往往达不到防火要求。与建筑装饰装修工程有关的防火规范主要是《建筑内部装修设计防火规范》GB 50222，《建筑设计防火规范》GB 50016 和《高层民用建筑设计防火规范》GB 50045 也有相关规定。设计人员按上述规范给出所用材料的燃烧性能及处理方法后，施工单位应严格按设计进行选材和处理，不得调换材料或减少处理步骤。

3.3.7 基体或基层的质量是影响建筑装饰装修工程质量的一个重要因素。例如，基层有油污可能导致抹灰工程和涂饰工程出现脱层、起皮等质量问题；基体或基层强度不够可能导致饰面层脱落，甚至造成坠落伤人的严重事故。为了保证质量，避免返工，特制定本条。

3.3.8 一般来说，建筑装饰装修工程的装饰装修效果很难用语言准确、完整地表述出来；有时，某些施工质量问题也需要有一个更直观的评判依据。因此，在施工前，通常应根据工程情况而确定制作样板间、样板件或封存材料样板。样板间适用于宾馆客房、住宅、写字楼、办公室等工程，样板件适用于外墙饰面或室内公共活动场所，主要材料样板是指建筑装饰装修工程中采用的壁纸、涂料、石材等涉及颜色、光泽、图案花纹等评判指标的材料。不管采用哪种方式，都应由建设方、施工方、供货方等有关各方确认。

4 抹 灰 工 程

4.1.5 根据中国建筑工程总公司标准《建筑工程施工质量统一标准》ZJQ00-SG-013-2006 关于检验批划分的规定及装饰装修工程的特点，室处抹灰一般是上下层连续作业，两层之间是完整的装饰面，没有层与层之间的界限，如果按楼层划分检验批不便于检查。另一方面，各建筑物的体量和层高不一致，即使是同一建筑其层高也不完全一致，按楼层划分检验批量的概念难确定。因此，规定室外按相同材料、工艺和施工条件每 500～1000m² 划分为一个检验批。

4.1.12 经调研发现，混凝土（包括预制混凝土）顶棚基体抹灰，由于各种因素的影响，抹灰层脱落的质量事故时有发生，严重危及人身安全，引起了有关部门的重视，如北京市为解决混凝土顶棚基体表面抹灰层脱落的质量问题，要求各建筑施工单位，不得在混凝土顶棚基体表面抹灰，用腻子找平即可，5 年来取得了良好的效果。

4.2.1 本标准将一般抹灰工程分为普通抹灰、中级抹灰和高级抹灰三级合并为普通抹灰和高级抹灰两级。主要是由于普通抹灰和中级抹灰的主要工序和表面质量基本相同，将原中级抹灰的主要工序和表面质量作为普通抹灰的要求。抹灰等级应由设计单位按照国家有关规定，根据技术、经济条件和装饰美观的需要来确定，并在施工图中注明。

4.2.3 材料质量是保证抹灰工程质量的基础，因此，抹灰工程所用材料如水泥、砂、石灰膏、石膏、有机聚合物等应符合设计要求及国家现行产品标准的规定，并应有出厂合格证；材料进场时应进行现场验收，不合格的材料不得用在抹灰工程上，对影响抹灰工程质量与安全的主要材料的某些性能如水泥的凝结时间和安定性进行现场抽样复验。

4.2.4 抹灰厚度过大时，容易产生起鼓、脱落等质量问题；不同材料基体交接处，由于吸水和收缩性不一致，接缝处表面的抹灰层容易开裂，上述情况均应采取加强措施，以切实保证抹灰工程的质量。

4.2.5 抹灰工程的质量关键是粘结牢固，无开裂、空鼓与脱落。如果粘结不牢，出现空鼓、开裂、脱落等缺陷，会降低对墙体保护作用，且影响装饰效果。经调研分析，抹灰层之所以出现开裂、空鼓和脱落等质量问题，主要原因是基体表面清理不干净，如：基体表面尘埃及疏松物、脱模剂和油渍等影响抹灰粘结牢固的物质未彻底清除干净；基体表面光滑，抹灰前未做毛化处理；抹灰前基体表面浇水不透，抹灰后砂浆中的水分很快被基体吸收，使砂浆中的水泥未充分水化生成水泥石，影响砂浆粘结力；砂浆质量不好，使用不当；一次抹灰过厚，干缩率较大等，都会影响抹灰层与基体的粘结牢固。

4.3.1 根据国内装饰抹灰的实际情况，本标准保留了《建筑装饰工程施工及验收规范》JGJ 73-91 中水刷石、斩假石、干粘石、假面砖等项目，删除了水磨石、拉条灰、拉毛灰、洒毛灰、喷砂、喷涂、弹涂、仿石和彩色抹灰等项目。但水刷石浪费水资源，并对环境有污染，应尽量少使用。

5 门 窗 工 程

5.1.5 本条规定了门窗工程检验批划分的原则。即进场门窗应按品种、类型、规格各自组成检验批，并规定了各种门窗组成检验批的不同数量。

本条所称门窗品种，通常是指窗的制作材料，如实木门窗、铝合金门窗、塑料门窗等；门窗类型指门窗的功能或开启方式，如平开窗、立转窗、自动门、推拉门等；门窗规格指门窗的尺寸。

5.1.6 本条对各种检验批的检查数量作出规定。考虑到对高层建筑（10层及10层以上的居住建筑和建筑高度超过24m的公共建筑）的外窗各项性能要求应更为严格，故每个检验批的检查数量增加一倍。此外，由于特种门的重要性明显高于普通门，数量则较之普通门为少，为保证特种门的功能，规定每个检验批抽样检查的数量应比普通门加大。

5.1.7 本条规定了安装门窗前应对门窗洞口尺寸进行检查，除检查单个门窗洞口尺寸外，还应对能够通视的成排或成列的门窗洞口进行目测或拉通线检查。如果发现明显偏差，应向有关管理人员反映，采取处理措施后再安装门窗。

5.1.8 安装金属门窗和塑料门窗，我国规范历来规定应采用预留洞口的方法施工，不得采用边安装边砌口或先安装后砌口的方法施工，其原因主要是防止门窗框受挤压变形和表面保护层受损。木门窗安装也宜采用预留洞口的方法施工。如果采用先安装后砌口的方法施工时，则应注意避免门窗框在施工中受损、受挤压变形或受到污染。

5.1.10 组合窗拼樘料不仅起连接作用，而且是组合窗的重要受力部件，故对其材料应严格要求，其规格、尺寸、壁厚等应由设计给出，并应使组合窗能够承受该地区的瞬时风压值。

5.1.11 门窗安装是否牢固既影响使用功能又影响安全，其重要性尤其以外墙门窗更为显著。故本条规定，无论采用何种方法固定，建筑外墙门窗均必须确保安装牢固，并将此条列为强制性条文。内墙门窗安装也必须牢固，本标准将内墙门窗安装牢固的要求列入主控项目而非强制性条文。考虑到砌体中砖、砌块以及灰缝的强度较低，受冲击容易破碎，故规定在砌体上安装门窗时严禁用射钉固定。

5.2.10 在正常情况下，当门窗扇关闭时，门窗扇的上端本应与下端同时或上端略早于下端贴紧门窗的上框。所谓"倒翘"通常是指当门窗扇关闭时，门窗扇的下端已经贴紧门窗下框，而门窗扇的上端由于翘曲而未能与门窗的上框贴紧，尚有离缝的现象。

5.2.11 考虑到材料的发展，本标准将门窗五金件统一称为配件。门窗配件不仅影响门窗功能，也有可能影响安全，故本标准将门窗配件的型号、规格、数量及功能列为主控项目。

5.2.17 表中允许偏差栏中所列数值，凡注明正负号的，表示本标准对此偏差的不同方向有不同要求，应严格遵守。凡没有注明正负号的，即使其偏差可能具有方向性，但本标准并未对这类偏差的方向性作出规定，故检查时对这些偏差可以不考虑方向性要求。本条说明也适用本标准其他表格中的类似情况。

5.2.18 表中除给出允许偏差外，对留缝尺寸等给出了尺寸限值。考虑到所给尺寸限值是一个范围，故不再给出允许偏差。

5.3.4 推拉门窗扇意外脱落容易造成安全方面的伤害，对高层建筑情况更为严重，故规定推拉门窗扇必须有防脱落措施。

5.4.4 拼樘料的作用不仅是连接多樘窗，而且起着重要的固定作用。故本标准从安全角度，对拼樘料作出了严格要求。

5.4.7 塑料门窗的线性膨胀系数较大，由于温度升降易引起门窗变形或在门窗框与墙体间出现裂缝，为了防止上述现象，特规定塑料门窗框与墙体间缝隙应采用伸缩性能较好的闭孔弹性材料填嵌，并用密封胶密封。采用闭孔材料则是为了防止材料吸水导致连接件锈蚀，影响安装强度。

5.5.1 特种门种类繁多，功能各异，而且其品种、功能还在不断增加，故在标准中不能一一列出。本标准从安装质量验收角度，就其共性作出了原则规定。本标准未列明的其他特种门，也可参照本章的规定验收。

5.6.9 为防止门窗的框、扇型材胀缩、变形时导致玻璃破碎，门窗玻璃不应直接接触型材。为保护镀膜玻璃上的镀膜层及发挥镀膜层的作用，单面镀膜玻璃的镀膜层应朝向室内。双层玻璃的单面镀膜玻璃应在最外层，镀膜层应朝向室内。

6 吊顶工程

6.1.1 本章适用于龙骨加饰面板的吊顶工程。按照施工工艺不同，又分为暗龙骨吊顶和明龙骨吊顶。

6.1.4 为了既保证吊顶工程的使用安全，又做到竣工验收时不破坏饰面，吊顶工程的隐蔽工程验收非常重要，本条所列各款均应提供由监理工程师签名的隐蔽工程验收记录。

6.1.8 由于发生火灾时，火焰和热空气迅速向上蔓延，防火问题对吊顶工程是至关重要的，使用木质材料装饰装修顶棚时应慎重。《建筑内部装修设计防火规范》GB 50222-1995 规定顶棚装饰装修材料的燃烧性能必须达到 A 级或 B1 级，未经防火处理的木质材料的燃烧性能达不到这个要求。

6.1.12 龙骨的设置主要是为了固定饰面材料，一些轻型设备如小型灯具、烟感器、喷淋头、风口箅子等也可以固定在饰面材料上。但如果把电扇和大型吊灯固定在龙骨上，可能会造成脱落伤人事故。为了保证吊顶工程的使用安全，特制定本条并作为强制性条文。

7 轻质隔墙工程

7.1.1 本章所说轻质隔墙是指非承重轻质内隔墙。轻质隔墙工程所用材料的种类和隔墙的构造方法很多，本章将其归纳为板材隔墙、骨架隔墙、活动隔墙、玻璃隔墙四种类型。加气混凝土砌块、空心砌块及各种小型砌块等砌体类轻质隔墙不含在本章范围内。

7.1.3 轻质隔墙施工要求对所使用人造木板的甲醛含量进行进场复验。目的是避免对室内空气环境造成污染。

7.1.4 轻质隔墙工程中的隐蔽工程施工质量是这一分项工程质量的重要组成部分。本条规定了轻质隔墙工程中的隐蔽工程验收内容，其中设备管线安装的隐蔽工程验收属于设备专业施工配合的项目，要求在骨架隔墙封面板前，对骨架中设备管线的安装进行隐蔽工程验收，隐蔽工程验收合格后才能封面板。

7.1.6 轻质隔墙与顶棚及其他材料墙体的交接处容易出现裂缝，因此，要求轻质隔墙的这些部位要采取防裂缝的措施。

7.2.1 板材隔墙是指不需设置隔墙龙骨，由隔墙板材自承重，将预制或现制的隔墙板材直接固定于建筑主体结构上的隔墙工程。目前这类轻质隔墙的应用范围很广，使用的隔墙板材通常分为复合板材、单一材料板材、空心板材等类型。常见的隔墙板材如金属夹芯板、预制或现制的钢丝网水泥板、石膏夹芯板、石膏水泥板、石膏空心板、泰柏板（舒乐舍板）、增强水泥聚苯板（GRC板）、加气混凝土条板、水泥陶粒板等。随着建材行业的技术进步，这类轻质隔墙板材的性能会不断提高，板材的品种也会不断变化。

7.3.1 骨架隔墙是指在隔墙龙骨两侧安装墙面板以形成墙体的轻质隔墙。这一类隔墙主要是由龙骨作为受力骨架固定于建筑主体结构上。目前大量应用的轻钢龙骨石膏板隔墙就是典型的骨架隔墙。龙骨骨架中根据隔声或保温设计要求可以设置填充材料，根据设备安装要求安装一些设备管线等等。龙骨常见的有轻钢龙骨系列、其他金属龙骨以及木龙骨。墙面板常见的有纸面石膏板、人造木板、防火板、金属板、水泥纤维板以及塑料板等。

7.3.4 龙骨体系沿地面、顶棚设置的龙骨及边框龙骨，是隔墙与主体结构之间重要的传力构件，要求这些龙骨必须与基体结构连接牢固，垂直和平整，交接处平直，位置准确。由于这是骨架隔墙施工质量的关键部位，故应作为隐蔽工程项目加以验收。

7.3.5 目前我国的轻钢龙骨主要有两大系列，一种是仿日本系列，一种是仿欧美系列。这两种系列的构造不同，仿日本龙骨系列要求安装贯通龙骨并在竖向龙骨竖向开口处安装支撑卡，以增强龙骨的整体性和刚度，而仿欧美系列则没有这项要求。在对龙骨进行隐蔽工程验收时可根据设计选用不同龙骨系列的有关规定进行检验，并符合设计要求。

骨架隔墙在有门窗洞口、设备管线安装或其他受力部位，应安装加强龙骨，增强龙骨骨架的强度，以保证在门窗开启使用或受力时隔墙的稳定。

一些有特殊结构要求的墙面，如曲面、斜面等，应按照设计要求进行龙骨安装。

7.4.1 活动隔墙是指推拉式活动隔墙、可拆装的活动隔墙等。这一类隔墙大多使用成品板材及其金属框架、附件在现场组装而成，金属框架及饰面板一般不需再做饰面层。也有一些活动隔墙不需要金属框架，完全是使用半成品板材现场加工制作成活动隔墙。这都属于本节验收范围。

7.4.2 活动隔墙在大空间多功能厅室中经常使用，由于这类内隔墙是重复及动态使用，必须保证使用的安全性和灵活性。因此，每个检验批抽查的比例有所增加。

7.4.5 推拉式活动隔墙在使用过程中，经常地由于滑轨推拉制动装置的质量问题而使得推拉使用不灵活。这是一个带有普遍性的质量问题，本条规定了要进行推拉开启检查，应该推拉平稳、灵活。

7.5.1 近年来，装饰装修工程中用钢化玻璃作内隔墙、用玻璃砖砌筑内隔墙日益增多，为适应这类隔墙工程的质量验收，特制定本节内容。

7.5.2 玻璃隔墙或玻璃砖砌筑隔墙在轻质隔墙中用量一般不是很大，但是有些玻璃隔墙的单块玻璃面积比较大，其安全性就很突出，因此，要对涉及安全性的部位和节点进行检查，而且每个检验批抽查的比例也有所提高。

7.5.5 玻璃砖砌筑隔墙中应埋设拉结筋，拉结筋要与建筑主体结构或受力杆件有可靠的连接；玻璃板隔墙的受力边也要与建筑主体结构或受力杆件有可靠的连接，以充分保证其整体稳定性，保证墙体的安全。

8 饰面板（砖）工程

8.1.1 饰面板工程采用的石材有花岗石、大理石、青石板和人造石材；采用的瓷板有抛光板和磨边板两种，面积不大于 $1.2m^2$，不小于 $0.5m^2$；金属饰面板有钢板、铝板等品种；木材饰面板主要用于内墙裙。陶瓷面砖主要包括釉面瓷砖、外墙面砖、陶瓷锦砖、陶瓷壁画、劈裂砖等；玻璃面砖主要包括玻璃锦砖、彩色玻璃面砖、釉面玻璃等。

8.1.3 本条仅规定对人身健康和结构安全有密切关系的材料指标进行复验。天然石材中花岗石的放射性超标的情况较多，故规定要求对室内用的花岗石进行放射性检测。

8.1.7 《外墙饰面砖工程施工及验收规程》JGJ126-2000 中 6.0.6 条第 3 款规定："外墙饰面砖工程，应进行粘结强度检验。其取样数量、检验方法、检验结果判定均应符合现行行业标准《建筑工程饰面砖粘结强度检验标准》JGJ 110 的规定。"由于该方法为破坏性检验，破损饰面砖不易复原，且检验操作有一定难度，在实际验收中较少采用。故本条规定在外墙饰面砖粘贴前和施工过程中均应制作样板件并做粘结强度试验。

8.2.7 采用传统的湿作业法安装天然石材时，由于水泥砂浆在水化时析出大量的氢氧化钙，泛到石材表面，产生不规则的花斑，俗称泛碱现象，严重影响建筑物室内外石材饰面的装饰效果。因此，在天然石材安装前，应对石材饰面采用"防碱背涂剂"进行背涂处理。

9 幕 墙 工 程

9.1.1 由金属构件与各种板材组成的悬挂在主体结构上、不承担主体结构荷载与作用的建筑物外围护结构,称为建筑幕墙。按建筑幕墙的面板可将其分为玻璃幕墙、金属幕墙、石材幕墙、混凝土幕墙及组合幕墙等。按建筑幕墙的安装形式又可将其分为散装建筑幕墙、半单元建筑幕墙、单元建筑幕墙、小单元建筑幕墙等。

9.1.8 隐框、半隐框玻璃幕墙所采用的中性硅酮结构密封胶,是保证隐框、半隐框玻璃幕墙安全性的关键材料。中性硅酮结构密封胶有单组分和双组分之分,单组分硅酮结构密封胶靠吸收空气中水分而固化,因此,单组分硅酮结构密封胶的固化时间较长,一般需要14~21d,双组分固化时间较短,一般为7~10d左右,硅酮结构密封胶在完全固化前,其粘结拉伸强度是很弱的,因此,玻璃幕墙构件在打注结构胶后,应在温度20℃、湿度50%以上的干净室内养护,待完全固化后才能进行下道工序。

  幕墙工程使用的硅酮结构密封胶,应选用法定检测机构检测合格的产品,在使用前必须对幕墙工程选用的铝合金型材、玻璃、双面胶带、硅酮耐候密封胶、塑料泡沫棒等与硅酮结构密封胶接触的材料做相容性试验和粘结剥离性试验,试验合格后才能进行打胶。

9.1.9 本条规定有双重含义,幕墙的立柱和横梁等主要受力杆件,其截面受力部分的壁厚应经计算确定,但又规定了最小壁厚,即如计算的壁厚小于规定的最小壁厚时,应取最小壁厚值,计算的壁厚大于规定的最小壁厚时,应取计算值,这主要是由于某些构造要求无法计算,为保证幕墙的安全可靠而采取的双控措施。

9.1.10 硅酮结构密封胶的粘结宽度是保证半隐框、隐框玻璃幕墙安全的关键环节之一,当采用半隐框、隐框幕墙时,硅酮结构密封胶的粘结宽度一定要通过计算来确定。当计算的粘结宽度小于规定的最小值时则采用最小值,当计算值大于规定的最小值时则采用计算值。

9.1.13 幕墙工程使用的各种预埋件必须经过计算确定,以保证其具有足够的承载力。为了保证幕墙与主体结构连接牢固可靠,幕墙与主体结构连接的预埋件应在主体结构施工时,按设计要求的数量、位置和方法进行埋设,埋设位置应正确。施工过程中如将预埋件的防腐层损坏,应按设计要求重新对其进行防腐处理。

9.1.15 本条所提到单元幕墙连接处和吊挂处的壁厚,是按照板块的大小、自重及材质、连接形式严格计算的,并留有一定的安全系数,壁厚计算值如果大于5mm,应取计算值;如果壁厚计算值小于5mm,应取5mm。

9.1.16 幕墙构件与混凝土结构的连接一般是通过预埋件实现的。预埋件的锚固钢筋是锚固作用的主要来源,混凝土对锚固钢筋的粘结力是决定性的,因此预埋件必须在混凝土浇筑前埋入,施工时混凝土必须振捣密实。目前实际施工中,往往由于放入预埋件时,未采取有效措施来固定预埋件,混凝土浇筑时往往使预埋件偏离设计位置,影响立柱的连接，甚至无法使用。因此应将预埋件可靠地固定在模板上或钢筋上。

当施工未设预埋件、预埋件漏放、预埋件偏离设计位置、设计变更、旧建筑加装幕墙时，往往要使用后置埋件。采取后置埋件（膨胀螺栓或化学螺栓）时，应符合设计要求并应进行现场拉拔试验。

9.2.1 本条所规定的玻璃幕墙适用范围，参照了《玻璃幕墙工程技术规范》JGJ 102－2003 的规定，建筑高度大于 150m 的玻璃幕墙工程目前尚无国家或行业的设计和施工标准，故不包含在本标准规定的范围内。

9.2.4 本条规定幕墙应使用安全玻璃，安全玻璃是指夹层玻璃和钢化玻璃，但不包括半钢化玻璃。夹层玻璃是一种性能良好的安全玻璃，它的制作方法是用聚乙烯醇缩丁醛胶片（PVB）将两块玻璃牢固地粘结起来，受到外力冲击时，玻璃碎片粘在 PVB 胶片上，可以避免飞溅伤人。钢化玻璃是普通玻璃加热后急速冷却形成的，被打破时变成很多细小无锐角的碎片，不会造成割伤。半钢化玻璃虽然强度也比较大，但其破碎时仍然会形成锐利的碎片，因而不属于安全玻璃。

9.3.1 本条所规定的金属幕墙适用范围，参照了《金属与石材幕墙工程技术规范》JGJ 133－2001 的规定，建筑高度大于 150m 的金属幕墙工程目前尚无国家或行业的设计和施工标准，故不包含在本标准规定的范围内。

9.3.2 金属幕墙工程所使用的各种材料、配件大部分都有国家标准，应按设计要求严格检查材料产品合格证书及性能检测报告、材料进场验收记录、复验报告，不符合规定要求的严禁使用。

9.3.9 金属幕墙结构中自上而下的防雷装置与主体结构的防雷装置可靠连接十分重要，导线与主体结构连接时应除掉表面的保护层，与金属直接连接。幕墙的防雷装置应由建筑设计单位认可。

9.4.1 本条所规定的石材幕墙适用范围，参照了《金属与石材幕墙工程技术规范》JGJ 133－2001 的规定。对于建筑高度大于 100m 的石材幕墙工程，由于我国目前尚无国家或行业的设计和施工标准，故不包含在本标准规定的范围内。

9.4.2 石材幕墙所用的主要材料如石材的弯曲强度、金属框架杆件和金属挂件的壁厚应经过设计计算确定。本条款规定了最小限值，如计算值低于最小限值时，应取最小限值，这是为了保证石材幕墙安全而采取的双控措施。

9.4.3 由于石材幕墙的饰面板大都是选用天然石材，同一品种的石材在颜色、光泽和花纹上容易出现很大的差异；在工程施工中，又经常出现石材排版放样时，石材幕墙的立面分格与设计分格有很大的出入；这些问题都不同程度地降低了石材幕墙整体的装饰效果。本条要求石材幕墙的石材样品和石材的施工分格尺寸放样图应符合设计要求并取得设计的确认。

9.4.4 石板上用于安装的钻孔或开槽是石板受力的主要部位，加工时容易出现位置不正、数量不足、深度不够或孔槽壁太薄等质量问题，本条要求对石板上孔或槽的位置、数量、深度以及孔或槽的壁厚进行进场验收；如果是现场开孔或开槽，监理单位和施工单位应对其进行抽检，并做好施工记录。

9.4.11 本条是考虑目前石材幕墙在石材表面处理上有不同做法，有些工程设计要求在石材表面涂刷保护剂，形成一层保护膜，有些工程设计要求石材表面不做任何处理，以保持天然石材本色的装饰效果；在石材板缝的做法上也有开缝和密封缝的不同做法，在施工质量验收时应符合设计要求。

9.4.14 石材幕墙要求石板不能有影响其弯曲强度的裂缝。石板进场安装前应进行预拼，拼对石材表面花纹纹路，以保证幕墙整体观感无明显色差，石材表面纹路协调美观。天然石材的修痕应力求与石材表面质感和光泽一致。

10 涂饰工程

10.1.2 涂饰工程所选用的建筑涂料，其各项性能应符合下述产品标准的技术指标：
    1 《合成树脂乳液砂壁状建筑涂料》JG/T24
    2 《合成树脂乳液外墙涂料》 GB/T9755
    3 《合成树脂乳液内墙涂料》 GB/T9756
    4 《溶剂型外墙涂料》 GB/T9757
    5 《复层建筑涂料》 GB/T9779
    6 《外墙无机建筑涂料》 JG/T25
    7 《饰面型防火涂料通用技术标准》 GB12441
    8 《水泥地板用漆》 HG/T2004
    9 《水溶性内墙涂料》 JC/T423
    10 《多彩内墙涂料》 JG/T003
    11 《聚氨酯清漆》 HG 2454
    12 《聚氨酯磁漆》 HG/T2660

10.1.5 不同类型的涂料对混凝土或抹灰基层含水率的要求不同，涂刷溶剂型涂料时，参照国际一般做法规定为不大于8%；涂刷乳液型涂料时，基层含水率控制在10%以下时装饰质量较好，同时，国内外建筑涂料产品标准对基层含水率的要求均在10%左右，故规定涂刷乳液型涂料时基层含水率不大于10%。

11 裱糊与软包工程

11.1.1 软包工程包括带内衬软包和不带内衬软包两种。
11.1.5 基层的质量与裱糊工程的质量有非常密切的关系，故作出本条规定。
    1 新建筑物的混凝土抹灰基层如不涂刷抗碱封闭底漆，基层泛碱会导致裱糊后的壁纸变色。
    2 旧墙面疏松的旧装修层如不清除，将会导致裱糊后的壁纸起鼓或脱落。清除后的墙面仍需达到裱糊对基层的要求。

3 基层含水率过大时，水蒸气会导致壁纸表面起鼓。

4 腻子与基层粘结不牢固，或出现粉化、起皮和裂缝，均会导致壁纸接缝处开裂，甚至脱落，影响裱糊质量。

5 抹灰工程的表面平整度、立面垂直度及阴阳角方正等质量均对裱糊质量影响很大，如其质量达不到高级抹灰的质量要求，将会造成裱糊时对花困难，并出现离缝和搭接现象，影响整体装饰效果，故抹灰质量应达到高级抹灰的要求。

6 如基层颜色不一致，裱糊后会导致壁纸表面发花，出现色差，特别是对遮蔽性较差的壁纸，这种现象将更严重。

7 底胶能防止腻子粉化，并防止基层吸水，为粘贴壁纸提供一个适宜的表面，还可使壁纸在对花、校正位置时易于滑动。

11.2.6 裱糊时，胶液极易从拼缝中挤出，如不及时擦去，胶液干后壁纸表面会产生亮带，影响装饰效果。

11.2.10 裱糊时，阴阳角均不能有对接缝，如有对接缝极易开胶、破裂，且接缝明显，影响装饰效果。阳角处应包角压实，阴角处应顺光搭接，这样可使拼缝看起来不明显。

11.3.2 木材含水率太高，在施工后的干燥过程中，会导致木材翘曲、开裂、变形，直接影响到工程质量。故应对其含水率进行进场验收。

11.3.5 如不绷压严密，经过一段时间，软包面料会因失去张力而出现下垂及皱折；单块软包上的面料不能拼接，因拼接既影响装饰效果，拼接处又容易开裂。

11.3.8 因清漆制品显示的是木料的本色，其色泽和木纹如相差较大，均会影响到装饰效果，故制定此条。

12 细部工程

12.1.1 橱柜、窗帘盒、窗台板、散热器罩、门窗套、护栏、扶手、花饰等的制作与安装在建筑装饰装修工程中的比重越来越大。国家标准《建筑工程质量检验评定标准》GBJ 301-88 第十一章第十节"细木制品工程"的内容已经不能满足新材料、新技术的发展要求，故本章不限定材料的种类，以利于创新和提高装饰装修水平。

12.1.2 验收时检查施工图、设计说明及其他设计文件，有利于强化设计的重要性，为验收提供依据，避免口头协议造成扯皮。材料进场验收、复验、隐蔽工程验收、施工记录是施工过程控制的重要内容，是工程质量的保证。

12.1.3 人造木板的甲醛含量过高会污染室内环境，进行复验有利于核查是否符合要求。

12.2.1 本条适用于位置固定的壁柜、吊柜等橱柜制作、安装工程的质量验收。不包括移动式橱柜和家具的质量验收。

12.2.7 橱柜抽屉、柜门开闭频繁，应灵活、回位正确。

12.2.10 橱柜安装允许偏差指标是参考北京市标准《高级建筑装饰工程质量检验评定标准》DBJ 是 01-27-96 第 7.6 条"高档固定家具"制定的。

12.3.1 本条适用于窗帘盒、散热器罩和窗台板制作、安装工程的质量验收。窗帘盒有木材、塑料、金属等多种材料做法，散热器罩以木材为主，窗台板有木材、天然石材、水磨石等多种材料做法。

12.5.2 护栏和扶手安全性十分重要，故每个检验批的护栏和扶手全部检查。

13　分部工程质量验收

13.1.1 规定了建筑装饰装修分部（子分部）工程质量验收评定需要划分为分项工程和检验批，规定了质量验收的基本要求。

13.1.2 规定了分项工程和检验批的组成的基本要求。

13.1.3 按照中国建筑工程总公司《建筑工程施工质量统一标准》ZJQ00-SG-013-2006 的规定，明确了建筑装饰装修工程的检验批、分项、分部（子分部）工程质量均分为合格与优良两个等级。

13.1.4 规定了检验批的质量等级的基本标准。

13.1.5 规定了分项工程的质量等级的基本标准。

13.1.6 规定了分部（子分部）工程的质量等级的基本标准。

13.1.7 规定了作为单位工程验收的装饰装修工程的质量等级的验收评定标准。

13.1.8 规定了检验批质量不符合时需要进行处理。

13.2 规定了建筑装饰装修工程的质量验收与评定程序、组织及相应的记录。

13.2.1 规定了建筑装饰装修工程的质量验收和评定的程序与组织应按照中国建筑工程总公司《建筑工程质量统一标准》ZJQ00-SG-013-2006 的规定执行。

13.2.2 本标准附录 B 列出了建筑装修工程中九个子分部工程及其分项工程的名称，规定了建筑装饰装修工程的子分部工程及其分项工程的划分。

13.2.3 规定了隐蔽工程验收的记录格式。

13.2.4 按照中国建筑工程总公司标准《建筑工程施工质量统一标准》ZJQ00-SG-013-2006 的规定，工程质量验收和评定均应使用统一的格式进行记录。

13.2.5 有的建筑装饰装修工程除一般要求外，还会提出一些特殊的要求，如音乐厅、剧院、电影院、会堂等建筑对声学、光学有很高的要求；大型控制室、计算机房等建筑在屏蔽、绝缘方面需特别处理；一些实验室和车间有超净、防霉、防辐射等要求。为满足这些特殊要求，设计人员往往采用一些特殊的装饰装修材料和工艺。此类工程验收时，除执行本标准外，还应按设计对特殊要求进行检测和验收。

13.2.6 许多案例说明，如长期在空气污染严重、通风状况不良的室内居住或工作，会导致许多健康问题，轻者出现头痛、嗜睡、疲惫无力等症状；重者会导致支气管炎、癌症等疾病，此类病症被国际医学界统称为"建筑综合症"。而劣质建筑装饰装修材料散出的有害气体是导致室内空气污染的主要原因。

近年来，我国政府逐步加强了对室内环境问题的管理，并正在将有关内容纳入技术法规。《民用建筑工程室内环境污染控制规范》GB 50325 规定要对氡、甲醛、氨、苯及挥发性有机化合物进行控制，建筑装饰装修工程均应符合该规范的规定。

建筑给水排水及采暖工程
施工质量标准

Standard for construction of building
water supply drainage and heating engineering

ZJQ00-SG-022-2006

中国建筑工程总公司

前　言

本标准是根据中国建筑工程总公司（简称中建总公司）中建市管字（2004）5号《关于全面开展中建总公司建筑工程各专业施工标准编制工作的通知》的要求，由中国建筑第八工程局组织编制。

本标准总结了中国建筑工程总公司系统建筑给水排水及采暖工程施工管理的实践经验，以"突出质量策划、完善技术标准、强化过程控制、坚持持续改进"为指导思想，以提高质量管理要求为核心，力求在有效控制制造成本的前提下，使建筑给水排水及采暖工程的施工质量得到切实保证和不断提高。

本标准是以现行国家标准《建筑给水排水及采暖工程施工质量验收规范》GB 50242、中国建筑工程总公司《建筑工程施工质量统一标准》ZJQ00-SG-013-2006为基础，综合考虑中国建筑工程总公司所属施工企业的技术水平、管理能力、施工队伍操作工人的技术素质和现有市场环境等各方面客观条件，融入工程质量等级评定，以便统一中国建筑工程总公司系统施工企业建筑给水排水及采暖工程施工质量的内部验收方法、质量标准、质量等级的评定和程序，为创工程质量的"过程精品"奠定基础。

本标准将根据国家有关标准、规范的变化，企业发展的需要等进行定期或不定期的修订，请各单位在执行本标准的过程中，注意总结经验、积累资料，随时将意见和建议及有关资料及时反馈中国建筑工程总公司质量管理部门，以供本标准修订时参考。

主编单位：中国建筑第八工程局
参编单位：中国建筑第八工程局工业设备安装公司
主　　编：肖绪文
副 主 编：王玉岭　杨春沛　罗能镇　裴正强　张成林
　　　　　刘明贵
编写人员：陈　静　苗冬梅　刘　涛　王　森　李本勇
　　　　　曹丹桂　谢上冬　张玉年

目 次

1 总则 ……………………………………………………………… 10—5
2 术语、符号说明 ………………………………………………… 10—5
3 基本规定 ………………………………………………………… 10—7
　3.1 质量管理 …………………………………………………… 10—7
　3.2 材料设备管理 ……………………………………………… 10—10
　3.3 施工过程质量控制 ………………………………………… 10—10
4 室内给水系统安装 ……………………………………………… 10—13
　4.1 一般规定 …………………………………………………… 10—13
　4.2 给水管道及配件安装 ……………………………………… 10—14
　4.3 室内消火栓系统安装 ……………………………………… 10—16
　4.4 给水设备安装 ……………………………………………… 10—16
5 室内排水系统安装 ……………………………………………… 10—18
　5.1 一般规定 …………………………………………………… 10—18
　5.2 排水管道及配件安装 ……………………………………… 10—18
　5.3 雨水管道及配件安装 ……………………………………… 10—22
6 室内热水供应系统安装 ………………………………………… 10—23
　6.1 一般规定 …………………………………………………… 10—23
　6.2 管道及配件安装 …………………………………………… 10—24
　6.3 辅助设备安装 ……………………………………………… 10—25
7 卫生器具安装 …………………………………………………… 10—26
　7.1 一般规定 …………………………………………………… 10—26
　7.2 卫生器具安装 ……………………………………………… 10—28
　7.3 卫生器具给水配件安装 …………………………………… 10—29
　7.4 卫生器具排水管道安装 …………………………………… 10—30
8 室内采暖系统安装 ……………………………………………… 10—31
　8.1 一般规定 …………………………………………………… 10—31
　8.2 管道及配件安装 …………………………………………… 10—32
　8.3 辅助设备及散热器安装 …………………………………… 10—34
　8.4 金属辐射板安装 …………………………………………… 10—36
　8.5 低温热水地板辐射采暖系统安装 ………………………… 10—36
　8.6 系统水压试验及调试 ……………………………………… 10—37
9 室外给水管网安装 ……………………………………………… 10—38
　9.1 一般规定 …………………………………………………… 10—38

9.2 给水管道安装	10—38
9.3 消防水泵接合器及室外消火栓安装	10—41
9.4 管沟及井室	10—42
10 室外排水管网安装	10—43
10.1 一般规定	10—43
10.2 排水管道安装	10—44
10.3 排水管沟及井池	10—45
11 室外供热管网安装	10—46
11.1 一般规定	10—46
11.2 管道及配件安装	10—46
11.3 系统水压试验及调试	10—48
12 建筑中水系统及游泳池水系统安装	10—49
12.1 一般规定	10—49
12.2 建筑中水系统管道及辅助设备安装	10—49
12.3 游泳池水系统安装	10—50
13 供热锅炉及辅助设备安装	10—51
13.1 一般规定	10—51
13.2 锅炉安装	10—51
13.3 辅助设备及管道安装	10—55
13.4 安全附件安装	10—58
13.5 烘炉、煮炉和试运行	10—60
13.6 换热站安装	10—61
14 分部（子分部）工程质量验收	10—61
附录 A 检验批质量验收、评定记录	10—62
附录 B 分项工程质量验收、评定记录	10—88
附录 C 子分部工程质量验收、评定记录	10—89
附录 D 建筑给水排水及采暖（分部）工程质量验收、评定记录	10—90
本标准用词说明	10—91
条文说明	10—92

1 总 则

1.0.1 为了加强企业建筑工程质量管理，提高施工技术水平，强化企业产品质量标准的要求，特制定本施工质量标准。

1.0.2 本施工质量标准适用于中国建筑工程总公司及其所属施工企业承接的建筑给水排水及采暖工程的施工和评定。

1.0.3 建筑给水排水及采暖工程施工中采用的工程技术文件、承包合同文件对施工质量评定的要求不得低于国家施工质量标准的规定。

1.0.4 建筑给水、排水及采暖工程施工应具备下列条件：

1　设计及其他技术文件齐全，并业经会审。
2　按批准的施工方案已进行技术交底。
3　材料、施工力量、机具等能保证正常施工。
4　施工场地及施工用水、电等临时设施能满足施工需要。

1.0.5 建筑给水、排水及采暖工程所使用的主要材料、设备及制品，应有符合国家或部颁现行标准的该(批)产品的技术质量鉴定文件或产品合格证。

1.0.6 建筑给水、排水及采暖工程的施工，应与建筑及其他有关专业工种密切配合。在施工过程中应做好质量检验评定，保证工程质量达到国家标准和设计要求。

1.0.7 本标准应与中国建筑工程总公司《建筑工程施工质量统一标准》ZJQ00－SG－013－2006配套使用。

1.0.8 本标准中以黑体字印刷的条文为强制性条文，必须严格执行。

1.0.9 本标准系中国建筑工程总公司企业标准，主要用于企业内部的工程质量控制，在工程的建设方(甲方)无特定要求时，工程的外部验收应以现行国家标准《建筑给水排水及采暖工程施工质量验收规范》GB 50242 为准。若工程建设方(甲方)要求采用本标准作为通风与空调工程的质量标准时，应在施工承包合同中作出明确的约定，并明确由于采用本标准而引起的甲、乙双方的相关责任、权利和义务。

1.0.10 建筑给水、排水及采暖工程的施工及质量评定除应执行本施工质量标准外，尚应符合国家现行有关标准、规范及地方相关标准的规定。

2 术语、符号说明

2.0.1 给水系统　water supply system

通过管道及辅助设备，按照建筑物和用户的生产、生活和消防的需要，有组织地输送到用水地点的网络。

2.0.2 排水系统 drainage system

通过管道及辅助设备，把屋面雨水及生活和生产过程所产生的污水、废水及时排放出去的网络。

2.0.3 热水供应系统 hot water supply system

为满足人们在生活和生产过程中对水温的某些特定要求而由管道及辅助设备组成的输送热水的网络。

2.0.4 卫生器具 sanitary fixtures

用来满足人们日常生活中各种卫生要求、收集和排放生活及生产中的污水、废水的设备。

2.0.5 给水配件 water supply fittings

在给水和热水供应系统中，用以调节、分配水量和水压，关断和改变水流方向的各种管件、阀门和水嘴的统称。

2.0.6 建筑中水系统 intermediate water system of building

以建筑物的冷却水、沐浴排水、盥洗排水、洗衣排水等为水源，经过物理、化学方法的工艺处理，用于厕所冲洗便器、绿化、洗车、道路浇洒、空调冷却及水景等的供水系统为建筑中水系统。

2.0.7 辅助设备 auxiliaries

建筑给水、排水及采暖系统中，为满足用户的各种使用功能和提高运行质量而设置的各种设备。

2.0.8 试验压力 test pressure

管道、容器或设备进行耐压强度和气密性试验规定所要达到的压力。

2.0.9 额定工作压力 rated pressure

指锅炉及压力容器出厂时所标定的最高允许工作压力。

2.0.10 管道配件 pipe fittings

管道与管道或管道与设备连接用的各种零、配件的统称。

2.0.11 固定支架 fixed trestle

限制管道在支撑点处发生轴向位移的管道支架。

2.0.12 活动支架 movable trestle

允许管道在支撑点处发生轴向位移的管道支架。

2.0.13 整装锅炉 integrative boiler

按照运输条件所允许的范围，在制造厂内完成总装整台发运的锅炉，也称快装锅炉。

2.0.14 非承压锅炉 boiler without bearing

以水为介质，锅炉本体有规定水位且运行中直接与大气相通，使用中始终与大气压强相等的固定式锅炉。

2.0.15 安全附件 safety accessory

为保证锅炉及压力容器安全运行而必须设置的附属仪表、阀门及控制装置。

2.0.16 静置设备 still equipment

在系统运行时，自身不做任何运动的设备，如水箱及各种罐类。

2.0.17 分户热计量 house hold-based heat metering

以住宅的户(套)为单位，分别计量向户内供给的热量的计量方式。

2.0.18 热计量装置 heat metering device

用以测量热媒的供热量的成套仪表及构件。

2.0.19 卡套式连接 compression joint

由带锁紧螺帽和丝扣管件组成的专用接头而进行管道连接的一种连接形式。

2.0.20 防火套管 fire-resisting sleeves

由耐火材料和阻燃剂制成的，套在硬塑料排水管外壁可阻止火势沿管道贯穿部位蔓延的短管。

2.0.21 阻火圈 firestops collar

由阻燃材料膨胀剂制成的，套在硬塑料排水管外壁可在发生火灾时将管道封堵，防止火势蔓延的套圈。

2.0.22 钢塑复合管 steel-plastic composite pipe

在钢管内壁衬(涂)一定厚度塑料层复合而成的管子。钢塑复合管分衬塑钢管和涂塑钢管。

2.0.23 衬塑钢管 plastic-lined steel pipe

采用紧衬复合工艺将塑料管衬于钢管内而制成的复合管。

2.0.24 涂塑钢管 plastic-coated steel pipe

采用塑料粉末涂料均匀地涂敷于钢管表面并经加工而制成的复合管。

2.0.25 沟槽式连接 grooved in connection

在管段端部压出凹槽，通过专用卡箍，辅以橡胶密封圈，扣紧沟槽而连接的方式。

2.0.26 超薄壁不锈钢塑料复合管 extra-thin-wall stainless steel and plastic composite pipeline

外层为不锈钢(0Cr18Ni9 或 00Cr17Ni12Mo2)材料，其厚度不大于管材外径的 1/60，内层为符合卫生要求的塑料，塑料与不锈钢间采用热熔胶或特种胶粘剂粘合而构成的三层组合管材。根据内层材料不同，管材分为冷水用和热水用两类。

3 基本规定

3.1 质量管理

3.1.1 建筑给水、排水及采暖工程施工现场应具有必要的施工质量标准、健全的质量管理体系和工程质量检测制度，实现施工全过程质量控制。

3.1.2 建筑给水、排水及采暖工程的施工应按照批准的工程设计文件和施工技术标准进行施工。修改设计应有设计单位出具的设计变更通知单。

3.1.3 建筑给水、排水及采暖工程的施工应编制施工组织设计或施工方案，经业主/监理批准后方可实施。

3.1.4 建筑(室内)给水、排水及采暖工程的子分部、分项工程可按表3.1.4进行划分。

表3.1.4 建筑(室内)给水、排水及采暖工程子分部、分项工程划分

分部工程	子分部工程	分 项 工 程
建筑给水排水及采暖工程（室内）	室内给水系统	给水管道及配件安装、室内消火栓系统安装、给水设备安装、管道防腐、绝热
	室内排水系统	排水管道及配件安装、雨水管道及配件安装
	室内热水供应系统	管道及配件安装、辅助设备安装、防腐、绝热
	卫生器具安装	卫生器具安装、卫生器具给水配件安装、卫生器具排水管道安装
	室内采暖系统	管道及配件安装、辅助设备及散热器安装、金属辐射板安装、低温热水地板辐射采暖系统安装、系统水压试验及调试、防腐、绝热
	建筑中水系统及游泳池系统	建筑中水系统管道及辅助设备安装、游泳池系统安装
	供热锅炉及辅助设备安装	锅炉安装、辅助设备及管道安装、安全附件安装、烘炉、煮炉和试运行、换热站安装、防腐、绝热

3.1.5 室外给水、排水及采暖工程子单位、分部（子分部）、分项工程可按表3.1.5进行划分。

表3.1.5 室外给水、排水及采暖工程子单位、分部（子分部）、分项工程划分

单位工程	子单位工程	分部（子分部）工程	分 项 工 程
室外安装工程	室外给水排水及采暖工程	室外给水系统	给水管道安装、消防水泵接合器及室外消火栓安装、管沟及井室
		室外排水系统	排水管道安装、排水管沟与井池
		室外供热系统	管道及配件安装、系统水压试验及调试、防腐、绝热

3.1.6 建筑给水、排水及采暖工程的施工单位应当具有相应的资质。工程质量评定人员应具有相应的专业技术资格。

3.1.7 建筑给水、排水及采暖工程的分项工程，应按系统、区域、施工段或楼层等划分。分项工程应划分成若干个检验批进行验收。

3.1.8 施工单位应根据施工进度情况及时组织自检，在自检合格的基础上，报请监理（建设）单位组织验收。非总承包施工单位还应报请总承包单位派员参加。

3.1.9 检验批应由施工单位项目专业质量检查员组织自检，并填写检验批质量评定表，报请监理工程师（建设单位项目专业技术负责人），组织施工单位项目专业质量（技术）负责人等进行验收。

检验批的质量等级应符合以下规定：

1 合格

1) 主控项目的质量必须符合本标准的合格规定；
2) 一般项目的质量应符合本标准的合格规定。当采取抽样检验时，其抽样数量（比例）应符合本质量标准的规定，且允许偏差实测值应有不少于80%的点数在相应质量标准的规定范围之内，实测值的最大值不得超过允许值的150%；
3) 具有完整的施工操作依据、详实的质量控制及质量检查记录。

2 优良

1) 主控项目的质量必须符合本标准的合格规定；
2) 一般项目的质量应符合本标准的合格规定。当采取抽样检验时，其抽样数量（比例）应符合本质量标准的规定，且允许偏差实测值应有不少于80%的点数在相应质量标准的规定范围之内，实测值的最大值不得超过允许值的120%；
3) 具有完整的施工操作依据、详实的质量控制及质量检查记录。

3.1.10 分项工程应由施工单位项目专业质量（技术）负责人组织自检，并填写分项工程质量验收表，报请监理工程师（建设单位项目专业技术负责人），组织施工单位项目专业质量（技术）负责人等进行验收。

分项工程的质量等级应符合以下规定：

1 合格

1) 分项工程所含检验批的质量均达到本标准的合格等级；
2) 分项工程所含检验批的施工操作依据、质量检查、验收记录完整。

2 优良

1) 分项工程所含检验批全部达到本标准的合格等级并且有70%以上的检验批的质量达到本标准的优良等级；
2) 分项工程所含检验批的施工操作依据、质量检查、验收记录完整。

3.1.11 子分部工程应由施工单位项目专业技术负责人组织自检，并填写子分部工程质量验收表，报请监理工程师（建设单位项目专业技术负责人），组织施工单位项目技术负责人等进行验收。

3.1.12 分部工程应由施工单位项目技术负责人组织自检，并填写分部工程质量验收表，报请总监理工程师（建设单位项目专业技术负责人），组织施工单位项目经理和有关勘察、设计单位项目负责人等进行验收。

分部（子分部）工程的质量等级应符合以下规定：

1 合格

1) 所含分项工程的质量全部达到本标准的合格等级；
2) 质量控制资料完整；
3) 有关安全及功能的检验和抽样检测结果应符合有关规定；
4) 观感质量评定的得分率应不低于80%。

2 优良

1) 所含分项工程的质量全部达到本标准的合格等级，并且其中有70%及其以上达到本标准的优良等级；
2) 质量控制资料完整；
3) 有关安全及功能的检验和抽样检测结果应符合有关规定；
4) 观感质量评定的得分率达到90%以上。

3.1.13 单位（子单位）工程应由施工单位项目经理组织自检，并填写单位（子单位）工程质量验收表，提交工程验收报告，报请建设单位（项目）负责人组织施工（含总分包单位）、设计、监理等单位（项目）负责人等进行验收。具体质量等级的划分见中国建筑工程总公司《建筑工程施工质量统一标准》ZJQ00-SG-013-2006的相关规定。

3.2 材料设备管理

3.2.1 建筑给水、排水及采暖工程所使用的主要材料、成品、半成品、配件、器具和设备必须具有中文质量合格证明文件,规格、型号及性能检测报告应符合国家技术标准或设计要求。进场时应做检查验收,并经监理工程师核查确认。

3.2.2 所有材料进场时应对品种、规格、外观等验收。包装应完好,表面无划痕及外力冲击破损。

3.2.3 主要器具和设备必须有完整的安装使用说明书。在运输、保管和施工过程中,应采取有效措施防止损坏或腐蚀。

3.2.4 阀门安装前,应作强度和严密性试验。试验应在每批(同牌号、同型号、同规格)数量中抽查10%,且不少于一个。对于安装在主干管上起切断作用的闭路阀门,应逐个作强度和严密性试验。

3.2.5 阀门的强度和严密性试验,应符合以下规定:阀门的强度试验压力为公称压力的1.5倍;严密性试验压力为公称压力的1.1倍;试验压力在试验持续时间内应保持不变,且壳体填料及阀瓣密封面无渗漏。阀门试压的试验持续时间应不少于表3.2.5的规定。应及时填报阀门试压记录。

表3.2.5 阀门试验持续时间

公称直径 DN (mm)	最短试验持续时间 (s)		
	严密性试验		强度试验
	金属密封	非金属密封	
≤50	15	15	15
65~200	30	15	60
250~450	60	30	180

3.2.6 管道上使用冲压弯头时,所使用的冲压弯头外径应与管道外径相同。

3.3 施工过程质量控制

3.3.1 建筑给水、排水及采暖工程与相关各专业之间,应进行交接质量检验,并形成记录。

3.3.2 隐蔽工程应在隐蔽前经验收各方检验合格后,才能隐蔽,并形成记录。

3.3.3 地下室或地下构筑物外墙有管道穿过的,应采取防水措施。对有严格防水要求的建筑物,必须采用柔性防水套管。

3.3.4 管道穿过结构伸缩缝、抗震缝及沉降缝敷设时,应根据情况采取下列保护措施:
 1 在墙体两侧采取柔性连接;
 2 在管道或保温层外皮上、下部留有不小于150mm的净空;
 3 在穿墙处做成方形补偿器,水平安装。

3.3.5 在同一单位工程,同类型的采暖设备、卫生器具及管道配件,宜安装在同一高度上；在同一房间内，除有特殊要求外，应安装在同一高度上。

3.3.6 明装管道成排安装时，直线部分应互相平行。曲线部分：当管道水平或垂直并行时，应与直线部分保持等距；管道水平上下并行时，弯管部分的曲率半径应一致。

3.3.7 管道支、吊、托架的安装，应符合下列规定：

1 位置正确，埋设应平整牢固；

2 固定支架与管道接触应紧密，固定应牢靠；

3 滑动支架应灵活，滑托与滑槽两侧间应留有3～5mm的间隙，纵向移动量应符合设计要求；

4 无热伸长管道的吊架、吊杆应垂直安装；

5 有热伸长管道的吊架、吊杆应向热膨胀的反方向偏移；

6 固定在建筑结构上的管道支、吊架不得影响结构的安全。

3.3.8 钢管水平安装的支、吊架间距不应大于表3.3.8的规定。

表3.3.8 钢管管道支架的最大间距

公称直径（mm）		15	20	25	32	40	50	70	80	100	125	150	200	250	300
支架的最大间距(m)	保温管	2	2.5	2.5	2.5	3	3	4	4	4.5	6	7	7	8	8.5
	不保温管	2.5	3	3.5	4	4.5	5	6	6	6.5	7	8	9.5	11	12

3.3.9 采暖、给水及热水供应系统的塑料管及复合管垂直或水平安装的支架间距应符合表3.3.9的规定。采用金属制作的管道支架，应在管道与支架间加衬非金属垫或套管。

表3.3.9 塑料管及复合管管道支架的最大间距

管径（mm）			12	14	16	18	20	25	32	40	50	63	75	90	110
最大间距(m)	立管		0.5	0.6	0.7	0.8	0.9	1.0	1.1	1.3	1.6	1.8	2.0	2.2	2.4
	水平管	冷水管	0.4	0.4	0.5	0.5	0.6	0.7	0.8	0.9	1.0	1.1	1.2	1.35	1.55
		热水管	0.2	0.2	0.25	0.3	0.35	0.4	0.5	0.6	0.7	0.8			

3.3.10 铜管垂直或水平安装的支架间距应符合表3.3.10的规定。

表3.3.10 铜管管道支架的最大间距

公称直径（mm）		15	20	25	32	40	50	65	80	100	125	150	200
支架的最大间距(m)	垂直管	1.8	2.4	2.4	3.0	3.0	3.0	3.5	3.5	3.5	3.5	4.0	4.0
	水平管	1.2	1.8	1.8	2.4	2.4	2.4	3.0	3.0	3.0	3.0	3.5	3.5

3.3.11 采暖、给水及热水供应系统的金属管道立管管卡安装应符合下列规定：

1 楼层高度小于或等于5m，每层必须安装1个；

2 楼层高度大于5m，每层不得少于2个；

3 管卡安装高度，距地面应为1.5～1.8m，2个以上管卡应匀称安装，同一单位工程中管卡宜安装在同一高度上；同一房间内管卡应安装在同一高度上。

3.3.12 管道及管道支墩（座），严禁铺设在冻土和未经处理的松土上。检查隐蔽工程记录。

3.3.13 管道穿过墙壁和楼板，应设置金属或塑料套管。安装在楼板内的套管，其顶部应高出装饰地面20mm；安装在卫生间及厨房内的套管，其顶部应高出装饰地面50mm；底部应与楼板底面相平；安装在墙壁内的套管其两端与饰面相平。穿过楼板的套管与管道之间缝隙应均匀且应用阻燃密实材料和防水油膏填实，端面光滑平整。穿墙套管与管道之间缝隙应均匀且宜用阻燃型密实材料填实，且端面应光滑平整。管道的接口不得设在套管内。

3.3.14 弯制钢管，弯曲半径应符合下列规定：
    1 热弯：应不小于管道外径的3.5倍。
    2 冷弯：应不小于管道外径的4倍。
    3 焊接弯头：应不小于管道外径的1.5倍。
    4 冲压弯头：应不小于管道外径。

3.3.15 管道接口应符合下列规定：
    1 管道接口采用粘接接口，管端插入承口的深度不得小于表3.3.15的规定；

表3.3.15 管端插入承口的深度

公称直径(mm)	20	25	32	40	50	75	100	125	150
插入深度(mm)	16	19	22	26	31	44	61	69	80

    2 熔接连接管道的结合面应有一均匀的熔接圈，不得出现局部熔瘤或熔接圈凹凸不匀现象；
    3 采用橡胶圈接口的管道，允许沿曲线敷设，每个接口的最大偏转角不得超过2°；
    4 法兰连接时，衬垫不得凸入管内，其外边缘接近螺栓孔为宜。不得安放双垫或偏垫；
    5 连接法兰的螺栓，直径和长度应符合标准，拧紧后，突出螺母的长度不应大于螺杆直径的1/2；
    6 螺纹连接管道安装后的管螺纹根部应有2～3扣的外露螺纹，多余的麻丝或生料带应清理干净，清除油污后做相应防腐处理；
    7 承插口采用水泥捻口时，油麻必须清洁、填塞密实，水泥应捻入并密实饱满，其接口面凹入承口边缘的深度不得大于2mm；
    8 卡箍（套）式连接两管口端应平整、无缝隙，沟槽应均匀，卡紧螺栓后管道应平直，卡箍（套）安装方向应一致；
    9 焊接接口焊缝外形尺寸应符合图纸和工艺文件的规定，焊缝高度不得低于母材表面，焊缝与母材应圆滑过渡。焊缝及热影响区表面应无裂纹、未熔合、未焊透、夹渣、弧坑和气孔等缺陷。

3.3.16 各种承压管道系统和设备应做水压试验，非承压管道系统和设备应做灌水试验。检查水压试验记录、灌水试验记录。

3.3.17 管道和设备安装前，必须清除内部污垢和杂物；安装中断或完毕的敞口处应临时封闭。

3.3.18 给水和采暖系统在使用前，应用水冲洗，直到将污浊物冲干净为止。检查冲洗记录。

3.3.19 管子的螺纹应规整，如有断丝或缺丝，不得大于螺丝全部丝扣数的10%。

3.3.20 弯制方形钢管伸缩器，宜用整根管弯成；如需接口，其焊口应设在伸缩器垂直臂的中间。

3.3.21 方形伸缩器水平安装，应与管道坡度一致；若垂直安装，应有排气装置。

3.3.22 安装伸缩器，应做预拉伸。检查预拉伸记录。如设计无要求，套管伸缩器预拉长度应符合表3.3.22规定；方形伸缩器预拉长度等于$1/2\Delta X$。预拉长度允许偏差：套管伸缩器为$+5mm$，方形伸缩器为$+10mm$。管道热伸长应按下列公式计算：

$$\Delta X = 0.012(t_1 - t_2)L$$

式中 ΔX——管道热伸长（mm）；

t_1——热媒温度（℃）；

t_2——安装时环境温度（℃）；

L——管道长度（m）。

表3.3.22 套管伸缩器预拉长度

伸缩器规格（mm）	15	20	25	32	40	50	65	75	80	100	125	150
拉出长度（mm）	20	20	30	30	40	40	56	56	59	59	59	63

4 室内给水系统安装

4.1 一 般 规 定

4.1.1 本章适用于工作压力不大于1.0MPa的室内给水和消火栓系统管道安装工程的质量检验与验收。

4.1.2 给水管道材质有给水铸铁管、镀锌钢管（热浸镀锌、电镀）、焊接钢管、无缝钢管、螺旋钢管、铝塑复合管、钢塑复合管（衬塑钢管、涂塑钢管）、超薄壁不锈钢塑料复合管、给水硬聚氯乙烯管（PVC-U）、给水用改性聚丙烯（PP-R）管、铜管等。

4.1.3 给水管道必须采用与管材相适应的管件。生活给水系统所涉及的材料必须达到饮用水卫生标准。

4.1.4 管径小于或等于100mm的镀锌钢管应采用螺纹连接，套丝扣时破坏的镀锌层表面及外露螺纹部分应做防腐处理；管径大于100mm的镀锌钢管应采用法兰或沟槽式专用管件连接，镀锌钢管与法兰的焊接处应二次镀锌。

4.1.5 给水塑料管和复合管可以采用橡胶圈接口、粘结接口、热熔接口、卡套式或沟槽式专用管件连接及法兰连接等形式。塑料管和复合管与金属管件、阀门等的连接应使用专用管件连接。不得在塑料管上套丝。

4.1.6 无缝钢管、螺旋焊接钢管采用焊接或法兰方式连接。

4.1.7 给水铸铁管道应采用水泥捻口或橡胶圈接口方式进行连接。

4.1.8 铜管连接可采用专用接头或焊接，当管径小于22mm时，宜采用承插或套管焊接，承口应迎介质流向安装；当管径大于或等于22mm时，宜采用对口焊接。

4.1.9 给水立管和装有3个或3个以上配水点的支管始端，均应安装可拆卸的连接件。

4.1.10 冷、热水管道同时安装应符合下列规定：

  1 上、下平行安装时，热水管应在冷水管上方；

  2 垂直平行安装时，热水管应在冷水管左侧。

4.1.11 建筑给水、排水及采暖工程与相关各专业之间，应进行交接质量检验，并形成记录。

4.1.12 检验批质量验收表当地政府主管部门无统一规定时，宜采用《室内给水管道及配件安装工程检验批质量验收记录表》050101、《室内消火栓系统安装工程检验批质量验收记录表》050102、《给水设备安装工程检验批质量验收记录表》050103。

  对于分项工程质量验收表，当地政府主管部门无统一规定时，宜采用附录表B.0.1。

4.2 给水管道及配件安装

主 控 项 目

4.2.1 室内给水管道的水压试验必须符合设计要求。当设计未注明时，各种材质的给水管道系统试验压力均为工作压力的1.5倍，但不得小于0.6MPa。

  检验方法：金属及复合管给水管道系统在试验压力下观测10min，压力降不应大于0.02MPa，然后降到工作压力进行检查，应不渗不漏；塑料管给水系统应在试验压力下稳压1h，压力降不得超过0.05MPa，然后在工作压力的1.15倍状态下稳压2h，压力降不得超过0.03MPa，同时检查各连接处，不得渗漏。检查水压试验记录。

  检查数量：全数检查。

4.2.2 给水系统交付前必须进行通水试验并做好记录。

  检验方法：观察和开启阀门、水嘴等放水。可全部系统或分区（段）进行。检查通水试验记录。

  检查数量：全数检查。

4.2.3 生活给水系统管道在交付使用前必须冲洗和消毒，并经有关部门取样检验，符合现行国家标准《生活饮用水标准》方可使用。

  检验方法：检查有关部门提供的检测报告。检查系统冲洗记录。

  检查数量：全数检查。

4.2.4 室内直埋给水管道（塑料管道和复合管道除外）应做防腐处理。埋地管道防腐材质和结构应符合设计要求。

检验方法：观察或局部解剖检查。检查隐蔽工程记录。

检查数量：每20m抽查1处。

一 般 项 目

4.2.5 给水引入管与排水排出管的水平净距不得小于1m。室内给水与排水管道平行敷设时，两管间的最小水平净距不得小于0.5m；交叉铺设时，垂直净距不得小于0.15m。

给水管应铺在排水管上面，若给水管必须铺在排水管的下面时，给水管应加套管，其长度不得小于排水管管径的3倍。

检验方法：尺量检查。

检查数量：全数检查。

4.2.6 管道及管件焊接的焊缝表面质量应符合下列要求：

焊缝外形尺寸应符合图纸和工艺文件的规定，焊缝高度不得低于母材表面，焊缝与母材应圆滑过渡。

焊缝及热影响区表面应无裂纹、未熔合、未焊透、夹渣、弧坑和气孔等缺陷。

检验方法：观察或用焊缝检验尺检查。

检查数量：不少于10个焊口。

4.2.7 给水水平管道应有2‰～5‰的坡度坡向泄水装置。

检验方法：水平尺和尺量检查。

检查数量：按系统内直线管段长度每50m抽查2段，不足50m不少于1段；有分隔墙建筑，以隔墙为分段数，抽查5%，但不少于5段。

4.2.8 给水管道和阀门安装的允许偏差应符合表4.2.8的规定。

表4.2.8 管道和阀门安装的允许偏差和检验方法

项次	项	目	允许偏差（mm）	检验方法
1	水平管道纵横方向弯曲	钢 管	每米 1 全长25m以上 ≤25	用水平尺、直尺、拉线和尺量检查
		塑料管 复合管	每米 1.5 全长25m以上 ≤25	
		铸铁管	每米 2 全长25m以上 ≤25	
2	立管垂直度	钢 管	每米 3 5m以上 ≤8	吊线和尺量检查
		塑料管 复合管	每米 2 5m以上 ≤8	
		铸铁管	每米 3 5m以上 ≤10	
3	成排管段和成排阀门		在同一平面上间距 3	尺量检查

检查数量：

1 水平管道纵横方向弯曲：按系统内直线管段长度每50m抽查2段，不足50m不少于1段；有分隔墙建筑，以隔墙为分段数，抽查5%，但不少于5段；

2 立管垂直度：一根立管为1段，两层及其以上按楼层分段，各抽查5%，但均不少于10段；

3 成排管段和成排阀门各抽查10%，但均不少于5组，不足5组的全数检查。

4.2.9 管道的支、吊架安装应平整牢固，其间距应符合表3.3.8、表3.3.9、表3.3.10的规定。

检验方法：观察、尺量及手扳检查。检查管道支、吊架安装记录。

检查数量：各抽查5%，但均不少于5件（个）。

4.2.10 水表应安装在便于观测、检修、不受暴晒、污染和冻结的地方。安装螺翼式水表，表前与阀门应有不小于8倍水表接口直径的直线管段。表外壳距墙表面净距为10～

30mm；水表进水口中心标高按设计要求，允许偏差为±10mm。

检验方法：观察和尺量检查。

检查数量：抽查10%，但不少于5个；少于5个全检。

4.3 室内消火栓系统安装

主 控 项 目

4.3.1 室内消火栓系统安装完成后应取屋顶层（或水箱间内）试验消火栓和首层取二处消火栓做试射试验，达到设计要求为合格。

检验方法：实地试射检查。检查消火栓系统试射试验记录。

检查数量：按系统取屋顶层（或水箱间内）试验消火栓和首层取二处消火栓做试射试验。

一 般 项 目

4.3.2 安装消火栓水龙带，水龙带与水枪和快速接头绑扎好后，应根据箱内构造将水龙带挂放在箱内的挂钉、托盘或支架上。

检验方法：观察检查。

检查数量：系统的总组数少于5组全数检查；大于5组抽查50%，但不少于5组。

4.3.3 箱式消火栓的安装应符合下列规定：
1 栓口应朝外，并不应安装在门轴侧；
2 栓口中心距地面为1.1m，允许偏差±20mm；
3 阀门中心距箱侧面为140mm，距箱后内表面为100mm，允许偏差±5mm；
4 消火栓箱体安装的垂直度允许偏差为3mm。

检验方法：观察和尺量检查。

检查数量：系统的总组数少于5组全数检查；大于5组抽查20%，但不少于5组。

4.4 给水设备安装

主 控 项 目

4.4.1 水泵就位前的基础混凝土强度、坐标、标高、尺寸和螺栓孔位置必须符合设计规定。

检验方法：对照图纸用仪器和尺量检查。检查设备基础交接验收记录。

检查数量：全数检查。

4.4.2 水泵试运转的轴承温升必须符合设备说明书的规定。

检验方法：温度计实测检查。检查设备单机试运转记录。

检查数量：全数检查。

4.4.3 敞口水箱的满水试验和密闭水箱（罐）的水压试验必须符合设计与本标准的规定。

检验方法：满水试验静置 24h 观察，不渗不漏；水压试验在试验压力下 10min 压力不下降，不渗不漏。检查敞开水箱满水试验记录，检查密闭水箱（罐）水压试验记录。

检查数量：全数检查。

一 般 项 目

4.4.4 水箱支架或底座安装，其尺寸及位置应符合设计规范规定，埋设平整牢固。

检验方法：对照图纸，尺量检查。

检查数量：全数检查。

4.4.5 水箱溢流管和泄放管应设置在排水地点附近但不得与排水管直接连接。溢流管末端应有防污染网罩。

检验方法：观察检查。

检查数量：全数检查。

4.4.6 水泵的减振装置应符合规范及设计要求。水泵配管的柔性接头止回阀、控制阀以及压力表等附属设备的安装型号、规格、方式及位置等符合有关规定。立式水泵的减振装置不应采用弹簧减振器。

检验方法：观察检查。

检查数量：全数检查。

4.4.7 室内给水设备安装的允许偏差应符合表 4.4.7 规定。

表 4.4.7 室内给水设备安装的允许偏差和检验方法

项次	项 目		允许偏差(mm)	检验方法
1	静置设备	坐标	15	经纬仪或拉线、尺量检查
		标高	±5	用水准仪、拉线和尺量检查
		垂直度（每1m）	5	吊线和尺量检查
2	离心式水泵	立式泵体垂直度（每1m）	0.1	水平尺和塞尺检查
		卧式泵体水平度（每1m）	0.1	水平尺和塞尺检查
	联轴器同心度	轴向倾斜（每1m）	0.8	在联轴器互相垂直的四个位置上用水准仪、百分表或测微螺钉和塞尺检查
		径向位移	0.1	

检查数量：全数检查。检查设备安装记录。

4.4.8 管道及设备保温层的厚度和平整度的允许偏差应符合表 4.4.8 的规定。

表 4.4.8 管道及设备保温层厚度和平整度的允许偏差和检验方法

项次	项 目		允许偏差（mm）	检验方法
1	厚 度		$+0.1\delta$ -0.05δ	用钢针刺入
2	表面平整度	卷材	5	用2m靠尺和楔形塞尺检查
		涂抹	10	

注：δ 为保温层厚度。

检验方法：检查管道（设备）保温层验收记录。

检查数量：

1 设备全数检查，且每台不少于5点。

2 管道凡能按隔墙、楼层分段的，均以每一楼层分隔墙内的管段为一个抽查点，抽查5%，但不少于5处；不能按隔墙、楼层分段的，每20m抽查1处。

5 室内排水系统安装

5.1 一般规定

5.1.1 本章适用于室内排水管道、雨水管道安装工程的质量检验与验收。

5.1.2 室内排水管道材料的选用：

1 首先应按设计要求选材，无特殊要求的情况下，生活污水管道应使用塑料管、铸铁管或混凝土管；由成组洗脸盆或饮用喷水器到共用水封之间的排水管和连接卫生器具的排水短管，可以使用钢管；

2 雨水管道宜使用塑料管、铸铁管、镀锌和非镀锌钢管或混凝土管等；

3 悬吊式雨水管道应选用钢管、铸铁管或塑料管。易受振动的雨水管道（如锻造车间等）应使用钢管。

5.1.3 直埋的金属排水管道应按设计要求做好防腐处理，生产车间内的埋地排水塑料管穿过道路时应按照设计要求做好保护。

5.1.4 埋地的排水管道严禁铺设在未经处理的冻土或松土上，管道的基础应按设计要求或规范的要求进行处理。

5.1.5 检验批质量验收表当地政府主管部门无统一规定时，宜采用《室内排水管道及配件安装工程检验批质量验收记录表》050201、《雨水管道及配件安装工程检验批质量验收记录表》050202。

对于分项工程质量验收表，当地政府主管部门无统一规定时，宜采用附录表B.0.1。

5.2 排水管道及配件安装

主控项目

5.2.1 隐蔽或埋地的排水管道在隐蔽前必须做灌水试验，其灌水高度应不低于底层卫生器具的上边缘或底层地面高度。

检验方法：满水15min水面下降后，再灌满观察5min，液面不降，管道及接口无渗漏为合格。检查灌水试验记录、隐蔽工程记录。

检查数量：全数检查。

5.2.2 生活污水铸铁管道的坡度必须符合设计或本标准表5.2.2的规定。

表 5.2.2 生活污水铸铁管道的坡度

项 次	管径（mm）	标准坡度（‰）	最小坡度（‰）
1	50	35	25
2	75	25	15
3	100	20	12
4	125	15	10
5	150	10	7
6	200	8	5

检验方法：水平尺、拉线尺量检查。

检查数量：按系统内直线管段长度每30m抽查2段，不足30m不小于1段；有分隔墙建筑，以隔墙为分段数，抽查5%，但不少于5段。

5.2.3 生活污水塑料管道的坡度必须符合设计或本标准表5.2.3的规定。

表 5.2.3 生活污水塑料管道的坡度

项 次	管 径（mm）	标准坡度（‰）	最小坡度（‰）
1	50	25	12
2	75	15	8
3	110	12	6
4	125	10	5
5	160	7	4

检验方法：水平尺、拉线尺量检查。

检查数量：按系统内直线管段长度每30m抽查2段，不足30m不小于1段；有分隔墙建筑，以隔墙为分段数，抽查5%，但不少于5段。

5.2.4 排水塑料管必须按设计要求及位置装设伸缩节，如设计无要求时，伸缩节的间距不得大于4m。

高层建筑中明设排水塑料管道应按设计要求设置阻火圈或防火套管。

检验方法：观察检查。检查塑料排水管伸缩节安装预留伸缩量记录。

检查数量：全数检查。

5.2.5 排水主立管及水平干管管道均应做通球试验，通球球径不小于排水管道管径的2/3，通球率必须达到100%。

检验方法：通球检查。检查通球试验记录。

检查数量：全数检查。

一 般 项 目

5.2.6 在生活污水管道上设置的检查口或清扫口，当设计无要求时应符合下列规定：

1 在立管上每隔一层设置一个检查口，但在最底层和有卫生器具的最高层必须设置。如为两层建筑时，可仅在底层设置立管检查口；如有乙字弯管时，则在该层乙字弯管上部设置检查口。检查口中心高度距操作地面一般为1m，允许偏差±20mm；检查口的朝向应便于检修。安装立管，在检查口处应安装检修门；

2 在连接2个及2个以上大便器或3个及3个以上卫生器具的污水横管上应设置清

扫口。当污水管在楼板下悬吊敷设时，可将清扫口设在上一层楼地面上，污水管起点的清扫口与管道相垂直的墙面距离不得小于200mm；若污水管起点设置堵头代替清扫口时，与墙面距离不得小于400mm；

  3 在转角小于135°的污水横管上，应设置检查口或清扫口；

  4 污水横管的直线管段，应按设计要求的距离设置检查口或清扫口。

  检验方法：观察和尺量检查。

  检查数量：抽查10%，均不少于5处。

5.2.7 埋在地下或地板下的排水管道的检查口，应设在检查井内。井底表面标高与检查口的法兰相平，井底表面应有5%坡度，坡向检查口。

  检验方法：尺量检查。

  检查数量：全数检查。

5.2.8 金属排水管道上的吊钩或卡箍应固定在承重结构上。固定件间距：横管不大于2m；立管不大于3m。楼层高度小于或等于4m，立管可安装1个固定件。立管底部的弯管处应设支墩或采取固定措施。

  检验方法：观察和尺量检查。检查管道支、吊架安装记录。

  检查数量：各抽查5%，但均不少于5处。

5.2.9 排水塑料管道支、吊架间距应符合表5.2.9的规定。

表5.2.9 排水塑料管道支、吊架最大间距（m）

管径（mm）	50	75	110	125	160
立　　管	1.2	1.5	2.0	2.0	2.0
横　　管	0.5	0.75	1.10	1.30	1.60

  检验方法：尺量检查。检查管道支、吊架安装记录。

  检查数量：各抽查5%，但均不少于5处。

5.2.10 排水通气管不得与风道或烟道相连，且应符合下列规定：

  1 通气管应高出屋面300mm，但必须大于最大积雪厚度；

  2 在通气管出口4m以内有门、窗时，通气管应高出门、窗顶600mm或引向无门、无窗一侧；

  3 在经常有人停留的平屋顶上，通气管应高出屋面2m，并应根据防雷要求设置防雷装置；

  4 屋顶有隔热层应从隔热层板面算起。

  检验方法：观察和尺量检查。

  检查数量：全数检查。

5.2.11 安装未经消毒处理的医院含菌污水管道，不得与其他排水管道直接连接。

  检验方法：观察检查。

  检查数量：全数检查。

5.2.12 饮食业工艺设备引出的排水管及饮用水水箱的溢流管，不得与污水管道直接连接，并应留出不小于100mm的隔断空间。

  检验方法：观察和尺量检查。

  检查数量：全数检查。

5.2.13 通向室外的排水管，穿过墙壁或基础必须下返时，应采用45°三通和45°弯头连接，并应在垂直管段顶部设置清扫口。

检验方法：观察和尺量检查。

检查数量：全数检查。

5.2.14 由室内通向室外排水检查井的排水管，井内引入管管顶应高于排出管管顶或两管顶相平，并有不小于90°的水流转角，如跌落差大于300mm可不受角度限制。

检验方法：观察和尺量检查。

检查数量：全数检查。

5.2.15 用于室内排水的水平管道与水平管道、水平管道与立管的连接，应采用45°三通或45°四通和90°斜三通或90°斜四通。立管与排出管端部的连接，应采用两个45°弯头或曲率半径不小于4倍管径的90°弯头。

检验方法：观察和尺量检查。

检查数量：抽查不少于5处，不足5处的全数检查。

5.2.16 室内排水和雨水管道安装的允许偏差应符合表5.2.16的相关规定。

表5.2.16 室内排水和雨水管道安装的允许偏差和检验方法

项次	项 目				允许偏差(mm)	检验方法
1	坐 标				15	
2	标 高				±15	
3	横管纵横方向弯曲	铸铁管	每1m		≤1	用水准仪（水平尺）、直尺、拉线和尺量检查
			全长（25m以上）		≤25	
		钢 管	每1m	管径小于或等于100mm	1	
				管径大于100mm	1.5	
			全长（25m以上）	管径小于或等于100mm	≤25	
				管径大于100mm	≤38	
		塑料管	每1m		1.5	
			全长（25m以上）		≤38	
		钢筋混凝土管、混凝土管	每1m		3	
			全长（25m以上）		≤75	
4	立管垂直度	铸铁管	每1m		3	吊线和尺量检查
			全长（5m以上）		≤15	
		钢 管	每1m		3	
			全长（5m以上）		≤10	
		塑料管	每1m		3	
			全长（5m以上）		≤15	

检查数量：

1 立管的坐标：检查管轴线距墙内表面中心距；横管的坐标和标高：检查管道的起点、终点、分支点和变向点间的直管段，各抽查10%，但不少于5段；

2 纵、横方向弯曲：按系统内直线管段长度每30m抽查2段，不足30m不少于1段；

3 立管垂直度：一根立管为一段，两层及其以上按楼层分段，抽查5%，但不少于10段。

5.3 雨水管道及配件安装

主 控 项 目

5.3.1 安装在室内的雨水管道安装后应做灌水试验，灌水高度必须到每根立管上部的雨水斗。

检验方法：灌水试验持续1h，不渗不漏为合格。检查灌水试验记录。

检查数量：全数检查。

5.3.2 雨水管道如采用塑料管，其伸缩节应符合设计要求。

检验方法：对照图纸检查。检查塑料排水管伸缩节安装预留伸缩量记录。

检查数量：全数检查。

5.3.3 悬吊式雨水管道的敷设坡度不得小于5‰；埋地雨水管道的最小坡度，应符合表5.3.3的规定。

表5.3.3 地下埋设雨水排水管道的最小坡度

项 次	管 径（mm）	最小坡度（‰）
1	50	20
2	75	15
3	100	8
4	125	6
5	150	5
6	200～400	4

检验方法：水平尺、拉线尺量检查。

检查数量：按系统内直线管段长度每30m抽查2段，不足30m不少于1段。

一 般 项 目

5.3.4 雨水管道不得与生活污水管道相连接。

检验方法：观察检查。

检查数量：全数检查。

5.3.5 雨水斗管的连接应固定在屋面承重结构上。雨水斗边缘与屋面相连处应严密不漏。连接管管径当设计无要求时，不得小于100mm。

检验方法：观察和尺量检查。

检查数量：全数检查。

5.3.6 悬吊式雨水管道的检查口或带法兰堵口的三通的间距不得大于表5.3.6的规定。

表5.3.6 悬吊管检查口间距

项 次	悬吊管直径（mm）	检查间距（m）
1	≤150	≤15
2	≥200	≤20

检验方法：拉线、尺量检查。
检查数量：全数检查。

5.3.7 雨水管道安装的允许偏差应符合本标准表 5.2.16 的规定，其检查数量同第 5.2.16 条的规定。

5.3.8 雨水钢管管道焊接的焊口允许偏差应符合表 5.3.8 的规定。

表 5.3.8 钢管管道焊口允许偏差和检验方法

项次	项 目		允许偏差	检验方法
1	焊口平直度	管壁厚 10mm 以内	管壁厚的 1/4	焊接检验尺和游标卡尺检查
2	焊缝加强面	高度	+1mm	焊接检验尺和游标卡尺检查
2	焊缝加强面	宽度	+1mm	焊接检验尺和游标卡尺检查
3	咬边	深度	小于 0.5mm	直尺检查
3	咬边	长度 连续长度	25mm	直尺检查
3	咬边	长度 总长度（两侧）	小于焊缝长度的 10%	直尺检查

检查数量：不少于 5 个焊口。

6 室内热水供应系统安装

6.1 一 般 规 定

6.1.1 本章适用于工作压力不大于 1.0MPa，热水温度不超过 75℃ 的室内热水供应管道安装工程的质量检验与验收。

6.1.2 热水供应系统的管道应采用塑料管、复合管、镀锌钢管和铜管。

6.1.3 热水供应系统的管道及配件安装除应按本标准第 4.2 节的相关规定执行外，还应符合如下要求：

　　1 热水系统为上供下给式的顶层横干管在坡度峰顶处应安装放气阀。

　　2 横干管管线较长时，或高层建筑的热水立管上，应设置补偿器。设有补偿器的管线上，应由设计部门确定固定支架的位置。

　　3 需保温的热水管道，在支架处应设双合木环垫或方木垫块绝热。

　　4 冷热水管和水龙头并行安装，应符合下列规定：

　　　　1）上下平行安装，热水管应在冷水管上面；

　　　　2）垂直安装，热水管应在冷水管的左侧；

　　　　3）在卫生器具上安装冷热水龙头，热水龙头应安装在左侧。

6.1.4 检验批质量验收表当地政府主管部门无统一规定时，宜采用《室内热水管道及配件安装工程检验批质量验收记录表》050301、《热水供应系统辅助设备安装工程检验批质量验收记录表》050302。

对于分项工程质量验收表，当地政府主管部门无统一规定时，宜采用附录表B.0.1。

6.2 管道及配件安装

主 控 项 目

6.2.1 热水供应系统安装完毕，管道保温之前应进行水压试验。试验压力应符合设计要求。当设计未注明时，热水供应系统水压试验压力应为系统顶点的工作压力加0.1MPa，同时在系统顶点的试验压力不小于0.3MPa。

检验方法：钢管或复合管道系统试验压力下10min内压力降不大于0.02MPa，然后降至工作压力检查，压力应不降，且不渗不漏；塑料管道系统在试验压力下稳压1h，压力降不得超过0.05MPa，然后在工作压力1.15倍状态下稳压2h，压力降不得超过0.03MPa，连接处不得渗漏。检查水压试验记录。

检查数量：全数检查。

6.2.2 热水供应管道应尽量利用自然弯补偿热伸缩，直线段过长则应设置补偿器。补偿器形式、规格、位置应符合设计要求，并按有关规定进行预拉伸。

检验方法：对照设计图纸检查。检查预拉伸记录。

检查数量：全数检查。

6.2.3 热水供应系统竣工后必须进行冲洗。

检验方法：现场观察检查。检查冲洗记录。

检查数量：全数检查。

一 般 项 目

6.2.4 管道安装坡度符合设计规定。

检验方法：水平尺、拉线尺量检查。

检查数量：按系统内直线管段长度每50m抽查2段，不足50m不少于1段；有分隔墙建筑，以隔墙为分段数，抽查5%，但不少于5段。

6.2.5 温度控制器及阀门应安装在便于观察和维护的位置。

检验方法：观察检查。

检查数量：按不同规格、型号抽查5%，但不少于10个。

6.2.6 热水供应管道和阀门安装的允许偏差应符合本标准表4.2.8的规定，其检查数量同第4.2.8条的相关规定。

6.2.7 热水供应系统管道应保温（浴室内明装管道除外），保温材料、厚度、保护壳等应符合设计规定。保温层厚度和平整度的允许偏差应符合本标准表4.4.8的规定。

检验方法：检查管道保温层验收记录。

检查数量：凡能按隔墙、楼层分段的，均以每一楼层分隔墙内的管段为一个抽查点，抽查5%，但不少于5处；不能按隔墙、楼层分段的，每20m抽查1处。

6.3 辅助设备安装

主控项目

6.3.1 在安装太阳能集热器玻璃前，应对集热排管和上、下集管作水压试验，试验压力为工作压力的 1.5 倍。

检验方法：试验压力下 10min 内压力不降，不渗不漏。检查水压试验记录。

检查数量：全数检查。

6.3.2 热交换器应以工作压力的 1.5 倍作水压试验。蒸汽部分应不低于蒸汽供汽压力加 0.3MPa；热水部分应不低于 0.4MPa。

检验方法：试验压力下 10min 内压力不降，不渗不漏。检查水压试验记录。

检查数量：全数检查。

6.3.3 水泵就位前的基础混凝土强度、坐标、标高、尺寸和螺栓孔位置必须符合设计要求。

检验方法：对照图纸用仪器和尺量检查。检查设备基础交接验收记录。

检查数量：全数检查。

6.3.4 水泵试运转的轴承温升必须符合设备说明书的规定。

检验方法：温度计实测检查。检查设备单机试运转记录。

检查数量：全数检查。

6.3.5 敞口水箱的满水试验和密闭水箱（罐）的水压试验必须符合设计与本标准的规定。

检验方法：满水试验静置 24h，观察不渗不漏；水压试验在试验压力下 10min 内压力不降，不渗不漏。检查敞开水箱满水试验记录，检查密闭水箱（罐）水压试验记录。

检查数量：全数检查。

一般项目

6.3.6 安装固定式太阳能热水器朝向应正南，如受条件限制时，其偏移角不得大于 15°。集热器的倾角，对于春、夏、秋三个季节使用的，应采用当地纬度为倾角；若以夏季为主，可比当地纬度减少 10°。

检验方法：观察和分度仪检查。

检查数量：全数检查。

6.3.7 由集热器上、下集管接热水箱的循环管道，应有不小于 0.5‰ 的坡度。

检验方法：尺量检查。

检查数量：全数检查。

6.3.8 自然循环的热水箱底部与集热器上集管之间的距离为 0.3~1.0m。

检验方法：尺量检查。

检查数量：全数检查。

6.3.9 制作吸热钢板凹槽时，其圆度应准确，间距应一致。安装集热排管时，应用卡箍和钢丝紧固在钢板凹槽内。

检验方法：手扳和尺量检查。

检查数量：不少于5处。

6.3.10 太阳能热水器的最低处应安装泄水装置。

检验方法：观察检查。

检查数量：全数检查。

6.3.11 热水箱及上、下集管等循环管道均应保温。

检验方法：观察检查。检查管道保温验收记录。

检查数量：凡能按隔墙、楼层分段的，均以每一楼层分隔墙内的管段为一个抽查点，抽查5%，但不少于5处；不能按隔墙、楼层分段的，每20m抽查1处。

6.3.12 凡以水作介质的太阳能热水器，在0℃以下地区使用，应采取防冻措施。

检验方法：观察检查。检查相关记录。

检查数量：全数检查。

6.3.13 热水供应辅助设备安装的允许偏差应符合本标准表4.4.7的规定，其检查数量同第4.4.7条相关规定。

6.3.14 太阳能热水器安装的允许偏差应符合表第6.3.14条的规定。

表6.3.14 太阳能热水器安装的允许偏差和检验方法

项 目			允许偏差	检验方法
板式直管太阳能热水器	标 高	中心线距地面（mm）	±20	尺 量
	固定安装朝向	最大偏移角	不大于15°	分度仪检查

检查数量：全数检查。检查设备安装记录。

7 卫生器具安装

7.1 一 般 规 定

7.1.1 本章适用于室内污水盆、洗涤盆、洗脸（手）盆、盥洗槽、浴盆、淋浴器、大便器、小便器、小便槽、大便冲洗槽、妇女卫生盆、化验盆、排水栓、地漏、加热器、煮沸消毒器和饮水器等卫生器具安装的质量检验与验收。

7.1.2 卫生器具的安装应采用预埋螺栓或膨胀螺栓安装固定。

7.1.3 卫生器具安装高度如设计无要求时，应符合表7.1.3的规定。

表7.1.3 卫生器具的安装高度

项次	卫生器具名称		卫生器具安装高度（mm）		备 注
			居住和公共建筑	幼儿园	
1	污水盆（池）	架空式	800	800	
		落地式	500	500	

10—26

续表 7.1.3

项次	卫生器具名称			卫生器具安装高度（mm）		备 注
				居住和公共建筑	幼儿园	
2	洗涤盆（池）			800	800	自地面至器具上边缘
3	洗脸盆、洗手盆（有塞、无塞）			800	500	
4	盥洗槽			800	500	
5	浴 盆			≤520		
6	蹲式大便器		高水箱	1800	1800	自台阶面至高水箱底
			低水箱	900	900	自台阶面至低水箱底
7	坐式大便器		高水箱	1800	1800	自地面至高水箱底
		低水箱	外露排水管式	510		自地面至低水箱底
			虹吸喷射式	470	370	
8	小便器		挂式	600	450	自地面至下边缘
9	小便槽			200	150	自地面至台阶面
10	大便槽冲洗水箱			≥2000		自台阶面至水箱底
11	妇女卫生盆			360		自地面至器具上边缘
12	化验盆			800		自地面至器具上边缘

7.1.4 卫生器具给水配件的安装高度，如设计无要求时，应符合表 7.1.4 的规定。

表 7.1.4 卫生器具给水配件的安装高度

项次	给水配件名称		配件中心距地面高度（mm）	冷热水龙头距离（mm）
1	架空式污水盆（池）水龙头		1000	—
2	落地式污水盆（池）水龙头		800	—
3	洗涤盆（池）水龙头		1000	150
4	住宅集中给水龙头		1000	—
5	洗手盆水龙头		1000	—
6	洗脸盆	水龙头（上配水）	1000	150
		水龙头（下配水）	800	150
		角阀（下配水）	450	—
7	盥洗槽	水龙头	1000	150
		冷热水管 上下并行其中热水龙头	1100	150
8	浴盆	水龙头（上配水）	670	150
9	淋浴器	截止阀	1150	95
		混合阀	1150	—
		淋浴器喷头下沿	2100	

续表 7.1.4

项次	给水配件名称		配件中心距地面高度(mm)	冷热水龙头距离(mm)
10	蹲式大便器（从台阶面算起）	高水箱角阀及截止阀	2040	—
		低水箱角阀	250	—
		手动式自闭冲洗阀	600	—
		脚踏式自闭冲洗阀	150	—
		拉管式冲洗阀（从地面算起）	1600	—
		带防污助冲器阀门（从地面算起）	900	—
11	坐式大便器	高水箱角阀及截止阀	2040	—
		低水箱角阀	150	—
12	大便器冲洗水箱截止阀（从台阶面算起）		≤2400	—
13	立式小便器角阀		1130	—
14	挂式小便器角阀及截止阀		1050	—
15	小便槽多孔冲洗管		1100	—
16	实验室化验水龙头		1000	—
17	妇女卫生盆混合阀		360	—

注：装设在幼儿园的洗手盆、洗脸盆和盥洗槽水嘴中心离地面安装高度应为 700mm，其他卫生器具给水配件的安装高度，应按卫生器具实际尺寸相应减少。

7.1.5 检验批质量验收表当地政府主管部门无统一规定时，宜采用《卫生器具及给水配件安装工程检验批质量验收记录表》050401、《卫生器具排水管道安装工程检验批质量验收记录表》050402。

对于分项工程质量验收表，当地政府主管部门无统一规定时，宜采用附录表 B.0.1。

7.2 卫生器具安装

主控项目

7.2.1 排水栓和地漏的安装应平整、牢固，低于排水表面，周边无渗漏。地漏水封高度不得小于 50mm。

检验方法：试水观察检查。检查地漏及地面清扫口排水试验记录。

检查数量：各抽查 10%，但均不少于 5 处；少于 5 处全数检查。

7.2.2 卫生器具交工前应做满水和通水试验。

检验方法：满水后各连接件不渗不漏；通水试验给、排水畅通。检查卫生器具满水试验记录、通水试验记录。

检查数量：全数检查。

一般项目

7.2.3 卫生器具安装的允许偏差应符合表 7.2.3 的规定。

表 7.2.3 卫生器具安装的允许偏差和检验方法

项次	项目		允许偏差（mm）	检验方法
1	坐标	单独器具	10	拉线、吊线和尺量检查
		成排器具	5	
2	标高	单独器具	±15	
		成排器具	±10	
3	器具水平度		2	用水平尺和尺量检查
4	器具垂直度		3	吊线和尺量检查

检查数量：各抽查10%，但均不少于5处；少于5处时全数检查。

7.2.4 有饰面的浴盆，应留有通向浴盆排水口的检修门。
检验方法：观察检查。
检查数量：各抽查10%，但均不少于5处；少于5处时全数检查。

7.2.5 小便槽冲洗管应采用镀锌钢管或硬质塑料管。冲洗孔应斜向下方安装，冲洗水流同墙面成45°角。镀锌钢管钻孔后应进行二次镀锌。
检验方法：观察检查。
检查数量：各抽查10%，但均不少于5处；少于5处时全数检查。

7.2.6 卫生器具的支、托架必须防腐良好，安装平整、牢固，与器具接触紧密、平稳。
检验方法：观察和手扳检查。
检查数量：各抽查10%，但均不少于5组；少于5组时全数检查。

7.3 卫生器具给水配件安装

主 控 项 目

7.3.1 卫生器具给水配件应完好无损伤，接口严密，启闭部分灵活。
检验方法：观察及手扳检查。
检查数量：各抽查10%，但均不少于5组；少于5组时全数检查。

一 般 项 目

7.3.2 卫生器具给水配件安装标高的允许偏差应符合表7.3.2的规定。

表 7.3.2 卫生器具给水配件安装标高的允许偏差和检验方法

项次	项 目	允许偏差（mm）	检验方法
1	大便器高、低水箱角阀及截止阀	±10	尺量检查
2	水嘴	±10	
3	淋浴器喷头下沿	±15	
4	浴盆软管沐浴器挂钩	±20	

检查数量：各抽查10%，但均不少于5组；少于5组时全数检查。

7.3.3 浴盆软管淋浴器挂钩的高度，如设计无要求，应距地面1.8m。

检验方法：尺量检查。

检查数量：各抽查10%，但均不少于5处；少于5处时全数检查。

7.4 卫生器具排水管道安装

主 控 项 目

7.4.1 与排水横管连接的各卫生器具的受水口和立管均应采取妥善可靠固定措施；管道与楼板的接合部位应采取牢固可靠的防渗、防漏措施。

检验方法：观察和手扳检查。

检查数量：各抽查10%，但均不少于5处；少于5处时全数检查。

7.4.2 连接卫生器具的排水管道接口应紧密不漏，其固定支架、管卡等支撑位置应正确、牢固，与管道的接触应平整。

检验方法：观察及通水检查。

检查数量：各抽查10%，但均不少于5处；少于5处时全数检查。

一 般 项 目

7.4.3 卫生器具排水管道安装的允许偏差应符合表7.4.3的规定。

表7.4.3 卫生器具排水管道安装的允许偏差和检验方法

项次	检查项目		允许偏差(mm)	检验方法
1	横管弯曲度	每1m长	2	用水平尺和尺量检查
		横管长度≤10m，全长	<8	
		横管长度>10m，全长	10	
2	卫生器具的排水管口及横支管的纵横坐标	单独器具	10	用尺量检查
		成排器具	5	
3	卫生器具的接口标高	单独器具	±10	用水平尺和尺量检查
		成排器具	±5	

检查数量：各抽查10%，但均不少于5组。

7.4.4 连接卫生器具的排水管管径的最小坡度，如设计无要求时，应符合表7.4.4的规定。

表7.4.4 连接卫生器具的排水管管径的最小坡度

项次	卫生器具名称	排水管管径（mm）	管道的最小坡度（‰）
1	污水盆（池）	50	25
2	单、双格洗涤盆（池）	50	25
3	洗手盆、洗脸盆	32～50	20

续表 7.4.4

项次	卫生器具名称		排水管管径（mm）	管道的最小坡度（‰）
4	浴盆		50	20
5	淋浴器		50	20
6	大便器	高、低水箱	100	12
		自闭式冲洗阀	100	12
		拉管式冲洗阀	100	12
7	小便器	手动、自闭式冲洗阀	40～50	20
		自动冲洗水箱	40～50	20
8	化验盆（无塞）		40～50	25
9	净身器		40～50	20
10	饮水器		20～50	10～20
11	家用洗衣机		50（软管为 30）	

检验方法：用水平尺和尺量检查。

检查数量：各抽查 10%，但均不少于 5 处；少于 5 组时全数检查。

8 室内采暖系统安装

8.1 一 般 规 定

8.1.1 本章适用于饱和蒸汽压力不大于 0.7MPa，热水温度不超过 130℃ 的室内采暖系统安装工程的质量检验与验收。

8.1.2 本系统常用的管材为焊接钢管，管径小于或等于 32mm 的应采用螺纹连接；管径大于 32mm 的采用焊接或法兰连接。当选用镀锌钢管时应符合如下规定：

1 管径小于或等于 100mm 的镀锌钢管应采用螺纹连接，套丝扣时破坏的镀锌层表面及外露螺纹部分应做防腐处理；

2 管径大于 100mm 的镀锌钢管应采用法兰或卡套式专用管件连接，镀锌钢管与法兰的焊接处应二次镀锌。

8.1.3 检验批质量验收表当地政府主管部门无统一规定时，宜采用《室内采暖管道及配件安装工程质量检验表》050501、《室内采暖辅助设备及散热器及金属辐射板安装工程检验批质量验收记录表》050502、050503、《低温热水地板辐射采暖安装工程检验批质量验收记录表》050504。

对于分项工程质量验收表，当地政府主管部门无统一规定时，宜采用附录表 B.0.1。

8.2 管道及配件安装

主 控 项 目

8.2.1 管道安装坡度，当设计未注明时，应符合下列规定：

    1 汽、水同向流动的热水采暖管道和汽、水同向流动的蒸汽管道及凝结水管道，坡度应为3‰，不得小于2‰；

    2 汽、水逆向流动的热水采暖管道和汽、水逆向流动的蒸汽管道，坡度不应小于5‰；

    3 散热器支管的坡度应为1%，坡向应利于排汽和泄水。

    检验方法：观察，水平尺、拉线、尺量检查。

    数量：按系统内直线管段长度每50m抽查2段，不足50m不少于1段，有分隔墙建筑，以隔墙为分段数，抽查5%，但检查不少于5段。

8.2.2 补偿器的型号、安装位置及预拉伸和固定支架的构造及安装位置应符合设计要求。

    检验方法：对照图纸，现场观察，并查验预拉伸记录。

    检查数量：全数检查。

8.2.3 平衡阀及调节阀型号、规格、公称压力及安装位置应符合设计要求。安装完毕后应根据系统平衡要求进行调试并作出标志。

    检验方法：对照图纸查验产品合格证，并现场查看。

    检查数量：全数检查。

8.2.4 蒸汽减压阀和管道及设备上安全阀的型号、规格、公称压力及安装位置应符合设计要求。安装完毕后应根据系统工作压力进行调试，并做出标志。

    检验方法：对照图纸查验产品合格证及调试结果说明书。

    检查数量：全数检查。

8.2.5 方形补偿器制作时，应用整根无缝钢管煨制，如需要接口，其接口应设在垂直臂的中间位置，且接口必须焊接。

    检验方法：观察检查。

    检查数量：全数检查。

8.2.6 方形补偿器应水平安装，并与管道的坡度一致；如其臂长方向垂直安装必须设排汽及泄水装置。

    检验方法：观察检查。

    检查数量：全数检查。

一 般 项 目

8.2.7 热量表、疏水器、除污器、过滤器及阀门的型号、规格、公称压力及安装位置应符合设计要求。

    检验方法：对照图纸查验产品合格证。

检查数量：按不同型号抽查10%，但不少于10个；少于10个时全数检查。

8.2.8 钢管管道焊口尺寸的允许偏差应符合本标准表5.3.8的规定。其检查数量同第5.3.8条相关规定。

8.2.9 采暖系统入口装置及分户热计量系统入户装置应符合设计要求。安装位置便于检修、维护和观察。

检验方法：现场观察。

检查数量：各抽查10%，但均不少于10组；少于10组时全数检查。

8.2.10 散热器支管长度超过1.5m时，应在支管上安装管卡。

检验方法：尺量和观察检查。

检查数量：各抽查10%，但均不少于5处。

8.2.11 上供下回式系统的热水干管变径应顶平偏心连接，蒸汽干管变径应底平偏心连接。

检验方法：观察检查。

检查数量：各抽查10%，但均不少于5处；少于5处时全数检查。

8.2.12 在管道干管上焊接垂直或水平分支管道时，干管开孔所产生的钢渣及管壁等废弃物不得残留管内，且分支管道在焊接时不得插入干管内。

检验方法：观察检查。

检查数量：各抽查10%，但均不少于5处。

8.2.13 膨胀水箱的膨胀管及循环管上不得安装阀门。

检验方法：观察检查。

检查数量：全数检查。

8.2.14 当采暖热媒为110～130℃的高温水时，管道可拆卸件应使用法兰，不得使用长丝和活接头。法兰垫料应使用耐热橡胶板。

检验方法：观察和查验进料单。

检查数量：各抽查10%，但均不少于5处。

8.2.15 焊接钢管管径大于32mm的管道转弯，在作为自然补偿时应使用煨弯。塑料管及复合管除必须使用直角弯头的场合外，应使用管道直接弯曲转弯。

检验方法：观察检查。

检查数量：各抽查10%，但均不少于5处；少于5处时全数检查。

8.2.16 管道、金属支架和设备的防腐和涂漆应附着良好，无脱皮、起泡、流淌和漏涂缺陷。

检验方法：现场观察检查。检查管道（设备）防腐记录。

检查数量：各抽查5%，但均不少于5处。

8.2.17 管道和设备保温层的允许偏差应符合表4.4.8的规定。其检查数量及质量分级等同第4.4.8条相关规定。

8.2.18 采暖管道安装的允许偏差应符合表8.2.18规定。

检查数量：

1 水平管道纵、横方向弯曲：按系统内直线管段长度每50m抽查2段，不足50m不少于1段，有分隔墙建筑，以隔墙为分段数，抽查5%，但不少于5段；

表 8.2.18 采暖管道安装的允许偏差和检验方法

项次	项目			允许偏差	检验方法
1	横管道纵、横方向弯曲（mm）	每1m	管径≤100mm	1	用水平尺、直尺、拉线和尺量检查
			管径>100mm	1.5	
		全长（25m以上）	管径≤100mm	≤13	
			管径>100mm	≤25	
2	立管垂直度（mm）	每1m		2	吊线和尺量检查
		全长（5m以上）		≤10	
3	弯管	椭圆率$(D_{max}-D_{min})/D_{max}$	管径≤100mm	10%	用外卡钳和尺量检查
			管径>100mm	8%	
		折皱不平度(mm)	管径≤100mm	4	
			管径>100mm	5	

注：D_{max}、D_{min} 分别为管子最大外径及最小外径。

2 立管垂直度：一根立管为1段，两层及其以上按楼层分段数，各抽查5%，但均不少于10段；

3 弯管：导管上的弯管抽查10%，但不少于5个；立、支管上的弯管抽查5%，但不少于10个。

8.3 辅助设备及散热器安装

主 控 项 目

8.3.1 散热器组对后，以及整组出厂的散热器在安装之前应作水压试验。试验压力如设计无要求时应为工作压力的1.5倍，但不得小于0.6MPa。
检验方法：试验时间为2～3min，压力不降且不渗不漏。检查水压试验记录。
检查数量：全数检查。

8.3.2 水泵、水箱、热交换器等辅助设备安装的质量检验与验收应按本标准第4.4节和第13.6节的相关规定执行。

一 般 项 目

8.3.3 散热器组对应平直紧密，组对后的平直度应符合表8.3.3规定。

表 8.3.3 组对后的散热器平直度允许偏差

项次	散热器类型	片 数	允许偏差（mm）
1	长翼型	2～4	4
		5～7	6
2	铸铁片式	3～15	4
	钢制片式	16～25	6

检验方法：拉线和尺量。

检查数量：抽查5％，但不少于10组。

8.3.4 组对散热器的垫片应符合下列规定：

1 组对散热器垫片应使用成品，组对后垫片外露不应大于1mm；

2 散热器垫片材质当设计无要求时，应采用耐热橡胶。

检验方法：观察和尺量检查。

检查数量：抽查5％，但不少于10组。

8.3.5 散热器支架、托架安装，位置应准确，埋设牢固。散热器支架、托架数量，应符合设计或产品说明书要求。如设计未注明时，则应符合表8.3.5规定。

表8.3.5 散热器支架、托架数量

项次	散热器形式	安装方式	每组片数	上部托钩或卡架数	下部托钩或卡架数	合 计
1	长翼型	挂墙	2～4	1	2	3
			5	2	2	4
			6	2	3	5
			7	2	4	6
2	柱型柱翼型	挂墙	3～8	1	2	3
			9～12	1	3	4
			13～16	2	4	6
			17～20	2	5	7
			21～25	2	6	8
3	柱型柱翼型	带足落地	3～8	1	—	1
			9～12	1	—	1
			13～16	2	—	2
			17～20	2	—	2
			21～25	2	—	2

检验方法：现场清点检查。

检查数量：抽查5％，但不少于5组。

8.3.6 散热器背面与装饰后的墙内表面安装距离，应符合设计或产品说明书要求，如设计未注明，应为30mm。

检验方法：尺量检查。

检查数量：抽查5％，但不少于10组。

8.3.7 散热器安装允许偏差应符合表8.3.7的规定。

表8.3.7 散热器安装允许偏差和检验方法

项次	项 目	允许偏差（mm）	检验方法
1	散热器背面与墙内表面距离	3	尺 量
2	与窗中心线或设计定位尺寸	20	尺 量
3	散热器垂直度	3	吊线和尺量

检查数量：抽查 5%，但不少于 10 组。

8.3.8 铸铁或钢制散热器表面的防腐及面漆应附着良好，色泽均匀，无脱落、起泡、流淌和漏涂缺陷。

检验方法：现场观察。检查设备防腐记录。

检查数量：抽查 5%，但不少于 10 组。

8.4 金属辐射板安装

主 控 项 目

8.4.1 辐射板在安装前应做水压试验，如设计无要求时，试验压力为工作压力的 1.5 倍，但不得小于 0.6MPa。

检验方法：在试验压力下 2～3min 压力不降，且不渗不漏。检查水压试验记录。

检查数量：全数检查。

8.4.2 水平安装的辐射板应有不小于 5‰的坡度坡向回水管。

检验方法：水平尺、拉线和尺量检查。

检查数量：抽查 5%，但不少于 10 组。

8.4.3 辐射板管道及带状辐射板之间的连接，应使用法兰连接。

检验方法：观察检查。

检查数量：抽查 5%，但不少于 10 处。

8.5 低温热水地板辐射采暖系统安装

主 控 项 目

8.5.1 地面下敷设的盘管埋地部分不应有接头。

检验方法：隐蔽前现场查看。检查隐蔽工程记录。

检查数量：全数检查。

8.5.2 盘管隐蔽前必须进行水压试验，试验压力为工作压力的 1.5 倍，但不小于 0.6MPa。

检验方法：稳压 1h 内压力降不大于 0.05MPa 且不渗不漏。检查水压试验记录、隐蔽工程记录。

检查数量：全数检查。

8.5.3 加热盘管弯曲部分不得出现硬折弯现象，曲率半径应符合下列规定：

1 塑料管：不应小于管道外径的 8 倍。

2 复合管：不应小于管道外径的 5 倍。

检验方法：尺量检查。

检查数量：全数检查。

一 般 项 目

8.5.4 分、集水器型号、规格、公称压力及安装位置、高度等应符合设计要求。

检验方法：对照图纸及产品说明书，尺量检查。

检查数量：全数检查。

8.5.5 加热盘管管径、间距和长度应符合设计要求。间距偏差不大于±10mm。

检验方法：拉线和尺量检查。

检查数量：抽查5%，但不少于10处。

8.5.6 防潮层、防水层、隔热层及伸缩缝应符合设计要求。

检验方法：填充层浇灌前观察检查。

检查数量：抽查5%，但不少于5处。

8.5.7 填充层强度等级应符合设计要求。

检验方法：做试块抗压试验。检查试块抗压试验报告。

检查数量：抽查5%，但不少于5处。

8.6 系统水压试验及调试

主 控 项 目

8.6.1 采暖系统安装完毕，管道保温之前应进行水压试验。试验压力应符合设计要求。当设计未注明时，应符合下列规定：

1 蒸汽、热水采暖系统，应以系统顶点工作压力加0.1MPa作水压试验，同时在系统顶点的试验压力不小于0.3MPa。

2 高温热水采暖系统，试验压力应为系统顶点工作压力加0.4MPa。

3 使用塑料管及复合管的热水采暖系统，应以系统顶点工作压力加0.2MPa作水压试验，同时在系统顶点的试验压力不小于0.4MPa。

检验方法：使用钢管及复合管的采暖系统应在试验压力下10min内压力降不大于0.02MPa，降至工作压力后检查，不渗、不漏。检查水压试验记录。

使用塑料管的采暖系统应在试验压力下1h内压力降不大于0.05MPa，然后降至工作压力的1.15倍，稳压2h，压力降不大于0.03MPa，同时各连接处不渗、不漏。检查水压试验记录。

检查数量：全数检查。

8.6.2 系统试压合格后，应对系统进行冲洗并清扫过滤器及除污器。

检验方法：现场观察，直至排出水不含泥沙、铁屑等杂质，且水色不浑浊为合格。检查冲洗记录。

检查数量：全数检查。

8.6.3 系统冲洗完毕应充水、加热，进行试运行和调试。

检验方法：观察、测量室温应满足设计要求。检查采暖系统试运行和调试记录。

检查数量：全数检查。

9 室外给水管网安装

9.1 一般规定

9.1.1 本章适用于民用建筑群（住宅小区）及厂区的室外给水管网安装工程的质量检验与验收。

9.1.2 输送生活给水的管道应采用塑料管、复合管、镀锌钢管或给水铸铁管。塑料管、复合管或给水铸铁管的管材、配件，应是同一厂家的配套产品。

9.1.3 架空或在地沟内敷设的室外给水管道其安装要求按室内给水管道的安装要求执行。塑料管道不得露天架空敷设，必须露天架空敷设时应有保温和防晒等措施。

9.1.4 消防水泵接合器及室外消火栓的安装位置、形式必须符合设计要求。

9.1.5 检验批质量验收表当地政府主管部门无统一规定时，宜采用《室外给水管道安装工程检验批质量验收记录表》050601、《消防水泵接合器及消火栓安装工程检验批质量验收记录表》050602、《管沟及井室检验批质量验收记录表》050603。

分项工程质量验收表当地政府主管部门无统一规定时，宜采用附录表 B.0.1。

9.2 给水管道安装

主 控 项 目

9.2.1 给水管道在埋地敷设时，应在当地的冰冻线以下，如必须在冰冻线以上敷设时，应做可靠的保温防潮措施。在无冰冻地区，埋地敷设时，管顶的覆土埋深不得小于 500mm，穿越道路部位的埋深不得小于 700mm。

检验方法：现场观察检查。检查隐蔽工程记录。

检查数量：全数检查。

9.2.2 给水管道不得直接穿越污水井、化粪池、厕所等污染源。

检验方法：观察检查。检查隐蔽工程记录。

检查数量：全数检查。

9.2.3 管道接口法兰、卡扣、卡箍等应安装在检查井或地沟内，不应埋在土壤中。

检验方法：观察检查。检查隐蔽工程记录。

检查数量：全数检查。

9.2.4 给水系统各种井室内的管道安装，如设计无要求，井壁距法兰或承口的距离：管径小于或等于 450mm 时，不得小于 250mm；管径大于 450mm 时，不得小于 350mm。

检验方法：尺量检查。

检查数量：全数检查。

9.2.5 管网必须进行水压试验,试验压力为工作压力的1.5倍,但不得小于0.6MPa。

检验方法:管材为钢管、铸铁管时,试验压力下10min内压力降不应大于0.05MPa,然后降至工作压力进行检查,压力应保持不变,不渗不漏;管材为塑料管时,试验压力下,稳压1h压力降不大于0.05MPa,然后降至工作压力进行检查,压力应保持不变,不渗不漏。检查水压试验记录。

检查数量:全数检查。

9.2.6 镀锌钢管、钢管的埋地防腐必须符合设计要求,如设计无规定时,可按表9.2.6的规定执行。卷材与管材间应粘贴牢固,无空鼓、滑移、接口不严等。

表9.2.6 管道防腐层种类

防腐层层次 (从金属表面起)	普通防腐层	加强防腐层	特加强防腐层
1	冷底子油	冷底子油	冷底子油
2	沥青涂层	沥青涂层	沥青涂层
3	外包保护层	加强包扎层 (封闭层)	加强包扎层 (封闭层)
4		沥青涂层	沥青涂层
5		外保护层	加强包扎层 (封闭层)
6			沥青涂层
7			外包保护层
防腐层厚度不小于(mm)	3	6	9

检验方法:观察和切开防腐层检查。检查管道防腐施工记录。

检查数量:每50m抽查1处,但不少于5处。

9.2.7 给水管道在竣工后,必须对管道进行冲洗,饮用水管道还要在冲洗后进行消毒,满足饮用水卫生要求。

检验方法:观察冲洗水的浊度,查看有关部门提供的检验报告。检查管道冲洗记录。

检查数量:全数检查。

一 般 项 目

9.2.8 管道的坐标、标高、坡度应符合设计要求,管道安装的允许偏差应符合表9.2.8的规定。

表9.2.8 室外给水管道安装的允许偏差和检验方法

项次	项 目		允许偏差 (mm)	检验方法
1	坐 标	铸铁管 埋地	100	拉线和尺量检查
		铸铁管 敷设在地沟内	50	
		钢管、塑料管、复合管 埋地	100	
		钢管、塑料管、复合管 敷设沟槽内或架空	40	

续表 9.2.8

项次	项目			允许偏差(mm)	检验方法
2	标高	铸铁管	埋地	±50	拉线和尺量检查
			敷设在地沟内	±30	
		钢管、塑料管、复合管	埋地	±50	
			敷设沟槽内或架空	±30	
3	水平管纵横向弯曲	铸铁管	直段（25m以上）起点~终点	40	拉线和尺量检查
		钢管、塑料管、复合管	直段（25m以上）起点~终点	30	

检查数量：分别按管网的起点、终点、分支点和变向点，各点之间的直线管段，每100m抽查3点（段），不足100m不少于2点（段）。检查管线复测记录。

9.2.9 管道和金属支架的涂漆应附着良好，无脱皮、起泡、流淌和漏涂等缺陷。

检验方法：现场观察检查。检查防腐记录。

检查数量：抽查5%，但不少于10处。

9.2.10 管道连接应符合工艺要求，阀门、水表等安装位置应正确。塑料给水管道上的水表、阀门等设施其重量或启闭装置的扭矩不得作用于管道上。当管径≥50mm时，必须设独立的支承装置。

检验方法：现场观察检查。

检查数量：抽查5%，但不少于10处；少于10处时全数检查。

9.2.11 给水管道与污水管道在不同标高平行敷设，其垂直间距在500mm以内时，给水管径小于或等于200mm的，管壁水平间距不得小于1.5m；管径大于200mm的，不得小于3m。

检验方法：观察和尺量检查。

检查数量：全数检查。

9.2.12 铸铁管承插捻口连接的对口间隙应不小于3mm，最大间隙不得大于表9.2.12的规定。

表 9.2.12 铸铁管承插捻口的对口最大间隙

管径（mm）	沿直线敷设（mm）	沿曲线敷设（mm）
75	4	5
100~200	5	7~13
250~500	6	14~22

检验方法：尺量检查。

检查数量：不少于10个接口。

9.2.13 铸铁管沿曲线敷设，每个接口允许有2°转角；沿直线敷设，承插捻口的环形间隙应符合表9.2.13的规定。

表 9.2.13 铸铁管承插捻口的环形间隙

管径（mm）	标准环形间隙（mm）	允许偏差（mm）
75~200	10	+3 -2
250~450	11	+4 -2
500	12	+4 -2

检验方法：尺量检查。

检查数量：不少于 10 个接口。

9.2.14 捻口用的油麻填料必须清洁，填塞后应捻实，其深度应占整个环形间隙深度的 1/3。

检验方法：尺量检查。

检查数量：不少于 10 个接口。

9.2.15 捻口用水泥强度应不低于 32.5MPa，接口水泥应密实饱满，其接口水泥凹入承口边缘的深度不得大于 2mm。

检验方法：观察和尺量检查。

检查数量：不少于 10 个接口。

9.2.16 采用水泥捻口的给水铸铁管，在安装地点有侵蚀性的地下水时，应在接口处涂抹沥青防腐层。

检验方法：观察检查。

检查数量：不少于 10 个接口。

9.2.17 采用橡胶圈接口的埋地给水管道，在土壤或地下水对橡胶圈有腐蚀的地段，在回填土前应用沥青胶泥、沥青麻丝或沥青锯末等材料封闭橡胶圈接口。橡胶圈接口的管道，每个接口的最大转角不得超过表 9.2.17 的规定。

表 9.2.17 橡胶圈接口最大允许偏转角

公称直径（mm）	100	125	150	200	250	300	350	400
允许偏转角度	5°	5°	5°	5°	4°	4°	4°	3°

检验方法：观察和尺量检查。

检查数量：不少于 10 个接口。

9.3 消防水泵接合器及室外消火栓安装

主 控 项 目

9.3.1 系统必须进行水压试验，试验压力为工作压力的 1.5 倍，但不得小于 0.6MPa。

检验方法：试验压力下，10min 内压力降不大于 0.05MPa，然后降至工作压力进行检查，压力保持不变，不渗不漏。检查水压试验记录。

检查数量：全数检查。

9.3.2 消防管道在竣工前，必须对管道进行冲洗。

检验方法：观察冲洗出水的浊度。检查冲洗记录。

检查数量：全数检查。

9.3.3 消防水泵接合器和消火栓的位置标志明显，栓口的位置应方便操作。消防水泵接合器和室外消火栓当采用墙壁式时，如设计未要求，进、出水栓口的中心安装高度距地面应为 1.10m，其上方应设有防坠落物打击的措施。

检验方法：观察和尺量检查。

检查数量：系统的总组数少于 5 组全数检查；大于 5 组抽查 50%，但不少于 5 组。

一 般 项 目

9.3.4 室外消火栓和消防水泵接合器的各项安装尺寸应符合设计要求，栓口安装高度允许偏差±20mm。

检验方法：尺量检查。

检查数量：系统的总组数少于 5 组全数检查；大于 5 组抽查 20%，但不少于 5 组。

9.3.5 地下式消防水泵接合器顶部进水口或地下式消火栓的顶部出水口与消防井盖底面的距离不得大于 400mm，井内应有足够的操作空间，并设爬梯。寒冷地区井内应做防冻保护。

检验方法：观察和尺量检查。

检查数量：系统的总组数少于 5 组全数检查；大于 5 组抽查 20%，但不少于 5 组。

9.3.6 消防水泵接合器的安全阀及止回阀安装位置和方向应正确，阀门启闭应灵活。

检验方法：现场观察和手扳检查。

检查数量：系统的总组数少于 5 组全数检查；大于 5 组抽查 20%，但不少于 5 组。

9.4 管沟及井室

主 控 项 目

9.4.1 管沟的基层处理和井室的地基必须符合设计要求。

检验方法：现场观察检查。检查地基验槽记录。

检查数量：管沟每 100m 抽查 3 段，不足 100m 不少于 2 段；井室抽查 5%，但不少于 5 处。

9.4.2 各类井室的井盖应符合设计要求，应有明显的文字标识，各种井盖不得混用。

检验方法：现场观察检查。

检查数量：抽查 10%，但不少于 10 个。

9.4.3 设在通车路面下或小区道路下的各种井室，必须使用重型井圈和井盖，井盖上表面应与路面相平，允许偏差±5mm。绿化带上和不通车的地方可采用轻型井圈和井盖，井盖的上表面应高出地坪 50mm，并在井口周围以 2% 的坡度向外做水泥砂浆护坡。

检验方法：观察和尺量检查。

检查数量：抽查 10%，不少于 10 处。

9.4.4 重型铸铁或混凝土井圈，不得直接放在井室的砖墙上，砖墙上应做不少于 80mm

厚的细石混凝土垫层。

检验方法：观察和尺量检查。

检查数量：抽查10%，不少于10处。

一 般 项 目

9.4.5 管沟的坐标、位置、沟底标高应符合设计要求。

检验方法：观察和尺量检查。检查沟槽放线测量记录。

检查数量：每100m抽查3段，不足100m不少于2段。

9.4.6 管沟的沟底层应是原土层，或是夯实的回填土，沟底应平整，坡度应顺畅，不得有尖硬的物体、块石等。

检验方法：现场观察。检查沟槽放线测量记录。

检查数量：每100m抽查3段，不足100m不少于2段。

9.4.7 如沟基为岩石、不易消除的块石或为砾石层时，沟底应下挖100～200mm，填铺细砂或粒径不大于5mm的细土，夯实到沟底标高后，方可进行管道敷设。

检验方法：观察和尺量检查。

检查数量：每100m抽查3段，不足100m不少于2段。

9.4.8 管沟回填土，管顶上部200mm以内应用砂子或无块石及冻土块的土，并不得用机械回填；管顶上部500mm以内不得回填直径大于100mm的块石和冻土块；500mm以上部分回填土中的石块或冻土块不得集中。上部用机械回填时，机械不得在管沟上行走。

检验方法：观察和尺量检查。检查隐蔽工程记录。

检查数量：每100m抽查3段，不足100m不少于2段。

9.4.9 井室的砌筑应按设计或给定的标准图施工。井室的底标高在地下水位以上时，基层应为素土夯实；在地下水位以下时，基层应打100mm厚的混凝土底板。砌筑应采用水泥砂浆，内表面抹灰后应严密不透水。

检验方法：观察和尺量检查。检查隐蔽工程记录、井室砌筑记录。

检查数量：全数检查。

9.4.10 管道穿过井壁处，应用水泥砂浆分二次填塞严密、抹平，不得渗漏。

检验方法：观察检查。

检查数量：全数检查。

10 室外排水管网安装

10.1 一 般 规 定

10.1.1 本章适用于民用建筑群（住宅小区）及厂区的室外排水管网安装工程的质量检

验与验收。

10.1.2 室外排水管道应采用混凝土管、钢筋混凝土管、排水铸铁管或塑料管。其规格及质量必须符合现行国家标准及设计要求。

10.1.3 排水管沟及井池的土方工程、沟底的处理、管道穿井壁处的处理、管沟及井池周围的回填要求等，均参照给水管沟及井室的规定执行。

10.1.4 各种排水井、池应按设计给定的标准图施工，各种排水井和化粪池均应用混凝土作底板（雨水井除外），厚度不小于100mm。

10.1.5 检验批质量验收表当地政府主管部门无统一规定时，宜采用《室外排水管道安装工程检验批质量验收记录表》050701、《室外排水管道及井池工程检验批质量验收记录表》050702。

对于分项工程质量验收表，当地政府主管部门无统一规定时，宜采用附录表B.0.1。

10.2 排 水 管 道 安 装

主 控 项 目

10.2.1 排水管道的坡度必须符合设计要求，严禁无坡或倒坡。

检验方法：用水准仪、拉线和尺量检查。检查管线复测记录。

检查数量：按管网内直线管段长度每100m抽查3段，不足100m不少于2段。

10.2.2 管道埋设前必须做灌水试验和通水试验，排水应畅通，无堵塞，管接口无渗漏。

检验方法：按排水检查井分段试验，试验水头应以试验段上游管顶加1m，时间不少于30min，逐段观察。检查灌水试验和通水试验记录。

检查数量：全数检查。

一 般 项 目

10.2.3 管道的坐标和标高应符合设计要求，安装的允许偏差应符合表10.2.3的规定。

表10.2.3 室外排水管道安装的允许偏差和检验方法

项次	项 目		允许偏差(mm)	检验方法
1	坐标	埋地	100	拉线尺量
		敷设在沟槽内	50	
2	标高	埋地	±20	用水平仪、拉线和尺量
		敷设在沟槽内	±20	
3	水平管道纵横向弯曲	每5m长	10	拉线尺量
		全长（两井间）	30	

检查数量：分别查两个检查井间的直线管段，各抽查10%，但不少于10段。检查管线复测记录。

10.2.4 排水铸铁管采用水泥捻口时，油麻填塞应密实，接口水泥应密实饱满，其接口面凹入承口边缘且深度不得大于 2mm。

检验方法：观察和尺量检查。

检查数量：不少于 10 个接口。

10.2.5 排水铸铁管外壁在安装前应除锈，涂二遍石油沥青漆。

检验方法：观察检查。检查防腐记录。

检查数量：每 50m 抽查 1 处，但不少于 5 处。

10.2.6 承插接口的排水管道安装时，管道和管件的承口应与水流方向相反。

检验方法：观察检查。

检查数量：不少于 10 个接口。

10.2.7 混凝土管或钢筋混凝土管采用抹带接口时，应符合下列规定：

　　1 抹带前应将管口的外壁凿毛，扫净，当管径小于或等于 500mm 时，抹带可一次完成；当管径大于 500mm 时，应分二次抹成，抹带不得有裂纹；

　　2 钢丝网应在管道就位前放入下方，抹压砂浆时应将钢丝网抹压牢固，钢丝网不得外露；

　　3 抹带厚度不得小于管壁的厚度，宽度宜为 80～100mm。

检验方法：观察和尺量检查。

检查数量：不少于 10 个接口。

10.3 排水管沟及井池

主 控 项 目

10.3.1 沟基的处理和井池的底板强度必须符合设计要求。

检验方法：现场观察和尺量检查，检查混凝土强度报告、地基验槽记录。

检查数量：沟基每 100m 抽查 3 段，不足 100m 不少于 2 段；井池抽查 10%，但不少于 5 座井池。

10.3.2 排水检查井、化粪池的底板及进、出水管的标高，必须符合设计，其允许偏差为 ±15mm。

检验方法：用水准仪及尺量检查。检查隐蔽工程记录。

检查数量：抽查 10%，但不少于 5 座井池。

一 般 项 目

10.3.3 井、池的规格、尺寸和位置应正确，砌筑和抹灰符合要求。

检验方法：观察及尺量检查。检查隐蔽工程记录、井室砌筑记录。

检查数量：抽查 5%，但不少于 5 座井池。

10.3.4 井盖选用应正确，标志应明显，标高应符合设计要求。

检验方法：观察及尺量检查。

检查数量：抽查 5%，但不少于 5 座井池。

11 室外供热管网安装

11.1 一般规定

11.1.1 本章适用于厂区及民用建筑群（住宅小区）的饱和蒸汽压力不大于0.7MPa、热水温度不超过130℃的室外供热管网安装工程的质量检验与验收。

11.1.2 供热管网的管材应按设计要求，当设计未注明时，应符合下列规定：
  1 管径小于或等于40mm时，应使用焊接钢管；
  2 管径为50～200mm时，应使用焊接钢管或无缝钢管；
  3 管径大于200mm时，应使用螺旋焊接钢管。

11.1.3 室外供热管道连接均应采用焊接连接。

11.1.4 检验批质量验收表当地政府主管部门无统一规定时，宜采用《室外供热管道及配件安装工程检验批质量验收记录表》050801。

  对于分项工程质量验收表，当地政府主管部门无统一规定时，宜采用附录表B.0.1。

11.2 管道及配件安装

主控项目

11.2.1 平衡阀及调节阀型号、规格及公称压力应符合设计要求。安装后应根据系统要求进行调试，并作出标志。
  检验方法：对照设计图纸及产品合格证，并现场观察调试结果。
  检查数量：全数检查。

11.2.2 直埋无补偿供热管道预热伸长及三通加固应符合设计要求。回填前应检查预制保温层外壳及接口的完好性。回填应按设计要求进行。
  检验方法：回填前现场验核和观察。检查隐蔽工程记录。
  检查数量：每100m抽查3处，不足100m不少于2处。

11.2.3 补偿器的位置必须符合设计要求，并应按设计要求或产品说明书进行预拉伸。管道固定支架的位置和构造必须符合设计要求。
  检验方法：对照图纸，并查验预拉伸记录。检查管道支、吊架安装记录。
  检查数量：全数检查。

11.2.4 检查井室、用户入口处管道布置应便于操作及维修，支、吊、托架稳固，并满足设计要求。
  检验方法：对照图纸，观察检查。
  检查数量：全数检查。

11.2.5 直埋管道的保温应符合设计要求,接口在现场发泡时,接头处厚度应与管道保温层厚度一致,接头处保护层必须与管道保护层成一体,符合防潮防水要求。

检验方法:对照图纸,观察检查。检查管道保温记录。

检查数量:每100m抽查3处,不足100m不少于2处。

一 般 项 目

11.2.6 管道水平敷设及其坡度应符合设计要求。

检验方法:对照图纸,用水准仪(水平尺)、拉线和尺量检查。

检查数量:按管网内直线管段长度每100m抽查3段,不足100m不少于2段。

11.2.7 除污器构造应符合设计要求,安装位置和方向应正确。管网冲洗后应清除内部污物。

检验方法:打开清扫口检查。

检查数量:全数检查。

11.2.8 室外供热管道安装的允许偏差应符合表11.2.8的规定。

表11.2.8 室外供热管道安装的允许偏差和检验方法

项次	项 目		允许偏差	检验方法
1	坐标(mm)	敷设在沟槽内及架空	20	用水准仪(水平尺)、直尺、拉线
		埋 地	50	
2	标高(mm)	敷设在沟槽内及架空	±10	尺量检查
		埋 地	±15	
3	水平管道纵、横方向弯曲(mm)	每1m 管径≤100mm	1	用水准仪(水平尺)、直尺、拉线和尺量检查
		每1m 管径>100mm	1.5	
		全长(25m以上) 管径≤100mm	≯13	
		全长(25m以上) 管径>100mm	≯25	
4	弯 管	椭圆率 $\dfrac{D_{max}-D_{min}}{D_{max}}$ 管径≤100mm	8%	用外卡钳和尺量检查
		椭圆率 管径>100mm	5%	
		折皱不平度(mm) 管径≤100mm	4	
		折皱不平度 管径125~200mm	5	
		折皱不平度 管径250~400mm	7	

检查数量:

1 坐标、标高和纵、横方向弯曲:分别按管网的起点、终点、分支点和变向点查各点间的直线管段,每100m抽查3点(段),不足100m不少于2点(段)。检查管线复测记录。

2 弯管:按管网内弯管(含方形伸缩器弯)抽查10%,但不少于10个。检查管线复测记录。

11.2.9 管道焊口的允许偏差应符合本标准表5.3.8的规定。其检查数量同第5.3.8条的相关规定。

11.2.10 管道及管件焊接的焊缝表面质量应符合下列规定：

焊缝外形尺寸应符合图纸和工艺文件的规定，焊缝高度不得低于母材表面，焊缝与母材应圆滑过渡。

焊缝及热影响区表面应无裂纹、未熔合、未焊透、夹渣、弧坑和气孔等缺陷。

检验方法：观察检查。

检查数量：不少于 10 个焊口。

11.2.11 供热管道的供水管或蒸汽管，如设计无规定时，应敷设在载热介质前进方向的右侧或上方。

检验方法：对照图纸，观察检查。

检查数量：全数检查。

11.2.12 地沟内的管道安装位置，其净距（保温层外表面）应符合下列规定：

与沟壁	100～150mm
与沟底	100～200mm
与沟顶（不通行地沟）	50～100mm
（半通行和通行地沟）	200～300mm

检验方法：尺量检查。

检查数量：每 100m 抽查 3 处，不足 100m 不少于 2 处。

11.2.13 架空敷设的供热管道安装高度，如设计无规定时，应符合下列规定（以保温层外表面计算）：

人行地区，不小于 2.5m。

通行车辆地区，不小于 4.5m。

跨越铁路，距轨顶不小于 6m。

检验方法：尺量检查。

检查数量：每 100m 抽查 3 处，不足 100m 不少于 2 处。

11.2.14 防锈漆的厚度应均匀，不得有脱皮、起泡、流淌和漏涂等缺陷。

检验方法：保温前观察检查。检查防腐记录。

检查数量：各不少于 10 处。

11.2.15 管道保温层的厚度和平整度的允许偏差应符合本标准表 4.4.8 的规定。其检查数量同第 4.4.8 条的相关规定。

11.3 系统水压试验及调试

主 控 项 目

11.3.1 供热管道的水压试验压力应为工作压力的 1.5 倍，但不得小于 0.6MPa。

检验方法：在试验压力下 10min 内压力降不大于 0.05MPa，然后降至工作压力下检查，不渗不漏。检查水压试验记录。

检查数量：全数检查。

11.3.2 管道试压合格后，应进行冲洗。

检验方法：现场观察，以水色不浑浊为合格。检查冲洗记录。

检查数量：全数检查。

11.3.3 管道冲洗完毕应通水、加热，进行试运行和调试。当不具备加热条件时，应延期进行。

检验方法：测量各建筑物热力入口处供回水温度及压力。检查试运行和调试记录。

检查数量：全数检查。

11.3.4 供热管道作水压试验时，试验管道上的阀门应开启，试验管道与非试验管道应隔断。

检验方法：开启和关闭阀门检查。

检查数量：全数检查。

12 建筑中水系统及游泳池水系统安装

12.1 一般规定

12.1.1 中水系统中的原水管道管材及配件要求按本标准第 5 章执行。

12.1.2 中水系统给水管道及排水管道检验标准按本标准第 4、5 两章规定执行。

12.1.3 游泳池排水系统安装、检验标准等按本标准第 5 章相关规定执行。

12.1.4 游泳池水加热系统安装、检验标准等按本标准第 6 章相关规定执行。

12.1.5 检验批质量验收表当地政府主管部门无统一规定时，宜采用《建筑中水系统及游泳池水系统安装工程检验批质量验收记录表》050901、050902。

分项工程质量验收表当地政府主管部门无统一规定时，宜采用附录表 B.0.1。

12.2 建筑中水系统管道及辅助设备安装

主 控 项 目

12.2.1 中水高位水箱应与生活高位水箱分设在不同的房间内，如条件不允许只能设在同一房间时，与生活高位水箱的净距离应大于 2m。

检验方法：观察和尺量检查。

检查数量：全数检查。

12.2.2 中水给水管道不得装设取水水嘴。便器冲洗宜采用密闭型设备和器具。绿化、浇洒、汽车冲洗宜采用壁式或地下式的给水栓。

检验方法：观察检查。

检查数量：全数检查。

12.2.3 中水供水管道严禁与生活饮用水给水管道连接，并应采取下列措施：

   1 中水管道外壁应涂浅绿色标志。

2 中水池（箱）、阀门、水表及给水栓均应有"中水"标志。

　　检验方法：观察检查。

　　检查数量：全数检查。

12.2.4 中水管道不宜暗装于墙体和楼板内。如必须暗装于墙槽内时，必须在管道上有明显且不会脱落的标志。

　　检验方法：观察检查。

　　检查数量：全数检查。

一 般 项 目

12.2.5 中水给水管道管材及配件应采用耐腐蚀的给水管管材及附件。

　　检验方法：观察检查。检查产品说明书和质量合格证明文件。

　　检查数量：全数检查。

12.2.6 中水管道与生活饮用水管道、排水管道平行埋设时，其水平净距离不得小于0.5m，交叉埋设时，中水管道应位于生活饮用水管道下面，排水管道的上面，其净距离不应小于0.15m。

　　检验方法：观察和尺量检查。

　　检查数量：全数检查。

12.3 游泳池水系统安装

主 控 项 目

12.3.1 游泳池的给水口、回水口、泄水口应采用耐腐蚀的铜、不锈钢、塑料等材料制造。溢流槽、格栅应为耐腐蚀材料制造，并为组装型。安装时，其外表面应与池壁或池底相平。

　　检验方法：观察检查。检查产品说明书和质量合格证明文件。

　　检查数量：全数检查。

12.3.2 游泳池的毛发聚集器应采用铜或不锈钢等耐腐蚀材料制造，过滤筒（网）的孔径应不大于3mm，其面积应为连接管截面积的1.5～2倍。

　　检验方法：观察和尺量计算方法。检查产品说明书和质量合格证明文件。

　　检查数量：全数检查。

12.3.3 游泳池地面，应采取有效措施防止冲洗排水流入池内。

　　检验方法：观察检查。

　　检查数量：全数检查。

一 般 项 目

12.3.4 游泳池循环水系统加药（混凝剂）的药品溶解池、溶液池及定量投加设备应采用耐腐蚀材料制作。输送溶液的管道应采用塑料管、胶管或铜管。

检验方法：观察检查。检查产品说明书和质量合格证明文件。

检查数量：全数检查。

12.3.5 游泳池的浸脚、浸腰消毒池的给水管、投药管、溢流管、循环管和泄空管应采用耐腐蚀材料制成。

检验方法：观察检查。检查产品说明书和质量合格证明文件。

检查数量：全数检查。

13 供热锅炉及辅助设备安装

13.1 一 般 规 定

13.1.1 本章适用于建筑供热和生活热水供应的额定工作压力不大于1.25MPa、热水温度不超过130℃的整装蒸汽和热水锅炉及辅助设备安装工程的质量检验与验收。

13.1.2 适用于本章的整装锅炉及辅助设备安装工程的质量检验与验收，除应按本标准规定执行外，尚应符合现行国家有关规范、规程和标准的规定。

13.1.3 管道、设备和容器的保温，应在防腐和水压试验合格后进行。

13.1.4 保温的设备和容器，应采用粘接保温钉固定保温层，其间距一般为200mm。当需采用焊接钩钉固定保温层时，其间距一般为250mm。

13.1.5 检验批质量验收表当地政府主管部门无统一规定时，宜采用《锅炉安装工程检验批质量验收记录表》051001、《锅炉辅助设备安装工程检验批质量验收记录表》051002（Ⅰ）和《工艺管道安装工程检验批质量验收记录表》051002（Ⅱ）、《锅炉安全附件安装工程检验批质量验收记录表》051003、《换热站安装工程检验批质量验收记录表》051004。

对于分项工程质量验收表，当地政府主管部门无统一规定时，宜采用附录B.0.1。

13.2 锅 炉 安 装

主 控 项 目

13.2.1 锅炉设备基础的混凝土强度必须达到设计要求，基础的坐标、标高、几何尺寸和螺栓孔位置应符合表13.2.1的规定。

表13.2.1 锅炉及辅助设备基础的允许偏差和检验方法

项次	项 目	允许偏差(mm)	检 验 方 法
1	基础坐标位置	20	经纬仪、接线和尺量
2	基础各不同平面的标高	0，−20	水准仪、拉线尺量

续表 13.2.1

项次	项目		允许偏差(mm)	检验方法
3	基础平面外形尺寸		20	尺量检查
4	凸台上平面尺寸		0，−20	
5	凹穴尺寸		+20，0	
6	基础上平面水平度	每米	5	水平仪（水平尺）和楔形塞尺检查
		全长	10	
7	竖向偏差	每米	5	经纬仪或吊线和尺量
		全高	10	
8	预埋地脚螺栓	标高（顶端）	+20，0	水准仪、拉线和尺量
		中心距（根部）	2	
9	预留地脚螺栓孔	中心位置	10	尺量
		深度	−20，0	
		孔壁垂直度	10	吊线和尺量
10	预埋活动地脚螺栓锚板	中心位置	5	拉线和尺量
		标高	+20，0	
		水平度（带槽锚板）	5	水平尺和楔形塞尺检查
		水平度（带螺纹孔锚板）	2	

检查数量：全数检查。检查设备基础交接验收记录。

13.2.2 非承压锅炉，应严格按设计或产品说明书的要求施工。锅筒顶部必须敞口或装设大气连通管，连通管上不得安装阀门。

检验方法：对照设计图纸或产品说明书检查。

检查数量：全数检查。

13.2.3 以天然气为燃料的锅炉的天然气释放管或大气排放管不得直接通向大气，应通向贮存或处理装置。

检查方法：对照设计图纸检查。

检查数量：全数检查。

13.2.4 两台或两台以上燃油锅炉共用一个烟囱时，每一台锅炉的烟道上均应配备风阀或挡板装置，并应具有操作调节和闭锁功能。

检验方法：观察和手扳检查。

检查数量：全数检查。

13.2.5 锅炉的锅筒和水冷壁的下集箱及后棚管的后集箱的最低处排污阀及排污管道不得采用螺纹连接。

检查方法：观察检查。

检查数量：全数检查。

13.2.6 锅炉的汽、水系统安装完毕后，必须进行水压试验，水压试验的压力应符合表13.2.6的规定。

表 13.2.6 水压试验压力规定

项次	设备名称	工作压力 P (MPa)	试验压力 (MPa)
1	锅炉本体	$P<0.59$	$1.5P$ 但不小于 0.2
		$0.59 \leqslant P \leqslant 1.18$	$P+0.3$
		$P>1.18$	$1.25P$
2	可分式省煤器	P	$1.25P+0.5$
3	非承压锅炉	大气压力	0.2

注：1 工作压力 P 对蒸汽锅炉指锅筒工作压力，对热水锅炉指锅炉额定出水压力；
　　2 铸铁锅炉水压试验同热水锅炉；
　　3 非承压锅炉水压试验压力为 0.2MPa，试验期间压力应保持不变。

检验方法：检查水压试验记录。

1 在试验压力下 10min 内压力降不超过 0.02MPa；然后降至工作压力进行检查，压力不降、不渗、不漏。

2 观察检查，不得有残余变形，受压元件金属壁和焊缝上不得有水珠和水雾。

检查数量：全数检查。

13.2.7 机械炉排安装完毕后应做冷态运转试验，连续运转时间不应少于 8h。

检验方法：观察运转试验全过程。检查冷态运转记录。

检查数量：全数检查。

13.2.8 锅炉本体管道及管件焊接的焊缝质量应符合下列规定：

1 焊缝表面质量应符合本标准第 11.2.10 条的规定。

2 管道焊口尺寸的允许偏差应符合本标准表 5.3.8 的规定。

3 无损探伤的检测结果应符合锅炉本体设计的相关要求。

检验方法：观察和检验无损探伤检测报告。

其检查数量同第 11.2.10 条、第 5.3.8 条的相关规定。

一　般　项　目

13.2.9 锅炉安装的坐标、标高、中心线和垂直度的允许偏差应符合表 13.2.9 的规定。

表 13.2.9 锅炉安装的允许偏差和检查方法

项次	项目		允许偏差 (mm)	检验方法
1	坐标		10	经纬仪、拉线和尺量
2	标高		±5	水准仪、拉线和尺量
3	中心线垂直度	卧式锅炉炉体全高	3	吊线和尺量
		立式锅炉炉体全高	4	吊线和尺量

检查数量：全数检查。检查设备安装记录。

13.2.10 组装链条炉排安装的允许偏差应符合表 13.2.10 的规定。

表 13.2.10　组装链条炉排安装的允许偏差和检验方法

项次	项 目		允许偏差（mm）	检验方法
1	炉排中心位置		2	经纬仪、拉线和尺量
2	墙板的标高		±5	水准仪、拉线和尺量
3	墙板的垂直度，全高		3	吊线和尺量
4	墙板间两对角线的长度之差		5	钢丝线和尺量
5	墙板框的纵向位置		5	经纬仪、拉线和尺量
6	墙板顶面的纵向水平度		长度 1/1000，且≯5	拉线、水平尺和尺量
7	墙板间的距离	跨距≤2m	+3 0	钢丝线和尺量
		跨距>2m	+5 0	
8	两墙板的顶面在同一水平面上相对高差		5	水准仪、吊线和尺量
9	前轴、后轴的水平度		长度 1/1000	拉线、水平尺和尺量
10	前轴和后轴的轴心线相对标高差		5	水准仪、吊线和尺量
11	各轨道在同一水平面上的相对高差		5	水准仪、吊线和尺量
12	相邻两轨道间的距离		±2	钢丝线和尺量

检查数量：全数检查。检查设备安装记录。

13.2.11 往复式炉排安装的允许偏差应符合表 13.2.11 的规定。

表 13.2.11　往复式炉排安装的允许偏差和检验方法

项次	项 目		允许偏差（mm）	检验方法
1	两侧板的相对标高		3	水准仪、吊线和尺量
2	两侧板间距离	跨距≤2m	+3 0	钢丝线和尺量
		跨距>2m	+4 0	
3	两侧板的垂直度（全高）		3	吊线和尺量
4	两侧板间对角线的长度之差		5	钢丝线和尺量
5	炉排片的纵向间隙		1	钢板尺量
6	炉排两侧的间隙		2	

检查数量：全数检查。检查设备安装记录。

13.2.12 铸铁省煤器破损的肋片数不应大于总肋片数的 5%，有破损肋片的根数不应大于总根数的 10%。铸铁省煤器支承架安装的允许偏差应符合表 13.2.12 的规定。

表 13.2.12　铸铁省煤器支承架安装的允许偏差和检验方法

项次	项 目	允许偏差（mm）	检验方法
1	支承架的位置	3	经纬仪、拉线和尺量
2	支承架的标高	0 −5	水准仪、吊线和尺量
3	支承架的纵、横向水平度（每米）	1	水平尺和塞尺检查

检查数量：全数检查。检查安装检验记录。

13.2.13 锅炉本体安装应按设计或产品说明书要求布置并坡向排污阀。

检验方法：用水平尺或水准仪检查。

检查数量：全数检查。

13.2.14 锅炉由炉底送风的风室及锅炉底座与基础之间必须封、堵严密。

检验方法：观察检查。

检查数量：全数检查。

13.2.15 省煤器的出口处（或入口处）应按设计或锅炉图纸要求安装阀门和管道。

检验方法：对照设计图纸检查。

检查数量：全数检查。

13.2.16 电动调节阀门的调节机构与电动执行机构的转臂应在同一平面内动作，传动部分应灵活、无空行程及卡阻现象，其行程及伺服时间应满足使用要求。

检验方法：操作时观察检查。

检查数量：全数检查。

13.3 辅助设备及管道安装

主 控 项 目

13.3.1 辅助设备基础的混凝土强度必须达到设计要求，基础的坐标、标高、几何尺寸和螺栓孔位置必须符合表13.2.1的规定。其检查数量同第13.2.1条的相关规定。

13.3.2 风机试运转，轴承温升应符合下列规定：

1 滑动轴承温度最高不得超过60℃。

2 滚动轴承温度最高不得超过80℃。

检验方法：用温度计检查。检查单机试运转记录。

检查数量：全数检查。

轴承径向单振幅应符合下列规定：

1 风机转速小于1000r/min时，不应超过0.10mm。

2 风机转速为1000~1450r/min时，不应超过0.08mm。

检验方法：用测振仪表检查。检查单机试运转记录。

检查数量：全数检查。

13.3.3 分汽缸（分水器、集水器）安装前应进行水压试验，试验压力为工作压力的1.5倍，但不得小于0.6MPa。

检验方法：试验压力下10min内无压降、无渗漏。检查水压试验记录。

检查数量：全数检查。

13.3.4 敞口箱、罐安装前应做满水试验；密闭箱、罐应以工作压力的1.5倍作水压试验，但不得小于0.4MPa。

检验方法：满水试验满水后静置24h不渗不漏；水压试验在试验压力下10min内无压降，不渗不漏。检查满水和水压试验记录。

检查数量：全数检查。

13.3.5 地下直埋油罐在埋地前应做气密性试验，试验压力不应小于0.03MPa。

检验方法：试验压力下观察30min不渗、不漏，无压降。

检查数量：全数检查。检查气密性试验记录。

13.3.6 连接锅炉及辅助设备的工艺管道安装完毕后，必须进行系统的水压试验，试验压力为系统中最大工作压力的1.5倍。

检验方法：在试验压力10min内压力降不超过0.05MPa，然后降至工作压力进行检查，不渗不漏。检查水压试验记录。

检查数量：全数检查。

13.3.7 各种设备的主要操作通道的净距如设计不明确时不应小于1.5m，辅助的操作通道净距不应小于0.8m。

检验方法：尺量检查。

检查数量：每条通道检查3点。

13.3.8 管道连接的法兰、焊缝和连接管件以及管道上的仪表、阀门的安装位置应便于检修，并不得紧贴墙壁、楼板或管架。

检验方法：观察检查。

检查数量：各抽查10%，但均不得少于10处。

13.3.9 管道焊接质量应符合本标准第11.2.10条的要求和表5.3.8的规定。其检查数量同第11.2.10条和第5.3.8条的相关规定。

一 般 项 目

13.3.10 锅炉辅助设备安装的允许偏差应符合表13.3.10的规定。

表13.3.10 锅炉辅助设备安装的允许偏差和检验方法

项次	项 目		允许偏差（mm）	检验方法
1	送、引风机	坐 标	10	经纬仪、拉线和尺量
		标 高	±5	水准仪、拉线和尺量
2	各种静置设备（各种容器、箱、罐等）	坐 标	15	经纬仪、拉线和尺量
		标 高	±5	水准仪、拉线和尺量
		垂直度（1m）	2	吊线和尺量
3	离心式水泵	泵体水平度（1m）	0.1	水平尺和塞尺检查
		联轴器同心度 轴向倾斜（1m）	0.8	水准仪、百分表（测微螺钉）和塞尺检查
		联轴器同心度 径向位移	0.1	

检查数量：全数检查。检查设备安装记录。

13.3.11 连接锅炉及辅助设备的工艺管道安装的允许偏差应符合表13.3.11的规定。

表 13.3.11 工艺管道安装的允许偏差和检验方法

项次	项目		允许偏差（mm）	检查方法
1	坐标	架空	15	水准仪、拉线和尺量
		地沟	10	
2	标高	架空	±15	水准仪、拉线和尺量
		地沟	±10	
3	水平管道纵、横方向弯曲	DN≤100mm	2‰，最大50	直尺和拉线检查
		DN>100mm	3‰，最大70	
4	立管垂直度		2‰，最大15	吊线和尺量
5	成排管道间距		3	直尺尺量
6	交叉管的外壁或绝热层间距		10	

检查数量：全数检查。检查管道安装记录。

13.3.12 单斗式提升机安装应符合下列规定：

1 导轨的间距偏差不大于2mm。

2 垂直式导轨的垂直度偏差不大于1‰；倾斜式导轨的倾斜度偏差不大于2‰。

3 料斗的吊点与料斗垂心在同一垂线上，重合度偏差不大于10mm。

4 行程开关位置应准确，料斗运行平稳，翻转灵活。

检验方法：吊线坠、拉线及尺量检查。检查设备安装记录。

检查数量：全数检查。

13.3.13 安装锅炉送、引风机，转动应灵活无卡碰等现象；送、引风机的传动部位，应设置安全防护装置。

检验方法：观察和启动检查。检查设备单机试运转记录。

检查数量：全数检查。

13.3.14 水泵安装的外观质量检查：泵壳不应有裂纹、砂眼及凹凸不平等缺陷；多级泵的平衡管路应无损伤或折陷现象；蒸汽往复泵的主要部件、活塞及活动轴必须灵活。

检验方法：观察和启动检查。检查设备单机试运转记录。

检查数量：全数检查。

13.3.15 手摇泵应垂直安装。安装高度如设计无要求时，泵中心距地面为800mm。

检验方法：吊线和尺量检查。检查设备安装记录。

检查数量：全数检查。

13.3.16 水泵试运转，叶轮与泵壳不应相碰，进、出口部位的阀门应灵活。轴承温升应符合产品说明书的要求。

检验方法：通电、操作和测温检查。检查水泵试运转记录。

检查数量：全数检查。

13.3.17 注水器安装高度，如设计无要求时，中心距地面为1.0～1.2m。

检验方法：尺量检查。

检查数量：全数检查。

13.3.18 除尘器安装应平稳牢固，位置和进、出口方向应正确。烟道与引风机连接时应采用软接头，不得将烟道重量压在风机上。

检验方法：观察检查。

检查数量：全数检查。

13.3.19 热力除氧器和真空除氧器的排气管应通向室外，直接排入大气。

检验方法：观察检查。

检查数量：全数检查。

13.3.20 软化水设备罐体的视镜应布置在便于观察的方向。树脂装填的高度应按设备说明书要求进行。

检验方法：对照说明书，观察检查。

检查数量：全数检查。

13.3.21 管道及设备保温层的厚度和平整度的允许偏差应符合本标准表4.4.8的规定。其检查数量同第4.4.8条的相关规定。

13.3.22 在涂刷油漆前，必须清除管道及设备表面的灰尘、污垢、锈斑、焊渣等物。涂漆的厚度应均匀，不得有脱皮、起泡、流淌和漏涂等缺陷。

检验方法：现场观察检查。检查管道（设备）防腐记录。

检查数量：各不少于10处。

13.4 安全附件安装

主 控 项 目

13.4.1 锅炉和省煤器安全阀的定压调整应符合表13.4.1的规定。锅炉上装有两个安全阀时，其中的一个按表中较高值定压，另一个按较低值定压。装有一个安全阀时，应按较低值定压。

表13.4.1 安全阀定压规定

项次	工作设备	安全阀开启压力（MPa）
1	蒸汽锅炉	工作压力+0.02MPa
		工作压力+0.04MPa
2	热水锅炉	1.12倍工作压力，但不少于工作压力+0.07MPa
		1.14倍工作压力，但不少于工作压力+0.10MPa
3	省煤器	1.1倍工作压力

检验方法：检查定压合格证书。

检查数量：全数检查。

13.4.2 压力表的刻度极限值，应大于或等于工作压力的1.5倍，表盘直径不得小于100mm。

检验方法：现场观察和尺量检查。

检查数量：全数检查。

13.4.3 安装水位表应符合下列规定：

1 水位表应有指示最高、最低安全水位的明显标志，玻璃板（管）的最低可见边缘应比最低安全水位低25mm；最高可见边缘应比最高安全水位高25mm。

2 玻璃管式水位表应有防护装置。

3 电接点式水位表的零点应与锅筒正常水位重合。

4 采用双色水位表时，每台锅炉只能装设一个，另一个装设普通水位表。

5 水位表应有放水旋塞(或阀门)和接到安全地点的放水管。

检验方法：现场观察和尺量检查。

检查数量：全数检查。

13.4.4 锅炉的高、低水位报警器和超温、超压报警器及连锁保护装置必须按设计要求安装齐全和有效。

检验方法：启动、联动试验并做好试验记录。

检查数量：全数检查。

13.4.5 蒸汽锅炉安全阀应安装通向室外的排汽管。热水锅炉安全阀泄水管应接到安全地点。在排汽管和泄水管上不得装设阀门。

检验方法：观察检查。

检查数量：全数检查。

一 般 项 目

13.4.6 安装压力表必须符合下列规定：

1 压力表必须安装在便于观察和吹洗的位置，并防止受高温、冰冻和振动的影响，同时要有足够的照明。

2 压力表必须设有存水弯管。存水弯管采用钢管煨制时，内径不应小于10mm；采用铜管煨制时，内径不应小于6mm。

3 压力表与存水弯管之间应安装三通旋塞。

检验方法：观察和尺量检查。

检查数量：全数检查。

13.4.7 测压仪表取源部件在水平工艺管道上安装时，取压口的方位应符合下列规定：

1 测量液体压力的，在工艺管道的下半部与管道水平中心线成0°～45°夹角范围内。

2 测量蒸汽压力的，在工艺管道上半部或下半部与管道水平中心线成0°～45°夹角范围内。

3 测量气体压力的，在工艺管道的上半部。

检验方法：观察和尺量检查。

检查数量：全数检查。

13.4.8 安装温度计应符合下列规定：

1 安装在管道和设备上的套管温度计，底部应插入流动介质内，不得装在引出管段上或死角处。

2 压力式温度计的毛细管应固定好并有保护措施，其转弯处的弯曲半径不应小于50mm，温包必须全部浸入介质内。

3 热电偶温度计的保护套管应保证规定的插入深度。

检验方法：观察和尺量检查。

检查数量：全数检查。

13.4.9 温度计与压力表在同一管道上安装时，按介质流动方向温度计应在压力表下游处安装，如温度计需在压力表的上游安装时，其间距不应小于300mm。

检验方法：观察和尺量检查。

检查数量：全数检查。

13.5 烘炉、煮炉和试运行

主 控 项 目

13.5.1 锅炉火焰烘炉应符合下列规定：

1 火焰应在炉膛中央燃烧，不应直接烧烤炉墙及炉拱。

2 烘炉时间一般不少于4d，升温应缓慢，后期烟温不应高于160℃，且持续时间不应少于24h。

3 链条炉排在烘炉过程中应定期转动。

4 烘炉的中、后期应根据锅炉水水质情况排污。

检验方法：计时测温、操作观察检查。检查烘炉记录。

检查数量：全数检查。

13.5.2 烘炉结束后应符合下列规定：

1 炉墙经烘烤后没有变形、裂纹及塌落现象。

2 炉墙砌筑砂浆含水率达到7%以下。

检验方法：测试及观察检查。检查烘炉记录。

检查数量：全数检查。

13.5.3 锅炉在烘炉、煮炉合格后，应进行**48h**的带负荷连续试运行，同时应进行安全阀的热状态定压检验和调整。

检查方法：检查烘炉、煮炉及试运行全过程。检查试运行记录及安全阀定压记录。

检查数量：全数检查。

一 般 项 目

13.5.4 煮炉时间一般应为2～3d，如蒸汽压力较低，可适当延长煮炉时间。非砌筑或浇筑保温材料保温的锅炉，安装后可直接进行煮炉。煮炉结束后，锅筒和集箱内壁应无油垢，擦去附着物后金属表面应无锈斑。

检验方法：打开锅筒和集箱检查孔检查。检查煮炉记录。

检查数量：全数检查。

13.6 换热站安装

主 控 项 目

13.6.1 热交换器以最大工作压力的 1.5 倍作水压试验，蒸汽部分应不低于蒸汽供汽压力加 0.3MPa；热水部分应不低于 0.4MPa。

检验方法：在试验压力下，保持 10min 压力不降。检查水压试验记录。

检查数量：全数检查。

13.6.2 高温水系统中，循环水泵和换热器的相对安装位置应按设计文件施工。

检验方法：对照设计图纸检查。

检查数量：全数检查。

13.6.3 壳管式热交换器的安装，如设计无要求时，其封头与墙壁或屋顶的距离不得小于换热管的长度。

检验方法：观察和尺量检查。

检查数量：全数检查。

一 般 项 目

13.6.4 换热站内设备安装的允许偏差应符合本标准表 13.3.10 的规定。其检查数量同第 13.3.10 条的相关规定。

13.6.5 换热站内的循环泵、调节阀、减压器、疏水器、除污器、流量计等安装应符合本标准的相关规定。

13.6.6 换热站内管道安装的允许偏差应符合本标准表 13.3.11 的规定。其检查数量同第 13.3.11 条的相关规定。

13.6.7 管道及设备保温层的厚度和平整度的允许偏差应符合本标准表 4.4.8 的规定。其检查数量同第 4.4.8 条的相关规定。

14 分部（子分部）工程质量验收

14.0.1 检验批、分项工程、分部（或子分部）工程质量的验收，均应在施工单位自检合格的基础上进行。并应按检验批、分项、分部（或子分部）、单位（或子单位）工程的程序进行验收，同时做好记录。

1 检验批、分项工程的质量验收应全部合格。

检验批质量验收见各节"质量验收"内容中。

分项工程质量验收见本标准附录 B 中表 B.0.1。

2 分部（子分部）工程的验收，必须在分项工程验收通过的基础上，对涉及安全、卫生和使用功能的重要部位进行抽样检验和检测。

子分部工程质量验收见附录C。

建筑给水、排水及采暖（分部）工程的质量验收见附录D。

14.0.2 分项工程、分部（或子分部）工程质量及观感质量评定等级，按照中国建筑工程总公司《建筑工程施工质量统一标准》ZJQ00-SG-013-2006的规定执行。

14.0.3 建筑给水、排水及采暖工程的检验和检测应包括下列主要内容：

　1 承压管道系统和设备及阀门水压试验。
　2 排水管道灌水、通球及通水试验。
　3 雨水管道灌水及通水试验。
　4 给水管道通水试验及冲洗、消毒检测。
　5 卫生器具通水试验，具有溢流功能的器具满水试验。
　6 地漏及地面清扫口排水试验。
　7 消火栓系统测试。
　8 采暖系统冲洗及测试。
　9 安全阀及报警联动系统动作测试。
　10 锅炉48h负荷试运行。

14.0.4 工程质量验收文件和记录中应包括下列主要内容：

　1 开工报告。
　2 图纸会审记录、设计变更及洽商记录。
　3 施工组织设计或施工方案。
　4 主要材料、成品、半成品、配件、器具和设备出厂合格证及进场验收单。
　5 隐蔽工程验收及中间试验记录。
　6 设备试运转记录。
　7 安全、卫生和使用功能检验和检测记录。
　8 检验批、分项、子分部、分部工程质量验收记录。
　9 竣工图。

14.0.5 在填写第14.0.3、14.0.4条的记录表格时，要求表格里所有内容填写齐全，不留空白，没有涉及的空格内容，可画斜线；如填写阀门或设备的试验记录时，要写全阀门或设备的型号、规格、公称压力、系统介质以及阀门或设备的全部数量和抽检的数量等原始资料，并将试验过程记录清楚。

14.0.6 在填写检验批质量验收记录时，同样要将项目总量和抽检量写出，同时要求表格里所有内容填写齐全，不留空白，没有涉及的空格内容，可画斜线。

附录A 检验批质量验收、评定记录

A.0.1 检验批质量评定（验收）记录由项目专业工长填写，项目专职质量检查员评定，参加人员应签字认可。安装工程检验批质量验收记录，见表 A.0.1-1～表 A.0.1-24。

A.0.2 当建设方不采用本标准作为工程质量的验收标准时，不需要监理（建设）单位参加内部验收并签署意见。

表 A.0.1-1 室内给水管道及配件安装工程检验批质量验收记录

工程名称				分项工程名称		验收部位	
施工总包单位				专业工长(专业施工员)		项目经理	
分包单位				分包项目经理		施工班长	
施工执行标准名称及编号						设计图纸(变更)编号	
检查项目			企业施工质量标准的规定		施工单位检查评定记录		监理（建设）单位验收记录
主控项目	1	给水管道水压试验		设计要求			
	2	给水系统通水试验		第4.2.2条			
	3	生活给水系统管冲洗和消毒		第4.2.3条			
	4	直埋金属给水管道防腐		第4.2.4条			
一般项目	1	给排水管铺设的平行、垂直净距		第4.2.5条			
	2	金属给水管道及管件焊接		第4.2.6条			
	3	给水水平管道坡度坡向		第4.2.7条			
	4	管道支、吊架		第4.2.9条			
	5	水表安装		第4.2.10条			
	6	水平管道纵、横方向弯曲允许偏差	钢管	每1m	1mm		
				全长25m以上	≯25mm		
			塑料管复合管	每1m	1.5mm		
				全长25m以上	≯25mm		
			铸铁管	每1m	2mm		
				全长25m以上	≯25mm		
		立管垂直度允许偏差	钢管	每1m	3mm		
				5m以上	≯8mm		
			塑料管复合管	每1m	2mm		
				5m以上	≯8mm		
			铸铁管	每1m	3mm		
				5m以上	≯10mm		
		成排管段和成排阀门		在同一平面上的间距	3mm		
施工单位检查、评定结论		本检验批实测 点，符合要求 点，符合率 %。不符合要求点的最大偏差为规定值的 %。依据中国建筑工程总公司《建筑工程施工质量统一标准》ZJQ00-SG-013-2006的相关规定，本检验批质量：合格□ 优良□ 项目专业质量检查员： 年 月 日					
参加验收人员		专业工长（专业施工员）： 分包单位项目技术（质量）负责人： 总包单位项目专业技术（质量）负责人：					年 月 日 年 月 日 年 月 日
监理（建设）单位验收结论		同意（不同意）施工总包单位验收意见 监理工程师（建设单位项目专业技术负责人）： 年 月 日					

表 A.0.1-2 室内消火栓系统安装工程检验批质量验收、评定记录

工程名称			分项工程名称		验收部位	
施工总包单位			专业工长(专业施工员)		项目经理	
分包单位			分包项目经理		施工班组长	
施工执行标准名称及编号					设计图纸(变更)编号	
检查项目		企业施工质量标准的规定			施工单位检查评定记录	监理(建设)单位验收记录
主控项目	1	室内消火栓试射试验	设计要求			
一般项目	1	室内消火栓水龙带在箱内安放	第4.3.2条			
		栓口朝外,并不应安装在门轴侧	第4.3.3条			
	2	栓口中心距地面1.1m允许偏差	±20mm			
		阀门中心距箱侧面允许偏差140mm 距箱后内表面100mm允许偏差	±5			
		消火栓箱体安装的垂直度允许偏差	3			
施工单位检查、评定结论	本检验批实测　点,符合要求　点,符合率　%。不符合要求点的最大偏差为规定值的　%。依据中国建筑工程总公司《建筑工程施工质量统一标准》ZJQ00-SG-013-2006的相关规定,本检验批质量:合格□　　优良□ 项目专业质量检查员: 　　　　　　　　　　　　　　　　　　年　月　日					
参加验收人员	专业工长(专业施工员):　　　　　　　　　　　　　　　　年　月　日					
	分包单位项目技术(质量)负责人:　　　　　　　　　　　　年　月　日					
	总包单位项目专业技术(质量)负责人:　　　　　　　　　　年　月　日					
监理(建设)单位验收结论	同意(不同意)施工总包单位验收意见 监理工程师(建设单位项目专业技术负责人): 　　　　　　　　　　　　　　　　　　年　月　日					

表 A.0.1-3 给水设备安装工程检验批质量验收、评定记录

工程名称				分项工程名称			验收部位	
施工总包单位				专业工长(专业施工员)			项目经理	
分包单位				分包项目经理			施工班组长	
施工执行标准名称及编号						设计图纸(变更)编号		
检查项目			企业施工质量标准的规定			施工单位检查评定记录		监理(建设)单位验收记录
主控项目	1	水泵基础			设计要求			
	2	水泵试运转的轴承温升			设计要求			
	3	敞口水箱满水试验和密闭水箱(罐)水压试验			第4.4.3条			
一般项目	1	水箱支架或底座安装			第4.4.4条			
	2	水箱溢流管和泄放管安装			第4.4.5条			
	3	立式水泵减振装置			第4.4.6条			
	4	安装允许偏差(mm)	静置设备	坐标	15			
				标高	±5			
				垂直度(每1m)	5			
			离心式水泵	立式垂直度(每1m)	0.1			
				卧式水平度(每1m)	0.1			
			联轴器同心度	轴向倾斜(每1m)	0.8			
				径向位移	0.1			
	5	保温层允许偏差(mm)	允许偏差	厚度δ	+0.1δ −0.05δ			
			表面平整度	卷材	5			
				涂抹	10			
施工单位检查、评定结论		本检验批实测 点,符合要求 点,符合率 %。不符合要求点的最大偏差为规定值的 %。依据中国建筑工程总公司《建筑工程施工质量统一标准》ZJQ00-SG-013-2006的相关规定,本检验批质量:合格 □ 优良 □ 项目专业质量检查员: 年 月 日						
参加验收人员		专业工长(专业施工员): 年 月 日 分包单位项目技术(质量)负责人: 年 月 日 总包单位项目专业技术(质量)负责人: 年 月 日						
监理(建设)单位验收结论		同意(不同意)施工总包单位验收意见 监理工程师(建设单位项目专业技术负责人): 年 月 日						

表 A.0.1-4 室内排水管道及配件安装工程检验批质量验收、评定记录

工程名称		分项工程名称		验收部位	
施工总包单位		专业工长(专业施工员)		项目经理	
分包单位		分包项目经理		施工班组长	
施工执行标准名称及编号				设计图纸(变更)编号	

检查项目			企业施工质量标准的规定			施工单位检查评定记录	监理(建设)单位验收记录
主控项目	1		排水管道灌水试验		第5.2.1条		
	2		生活污水铸铁管,塑料管坡度		第5.2.2、5.2.3条		
	3		排水塑料管安装伸缩节		第5.2.4条		
	4		排水立管及水平干管通球试验		第5.2.5条		
一般项目	1		生活污水管道上设检查口和清扫口		第5.2.6、5.2.7条		
	2		金属和塑料管支、吊架安装		第5.2.8、5.2.9条		
	3		排水通汽管安装		第5.2.10条		
	4		医院污水和饮食业工艺排水		第5.2.11、5.2.12条		
	5		室内排水管道安装		第5.2.13、5.2.14、5.2.15条		
	6	排水管安装允许偏差		坐标	15mm		
				标高	±15mm		
			横管纵横方向弯曲	铸铁管 每1m	≥1mm		
				铸铁管 全长(25m以上)	≥25mm		
				钢管 每1m 管径≤100mm	1mm		
				钢管 每1m 管径>100mm	1.5mm		
				钢管 全长(25m以上) 管径≤100mm	≥25mm		
				钢管 全长(25m以上) 管径>100mm	≥38mm		
				塑料管 每1m	1.5mm		
				塑料管 全长(25m以上)	≥38mm		
				钢筋混凝土管 每1m	3mm		
				钢筋混凝土管 全长(25m以上)	≥75mm		

续表 A.0.1-4

检查项目					企业施工质量标准的规定		施工单位检查评定记录	监理(建设)单位验收记录
一般项目	6	排水管安装允许偏差	立管垂直度	铸铁管	每1m	3mm		
					全长(5m以上)	≯15mm		
				钢管	每1m	3mm		
					全长(5m以上)	≯10mm		
				塑料管	每1m	3mm		
					全长(5m以上)	≯15mm		

施工单位检查、评定结论	本检验批实测　点,符合要求　点,符合率　％。不符合要求点的最大偏差为规定值的　％。依据中国建筑工程总公司《建筑工程施工质量统一标准》ZJQ00-SG-013-2006 的相关规定,本检验批质量：合格 □　　优良 □ 项目专业质量检查员： 年　月　日
参加验收人员	专业工长（专业施工员）：　　　　　　　　　　　　　　　年　月　日 分包单位项目技术（质量）负责人：　　　　　　　　　　　年　月　日 总包单位项目专业技术（质量）负责人：　　　　　　　　　年　月　日
监理（建设）单位验收结论	同意（不同意）施工总包单位验收意见 监理工程师（建设单位项目专业技术负责人）： 年　月　日

10—67

表 A.0.1-5 雨水管道及配件安装工程检验批质量验收、评定记录

工程名称				分项工程名称		验收部位						
施工总包单位				专业工长(专业施工员)		项目经理						
分包单位				分包项目经理		施工班组长						
施工执行标准名称及编号						设计图纸(变更)编号						
检查项目			企业施工质量标准的规定			施工单位检查评定记录						监理（建设）单位验收记录
主控项目	1		室内雨水管道灌水试验		第5.3.1条							
	2		塑料雨水管安装伸缩节		第5.3.2条							
	3	地下埋设雨水管道最小坡度	(1)	50mm	20‰							
			(2)	75mm	15‰							
			(3)	100mm	8‰							
			(4)	125mm	6‰							
			(5)	150mm	5‰							
			(6)	200~400mm	4‰							
			(7)	悬吊雨水管最小坡度≥5‰								
一般项目	1		雨水管不得与生活污水管相连接		第5.3.4条							
	2		雨水斗安装		第5.3.5条							
	3	悬吊前检查口间距	≤150（mm）		≯15m							
			≥200（mm）		≯20m							
	4	焊缝允许偏差	焊口平直度	管壁厚10mm以内	管壁厚1/4							
			焊缝加强面	高度	+1mm							
				宽度								
			咬边	深度	小于0.5mm							
				连续长度	25mm							
			长度	总长度(两侧)	小于焊缝长度的10%							
	5		雨水管道安装的允许偏差同室内排水管		第5.3.7条							

施工单位检查、评定结论	本检验批实测　点，符合要求　点，符合率　%。不符合要求点的最大偏差为规定值的　%。依据中国建筑工程总公司《建筑工程施工质量统一标准》ZJQ00-SG-013-2006的相关规定，本检验批质量：合格 □　　优良 □ 项目专业质量检查员： 年　　月　　日
参加验收人员	专业工长（专业施工员）：　　　　　　　　　　　　　　　　　年　　月　　日 分包单位项目技术（质量）负责人：　　　　　　　　　　　　年　　月　　日 总包单位项目专业技术（质量）负责人：　　　　　　　　　　年　　月　　日
监理（建设）单位验收结论	同意（不同意）施工总包单位验收意见 监理工程师（建设单位项目专业技术负责人）： 年　　月　　日

表 A.0.1-6 室内热水管道及配件安装工程检验批质量验收、评定记录

工程名称		分项工程名称		验收部位	
施工总包单位		专业工长(专业施工员)		项目经理	
分包单位		分包项目经理		施工班组长	
施工执行标准名称及编号				设计图纸(变更)编号	

检查项目			企业施工质量标准的规定		施工单位检查评定记录	监理(建设)单位验收记录
主控项目	1	热水供应系统管道水压试验		设计要求		
	2	热水供应系统管道安装补偿器		第6.2.2条		
	3	热水供应系统管道冲洗		第6.2.3条		
一般项目	1	管道安装坡度		设计规定		
	2	温度控制器和阀门安装		第6.2.5条		
	3	管道安装允许偏差	水平管道纵横方向弯曲 钢管	每1m	1mm		
				全长25m以上	≯25mm		
			水平管道纵横方向弯曲 塑料管复合管	每1m	1.5mm		
				全长25m以上	≯25mm		
			立管垂直度 钢管	每1m	3mm		
				全长5m以上	≯8mm		
			立管垂直度 塑料管复合管	每1m	2mm		
				全长5m以上	≯8mm		
			成排管道和成排阀门	在同一平面上间距	3mm		
	4	保温层允许偏差	厚度δ		+0.1δ、−0.05δ		
			表面平整度	卷材	5mm		
				涂抹	10mm		

施工单位检查、评定结论	本检验批实测 点,符合要求 点,符合率 %。不符合要求点的最大偏差为规定值的 %。依据中国建筑工程总公司《建筑工程施工质量统一标准》ZJQ00-SG-013-2006的相关规定,本检验批质量:合格□ 优良□ 项目专业质量检查员: 年 月 日
参加验收人员	专业工长(专业施工员): 年 月 日 分包单位项目技术(质量)负责人: 年 月 日 总包单位项目专业技术(质量)负责人: 年 月 日
监理(建设)单位验收结论	同意(不同意)施工总包单位验收意见 监理工程师(建设单位项目专业技术负责人): 年 月 日

表 A.0.1-7 热水供应系统辅助设备安装工程检验批质量验收、评定记录

工程名称			分项工程名称		验收部位	
施工总包单位			专业工长(专业施工员)		项目经理	
分包单位			分包项目经理		施工班组长	
施工执行标准名称及编号				设计图纸(变更)编号		

检查项目				企业施工质量标准的规定		施工单位检查评定记录	监理(建设)单位验收记录
主控项目	1		热交换器，太阳能热水器排管和水箱等水压和灌水试验		第6.3.1条 第6.3.2条 第6.3.5条		
	2		水泵基础		第6.3.3条		
	3		水泵试运转轴承温升		第6.3.4条		
一般项目	1		太阳能热水器安装		第6.3.6条		
	2		太阳能热水器上、下集箱的循环管道坡度		第6.3.7条		
	3		水箱底部与上集水管间距		第6.3.8条		
	4		集热排管安装紧固		第6.3.9条		
	5		热水器最低处安泄水装置		第6.3.10条		
	6		太阳能热水器上、下集箱管道保温，防冻		第6.3.11条 第6.3.12条		
	7	设备安装允许偏差	静置设备	坐标	15mm		
				标高	±5mm		
				垂直度（每1m）	5mm		
			离心式水泵	立式水泵垂直度（每1m）	0.1mm		
				卧式水泵水平度（每1m）	0.1mm		
				联轴器同心度 轴向倾斜（每1m）	0.8mm		
				联轴器同心度 径向位移	0.1mm		
	8	热水器安装允许偏差	标高	中心线距地面(mm)	±20mm		
			朝向	最大偏移角	不大于15°		

施工单位检查、评定结论	本检验批实测 点，符合要求 点，符合率 ％。不符合要求点的最大偏差为规定值的 ％。依据中国建筑工程总公司《建筑工程施工质量统一标准》ZJQ00-SG-013-2006的相关规定，本检验批质量：合格 □ 优良 □ 项目专业质量检查员： 年 月 日
参加验收人员	专业工长（专业施工员）： 年 月 日 分包单位项目技术（质量）负责人 年 月 日 总包单位项目专业技术（质量）负责人： 年 月 日
监理(建设)单位验收结论	同意（不同意）施工总包单位验收意见 监理工程师（建设单位项目专业技术负责人）： 年 月 日

表 A.0.1-8 卫生器具及给水配件安装工程检验批质量验收、评定记录

工程名称		分项工程名称		验收部位	
施工总包单位		专业工长(专业施工员)		项目经理	
分包单位		分包项目经理		施工班组长	
施工执行标准名称及编号				设计图纸(变更)编号	

检查项目			企业施工质量标准的规定		施工单位检查评定记录	监理(建设)单位验收记录
主控项目	1	卫生器具满水试验和通水试验		第7.2.2条		
	2	排水栓与地漏安装		第7.2.1条		
	3	卫生器具给水配件		第7.3.1条		
一般项目	1	卫生器具安装允许偏差	坐标 单独器具	10mm		
			坐标 成排器具	5mm		
			标高 单独器具	±15mm		
			标高 成排器具	±10mm		
			器具水平度	2mm		
			器具垂直度	3mm		
	2	给水配件安装允许偏差	高、低水箱角阀及截止阀、水嘴	±10mm		
			淋浴器喷头下沿	±15mm		
			浴盆软管淋浴器挂钩	±20mm		
	3	浴盆检修门、小便槽冲洗管安装		第7.2.4条、第7.2.5条		
	4	卫生器具的支、托架		第7.2.6条		
	5	浴盆淋浴器挂钩高度距地1.8m		第7.3.3条		

施工单位检查、评定结论	本检验批实测 点,符合要求 点,符合率 %。不符合要求点的最大偏差为规定值的 %。依据中国建筑工程总公司《建筑工程施工质量统一标准》ZJQ00-SG-013-2006的相关规定,本检验批质量:合格□ 优良□ 项目专业质量检查员: 年 月 日
参加验收人员	专业工长(专业施工员): 年 月 日 分包单位项目技术(质量)负责人: 年 月 日 总包单位项目专业技术(质量)负责人: 年 月 日
监理(建设)单位验收结论	同意(不同意)施工总包单位验收意见 监理工程师(建设单位项目专业技术负责人): 年 月 日

10—71

表A.0.1-9 卫生器具排水管道安装工程检验批质量验收、评定记录

工程名称				分项工程名称			验收部位	
施工总包单位				专业工长(专业施工员)			项目经理	
分包单位				分包项目经理			施工班组长	
施工执行标准名称及编号						设计图纸(变更)编号		

检查项目			企业施工质量标准的规定			施工单位检查评定记录	监理(建设)单位验收记录
主控项目	1	器具受水口与立管，管道与楼板接合			第7.4.1条		
	2	连接排水管应严密，其支托架安装			第7.4.2条		
一般项目	1	安装允许偏差	横管弯曲度	每1m长	2mm		
				横管长度≤10m，全长	<8mm		
				横管长度>10m，全长	10mm		
			卫生器具排水管口及横支管口的纵横坐标	单独器具	10mm		
				成排器具	5mm		
			卫生器具接口标高	单独器具	±10mm		
				成排器具	±5mm		
	2	排水管最小坡度	污水盆(池)	50mm	25‰		
			单、双格洗涤盆(池)	50mm	25‰		
			洗手盆、洗脸盆	32～50mm	20‰		
			浴盆	50mm	20‰		
			淋浴器	50mm	20‰		
			大便器	高、低水箱	100mm	12‰	
				自闭式冲洗阀	100mm	12‰	
				拉管式冲洗阀	100mm	12‰	
			小便器	冲洗阀	40～50mm	20‰	
				自动冲洗水箱	40～50mm	20‰	
			化验盆(无塞)	40～50mm	25‰		
			净身器	40～50mm	20‰		
			饮水器	20～50mm	10‰～20‰		

施工单位检查、评定结论	本检验批实测 点，符合要求 点，符合率 %。不符合要求点的最大偏差为规定值的 %。依据中国建筑工程总公司《建筑工程施工质量统一标准》ZJQ00-SG-013-2006的相关规定，本检验批质量：合格□ 优良□ 项目专业质量检查员： 年 月 日
参加验收人员	专业工长(专业施工员)： 年 月 日 分包单位项目技术(质量)负责人： 年 月 日 总包单位项目专业技术(质量)负责人： 年 月 日
监理(建设)单位验收结论	同意(不同意)施工总包单位验收意见 监理工程师(建设单位项目专业技术负责人)： 年 月 日

表 A.0.1-10 室内采暖管道及配件安装工程检验批质量验收、评定记录

工程名称				分项工程名称			验收部位	
施工总包单位				专业工长(专业施工员)			项目经理	
分包单位				分包项目经理			施工班组长	
施工执行标准名称及编号					设计图纸(变更)编号			

检查项目			企业施工质量标准的规定			施工单位检查评定记录	监理（建设）单位验收记录
主控项目	1	管道安装坡度		第8.2.1条			
	2	采暖系统水压试验		第8.6.1条			
	3	采暖系统冲洗、试运行和调试		第8.6.2条、第8.6.3条			
	4	补偿器的制作、安装及预拉伸		第8.2.2条、第8.2.5条 第8.2.6条			
	5	平衡阀、调节阀、减压阀安装		第8.2.3条、第8.2.4条			
一般项目	1	热量表、疏水器、除污器等安装		第8.2.7条			
	2	钢管焊接		第8.2.8条			
	3	采暖入口及分户计量入户装置安装		第8.2.9条			
	4	管道连接及散热器支管安装		第8.2.10、8.2.11、8.2.12、8.2.13、8.2.14、8.2.15条			
	5	管道及金属支架的防腐		第8.2.16条			
	6	管道安装允许偏差	横管道纵、横方向弯曲（mm）	每1m	管径≤100mm	1		
					管径>100mm	1.5		
				全长（25m以上）	管径≤100mm	≥13		
					管径>100mm	≥25		
			立管垂直度（mm）	每1m		2		
				全长（5m以上）		≥10		
			弯管	椭圆率	管径≤100mm	10%		
					管径>100mm	8%		
				折皱不平度（mm）	管径≤100mm	4		
					管径>100mm	5		
	7	管道保温层允许偏差		厚度		$+0.1\delta$ -0.05δ		
				表面平整度（mm）	卷材	5		
					涂料	10		

施工单位检查、评定结论	本检验批实测 点，符合要求 点，符合率 %。不符合要求点的最大偏差为规定值的 %。依据中国建筑工程总公司《建筑工程施工质量统一标准》ZJQ00-SG-013-2006 的相关规定，本检验批质量：合格 □ 优良 □ 项目专业质量检查员： 年 月 日
参加验收人员	专业工长（专业施工员）： 年 月 日
	分包单位项目技术（质量）负责人： 年 月 日
	总包单位项目专业技术（质量）负责人： 年 月 日
监理（建设）单位验收结论	同意（不同意）施工总包单位验收意见 监理工程师（建设单位项目专业技术负责人）： 年 月 日

表 A.0.1-11 室内采暖辅助设备、散热器及金属辐射板安装工程检验批质量验收、评定记录

工程名称				分项工程名称			验收部位	
施工总包单位				专业工长(专业施工员)			项目经理	
分包单位				分包项目经理			施工班组长	
施工执行标准名称及编号							设计图纸(变更)编号	

检查项目			企业施工质量标准的规定		施工单位检查评定记录	监理(建设)单位验收记录
主控项目	1	散热器水压试验		第8.3.1条		
	2	金属辐射板水压试验		第8.4.1条		
	3	金属辐射板安装		第8.4.2条 第8.4.3条		
	4	水泵、水箱安装		第8.3.2条		
一般项目	1	散热器的组对		第8.3.3条 第8.3.4条		
	2	散热器的安装		第8.3.5条 第8.3.6条		
	3	散热器表面防腐涂漆		第8.3.8条		
	4	散热器允许偏差	散热器背面与墙内表面距离	3mm		
			与窗中心线或设计定位尺寸	20mm		
			散热器垂直度	3mm		

施工单位 检查、评定结论	本检验批实测　点,符合要求　点,符合率　%。不符合要求点的最大偏差为规定值的　%。依据中国建筑工程总公司《建筑工程施工质量统一标准》ZJQ00-SG-013-2006 的相关规定,本检验批质量:合格 □　　优良 □ 项目专业质量检查员: 年　　月　　日
参加验收人员	专业工长(专业施工员):　　　　　　　　　　　　　　　　　　　　年　月　日
	分包单位项目技术(质量)负责人:　　　　　　　　　　　　　　　　年　月　日
	总包单位项目专业技术(质量)负责人:　　　　　　　　　　　　　　年　月　日
监理(建设)单位 验收结论	同意(不同意)施工总包单位验收意见 监理工程师(建设单位项目专业技术负责人): 年　　月　　日

表 A.0.1-12 低温热水地板辐射采暖安装工程检验批质量验收、评定记录

工程名称			分项工程名称		验收部位	
施工总包单位			专业工长(专业施工员)		项目经理	
分包单位			分包项目经理		施工班组长	
施工执行标准名称及编号				设计图纸(变更)编号		

检查项目			企业施工质量标准的规定	施工单位检查评定记录	监理(建设)单位验收记录
主控项目	1	加热盘管埋地	第8.5.1条		
	2	加热盘管水压试验	第8.5.2条		
	3	加热盘管弯曲的曲率半径	第8.5.3条		
一般项目	1	分、集水器规格及安装	设计要求		
	2	加热盘管安装	第8.5.5条		
	3	防潮层、防水层、隔热层、伸缩缝	设计要求		
	4	填充层混凝土强度	设计要求		

施工单位检查、评定结论	本检验批实测　点,符合要求　点,符合率　%。不符合要求点的最大偏差为规定值的　%。依据中国建筑工程总公司《建筑工程施工质量统一标准》ZJQ00-SG-013-2006的相关规定,本检验批质量:合格 □　　优良 □ 项目专业质量检查员: 年　月　日
参加验收人员	专业工长(专业施工员):　　　　　　　　　　　　　　　　　　　　年　月　日
	分包单位项目技术(质量)负责人:　　　　　　　　　　　　　　　　年　月　日
	总包单位项目专业技术(质量)负责人:　　　　　　　　　　　　　　年　月　日
监理(建设)单位验收结论	同意(不同意)施工总包单位验收意见 监理工程师(建设单位项目专业技术负责人): 年　月　日

表 A.0.1-13 室外给水管道安装工程检验批质量验收、评定记录

工程名称				分项工程名称			验收部位		
施工总包单位				专业工长(专业施工员)			项目经理		
分包单位				分包项目经理			施工班组长		
施工执行标准名称及编号						设计图纸(变更)编号			
检查项目			企业施工质量标准的规定				施工单位检查评定记录	监理(建设)单位验收记录	
主控项目	1		埋地管道覆土深度			第9.2.1条			
	2		给水管道不得直接穿越污染源			第9.2.2条			
	3		管道上可拆和易腐件，不埋在土中			第9.2.3条			
	4		管井内安装与井壁的距离			第9.2.4条			
	5		管道的水压试验			第9.2.5条			
	6		埋地管道的防腐			第9.2.6条			
	7		管道冲洗和消毒			第9.2.7条			
一般项目	1		管道和支架的涂漆			第9.2.9条			
	2		阀门、水表安装位置			第9.2.10条			
	3		给水与污水管平行铺设的最小间距			第9.2.11条			
	4		管道连接应符合规范要求			第9.2.12、9.2.13、9.2.14、9.2.15、9.2.16、9.2.17条			
	5	管道安装允许偏差	坐标	铸铁管	埋地	100mm			
					敷设在沟槽内	50mm			
				钢管、塑料管、复合管	埋地	100mm			
					敷沟内或架空	40mm			
			标高	铸铁管	埋地	±50mm			
					敷设在沟槽内	±30mm			
				钢管、塑料管、复合管	埋地	±50mm			
					敷沟内或架空	±30mm			
			水平管纵横向弯曲	铸铁管	直段（25m以上）起点～终点	40mm			
				钢管、塑料管、复合管	直段（25m以上）起点～终点	30mm			
施工单位检查、评定结论			本检验批实测 点，符合要求 点，符合率 %。不符合要求点的最大偏差为规定值的 %。依据中国建筑工程总公司《建筑工程施工质量统一标准》ZJQ00-SG-013-2006的相关规定，本检验批质量：合格□ 优良□ 项目专业质量检查员： 年 月 日							
参加验收人员			专业工长（专业施工员）：					年 月 日	
			分包单位项目技术（质量）负责人：					年 月 日	
			总包单位项目专业技术（质量）负责人：					年 月 日	
监理(建设)单位验收结论			同意（不同意）施工总包单位验收意见 监理工程师（建设单位项目专业技术负责人）： 年 月 日						

表 A.0.1-14 消防水泵结合器及消火栓安装工程检验批质量验收、评定记录

工程名称				分项工程名称		验收部位	
施工总包单位				专业工长(专业施工员)		项目经理	
分包单位				分包项目经理		施工班组长	
施工执行标准名称及编号						设计图纸(变更)编号	
检查项目			企业施工质量标准的规定			施工单位检查评定记录	监理(建设)单位验收记录
主控项目	1	系统水压试验		第9.3.1条			
	2	管道冲洗		第9.3.2条			
	3	消防水泵结合器和室外消火栓位置标识		第9.3.3条			
一般项目	1	地下式消防水泵结合器、消火栓安装		第9.3.5条			
	2	阀门安装应方向正确,启闭灵活		第9.3.6条			
	3	室外消火栓和消防水泵结合器安装尺寸,栓口安装高度允许偏差		±20mm			
施工单位检查、评定结论			本检验批实测　　点,符合要求　　点,符合率　　%。不符合要求点的最大偏差为规定值的　　%。依据中国建筑工程总公司《建筑工程施工质量统一标准》ZJQ00-SG-013-2006的相关规定,本检验批质量:合格□　优良□ 项目专业质量检查员: 　　　　　　　　　　　　　　　　　　　　　年　月　日					
参加验收人员			专业工长(专业施工员):				年　月　日
			分包单位项目技术(质量)负责人:				年　月　日
			总包单位项目专业技术(质量)负责人:				年　月　日
监理(建设)单位验收结论			同意(不同意)施工总包单位验收意见 监理工程师(建设单位项目专业技术负责人): 　　　　　　　　　　　　　　　　　　　　　年　月　日				

表 A.0.1-15 管沟及井室检验批工程质量验收、评定记录

工程名称			分项工程名称		验收部位	
施工总包单位			专业工长(专业施工员)		项目经理	
分包单位			分包项目经理		施工班组长	
施工执行标准名称及编号					设计图纸(变更)编号	

检查项目		企业施工质量标准的规定		施工单位检查评定记录	监理(建设)单位验收记录
主控项目	1	管沟的基层处理和井室的地基	设计要求		
	2	各类井盖的标识应清楚,使用正确	第9.4.2条		
	3	通车路面上的各类井盖安装	第9.4.3条		
	4	重型井圈与墙体结合部处理	第9.4.4条		
一般项目	1	管沟及各类井室的坐标,沟底标高	设计要求		
	2	管沟的回填要求	第9.4.6条		
	3	管沟岩石基底要求	第9.4.7条		
	4	管沟回填的要求	第9.4.8条		
	5	井室内施工要求	第9.4.9条		
	6	井室内应严密,不透水	第9.4.10条		

施工单位检查、评定结论	本检验批实测 　点,符合要求 　点,符合率 　%。不符合要求点的最大偏差为规定值的 　%。依据中国建筑工程总公司《建筑工程施工质量统一标准》ZJQ00-SG-013-2006的相关规定,本检验批质量:合格□ 　优良□
	项目专业质量检查员: 年　月　日

参加验收人员	专业工长(专业施工员):　　　　　　　　　　　　　　　　　　年　月　日
	分包单位项目技术(质量)负责人:　　　　　　　　　　　　　年　月　日
	总包单位项目专业技术(质量)负责人:　　　　　　　　　　　年　月　日

监理(建设)单位验收结论	同意(不同意)施工总包单位验收意见 监理工程师(建设单位项目专业技术负责人): 年　月　日

表 A.0.1-16 室外排水管道安装工程检验批质量验收、评定记录

工程名称				分项工程名称		验收部位	
施工总包单位				专业工长(专业施工员)		项目经理	
分包单位				分包项目经理		施工班组长	
施工执行标准名称及编号					设计图纸(变更)编号		

检查项目				企业施工质量标准的规定		施工单位检查评定记录	监理(建设)单位验收记录
主控项目	1	管道坡度符合设计要求、严禁无坡和倒坡			设计要求		
	2	灌水试验和通水试验			第10.2.2条		
一般项目	1	排水铸铁管的水泥捻口			第10.2.4条		
	2	排水铸铁管,除锈、涂漆			第10.2.5条		
	3	承插接口安装方向			第10.2.6条		
	4	混凝土管或钢筋混凝土管抹带接口的要求			第10.2.7条		
	5	允许偏差	坐标	埋地	100mm		
				敷设在沟槽内	50mm		
			标高	埋地	±20mm		
				敷设在沟槽内	±20mm		
			水平管道纵横向弯曲	每5m长	10mm		
				全长(两井间)	30mm		

施工单位检查、评定结论	本检验批实测 点,符合要求 点,符合率 %。不符合要求点的最大偏差为规定值的 %。依据中国建筑工程总公司《建筑工程施工质量统一标准》ZJQ00-SG-013-2006的相关规定,本检验批质量:合格□ 优良□ 项目专业质量检查员: 年 月 日
参加验收人员	专业工长(专业施工员): 年 月 日 分包单位项目技术(质量)负责人: 年 月 日 总包单位项目专业技术(质量)负责人: 年 月 日
监理(建设)单位验收结论	同意(不同意)施工总包单位验收意见 监理工程师(建设单位项目专业技术负责人): 年 月 日

表 A.0.1-17 室外排水管沟及井池工程
检验批质量验收、评定记录

工程名称		分项工程名称		验收部位	
施工总包单位		专业工长(专业施工员)		项目经理	
分包单位		分包项目经理		施工班组长	
施工执行标准名称及编号				设计图纸(变更)编号	

检查项目		企业施工质量标准的规定		施工单位检查评定记录	监理（建设）单位验收记录
主控项目	1	沟基的处理和井池的底板	设计要求		
	2	检查井、化粪池的底板及进、出口水管	设计要求		
一般项目	1	井、池的规格、尺寸和位置、砌筑、抹灰	第10.3.3条		
	2	井盖标识、选用正确	第10.3.4条		

施工单位检查、评定结论	本检验批实测　　点，符合要求　　点，符合率　　%。不符合要求点的最大偏差为规定值的　　%。依据中国建筑工程总公司《建筑工程施工质量统一标准》ZJQ00-SG-013-2006的相关规定，本检验批质量：合格□　　优良□ 项目专业质量检查员： 年　月　日
参加验收人员	专业工长（专业施工员）：　　　　　　　　　　　　　　　年　月　日
	分包单位项目技术（质量）负责人：　　　　　　　　　　　年　月　日
	总包单位项目专业技术（质量）负责人：　　　　　　　　　年　月　日
监理（建设）单位验收结论	同意（不同意）施工总包单位验收意见 监理工程师（建设单位项目专业技术负责人）： 年　月　日

表 A.0.1-18 室外供热管道及配件安装工程检验批质量验收、评定记录

工程名称				分项工程名称			验收部位	
施工总包单位				专业工长(专业施工员)			项目经理	
分包单位				分包项目经理			施工班组长	
施工执行标准名称及编号						设计图纸(变更)编号		
检查项目			企业施工质量标准的规定			施工单位检查评定记录		监理(建设)单位验收记录
主控项目	1	平衡阀及调节阀安装位置及调试			设计要求			
	2	直埋无补偿供热管道预热伸长及三通加固			设计要求			
	3	补偿器位置和预拉伸。支架位置和构造			设计要求			
	4	检查井、入口管道布置方便操作维修			第11.2.4条			
	5	直埋管道及接口现场发泡保温处理			第11.2.5条			
	6	管道系统的水压试验			第11.3.1条、第11.3.4条			
	7	管道冲洗			第11.3.2条			
	8	通热试运行调试			第11.3.3条			
一般项目	1	管道的坡度			设计要求			
	2	除污器构造、安装位置			第11.2.7条			
	3	管道的焊接			第11.2.9条、第11.2.10条			
	4	管道安装对应位置尺寸			第11.2.11、11.2.12、11.2.13条			
	5	管道防腐应符合规范			第11.2.14条			
	6	安装允许偏差	坐标(mm)	敷设在沟槽内及架空	20			
				埋地	50			
			标高(mm)	敷设在沟槽内及架空	±10			
				埋地	±15			
			水平管道纵、横方向弯曲(mm)	每1m 管径≤100mm	1			
				每1m 管径>100mm	1.5			
				全长(25mm以上) 管径≤100mm	≯13			
				全长(25mm以上) 管径>100mm	≯25			
			椭圆率	管径≤100mm	8%			
				管径>100mm	5%			
			折皱不平度(mm)	管径≤100mm	4			
				管径125~200mm	5			
				管径250~400mm	7			
	7	管道保温层允许偏差	厚度		$+0.1\delta$ -0.05δ			
			表面平整度(mm)	卷材	5			
				涂抹	10			
施工单位检查、评定结论	本检验批实测 点,符合要求 点,符合率 %。不符合要求点的最大偏差为规定值的 %。依据中国建筑工程总公司《建筑工程施工质量统一标准》ZJQ00-SG-013-2006的相关规定,本检验批质量:合格□ 优良□ 项目专业质量检查员: 年 月 日							
参加验收人员	专业工长(专业施工员): 年 月 日 分包单位项目技术(质量)负责人: 总包单位项目专业技术(质量)负责人: 年 月 日							
监理(建设)单位验收结论	同意(不同意)施工总包单位验收意见 监理工程师(建设单位项目专业技术负责人): 年 月 日							

表 A.0.1-19 建筑中水系统及游泳池水系统安装
工程检验批质量验收、评定记录

工程名称			分项工程名称		验收部位	
施工总包单位			专业工长(专业施工员)		项目经理	
分包单位			分包项目经理		施工班组长	
施工执行标准名称及编号				设计图纸(变更)编号		

检查项目		企业施工质量标准的规定		施工单位检查评定记录	监理(建设)单位验收记录
主控项目	1	中水水箱设置	第12.2.1条		
	2	中水管道上装设用水器	第12.2.2条		
	3	中水管道严禁与生活饮用水管道连接	第12.2.3条		
	4	管道暗装时的要求	第12.2.4条		
	5	游泳池给水配件材质	第12.3.1条		
	6	游泳池毛发采集器过渡网	第12.3.2条		
	7	游泳池地面应采取措施防止冲洗排水流入池内	第12.3.3条		
一般项目	1	中水管道及配件材质	第12.2.5条		
	2	中水管道与其他管道平行交叉铺设的净距	第12.2.6条		
	3	游泳池加药、消毒设备及管材	第12.3.4条 第12.3.5条		

施工单位检查、评定结论	本检验批实测　点，符合要求　点，符合率　%。不符合要求点的最大偏差为规定值的　%。依据中国建筑工程总公司《建筑工程施工质量统一标准》ZJQ00-SG-013-2006 的相关规定，本检验批质量：合格□　优良□ 项目专业质量检查员： 年　月　日
参加验收人员	专业工长（专业施工员）：　　　　　　　　　　　年　月　日 分包单位项目技术（质量）负责人：　　　　　　　年　月　日 总包单位项目专业技术（质量）负责人：　　　　　年　月　日
监理（建设）单位验收结论	同意（不同意）施工总包单位验收意见 监理工程师（建设单位项目专业技术负责人）： 年　月　日

表 A.0.1-20 锅炉安装工程检验批质量验收、评定记录

工程名称				分项工程名称			验收部位	
施工总包单位				专业工长(专业施工员)			项目经理	
分包单位				分包项目经理			施工班组长	
施工执行标准名称及编号						设计图纸(变更)编号		
检查项目		企业施工质量标准的规定				施工单位检查评定记录	监理(建设)单位验收记录	
主控项目	1	锅炉基础验收			设计要求			
	2	燃油、燃气及非承压锅炉安装			第13.2.2～13.2.4条			
	3	锅炉烘炉和试运行			第13.5.1～13.5.3条			
	4	排污管和排污阀安装			第13.2.5条			
	5	锅炉和省煤器的水压试验			第13.2.6条			
	6	机械炉排冷态试运行			第13.2.7条			
	7	本体管道焊接			第13.2.8条			
一般项目	1	锅炉煮炉			第13.5.4条			
	2	铸铁省煤器肋片破损数			第13.2.12条			
	3	锅炉本体安装的坡度			第13.2.13条			
	4	锅炉炉底风室			第13.2.14条			
	5	省煤器出入口管道及阀门			第13.2.15条			
	6	电动调节阀安装			第13.2.16条			
	7	锅炉安装允许偏差	坐标		10mm			
			标高		±5mm			
			中心线垂直度	立式锅炉炉体全高	4mm			
				卧式锅炉炉体全高	3mm			
	8	链条炉排安装允许偏差	炉排中心位置		2mm			
			前后中心线的相对标高差		5mm			
			前轴、后轴的水平度（每1m）		1mm			
			墙壁板间两对角线长度之差		5mm			
	9	往复炉排安装允许偏差	炉排片间隙	纵向	1mm			
				两侧	2mm			
			两侧板对角线长度之差		5mm			
	10	省煤器支架安装允许偏差	支承架的水平方向位置		3mm			
			支承架的标高		0，—5mm			
			支承架纵横向水平度（每1m）		1mm			
施工单位检查、评定结论	本检验批实测 点，符合要求 点，符合率 %。不符合要求点的最大偏差为规定值的 %。依据中国建筑工程总公司《建筑工程施工质量统一标准》ZJQ00-SG-013-2006的相关规定，本检验批质量：合格□ 优良□ 项目专业质量检查员： 　　　　　　　　　　　　　　　　　　　年　月　日							
参加验收人员	专业工长（专业施工员）：　　　　　　　　　　　　　　　年　月　日 分包单位项目技术（质量）负责人：　　　　　　　　　　　年　月　日 总包单位项目专业技术（质量）负责人：　　　　　　　　　年　月　日							
监理(建设)单位验收结论	同意（不同意）·施工总包单位验收意见 　　监理工程师（建设单位项目专业技术负责人）： 　　　　　　　　　　　　　　　　　　　　　　　年　月　日							

表 A.0.1-21 锅炉辅助设备安装工程检验批质量验收、评定记录

工程名称				分项工程名称			验收部位	
施工总包单位				专业工长(专业施工员)			项目经理	
分包单位				分包项目经理			施工班组长	
施工执行标准名称及编号					设计图纸(变更)编号			
检查项目			企业施工质量标准的规定			施工单位检查评定记录	监理(建设)单位验收记录	
主控项目	1	辅助设备基础验收			设计要求			
	2	风机试运转			第13.3.2条			
	3	分汽缸、分水器、集水器水压试验			第13.3.3条			
	4	敞口水箱、密闭水箱、满水或压力试验			第13.3.4条			
	5	地下直埋油罐气密性试验			第13.3.5条			
	6	各种设备的操作通道			第13.3.7条			
一般项目	1	斗式提升机安装			第13.3.12条			
	2	风机传动部位安全防护装置			第13.3.13条			
	3	手摇泵、注水器安装高度			第13.3.15条、第13.3.17条			
	4	水泵安装及试运转			第13.3.14条、第13.3.16条			
	5	除尘器安装			第13.3.18条			
	6	除氧器排汽管			第13.3.19条			
	7	软化水设备安装			第13.3.20条			
	8	安装允许偏差	送、引风机	坐标	10mm			
				标高	±5mm			
			各种静置设备	坐标	15mm			
				标高	±5mm			
				垂直度(每1m)	2mm			
			离心式水泵	泵体水平度(每1m)	0.1mm			
				联轴器同心度 轴向倾斜(每1m)	0.8mm			
				联轴器同心度 径向位移	0.1mm			
施工单位检查、评定结论			本检验批实测 点,符合要求 点,符合率 %。不符合要求点的最大偏差为规定值的 %。依据中国建筑工程总公司《建筑工程施工质量统一标准》ZJQ00-SG-013-2006的相关规定,本检验批质量:合格□ 优良□ 项目专业质量检查员: 　　　　　　　　　　　　　　　　　　　　　年　月　日						
参加验收人员			专业工长(专业施工员):　　　　　　　　　　　　　　　　年　月　日					
			分包单位项目技术(质量)负责人:　　　　　　　　　　　年　月　日					
			总包单位项目专业技术(质量)负责人:　　　　　　　　　年　月　日					
监理(建设)单位验收结论			同意(不同意)施工总包单位验收意见 监理工程师(建设单位项目专业技术负责人): 　　　　　　　　　　　　　　　　　　　　　年　月　日					

表 A.0.1-22 工艺管道安装工程检验批质量验收、评定记录

工程名称					分项工程名称			验收部位	
施工总包单位					专业工长(专业施工员)			项目经理	
分包单位					分包项目经理			施工班组长	
施工执行标准名称及编号							设计图纸(变更)编号		
检查项目			企业施工质量标准的规定				施工单位检查评定记录		监理(建设)单位验收记录
主控项目	1	工艺管道水压试验				第13.3.6条			
	2	仪表、阀门的安装				第13.3.8条			
	3	管道焊接				第13.3.9条			
一般项目	1	管道及设备表面涂漆				第13.3.22条			
	2	安装允许偏差	坐标		架空	15mm			
					地沟	10mm			
			标高		架空	±15mm			
					地沟	±10mm			
			水平管道纵、横方向弯曲		DN≤100mm (每1m)	2‰，最大50mm			
					DN>100mm (每1m)	3‰，最大70mm			
			立管垂直度(每1m)			2‰，最大15mm			
			成排管道间距			3mm			
			交叉管的外壁或绝热层间距			10mm			
	3	管道设备保温层	厚度			+0.1δ, -0.05δ			
			表面平整度		卷材	5mm			
					涂抹	10mm			

施工单位检查、评定结论	本检验批实测 点，符合要求 点，符合率 %。不符合要求点的最大偏差为规定值的 %。依据中国建筑工程总公司《建筑工程施工质量统一标准》ZJQ00-SG-013-2006 的相关规定，本检验批质量：合格 □　优良 □ 项目专业质量检查员： 年　月　日
参加验收人员	专业工长(专业施工员)：　　　　　　　　　　　　　　　　　　　年　月　日 分包单位项目技术(质量)负责人：　　　　　　　　　　　　　　年　月　日 总包单位项目专业技术(质量)负责人：　　　　　　　　　　　　年　月　日
监理(建设)单位验收结论	同意(不同意)施工总包单位验收意见 监理工程师(建设单位项目专业技术负责人)： 年　月　日

表 A.0.1-23　锅炉安全附件安装工程检验批质量验收、评定记录

工程名称			分项工程名称		验收部位	
施工总包单位			专业工长(专业施工员)		项目经理	
分包单位			分包项目经理		施工班组长	
施工执行标准名称及编号					设计图纸(变更)编号	
检查项目		企业施工质量标准的规定		施工单位检查评定记录	监理（建设）单位验收记录	
主控项目	1	锅炉和省煤器安全阀定压	第13.4.1条			
	2	压力表刻度极限、表盘直径	第13.4.2条			
	3	水位表安装	第13.4.3条			
	4	锅炉的超温、超压及高低水位报警装置	第13.4.4条			
	5	安全阀排气管、泄水管安装	第13.4.5条			
一般项目	1	压力表安装	第13.4.6条			
	2	测压仪取源部件安装	第13.4.7条			
	3	温度计安装	第13.4.8条			
	4	压力表与温度计在管道上相对位置	第13.4.9条			
施工单位检查、评定结论		本检验批实测　　点，符合要求　　点，符合率　　％。不符合要求求点的最大偏差为规定值的　　％。依据中国建筑工程总公司《建筑工程施工质量统一标准》ZJQ00-SG-013-2006 的相关规定，本检验批质量：合格□　优良□ 项目专业质量检查员： 年　月　日				
参加验收人员		专业工长（专业施工员）：				年　月　日
		分包单位项目技术（质量）负责人：				年　月　日
		总包单位项目专业技术（质量）负责人：				年　月　日
监理（建设）单位验收结论		同意（不同意）施工总包单位验收意见 监理工程师（建设单位项目专业技术负责人）： 年　月　日				

表 A.0.1-24 换热站安装工程检验批质量验收、评定记录

工程名称				分项工程名称			验收部位	
施工总包单位				专业工长(专业施工员)			项目经理	
分包单位				分包项目经理			施工班组长	
施工执行标准名称及编号						设计图纸(变更)编号		
检查项目			企业施工质量标准的规定				施工单位检查评定记录	监理(建设)单位验收记录
主控项目	1	热交换器水压试验			第13.6.1条			
	2	高温水循环泵与换热器相对位置			第13.6.2条			
	3	壳管换热器距离墙及屋顶距离			第13.6.3条			
一般项目	1	设备、阀门及仪表安装			第13.6.5条			
	2	静置设备允许偏差	坐标		15mm			
			标高		±5mm			
			垂直度（1m）		2mm			
		离心式水泵允许偏差	泵体水平度（1m）		0.1mm			
			联轴器同心度	轴向倾斜（1m）	0.8mm			
				径向位移	0.1mm			
	3	管道允许偏差	坐标	架空	15mm			
				地沟	10mm			
			标高	架空	±15mm			
				地沟	±10mm			
			水平管道纵、横方向弯曲	$DN \leq 100mm$（每1m）	2‰，最大50mm			
				$DN > 100mm$（每1m）	3‰，最大70mm			
			立管垂直度（每1m）		2‰，最大15mm			
			成排管道间距		3mm			
			交叉管的外壁或绝热层间距		10mm			
	4	管道设备保温层允许偏差	厚度		$+0.1\delta$，-0.05δ			
			表面平整度	卷材	5mm			
				涂抹	10mm			

施工单位检查、评定结论	本检验批实测 点，符合要求 点，符合率 %。不符合要求点的最大偏差为规定值的 %。依据中国建筑工程总公司《建筑工程施工质量统一标准》ZJQ00-SG-013-2006的相关规定，本检验批质量：合格 □ 优良 □ 项目专业质量检查员： 年 月 日
参加验收人员	专业工长（专业施工员）： 年 月 日
	分包单位项目技术（质量）负责人： 年 月 日
	总包单位项目专业技术（质量）负责人： 年 月 日
监理（建设）单位验收结论	同意（不同意）施工总包单位验收意见 监理工程师（建设单位项目专业技术负责人）： 年 月 日

10—87

附录 B 分项工程质量验收、评定记录

B.0.1 分项工程质量评定（验收）记录由项目专职质量检查员填写，质量控制资料的检查应由项目专业技术负责人检查并作结论意见。分项工程质量验收、评定记录，见表 B.0.1。

B.0.2 当建设方不采用本标准作为工程质量的验收标准时，不需要监理（建设）单位参加内部验收并签署意见。

表 B.0.1 ＿＿＿分项工程质量验收评定记录

工程名称		结构类型		检验批数量	
施工总包单位		项目经理		项目技术负责人	
分项工程分包单位		分包单位负责人		分包项目经理	
序号	检验批部位、区段	分包单位检查结果	总包单位检查、评定结论	监理（建设）单位验收意见	
质量控制资料核查	应形成 份，实有 份，资料内容基本详实 □ 详实准确 □ 核查结论：基本完整 □ 齐全完整 □ 　　　　　　　　　　项目专业技术负责人： 　　　　　　　　　　　　　　　　　　　年　月　日				
分项工程综合检查评定结论	该分项工程共有 个检验批，其中有 个检验批质量为合格，有 个检验批质量为优良，优良率为 %，该分项工程的施工操作依据及质量控制资料（基本完整 齐全完整），依据中国建筑工程总公司《建筑工程施工质量统一标准》ZJQ00-SG-013-2006 的相关规定，该分项工程的质量：合格 □　优良 □ 　　　　　　　　　　项目专业质量检查员： 　　　　　　　　　　　　　　　　　　　年　月　日				
参加验收人员	专业工长（专业施工员）：　　　　　　　　　　　　　　　年　月　日 分包单位项目技术（质量）负责人：　　　　　　　　　　　年　月　日 总包单位项目专业技术（质量）负责人：　　　　　　　　　年　月　日				
监理（建设）单位验收结论	同意（不同意）施工总包单位验收意见 　　　　　监理工程师（建设单位项目专业技术负责人）： 　　　　　　　　　　　　　　　　　　　　　　年　月　日				

附录 C 子分部工程质量验收、评定记录

C.0.1 子分部工程的质量验收、评定记录应由总包项目专职质量检查员填写,总包企业的技术管理、质量管理部门均应参加验收。子分部工程质量验收、评定记录,见表 C.0.1。

C.0.2 当建设方不采用本标准作为工程质量的验收标准时,不需要勘察、设计、监理(建设)单位参加内部验收并签署意见。

表 C.0.1 ＿＿＿子分部工程质量验收、评定记录

工程名称			结构类型/层数		
施工总包单位			分包单位		
技术部门负责人			分包单位负责人		
质量部门负责人			分包技术负责人		
序号	分项工程名称	检验批数量	检验批优良率(%)	总包单位/监理(建设)单位验收结论	
1					
2					
3					
4					
5					
6					
技术管理资料		份	质量控制资料 份	安全和功能检验(检测)报告	份
资料验收意见	应形成资料 份,实有 份,该子分部工程资料:基本齐全 □ 齐全完整 □				
观感质量评定	应得 分,实得 分,得分率 %,该子分部工程观感质量:合格 □ 优良 □				
子分部工程验收结论	该子分部工程共含 个分项工程,其中优良分项 个,分项工程优良率为 %;各项资料(基本齐全 齐全完整);观感质量(合格 优良)。依据中国建筑工程总公司《建筑工程施工质量统一标准》ZJQ00-SG-013-2006 的有关规定,该子分部工程质量:合格 □ 优良 □				
验收意见	分包单位项目经理			年 月 日	
	分包单位技术负责人			年 月 日	
	总包单位质量管理部门			年 月 日	
	总包单位项目技术负责人			年 月 日	
	总包单位项目经理			年 月 日	
	勘察单位项目负责人			年 月 日	
	设计单位项目负责人			年 月 日	
	总监理工程师(建设单位项目专业负责人)			年 月 日	

附录 D 建筑给水排水及采暖（分部）工程质量验收、评定记录

D.0.1 分部工程的质量验收评定记录应由总包项目专职质量检查员填写，总包企业的技术管理、质量管理部门均应参加验收。验收、评定记录表式见表 D.0.1。

D.0.2 当建设方不采用本标准作为工程质量的验收标准时，不需要勘察、设计、监理（建设）单位参加内部验收并签署意见。

建筑给水排水及采暖（分部）工程验收、评定记录，见表 D.0.1。

表 D.0.1 建筑给水排水及采暖（分部）工程质量验收、评定记录

工程名称			层数/建筑面积		
施工总包单位			分包单位		
开/竣工日期			分包单位负责人		
技术部门负责人			分包项目经理/证号		
质量部门负责人			分包技术负责人		
序号	子分部工程名称	分项工程数量	分项工程优良率（%）	总包单位/监理（建设）单位验收结论	
技术管理资料	份	质量控制资料	份	安全和功能检验（检测）报告	份
资料验收意见	应形成 份，实有 份，该分部工程资料：完整 □ 不完整 □				
观感质量验收	应得 分数，实得 分数，得分率 %，该分部工程观感质量：合格 □ 优良 □				
分部工程验收结论	该分部工程共含 个子分部工程，其中优良子分部工程 个，子分部工程优良率为 %；各项资料（完整 不完整）；观感质量（合格 优良）。依据中国建筑工程总公司《建筑工程施工质量统一标准》ZJQ00-SG-013-2006 的有关规定，该分部工程的质量：合格 □ 优良 □				
参加验收、评定人员	分包单位项目经理	（签字）		年 月 日	
	分包单位技术负责人	（签字）		年 月 日	
	总包单位质量管理部门	（签字）		年 月 日	
	总包单位项目技术负责人	（签字）		年 月 日	
	总包单位项目经理	（签字）		年 月 日	
	勘察单位项目负责人	（签字）		年 月 日	
	设计单位项目负责人	（签字）		年 月 日	
	总监理工程师（建设单位项目专业负责人）	（签字）		年 月 日	

本标准用词说明

1 为便于在执行本标准相关内容时区别对待,对要求严格程度不同的用词说明如下:
 1) 表示很严格,非这样做不可的用词:
  正面词采用"必须";反面词采用"严禁"。
 2) 表示严格,在正常情况下均应这样做的用词:
  正面词采用"应";反面词采用"不应"或"不得"。
 3) 表示允许稍有选择,在条件许可时,首先应这样做的用词:
  正面词采用"宜";反面词采用"不宜"。
  表示有选择,在一定条件下可以这样做的,采用"可"。

2 本标准中指定应按其他有关标准、规范执行时的写法为"应符合……要求或规定"或"应按……执行"。

建筑给水排水及采暖工程
施工质量标准

ZJQ00-SG-022-2006

条 文 说 明

目　次

- 2 术语、符号说明 ·· 10—95
- 3 基本规定 ·· 10—95
  - 3.1 质量管理 ·· 10—95
  - 3.2 材料设备管理 ·· 10—96
  - 3.3 施工过程质量控制 ·· 10—96
- 4 室内给水系统安装 ·· 10—97
  - 4.1 一般规定 ·· 10—97
  - 4.2 给水管道及配件安装 ·· 10—98
  - 4.3 室内消火栓系统安装 ·· 10—99
  - 4.4 给水设备安装 ·· 10—99
- 5 室内排水系统安装 ·· 10—100
  - 5.1 一般规定 ·· 10—100
  - 5.2 排水管道及配件安装 ·· 10—100
  - 5.3 雨水管道及配件安装 ·· 10—101
- 6 室内热水供应系统安装 ·· 10—102
  - 6.1 一般规定 ·· 10—102
  - 6.2 管道及配件安装 ·· 10—102
  - 6.3 辅助设备安装 ·· 10—103
- 7 卫生器具安装 ·· 10—103
  - 7.1 一般规定 ·· 10—103
  - 7.2 卫生器具安装 ·· 10—104
  - 7.3 卫生器具给水配件安装 ······································ 10—104
  - 7.4 卫生器具排水管道安装 ······································ 10—104
- 8 室内采暖系统安装 ·· 10—105
  - 8.1 一般规定 ·· 10—105
  - 8.2 管道及配件安装 ·· 10—105
  - 8.3 辅助设备及散热器安装 ······································ 10—106
  - 8.4 金属辐射板安装 ·· 10—107
  - 8.5 低温热水地板辐射采暖系统安装 ······························ 10—107
  - 8.6 系统水压试验及调试 ·· 10—108
- 9 室外给水管网安装 ·· 10—108
  - 9.1 一般规定 ·· 10—108
  - 9.2 给水管道安装 ·· 10—109

  9.3 消防水泵接合器及室外消火栓安装 …………………… 10—110
  9.4 管沟和井室 …………………………………………………… 10—110
10 室外排水管网安装………………………………………………… 10—111
  10.1 一般规定 …………………………………………………… 10—111
  10.2 排水管道安装 ……………………………………………… 10—112
  10.3 排水管沟与井池 …………………………………………… 10—112
11 室外供热管网安装………………………………………………… 10—113
  11.1 一般规定 …………………………………………………… 10—113
  11.2 管道及配件安装 …………………………………………… 10—113
  11.3 系统水压试验及调试 ……………………………………… 10—114
12 建筑中水系统及游泳池水系统安装…………………………… 10—114
  12.1 一般规定 …………………………………………………… 10—114
  12.2 建筑中水系统管道及辅助设备安装 …………………… 10—115
  12.3 游泳池水系统安装 ………………………………………… 10—115
13 供热锅炉及辅助设备安装……………………………………… 10—116
  13.1 一般规定 …………………………………………………… 10—116
  13.2 锅炉安装 …………………………………………………… 10—116
  13.3 辅助设备及管道安装 ……………………………………… 10—118
  13.4 安全附件安装 ……………………………………………… 10—119
  13.5 烘炉、煮炉和试运行 ……………………………………… 10—120
  13.6 换热站安装 ………………………………………………… 10—120
14 分部（子分部）工程质量验收………………………………… 10—121

2 术语、符号说明

本章共列出 26 个术语，其中 21 个术语完全采用国家标准《建筑给水排水及采暖工程施工质量验收规范》GB 50242-2002（以下简称新《验收规范》）第 2 章的内容，另外又增加了一些在施工中常用的新名词。本标准增加的术语是从标准的角度赋予其含义的，但含义不一定是术语的定义，仅供参考。

3 基本规定

3.1 质量管理

3.1.1 按照《建设工程质量管理条例》（以下简称《条例》）精神，结合《建筑工程施工质量验收统一标准》GB 50300（以下简称《统一标准》）、中国建筑工程总公司企业标准，抓好施工企业对项目质量的管理，所以施工单位应有技术标准和工程质量检测仪器、设备，实现过程控制。

3.1.2 按《条例》精神，施工图设计文件必须经过审查批准，方可施工使用。

3.1.3 按《统一标准》要求，施工组织设计或施工方案对指导工程施工和提高施工质量，明确质量验收标准确有实效，同时监理或建设单位审查利于互相遵守。

3.1.4 本条列出了给水、排水、采暖、锅炉工程的分项工程的划分。

3.1.5 结合中国建筑工程总公司企业标准，本条列出了室外给水、排水及采暖工程子单位、分部（子分部）、分项工程的划分。

3.1.6 按《条例》精神，施工单位应当具备相应资质，工程质量评定人员应具备相应专业技术资格。

3.1.7 该条提出了结合本专业特点，分项工程应按系统、区域、施工段或楼层等划分。又因为每个分项有大有小，所以增加了检验批。如：一个 30 层楼的室内给水系统，可按每 10 层或每 5 层一个检验批。这样既便于施工划分，也便于检查记录。如：一个 5 层楼的室内排水系统，可以按每单元 1 个检验批进行验收检查。

3.1.8~3.1.13 体现出了验收程序，从自检合格、检验批、分项到子分部、分部、单位（子单位），同时说明每项验收时应参加的人员，以及质量分级要求。

3.2 材料设备管理

3.2.1 该条符合《条例》精神，实用可行。增加了中文质量证明文件及监理工程师核查确认。

3.2.2 进场材料的验收对提高工程质量是非常必要的，在对品种、规格、外观加强验收的同时，应对材料包装表面情况及外力冲击进行重点检验。

3.2.3 进场的主要器具和设备应有安装使用说明书。器具和设备在安装上不规范、不正确的安装满足不了使用功能的情况时有出现，运行调试不按程序进行导致器具或设备损坏，所以增加此内容。在运输、保管和施工过程中对器具和设备的保护也很重要，措施不得当就会有损坏和腐蚀情况。

3.2.4 取消了原国家标准《采暖与卫生工程施工及验收规范》GBJ 242-82（以下简称原《规范》）第2.0.14条"如有漏、裂不合格的应再抽查20%，仍有不合格的则须逐个试验"的规定。

3.2.5 参考国标《通用阀门压力试验》GBJ/T 13927的有关规定。

3.2.6 施工中有使用非标准冲压弯头的现象，缩小了管径，外观也不美观，故增加此条。

3.3 施工过程质量控制

3.3.1 按《条例》和《统一标准》精神，主要是解决相关各专业间的矛盾，落实中间过程控制。

3.3.2 隐蔽工程出现的问题较多，处理较困难。给使用者、用户和管理者带来很多麻烦，故列出此条款。

3.3.3 该条款能有效地防止质量事故的产生，如果忽略了此条内容或不够重视将造成严重的后果，所以将此条列为强制性条文。

3.3.4 有些工程项目在伸缩缝、抗震缝及沉降缝处的管道安装，由于处理不当，使用中出现变形破裂现象，所以列出了此条款。

3.3.5～3.3.7 原《规范》第2.0.8条、第2.0.9条、第2.0.11条规定，经过多年实践是可行、适用的，故保留。

3.3.8 保温管道支架间距比原《规范》适当地放宽0.5m。

3.3.9 参考中国工程建设标准化协会标准、资料和有关省市规定编写。

3.3.10 近年采用铜管做给水管材很多，支架间距较杂。此条参考了上海市工程建设标准化办公室的推荐性标准《建筑给水铜管管道工程技术规程》编写。

3.3.11 原《规范》第2.0.13条调整并增加同一房间管卡应安装在同一高度的要求。

3.3.12～3.3.14 套管与管道之间缝隙应用阻燃密实材料，既可使缝隙美观，又可增强私密性。

3.3.15 管道接口形式，保留了传统适用的连接形式，又增加了目前常见的新连接形式，并做了基本规定，有利于工程质量过程控制。

3.3.16 见各章节相关说明。

3.3.17 为避免出现类似的事情而给施工造成不必要的麻烦,在实践中证明做到本条是非常必要的。

3.3.18 出于安全考虑,着重强调使用前的冲洗。

3.3.19 为提高螺纹连接的质量,特制定本条。

3.3.20 为保证伸缩器弯制质量,特制定本条。

3.3.21 规定了方形伸缩器安装的要求。

3.3.22 强调了安装伸缩器前应做预拉伸,并提供了数据以供预拉伸时参考。

4 室内给水系统安装

4.1 一般规定

4.1.1 本章适用范围。

4.1.2 对室内给水管道可选用的管材做一般规定。

4.1.3 目前市场上可供选择的给水系统管材种类繁多,每种管材均有自己的专用管道配件及连接方法,故强调给水管道必须采用与管材相适应的管件,以确保工程质量。为防止生活饮用水在输送中受到二次污染,也强调了生活给水系统所涉及的材料必须达到饮用水卫生标准。

4.1.4 给水系统用镀锌钢管较为普遍,$DN \leqslant 100mm$ 镀锌钢管丝扣连接较多,同时使用中发现由于焊接破坏了镀锌层产生锈蚀十分严重,故要求管径小于或等于100mm的镀锌钢管应采用螺纹连接,并强调套丝后被破坏的镀锌层表面及外露螺纹部分应作防腐处理,以确保工程质量。管径大于100mm的镀锌钢管套丝困难,安装也不方便,故规定应采用法兰或卡箍(套)式等专用管件连接,并强调了镀锌钢管与法兰的焊接处应二次镀锌,防止锈蚀,以确保工程质量。

4.1.5 综合目前市场上出现的各种塑料管和复合管生产厂家推荐的管道连接方式。列出室内给水管道可采用的连接方法及使用范围。

4.1.6 列出了无缝钢管、螺旋焊接钢管常用的连接方式。

4.1.7 给水铸铁管连接方式很多,本条列出的两种连接方式安装方便,问题较少,并能保证工程质量。

4.1.8 铜管安装连接时,普遍做法是参照制冷系统管道的连接方法。限制承插连接管径为22mm,以防管壁过厚易裂。

4.1.9 给水立管和装有3个或3个以上配水点的支管始端,要求安装可拆的连接件,主要是为了便于维修,拆装方便。

4.1.10 冷、热水管道同时安装,规定:1 上下平行安装时,热水管应在冷水管上方,主要防止冷水管安装在热水管上方时冷水管外表面结露;2 垂直安装时,热水管应在冷水管左侧,主要是便于管理、维修。

4.1.11 强调了建筑给水、排水及采暖工程与相关各专业的交叉配合性，特别要做好交接记录。

4.1.12 提供了检验批及分项工程质量验收表格以供参考。

4.2 给水管道及配件安装

主 控 项 目

4.2.1 强调室内给水管道试压必须按设计要求且符合标准规定，列为主控项目。检验方法分两档：金属及复合管给水管道系统试压参照钢制给水管道试压的有关规定；塑料给水管道系统试压则参照各塑料给水管生产厂家的有关规定，制定本条以统一检验方法。对抽检数量及施工记录名称作了规定。

4.2.2 为保证使用功能，强调室内给水系统在竣工后或交付使用前必须通水试验，并做好记录，以备查验。对抽检数量及施工记录名称作了规定。

4.2.3 为保证水质、使用安全，强调生活饮用水管道在竣工后或交付使用前必须进行吹洗，除去杂物，使管道清洁，并经有关部门取样化验，达到国家《生活饮用水标准》才能交付使用。对抽检数量及施工记录名称作了规定。

4.2.4 为延长使用寿命，确保使用安全，规定除塑料管和复合管本身具有防腐功能可直接埋地敷设外，其他金属给水管材埋地敷设均应按规范规定作防腐处理。对抽检数量及施工记录名称作了规定。

一 般 项 目

4.2.5 给水管与排水管上、下交叉铺设，规定给水管应铺设在排水管上面，主要是为防止给水水质不受污染。如因条件限制，给水管必须铺设在排水管下面时，给水管应加套管，为安全起见，规定套管长度不得小于排水管管径的3倍。对抽检数量作了规定。

4.2.6 参照原《规范》第9章简缩编写，便于使用。对检查数量作了规定。

4.2.7 给水水平管道设置坡度坡向泄水装置是为了在试压冲洗及维修时能及时排空管道内的积水，尤其在北方寒冷地区，在冬期未正式采暖时管道内如有残存积水易冻结。对抽检数量作了规定。

4.2.8 本条参照国标《建筑采暖卫生与煤气工程质量检验评定标准》GBJ 302-88（以下简称《验评标准》）第2.1.14条及表2.1.14并增加塑料管和复合管部分内容。对抽检数量作了规定。

4.2.9 管道支、吊架应外观平整，结构牢固，间距应符合规范规定，属一般控制项目。对抽检数量及施工记录名称作了规定。

4.2.10 为保护水表不受损坏，兼顾南北方气候差异限定水表安装位置。对螺翼式水表，为保证水表测量精度，规定了表前与阀门间应有不小于8倍水表接口直径的直线管段。水表外壳距墙面净距应保持安装距离。至于水表安装标高各地区有差异，不好作统一规定，应以设计为准，仅规定了允许偏差。对抽检数量作了规定。

4.3 室内消火栓系统安装

主 控 项 目

4.3.1 室内消火栓给水系统在竣工后均应作消火栓试射试验,以检验其使用效果,但不能逐个试射,故选取有代表性的三处:屋顶(北方一般在屋顶水箱间等室内)试验消火栓和首层取两处消火栓,屋顶试验消火栓试射可测出流量和压力(充实水柱);首层两处消火栓试射可检验两股充实水柱同时到达本消火栓应到达的最远点的能力。对抽检数量及施工记录名称作了规定。

一 般 项 目

4.3.2 施工单位在竣工时往往不按规定把水龙带挂在消火栓箱内挂钉或水龙带卷盘上,而将水龙带卷放在消火栓箱内交工,建设单位接管后必须重新安装,否则,失火时会影响使用。对抽检数量作了规定。

4.3.3 箱式消火栓的安装,其栓口朝外并不应安装在门轴侧,主要是取用方便;栓口中心距地面为1.1m,符合现行防火设计规范规定。控制阀门中心距侧面及箱后内表面距离,规定允许偏差,给出箱体安装的垂直度允许偏差均为了确保工程质量和检验方便。对抽检数量作了规定。

4.4 给水设备安装

主 控 项 目

4.4.1 为保证水泵基础质量,对水泵就位前的混凝土强度、坐标、标高、尺寸和螺栓孔位置按设计要求进行控制。对抽检数量及施工记录名称作了规定。

4.4.2 为保证水泵运行安全,其试运转的轴承温升值必须符合设备说明书的限定值。对抽检数量及施工记录名称作了规定。

4.4.3 敞口水箱是无压的,作满水试验检验其是否渗漏即可。而密闭水箱(罐)是与系统连在一起的,其水压试验应与系统相一致,即以其工作压力的1.5倍作水压试验。对抽检数量及施工记录名称作了规定。

一 般 项 目

4.4.4 为使用安全,水箱的支架或底座应构造正确,埋设平整牢固,其尺寸及位置应符合设计规定。对抽检数量作了规定。

4.4.5 水箱的溢流管和泄放管设置应引至排水地点附近是满足排水方便,不得与排水管直接连接;一定要断开,是防止排水系统污物或细菌污染水箱水质。对抽检数量作了规定。

4.4.6 因弹簧减振器不利于立式水泵运行时保持稳定，故规定立式水泵的减振装置不应采用弹簧减振器。对抽检数量作了规定。

4.4.7 参照《验评标准》第 2.3.7 条及表 2.3.7-1、表 2.3.7-2 编写，方便适用，起到了保证质量的作用。对抽检数量及施工记录名称作了规定。

4.4.8 参照《验评标准》第 2.3.7 条及表 2.3.7-3 编写，方便适用，起到了保证质量的作用。对抽检数量及施工记录名称作了规定。

5 室内排水系统安装

5.1 一般规定

5.1.1 本章适用范围。

5.1.2 对室内排水管道可选用的管材作了一般规定。

5.1.3、5.1.4 对部分埋地的排水管道作了一般规定。

5.1.5 提供了检验批及分项工程质量验收表格，以供参考。

5.2 排水管道及配件安装

主控项目

5.2.1 隐蔽或埋地的排水管道在隐蔽前做了灌水试验，主要是防止管道本身及管道接口渗漏。灌水高度不低于底层卫生器具的上边缘或底层地面高度，主要是按施工程序确定的，安装室内排水管道一般均采取先地下后地上的施工方法。从工艺要求看，铺完管道后，经试验检查无质量问题，为保护管道不被砸碰和不影响土建及其他工序，必须进行回填。如果先隐蔽，待一层主管做完再补做灌水试验，一旦有问题，就不好查找是哪段管道或接口漏水。对抽检数量及施工记录名称作了规定。

5.2.2 根据《验评标准》第 3.4.8 条及表 3.4.8，主要为保证排水畅通。对抽检数量作了规定。

5.2.3 塑料排水管道内壁较光滑，结合工程实践情况，确定表 5.2.3 的坡度值。对抽检数量作了规定。

5.2.4 凡直线长度超过 4m 的排水塑料管道没有设伸缩节的都出现变形、漏裂等现象，这条规定是合适的；高层建筑中明设排水塑料管道在楼板下设阻火圈或防火套管，是防止发生火灾时塑料管被烧坏后火势穿过楼板使火灾蔓延到其他层。对抽检数量及施工记录名称作了规定。

5.2.5 为保证工程质量要求，排水立管及水平干管均应作通球试验；通球要必保 100%；球径以不小于排水管径的 2/3 为宜。对抽检数量及施工记录名称作了规定。

一 般 项 目

5.2.6 参照国标《建筑给水排水设计规范》GBJ 15-88（以下简称《给排水设计规范》）第3.5.3条。其第4款中的污水横管的直线管段上检查口或清扫口之间的最大距离应符合表3.5.3的规定。对抽检数量作了规定。

5.2.7 主要为了便于检查清扫。井底表面设坡度，是为了使井底内不积存脏物。对抽检数量作了规定。

5.2.8 金属排水管道较重，要求吊钩或卡箍固定在承重结构上是为了安全。固定件间距则根据调研确定。要求立管底部的弯管处设支墩，主要防止立管下沉，造成管道接口断裂。对抽检数量及施工记录名称作了规定。

5.2.9 根据各排水塑料管材生产厂家提供的资料及对各施工单位现场调研，综合编制表5.2.9。对抽检数量及施工记录名称作了规定。

5.2.10 参照《给排水设计规范》第3.6.9条、第3.6.11条编写。对抽检数量作了规定。

5.2.11 参照《给排水设计规范》第3.3.3条3款，主要防止未经过灭菌处理的废水带来大量病菌排入污水管道进而扩散。对抽检数量作了规定。

5.2.12 参照《给排水设计规范》第3.3.3条第1、2款。主要为了防止大肠杆菌及有害气体沿溢流管道进入设备及水箱污染水质。对抽检数量作了规定。

5.2.13 参照《给排水设计规范》第3.3.16条。主要为了便于清扫，防止管道堵塞。对抽检数量作了规定。

5.2.14 参照《给排水设计规范》第3.3.19条。主要为了保证室内排水畅通，防止外管网污水倒流。对抽检数量作了规定。

5.2.15 参照《给排水设计规范》第3.3.15条编写。对抽检数量作了规定。

5.2.16 《验评标准》第3.1.12条表3.1.12的规定，经多年使用未发现问题，是适用的。对抽检数量作了规定。

5.3 雨水管道及配件安装

主 控 项 目

5.3.1 主要为保证工程质量。因雨水管有时是满管流，要具备一定的承压能力。对抽检数量及施工记录名称作了规定。

5.3.2 塑料排水管要求每层设伸缩节，作为雨水管也应按设计要求安装伸缩节。对抽检数量及施工记录名称作了规定。

5.3.3 主要为使排水通畅。对抽检数量作了规定。

一 般 项 目

5.3.4 主要防止雨水管道满水后倒灌到生活污水管，破坏水封造成污染并影响雨水排出。

对抽检数量作了规定。

5.3.5 雨水斗的连接管应固定在屋面承重结构上，主要是为了安全、防止断裂；雨水斗边缘与屋面相连处应严密不漏，主要防止接触不严漏水。DN100是雨水斗的最小规格。对抽检数量作了规定。

5.3.6 主要为便于清扫。对抽检数量作了规定。

5.3.7 参照《验评标准》第3.1.12条及表3.1.12编写。对抽检数量作了规定。

5.3.8 主要为检验焊接质量。对抽检数量作了规定。

6 室内热水供应系统安装

6.1 一般规定

6.1.1 本章适用范围。热水温度不超过75℃。

6.1.2 为保证卫生热水供应的质量。热水供应系统的管道应采用耐腐蚀、对水质无污染的管材。

6.1.3 除了说明热水供应系统的管道及配件安装除应按本标准第4.2节的相关规定执行外，还列出了热水系统安装时几处需强调的方面。

6.1.4 提供了检验批及分项工程质量验收表格，以供参考。

6.2 管道及配件安装

主 控 项 目

6.2.1 热水供应系统安装完毕，管道保温前进行水压试验，主要是防止运行后漏水不易发现和返修。对抽检数量及施工记录名称作了规定。

6.2.2 为保证使用安全，热水供应系统管道热伸缩一定要考虑。主要防止不按设计要求位置安装和不作安装前的补偿器预拉伸，致使补偿器达不到设计计算的伸长量，导致管道或接口断裂漏水漏汽。对抽检数量及施工记录名称作了规定。

6.2.3 要求基本同本标准第4.2.3条，只是可以不消毒，不必完全达到国家标准《生活饮用水标准》规定。对抽检数量及施工记录名称作了规定。

一 般 项 目

6.2.4 为保证热水供应系统运行安全，有利于管道系统排气和泄水。对抽检数量作了规定。

6.2.5 温度控制器和阀门是热水制备装置中的重要部件之一，其安装必须符合设计要求，以保证热水供应系统的正常运行。对抽检数量作了规定。

6.2.6 见本标准条文说明第4.2.8条。

6.2.7 为保证热水供应系统水温质量减少无效热损失，见本标准条文说明第4.4.8条。

6.3 辅助设备安装

主控项目

6.3.1 太阳能热水器的集热排管和上、下集管是受热承压部分，为确保使用安全，在装集热玻璃之前一定要作水压试验。对抽检数量及施工记录名称作了规定。

6.3.2 热交换器是热水供应系统的主要辅助设备，其水压试验应与热水供应系统相同。对抽检数量及施工记录名称作了规定。

6.3.3 主要为保证水泵基础质量。对抽检数量及施工记录名称作了规定。

6.3.4 主要为保证水泵安全运行。对抽检数量及施工记录名称作了规定。

6.3.5 要求水箱安装前作满水和水压试验，主要避免安装后漏水不易修补。对抽检数量及施工记录名称作了规定。

一般项目

6.3.6 根据各地经验及各太阳能热水器生产厂家的安装使用说明书综合编写。对抽检数量作了规定。

6.3.7 主要为避免循环管路集存空气影响水循环。对抽检数量作了规定。

6.3.8 为了保持系统有足够的循环压差，克服循环阻力。对抽检数量作了规定。

6.3.9 为防止吸热板与采热管接触不严而影响集热效率。对抽检数量作了规定。

6.3.10 为排空集热器内的集水，防止严寒地区不用时冻结。对抽检数量作了规定。

6.3.11 为减少集热器热损失。对抽检数量及施工记录名称作了规定。

6.3.12 为避免集热器内载热流体被冻结。对抽检数量作了规定。

6.3.13 保留《验评标准》第4.3.7条及表4.3.7-1、表4.3.7-2。对抽检数量作了规定。

6.3.14 保留《验评标准》第4.2.8条及表4.2.8-4。对抽检数量及施工记录名称作了规定。

7 卫生器具安装

7.1 一般规定

7.1.1 本章适用范围。

7.1.2 用预埋螺栓和膨胀螺栓固定卫生器具仍是目前最常用的安装方法。

7.1.3 参照《给排水设计规范》第3.2.7条及表3.2.7编写。

7.1.4 参照《给水排水标准图集》S3 中 99S304《卫生设备安装》及卫生器具安装说明书综合编写。

7.1.5 提供了检验批及分项工程质量验收表格以供参考。

7.2 卫生器具安装

主 控 项 目

7.2.1 为保证排水栓和地漏的使用安全，排水栓和地漏安装应平整、牢固，低于排水表面，这是最基本的要求。其周边的渗漏往往被人们所忽视，是一大隐患。强调周边先做到无渗漏。规定水封高度，保证地漏使用功能。对抽检数量及施工记录名称作了规定。

7.2.2 卫生器具如洗面盆、浴盆等如不作满水试验，其溢流口、溢流管是否畅通无从检查；所有的卫生器具均应作通水试验，以检验其使用效果。对抽检数量及施工记录名称作了规定。

一 般 项 目

7.2.3 保留《验评标准》第 3.2.6 条及表 3.2.6。对抽检数量作了规定。

7.2.4 主要为了方便检修。对抽检数量作了规定。

7.2.5 主要是保证冲洗水质和冲洗效果。要求镀锌钢管钻孔后进行二次镀锌，主要是防止因钻孔氧化腐蚀，出水腐蚀墙面并减少冲洗管的使用寿命。对抽检数量作了规定。

7.2.6 主要为了保证卫生器具安装质量。对抽检数量作了规定。

7.3 卫生器具给水配件安装

主 控 项 目

7.3.1 对卫生器具给水配件质量进行控制，主要是保证外观质量和使用功能。对抽样数量作了规定。

一 般 项 目

7.3.2 保留《验评标准》第 2.2.6 条及表 2.2.6。对抽检数量作了规定。

7.3.3 挂钩距地面 1.8m 较为合适，使用方便。对抽检数量作了规定。

7.4 卫生器具排水管道安装

主 控 项 目

7.4.1 卫生器具排水管道与楼板的接合部位一向是薄弱环节，存在严重质量通病，最容易漏水。故强调与排水横管连接的各卫生器具的受水口和立管均应采取妥善可靠的固定措施；管道与楼板的接合部位应采取牢固可靠的防渗、防漏措施。对抽检数量作了规定。

7.4.2 保留《验评标准》第 3.2.2 条。主要为了杜绝卫生器具漏水，保证使用功能。对抽检数量作了规定。

一 般 项 目

7.4.3 保留《验评标准》第 3.1.12 条及表 3.1.12。对抽检数量作了规定。
7.4.4 参照《建筑给水排水设计规范》GBJ 15-88 第 3.4.1 条及表 3.4.1 编写。对抽检数量作了规定。

8 室内采暖系统安装

8.1 一 般 规 定

8.1.1 对本章的适用范围作出了规定。
8.1.2 管径小于或等于 32mm 的管道多用于连接散热设备立、支管，拆卸相对较多，且截面较小，施焊时易使其截面缩小；不同管径的管道采用不同的连接方法。
　　此外，根据调查，采暖系统近年来使用镀锌钢管渐多，增加了镀锌钢管连接的规定。
8.1.3 提供了检验批及分项工程质量验收表格，以供参考。

8.2 管道及配件安装

主 控 项 目

8.2.1 管道坡度是热水采暖系统中的空气和蒸汽采暖系统中的凝结水顺利排除的重要措施，安装时，应满足设计或本标准要求。对抽检数量作了规定。
8.2.2 为妥善补偿采暖系统中的管道伸缩，避免因此而导致的管道破坏，本条规定补偿器及固定支架等应按设计要求正确施工。对抽检数量作了规定。
8.2.3 热水采暖系统由于水力失调导致热力失调的情况多有发生。为此，系统中的平衡阀及调节阀，应按设计要求安装，并在试运行时进行调节、作出标志。对抽检数量作了规定。
8.2.4 此条规定目的在于保证蒸汽采暖系统安全正常的运行。对抽检数量作了规定。
8.2.5 主要从受力状况考虑，使焊口处所受的力最小，确保方形补偿器不受损坏。对抽检数量作了规定。
8.2.6 避免因方形补偿器垂直安装产生"气塞"造成的排气、泄水不畅。对抽检数量作了规定。

一 般 项 目

8.2.7 热量表、疏水器、除污器、过滤器及阀门等,是采暖系统的重要配件,为保证系统正常运行,安装时应符合设计要求。另对抽检数量作了规定。

8.2.8 见本标准第 5.3.8 条说明。

8.2.9 集中采暖建筑物热力入口及分户热计量户内系统入户装置,具有过滤、调节、计量及关断等多种功能,为保证正常运转及方便检修、查验,应按设计要求施工和验收。另对抽检数量作了规定。

8.2.10 为防止支管中部下沉,影响空气或凝结水的顺利排除,作此规定。另对抽检数量作了规定。

8.2.11 为保证热水干管顺利排气和蒸汽干管顺利排除凝结水,以利系统运行。另对抽检数量作了规定。

8.2.12 采暖系统主干管道在与垂直或水平的分支管道连接时,常因钢渣挂在管壁内或分支管道本身经开孔处伸入干管内,影响介质流动。为避免此类事情发生,规定此条。另对抽检数量作了规定。

8.2.13 防止阀门误关导致膨胀水箱失效或水箱内水循环停止的不良后果。另对抽检数量作了规定。

8.2.14 高温热水一般工作压力较高,而一旦渗漏,危害性也要高于低温热水,因此,规定可拆件使用安全度较高的法兰和耐热橡胶板做垫料。另对抽检数量作了规定。

8.2.15 室内采暖系统的安装,当管道焊接连接时,较多使用冲压弯头。由于其弯曲半径小,不利于自然补偿。因此本条规定,在作为自然补偿时,应使用煨弯。同时规定,塑料管及铝塑复合管除必须使用直角弯头的场合,应使用管道弯曲转弯,以减少阻力和渗漏的可能,特别是在隐蔽敷设时。另对抽检数量作了规定。

8.2.16 保证涂漆质量,以利防锈和美观。另对抽检数量及施工记录名称作了规定。

8.2.17 见本标准第 4.4.8 条说明。

8.2.18 本条规定基本沿用《验评标准》第 4.1.16 条内容。另对抽检数量作了规定。

8.3 辅助设备及散热器安装

主 控 项 目

8.3.1 散热器在系统运行时损坏漏水,危害较大。因此规定组对后和整组出厂的散热器在安装之前应进行水压试验,并限定最低试验压力为 0.6MPa。另对抽检数量及施工记录名称作了规定。

8.3.2 随着大型、高层建筑物兴建,很多室内采暖系统中附设有热交换装置、水泵及水箱等。因此作了本条规定。另对抽检数量作了规定。

一 般 项 目

8.3.3 为保证散热器组对的平直度和美观,对其允许偏差作出规定。另对抽检数量作了规定。

8.3.4 为保证垫片质量,要求使用成品并对材质提出要求。另对抽检数量作了规定。

8.3.5 本条目的为保证散热器挂装质量。对于常用散热器支架及托架数量也作出了规定。另对抽检数量作了规定。

8.3.6 散热器的传热与墙表面的距离相关。过去散热器与墙表面的距离多以散热器中心计算。由于散热器厚度不同,其背面与墙表面距离即使相同,规定的距离也会各不相同,显得比较繁杂。本条规定,如设计未注明,散热器背面与装饰后的墙内表面距离应为30mm。另对抽检数量作了规定。

8.3.7 为保证散热器安装垂直和位置准确,规定了允许偏差。另对抽检数量作了规定。

8.3.8 为保证涂漆质量,以利防锈和美观。另对抽检数量及施工记录名称作了规定。

8.4 金属辐射板安装

主 控 项 目

8.4.1 保证具有足够的承压能力,利于系统安全运行。另对抽检数量及施工记录名称作了规定。

8.4.2 保证泄水和放气的顺畅进行。另对抽检数量作了规定。

8.4.3 为便于拆卸检修,规定使用法兰连接。另对抽检数量作了规定。

8.5 低温热水地板辐射采暖系统安装

主 控 项 目

8.5.1 地板敷设采暖系统的盘管在填充层及地面内隐蔽敷设,一旦发生渗漏,将难以处理,本条规定的目的在于消除隐患。另对抽检数量及施工记录名称作了规定。

8.5.2 隐蔽前对盘管进行水压试验,检验其应具备的承压能力和严密性,以确保地板辐射采暖系统的正常运行。另对抽检数量及施工记录名称作了规定。

8.5.3 盘管出现硬折弯情况,会使水流通面积减小,并可能导致管材损坏,弯曲时应予以注意,曲率半径不应小于本条规定。另对抽检数量作了规定。

一 般 项 目

8.5.4 分、集水器为地面辐射采暖系统盘管的分路装置,设有放气阀及关断阀等,属重要部件,应按设计要求进行施工及验收。另对抽检数量作了规定。

8.5.5 作为散热部件的盘管,在供回水温度一定的条件下,其散热量取决于盘管的管径及间距。为保证足够的散热量，应按设计图纸进行施工和验收。另对抽检数量作了规定。

8.5.6 为保证地面辐射采暖系统在完好和正常的情况下使用，防潮层、防水层、隔热层及伸缩缝等均应符合设计要求。另对抽检数量作了规定。

8.5.7 填充层的作用在于固定和保护散热盘管，使热量均匀散出。为保证其完好和正常使用，应符合设计要求的强度，特别在地面负荷较大时，更应注意。另对抽检数量及施工记录名称作了规定。

8.6 系统水压试验及调试

主 控 项 目

8.6.1 塑料管和复合管其承压能力随着输送的热水温度的升高而降低。采暖系统中此种管道在运行时，承压能力较水压试验时有所降低。因此，与使用钢管的系统相比，水压试验值规定得稍高一些。另对抽检数量及施工记录名称作了规定。

8.6.2 为保证系统内部清洁，防止因泥沙等积存影响热媒的正常流动。另对抽检数量及施工记录名称作了规定。

8.6.3 系统充水、加热，进行试运行和调试是对采暖系统功能的最终检验，检验结果应满足设计要求。若加热条件暂不具备，应延期进行该项工作。另对抽检数量及施工记录名称作了规定。

9 室外给水管网安装

9.1 一 般 规 定

9.1.1 规定本章条文的适用范围。

9.1.2 规定输送生活饮用水的给水管道应采用塑料管、复合管、镀锌管或给水铸铁管，是为保证水体不在输送中受污染。强调管材、管件应是同一厂家的配套产品是为了保证管材和管件的匹配公差一致，从而保证安装质量，同时也是为了让管材生产厂家承担材质的连带责任。

9.1.3 室外架空或在室外地沟内铺设给水管道与在室内铺设给水管道安装条件和办法相似，故其检验和验收的要求按室内给水管道相关规定执行。但室外架空管道是在露天环境中，温度变化波动大，塑料管道在阳光的紫外线作用下会老化，所以要求室外架空铺设的塑料管道必须有保温和防晒等措施。

9.1.4 室外消防水泵接合器及室外消火栓的安装位置及形式是设计后，经当地消防部门根据当地情况按消防法规严格审定的，故不可随意改动。

9.1.5 提供了检验批及分项工程质量验收表格，以供参考。

9.2 给水管道安装

主 控 项 目

9.2.1 要求将室外给水管道埋设在当地冰冻线以下，是为防止给水管道受冻损坏。一些特殊情况，如山区，有些管道必须在冰冻线以上铺设，管道的保温和防潮措施由于考虑不周出了问题，因此要求凡在冰冻线以上铺设的给水管道必须制定可靠的措施才能进行施工。另对抽检数量及施工记录名称作了规定。

据资料介绍，地表 0.5m 以下的土层温度在一天内波动非常小，在此深度以下埋设管道，其中蠕变可视为不发生。另考虑到一般小区内给水管道内压及外部可能的荷载，考虑到各种管材的强度，规定在无冰冻地区给水管道管顶的覆土埋深不得小于 500mm，穿越道路（含路面下）部位的管顶覆土埋深不得小于 700mm。

9.2.2 为使饮用水管道远离污染源，界定此条。另对抽检数量及施工记录名称作了规定。

9.2.3 法兰、卡扣、卡箍等是管道可拆卸的连接件，埋在土壤中，这些管件必然要锈蚀，挖出后再拆卸已不可能。即使不挖出不做拆卸，这些管件的所在部位也必然成为管道的易损部位，从而影响管道的寿命。另对抽检数量及施工记录名称作了规定。

9.2.4 条文中尺寸是从便于安装和检修考虑确定的。另对抽检数量作了规定。

9.2.5 对管网进行水压试验，是确保系统能正常使用的关键。另对抽检数量及施工记录名称作了规定。

9.2.6 本条文中镀锌钢管系指输送饮用水所采用的热镀锌钢管，钢管系指输送消防给水用的无缝或有缝钢管。镀锌钢管和钢管埋地铺设时为提高使用年限，外壁必须采取防腐蚀措施。目前常用的管外壁防腐蚀涂料有沥青漆、环氧树脂漆、酚醛树脂漆等，涂覆方法可采用刷涂、喷涂、浸涂等。条文的表 9.2.6 中给定的防腐层厚度可供涂覆其他防腐涂料时参考（对球墨铸铁给水管要求外壁必须刷沥青漆防腐）。另对抽检数量及施工记录名称作了规定。

9.2.7 对输送饮用水的管道进行冲洗和消毒是保证人们饮用到卫生水的两个关键环节，要求不仅要做到而且要做好。另对抽检数量及施工记录名称作了规定。

一 般 项 目

9.2.8 条文的规定是本着既实际可行，又能起到控制质量的情况下给出的。另对抽检数量及施工记录名称作了规定。

9.2.9 钢材的使用寿命与涂漆质量有直接关系，也是人们的感观的要求，故刷油质量必须控制好。另对抽检数量及施工记录名称作了规定。

9.2.10 目前给水塑料管的强度和刚度大都比钢管和给水铸铁管差，管径≥50mm 的给水塑料管道由于其管道上的阀门安装时没采取相应的辅助固定措施，在多次开启或拆卸时，多数引起了管道破损漏水的情况发生。另对抽检数量作了规定。

9.2.11 从便于检修操作和防止渗漏污染考虑预留的距离。另对抽检数量作了规定。

9.2.12 限定铸铁管承插口的对口最大间隙，主要为保证接口质量。另对抽检数量作了规定。

9.2.13 限定铸铁管承插口的环形间隙,主要为保证接口质量。另对抽检数量作了规定。

9.2.14 给水铸铁管采用承插捻口连接时,捻麻是接口内一项重要工作,麻捻压的虚和实将直接影响管接口的严密性。提出深度应占整个环形间隙深度的1/3是为进行施工过程控制时参考。另对抽检数量作了规定。

9.2.15 铸铁管的承插接口填料多年来一直采用石棉水泥或膨胀水泥,但石棉水泥因其中含有石棉绒,这种材料不符合饮用水卫生标准要求,故这次将其删除,推荐采用硅酸盐水泥捻口,捻口水泥的强度等级不得低于32.5级。另对抽检数量作了规定。

9.2.16 目的是防止有侵蚀性水质对接口填料造成腐蚀。另对抽检数量作了规定。

9.2.17 主要为保护橡胶圈接口处不受腐蚀性的土壤或地下水的侵蚀性损坏。条文还综合有关行标对橡胶圈接口最大偏转角度进行了限定。另对抽检数量作了规定。

9.3 消防水泵接合器及室外消火栓安装

主 控 项 目

9.3.1 统一规定试验压力为工作压力的1.5倍,但不得小于0.6MPa。这样既便于验收时掌握,也能满足工程需要。另对抽检数量及施工记录名称作了规定。

9.3.2 消防管道进行冲洗的目的是为保证管道畅通,防止杂质、焊渣等损坏消火栓。另对抽检数量及施工记录名称作了规定。

9.3.3 消防水泵接合器和消火栓的位置标志应明显,栓口的位置应方便操作,是为了突出其使用功能,确保操作快速。室外消防水泵接合器和室外消火栓当采用墙壁式时,其进、出水栓口的中心安装高度距地面为1.1m也是为了方便操作。因栓口直接设在建筑物外墙上,操作时必然紧靠建筑物,为保证消防人员的操作安全,所以强调上方必须有防坠落物打击的措施。另对抽检数量作了规定。

一 般 项 目

9.3.4 为了统一标准,保证使用功能。另对抽检数量作了规定。

9.3.5 为了保证实用和便于操作。另对抽检数量作了规定。

9.3.6 消防水泵接合器的安全阀应进行定压(定压值应由设计给定),定压后的系统应能保证最高处的一组消火栓的水栓能有10~15m的充实水柱。另对抽检数量作了规定。

9.4 管沟和井室

主 控 项 目

9.4.1 管沟的基层处理好坏,井室的地基是否牢固,直接影响管网的寿命,一旦出现不均匀沉降,就有可能造成管道断裂。另对抽检数量及施工记录名称作了规定。

9.4.2 强调井盖上必须有明显的中文标志是为便于查找和区分各井室的功能。另对抽检数量作了规定。

9.4.3 调查时发现，许多小区的井圈和井盖在使用时轻型和重型不分，特别是用轻不用重，造成井盖损坏，给行车和行人带来麻烦。这次对此突出做出了要求。另对抽检数量作了规定。

9.4.4 强调重型铸铁或混凝土井圈，不得直接放在井室的砖墙上，砖墙上应做不少于80mm厚的细石混凝土垫层，垫层与井圈间应用高强度等级水泥砂浆找平，目的是为保证井圈与井壁成为一体，防止井圈受力不均时或反复冻胀后松动，压碎井壁砖，导致井室塌陷。另对抽检数量作了规定。

一 般 项 目

9.4.5 本条界定了管沟的施工标准及应遵循的依据原则。另对抽检数量及施工记录名称作了规定。

9.4.6 要求管沟的沟底是原土层或是夯实的回填土，目的是为了管道铺设后，沟底不塌陷。要求沟底不得有尖硬的物体、块石，目的是为了保护管壁在安装过程中不受损坏。另对抽检数量及施工记录名称作了规定。

9.4.7 针对沟基下为岩石、无法清除的块石或沟底为砾石层时，为了保护管壁在安装过程中及以后的沉降过程中不受损坏，采取的措施。另对抽检数量作了规定。

9.4.8 本条文的规定是为了确保管道回填土的密实度和在管沟回填过程中管道不受损坏。另对抽检数量及施工记录名称作了规定。

9.4.9 本条系对井室砌筑的施工要求。检查时建议可参照有关土建专业施工质量验收规范进行。另对抽检数量及施工记录名称作了规定。

9.4.10 管道穿过井壁处，采用一次填塞易出现裂纹，二次填塞基本保证能消除裂纹，且表面也易抹平，故规定此条文。另对抽检数量作了规定。

10 室外排水管网安装

10.1 一 般 规 定

10.1.1 界定本章条文的适用范围。

10.1.2 住宅小区的室外排水工程大部分还应用混凝土管、钢筋混凝土管、排水铸铁管，用的也比较安全，反映也较好。以前常用的缸瓦因管壁较脆，易破损，多数地区已不用或很少用，所以条文中没列入。近几年发展起来的各种塑料排水管，如：聚氯乙烯直壁管、环向（或螺旋）加肋管、双壁波纹管、高密度聚乙烯双重壁缠绕管和非热塑性夹砂玻璃钢管等已大量问世，由于其施工方便、密封可靠、美观、耐腐蚀、耐老化、机械强度好等优点已被多数用户所认可，完全有取代其他排水管的趋势，故将其列入条文中。

10.1.3 排水系统的管沟及井室的土方工程，沟底的处理，管道穿井壁处的处理，管沟及井池周围的回填要求等与给水系统的对应要求相同，因此确定执行同样规则。

10.1.4 要求各种排水井和化粪池必须用混凝土打底板是由其使用环境所决定，一些井池坍塌多数是由于混凝土底板没打或打的质量不好，在粪水的长期浸泡下出的问题。故要求必须先打混凝土底板后，再在其上砌井室。

10.1.5 提供了检验批及分项工程质量验收表格以供参考。

10.2 排水管道安装

主 控 项 目

10.2.1 找好坡度直接关系到排水管道的使用功能，故严禁无坡或倒坡。另对抽检数量及施工记录名称作了规定。

10.2.2 排水管道中虽无压，但不应渗漏，长期渗漏处可导致管基下沉，管道悬空，因此要求在施工过程中，在两检查井间管道安装完毕后，即应做灌水试验。通水试验是检验排水使用功能的手段，随着从上游不断向下游做灌水试验的同时，也检验了通水的能力。另对抽检数量及施工记录名称作了规定。

一 般 项 目

10.2.3 条文中的规定是本着既满足实际，又适当放宽情况下给出的。另对抽检数量及施工记录名称作了规定。

10.2.4 排水铸铁管和给水铸铁管在安装程序和过程控制的内容上相似，施工检查可参照给水铸铁管承插接口的要求执行，但在材质上，通过的介质、压力又不同，故应承认差别。但必须要保证接口不漏水。另对抽检数量作了规定。

10.2.5 刷二遍石油沥青漆是为了提高管材抗腐蚀能力，提高管材使用年限。另对抽检数量及施工记录名称作了规定。

10.2.6 承插接口的排水管道安装时，要求管道和管件的承口应与水流方向相反，是为了减少水流的阻力，减少水流对接口材料的压力（或冲刷力），从而保持抗渗漏能力，提高管网使用寿命。另对抽检数量作了规定。

10.2.7 条文中的控制规定是为确保抹带接口的质量，使管道接口处不渗漏。另对抽检数量作了规定。

10.3 排水管沟与井池

主 控 项 目

10.3.1 如沟基夯实和支墩大小、尺寸、距离、强度等不符合要求，待管道安装上，土回填后必然造成沉降不均，管道或接口处将因受力不均而断裂。如井池底板不牢，必然产生井池体变形或开裂，必然连带管道不均匀沉降，给管网带来损坏。因此，必须重视排水沟基的处理和保证井池的底板强度。另对抽检数量及施工记录名称作了规定。

10.3.2 检查井、化粪池的底板及进出水管的标高直接影响整个排水系统的使用功能，一处变动影响多处。故相关标高必须严格控制好。另对抽检数量及施工记录名称作了规定。

一 般 项 目

10.3.3 由于排水井池长期处在污水浸泡中，故其砌筑和抹灰等要求应比给水检查井室要严格。另对抽检数量及施工记录名称作了规定。

10.3.4 排水检查井是住宅小区或厂区中数量最多的一种检查井，其井盖混用情况也最严重，故在通车路面下或小区道路下的排水井池也必须严格执行本规范第 9.4.3 条、第 9.4.4 条的规定。另对抽检数量作了规定。

11 室外供热管网安装

11.1 一 般 规 定

11.1.1 根据国内采暖系统蒸汽压力及热水温度的现状，对本章的适用范围作出了规定。

11.1.2 对供热管网的管材，首先规定应按设计要求，对设计未注明时，规定中给出了管材选用的推荐范围。

11.1.3 为保证管网安装质量，尽量减少渗漏可能性应采用焊接。

11.1.4 提供了检验批及分项工程质量验收表格，以供参考。

11.2 管道及配件安装

主 控 项 目

11.2.1 在热水采暖的室外管网中，特别是枝状管网，装设平衡阀或调节阀已成为各用户之间平衡的重要手段。本条规定，施工与验收应符合设计要求并进行调试。另对抽检数量作了规定。

11.2.2 供热管道的直埋敷设渐多并已基本取代地沟敷设。本条文对直埋管道的预热伸长、三通加固及回填等的要求作了规定。另对抽检数量及施工记录名称作了规定。

11.2.3 补偿器及固定支架的正确安装，是供热管道解决伸缩补偿，保证管道不出现破损所不可缺少的，本条文规定，安装和验收应符合设计要求。另对抽检数量及施工记录名称作了规定。

11.2.4 采暖用户入口装置设于室外者很多。用户入口装置及检查应按设计要求施工验收,以方便操作与检修。另对抽检数量作了规定。

11.2.5 与地沟敷设相比,直埋管道的保温构造有着更高的要求,接头处现场发泡施工时更须注意,本条规定应遵照设计要求。另对抽检数量及施工记录名称作了规定。

一 般 项 目

11.2.6 坡度应符合设计要求,以便于排气、泄水及凝结水的流动。另对抽检数量作了规定。

11.2.7 为保证过滤效果,并及时清除脏物。另对抽检数量作了规定。

11.2.8 本条规定基本沿用《验评标准》第8.0.16条的规定。经实践验证可行,在控制管道安装允许偏差上是必需的,因此列入本条。另对抽检数量作了规定。

11.2.9 见本标准第5.3.8条说明。

11.2.10 为保证焊接质量,对焊缝质量标准提出具体要求。另对抽检数量作了规定。

11.2.11 为统一管道排列和便于管理维护。另对抽检数量作了规定。

11.2.12 主要为便于安装和检修。另对抽检数量作了规定。

11.2.13 主要在设计无要求时为保证和统一架空管道有足够的高度,以免影响行人或车辆通行。另对抽检数量作了规定。

11.2.14 保证涂漆质量,利于防锈。另对抽检数量及施工记录名称作了规定。

11.2.15 见本标准第4.4.8条说明。

11.3 系统水压试验及调试

主 控 项 目

11.3.1 沿用原《规范》第8.2.10条的规定。另对抽检数量及施工记录名称作了规定。

11.3.2 为保证系统管道内部清洁,防止因泥沙等积存影响热媒正常流动。另对抽检数量及施工记录名称作了规定。

11.3.3 对于室外供热管道功能最终调试和检验。另对抽检数量及施工记录名称作了规定。

11.3.4 为保证水压试验在规定管段内正常进行。另对抽检数量作了规定。

12 建筑中水系统及游泳池水系统安装

12.1 一 般 规 定

12.1.1 因中水水源多取自生活污水及冷却水等,故原水管道管材及配件要求应同建筑排水管道。

12.1.2 建筑中水供水及排水系统与室内给水及排水系统仅水质标准不同,其他均无本质区别，完全可以引用室内给水排水有关标准条文。

12.1.3 游泳池排水管材及配件应由耐腐蚀材料制成，其系统安装与检验要求与室内排水系统安装及检验要求应完全相同，故可引用本标准第 5 章相关内容。

12.1.4 游泳池水加热系统与热水供应加热系统基本相同，故系统安装、检验与验收应与本标准第 6 章相关规定相同。

12.1.5 提供了检验批及分项工程质量验收表格，以供参考。

12.2 建筑中水系统管道及辅助设备安装

主 控 项 目

12.2.1 为防止中水污染生活饮用水，对其水的设置作出要求。另对抽检数量作了规定。

12.2.2 本条文为防止误饮、误用而设。另对抽检数量作了规定。

12.2.3 为防止中水污染生活饮用水的几项措施。另对抽检数量作了规定。

12.2.4 为方便维修管理，也是防止误接、误饮、误用的措施。另对抽检数量作了规定。

一 般 项 目

12.2.5 中水供水需经过化学药物消毒处理，故对中水供水管道及配件要求为耐腐蚀材料。另对抽检数量及施工记录名称作了规定。

12.2.6 为防止中水污染生活饮用水，参照《建筑中水设计规范》CECS30：91 第 7.1.4 条编写。另对抽检数量作了规定。

12.3 游泳池水系统安装

主 控 项 目

12.3.1 因游泳池水多数都循环使用且经加药消毒，故要求游泳池的给水、排水配件应由耐腐蚀材料制成。另对抽检数量及施工记录名称作了规定。

12.3.2 毛发聚集器是游泳池循环水系统中的主要设备之一，应采用耐腐蚀材料制成。另对抽检数量及施工记录名称作了规定。

12.3.3 防止清洗、冲洗等排水流入游泳池内而污染池水的措施。另对抽检数量作了规定。

一 般 项 目

12.3.4 因游泳池循环水需经加药消毒，故其循环管道应由耐腐蚀材料制成。另对抽检数量及施工记录名称作了规定。

12.3.5 加药、投药和输药管道也应采用耐腐蚀材料制成，保证使用安全。另对抽检数量及施工记录名称作了规定。

13 供热锅炉及辅助设备安装

13.1 一般规定

13.1.1 根据目前锅炉市场整装锅炉的炉型、吨位和额定工作压力等技术条件的变化及城市供暖向集中供热发展的趋势，以及绝大多数建筑施工企业锅炉安装队伍所具有的施工资质等级的情况，将本章的适用范围规定为"锅炉额定工作压力不大于 1.25MPa，热水温度不超过 130℃的整装蒸汽和热水锅炉及辅助设备"的安装。属于现场组装的锅炉（包括散装锅炉和组装锅炉）的安装应暂按国家标准《工业锅炉安装工程施工及验收规范》GB 50273－98（以下简称《工业锅炉验收规范》）规定执行。

本章的规定同时也适用于燃油和燃气的供暖和供热水整装锅炉及辅助设备的安装工程的质量检验与验收。

13.1.2 供热锅炉安装工程不仅应执行建筑施工质量检验和验收的规范规定，同时还应执行国家环保、消防及安全监督等部门的有关规范、规程和标准的规定，以保证锅炉安全运行和使用功能。

本标准未涉及的燃油锅炉的供油系统，燃气锅炉的供气系统，输煤系统及自控系统等的安装工程的质量检验和验收，应执行相关行业的质量检验和验收规范及标准。

13.1.3 主要为防止管道、设备和容器未经试压和防腐就保温，不易检查管道、设备和容器自身和焊口或其他形式接口的渗漏情况和防腐质量。

13.1.4 为便于施工，并防止设备和容器的保温层脱落，规定保温层应采用钩钉或保温钉固定，其间距是根据调研中综合大多数施工企业目前施工经验而规定的。

13.1.5 提供了检验批及分项工程质量验收表格，以供参考。

13.2 锅炉安装

主控项目

13.2.1 为保证设备基础质量，规定了对锅炉及辅助设备基础进行工序交接验收时的验收标准。表 13.2.1 参考了国家标准《混凝土工程施工及验收规范》GB 50204－92 和《验评标准》的有关标准和要求。另对抽检数量及施工记录名称作了规定。

13.2.2 近几年非承压热水锅炉（包括燃油、燃气的热水锅炉）被广泛采用，各地技术监督部门已经对非承压锅炉的安装和使用进行监管。非承压锅炉的安装，如果忽视了它的特殊性，不严格按设计或产品说明书的要求进行施工，也会造成不安全运行的隐患。非承压锅炉最特殊的要求之一就是锅筒顶部必须敞口或装设大气连通管。另对抽检数量作了规定。

13.2.3 因为天然气通过释放管或大气排放管直接向大气排放是十分危险的，所以不能直接排放，规定必须采取处理措施。另对抽检数量作了规定。

13.2.4 燃油锅炉是本标准新增的内容，参考美国《燃油和天然气单燃器锅炉炉膛防爆法规》NFPA 85A-82 的有关规定，为保证安全运行而增补了此条规定。另对抽检数量作了规定。

13.2.5 主要是为了保证阀门与管道、管道与管道之间的连接强度和可靠性，避免锅炉运行事故，保证操作人员人身安全。另对抽检数量作了规定。

13.2.6 根据《蒸汽锅炉安全技术监察规程》和《热水锅炉安全技术监察规程》的规定，参考了《工业锅炉验收规范》，作了适当修改。为保证非承压锅炉的安全运行，对非承压锅炉本体及管道也应进行水压试验，防止渗、漏。其试验标准按工作压力小于 0.59MPa 时，试验压力不小于 $1.5P+0.2$MPa 的标准执行，因其工作压力为 0，所以应为 0.2MPa。另对抽检数量及施工记录名称作了规定。

13.2.7 原《规范》的规定，据调查该条经多年实践是实用的，主要为保证锅炉安全可靠地运行。另对抽检数量及施工记录名称作了规定。

13.2.8 保留原《规范》的规定，作为对锅炉安装焊接质量检验的标准。"锅炉本体管道"是指锅炉"三阀"（主汽阀或出水阀、安全阀、排污阀）之内的与锅炉锅筒或集箱连接的管道。另对抽检数量作了规定。

本条第 3 款所规定的"无损探伤的检测结果应符合锅炉本体设计的相关要求"，是指探伤数量和等级要求，为了保证安装焊接质量不低于锅炉制造的焊接质量。

一 般 项 目

13.2.9 主要为保证工程质量，控制锅炉安装位置。另对抽检数量及施工记录名称作了规定。

13.2.10 参照《工业锅炉验收规范》及《链条炉排技术条件》JB/T 3271-2002 的有关规定，主要为检验锅炉炉排组装后运输过程中是否有损坏或变形，控制炉排组装质量，保证锅炉安全运行。另对抽检数量及施工记录名称作了规定。

13.2.11 参考《工业锅炉验收规范》的有关标准，主要为控制炉排安装偏差，保证锅炉可靠运行。另对抽检数量及施工记录名称作了规定。

13.2.12 参考了原《规范》和《工业锅炉质量分等标准》JB/DQ 9001-87 的规定，将原规定每根管肋片破损数不得超过总肋片数的 10% 修改为 5%，提高了对省煤器的质量要求。另对抽检数量及施工记录名称作了规定。

13.2.13 主要为便于排空锅炉内的积水和脏物。另对抽检数量作了规定。

13.2.14 根据整装锅炉安装施工的质量通病而规定，减少锅炉送风的漏风量。另对抽检数量作了规定。

13.2.15 根据《蒸汽锅炉安全监察规程》和《热水锅炉安全监察规程》规定，省煤器的出口处或入口处应安装安全阀、截止阀、止回阀、排气阀、排水管、旁通烟道、循环管等，而有些设计者在设计时或者标注不全，或者笼统提出按有关规程处理，而施工单位则往往疏忽，造成锅炉运行时存在安全隐患。另对抽检数量作了规定。

13.2.16 由于电动调节阀越来越普遍地使用，为保证确实发挥其调节和经济运行功能而规定的条款。另对抽检数量作了规定。

13.3 辅助设备及管道安装

主 控 项 目

13.3.1 同第13.2.1条。

13.3.2 为保证风机安装的质量和安全运行，参考了《工业锅炉验收规范》的有关规定。另对抽检数量及施工记录名称作了规定。

13.3.3 为保证压力容器在运行中的安全可靠性，因此予以明确和强调。另对抽检数量及施工记录名称作了规定。

13.3.4 有的施工单位，对敞口箱、罐在安装前不作满水试验，结果投入使用后有渗、漏水情况发生。为避免通病，故规定满水试验应静置24h，以保证满水试验的可靠性。另对抽检数量及施工记录名称作了规定。

13.3.5 参考美国《油燃烧设备的安装》NFPA31中的同类设备的相关规定而制定的条款，主要是为保证储油罐体不渗、不漏。另对抽检数量及施工记录名称作了规定。

13.3.6 为保证管道安装质量，所以作为主控项目予以规定。另对抽检数量及施工记录名称作了规定。

13.3.7 主要为便于操作人员迅速处理紧急事故以及操作和维修。另对抽检数量作了规定。

13.3.8 一些施工人员随意施工，常有不符合规范要求和不方便使用单位管理人员操作和检修的情况发生。本条规定是为了引起施工单位的重视。另对抽检数量作了规定。

13.3.9 根据《验评标准》的相关规定而制定的标准。另对抽检数量及施工记录名称作了规定。

一 般 项 目

13.3.10 根据《验评标准》的相关规定而制定的标准。另对抽检数量及施工记录名称作了规定。

13.3.11 为明确和统一整装锅炉安装工艺管道的质量验收标准而制定的。此标准高于工业管道而低于室内采暖管道的标准，参考了国标《工业金属管道工程质量检验评定标准》GB 50184-93的相关规定。另对抽检数量及施工记录名称作了规定。

13.3.12 为保证锅炉上煤设备的安装质量和安全运行而制定的验收标准。参考了《连续输送设备安装工程施工及验收规范》JBJ 32-96的有关内容而规定的。另对抽检数量及施工记录名称作了规定。

13.3.13 参考了原《规范》的有关规定，并根据《电工名词术语·固定锅炉》GB 2900·4-83的统一提法，将过去的习惯用语锅炉"鼓风机"改为"送风机"。另对抽检数量及施工记录名称作了规定。

13.3.14 为防止水泵由于运输和保管等原因将泵的主要部件、活塞、活动轴、管路及泵体损伤，故规定安装前必须进行检查。另对抽检数量及施工记录名称作了规定。

13.3.15 主要为统一安装标准，便于操作。另对抽检数量及施工记录名称作了规定。

13.3.16 主要为保证安装质量和正常运行。另对抽检数量及施工记录名称作了规定。

13.3.17 为统一安装标准，便于操作。另对抽检数量作了规定。

13.3.18 为保证除尘器安装质量和正常运行，同时为使风机不受重压，延长使用寿命，规定了"不允许将烟管重量压在风机上"。另对抽检数量及施工记录名称作了规定。

13.3.19 为避免操作运行出现人身伤害事故，故予以硬性规定。另对抽检数量及施工记录名称作了规定。

13.3.20 为便于操作、观察和维护，保证经软化处理的水质质量而规定的。另对抽检数量及施工记录名称作了规定。

13.3.21 保留《验评标准》有关条款而制定。另对抽检数量作了规定。

13.3.22 为保证防腐和油漆工程质量，消除油漆工程质量通病而制定。另对抽检数量及施工记录名称作了规定。

13.4 安全附件安装

主控项目

13.4.1 主要为保证锅炉安全运行，一旦出现超过规定压力时通过安全阀将锅炉压力泄放，使锅炉内压力降到正常运行状态，避免出现锅炉爆裂等恶性事故。故列为强制性条文。另对抽检数量作了规定。

13.4.2 为保证压力表能正常计算和显示，同时也便于操作管理人员观察。另对抽检数量作了规定。

13.4.3 为保证真实反映锅炉及压力容器内水位情况，避免出现缺水和满溢的事故。对各种形式的水位表根据其构造特点作出了不同的规定。另对抽检数量作了规定。

13.4.4 为保证对锅炉超温、超压、满水和缺水等安全事故及时报警和处理，因此上述报警装置及连锁保护必须齐全，并且可靠有效。此条列为强制性条文。另对抽检数量作了规定。

13.4.5 主要为保证操作人员人身安全。另对抽检数量作了规定。

一般项目

13.4.6 为保证锅炉安全运行，反映锅炉压力容器及管道内的真实压力。考虑到存水弯要经常冲洗，强调要求在压力表和存水弯之间应安装三通旋塞。另对抽检数量作了规定。

13.4.7 随着科学技术的发展，对锅炉安全运行的监控水平的不断提高，热工仪表得到广泛应用。参照《工业自动化仪表工程施工及验收规范》GBJ 93-86 的有关规定而增加了本条规定。另对抽检数量作了规定。

13.4.8 规定不得将套管温度计装在管道及设备的死角处，保证温度计全部浸入介质内和安装在温度变化灵敏的部位，是为了测量到被测介质的真实温度。另对抽检数量作了规定。

13.4.9 为避免或减少测温元件的套管所产生的阻力对被测介质压力的影响，取压口应选在测温元件的上游安装。另对抽检数量作了规定。

13.5 烘炉、煮炉和试运行

主控项目

13.5.1 第1款规定是为了防止炉墙及炉拱温度过高；第2款规定是为了防止烟气升温过急、过高，两种情况都可能造成炉墙或炉拱变形、爆裂等事故，参考《工业锅炉验收规范》的相关规定，将后期烟温规定为不应高于160℃；第3款规定是为防止火焰在不变位置上燃烧，烧坏炉排；第4款规定是为减少锅筒和集箱内的沉积物，防止结垢和影响自身的水循环，避免爆管事故。另对抽检数量及施工记录名称作了规定。

13.5.2 为提高烘炉质量，参考了有关的资料及一些地方的操作规程，将目前一些规程中砌筑砂浆含水率应降到10%以下的规定修改为7%以下，以提高对烘炉的质量要求。本条又增加了对烘炉质量检验的宏观标准。另对抽检数量及施工记录名称作了规定。

13.5.3 锅炉带负荷连续48h试运行，是全面考核锅炉及附属设备安装工程的施工质量和锅炉设计、制造及燃料适用性的重要步骤，是工程使用功能的综合检验，因此列为强制性条文。另对抽检数量及施工记录名称作了规定。

一般项目

13.5.4 为保证煮炉的效果必须保证煮炉的时间。规定了非砌筑和浇筑保温材料保温的锅炉安装后应直接进行煮炉的规定，目的在于强调整装的燃油、燃气锅炉安装后要进行煮炉，以除掉锅炉及管道中的油垢和浮锈等。另对抽检数量及施工记录名称作了规定。

13.6 换热站安装

主控项目

13.6.1 为保证换热器在运行中安全可靠，因而将此条作为强制性条文。考虑到相互隔离的两个换热部分内介质的工作压力不同，故分别规定了试验压力参数。另对抽检数量及施工记录名称作了规定。

13.6.2 在高温水系统中，热交换器应安装在循环水泵出口侧，以防止由于系统内一旦压力降低产生高温水汽化现象。做出此条规定，突出强调，以保证系统的正常运行。另对抽检数量作了规定。

13.6.3 主要是为了保证维修和更换换热管的操作空间。另对抽检数量作了规定。

一 般 项 目

13.6.4 同本标准第 13.3.10 条。
13.6.5 规定了热交换站内的循环泵、调节阀、减压器、疏水器、除污器、流量计等安装与本标准其他章节相应设备及阀、表的安装要求的一致性。
13.6.6 同本标准第 13.3.11 条。
13.6.7 同本标准第 4.4.8 条。

14 分部（子分部）工程质量验收

14.0.1 依据《统一标准》，对检验批中的主控项目、一般项目和工艺过程进行的质量验收要求，对分项、分部工程的验收程序进行了划分和说明，并增加了验收表格。
14.0.2 说明分项工程、分部（或子分部）工程的质量分级按企业标准的相关规定执行。
14.0.3 重点突出了安全、卫生和使用功能的内容。这些项目应列出表格，在《施工工艺标准》或《施工技术指南》中体现。
14.0.4 保留原《规范》第 12.0.3 条，增加了技术质量管理内容和使用功能内容。
14.0.5 此两种表式参考了中国建筑工程总公司《建筑工程施工质量统一标准》ZJQ00-SG-013-2006 内的表样。
14.0.6 对填写施工技术记录表及质量验收记录表的几处易疏忽的方面作了规定，以保证资料填写规范、齐全。

通风与空调工程施工质量标准

Standard for construction quality of
ventilation and air conditioning works

ZJQ00-SG-023-2006

中国建筑工程总公司

前 言

本质量标准是根据中国建筑工程总公司（简称中建总公司）中建市管字［2004］5号文《关于全面开展中建总公司建筑工程各专业施工标准编制工作的通知》的要求，由中国建筑第四工程局组织编制。

本标准总结了中国建筑工程总公司系统通风与空调工程施工管理的实践经验，以"突出质量策划、完善技术标准、强化过程控制、坚持持续改进"为指导思想，以提高质量管理要求为核心，力求在有效控制制造成本的前提下，使通风与空调工程的施工质量得到切实保证和不断提高。

本标准是以现行国家标准《通风与空调工程施工质量验收规范》GB 50243、中国建筑工程总公司《建筑工程施工质量统一标准》ZJQ00-SG-013-2006 为基础，综合考虑中国建筑工程总公司所属施工企业的技术水平、管理能力、施工队伍、操作工人的技术素质和现有市场环境等各方面客观条件，融入工程质量等级评定，以便统一中国建筑工程总公司系统施工企业通风与空调工程施工质量的内部验收方法、质量标准、质量等级的评定和程序，为创工程质量的"过程精品"奠定基础。

本标准将根据国家有关标准、规范的变化，企业发展的需要等进行定期或不定期的修订，请各单位在执行本标准的过程中，注意总结经验、积累资料，随时将意见和建议及有关资料及时反馈中国建筑工程总公司质量管理部门，以供本标准修订时参考。

主编单位：中国建筑第四工程局
参编单位：中国建筑第四工程局安装公司
主　　编：虢明跃
副 主 编：袁　燕　左　波
编写人员：张　瑜　胥　劲　廖　勇　曹　镇　何　毅
审核人员：王敬惠　李方波　卢锡国

目　次

1 总则 …………………………………………………………… 11—5
2 术语 …………………………………………………………… 11—5
3 基本规定 ……………………………………………………… 11—7
　3.1 质量验收与等级评定 ………………………………………… 11—8
4 风管制作 ……………………………………………………… 11—10
　4.1 一般规定 ……………………………………………………… 11—10
　4.2 主控项目 ……………………………………………………… 11—11
　4.3 一般项目 ……………………………………………………… 11—17
5 风管部件与消声器制作 ……………………………………… 11—23
　5.1 一般规定 ……………………………………………………… 11—23
　5.2 主控项目 ……………………………………………………… 11—24
　5.3 一般项目 ……………………………………………………… 11—25
6 风管系统安装 ………………………………………………… 11—27
　6.1 一般规定 ……………………………………………………… 11—27
　6.2 主控项目 ……………………………………………………… 11—27
　6.3 一般项目 ……………………………………………………… 11—29
7 通风与空调设备安装 ………………………………………… 11—32
　7.1 一般规定 ……………………………………………………… 11—32
　7.2 主控项目 ……………………………………………………… 11—32
　7.3 一般项目 ……………………………………………………… 11—34
8 空调制冷系统安装 …………………………………………… 11—38
　8.1 一般规定 ……………………………………………………… 11—38
　8.2 主控项目 ……………………………………………………… 11—38
　8.3 一般项目 ……………………………………………………… 11—40
9 空调水系统管道与设备安装 ………………………………… 11—42
　9.1 一般规定 ……………………………………………………… 11—42
　9.2 主控项目 ……………………………………………………… 11—43
　9.3 一般项目 ……………………………………………………… 11—45
10 防腐与绝热 …………………………………………………… 11—51
　10.1 一般规定 …………………………………………………… 11—51
　10.2 主控项目 …………………………………………………… 11—51
　10.3 一般项目 …………………………………………………… 11—52
11 系统调试 ……………………………………………………… 11—54

| 11.1 一般规定 ……………………………………………………………… 11—54
| 11.2 主控项目 ……………………………………………………………… 11—55
| 11.3 一般项目 ……………………………………………………………… 11—56
| 12 竣工验收 …………………………………………………………………… 11—57
| 13 综合效能的测定与调整 …………………………………………………… 11—58
| 附录A 漏光法检测与漏风量测试 …………………………………………… 11—59
| 附录B 洁净室测试方法 ……………………………………………………… 11—65
| 附录C 通风与空调工程质量检验批验收、评定记录 ……………………… 11—70
| 附录D 分项工程质量验收、评定记录 ……………………………………… 11—87
| 附录E 通风与空调分部（子分部）工程的质量验收、评定记录 ………… 11—88
| 本标准用词说明 ………………………………………………………………… 11—97
| 条文说明 ………………………………………………………………………… 11—98

1 总 则

1.0.1 为了加强建筑工程质量管理，不断提高工程质量水平，统一中国建筑工程总公司通风与空调工程施工质量及质量等级的检验评定，制定本标准。

1.0.2 本标准适用于中国建筑工程总公司所属施工企业建筑工程通风与空调工程施工质量的检查与评定。

1.0.3 本标准应与中国建筑工程总公司《建筑工程施工质量统一标准》ZJQ00-SG-013-2006 配套使用。

1.0.4 本标准中以黑体字印刷的条文为强制性条文，必须严格执行。

1.0.5 本标准系中国建筑工程总公司企业标准，主要用于企业内部的工程质量控制，在工程的建设方（甲方）无特定要求时，工程的外部验收应以现行国家标准《通风与空调工程质量验收规范》GB 50243 为准。若工程建设方（甲方）要求采用本标准作为通风与空调工程的质量标准时，应在施工承包合同中作出明确的约定，并明确由于采用本标准而引起的甲、乙双方的相关责任、权利和义务。

1.0.6 通风与空调工程施工质量的内部验收除应执行本标准外，尚应符合中国建筑工程总公司和国家现行其他有关标准的规定。

2 术 语

2.0.1 风管 air duct

采用金属、非金属薄板或其他材料制作而成，用于空气流通的管道。

2.0.2 风道 air channel

采用混凝土、砖等建筑材料砌筑而成，用于空气流通的通道。

2.0.3 通风工程 ventilation works

送风、排风、除尘、气力输送以及防、排烟系统工程的统称。

2.0.4 空调工程 air conditioning works

空气调节、空气净化与洁净空调系统的总称。

2.0.5 风管配件 duct fittings

风管系统中的弯管、三通、四通，各类变径及异径管、导流叶片和法兰等。

2.0.6 风管部件 duct accessory

通风、空调风管系统中的各类风口、阀门、排气罩、风帽、检查门、测定孔等。

2.0.7 咬口 seam

金属薄板边缘弯曲成一定形状，用于相对固定连接的构造。

2.0.8 漏风量 air leakage rate
风管系统中，在某一静压下通过风管本体结构及其接口，单位时间内泄出或渗入的空气体积量。

2.0.9 系统风管允许漏风量 air system permissible leakage rate
按风管系统类别所规定平均单位面积、单位时间内的最大允许漏风量。

2.0.10 漏风率 air system leakage ratio
空调设备、除尘器等在工作压力下空气渗入或泄漏量与其额定风量的比值。

2.0.11 净化空调系统 air cleaning system
用于洁净空间的空气调节、空气净化系统。

2.0.12 漏光检测 air leak check with lighting
用强光源对风管的咬口、接缝、法兰及其他连接处进行透光检查，确定孔洞、缝隙等渗漏部位及数量的方法。

2.0.13 整体式制冷设备 packaged refrigerating unit
制冷机、冷凝器、蒸发器及系统辅助部件组装在同一机座上，而构成整体形式的制冷设备。

2.0.14 组装式制冷设备 assembling refrigerating unit
制冷机、冷凝器、蒸发器及辅助设备采用部分集中、部分分开安装形式的制冷设备。

2.0.15 风管系统的工作压力 design working pressure
指系统风管总风管处设计的最大的工作压力。

2.0.16 空气洁净度等级 air cleanliness class
洁净空间单位体积空气中，以大于或等于被考虑粒径的粒子最大浓度限值进行划分的等级标准。

2.0.17 角件 corner pieces
用于金属薄钢板法兰风管四角连接的直角型专用构件。

2.0.18 风机过滤器单元（FFU、FMU） fan filter (module) unit
由风机箱和高效过滤器等组成的用于洁净空间的单元式送风机组。

2.0.19 空态 as-built
洁净室的设施已经建成，所有动力接通并运行，但无生产设备、材料及人员在场。

2.0.20 静态 at-rest
洁净室的设施已经建成，生产设备已经安装，并按业主及供应商同意的方式运行，但无生产人员。

2.0.21 动态 operational
洁净室的设施以规定的方式运行及规定的人员数量在场，生产设备按业主及供应商双方商定的状态下进行工作。

2.0.22 非金属材料风管 nonmetallic duct
采用硬聚氯乙烯、有机玻璃钢、无机玻璃钢等非金属无机材料制成的风管。

2.0.23 复合材料风管 foil-insulant composite duct
采用不燃材料面层复合绝热材料板制成的风管。

2.0.24 防火风管 refractory duct

采用不燃、耐火材料制成,能满足一定耐火极限的风管。

3 基 本 规 定

3.0.1 通风与空调工程施工质量的验收,除应以国家现行的规范为准外,还应按照被批准的设计图纸、合同约定的内容及相关技术标准的规定进行。施工图纸修改必须有设计单位的设计变更通知书或技术核定签证。若建设方(甲方)要求采用本标准作为工程的质量标准时,双方应约定责任、权利和义务。

3.0.2 承担通风与空调工程项目的施工企业,应具有相应工程施工承包的资质等级及相应质量管理体系。

3.0.3 施工企业承担通风与空调工程施工图纸深化设计及施工时,还必须具有相应的设计资质及其质量管理体系,并应取得原设计单位的书面同意或签字认可。

3.0.4 通风与空调工程施工现场的质量管理应符合中国建筑工程总公司《建筑工程施工质量统一标准》ZJQ00-SG-013-2006 第 3.0.1 条的规定。

3.0.5 通风与空调工程所使用的主要原材料、成品、半成品和设备的进场,必须对其进行验收。验收应经监理工程师认可,并应形成相应的质量记录。

3.0.6 通风与空调工程的施工,应把每一个分项施工工序作为工序交接检验点,并形成相应的质量记录。

3.0.7 通风与空调工程施工过程中发现设计文件有差错时,应及时提出修改意见或更正建议,并形成书面文件并归档。

3.0.8 当通风与空调工程作为建筑工程的分部工程施工时,其子分部与分项工程的划分应按表 3.0.8 的规定执行。当通风与空调工程作为单位工程独立验收时,子分部上升为分部,分项工程的划分同上。

表 3.0.8 通风与空调分部工程的子分部划分

子分部工程	分 项 工 程	
送、排风系统	风管与配件制作 部件制作 风管系统安装 风管与设备防腐 风机安装 系统调试	通风设备安装,消声设备制作与安装
防、排烟系统		排烟风口、常闭正压风口与设备安装
除尘系统		除尘器与排污设备安装
空调系统		空调设备安装,消声设备制作与安装,风管与设备绝热
净化空调系统		空调设备安装,消声设备制作与安装,风管与设备绝热,高效过滤器安装,净化设备安装
制冷系统	制冷机组安装,制冷剂管道及配件安装,制冷附属设备安装,管道及设备的防腐与绝热,系统调试	
空调水系统	冷热水管道系统安装,冷却水管道系统安装,冷凝水管道系统安装,阀门及部件安装,冷却塔安装,水泵及附属设备安装,管道与设备的防腐与绝热,系统调试	

3.0.9 通风与空调工程的施工应按规定的程序进行,并与土建及其他专业工种互相配合;与通风与空调系统有关的土建工程施工完毕后,应由建设或总承包、监理、设计及施工单位共同会检。会检的组织宜由建设、监理或总承包单位负责。

3.0.10 通风与空调工程分项工程施工质量的验收,应按本标准对应分项的具体条文规定执行。子分部中的各个分项,可根据施工工程的实际情况一次验收或数次验收。

3.0.11 通风与空调工程中的隐蔽工程,在隐蔽前必须经监理人员验收及认可签证。

3.0.12 通风与空调工程中从事管道焊接施工的焊工,必须具备操作资格证书和相应类别管道焊接的考核合格证书。

3.0.13 通风与空调工程竣工的系统调试,应在建设和监理单位的共同参与下进行,施工企业应具有专业检测人员和符合有关标准规定的测试仪器。

3.0.14 通风与空调工程施工质量的保修期限,自竣工验收合格日起计算为二个采暖期、供冷期。在保修期内发生施工质量问题的,施工企业应履行保修职责,责任方承担相应的经济责任。

3.0.15 净化空调系统洁净室(区域)的洁净度等级应符合设计的要求。洁净度等级的检测应按本标准附录 B 第 B.4 条的规定,洁净度等级与空气中悬浮粒子的最大浓度限值(C_n)的规定,见本标准附录 B 表 B.4.6-1。

3.0.16 分项工程检验批验收合格质量应符合下列规定:

1 具有施工单位相应分项合格质量的验收记录;

2 主控项目的质量抽样检验应全数合格;

3 一般项目的质量抽样检验,除有特殊要求外,计数合格率不应小于 80%,且不得有严重缺陷。

3.1 质量验收与等级评定

3.1.1 本标准的检验批、分项、分部(子分部)、单位工程质量均分为"合格"与"优良"两个等级。

3.1.2 检验批的质量等级应符合以下规定:

1 合格

　　1)主控项目的质量必须符合中国建筑工程总公司相应专业《施工质量标准》的合格规定;

　　2)一般项目的质量应符合中国建筑工程总公司相应专业《施工质量标准》的合格规定。当采取抽样检验时,其抽样数量(比例)应符合中国建筑工程总公司相应专业《施工质量标准》的规定,且允许偏差实测值应有不低于 80% 的点数在相应质量标准的规定范围之内,且最大偏差值不得超过允许值的 150%;

　　3)具有完整的施工操作依据、详实的质量控制及质量检查记录。

2 优良

　　1)主控项目必须符合中国建筑工程总公司相应专业《施工质量标准》的规定;

　　2)一般项目应符合中国建筑工程总公司相应专业《施工质量标准》的规定,且允许偏差实测值应有不低于80%的点数在相应企业质量标准的范围之内，且最大偏差不得超过允许值的120%；

3) 具有完整的施工操作依据、详实的质量控制及质量检查记录。

3.1.3 分项工程的质量等级应符合以下规定：

1 合格

1) 分项工程所含检验批的质量均达到本标准的合格等级；
2) 分项工程所含检验批的施工操作依据，质量检查、验收记录完整。

2 优良

1) 分项工程所含检验批全部达到本标准的合格等级并且有70%及以上的检验批的质量达到本标准的优良等级；
2) 分项工程所含检验批的施工操作依据，质量检查、验收记录完整。

3.1.4 分部（子分部）工程的质量等级应符合以下规定：

1 合格

1) 分部（子分部）工程所含分项工程的质量全部达到本标准的合格等级；
2) 质量控制资料完整；
3) 地基与基础、主体结构和设备安装的分部工程有关安全及功能的检验和抽样检测结果应符合有关规定；
4) 观感质量评定的得分率应不低于**80%**。

2 优良

1) 分部（子分部）工程所含分项工程的质量全部达到本标准的合格等级，并且其中有70%及其以上达到本标准的优良等级；
2) 质量控制资料完整；
3) 地基与基础、主体结构和设备安装的分部工程有关安全及功能的检验和抽样检测结果应符合有关规定；
4) 观感质量评定的得分率达到90%以上。

3.1.5 单位（子单位）工程的质量等级应符合以下规定：

1 合格

1) 所含分部（子分部）工程的质量应全部达到本标准的合格等级；
2) 质量控制资料完整，所含分部（子分部）工程有关安全和功能的检测资料完整；
3) 主要功能项目的抽查结果应符合相关专业质量验收规范的规定；
4) 观感质量的评定得分率不低于**80%**。

2 优良

1) 所含分部（子分部）工程的质量应全部达到本标准的合格等级，其中应有不低于80%的分部（子分部）达到优良等级，并且以建筑工程为主的单位（子单位）工程其主体工程、地基基础工程、装饰工程等重要的分部工程必须达到优良等级；以建筑设备安装为主的单位工程，其指定的分部工程必须优良。如锅炉房的给水、排水与采暖卫生分部工程；变、配电建筑的建筑电气安装分部工程；空调机房和净化车间的通风与空调分部工程等；

2) 质量控制资料完整，所含分部（子分部）工程有关安全和功能的检测资料完整；

3) 主要功能项目的抽查结果应符合相关专业质量验收规范的规定；

4) 观感质量评定的得分率应不低于90%。

3.1.6 当检验批质量不符合相应质量标准合格的规定时，必须及时处理，并应按以下规定确定其质量等级：

1 返工重做的可重新评定质量等级；

2 经返修能够达到质量标准要求的，其质量仅应评定为合格等级。

4 风管制作

4.1 一般规定

4.1.1 本章适用于建筑工程通风与空调工程中使用的金属、非金属风管与复合材料风管或风道的加工、制作质量的检验与验收。

4.1.2 对风管制作质量的验收，应按其材料、系统类别和使用场所的不同分别进行，主要包括风管的材质、规格、强度、严密性与成品外观质量等项内容。

4.1.3 风管制作质量的验收，按设计图纸与本标准的规定执行。工程中所选用的外购风管，还必须提供相应的产品合格证明文件或进行强度和严密性的验证，符合要求的方可使用。

4.1.4 通风管道规格的验收，风管以外径或外边长为准，风道以内径或内边长为准。通风管道的规格宜按照表4.1.4-1、表4.1.4-2的规定。圆形风管应优先采用基本系列。非规则椭圆形风管参照矩形风管，并以长径平面边长及短径尺寸为准。

表4.1.4-1 圆形风管规格（mm）

风管直径 D					
基本系列	辅助系列	基本系列	辅助系列	基本系列	辅助系列
100	80	280	260	800	750
	90	320	300	900	850
120	110	360	340	1000	950
140	130	400	380	1120	1060
160	150	450	420	1250	1180
180	170	500	480	1400	1320
200	190	560	530	1600	1500
220	210	630	600	1800	1700
250	240	700	670	2000	1900

表 4.1.4-2　矩形风管规格（mm）

风管边长				
120	320	800	2000	4000
160	400	1000	2500	—
200	500	1250	3000	—
250	630	1600	3500	—

4.1.5 风管系统按其系统的工作压力划分为三个类别，其类别划分应符合表 4.1.5 的规定。

表 4.1.5　风管系统类别划分

系统类别	系统工作压力 P (Pa)	密封要求
低压系统	$P \leqslant 500$	接缝和接管连接处严密
中压系统	$500 < P \leqslant 1500$	接缝和接管连接处增加密封措施
高压系统	$P > 1500$	所有的拼接缝和接管连接处，均应采取密封措施

4.1.6 镀锌钢板及各类含有复合保护层的钢板，应采用咬口连接或铆接，不得采用影响其保护层防腐性能的焊接连接方法。

4.1.7 风管的密封，应以板材连接的密封为主，可采用密封胶嵌缝和其他方法密封。密封胶性能应符合使用环境的要求，密封面宜设在正压侧。

4.2　主控项目

4.2.1 金属风管的材料品种、规格、性能与厚度等应符合设计和现行国家产品标准的规定。当设计无规定时，应按本标准。钢板或镀锌钢板的厚度不得小于表 4.2.1-1 的规定；不锈钢板的厚度不得小于表 4.2.1-2 的规定；铝板的厚度不得小于表 4.2.1-3 的规定。

表 4.2.1-1　钢板风管板材的厚度（mm）

风管直径 D 或边长尺寸 b	圆形风管	矩形风管		除尘系统风管
		中低压系统	高压系统	
$D(b) \leqslant 320$	0.5	0.5	0.75	1.5
$320 < D(b) \leqslant 450$	0.6	0.6	0.75	1.5
$450 < D(b) \leqslant 630$	0.75	0.6	0.75	2.0
$630 < D(b) \leqslant 1000$	0.75	0.75	1.0	2.0
$1000 < D(b) \leqslant 1250$	1.0	1.0	1.0	2.0
$1250 < D(b) \leqslant 2000$	1.2	1.0	1.2	按设计
$2000 < D(b) \leqslant 4000$	按设计	1.2	按设计	

注：1　螺旋风管的钢板厚度可适当减小 10%～15%；
　　2　排烟风管钢板厚度可按高压系统；
　　3　特殊除尘系统风管钢板厚度应符合设计要求；
　　4　不适用于地下人防与防火隔墙的预埋管。

表 4.2.1-2　高、中、低压系统不锈钢板风管板材厚度（mm）

风管直径 D 或边长尺寸 b	不锈钢板厚度
b≤500	0.5
500<b≤1120	0.75
1120<b≤2000	1.0
2000<b≤4000	1.2

表 4.2.1-3　中、低压系统铝板风管板材厚度（mm）

风管直径 D 或边长尺寸 b	铝板厚度
b≤320	1.0
320<b≤630	1.5
630<b≤2000	2.0
2000<b≤4000	按设计

检查数量：合格工程按材料与风管加工批数量抽查10%；优良工程抽查20%，均不得少于5件。

检查方法：查验材料质量合格证明文件、性能检测报告，尺量、观察检查。

4.2.2 非金属风管的材料品种、规格、性能与厚度等应符合设计和现行国家产品标准的规定。当设计无规定时，应按本标准执行。硬聚氯乙烯风管板材的厚度，不得小于表4.2.2-1和表4.2.2-2的规定；有机玻璃钢风管板材的厚度，不得小于表4.2.2-3的规定；无机玻璃钢风管板材的厚度应符合表4.2.2-4的规定，相应的玻璃布层数不应少于表4.2.2-5的规定，其表面不得出现返卤或严重泛霜。

表 4.2.2-1　中、低压系统硬聚氯乙烯板圆形风管板材厚度（mm）

风管直径 D	板材厚度
D≤320	3.0
320<D≤630	4.0
630<D≤1000	5.0
1000<D≤2000	6.0

表 4.2.2-2　中、低压系统硬聚氯乙烯板矩形风管板材厚度（mm）

风管长边尺寸 b	板材厚度
b≤320	3.0
320<b≤500	4.0
500<b≤800	5.0
800<b≤1250	6.0
1250<b≤2000	8.0

表 4.2.2-3　中、低压系统有机玻璃钢风管板材厚度（mm）

风管直径 D 或矩形风管长边尺寸 b	壁厚
D(b)≤200	2.5
200<D(b)≤400	3.2

续表 4.2.2-3

风管直径 D 或矩形风管长边尺寸 b	壁厚
$400<D(b)\leqslant630$	4.0
$630<D(b)\leqslant1000$	4.8
$1000<D(b)\leqslant2000$	6.2

表 4.2.2-4　中、低压系统无机玻璃钢风管板材厚度（mm）

圆形风管直径 D 或矩形风管长边尺寸 b	壁厚
$D(b)\leqslant300$	2.5～3.5
$300<D(b)\leqslant500$	3.5～4.5
$500<D(b)\leqslant1000$	4.5～5.5
$1000<D(b)\leqslant1500$	5.5～6.5
$1500<D(b)\leqslant2000$	6.5～7.5
$D(b)>2000$	7.5～8.5

表 4.2.2-5　中、低压系统无机玻璃钢风管玻璃纤维布厚度与层数（mm）

圆形风管直径 D 或矩形风管长边 b	风管管体玻璃纤维布厚度		风管法兰玻璃纤维布厚度	
	0.3	0.4	0.3	0.4
	玻璃布层数			
$D(b)\leqslant300$	5	4	8	7
$300<D(b)\leqslant500$	7	5	10	8
$500<D(b)\leqslant1000$	8	6	13	9
$1000<D(b)\leqslant1500$	9	7	14	10
$1500<D(b)\leqslant2000$	12	8	16	14
$D(b)>2000$	14	9	20	16

用于高压风管系统的非金属风管厚度应按设计规定。

检查数量：合格工程按材料与风管加工批数量抽查 10%；优良工程按材料与风管加工批数量抽查 20%，均不得少于 5 件。

检查方法：查验材料质量合格证明文件、性能检测报告，尺量、观察检查。

4.2.3 防火风管的本体、框架与固定材料、密封垫料必须为不燃材料，其耐火等级应符合设计的规定。

检查数量：合格工程按材料与风管加工批数量抽查 10%；优良工程全数检查按材料与风管加工批数量抽查 20%，均不应少于 5 件。

检查方法：查验材料质量合格证明文件、性能检测报告，观察检查和点燃试验。

4.2.4 复合材料风管的覆面材料必须为不燃材料，内部的绝热材料应为不燃或难燃 B_1 级，且对人体无害的材料。

检查数量：合格工程按材料与风管加工批数量抽查 10%；优良工程按材料与风管加工批数量抽查 20%，均不应少于 5 件。

检查方法：查验材料质量合格证明文件、性能检测报告，观察检查和点燃试验。

4.2.5 风管必须通过工艺性的检测或验证，其强度和严密性要求应符合设计或下列规定：

1 风管的强度应能满足在 1.5 倍工作压力下接缝处无开裂；

2 矩形风管的允许漏风量应符合以下规定：

低压系统风管　$Q_L \leqslant 0.1056 P^{0.65}$

中压系统风管　$Q_M \leqslant 0.0352 P^{0.65}$

高压系统风管　$Q_H \leqslant 0.0117 P^{0.65}$

式中　Q_L、Q_M、Q_H——系统风管在相应工作压力下，单位面积风管单位时间的允许漏风量 $[m^3/(h \cdot m^2)]$；

　　　　P——风管系统的工作压力（Pa）。

3 低压、中压圆形金属风管、复合材料风管以及采用非法兰形式的非金属风管的允许漏风量，应为矩形风管规定值的 50%；

4 砖、混凝土风道的允许漏风量不应大于矩形低压系统风管规定值的 1.5 倍；

5 排烟、除尘、低温送风系统按中压系统风管的规定，1~5 级净化空调系统按高压系统风管的规定。

检查数量：合格工程按风管系统的类别和材质分别抽查，不得少于 3 件及 15m²；优良工程抽查数量不得少于 5 件及 30m²。

检查方法：检查产品合格证明文件和测试报告，或进行风管强度和漏风量测试（见本标准附录A）。

4.2.6 金属风管的连接应符合下列规定：

1 风管板材拼接的咬口缝应错开，不得有十字形拼接缝。

2 金属风管法兰材料规格不应小于表 4.2.6-1 或表 4.2.6-2 的规定。中、低压系统风管法兰的螺栓及铆钉孔的孔距不得大于 150mm；高压系统风管不得大于 100mm。矩形风管法兰的四角部位应设有螺孔。

表 4.2.6-1　金属圆形风管法兰及螺栓规格（mm）

风管直径 D	法兰材料规格		螺栓规格
	扁钢	角钢	
D≤140	20×4	—	M6
140<D≤280	25×4	—	M6
280<D≤630	—	25×3	M6
630<D≤1250	—	30×4	M8
1250<D≤2000	—	40×4	M8

表 4.2.6-2　金属矩形风管法兰及螺栓规格（mm）

风管长边尺寸 b	法兰材料规格（角钢）	螺栓规格
b≤630	25×3	M6
630<b≤1500	30×3	M8
1500<b≤2500	40×4	M8
2500<b≤4000	50×5	M10

当采用加固方法提高了法兰部位的强度时，其法兰材料规格相应的使用条件可适当

放宽。

无法兰连接风管的薄钢板法兰高度应参照金属法兰风管的规定执行。

检查数量：合格工程按加工批数量抽查5%；优良工程按加工批数量抽查10%，均不得少于5件。

检查方法：尺量、观察检查。

4.2.7 非金属（硬聚氯乙烯、有机、无机玻璃钢）风管的连接还应符合下列规定：

1 法兰的规格应分别符合表4.2.7-1、表4.2.7-2、表4.2.7-3的规定，其螺栓孔的间距不得大于120mm；矩形风管法兰的四角处，应设有螺栓孔；

2 采用套管连接时，套管厚度不得小于风管板材厚度。

检查数量：合格工程按加工批数量抽查5%；优良工程按加工批数量抽查10%，均不得少于5件。

检查方法：尺量、观察检查。

表4.2.7-1 硬聚氯乙烯圆形风管法兰规格（mm）

风管直径D	材料规格（宽×厚）	连接螺栓	风管直径D	材料规格（宽×厚）	连接螺栓
$D \leqslant 180$	35×6	M6	800<D≤1400	45×12	M10
180<D≤400	35×8	M8	1400<D≤1600	50×15	
400<D≤500	35×10		1600<D≤2000	60×15	
500<D≤800	40×10		D>2000	按设计	

表4.2.7-2 硬聚氯乙烯矩形风管法兰规格（mm）

风管边长b	材料规格（宽×厚）	连接螺栓	风管边长b	材料规格（宽×厚）	连接螺栓
$b \leqslant 160$	35×6	M6	800<b≤1250	45×12	M10
160<b≤400	35×8	M8	1250<b≤1600	50×15	
400<b≤500	35×10		1600<b≤2000	60×18	
500<b≤800	40×10	M10	b>2000	按设计	

表4.2.7-3 有机、无机玻璃钢风管法兰规格（mm）

风管直径D或风管边长b	材料规格（宽×厚）	连接螺栓
$D(b) \leqslant 400$	30×4	M8
400<$D(b)$≤1000	40×6	
1000<$D(b)$≤2000	50×8	M10

4.2.8 复合材料风管采用法兰连接时，法兰与风管板材的连接应可靠，其绝热层不得外露，不得采用降低板材强度和绝热性能的连接方法。

检查数量：合格工程按加工批数量抽查5%；优良工程按加工批数量抽查10%，均不得少于5件。

检查方法：尺量、观察检查。

4.2.9 砖、混凝土风道的变形缝，应符合设计要求，不应渗水和漏风。

检查数量：全数检查。

检查方法：观察检查。

4.2.10 金属风管的加固应符合下列规定：

1 圆形风管（不包括螺旋风管）直径大于等于800mm，且其管段长度大于1250mm或总面积大于4m²，均应采取加固措施；

2 矩形风管边长大于630mm、保温风管边长大于800mm、管段长度大于1250mm或低压风管单边平面积大于1.2m²、中、高压风管大于1.0m²，均应采取加固措施；

3 非规则椭圆风管的加固，应参照矩形风管执行。

检查数量：合格工程按加工批抽查5%；优良工程按加工批抽查10%，均不得少于5件。

检查方法：尺量、观察检查。

4.2.11 非金属风管的加固，除应符合本标准第4.2.10条的规定外，还应符合下列规定：

1 硬聚氯乙烯风管的直径或边长大于500mm时，其风管与法兰连接处应设加强板，且间距不得大于450mm；

2 有机、无机玻璃钢风管的加固，应为本体材料或防腐性能相同的材料，并与风管成一整体。

检查数量：合格工程按加工批抽查5%；优良工程按加工批抽查10%，均不得少于5件。

检查方法：尺量、观察检查。

4.2.12 矩形风管弯管的制作，一般应采用曲率半径为一个平面边长的内外同心弧形弯管。当采用其他形式的弯管，平面边长大于500mm时，必须设置弯管导流片。

检查数量：合格工程其他形式的弯管抽查20%；优良工程抽查40%，均不得少于2件。

检查方法：观察检查。

4.2.13 净化空调系统风管还应符合下列规定：

1 矩形风管边长小于或等于900mm时，底面板不应有拼接缝；大于900mm时，不应有横向拼接缝；

2 风管所用的螺栓、螺母、垫圈和铆钉均应采用与管材性能相匹配、不会产生电化学腐蚀的材料，或采取镀锌或其他防腐措施，并不得采用抽芯铆钉；

3 不应在风管内设加固框及加固筋，风管无法兰连接不得使用S形插条、直角形插条及立联合角形插条等形式；

4 空气洁净度等级为1～5级的净化空调系统风管不得采用按扣式咬口；

5 风管的清洗不得用对人体和材质有危害的清洁剂；

6 镀锌钢板风管不得有镀锌层严重损坏现象，如表面大面积白花、镀锌层粉化等。

检查数量：合格工程按风管数抽查20%；优良工程抽查40%，且每个系统均不得少于5个。

检查方法：查阅材料质量合格证明文件和观察检查，白绸布擦拭。

4.3 一般项目

4.3.1 金属风管的制作应符合下列规定：

1 圆形弯管的曲率半径（以中心线计）和最少节数量应符合表4.3.1的规定。圆形弯管的弯曲角度及圆形三通、四通支管与总管夹角的制作偏差不应大于3°。

表4.3.1 圆形弯管的曲率半径和最少节数

弯管直径 D (mm)	曲率半径 R	弯管角度和最少节数							
		90°		60°		45°		30°	
		中节	端节	中节	端节	中节	端节	中节	端节
80～220	≥1.5D	2	2	1	2	1	2	—	2
220～450	D～1.5D	3	2	2	2	1	2	1	2
450～800	D～1.5D	4	2	2	2	1	2	1	2
800～1400	D	5	2	3	2	2	2	1	2
1400～2000	D	8	2	5	2	3	2	2	2

2 风管与配件的咬口缝应紧密、宽度应一致；折角应平直，圆弧应均匀；两端面平行。风管无明显扭曲与翘角；表面应平整，合格工程凹凸不大于10mm，优良工程凹凸不大于5mm。

3 风管外径或外边长的允许偏差：当小于或等于300mm时，合格工程为2mm，优良工程1.8mm；当大于300mm时，合格工程为3mm，优良工程为2.5mm。管口平面度的允许偏差，合格工程为2mm，优良工程为1.8mm；矩形风管两条对角线长度之差，合格工程不应大于3mm，优良工程不应大于2.5mm；圆形法兰任意正交两直径之差，合格工程不应大于2mm，优良工程不应大于1.8mm。

4 焊接风管的焊缝应平整，不应有裂缝、凸瘤、穿透的夹渣、气孔及其他缺陷等，焊接后板材的变形应矫正，并将焊渣及飞溅物清除干净。

检查数量：通风与空调工程合格按制作数量的10%抽查，优良工程按制作数量的20%抽查，且不得少于5件；净化空调工程合格按制作数量抽查20%，优良工程按制作数量的40%抽查，且不得少于5件。

检查方法：查验测试记录，进行装配试验，尺量、观察检查。

4.3.2 金属法兰连接风管的制作还应符合下列规定：

1 风管法兰的焊缝应熔合良好、饱满，无假焊和孔洞；合格工程法兰平面度的允许偏差为2mm，优良工程为1.8mm，同一批量加工的相同规格法兰的螺孔排列应一致，并具有互换性。

2 风管与法兰采用铆接连接时，铆接应牢固、不应有脱铆和漏铆现象；翻边应平整、紧贴法兰，其宽度应一致，且不应小于6mm，咬缝与四角处不应有开裂与孔洞。

3 风管与法兰采用焊接连接时，风管端面不得高于法兰接口平面。除尘系统的风管，宜采用内侧满焊、外侧间断焊形式，风管端面距法兰接口平面，不应小于5mm。

当风管与法兰采用点焊固定连接时，焊点应融合良好，合格工程间距不应大于

100mm，优良工程间距不应大于80mm；法兰与风管应紧贴，不应有穿透的缝隙或孔洞。

  4 当不锈钢板或铝板风管的法兰采用碳素钢时，其规格应符合本标准表4.2.6-1、表4.2.6-2的规定，并应根据设计要求做防腐处理；铆钉应采用与风管材质相同或不产生电化学腐蚀的材料。

  检查数量：通风与空调工程合格按制作数量抽查10%，通风与空调工程优良按制作数量抽查20%，均不得少于5件；净化空调工程合格按制作数量抽查20%，净化空调工程优良按制作数量抽查40%，均不得少于5件。

  检查方法：查验测试记录，进行装配试验，尺量、观察检查。

4.3.3 无法兰连接风管的制作还应符合下列规定：

  1 无法兰连接风管的接口及连接件，应符合表4.3.3-1、表4.3.3-2的要求。圆形风管的芯管连接应符合表4.3.3-3的要求；

  2 薄钢板法兰矩形风管的接口及附件，其尺寸应准确，形状应规则，接口处应严密；薄钢板法兰的折边（或法兰条）应平直，弯曲度不应大于5/1000；弹性插条或弹簧夹应与薄钢板法兰相匹配；角件与风管薄钢板法兰四角接口的固定应稳固、紧贴，端面应平整、相连处不应有缝隙大于2mm的连接穿透缝；

  3 采用C、S形插条连接的矩形风管，其边长不应大于630mm；插条与风管加工插口的宽度应匹配一致，其允许偏差为2mm；连接应平整、严密，插条两端压倒长度，不应小于20mm；

  4 采用立咬口、包边立咬口连接的矩形风管，其立筋的高度应大于或等于同规格风管的角钢法兰宽度。同一规格风管的立咬口、包边立咬口的高度应一致，折角应倾角、直线度允许偏差为5/1000；咬口连接铆钉的间距不应大于150mm，间隔应均匀；立咬口四角连接处的铆固，应紧密、无孔洞。

表4.3.3-1 圆形风管无法兰连接形式

无法兰连接形式		附件板厚(mm)	接口要求	使用范围
承插连接		—	插入深度≥30mm，有密封要求	低压风管 直径<700mm
带加强筋承插		—	插入深度≥20mm，有密封要求	中、低压风管
角钢加固承插		—	插入深度≥20mm，有密封要求	中、低压风管
芯管连接		≥管板厚	插入深度≥20mm，有密封要求	中、低压风管
立筋抱箍连接		≥管板厚	翻边与楞筋匹配一致，紧固严密	中、低压风管
抱箍连接		≥管板厚	对口尽量靠近不重叠，抱箍应居中	中、低压风管 宽度≥100mm

表 4.3.3-2 矩形风管无法兰连接形式

无法兰连接形式		附件板厚（mm）	使用范围
S形插条		≥0.7	低压风管单独使用连接处必须有固定措施
C形插条		≥0.7	中、低压风管
立插条		≥0.7	中、低压风管
立咬口		≥0.7	中、低压风管
包边立咬口		≥0.7	中、低压风管
薄钢板法兰插条		≥1.0	中、低压风管
薄钢板法兰弹簧夹		≥1.0	中、低压风管
直角形平插条		≥0.7	低压风管
立联合角形插条		≥0.8	低压风管

注：薄钢板法兰风管也可采用铆接法兰条连接的方法。

表 4.3.3-3 圆形风管的芯管连接

风管直径 D (mm)	芯管长度 L (mm)	自攻螺丝或抽芯铆钉数量（个）	外径允许偏差（mm）	
			圆管	芯管
120	120	3×2	−1～0	−3～−4
300	160	4×2		
400	200	4×2		
700	200	6×2	−2～0	−4～−5
900	200	8×2		
1000	200	8×2		

检查数量：通风与空调工程合格按制作数量抽查10%；优良按制作数量抽查20%，均不得少于5件。净化空调工程合格按制作数量抽查20%，优良按制作数量抽查40%，均不得少于5件。

检查方法：查验测试记录，进行装配试验，尺量、观察检查。

4.3.4 风管的加固应符合下列规定：

1 风管的加固可采用楞筋、立筋、角钢（内、外加固）、扁钢、加固筋和管内支撑等形式，如图4.3.4；

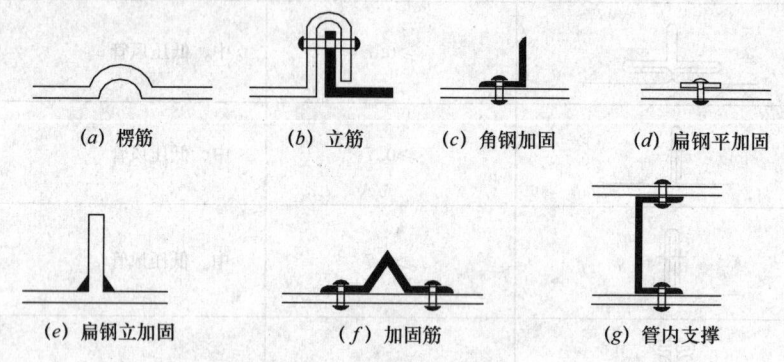

图4.3.4 风管的加固形式

2 楞筋或楞线的加固，排列应规则，间隔应均匀，板面不应有明显的变形；

3 角钢、加固筋的加固，应排列整齐、均匀对称，其高度应小于或等于风管的法兰宽度。角钢、加固筋与风管的铆接应牢固、间隔应均匀，不应大于220mm；两相交处应连接成一体；

4 管内支撑与风管的固定应牢固，各支撑点之间或与风管的边沿或法兰的间距应均匀，不应大于950mm；

5 中压和高压系统风管的管段，其长度大于1250mm时，还应有加固框补强。高压系统金属风管的单咬口缝，还应有防止咬口缝胀裂的加固或补强措施。

检查数量：通风与空调工程合格按制作数量抽查10%，优良按制作数量抽查20%，均不得少于5件；净化空调系统合格按制作数量抽查20%，优良按制作数量抽查40%，均不得少于5件。

检查方法：查验测试记录，进行装配试验，观察和尺量检查。

4.3.5 硬聚氯乙烯风管除应执行本标准第4.3.1条第1、3款和第4.3.2条第1款外，还应符合下列规定：

1 风管的两端面平行，无明显扭曲，外径或外边长的允许偏差合格工程为2mm，优良工程为1.8mm；表面平整、圆弧均匀，凹凸不应大于5mm；

2 焊缝的坡口形式和角度应符合表4.3.5的规定；

3 焊缝应饱满，焊条排列应整齐，无焦黄、断裂现象；

4 用于洁净室时，还应按本标准第4.3.11条的有关规定执行。

检查数量：合格工程按风管总数抽查10%，法兰数抽查5%；优良工程按风管总数抽查20%，法兰数抽查10%，均不得少于5件。

检查方法：尺量、观察检查。

表 4.3.5 焊缝形式及坡口

焊缝形式	焊缝名称	图形	焊缝高度（mm）	板材厚度（mm）	焊缝坡口张角α（°）
对接焊缝	V形单面焊		2～3	3～5	70～90
对接焊缝	V形双面焊		2～3	5～8	70～90
对接焊缝	X形双面焊		2～3	≥8	70～90
搭接焊缝	搭接焊		≥最小板厚	3～10	—
填角焊缝	填角焊无坡角		≥最小板厚	6～18	—
填角焊缝	填角焊无坡角		≥最小板厚	≥3	—
对角焊缝	V形对角焊		≥最小板厚	3～5	70～90
对角焊缝	V形对角焊		≥最小板厚	5～8	70～90
对角焊缝	V形对角焊		≥最小板厚	6～15	70～90

4.3.6 有机玻璃钢风管除应执行本标准第 4.3.1 条第 1～3 款和第 4.3.2 条第 1 款外，还应符合下列规定：

1 风管不应有明显扭曲、内表面应平整光滑，外表面应整齐美观，厚度应均匀，且边缘无毛刺，并无气泡及分层现象；

2 风管的外径或外边长尺寸的允许偏差合格工程为 3mm，优良工程为 2.5mm；圆形风管的任意正交两直径之差合格工程不应大于 5mm，优良工程不应大于 4mm；矩形风管的两对角线之差合格工程不应大于 5mm，优良工程不应大于 4mm；

3 法兰应与风管成一整体，并应有过渡圆弧，并与风管轴线成直角，管口平面度的允许偏差合格工程为 3mm，优良工程为 2.5mm；螺孔的排列应均匀，至管壁的距离应一致，合格工程允许偏差为 2mm，优良工程为 1.8mm；

4 矩形风管的边长大于 900mm，且管段长度大于 1250mm 时，应加固。加固筋的分布应均匀、整齐。

检查数量：合格工程按风管总数抽查 10%，法兰数抽查 5%；优良工程按风管总数抽查 20%，法兰数抽查 10%，均不得少于 5 件。

检查方法：尺量、观察检查。

4.3.7 无机玻璃钢风管除应执行本标准第 4.3.1 条第 1～3 款和第 4.3.2 条第 1 款外，还应符合下列规定：

1 风管的表面应光洁、无裂纹、无明显泛霜和分层现象；

2 风管的外形尺寸的允许偏差应符合表 4.3.7 的规定；

表 4.3.7 无机玻璃钢风管外形尺寸（mm）

直径或大边长	矩形风管外表平面度	矩形风管管口对角线之差	法兰平面度	圆形风管两直径之差
≤300	≤3	≤3	≤2	≤3
301～500	≤3	≤4	≤2	≤3
501～1000	≤4	≤5	≤2	≤4
1001～1500	≤4	≤6	≤3	≤5
1501～2000	≤5	≤7	≤3	≤5
>2000	≤6	≤8	≤3	≤5

3 风管法兰的规定与有机玻璃钢法兰相同。

检查数量：合格工程按风管总数抽查 10%，法兰数抽查 5%；优良工程按风管总数抽查 20%，法兰数抽查 10%，均不得少于 5 件。

检查方法：尺量、观察检查。

4.3.8 砖、混凝土风道内表面水泥砂浆应抹平整、无裂缝、不渗水。

检查数量：合格工程按风管总数抽查 10%；优良工程按风管总数抽查 20%，均不得少于一段。

检查方法：观察检查。

4.3.9 双面铝箔绝热板风管除应执行本标准第 4.3.1 条第 2、3 款和第 4.3.2 条第 2 款外，还应符合下列规定：

1 板材拼接宜采用专用的连接构件，连接后板面平面度的允许偏差合格工程为 5mm，优良工程为 4mm；

2 风管的折角应平直，拼缝粘接应牢固、平整，风管的粘结材料宜为难燃材料；

3 风管采用法兰连接时，其连接应牢固，法兰平面度的允许偏差合格工程为 2mm，优良工程为 1.8mm；

4 风管的加固，应根据系统工作压力及产品技术标准的规定执行。

检查数量：合格工程按风管总数抽查 10%，法兰数抽查 5%；优良工程按风管总数抽查 20%，法兰数抽查 10%，均不得少于 5 件。

检查方法：尺量、观察检查。

4.3.10 铝箔玻璃纤维板风管除应执行本标准第 4.3.1 条第 2、3 款和第 4.3.2 条第 2 款外，还应符合下列规定：

1 风管的离心玻璃纤维板材应干燥、平整；板外表面的铝箔隔气保护层应与内芯玻璃纤维材料粘合牢固；内表面应有防纤维脱落的保护层，并应对人体无危害。

2 当风管连接采用插入接口形式时，接缝处的粘结应严密、牢固，外表面铝箔胶带密封的每一边粘贴宽度不应小于 25mm，并应有辅助的连接固定措施。

当风管的连接采用法兰形式时，法兰与风管的连接应牢固，并应能防止板材纤维逸出和冷桥。

3 风管的表面应平整、两端面平行，无明显凹穴、变形、起泡，铝箔无破损等。

4 风管的加固，应根据系统工作压力及产品技术标准的规定执行。

检查数量：合格工程按风管总数抽查 10%，优良工程按风管总数抽查 20%，均不得少于 5 件。

检查方法：尺量、观察检查。

4.3.11 净化空调系统风管还应符合以下规定：

1 现场应保持清洁，存放时应避免积尘和受潮。风管的咬口缝、折边和铆接等处有损坏时，应做防腐处理；

2 风管的法兰铆钉孔的间距，当系统洁净度的等级为 1~5 级时，合格工程不应大于 65mm，优良工程不应大于 60mm；为 6~9 级时，不应大于 100mm；

3 静压箱本体、箱内固定高效过滤器的框架及固定件应做镀锌、镀镍等防腐处理；

4 制作完成的风管，应进行第二次清洗，经检查达到清洁要求后应及时封口。

检查数量：合格工程按风管总数抽查 20%，法兰数抽查 10%；优良工程按风管总数抽查 40%，法兰数抽查 20%，且不得少于 5 件。

检查方法：观察检查，查阅风管清洗记录，用白绸布擦拭。

5 风管部件与消声器制作

5.1 一般规定

5.1.1 本章适用于通风与空调工程中风口、风阀、排风罩等其他部件及消声器的加工制作或产品质量的验收。

5.1.2 一般风量调节阀按设计文件和风阀制作的要求进行验收，其他风阀按外购产品质量进行验收。

5.2 主控项目

5.2.1 手动单叶片或多叶片调节风阀的手轮或扳手，应以顺时针方向转动为关闭，其调节范围及开启角度指示应与叶片开启角度相一致。

用于除尘系统间歇工作点的风阀，关闭时应能密封。

　　检查数量：合格工程按批抽查10%，优良工程按批抽查20%，均不得少于1个。

　　检查方法：手动操作、观察检查。

5.2.2 电动、气动调节风阀的驱动装置，动作应可靠，在最大工作压力下工作正常。

　　检查数量：合格工程按批抽查10%，优良工程按批抽查20%，且不得少于1个。

　　检查方法：核对产品的合格证明文件、性能检测报告，观察或测试。

5.2.3 防火阀和排烟阀（排烟口）必须符合有关消防产品标准的规定，并具有相应的产品合格证明文件。电动防火阀、排烟阀动作应可靠，启闭灵活。

　　检查数量：合格工程按种类、批抽查10%，优良工程按种类、批抽查20%，不得少于2个。电动防火阀、电动排烟阀的启闭动作均应全数检查。

　　检查方法：核对产品的合格证明文件、性能检测报告，手动操作。

5.2.4 防爆风阀的制作材料必须符合设计规定，不得自行替换。

　　检查数量：全数检查。

　　检查方法：核对材料品种、规格，观察检查。

5.2.5 净化空调系统的风阀，其活动件、固定件以及紧固件均应采取镀锌或作其他防腐处理（如喷塑或烤漆）；阀体与外界相通的缝隙处，应有可靠的密封措施。

　　检查数量：合格工程按批抽查10%，优良工程按批抽查20%，均不得少于1个。

　　检查方法：核对产品的材料，手动操作、观察。

5.2.6 工作压力大于1000Pa的调节风阀，生产厂应提供（在1.5倍工作压力下能自由开关）强度测试合格的证书（或试验报告）。

　　检查数量：合格工程按批抽查10%，优良工程按批抽查20%，且不得少于1个。

　　检查方法：核对产品的合格证明文件、性能检测报告。

5.2.7 防排烟系统柔性短管的制作材料必须为不燃材料。

　　检查数量：全数检查。

　　检查方法：核对材料品种的合格证明材料。

5.2.8 消声弯管的平面边长大于800mm时，应加设吸声导流片；消声器内直接迎风面的布质覆面层应有保护措施；净化空调系统消声器内的覆面应为不易产尘的材料。

　　检查数量：全数检查。

　　检查方法：观察检查、核对产品的合格证明文件。

5.3 一 般 项 目

5.3.1 手动单叶片或多叶片调节风阀应符合下列规定：

　　1 结构应牢固，启闭应灵活，法兰应与相应材质风管的相一致；

　　2 叶片的搭接应贴合一致，与阀体缝隙应小于2mm；

　　3 截面积大于1.2m²的风阀应实施分组调节。

　　检查数量：合格工程按类别、批抽查10%，优良工程按类别、批抽查20%，均不得少于1个。

　　检查方法：手动操作，尺量、观察检查。

5.3.2 止回风阀应符合下列规定：

　　1 启闭灵活，关闭时应严密；

　　2 阀叶的转轴、铰链应采用不易锈蚀的材料制作，保证转动灵活、耐用；

　　3 阀片的强度应保证在最大负荷压力下不弯曲变形；

　　4 水平安装的止回风阀应有可靠的平衡调节机构。

　　检查数量：合格工程按类别、批抽查10%，优良工程按类别、批抽查20%，均不得少于1个。

　　检查方法：观察、尺量，手动操作试验与核对产品的合格证明文件。

5.3.3 插板风阀应符合下列规定：

　　1 壳体应严密，内壁应作防腐处理；

　　2 插板应平整，启闭灵活，并有可靠的定位固定装置；

　　3 斜插板风阀的上下接管应成一直线。

　　检查数量：合格工程按类别、批抽查10%，优良工程按类别、批抽查20%，均不得少于1个。

　　检查方法：手动操作，尺量、观察检查。

5.3.4 三通调节风阀应符合下列规定：

　　1 拉杆或手柄的转轴与风管的结合处应严密；

　　2 拉杆可在任意位置上固定，手柄开关应标明调节的角度；

　　3 阀板调节方便，并不与风管相碰擦。

　　检查数量：合格工程按类别、批抽查10%，优良工程按类别、批抽查20%，均不得少于1个。

　　检查方法：观察、尺量，手动操作试验。

5.3.5 风量平衡阀应符合产品技术文件的规定。

　　检查数量：合格工程按类别、批抽查10%，优良工程按类别、批抽查20%，均不得少于1个。

　　检查方法：观察、尺量，核对产品的合格证明文件。

5.3.6 风罩的制作应符合下列规定：

　　1 尺寸正确、连接牢固、形状规则、表面平整光滑，其外壳不应有尖锐边角；

　　2 槽边侧吸罩、条缝抽风罩尺寸应正确，转角处弧度均匀、形状规则，吸入口平整，罩口加强板分隔间距应一致；

3 厨房锅灶排烟罩应采用不易锈蚀材料制作，其下部集水槽应严密不漏水，并坡向排放口，罩内油烟过滤器应便于拆卸和清洗。

检查数量：合格工程按批抽查10%，优良工程按批抽查20%，均不得少于1个。

检查方法：尺量、观察检查。

5.3.7 风帽的制作应符合下列规定：

1 尺寸应正确，结构牢靠，风帽接管尺寸的允许偏差同风管的规定一致；

2 伞形风帽伞盖的边缘应有加固措施，支撑高度尺寸应一致；

3 锥形风帽内外锥体的中心应同心，锥体组合的连接缝应顺水，下部排水应畅通；

4 筒形风帽的形状应规则、外筒体的上下沿口应加固，其不圆度不应大于直径的2%。伞盖边缘与外筒体的距离应一致，挡风圈的位置应正确；

5 三叉形风帽三个支管的夹角应一致，与主管的连接应严密。主管与支管的锥度应为$3°\sim4°$。

检查数量：合格工程按批抽查10%，优良工程按批抽查20%，均不得少于1个。

检查方法：尺量、观察检查。

5.3.8 矩形弯管导流叶片的迎风侧边缘应圆滑，固定应牢固。导流片的弧度应与弯管的角度相一致。导流片的分布应符合设计规定。当导流叶片长度超过1250mm时，应有加强措施。

检查数量：合格工程按批抽查10%，优良工程按批抽查20%，均不得少于1个。

检查方法：核对材料，尺量、观察检查。

5.3.9 柔性短管应符合下列规定：

1 应选用防腐、防潮、不透气、不易霉变的柔性材料。用于空调系统的应采取防止结露的措施；用于净化空调系统的还应是内壁光滑、不易产生尘埃的材料；

2 柔性短管的长度，一般宜为150～300mm，其连接处应严密、牢固可靠；

3 柔性短管不宜作为找正、找平的异径连接管；

4 设于结构变形缝的柔性短管，其长度宜为变形缝的宽度加100mm及以上。

检查数量：合格工程按批抽查10%，优良工程按批抽查20%，均不得少于1个。

检查方法：尺量、观察检查。

5.3.10 消声器的制作应符合下列规定：

1 所选用的材料，应符合设计的规定，如防火、防腐和卫生性能等要求；

2 外壳应牢固、严密，其漏风量应符合本标准第4.2.5条的规定；

3 充填的消声材料，应按规定的密度均匀铺设，并应有防止下沉的措施。消声材料的覆面层不得破损，搭接应顺气流，且应拉紧，界面无毛边；

4 隔板与壁板结合处应紧贴、严密；穿孔板应平整、无毛刺，其孔径和穿孔率应符合设计要求。

检查数量：合格工程按批抽查10%，优良工程按批抽查20%，均不得少于1个。

检查方法：尺量、观察检查，核对材料合格的证明文件。

5.3.11 检查门应平整、启闭灵活、关闭严密，其与风管或空气处理室的连接处应采取密封措施，无明显渗漏。

净化空调系统风管检查门的密封垫料，宜采用成型密封胶带或软橡胶条制作。

检查数量：合格工程按批抽查20%，优良工程按批抽查40%，均不得少于1个。

检查方法：观察检查。

5.3.12 风口的验收，规格以颈部外径与外边长为准，其尺寸的允许偏差值应符合表5.3.12的规定。风口的外表装饰面应平整、叶片或扩散环的分布应匀称、颜色应一致、无明显的划伤和压痕；调节装置转动应灵活、可靠，定位后应无明显自由松动。

检查数量：合格工程按类别、批分别抽查5%；优良工程按类别、批抽查10%，均不得少于1个。

检查方法：尺量、观察检查，核对材料合格的证明文件与手动操作检查。

表5.3.12 风口尺寸允许偏差（mm）

圆 形 风 口		
直径	≤250	>250
允许偏差	0～-2	0～-3
矩 形 风 口		
边长	<300	300～800	>800
允许偏差	0～-1	0～-2	0～-3
对角线长度	<300	300～500	>500
对角线长度之差	≤1	≤2	≤3

6 风管系统安装

6.1 一 般 规 定

6.1.1 本章适用于通风与空调工程的金属和非金属风管系统安装质量的检验与验收。

6.1.2 风管系统安装完毕后，必须进行严密性检验，合格后方能交付下道工序。风管系统严密性检验以主、干管为主。在加工工艺得到保证的前提下，低压风管系统可采用漏光法检测。

6.1.3 风管系统吊、支架采用膨胀螺栓等胀锚方法固定时，必须符合其相应技术文件规定。

6.2 主 控 项 目

6.2.1 在风管穿越需要封闭的防火、防爆的墙体或楼板时，应设置预埋管或防护套管，其钢板厚度不应小于1.6mm。风管与防护套管之间，应用阻燃且对人体无危害的柔性材料封堵。

检查数量：合格按数量抽查20%，不得少于1个系统；优良：全数检查。

检查方法：尺量、观察检查。

6.2.2 风管安装必须符合下列规定：

　　1 风管内严禁其他管线穿越；

　　2 输送含有易燃、易爆气体或安装在易燃、易爆环境的风管系统应有良好的接地，通过生活区或其他辅助生产房间时必须严密，并不得设置接口；

　　3 室外立管的固定拉索严禁拉在避雷针或避雷网上。

　　检查数量：合格按数量抽查20%，优良按数量抽查40%，均不得少于1个系统。

　　检查方法：手扳、尺量、观察检查。

6.2.3 输送空气温度高于80℃的风管，应按设计规定采取防护措施。

　　检查数量：合格按数量抽查20%，优良按数量抽查40%，均不得少于1个系统。

　　检查方法：观察检查。

6.2.4 风管部件安装必须符合下列规定：

　　1 各类风管部件及操作机构的安装，应能保证其正常的使用功能，并便于操作；

　　2 斜插板风阀的安装，阀板必须为向上拉启；水平安装时，阀板还应为顺气流方向插入；

　　3 止回风阀、自动排气阀门的安装方向必须正确。

　　检查数量：合格按数量抽查20%，优良按数量抽查40%，均不得少于5件。

　　检查方法：尺量、观察检查，动作试验。

6.2.5 防火阀、排烟阀（口）的安装方向、位置应正确。防火分区隔墙两侧的防火阀，距墙表面不应大于200mm。

　　检查数量：合格按数量抽查20%，优良按数量抽查40%，均不得少于5件。

　　检查方法：尺量、观察检查，动作试验。

6.2.6 净化空调系统风管的安装还应符合下列规定：

　　1 风管、静压箱及其他部件，必须擦拭干净，做到无油污和浮尘，当施工停顿或完毕时，端口应封好；

　　2 法兰垫料应为不产尘、不易老化和具有一定强度和弹性的材料，厚度为5～8mm，不得采用乳胶海绵；法兰垫片应尽量减少拼接，不允许直缝对接连接，严禁在垫料表面涂涂料；

　　3 风管与洁净室吊顶、隔墙等围护结构的接缝处应严密。

　　检查数量：合格按数量抽查20%，优良按数量抽查40%，均不得少于1个系统。

　　检查方法：观察、用白绸布擦拭。

6.2.7 集中式真空吸尘系统的安装应符合下列规定：

　　1 真空吸尘系统弯管的曲率半径不应小于4倍管径，弯管的内壁面应光滑，不得采用褶皱弯管；

　　2 真空吸尘系统三通的夹角不得大于45°；四通制作应采用两个斜三通的做法。

　　检查数量：合格按数量抽查20%，优良按数量抽查40%，均不得少于2个系统。

　　检查方法：尺量、观察检查。

6.2.8 风管系统安装完毕后，应按系统类别进行严密性检验，漏风量应符合设计本规范第4.2.5条规定。风管系统的严密性检验，应符合下列规定：

1 低压系统风管的严密性检验应采用抽检，抽检率为5%，且不得少于1个系统。在加工工艺得到保证的前提下，采用漏光法检测。检测不合格时，应按规定的5%抽检率做漏风量测试。

中压系统风管的严密性检验，应在漏光法检测合格后，对系统漏风量测试进行抽检，抽检率为20%，且不得少于1个系统。

高压系统风管严密性检验，为全数进行漏风量测试。

系统风管严密性检验的被抽检系统，应全数合格，则视为通过；如有不合格时，则应再加倍抽检，直至全数合格。

2 净化空调系统风管的严密性检验，净化空调系统洁净度1～5级的系统按高压系统风管的规定执行，6～9级的系统按本标准第4.2.5条的规定执行。

检查数量：合格按本条文中的规定；

检查方法：按本规范附录A的规定进行严密性测试。

6.2.9 手动密闭阀安装，阀门上标志的箭头方向必须与受冲击波方向一致。

检查数量：全数检查。

检查方法：观察、核对检查。

6.3 一 般 项 目

6.3.1 风管安装应符合下列规定：

1 风管安装前，应清除内、外杂物，并做好清洁和保护工作；

2 风管安装的位置、标高、走向，应符合设计要求。现场风管接口的配置，不得缩小其有效截面；

3 连接法兰的螺栓应均匀拧紧，其螺母宜在同一侧；

4 风管接口的连接应严密、牢固。风管法兰的垫片材质应符合系统功能的要求，厚度不应小于3mm。垫片不得凸入管内，亦不宜突出法兰外；

5 柔性短管的安装，应松紧适度，无明显扭曲；

6 可伸缩性金属或非金属软风管的长度不宜超过2m，并不应有死弯或塌凹；

7 风管与砖、混凝土风道的连接接口，应顺着气流方向插入，并应采取密封措施。风管穿出屋面处应设有防雨装置；

8 不锈钢板、铝板风管与碳素钢支架的接触处，应有隔绝或防腐绝缘措施。

检查数量：合格按数量抽查10%，优良按数量抽查20%，均不得少于1个系统。

检查方法：尺量、观察检查。

6.3.2 无法兰连接风管的安装还应符合下列规定：

1 风管连接处，应完整无缺损、表面应平整，无明显扭曲；

2 承插式风管的四周缝隙应一致，无明显的弯曲或褶皱；内涂的密封胶应完整，外粘的密封胶带，应粘贴牢固、完整无缺损；

3 薄钢板法兰形式风管的连接，弹性插条、弹簧夹或紧固螺栓的间距不应大于150mm，且分布均匀，无松动现象；

4 插条连接的矩形风管，连接后的板面应平整、无明显弯曲。

检查数量：合格按数量抽查10％，优良按数量抽查20％，均不得少于1个系统。
　　检查方法：尺量、观察检查。

6.3.3 风管的连接应平直、不扭曲。明装风管水平安装，水平度的允许偏差为3/1000，总偏差不应大于20mm。明装风管垂直安装，垂直度的允许偏差为2/1000，总偏差不应大于20mm。暗装风管的位置，应正确、无明显偏差。

　　除尘系统的风管，宜垂直或倾斜敷设，与水平夹角宜大于或等于45°，小坡度和水平管应尽量短。

　　对含有凝结水或其他液体的风管，坡度应符合设计要求，并在最低处设排液装置。

　　检查数量：合格按数量抽查10％，优良按数量抽查20％，均不得少于1个系统。
　　检查方法：尺量、观察检查。

6.3.4 风管支、吊架安装应符合下列规定。

1 风管水平安装，直径或长边尺寸小于等于400mm，间距不应大于4m；大于400mm，不应大于3m。螺旋风管的支、吊架间距可分别延长至5m和3.75m；对于薄钢板法兰的风管，其支、吊架间距不应大于3m。

2 风管垂直安装，间距不应大于4m；单根直管至少应有2个固定点。

3 风管支、吊架宜按国标图集与规范选用强度和刚度相适应的形式和规格。对于直径或边长大于2500mm的超宽、超重等特殊风管的支、吊架应按设计规定。

4 支、吊架不宜设置在风口、阀门、检查门及自控机构处，离风口或插接管的距离不宜小于200mm。

5 当水平悬吊的主、干风管长度超过20m时，应设置防止摆动的固定点，每个系统不应少于1个。

6 吊架的螺孔应采用机械加工。吊杆应平直，螺纹完整、光洁。安装后各副支、吊架的受力应均匀，无明显变形。

　　风管或空调设备使用的可调隔振支、吊架的拉伸或压缩量应按设计的要求进行调整。

7 抱箍支架，折角应平直，抱箍应紧贴并箍紧风管。安装在支架上的圆形风管应设托座和抱箍，其圆弧应均匀，且与风管外径相一致。

　　检查数量：合格按数量抽查10％，优良按数量抽查20％，均不得少于1个系统。
　　检查方法：尺量、观察检查。

6.3.5 非金属风管安装应符合下列规定：

1 风管连接两法兰端面应平行、严密，法兰螺栓两侧应加镀锌垫圈；

2 应适当增加支、吊架与水平风管的接触面积；

3 硬聚氯乙烯风管的直管段连续长度大于20m，应按设计要求设置伸缩节；支管的重量不得由干管承受；必须自行设置支、吊架；

4 风管垂直安装，支架间距不应大于3m。

　　检查数量：合格按数量抽查10％，优良按数量抽查20％，均不得少于1个系统。
　　检查方法：尺量、观察检查。

6.3.6 复合材料风管的连接处，接缝应牢固，无孔洞和开裂。当采用插接连接时，接口应匹配、无松动，端口缝隙不应大于5mm。采用法兰连接时，应有防冷桥的措施；支、吊架的安装宜按产品标准的规定执行。

检查数量：合格按数量抽查10%，优良按数量抽查20%，均不得少于1个系统。
检查方法：尺量、观察检查。

6.3.7 集中式真空吸尘系统安装应符合下列规定：

1 吸尘管道的坡度宜为5%，并坡向立管或吸尘点；

2 吸尘嘴与管道的连接，应牢固、严密。

检查数量：合格按数量抽查20%，优良按数量抽查40%，均不得少于5件。

检查方法：尺量、观察检查。

6.3.8 各类风阀应安装在便于操作及检修的部位，安装后的手动或电动操作装置应灵活、可靠，阀板关闭应保持严密。

防火阀直径或长边尺寸大于等于630mm时，宜设独立支、吊架。

排烟阀（排烟口）及手动装置（包括预埋套管）的位置应符合设计要求。预埋套管不得有死弯及瘪陷。

除尘系统吸入管段的调节阀，宜安装在垂直管段上。

检查数量：合格按数量抽查10%，优良按数量抽查20%，均不得少于5件。

检查方法：尺量、观察检查。

6.3.9 风帽安装必须牢固，连接风管与屋面或墙面的交接处不应渗水。

检查数量：合格按数量抽查10%，优良按数量抽查20%，均不得少于5件。

检查方法：尺量、观察检查。

6.3.10 排、吸风罩的安装位置应正确，排列整齐，牢固可靠。

合格：按数量抽查10%，优良按数量抽查20%，均不得少于5件。

检查方法：尺量、观察检查。

6.3.11 风口与风管的连接应严密、牢固，与装饰面相紧贴；表面平整、不变形，调节灵活、可靠。条形风口的安装，接缝处应衔接自然，无明显缝隙。同一厅室、房间内的相同风口的安装高度应一致，排列应整齐。

明装无吊顶的风口，安装位置和标高偏差不应大于10mm。

风口水平安装，水平度的偏差不应大于3/1000。

风口垂直安装，垂直度的偏差不应大于2/1000。

风口安装允许偏差及检查方法见表6.3.11。

检查数量：合格按数量抽查10%，优良按数量抽查20%，均不得少于1个系统或不少于5件和2个房间的风口。

检查方法：尺量、观察检查。

表6.3.11 风口安装质量实测值及检查方法

项 目		允许偏差值(mm)	检查方法
明装无吊顶的风口	安装位置	10	拉线、尺量
	标 高	±5	水准仪、尺量
	水平度 每米	3	拉线、尺量
	垂直度 每米	2	吊线、尺量

6.3.12 净化空调系统风口安装还应符合下列规定：

1 风口安装前应清扫干净，其边框与建筑物顶棚或墙面间的接缝处应加设密封垫料或密封胶，不应漏风；
2 带高效过滤器的送风口，应采用可分别调节高度的吊杆。

检查数量：合格按数量抽查20%，优良按数量抽查40%，均不得少于1个系统或不少于5件和2个房间的风口。

检查方法：尺量、观察检查。

7 通风与空调设备安装

7.1 一 般 规 定

7.1.1 本章适用于工作压力不大于5kPa的通风机与空调设备安装质量的检验与验收。

7.1.2 通风与空调设备应有装箱清单、设备说明书、产品质量合格证和产品性能检测报告等随机文件，进口设备还应具有商检合格的证明文件。

7.1.3 设备安装前，应进行开箱检查，并形成验收文字记录。参加人员为建设、监理、施工和厂商等单位的代表。

7.1.4 设备就位前应对其基础进行验收，合格后方能安装。

7.1.5 设备搬运和吊装必须符合产品说明书的有关规定，并应做好设备的保护工作，防止因搬运和吊装而造成设备损伤。

7.2 主 控 项 目

7.2.1 通风机安装应符合下列规定：
1 型号、规格应符合设计规定，其出口方向应正确；
2 叶轮旋转应平稳，停转后不应每次停留在同一位置上；
3 固定通风机的地脚螺栓应拧紧，并有防松动措施。

检查数量：全数检查。

检查方法：依据设计图核对、观察检查。

7.2.2 通风机传动装置的外露部位以及直通大气的进、出口，必须装设防护罩（网）或采取其他安全设施。

检查数量：全数检查。

检查方法：依据设计图核对、观察检查。

7.2.3 空调机组的安装应符合下列规定：
1 型号、规格、方向和技术参数应符合设计要求；
2 现场组装的组合式空气调节机组应做漏风量的检测，其漏风量必须符合现行国家标准《组合式空调机组》（GB/T 14294）的规定。

检查数量：合格按总数抽检20%，优良按总数抽检40%，均不得少于1台。净化空调系统的机组，1～5级全数检查，6～9级抽查50%；优良：全数检查。

检查方法：依据设计图核对，检查测试记录。

7.2.4 除尘器的安装应符合下列规定：

1 型号、规格、进出口方向必须符合设计要求；

2 现场组装的除尘器应做漏风量的检测，在设计工作压力下允许漏风率为5%，其中离心式除尘器为3%；

3 布袋除尘器、电除尘器的壳体及辅助设备接地应可靠。

检查数量：合格按总数抽查20%，不得少于1台，接地全数检查；优良：全数检查。

检查方法：按图核对、检查测试记录和观察检查。

7.2.5 高效过滤器应在洁净室及净化空调系统进行全面清扫和系统连续试车12h以上后，在现场拆开包装并进行安装。

安装前需进行外观检查和仪器检漏。目测不得有变形、脱落、断裂等破损现象；仪器抽查检漏应符合产品质量文件的规定。

合格后立即安装，其方向必须正确，安装后的高效过滤器四周及接口应严密不漏；在调试前应进行扫描检漏。

检查数量：合格按高效过滤器的仪器检漏，按数量抽检5%；优良按高效过滤器的仪器检漏，按数量抽检10%，均不得少于1台。

检查方法：观察检查、按规定扫描检测或查看检测记录。

7.2.6 净化空调设备的安装还应符合下列规定：

1 净化空调设备与洁净室围护结构相连的接缝必须密封；

2 风机过滤器单元（FFU与FMU空气净化装置）应在清洁的现场进行外观检查，目测不得有变形、锈蚀、漆膜脱落、拼接板破损等现象；在系统试运转时，必须在进风口处加装临时中效过滤器作为保护。

检查数量：全数检查。

检查方法：依据设计图核对、观察检查。

7.2.7 静电空气过滤器金属外壳接地必须良好。

检查数量：合格按总数抽查20%，不得少于1台；优良：全数检查。

检查方法：核对材料、观察检查或电阻测定。

7.2.8 电加热器的安装必须符合下列规定：

1 电加热器与钢构架间的绝热层必须为阻燃材料；接线柱外露的应加设安全防护罩；

2 电加热器的金属外壳接地必须良好；

3 连接电加热器的风管的法兰垫片，应采用耐热阻燃材料。

检查数量：合格：按总数抽查20%，不得少于1台；优良：全数检查。

检查方法：核对材料、观察检查或电阻测定。

7.2.9 干蒸汽加湿器的安装，蒸汽喷管不应朝下。

检查数量：全数检查。

检查方法：观察检查。

7.2.10 过滤吸收器的安装方向必须正确,并应设独立支架,与室外的连接管段不得泄漏。

检查数量:全数检查。
检查方法:观察或检测。

7.3 一 般 项 目

7.3.1 通风机的安装应符合下列规定:

1 通风机的安装,应符合表7.3.1的规定,叶轮转子与机壳的组装位置应正确;叶轮进风口插入风机机壳进风口或密封圈的深度,应符合设备技术文件的规定,或为叶轮外径值的1/100;

2 现场组装的轴流风机叶片安装角度应一致,达到在同一平面内运转,叶轮与筒体之间的间隙应均匀,水平允许偏差为1/1000。

表7.3.1 通风机安装的允许偏差及检查方法

项次	项 目		允许偏差	检 查 方 法
1	中心线的平面位移		≤10mm	经纬仪或拉线和尺量检查
2	标高		±10mm	水准仪或水平仪、直尺、拉线或尺量检查
3	皮带轮轮宽中心平面偏移		1mm	在主、从动皮带轮端面拉线和尺量检查
4	传动轴水平度		纵向 0.2/1000 横向 0.3/1000	在轴或皮带轮0°和180°的两个位置上,用水平仪检查
5	联轴器	两轴芯径向位移	0.05mm	在联轴器互相垂直的四个位置上,用百分表检查
		两轴线倾斜	0.2/1000	

3 安装隔振器的地面应平整,各组隔振器承受荷载的压缩量应均匀,高度误差应小于2mm;

4 安装风机的隔振钢支、吊架,其结构形式和外形尺寸应符合设计或设备技术文件的规定;焊接应牢固,焊缝应饱满、均匀。

检查数量:合格按总数抽查20%,优良按总数抽查40%,均不得少于1台。
检查方法:尺量、观察或检查施工记录。

7.3.2 组合式空调机组及柜式空调机组安装应符合下列规定:

1 组合式空调机组各功能段的组装,应符合设计规定的顺序和要求;各功能段之间的连接应严密,整体应平直;

2 机组与供回水管的连接应正确,机组下部冷凝水排放管的水封高度应符合设计要求;

3 机组应清扫干净,箱体内应无杂物、垃圾和积尘;

4 机组内空气过滤器(网)和空气热交换器翅片应清洁、完好。

检查数量:合格按总数抽查20%,优良按总数抽查40%,均不得少于1台。
检查方法:观察检查。

7.3.3 空气处理室的安装应符合下列规定:

1 金属空气处理室壁板及各段的组装位置应正确,表面平整,连接严密、牢固;
2 喷水段的本体及其检查门不得漏水,喷水管和喷嘴的排列、规格应符合设计要求;
3 表面式换热器的散热面应保持清洁、完好。当用于冷却空气时,在下部应设有排水装置,冷凝水的引流管或槽应畅通,冷凝水不外溢;
4 换热器与系统供、回水管的连接应正确,且严密不漏;
5 表面式换热器与围护结构间的缝隙以及表面式热交换器之间的缝隙应封堵严密。
检查数量:合格按总数抽查20%,优良按总数抽查40%,均不得少于1台。
检查方法:观察检查。

7.3.4 单元式空调机组的安装应符合下列规定:
1 分体式空调机组的室外机和风冷整体式空调机组的安装,固定应牢固、可靠;除应满足冷却风循环空间的要求外,还应符合环境卫生保护有关法规的规定;
2 分体式空调机组的室内机的安装位置应正确,并保持水平,冷凝水排放应通畅。管道穿墙处必须密封,不得有雨水渗入;
3 整体式空调机组管道的连接应严密、无渗漏,四周应留有相应的维修空间。
检查数量:合格按总数抽查20%,优良按总数抽查40%,均不得少于1台。
检查方法:观察检查。

7.3.5 除尘设备的安装应符合下列规定:
1 除尘器的安装位置应正确、牢固平稳,允许偏差应符合表7.3.5的规定;

表7.3.5 除尘器安装允许偏差及检查方法

项次	项 目		允许偏差(mm)	检 查 方 法
1	平面位移		≤10	用经纬仪或拉线、尺量检查
2	标 高		±10	用水准仪、直尺、拉线和尺量检查
3	垂直度	每米	≤2	吊线和尺量检查
		总偏差	≤10	

2 除尘器的活动或转动部件的动作应灵活、可靠,并应符合设计要求;
3 除尘器的排灰阀、卸料阀、排泥阀的安装应严密,并便于操作与维护修理。
检查数量:合格按总数抽查20%,优良按总数抽查40%,均不得少于1台。
检查方法:尺量、观察检查及检查施工记录。

7.3.6 现场组装的静电除尘器的安装,还应符合设备技术文件及下列规定:
1 阳极板组合后的阳极排平面度允许偏差为5mm,其对角线允许偏差为10mm;
2 阴极小框架组合后主平面的平面度允许偏差为5mm,其对角线允许偏差为10mm;
3 阴极大框架的整体平面度允许偏差为15mm,整体对角线允许偏差为10mm;
4 阳极板高度小于或等于7m的电除尘器,阴、阳极间距允许偏差为5mm。阳极板高度大于7m的电除尘器,阴、阳极间距允许偏差为10mm;
5 振打锤装置的固定,应可靠;振打锤的转动,应灵活。锤头方向应正确;振打锤头与振打砧之间应保持良好的线接触状态,接触长度应大于锤头厚度的0.7倍。

检查数量：合格按总数抽查20%，优良按总数抽查40%，均不得少于1组。
　　检查方法：尺量、观察检查及检查施工记录。

7.3.7 现场组装布袋除尘器的安装，还应符合下列规定：
　　1 外壳应严密、不漏，布袋接口应牢固；
　　2 分室反吹袋式除尘器的滤袋安装，必须平直。每条滤袋的拉紧力应保持在25～35N/m；与滤袋连接接触的短管和袋帽，应无毛刺；
　　3 机械回转扁袋袋式除尘器的旋臂，转动应灵活可靠，净气室上部的顶盖，应密封不漏气，旋转应灵活，无卡阻现象；
　　4 脉冲袋式除尘器的喷吹孔，应对准文氏管的中心，同心度允许偏差为2mm。
　　检查数量：合格按总数抽查20%，优良按总数抽查40%，均不得少于1台。
　　检查方法：尺量、观察检查及检查施工记录。

7.3.8 洁净室空气净化设备的安装，应符合下列规定：
　　1 带有通风机的气闸室、吹淋室与地面间应有隔振垫；
　　2 机械式余压阀的安装，阀体、阀板的转轴均应水平，允许偏差为2/1000。余压阀的安装位置应在室内气流的下风侧，并不应在工作面高度范围内；
　　3 传递窗的安装，应牢固、垂直，与墙体的连接处应密封。
　　检查数量：合格按总数抽查20%，优良按总数抽查40%，均不得少于1件。
　　检查方法：尺量、观察检查。

7.3.9 装配式洁净室的安装应符合下列规定：
　　1 洁净室的顶板和壁板（包括夹芯材料）应为阻燃材料；
　　2 洁净室的地面应干燥、平整，平整度允许偏差为1/1000；
　　3 壁板的构配件和辅助材料的开箱，应在清洁的室内进行，安装前应严格检查其规格和质量。壁板应垂直安装，底部宜采用圆弧或钝角交接；安装后的壁板之间、壁板与顶板间的拼缝，应平整严密，墙板的垂直度允许偏差为2/1000，顶板水平度的允许偏差与每个单间的几何尺寸的允许偏差均为2/1000；
　　4 洁净室吊顶在受荷载后应保持平直，压条全部紧贴。洁净室壁板若为上、下槽形板时，其接头应平整、严密；组装完毕的洁净室所有拼接缝，包括与建筑的接缝，均应采取密封措施，做到不脱落，密封良好。
　　检查数量：合格按总数抽查20%，优良按总数抽查40%，均不得少于5处。
　　检查方法：尺量、观察检查及检查施工记录。

7.3.10 洁净层流罩的安装应符合下列规定：
　　1 应设独立的吊杆，并有防晃动的固定措施；
　　2 层流罩安装的水平度允许偏差为1/1000，高度的允许偏差为±1mm；
　　3 层流罩安装在吊顶上，其四周与顶板之间应设密封及隔振措施。
　　检查数量：合格按总数抽查20%，优良按总数抽查40%，均不得少于5件。
　　检查方法：尺量、观察检查及检查施工记录。

7.3.11 风机过滤器单元（FFU、FMU）的安装应符合下列规定：
　　1 风机过滤器单元的高效过滤器安装前应按规定检漏，合格后进行安装，方向必须正确；安装后的FFU或FMU机组应便于检修；

2 安装后的 FFU 风机过滤器单元，应保持整体平整，与吊顶衔接良好。风机箱与过滤器之间的连接，过滤器单元与吊顶框架间应有可靠的密封措施。

检查数量：合格按总数抽查 20%，优良按总数抽查 40%，均不得少于 2 个。

检查方法：尺量、观察检查及检查施工记录。

7.3.12 高效过滤器的安装应符合下列规定：

1 高效过滤器采用机械密封时，须采用密封垫料，其厚度为 6～8mm，并定位贴在过滤器边框上，安装后垫料的压缩应均匀，压缩率为 25%～50%；

2 采用液槽密封时，槽架安装应水平，不得有渗漏现象，槽内无污物和水分，槽内密封液高度宜为 2/3 槽深。密封液的熔点宜高于 50℃。

检查数量：合格按总数抽查 20%，优良按总数抽查 40%，均不得少于 5 个。

检查方法：尺量、观察检查。

7.3.13 消声器的安装应符合下列规定：

1 消声器安装前应保持干净，做到无油污和浮尘；

2 消声器安装前的位置、方向应正确，与风管的连接应紧密，不得有损坏与受潮。两组同类消声器不宜直接串联；

3 现场安装的组合式消声器，消声组件的排列、方向和位置应符合设计要求。单个消声器组件的固定应牢固。

4 消声器、消声弯头均应设独立支、吊架。

检查数量：合格整体安装的消声器按总数抽查 10%，优良整体安装的消声器按总数抽查 20%，均不得少于 5 台，现场组装的消声器全数检查。

检查方法：手扳和观察检查，核对安装记录。

7.3.14 空气过滤器的安装应符合下列规定：

1 安装平整、牢固，方向正确。过滤器与框架、框架与围护结构之间应严密，无穿透缝；

2 框架式或粗效、中效袋式空气过滤器的安装，过滤器四周与框架应均匀压紧，无可见缝隙、并应便于拆卸和更换滤料；

3 卷绕式过滤器的安装，框架应平整，展开的滤料，应松紧适度、上下筒体应平行。

检查数量：合格按总数抽查 10%，优良按总数抽查 20%，均不得少于 1 台。

检查方法：观察检查。

7.3.15 风机盘管机组的安装应符合下列规定：

1 机组安装前宜进行单机三速试运转及水压检漏试验。试验压力为系统工作压力的 1.5 倍；试验观察时间为 2min，不渗漏为合格；

2 机组应设独立支、吊架，安装的位置、高度及坡度应正确、固定牢固；

3 机组与风管、回风箱或风口的连接，应严密、可靠。

检查数量：合格按总数抽查 10%，优良按总数抽查 20%，均不得少于 1 台。

检查方法：观察检查、查阅检查试验记录。

7.3.16 转轮式换热器安装的位置、转轮旋转方向及接管应正确，运转应平稳。

检查数量：合格按总数抽查 20%，优良按总数抽查 40%，均不得少于 1 台。

检查方法：观察检查。

7.3.17 转轮去湿机安装应牢固，转轮及传动部件应灵活、可靠，方向正确；处理空气与再生空气接管应正确；排风水平管须保持一定的坡度，并坡向排出方向。

检查数量：合格按总数抽查20％，优良按总数抽查40％，均不得少于1台。

检查方法：观察检查。

7.3.18 蒸汽加湿器的安装应设置独立支架，并固定牢固；接管尺寸正确、无渗漏。

检查数量：全数检查。

检查方法：观察检查。

7.3.19 空气风幕机的安装，位置方向应正确、牢固可靠，纵向垂直度与横向水平度的偏差均不应大于2/1000。

检查数量：合格按总数抽查10％，优良按总数抽查20％，均不得少于1台。

检查方法：观察检查。

7.3.20 变风量末端装置的安装，应设单独支、吊架，与风管连接前宜做动作试验。

检查数量：合格按总数抽查10％，优良按总数抽查20％，均不得少于1台。

检查方法：观察检查、查阅检查试验记录。

8 空调制冷系统安装

8.1 一 般 规 定

8.1.1 本章适用于空调工程中工作压力不高于2.5MPa，工作温度在－20～150℃的整体式、组装式及单元式制冷设备（包括热泵）、制冷附属设备、其他配套设备和管路系统安装工程施工质量的检验和验收。

8.1.2 制冷设备、制冷附属设备、管道、管件及阀门的型号、规格、性能及技术参数等必须符合设计要求。设备机组的外表应无损伤、密封应良好，随机文件和配件应齐全。

8.1.3 与制冷机组配套的蒸汽、燃油、燃气供应系统和蓄冷系统的安装，还应符合设计文件、有关消防规范与产品技术文件的规定。

8.1.4 空调用制冷设备的搬运和吊装，应符合产品技术文件和本标准第7.1.5条的规定。

8.1.5 制冷机组本体的安装、试验、试运转及验收还应符合现行国家标准《制冷设备、空气分离设备安装工程施工及验收规范》GB 50274有关条文的规定。

8.2 主 控 项 目

8.2.1 制冷设备与制冷附属设备的安装应符合下列规定：

1 制冷设备、制冷附属设备的型号、规格和技术参数必须符合设计要求，并具有产品合格证书、产品性能检验报告；

2 设备的混凝土基础必须进行质量交接验收，合格后方可安装；

3 设备安装的位置、标高和管口方向必须符合设计要求。用地脚螺栓固定的制冷设备和制冷附属设备，其垫铁的放置位置应正确、接触紧密；螺栓必须拧紧，并有防松动措施。

检查数量：合格和优良等级均须全数检查。

检查方法：查阅图纸核对设备型号、规格；产品质量合格证书和性能检验报告；质量交接验收报告；观察检查垫铁及螺栓的安装情况。

8.2.2 直接膨胀表面式冷却器的外表应保持清洁、完整，空气与制冷剂应呈逆向流动；表面式冷却器与外壳四周的缝隙应堵严，冷凝水排放应畅通。

检查数量：合格和优良等级均须全数检查。

检查方法：观察检查。

8.2.3 燃油系统的设备与管理，以及储油罐及日用油箱的安装，位置和连接方法应符合设计与消防要求。

燃气系统设备的安装应符合设计和消防要求。调压装置、过滤器的安装和调节应符合设备技术文件的规定，且应可靠接地。

检查数量：合格和优良等级均须全数检查。

检查方法：按图纸核对、观察、查阅接地测试记录。

8.2.4 制冷设备的各项严密性试验的技术数据，均应符合设备技术文件的规定。对组装式的制冷机组和现场充注制冷剂的机组，必须进行吹污、气密性试验、真空试验和充注制冷剂检漏试验，其相应的技术数据必须符合产品技术文件和有关现行国家标准、规范的规定。

检查数量：合格和优良等级均须全数检查。

检查方法：旁站观察、检查和查阅试运行记录。

8.2.5 制冷系统管道、管件和阀门的安装应符合下列规定：

1 制冷系统的管道、管件和阀门的型号、材质及工作压力等必须符合设计要求，并应具有出厂合格证、质量证明书；

2 法兰、螺纹等处的密封材料应与管内的介质性能相适应；

3 制冷剂液体管不得向上装成"Ω"形。气体管道不得向下装成"U"形（特殊回油管除外）；液体支管引出时，必须从干管底部或侧面接出；气体支管引出时，必须从干管顶部或侧面接出；有两根以上的支管从干管引出时，连接部位应错开，间距不应小于2倍支管直径，且不小于200mm；

4 制冷机与附属设备之间制冷剂管道的连接，其坡度与坡向应符合设计及设备技术文件要求。当设计无规定时，应符合表8.2.5规定；

表8.2.5 制冷剂管道坡度、坡向

管 道 名 称	坡 向	坡 度
压缩机吸气水平管（氟）	压缩机	≥10/1000
压缩机吸气水平管（氨）	蒸发器	≥3/1000

续表 8.2.5

管道名称	坡 向	坡 度
压缩机排气水平管	油分离器	≥10/1000
冷凝器水平供液管	贮液器	(1～3)/1000
油分离器至冷凝器水平管	油分离器	(3～5)/1000

5 制冷系统投入运行前，应对安全阀进行调试校核，其开启和回座压力应符合设备技术文件的要求。

检查数量：合格和优良等级均须全数检查。

检查方法：核查合格证明文件、观察、水平仪测量、查阅调校记录。

8.2.6 燃油管道系统必须设置可靠的防静电接地装置，其管道法兰应采取镀锌螺栓连接或法兰处用铜线进行跨接，且接合良好。

检查数量：合格和优良等级均须全数检查。

检查方法：观察检查、查阅试验记录。

8.2.7 燃气系统管道与机组的连接不得使用非金属软管。燃气管道的吹扫和压力试验应为压缩空气或氮气，严禁用水。当燃气供气管道压力大于 0.005MPa 时，焊缝的无损检测的执行标准应按设计规定。当设计无规定时，如采用超声波探伤时，应全数检测，以质量不低于Ⅱ级为合格。

检查数量：合格和优良等级均须全数检查。

检查方法：观察检查、查阅探伤报告和试验记录。

8.2.8 氨制冷剂系统管道、附件、阀门及填料不得采用铜或铜合金材料（磷青铜除外），管内不得镀锌。氨系统的管道焊缝应进行射线照相检验，抽检率为 15%，以质量不低于Ⅲ级为合格。在不易进行射线照相检验操作的场合，可用超声波检验代替，以不低于Ⅱ级为合格。

检查数量：合格和优良等级均须全数检查。

检查方法：观察检查、查阅探伤报告和试验记录。

8.2.9 输送乙二醇溶液的管道系统，不得使用内镀锌管道及配件。

检查数量：合格和优良等级均须全数检查。

检查方法：观察检查、查阅安装记录。

8.2.10 制冷管道系统应进行强度、气密性试验及真空试验，且必须合格。

检查数量：合格和优良等级均须全数检查。

检查方法：旁站、观察检查和查阅试验记录。

8.3 一 般 项 目

8.3.1 制冷机组与制冷附属设备的安装应符合下列规定：

1 制冷设备及制冷附属设备安装位置、标高的允许偏差，应符合表 8.3.1-1 的规定；

表 8.3.1-1 制冷设备与制冷附属设备安装允许偏差和检验方法

项次	项目	允许偏差（mm）	检验方法
1	平面平移	10	经纬仪或拉线尺量检查

续表 8.3.1

项次	项目	允许偏差（mm）	检验方法
2	标高	±10	水准仪或经纬仪、拉线和尺量检查
3	轴线偏移	2/1000	经纬仪或拉线尺量检查

  2 两台制冷设备及制冷附属设备并联安装时，管道接口处安装位置、标高的允许偏差，应符合表 8.3.1-2 的规定；

表 8.3.1-2 制冷设备与制冷附属设备管道接口处安装允许偏差和检验方法

项次	项目	允许偏差（mm）	检验方法
1	平面平移	10	经纬仪或拉线尺量检查
2	标高	±5	水准仪或经纬仪、拉线和尺量检查
3	轴线偏移	2/1000	经纬仪或拉线尺量检查

  3 整体安装的制冷机组，其机身纵、横向水平度的允许偏差为 1/1000，并应符合设备技术文件的规定；

  4 制冷附属设备安装的水平度或垂直度允许偏差为 1/1000，并应符合设备技术文件的规定；

  5 采用隔振措施的制冷设备或制冷附属设备，其隔振器安装位置应正确；各个隔振器的压缩量，应均匀一致，偏差不应大于 2mm；

  6 设置弹簧隔振的制冷机组，应设有防止机组运行时水平位移的定位装置。

  检查数量：合格和优良等级均须全数检查。

  检查方法：在机座或指定的基准面上用水平仪、水准仪等检测、尺量与观察检查。

8.3.2 模块式冷水机组单元多台并联组合时，接口应牢固，且严密不漏。连接后机组的外表应平整、完好，无明显的扭曲。

  检查数量：合格和优良等级均须全数检查。

  检查方法：尺量、观察检查。

8.3.3 燃油系统油泵和蓄冷系统载冷剂泵的安装，纵、横向水平度允许偏差为 1/1000，联轴器两轴芯轴向倾斜允许偏差为 0.2/1000，径向位移为 0.05mm。

  检查数量：合格和优良等级均须全数检查。

  检查方法：在机座或指定的基准面上，用水平仪、水准仪等检测，尺量、观察检查。

8.3.4 制冷系统管道、管件的安装应符合下列规定：

  1 管道、管件的内外壁应清洁、干燥；铜管管道支吊架的形式、位置、间距及管道安装标高应符合设计要求，连接制冷机的吸、排气管道应设置单独支架；管径小于等于 20mm 的铜管道，在阀门处应设置支架；管道上下平行敷设时，吸气管应在下方；

  2 制冷剂管道弯管的弯曲半径不应小于 3.5D（管道直径），其最大外径与最小外径之差不应大于 0.08D，且不应使用焊接弯管及皱褶弯管；

  3 制冷剂管道分支管应按介质流向弯成 90°弧度与主管连接，不宜使用弯曲半径小于 1.5D 的压制弯管；

  4 铜管切口应平整，不得有毛刺、凹凸等缺陷，切口允许倾斜偏差为管径的 1%，管口翻边后应保持同心，不得有开裂及皱褶，并应有良好的密封面；

5 采用承插钎焊焊接连接的铜管，其插接深度应符合表8.3.4的规定，承插的扩口方向应迎介质流向。当采用套接钎焊焊接连接时，其插接深度应不小于承插连接的规定。采用对接焊缝组对管道的内壁应齐平，错边量不大于0.1倍壁厚，且不大于1mm；

表8.3.4 承插式焊接的铜墙铁壁管承口的扩口深度表（mm）

铜管规格	≤DN15	DN20	DN25	DN32	DN40	DN50	DN65
承插口的扩口深度	9～12	12～15	15～18	17～20	21～24	24～26	26～30

6 管道穿越墙体或楼板时，管道的支吊架和钢管的焊接应按本标准的"空调水系统管道与设备安装"章节有关规定执行。

检查数量：合格按系统抽查20%，优良按系统抽查40%，均不得少于5件。

检查方法：尺量、观察检查。

8.3.5 制冷系统阀门的安装应符合下列规定：

1 制冷剂阀门安装前应进行强度和严密性试验。强度试验压力为阀门公称压力的1.5倍，时间不得少于10min；严密性试验压力为阀门公称压力的1.1倍，持续时间2min，不漏为合格。试验合格后应保持阀体内干燥。如阀门进、出口封闭破损或阀体锈蚀的还应进行解体清洗；

2 位置、方向和高度应符合设计要求；

3 水平管道上的阀门的手柄不应朝下；垂直管道上的阀门手柄应朝向便于操作的地方；

4 自控阀门安装的位置应符合设计要求。电磁阀、调节阀、热力膨胀阀、升降式止回阀等的阀头均应向上；热力膨胀阀的安装位置应高于感温包，感温包应装在蒸发器末端的回气管上，与管道接触良好，绑扎紧密；

5 安全阀应垂直安装在便于检修的位置，其排气管的出口应朝向安全地带，排液管应装在泄水管上。

检查数量：合格和优良等级均须全数检查。

检查方法：尺量、观察检查、旁站或查阅试验记录。

8.3.6 制冷系统的吹扫排污应在水压试验合格及水冲洗后进行；系统吹扫采用压力为0.6MPa的干燥压缩空气或氮气，以浅色布检查10min，无污物为合格。系统吹扫干净后，应将系统中阀门的阀芯拆下清洗干净。

检查数量：合格和优良等级均须全数检查。

检查方法：观察、旁站或查阅试验记录。

9 空调水系统管道与设备安装

9.1 一般规定

9.1.1 本章适用于空调工程水系统安装子分部工程，包括冷（热）水、冷却水、凝结水系统的设备（不包括末端设备）、管道及附件施工质量的检验及验收。

9.1.2 镀锌钢管应采用螺纹连接。当直径大于DN100时，可采用卡箍式、法兰或焊接连接，但应对焊缝及影响区的表面进行防腐处理。

9.1.3 从事金属管道焊接的企业，应具有相应项目的焊接工艺评定，焊工应持有相应类别焊接的焊工合格证书。

9.1.4 空调用蒸汽管道的安装，应按中国建筑工程总公司《给水排水及采暖工程施工工艺标准》ZJQ00－SG－010－2003的规定执行。

9.2 主 控 项 目

9.2.1 空调工程水系统的设备与附属设备、管道、管配件及阀门的型号、规格、材质及连接形式应符合设计规定。

检查数量：合格按总数抽查10%，优良按总数抽查20%，均不得少于5件。

检查方法：观察检查外观质量并检查产品质量证明文件、材料进场验收记录。

9.2.2 管道安装应符合下列规定：

1 隐蔽管道必须按本标准第3.0.11条的规定执行；

2 焊接钢管、镀锌钢管不得采用热煨弯；

3 管道与设备的连接，应在设备安装完毕后进行，与水泵、制冷机组的接管必须为柔性接口。柔性短管不得强行对口连接，与其连接的管道应设置独立支架；

4 冷热水及冷却水系统应在系统冲洗、排污合格（目测：以排出口的水色和透明度与入水口对比相近，无可见杂物），再循环试运行2h以上，且水质正常后才能与制冷机组、空调设备相贯通；

5 固定在建筑结构上的管道支、吊架，不得影响结构的安全。管道穿越墙体或楼板处应设钢制套管，管道接口不得置于套管内，钢制套管应与墙体饰面或楼板底部平齐，上部应高出楼层地面20～50mm，并不得将套管作为管道支撑。

保温管道与套管四周间隙应使用不燃绝热材料填塞紧密。

检查数量：系统全数检查。每个系统管道、部件合格按总数抽查10%，优良按总数抽查20%，均不得少于5件。

检查方法：尺量、观察检查，旁站或查阅试验记录、隐蔽工程记录。

9.2.3 管道系统安装完毕，外观检查合格后，应按设计要求进行水压试验。当设计无规定时，应符合下列规定：

1 冷热水、冷却水系统的试验压力，当工作压力小于等于1.0MPa时，为1.5倍工作压力，但最低不小于0.6MPa；当工作压力大于1.0MPa时，为工作压力加0.5MPa；

2 对于大型或高层建筑垂直位置差较大的冷（热）媒水、冷却水管道系统宜采用分区、分层试压和系统试压相结合的方法。一般建筑可采用系统试压方法：

分区、分层试压：对相对独立的局部区域的管道进行试压。在试验压力下，稳压10min，压力不得下降，再将系统压力降至工作压力，在60min内压力不得下降，外观检查无渗漏为合格。

系统试压：在各分区管道与系统主、干管全部连通后，对整个系统的管道进行系统的试压。试验压力以最低点的压力为准,但最低点的压力不得超过管道与组成件的承受压力。压力试验升至试验压力后,稳压10min,压力下降不得大于0.02MPa,再将系统压力降至工作压力,外观检查无渗漏为合格;

  3 各类耐压塑料管的强度试验压力为1.5倍工作压力,严密性工作压力为1.15倍的设计工作压力;

  4 凝结水系统采用充水试验,应以不渗漏为合格。

  检查数量:系统全数检查。

  检查方法:旁站观察或查阅试验记录。

9.2.4 阀门的安装应符合下列规定:

  1 阀门的安装位置、高度、进出口方向必须符合设计要求,连接应牢固紧密;

  2 安装在保温管道上的各类手动阀门,手柄均不得向下;

  3 阀门安装前必须进行外观检查,阀门的铭牌应符合现行国家标准《通用阀门标志》GB 12220的规定。对于工作压力大于1.0MPa及在主干管上起到切断作用的阀门,应进行强度和严密性试验,合格后方可使用。其他阀门可不单独进行试验,待在系统试压中检验。

  强度试验时,试验压力为公称压力的1.5倍,持续时间不少于5min,阀门的壳体、填料应无渗漏。

  严密性试验时,试验压力为公称压力的1.1倍;试验压力在试验持续的时间内应保持不变,时间应符合表9.2.4的规定,以阀瓣密封面无渗漏为合格。

表9.2.4 阀门压力持续时间

公称直径 DN (mm)	最短试验持续时间 (s)	
	严密性试验	
	金属密封	非金属密封
≤50	15	15
65~200	30	15
250~450	60	30
≥500	120	60

  检查数量:合格按第1、2款抽查5%,优良抽查10%,均不得少于1个。水压试验合格以每批(同牌号、同规格、同型号)数量中抽查20%,优良抽查40%,均不得少于1个。对于安装在主干管上起切断作用的闭路阀门,全数检查。

  检查方法:按设计图核对、观察检查;旁站或查阅试验记录。

9.2.5 补偿器的补偿量和安装位置必须符合设计及产品技术文件的要求,并应根据设计计算的补偿量进行预拉伸或预压缩。

  设有补偿器(膨胀节)的管道应设置固定支架,其结构形式和固定位置应符合设计要求,并应在补偿器的预拉伸(或预压缩)前固定,导向支架的设置应符合所安装产品技术文件的要求。

  检查数量:合格按总数抽查20%,优良抽查40%,均不得少于1个。

检查方法：观察检查，旁站或查阅补偿器的预拉伸或预压缩记录。

9.2.6 冷却塔的型号、规格、技术参数必须符合设计要求。对含有易燃材料冷却塔的安装，必须严格执行施工防火安全的规定。

检查数量：全数检查。

检查方法：按图纸核对，监督执行防火规定。

9.2.7 水泵的规格、型号、技术参数应符合设计要求和产品性能指标。水泵正常连续试运行的时间，不应少于2h。

检查数量：全数检查。

检查方法：按图纸核对，实测或查阅水泵试运行记录。

9.2.8 水箱、集水缸、分水缸、储冷罐的满水试验或水压试验必须符合设计要求。储冷罐内壁防腐涂层的材质、涂抹质量、厚度必须符合设计或产品技术文件要求，储冷罐与底座必须进行绝热处理。

检查数量：全数检查。

检查方法：尺量、观察检查、查阅试验记录。

9.3 一 般 项 目

9.3.1 当空调水系统的管道，采用建筑用硬聚氯乙烯（PVC-U）、聚丙烯（PP-R）、聚丁烯（PB）与交联聚乙烯（PEX）等有机材料管道时，其连接方法应符合设计和产品技术要求的规定。

检查数量：合格按总数抽查20%，优良抽查40%，均不得少于2处。

检查方法：尺量、观察检查，验证产品合格证书和试验记录。

9.3.2 金属管道的焊接应符合下列规定：

1 管道焊接材料的品种、规格、性能应符合设计要求。管道对接焊口的组对和坡口形式等应符合表9.3.2-1的规定；对口的平直度为1/100，全长不大于10mm。管道的固定焊口应远离设备，且不宜与设备接口中心线相重合。管道对接焊缝与支、吊架的距离应大于50mm；

2 管道焊缝表面应清理干净，并进行外观质量的检查。焊缝外观质量应符合下列规定：

1）设计文件规定焊缝系数为1的焊缝或规定进行100%射线照射检验或超声波检验的焊缝，其外观质量不得低于本标准表9.3.2-2中的Ⅱ级；

2）设计文件规定进行局部射线照明检验或超声波检验的焊缝，其外观质量不得低于本规范表9.3.2-2中的Ⅲ级；

3）不要求进行无损检验的焊缝，其外观质量不得低于本标准表9.3.2-2中的Ⅳ级；

4）钛及钛合金焊缝表面除应按上述规定进行外观检查外，尚应在焊后清理前进行色泽检查，色泽检查应符合表9.3.2-3的规定。

检查数量：合格按总数抽查20%，优良按总数抽查40%，均不得少于1处。

检查方法：尺量、观察检查。

表 9.3.2-1 管道焊接坡口形式和尺寸

项次	厚度 T (mm)	坡口名称	坡口形式	坡口尺寸 间隙 C (mm)	坡口尺寸 钝边 P (mm)	坡口尺寸 坡口角度 α (°)	备注
1	1~3	I 形坡口		0~1.5	—		内壁错边量 $\leqslant 0.1T$,且 $\leqslant 2mm$;外壁 $\leqslant 3mm$
1	3~6	I 形坡口		1~2.5	—		
2	6~9	V 形坡口		0~2.0	0~2	65~75	
2	9~26	V 形坡口		0~3.0	0~3	55~65	
3	2~30	T 形坡口		0~2.0	—	—	

表 9.3.2-2 焊缝质量分级标准

检验项目	缺陷名称	质量分级 I	II	III	IV
焊缝外观质量	裂纹	不允许	不允许	不允许	不允许
	表面气孔	不允许	不允许	每 50mm 焊缝长度内允许直径 $\leqslant 0.3\delta$,且 $\leqslant 2mm$ 的气孔 2 个 孔间距 $\geqslant 6$ 倍孔径	每 50mm 焊缝长度内允许直径 $\leqslant 0.4\delta$,且 $\leqslant 3mm$ 的气孔 2 个 孔间距 $\geqslant 6$ 倍孔径
	表面夹渣	不允许	不允许	深 $\leqslant 0.1\delta$ 长 $\leqslant 0.3\delta$,且 $\leqslant 10mm$	深 $\leqslant 0.2\delta$ 长 $\leqslant 0.5\delta$,且 $\leqslant 20mm$
	咬边	不允许	不允许	$\leqslant 0.05\delta$,且 $\leqslant 0.5mm$ 连续长度 $\leqslant 100mm$,且焊缝两侧咬边总长 $\leqslant 10\%$ 焊缝全长	$\leqslant 0.1\delta$,且 $\leqslant 1mm$ 长度不限
	未焊透	不允许	不允许	不加垫单面焊允许值 $\leqslant 0.15\delta$,且 $\leqslant 1.5mm$ 缺陷总长在 6δ 焊缝长度内不超过 δ	$\leqslant 0.2\delta$,且 $\leqslant 2.0mm$ 每 100mm 焊缝内缺陷总长 $\leqslant 25mm$
	根部收缩	不允许	$\leqslant 0.2+0.02\delta$,且 $\leqslant 0.5mm$	$\leqslant 0.2+0.02\delta$,且 $\leqslant 1mm$	$\leqslant 0.2+0.04\delta$,且 $\leqslant 2mm$
				长度不限	
	角焊缝厚度不足	不允许	不允许	$\leqslant 0.3+0.05\delta$,且 $\leqslant 1mm$ 每 100mm 焊缝长度内缺陷总长度 $\leqslant 25mm$	$\leqslant 0.3+0.05\delta$,且 $\leqslant 2mm$ 每 100mm 焊缝长度内缺陷总长度 $\leqslant 25mm$
	角焊缝焊脚不对称	差值 $\leqslant 1+0.1\alpha$	$\leqslant 2+0.15\alpha$	$\leqslant 2+0.15\alpha$	$\leqslant 2+0.2\alpha$
	余高	$\leqslant 1+0.10$,且最大为 3mm	$\leqslant 1+0.10$,且最大为 3mm	$\leqslant 1+0.2\beta$,且最大为 5mm	$\leqslant 1+0.2\beta$,且最大为 5mm

续表 9.3.2-2

检验项目	缺陷名称		质量分级			
			Ⅰ	Ⅱ	Ⅲ	Ⅳ
对接焊缝内部质量	射线照明检验	碳素钢和合金钢	GB 3323 的Ⅰ级	GB 3323 的Ⅱ级	GB 3323 的Ⅲ级	不要求
		铝及铝合金	附录E 的Ⅰ级	附录E 的Ⅱ级	附录E 的Ⅲ级	
		铜及铜合金	GB 3323 的Ⅰ级	GB 3323 的Ⅱ级	GB 3323 的Ⅲ级	
		工业纯钛	附录F的合格级			不要求
		镍及镍合金	GB3323 的Ⅰ级	GB3323 的Ⅱ级	GB3323 的Ⅲ级	不要求
	超声波检验		GB 11345 的Ⅰ级	GB11345 的Ⅱ级		不要求

注：1 当咬边经磨削修整并平滑过渡时，可按焊缝一侧较薄母材最小允许厚度值评定；
　　2 角焊缝焊脚不对称在特定条件下要求平缓过渡时，不受本规定限制（如搭接或不等厚板的对接和角接组合焊缝）；
　　3 除注明角焊缝缺陷外，其余均为对接、角接焊缝通用；
　　4 表中，α—设计焊缝厚度；β—焊缝宽度；δ—母材厚度。

表 9.3.2-3 钛及钛合金焊缝表面色泽检查

焊缝表面颜色	保护效果	质量
银白色（金属光泽）	优	合格
金黄色（金属光泽）	良	合格
紫色（金属光泽）外线（注）	低温氧化、焊缝表面有污染	合格
蓝色（金属光泽）	高温氧化、表面污染严重、性能下降	不合格
灰色（金属光泽）	保护不好、污染严重	不合格
暗灰色		
灰白色		
黄白色		

注：区别低温氧化和高温氧化的方法宜采用酸洗法，经酸洗能除去紫色、蓝色者为低温氧化，除不掉者为高温氧化。酸洗液配方为：2%～4%HF+30%～40%HNO_3+余量水（体积比），酸洗液温度不应高于60℃，酸洗时间宜为2～3min，酸洗后立即用清水冲洗干净并晾干。

9.3.3 螺纹连接的管道，螺纹应清洁、规整，断丝或缺丝不大于螺纹全扣数的10%；连接牢固；接口处根部外露螺纹为2～3扣，无外露填料；镀锌管道的镀锌层应注意保护，对局部的破损处，应做防腐处理。

检查数量：合格按总数抽查5%，优良抽查10%，均不得少于5处。

检查方法：尺量、观察检查。

9.3.4 法兰连接的管道，法兰面应与管道中心线垂直，并同心。法兰对接应平行，其偏差不应大于其外径的 1.5/1000，且不得大于 2mm；连接螺栓长度应一致、螺母在同侧、均匀拧紧。螺栓紧固后不应低于螺母平面。法兰的衬垫规格、品种与厚度应符合设计要求。

检查数量：合格按总数抽查5％，优良抽查10％，均不得少于5处。
检查方法：尺量、观察检查。

9.3.5 钢制管道的安装应符合下列规定：

1 管道和管件在安装前，应将其内、外壁的污物和锈蚀清除干净。当管道安装间断时，应及时封闭敞开的管口；

2 管道弯制弯管的弯曲半径，热弯不应小于管道外径的3.5倍、冷弯不应小于4倍；焊接弯管不应小于1.5倍；冲压弯管不应小于1倍。弯管的最大外径与最小外径的差不应大于管道外径的8/100，管壁减薄率不应大于15％；

3 冷凝水排水管坡度，应符合设计文件的规定。当设计无规定时，其坡度宜大于或等于8‰；软管连接的长度，不宜大于150mm；

4 冷热水管道与支、吊架之间，应有绝热衬垫（承压强度能满足管道重量的不燃、难燃硬质绝热材料或经防腐处理的木衬垫），其厚度不应小于绝热层厚度，宽度应大于支、吊架支承面的宽度。衬垫的表面应平整、衬垫接合面的空隙应填实；

5 管道安装的坐标、标高和纵、横向的弯曲度允许偏差和检验方法应符合表9.3.5的规定。在吊顶内等暗装管道的位置应正确，无明显偏差。

检查数量：合格按总数抽查10％，优良抽查20％，均不得少于5处。
检查方法：尺量、观察检查。

表9.3.5 管道安装的允许偏差和检验方法

项 目		允许偏差（mm）	检查方法
坐标	架空及地沟 室 外	25	按系统检查管道的起点、终点、分支点和变向点及各点之间的直管 用经纬仪、水准仪、液体连通器、水平仪、拉线和尺量检查
	架空及地沟 室 内	15	
	埋 地	60	
标高	架空及地沟 室 外	±20	
	架空及地沟 室 内	±15	
	埋 地	±25	
水平管道平直度	$DN \leqslant 100mm$	2L‰，最大40	用直尺、拉线和尺量检查
	$DN > 100mm$	3L‰，最大60	
立管垂直度		5L‰，最大25	用直尺、线锤、拉线和尺量检查
成排管段间距		15	用直尺尺量检查
成排管段或成排阀门在同一平面上		3	用直尺、拉线和尺量检查

注：L—管道的有效长度（mm）。

9.3.6 钢塑复合管道的安装，当系统工作压力不大于1.0MPa时，可采用涂（衬）塑焊接钢管螺纹连接，与管道配件的连接深度和扭矩应符合表9.3.6-1的规定；当系统工作压力为1.0～2.5MPa时，可采用涂（衬）塑无缝钢管法兰连接或沟槽式连接，管道配件均为无缝钢管涂（衬）塑管件。

沟槽式连接的管道，其沟槽与橡胶密封圈和卡箍套必须为配套合格产品；支、吊架的间距应符合表9.3.6-2的规定。

检查数量：合格按总数抽查 10%，优良抽查 20%，均不得少于 5 处。

检查方法：尺量、观察检查，查阅产品合格证明文件。

表 9.3.6-1 钢塑复合管螺纹连接深度及紧固扭矩

公称直径 (mm)		15	20	25	32	40	50	65	80	100
螺纹连接	深度 (mm)	11	13	15	17	18	20	23	27	33
	牙数	6.0	6.5	7.0	7.5	8.0	9.0	10.0	11.5	13.5
扭矩（N·m）		40	60	100	120	150	200	250	300	400

表 9.3.6-2 沟槽式连接管道的沟槽及支、吊架的间距

公称直径 (mm)	沟槽深度 (mm)	允许偏差 (mm)	支、吊架的间距 (m)	端面垂直度允许偏差 (mm)
65~100	2.20	0~+0.3	3.5	1.0
125~150	2.20	0~+0.3	4.2	
200	2.50	0~+0.3	4.2	1.5
225~250	2.50	0~+0.3	5.0	
300	3.0	0~+0.5	5.0	

注：1 连接管端面应平整光滑、无毛刺；沟槽过深，应作为废品，不得使用；
2 支、吊架不得支承在连接头上，水平管的任意两个连接之间必须有支、吊架。

9.3.7 风机盘管机组及其他空调设备与管道的连接，宜采用弹性接管或软管（金属或非金属软管），其耐压值应大于等于 1.5 倍的工作压力。软管的连接应牢固、不应有强扭和瘪管。

检查数量：合格按总数抽查 10%，优良抽查 20%，均不得少于 5 处。

检查方法：观察、查阅产品合格证明文件。

9.3.8 金属管道的支、吊架的形式、位置、间距、标高应符合设计或有关技术标准的要求。设计无规定时，应符合下列规定：

1 支、吊架的安装应平整牢固，与管道接触紧密。管道与设备连接处，应设独立支、吊架；

2 冷（热）媒水、冷却水系统管道机房内总、干管的支、吊架，应采用承重防晃管架；与设备连接的管道管架宜有减振措施。当水平支管的管架采用单杆吊架时，应在管道起始点、阀门、三通、弯头及长度每隔 15m 设置承重防晃支、吊架；

3 无热位移的管道吊架，其吊杆应垂直安装；有热位移的，其吊杆应向热膨胀（或冷收缩）的反方向偏移安装，偏移量按计算确定；

4 滑动支架的滑动面应清洁、平整，其安装位置应从支承面中心向位移反方向偏移 1/2 位移值或符合设计文件规定；

5 竖井内的立管，每隔 2~3 层应设导向支架。在建筑结构负重允许的情况下，水平安装管道支、吊架的间距应符合表 9.3.8 的规定；

表 9.3.8 钢管道支、吊架的最大间距

公称直径 (mm)		15	20	25	32	40	50	70	80	100	125	150	200	250	300
支架的最大间距 (m)	L1	1.5	2.0	2.5	2.5	3.0	3.5	4.0	5.0	5.0	5.5	6.5	7.5	8.5	9.5
	L2	2.5	3.0	3.5	4.0	4.5	5.0	6.0	6.5	6.5	7.5	7.5	9.0	9.5	10.5
		对大于300mm管道可参考300mm管道													

注：1 适用于工作压力不大于 2.0MPa，不保温或保温材料密度不大于 200kg/m³ 的管道系统；
2 L1 用于保温管道，L2 用于不保温管道。

6 管道支、吊架的焊接应由合格持证焊工施焊，并不得有漏焊、欠焊或焊接裂纹等缺陷。支架与管道焊接时，管道侧的咬边量，应小于 0.1 管壁厚。

检查数量：合格按总数抽查 10%，优良抽查 20%，均不得少于 5 个。

检查方法：尺量、观察检查。

9.3.9 采用建筑用硬聚氯乙烯（PVC-U）、聚丙烯（PP-R）与交联聚乙烯（PEX）等管道时，管道与金属支、吊架之间应有隔绝措施，不可直接接触。当为热水管道时，还应加宽其接触的面积。支、吊架的间距应符合设计和产品技术要求的规定。

检查数量：合格按总数抽查 5%，优良抽查 10%，均不得少于 5 个。

检查方法：观察检查。

9.3.10 阀门、集气罐、自动排气装置、除污器（水过滤器）等管道部件的安装应符合设计要求，并应符合下列规定：

1 阀门安装的位置、进出口方向应正确，并便于操作；连接应牢固紧密，启闭灵活；成排阀门的排列应整齐美观，在同一平面上的允许偏差为 3mm；

2 电动、气动等自控阀门在安装前应进行单体的调试，包括开启、关闭等动作试验；

3 冷冻水和冷却水的除污器（水过滤器）应安装在进机组前的管道上，方向正确且便于清污；与管道连接牢固、严密，其安装位置应便于滤网的拆装和清洗。过滤器滤网的材质、规格和包扎方法应符合设计要求；

4 闭式系统管路应在系统最高处及所有可能积聚空气的高点设置排气阀，在管路最低点应设置排水管及排水阀。

检查数量：合格按规格、型号抽查 10%，优良抽查 20%，均不得少于 2 个。

检查方法：对照设计文件尺量、观察和操作检查。

9.3.11 冷却塔安装应符合下列规定：

1 基础标高应符合设计规定，允许误差为 ±16mm。冷却塔地脚螺栓与预埋件的连接或固定应牢固，各连接部件应采用热镀锌或不锈钢螺栓，其紧固力应一致、均匀；

2 冷却塔安装应水平，单台冷却塔安装水平度和垂直度允许偏差均为 2/1000。同一冷却水系统的多台冷却塔安装时，各台冷却塔的水面高度应一致，高差不应大于 24mm；

3 冷却塔的出水口及喷嘴的方向和位置应正确，积水盘应严密无渗漏；分水器布水均匀。带转动布水器的冷却塔，其转动部分应灵活，喷水出口按设计或产品要求，方向应一致；

4 冷却塔风机叶片端部与塔体四周的径向间隙应均匀。对于可调整角度的叶片，角度应一致。

检查数量：全数检查。

检查方法：尺量、观察检查，积水盘做充水试验或查阅试验记录。

9.3.12 水泵及附属设备的安装应符合下列规定：

1 水泵的平面位置和标高允许偏差为±8mm，安装的地脚螺栓应垂直、拧紧，且与设备底座接触紧密；

2 垫铁组放置位置正确、平稳，接触紧密，每组不超过3块；

3 整体安装的泵，纵向水平偏差不应大于0.1/1000，横向水平偏差不应大于0.2/1000；解体安装的泵纵、横向安装水平偏差均不应大于0.05/1000；

水泵与电机采用联轴器连接时，联轴器两轴芯的允许偏差，轴向倾斜不应大于0.2/1000，径向位移不应大于0.05mm；

小型整体安装的管道水泵不应有明显偏斜；

4 减震器与水泵及水泵基础连接牢固、平稳、接触紧密。

检查数量：全数检查。

检查方法：扳手试拧、观察检查，用水平仪和塞尺测量或查阅设备安装记录。

9.3.13 水箱、集水器、分水器、储冷罐等设备的安装，支架或底座的尺寸、位置符合设计要求。设备与支架或底座接触紧密，安装平整、牢固。平面位置允许偏差为12mm，标高允许偏差为±4mm，垂直度允许偏差为1/1000。

膨胀水箱安装的位置及接管的连接，应符合设计文件的要求。

检查数量：全数检查。

检查方法：尺量、观察检查，旁站或查阅试验记录。

10 防腐与绝热

10.1 一般规定

10.1.1 风管与部件及空调设备绝热工程施工应在风管系统严密性检验合格后进行。

10.1.2 空调工程的制冷系统管道，包括制冷剂和空调水系统绝热工程的施工，应在管路系统强度与严密性检验合格和防腐处理结束后进行。

10.1.3 普通薄钢板在制作风管前，宜预涂防锈漆一遍。

10.1.4 支、吊架的防腐处理应与风管或管道相一致，其明装部分必须涂面漆。

10.1.5 油漆施工时，应采取防火、防冻、防雨等措施，并不应在低温或潮湿环境下作业。明装部分的最后一遍色漆，宜在安装完毕后进行。

10.2 主控项目

10.2.1 风管和管道的绝热，应采用不燃或难燃材料，其材质、密度、规格与厚度应符合设计要求。如采用难燃材料时，应对其难燃性进行检查，合格后方可使用。

检查数量：合格按批随机抽查 1 件，优良按批随机抽查 2 件。

检查方法：观察检查、检查材料合格证，并做点燃试验。

10.2.2 防腐涂料和油漆，必须是在有效保质期限内的合格产品。

检查数量：按批检查。

检查方法：观察、检查材料合格证。

10.2.3 在下列场合必须使用不燃绝热材料：

1 电加热器前后 800mm 的风管和绝热层；

2 穿越防火隔墙两侧 2m 范围内风管、管道和绝热层。

检查数量：全数检查。

检查方法：观察、检查材料合格证与做点燃试验。

10.2.4 输送介质温度低于周围空气露点温度的管道，当采用非闭孔性绝热材料时，隔汽层（防潮层）必须完整，且封闭良好。

检查数量：合格按数量抽查 10%，优良按总数抽查 20%，均不得少于 5 段。

检查方法：观察检查。

10.2.5 位于洁净室内的风管及管道的绝热，不应采用易产尘的材料（如玻璃纤维、短纤维矿棉等）。

检查数量：全数检查。

检查方法：观察检查。

10.3 一 般 项 目

10.3.1 喷、涂油漆的漆膜，应均匀、无堆积、皱纹、气泡、掺杂、混色与漏涂等缺陷。

检查数量：合格按面积抽查 10%，优良按面积抽查 20%。

检查方法：观察检查。

10.3.2 各类空调设备、部件的油漆喷、涂，不得遮盖铭牌标志和影响部件的功能使用。

检查数量：合格按数量抽查 10%，优良按数量抽查 20%，均不得少于 2 个。

检查方法：观察检查。

10.3.3 风管系统部件的绝热，不得影响其操作功能。

检查数量：合格按数量抽查 10%，优良按数量抽查 20%，均不得少于 2 个。

检查方法：观察检查。

10.3.4 绝热材料层应密实，无裂缝、空隙等缺陷。表面应平整，当采用卷材或板材时，允许偏差为 4mm；采用涂抹或其他方式时，允许偏差为 8mm。防潮层（包括绝热层的端部）应完整，且封闭良好；其搭接缝应顺水。

检查数量：合格按管道轴线长度抽查 10%，部件、阀门抽查 10%；优良按管道轴线长度抽查 20%，部件、阀门抽查 20%，均不得少于 2 个。

检查方法：观察检查，用钢丝刺入保温层、尺量。

10.3.5 风管绝热层采用粘结方法固定时，施工应符合下列规定：

1 胶粘剂的性能应符合使用温度和环境卫生的要求，并与绝热材料相匹配；

2 粘结材料宜均匀地涂在风管、部件或设备的外表面上，绝热材料与风管、部件及设备表面应紧密结合，无空隙；

　　3　绝热层纵、横向的接缝，应错开；

　　4　绝热层粘贴后，如进行包扎或捆扎，包扎的搭接处应均匀、贴紧；捆扎的应松紧适度，不得损坏绝热层。

　　检查数量：合格按数量抽查10%，优良按数量抽查20%。

　　检查方法：观察检查和检查材料合格证。

10.3.6　风管绝热层采用保温钉连接固定时，应符合下列规定：

　　1　保温钉与风管、部件及设备表面的连接，可采用粘结或焊接，结合应牢固，不得脱落；焊接后应保持风管的平整，并不应影响镀锌钢板的防腐性能；

　　2　矩形风管或设备保温钉的分布应均匀，其数量底面每平方米不应少于16个，侧面不应少于10个，顶面不应少于8个。首行保温钉至风管或保温材料边沿的距离应小于120mm；

　　3　风管法兰部位的绝热层的厚度，不应低于风管绝热层的0.8倍；

　　4　带有防潮隔汽层绝热材料的拼缝处，应用胶粘带封严。胶粘带的宽度不应小于50mm。胶粘带应牢固的粘贴在防潮面层上，不得有胀裂和脱落。

　　检查数量：合格按数量抽查10%，优良按数量抽查20%，均不得少于5处。

　　检查方法：观察检查。

10.3.7　绝热涂料作绝热层时，应分层涂抹，厚度均匀，不得有气泡和漏涂等缺陷，表面固化层应光滑，牢固无缝隙。

　　检查数量：合格按数量抽查10%，优良按数量抽查20%。

　　检查方法：观察检查。

10.3.8　当采用玻璃纤维布作绝热保护层时，搭接的宽度应均匀，宜为30～50mm，且松紧适度。

　　检查数量：合格按数量抽查10%，优良按数量抽查20%，均不得少于10m²。

　　检查方法：尺量、观察检查。

10.3.9　管道阀门、过滤器及法兰部位的绝热结构应能单独拆卸。

　　检查数量：合格按数量抽查10%，优良按数量抽查20%，均不得少于5个。

　　检查方法：观察检查。

10.3.10　管道绝热层的施工，应符合下列规定：

　　1　绝热产品的材质和规格，应符合设计要求，管壳的粘贴应牢固、铺设应平整；绑扎应紧密，无滑动、松弛与断裂现象；

　　2　硬质或半硬质绝热管壳的拼接缝隙，保温时不应大于5mm、保冷时不应大于2mm，并用粘结材料勾缝填满；纵缝应错开，外层的水平接缝应设在侧下方。当绝热层的厚度大于100mm时，应分层铺设，层间应压缝；

　　3　硬质或半硬质绝热管壳应用金属丝或难腐织带捆扎，其间距为300～350mm，且每节至少捆扎2道；

　　4　松散或软质绝热材料应按规定的密度压缩其体积，疏密应均匀。毡类材料在管道上包扎时，搭接处不应有空隙。

　　检查数量：合格按数量抽查10%，优良按数量抽查20%，均不得少于10段。

检查方法：尺量、观察检查及查阅施工记录。

10.3.11 管道防潮层的施工应符合下列规定：

1 防潮层应紧密粘贴在绝热层上，封闭良好，不得有虚粘、气泡、褶皱、裂缝等缺陷；

2 立管的防潮层，应由管道的低端向高端敷设，环向搭接的缝口应朝向低端；纵向的搭接缝应位于管道的侧面，并顺水；

3 卷材防潮层采用螺旋形缠绕的方式施工时，卷材的搭接宽度宜为30～50mm。

检查数量：合格按数量抽查10%，优良按数量抽查20%，均不得少于10m。

检查方法：尺量、观察检查。

10.3.12 金属保护壳的施工，应符合下列规定：

1 应紧贴绝热层，不得有脱壳、褶皱、强行接口等现象。接口的搭接应顺水，并有凸筋加强，搭接尺寸为20～25mm。采用自攻螺丝固定时，螺钉间距应匀称，并不得刺破防潮层。

2 户外金属保护壳的纵、横向接缝，应顺水；其纵向接缝应位于管道的侧面。金属保护壳与外墙面或屋顶的交接处应加设泛水。

检查数量：合格按数量抽查10%，优良按数量抽查20%。

检查方法：观察检查。

10.3.13 冷热源机房内制冷系统管道的外表面，应做色标。

检查数量：合格按数量抽查10%，优良按数量抽查20%。

检查方法：观察检查。

11 系 统 调 试

11.1 一 般 规 定

11.1.1 系统调试所使用的测试仪器和仪表，性能应稳定可靠，其精度等级及最小分度值应能满足测定的要求，并应符合国家有关计量法规及检定规程的规定。

11.1.2 通风与空调工程的系统调试，应由施工单位负责、监理单位监督、设计单位与建设单位参与配合。系统调试的实施可以是施工企业本身或委托给具有调试能力的其他单位。

11.1.3 系统调试前，承包单位应编制调试方案，报送专业监理工程师审核；调试结束后，必须提供完整的调试资料和报告。

11.1.4 通风与空调工程系统无生产负荷的联合试运转及调试，应在制冷设备和通风与空调设备单机试运转合格后进行。空调系统带冷（热）源的正常联合试运转不应少于8h，当竣工季节与设计条件相差较大时，仅做不带冷（热）源试运转。通风、除尘系统的连续试运转不应少于2h。

11.1.5 净化空调系统运行前在回风、新风的吸入口处和粗、中效过滤器前设置临时过滤器（如无纺布等），实行对系统的保护。净化空调系统的检测和调整，应在系统进行全面清扫，且已运行24h及以上达到稳定后进行。

洁净室洁净度的检测，应在空态或静态下进行或按合约规定。室内洁净度检测时，人员不宜多于3人，均必须穿与洁净度等级相适应的洁净工作服。

11.2 主 控 项 目

11.2.1 通风与空调工程安装完毕，必须进行系统的测定和调整（简称调试）。系统调试应包括下列项目：

1 设备单机试运转及调试；
2 系统无生产负荷下的联合试运转及调试。

检查数量：合格和优良均全数检查。

检查方法：观察、旁站、查阅调试记录。

11.2.2 设备单机试运转及调试应符合下列规定：

1 通风机、空调机组中的风机叶轮旋转方向正确、运转平稳、无异常振动与声响，其电机运行功率应符合设备技术文件的规定。在额定转速下连续运转2h后，滑动轴承外壳最高温度不得超过70℃；滚动轴承不得超过80℃；

2 水泵叶轮旋转方向正确，无异常振动和声响，紧固连接部位无松动，其电机运行功率值符合设备技术文件的规定。水泵连续运转2h后，滑动轴承外壳最高温度不得超过70℃；滚动轴承不得超过75℃；

3 冷却塔本体应稳固、无异常振动，其噪声应符合设备技术文件的规定。风机试运转按本条第1款的规定；

4 制冷机组、单元式空调机组的试运转，应符合设备技术文件和现行国家标准《制冷设备、空气分离设备安装工程施工及验收规范》GB 50274的有关规定，正常运转不应少于8h；

5 电控防火、防排烟风阀（口）的手动、电动操作应灵活、可靠，信号输出正确。

检查数量：合格第1款风机数量抽查20%，第2、3、4款全数检查，第5款按系统中风阀的数量抽查40%；优良第1款风机数量抽查40%，第2、3、4款全数检查，第5款按系统中风阀的数量抽查80%，均不得少于5件。

检查方法：观察、旁站、用声级计测定、查阅试运转记录与有关文件。

11.2.3 系统无生产负荷的联合试运转及调试应符合下列规定：

1 系统总风量调试结果与设计风量的偏差不应大于10%；
2 空调冷热水、冷却水总流量测试结果与设计流量的偏差不大于10%；
3 舒适空调的温度、相对湿度应符合设计的要求。恒温、恒湿房间室内空气温度、相对湿度及波动范围应符合设计规定。

检查数量：全数。

检查方法：观察、旁站、查阅调试记录。

11.2.4 防排烟系统联合试运行与调试的结果（风量及正压），必须符合设计与消防的规定。

　　检查数量：合格按总数抽查 20%，优良按总数抽查 20%，均不得少于 2 个楼层。
　　检查方法：观察、旁站、查阅调试记录。

11.2.5 净化空调系统还应符合下列规定：
　　1 单向流洁净室系统的系统总风量调试结果与设计风量的允许偏差为 0～20%，室内各风口风量与设计风量的允许偏差为 15%。
　　新风量与设计新风量的允许偏差为 10%；
　　2 单向流洁净室系统的室内截面平均风速的允许偏差为 0～20%，且截面风速不均匀度不大于 0.25。
　　新风量和设计新风量的允许偏差为 10%；
　　3 相邻不同级别洁净室之间和洁净室与非洁净室之间的静压差不应小于 5Pa，洁净室与室外的静压差不应小于 10Pa；
　　4 室内空气洁净度等级必须符合设计规定的等级或在商定验收状态下的等级要求。高于等于 5 级的单向流洁净室，在门开启的状态下，测定距离门 0.6m 室内侧工作高度处空气的含尘浓度，亦不应超过室内洁净度等级的上限规定。

　　检查数量：调试记录全数检查，测点抽查 5%，且不得少于 1 点。
　　检查方法：检查、验证调试记录，按本规范附录 B 进行测试校核。

11.3　一　般　项　目

11.3.1 设备单机试运转及调试应符合下列规定：
　　1 水泵运行时不应有异常振动和声响、壳体密封处不得渗漏、紧固连接部位不应松动、轴封的温升应正常；在无特殊要求的情况下，普通填料泄漏量不应大于 60mL/h，机械密封的不应大于 5mL/h；
　　2 风机、空调机组、风冷热泵等设备运行时，产生的噪声不宜超过产品性能说明书的规定值；
　　3 风机盘管机组的三速、温控开关的动作应正确，并与机组运行状态一一对应。

　　检查数量：第 1、2 款抽查 40%，且不得少于 1 台，第 3 款抽查 20%，且不得少于 5 台。
　　检查方法：观察、旁站、查阅试运转记录。

11.3.2 通风工程系统无生产负荷联动试运转及调试应符合下列规定：
　　1 系统联动试运转中，设备及主要部件的联动必须符合设计要求，动作协调、正确，无异常现象；
　　2 系统经过平衡调整，各风口或吸风罩的风量与设计风量的允许偏差不应大于 15%；
　　3 湿式除尘器的供水与排水系统运行应正常。

11.3.3 空调工程系统无生产负荷联动试运转及调试还应符合下列规定：
　　1 空调工程水系统应冲洗干净、不含杂物，并排除管道系统中的空气；系统连续运行应达到正常、平稳；水泵的压力和水泵电机的电流不应出现大幅波动。系统平衡调整后，各空调机组的水流量应符合设计要求，允许偏差为20%；

  2 各种自动计量检测元件和执行机构的工作应正常，满足建筑设备自动化（BA、FA等）系统对被测定参数进行检测和控制的要求；

  3 多台冷却塔并联运行时，各冷却塔的进、出量应达到均衡一致；

  4 空调室内噪声应符合设计规定要求；

  5 有压差要求的房间、厅堂与其他相邻房间之间的压差，舒适性空调正压为0～25Pa；工艺性的空调应符合设计的规定；

  6 有环境噪声要求的场所，制冷、空调机组应按现行国家标准《采暖通风与空气调节设备噪声声功率级的测定——工程法》GB 9068的规定进行测定。洁净室内的噪声应符合设计的规定。

  检查数量：合格和优良均全数检查。

  检查方法：观察、用仪表测量检查及查阅调试记录。

11.3.4 通风与空调工程的控制和监测设备，应能与系统的检测元件和执行机构正常沟通，系统的状态参数应能正确显示，设备连锁、自动调节、自动保护应能正确动作。

  检查数量：合格按系统或监测系统总数抽查30%，优良按系统或监测系统总数抽查60%，均不得少于1个系统。

  检查方法：旁站观察，查阅调试记录。

12 竣 工 验 收

12.0.1 通风与空调工程的竣工验收，是在工程施工质量得到有效监控的前提下，施工单位通过整个分部工程的无生产负荷系统的联合试运转与调试和观感质量的检查，按本规范要求将质量合格的分部工程移交建设单位的验收过程。

12.0.2 通风与空调工程的竣工验收，应由建设单位负责，组织施工、设计、监理等单位共同进行，合格后即应办理竣工验收手续。

12.0.3 通风与空调工程竣工验收时，应检查竣工验收的资料，一般包括下列文件及记录：

  1 图纸会审记录、设计变更通知书和竣工图；

  2 主要材料、设备、成品、半成品和仪表的出厂合格证明及进场检（试）验报告；

  3 隐蔽工程检查验收记录；

  4 工程设备、风管系统、管道系统安装及检验记录；

  5 管道试验记录；

  6 设备单机试运转记录；

  7 系统无生产负荷联合试运转与调试记录；

  8 分部（子分部）工程质量验收记录；

  9 观感质量综合检查记录；

  10 安全和功能检验资料的核查记录。

12.0.4 观感质量检查应包括以下项目：
 1 风管表面平整、无损坏；接管合理，风管的连接以及风管与设备或调节装置的连接，无明显缺陷；
 2 风口表面应平整，颜色一致，安装位置正确，风口可调节部件应能正常动作；
 3 各类调节装置的制作和安装应正确牢固，调节灵活，操作方便。防火及排烟阀等关闭严密，动作可靠；
 4 制冷及水管系统的管道、阀门及仪表安装位置正确，系统无渗漏；
 5 风管、部件及管道的支、吊架形式、位置及间距应符合本规范要求；
 6 风管、管道的软性接管位置应符合设计要求，接管正确、牢固，自然无强扭；
 7 通风机、制冷机、水泵、风机盘管机组的安装应正确牢固；
 8 组合式空气调节机组外表面平整光滑、接缝严密、组装顺序正确，喷水室外表面无渗漏；
 9 除尘器、积尘室安装应牢固、接口严密；
 10 消声器安装方向正确，外表面应平整无损坏；
 11 风管、部件、管道及支架的油漆应附着牢固，漆膜厚度均匀，油漆颜色与标志符合设计要求；
 12 绝缘层的材质、厚度应符合设计要求；表面平整、无断裂和脱落；室外防潮层或保护壳应顺水搭接、无渗漏。
 检查数量：合格和优良均全数检查。
 检查方法：尺量、观察检查。

12.0.5 净化空调系统的观感质量检查还应包括下列项目：
 1 空调机组、风机、净化空调机组、风机过滤器单元和空气吹淋室等的安装位置应正确、固定牢固、连接严密，其偏差应符合本规范的有关条文规定；
 2 高效过滤器与风管、风管与设备的连接处应有可靠密封；
 3 净化空调机组、静压箱、风管及送回风口清洁无积尘；
 4 装配式洁净室的内墙面、吊顶和地面应光滑、平整、色泽均匀、不起灰尘，地板静电值应低于设计规定；
 5 送回风口、各类末端装置以及各类管道等与洁净室内表面的连接处密封应可靠、严密。
 检查数量：合格和优良均全数检查。
 检查方法：尺量、观察检查。

13 综合效能的测定与调整

13.0.1 通风与空调工程交工前，应进行系统生产的综合效能试验的测定与调整。
13.0.2 通风与空调工程带生产负荷的综合效能试验与调整，应在已具备生产试运行的条件下进行，由建设单位负责，设计、施工单位配合。

13.0.3 通风、空调系统带生产负荷的综合效能试验测定与调整的项目，应由建设单位根据工程性质、工艺和设计的要求进行确定。

13.0.4 通风、除尘系统综合效能试验可包括下列项目：
1 室内空气中含尘浓度或有害气体浓度与排放浓度的测定；
2 吸气罩罩口气流特性的测定；
3 除尘器阻力和除尘效率的测定；
4 空气油烟、酸雾过滤装置净化效率的测定。

13.0.5 空调系统综合效能试验可包括下列项目：
1 送、回风口空气状态参数的测定和调整；
2 空气调节机组性能参数的测定和调整；
3 室内噪声的测定；
4 室内空气温度和相对湿度的测定和调整；
5 对气流有特殊要求的空调区域做气流速度的测定。

13.0.6 恒温恒湿空调系统除应包括空调系统综合效能试验项目外，尚可增加下列项目：
1 室内静压的测定和调整；
2 空调机组各功能段性能的测定和调整；
3 室内温度、相对湿度场的测定和调整；
4 室内气流组织的测定。

13.0.7 净化空调系统除应包括恒温恒湿空调系统综合性能试验项目外，尚可增加下列项目：
1 生产负荷状态下室内空气洁净度等级的测定；
2 室内浮游菌和沉降菌的测定；
3 室内自净时间的测定；
4 空气洁净度高于 5 级的洁净室，除应进行净化空调系统综合效能试验项目外，尚应增加设备泄漏控制、防止污染扩散等特定项目的测定；
5 洁净度等级高于等于 5 级的洁净室，可进行单向气流流线平行度的检测，在工作区内气流流向偏离规定方向的角度不大于 15°。

13.0.8 防排烟系统综合效能试验测定项目，为模拟状态下安全区正压变化测定及烟雾扩散试验等。

13.0.9 净化空调系统的综合效能检测单位和检测状态，宜由建设、设计和施工单位三方协商确定。

附录 A 漏光法检测与漏风量测试

A.1 漏光法检测

A.1.1 漏光法检测是利用光线对小孔的强穿透力，对系统风管严密程度进行检测的方法。

A.1.2 检测应采用具有一定强度的安全光源。手持移动光源可采用不低于100W带保护罩的低压照明灯，或其他低压光源。

A.1.3 系统风管漏光检测时，光源可置于风管内侧或外侧，但其相对侧应为暗黑环境。检测光源应沿着被检测接口部位与接缝作缓慢移动，在另一侧进行观察，当发现有光线射出，则说明查到明显漏风处，并应做好记录。

A.1.4 对系统风管检测，宜采用分段检测、汇总分析的方法。在严格安装质量管理的基础上，系统风管的检测以总管和干管为主。当采用漏光法检测系统的严密性时，低压系统风管以每10m接缝，漏光点不大于2处，且100m接缝平均不大于16处为合格；中压系统风管以每10m接缝，漏光点不大于1处，且100m接缝平均不大于8处为合格。

A.1.5 漏光检测中对发现的条缝形漏光，应作密封处理。

A.2 测 试 装 置

A.2.1 漏风量测试应采用经检验合格的专用测量仪器，或采用符合现行国家标准《流量测量节流装置》规定的计量元件搭设的测量装置。

A.2.2 漏风量测试装置可采用风管式或风室式。风管式测试装置采用孔板做计量元件；风室式测试装置采用喷嘴做计量元件。

A.2.3 漏风量测试装置的风机，其风压和风量应选择分别大于被测定系统或设备的规定试验压力及最大允许漏风量的1.2倍。

A.2.4 漏风量测试装置试验压力的调节，可采用调整风机转速的方法，也可采用控制节流装置开度的方法。漏风量值必须在系统经调整后，保持稳压的条件下测得。

A.2.5 漏风量测试装置的压差测定应采用微压计，其最小读数分格不应大于2.0Pa。

A.2.6 风管式漏风量测试装置：

1 风管式漏风量测试装置由风机、连接风管、测压仪器、整流栅、节流器和标准孔板等组成（图A.2.6-1）。

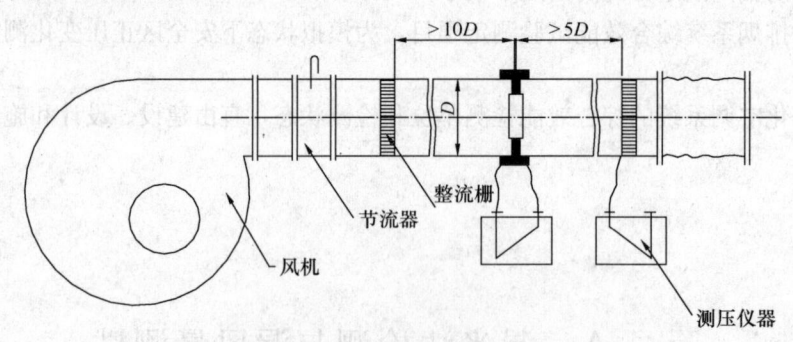

图A.2.6-1 正压风管式漏风量测试装置

2 本装置采用角接取压的标准孔板。孔板 β 值范围为 0.22~0.7（$\beta=d/D$）；孔板至前、后整流栅及整流栅外直管段距离，应分别符合大于10倍和5倍圆管直径 D 的规定。

3 本装置的连接风管均为光滑圆管。孔板至上游 $2D$ 范围内其圆度允许偏差为

0.3%；下游为2%。

4 孔板与风管连接，其前端与管道轴线垂直度允许偏差为1°；孔板与风管同心度允许偏差为0.015D。

5 在第一整流栅后，所有连接部分应该严密不漏。

6 用下列公式计算漏风量：

$$Q = 3600\varepsilon \cdot \alpha \cdot A_n \sqrt{\frac{2}{\rho} \Delta P} \quad (A.2.6)$$

式中 Q——漏风量（m^3/h）；
ε——空气流束膨胀系数；
α——孔板的流量系数；
A_n——孔板开口面积（m^2）；
ρ——空气密度（kg/m^3）；
ΔP——孔板压差（Pa）。

7 孔板的流量系数与β值的关系根据图A.2.6-2确定，其适用范围应满足下列条件，在此范围内，不计管道粗糙度对流量系统影响。

$$10^5 < Re < 2.0 \times 10^6$$
$$0.05 < \beta^2 \leqslant 0.49$$
$$50mm < D \leqslant 1000mm$$

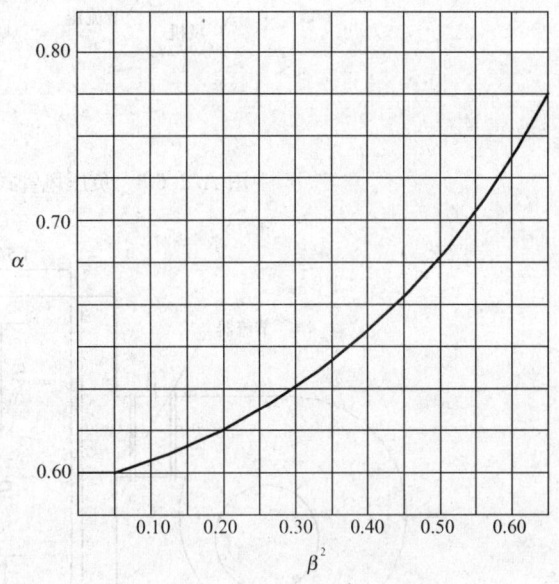

图A.2.6-2 孔板流量系数图

雷诺数小于10^5时，则应按现行国家标准《流量测量节流装置》求得流量系数α。

8 孔板的空气流束膨胀系数ε值可根据表A.2.6查得。

表A.2.6 采用角接取压标准孔板流束膨胀系数ε值（$K=1.4$）

P2/P1	1.0	0.98	0.96	0.94	0.92	0.90	0.85	0.80	0.75
0.08	1.0000	0.9930	0.9866	0.9803	0.9742	0.9681	0.9531	0.9381	0.9232
0.1	1.0000	0.9924	0.9854	0.9787	0.9720	0.9654	0.9491	0.9328	0.9166
0.2	1.0000	0.9918	0.9843	0.9770	0.9698	0.9627	0.9450	0.9275	0.9100
0.3	1.0000	0.9912	0.9831	0.9753	0.9676	0.9599	0.9410	0.9222	0.9034

注：1 本表允许内插，不允许外延；
2 P2/P1为孔板后与孔板前的全压值之比。

9 当测试系统或设备负压条件下的漏风量时，装置连接应符合图A.2.6-3的规定。

A.2.7 风室式漏风量测试装置：

1 风室式漏风量测试装置由风机、连接风管、测压仪器、均流板、节流器、风室、隔板和喷嘴等组成，如图A.2.7-1所示。

2 测试装置采用标准长颈喷嘴（图A.2.7-2）。喷嘴必须按图A.2.7-1的要求安装在

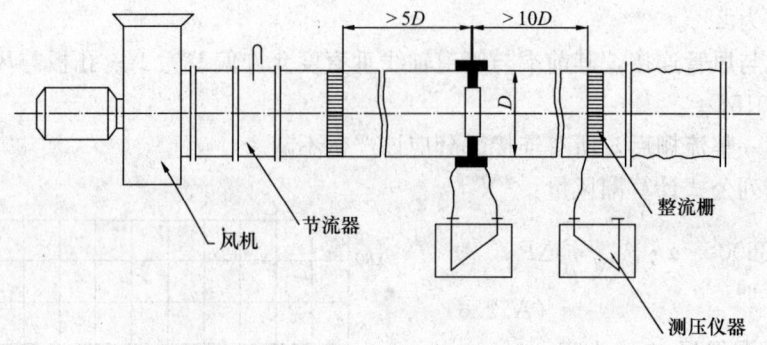

图 A.2.6-3 负压风管式漏风量测试装置

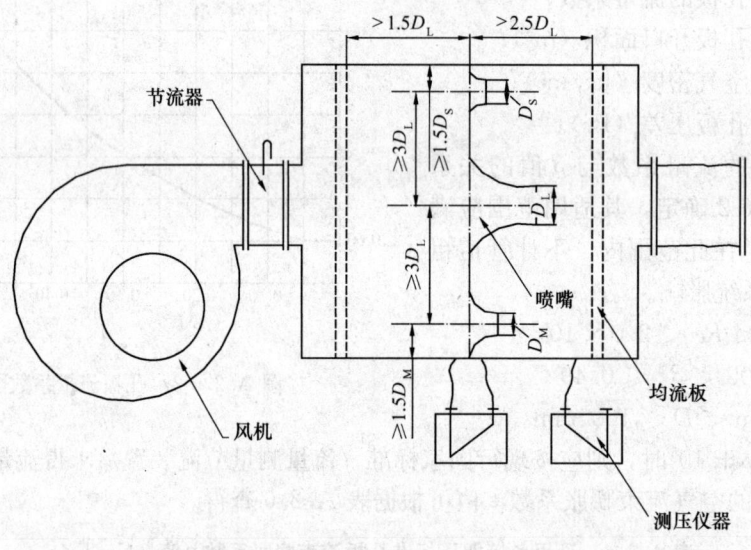

图 A.2.7-1 正压风室式漏风量测试装置
D_S—小号喷嘴直径；D_M—中号喷嘴直径；D_L—大号喷嘴直径

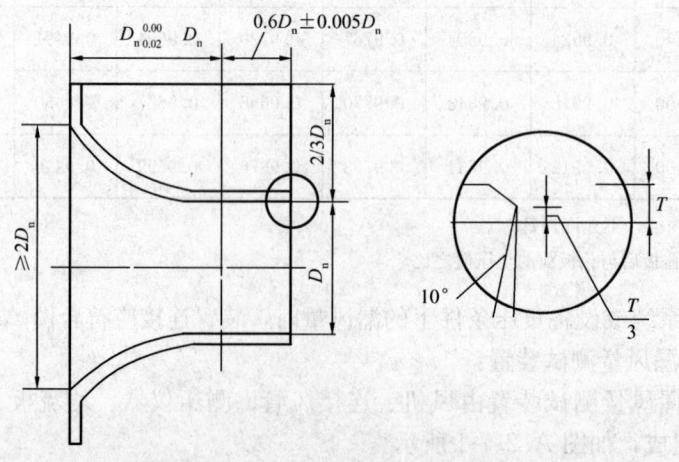

图 A.2.7-2 标准长颈喷嘴

隔板上，数量可为单个或多个。两个喷嘴之间的中心距离不得小于较大喷嘴喉部直径的3倍；任一喷嘴中心到风室最近侧壁的距离不得小于其喷嘴喉部直径的1.5倍。

3 风室的断面面积不应小于被测定风量按断面平均速度小于0.75m/s时的断面积。风室内均流板（多孔板）安装位置应符合图A.2.7-1的规定。

4 风室中喷嘴两端的静压取压接口，应为多个且均布于四壁。静压取压接口至喷嘴隔板的距离不得大于最小喷嘴喉部直径的1.5倍。然后，并联成静压环，再与测压仪器相接。

5 采用本装置测定漏风量时，通过喷嘴喉部的流速应控制在15～35m/s。

6 本装置要求风室中喷嘴隔板后的所有连接部分应严密不漏。

7 用下列公式计算单个喷嘴风量：

$$Q_n = 3600C_d \cdot A_d \sqrt{\frac{2}{\rho} \Delta P} \tag{A2.7-1}$$

多个喷嘴风量：

$$Q = \sum Q_n \tag{A2.7-2}$$

式中 Q_n——单个喷嘴漏风量（m³/h）；
　　C_d——喷嘴的流量系数（直径127mm以上取0.99，小于127mm可按表A.2.7或图A.2.7-3查取）；
　　A_d——喷嘴的喉部面积（m²）；
　　ΔP——喷嘴前后的静压差（Pa）。

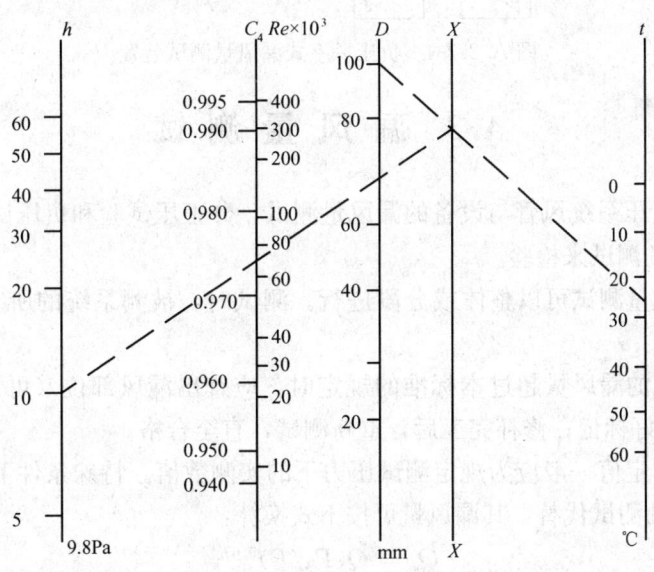

图A.2.7-3 喷嘴流量系数推算图

注：先用直径与温度标尺在指数标尺（X）上求点，再将指数与压力标尺点相连，可求取流量系数值。

表 A.2.7 喷嘴流量系数表

Re	流量系数 C_d	Re	流量系数 C_d	Re	流量系数 C_d	Re	流量系数 C_d
12000	0.950	40000	0.973	80000	0.983	20000	0.991
16000	0.956	50000	0.977	90000	0.984	250000	0.993
20000	0.961	60000	0.979	100000	0.985	300000	0.994
30000	0.969	70000	0.981	150000	0.989	350000	0.994

注：不计温度系数。

8 当测试系统或设备负压条件下的漏风量时，装置连接应符合图 A.2.7-4 的规定。

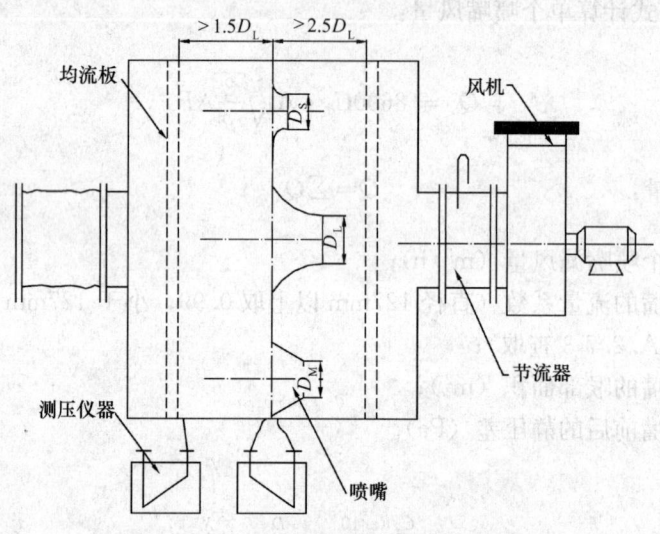

图 A.2.7-4 负压风室式漏风量测试装置

A.3 漏风量测试

A.3.1 正压或负压系统风管与设备的漏风量测试，分正压试验和负压试验两类。一般可采用正压条件下的测试来检验。

A.3.2 系统漏风量测试可以整体或分段进行。测试时，被测系统的所有开口均应封闭，不应漏风。

A.3.3 被测系统的漏风量超过本标准的规定时，应查出漏风部位（可用听、摸、观察、水或烟检漏），做好标记；修补完工后，重新测试，直至合格。

A.3.4 漏风量测定值一般应为规定测试压力下的实测数值。特殊条件下，也可用相近或大于规定压力下的测试代替，其漏风量可按下式换算：

$$Q_0 = Q(P_0/P)^{0.65} \tag{A.3.4}$$

式中 P_0——规定试验压力，500Pa；

Q_0——规定试验压力下的漏风量[$m^3/(h \cdot m^2)$]；

P——风管工作压力(Pa)；

Q——工作压力下的漏风量[$m^3/(h \cdot m^2)$]。

附录 B 洁净室测试方法

B.1 风量或风速的检测

B.1.1 对于单向流洁净室，采用室截面平均风速和截面积乘积的方法确定送风量。离高效过滤器 0.3m，垂直于气流的截面作为采样测试截面，截面上测点间距不宜大于 0.6m，测点数不应少于 5 个，以所有测点风速读数的算术平均值作为平均风速。

B.1.2 对于非单向流洁净室，采用风口法或风管法确定送风量，做法如下：

1 风口法是在安装有高效过滤器的风口处，根据风口形状连接辅助风管进行测量。即用镀锌钢板或其他不产尘材料做成与风口形状及内截面相同，长度等于 2 倍风口长边长的直管段，连接于风口外部。在辅助风管出口平面上，按最少测点数不少于 6 点均匀布置，使用热球式风速仪测定各测点之风速。然后，以求取的风口截面平均风速乘以风口净截面积求取测定风量。

2 对于风口上风侧有较长的支管段，且已经或可以钻孔时，可以用风管法确定风量。测量断面应位于大于或等于局部阻力部件前 3 倍管径或长边长，局部阻力部件后 5 倍管径或长边长的部位。

对于矩形风管，是将测定截面分割成若干个相等的小截面。每个截面尽可能接近正方形，边长不应大于 200mm，测点应位于小截面中心，但整个截面上的测点不宜小于 3 个。

对于圆形风管，应根据管径大小，将截面划分成若干个面积相同的同心圆环，每个圆环测 4 点。根据管径确定圆环数量，不宜少于 3 个。

B.2 静压差的检测

B.2.1 静压差的测定应在所有的门关闭的条件下，由高压向低压，由平面布置上与外界最远的里间房间开始，依次向外测定。

B.2.2 采用的微差压力计，其灵敏度不应低于 2.0Pa。

B.2.3 有孔洞相通的不同等级相邻的洁净室，其洞口处应有合理的气流流向。洞口的平均风速大于等于 0.2m/s 时，可用热球风速仪检测。

B.3 空气过滤器泄漏测试

B.3.1 高效过滤器的检漏，应使用采样速率大于 1L/min 的光学粒子计数器。D 类高效过滤器宜使用激光粒子计数器或凝结核计数器。

B.3.2 采用粒子计数器检漏高效过滤器，其上风侧应引入均匀浓度的大气尘或含其他气溶胶尘的空气。对大于等于 $0.5\mu m$ 尘粒，浓度应大于或等于 $3.5\times10^5 pc/m^3$；或对大于或等于 0.1μm 尘粒，浓度应大于或等于 $3.5×10^7 pc/m^3$；若检测 D 类高效过滤器，对大于或等于 0.1μm 尘粒，浓度应大于或等于 $3.5×10^9 pc/m^3$。

B.3.3 高效过滤器的检测采用扫描法，即在过滤器下风侧用粒子计数器的等动力采样头，放在距离被检部位表面 20～30mm 处，以 5～20mm/s 的速度，对过滤器的表面、边框和封头胶处进行移动扫描检查。

B.3.4 泄漏率的检测应在接近设计风速的条件下进行。将受检高效过滤器下风侧测得的泄漏浓度换算成透过率，高效过滤器不得大于出厂合格透过率的 2 倍；D 类高效过滤器不得大于出厂合格透过率的 3 倍。

B.3.5 在移动扫描检测工程中，应对计数突然递增的部位进行定点检验。

B.4 室内空气洁净度等级的检测

B.4.1 空气洁净度等级的检测应在设计指定的占用状态（空态、静态、动态）下进行。

B.4.2 检测仪器的选用：应使用采样速率大于 1L/min 的光学粒子计数器，在仪器选用时应考虑粒径鉴别能力、粒子浓度适用范围和计数效率。仪表应有有效的标定合格证书。

B.4.3 采样点的规定：

1 最低限度的采样点数 N_L，见表 B.4.3；

表 B.4.3 最低限度的采样点数 N_L 表

测点数 N_L	2	3	4	5	6	7	8	9	10
洁净区面积 A (m²)	2.1～6.0	6.1～12.0	12.1～20.0	20.1～30.0	30.1～42.0	42.1～56.0	56.1～72.0	72.1～90.0	90.1～110.0

注：1 在水平单向流时，面积 A 为与气流方向呈垂直的流动空气截面的面积；
　　2 最低限度的采样点数 N_L 按公式 $N_L = A^{0.5}$ 计算（四舍五入取整数）。

2 采样点均匀分布于整个面积内，并位于工作区的高度（距地坪 0.8m 的水平面），或设计单位、业主特指的位置。

B.4.4 采样量的确定：

1 每次采样的最少采样量见表 B.4.4；

表 B.4.4 每次采样的最少采样量 V_S (L) 表

洁净度等级	粒径 (μm)					
	0.1	0.2	0.3	0.5	1.0	5.0
1	2000	8400	—	—	—	—
2	200	840	1960	5680	—	—
3	20	84	196	568	2400	—
4	2	8	20	57	240	—
5	2	2	2	6	24	680
6	2	2	2	2	2	68
7	—	—	—	2	2	7
8	—	—	—	2	2	2
9	—	—	—	2	2	2

2 每个采样点的最少采样时间为1min,采样量至少为2L;

3 每个洁净室(区)最少采样次数为3次。当洁净区仅有一个采样点时,则在该点至少采样3次;

4 对预期空气洁净度等级达到4级或更洁净的环境,采样量很大,可采用ISO14644—1附录F规定的顺序采样法。

B.4.5 检测采样的规定:

1 采样时采样口处的气流速度,应尽可能接近室内的设计气流速度;

2 对单向流洁净室,其粒子计数器的采样管口应迎着气流方向;对于非单向流洁净室,采样管口宜向上;

3 采样管必须干净,连接处不得有渗漏。采样管的长度应根据允许长度确定,如果无规定时,不宜大于1.5m;

4 室内的测定人员必须穿洁净工作服,且不得超过3名,并应远离或位于采样点的下风侧静止不动或微动。

B.4.6 记录数据评价。空气洁净度测试中,当全室(区)测点为2~9点时,必须计算每个采样点的平均粒子浓度C_i值、全部采样点的平均粒子浓度N及其标准差,导出95%置信上限值;采样点超过9点时,可采用算术平均值N作为置信上限值。

1 每个采样点的平均粒子浓度C_i应小于或等于洁净度等级规定的限值,见表B.4.6-1。

2 全部采样点的平均粒子浓度N的95%置信上限值,应小于或等于洁净度等级规定的限值。即:

$$(N+t\times s/\sqrt{n}) \leqslant 级别规定的限值$$

式中 N——室内各测点平均含尘浓度,$N=\sum C_i/n$;

n——测点数;

s——室内各测点平均含尘浓度N的标准差:

$$s=\sqrt{\frac{(C_i-N)^2}{n-1}}$$

t——置信度上限为95%时,单侧t分布的系数,见表B.4.6-2。

表 B.4.6-1 洁净度等级及悬浮粒子浓度限值

洁净度等级	大于或等于表中粒径D的最大浓度C_n(pc/m³)					
	0.1μm	0.2μm	0.3μm	0.5μm	1.0μm	5.0μm
1	10	2	—			
2	100	24	10	4	—	—
3	1000	237	102	35	8	—
4	10000	2370	1020	352	83	—
5	100000	23700	10200	3520	830	29
6	1000000	237000	102000	35200	8300	293

续表 B.4.6-1

洁净度等级	大于或等于表中粒径 D 的最大浓度 C_n（pc/m³）					
	0.1μm	0.2μm	0.3μm	0.5μm	1.0μm	5.0μm
7	—	—	—	352000	83000	2930
8				3520000	830000	29300
9				35200000	8300000	293000

注：1 本表仅表示了整数值的洁净度等级（N）悬浮粒子最大浓度的限值；
　　2 对于非整数洁净度等级，其对应于粒子粒径 D（μm）的最大浓度限值（C_n），应按下列公式计算求取：

$$C_n = 10^N \times \left(\frac{0.1}{D}\right)^{2.08}$$

　　3 洁净度等级定级的粒径范围为 0.1～0.5μm，用于定级的粒径数不应大于3个，且其粒径的顺序级差不应小于1.5倍。

表 B.4.6-2　t 系 数

点数	2	3	4	5	6	7～9
t	6.3	2.9	2.4	2.1	2.0	1.9

B.4.7 每次测试应做记录，并提交性能合格或不合格的测试报告。测试报告包括以下内容：
　　1 测试机构的名称、地址；
　　2 测试日期和测试者签名；
　　3 执行标准的编号及标准实施日期；
　　4 被测试的洁净室或洁净区的地址、采样点的特定编号及坐标图；
　　5 被测洁净室或洁净区的空气洁净度等级、被测粒径（或沉降菌、浮游菌）、被测洁净室所处的状态、气流流型和静压差；
　　6 测量用的仪器的编号和标定证书；测试方法细则及测试中的特殊情况；
　　7 测试结果包括在全部采样点坐标图上注明所测的粒子浓度（或沉降菌、浮游菌的菌落数）；
　　8 对异常测试值进行说明及数据处理。

B.5　室内浮游菌和沉降菌的检测

B.5.1 微生物检测方法有空气悬浮微生物和沉降微生物法两种，采样后的基片（或平皿）经过恒温箱内37℃、48h 的培养生成菌落后进行计算。使用的采样器皿和培养液必须进行消毒灭菌处理。采样点可均匀布置或取代表性地域布置。

B.5.2 悬浮微生物法应采用离心式、狭缝式和针孔式等碰击式采样器，采样时间就根据空气中微生物浓度来决定，采样点数可与测定空气洁净度测点数相同。各种采样器应按仪器说明书规定的方法使用。

　　沉降微生物法，应采用直径为90mm 培养皿，在采样点上沉降30min 后进行采样，培养皿最少采样数应符合表 B.5.2 的规定。

表 B.5.2 最少培养皿数

空气洁净度级别	培养皿数	空气洁净度级别	培养皿数
<5	44	6	5
5	14	≥7	2

B.5.3 制药厂洁净室（包括生物洁净室）室内浮游菌和沉降菌测试，也可采用按协议确定的采样方案。

B.5.4 用培养皿测定沉降菌，用碰撞式采样器或过滤采样器测定浮游菌，还应遵守以下规定：

1 采样装置采样前的准备及采样后的处理，均应在设有高效空气过滤器排风的负压实验室进行操作，该实验室的温度应为 22±2℃；相对湿度应为 50%±10%；

2 采样仪器应消毒灭菌；

3 采样器选择应审核其精度和效率，并有合格证书；

4 采样装置的排气不应污染洁净室；

5 沉降皿个数及采样点、培养基及培养温度、培养时间应按有关规范的规定执行；

6 浮游菌采样器的采样率宜大于 100L/min；

7 碰撞培养基的空气速度应小于 20m/s。

B.6 室内空气温度和相对湿度的检测

B.6.1 根据温度和相对湿度波动范围，应选择相应的具有足够精度的仪表进行测定。每次测定间隔不应大于 30min。

B.6.2 室内测点布置：

1 送风口处；

2 恒温工作区具有代表性的地点（如沿着工艺设备周围布置或等距离布置）；

3 没有恒温要求的洁净室中心；

4 测点一般应布置在距外墙表面大于 0.5m，离地面 0.8m 的同一高度上；也可以根据恒温区的大小，分别布置在离地不同高度的几个平面上。

B.6.3 测点数应符合表 B.6.3 的规定。

B.6.4 有恒温恒湿要求的洁净室。室温波动范围按各测点的各次温度中偏差控制点温度的最大值，占测点总数的百分比整理成累积统计曲线。如 90%以上测点偏差值在室温波动范围内，为符合设计要求。反之，为不合格。

表 B.6.3 温、湿度测点数

波动范围	室面积 50≤m²	每增加 20~50m²
$\Delta t=±0.5~±2℃$	5 个	增加 3~5 个
$\Delta RH=±5\%~±10\%$		
$\Delta t≤±0.5℃$	点间距不应大于 2m，点数不应少于 5 个	
$\Delta RH≤±5\%$		

区域温度以各测点中最低一次测试温度为基准，各测点平均温度与超偏差值的点数，占测点总数的百分比整理成累积统计曲线，90％以上测点所达到的偏差值为区域温差，应符合设计要求。相对温度波动范围可按室温波动范围的规定执行。

B.7 单向流洁净室截面平均速度，速度不均匀度的检测

B.7.1 洁净室垂直单向流和非单向流应选择距墙或围护结构内表面大于 0.5m，离地面 0.5～1.5m 作为工作区。水平单向流以距送风墙或围护结构内表面 0.5m 处的纵断面为第一工作面。

B.7.2 测定截面的测点数和测定仪器应符合本规范第 B.6.3 条的规定。

B.7.3 测定风速应用测定架固定风速仪，以避免人体干扰。不得不用手持风速仪测定时，手臂应伸至最长位置，尽量使人体远离测头。

B.7.4 室内气流流形的测定，宜采用发烟或悬挂丝线的方法，进行观察测量与记录。然后，标在记录的送风平面的气流流形图上。一般每台过滤器至少对应 1 个观察点。

风速的不均匀度 β_0 按下列公式计算，一般 β_0 值不应大于 0.25。

$$\beta_0 = \frac{s}{v}$$

式中 v——各测点风速的平均值；

s——标准差。

B.8 室内噪声的检测

B.8.1 测噪声仪器应采用带倍频程分析的声级计。

B.8.2 测点布置应按洁净室面积均分，每 50m² 设一点。测点位于其中心，距地面 1.1～1.5m 高度处或按工艺要求设定。

附录 C 通风与空调工程质量检验批验收、评定记录

C.0.1 通风与空调工程的检验批质量验收记录由项目专业工长填写，由项目本专业专职质量检查员核定，参加人员应签字认可。检验批验收、评定记录见表 C.0.1-1～表 C.0.1-15。

C.0.2 当建设方不采用本标准作为工程质量的验收标准时，不需要监理（建设）单位参加内部验收并签署意见。

表 C.0.1-1　风管与配件制作检验批质量验收、评定记录（金属风管）（Ⅰ）

工程名称				分项工程名称		验收部位	
施工总包单位				项目经理		专业工长	
分包单位				分包项目经理		施工班组长	
施工执行标准名称及编号					设计图纸(变更)编号		
	检查项目		企业施工质量标准规定			施工单位检查评定记录	监理（建设）单位验收记录
主控项目	1	材质种类、性能及厚度		第4.2.1条			
	2	防火风管材料及密封垫材料		第4.2.3条			
	3	风管强度及严密性、工艺性检测		第4.2.5条			
	4	风管的连接		第4.2.6条			
	5	风管的加固		第4.2.10条			
	6	矩形弯管制作及导流片		第4.2.12条			
	7	净化空调风管		第4.2.13条			
一般项目	1	圆形弯管制作		第4.3.1-1条			
	2	风管外观质量和外形尺寸		第4.3.1-2、3条			
	3	焊接风管		第4.3.1-4条			
	4	法兰风管制作		第4.3.2条			
	5	铝板和不锈钢板风管		第4.3.2-4条			
	6	无法兰圆形弯管制作		第4.3.3条			
	7	无法兰矩形弯管制作		第4.3.3条			
	8	风管的加固		第4.3.4条			
	9	净化空调风管		第4.3.11条			
总包项目部检查、评定结论		本检验批实测　　点，符合要求　　点，符合率　　%。不符合要求点的最大偏差为规定值的　　%。依据中国建筑工程总公司《建筑工程施工质量统一标准》ZJQ00-SG-013-2006的相关规定，本检验批质量：合格□　　优良□ 　　　　　　　　　　　　　　　　　　　　　　　　项目专业质量检查员： 　　　　　　　　　　　　　　　　　　　　　　　　　　　　　　年　月　日						
参加验收人员		分包单位技术负责人：　　　　　　　　　　　　　　　　　　　　　年　月　日						
		专业工长（施工员）：　　　　　　　　　　　　　　　　　　　　　年　月　日						
		总包专业技术负责人：　　　　　　　　　　　　　　　　　　　　　年　月　日						
监理（建设）单位验收结论		同意（不同意）施工总包单位验收意见 　　　　　　　　　　　　　　　　　　　监理工程师（建设单位项目专业技术负责人）： 　　　　　　　　　　　　　　　　　　　　　　　　　　　　　　年　月　日						

表C.0.1-2 风管与配件制作检验批质量验收、评定记录
（非金属、复合材料风管）（Ⅱ）

工程名称			分项工程名称		验收部位	
施工总包单位			项目经理		专业工长	
分包单位			分包项目经理		施工班组长	
施工执行标准名称及编号				设计图纸（变更）编号		

检查项目		企业施工质量标准规定		施工单位检查评定记录	监理（建设）单位验收记录
主控项目	1	材质种类、性能及厚度	第4.2.2条		
	2	复合材料风管的材料	第4.2.4条		
	3	风管强度及严密性工艺性检测	第4.2.5条		
	4	风管的连接	第4.2.7条		
	5	复合材料风管的连接	第4.2.8条		
	6	砖、混凝土风道的变形缝	第4.2.9条		
	7	风管的加固	第4.2.10条 第4.2.11条		
	8	矩形弯管制作及导流片	第4.2.12条		
	9	净化空调风管	第4.2.13条		
一般项目	1	风管制作	第4.3.1条		
	2	硬聚氯乙烯风管	第4.3.5条		
	3	有机玻璃钢风管	第4.3.6条		
	4	无机玻璃钢风管	第4.3.7条		
	5	砖、混凝土风道	第4.3.8条		
	6	双面铝箔绝热板风管	第4.3.9条		
	7	铝箔玻璃纤维板风管	第4.3.10条		
	8	净化空调风管	第4.3.11条		

总包项目部检查、评定结论	本检验批实测　　点，符合要求　　点，符合率　　％。不符合要求点的最大偏差为规定值的　　％。依据中国建筑工程总公司《建筑工程施工质量统一标准》ZJQ00-SG-013-2006的相关规定，本检验批质量：合格□　　优良□ 　　　　　　　　　　　　　　　　　　　　　项目专业质量检查员： 　　　　　　　　　　　　　　　　　　　　　　　　　　年　月　日
参加验收人员	分包单位技术负责人：　　　　　　　　　　　　　　　　　年　月　日
	专业工长（施工员）：　　　　　　　　　　　　　　　　　年　月　日
	总包专业技术负责人：　　　　　　　　　　　　　　　　　年　月　日
监理（建设）单位验收结论	同意（不同意）施工总包单位验收意见 　　　　　　　　　　监理工程师（建设单位项目专业技术负责人）： 　　　　　　　　　　　　　　　　　　　　　　　　　　年　月　日

表 C.0.1-3　风管部件与消声器制作检验批质量验收、评定记录表

工程名称			分项工程名称		验收部位	
施工总包单位			项目经理		专业工长	
分包单位			分包项目经理		施工班组长	
施工执行标准名称及编号				设计图纸（变更）编号		
	检查项目	企业施工质量标准规定			施工单位检查评定记录	监理（建设）单位验收记录
主控项目	1	一般风阀	第5.2.1条			
	2	电动风阀	第5.2.2条			
	3	防火阀、排烟阀（口）	第5.2.3条			
	4	防爆风阀	第5.2.4条			
	5	净化空调系统风阀	第5.2.5条			
	6	特殊风阀	第5.2.6条			
	7	防排烟柔性短管	第5.2.7条			
	8	消防弯管、消声器	第5.2.8条			
一般项目	1	调节风阀	第5.3.1条			
	2	止回阀	第5.3.2条			
	3	插板风阀	第5.3.3条			
	4	三通调节阀	第5.3.4条			
	5	风量平衡阀	第5.3.5条			
	6	风罩	第5.3.6条			
	7	风帽	第5.3.7条			
	8	矩形弯管导流叶片	第5.3.8条			
	9	柔性短管	第5.3.9条			
	10	消声器	第5.3.10条			
	11	检查门	第5.3.11条			
	12	风口验收	第5.3.12条			
总包项目部检查、评定结论	本检验批实测　　点，符合要求　　点，符合率　　%。不符合要求点的最大偏差为规定值的　　%。依据中国建筑工程总公司《建筑工程施工质量统一标准》ZJQ00-SG-013-2006的相关规定，本检验批质量：合格□　　优良□ 　　　　　　　　　　　　　　　　　　　　项目专业质量检查员： 　　　　　　　　　　　　　　　　　　　　　　　　年　　月　　日					
参加验收人员	分包单位技术负责人：　　　　　　　　　　　　　　　　　年　　月　　日					
	专业工长（施工员）：　　　　　　　　　　　　　　　　　年　　月　　日					
	总包专业技术负责人：　　　　　　　　　　　　　　　　　年　　月　　日					
监理（建设）单位验收结论	同意（不同意）施工总包单位验收意见 　　　　　　　监理工程师（建设单位项目专业技术负责人）： 　　　　　　　　　　　　　　　　　　　　　　　　年　　月　　日					

表 C.0.1-4 风管系统安装检验批质量验收、评定记录表
（送、排风、防排烟、除尘系统）

工程名称			分项工程名称		验收部位	
施工总包单位			项目经理		专业工长	
分包单位			分包项目经理		施工班组长	
施工执行标准名称及编号				设计图纸（变更）编号		
检查项目		企业施工质量标准规定			施工单位检查评定记录	监理（建设）单位验收记录
主控项目	1	风管穿越防火、防爆墙	第6.2.1条			
	2	风管内严禁其他管线穿越	第6.2.2条			
	3	易燃、易爆环境风管	第6.2.2-2条			
	4	室外立管的固定拉索	第6.2.2-3条			
	5	高于80℃风管	第6.2.3条			
	6	风管部件安装	第6.2.4条			
	7	手动密闭阀安装	第6.2.9条			
	8	风管严密性检验	第6.2.8条			
一般项目	1	风管系统安装	第6.3.1条			
	2	无法兰风管系统安装	第6.3.2条			
	3	风管连接的水平、垂直质量	第6.3.3条			
	4	风管支、吊架安装	第6.3.4条			
	5	铝板、不锈钢板风管安装	第6.3.1-8条			
	6	非金属风管安装	第6.3.5条			
	7	风阀安装	第6.3.8条			
	8	风帽安装	第6.3.9条			
	9	吸、排风罩安装	第6.3.10条			
	10	风口安装	第6.3.11条			
总包项目部检查、评定结论		本检验批实测　　点，符合要求　　点，符合率　　%。不符合要求点的最大偏差为规定值的　　%。依据中国建筑工程总公司《建筑工程施工质量统一标准》ZJQ00-SG-013-2006的相关规定，本检验批质量：合格□　　优良□ 项目专业质量检查员： 年　月　日				
参加验收人员		分包单位技术负责人：　　　　　　　　　　　　　　　　　　　　　年　月　日				
		专业工长（施工员）：　　　　　　　　　　　　　　　　　　　　　年　月　日				
		总包专业技术负责人：　　　　　　　　　　　　　　　　　　　　　年　月　日				
监理（建设）单位验收结论		同意（不同意）施工总包单位验收意见 监理工程师（建设单位项目专业技术负责人）： 年　月　日				

表 C.0.1-5 风管系统安装检验批质量验收、评定记录表（空调系统）

工程名称			分项工程名称		验收部位	
施工总包单位			项目经理		专业工长	
分包单位			分包项目经理		施工班组长	
施工执行标准名称及编号				设计图纸（变更）编号		

	检查项目		企业施工质量标准规定	施工单位检查评定记录	监理（建设）单位验收记录
主控项目	1	风管穿越防火、防爆墙	第6.2.1条		
	2	风管内严禁其他管线穿越	第6.2.2-1条		
	3	易燃、易爆环境风管	第6.2.2-2条		
	4	室外立管的固定拉索	第6.2.2-3条		
	5	高于80℃风管系统	第6.2.3条		
	6	风管部件安装	第6.2.4条		
	7	手动密闭阀安装	第6.2.9条		
	8	风管严密性检验	第6.2.8条		
一般项目	1	风管系统安装	第6.3.1条		
	2	无法兰风管系统安装	第6.3.2条		
	3	风管连接的水平、垂直质量	第6.3.3条		
	4	风管支、吊架安装	第6.3.4条		
	5	铝板、不锈钢板风管安装	第6.3.1-8条		
	6	非金属风管安装	第6.3.5条		
	7	复合材料风管安装	第6.3.6条		
	8	风阀安装	第6.3.8条		
	9	风口安装	第6.3.11条		
	10	变风量末端装置安装	第7.3.20条		

总包项目部检查、评定结论	本检验批实测　　点，符合要求　　点，符合率　　%。不符合要求点的最大偏差为规定值的　　%。依据中国建筑工程总公司《建筑工程施工质量统一标准》ZJQ00-SG-013-2006的相关规定，本检验批质量：合格□　优良□ 　　　　　　　　　　　　　　　　　　　　项目专业质量检查员： 　　　　　　　　　　　　　　　　　　　　　　　　　　年　月　日
参加验收人员	分包单位技术负责人：　　　　　　　　　　　　　　　　年　月　日 专业工长（施工员）：　　　　　　　　　　　　　　　　年　月　日 总包专业技术负责人：　　　　　　　　　　　　　　　　年　月　日
监理（建设）单位验收结论	同意（不同意）施工总包单位验收意见 　　　　　　　　　　监理工程师（建设单位项目专业技术负责人）： 　　　　　　　　　　　　　　　　　　　　　　　　年　月　日

表C.0.1-6 风管系统安装检验批质量验收、评定记录表（净化空调系统）

工程名称				分项工程名称			验收部位	
施工总包单位				项目经理			专业工长	
分包单位				分包项目经理			施工班组长	
施工执行标准名称及编号					设计图纸（变更）编号			

检查项目			企业施工质量标准规定		施工单位检查评定记录	监理（建设）单位验收记录
主控项目	1	风管穿越防火、防爆墙		第6.2.1条		
	2	风管安装		第6.2.2条		
	3	高于80℃风管系统		第6.2.3条		
	4	风管部件安装		第6.2.4条		
	5	手动密闭阀安装		第6.2.9条		
	6	净化风管安装		第6.2.6条		
	7	真空吸尘系统安装		第6.2.7条		
	8	风管严密性检验		第6.2.8条		
一般项目	1	风管系统的安装		第6.3.1条		
	2	无法兰风管系统的安装		第6.3.2条		
	3	风管连接的水平、垂直质量		第6.3.3条		
	4	风管支、吊架安装		第6.3.4条		
	5	非金属风管安装		第6.3.5条		
	6	复合材料风管安装		第6.3.6条		
	7	风阀安装		第6.3.8条		
	8	净化空调风口安装		第6.3.12条		
	9	真空吸尘系统安装		第6.3.7条		
	10	风口安装允许偏差	位置和标高	≤10mm		
			水平度	≤1/1000		
			垂直度	≤2/1000		

总包项目部检查、评定结论	本检验批实测 点，符合要求 点，符合率 %。不符合要求点的最大偏差为规定值的 %。依据中国建筑工程总公司《建筑工程施工质量统一标准》ZJQ00-SG-013-2006的相关规定，本检验批质量：合格□ 优良□ 项目专业质量检查员： 年 月 日
参加验收人员	分包单位技术负责人：　　　　　　　　　　　　　年　月　日
	专业工长（施工员）：　　　　　　　　　　　　　年　月　日
	总包专业技术负责人：　　　　　　　　　　　　　年　月　日
监理（建设）单位验收结论	同意（不同意）施工总包单位验收意见 监理工程师（建设单位项目专业技术负责人）： 年　月　日

表 C.0.1-7 通风机安装检验批质量验收、评定记录表

工程名称			分项工程名称		验收部位	
施工总包单位			项目经理		专业工长	
分包单位			分包项目经理		施工班组长	
施工执行标准名称及编号			设计图纸（变更）编号			

	检查项目	企业施工质量标准规定		施工单位检查评定记录	监理（建设）单位验收记录
主控项目	1	通风机安装	第 7.2.1 条		
	2	通风机安全措施	第 7.2.2 条		
一般项目	1	叶轮与机壳安装	第 7.3.1-1 条		
	2	轴流风机叶片安装	第 7.3.1-2 条		
	3	隔振器地面	第 7.3.1-3 条		
	4	隔振器支吊架	第 7.3.1-4 条		
	5	通风机安装允许偏差（mm）			
		(1) 中心线的平面位移	10		
		(2) 标高	±10		
		(3) 皮带轮轮宽中心平面偏移	1		
		(4) 传动轴水平度　纵向	0.2/1000		
		横向	0.3/1000		
		(5) 联轴器　两轴芯径向位移	0.05		
		两轴线倾斜	0.2/1000		

总包项目部检查、评定结论	本检验批实测　　点，符合要求　　点，符合率　　%。不符合要求点的最大偏差为规定值的　　%。依据中国建筑工程总公司《建筑工程施工质量统一标准》ZJQ00-SG-013-2006 的相关规定，本检验批质量：合格□　优良□ 项目专业质量检查员： 年　月　日
参加验收人员	分包单位技术负责人：　　　　　　　　　　　　　　　　　　　　　　年　月　日 专业工长（施工员）：　　　　　　　　　　　　　　　　　　　　　　年　月　日 总包专业技术负责人：　　　　　　　　　　　　　　　　　　　　　　年　月　日
监理（建设）单位验收结论	同意（不同意）施工总包单位验收意见 监理工程师（建设单位项目专业技术负责人）： 年　月　日

表C.0.1-8 通风系统通风与空调设备安装检验批质量验收、评定记录表

工程名称		分项工程名称		验收部位	
施工总包单位		项目经理		专业工长	
分包单位		分包项目经理		施工班组长	
施工执行标准名称及编号			设计图纸(变更)编号		

	检查项目	企业施工质量标准规定		施工单位检查评定记录	监理(建设)单位验收记录
主控项目	1	除尘器安装	第7.2.4条		
	2	布袋与静电除尘器接地	第7.2.4-3条		
	3	静电空气过滤器安装	第7.2.7条		
	4	电加热器安装	第7.2.8条		
	5	过滤吸收器安装	第7.2.10条		
一般项目	1	除尘器部件及阀安装	第7.3.5-2、3条		
	2	除尘器设备安装允许偏差(mm)			
		(1)平面位移	≤10		
		(2)标高	±10		
		(3)垂直度 每米	≤2		
		总偏差	≤10		
	3	现场组装静电除尘器安装	第7.3.6条		
	4	现场组装布袋除尘器安装	第7.3.7条		
	5	消声器安装	第7.3.13条		
	6	空气过滤器安装	第7.3.14条		
	7	蒸汽过滤器安装	第7.3.18条		
	8	空气风幕机安装	第7.3.19条		

总包项目部检查、评定结论	本检验批实测　点,符合要求　点,符合率　%。不符合要求点的最大偏差为规定值的　%。依据中国建筑工程总公司《建筑工程施工质量统一标准》ZJQ00-SG-013-2006的相关规定,本检验批质量:合格□　优良□ 项目专业质量检查员: 年　月　日
参加验收人员	分包单位技术负责人:　　　　　　　　　　　　　年　月　日
	专业工长(施工员):　　　　　　　　　　　　　　年　月　日
	总包专业技术负责人:　　　　　　　　　　　　　年　月　日
监理(建设)单位验收结论	同意(不同意)施工总包单位验收意见 监理工程师(建设单位项目专业技术负责人): 年　月　日

表 C.0.1-9 空调系统通风与空调设备安装检验批质量验收、评定记录表

工程名称			分项工程名称		验收部位	
施工总包单位			项目经理		专业工长	
分包单位			分包项目经理		施工班组长	
施工执行标准名称及编号				设计图纸（变更）编号		

	检查项目	企业施工质量标准规定		施工单位检查评定记录	监理（建设）单位验收记录
主控项目	1	空调机组的安装	第7.2.3条		
	2	静电空气过滤器安装	第7.2.7条		
	3	电加热器安装	第7.2.8条		
	4	干蒸汽加湿器安装	第7.2.9条		
一般项目	1	组合式空调机组的安装	第7.3.2条		
	2	现场组装的空气处理室安装	第7.3.3条		
	3	单元式空调机组的安装	第7.3.4条		
	4	消声器安装	第7.3.13条		
	5	风机盘管机组安装	第7.3.15条		
	6	粗、中效空气过滤器安装	第7.3.14条		
	7	空气风幕机安装	第7.3.19条		
	8	转轮式换热器安装	第7.3.16条		
	9	转轮式去湿器安装	第7.3.17条		
	10	蒸汽加湿器安装	第7.3.18条		

总包项目部检查、评定结论	本检验批实测 点，符合要求 点，符合率 %。不符合要求点的最大偏差为规定值的 %。依据中国建筑工程总公司《建筑工程施工质量统一标准》ZJQ00-SG-013-2006 的相关规定，本检验批质量：合格□ 优良□ 项目专业质量检查员： 年 月 日
参加验收人员	分包单位技术负责人： 年 月 日 专业工长（施工员）： 年 月 日 总包专业技术负责人： 年 月 日
监理（建设）单位验收结论	同意（不同意）施工总包单位验收意见 监理工程师（建设单位项目专业技术负责人）： 年 月 日

表 C.0.1-10　净化通风系统通风与空调设备安装检验批质量验收、评定记录表

工程名称			分项工程名称		验收部位	
施工总包单位			项目经理		专业工长	
分包单位			分包项目经理		施工班组长	
施工执行标准名称及编号				设计图纸（变更）编号		

	检查项目		企业施工质量标准规定	施工单位检查评定记录	监理（建设）单位验收记录
主控项目	1	空调机组的安装	第7.2.3条		
	2	净化空调设备安装	第7.2.6条		
	3	高效过滤器安装	第7.2.5条		
	4	静电空气过滤器安装	第7.2.7条		
	5	电加热器安装	第7.2.8条		
	6	干蒸汽加湿器安装	第7.2.9条		
一般项目	1	组合式净化空调机组安装	第7.3.2条		
	2	洁净室设备安装	第7.3.8条		
	3	装配式洁净室安装	第7.3.9条		
	4	洁净层流罩安装	第7.3.10条		
	5	风机过滤单元安装	第7.3.11条		
	6	粗、中效空气过滤器安装	第7.3.14条		
	7	高效过滤器安装	第7.3.12条		
	8	消声器安装	第7.3.13条		
	9	蒸汽加湿器安装	第7.3.18条		

总包项目部检查、评定结论	本检验批实测　　点，符合要求　　点，符合率　　％。不符合要求点的最大偏差为规定值的　　％。依据中国建筑工程总公司《建筑工程施工质量统一标准》ZJQ00-SG-013-2006 的相关规定，本检验批质量：合格□　　优良□ 项目专业质量检查员： 年　　月　　日
参加验收人员	分包单位技术负责人：　　　　　　　　　　　　　　　　年　　月　　日 专业工长（施工员）：　　　　　　　　　　　　　　　　年　　月　　日 总包专业技术负责人：　　　　　　　　　　　　　　　　年　　月　　日
监理（建设）单位验收结论	同意（不同意）施工总包单位验收意见 监理工程师（建设单位项目专业技术负责人）： 年　　月　　日

表 C.0.1-11 空调制冷系统安装检验批质量验收、评定记录表

工程名称			分项工程名称		验收部位	
施工总包单位			项目经理		专业工长	
分包单位			分包项目经理		施工班组长	
施工执行标准名称及编号				设计图纸（变更）编号		
检查项目		企业施工质量标准规定		质量检查评定情况		监理（建设）单位验收记录
主控项目	1	制冷设备与附属设备安装	第 8.2.1-1、3 条			
	2	设备混凝土基础验收	第 8.2.1-2 条			
	3	表冷器的安装	第 8.2.2 条			
	4	燃油、燃气系统设备安装	第 8.2.3 条			
	5	制冷设备严密性试验及试运行	第 8.2.4 条			
	6	制冷管道及管配件安装	第 8.2.5 条			
	7	燃油管道系统接地	第 8.2.6 条			
	8	燃气系统安装	第 8.2.7 条			
	9	氨管道焊缝无损检测	第 8.2.8 条			
	10	乙二醇管道系统规定	第 8.2.9 条			
	11	制冷剂管道试验	第 8.2.10 条			
一般项目	1	制冷及附属设备安装	平面位移（mm）	10		
			标高（mm）	±10		
	2	模块式冷水机组安装	第 8.3.2 条			
	3	系统油泵安装	第 8.3.3 条			
	4	制冷剂管道安装	第 8.3.4-1、2、3、4 条			
	5	管道焊接	第 8.3.4-5、6 条			
	6	阀门安装	第 8.3.5-2、5 条			
	7	阀门试压	第 8.3.5-1 条			
	8	制冷系统吹扫	第 8.3.6 条			
总包项目部检查、评定结论		本检验批实测　点，符合要求　点，符合率　%。不符合要求点的最大偏差为规定值的　%。依据中国建筑工程总公司《建筑工程施工质量统一标准》ZJQ00-SG-013-2006 的相关规定，本检验批质量：合格□　优良□ 项目专业质量检查员：　年　月　日					
参加验收人员		分包单位技术负责人：				年　月　日
		专业工长（施工员）：				年　月　日
		总包专业技术负责人：				年　月　日
监理（建设）单位验收结论		同意（不同意）施工总包单位验收意见 监理工程师（建设单位项目专业技术负责人）：　年　月　日					

11—81

表 C.0.1-12　空调水系统安装检验批质量验收、评定记录表（金属管道）（Ⅰ）

工程名称					分项工程名称			验收部位	
施工总包单位					项目经理			专业工长	
分包单位					分包项目经理			施工班组长	
施工执行标准名称及编号						设计图纸（变更）编号			
	检查项目	企业施工质量标准规定				施工单位检查评定记录			监理（建设）单位验收记录
主控项目	1	系统的管材与配件验收			第9.2.1条				
	2	管道柔性接管安装			第9.2.2-3条				
	3	管道套管			第9.2.2-5条				
	4	管道补偿器安装及固定支架			第9.2.5条				
	5	系统与设备贯通冲洗、排污			第9.2.2-4条				
	6	阀门安装			第9.2.4-1、2条				
	7	阀门试压			第9.2.4-3条				
	8	系统试压			第9.2.3条				
	9	隐蔽管道验收			第9.2.2-1条				
	10	焊接、镀锌钢管煨弯			第9.2.2-2条				
一般项目	1	管道焊接连接			第9.3.2条				
	2	管道螺纹连接			第9.3.3条				
	3	管道法兰连接			第9.3.4条				
	4	(1) 坐标(mm)	架空及地沟	室外	22				
				室内	12				
			埋地		50				
		(2) 标高（mm）	架空及地沟	室外	±18				
				室内	±12				
			埋地		±22				
		(3) 水平管平直度（mm）	$DN \leqslant 100mm$		1.8L‰，最大35				
			$DN > 100mm$		2.7L‰，最大35				
		(4) 立管垂直度（mm）			4.5L‰，最大22				
		(5) 成排管段间距（mm）			12				
		(6) 成排管段或成排阀门在同一平面上（mm）			3				
	5	钢塑复合管道安装			第9.3.6条				
	6	管道沟槽式连接			第9.3.6条				
	7	管道支、吊架			第9.3.8条				
	8	阀门及其他部件安装			第9.3.10条				
	9	系统放气阀与排水阀			第9.3.10-4条				

续表 C.0.1-12

工程名称		分项工程名称		验收部位	
施工总包单位		项目经理		专业工长	
分包单位		分包项目经理		施工班组长	
施工执行标准名称及编号			设计图纸（变更）编号		
总包项目部检查、评定结论	本检验批实测　点，符合要求　点，符合率　％。不符合要求点的最大偏差为规定值的　％。依据中国建筑工程总公司《建筑工程施工质量统一标准》ZJQ00-SG-013-2006 的相关规定，本检验批质量：合格□　优良□ 项目专业质量检查员： 年　月　日				
参加验收人员	分包单位技术负责人：　　　　　　　　　　　　　　　　　　年　月　日 专业工长（施工员）：　　　　　　　　　　　　　　　　　　年　月　日 总包专业技术负责人：　　　　　　　　　　　　　　　　　　年　月　日				
监理（建设）单位验收结论	同意（不同意）施工总包单位验收意见 监理工程师（建设单位项目专业技术负责人）： 年　月　日				

表 C.0.1-13　空调水系统安装检验批质量验收、评定记录表（金属管道）（Ⅱ）

工程名称			分项工程名称		验收部位	
施工总包单位			项目经理		专业工长	
分包单位			分包项目经理		施工班组长	
施工执行标准名称及编号				设计图纸（变更）编号		
	检查项目	企业施工质量标准规定		施工单位检查评定	监理（建设）单位验收记录	
主控项目	1	系统的管材与配件验收	第9.2.1条			
	2	管道柔性接管安装	第9.2.2-3条			
	3	管道套管	第9.2.2-5条			
	4	管道补偿器安装及固定支架	第9.2.5条			
	5	系统与设备贯通冲洗、排污	第9.2.2-4条			
	6	阀门安装	第9.2.4-1、2条			
	7	阀门试压	第9.2.4-3条			
	8	系统试压	第9.2.3条			
	9	隐蔽管道验收	第9.2.2-1条			

续表C.0.1-13

工程名称				分项工程名称			验收部位	
施工总包单位				项目经理			专业工长	
分包单位				分包项目经理			施工班组长	
施工执行标准名称及编号					设计图纸（变更）编号			
	检查项目		企业施工质量标准规定			施工单位检查评定	监理（建设）单位验收记录	
一般项目	1	PVC-U管道安装		第9.3.1条				
	2	PP-R管道安装		第9.3.1条				
	3	PEX管道安装		第9.3.1条				
	4	管道与金属支吊架间隔绝		第9.3.9条				
	5	管道支、吊架		第9.3.8条				
	6	阀门安装		第9.3.10条				
	7	系统放气阀与排水阀		第9.3.10-4条				
总包项目部检查、评定结论	本检验批实测　点，符合要求　点，符合率　%。不符合要求点的最大偏差为规定值的　%。依据中国建筑工程总公司《建筑工程施工质量统一标准》ZJQ00—SG—013—2006的相关规定，本检验批质量：合格□　优良□ 项目专业质量检查员： 年　月　日							
参加验收人员	分包单位技术负责人：　　　　　　　　　　　　　　　　　　　　　年　月　日							
	专业工长（施工员）：　　　　　　　　　　　　　　　　　　　　　年　月　日							
	总包专业技术负责人：　　　　　　　　　　　　　　　　　　　　　年　月　日							
监理（建设）单位验收结论	同意（不同意）施工总包单位验收意见 监理工程师（建设单位项目专业技术负责人）： 年　月　日							

表 C.0.1-14 空调水系统安装检验批质量验收、评定记录表（金属管道）（Ⅲ）

工程名称			分项工程名称		验收部位	
施工总包单位			项目经理		专业工长	
分包单位			分包项目经理		施工班组长	
施工执行标准名称及编号				设计图纸（变更）编号		

	检查项目	企业施工质量标准规定		施工单位检查评定记录	监理（建设）单位验收记录
主控项目	1	系统设备与附属设备	第9.2.1条		
	2	冷却塔安装	第9.2.6条		
	3	水泵安装	第9.2.7条		
	4	其他附属设备安装	第9.2.8条		
一般项目	1	风机盘管机组与管道连接	第9.3.7条		
	2	冷却塔安装	第9.3.11条		
	3	水泵及附属设备安装	第9.3.12条		
	4	水箱、集水缸、分水缸、储冷罐等设备安装	第9.3.13条		
	5	水过滤器等设备安装	第9.3.10-3条		

总包项目部检查、评定结论	本检验批实测　　点，符合要求　　点，符合率　　%。不符合要求点的最大偏差为规定值的　　%。依据中国建筑工程总公司《建筑工程施工质量统一标准》ZJQ00-SG-013-2006的相关规定，本检验批质量：合格□　　优良□ 项目专业质量检查员： 年　月　日
参加验收人员	分包单位技术负责人：　　　　　　　　　　　　　　　　年　月　日 专业工长（施工员）：　　　　　　　　　　　　　　　　年　月　日 总包专业技术负责人：　　　　　　　　　　　　　　　　年　月　日
监理（建设）单位验收结论	同意（不同意）施工总包单位验收意见 监理工程师（建设单位项目专业技术负责人）： 年　月　日

表 C.0.1-15 通风空调工程系统调试检验批质量验收、评定记录

工程名称			分项工程名称		验收部位	
施工总包单位			项目经理		专业工长	
分包单位			分包项目经理		施工班组长	
施工执行标准名称及编号				设计图纸（变更）编号		
	检查项目		企业施工质量标准规定	施工单位检查评定记录		总项目部验收记录
主控项目	1. 通风机、空调机组单机试运转及调试		第11.2.2-1条			
	2. 水泵单机试运转及调试		第11.2.2-2条			
	3. 冷却塔单机试运转及调试		第11.2.2-3条			
	4. 制冷机组单机试运转及调试		第11.2.2-4条			
	5. 电控防、排烟阀的动作试验		第11.2.2-5条			
	6. 系统风量的调试		第11.2.3-1条			
	7. 空调水系统的调试		第11.2.3-2条			
	8. 恒温、恒湿空调调试		第11.2.3-3条			
	9. 防排烟系统调试		第11.2.4条			
	10. 净化空调系统的调试		第11.2.5条			
一般项目	1. 风机、空调机组		第11.3.1-2、3条			
	2. 水泵的安装		第11.3.1-1条			
	3. 风口风量的平衡		第11.3.2-2条			
	4. 水系统的试运行		第11.3.3-1、3条			
	5. 水系统检测元件的工作		第11.3.3-2条			
	6. 空调房间的参数		第11.3.3-4、5、6条			
	7. 洁净空调房间的参数		第11.3.3-3条			
	8. 工程的控制和监测元件及执行结构		第11.3.3-4条			
施工单位检查评定结论	本检验批实测　　点，符合要求　　点，符合率　　％，不符合要求点的最大偏差为规定值的　　％。依据中国建筑工程总公司《建筑工程施工质量统一标准》ZJQ00－SG－013－2006 的相关规定，本检验批质量：合格□　　优良□ 　　　　　　　　　　　　　　　　　　　　　　　　项目专业质量检查员： 　　　　　　　　　　　　　　　　　　　　　　　　　　　年　　月　　日					
参加验收人员	分包单位项目技术负责人：　　　　　　　　　　　　　　　　　　　　年　　月　　日					
	专业工长（施工员）：　　　　　　　　　　　　　　　　　　　　　　年　　月　　日					
	总包项目专业技术负责人：　　　　　　　　　　　　　　　　　　　　年　　月　　日					
监理（建设）单位验收结论	同意（不同意）施工总包单位验收意见 　　　　　　　　　　监理工程师（建设单位项目专业技术负责人）： 　　　　　　　　　　　　　　　　　　　　　　　　年　　月　　日					

附录 D 分项工程质量验收、评定记录

D.0.1 分项工程质量验收、评定记录由项目专业质量检查员填写，质量控制资料的检查应由项目专业技术负责人检查并作出结论意见。分项工程质量验收、评定记录见表 D.0.1。

D.0.2 当建设方不采用本标准作为工程质量的验收标准时，不需要监理（建设）单位参加内部验收并签署意见。

表 D.0.1 _____ 分项工程质量验收、评定记录

工程名称		结构类型		检验批数量	
施工总包单位		项目经理		项目技术负责人	
分项工程分包单位		分包单位负责人		分包项目经理	
序号	检验批部位、区段	分包单位检查结果		总包单位验收、评定结论	监理（建设）单位验收意见
1					
2					
3					
4					
5					
6					
7					
8					
9					
10					
11					
12					

续表 D.0.1

工程名称		结构类型		检验批数量	
施工总包单位		项目经理		项目技术负责人	
分项工程分包单位		分包单位负责人		分包项目经理	
质量控制资料	应有　　份,实有　　份,资料内容（基本详实,详实准确）,核查结论: 项目专业技术负责人: 年　月　日				
分项工程综合验收评定结论	该分项工程共有　　个质量检验批,其中有　　个检验批质量为合格,有　　个检验批质量为优良,优良率为　　%。该分项工程的施工操作依据及质量控制资料完整,依据中国建筑工程总公司《建筑工程施工质量统一标准》ZJQ00-SG-013-2006 的相关规定,该分项工程的质量:合格□　　优良□ 项目专职质量检查员: 年　月　日				
参加验收人员	专业工长（施工员）:			年　月　日	
	分包单位技术（质量）负责人:			年　月　日	
	总包单位项目技术（质量）负责人:			年　月　日	
监理（建设）单位验收结论	同意（不同意）施工总包单位验收意见 监理工程师（建设单位项目专业技术负责人）: 年　月　日				

附录 E 通风与空调分部（子分部）工程的质量验收、评定记录

E.0.1　分部（子分部）工程质量验收、评定记录由项目专业质量检查员填写,总包企业的技术管理、质量管理部门均应参加验收。通风与空调分部工程质量验收、评定记录见表 E.0.1-1,子分部验收评定记录见表 E.0.1-2～表 E.0.1-8。

E.0.2　当建设方不采用本标准作为工程质量的验收标准时,不需要设计、监理（建设）单位参加内部验收并签署意见。

表 E.0.1-1 通风与空调分部工程质量验收、评定记录

工程名称			施工总包单位			
技术部门负责人			质量部门负责人		项目专业质量检查员	
分包单位			分包单位负责人		分包项目经理	
序号	子分部工程名称		检验批数量	检验批优良率（%）	核定意见	
1	送排风系统				施工单位质量管理部门（盖章） 年　月　日	
2	防、排烟系统					
3	除尘系统					
4	空调系统					
5	净化空调系统					
6	制冷系统					
7	空调水系统					
8						
技术管理资料		份	质量控制资料	份	安全和功能检验（检测）报告	份
资料验收意见		应形成　份，实际　份。结论：基本完整□　齐全完整□				
观感质量验收		应得　分数，实得　分数，得分率　%，结论：合格□　优良□				
分部（子分部）工程验收结论		该分部工程共含　个子分部工程，其中优良　个，子分部优良率为　%，各项资料（基本完整　齐全完整），观感质量（合格　优良）。依据中国建筑工程总公司《建筑工程施工质量统一标准》ZJQ00-SG-013-2006 的有关规定，该分部工程：合格□　优良□				
参加验收人员	分包单位项目经理		（签字）		年　月　日	
	分包单位技术负责人		（签字）		年　月　日	
	总包单位质量管理部门		（签字）		年　月　日	
	总包单位技术负责人		（签字）		年　月　日	
	总包单位项目经理		（签字）		年　月　日	
	设计单位项目专业负责人		（签字）		年　月　日	
	监理（建设）单位项目总监（建设单位项目专业负责人）		（签字）		年　月　日	

表 E.0.1-2 送排风系统子分部工程验收、评定记录

工程名称			施工总包单位			
技术部门负责人			质量部门负责人		项目专业质量检查员	
分包单位			分包单位负责人		分包项目经理	
序号	分项工程名称		检验批数量	检验批优良率（%）	核定意见	
1	风管与配件制作					
2	部件制作					
3	风管系统安装				施工单位质量管理部门（盖章）	
4	风机与空气处理设备安装					
5	消声设备制作与安装					
6	风管与设备防腐					
7	系统调试				年 月 日	
8						
9						
10						
技术管理资料		份	质量控制资料	份	安全和功能检验（检测）报告	份
资料验收意见	应形成　份，实际　份。结论：基本完整□　齐全完整□					
观感质量验收	应得　分数，实得　分数，得分率　%。结论：合格□　优良□					
分部（子分部）工程验收结论	该子分部工程共含　个分项工程，其中优良分项　个，分项优良率为　%，各项资料（基本完整　齐全完整），观感质量（合格　优良）。依据中国建筑工程总公司《建筑工程施工质量统一标准》ZJQ00-SG-013-2006的有关规定，该子分部工程：合格□　优良□					
参加验收人员	分包单位项目经理		（签字）			年 月 日
	分包单位技术负责人		（签字）			年 月 日
	总包单位质量管理部门		（签字）			年 月 日
	总包单位技术负责人		（签字）			年 月 日
	总包单位项目经理		（签字）			年 月 日
	设计单位项目专业负责人		（签字）			年 月 日
	监理（建设）单位项目专业负责人		（签字）			年 月 日

表 E.0.1-3　防、排烟系统子分部工程验收、评定记录

工程名称			施工总包单位		
技术部门负责人		质量部门负责人		项目专业质量检查员	
分包单位		分包单位负责人		分包项目经理	

序号	分项工程名称	检验批数量	检验批优良率（%）	核定意见
1	风管与配件制作			
2	部件制作			
3	风管系统安装			
4	风机与空气处理设备安装			施工单位质量管理部门（盖章）
5	排风口、常闭正压风口安装			
6	风管与设备防腐			
7	系统调试			年　月　日
8	消声设备制作与安装（合用系统时检查）			
9				
10				

技术管理资料		份	质量控制资料	份	安全和功能检验（检测）报告	份
资料验收意见		应形成　　份，实际　　份。结论：基本完整□　齐全完整□				
观感质量验收		应得　　分数，实得　　分数，得分率　　%。结论：合格□　优良□				
分部（子分部）工程验收结论		该子分部工程共含　　个分项工程，其中优良分项　　个，分项优良率为　　%，各项资料（基本完整　齐全完整），观感质量（合格　优良）。依据中国建筑工程总公司《建筑工程施工质量统一标准》ZJQ00-SG-013-2006 的有关规定，该子分部工程：合格□　优良□					

参加验收人员	分包单位项目经理	（签字）	年　月　日
	分包单位技术负责人	（签字）	年　月　日
	总包单位质量管理部门	（签字）	年　月　日
	总包单位技术负责人	（签字）	年　月　日
	总包单位项目经理	（签字）	年　月　日
	设计单位项目专业负责人	（签字）	年　月　日
	监理（建设）单位项目专业负责人	（签字）	年　月　日

表 E.0.1-4　通风与空调工程除尘系统子分部工程验收、评定记录

工程名称			施工总包单位			
技术部门负责人			质量部门负责人		项目专业质量检查员	
分包单位			分包单位负责人		分包项目经理	
序号	分项工程名称	检验批数量		检验批优良率（%）	核定意见	
1	风管与配件制作					
2	部件制作					
3	风管系统安装					
4	风机安装				施工单位质量管理部门（盖章）	
5	除尘与排污设备安装					
6	风管与设备防腐					
7	风管与设备防腐				年　月　日	
8	系统调试					
9						
10						
技术管理资料		份	质量控制资料	份	安全和功能检验（检测）报告	份
资料验收意见		应形成　　份，实际　　份。结论：基本完整□　齐全完整□				
观感质量验收		应得　　分数，实得　　分数，得分率　　%。结论：合格□　优良□				
分部（子分部）工程验收结论		该子分部工程共含　　个分项工程，其中优良分项　　个，分项优良率为　　%，各项资料（基本完整　齐全完整），观感质量（合格　优良）。依据中国建筑工程总公司《建筑工程施工质量统一标准》ZJQ00-SG-013-2006 的有关规定，该子分部工程：合格□　优良□				
参加验收人员	分包单位项目经理	（签字）				年　月　日
	分包单位技术负责人	（签字）				年　月　日
	总包单位质量管理部门	（签字）				年　月　日
	总包单位技术负责人	（签字）				年　月　日
	总包单位项目经理	（签字）				年　月　日
	设计单位项目专业负责人	（签字）				年　月　日
	监理（建设）单位项目专业负责人	（签字）				年　月　日

表 E.0.1-5 通风与空调工程空调风管系统子分部工程验收、评定记录

工程名称		施工总包单位			
技术部门负责人		质量部门负责人		项目专业质量检查员	
分包单位		分包单位负责人		分包项目经理	

序号	分项工程名称	检验批数量	检验批优良率（%）	核定意见
1	风管与配件制作			
2	部件制作			
3	风管系统安装			
4	风机与空气处理设备			施工单位质量管理部门（盖章）
5	消声设备制作与安装			
6	风管与设备防腐			
7	风管与设备绝热			年　月　日
8	系统调试			
9				

技术管理资料	份	质量控制资料	份	安全和功能检验（检测）报告	份
资料验收意见	应形成　份，实际　份。结论：基本完整□　齐全完整□				
观感质量验收	应得　分数，实得　分数，得分率　%。结论：合格□　优良□				
分部（子分部）工程验收结论	该子分部工程共含　个分项工程，其中优良分项　个，分项优良率为　%，各项资料（基本完整　齐全完整），观感质量（合格　优良）。依据中国建筑工程总公司《建筑工程施工质量统一标准》ZJQ00-SG-013-2006 的有关规定，该子分部工程：合格□　优良□				

参加验收人员	分包单位项目经理	（签字）	年　月　日
	分包单位技术负责人	（签字）	年　月　日
	总包单位质量管理部门	（签字）	年　月　日
	总包单位技术负责人	（签字）	年　月　日
	总包单位项目经理	（签字）	年　月　日
	设计单位项目专业负责人	（签字）	年　月　日
	监理（建设）单位项目专业负责人	（签字）	年　月　日

表 E.0.1-6 通风与空调工程净化空调系统子分部工程验收、评定记录

工程名称			施工总包单位			
技术部门负责人			质量部门负责人		项目专业质量检查员	
分包单位			分包单位负责人		分包项目经理	
序号	分项工程名称	检验批数量	检验批优良率（%）	核定意见		
1	风管与配件制作					
2	部件制作					
3	风管系统安装					
4	风机与空气处理设备			施工单位质量管理部门（盖章） 年 月 日		
5	消声设备制作与安装					
6	风管与设备防腐					
7	风管与设备绝热					
8	高效过滤器安装					
9	净化设备安装					
10	系统调试					
11						
技术管理资料		份	质量控制资料	份	安全和功能检验（检测）报告	份
资料验收意见	应形成　份，实际　份。结论：基本完整□　齐全完整□					
观感质量验收	应得　分数，实得　分数，得分率　%。结论：合格□　优良□					
分部（子分部）工程验收结论	该子分部工程共含　个分项工程，其中优良分项　个，分项优良率为　%，各项资料（基本完整　齐全完整），观感质量（合格　优良）。依据中国建筑工程总公司《建筑工程施工质量统一标准》ZJQ00-SG-013-2006 的有关规定，该子分部工程：合格□　优良□					
参加验收人员	分包单位项目经理	（签字）				年 月 日
	分包单位技术负责人	（签字）				年 月 日
	总包单位质量管理部门	（签字）				年 月 日
	总包单位技术负责人	（签字）				年 月 日
	总包单位项目经理	（签字）				年 月 日
	设计单位项目专业负责人	（签字）				年 月 日
	监理（建设）单位项目专业负责人	（签字）				年 月 日

表 E.0.1-7 通风与空调工程制冷系统子分部工程验收、评定记录

工程名称		施工总包单位			
技术部门负责人		质量部门负责人		项目专业质量检查员	
分包单位		分包单位负责人		分包项目经理	

序号	分项工程名称	检验批数量	检验批优良率（%）	核定意见	
1	制冷机组安装				
2	制冷剂管道及配件安装				
3	制冷附属设备安装				
4	管道及设备的防腐和绝热			施工单位质量管理部门（盖章）	
5	系统调试				
6					
7				年 月 日	
8					
9					
10					

技术管理资料	份	质量控制资料	份	安全和功能检验（检测）报告	份
资料验收意见	应形成 份，实际 份。结论：基本完整□ 齐全完整□				
观感质量验收	应得 分数，实得 分数，得分率 %。结论：合格□ 优良□				
分部（子分部）工程验收结论	该子分部工程共含 个分项工程，其中优良分项 个，分项优良率为 %，各项资料（基本完整 齐全完整），观感质量（合格 优良）。依据中国建筑工程总公司《建筑工程施工质量统一标准》ZJQ00-SG-013-2006 的有关规定，该子分部工程：合格□ 优良□				

参加验收人员	分包单位项目经理	（签字）	年 月 日
	分包单位技术负责人	（签字）	年 月 日
	总包单位质量管理部门	（签字）	年 月 日
	总包单位技术负责人	（签字）	年 月 日
	总包单位项目经理	（签字）	年 月 日
	设计单位项目专业负责人	（签字）	年 月 日
	监理（建设）单位项目专业负责人	（签字）	年 月 日

表 E.0.1-8　通风与空调工程空调水系统子分部工程验收、评定记录

工程名称			施工总包单位			
技术部门负责人			质量部门负责人		项目专业质量检查员	
分包单位			分包单位负责人		分包项目经理	
序号	分项工程名称		检验批数量	检验批优良率（%）	核定意见	
1	冷热水管道系统安装				施工单位质量管理部门（盖章） 年　月　日	
2	冷却水管道系统安装					
3	冷凝水管道系统安装					
4	管道阀门和部件安装					
5	冷却塔安装					
6	水泵及附属设备安装					
7	管道及设备的防腐和绝热					
8	系统调试					
9						
10						
技术管理资料		份	质量控制资料	份	安全和功能检验（检测）报告	份
资料验收意见	应形成　　份，实际　　份。结论：基本完整□　　齐全完整□					
观感质量验收	应得　　分数，实得　　分数，得分率　　%。结论：合格□　　优良□					
分部（子分部）工程验收结论	该子分部工程共含　　个分项工程，其中优良分项　　个，分项优良率为　　%，各项资料（基本完整　齐全完整），观感质量（合格　优良）。依据中国建筑工程总公司《建筑工程施工质量统一标准》ZJQ00-SG-013-2006 的有关规定，该子分部工程：合格□　　优良□					
参加验收人员	分包单位项目经理		（签字）			年　月　日
	分包单位技术负责人		（签字）			年　月　日
	总包单位质量管理部门		（签字）			年　月　日
	总包单位技术负责人		（签字）			年　月　日
	总包单位项目经理		（签字）			年　月　日
	设计单位项目专业负责人		（签字）			年　月　日
	监理（建设）单位项目专业负责人		（签字）			年　月　日

本标准用词说明

1 为便于在执行本规范条文时区别对待,对要求严格程度不同的用词说明如下:
　　1) 表示很严格,非这样做不可的用词:
　　　　正面词采用"必须",反面词采用"严禁"。
　　2) 表面严格,在正常情况下均应这样做的用词:
　　　　正面词采用"应",反面词采用"不应"或"不得"。
　　3) 表示允许稍有选择,在条件许可时首先应这样做的用词:
　　　　正面词采用"宜",反面词采用"不宜"。
　　　　表示有选择,在一定条件下可以这样做的用词采用"可"。
2 本标准中指明应按其他有关标准、规范执行的写法为"应符合……要求或规定"或"应按……执行"。

通风与空调工程施工质量标准

ZJQ00-SG-023-2006

条 文 说 明

目　次

1 总则 …………………………………………………………… 11—101
2 术语 …………………………………………………………… 11—101
3 基本规定 ……………………………………………………… 11—101
　3.1 质量验收与等级评定 …………………………………… 11—103
4 风管制作 ……………………………………………………… 11—104
　4.1 一般规定 ………………………………………………… 11—104
　4.2 主控项目 ………………………………………………… 11—105
　4.3 一般项目 ………………………………………………… 11—106
5 风管部件与消声器制作 ……………………………………… 11—107
　5.1 一般规定 ………………………………………………… 11—107
　5.2 主控项目 ………………………………………………… 11—107
　5.3 一般项目 ………………………………………………… 11—108
6 风管系统安装 ………………………………………………… 11—108
　6.1 一般规定 ………………………………………………… 11—108
　6.2 主控项目 ………………………………………………… 11—109
　6.3 一般项目 ………………………………………………… 11—110
7 通风与空调设备安装 ………………………………………… 11—110
　7.1 一般规定 ………………………………………………… 11—110
　7.2 主控项目 ………………………………………………… 11—111
　7.3 一般项目 ………………………………………………… 11—111
8 空调制冷系统安装 …………………………………………… 11—113
　8.1 一般规定 ………………………………………………… 11—113
　8.2 主控项目 ………………………………………………… 11—114
　8.3 一般项目 ………………………………………………… 11—115
9 空调水系统管道与设备安装 ………………………………… 11—115
　9.1 一般规定 ………………………………………………… 11—115
　9.2 主控项目 ………………………………………………… 11—116
　9.3 一般项目 ………………………………………………… 11—117
10 防腐与绝热 …………………………………………………… 11—118
　10.1 一般规定 ……………………………………………… 11—118
　10.2 主控项目 ……………………………………………… 11—119
　10.3 一般项目 ……………………………………………… 11—120
11 系统调试 ……………………………………………………… 11—121

  11.1 一般规定 ··· 11—121
  11.2 主控项目 ··· 11—121
  11.3 一般项目 ··· 11—122
12 竣工验收 ·· 11—122
13 综合效能的测定与调整 ······································ 11—122

1 总　　则

1.0.1 本条文阐明了制定本标准的目的。
1.0.2 本条文明确了本标准适用的对象。
1.0.3 本条文说明了本标准的编制依据。
1.0.4 本条文规定了通风与空调工程的外部验收应以国家现行的各项质量验收规范为准，若工程建设方（甲方）要求采用本标准及其各专业对口标准作为工程的质量标准时，应明确的甲、乙双方的相关责任、权利和义务。

2 术　　语

本章给出的 24 个术语，是在本标准的章节中所引用的。本标准的术语是从本标准的角度赋予其相应涵义的，但涵义不一定是术语的定义。同时，对中文术语还给出了相应的推荐性英文术语，该英文术语不一定是国际上的标准术语，仅供参考。

3 基 本 规 定

3.0.1 本条文对通风与空调工程施工验收的依据作出了规定：一是被批准的设计图纸，二是相关的技术标准。

按被批准的设计图纸进行工程的施工，是质量验收最基本的条件。工程施工是让设计意图转化成为现实，故施工单位无权任意修改设计图纸。因此，本条文明确规定修改设计必须有设计变更的正式手续。这对保证工程质量有重要作用。

主要技术标准是指工程中约定的施工及质量验收标准，包括本标准、相关国家标准、行业标准、地方标准与企业标准。其中相关国家标准为最低标准，必须采纳。工程施工也可以全部或部分采纳本标准。

3.0.2 在不同的建筑项目施工中，通风与空调工程实际的情况差异很大。无论是工程实物量，还是工程施工的内容与难度，以及对工程施工管理和技术管理的要求，都会有所不同，不可能处于同一个水平层次。虽然从国际上来说，工程承包并没有严格的企业资质规定，但是，这并不符合当前我国建筑企业按施工的能力划分资质等级的建筑市场管理模式规定的现实。同时，也应该看到，我国不同等级的企业，除极个别情况之外，也确实能体现相应层次的工程管理及工程施工的技术水平。为了更好地保证工程施工质量，"规范"规定施工企业具有相应的资质，还是符合目前我国建筑市场实际状况的。

3.0.3 随着我国建筑业市场经济的进一步发展，通风与空调工程的施工承包将逐渐向国际惯例靠拢。目前，中国建筑工程总公司已有部分企业具有相当的技术基础，具有符合国际惯例的施工图深化和施工的能力，为了保证工程质量与国际市场的正常接轨，特制定本条文。

3.0.4 在中国建筑工程总公司《建筑工程施工质量验收统一标准》ZJQ00－SG－013－2006中，已明确规定了建筑工程施工现场质量管理的全部内容，本标准直接引用。

3.0.5 通风与空调工程所使用的主要原材料、产成品、半成品和设备的质量，将直接影响到工程的整体质量。所以，本标准对其作出规定，在进入施工现场后，必须对其进行实物到货验收。验收一般应由供货商、监理、施工单位的代表共同参加，验收必须得到监理工程师的认可，并形成文件。

3.0.6 通风与空调工程对每一个具体的工程，有着不同的内容和要求。本条文从施工实际出发，强制制定了承担通风与空调工程的施工企业，应针对所施工的特定工程情况制定相应的工艺文件和技术措施，并规定以分项工程和本规范条文中所规定需验证的工序完毕后，均应作为工序检验的交接点，并应留有相应的质量记录。这个规定强调了施工过程的质量控制和施工过程质量的可追溯性，应予以执行。

3.0.7 本条文是对施工企业提出的要求。在通风与空调工程施工过程中，由施工人员发现工程施工图纸实施中的问题和部分差错，是正常的。我们要求按正规的手续，反映情况和及时更正，并将文件归档，这符合工程管理的基本规定。在这里要说明的是，对工程施工图的预审很重要，应予提倡。

3.0.8 通风与空调工程在整个建筑工程中，是属于一个分部工程。本标准根据通风与空调工程中各类系统的功能特性不同，划分为七个独立的子分部工程，以便于工程施工质量的监督和验收。在表3.0.8中对每个子分部，已经列举出相应的分项工程，分部工程的验收应按此规定执行。当通风与空调工程以独立的单项工程的形式进行施工承包时，则本条文规定的通风与空调分部工程上升为单位工程，子分部工程上升为分部工程，其分项工程的内容不发生变化。

3.0.9 本条文规定了通风与空调工程应按正确的、规定的施工程序进行，并与土建及其他专业工种的施工相互配合，通过对上道工程的质量交接验收，共同保证工程质量，以避免质量隐患或不必要的重复劳动。"质量交接会检"是施工过程中的重要环节，是对上道工序质量认可及分清责任的有效手段，符合建设工程质量管理的基本原则和我国建设工程的实际情况，应予以加强。条文较明确地规定了组织会检的责任者，有利于执行。

3.0.10 本条文是对通风与空调工程分项工程验收的规定。本规范是按照相同施工工艺的内容，进行分项编写的。同一个分项内容中，可能包含了不同子分部类似工艺的规定。因此，执行时必须按照规范对应分项中具体条文的详细内容，一一对照执行。如风管制作分项，它包括了多种材料风管的质量规定，如金属、非金属与复合材料风管的内容；也包括送风、排烟、空调、净化空调与除尘系统等子分部系统的风管。因为它们同为风管，具有基本的属性，故考虑放在同一章节中叙述比较合理。所以，对于各种材料、各个子分部工程中风管质量验收的具体规定，如风管的严密性、清洁度、加工的连接质量规定等，只能分列在具体的条文之中，要求执行时不能搞错。另外，条文对分项工程质量的验收规定为根据工程量的大小、施工工期的长短或加工批，可分别采取一个分项一次验收或分数次验收的方法。

3.0.11 通风与空调工程系统中的风管或管道，被安装于封闭的部位或埋设于结构内或直接埋地时，均属于隐蔽工程。在结构做永久性封闭前，必须对该部分将被隐蔽的风管或管道工程施工质量进行验收，且必须得到现场监理人员认可的合格签证，否则，不得进行封闭作业。

3.0.12 在通风与空调工程施工中，金属管道采用焊接连接是一种常规的施工工艺之一。管道焊接的质量，将直接影响到系统的安全使用和工程的质量。根据国家标准《现场设备、工业管道焊接工程施工及验收规范》GB 50236-98 对焊工资格规定，"从事相应的管道焊接作业，必须具有相应焊接方法考试项目合格证书，并在有效期内"的规定，通风与空调工程中施工的管道，包括多种焊接方法与质量等级，为保证工程施工质量，故作出本规定。

3.0.13 通风与空调工程竣工的系统调试，是工程施工的一部分。它是将施工完毕的工程系统进行正确地调整，直至符合设计规定要求的过程。同时，系统调试也是对工程施工质量进行全面检验的过程。因此，本条文强调建设和监理单位共同参与，既能起到监督的作用，又能提高对工程系统的全面了解，利于将来运行的管理。

通风与空调工程竣工阶段的系统调试，是一项技术性要求很高的工作，必须具有相应的专业技术人员和测试仪器，否则，是不可能很好完成此项工作及达到预期效果的，故本条文作出了明确规定。

3.0.14 本条文根据《建筑工程质量管理条例》规定，通风与空调工程的保修期限为两个采暖期和供冷期。此段时间内，在工程使用过程中如发现一些问题，应是正常的。问题可能是由于施工设备与材料的原因，也可能是业主或设计原因造成的。因此，应对产生的问题进行调查分析，找出原因，分清责任，然后进行整改，由责任方承担经济损失。规定通风与空调工程质量以两个采暖期和供冷期为保修期限，这对设计和施工质量提出了比较高的要求，但有利于本行业技术水平的进步，应予以认真执行。

3.0.15 本条文是对净化空调系统洁净度等级的划分，应执行标准的规定。我国过去对净化空调系统洁净室等级的划分，是按照209b执行的，已经不能符合当前洁净室技术发展的需要。现在采用的标准为国家标准《洁净厂房设计规范》GB 50073-2001 的规定，已与国际标准的划分相一致。工程的施工、调试、质量验收应统一以此为标准。

3.0.16 本条文规定了分项工程检验批质量验收合格的基本条件。

3.1 质量验收与等级评定

3.1.1 本条文规定了检验批、分项、分部（子分部）、单位工程质量的等级。
3.1.2 本条文规定了检验批的质量等级评定方法。
3.1.3 本条文规定了分项工程的质量等级评定方法。
3.1.4 本条文规定了分部（子分部）工程的质量等级评定方法。

3.1.5 本条文规定了单位（子单位）工程的质量等级评定方法。
3.1.6 本条文规定了不符合项的处理，确定其质量等级的方法。

4 风管制作

4.1 一般规定

4.1.1 工业与民用建筑通风与空调工程中所使用的金属与非金属风管，其加工和制作质量都应符合本章条文的规定，并按相对应条文进行质量的检验和验收。

4.1.2 风管应按材料与不同分部项目规定的加工质量验收，一是要按风管的类别，是高压系统、中压系统，还是低压系统进行验收；二是要按风管属于哪个子分部进行验收。

4.1.3 风管验收的依据是本标准的规定和设计要求。一般情况下，风管的质量可以直接引用本标准。但当设计根据工程的需要，认为风管施工质量标准需要高于本规范的规定时，可以提出更严格的要求。此时，应按较高的标准进行施工，质检人员按照高标准验收。目前，风管的加工已经有向产品化发展的趋势，值得提倡。作为产品（成品）必须提供相应的产品合格证书或进行强度和严密性的验证，以证明所提供风管的加工工艺水平和质量。对工程中所选用的外购风管，应按要求进行查对，符合要求的方可同意使用。

4.1.4 本条文规定了风管的规格尺寸以外径或外边长为准；建筑风道以内径或内边长为准。风管板材的厚度较薄，以外径或外边长为准对风管的截面积影响很小，且与风管法兰以内径或内边长为准可相匹配。建筑风道的壁厚较厚，以内径或内边长为准可以正确控制风道的内截面面积。

条文对圆形风管规定了基本和辅助两个系列。一般送、排风及空调系统应采用基本系列。除尘与气力输送系统的风管，管内流速高，管径对系统的阻力损失影响较大，在优先采用基本系列的前提下，可以采用辅助系列。本规范强调采用基本系列的目的是在满足工程使用需要的前提下，实行工程的标准化施工。

对于矩形风管的口径尺寸，从工程施工的情况来看，规格数量繁多，不便于明确规定。因此，本条文采用规定边长规格，按需要组合的表达方法。

4.1.5 本条文规定了通风与空调工程中的风管，应按系统性质及工作压力划分为三个等级，即低压系统、中压系统与高压系统。不同压力等级的风管，可以适用于不同类别的风管系统，如一般通风、空调和净化空调等系统。这是根据当前通风与空调工程技术发展的需要和风管制作水平状况而提出的。表 4.1.5 中还列举了三个等级的密封要求，供在实际工程中选用。

4.1.6 镀锌钢板及含有各类复合保护层的钢板，优良的抗防腐蚀性能主要依靠这层保护薄膜。如果采用电焊或气焊熔焊焊接的连接方法，由于高温不仅使焊缝处的镀锌层被烧蚀，而且会造成大于数倍以上焊缝范围板面的保护层遭到破坏。被破坏了保护层后的复合钢板，可能由于发生电化学的作用，会使其焊缝范围处腐蚀的速度成倍增长。因此，规定镀锌钢板及含有各类复合保护层的钢板，在正常情况下不得采用破坏保护层的熔焊焊接连接方法。

4.1.7 本条文对风管密封的要点内容，从材料和施工方法上作出了规定。

4.2 主 控 项 目

4.2.1、4.2.2 风管板材的厚度，以满足功能的需要为前提，过厚或过薄都不利于工程的使用。本条文从保证工程风管质量的角度出发，对常用材料风管的厚度，主要是对最低厚度进行了规定；而对无机玻璃钢风管则是规定了一个厚度范围，均不得违反。

无机玻璃钢风管是以中碱或无碱玻璃布为增强材料，无机胶凝材料为胶结材料制成的通风管道。对于无机玻璃钢风管质量控制的要点是本体的材料质量（包括强度和耐腐蚀性）与加工的外观质量。对一般水硬性胶凝材料的无机玻璃钢风管，主要是控制玻璃布的层数和加工的外观质量。对气硬性胶凝材料的无机玻璃钢风管，除了应控制玻璃布的层数和加工的外观质量外，还得注意其胶凝材料的质量。在加工过程中以胶结材料和玻璃纤维的性能、层数和两者的结合质量为关键。在实际的工程中，我们应该注意不使用一些加工质量较差，仅加厚无机材料涂层的风管。那样的风管既加重了风管的重量，又不能提高风管的强度和质量。故条文规定无机玻璃钢风管的厚度，为一个合理的区间范围。另外，无机玻璃钢风管如发生泛卤或严重泛霜，则表明胶结材料不符合风管使用性能的要求，不得应用于工程之中。

4.2.3 防火风管为建筑中的安全救生系统，是指建筑物局部起火后，仍能维持一定时间正常功能的风管。它们主要应用于火灾时的排烟和正压送风的救生保障系统，一般可分为1h、2h、4h等的不同要求级别。建筑物内的风管，需要具有一定时间的防火能力，这也是近年来通过建筑物火灾发生后的教训而得来的。为了保证工程的质量和防火功能的正常发挥，规范规定了防火风管的本体、框架与固定、密封垫料不仅必须为不燃材料，而且其耐火性能还要满足设计防火等级的规定。

4.2.4 复合材料风管的板材，一般由两种或两种以上不同性能的材料所组成，它具有重量轻、导热系数小、施工操作方便等特点，具有较大推广应用的前景。复合材料风管中的绝热材料可以为多种性能的材料，为了保障在工程中风管使用的安全防火性能，规范规定其内部的绝热材料必须为不燃或难燃 B1 级，且是对人体无害的材料。

4.2.5 风管的强度和严密性能，是风管加工和制作质量的重要指标之一，必须达到。风管强度的检测主要检查风管的耐压能力，以保证系统安全运行的性能。验收合格的规定，为在 1.5 倍的工作压力下，风管的咬口或其他连接处没有张口、开裂等损坏的现象。

风管系统由于结构的原因，少量漏风是正常的，也可以说是不可避免的。但是过量的漏风，则会影响整个系统功能的实现和能源的大量浪费。因此，本条文对不同系统类别及功能风管的允许漏风量进行了明确的规定。允许漏风量是指在系统工作压力条件下，系统风管的单位表面积、在单位时间内允许空气泄漏的最大数量。这个规定对于风管严密性能的检验是比较科学的，它与国际上的通用标准相一致。条文还根据不同材料风管的连接特征，规定了相应的指标值，更有助质量的监督和应用。

4.2.6~4.2.8 条文规定了金属、非金属和复合材料风管连接的基本要求。

4.2.9 本条文规定了砖、混凝土风道的变形缝应达到的基本质量要求。

4.2.10 本条文规定了圆形风管与矩形风管必须采取加固措施的范围和基本质量要求。当圆形风管直径大于等于800mm,且管段长度大于1250mm或管段长度不大于1250mm,但总表面积大于4m^{2}时,均应采取加固措施。矩形风管当边长大于等于630mm或保温风管连长大于等于800mm,且管段长度大于1250mm或管段长度不大于1250mm,但单边平面表面积大于1.2m^2(中、高压风管为1.0m^2)时,也均应采取加固措施。条文将风管的加固与风管的口径、管段长度及表面积三者统一考虑是比较合理的,且便于执行,符合工程的实际情况。

在我国,非规则椭圆风管也已经开始应用,它主要采用螺旋风管的生产工艺,再经过定型加工而成。风管除去两侧的圆弧部分外,另两侧中间的平面部分与矩形风管相类似,故对其的加固也应执行与矩形风管相同的规定。

4.2.11 本条文对不同材料特性非金属风管的加固,作出了规定。硬聚氯乙烯风管焊缝的抗拉强度较低,故要求设有加强板。

4.2.12 为了降低风管系统的局部阻力,本条文对不采用曲率半径为一个平面连长的内外同心弧形弯管,其平面边长大于500mm的,作出了必须加设弯管导流片的规定。它主要依据是《全国通用通风管道配件图表》矩形弯管局部阻力系数的结论数据。

4.2.13 空气净化空调系统与一般通风、空调系统风管之间的区别,主要是体现在对风管的清洁度和严密性能要求上的差异。本条文就是针对这个特点,对其在加工制作时应做到的具体内容作出了规定。

空气净化空调系统风管的制作,首先应去除风管内壁的油污及积尘,为了预防二次污染和对施工人员的保护,规定了清洗剂应为对人和板材无危害的材料。二是对镀锌钢板的质量作出了明确的规定,即表面镀锌层产生严重损坏的板材(如观察到板材表层镀锌层有大面积白花、用手一抹有粉末掉落现象)不得使用。三是对风管加工的一些工序要求作出了规定,如1~5级的净化空调系统风管不得采用按扣式咬口,不得采用抽芯铆钉等,应予执行。

4.3 一 般 项 目

4.3.1 本条文是对金属风管制作质量的基本规定,应遵照执行。

4.3.2 本条文是对金属法兰风管的制作质量作出的规定。验收时,应先验收法兰的质量,后验收风管的整体质量。

4.3.3 本条文是对金属无法兰风管的制作质量作出的规定。金属无法兰风管与法兰风管相比,虽在加工工艺上存在较大的差别,但对其整体质量的要求应是相同的。因此,本条文只是针对不同无法兰结构形式特点的质量验收内容,进行了叙述和规定。

4.3.4 本条文是对风管加固的验收标准,作出了具体的规定。

4.3.5~4.3.7 条文是根据硬聚氯乙烯、有机玻璃钢、无机玻璃钢风管的不同特性,分别规定了风管制作的质量验收规定。

4.3.8 砖、混凝土风道内表面的质量直接影响到风管系统的使用性能,故对其施工质量的验收作出了规定。

4.3.9、4.3.10 本条文分别对双面铝箔绝热板和铝箔玻璃纤维绝热板新型材料风管的制作质量作出了规定。

复合材料风管都是以产品供应的形式，应用于工程的。故本条文仅规定了一些基本的质量要求。在实际工程应用中，除应符合风管的一般质量要求外，还需根据产品技术标准的详细规定进行施工和验收。

4.3.11 条文对净化空调系统风管施工质量验收的特殊内容作出了规定。净化空调系统风管的洁净等级不同，则风管的严密性要求亦不同。为了能保证其相应的质量，故对系统洁净等级为6~9级风管法兰铆钉的间距，规定为不应大于100mm；1~5级风管法兰铆钉的间距不应大于65mm。在工程施工中对制作完毕的净化空调系统风管，进行二次清洗和及时封口，可以更好地保持系统内部的清洁，很有必要。

5 风管部件与消声器制作

5.1 一般规定

本节规定了通风与空调工程中风管部件验收的一般规定。风管部件有施工企业按工程的需要自行加工的，也有外购的产成品。按我国工程施工发展的趋势，风管部件以产品生产为主的格局正在逐步形成。为此，本条文规定对一般风量调节阀按制作风阀的要求验收，其他的宜按外购产品的质量进行验收。一般风量调节阀是指用于系统中，不要求严密关断的阀门，如三通调节阀、系统支管的调节阀等。

5.2 主控项目

5.2.1 本条文是对一般手动调节风阀质量验收的主控项目作出的规定。

5.2.2 本条文强调的是对调节风阀电动、气动驱动装置可靠性的验收。

5.2.3 防火阀与排烟阀是使用于建筑工程中的救生系统，其质量必须符合消防产品的规定。

5.2.4 防爆风阀主要使用于易燃、易爆的系统和场所，其材料使用不当，会造成严重的后果，故在验收时必须严格执行。

5.2.5 本条文是对净化空调系统风阀质量验收的主控项目作出的规定。

5.2.6 本条文强调的是对高压调节风阀动作可靠性的验收。

5.2.7 当火灾发生，防排烟系统应用时，其管内或管外的空气温度都比较高，如应用普通可燃材料制作的柔性短管，在高温的烘烤下，极易造成破损或被引燃，会使系统功能失效。为此，本条文规定防排烟系统的柔性短管，必须用不燃材料做成。

5.2.8 当消声弯管的平面边长大于800mm时，其消声效果呈加速下降，而阻力反呈上升趋势。因此，条文作出规定，应加设吸声导流片，以改善气流组织，提高消声性能。阻性消声弯管和消声器内表面的覆面材料，大都为玻璃纤维断裂而造成布面破损、吸声材料飞散。因此，本条文规定消声器内直接迎风面的布质覆面层应有保护措施。

　　净化空调系统对风管内的洁净要求很高，连接在系统中的消声器不应该是个发尘源。故本条文规定其消声器内的覆面材料应为不产尘或不易产尘的材料。

5.3 一 般 项 目

5.3.1～5.3.4 条文按不同种类的风阀，对其制作质量进行了规定，以便于验收。

5.3.5 风量平衡阀是一个精度较高的风阀，都由专业工厂生产，故强调按产品标准进行验收。

5.3.6 本条文仅对通风系统中经常应用的吸风罩的基本质量验收要求作出了规定。

5.3.7 本条文按风帽的种类不同，分别规定了制作质量的验收要求。

5.3.8 弯管内设导流片可起到降低弯管局部阻力的作用。导流片的加工可以有多种形式和方法。现在已逐步向定型产品方向发展，故条文强调的是不同材质的矩形风管应用性能相同，而不是规定为同一材质。导流片置于矩形弯管内，迎风侧尖锐的边缘易产生噪声，不利于在系统中使用。导流片的安装可分为等距排列安装和非等距排列安装两种。等距排列安装比较方便，且符合产品批量生产的特点；非等距排列安装需根据风管的口径进行计算，定位、安装比较复杂。另外，矩形弯管导流片还可以按气流特性进行全程分割。根据以上情况，条文规定导流片在弯管内的排列安装应符合设计要求比较妥当。

5.3.9 柔性短管的主要作用是隔振，常应用于与风机或带有动力的空调设备的进出口处，作为风管系统中的连接管；有时也用于建筑物的沉降缝处，作为伸缩管使用。因此，对其材质、连接质量和相应的长度进行规定和控制都是必要的。

5.3.10 本条文规定了一般阻性、抗性与阻抗复合式等消声器制作质量的验收要求。

5.3.11 检查门一般安装在风管或空调设备上，用于对系统设备的检查和维修，它的严密性直接影响到系统的运行。因此，本条文主要强调了对检查门开启的灵活性和关闭时密封性的验收。

5.3.12 本条文规定了风口质量的验收要求。

6 风 管 系 统 安 装

6.1 一 般 规 定

　　本节仅对风管系统安装通用的施工内容及验收步骤作了相应的规定。如风管系统严密性的检验和测试，风管支、吊架膨胀螺栓锚固的规定等。其中风管系统的严密性检验，是一项比较困难的工作。一个风管系统通常可能跨越几个楼层和多个房间，支管口的封堵比较困难，同时还受其他交叉作业影响等。从风管系统漏风的机理来分析，系统末端的静压小，相对的漏风量亦小。只有按施工工艺要求对支管的安装质量进行严格的监督管理，才能比较有效地降低系统的漏风量。同时，对评定优良工程所需的实测项目数据等内容也作了明确规定。新工艺、新材料、施工内容及验收步骤应在本规定的基础上参照生产厂家的质量验收相关规定进行。

6.2 主控项目

6.2.1~6.2.3 条文分别规定了风管系统工程中必须遵守的强制性项目内容，必须遵守。如不按规定进行施工，都有可能带来严重后果。

6.2.4 本条文规定了风管系统中一般部件安装应验收的主控项目。

6.2.5 本条文对防火阀、排烟阀的安装方向、位置进行规定；方向、位置不对，会影响阀门功能的正常发挥。防火墙两侧的防火阀离得越远，对过墙管的耐火性能要求越高，阀门的功能作用越差。

6.2.6 本条文规定了净化空调风管系统安装应验收的主控项目。

6.2.7 本条文规定了集中式真空吸尘风管系统安装应验收的主控项目。

6.2.8 本条文规定了风管系统安装后，必须进行工艺性检测或严密性的检验，并对系统严密性检验步骤作了规定。根据通风与空调工程发展需要，风管系统的严密性测试，要求它与国际上技术先进国家的标准相一致。然而，风管系统的漏风量测试在操作上具有一定难度。先对系统中的开口处进行封堵，然后接上送风装置。测试时，需要采用专业的检测仪器、仪表和设备。因此，本标准根据通风与空调工程施工的实际情况，将风管系统严密性的检验在施工工艺中进行了分级，并按级分别规定了抽检数量和方法。

高压风管系统的泄漏，对系统的正常运行会产生较大的影响，应进行全数检测。

中压风管系统大都为低级别的净化空调系统、恒温恒湿与排烟系统等，对风管的质量有较高的要求，应进行系统漏风量的抽检。

低压系统在通风与空调工程中占有最大的数量，大都为一般的通风、排气和舒适性空调系统。它们对系统的严密性要求相对较低，少量的漏风对系统的正常运行影响不太大，不宜动用大量人力、物力进行现场系统的漏风量测定，宜采用严格施工工艺进行监督，用施工工艺标准中规定的漏光方法来检测，风管系统没有明显的漏光点，则说明工艺质量是稳定可靠的，认为风管的漏风量符合标准规定要求，可不再进行漏风量的测试。当漏光检测时，发现大量的、明显的漏光，则说明风管加工工艺质量存在问题，其漏风量会很大，则必须用漏风量的测试来进行验证。

1~5级的净化空调系统风管的过量泄漏，会严重影响洁净度目标的实现，故规定以高压系统的要求进行验收。

6.2.9 手动密闭阀是为了防止气流冲击波对人体的伤害而设置的，安装方向必须正确。

上述主控项目第6.2.1~6.2.9条均作合格规定，以确保所做工作的主控项目均在检查范围内。

6.3 一 般 项 目

6.3.1 本条文对风管系统安装的基本质量验收要求作了规定。现场安装的风管接口、返弯或异径管等，如果配置不当，截面就无法达到设计要求，从而影响系统正常运行。

6.3.2 本条文对风管无法兰连接的种类安装的质量验收要求作了规定。

6.3.3 本条文对风管系统支、吊架安装质量的验收要求作了规定。风管安装后，应即时对支、吊架进行调整，以避免出现各支、吊架受力不均或使风管产生局部变形。

6.3.4～6.3.6 条文分别对非金属、复合材料、集中式真空吸尘风管系统安装质量的验收要求作了规定。

6.3.7 本条文对风管系统中各类风阀安装质量的验收要求作了规定。

6.3.8 本条文对风管系统中风帽安装质量的验收要求作了规定。

6.3.9 本条文对风管系统中风罩安装质量的验收要求作了规定。

6.3.10 净化空调系统风口安装有较高的要求，故本条文作了附加规定。

6.3.11 本条文对系统风管安装的位置、水平度、垂直度等的验收实测值作了规定。对于暗装风管的水平度、垂直度，虽然没有作出量的规定，但也要求"位置应正确，无明显偏差"。保证风管的暗装位置符合设计要求，满足装饰工作需要。

6.3.12 本条文对风管系统中风口安装的基本质量要求作了规定。风口安装质量应以连接的严密性和观感的舒适、美观为主。

除上述条款对所检查项目作了合格规定，优良项目规定要求按中国建筑工程总公司《建筑工程施工质量统一标准》ZJQ00-SG-013-2006 的第 5.0.2 条第二款规定执行。

7 通风与空调设备安装

7.1 一 般 规 定

7.1.1～7.1.5 条文对通风与空调工程风管系统设备安装质量验收的通用要求作了规定。

设备的随机文件既代表了产品质量，又是指导安装和使用的技术资料，必须加以重视和保存。随着国际间交往的不断发展，国内工程中使用进口设备会有所增加。我们应该根据国际惯例，对所安装的设备规定必须要通过国家商检部门鉴定，并附有检验合格的证明文件。

通风与空调工程中大型、高空或特殊场合的设备吊装，是工程施工中一个特殊的工序，并具有较大的危险性，稍有疏忽就可能造成损失，因此必须加以重视。同时，对评定优良工程所需的实测项目数据等内容也作了明确规定。新设备施工内容及验收步骤应在本规定的基础上参照生产厂家的质量验收相关规定进行。

7.2 主控项目

7.2.1 本条文规定了通风机安装验收的主控项目内容。施工现场对风机叶轮安装的质量和平衡性的检查，最有效、常用的方法就是盘动叶轮，观察它的转动情况和是否会停留在同一个位置。

7.2.2 为了防止风机对人的意外伤害，本条文对通风机转动件的外露和敞口部分作了强制的保护性措施规定。

7.2.3 本条文规定了空调机组安装验收主控项目的内容。一般大型空调机组由于体积大，不便于整体运输，常采用散装或组装功能段运至现场进行整体拼装的施工方法。由于加工质量和组装水平的不同，组装后机组的密封性能存在着较大的差异，严重的漏风将影响系统的使用功能。同时，空调机组整机的漏风量测试也是工程设备验收的必要步骤之一。因此，现场组装的机组在安装完毕后，应进行漏风量的测试。

7.2.4 本条文规定了除尘器安装验收主控项目的内容。现场组装的除尘器，在安装完毕后，应进行机组的漏风量测试，本条文对设计工作压力下除尘器的允许漏风率作出了规定。

7.2.5 本条文规定了高效过滤器安装验收主控项目的内容。高效过滤器主要用在洁净室及净化空调系统，其安装质量的好坏将直接影响到室内空气洁净度等级的实现，故应认真执行。

7.2.6 本条文规定了净化空调设备安装验收主控项目的内容。净化空调设备是指空气净化系统应用的专用设备，安装时，应达到清洁、严密。对风机过滤单元，还强调了系统试运行时，必须加装高效过滤器作为保护的规定。

7.2.7 本条文强制规定了静电空气处理设备安装必须可靠接地的要求。

7.2.8 本条文强制规定了电加热器安装必须有可靠接地和防止燃烧的要求。

7.2.9 本条文规定了干蒸汽加湿器安装、验收的主控项目内容。干蒸汽加湿器的喷气管如果向下安装，会使产生干蒸汽的工作环境遭到破坏。

7.2.10 本条文规定了过滤吸收器安装验收主控项目的内容。过滤吸收器是人防工程中一个重要的空气处理装置，具有过滤、吸附有毒有害气体，保障人身安全的作用。如果安装发生差错，将会使过滤吸收器的功能失效，无法保证系统的安全使用。

7.3 一般项目

7.3.1 本条文对组合式空调机组安装的验收质量作了规定。

组合式空调机的组装、功能段的排序应符合设计规定，还要求达到机组外观整体平直、功能段之间的连接严密，保持清洁及做好设备保护工作等质量要求。

7.3.2 本条文对通风机安装的允许偏差和隔振支架安装的验收质量作了规定。

为防止隔振器移位，规定安装隔振器地面应平整。同一机座的隔振器压缩量应一致，使隔振器受力均匀。

安装风机的隔振器和钢支、吊架应按其荷载和使用场合进行选用，并应符合设计和设备技术文件的规定，以防造成隔振器失效。

7.3.3 本条文对现场组装的空气处理室安装的验收质量作了规定。

现场组装空气处理室容易发生渗漏水的部位，主要是在预埋管、检查门、水管接口以及喷水段的组装接缝等处，施工质量验收时，应引起重视。目前国内喷水式空气处理室，应用的数量虽然比较少，但是作为一种有效的空气处理形式，还是有实用的价值，故本规范给予保留。

表面式换热器的金属翅片在运输与安装过程中易被损坏和沾染污物，会增加空气阻力，影响热交换效率。所以条文也作了相应的规定，以防止此类情况的发生。

7.3.4 本条文对分体式空调机组和风冷整体式空调机组的安装质量验收的要求作了规定。

7.3.5 本条文对各类除尘器安装允许偏差和通用的验收质量作了规定。

除尘器安装位置正确，可保证风管镶接的顺利进行。除尘器的安装质量与除尘效率有着密切关系。本条文对除尘器安装的允许偏差和检验方法作了具体规定。除尘器的活动或转动部位的主要部件应保证清洁，故强调其动作应灵活、可靠。

除尘器的排灰阀、卸料阀、排泥阀的安装应严密，以防止产生粉尘泄漏、污染环境和影响除尘效率。

7.3.6 本条文对现场组装的静电除尘器的阴、阳电极极板的安装质量作了规定。

7.3.7 现场组装的布袋除尘器的验收，本条文强调主要应控制其外壳、布袋与机械落灰装置的安装质量。

7.3.8 本条文对净化空调系统中洁净层流罩安装的验收质量作了规定。

7.3.9 本条文对空气风幕机安装的验收质量作了规定。

为避免空气风幕机运转时发生不正常的振动，因此规定其安装应牢固可靠。风幕机常为明装，故对其垂直度、水平度的允许偏差作了规定。

7.3.10 本条文对净化空调系统中风机过滤单元安装的验收质量作了规定。

7.3.11 本条文对装配式洁净室安装的验收质量作了规定。

为保障装配室洁净室的安全使用，故规定其顶板和壁板为阻燃材料。

洁净室干燥、平整的地面，才能满足其表面涂料与铺贴材料施工质量的需要。为控制洁净室的拼装质量，条文还对壁板、墙板安装的垂直度、顶板的水平度以及每个单间几何尺寸的允许偏差作了规定。

对装配式洁净室的吊顶、壁板的接口等，强调接缝整齐、严密，并在承重后保持平整。装配式洁净室接缝的密封措施和操作质量，将直接影响洁净室的洁净等级和压差控制目标的实现，故需特别引起重视。

7.3.12 本条文对净化空调系统洁净室空气净化设备安装的验收质量作了规定。

带有通风机的气闸室、吹淋室的振动会对洁净室的环境带来不利影响，因此，要求垫隔振垫。

条文对机械式余压阀、传递窗安装质量的验收，强调的是水平度和密封性。

7.3.13 本条文对净化空调系统中高效过滤器安装的验收质量作了规定。

高效过滤器采用机械密封时，密封垫料的厚度及安装的接缝处理非常重要，厚度应按条文的规定执行，接缝不应为直线连接。

当高效过滤器采用液槽密封时，密封液深度以 2/3 槽深为宜，过少会使插入端口处不易密封，过多会造成密封液外溢。

7.3.14 本条文对消声器安装的验收质量作了规定。

条文强调消声器安装前，应做外观检查；安装过程中，应注意保护与防潮。不少消声器安装是具有方向要求的，不能装反。消声器、消声弯管的体积、重量大，应设置单独支、吊架，不应使风管承受消声器和消声弯管的重量。这样可以方便消声器或消声弯管的维修与更换。

7.3.15 本条文对空气过滤器安装的验收质量作了规定。空气过滤器与框架、框架与围护结构之间封堵的不严，会影响过滤器的滤尘效果，所以要求安装时无穿透的缝隙。

卷绕式过滤器的安装，应平整，上下筒体应平行，以达到滤料的松紧一致，使用时不发生跑料。

7.3.16 本条文对风机盘管空调器安装的验收质量作了规定。

风机盘管机组安装前宜对产品的质量进行抽检，这样可使工程质量得到有效的控制，避免安装后发现问题再返工。风机盘管机组的安装，还应注意水平坡度的控制，坡度不当，会影响凝结水的正常排放。风机盘管机组与风管、回风箱或风口的连接，在工程施工中常存在不到位、空缝等不良现象，故条文对此进行了强调。

7.3.17 本条文对转轮式换热器安装的验收质量作了规定。

条文强调了风管连接不能搞错，以防止功能失效和系统空气的污染。

7.3.18 本条文对转轮式去湿器安装的验收质量作了规定。

7.3.19 本条文对蒸汽加湿器安装的验收质量作了规定。

为防止蒸汽加湿器使用过程中产生不必要的振动，应设置独立支架，并固定牢固。

7.3.20 本条文对变风量末端装置安装的验收质量作了规定。

变风量末端装置应设置单独支、吊架，以便于调整和检修；与风管连接前宜做动作试验，确认运行正常后再封口，可以保证安装后设备的正常运行。

除上述条款对所检查项目作了合格规定，优良项目规定要求按中国建筑工程总公司《建筑工程施工质量统一标准》ZJQ00-SG-013-2006 的第 5.0.2 条第二款规定执行。

8 空调制冷系统安装

8.1 一 般 规 定

8.1.1 本条文把适用于空调工程制冷系统的工作范围定为工作压力不高于 2.5MPa，工作温度在 $-20 \sim 150℃$ 的整体式、组装式及单元式制冷设备、制冷附属设备、其他配套设备和管路系统的安装工程。不包括空气分离、速冻、深冷等制冷设备及系统。

8.1.2 空调制冷是一个完整的循环系统，要求其机组、附属设备、管道和阀门等，均必须相互匹配、完好。为此，本条文特作出了规定，要求它们的型号、规格和技术参数必须符合设计的规定,不能任意调换。

8.1.3 现在,空调制冷系统制冷机组的动力源,不再是仅使用单一的电能,已经发展成为多种能源的新格局。空调制冷设备新能源,如燃油、燃气与蒸气的安装,都具有较大的特殊性。为此,本条文强调应按设计文件、有关的规格和产品技术文件的规定执行。

8.1.4 制冷设备种类繁多、形状各一,其重量及体积差异很大,且装有相互关联的配件、仪表、电器和自控装置等,对搬运与吊装的要求较高。制冷机组的吊装就位,也是设备安装的主要工序之一。本条文强调吊装不使设备变形、受损是关键。对大型、高空和特殊场合的设备吊装,应编制施工方案。

8.1.5 空调制冷系统分部工程中制冷机组的本体安装,本规范采取直接引用现行国家标准《制冷设备、空气分离设备安装工程施工及验收规范》GB 50274-1998的办法。

8.2 主控项目

8.2.1 本条文规定了对制冷设备及制冷附属设备安装质量的验收应符合的主控项目内容。

8.2.2 直接膨胀表面式换热器的换热效果,与换热器内、外两侧的传热状态条件有关。设备安装时应保持换热器外表面清洁、空气与制冷剂呈逆向流动的状态。

8.2.3 燃油与燃气系统的设备安装,消防安全是第一位的要求,故本条文特别强调位置和连接方法应符合设计和消防规定的要求,并按设计规定可靠接地。

8.2.4 制冷设备各项严密性试验和试运行的过程,是对设备本体质量与安装质量验收的依据,必须引起重视。故本条文把它作为验收的主控项目。对于组装式的制冷设备,试验的项目应符合条文中所列举项目的全部,并均应符合相应技术标准规定的指标。

8.2.5 本条文对制冷系统管路安装的质量验收的主控项目作出了明确的规定。制冷剂管道连接的部位、坡向都会影响系统的正常运行,故条文规定了验收的具体要求。

8.2.6 燃油管道系统的静电火花,可能会造成很大的危害,必须杜绝。本条文就是针对这个问题而作出规定的。

8.2.7 制冷设备应用的燃气管道可分为低压和中压两个类别。当接入管道的压力大于0.005MPa时,属于中压燃气系统。为了保障使用的安全,其管道的施工质量必须符合本条文的规定,如管道焊缝的焊接质量,应按设计的规定进行无损检测的验证,管道与设备的连接不得采用非金属软管,压力试验不得用水等。燃气系统管道焊缝的焊接质量,采用无损检测的方法来进行质量的验证,要求是比较高的。但是,必须这样做,尤其对天然气类的管道。因为它们一旦泄露燃烧、爆炸,将对建筑和人体造成严重危害。

8.2.8 氨属于有毒、有害气体,但又是性能良好的制冷介质。为了保障使用的安全,本条文对氨制冷系统的管道及其部件安装的密封要求作出严格的规定,必须遵守。

8.2.9 乙二醇溶液与锌易产生不利于管道使用的化学反应,故规定不得使用镀锌管道和配件。

8.2.10 本条文规定的制冷管道系统,主要是指现场安装的制冷剂管路,包括气管、液管及配件。它们的强度、气密性与真空实验必须合格。这属于制冷管路系统施工验收中一个最基本的主控项。

8.3 一 般 项 目

8.3.1 不论是容积式制冷机组,还是吸收式制冷设备,它们对机体的水平度、垂直度等安装质量都有要求,否则会给机组的运行带来不良影响。另外,当两台或几台设备串联或并联安装时,如相对坐标及标高偏差较大时,会对接管造成困难,并影响管道安装的美观。因此,本条文对其验收要求作出了规定。

8.3.2 模块式制冷机组是按一定结构尺寸和形式,将制冷机、蒸发器、冷凝器、水泵及控制机构组成一个完整的制冷系统单元(即模块)。它既可以单独使用,又可以多个并联组成大容量冷水机组组合使用。模块与模块之间的管道,常采用V形夹固定连接。本条文就是对冷水管道、管道部件和阀门安装验收的质量要求作出了规定。

8.3.3 本条文对燃油泵和蓄冷系统载冷剂泵安装验收的质量要求作出了规定。

8.3.4 本条文是对制冷系统管道安装质量的一般项目内容作出了规定。

8.3.5 制冷系统中应用的阀门,在安装前均应进行严格的检查和验收。凡具有产品合格证明文件,进出口封闭良好,且在技术文件规定期限内的阀门,可不做解体清洗。如不符合上述条件的阀门应做全面拆卸检查,除污、除锈、清洗、更换垫料,然后重新组装,进行强度和密封性试验。同时,根据阀门的特性要求,条文对一些阀门的安装方向作出了规定。

8.3.6 本条文规定管路系统吹扫排污,应采用压力为0.6MPa干燥压缩空气或氮气,为的是控制管内的流速不至过大,又能满足管路清洁、安全施工的目的。

9 空调水系统管道与设备安装

9.1 一 般 规 定

9.1.1 本条文规定了本章适用的范围。

9.1.2 镀锌钢管表面的镀锌层,是管道防腐的主要保护层,为不破坏镀锌层,故提倡采用螺纹连接。根据国内工程施工的情况,当管径大于等于DN100mm时,螺纹的加工与连接质量不太稳定,不如采用法兰、焊接或其他连接方法更为合适。对于闭式循环运行的冷媒水系统,管道内部的腐蚀性相对较弱,对被破坏的表面进行局部处理可以满足需要。但是,对于开式运行的冷却水系统,则应采取更为有效的防腐措施。

9.1.3 空调工程水系统金属管道的焊接,是该工程施工中应具备的一个基本技术条件。企业应具有相应焊接管道材料和条件的合格工艺评定,焊工应具有相应类别焊接考核合格且在有效期内的资格证书。这是保证管道焊接施工质量的前提条件。

9.1.4 空调工程的蒸汽能源管道或蒸汽加湿管道,其施工要求与采暖工程的规定相同,故本条文采用直接引用中国建筑工程总公司《给排水及采暖工程施工工艺标准》ZJQ00-

SG-010-2003 的方法。

9.2 主控项目

9.2.1 本条文规定了空调水系统的设备与附属设备、管道、管道部件和阀门的材质、型号和规格，必须符合设计的基本规定。

9.2.2 本条文主要规定了空调水系统管道、管道部件和阀门的施工，必须执行的主控项目内容和质量要求。

在实际工程中，空调工程水系统的管道存在有局部埋地或隐蔽铺设时，在为其实施覆土、浇捣混凝土或其他隐蔽施工之前，必须进行水压试验并合格。如有防腐及绝热施工的，则应该完成全部施工，并经过现场监理的认可和签字，办妥手续后，方可进行下道隐蔽工程的施工。这是强制性的规定，必须遵守。

管道与空调设备的连接，应在设备定位和管道冲洗合格后进行。一是可以保证接管的质量，二是可以防止管路内的垃圾堵塞空调设备。

9.2.3 空调工程管道水系统安装后必须进行水压试验（凝结水系统除外），试验压力根据工程系统的设计工作压力分为两种。冷热水、冷却水系统的试验压力，当工作压力小于等于 1.0MPa 时，为 1.5 倍工作压力，最低不小于 0.6MPa；当工作压力大于等于 1.0MPa 时，为工作压力加 0.5MPa。

一般建筑的空调工程，绝大部分建筑高度不会很高，空调水系统的工作压力大多不会大于 1.0MPa。符合常规的压力试验条件，即试验压力为 1.5 倍的工作压力，并不得小于 0.6MPa，稳压 10min，压降不大于 0.02MPa，然后降至工作压力做外观检查。因此，完全可以按该方法进行。

对于大型或高层建筑的空调水系统，其系统下部受静水压力的影响，工作压力往往很高，采用常规 1.5 倍工作压力的试验方法极易造成设备和零部件损坏。因此，对于工作压力大于 1.0MPa 的空调水系统，条文规定试验压力为工作压力加上 0.5MPa。这是因为现在空调水系统绝大多数采用闭式循环系统，目的是为了节约水泵的运行能耗，这也就决定了因各种原因造成管道内压力上升不会大于 0.5MPa。这种试压方法在国内高层建筑工程中试用过，效果良好，符合工程实际情况。

试压压力是以系统最高处，还是最低处的压力为准，这个问题以前一直没有明确过，本条文明确了应以最低处的压力为准。这是因为，如果以系统最高处压力试压，那么系统最低处的试验压力等于 1.5 倍的工作压力再加上高度差引起的静压差值。这在高层建筑中最低处压力甚至会再增大几个兆帕（MPa），将远远超出了管配件的承压能力。所以，取点为最高处是不合适的。此外，在系统设计时，计算系统最高压力也是在系统最低处，随着管道位置的提高，内部的压力也逐步降低。在系统实际运行时，高度—压力变化关系同样是这样。因此，一个系统只要最低处的试验压力比工作压力高出一个 ΔP，那么系统管道的任意处的试验压力也比该处的工作压力同样高出一个 ΔP，也就是说系统管道的任意处都是有安全保证的。所以，条文明确了这一点。

对于各类耐压非金属（塑料）管道系统的试验压力规定为 1.5 倍的工作压力，（试验）工作压力为 1.15 倍的设计工作压力，这是考虑非金属管道的强度，随着温度的上升而下降，故适当提高了（试验）工作压力的压力值。

9.2.4 本条文规定了空调水系统管道阀门安装，必须遵守的主控项目的内容。

空调水系统中的阀门质量，是系统工程质量验收的一个重要项目。但是，从国家整体质量管理的角度来说，阀门的本体质量应归属于产品的范畴，不能因为产品质量的问题而要求在工程施工中负责产品的检验工作。本规范从职责范围和工程施工的要求出发，对阀门的检验规定为阀门安装前必须进行外观检查，其外表应无损伤、阀体无锈蚀，阀体的铭牌应符合《通用阀门标志》GB 12220 的规定。

管道阀门的强度试验，根据各种阀门的不同要求予以区别对待：

1 对于工作压力高于 1.0MPa 的阀门规定抽检 20%，这个要求比原抽检 10% 严格了。

2 对于安装在主干管上起切断作用的阀门，条文规定按全数检查。

3 其他阀门的强度检验工作可结合管道的强度试验工作一起进行。条文规定的阀门强度试验压力（1.5 倍的工作压力）和压力持续时间（5min）均符合国家行业标准《阀门检验与管理规程》SH 3518-2000 的规定。

这样，不但减少了阀门检验的工作量，而且也提高了检验的要求。既保证了工程质量，又便于实施。

9.2.5 本条文规定了管道补偿器安装质量验收的主控项目内容。

9.2.6 本条文规定了空调水系统中冷却塔的安装，必须遵守的主控项目的内容。玻璃钢冷却塔虽然具有重量轻、耐化学腐蚀、性能高的特点，在工程中得到广泛应用。但是，玻璃钢外壳以及塑料点波片或蜂窝片大都是易燃物品。在系统运行的过程中，被水不断的冲淋，不可能发生燃烧，但是，在安装施工的过程中却是非常容易被引燃的。因此，本条文特别提出规定，必须严格遵守施工防火安全管理的规定。

9.2.7 本条文规定了空调水系统中的水泵的安装，必须遵守的主控项目的内容。

9.2.8 本条文规定了空调水系统其他附属设备安装必须遵守的主控项目的内容。

9.3 一 般 项 目

9.3.1 根据当前有机类化学新型材料管道的发展，为了适应工程新材料施工质量的监督和检验，本条文对非金属管道和管道部件安装的基本质量要求作出了规定。

9.3.2 金属管道的焊接质量，直接影响空调水系统工程的正常运行和安全使用，故本条文对空调水系统金属管道安装焊接的基本质量要求作出了规定。

9.3.3 本条文对采用螺纹连接管道施工质量验收的一般要求作出了规定。

9.3.4 本条文对采用法兰连接的管道施工质量验收的一般要求作出了规定。

9.3.5 本条文对空调水系统钢制管道、管道部件等施工质量验收的一般要求作出了规定。对于管道安装的允许偏差和支、吊架衬垫的检查方法等也作了说明。

9.3.6 钢塑复合管道既具有钢管的强度，又具有塑料管耐腐蚀的特性，是一种空调水系统中应用较理想的材料。但是，如果在施工过程中处理不当，管内的涂塑层遭到破坏，则会丧失其优良的防腐蚀性能。故本条文规定当系统工作压力小于等于 1.0MPa，钢塑复合管采用螺纹连接时，宜采用涂（衬）塑焊接钢管与无缝钢管涂（衬）塑管配件，螺纹连接的深度和扭矩应符合本标准表 9.3.6-1 的规定。当系统工作压力大于 1.0MPa 时，宜采用涂（衬）塑无缝钢管法兰连接或沟槽式连接，管道的配件也为无缝钢管涂（衬）塑管件。沟槽式连接管道的沟槽与连接使用的橡胶密封圈和卡箍套也必须为配套合格产品。这点应该引起重视，否则不易保证施工质量。

　　管道的沟槽式连接为弹性连接，不具有刚性管道的特性，故规定支、吊架不得支承在连接卡箍上，其间距应符合本规范条文中表 9.3.6-2 的规定。水平管的任两个连接卡箍之间必须设有支、吊架。

9.3.7　本条文对风机盘管施工质量验收的一般要求作出了规定。

9.3.8　本条文对空调水系统管道支、吊架安装的基本质量要求作出了规定。以往管道系统支、吊架的间距和要求，一直套用国家标准《采暖与卫生工程施工及验收规范》GBJ 242-82 的规定。它与当前技术发展存在较大的差距，因而进行了计算和新编。本条文规定的金属管道的支、吊架的最大跨距，是以工作压力不大于 2.0MPa，现在工程常用的绝热材料和管道的口径为条件的。表 9.3.8 中规定的最大口径为 $DN300mm$，保温管道的间距为 9.5m。对于大于 $DN300mm$ 的管道口径也按这个间距执行。这是因为空调水系统的管道，绝大多数为室内管道，更长的支、吊架距离不符合施工现场的条件。

　　沟槽式连接管道的支、吊架距离，不得执行本条文的规定。

9.3.9　本条文仅对空调水系统的非金属管道支、吊架安装的基本质量要求作出了规定。热水系统的非金属管道，其强度与温度成反比，故要求增加其支、吊架支承面的面积，一般宜加倍。

9.3.10　本条文仅对空调水管道阀门及部件安装的基本质量要求作出了规定。

9.3.11　本条文主要对空调系统应用的冷却塔及附属设备安装的基本质量要求作出了规定。冷却塔安装的位置大都在建筑物顶部，一般需要设置专用的基础或支座。冷却塔属于大型的轻型结构设备，运行时既有水的循环，又有风的循环。因此，在设备安装验收时，应强调安装的固定质量和连接质量。

9.3.12　本条文对水泵安装施工质量验收的一般要求作出了规定。

9.3.13　本条文对空调水系统附属设备安装的基本质量要求作出了规定。

10 防 腐 与 绝 热

10.1 一 般 规 定

10.1.1　本条文规定了风管与部件及空调设备绝热工程施工的前提条件，是在风管系统严密性检验合格后才能进行。风管系统的严密性检验，是指对风管系统所进行的漏光检测或漏风量测定。

10.1.2　本条文是对空调制冷剂管道和空调水系统管道的绝热施工条件的规定。管道的绝热施工是管道安装工程的后道工序，只有当前道工序完成，并被验证合格后才能进行。

10.1.3 普通薄钢板风管的防腐处理，可采取两种方法，即先加工成型后刷防腐漆和先刷防腐漆后再加工成型。两者相比，后者的施工工效高，并对咬口缝和法兰铆接处的防腐效果要好得多。为了提高风管的防腐性能，保障工程质量，故作此规定。

10.1.4 在一般的情况下，支、吊架与风管或管道同为黑色金属材料，并处于同一环境。因此，它们的防腐处理应与风管或管道相一致。而在有些含有酸、碱或其他腐蚀性气体的建筑厂房，风管或管道采用硬聚氯乙烯、玻璃钢或不锈钢板（管）时，则支、吊架的防腐处理应与风管、管道的抗腐蚀性能相同或按设计的规定执行。

油漆可分为底漆和面漆。底漆以附着和防锈蚀的性能为主，面漆以保护底漆、增加抗老化性能和调节表面色泽为主。非隐蔽明装部分的支、吊架，如不刷面漆会使防腐底漆很快老化失效，且不美观。

10.1.5 油漆施工时，应采用防火、防冻、防雨等措施，这是一般油漆工程施工必须做到的基本要求。但是，有些操作人员并不重视这方面的工作，不但会影响油漆质量，还可能引发火灾事故。另外，大部分的油漆在低温时（通常指5℃以下）黏度增大，喷涂不易进行，造成厚薄不匀，不易干燥等缺陷，影响防腐效果。如果在潮湿的环境下（一般指相对湿度大于85%）进行防腐施工，由于金属表面聚集了一定量的水汽，易使涂膜附着能力降低和产生气孔等，故作此规定。

10.2 主 控 项 目

10.2.1 本条文规定了空调工程系统风管和管道使用的绝热材料，必须是不燃或难燃材料，不得为可燃材料。从防火的角度出发，绝热材料应尽量采用不燃的材料。但是，从绝热的使用效果、性能等诸条件来对比，难燃材料还有其相对的长处，在工程中还占有一定的比例。难燃材料一般用易燃材料作基材，采用添加阻燃剂或浸涂阻燃材料而制成。它们的外形与易燃材料差异不大，很易混淆。无论是国内、还是国外，都发生过空调工程中绝热材料被引燃后造成恶果。为此，本条文明确规定，当工程绝热材料为难燃材料时，必须对其难燃性能进行验证，合格后方准使用。

10.2.2 防腐涂料和油漆都有一定的有效期，超过期限后，其性能会发生很大的变化。工程中不得使用过期的和不合格的产品。

10.2.3 本条文规定了电加热器前后800mm和防火隔墙两侧2m范围内风管的绝热材料，必须为不燃材料。这主要是为了防止电加热器可能引起绝热材料的自燃和杜绝邻室火灾通过风管或管道绝热材料传递的通道。

10.2.4 本条文规定了空调冷媒水系统的管道，当采用通孔性的绝热材料时，隔汽层（防潮层）必须完整、密封。通孔性绝热材料由疏松的纤维材料和空气层组成，空气是热的不良导体，两者结合构成了良好的绝热性能。这个性能的前提条件是要求空气层为静止的或流动非常缓慢。所以，使用通孔性绝热材料作为绝热材料时，外表面必须加设隔汽层（防潮层），且隔汽层应完整，并封闭良好。当使用于输送介质温度低于周围空气露点温度的管道时，隔汽层的开口之处与绝热材料内层的空气产生对流，空气中的水蒸气遇到过冷的管道将被凝结、析出。凝结水的产生将进一步降低材料的热阻，加速空气的对流，随着时间的推迟最终导致绝热层失效。

10.2.5 洁净室控制的主要对象就是空气中的浮尘数量，室内风管与管道的绝热材料如采用易产尘的材料（如玻璃纤维、短纤维矿棉等），显然对洁净室内的洁净度达标不利。故条文规定不应采用易产尘的材料。

10.3 一 般 项 目

10.3.1 本条文仅对空调工程油漆施工质量的基本质量要求作出了规定。

10.3.2 空调工程施工中，一些空调设备或风管与管道的部件，需要进行油漆修补或重新涂刷。在操作中不注意对设备标志的保护与对风口等的转动轴、叶片活动面的防护，会造成标志无法辨认或叶片粘连影响正常使用等问题。故本条文作出了规定。

10.3.3 本条文仅对风管部件绝热施工的基本质量要求作出了规定。

10.3.4 本条文仅对空调工程中绝热层施工的拼接和厚度控制的基本质量要求作出了规定。

10.3.5 本条文仅对空调工程的绝热，采用粘结方法固定施工时，为控制其基本质量作出了规定。当前，通风与空调工程绝热施工中可使用的粘结材料品种繁多，它们的理化性能各不相同。因此，我们规定胶粘剂的选择，必须符合环境卫生的要求，并与绝热材料相匹配，不应发生熔蚀、产生有毒气体等不良现象。对于采用粘结的部分绝热材料，随着时间的推移，有可能发生分层、脱胶等现象。为了提高其使用的质量和寿命，可采用打包捆扎或包扎。捆扎的应松紧适度，不得损坏绝热层；包扎的搭接处应均匀、贴紧。

10.3.6 本条文仅对空调风管绝热层采用保温钉进行固定连接施工的基本质量要求作出了规定。采用保温钉固定绝热层的施工方法，其钉的固定极为关键。在工程中保温钉脱落的现象时有发生。保温钉不牢固的主要原因，有胶粘剂选择不当、粘结处不清洁（有油污、灰尘或水汽等），胶粘剂过期失效或粘结后未完全固化等。因此，条文强调粘结应牢固，不得脱落。

如果保温钉的连接采用焊接固定的方法，则要求固定牢固，能在数千克的拉力下不脱落。同时，应在保温钉焊接后，仍保持风管的平整。当保温钉焊接连接应用于镀锌钢板时，应达到不影响其防腐性能。一般宜采用螺柱焊焊接的技术和方法。

10.3.7 绝热涂料是一种新型的不燃绝热材料，施工时直接涂抹在风管、管道或设备的表面，经干燥固化后即形成绝热层。该材料的施工，主要是涂抹性的湿作业，故规定要涂层均匀，不应有气泡和漏涂等缺陷。当涂层较厚时，应分层施工。

10.3.8 本条文仅对玻璃布保护层安装的基本质量要求作出了规定。

10.3.9 本条文对空调水系统的管道阀门、法兰等部位的绝热施工，规定为可单独拆卸的结构，以方便系统的维修和保养。

10.3.10 本条文仅对空调水系统管道绝热施工的基本质量要求作出了规定。

10.3.11 本条文仅对空调水系统管道绝热防潮层施工的基本质量要求作出了规定。

10.3.12 本条文仅对绝热层金属保护壳安装的基本质量要求作出了规定。

10.3.13 为了方便系统的管理和维修，应根据国家有关规定作出标识。

11 系 统 调 试

11.1 一 般 规 定

11.1.1 本条文对应用于通风与空调工程调试的仪器、仪表性能和精度要求作出了规定。

11.1.2 本条文明确规定通风与空调工程完工后的系统调试,应以施工企业为主,监理单位监督,设计单位、建设单位参与配合。设计单位的参与,除应提供工程设计的参数外,还应对调试过程中出现的问题提出明确的修改意见;监理、建设单位参加调试,既可起工程的协调作用,又有助于工程的管理和质量的验收。

对有的施工企业,本身不具备工程系统调试的能力,则可以采用委托给具有相应调试能力的其他单位或施工企业。

11.1.3 本条文对通风与空调工程的调试,作出了必须编制调试方案的规定。通风与空调工程的系统调试是一项技术性很强的工作,调试的质量会直接影响到工程系统功能的实现。因此,本条文规定调试前必须编制调试方案,方案可指导调试人员按规定的程序、正确方法与进度实施调试。同时,也利于监理对调试过程的监督。

11.1.4 本条文对通风与空调工程系统无生产负荷的联合试运转及调试,无故障正常运转的时间要求作出了规定。

本条文对净化空调工程系统调试的要求作出了具体的规定。

11.2 主 控 项 目

11.2.1 通风与空调工程完工后,为了使工程达到预期的目标,规定必须进行系统的测定和调整(简称调试)。它包括设备的单机试运转和调试及无生产负荷下的联合试运转及调试两大内容。这是必须进行的强制性规定。其中系统无生产负荷下的联合试运转调试,还可以为子分部系统的联合试运转与调试整个分部工程系统的平衡与调整。

11.2.2 本条文规定了空调工程系统设备的单机试运转,应达到的主要控制项目及要求。

11.2.3 本条文规定了空调工程系统无生产负荷的联动试运转调试,应达到的主要控制项目及要求。

11.2.4 通风与空调工程中的防排烟系统是建筑内的安全保障设备系统,必须符合设计和消防的验收规定。属于强制性条文。

11.2.5 本条文规定了洁净空调工程系统无生产负荷的联动试运转及调试,应达到的主控项目及要求。洁净室洁净度的测定,应以空态或静态为主,并应符合设计的规定等级,另外,工程也应采用与业主商定的验收状态条件下,进行室内的洁净度的测定验证。

11.3 一般项目

11.3.1 本条文对通风、空调系统设备单机试运转的基本质量要求作出了规定。
11.3.2 本条文对通风工程系统无生产负荷的联动试运转及调试的基本质量要求作出了规定。
11.3.3 本条文对通风、空调工程的控制和监测设备,与系统的监测元件的执行机构的沟通,以及整个自控系统正常运行的基本测量要求作出了规定。

12 竣工验收

12.0.1 本条文将通风与空调工程的竣工验收强调为一个交接的验收过程。
12.0.2 本条文规定通风与空调工程的竣工验收,应由建设单位负责,组织施工、设计、监理等单位(项目)负责人及技术、质量负责人、监理工程师共同参加的对本分部工程进行的竣工验收,合格后即应办理验收手续。
12.0.3 本条文规定了通风与空调工程施工竣工验收应提供的文件和资料。
12.0.4 本条文规定了通风与空调工程外观检查项目和质量标准。

通风与空调工程有时按独立单位工程的形式进行工程的验收,甚至仅以本规范所划分的一个子分部作为一独立的单位工程,那时可以将通风与空调工程分部或子分部作为一个独立验收单位,但必须有相应工程内容完整的验收资料。
12.0.5 本条文规定了净化空调工程需增加的外观检查项目和质量标准。

13 综合效能的测定与调整

本章将通风与空调工程综合效能测定和调整的项目和要求进行了规定,以完善整个工程的验收。

工程系统的综合效能测定和调整是对通风与空调工程整体质量的检验和验证。但是,它的实施需要一定的条件,其中最基本的就是要满足生产负荷的工况,并在此条件下进行测试和调整,最后作出评价。因此,这项工作只能由建设单位或业主来组织和实施。

工程系统的综合效能测定和调整的具体项目内容的选定,应由建设单位或业主根据产品工艺的要求进行综合衡量为好。一般应以适用为准则,不宜提出过高的要求。在调试过程中,设计和施工单位应参与配合。

净化空调系统的综合效能测定和调整与洁净室的运行状态密切相关。因此,需要由建设单位、供应商、设计商、设计和施工多方对检测的状态进行协商后确定。

建筑电气工程施工质量标准

Standard for construction quality of
electrical installation in building

ZJQ00-SG-024-2006

中国建筑工程总公司

前 言

本标准是根据中国建筑工程总公司（简称中建总公司）中建市管字〔2004〕5号《关于全面开展中建总公司建筑工程各专业施工标准编制工作的通知》的要求，由中国建筑第七工程局组织有关单位编制。

本标准总结了中建总公司系统建筑电气工程施工质量管理的实践经验，以"突出质量策划、完善技术标准、强化过程控制、坚持持续改进"为指导思想，以提高质量管理要求为核心，力求在有效控制制造成本的前提下，使建筑电气工程施工质量得到切实保证和不断提高。

本标准是以国家《建筑电气工程施工质量验收规范》GB 50303-2002、中建总公司《建筑工程施工质量统一标准》ZJQ00-SG-013-2006为基础，综合考虑中建总公司所属施工企业的技术水平、管理能力、施工队伍操作工人技术素质和现有市场环境等各方面客观条件，融入工程质量等级评定，以便统一中建总公司系统施工企业建筑电气工程施工质量的内部验收方法、质量标准、质量等级的评定和程序，为创工程质量的"过程精品"奠定基础。

本标准将根据国家有关标准、规范的变化，企业发展的需要等进行定期或不定期的修订，请各级施工单位在执行标准过程中，注意积累资料、总结经验，并请将意见或建议及有关资料及时反馈中建总公司质量管理部门，以供本标准修订时参考。

主编单位：中国建筑第七工程局安装工程公司

参编单位：中国建筑第七工程局

主　　编：焦安亮

副 主 编：邢　栓　王光政　王五奇

编写人员：王少宏　宋长红　龚　斌　孙国栋　汪　斌

目　次

1 总则 ·· 12—6
2 术语 ·· 12—6
3 基本规定 ·· 12—8
　3.1 一般规定 ·· 12—8
　3.2 主要材料、设备、成品和半成品进场验收 ·········· 12—9
　3.3 施工工序交接确认 ······························ 12—12
　3.4 施工质量检验评定 ······························ 12—16
4 架空线路及杆上电气设备安装 ······················ 12—18
　4.1 主控项目 ······································ 12—18
　4.2 一般项目 ······································ 12—19
5 变压器、箱式变电所安装 ·························· 12—20
　5.1 主控项目 ······································ 12—20
　5.2 一般项目 ······································ 12—21
6 成套配电柜、控制柜（屏、台）和动力、
　照明配电箱（盘）安装 ···························· 12—22
　6.1 主控项目 ······································ 12—22
　6.2 一般项目 ······································ 12—23
7 低压电动机、电加热器及电动执行
　机构检查接线 ······································ 12—25
　7.1 主控项目 ······································ 12—26
　7.2 一般项目 ······································ 12—26
8 柴油发电机组安装 ································· 12—27
　8.1 主控项目 ······································ 12—27
　8.2 一般项目 ······································ 12—27
9 不间断电源安装 ···································· 12—28
　9.1 主控项目 ······································ 12—28
　9.2 一般项目 ······································ 12—29
10 低压电气动力设备试验和试运行 ·················· 12—29
　10.1 主控项目 ····································· 12—29
　10.2 一般项目 ····································· 12—30
11 裸母线、封闭母线、插接式母线安装 ············· 12—31
　11.1 主控项目 ····································· 12—31
　11.2 一般项目 ····································· 12—35

12 电缆桥架安装和桥架内电缆敷设	12—36
12.1　主控项目	12—36
12.2　一般项目	12—37
13　电缆沟内和电缆竖井内电缆敷设	12—38
13.1　主控项目	12—38
13.2　一般项目	12—39
14　电线导管、电缆导管和线槽敷设	12—40
14.1　主控项目	12—40
14.2　一般项目	12—41
15　电线、电缆穿管和线槽敷线	12—43
15.1　主控项目	12—43
15.2　一般项目	12—44
16　槽板配线	12—44
16.1　主控项目	12—44
16.2　一般项目	12—45
17　钢索配线	12—45
17.1　主控项目	12—46
17.2　一般项目	12—46
18　电缆头制作、接线和线路绝缘测试	12—47
18.1　主控项目	12—47
18.2　一般项目	12—47
19　普通灯具安装	12—48
19.1　主控项目	12—48
19.2　一般项目	12—49
20　专用灯具安装	12—50
20.1　主控项目	12—51
20.2　一般项目	12—52
21　建筑物景观照明灯、航空障碍标志灯和庭院灯安装	12—53
21.1　主控项目	12—53
21.2　一般项目	12—55
22　开关、插座、风扇安装	12—56
22.1　主控项目	12—56
22.2　一般项目	12—57
23　建筑物照明通电试运行	12—58
23.1　主控项目	12—58
24　接地装置安装	12—59
24.1　主控项目	12—59
24.2　一般项目	12—60

25	避雷引下线和变配电室接地干线敷设	12—61
25.1	主控项目	12—61
25.2	一般项目	12—61
26	接闪器安装	12—62
26.1	主控项目	12—63
26.2	一般项目	12—63
27	建筑物等电位联结	12—63
27.1	主控项目	12—63
27.2	一般项目	12—64
28	分部（子分部）工程验收	12—64
28.1	建筑电气分部（子分部）工程质量验收的划分	12—64
28.2	建筑电气工程质量的验收程序和组织	12—65
28.3	建筑电气工程观感质量验收评定的规定	12—68
28.4	建筑电气工程质量验收记录	12—69
附录 A	建筑电气工程子分部、分项工程及检验批划分	12—69
附录 B	柴油发电机交接试验	12—73
附录 C	检验批质量验收、评定记录	12—74
附录 D	分项工程质量验收、评定记录	12—109
附录 E	建筑电气安装工程分部（子分部）工程质量验收、评定记录	12—111
附录 F	建筑电气安装工程质量控制资料核查记录	12—113
附录 G	建筑电气安装工程安全和功能检验资料及主要功能抽查、核查记录	12—115
附录 H	建筑电气工程观感质量验收、评定	12—117
本标准用词说明		12—118
条文说明		12—119

1 总 则

1.0.1 为了企业加强建筑工程质量管理，提高施工技术水平，统一中国建筑工程总公司建筑电气工程质量的验收和评定，保证工程质量，制定本标准。

1.0.2 本标准是在国家标准《建筑电气工程施工质量验收规范》GB 50303 的基础上制定的，适用于中国建筑工程总公司及所属施工企业总承包施工的建筑工程中的电气工程质量的内部验收和评定。

1.0.3 本标准需与中国建筑工程总公司《建筑工程施工质量统一标准》ZLQ00－SG－013－2006 配套使用。

1.0.4 本标准中以黑体字印刷的条文为强制性条文，必须严格执行。

1.0.5 本标准适用于满足建筑物预期使用功能要求的电气安装工程施工质量验收和评定，适用电压等级为 10kV 及以下。

1.0.6 建筑电气安装工程质量的检验和评定除执行本标准外，尚应符合现行有关国家标准、规范的规定。

1.0.7 本标准为中国建筑工程总公司企业标准，主要用于企业内部的建筑电气工程施工质量控制。在工程的建设方（甲方）无特定要求时，工程的外部验收应以国家现行《建筑电气工程施工质量验收规范》GB 50303 为准，若工程的建设方（甲方）要求采用本标准作为工程的质量标准时应在工程承包合同中作出明确约定，并明确由于采用本标准而引起的甲、乙双方的相关责任、权利和义务。

2 术 语

2.0.1 安装工程质量 quality of installation engineering

反映安装工程满足相关标准规定或合同约定的要求，包括其在安全、使用功能及其在耐久性能、环境保护等方面所有明显和隐含能力的特性总和。

2.0.2 验收 acceptance

建筑（安装）工程在施工单位自行质量检查评定的基础上，参与建设活动的有关单位共同对检验批、分项、分部、单位工程的质量进行抽样复查，根据相关标准以书面形式对工程质量达到合格与否作出确认。

2.0.3 进场验收 site acceptance

对进入施工现场的材料、构配件、设备等按相关标准规定要求进行检验，对产品达到合格与否作出确认。

2.0.4 检验 inspection

对检验项目中的性能进行量测、检查、试验等，并将结果与标准规定要求进行比较，以确定每项性能是否合格所进行的活动。

2.0.5 检验批 inspection lot

按同一生产条件或按规定的方式汇总起来供检验用的，由一定数量样本组成的检验体。

2.0.6 交接检验 handing over inspection

由施工的承接方与完成方经双方检查并对可否继续施工作出确认的活动。

2.0.7 布线系统 wiring system

一根电缆（电线）、多根电缆（电线）或母线以及固定它们的部件的组合。如果需要，布线系统还包括封装电缆（电线）或母线的部件。

2.0.8 电气装置 electrical installation

为实现一个或几个具体目的且特性相配合的电气设备的组合。

2.0.9 电气设备 electrical equipment

发电、变电、输电、配电或用电的任何物件，诸如电机、变压器、电器、测量仪表、保护装置、布线系统的设备、电气用具。

2.0.10 建筑电气工程（装置） electrical installation in building

为实现一个或几个具体目的且特性相配合的，由电气装置、布线系统和用电设备电气部分的组合。这种组合能满足建筑物预期的使用功能和安全要求，也能满足使用建筑物的人的安全需要。

2.0.11 主控项目 dominant item

建筑工程中的对安全、卫生、环境保护和公众利益起决定性作用的检验项目。

2.0.12 一般项目 general item

除主控项目以外的检验项目。

2.0.13 抽样检验 sampling inspection

按照规定的抽样方案，随机地从进场的材料、构配件、设备或建筑工程检验项目中，按检验批抽取一定数量的样本所进行的检验。

2.0.14 观感质量 quality of appearance

通过观察和必要的量测所反映的工程外在质量。

2.0.15 返修 repair

对工程不符合标准规定的部位采取整修等措施。

2.0.16 返工 rework

对不合格的工程部位采取的重新制作、重新施工等措施。

2.0.17 产品质量证明文件 document of testifying quality

可以证明用于工程的材料、设备、成品、半成品质量的产品合格证、质量保证书、质量检测报告、产品认证证明等文字资料。

2.0.18 质量控制资料 data of quality control

反映施工过程质量控制的各项工作，可以证明工程内在质量，并与施工同步形成的技术、管理文件。

2.0.19 保护导体(PE) protective conductor (PE)
为防止发生电击危险而与下列部件进行电气连接的一种导体：
——裸露导电部件；
——外部导电部件；
——主接地端子；
——接地电极（接地装置）；
——电源的接地点或人为的中性接点。

2.0.20 中性保护导体 PEN conductor
一种同时具有中性导体和保护导体功能的接地导体。

2.0.21 景观照明 landscape lighting
为表现建筑物造型特色、艺术特点、功能特征和周围环境布置的照明工程，这种工程通常在夜间使用。

2.0.22 导管 conduit
在电气安装中用来保护电线或电缆的圆形或非圆形的布线系统的一部分，导管有足够的密封性，使电线电缆只能从纵向引入，而不能从横向引入。

2.0.23 金属导管 metal conduit
由金属材料制成的导管。

2.0.24 可接近的 accessible
（用于配线方式）在不损坏建筑物结构或装修的情况下就能移出或暴露的，或者不是永久性地封装在建筑物的结构或装修中的。
（用于设备）因为没有锁住的门、抬高或其他有效方法用来防护，而许可十分靠近者。

2.0.25 见证取样检测 evidential testing
在监理单位或建设单位监督下，由施工单位有关人员现场取样，并送至具备相应资质的检测单位所进行的检测。

3 基 本 规 定

3.1 一 般 规 定

3.1.1 建筑电气工程施工现场的质量管理，除应符合现行国家标准《建筑工程施工质量验收统一标准》GB 50300-2001 的 3.0.1 条规定和企业现行标准规定外，尚应符合下列规定：

    1 安装电工、电气焊工、起重吊装工和电气调试人员等，均应按照有关规定的要求持证上岗；

    2 安装和调试用的各类计量检测器具，应检定合格，使用时必须在有效期内。

3.1.2 建筑电气工程施工现场应具备必要的施工技术（质量）标准、健全的施工质量管理体系和工程质量检测制度，实现施工全过程质量控制。

3.1.3 建筑电气工程施工应按照批准的工程设计文件、资料和相应的施工技术标准进行施工，若修改设计应按设计单位出具的设计变更通知单为准。

3.1.4 建筑电气工程的施工单位应当具备相应的资质。参与工程质量验收的人员应具有相应的专业技术资格或上岗证书。

3.1.5 建筑电气工程的分部（子分部）、分项工程可按附录A中表A.0.1进行划分。

3.1.6 建筑电气工程的分项工程，可按供电系统、区域或施工段、功能区段等划分。每个分项工程可由一个或若干个检验批组成。

3.1.7 检验批是工程验收的最小单位，是分项工程质量验收的基础。建筑电气工程中分项工程的检验批可按附录A中表A.0.2进行划分。

3.1.8 施工单位应根据施工进度情况及时组织自检，在自检合格的检查上，报请监理（建设）单位组织验收。非总承包单位还应报请总承包单位派员参加验收。

3.1.9 额定电压交流1kV及以下、直流1.5kV及以下的应为低压电气设备、器具和材料；额定电压大于交流1kV、直流1.5kV的应为高压电气设备、器具和材料。

3.1.10 电气设备上的计量仪表和与电气保护有关的仪表应检定合格，当投入试运行时，应在有效期内。

3.1.11 接地（PE）或接零（PEN）支线必须单独与接地（PE）或接零（PEN）干线相连接，不得串联连接。

3.1.12 高压的电气设备和布线系统及继电保护系统的交接试验，必须符合现行国家标准《电气装置安装工程电气设备交接试验标准》GB 50150的规定。

3.1.13 建筑电气工程施工应编制施工方案，且需经业主或监理批准后方可实施。建筑电气动力工程的负荷试运行，可依据电气设备及相关建筑电气设备的种类、特性，编制试运行方案或作业指导书，并应经施工单位审核批准、监理单位确认后，方可执行。

3.1.14 动力和照明工程的漏电保护装置应做模拟动作试验。

3.1.15 送至建筑智能化工程的电气量值信号精度等级和电气状态信号应准确且符合设计要求，接收建筑智能化工程的指令应保证使建筑电气工程的动作符合指令要求且手动、自动切换功能正常。

3.1.16 低压的电气设备和布线系统的交接试验，应符合本标准的规定。

3.2 主要材料、设备、成品和半成品进场验收

3.2.1 建筑电气工程采用的主要材料、器具和设备等应进行进场验收，检验工作应有施工单位和监理（建设）单位参加，施工单位为主，监理单位确认。凡涉及安全、功能的有关产品，应进行按批抽样送有资质的试验室复测，并应有检验结论记录。

3.2.2 因有异议送有资质试验室进行抽样检测，试验室应出具检测报告，确认符合本标准和相关技术标准规定，才能在施工中应用。

3.2.3 依法定程序批准进入市场的新电气设备、器具和材料进场验收，除符合本标准规定外，尚应提供安装、使用、维修和试验要求等技术文件。

3.2.4 进口电气设备、器具和材料进场验收，除符合规范规定外，尚应提供商检证明和

中文的质量合格证明文件、规格、型号、性能检测报告以及中文的安装、使用、维修和试验要求等技术文件。

3.2.5 型钢和电焊条应符合下列规定：

    1 按批查验合格证和材质证明书；有异议时，按批抽样送有资质的试验室检测；

    2 外观检查：型钢表面无严重锈蚀，无过度扭曲、弯折变形；电焊条包装完整，拆包抽检，焊条尾部无锈斑。

3.2.6 镀锌制品（支架、横担、接地极、避雷用型钢等）和外线金具应符合下列规定：

    1 按批查验合格证或镀锌厂出具的镀锌质量证明书；

    2 外观检查：镀锌层覆盖完整、表面无锈斑，金具配件齐全，无砂眼；

    3 对镀锌质量有异议时，按批抽样送有资质的试验室检测。

3.2.7 钢筋混凝土电杆和其他混凝土制品应符合下列规定：

    1 按批查验合格证；

    2 外观检查：表面平整，无缺欠露筋，每个制品表面有合格印记；钢筋混凝土电杆表面光滑，无纵向、横向裂纹，杆身平直，弯曲不大于杆长的1/1000。

3.2.8 钢制灯柱应符合下列规定：

    1 按批查验合格证；

    2 外观检查：涂层完整，根部接线盒盒盖紧固件和内置熔断器、开关等器件齐全，盒盖密封垫片完整。钢柱内设有专用接地螺栓，地脚螺孔位置按提供的附图尺寸，允许偏差为±2mm。

3.2.9 变压器、箱式变电所、高压电器及电瓷制品应符合下列规定：

    1 查验合格证和随带技术文件，变压器有出厂试验记录；

    2 外观检查：有铭牌，附件齐全，绝缘件无缺损、裂纹，充油部位不渗漏，充气高压设备气压指示正常，涂层完整。

3.2.10 高低压成套配电柜、蓄电池柜、不间断电源柜、控制柜（屏、台）及电力、照明配电箱（盘）应符合下列规定：

    1 查验合格证和随带技术文件，实行生产许可证和安全认证制度的产品，有许可证编号和安全认证标志。不间断电源柜有出厂试验记录；

    2 外观检查：有铭牌，柜内元器件无损坏丢失、接线无脱落脱焊，蓄电池柜内电池壳体无碎裂、漏液，充油、充气设备无泄露，涂层完整，无明显碰撞凹陷。

3.2.11 电动机、电加热器、电动执行机构和低压开关设备应符合下列规定：

    1 查验合格证和随带技术文件，实行生产许可证和安全认证制度的产品，有许可证编号和安全认证标志；

    2 外观检查：有铭牌，附件齐全，电气接线端子完好，设备器件无缺损，涂层完整。

3.2.12 柴油发电机组应符合下列规定：

    1 依据装箱单，核对主机、附件、专用工具、备品备件和随带技术文件，查验合格证和出厂试运行记录，发电机及其控制柜有出厂试验记录；

    2 外观检查：有铭牌，电气接线端子完好，机身无缺件，涂层完整。

3.2.13 裸母线、裸导线应符合下列规定：

    1 查验合格证；

2 外观检查：包装完好，裸母线平直，表面无明显划痕，测量厚度和宽度符合制造标准；裸导线表面无明显损伤，不松股、扭折和断股（线），测量线径符合制造标准。

3.2.14 封闭母线、插接式母线应符合下列规定：

1 查验合格证和随带安装技术文件；

2 外观检查：防潮密封良好，各段编号标志清晰，附件齐全，外壳不变形，母线螺栓搭接面平整、镀层覆盖完整、无起皮和麻面；插接式母线上的静触头无缺损、表面光滑、镀层完整。

3.2.15 电缆桥架、线槽应符合下列规定：

1 查验合格证；

2 外观检查：部件齐全，表面光滑、不变形；钢制桥架涂层完整，无锈蚀；玻璃钢制桥架色泽均匀，无破损碎裂；铝合金桥架涂层完整，无扭曲变形，不压扁，表面不划伤。

3.2.16 电线、电缆应符合下列规定：

1 按批查验合格证，合格证有生产许可证编号，按《额定电压450/750V及以下聚氯乙烯绝缘电缆》GB 5023.1～5023.7 标准生产的产品有安全认证标志；

2 外观检查：包装完好，抽检的电线绝缘层完整无损，厚度均匀。电缆无压扁、扭曲，铠装不松卷。电线、电缆外护层有明显标识和制造厂标；

3 按制造标准，现场抽样检测绝缘层厚度和圆形线芯的直径；线芯直径误差不大于标称直径的1%；常用的BV型绝缘电线的绝缘层厚度不小于表3.2.16的规定；

表 3.2.16 BV型绝缘电线的绝缘层厚度表

序 号	1	2	3	4	5	6	7	8	9	10	11	12	13	14	15	16	17
电线芯线标称截面积（mm^2）	1.5	2.5	4	6	10	16	25	35	50	70	95	120	150	185	240	300	400
绝缘层厚度规定值（mm）	0.7	0.8	0.8	0.8	1.0	1.0	1.2	1.2	1.4	1.4	1.6	1.6	1.8	2.0	2.2	2.4	2.6

4 对电线、电缆绝缘性能、导电性能和阻燃性能有异议时，按批抽样送有资质的试验室检测。

3.2.17 电缆头部件及接线端子应符合下列规定：

1 查验合格证；

2 外观检查：部件齐全，表面无裂纹和气孔，随带的袋装涂料或填料不泄露。

3.2.18 导管应符合下列规定：

1 按批查验合格证；

2 外观检查：钢导管无压扁、内壁光滑。非镀锌钢导管无严重锈蚀，按制造标准油漆出厂的油漆完整；镀锌钢导管镀层覆盖完整、表面无锈斑；绝缘导管及配件不碎裂、表面有阻燃标记和制造厂标；

3 按制造标准现场抽样检测导管的直径、壁厚及均匀度。对绝缘导管及配件的阻燃性能有异议时，按批抽样送有资质的试验室检测。

3.2.19 照明灯具及附件应符合下列规定：

1 查验合格证，新型气体放电灯具有随带技术文件；

2 外观检查：灯具涂层完整，无损伤，附件齐全；防爆灯具铭牌上有防爆标志和防爆合格证号，普通灯具有安全认证标志；

3 成套灯具的绝缘电阻、内部接线等性能进行现场抽样检测；灯具的绝缘电阻值不小于2MΩ，内部接线为铜芯绝缘电线，芯线截面积不小于0.5mm²，橡胶或聚氯乙烯（PVC）绝缘电线的绝缘层厚度不小于0.6mm；对游泳池和类似场所灯具（水下灯及防水灯具）的密闭和绝缘性能有异议时，按批抽样送有资质的试验室检测。

3.2.20 开关、插座、接线盒和风扇及其附件应符合下列规定：

1 查验合格证，防爆产品有防爆标志和防爆合格证号，实行安全认证制度的产品有安全认证标志；

2 外观检查：开关、插座的面板及接线盒盒体完整、无碎裂、零件齐全，风扇无损坏，涂层完整，调速器等附件适配；

3 对开关、插座的电气和机械性能进行现场抽样检测。检测规定如下：

　　1）不同极性带电部件间的电气间隙和爬电距离不小于3mm；

　　2）绝缘电阻值不小于5MΩ；

　　3）用自攻锁紧螺钉或自切螺钉安装的，螺钉与软塑固定件旋合长度不小于8mm，软塑固定件在经受10次拧紧退出试验后，无松动或掉渣，螺钉及螺纹无损坏现象；

　　4）金属间相旋合的螺钉螺母，拧紧后完全退出，反复5次仍能正常使用。

4 对开关、插座、接线盒及面板等塑料绝缘材料阻燃性能有异议时，按批抽样送有资质的试验室检测。

3.3 施工工序交接确认

3.3.1 建筑电气工程施工前，应与相关各专业之间进行交接质量检验，并形成记录。

3.3.2 隐蔽工程应在隐蔽之前经验收各方检验合格后，方可隐蔽，并应形成记录。

3.3.3 除设计要求外，承力建筑钢结构构件上，不得采用熔焊连接固定电气线路、设备和器具的支架、螺栓等部件；且严禁热加工开孔。

3.3.4 建筑电气工程应掌握好施工程序，各工序按施工技术标准进行质量控制，各工序完成后，应经过自检、交接检和专职人员检查，并形成记录。未经监理单位（建设单位）检查认可，不得进行下道工序施工。

3.3.5 架空线路及杆上电气设备安装施工程序如下：

1 线路方向和杆位及拉线坑位应依据设计图纸位置测量埋桩后，经检查确认，才能挖掘杆坑和拉线坑；

2 杆坑、拉线坑的深度和坑型，事关线路抗倒伏能力，必须按照设计图纸或施工大样图的规定进行验收，经检查确认，才能立杆和埋设拉线盘；

3 杆上高压电气设备和材料，要按规定进行交接试验合格，才能通电；

4 架空线路做绝缘检查，且经单相冲击试验合格，才能通电；

　　5 架空线路的相位经检查确认，才能与接户线连接。

3.3.6 变压器、箱式变电所安装施工程序如下：

　　1 变压器、箱式变电所的基础验收合格，且对埋入基础的电线导管、电缆导管和变压器进、出线预留孔及相关预埋件进行检查，经核对无误后，才能安装变压器、箱式变电所；

　　2 杆上变压器的支架紧固检查后，才能吊装变压器且就位固定；

　　3 变压器及接地装置交接试验合格，才能通电。除杆上变压器可以视具体情况在安装前或安装后做交接试验外，其他的均应在安装就位后做交接试验。

3.3.7 成套配电柜、控制柜（屏、台）和电力、照明配电箱（盘）安装施工程序如下：

　　1 埋设的基础型钢和柜、屏、台下的电缆沟等相关建筑物检查合格，才能安装柜、屏、台；

　　2 室内外落地电力配电箱的基础验收合格，且对埋入基础的电线导管、电缆导管进行检查，才能安装箱体；

　　3 在墙上明装的动力、照明配电箱（盘）的预埋件（金属埋件、螺栓），在抹灰前预留和预埋；暗装的动力、照明配电箱箱体的预留孔和动力、照明配线的线盒及配线的电线导管等，经检查确认到位，才能安装配电箱（盘），且应与土建施工同步预埋；建筑物墙面装修完成后，才能安装配电箱（盘）内的元件和接线；

　　4 在柜、屏、台、箱、盘的接地（PE）或接零（PEN）连接完成后，核对柜、屏、台、箱、盘内的元件规格、型号，且交接试验合格，才能投入试运行。

3.3.8 低压电动机、电加热器及电动执行机构应在绝缘电阻测试合格后，再与机械设备完成连接，经手动操作符合工艺要求，才能接线。

3.3.9 柴油发电机组安装施工程序如下：

　　1 基础验收合格后，才能安装机组；

　　2 地脚螺栓固定的机组经初平、螺栓孔灌浆、精平、紧固地脚螺栓、二次灌浆等机械安装程序；安放式的机组将底部垫平、垫实；

　　3 油、气、水冷、风冷、烟气排放等系统和隔振防噪声设施安装完成，经检查无油、水泄漏；按设计要求或消防规定配置的消防器材齐全到位；发电机静态试验、随机配电盘控制柜接线检查合格，才能空载试运行；

　　4 柴油机空载试运行和试验调整合格，才能负荷试运行；

　　5 在规定时间内，连续无故障负荷试运行合格，才能投入备用状态。

3.3.10 不间断电源要按产品技术要求进行试验调整，经检查确认后，才能接至馈电网路。

3.3.11 低压电气动力设备试验和试运行施工程序如下：

　　1 设备的可接近裸露导体接地（PE）或接零（PEN）连接完成，经检查合格，才能进行试验；

　　2 动力成套配电（控制）柜、屏、台、箱、盘的交流工频耐压试验、保护装置的动作试验合格，才能通电；

　　3 控制回路模拟动作试验合格，盘车或手动操作，电气部分与机械部分的转动或动作协调一致，经检查确认，才能空载试运行。

3.3.12 裸母线、封闭母线、插接式母线安装施工程序如下：

1 变压器、高低压成套配电柜、穿墙套管及绝缘子等安装就位，经检查合格，才能安装变压器和高低压成套配电柜的母线；

2 封闭、插接式母线安装，在结构封顶、室内底层地面施工完成或已确定地面标高、场地清理、层间距离复核无误后，才能确定支架的设置位置；

3 与封闭、插接式母线安装位置有关的管道、空调及建筑装修工程施工基本结束，确认扫尾施工不会影响已安装的母线，才能安装母线；

4 封闭、接插式母线每段母线组对接续前，要对各段母线的绝缘电阻测试合格，绝缘电阻值大于20MΩ，才能安装组对；

5 母线支架和封闭、插接式母线的外壳接地（PE）或接零（PEN）连接完成，母线绝缘电阻测试和交流工频耐压试验合格，才能通电。

3.3.13 电缆桥架安装和桥架内电缆敷设施工程序如下：

1 测量定位，安装好桥架的支架，经检查确认后，才能安装桥架；

2 桥架安装经检查合格后，才能敷设电缆；

3 电缆敷设前，要经绝缘测试合格，才能敷设；

4 电缆电气交接试验合格，且对接线去向、相位和防火隔堵措施等按施工设计的位置和要求，检查确认后，才能通电。

3.3.14 电缆在沟内、竖井内支架上敷设的施工程序如下：

1 清除电缆沟、电缆竖井内的施工临时设施、模板及建筑废料等，测量定位后，才能安装支架；

2 电缆沟、电缆竖井内支架安装及电缆导管敷设结束，接地（PE）或接零（PEN）与电缆支架及电缆导管连接完成，经检查确认后，才能敷设电缆；

3 电缆敷设前绝缘测试合格，才能敷设；

4 电缆敷设后，交接试验合格，且对接线去向、相位和防火隔堵措施等检查确认后，才能通电和投入运行。

3.3.15 电线导管、电缆导管和线槽敷设施工程序如下：

1 除埋入混凝土中的非镀锌钢导管外壁不做防腐处理外，其他场所的非镀锌钢导管内、外壁均做防腐处理，经检查确认，才能配管；

2 室外直埋导管的路径、沟槽深度、宽度及垫层处理经检查确认，才能埋设导管；但电线钢导管室外埋设的长度不应大于15m；

3 砖混结构墙体内导管敷设，导管经弯曲加工及管与盒（箱）连接后，经检查确认合格才能配合土建在砌体墙内敷设；

4 框架结构隔墙内导管敷设，导管经截料和弯曲加工及管与盒（箱）连接后，方可连接梁内引出的导管或套管，经检查确认合格，才能敷设；

5 现浇混凝土板内配管在底层钢筋绑扎完成，上层钢筋未绑扎前敷设，经检查确认，才能绑扎上层钢筋和浇捣混凝土；

6 现浇混凝土墙体内的钢筋网片绑扎完成，门、窗等位置已经放线，经检查确认，才能在墙体内配管；

7 被隐蔽的接线盒和导管在隐蔽前检查合格，才能隐蔽；

　　8 在梁、板、柱、墙等部位明配管的导管套管、埋件、支架等检查合格，土建装修工程完成后，才能进行配管；

　　9 吊顶上的灯位及电气器具位置先放样，且与土建及各专业施工单位商定并配合施工，才能在吊顶内配管；

　　10 顶棚和墙面的喷浆、油漆或壁纸等基本完成，才能敷设线槽、槽板。

3.3.16 电线、电缆穿管及线槽敷线施工程序如下：

　　1 金属的导管、盒（箱）或金属线槽的接地（PE）或接零（PEN）及其他焊接施工完成，经检查确认，才能穿入电线、电缆以及在线槽内敷线；

　　2 土建装修工程完成，与导管连接的柜、屏、台、箱、盘安装完成，管内积水及杂物清理干净，经检查确认，才能穿入电线、电缆；

　　3 电缆穿管前绝缘测试合格，才能穿入导管；

　　4 电线、电缆交接试验合格，且对接线去向和相位等检查确认，才能通电。

3.3.17 钢索配线的预埋件及预留孔，应预留、预埋完成；装修工程除地面外基本结束，才能吊装钢索及敷设线路。

3.3.18 电缆头制作和接线施工程序如下：

　　1 电缆头的引线与开关设备的连接位置、引线方向及连接长度和电缆绝缘测试经检查确认，才能制作电缆头；

　　2 控制电缆绝缘电阻测试和校线合格，才能接线；

　　3 电线、电缆交接试验和相位核对合格，才能接线。

3.3.19 各类照明灯具安装施工程序如下：

　　1 安装灯具的预埋螺栓、吊杆和吊顶上嵌入式灯具安装专用骨架等完成，大型灯具按设计要求做承载试验合格，才能安装灯具；

　　2 影响灯具安装的模板、脚手架拆除；顶棚和墙面喷浆、油漆或壁纸等及地面清理工作基本完成后，才能安装灯具；

　　3 导线绝缘测试合格，才能进行灯具接线；

　　4 高空安装的灯具，在地面通断电试验合格，才能安装。

3.3.20 照明开关、插座、风扇安装施工程序如下：

　　吊扇的吊钩预埋完成；电线绝缘测试应合格，顶棚和墙面的喷浆、油漆或壁纸等应基本完成，经检查确认，才能安装开关、插座和风扇。

3.3.21 照明系统的测试和通电试运行施工程序如下：

　　1 电线绝缘电阻测试前电线的接续完成；

　　2 照明箱（盘）、灯具、开关、插座的绝缘电阻测试在就位前或接线前完成；

　　3 备用电源或事故照明电源做空载自动投切试验前拆除负荷，空载自动投切试验合格，才能做有载自动投切试验；

　　4 电气器具及线路绝缘电阻测试合格，才能通电试验；

　　5 照明全负荷试验必须在本条的1、2、4款完成且试验成功后才能进行。

3.3.22 接地装置安装施工程序如下：

　　1 建筑物基础接地体要在底板钢筋敷设完成，按设计要求做接地施工，经检查确认，才能支模或浇捣混凝土；

 2 人工接地体应先按设计要求位置开挖沟槽，经检查确认，才能打入接地极和敷设地下接地干线；

 3 接地模块应先按设计位置开挖模块坑，并将地下接地干线引到模块上，依据模块供应商提供的技术文件，经检查确认无误，才能相互焊接；

 4 接地装置的隐蔽应在检查验收合格以后，才能覆土回填。

3.3.23 引下线安装施工程序如下：

 1 利用建筑物柱内主筋做引下线，在柱内主筋绑扎后，按设计要求施工，经检查确认，才能支模；

 2 直接从基础接地体或人工接地体暗敷埋入粉刷层内的引下线，经检查确认不外露，才能贴面砖或刷涂料等；

 3 直接从基础接地体或人工接地体引出明敷设的引下线，先埋设或安装支架，经检查确认，才能敷设引下线。

3.3.24 接闪器安装要在接地装置和引下线施工完成后，才能安装，且与引下线连接。

3.3.25 等电位联结施工程序如下：

 1 总等电位联结时对可作导电接地体的金属管道入户处和供总等电位联结的接地干线的位置要检查确认后，才能安装焊接总等电位联结端子板，按设计要求做总等电位联结；

 2 辅助等电位联结时对供辅助等电位联结的接地母线位置应检查确认，才能安装焊接辅助等电位联结端子板，按设计要求做辅助等电位联结；

 3 对特殊要求的建筑金属屏蔽网箱，网箱施工完成，经检查确认，才能与接地线连接。

3.3.26 防雷接地系统测试：接地装置施工完成测试应合格；避雷接闪器安装完成，整个防雷接地系统连成回路，才能进行系统测试。

3.4 施工质量检验评定

3.4.1 本标准的检验批、分项、分部（子分部）工程质量均分为"**合格**"与"**优良**"两个等级。

3.4.2 检验批合格质量应符合以下规定：

 1 主控项目

  1）主控项目中的重要材料、构件及配件、成品及半成品、设备性能及附件的材质、技术性能等，其技术数据及项目等必须符合国家有关技术标准的规定；

  2）电气的绝缘、接地测试和安全保护、试运行结果等，其数据及项目必须符合设计要求和国家有关验收标准、规范的规定；

  3）主控项目中的重要允许偏差项目，其实测值必须控制在本标准的规定值之内。

 2 一般项目

  1）一般项目中的允许偏差项目，其所有抽查点（处）实测值，应有80%及其以上控制在本标准的规定值之内，其余20%及以下的抽查点（处）实测值可以

超过规定值,但通常不得超过规定值的150%;

  2）对一般项目中不能确定偏差值而又允许出现一定缺陷的项目,其缺陷数量应控制在本标准的规定范围内;

  3）对一般项目中定性的项目,应基本符合本标准的规定。

 3 具有完整的施工操作依据、质量检查记录。

3.4.3 检验批优良质量应符合以下规定：

 1 主控项目

  1）主控项目中的重要材料、构件及配件、成品及半成品、设备性能及附件的材质、技术性能等,其技术数据及项目必须符合国家有关技术标准的规定;

  2）电气的绝缘、接地测试和安全保护、试运行结果等,其数据及项目必须符合设计要求和国家有关验收标准、规范的规定;

  3）主控项目中的允许偏差项目,其实测值必须控制在本标准的规定值之内。

 2 一般项目

  1）一般项目中的允许偏差项目,其所有抽查点（处）实测值,应有80%及其以上控制在本标准的规定值之内,其余20%及以下的抽查点（处）实测值可以超过规定值,但通常不得超过规定值的120%;

  2）对一般项目中不能确定偏差值而又允许出现一定缺陷的项目,其缺陷数量必须控制在本标准的规定范围内;

  3）对一般项目中定性的项目,应符合本标准的规定。

 3 具有完整的施工操作依据、质量检查记录。

3.4.4 分项工程合格质量应符合以下规定：

 1 分项工程所含检验批均达到本标准的合格质量标准规定;

 2 分项工程所含检验批中符合本标准优良质量规定的未达到70%;

 3 分项工程所含检验批的施工操作依据、质量检查、验收记录应完整。

3.4.5 分项工程优良质量应符合以下规定：

 1 分项工程所含检验批全部达到本标准的合格质量标准规定,其中有70%及以上的检验批符合本标准的优良质量标准规定;

 2 分项工程所含检验批的施工操作依据、质量检查、验收记录完整。

3.4.6 分部（子分部）工程合格质量应符合以下规定：

 1 分部（子分部）工程所含分项工程均达到本标准的合格质量标准规定;

 2 分部（子分部）工程所含分项工程中符合本标准优良质量规定的未达到70%;

 3 质量控制资料应完整;

 4 有关安全及功能的检验和抽样检测结果应符合有关规定;

 5 观感质量验收得分率不低于80%。

3.4.7 分部（子分部）工程优良质量应符合以下规定：

 1 分部（子分部）工程所含分项工程均达到本标准的合格质量标准规定,其中有70%及以上的分项工程符合本标准的优良质量标准规定;

 2 质量控制资料完整;

 3 有关安全及功能的检验和抽样检测结果应符合有关规定;

4 观感质量验收得分率不低于90%。

3.4.8 当建筑电气安装工程质量不符合要求时，应按下列规定进行处理：

1 经返工重做或更换器具、设备的检验批，应重新进行验收；

2 经有资质的检测单位检测鉴定能够达到设计要求的检验批，应予以验收；

3 经有资质的检测单位检测鉴定达不到要求，但经原设计单位核算认可能够满足结构安全和使用功能的检验批，可予以验收；

4 经返修或加固处理的分项、分部工程，虽然改变外形尺寸但仍能满足安全使用要求，可按技术处理方案和协商文件进行验收；

5 当通过返修或加固处理后，仍不能满足安全使用要求的分部工程、单位（子单位）工程，严禁验收。

3.4.9 本标准中加粗字体内容为企业内控要求。

4 架空线路及杆上电气设备安装

本章适用于建筑电气分部工程中室外电气子分部工程的架空线路及杆上电气设备安装分项工程施工质量的验收。为方便现场使用，将本分项工程分为"架空线路安装"和"杆上电气设备安装"两个类型的检验批进行质量验收。

4.1 主 控 项 目

4.1.1 电杆坑、拉线坑的深度允许偏差，应不深于设计坑深100mm，不浅于设计坑深50mm。

检验方法：采用尺量方法检查。

检查数量：全数检查。

4.1.2 架空导线的弧垂值，允许偏差为设计弧垂值的±5%，水平排列的同档导线间弧垂值的偏差为±50mm。

检验方法：用驰度尺观察检查和检查安装记录。

检查数量：抽查线路档数的10%，但不少于5档，少于5档全数检查。

4.1.3 变压器中性点应与接地装置引出干线直接连接，接地装置的接地电阻值必须符合设计要求。

检验方法：采用目测和实测接地电阻值或检查测试记录或试验时旁站。

检查数量：全数检查。

4.1.4 杆上变压器和高压绝缘子、高压隔离开关、跌落式熔断器、避雷器等必须按本标准第3.1.12条的规定交接试验合格。

检验方法：查阅试验记录或采用试验时旁站。

检查数量：全数检查。

4.1.5 杆上低压配电箱的电气装置和馈电线路交接试验应符合下列规定：
  1 每路配电开关及保护装置的规格、型号，符合设计要求；
  2 相间和相对地间的绝缘电阻值大于 0.5MΩ；
  3 电气装置的交流工频耐压试验电压为 1kV，当绝缘电阻值大于 10MΩ 时，可采用 2500V 兆欧表摇测替代，试验持续时间 1min，无击穿闪络现象。
  检验方法：检查安装和测试记录。
  检查数量：全数检查。

4.2 一 般 项 目

4.2.1 拉线的绝缘子及金具应齐全，位置正确，承力拉线应与线路中心线方向一致，转角拉线应与线路分角线方向一致。拉线应收紧，收紧程度与杆上导线数量规格及弧垂值相适配。
  检验方法：用目测检查或用仪器检查。
  检查数量：抽查 10%，但不少于 5 组，少于 5 组全数检查。

4.2.2 电杆组立应正直，直线杆横向位移不应大于 50mm，杆稍偏移不应大于稍径的 1/2，转角杆紧线后不向内角倾斜，向外角倾斜不应大于一个稍径。
  检验方法：采用目测检查或用水准仪检查。
  检查数量：抽查 10 组，不足 10 组全数检查。

4.2.3 直线杆单横担应装于受电侧，终端杆、转角杆的单横担应装于拉线侧。横担的上下歪斜和左右扭斜，从横担端部测量不应大于 20mm。横担等镀锌制品应热浸镀锌。
  优良标准增加：横担与电杆间接触紧密，连接螺栓螺纹露出螺母 2～3 扣。
  检验方法：采用目测检查或用仪器检查。
  检查数量：抽查 10 组，不足 10 组全数检查。

4.2.4 导线无断股、扭绞和死弯，与绝缘子固定可靠，金具规格应与导线规格适配。
  优良标准增加：导线没有因施工不当造成加固或修复。
  检验方法：采用目测方法检查。
  检查数量：全数检查。

4.2.5 线路的跳线、过引线、接户线的线间和线对地间的安全距离，电压等级为 6～10kV 的，应大于 300mm；电压等级为 1kV 及以下的，应大于 150mm。用绝缘导线架设的线路，绝缘破口处应修补完整。
  优良标准增加：导线布置合理、整齐，线间连接的走向清楚，辨认方便。
  检验方法：采用目测检查或实测检查。
  检查数量：抽查 10 组，不足 10 组全数检查。

4.2.6 杆上电气设备安装应符合下列规定：
  1 固定电气设备的支架、紧固件为热浸镀锌制品，紧固件及防松零件齐全；
  2 变压器油位正常、附件齐全、无渗油现象、外壳涂层完整；
  3 跌落式熔断器安装的相间距离不小于 500mm；熔管试操动能自然打开旋下；
  4 杆上隔离开关分、合操动灵活，操动机构机械锁定可靠，分合时三相同期性好，分闸后，刀片与静触头间空气间隙距离不小于200mm；地面操作杆的接地（PE）可靠，且有标识；

5 杆上避雷器排列整齐，相间距离不小于350mm，电源侧引线铜线截面积不小于16mm^2、铝线截面积不小于25mm^2，接地侧引线铜线截面积不小于25mm^2、铝线截面积不小于35mm^2。与接地装置引出线连接可靠。

优良标准增加：设备安装平整，成排的排列整齐、间距均匀、高度一致。

检验方法：采用尺量和目测方法检查。

检查数量：全数检查。

5 变压器、箱式变电所安装

本节适用于建筑电气分部工程中的室外电气、变配电室等子分部工程的变压器、箱式变电所安装分项工程施工质量的验收。

5.1 主控项目

5.1.1 变压器安装应位置正确，附件齐全，油浸变压器油位正常，无渗油现象。

检验方法：采用目测方法检查。

检查数量：全数检查。

5.1.2 接地装置引出的接地干线与变压器的低压侧中性点直接连接；接地干线与箱式变电所的N母线和接地（PE）母线直接连接；变压器箱体、干式变压器的支架或外壳应接地（PE）。所有连接应可靠，紧固件及防松零件齐全。

检验方法：采用目测方法检查。

检查数量：全数检查。

5.1.3 变压器必须按本标准3.1.12条的规定交接试验合格。

检验方法：采用检查试验记录或试验时旁站方法检查。

检查数量：全数检查。

5.1.4 箱式变电所及落地式配电箱的基础应高于室外地坪，周围排水通畅。用地脚螺栓固定的螺帽齐全，拧紧牢固；自由安放的应垫平放正。金属箱式变电所及落地式配电箱，箱体应接地（PE）或接零（PEN）可靠，且有标识。

检验方法：采用目测方法检查。

检查数量：全数检查。

5.1.5 箱式变电所的交接试验，必须符合下列规定：

1 由高压成套开关柜、低压成套开关柜和变压器三个独立单元组合成的箱式变电所高压电气设备部分，按本标准3.1.12条的规定交接试验合格；

2 高压开关、熔断器等与变压器组合在同一个密闭油箱内的箱式变电所，交接试验按产品提供的技术文件要求执行。

3 低压成套配电柜交接试验符合本标准4.1.5条的规定。

检验方法：采用目测检查和查阅试验记录或用兆欧表抽查测试或在试验时旁站方法检查。

检查数量：全数检查。

5.2 一 般 项 目

5.2.1 有载调压开关的传动部分润滑应良好，动作灵活，点动给定位置与开关实际位置一致，自动调节符合产品的技术文件要求。

检验方法：采用目测检查和检查安装记录方法检查。

检查数量：全数检查。

5.2.2 绝缘件应无裂纹、缺损和瓷件瓷釉损坏等缺陷，外表清洁，测温仪表指示准确。

检验方法：采用目测方法检查。

检查数量：全数检查。

5.2.3 装有滚轮的变压器就位后，应将滚轮用能拆卸的制动部件固定。

检验方法：采用目测方法检查。

检查数量：全数检查。

5.2.4 变压器应按产品技术文件要求检查器身，当满足下列条件之一时，可不检查器身。

1 制造厂规定不检查器身者；

2 就地生产仅做短途运输的变压器，且在运输过程中有效监督，无紧急制动、剧烈振动、冲撞或严重颠簸等异常情况者。

优良标准增加：器身各附件间连接的导线有保护管，保护管和接线盒固定可靠。

检验方法：采用检查安装和调整、试验记录方法检查。

检查数量：全数检查。

5.2.5 箱式变电所内外涂层完整、无损伤，有通风口的风口防护网完好。

检验方法：采用目测方法检查。

检查数量：全数检查。

5.2.6 箱式变电所的高低压柜内部接线完整，低压每个输出回路标记清晰，回路名称准确。

优良标准增加：柜内布线平整顺直，绑扎成束，每个端子螺丝上接线不超过2根。

检验方法：采用尺量和目测方法检查。

检查数量：全数检查。

5.2.7 装有气体继电器的变压器顶盖，沿气体继电器的气流方向有1%～1.5%的升高坡度。

优良标准增加：器身表面干净整洁，油漆完整。

检验方法：采用目测检查和实测或检查安装记录方法检查。

检查数量：全数检查。

6 成套配电柜、控制柜（屏、台）和动力、照明配电箱（盘）安装

本节适用于建筑电气分部工程中室外电气、变配电室、电气电力、电气照明安装及备用和不间断电源安装等子分部工程的成套配电柜、控制柜（屏、台）和电力配电箱安装分项工程施工质量的验收。为方便现场使用，将本分项工程分为"高压开关柜安装"和"低压成套柜（屏、台）安装"、"照明配电箱（盘）安装"三个类型的检验批进行质量验收。

6.1 主控项目

6.1.1 柜、屏、台、箱、盘的金属框架及基础型钢必须接地（PE）或接零（PEN）可靠；装有电器的可开启门，门和框架的接地端子间应用裸编织铜线连接，且有标识。

检验方法：采用目测方法检查。

检查数量：全数检查。

6.1.2 低压成套配电柜、控制柜（屏、台）和动力、照明配电箱（盘）应有可靠的电击保护。柜（屏、台、箱、盘）内保护导体应有裸露的连接外部保护导体的端子，当设计无要求时，柜（屏、台、箱、盘）内保护导体最小截面积 S_p 不应小于表 6.1.2 的规定。

表 6.1.2 保护导体的截面积

相线的截面积 S（mm²）	相应保护导体的最小截面积 S_p（mm²）
S≤16	S
16＜S≤35	16
35＜S≤400	S/2
400＜S≤800	200
S＞800	S/4

注：S 指柜（屏、台、箱、盘）电源进线相线截面积，且两者（S，S_p）材质相同。

检验方法：采用目测方法检查。

检查数量：全数检查。

6.1.3 手车、抽出式成套配电柜推拉应灵活，无卡阻碰撞现象。动触头与静触头的中心线应一致，且触头接触紧密，投入时，接地触头先于主触头接触；退出时，接地触头后于主触头脱开。

检验方法：采用目测方法检查。

检查数量：全数检查。

6.1.4 高压成套配电柜必须按本标准第 3.1.12 条的规定交接试验合格，且应符合下列规定：

1 继电保护元器件、逻辑元件、变送器和控制用计算机等单体校验合格，整组试验动作正确，整定参数符合设计要求；

2 凡经法定程序批准，进入市场投入使用的新高压电气设备和继电保护装置，按产品技术文件要求交接试验。

检验方法：采用检查交接试验记录或试验时旁站方法检查。

检查数量：全数检查。

6.1.5 低压成套配电柜（屏、台）交接试验，必须符合本标准4.1.5条的规定。

检验方法：采用查阅试验记录或试验时旁站方法检查。

检查数量：全数检查。

6.1.6 柜、屏、台、箱、盘间线路的线间和线对地间绝缘电阻值，馈电线路必须大于0.5MΩ；二次回路必须大于1MΩ。

检验方法：采用实测或检查测试记录或测试时旁站方法检查。

检查数量：全数检查。

6.1.7 柜、屏、台、箱、盘间二次回路交流工频耐压试验，当绝缘电阻值大于10MΩ时，用2500V兆欧表摇测1min，应无闪络击穿现象；当绝缘电阻值在1～10MΩ时，做1000V交流工频耐压试验，时间1min，应无闪络击穿现象。

检验方法：采用检查试验调整记录或试验时旁站方法检查。

检查数量：全数检查。

6.1.8 直流屏试验，应将屏内电子器件从线路上退出，检测主回路线间和线对地间绝缘电阻值应大0.5MΩ，直流屏所附蓄电池组的充、放电应符合产品技术文件要求；整流器的控制调整和输出特性试验应符合产品技术文件要求。

检验方法：采用检查试验调整记录或试验时旁站方法检查。

检查数量：全数检查。

6.1.9 照明配电箱（盘）安装应符合下列规定：

1 箱（盘）内配线整齐，无铰接现象。导线连接紧密，不伤芯线，不断股。垫圈下螺丝两侧压的导线截面积相同，同一端子上导线连接不多于2根，防松垫圈等零件齐全；

2 箱（盘）内开关动作灵活可靠，带有漏电保护的回路，漏电保护装置动作电流不大于30mA，动作时间不大于0.1s；

3 照明箱（盘）内，分别设置零线（N）和保护地线（PE）汇流排，零线和保护地线经汇流排配出。

优良标准增加：箱（盘）内导线绑扎顺直，导线颜色选用正确、一致，端子排孔径与导线截面积相匹配，器具标识清晰、可靠。

检验方法：漏电保护装置动作数据值，查阅测试记录或用适配检测工具进行检测；其他采用目测方法检查。

检查数量：全数检查。

6.2 一 般 项 目

6.2.1 基础型钢安装应符合表6.2.1的规定。

表 6.2.1 基础型钢安装允许偏差

项 目	允许偏差	
	（mm/m）	（mm/全长）
不直度	1	5
水平度	1	5
不平行度	—	5

　　检验方法：不直度拉线尺量检查，水平度用铁水平尺测量或拉线尺量检查，不平行度尺量检查。

　　检查数量：全数检查

6.2.2　柜、屏、台、箱、盘相互间或与基础型钢应用镀锌螺栓连接，且防松零件齐全。

　　检验方法：采用目测方法检查。

　　检查数量：全数检查。

6.2.3　柜、屏、台、箱、盘安装垂直度允许偏差为1.5‰，相互间接缝不应大于2mm，成列盘面偏差不应大于5mm。

　　检验方法：垂直度用吊线尺量检查，盘间接缝用塞尺检查，成列盘面偏差拉线尺量检查。

　　检查数量：全数检查。

6.2.4　柜、屏、台、箱、盘内检查试验应符合下列规定：

　　1　控制开关及保护装置的规格、型号符合设计要求；

　　2　闭锁装置动作准确、可靠；

　　3　主开关的辅助开关切换动作与主开关动作一致；

　　4　柜、屏、台、箱、盘上的标识器件标明被控设备编号及名称，或操作位置，接线端子有编号，且清晰、工整、不易脱色；

　　5　回路中的电子元件不应参加交流工频耐压试验；48V及以下回路可不做交流工频耐压试验。

　　检验方法：采用目测检查及检查试验记录方法检查。

　　检查数量：全数检查。

6.2.5　低压电器组合应符合下列规定：

　　1　发热元件安装在散热良好的位置；

　　2　熔断器的熔体规格、自动开关的整定值符合设计要求；

　　3　切换压板接触良好，相邻压板间有安全距离，切换时，不触及相邻的压板；

　　4　信号回路的信号灯、按钮、光字牌、电铃、电笛、事故电钟等动作和信号显示准确；

　　5　外壳需接地（PE）或接零（PEN）的，连接可靠；

　　6　端子排安装牢固，端子有序号，强电、弱电端子隔离布置，端子规格与芯线截面积大小适配。

　　检验方法：采用目测和试操作方法检查。

检查数量：抽查 5 台，少于 5 台全数检查。

6.2.6 柜、屏、台、箱、盘间配线：电流回路应采用额定电压不低于750V、芯线截面积不小于 2.5mm² 的铜芯绝缘电线或电缆；除电子元件回路或类似回路外，其他回路的电线应采用额定电压不低于 750V、芯线截面不小于 1.5mm² 的铜芯绝缘电线或电缆。

二次回路连线应成束绑扎，不同电压等级、交流、直流线路及计算机控制线路应分别绑扎，且有标识；固定后不应妨碍手车开关或抽出式部件的拉出或推入。

检验方法：采用目测方法检查。

检查数量：抽查 5 台，少于 5 台全数检查。

6.2.7 连接柜、屏、台、箱、盘面板上的电器及控制台、板等可动部位的电线应符合下列规定：

 1 采用多股铜芯软电线，敷设长度留有适当裕量；
 2 线束有外套塑料管等加强绝缘保护层；
 3 与电器连接时，端部绞紧，且有不开口的终端端子或搪锡，不松散、断股；
 4 可转动部位的两端用卡子固定。

优良标准增加：多股铜芯软电线的端子搪锡饱满，过箱门线应加阻燃保护软管。

检验方法：采用目测方法检查。

检查数量：抽查 5 台，少于 5 台全数检查。

6.2.8 照明配电箱（盘）安装应符合下列规定：

 1 位置正确，部件齐全，箱体开孔与导管管径适配，暗装配电箱箱盖紧贴墙面，箱（盘）涂层完整；
 2 箱（盘）内接线整齐，回路编号齐全，标识正确；
 3 箱（盘）不采用可燃材料制作；
 4 箱（盘）安装牢固，垂直度允许偏差为 1.5‰；底边距地面为 1.5m，照明配电板底边距地面不小于 1.8m。

优良标准增加：相邻箱（盘）标高一致，箱（盘）面平整，干净整洁，箱（盘）四周灰浆饱满。

检验方法：采用目测检查和实测或检查安装记录方法检查。

检查数量：全数检查。

7 低压电动机、电加热器及电动执行机构检查接线

本节适用于建筑电气分部工程中电气动力分部工程的低压电动机、电加热器及电动执行机构检查接线分项工程施工质量的验收。

7.1 主 控 项 目

7.1.1 电动机、电加热器及电动执行机构的可接近裸露导体必须接地（PE）或接零（PEN）。

　　检验方法：采用目测方法检查。

　　检查数量：全数检查。

7.1.2 电动机、电加热器及电动执行机构绝缘电阻值应大于 0.5MΩ。

　　检验方法：采用实测或检查测试记录或测试时旁站方法检查。

　　检查数量：全数检查。

7.1.3 100kW 以上的电动机，应测量各相直流电阻值，相互差不应大于最小值的 2%；无中性点引出的电动机，测量线间直流电阻值，相互差不应大于最小值的 1%。

　　检验方法：采用实测或检查测试记录或测试时旁站方法检查。

　　检查数量：全数检查。

7.2 一 般 项 目

7.2.1 电气设备安装应牢固，螺栓及防松零件齐全，不松动。防水防潮电气设备的接线入口及接线盒盖等应做密封处理。

　　优良标准增加：设备信号线采用软管保护过渡的，软管应符合防潮防液要求，管接头应连接牢固，管路长度不宜超过 0.8m。

　　检验方法：采用目测方法检查，对螺栓紧固程度用适配工具做拧动试验。

　　检查数量：抽查 30%，但不少于 5 台。

7.2.2 除电动机随带技术文件说明不允许在施工现场抽芯检查外，有下列情况之一的电动机，应抽芯检查：

　　1 出厂时间已超过制造厂保证期限，无保证期限的已超过出厂时间一年以上；

　　2 外观检查、电气试验、手动盘转和试运转，有异常情况。

　　检验方法：采用查阅技术资料和目测检查，或在试运转时旁站方法检查。

　　检查数量：全数检查。

7.2.3 电动机抽芯检查应符合下列规定：

　　1 线圈绝缘层完好、无伤痕，端部绑线不松动，槽楔固定、无断裂，引线焊接饱满，内部清洁，通风孔道无堵塞；

　　2 轴承无锈斑，注油（脂）的型号、规格和数量正确，转子平衡块紧固，平衡螺丝锁紧，风扇叶片无裂纹；

　　3 连接用紧固件的防松零件齐全完整；

　　4 其他指标符合产品技术文件的特有要求。

　　优良标准增加：设备表面干净整洁、完好无损，抽芯检查记录齐全。

　　检验方法：采用抽芯时旁站观察检查或查阅电机抽芯记录方法检查。

　　检查数量：检查抽芯电机的 30%，但不少于 5 台，重点检查大容量电机。

7.2.4 在设备接线盒内裸露的不同相导线间和导线对地间最小距离应大于 8mm，否则应采取绝缘防护措施。

优良标准增加：设备接线盒内导线长度适中，导线颜色选用正确。

检验方法：采用目测或检查安装记录方法检查。

检查数量：抽查 30%，但不少于 5 台。

8 柴油发电机组安装

本节适用于一般工业与民用建筑电气安装工程的单台、联机固定式柴油发电机组及其附属设备的安装与调试分项工程施工质量的验收和设置在建筑物的首层、中间各层、屋顶层、地下室或建筑物裙房的柴油发电机组的分项工程施工质量的验收。柴油发电机组的连续功率为 100~1500kVA。

8.1 主控项目

8.1.1 发电机的试验应符合本标准附录 B 中表 B.0.1 的规定。

检验方法：采用实测或检查试验记录或试验时旁站方法检查。

检查数量：全数检查。

8.1.2 发电机组至低压配电柜馈电线路的相间、相对地间的绝缘电阻值应大于 0.5MΩ；塑料绝缘电缆馈电线路直流耐压试验为 2.4kV，时间 15min，泄漏电流稳定，无击穿现象。

检验方法：采用实测或查阅试验记录方法检查。

检查数量：全数检查。

8.1.3 柴油发电机馈电线路连接后，两端的相序必须与原供电系统的相序一致。

检验方法：采用实测或查阅试验记录方法检查。

检查数量：全数检查。

8.1.4 发电机中性线（工作零线）应与接地干线直接连接，螺栓防松零件齐全，且有标识。

检验方法：采用目测方法检查。

检查数量：全数检查。

8.2 一般项目

8.2.1 发电机组随带的控制柜接线应正确，紧固件紧固状态良好，无遗漏脱落。开关、保护装置的型号、规格正确，验证出厂试验的锁定标记应无位移，有位移应重新按制造厂试验标定。

优良标准增加：控制柜柜体安装不能有磕碰变形或油漆脱落等现象。

检验方法：采用目测方法或查阅出厂试验记录检查。

检查数量：全数检查。

8.2.2 发电机本体和机械部分的可接近裸露导体应接地（PE）或接零（PEN）可靠，且有标识。

优良标准增加：接地或接零导线敷设顺直，颜色选用正确，标识清楚不退色。

检验方法：采用目测方法或查阅出厂试验记录检查。

检查数量：全数检查。

8.2.3 受电侧低压配电柜的开关设备、自动或手动切换装置和保护装置等试验合格，应按设计的自备电源使用分配预案进行负荷试验，机组连续运行12h无故障。

优良标准增加：有详细的试验记录。

检验方法：负荷试验时，采用查阅试验记录或试运行时旁站方法检查。

检查数量：全数检查。

9 不间断电源安装

本节适用于建筑电气分部工程中备用和不间断电源安装子分部工程的不间断电源安装分项工程施工质量的验收。备用电源和不间断电源安装工程中分项工程各自成为一个检验批。

9.1 主控项目

9.1.1 不间断电源的整流装置、逆变装置和静态开关装置的规格、型号必须符合设计要求。内部接线连接正确，紧固件齐全，可靠不松动，焊接连接无脱落现象。

优良标准增加：设备表面干净整洁。

检验方法：采用查阅试验记录或现场试验时旁站方法检查。

检查数量：全数检查。

9.1.2 不间断电源的输入、输出，各级保护系统和输出电压的稳定性、波形奇变系数、频率、相位、静态开关的动作等各项技术性能指标试验调整，必须符合产品技术文件要求，且必须符合设计文件的要求。

优良标准增加：装置系统图完整、清晰。

检验方法：采用查阅试验记录或现场试验时旁站方法检查。

检查数量：全数检查。

9.1.3 不间断电源装置间连线的线间、线对地间绝缘电阻值必须大于0.5MΩ。

检验方法：采用仪表测试或查阅试验记录或现场试验时旁站方法检查。

检查数量：全数检查。

9.1.4 不间断电源输出端的中性线（N极），必须与由接地装置直接引来的接地干线相连接，做重复接地。

检验方法：采用目测方法检查。

检查数量：全数检查。

9.2 一般项目

9.2.1 安放不间断电源的机架组装应横平竖直，水平度、垂直度允许偏差不应大于1.5‰，紧固件齐全。

检验方法：水平度用铁水平尺测量，垂直度用线锤吊线尺量；紧固件目测检查。

检查数量：全数检查。

9.2.2 引入或引出不间断电源装置的主回路电线、电缆和控制电线、电缆应分别穿保护管敷设，在电缆支架上平行敷设应保持150mm的距离；电线、电缆的屏蔽护套接地连接可靠，与接地干线就近连接，紧固件齐全。

检验方法：采用目测和尺量方法检查。

检查数量：全数检查。

9.2.3 不间断电源装置的可接近裸露导体应与接地（PE）线或接零（PEN）线连接可靠，且有标识。

优良标准增加：固定设备的金属支架和设备金属外壳等应设置明显的专用保护接地端子。

检验方法：采用目测方法检查。

检查数量：全数检查。

9.2.4 不间断电源正常运行时产生的A声级噪声，不应大于45dB；输出额定电流为5A及以下的小型不间断电源噪声，不应大于30dB。

检验方法：采用传声器进行噪声测试或检查噪声测试记录或现场测试时旁站方法检查。

检查数量：全数检查。

10 低压电气动力设备试验和试运行

本节适用于建筑电气分部工程中电气动力子分部工程的低压电气动力设备试验和试运行分项工程施工质量的验收。

10.1 主控项目

10.1.1 试运行前，相关电气设备和线路应按本标准的规定试验合格。

检验方法：采用查阅有关的试验记录方法检查。

检查数量：全数检查。

10.1.2 现场单独安装的低压电器交接试验项目应符合表10.1.2的规定。

表 10.1.2 低压电器交接试验

序号	试验内容	试验标准或条件
1	绝缘电阻	用500V兆欧表摇测，绝缘电阻值大于等于1MΩ；潮湿场所，绝缘电阻值大于等于0.5MΩ
2	低压电器动作情况	除产品另有规定外，电压、液压或气压在额定值的85%~110%范围内能可靠动作
3	脱扣器的整定值	整定值误差不得超过产品技术条件的规定
4	电阻器和变阻器的直流电阻差值	符合产品技术条件规定

检验方法：采用查阅试运行记录或试运行中旁站方法检查。

检查数量：全数检查。

10.2 一 般 项 目

10.2.1 成套配电（控制）柜、台、箱、盘的运行电压、电流应正常，各种仪表指示正常。

优良标准增加：填写详细、准确的运行记录。

检验方法：采用查阅有关的试验记录方法检查。

检查数量：全数检查。

10.2.2 电动机应试通电，检查转向和机械转动有无异常情况；可空载试运行的电动机，时间一般为2h，记录空载电流，且检查机身和轴承的温升。

检验方法：采用查阅试运行记录或试运行中旁站方法检查。

检查数量：全数检查。

10.2.3 交流电动机在空载状态下（不投料）可启动次数及间隔时间应符合产品技术条件的要求；无要求时，连续启动2次的时间间隔不应小于5min，再次启动应在电动机冷却至常温后。空载状态（不投料）运行，应记录电流、电压、温度、运行时间等有关数据，且应符合建筑设备或工艺装置的空载状态运行（不投料）要求。

检验方法：采用查阅试运行记录或试运行中旁站方法检查。

检查数量：全数检查。

10.2.4 大容量（630A及以上）导线或母线连接处，在设计计算负荷运行情况下应做温度抽测记录，温升值稳定且不大于设计值。

优良标准增加：导线与母线连接应牢固，且接触面受力均匀，观感质量好。

检验方法：采用红外线测温仪抽测或查阅负荷试运行记录方法检查。

检查数量：全数检查。

10.2.5 电动执行机构的动作方向及指示，应与工艺装置的设计要求保持一致。

检验方法：采用查阅无负荷试验记录方法检查。
检查数量：全数检查。

11 裸母线、封闭母线、插接式母线安装

本节适用于建筑电气分部工程中的变配电室、供电干线、备用和不间断电源安装等子分部工程的裸母线、封闭母线和插接式母线安装分项工程施工质量的验收。

11.1 主 控 项 目

11.1.1 绝缘子的底座、套管的法兰、保护网（罩）及母线支架等可接近裸露导体应接地（PE）或接零（PEN）可靠。不应作为接地（PE）或接零（PEN）的接续导体。

检验方法：采用目测方法检查。
检查数量：全数检查。

11.1.2 母线与母线或母线与电器接线端子，当采用螺栓搭接连接时，应符合下列规定：

表 11.1.2-1 母线螺栓搭接尺寸

搭接形式	类别	序号	连接尺寸			钻孔要求		螺栓规格
			b_1	b_2	a	ϕ (mm)	个数	
	直线连接	1	125	125	b_1或b_2	21	4	M20
		2	100	100	b_1或b_2	17	4	M16
		3	80	80	b_1或b_2	13	4	M12
		4	63	63	b_1或b_2	11	4	M10
		5	50	50	b_1或b_2	9	4	M8
		6	45	45	b_1或b_2	9	4	M8

续表 11.1.2-1

搭接形式	类别	序号	连接尺寸			钻孔要求		螺栓规格
			b_1	b_2	a	ϕ（mm）	个数	
直线连接	直线连接	7	40	40	80	13	2	M12
		8	31.5	31.5	63	11	2	M10
		9	25	25	50	9	2	M8
垂直连接	垂直连接	10	125	125	—	21	4	M20
		11	125	100～80	—	17	4	M16
		12	125	63	—	13	4	M12
		13	100	100～80	—	17	4	M16
		14	80	80～63	—	13	4	M12
		15	63	63～50	—	11	4	M10
		16	50	50	—	9	4	M8
		17	45	45	—	9	4	M8
垂直连接	垂直连接	18	125	50～40	—	17	2	M16
		19	100	63～40	—	17	2	M16
		20	80	63～40	—	15	2	M14
		21	63	50～40	—	13	2	M12
		22	50	45～40	—	11	2	M10
		23	63	31.5～25	—	11	2	M10
		24	50	31.5～25	—	9	2	M8

续表 11.1.2-1

搭接形式	类别	序号	连接尺寸 b_1	连接尺寸 b_2	连接尺寸 a	钻孔要求 ϕ (mm)	钻孔要求 个数	螺栓规格
	垂直连接	25	125	31.5~25	60	11	2	M10
		26	100	31.5~25	50	9	2	M8
		27	80	31.5~25	50	9	2	M8
	垂直连接	28	40	40~31.5	—	13	1	M12
		29	40	25		11	1	M10
		30	31.5	31.5~25		11	1	M10
		31	25	22		9	1	M8

表 11.1.2-2 母线搭接螺栓的拧紧力矩

序号	螺栓规格	力矩值(N·m)	序号	螺栓规格	力矩值(N·m)
1	M8	8.8~10.8	5	M16	78.5~98.1
2	M10	17.7~22.6	6	M18	98.0~127.4
3	M12	31.4~39.2	7	M20	156.9~196.2
4	M14	51.0~60.8	8	M24	274.6~343.2

  1 母线的各类搭接连接的钻孔直径和搭接长度符合表 11.1.2-1 的规定,用力矩扳手拧紧钢制连接螺栓的力矩值符合表 11.1.2-2 的规定;

  2 母线接触面保持清洁,涂电力复合脂,螺栓孔周边无毛刺;

  3 连接螺栓两侧有平垫圈,相邻垫圈间有大于 3mm 的间隙,螺母侧装有弹簧垫圈或锁紧螺母;

  4 螺栓受力均匀,不使电器的接线端子受额外应力。

  检验方法:采用目测方法检查。

  检查数量:全数检查。

11.1.3 封闭、插接式母线安装必须符合下列规定:

  1 母线与外壳同心,允许偏差为±5mm;

  2 当段与段连接时,两相邻母线及外壳对准,连接后不使母线及外壳受额外应力;

  3 母线的连接方法符合产品技术文件要求。

  检验方法:采用目测方法检查。

  检查数量:全数检查。

11.1.4 室内裸母线的最小安全净距应符合表 11.1.4 的规定。

检验方法：采用目测方法检查。

检查数量：全数检查。

表 11.1.4 室内裸母线最小安全净距（mm）

符号	适用范围	图号	额定电压（kV）			
			0.4	1~3	6	10
A_1	1. 带电部分至接地部分之间 2. 网状和板状遮拦向上延伸线距地 2.3m 处与遮拦上方带电部分之间	图 11.1.4-1	20	75	100	125
A_2	1. 不同相的带电部分之间 2. 断路器和隔离开关的断口两侧带电部分之间	图 11.1.4-1	20	75	100	125
B_1	1. 栅状遮拦至带电部分之间 2. 交叉的不同时停电检修的无遮拦带电部分之间	图 11.1.4-1 图 11.1.4-2	800	825	850	875
B_2	网状遮拦至带电部分之间	图 11.1.4-1	100	175	200	225
C	无遮拦裸导体至地（楼）面之间	图 11.1.4-1	2300	2375	2400	2425
D	平行的不同时停电检修的无遮拦裸导体之间	图 11.1.4-1	1875	1875	1900	1925
E	通向室外的出线套管至室外通道的路面	图 11.1.4-2	3650	4000	4000	4000

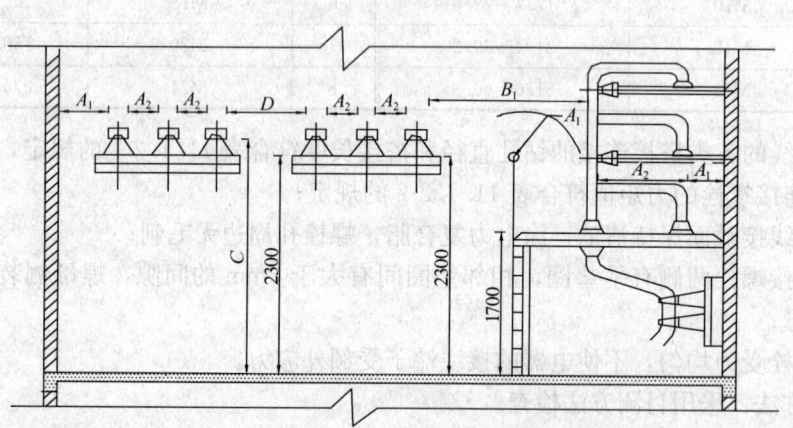

图 11.1.4-1 室内 A_1、A_2、B_1、B_2、C、D 值校验

11.1.5 高压母线交流工频耐压试验必须按本标准 3.1.12 条的规定交接试验合格。

检验方法：采用目测方法检查。

检查数量：全数检查。

11.1.6 低压母线交接试验应符合本标准 4.1.5 条的规定。

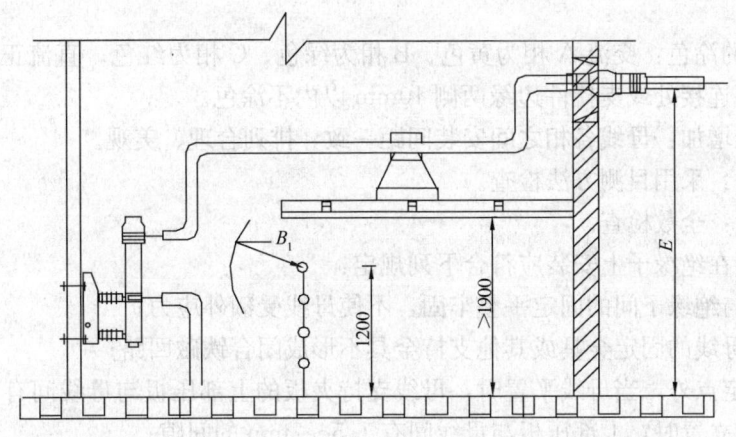

图 11.1.4-2 室内 B_1、E 值校验

检验方法：采用目测方法检查。

检查数量：全数检查。

11.2 一 般 项 目

11.2.1 母线的支架与预埋铁件采用焊接固定时，焊缝应饱满；采用膨胀螺栓固定时，选用的螺栓应适配，连接应牢固。

优良标准增加：焊接不能有夹渣咬肉现象，固定支架的螺栓与支架固定孔径大小适配，螺栓螺纹露出螺母长度一致。

检验方法：采用目测方法检查。

检查数量：全数检查。

11.2.2 母线与母线、母线与电器接线端子搭接，搭接面的处理应符合下列规定：

1 铜与铜：室外、高温且潮湿的室内，搭接面搪锡；干燥的室内，不搪锡；

2 铝与铝：搭接面不做涂层处理；

3 钢与钢：搭接面搪锡或镀锌；

4 铜与铝：在干燥的室内，铜导体搭接面搪锡；在潮湿场所，铜导体搭接面搪锡，且采用铜铝过渡板与铝导体连接；

5 钢与铜或铝：钢搭接面搪锡。

优良标准增加：搭接使用的螺栓无锈蚀，紧固后螺栓螺纹露出螺母长度一致。

检验方法：采用目测方法检查。

检查数量：全数检查。

11.2.3 母线的相序排列及涂色，当设计无要求时应符合下列规定：

1 上、下布置的交流母线，由上至下排列为 A、B、C 相；直流母线正极在上，负极在下；

2 水平布置的交流母线，由盘后向盘前排列为 A、B、C 相；直流母线正极在后，负极在前；

3 面对引下线的交流母线，由左至右排列为 A、B、C 相；直流母线正极在左，负极

12—35

在右；

  4 母线的涂色：交流 A 相为黄色、B 相为绿色、C 相为红色；直流正极为赭色、负极为蓝色；在连接处或支持件边缘两侧 10mm 以内不涂色。

  优良标准增加：母线各相之间安装间距一致，排列合理、美观。

  检验方法：采用目测方法检查。

  检查数量：全数检查。

11.2.4 母线在绝缘子上安装应符合下列规定：

  1 金具与绝缘子间的固定平整牢固，不使母线受额外应力；

  2 交流母线的固定金具或其他支持金具不形成闭合铁磁回路；

  3 除固定点外，当母线平置时，母线支持夹板的上部压板与母线间有 1～1.5mm 的间隙；当母线立置时，上部压板与母线间有 1.5～2mm 的间隙；

  4 母线的固定点，每段设置 1 个，设置于全长或两母线伸缩节的中点；

  5 母线采用螺栓搭接时，连接处距绝缘子的支持夹板边缘不小于 50mm。

  检验方法：采用目测方法检查。

  检查数量：全数检查。

11.2.5 封闭、插接式母线组装和固定位置应正确，外壳与底座间、外壳各连接部位和母线的连接螺栓应按产品技术文件要求选择正确，连接紧固。

  优良标准增加：母线安装平整顺直，水平安装母线保证吊杆受力垂直向下，垂直安装母线距安装墙面间距一致。

  检验方法：采用目测方法检查。

  检查数量：全数检查。

12 电缆桥架安装和桥架内电缆敷设

  本节适用于建筑电气分部工程中的供电干线、电气动力等子分部工程的电缆桥架安装和桥架内电缆敷设分项工程施工质量的验收。

12.1 主 控 项 目

12.1.1 金属电缆桥架及其支架和引入或引出的金属电缆导管必须接地（PE）或接零（PEN）可靠，且必须符合下列规定：

  1 金属电缆桥架及其支架全长应不少于 2 处与接地（PE）或接零（PEN）干线相连接；

  2 非镀锌电缆桥架间连接板的两端跨接铜芯地线，接地线最小允许截面积不小于 **4mm²**；

  3 镀锌电缆桥架间连接板的两端不跨接接地线，但连接板两端不少于 2 个有防松螺帽或防松垫圈的连接固定螺栓。

检验方法：采用目测方法检查。

检查数量：全数检查。

12.1.2 电缆敷设严禁有绞拧、铠装压扁、护层断裂和表面严重划伤等缺陷。

检验方法：要在每层电缆敷设完成后，进行检查，采用目测方法检查。

检查数量：全数检查。

12.2 一 般 项 目

12.2.1 电缆桥架安装应符合下列规定：

1 直线段钢制电缆架长度超过 30m、铝合金或玻璃钢制电缆桥架长度超过 15m 设有伸缩节；电缆桥架跨越建筑物变形缝处设置补偿装置；优良标准增加：桥架的补偿装置安装合理，方便维修且活动自如。

2 电缆桥架转弯处的弯曲半径，不小于桥架内电缆最小允许弯曲半径，电缆最小允许弯曲半径见表 12.2.1-1；优良标准增加：多根电缆在桥架内敷设时，在桥架拐弯处弯曲半径基本一致，无明显高低起伏，过渡平滑均匀。

表 12.2.1-1 电缆最小允许弯曲半径

序号	电 缆 种 类	最小允许弯曲半径
1	无铅包钢铠护套的橡皮绝缘电力电缆	10D
2	有钢铠护套的橡皮绝缘电力电缆	20D
3	聚氯乙烯绝缘电力电缆	10D
4	交联聚氯乙烯绝缘电力电缆	15D
5	多芯控制电缆	10D

注：D 为电缆外径。

3 当设计无要求时，电缆桥架水平安装的支架间距为 1.5～3m；垂直安装的支架间距不大于 2m；优良标准增加：桥架水平或垂直安装的支架之间的间距均匀一致。

4 桥架与支架间螺栓、桥架连接板螺栓固定紧固无遗漏，螺母位于桥架外侧；当铝合金桥架与钢支架固定时，有相互间绝缘的防电化腐蚀措施；优良标准增加：连接使用的螺栓与固定的孔径适配，防松零部件齐全。

5 电缆桥架敷设在易燃易爆气体管道和热力管道的下方，当设计无要求时，与管道的最小净距，符合表 12.2.1-2 的规定；优良标准增加：桥架宜与管道的间距保持一致。

表 12.2.1-2 桥架与管道的最小净距（m）

管道类别		平行净距	交叉净距
一般工艺管道		0.4	0.3
易燃易爆气体管道		0.5	0.5
热力管道	有保温层	0.5	0.3
	无保温层	1.0	0.5

6 敷设在竖井内和穿越不同防火区的桥架，按设计要求位置，有防火隔堵措施；优良标准增加：防火措施施工精细，观感舒适。

7 支架与预埋件焊接固定时，焊缝饱满；膨胀螺栓固定时，选用螺栓适配，连接紧固，防松零件齐全。优良标准增加：焊缝平整，防腐良好。

检验方法：采用目测检查或实测及检查隐蔽工程记录的方法检查。

检查数量：全数检查。

12.2.2 桥架内电缆敷设应符合下列规定：

1 大于45°倾斜敷设的电缆每隔2m处设固定点；

2 电缆出入电缆沟、竖井、建筑物、柜（盘）台处以及管子管口处等做密封处理；

3 电缆敷设排列整齐，水平敷设的电缆，首尾两端、转弯两侧及每隔5～10m处设固定点；敷设于垂直桥架内的电缆固定点间距，不大于表12.2.2的规定。

表12.2.2 电缆固定点的间距（mm）

电缆种类		固定点的间距
电力电缆	全塑型	1000
	除全塑型外的电缆	1500
控制电缆		1000

优良标准增加：电缆敷设合理美观，走向清晰，固定点间距一致。

检验方法：采用目测或尺量方法检查。

检查数量：抽查总数的5%，但不少于5处。

12.2.3 电缆的首端、末端和分支处应设标志牌。

优良标准增加：标志牌字迹清晰牢固。

检验方法：采用目测方法检查。

检查数量：全数检查。

13 电缆沟内和电缆竖井内电缆敷设

本节适用于建筑电气分部工程中的变配电室、供电干线等子分部工程的电缆沟内和电缆竖井内电缆敷设分项工程施工质量的验收。

13.1 主 控 项 目

13.1.1 金属电缆支架、电缆导管必须接地（PE）或接零（PEN）可靠。

检验方法：采用目测方法检查。

检查数量：全数检查。

13.1.2 电缆敷设严禁有绞拧、铠装压扁、护层断裂和表面严重划伤等缺陷。

检验方法：采用目测方法检查。

检查数量：全数检查。

13.2 一 般 项 目

13.2.1 电缆支架安装应符合下列规定：

1 当设计无要求时，电缆支架最上层至竖井顶部或楼板的距离不小于150~200mm；电缆支架最下层至沟底或地面的距离不小于50~100mm；

2 当设计无要求时，电缆支架层间最小允许距离符合表13.2.1的规定：

表 13.2.1　电缆支架层间最小允许距离表（mm）

电 缆 种 类	支架层间最小距离
控制电缆	120
10kV 及以下电力电缆	150~200

3 支架与预埋件焊接固定时，焊缝饱满；用膨胀螺栓固定时，选用螺栓适配，连接紧固，防松零件齐全。

优良标准增加：支架安装位置合理，间距均匀；焊缝平整，防腐良好。

检验方法：采用目测和尺量方法检查；螺栓的紧固程度，用力矩扳手做拧动试验。

检查数量：按不同类型支架各抽查5段。

13.2.2 电缆在支架上敷设，转弯处的最小允许弯曲半径应符合表13.2.2的规定。

表 13.2.2　电缆最小允许弯曲半径

序号	电 缆 种 类	最小允许弯曲半径
1	无铅包钢铠护套的橡皮绝缘电力电缆	10D
2	有钢铠护套的橡皮绝缘电力电缆	20D
3	聚氯乙烯绝缘电力电缆	10D
4	交联聚氯乙烯绝缘电力电缆	15D
5	多芯控制电缆	10D

注：D 为电缆外径。

检验方法：采用目测和尺量方法检查。

检查数量：全数检查。

13.2.3 电缆敷设固定应符合下列规定：

1 垂直敷设或大于45°倾斜敷设的电缆在每个支架上固定。

2 交流单芯电缆或分相电缆固定用的夹具和支架，不形成闭合铁磁回路。

3 电缆排列整齐，少分叉；当设计无要求时，电缆支持点间距，不大于表13.2.3-1的规定：

表 13.2.3-1　电缆支持点间距表（mm）

电缆种类		敷设方式	
		水 平	垂 直
电力电缆	全塑型	400	1000
	除全塑型外的电缆		
控制电缆		800	1500
		800	1000

优良标准增加：电缆各支持点间距均匀。

4 当设计无要求时，电缆与管道的最小净距，符合表 13.2.3-2 的规定，且敷设在易燃易爆气体管道和热力管道的下方。优良标准增加：电缆与管道的间距一致。

表 13.2.3-2　电缆与管道的最小净距（m）

管道类型		平行净距	交叉净距
一般工艺管道		0.4	0.3
易燃易爆气体管道		0.5	0.5
热力管道	有保温层	0.5	0.3
	无保温层	1.0	0.5

5 敷设电缆的电缆沟和竖井，按设计要求位置，有防火隔堵措施。优良标准增加：防火措施施工精细，观感舒适。

检验方法：采用目测和尺量方法检查。

检查数量：全数检查。

13.2.4 电缆的首端、末端和分支处应设标志牌。

优良标准增加：标志牌字迹清晰牢固。

检验方法：采用目测和尺量方法检查。

检查数量：按不同敷设方式各抽查 5%，但不少于 5 处。

14　电线导管、电缆导管和线槽敷设

本节适用于建筑电气分部工程中的室内外电气、供电干线、电气电力、电气照明安装、备用和不间断电源安装等子分项工程的电线导管、电缆导管和线槽敷设分项工程施工质量的验收。

14.1　主 控 项 目

14.1.1 金属的导管和线槽必须接地（PE）或接零（PEN）可靠，并符合下列规定：

1 镀锌的钢导管、可挠性导管和金属线槽不得熔焊跨接接地线，以专用接地卡跨接的两卡间连线为铜芯软导线，截面积不小于 4mm²；

2 当非镀锌钢导管采用螺纹连接时，连接处的两端焊跨接接地线；当镀锌钢导管采用螺纹连接时，连接处的两端用专用接地卡固定跨接接地线；

3 金属线槽不作设备的接地导体，当设计无要求时，金属线槽全长不少于2处与接地（PE）或接零（PEN）干线连接；

4 非镀锌金属线槽间连接板的两端跨接铜芯接地线，镀锌线槽间连接板的两端不跨接接地线，但连接板两端不少于2个有防松螺帽或防松垫圈的连接固定螺栓。

检验方法：采用目测及查阅隐蔽工程记录的方法检查。

检查数量：全数检查。

14.1.2 金属导管严禁对口熔焊连接；镀锌和壁厚小于等于2mm的钢导管不得套管熔焊连接。

检验方法：采用目测方法检查。

检查数量：全数检查。

14.1.3 防爆导管不应采用倒扣连接；当连接有困难时，应采用防爆活接头，其接合面应严密。

检验方法：采用目测方法检查。

检查数量：全数检查。

14.1.4 当绝缘导管在砌体上剔槽埋设时，应采用强度等级不小于 M10 的水泥砂浆抹面保护，保护层厚度大于 15mm。

检验方法：采用目测和尺量方法检查。

检查数量：全数检查。

14.2 一 般 项 目

14.2.1 室外埋地敷设的电缆导管，埋深不应小于 0.7m。壁厚小于 2mm 的钢电线导管不应埋设于室外土壤内。

优良标准增加：导管埋设深度均匀，内外防腐良好。

检验方法：采用尺量检查或施工时旁站或查阅隐蔽工程记录方法检查。

检查数量：全数检查。

14.2.2 室外导管的管口应设置在盒、箱内。在落地式配电箱内的管口，箱底无封板的，管口应高出基础面 50~80mm。所有管口在穿入电线、电缆后应做密封处理。由箱式变电所或落地式配电箱引向建筑物的导管，建筑物一侧的导管管口应设在建筑物内。

优良标准增加：管口露出基础面的高度一致，管口密封精细，观感舒适。

检验方法：采用目测方法检查。

检查数量：全数检查。

14.2.3 电缆导管的弯曲半径不应小于电缆最小允许弯曲半径，电缆最小允许弯曲半径应符合本标准中表 12.2.1-1 的规定。

检验方法：采用目测和尺量方法检查，导管弯曲半径用样板检查。

检查数量：全数检查。

14.2.4 金属导管内外壁应做防腐处理；埋设于混凝土内的导管内壁应做防腐处理，外壁可不做防腐处理。

检验方法：采用目测方法检查。

检查数量：全数检查。

14.2.5 室内进入落地式柜、台、箱、盘内的导管管口，应高出柜、台、箱、盘的基础面50～80mm。

优良标准增加：进入落地式柜、台、箱、盘内的导管护口完好，高出基础面高度一致。

检验方法：采用目测方法检查。

检查数量：全数检查。

14.2.6 暗配的导管，埋设深度与建筑物、构筑物表面的距离不应小于15mm；明配的导管应排列整齐，固定点间距均匀，安装牢固；在终端、弯头中点或柜、台、箱、盘等边缘的距离150～500mm范围内设有管卡，中间直线段管卡间的最大距离应符合表14.2.6的规定。

优良标准增加：明配导管无凹瘪变形现象。

表14.2.6 管卡间最大距离

敷设方式	导管种类	导管直径（mm）				
		15～20	25～32	32～40	50～65	65以上
		管卡间最大距离（m）				
支架或沿墙明敷	壁厚>2mm刚性钢导管	1.5	2.0	2.5	2.5	3.5
	壁厚≤2mm刚性钢导管	1.0	1.5	2.0	—	—
	刚性绝缘导管	1.0	1.5	1.5	2.0	2.0

检验方法：采用目测方法检查。

检查数量：抽查总数的5%。

14.2.7 线槽应安装牢固，无扭曲变形，紧固件的螺母应在线槽外侧。

优良标准增加：紧固件与线槽孔径适配，穿越不同防火分区时线槽内外应做防火封堵。

检验方法：采用目测方法检查。

检查数量：抽查总数的5%，但不少于5段。

14.2.8 防爆导管敷设应符合下列规定：

1 导管间及与灯具、开关、线盒等的螺纹连接处紧固，除设计有特殊要求外，连接处不跨接接地线，在螺纹上涂以电力复合酯或导电性防锈酯；

2 安装牢固顺直，镀锌层锈蚀或剥落处做防腐处理。

检验方法：采用目测方法检查。

检查数量：抽查总数的5%。

14.2.9 绝缘导管敷设应符合下列规定：

1 管口平整光滑；管与盒（箱）等器件采用插入法连接时，连接处结合面涂专用胶合剂，接口牢固密封；

2 直埋于地下或楼板内的刚性绝缘导管，在穿出地面或楼板易受机械损伤的一段，

采取保护措施;

3 当设计无要求时,埋设在墙内或混凝土内的绝缘导管,采用中型以上的导管;

4 沿建筑物、构筑物表面和在支架上敷设的刚性绝缘导管,按设计要求装设温度补偿装置。

优良标准增加:导管敷设横平竖直,固定点间距符合要求,补偿装置装设合理,方便维修。

检验方法:采用目测和尺量或检查隐蔽工程记录方法检查。

检查数量:抽查总数的5%。

14.2.10 金属、非金属柔性导管敷设应符合下列规定:

1 刚性导管经柔性导管与电气设备、器具连接,柔性导管的长度在动力工程中不大于0.8m,在照明工程中不大于1.2m;

2 可挠金属管或其他柔性导管与刚性导管或电气设备、器具间的连接采用专用接头;复合型可挠金属管或其他柔性导管的连接处密封良好,防液覆盖层完整无损;

3 可挠性金属导管和金属柔性导管不能做接地(PE)或接零(PEN)的连续导体。

优良标准增加:柔性导管在照明工程中长度不大于1m;管路固定牢靠,管接头无脱落现象。

检验方法:采用目测方法检查。

检查数量:全数检查。

14.2.11 导管和线槽,在建筑物变形缝处,应设补偿装置。

优良标准增加:补偿装置设置合理美观,活动自如。

检验方法:采用目测方法检查。

检查数量:全数检查。

15 电线、电缆穿管和线槽敷线

本章适用于建筑电气分部工程中的室外电气、供电干线、电气电力、电气照明安装、备用和不间断电源安装等子分部工程的电线、电缆穿管和线槽敷线分项工程施工质量的验收。

15.1 主 控 项 目

15.1.1 三相或单相的交流单芯电缆(电线),不得单独穿于钢导管内。

检验方法:采用目测或检查隐蔽工程记录方法检查。

检查数量:全数检查。

15.1.2 不同回路、不同电压等级和交流与直流的电线,不应穿于同一导管内;同一交流回路的电线应穿于同一金属导管内,且管内电线不得有接头。

检验方法:采用目测方法检查。

检查数量：全数检查。

15.1.3 爆炸危险环境照明线路的电线和电缆额定电压不得低于750V，且电线必须穿于钢导管内。

检验方法：采用目测方法检查电压标识。

检查数量：按不同规格、型号各抽查5％。

15.2 一 般 项 目

15.2.1 电线、电缆穿管前，应清除管内杂物和积水。管口应有保护措施，不进入接线盒（箱）的垂直管口穿入电线、电缆后，管口应密封。

优良标准增加：导线在导管内不能有扭曲和死弯。

检验方法：采用目测方法检查。

检查数量：各抽查5％。

15.2.2 当采用多相供电时，同一建筑物、构筑物的电线绝缘层颜色选择应一致，即保护地线（PE线）应是黄绿相间色，零线用淡蓝色；相线用：A相——黄色、B相——绿色、C相——红色。

检验方法：采用目测或穿线时旁站方法检查。

检查数量：各抽查5％。

15.2.3 线槽敷线应符合下列规定：

1 电线在线槽内有一定余量，不得有接头。电线按回路编号分段绑扎，绑扎点间距不大于2m；

2 同一回路的相线和零线，敷设于同一金属线槽内；

3 同一电源的不同回路无抗干扰要求的线路可敷设于同一线槽内；敷设于同一线槽内有抗干扰要求的线路用隔板隔离，或采用屏蔽电线且屏蔽护套一端接地。

优良标准增加：线槽内电线层次清楚，绑扎点间距均匀，标识字迹清晰牢固。

检验方法：采用目测和尺量方法检查。

检查数量：抽查总数的5％。

16 槽 板 配 线

本章适用于建筑电气分部工程中电气照明安装分项工程的一般民用建筑或有些古建筑的修复工程中，以及个别地区应用的槽板配线分项工程施工质量的验收。

16.1 主 控 项 目

16.1.1 槽板内电线无接头，电线连接设在器具处；槽板与各种器具连接时，电线应留有余量，器具底座应压住槽板端部。优良标准增加：槽内导线绑扎成束，无扭曲死弯，导线无裸露现象。

检验方法：采用目测方法检查。

检查数量：全数检查。

16.1.2 槽板敷设应紧贴建筑物表面，且横平竖直、固定可靠，严禁用木楔固定；木槽板应经阻燃处理，塑料槽板表面应有阻燃标识。

检验方法：采用目测方法检查。

检查数量：全数检查。

优良标准增加：检验方法和允许偏差见表16.1.2。

表 16.1.2 槽板配线允许偏差和检验方法

项次	项目		允许偏差（mm）	检验方法
1	水平或垂直敷设的直线段	平直程度	5	拉线、尺量检查
2		垂直度	5	拉线、尺量检查

16.2 一般项目

16.2.1 木槽板无劈裂，塑料槽板无扭曲变形，槽板底板固定点间距应小于500mm；槽板盖板固定点间距应小于300mm；底板距终端50mm和盖板距终端30mm处应固定。

检验方法：采用尺量方法检查。

检查数量：各抽查10处，不足10处全数检查。

16.2.2 槽板的底板接口与盖板接口应错开20mm，盖板在直线段和90°转角处应成45°斜口对接，T形分支处应成三角叉接，盖板应无翘角，接口应严密整齐。

检验方法：采用目测和尺量方法检查。

检查数量：各抽查10处，不足10处全数检查。

16.2.3 槽板穿过梁、墙和楼板处应有保护套管，跨越建筑物变形缝处槽板应设补偿装置，且与槽板结合严密。优良标准增加：跨越建筑物变形缝处槽板应断开，补偿装置活动自如，方便维修。

检验方法：采用目测方法检查。

检查数量：全数检查。

17 钢索配线

本章适用于建筑电气分部工程中电气照明安装子分部的钢索配线分项工程施工质量的验收。

17.1 主控项目

17.1.1 应采用镀锌钢索,不应采用含油芯的钢索。钢索的钢丝直径应小于0.5mm,钢索不应有扭曲和断股等缺陷。

检验方法:采用目测和尺量方法检查。

检查数量:全数检查。

17.1.2 钢索的终端拉环埋件应牢固可靠,钢索与终端拉环套接处应采用心形环,固定钢索的线卡不应少于2个,钢索端头应用镀锌钢丝绑扎紧密,且应接地(PE)或接零(PEN)可靠。

检验方法:采用目测方法检查。

检查数量:全数检查。

17.1.3 当钢索长度在50m及以下时,应在钢索一端装设花篮螺栓紧固;当钢索长度大于50m时,应在钢索两端装设花篮螺栓紧固。

检验方法:采用目测方法检查。

检查数量:全数检查。

17.2 一般项目

17.2.1 钢索中间吊架间距不应大于12m,吊架与钢索连接处的吊钩深度不应小于20mm,并应有防止钢索跳出的锁定零件。

优良标准增加:钢索的弛度应一致。

检验方法:采用目测和尺量方法检查。

检查数量:抽查5段。

17.2.2 电线和灯具在钢索上安装之后,钢索应承受全部负载,且钢索表面应整洁、无锈蚀。

检验方法:采用目测方法检查。

检查数量:抽查5段。

17.2.3 钢索配线的零件间和线间距离应符合表17.2.3的规定。

优良标准增加:间距均匀一致。

检验方法:采用尺量方法检查。

检查数量:抽查总数的5%,但不少于10处。

表17.2.3 钢索配线的零件间和线间距离(mm)

配线类别	支持件之间最大距离	支持件与灯头盒之间最大距离
钢管	1500	200
刚性绝缘导管	1000	150
塑料护套线	200	100

18 电缆头制作、接线和线路绝缘测试

本节适用于建筑电气分部工程中的室外电气、变配电室、供电干线、电气电力、电气照明安装、备用和不间断电源安装子分部工程的电缆头制作、接线和线路绝缘测试分项工程施工质量的验收。

18.1 主 控 项 目

18.1.1 高压电力电缆直流耐压试验必须符合现行国家标准《电气装置安装工程电气设备交接试验标准》GB 50150 的规定，交接试验合格。

检验方法：采用查阅试验记录或试验时旁站方法检查。

检查数量：全数检查。

18.1.2 低压电线和电缆，线间和线对地间的绝缘电阻值必须大于 0.5MΩ。

检验方法：采用查阅测试记录或测试时旁站或用兆欧表进行摇测方法检查。

检查数量：全数检查。

18.1.3 铠装电力电缆头的接地线应采用铜绞线或镀锡铜编织线，截面积不应小于表 18.1.3 的规定。

表 18.1.3 电缆芯线和接地线截面积（mm^2）

电缆芯线截面积	接地线截面积
120 及以下	16
150 及以下	25

检验方法：采用目测或尺量方法检查。

检查数量：全数检查。

18.1.4 电线、电缆接线必须准确，并联运行电线或电缆的型号、规格、长度、相位应一致。

检验方法：采用目测和用仪表核对相位方法检查。

检查数量：全数检查。

18.2 一 般 项 目

18.2.1 芯线与电器设备的连接应符合下列规定：

1 截面积在 $10mm^2$ 及以下的单股铜芯线和单股铝芯线直接与设备、器具的端子连接；

2 截面积在 $2.5mm^2$ 及以下的多股铜芯线拧紧搪锡或接续端子后与设备、器具的端

子连接；

3 截面积大于 2.5mm² 的多股铜芯线，除设备自带插接式端子外，接续端子后与设备或器具的端子连接；多股铜芯线与插接式端子连接前，端部拧紧搪锡；

4 多股铝芯线接续端子后与设备、器具的端子连接；

5 每个设备和器具的端子接线不多于 2 根电线。

优良标准增加：导线与器具连接后导线的裸芯长度小于 1mm，单股导线应打回头压接，端子孔径与压接导线直径相吻合。

检验方法：采用目测方法检查。

检查数量：按不同规格截面各抽查 5%，但不少于 10 个。

18.2.2 电线、电缆的芯线连接金具（连接管和端子），规格应与芯线的规格适配，且不得采用开口端子。

优良标准增加：采用顶丝固定的多股导线，2.5mm² 及以下导线要打回头接入端子；采用螺丝固定的，导线盘圈到位，平、弹垫齐全；一个端子上压接 2 根导线的中间应加平垫处理。

检验方法：采用目测方法检查。

检查数量：抽查总数的 5%，但不少于 10 个。

18.2.3 电线、电缆的回路标记应清晰，编号准确。

检验方法：采用目测方法检查。

检查数量：抽查总数的 5%，但不少于 10 个。

优良标准增加：检查数量应全数检查。

19 普通灯具安装

本节适用于工业与民用建筑的电气分部工程中电气照明安装子分部工程的普通灯具安装分项工程施工质量的验收。

19.1 主控项目

19.1.1 灯具的固定应符合下列规定：

1 灯具质量大于 3kg 时，固定在螺栓或预埋吊钩上；

2 软线吊灯，灯具质量在 0.5kg 及以下时，采用软电线自身吊装；大于 0.5kg 的灯具采用吊链，且软电线编叉在吊链内，使电线不受力；

3 灯具固定牢固可靠，不使用木楔。每个灯具固定用螺钉或螺栓不少于 2 个；当绝缘台直径在 75mm 及以下时，采用 1 个螺钉或螺栓固定。

检验方法：采用目测方法检查。

检查数量：按不同种类的灯具各抽查 5%。

19.1.2 花灯吊钩圆钢直径不应小于灯具挂销直径，且不应小于 **6mm**。大型花灯的固定及悬吊装置，应按灯具质量的 2 倍做过载试验。

检验方法：采用目测或检查隐蔽工程记录方法检查。

检查数量：全数检查。

19.1.3 当钢管做灯杆时，钢管内径不应小于 10mm，钢管厚度不应小于 1.5mm。

检验方法：采用尺量方法检查。

检查数量：全数检查。

19.1.4 固定灯具带电部件的绝缘材料以及提供防触电保护的绝缘材料，应耐燃烧和防明火。

检验方法：采用查验产品合格证件或用明火试验方法检查。

检查数量：全数检查。

19.1.5 当设计无要求时，灯具的安装高度和使用电压等级应符合下列规定：

1 一般敞开式灯具，灯头对地面距离不小于下列数值（采用安全电压时除外）：
　　1）室外：2.5m（室外墙上安装）；
　　2）厂房：2.5m；
　　3）室内：2m；
　　4）软吊线带升降器的灯具在吊线展开后：0.8m。

2 危险性较大及特殊危险场所，当灯具距地面高度小于 2.4m 时，使用额定电压为 36V 及以下的照明灯具，或有专用保护措施。

检验方法：采用目测或尺量方法检查。

检查数量：按不同形式抽查总数的 5%。

19.1.6 当灯具距地面高度小于 2.4m 时，灯具的可接近裸露导体必须接地（PE）或接零（PEN）可靠，并应有专用接地螺栓，且有标识。

检验方法：采用目测或尺量方法检查。

检查数量：全数检查。

19.2 一 般 项 目

19.2.1 引向每个灯具的导线线芯最小截面积应符合表 19.2.1 的规定。

表 19.2.1　导线线芯最小截面积

灯具安装的场所及用途		线芯最小截面（mm²）		
		铜芯软线	铜 线	铝 线
灯头线	民用建筑室内	0.5	0.5	2.5
	工业建筑室内	0.5	1.0	2.5
	室外	1.0	1.0	2.5

检验方法：采用目测或尺量方法检查。

检查数量：按不同种类的灯具抽查 5%。

19.2.2 灯具的外形、灯头及其接线应符合下列规定：

1 灯具及其配件齐全，无机械损伤、变形、涂层剥落和灯罩破裂等缺陷；

2 软线吊灯的软线两端做保护扣，两端芯线搪锡；当装升降器时，套塑料软管，采用安全灯头；

3 除敞开式灯具外，其他各类灯具灯泡容量在100W及以上者采用瓷质灯头；

4 连接灯具的软线盘扣、搪瓷压线，当采用螺口灯头时，相线接于螺口灯头中间的端子上；

5 灯头的绝缘外壳不破损和漏电；带有开关的灯头，开关手柄无裸露的金属部分。

优良标准增加：灯芯软线盘圈到位，端头搪锡饱满。

检验方法：采用目测方法检查。

检查数量：按不同种类抽查5％，但不少于10盏。

19.2.3 变电所内，高低压配电设备及裸母线的正上方不应安装灯具。

检验方法：采用目测方法检查。

检查数量：全数检查。

19.2.4 装有白炽灯泡的吸顶灯具，灯泡不应紧贴灯罩；当灯泡与绝缘台间距离小于5mm时，灯泡与绝缘台间应采取隔热措施。优良标准增加：吸顶灯具安装平正，无严重漏光现象。

检验方法：采用目测方法检查。

检查数量：按不同种类抽查5％，但不少于10盏。

19.2.5 安装在重要场所的大型灯具的玻璃罩，应采取防止玻璃罩碎裂后向下溅落的措施。

检验方法：采用目测方法检查。

检查数量：全数检查。

19.2.6 投光灯的底座及支架应固定牢固，枢轴应沿需要的光轴方向拧紧固定。

检验方法：采用扳手做拧动检查的方法检查。

检查数量：按不同种类抽查5％，但不少于10盏。

19.2.7 安装在室外的壁灯应有泄水孔，绝缘台与墙面之间应有防水措施。

优良标准增加：室内安装在潮湿场所的灯具，选用防水防潮灯具，绝缘台与建筑物表面应有防水措施。

检验方法：采用目测方法检查。

检查数量：按不同种类抽查5％，但不少于10盏。

20 专用灯具安装

本节适用于工业与民用建筑电气分部工程中电气照明安装子分部工程的专用灯具（行灯、防爆灯、游泳池灯、手术台灯、应急照明灯）安装分项工程施工质量的验收。

20.1 主控项目

20.1.1 36V及以下行灯变压器和行灯安装必须符合下列规定：

    1 行灯电压不大于36V，在特殊潮湿场所或导电良好的地面上以及工作地点狭窄、行动不便的场所行灯电压不大于12V；

    2 变压器外壳、铁芯和低压侧的任意一端或中性点，接地（PE）或接零（PEN）可靠；

    3 行灯变压器为双圈变压器，其电源侧和负荷侧有熔断器保护，熔丝额定电流分别不应大于变压器一次、二次的额定电流；

    4 行灯灯体及手柄绝缘良好，坚固耐热耐潮湿；灯头与灯体结合紧固，灯头无开关，灯泡外部有金属保护网、反光罩及悬吊挂钩，挂钩固定在灯具的绝缘手柄上。

    检验方法：采用目测方法检查。

    检查数量：全数检查。

20.1.2 游泳池和类似场所灯具（水下灯及防水灯具）的等电位联结应可靠，且有明显标识，其电源的专用漏电保护装置应全部检测合格。自电源引入灯具的导管必须采用绝缘导管，严禁采用金属或有金属护层的导管。

    优良标准增加：当对专用漏电保护装置质量，即密闭性能和绝缘性能有异议时，现场不具备抽样检测条件，要按批抽样送至有资质的实验室进行检测。

    检验方法：采用目测方法检查，对等电位联结应进行导通性测试。

    检查数量：全数检查。

20.1.3 手术台无影灯安装应符合下列规定：

    1 固定灯座的螺栓数量不少于灯具法兰底座上的固定孔数，且螺栓直径与底座孔径相适配；螺栓采用双螺母锁固；

    2 在混凝土结构上螺栓与主筋相焊接或将螺栓末端弯曲与主筋绑扎锚固；

    3 配电箱内装有专用的总开关及分路开关，电源分别接在两条专用的回路上，开关至灯具的电线采用额定电压不低于750V的铜芯多股绝缘电线。

    检验方法：采用目测或检查隐蔽工程记录方法检查。

    检查数量：全数检查。

20.1.4 应急照明灯具安装应符合下列规定：

    1 应急照明灯的电源除正常电源外，另有一路电源供电；或是独立于正常电源的柴油发电机组供电；或由蓄电池柜供电或选用自带电源型应急灯具；

    2 应急照明在正常电源断电后，电源转换时间为：疏散照明≤15s；备用照明≤15s（金融商店交易所≤1.5s）；安全照明≤0.5s；

    3 疏散照明由安全出口标志灯和疏散标志灯组成。安全出口标志灯距地高度低于2m，且安装在疏散出口和楼梯口里侧的上方；

    4 疏散标志灯安装在安全出口的顶部，楼梯间、疏散走道及其转角处应安装在1m以下的墙面上。不宜安装的部位可安装在上部。疏散通道上的标志灯间距不大于20m（人防工程不大于10m）；

5 疏散标志灯的设置，不影响正常通行，且不在其周围设置容易混同疏散标志灯的其他标志牌等；

6 应急照明灯具、运行中温度大于60℃的灯具，当靠近可燃物时，采取隔热、散热等防火措施。当采用白炽灯、卤钨灯等光源时，不直接安装在可燃装修材料或可燃物件上；

7 应急照明线路在每个防火分区有独立的应急照明回路，穿越不同防火区的线路有防火隔堵措施；

8 疏散照明线路采用耐火电线、电缆，穿管明敷或在非燃烧体内穿刚性导管暗敷，暗敷保护层厚度不小于30mm。电线采用额定电压不低于750V的铜芯绝缘电线。

检验方法：采用目测或尺量或检查隐蔽工程记录方法检查。

检查数量：全数检查。

20.1.5 防爆灯具安装应符合下列规定：

1 灯具的防爆标志、外壳防护等级和温度组别与爆炸危险环境相适配。当设计无要求时，灯具种类和防爆结构的选型应符合表20.1.5的规定；

表 20.1.5 灯具种类和防爆结构的选型

爆炸危险区域 防爆结构 照明设备种类	Ⅰ 区		Ⅱ 区	
	防爆型 d	增安型 e	隔爆型 d	增安型 e
固定式灯	○	×	○	○
移动式灯	△	—	○	○
携带式电池灯	○	—	○	○
镇流器	○	△	○	○

注：○为适用；△为慎用；×为不适用。

2 灯具配套齐全，不用非防爆零件代替灯具配件（金属护网、灯罩、接线盒等）；

3 灯具的安装位置离开释放源，且不在各种管道的泄压口及排放口上下方安装灯具；

4 灯具及开关安装牢固可靠，灯具吊管及开关与接线盒螺纹啮合扣数不少于5扣，螺纹加工光滑、完整、无锈蚀，并在螺纹上涂以电力复合酯或导电性防锈酯；

5 开关安装位置便于操作，安装高度1.3m。

检验方法：采用目测方法检查，并关安装高度采用尺量方法检查。

检查数量：全数检查。

20.2 一 般 项 目

20.2.1 36V及以下行灯变压器和行灯安装应符合下列规定：

1 行灯变压器的固定支架牢固，油漆完整；

2 携带式局部照明灯电线采用橡套软线。

优良标准增加：支架制作精细，安装位置合适，橡套软线应采用阻燃型的。

检验方法：采用目测方法检查。

检查数量：抽查总数的5%，但不少于10盏。

20.2.2 手术台无影灯安装应符合下列规定：

1 底座紧贴顶板，四周无缝隙；

2 表面保持整洁、无污染，灯具镀、涂层完整无划伤。

检验方法：采用目测方法检查。

检查数量：全数检查。

20.2.3 应急照明灯具安装应符合下列规定：

1 疏散照明采用荧光灯或白炽灯；安全照明采用卤钨灯，或采用瞬时可靠点燃的荧光灯；

2 安全出口标志灯和疏散标志灯装有玻璃或非燃材料的保护罩，面板亮度均匀度为1∶10（最低∶最高），保护罩应完整、无裂纹。

优良标准增加：应急照明灯具的导线应符合防火要求。

检验方法：采用目测方法检查。

检查数量：抽查总数的5%。

20.2.4 防爆灯具安装应符合下列规定：

1 灯具及开关的外壳完整，无损伤、无凹陷或沟槽，灯罩无裂纹，金属护网无扭曲变形，防爆标志清晰；

2 灯具及开关的紧固螺栓无松动、锈蚀，密封垫圈完好。

优良标准增加：灯具及开关安装位置合理，远离气体泄放口。

检验方法：采用目测方法检查。

检查数量：全数检查。

21 建筑物景观照明灯、航空障碍标志灯和庭院灯安装

本节适用于建筑电气分部工程中室外电气子分部工程的建筑物景观照明灯、航空障碍标志灯和庭院灯安装分项工程施工质量的验收。为方便现场使用，将本分项工程分为"建筑物景观照明和建筑物彩灯安装"、"建筑物霓虹灯安装"、"航空障碍标志灯和庭院灯安装"三个类型的检验批进行质量验收。

21.1 主控项目

21.1.1 建筑物彩灯安装应符合下列规定：

1 建筑物顶部彩灯采用有防雨性能的专用灯具，灯罩要拧紧；

2 彩灯配线管路按明配管敷设，且有防雨功能。管路间、管路与灯头盒间螺纹连接，金属导管及彩灯的构架、钢索等可接近裸露导体接地（PE）或接零（PEN）可靠；

3 垂直彩灯悬挂挑臂采用不小于10号的槽钢。端部吊挂钢索用的吊钩螺栓直径不小于10mm，螺栓在槽钢上固定，两侧有螺帽，且加平垫及弹簧垫圈紧固；

4 悬挂钢丝绳直径不小于4.5mm，底把圆钢直径不小于16mm，地锚采用架空外线用拉线盘，埋设深度大于1.5m；

5 垂直彩灯采用防水吊线灯头，下端灯头距离地面高于3m。

检验方法：采用目测和尺量方法检查。

检查数量：全数检查。

21.1.2 霓虹灯安装应符合下列规定：

1 霓虹灯管完好，无破裂；

2 灯管采用专用的绝缘支架固定，且牢固可靠。灯管固定后，与建筑物、构筑物表面的距离不小于20mm；

3 霓虹灯专用变压器采用双圈式，所供灯管长度不大于允许负载长度，露天安装的有防雨措施；

4 霓虹灯专用变压器的二次电线和灯管间的连接线采用额定电压大于15kV的高压绝缘电线。二次电线与建筑物、构筑物表面的距离不小于20mm。

检验方法：采用目测和尺量方法检查。

检查数量：全数检查。

21.1.3 建筑物景观照明灯具安装应符合下列规定：

1 每套灯具的导电部分对地绝缘电阻值大于2MΩ；

2 在人行道等人员来往密集场所安装的落地式灯具，无围栏防护，安装高度距地面2.5m以上；

3 金属构架和灯具的可接近裸露导体及金属软管的接地（PE）或接零（PEN）可靠，且有标识。

检验方法：第1款采用兆欧表测试或测试时旁站；第2款采用尺量；第3款采用目测方法检查。

检查数量：全数检查。

21.1.4 航空障碍标志灯安装应符合下列规定：

1 灯具装设在建筑物或构筑物的最高部位。当最高部位平面面积较大或为建筑群时，除在最高端装设外，还在其外侧转角的顶端分别装设灯具；

2 当灯具在烟囱顶上装设时，安装在低于烟囱口1.5～3m的部位且呈正三角形水平排列；

3 灯具的选型根据安装高度决定；低光强的（距地面60m以下装设时采用）为红色光，其有效光强大于1600cd。高光强的（距地面150m以上装设时采用）为白色光，有效光强随背景亮度而定；

4 灯具的电源按主体建筑中最高负荷等级要求供电；

5 灯具安装牢固可靠，且设置维修和更换光源的措施。

检验方法：采用目测和尺量方法检查。

检查数量：全数检查。

21.1.5 庭院灯安装应符合下列规定：

1 每套灯具的导电部分对地绝缘电阻大于 2MΩ；

2 立柱式路灯、落地式路灯、特种园艺灯的灯具与基础固定可靠，地脚螺栓备帽齐全。灯具的接线盒或熔断器盒，盒盖的防水密封垫完整；

3 金属立柱及灯具可接近裸露导体接地（PE）或接零（PEN）可靠。接地线单设干线，干线沿庭院灯布置位置形成环网状，且不少于 2 处与接地装置引出线连接。由干线引出支线与金属灯柱及灯具的接地端子连接，且有标识。

检验方法：采用兆欧表测试或测试时旁站或检查测试记录方法检查。

检查数量：全数检查。

21.2 一 般 项 目

21.2.1 建筑物彩灯安装应符合下列规定：
1 建筑物顶部彩灯灯罩完整、无碎裂；
2 彩灯电线导管防腐完好，敷设平整、顺直。
优良标准增加：支架固定可靠，间距均匀，导管弯曲处无凹瘪、变形。
检验方法：采用目测方法检查。
检查数量：抽查总数的 5%。

21.2.2 霓虹灯安装应符合下列规定：
1 当霓虹灯变压器明装时，高度不小于 3m；低于 3m 时采取防护措施；
2 霓虹灯变压器的安装位置方便检修，且隐蔽在不易被非检修人触及的场所，不装在吊平顶内；
3 当橱窗内装有霓虹灯时，橱窗门与霓虹灯变压器一次侧开关有连锁装置，确保开门不接通霓虹灯变压器的电源；
4 霓虹灯变压器二次侧的电线采用玻璃制品绝缘支持物固定，支持点距离满足：水平线段不大于 0.5m；垂直线段不大于 0.75m。
优良标准增加：支架间距一致，防腐完整。
检验方法：采用目测和尺量或通电试验方法检查。
检查数量：抽查总数的 5%。

21.2.3 建筑物景观照明灯具构架应固定可靠，地脚螺栓拧紧，备帽齐全；灯具的螺栓紧固、无遗漏。灯具外露的电线或电缆应有柔性金属导管保护。
优良标准增加：柔性导管与灯具或明管连接可靠，潮湿场所有防潮措施，柔性导管长度不大于 0.8m。
检验方法：采用目测方法检查。
检查数量：全数检查。

21.2.4 航空障碍标志灯安装应符合下列规定：
1 同一建筑物或建筑群灯具间的水平、垂直距离不大于 45m；
2 灯具的自动通、断电源控制装置动作准确。
优良标准增加：安装位置合理，便于维修。
检验方法：第 1 款采用目测或用仪器测量；第 2 款采用做动作试验方法检查。

检查数量：全数检查。

21.2.5 庭院灯安装应符合下列规定：

1 灯具的自动通、断电源控制装置动作准确，每套灯具熔断器盒内熔丝齐全，规格与灯具适配；

2 架空线路电杆上的路灯，固定可靠，紧固件齐全、拧紧，灯位正确；每套灯具配有熔断器保护。

检验方法：采用目测方法检查。

检查数量：通、断电试验全数检查，其他抽查总数的 5%。

22 开关、插座、风扇安装

本节适用于工业与民用建筑电气分部工程中电气照明安装子分部工程的照明开关、插座、风扇安装分项工程施工质量的验收。为方便现场使用，将本分项工程分为"照明开关安装"、"插座安装"和"风扇安装"三个类型的检验批进行质量验收。

22.1 主 控 项 目

22.1.1 当交流、直流或不同电压等级的插座安装在同一场所时，应有明显的区别，且必须选择不同结构、不同规格和不能互换的插座；配套的插头应按交流、直流或不同电压等级区别使用。

检验方法：采用目测方法检查。

检查数量：全数检查。

22.1.2 插座接线应符合以下规定：

1 单相两孔插座，面对插座的右孔或上孔与相线连接，左孔或下孔与零线连接；单相三孔插座，面对插座的右孔与相线连接，左孔与零线连接；

2 单相三孔、三相四孔及三相五孔插座的接地（PE）或接零（PEN）线接在上孔。插座的接地端子不与零线端子连接。同一场所的三相插座，接线的相序一致；

3 接地（PE）或接零（PEN）在插座间不串接连接。

检验方法：采用目测和用检测工具检测的方法检查。

检查数量：全数检查。

22.1.3 特殊情况下插座安装应符合下列规定：

1 当接插有触电危险家用电器的电源时，采用能断开电源的带开关插座，开关断开相线；

2 潮湿场所采用密封型并带保护接地触头的保护型插座，安装高度不低于 1.5m。

检验方法：采用目测和尺量方法检查。

检查数量：全数检查。

22.1.4 照明开关安装应符合下列规定：

1 同一建筑物、构筑物的开关采用同一系列的产品，开关的通断位置一致，操作灵活、接触可靠；

2 相线经开关控制；民用住宅无软线引至床边的床头开关。

检验方法：采用目测和通电试验方法检查。

检查数量：全数检查。

22.1.5 吊扇安装应符合下列规定：

1 吊扇挂钩安装牢固，吊扇挂钩的直径不小于吊扇挂销直径，且不小于8mm；有防震橡胶垫；挂销的防松零件齐全、可靠；

2 吊扇扇叶距地高度不小于2.5m；

3 吊扇组装不改变扇叶角度，扇叶固定螺栓防松零件齐全；

4 吊杆间、吊杆与电机间螺纹连接，啮合长度不小于20mm，且防松零件齐全紧固；

5 吊扇接线正确，当运转时扇叶无明显颤动和异常声响。

检验方法：采用目测和尺量方法检查。

检查数量：全数检查。

22.1.6 壁扇安装应符合下列规定：

1 壁扇底座采用尼龙塞或膨胀螺栓固定；尼龙塞或膨胀螺栓的数量不少于2个，且直径不小于8mm，固定牢固可靠；

2 壁扇防护罩扣紧，固定可靠，当运转时扇叶和防护罩无明显颤动和异常声响。

检验方法：采用目测和尺量方法检查。

检查数量：全数检查。

22.2 一 般 项 目

22.2.1 插座安装应符合下列规定：

1 当不采用安全插座时，托儿所、幼儿园及小学等儿童活动场所，插座安装高度不低于1.8m；

2 暗装的插座面板紧贴墙面，四周无缝隙，安装牢固，表面光滑整洁、无碎裂、划伤，装饰帽齐全；

3 车间及试（实）验室的插座安装高度不小于0.3m；特殊场所暗装的插座不小于0.15m；同一室内插座安装高度一致；

4 地插座面板与地面齐平或紧贴地面，盖板固定牢固，密封良好。

优良标准增加：插座接线的线色应正确，盒内出线除末端外应做并接头，分支接至插座，不允许拱头连接；照明与插座分回路敷设时，插座与照明或插座与插座各回路之间，均不能混同；插座盒内导线预留长度为盒子周长的1/2，面板无翘曲变形现象；同一室内插座安装高度差小于10mm。

检验方法：采用目测和尺量方法检查。

检查数量：抽查总数的5%。

22.2.2 照明开关安装应符合下列规定：

1 开关安装位置便于操作，开关边缘距门框边缘的距离0.15～0.2m，开关距地面高度1.3m；拉线开关距地面高度2～3m；层高小于3m时，拉线开关距顶板不小于100mm，拉线出口垂直向下；

2 相同型号并列安装及同一室内开关安装高度一致，且控制有序不错位；并列安装的拉线开关的相邻间距不小于20mm；

3 暗装的开关面板应紧贴墙面，四周无缝隙，安装牢固，表面光滑整洁，无碎裂、划伤，装饰帽齐全。

优良标准增加：开关接线的电线分色正确，跷板开关应接成上凸为开、下凸为关；双联及以上开关相线做并接头，不串接，并列安装的开关两面板之间无缝隙；暗装开关应有专用盒；在墙跺或柱上开关位置应与建筑构造相协调，同一位置上距离一致。

检验方法：采用目测和尺量方法检查。

检查数量：抽查总数的5%。

22.2.3 吊扇安装应符合下列规定：

1 涂层完整，表面无划痕、无污染，吊杆上下扣碗安装牢固到位；

2 同一室内并列安装的吊扇开关高度一致，且控制有序不错位。

优良标准增加：吊扇减振功能良好，干净无污染。

检验方法：采用观察的方法检查。

检查数量：抽查总数的5%，但不少于10台。

22.2.4 壁扇安装应符合下列规定：

1 壁扇下侧边缘距地面高度不小于1.8m；

2 涂层完整，表面无划痕、无污染，防护罩无变形。

优良标准增加：壁扇底座紧贴墙面，四周缝隙一致，安装高度小于2.4m时，非带电金属外壳应设专用接地螺丝，并接地可靠。

检验方法：采用观察的方法检查。

检查数量：抽查总数的5%，但不少于10台。

23 建筑物照明通电试运行

本节适用于建筑电气分部工程中的室外电气安装、电气照明安装等子分部工程的建筑物照明通电试运行分项工程施工质量的验收。

23.1 主 控 项 目

23.1.1 照明系统通电，灯具回路控制应与照明配电箱及回路的标识一致；开关与灯具控制顺序相对应，风扇的转向及调速开关应正常。

优良标准增加：照明系统通电前，应满足下述条件：

1 电线绝缘电阻测试符合规定要求；
2 灯具、开关、插座等器具和照明配电箱安装并检查完成；
3 住宅灯具和插座回路应与用户位置对应；
4 插座接线经检查准确无误；
5 灯具试亮工作已结束；
6 电力和照明工程的漏电保护装置模拟试验已完成。
检验方法：采用通电试验目测和用检测工具或仪器仪表检测方法检查。
检查数量：全数检查。

23.1.2 公用建筑照明系统通电连续试运行时间应为24h，民用住宅照明系统通电连续试运行时间应为8h。所有照明灯具均应开启，且每2h记录运行状态1次，连续试运行时间内无故障。
优良标准增加：试运行期间，电压、电流稳定，未出现任何问题，一次试运行成功。
检验方法：采用试运行中间检查时旁站或检查试运行记录方法检查。
检查数量：全数检查。

24 接地装置安装

本节适用于建筑电气分部工程中的防雷及接地、室外电气、变配电室、备用和不间断电源安装等子分部工程的接地装置安装分项工程施工质量的验收。

24.1 主控项目

24.1.1 人工接地装置或利用建筑物基础钢筋的接地装置必须在地面以上按设计要求位置设测试点。
检验方法：采用目测和尺量方法检查。
检查数量：全数检查。

24.1.2 测试接地装置的接地电阻值必须符合设计要求。
检验方法：采用试验时旁站或检查测试记录方法检查。
检查数量：全数检查。

24.1.3 防雷接地的人工接地装置的接地干线埋设，经人行通道处埋地深度不应小于1m，且应采取均压措施或在其上方铺设卵石或沥青地面。
检验方法：采用目测和尺量或检查隐蔽工程记录方法检查。
检查数量：全数检查。

24.1.4 接地模块顶面埋深严禁小于0.6m，接地模块间距不应小于模块长度的3～5倍。接地模块埋设基坑，一般为模块外形尺寸的1.2～1.4倍，且详细记录开挖深度内的地层情况。
检验方法：采用尺量并查阅地层情况记录的方法检查。

检查数量：全数检查。

24.1.5 接地模块应垂直或水平就位，不应倾斜设置，保持与原土层接触良好。

检验方法：采用就位时旁站目测方法检查。

检查数量：全数检查。

24.2 一 般 项 目

24.2.1 当设计无要求时，接地装置顶面埋设深度不应小于0.6m。圆钢、角钢及钢管接地极应垂直埋入地下，间距不应小于5m。接地装置的焊接应采用搭接焊，搭接长度应符合下列规定：

  1 扁钢与扁钢搭接为扁钢宽度的2倍，不少于3面施焊；
  2 圆钢与圆钢搭接为圆钢直径的6倍，双面施焊；
  3 圆钢与圆钢搭接为圆钢直径的6倍，双面施焊；
  4 扁钢与钢管，扁钢与角钢焊接，紧贴角钢外侧两面，或紧贴3/4钢管表面，上下两侧施焊；
  5 除埋设在混凝土中的焊接接头外，其他应有防腐措施。

优良标准增加：焊接不能夹渣咬肉，接地装置敷设平整、顺直，镀锌层完整，防腐均匀，不污染建筑物，观感良好。

检验方法：采用目测和尺量或检查隐蔽工程记录方法检查。

检查数量：全数检查。

24.2.2 当设计无要求时，接地装置的材料采用钢材，热浸镀锌处理，最小允许规格、尺寸应符合表24.2.2的规定：

表24.2.2 最小允许规格、尺寸

种类、规格及单位		敷设位置及使用类别			
		地上		地下	
		室内	室外	交流电流回路	直流电流回路
圆钢直径（mm）		6	8	10	12
扁钢	截面（mm²）	60	100	100	100
	厚度（mm）	3	4	4	6
角钢厚度（mm）		2	2.5	4	6
钢管管壁厚度（mm）		2.5	2.5	3.5	4.5

检验方法：采用尺量或检查隐蔽工程记录方法检查。

检查数量：按不同规格，各抽查总数的5%，但不少于10处。

24.2.3 接地模块应集中引线，用干线把接地模块并联焊接成一个环路，干线的材质与接地模块焊接点的材质应相同，钢制的采用热浸镀锌扁钢，引出线不少于2处。

优良标准增加：接地线跨越建筑物变形缝有补偿装置，穿墙有保护管，防腐完整。

检验方法：采用旁站或检查隐蔽工程记录方法检查。

检查数量：全数检查。

25 避雷引下线和变配电室接地干线敷设

本节适用于建筑电气分部工程中一般工业与民用建筑变配电室、防雷及接地安装等子分部工程的避雷引下线和变配电室接地干线敷设分项工程施工质量的验收。

25.1 主 控 项 目

25.1.1 暗敷在建筑物抹灰层内的引下线应有卡钉分段固定；明敷的引下线应平直、无急弯，与支架焊接处，油漆防腐，且无遗漏。

优良标准增加：利用建筑物柱内主筋做引下线时，引下线数量和做法正确。

检验方法：采用目测和旁站或检查隐蔽工程记录方法检查。

检查数量：全数检查。

25.1.2 变压器室、高低压开关室内的接地干线应有不少于 2 处与接地装置引出干线连接。

检验方法：采用目测方法检查。

检查数量：全数检查。

25.1.3 当利用金属构件、金属管道做接地线时，应在构件或管道与接地干线间焊接金属跨接线。

检验方法：采用目测方法检查。

检查数量：全数检查。

25.2 一 般 项 目

25.2.1 钢制接地线的焊接应采用搭接焊，搭接长度应符合本标准 24.2.1 条的规定，材料采用及最小允许规格、尺寸应符合本标准 24.2.2 条的规定。

检验方法：采用目测和尺量或检查隐蔽工程记录方法检查。

检查数量：全数检查。

25.2.2 明敷接地引下线及室内接地干线的支持件间距应均匀，水平直线部分 0.5～1.5m；垂直直线部分 1.5～3m；弯曲部分 0.3～0.5m。

优良标准增加：引下线与建筑物间距一致，螺栓固定的螺纹露出螺母长度相同。

检验方法：采用尺量和目测方法检查。

检查数量：抽查总数的 5%，但不少于 10 处。

25.2.3 接地线在穿越墙壁、楼板和地坪处应加套钢管或其他坚固的保护套管，钢套管应与接地线做电气连通。

优良标准增加：保护套管空隙防火封堵密实，接地线焊接无夹渣、咬肉，防腐良好，管卡件材质厚度不小于1.2mm。
    检验方法：采用目测方法检查。
    检查数量：全数检查。

25.2.4 变配电室内明敷接地干线安装应符合下列规定：
    1 便于检查，敷设位置不妨碍设备的拆卸与检修；
    2 当沿建筑物墙壁水平敷设时，距地面高度250～300mm；与建筑物墙壁间的间隙10～15mm；
    3 当接地线跨越建筑物变形缝时，设补偿装置；
    4 接地线表面沿长度方向，每段为15～100mm，分别涂以黄色和绿色相间的条纹；
    5 变压器室、高压配电室的接地干线上应设置不少于2个供临时接地用的接线柱或接地螺栓。
    优良标准增加：补偿装置活动自如；变配电室内接地线与接地干线连接时，焊接应三面施焊且无夹渣、咬肉；螺栓连接宜采用带双头螺纹的螺栓，螺栓直径不小于10mm，备帽等防松零件齐全。
    检验方法：采用目测和尺量方法检查。
    检查数量：全数检查。

25.2.5 当电缆穿过零序电流互感器时，电缆头的接地线应通过零序电流互感器后接地；由电缆头至穿过零序电流互感器的一段电缆金属护层和接地线应对地绝缘。
    检验方法：采用目测方法检查。
    检查数量：全数检查。

25.2.6 配电间隔和静止补偿装置的栅栏门及变配电室金属门铰链处的接地连接，应采用编织铜线。变配电室的避雷应用最短的接地线与接地干线连接。优良标准增加：螺栓连接的平垫、弹垫和备帽等防松零件齐全。
    检验方法：采用目测方法检查。
    检查数量：全数检查。

25.2.7 设计要求接地的幕墙金属框架和建筑物的金属门窗，应就近与接地干线连接可靠，连接处不同金属间应有防电化腐蚀措施。
    优良标准增加：连接点宜不少于2处。
    检验方法：采用安装时旁站方法检查。
    检查数量：抽查总数的5%，但不少于10处。

26 接闪器安装

本节适用于建筑电气分部工程中防雷及接地安装子分部工程的接闪器安装分项工程施工质量的验收。

26.1 主控项目

26.1.1 建筑物顶部的避雷针、避雷带等必须与顶部外露的其他金属物体连成一个整体的电气通路，且与避雷引下线连接可靠。

优良标准增加：可接近裸露导体的防雷接地不能串接或借用安装螺栓。

检验方法：采用目测方法检查。

检查数量：全数检查。

26.2 一般项目

26.2.1 避雷针、避雷带应位置正确，焊接固定的焊缝饱满无遗漏，采用螺栓固定的应备帽等防松零件齐全，焊接部分补刷的防腐油漆完整。

优良标准增加：避雷带之间的焊接，应采用搭接焊，搭接长度应符合本标准第24.2.1条的规定。

检验方法：采用目测方法检查。

检查数量：全数检查。

26.2.2 避雷带应平正顺直，固定点支持件间距均匀、固定可靠，每个支持件应能承受大于49N（5kg）的垂直拉力。当设计无要求时，支持件间距符合本标准第25.2.2条的规定。

优良标准增加：固定点支持件螺栓连接的，平垫、弹簧垫和备帽等防松零件齐全。

检验方法：支持件固定采用不少于5kg弹簧秤拉动检查，其他采用目测和尺量方法检查。

检查数量：避雷带平正顺直和弯曲部分全数检查，支持件固定和支持件位置直线部分抽查总数的5%，但不少于10处。

27 建筑物等电位联结

本节适用于一般工业与民用建筑分部工程中防雷及接地安装等子分部工程的建筑物等电位联结分项工程施工质量的验收。

27.1 主控项目

27.1.1 建筑物等电位联结干线应从与接地装置有不少于2处直接连接的接地干线或总等电位箱引出。等电位联结干线或局部等电位箱间的连接线形成环行网路，环行网路应就近与等电位联结干线或局部等电位箱连接。支线间不应串联连接。

检验方法：采用目测或检查隐蔽工程记录方法检查。
检查数量：全数检查。

27.1.2 等电位联结的线路最小允许截面应符合表27.1.2的规定：

表27.1.2 线路最小允许截面表（mm²）

材料	截面	
	干线	支线
铜	16	6
钢	50	16

优良标准增加：等电位联结端子板的截面不得小于所接等电位联结线截面。
检验方法：采用目测方法检查。
检查数量：按不同截面各抽查5%。

27.2 一般项目

27.2.1 等电位联结的可接近裸露导体或其他金属部件、构件与支线连接应可靠，熔焊、钎焊或机械紧固应导通正常。
优良标准增加：导线连接平整顺直，卡固件与导线截面吻合。
检验方法：采用目测或进行导通性测试时旁站方法检查。
检查数量：全数检查。

27.2.2 需等电位联结的高级装修金属部件或零件，应有专用接线螺栓与等电位联结支线连接，且有标识；连接处螺帽紧固、防松零件齐全。
优良标准增加：标识清晰牢固。
检验方法：采用目测方法检查。
检查数量：抽查总数的5%。

28 分部（子分部）工程验收

28.1 建筑电气分部（子分部）工程质量验收的划分

分部工程的划分应按专业性质、建筑部位来确定；当分部工程很大或较复杂时，可按施工特点、施工程序、专业系统及类别等划分为若干个子分部工程。

《建筑工程施工质量验收统一标准》GB 50300-2001规定，在建筑工程的单位（子单位）工程中，建筑电气中的强电部分独立出来，称之为建筑电气的分部工程。

建筑电气分部工程量较大并且比较复杂，为了适应应用范围的变化，按照能形成独立专业体系和不同区域、用途等划分为：室外电气、变配电室、供电干线、电气动力、电气照明安装、备用和不间断电源安装、防雷及接地安装共七个子分部工程，而每个子分部工程又可各自划分成若干个分项工程。详见本标准附录 A 中表 A.0.1。

建筑电气分部工程中的每个子分部工程中，各自包含不同的分项工程。分项工程一般应按工种种类以及电气设备组别进行划分；同时也可根据工程的特点，按系统、区段来划分；对楼房还须按楼层（段）划分，单层建筑应按变形缝划分。这样便于质量控制和验收，完成一层（段），验收一层（段），有利于及时发现问题，及时整改。

每个建筑电气分项工程可由一个或若干个检验批组成，检验批可根据施工质量控制和专业验收需要，按楼层、施工段、变形缝等进行划分。检验批是工程验收的最小单位，是分项工程及分部（子分部）工程质量验收的基础。详见本标准附录 A 中表 A.0.2。

28.2 建筑电气工程质量的验收程序和组织

建筑电气工程质量验收，应在施工单位内部进行检验、评定合格的基础上进行。施工单位的检验、评定工作，应由项目经理部组织技术部门负责人、质量部门负责人以及专业工长和施工班组长等对工程质量进行检验、评定，合格并填写好质量验收记录后，方可报外部验收。

28.2.1 检验批工程质量验收

1 检验批质量验收是由监理工程师或建设单位项目专业技术负责人组织施工单位项目专职质量检查员等有关人员进行，是对施工单位的检验、评定工作的综合评价。验收应在班组自检合格的基础上，由施工单位专业工长（施工员）填写好检验批质量验收、评定记录的相关内容，并由项目专职质量检查员填写好施工单位的检验、评定结论，在相关栏目中完善签字和盖章等手续，然后交由监理工程师或建设单位项目专业技术负责人组织，严格按规定程序进行验收。

2 检验批质量主要取决于对主控项目和一般项目的检验结果。主控项目的条款是对检验批的基本质量起决定性影响的检验项目，是必须达到的要求，是保证工程安全和使用功能的重要检验项目，是对安全、卫生、环境保护和公众利益起决定性作用的检验项目，必须全部符合本标准的规定；一般项目是除主控项目以外的检验项目，其条款规定也是应该达到的，只不过对少数条款可以适当放宽一些，也不会影响工程安全和使用功能，但对工程重点的美观都有很大影响，验收时80%抽查处（件）的质量指标都要达到要求，其余20%虽然可以超过一定的指标，但也是有限度的。

3 检验批质量控制资料反映了检验批从原材料到最终验收的各施工工序的操作依据、检查情况和保证工程质量所必须的管理制度等，对其完整性的检查，实际是对过程控制的确认，这是检验批合格的前提。

28.2.2 分项工程质量验收

1 分项工程质量验收应由监理工程师或建设单位项目专业技术负责人组织施工（总包）单位项目专业技术负责人等有关人员进行。分项工程质量验收是在全部检验批质量验收的基础上进行的，一般情况下，分项工程和检验批两者具有相同或相近的性质，只是批量的大小不同而已，将有关的检验批汇集即可构成分项工程。分项工程质量验收、评定记录的相关内容由施工（总包）单位项目专职质量检查员填写，施工单位项目技术（质量）

负责人对质量控制资料组织核（抽）查并做出结论意见（主要是核查和归纳各检验批的验收记录资料，查对其是否完整，每个检验批验收资料内容是否有缺、漏项，以及各检验批工程质量验收人员的签字是否齐全和符合规定等），在相关栏目中签字和盖章后，交由监理工程师或建设单位项目专业技术负责人，严格按规定程序进行验收。

2 在检验批验收时，其应具备的资料应准确完整才能验收，因此在对分项工程质量控制资料进行检查时，主要是核查和归纳各检验批的验收记录资料，查对其是否完整，检验批的部位、区段等是否覆盖分项工程的全部范围，每个检验批验收资料内容是否有缺、漏项，以及各检验批工程质量验收人员的签字是否齐全和符合规定等。

28.2.3 分部（子分部）工程质量验收

1 分部（子分部）工程质量验收应由总监理工程师或建设单位项目专业负责人组织施工（总包）单位项目负责人和技术、质量负责人等有关人员进行。分部（子分部）工程质量验收是在其所含全部分项工程质量验收的基础上进行的，所含全部分项工程必须已验收合格，并且相应的工程质量控制资料必须齐全、完整，这是分部（子分部）工程质量验收的基本条件。分部（子分部）工程质量验收、评定记录的相关内容由施工（总包）单位项目专职质量检查员填写，施工（总包）单位的质量管理部门做出核定意见，在相关栏目中签字和盖章后，交由总监理工程师或建设单位项目专业负责人，严格按规定程序进行验收。

2 建筑电气分部（子分部）工程质量控制资料应包含如下内容：

1) 施工组织设计、施工方案、技术交底；
2) 建筑电气工程施工图设计文件和图纸会审记录及洽商记录；
3) 主要设备、器具、材料的合格证和进场验收记录；
4) 隐蔽工程验收记录；
5) 自检、互检记录；
6) 电气设备交接试验记录；
7) 接地电阻、绝缘电阻测试记录；
8) 空载试运行和负荷试运行记录；
9) 建筑物照明通电试运行记录；
10) 工序交接合格等施工安装记录；
11) 检验批、分项、分部（子分部）工程质量验收记录。

建筑电气工程质量控制资料由施工单位项目负责人组织项目技术（质量）负责人等对质量控制资料进行核（抽）查，由总监理工程师（建设单位项目专业负责人）做出结论意见，详见附录F。

3 由于各个分项工程的性质不尽相同，因此作为分部（子分部）工程不能仅对各分项工程验收结果简单地组合而加以验收，涉及有关安全及重要使用功能的安装分部工程应进行有关见证取样送样试验或抽样检测。安全和功能检验资料核查及主要功能抽查、核查记录应包括如下内容：

1) 照明全负荷试验记录；
2) 大型灯具牢固性试验记录；
3) 线路绝缘电阻测试记录；

4）防雷与接地电阻测试记录；

　　5）线路、插座、开关等接地检验记录。

4 对于建筑电气分部（子分部）工程验收过程中，还应对观感质量进行检查、验收，观感质量验收评定记录内容应包含有：

　　1）明配穿线管；

　　2）配电箱（盘、柜、板）；

　　3）设备、器具；

　　4）接线盒、开关、插座；

　　5）母线、桥架、线槽；

　　6）防雷、接地。

28.2.4 单位工程质量验收时建筑电气分部（子分部）工程的抽检部位。

　　当单位工程质量验收时，建筑电气分部（子分部）工程实物质量的抽检部位如下，且抽检结果应符合有关规定：

　　1 大型公用建筑的变配电室，技术层的电力工程，供电干线的竖井，建筑顶部的防雷工程，重要的或大面积活动场所的照明工程，以及5%自然间的建筑电气电力、照明工程；

　　2 一般民用建筑的配电室和5%自然间的建筑电气照明工程，以及建筑顶部的防雷工程；

　　3 室外电气工程以变配电室为主，且抽检各类灯具的5%。

　　核查各类技术资料应齐全，且符合工序要求，有可追溯性；各责任人均应签章确认。

　　为方便检测验收，高低压配电装置的调整试验应提前通知监理和有关监督部门，实行旁站确认。变配电室通电后可抽测的项目主要是：各类电源自动切换或通断装置、馈电线路的绝缘电阻、接地（PE）线或接零（PEN）线的导通状态、开关插座的接线正确性、漏电保护装置的动作电流和时间、接地装置的接地电阻值和由照明设计确定的照度等。抽测的结果应符合有关规定和设计要求。

28.2.5 建筑电气工程质量验收的检验方法应符合下列规定：

　　1 电气设备、电缆和继电保护系统的调整试验结果，查阅试运记录或试验时旁站；

　　2 空载试运行和负荷试运行结果，查阅试运行记录或试运行时旁站；

　　3 绝缘电阻、接地电阻和接地（PE）线或接零（PEN）线的导通状态及插座接线正确性的测试结果，查阅测试记录或测试时旁站或用适配工具和仪表进行检测；

　　4 漏电保护装置动作数据值，查阅测试记录或用适配仪表进行检测；

　　5 负荷试运行时大电流节点温升测量用红外线遥测温度仪表检测或查阅负荷试运行记录；

　　6 螺栓紧固程度用适配工具做拧动试验，有最终拧紧力矩要求的螺栓用力矩扳手检测；

　　7 需吊芯、抽芯检查的变压器和大型电动机，吊芯、抽芯时旁站或查阅吊芯、抽芯记录；

　　8 需做动作试验的电气装置，高压部分不应带电试验，低压部分无负荷试验；

　　9 水平度用铁水平尺测量，垂直度用线锤吊线尺量，盘面平整度拉线尺量，各种距离的尺寸用塞尺、游标卡尺、钢尺、塔尺或采用其他仪器仪表等测量；

  10 外观质量情况目测检查；

  11 设备规格型号、标志及接线，对照工程设计图纸及其变更文件检查。

28.3 建筑电气工程观感质量验收评定的规定

  28.3.1 建筑电气分部（子分部）工程验收过程中，观感质量检验评定所列出的 6 个项目，主要是从建筑物的使用功能，其次是从建筑物美感和结构安全等方面综合考虑的。观感质量检验评定的项目，主要可分为以下几种类型：

  1 一个项目含多个检验批工程，如设备、器具等，设计有哪个检验批工程就评定那个检验批工程；

  2 一个项目就是一个检验批工程，如配电箱（盘、柜、板）等；

  3 一个项目是一个检验批工程的一个子目，如明配穿线管、防雷、接地等。

  28.3.2 观感质量检验评定项目标准分是确定项目质量等级（实得分）的依据，项目标准分的确定，主要是依据该项目在工程中所占的比例和对使用功能的影响程度等考虑的。建筑电气分部（子分部）工程总标准分为 14 分，其中标准分为 3 分的有两个项目，标准分为 2 分的有 4 个项目。

  28.3.3 观感质量项目检查处（件）的质量等级，按照相应的检验批工程或检验批工程的一个子目的质量等级标准进行评定；建筑电气分部（子分部）工程观感质量的评定，不是像检验评定检验批工程质量那样，对全数检查或抽查处（件）的允许偏差项目要进行一些具体的微观检测，而是只需在目测感觉超差明显时，才进行实测，是从总体上宏观地评定，但又不可偏离检验批工程质量的等级标准。

  28.3.4 观感质量项目检验评定等级可分为以下四级：

  1 四级：抽查或全数检查处（件），有不符合标准合格要求规定的，实得分为零，并应处理；

  2 三级：抽查或全数检查处（件），全部符合标准合格要求规定，按项目标准分的 70% 计算实得分；

  3 二级：在三级的基础上，有 50%~80% 的检查处（件）质量达到标准的优良规定，按项目标准分的 85% 计算实得分；

  4 一级：在三级的基础上，有 80% 以上的检查处（件）质量达到标准的优良规定，按项目标准分计算实得分。

  对四级的处理应该慎重对待。若某项目的某一个检查处（件）不符合标准合格要求规定时，可返修后重新定级；若不能返修，但对使用功能影响不大，且项目其他的检查处（件）均符合标准合格或优良要求规定时，可降级处理；若某项目的多个检查处（件）不符合标准合格要求规定，又不能返修，且严重影响使用功能和美观，即使项目其他的检查处（件）均符合标准合格甚至优良要求规定时，也只能评定为四级。

  28.3.5 观感质量检验评定项目的检查数量应按下述原则确定：

  1 室外和建筑物或构筑物顶部的，视具体情况分为若干个检查处（件），全数检查；

  2 室内和构筑物内部的，按有代表性的抽查 10%。

28.3.6 观感质量检验评定的人员应符合以下要求：
　　1　要有3人以上参加评定；
　　2　参加评定人员应熟悉并能正确运用相应标准；
　　3　参加评定人员应具有一定的评定经验；
　　4　参加评定人员要认真负责，共同协商项目定级。
28.3.7 建筑电气分部（子分部）工程观感质量验收结论应符合下列规定：
　　1　合格：观感质量评定的总得分不低于总标准分的80%；
　　2　优良：观感质量评定的总得分不低于总标准分的90%。

28.4 建筑电气工程质量验收记录

建筑电气工程质量验收记录应符合下列规定：
　　1　建筑电气工程检验批工程质量验收按附录C进行。
　　2　建筑电气工程分项工程质量验收按附录D进行。
　　3　建筑电气工程分部（子分部）工程质量验收按附录E进行。
　　4　建筑电气工程电气工程质量控制资料核查记录按附录F进行。
　　5　建筑电气工程电气工程安全和功能检验资料及主要功能抽查、核查记录按附录G进行。
　　6　建筑电气工程电气工程观感质量检查按附录H进行。

附录A　建筑电气工程子分部、分项工程及检验批划分

A.0.1 建筑电气工程的分部工程、子分部工程、分项工程及检验批的划分可参照表A.0.1、表A.0.2进行。

表A.0.1　建筑电气分部工程、子分部工程、分项工程划分表

分部工程	子分部工程	分　项　工　程
建筑电气	室外电气	架空线路及杆上电气设备安装，变压器、箱式变电所安装，成套配电柜、控制柜（屏、台）和动力、照明配电箱（盘）安装，电线导管、电缆导管和线槽敷设，电线、电缆穿管和线槽敷线，电缆头制作、接线和线路绝缘测试，建筑物景观照明灯、航空障碍标志灯和庭院灯安装，建筑物照明通电试运行，接地装置安装
建筑电气	变配电室	变压器、箱式变电所安装，成套配电柜、控制柜（屏、台）和动力、照明配电箱（盘）安装，裸母线、封闭母线、插接式母线安装，电缆沟内和电气竖井内电缆敷设，电缆头制作、接线和线路绝缘测试，接地装置安装，避雷引下线和变配电室接地干线敷设

续表 A.0.1

分部工程	子分部工程	分项工程
建筑电气	供电干线	裸母线、封闭母线、插接式母线安装，电缆桥架安装和桥架内电缆敷设，电缆沟内和电缆竖井内电缆敷设，电线导管、电缆导管和线槽敷设，电线、电缆穿管和线槽敷线，电缆头制作、接线和线路绝缘测试
	电气动力	成套配电柜、控制柜（屏、台）和动力、照明配电箱（盘）安装，低压电动机、电加热器及电动执行机构检查接线，低压电气动力设备、试验和试运行，电缆桥架安装和桥架内电缆敷设，电线导管、电缆导管和线槽敷设，电线、电缆穿管和线槽敷线，电缆头制作、接线和线路绝缘测试，开关、插座、风扇安装
	电气照明安装	成套配电柜、控制柜（屏、台）和动力、照明配电箱（盘）安装，电线导管、电缆导管和线槽敷设，电线、电缆穿管和线槽敷线，槽板配线，钢索配线，电缆头制作、接线和线路绝缘测试，普通灯具安装，专用灯具安装，开关、插座、风扇安装，建筑物照明通电试运行
	备用和不间断电源安装	成套配电柜、控制柜（屏、台）和动力、照明配电箱（盘）安装，柴油发电机组安装，不间断电源的其他功能单元安装，裸母线、封闭母线、插接式母线安装，电线导管、电缆导管和线槽敷设，电线、电缆穿管和线槽敷线，电缆头制作、接线和线路绝缘测试，接地装置安装
	防雷及接地安装	接地装置安装，防雷引下线敷设，变配电室接地干线敷设，建筑物等电位联结，接闪器安装

表 A.0.2 建筑电气分部工程中分项工程的检验批划分表

分项工程	检验批	划分方法	验收、评定
架空线路及杆上电气设备安装	架空线路及杆上电气设备安装	按供电区段、投运时间先后、功能区段划分	附录C中表C.0.1-1
变压器、箱式变电所安装	变压器、箱式变电所安装	按主变压器、箱式变电所各为一个检验批划分	附录C中表C.0.1-2
成套配电柜、控制柜（屏、台）和动力、照明配电箱（盘）安装	成套配电柜、控制柜（屏、台）和动力、照明配电箱（盘）安装	建筑中有配电室的为一个检验批，无配电室而独立安装的每个柜为一个检验批；动力配电箱单层建筑每个单位工程为一个检验批，有变形缝的其两侧各为一个检验批。数量多时，可分层或分区划分检验批	附录C中表C.0.1-3

续表 A.0.2

分项工程	检验批	划分方法	验收、评定
低压电动机、电加热器及电动执行机构检查接线	低压电动机、电加热器及电动执行机构检查接线	按功能分区确定划分或与建筑土建工程划分一致	附录C中表C.0.1-4
柴油发电机组安装	柴油发电机组安装	按组划分各自为一个检验批或与建筑土建工程划分一致	附录C中表C.0.1-5
不间断电源安装	不间断电源安装	按组划分各自为一个检验批或与建筑土建工程划分一致	附录C中表C.0.1-6
低压电气动力设备试验和试运行	低压电气动力设备试验和试运行	按供电系统或调试和安装使用方便的原则划分	附录C中表C.0.1-7
裸母线、封闭母线、插接式母线安装	裸母线、封闭母线、插接式母线安装	按主配电室划分各自为一个检验批，有多个分配电室且不属于一个子分部的各为一个检验批；其他按供电区段划分	附录C中表C.0.1-8 附录C中表C.0.1-9
电缆桥架安装和桥架内电缆敷设	电缆桥架安装和桥架内电缆敷设	按供电区段、电气竖井编号划分	附录C中表C.0.1-10
电缆沟内和电缆竖井内电缆敷设	电缆沟内和电缆竖井内电缆敷设	按供电区段、电气竖井编号划分	附录C中表C.0.1-11
电线导管、电缆导管和线槽敷设	电线导管、电缆导管和线槽敷设	按供电区段、电气竖井编号或与土建工程一致原则划分	附录C中表C.0.1-12
电线、电缆穿管和线槽敷线	电线、电缆穿管和线槽敷线	按区段和楼层划分；高层及中高层住宅中的按单元划分，通廊式和塔式高层可采用与土建工程一致原则划分	附录C中表C.0.1-13
槽板配线	槽板配线	按施工部位采用同土建工程一致原则划分	附录C中表C.0.1-14
钢索配线	钢索配线	按楼层或区段划分	附录C中表C.0.1-15
电缆头制作、接线和线路绝缘测试	电缆头制作、接线和线路绝缘测试	按安装区域、供电系统或方便基础测试的原则划分	附录C中表C.0.1-16

续表 A.0.2

分项工程	检验批	划分方法	验收、评定
普通灯具安装	普通灯具安装	按楼层、单元或供电系统划分	附录C中表C.0.1-17
专用灯具安装	专用灯具安装	按楼层、单元或使用场所区域划分	附录C中表C.0.1-18
建筑物景观照明灯、航空障碍标志灯和庭院灯安装	建筑物景观照明灯、航空障碍标志灯和庭院灯安装	按供电系统、景观分区划分	附录C中表C.0.1-19
插座、开关、风扇安装	插座、开关、风扇安装	按楼层、单元划分	附录C中表C.0.1-20
建筑物照明通电试运行	建筑物照明通电试运行	按楼层、供电系统或单元划分	附录C中表C.0.1-21
接地装置安装	接地装置安装	人工接地极不按数量，统一作为一个检验批，利用建筑物基础钢筋做接地体的作为一个检验批；大型基础可按区块划分成几个检验批	附录C中表C.0.1-22
避雷引下线和变配电室接地干线敷设	避雷引下线和变配电室接地干线敷设	6层以下的建筑为一个检验批，高层建筑依据均压环设置间隔的层数各为一个检验批或属于一个子分部工程的为一个检验批	附录C中表C.0.1-23
接闪器安装	接闪器安装	按不同楼层屋面划分，同一屋面为一个检验批	附录C中表C.0.1-24
建筑物等电位联结	建筑物等电位联结	按进线系统和楼层划分，每层楼一个检验批，有变形缝的其两侧各为一个检验批（应与建筑土建工程划分一致）	附录C中表C.0.1-25

附录B 柴油发电机交接试验

B.0.1 柴油发电机交接试验，见表B.0.1。

表B.0.1 柴油发电机交接试验

序号	内容部位		试验内容	试验结果
1	静态试验	定子电路	测量定子绕组的绝缘电阻和吸收比	绝缘电阻值大于0.5MΩ；沥青浸胶及烘卷云母绝缘吸收比大于1.3；环氧粉云母绝缘吸收比大于1.6
2			在常温下，绕组表面温度与空气温度差在±3℃范围内测量各相直流电阻	各相直流电阻值相互间差值不大于最小值的2%，与出厂值在同温度下比差值不大于2%
3			交流工频耐压试验1min	试验电压为$1.5U_n+750V$，无闪络击穿现象，U_n为发电机额定电压
4		转子电路	用1000V兆欧表测量转子绝缘电阻	绝缘电阻值大于0.5MΩ
5			在常温下，绕组表面温度与空气温度差在±3℃范围内测量各相直流电阻	数值与出厂值在同温度下比差值不大于2%
6			交流工频耐压试验1min	用2500V摇表测量绝缘电阻替代
7		励磁电路	退出励磁电路电子器件后，测量励磁电路的线路设备的绝缘电阻	绝缘电阻值大于0.5MΩ
8			退出励磁电路电子器件后，进行交流工频耐压试验1min	试验电压1000V，无击穿闪络现象
9		其他	有绝缘轴承的用1000V兆欧表测量轴承绝缘电阻	绝缘电阻值大于0.5MΩ
10			测量检温计（埋入式）绝缘电阻，校验检温计精度	用250V兆欧表检测不短路，精度符合出厂规定
11			测量灭磁电阻，自同步电阻器的直流电阻	与铭牌相比较，其差值为±10%
12	运转试验		发电机空载特性试验	按设备说明书比对，符合要求
13			测量相序	相序与出线标识相符
14			测量空载和负荷后轴电压	按设备说明书比对，符合要求

12—73

附录 C 检验批质量验收、评定记录

C.0.1 检验批质量验收、评定记录由项目专业工长填写，项目专职质量检查员评定，参加人员应签字认可。检验批质量验收、评定记录，见表C.0.1-1～表C.0.1-25。

C.0.2 当建设方不采用本标准作为工程质量的验收标准时，不需要监理（建设）单位参加内部验收并签署意见。

表 C.0.1-1 架空线路及杆上电气设备安装检验批质量验收、评定记录

工程名称				分项工程名称			验收部位	
施工总包单位				项目经理			专业工长	
分包单位				分包项目经理			施工班组长	
施工执行标准名称及编号						设计图纸（变更）编号		
检查项目		企业质量标准的规定			质量检查、评定记录		总包项目部验收记录	
主控项目	1	电线杆、拉线坑的深度						
	2	架空线路的弧垂值						
	3	变压器中性点连接及接地电阻值						
	4	杆上变压器和高压绝缘子等交接试验						
	5	杆上低压配电箱的交接试验						
一般项目	1	电杆拉线的安装						
	2	电杆组立	直线杆横向位移	不大于50mm				
			杆稍偏移	不大于稍径1/2				
			转角杆倾斜值	不大于一个稍径				

12—74

续表 C.0.1-1

检查项目		企业质量标准的规定		质量检查、评定记录								总包项目部验收记录
一般项目	3	横担歪斜和扭斜	不大于20mm									
	4	导线的架设										
	5	线路的跳线、过引线、接户线布置	6～10kV 线路大于 300mm									
			1kV 及以下线路大于 150mm									
	6	杆上电气设备安装的规定										

施工单位检查、评定结论	本检验批实测 点，符合要求 点，符合要求率 ％，不符合要求点的最大偏差为规定值的 ％，依据中国建筑工程总公司《建筑工程施工质量统一标准》ZJQ00-SG-013-2006 的相关规定，本检验批质量：□合格 □优良 项目专职质量检查员： 年 月 日
参加验收人员（签字）	专业工长（施工员）： 年 月 日 分包单位项目技术负责人： 年 月 日 总包项目专业技术负责人： 年 月 日
监理（建设）单位验收结论	□同意 □不同意 上述评定意见。 监理工程师（建设单位项目专业技术负责人）： 年 月 日

12—75

表 C.0.1-2 变压器、箱式变电所安装检验批质量验收、评定记录

工程名称		分项工程名称		验收部位	
施工总包单位		项目经理		专业工长	
分包单位		分包项目经理		施工班组长	
施工执行标准名称及编号			设计图纸（变更）编号		

检查项目		企业质量标准的规定	质量检查、评定记录	总包项目部验收记录
主控项目	1	变压器安装位置		
	2	变压器接地连接		
	3	变压器交接试验		
	4	箱式变电所及落地式配电箱安装		
	5	箱式变电所交接试验		
一般项目	1	有载调压开关		
	2	绝缘件、测温仪表		
	3	有滚轮的变压器固定		
	4	变压器器身检查		
	5	箱式变电所内外涂层完整、无损伤，有通风的风口防护网完好		
	6	箱式变电所柜内接线		
	7	变压器顶盖的升高坡度		

施工单位检查、评定结论	本检验批实测 点，符合要求 点，符合要求率 %。不符合要求点的最大偏差为规定值的 %。依据中国建筑工程总公司《建筑工程施工质量统一标准》ZJQ00-SG-013-2006 的相关规定，本检验批质量：□合格 □优良 项目专职质量检查员： 年 月 日
参加验收人员（签字）	专业工长（施工员）： 年 月 日 分包单位项目技术负责人： 年 月 日 总包项目专业技术负责人： 年 月 日
监理（建设）单位验收结论	□同意 □不同意 上述评定意见。 监理工程师（建设单位项目专业技术负责人）： 年 月 日

表 C.0.1-3 成套配电柜、控制柜（屏、台）和动力、照明配电箱（盘）安装检验批质量验收、评定记录

工程名称				分项工程名称				验收部位			
施工总包单位				项目经理				专业工长			
分包单位				分包项目经理				施工班组长			
施工执行标准名称及编号						设计图纸（变更）编号					

检查项目			企业质量标准的规定		质量检查、评定记录									总包项目部验收记录
主控项目	1		柜、屏、台、箱、盘的接地或接零											
	2		防电击保护及保护导体的截面积											
	3		手车、抽出式成套配电柜的检查											
	4		高压成套配电柜的交接试验											
	5		低压成套配电柜的交接试验											
	6		柜、屏、台、箱、盘间线路绝缘电阻测试											
	7		柜、屏、台、箱、盘间二次回路耐压试验											
	8		直流屏试验及整流器调整和试验											
	9		照明配电箱（盘）安装的规定											
一般项目	10	基础型钢安装允许偏差	不直度（mm/m）	≤1										
			水平度（mm/全长）	≤5										
			不平行度（mm/全长）	≤5										
	11	柜屏安装偏差	垂直度允许偏差（‰）	1.5										
			相互间接缝（mm）	≤2										
			成列盘面偏差（mm）	≤5										

续表 C.0.1-3

检查项目		企业质量标准的规定	质量检查、评定记录	总包项目部验收记录
一般项目	12	柜间或与基础槽钢的连接		
	13	柜、屏、台、箱、盘内检查试验规定		
	14	低压电器组合应符合的规定		
	15	柜、屏、台、箱、盘间配线		
	16	连接柜面板上电器与可动部位的电线		
	17	照明配电箱（盘）安装应符合的规定		
施工单位检查、评定结论		本检验批实测　点，符合要求　点，符合要求率　％。不符合要求点的最大偏差为规定值的　％。依据中国建筑工程总公司《建筑工程施工质量统一标准》ZJQ00-SG-013-2006 的相关规定，本检验批质量：□合格　□优良 项目专职质量检查员： 年　月　日		
参加验收人员（签字）		专业工长（施工员）：		年　月　日
		分包单位项目技术负责人：		年　月　日
		总包项目专业技术负责人：		年　月　日
监理（建设）单位验收结论		□同意　　□不同意　上述评定意见。 监理工程师（建设单位项目专业技术负责人）： 年　月　日		

表 C.0.1-4 低压电动机、电加热器及电动执行机构
检查接线检验批质量验收、评定记录

工程名称			分项工程名称		验收部位	
施工总包单位			项目经理		专业工长	
分包单位			分包项目经理		施工班组长	
施工执行标准名称及编号				设计图纸（变更）编号		

检查项目			企业质量标准的规定	质量检查、评定记录	总包项目部验收记录
主控项目	1		可接近的裸露导体的接地或接零		
	2		绝缘电阻测试		
	3		100kW 以上电动机直流电阻测试		
一般项目	4		电气设备安装		
	5		电动机抽芯检查前的条件确认		
	6	电动机的抽芯检查	线圈绝缘		
			轴承检查		
			紧固件检查		
			符合产品技术文件的要求		
	7		接线盒内裸露导线线间和对地的距离应大于 8mm，绝缘防护措施		

施工单位检查、评定结论	本检验批实测 点，符合要求 点，符合要求率 %。不符合要求点的最大偏差为规定值的 %。依据中国建筑工程总公司《建筑工程施工质量统一标准》ZJQ00-SG-013-2006 的相关规定，本检验批质量：□合格 □优良 项目专职质量检查员： 年 月 日
参加验收人员（签字）	专业工长（施工员）： 年 月 日
	分包单位项目技术负责人： 年 月 日
	总包项目专业技术负责人： 年 月 日
监理（建设）单位验收结论	□同意 □不同意 上述评定意见。 监理工程师（建设单位项目专业技术负责人）： 年 月 日

表 C.0.1-5　柴油发电机组安装检验批质量验收、评定记录

工程名称			分项工程名称		验收部位	
施工总包单位			项目经理		专业工长	
分包单位			分包项目经理		施工班组长	
施工执行标准名称及编号				设计图纸（变更）编号		
检查项目		企业质量标准的规定	质量检查、评定记录		总包项目部验收记录	
主控项目	1	柴油发电机的交接试验				
	2	馈电线路绝缘电阻值，馈电线路直流耐压试验				
	3	柴油发电机馈电线路连接后，两端的相序必须与原供电系统的相序一致				
	4	发电机中性线（N）应与接地干线直接连接，螺栓防松零件标识				
一般项目	5	发电机组的控制柜接线及开关、保护装置验证				
	6	发电机本体和机械部分的可接近裸露导体与接地（PE）或接零（PEN）线连接标识				
	7	受电侧低压配电柜及设备的保护装置试验和负荷试验				
施工单位检查、评定结论		本检验批实测　点，符合要求　点，符合要求率　％。不符合要求点的最大偏差为规定值的　％。依据中国建筑工程总公司《建筑工程施工质量统一标准》ZJQ00－SG－013－2006 的相关规定，本检验批质量：□合格　□优良 项目专职质量检查员： 　　　　　　　　　　　　　　　　　　　　　　　　　　　年　月　日				
参加验收人员（签字）		专业工长（施工员）：　　　　　　　　　　　　　　　　　　　　　　　　　年　月　日				
		分包单位项目技术负责人：　　　　　　　　　　　　　　　　　　　　　　　年　月　日				
		总包项目专业技术负责人：　　　　　　　　　　　　　　　　　　　　　　　年　月　日				
监理（建设）单位验收结论		□同意　　□不同意　上述评定意见。 监理工程师（建设单位项目专业技术负责人）： 　　　　　　　　　　　　　　　　　　　　　　　　　　　年　月　日				

表 C.0.1-6 不间断电源安装检验批质量验收、评定记录

工程名称			分项工程名称		验收部位	
施工总包单位			项目经理		专业工长	
分包单位			分包项目经理		施工班组长	
施工执行标准名称及编号				设计图纸（变更）编号		

检查项目		企业质量标准的规定	质量检查、评定记录	总包项目部验收记录
主控项目	1	装置的规格、型号和内部接线连接质量检查		
	2	技术性能指标试验调整		
	3	不间断电源装置间连线的线间、线对地间绝缘电阻值应大于0.5MΩ		
	4	不间断电源输出端的中性线（N极），必须与由接地装置直接引来的接地干线相连接，做重复接地		
一般项目	5	机架组装应横平竖直，水平度、垂直度允许偏差不应大于1.5‰，紧固件齐全		
	6	不间断电源装置的主回路电线、电缆敷设		
	7	不间断电源装置的可接近裸露导体应与接地（PE）线或接零（PEN）线连接可靠，且有标识		
	8	不间断电源产生的噪声		

施工单位检查、评定结论	本检验批实测 点，符合要求 点，符合要求率 %。不符合要求点的最大偏差为规定值的 %。依据中国建筑工程总公司《建筑工程施工质量统一标准》ZJQ00-SG-013-2006 的相关规定，本检验批质量：□合格 □优良 项目专职质量检查员： 年 月 日
参加验收人员（签字）	专业工长（施工员）： 年 月 日 分包单位项目技术负责人： 年 月 日 总包项目专业技术负责人： 年 月 日
监理（建设）单位验收结论	□同意 □不同意 上述评定意见。 监理工程师（建设单位项目专业技术负责人）： 年 月 日

表 C.0.1-7 低压电气动力设备试验和试运行检验批质量验收、评定记录

工程名称			分项工程名称		验收部位	
施工总包单位			项目经理		专业工长	
分包单位			分包项目经理		施工班组长	
施工执行标准名称及编号				设计图纸（变更）编号		

检查项目		企业质量标准的规定	质量检查、评定记录	总包项目部验收记录
主控项目	1	试运行前，相关电气设备和线路的试验		
	2	现场单独安装的低压电器交接试验		
一般项目	3	试验运行电压、电流及其指示仪表检查		
	4	电机试通电检查		
	5	交流电动机空载启动及运行状态记录		
	6	大容量（630A及以上）导线或母线连接处的温升检查		
	7	电动执行机构的动作方向及指示检查		

施工单位检查、评定结论	本检验批实测 点，符合要求 点，符合要求率 %。不符合要求点的最大偏差为规定值的 %。依据中国建筑工程总公司《建筑工程施工质量统一标准》ZJQ00-SG-013-2006的相关规定，本检验批质量：□合格 □优良 项目专职质量检查员： 年 月 日
参加验收人员（签字）	专业工长（施工员）： 年 月 日
	分包单位项目技术负责人： 年 月 日
	总包项目专业技术负责人： 年 月 日
监理（建设）单位验收结论	□同意 □不同意 上述评定意见。 监理工程师（建设单位项目专业技术负责人）： 年 月 日

表 C.0.1-8 裸母线、封闭母线、插接式母线安装检验批质量验收、评定记录（主控项目）

工程名称			分项工程名称		验收部位	
施工总包单位			项目经理		专业工长	
分包单位			分包项目经理		施工班组长	
施工执行标准名称及编号				设计图纸（变更）编号		
检查项目		企业质量标准的规定	质量检查、评定记录		总包项目部验收记录	
主控项目	1	绝缘子的底座、套管的法兰、保护网（罩）及母线支架等可接近裸露导体与接地（PE）线或接零（PEN）线的连接				
	2	母线螺栓搭接连接	(1) 母线的钻孔直径及搭接长度和螺栓力矩值			
			(2) 母线接触面保持清洁，涂电力复合酯，螺栓孔周边无毛刺			
			(3) 连接螺栓的要求			
			(4) 螺栓受力均匀，不使电气接线端子受额外应力			
	3	封闭、插接式母线安装	(1) 母线与外壳同心，偏差±5mm			
			(2) 母线段与段连接要求			
			(3) 母线的连接方法符合产品技术文件要求			

12—83

续表 C.0.1-8

检查项目		企业质量标准的规定	质量检查、评定记录	总包项目部验收记录
主控项目	4	室内裸母线的最小安全净距应符合表 11.1.4 的规定		
	5	高压母线交流工频耐压试验		
	6 低压母线交接试验	（1）母线的规格、型号，应符合设计要求		
		（2）相间和相对地间的绝缘电阻值应大于 0.5MΩ		
		（3）交流工频耐压试验		
施工单位检查、评定结论		本检验批实测　点，符合要求　点，符合要求率　％。不符合要求点的最大偏差为规定值的　％。依据中国建筑工程总公司《建筑工程施工质量统一标准》ZJQ00-SG-013-2006 的相关规定，本检验批质量：□合格　□优良 项目专职质量检查员： 年　月　日		
参加验收人员（签字）		专业工长（施工员）：		年　月　日
		分包单位项目技术负责人：		年　月　日
		总包项目专业技术负责人：		年　月　日
监理（建设）单位验收结论		□同意　　□不同意　上述评定意见。 监理工程师（建设单位项目专业技术负责人）： 年　月　日		

表 C.0.1-9 裸母线、封闭母线、插接式母线安装检验
批质量验收、评定记录（一般项目）

工程名称		分项工程名称		验收部位	
施工总包单位		项目经理		专业工长	
分包单位		分包项目经理		施工班组长	
施工执行标准名称及编号			设计图纸（变更）编号		

检查项目			企业质量标准的规定	质量检查、评定记录	总包项目部验收记录
一般项目	1		母线支架的固定		
	2	母线搭接面的处理	(1) 铜与铜		
			(2) 铝与铝搭接面不做涂层处理		
			(3) 钢与钢搭接面搪锡或镀锌		
			(4) 铜与铝		
			(5) 钢与铜或铝钢搭接面搪锡		
	3	相序排列涂色	(1) 上下布置交（直）流母线		
			(2) 水平布置交（直）流母线		
			(3) 引下的交（直）流母线		
			(4) 母线的涂色		

续表 C.0.1-9

检查项目		企业质量标准的规定		质量检查、评定记录	总包项目部验收记录
一般项目	4	母线安装	(1) 金具与绝缘子固定		
			(2) 无闭合铁磁回路		
			(3) 母线夹板与母线间隙		
			(4) 母线固定点的位置		
			(5) 搭接连接处位置		
	5	封闭、插接式母线组装和固定			

施工单位检查、评定结论	本检验批实测　点，符合要求　点，符合要求率　％。不符合要求点的最大偏差为规定值的　％。依据中国建筑工程总公司《建筑工程施工质量标准》ZJQ00－SG－013－2006 的相关规定，本检验批质量：□合格　□优良 项目专职质量检查员： 年　月　日
参加验收人员（签字）	专业工长（施工员）：　　　　　　　　　　　　　　　　年　月　日 分包单位项目技术负责人：　　　　　　　　　　　　　年　月　日 总包项目专业技术负责人：　　　　　　　　　　　　　年　月　日
监理（建设）单位验收结论	□同意　　□不同意　上述评定意见。 监理工程师（建设单位项目专业技术负责人）： 年　月　日

表 C.0.1-10 电缆桥架安装和桥架内电缆敷设检验批质量验收、评定记录

工程名称		分项工程名称		验收部位	
施工总包单位		项目经理		专业工长	
分包单位		分包项目经理		施工班组长	
施工执行标准名称及编号			设计图纸（变更）编号		

检查项目			企业质量标准的规定	质量检查、评定记录	总包项目部验收记录
主控项目	1		金属电缆桥架、支架和引入、引出的金属导管的接地（PE）或接零（PEN）		
	2		电缆敷设检查		
一般项目	3	电缆桥架	伸缩节和补偿装置		
			桥架和电缆弯曲半径		
			桥架支架安装间距		
			桥架与支架的固定		
			桥架与其他管道间距		
			桥架的防火隔堵		
			桥架支架的安装		
	4	电缆敷设	大于45°倾斜敷设		
			电缆排列及固定		
			电缆管口密封处理		
	5		电缆的首端、末端和分支处的标志牌		

施工单位检查、评定结论	本检验批实测 点，符合要求 点，符合要求率 %。不符合要求点的最大偏差为规定值的 %。依据中国建筑工程总公司《建筑工程施工质量统一标准》ZJQ00-SG-013-2006 的相关规定，本检验批质量：□合格 □优良 项目专职质量检查员： 年 月 日
参加验收、评定人员（签字）	专业工长（施工员）： 年 月 日
	分包单位项目技术负责人： 年 月 日
	总包项目专业技术负责人： 年 月 日
监理（建设）单位验收结论	□同意 □不同意 上述评定意见。 监理工程师（建设单位项目专业技术负责人）： 年 月 日

表 C.0.1-11 电缆沟内和电缆竖井内电缆敷设检验批质量验收、评定记录

工程名称			分项工程名称			验收部位	
施工总包单位			项目经理			专业工长	
分包单位			分包项目经理			施工班组长	
施工执行标准名称及编号				设计图纸（变更）编号			

检查项目		企业质量标准的规定	质量检查、评定记录	总包项目部验收记录
主控项目	1	金属电缆支架、电缆导管与接地（PE）线或接零（PEN）线连接		
	2	电缆敷设严禁有绞拧、铠装压扁、护层断裂和表面严重划伤等缺陷		
一般项目	3	电缆支架安装 (1)电缆支架上、下距离		
		(2)当设计无要求时，电缆支架层间最小允许距离符合规定		
		(3)电缆支架的固定		
	4	电缆转弯处弯曲半径		
	5	电缆敷设固定 (1)电缆在支架上固定		
		(2)固定夹具无闭合铁磁回路		
		(3)电缆支持点间距		
		(4)电缆与管道最小净距		
		(5)电缆沟、竖井防火隔堵措施		
	6	电缆的首端、末端和分支处应设标志牌		

施工单位检查、评定结论	本检验批实测 点，符合要求 点，符合要求率 %。不符合要求点的最大偏差为规定值的 %。依据中国建筑工程总公司《建筑工程施工质量统一标准》ZJQ00-SG-013-2006 的相关规定，本检验批质量：□合格 □优良 项目专职质量检查员： 年 月 日
参加验收、评定人员（签字）	专业工长（施工员）： 年 月 日 分包单位项目技术负责人： 年 月 日 总包项目专业技术负责人： 年 月 日
监理（建设）单位验收结论	□同意 □不同意 上述评定意见。 监理工程师（建设单位项目专业技术负责人）： 年 月 日

表 C.0.1-12 电线导管、电缆导管和线槽敷设检验批质量验收、评定记录

工程名称			分项工程名称		验收部位	
施工总包单位			项目经理		专业工长	
分包单位			分包项目经理		施工班组长	
施工执行标准名称及编号				设计图纸（变更）编号		

检查项目		企业质量标准的规定	质量检查、评定记录	总包项目部验收记录
主控项目	1	电缆导管、金属线槽的接地（PE）或接零（PEN）		
	2	金属导管的连接		
	3	防爆导管的连接		
	4	绝缘导管在砌体上剔槽的埋设		
一般项目	5	室外埋地导管选择和埋深		
	6	导管的管口设置和处理		
	7	电缆导管的弯曲半径		
	8	金属导管的防腐		
	9	室内柜、台、箱、盘内导管管口的高度		
	10	暗配管的埋设深度		
	11	线槽固定及外观检查		
	12	防爆导管的连接、接地、固定和防腐		
	13	绝缘导管的连接和保护		
	14	柔性导管的长以及连接和接地		
	15	导管和线槽在建筑物变形缝处的处理		

施工单位检查、评定结论	本检验批实测 点，符合要求 点，符合要求率 %。不符合要求点的最大偏差为规定值的 %。依据中国建筑工程总公司《建筑工程施工质量统一标准》ZJQ00-SG-013-2006 的相关规定，本检验批质量：□合格 □优良 项目专职质量检查员： 年 月 日
参加验收人员（签字）	专业工长（施工员）： 年 月 日 分包单位项目技术负责人： 年 月 日 总包项目专业技术负责人： 年 月 日
监理（建设）单位验收结论	□同意 □不同意 上述评定意见。 监理工程师（建设单位项目专业技术负责人）： 年 月 日

表 C.0.1-13 电线、电缆穿管和线槽敷线检验批质量验收、评定记录

工程名称			分项工程名称		验收部位	
施工总包单位			项目经理		专业工长	
分包单位			分包项目经理		施工班组长	
施工执行标准名称及编号				设计图纸（变更）编号		

检查项目			企业质量标准的规定	质量检查、评定记录	总包项目部验收记录
主控项目	1		三相或单相的交流单芯电缆（电线）不得单独穿于钢导管内		
	2		不同回路、不同电压等级线、缆穿管要求及同一交流回路电线穿管要求		
	3		爆炸危险环境照明线路的电线和电缆要求		
一般项目	4		电线、电缆穿管前检查及管口保护措施		
	5		多相供电时导线分色要求		
	6	线槽敷线	电线在线槽内有余量，但不得有接头		
			线槽内的电线按回路编号分段绑扎，绑扎点间距不大于2m		
			同一回路相线和零线，敷设于同一金属线槽内		
			同一线槽内导线的抗干扰要求		

施工单位检查、评定结论	本检验批实测　点，符合要求　点，符合要求率　%。不符合要求点的最大偏差为规定值的　%。依据中国建筑工程总公司《建筑工程施工质量统一标准》ZJQ00－SG－013－2006 的相关规定，本检验批质量：□合格　□优良 项目专职质量检查员： 年　月　日
参加验收人员（签字）	专业工长（施工员）：　　　　　　　　　　　　　　　　　　　年　月　日 分包单位项目技术负责人：　　　　　　　　　　　　　　　　年　月　日 总包项目专业技术负责人：　　　　　　　　　　　　　　　　年　月　日
监理（建设）单位验收结论	□同意　　□不同意　上述评定意见。 监理工程师（建设单位项目专业技术负责人）： 年　月　日

表 C.0.1-14 槽板配线检验批质量验收、评定记录表

工程名称			分项工程名称		验收部位	
施工总包单位			项目经理		专业工长	
分包单位			分包项目经理		施工班组长	
施工执行标准名称及编号				设计图纸（变更）编号		
检查项目		企业质量标准的规定	质量检查、评定记录		总包项目部验收记录	
主控项目	1	槽板内电线敷设				
	2	槽板敷设及选择				
一般项目	3	槽板敷设固定位置	木槽板无劈裂，塑料槽板无变形			
			槽板底板固定间距小于500mm			
			槽板盖板固定间距小于300mm			
			槽板底板距终端50mm处应固定			
			槽板盖板距终端30mm处应固定			

12—91

续表 C.0.1-14

检查项目		企业质量标准的规定	质量检查、评定记录	总包项目部验收记录
一般项目	4	槽板连接	直线段连接，底、盖板接口错开 20mm，盖板成 45°斜口对接		
			槽板 90°转角处，底、盖板均成 45°斜口对接		
			T 字形对接处，应成三角叉接		
			槽板的接口处，严密整齐，盖板应无翘角		
	5		槽板过墙、梁应有保护管，跨越建筑物变形缝处应设补偿装置		

施工单位检查、评定结论	本检验批实测　点，符合要求　点，符合要求率　％。不符合要求点的最大偏差为规定值的　％。依据中国建筑工程总公司《建筑工程施工质量统一标准》ZJQ00-SG-013-2006 的相关规定，本检验批质量：□合格　□优良 项目专职质量检查员： 年　月　日
参加验收人员（签字）	专业工长（施工员）：　　　　　　　　　　　　　　　　年　月　日
	分包单位项目技术负责人：　　　　　　　　　　　　　年　月　日
	总包项目专业技术负责人：　　　　　　　　　　　　　年　月　日
监理（建设）单位验收结论	□同意　　□不同意：评定合格。 监理工程师（建设单位项目专业技术负责人）： 年　月　日

表 C.0.1-15 钢索配线检验批质量验收、评定记录表

工程名称				分项工程名称			验收部位	
施工总包单位				项目经理			专业工长	
分包单位				分包项目经理			施工班组长	
施工执行标准名称及编号						设计图纸（变更）编号		
检查项目		企业质量标准的规定				质量检查、评定记录	总包项目部验收记录	
主控项目	1	用镀锌钢索，不采用含油芯钢索，无扭曲、断股，钢索的钢丝直径小于0.5mm						
	2	钢索的终端拉环和线卡安装						
	3	钢索长度及花篮螺栓设置数量						
	4	钢索中间吊架≤12mm，吊架与钢索连接处的吊钩深度≥20mm，有锁定零件						
一般项目	5	电线和灯具在钢索上安装						
	6	配线零件间距(mm)	配线类别	支持件之间最大距离	支持件与灯头盒之间最大距离			
			钢管	1500	200			
			钢性绝缘导管	1000	150			
			塑料护套线	200	100			
施工单位检查、评定结论		本检验批实测 点，符合要求 点，符合要求率 %。不符合要求点的最大偏差为规定值的 %。依据中国建筑工程总公司《建筑工程施工质量统一标准》ZJQ00-SG-013-2006 的相关规定，本检验批质量：□合格 □优良 项目专职质量检查员： 年 月 日						
参加验收人员（签字）		专业工长（施工员）： 年 月 日 分包单位项目技术负责人： 年 月 日 总包项目专业技术负责人： 年 月 日						
监理（建设）单位验收结论		□同意 □不同意 上述评定意见。 监理工程师（建设单位项目专业技术负责人）： 年 月 日						

表 C.0.1-16 电缆头制作、接线和线路绝缘测试
检验批质量验收、评定记录

工程名称			分项工程名称		验收部位	
施工总包单位			项目经理		专业工长	
分包单位			分包项目经理		施工班组长	
施工执行标准名称及编号				设计图纸（变更）编号		

检查项目		企业质量标准的规定		质量检查、评定记录	总包项目部验收记录
主控项目	1	高压电力电缆直流耐压试验			
	2	低压电线和电缆，线间和线对地间地绝缘电阻必须大于 0.5MΩ			
	3	铠装电力电缆头接地线			
	4	电线电缆接线			
一般项目	5	芯线与设备连接	（1）≤10mm² 单股铜（铝）芯线		
			（2）≤2.5mm² 多股铜芯线		
			（3）＞2.5mm² 多股铜芯线		
			（4）多股铝芯线接续端子后与设备、器具的端子连接		
			（5）每个设备和器具的端子接线不多于 2 根电线		
	6	电线电缆连接无开口端子			
	7	电线、电缆的回路标记			

施工单位检查、评定结论	本检验批实测 点，符合要求 点，符合要求率 %。不符合要求点的最大偏差为规定值的 %。依据中国建筑工程总公司《建筑工程施工质量统一标准》ZJQ00-SG-013-2006 的相关规定，本检验批质量：□合格　□优良 项目专职质量检查员： 年　月　日
参加验收人员（签字）	专业工长（施工员）：　　　　　　　　　　　　　　年　月　日 分包单位项目技术负责人：　　　　　　　　　　　　年　月　日 总包项目专业技术负责人：　　　　　　　　　　　　年　月　日
监理（建设）单位验收结论	□同意　□不同意　上述评定意见。 监理工程师（建设单位项目专业技术负责人）： 年　月　日

表 C.0.1-17 普通灯具安装检验批质量验收、评定记录

工程名称			分项工程名称		验收部位	
施工总包单位			项目经理		专业工长	
分包单位			分包项目经理		施工班组长	
施工执行标准名称及编号				设计图纸（变更）编号		

检查项目			企业质量标准的规定	质量检查、评定记录	总包项目部验收记录
主控项目	1		灯具固定要求		
	2		花灯吊钩及悬吊装置		
	3		钢管作灯具吊杆要求		
	4		固定灯具带电部件绝缘材料		
	5		灯具安装高度		
	6		对灯具的可接近裸露导体要求		
一般项目	7		灯具导线线芯截面		
	8	灯具外形、灯头及接线	（1）灯具及配件		
			（2）软线吊灯与软线		
			（3）灯泡容量及灯头材质		
			（4）灯具的接线		
			（5）灯头质量		
	9		变配电所内灯具设置		
	10		白炽吸顶灯安装		
	11		重要场所大型灯具玻璃罩安装		
	12		投光灯底座安装		
	13		室外壁灯安装及室内潮湿场所灯具安装		

施工单位检查、评定结论	本检验批实测 点，符合要求 点，符合要求率 %。不符合要求点的最大偏差为规定值的 %。依据中国建筑工程总公司《建筑工程施工质量统一标准》ZJQ00-SG-013-2006 的相关规定，本检验批质量：□合格 □优良 项目专职质量检查员： 年 月 日
参加验收人员（签字）	专业工长（施工员）： 年 月 日 分包单位项目技术负责人： 年 月 日 总包项目专业技术负责人： 年 月 日
监理（建设）单位验收结论	□同意 □不同意 上述验收意见。 监理工程师（建设单位项目专业技术负责人）： 年 月 日

表C.0.1-18 专用灯具安装检验批质量验收、评定记录

工程名称			分项工程名称						验收部位		
施工总包单位			项目经理						专业工长		
分包单位			分包项目经理						施工班组长		
施工执行标准名称及编号							设计图纸（变更）编号				
检查项目		企业质量标准的规定		质量检查、评定记录							总包项目部验收记录
主控项目	1	36V及以下行灯变压器和行灯安装									
	2	游泳池和类似场所灯具等电位联结及灯具导管敷设									
	3	手术台无影灯安装									
	4	应急照明灯安装									
	5	防爆灯具安装									
一般项目	6	36V及以下行灯变压器和行灯安装									
	7	手术台无影灯安装									
	8	应急照明灯具安装									
	9	防爆灯具安装									
施工单位检查、评定结论		本检验批实测 点，符合要求 点，符合要求率 %。不符合要求点的最大偏差为规定值的 %。依据中国建筑工程总公司《建筑工程施工质量统一标准》ZJQ00-SG-013-2006的相关规定，本检验批质量：□合格 □优良 项目专职质量检查员： 年 月 日										
参加验收人员（签字）		专业工长（施工员）：									年 月 日
		分包单位项目技术负责人：									年 月 日
		总包项目专业技术负责人：									年 月 日
监理（建设）单位验收结论		□同意 □不同意 上述评定意见。 监理工程师（建设单位项目专业技术负责人）： 年 月 日									

12—96

表C.0.1-19 建筑物景观照明灯、航空障碍标志灯和庭院灯安装检验批质量验收、评定记录

工程名称			分项工程名称		验收部位	
施工总包单位			项目经理		专业工长	
分包单位			分包项目经理		施工班组长	
施工执行标准名称及编号				设计图纸（变更）编号		

检查项目		企业质量标准的规定	质量检查、评定记录								总包项目部验收记录
主控项目	1	建筑物彩灯安装应符合的规定									
	2	霓虹灯安装应符合的规定									
	3	建筑物景观照明灯安装应符合的规定									
	4	航空障碍标志灯安装应符合的规定									
	5	庭院灯安装应符合的规定									
一般项目	6	彩灯安装	建筑物顶部的彩灯灯罩完整，无碎裂								
			彩灯电线导管防腐完好，敷设平顺，与建筑物造型协调								
	7	霓虹灯安装	变压器明装高度不小于3m								
			霓虹灯变压器安装位置								
			橱窗内霓虹灯安装								
			变压器二次侧电线支持点间距								
	8		建筑物景观照明灯具构架及地脚螺栓固定可靠，外露线缆应有导管保护								

续表 C.0.1-19

检查项目		企业质量标准的规定	质量检查、评定记录								总包项目部验收记录
一般项目	9 航空障碍灯安装	同一建筑物或建筑群灯具间的水平、垂直距离不大于45m									
		灯具的自动通、断电源控制装置动作准确									
	10 庭院灯安装	灯具电源控制装置									
		电杆上路灯安装									

施工单位检查、评定结论	本检验批实测 点，符合要求 点，符合要求率 ％。不符合要求点的最大偏差为规定值的 ％。依据中国建筑工程总公司《建筑工程施工质量统一标准》ZJQ00－SG－013－2006的相关规定，本检验批质量：□合格 □优良 项目专职质量检查员： 年 月 日
参加验收人员（签字）	专业工长（施工员）： 年 月 日 分包单位项目技术负责人： 年 月 日 总包项目专业技术负责人： 年 月 日
监理（建设）单位验收结论	□同意 □不同意 上述评定意见。 监理工程师（建设单位项目专业技术负责人）： 年 月 日

表 C.0.1-20 插座、开关、风扇安装检验批质量验收、评定记录

工程名称			分项工程名称		验收部位						
施工总包单位			项目经理		专业工长						
分包单位			分包项目经理		施工班组长						
施工执行标准名称及编号					设计图纸（变更）编号						
检查项目		企业质量标准的规定	质量检查、评定记录								总包项目部验收记录
主控项目	1	开关接线不同或不同电压等级的插座的使用区别									
	2	插座接线规定									
	3	特殊情况下插座安装									
	4	照明开关安装									
	5	吊扇安装规定									
	6	壁扇安装规定									
一般项目	7	插座安装	托儿所、幼儿园及小学安装高度								
			暗装插座安装								
			车间及实验室安装高度								
			地插座安装								
	8	开关安装	开关安装位置和高度								
			同型号及并列开关安装								
			暗装开关安装								
	9	吊扇安装	(1) 涂层完整，表面无划痕、无污染，吊杆上下扣碗安装牢固到位								
			(2) 同一室内并列安装的吊扇开关高度一致，且控制有序不错位								

续表 C.0.1-20

检查项目		企业质量标准的规定	质量检查、评定记录	总包项目部验收记录
一般项目	10 壁扇安装	(1) 壁扇下侧边缘距地面高度不小于1.8m		
		(2) 涂层完整，表面无划痕，无污染，防护罩无变形		

施工单位检查、评定结论	本检验批实测　点，符合要求　点，符合要求率　％。不符合要求点的最大偏差为规定值的　％。依据中国建筑工程总公司《建筑工程施工质量统一标准》ZJQ00-SG-013-2006的相关规定，本检验批质量：□合格　□优良 项目专职质量检查员： 年　月　日
参加验收、评定人员（签字）	专业工长（施工员）：　　　　　　　　　　　　　　　年　月　日 分包单位项目技术负责人：　　　　　　　　　　　　年　月　日 总包项目专业技术负责人：　　　　　　　　　　　　年　月　日
监理（建设）单位验收结论	□同意　　□不同意　上述评定意见。 监理工程师（建设单位项目专业技术负责人）： 年　月　日

12—100

表 C.0.1-21 建筑物照明通电试运行检验批质量验收、评定记录

工程名称			分项工程名称		验收部位	
施工总包单位			项目经理		专业工长	
分包单位			分包项目经理		施工班组长	
施工执行标准名称及编号				设计图纸（变更）编号		
检查项目		企业质量标准的规定		质量检查、评定记录		总包项目部验收记录
主控项目	1 照明通电前准备工作	（1）电线绝缘电阻测试符合规定				
		（2）灯具、开关、插座等器具和照明配电箱安装并检查完成				
		（3）灯具和插座等回路控制应与配电箱内回路一致，住宅的回路应与用户位置对应				
		（4）开关与照明灯具控制顺序相对应				
		（5）插座接线经检查准确无误				
		（6）灯具试亮工作已结束				
		（7）风扇的转向及调速开关正常				
		（8）电力和照明工程的漏电保护装置模拟试验工作已完成				

续表 C.0.1-21

检查项目		企业质量标准的规定	质量检查、评定记录	总包项目部验收记录
主控项目	2 照明通电试运行	（1）公共建筑照明系统通电连续试运行24h		
		（2）民用住宅照明系统通电连续试运行8h		
		（3）所有照明灯具均应开启，且每2h记录运行状态一次，连续试运行时间内无故障		
施工单位检查、评定结论		本检验批实测 点，符合要求 点，符合要求率 %。不符合要求点的最大偏差为规定值的 %。依据中国建筑工程总公司《建筑工程施工质量统一标准》ZJQ00－SG－013－2006的相关规定，本检验批质量：□合格 □优良 项目专职质量检查员： 年 月 日		
参加验收、评定人员（签字）		专业工长（施工员）：		年 月 日
		分包单位项目技术负责人：		年 月 日
		总包项目专业技术负责人：		年 月 日
监理（建设）单位验收结论		□同意 □不同意 上述评定意见。 监理工程师（建设单位项目专业技术负责人）： 年 月 日		

表 C.0.1-22 接地装置安装检验批质量验收、评定记录

工程名称			分项工程名称		验收部位	
施工总包单位			项目经理		专业工长	
分包单位			分包项目经理		施工班组长	
施工执行标准名称及编号				设计图纸（变更）编号		
检查项目		企业质量标准的规定		质量检查、评定记录		总包项目部验收记录
主控项目	1	接地装置测试点设置				
	2	接地装置的接地电阻值				
	3	人工接地装置均压措施				
	4	接地模块埋设				
	5	接地模块安装				
一般项目	6	接地装置焊接及防腐	接地装置埋深及间距			
			扁钢与扁钢			
			圆钢与圆钢			
			圆钢与扁钢			
			扁钢与钢管（角钢）			
			除埋设在混凝土中的焊接接头外，有防腐措施			
	7	接地装置采用的材料				
	8	接地模块引线焊接				

施工单位检查、评定结论	本检验批实测　点，符合要求　点，符合要求率　％。不符合要求点的最大偏差为规定值的　％。依据中国建筑工程总公司《建筑工程施工质量统一标准》ZJQ00-SG-013-2006 的相关规定，本检验批质量：□合格　□优良 项目专职质量检查员： 年　月　日
参加验收、评定人员（签字）	专业工长（施工员）：　　　　　　　　　　　　　　　　　　年　月　日 分包单位项目技术负责人：　　　　　　　　　　　　　　　年　月　日 总包项目专业技术负责人：　　　　　　　　　　　　　　　年　月　日
监理（建设）单位验收结论	□同意　　□不同意　上述评定意见。 监理工程师（建设单位项目专业技术负责人）： 年　月　日

表 C.0.1-23 避雷引下线和变配电室接地干线敷设检验批质量验收、评定记录

工程名称			分项工程名称		验收部位	
施工总包单位			项目经理		专业工长	
分包单位			分包项目经理		施工班组长	
施工执行标准名称及编号				设计图纸（变更）编号		

检查项目			企业质量标准的规定	质量检查、评定记录	总包项目部验收记录
主控项目	1		暗敷在建筑物抹灰层内的引下线应有卡钉分段固定；明敷的引下线应平直、无急弯，与支架焊接处油漆防腐		
	2		变压器室、高低开关室内的接地干线		
	3		利用构件、金属管道的接地		
一般项目	4	接地线连接	（1）扁钢与扁钢搭接为扁钢宽度的2倍，不少于三面施焊		
			（2）圆钢与圆钢搭接为圆钢直径的6倍，双面施焊		
			（3）圆钢与扁钢搭接为圆钢直径的6倍，双面施焊		
	5		接地引下线支持件固定距离		
	6		接地线保护管的设置		
	7	变配电室接地干线	（1）敷设位置		
			（2）敷设高度		
			（3）变形缝补偿措施		
			（4）接地线涂色		
			（5）室内接地干线接线柱或接地螺栓数量		

续表 C.0.1-23

检查项目		企业质量标准的规定	质量检查、评定记录						总包项目部验收记录
一般项目	8	电缆穿过零序电流互感器做法							
	9	配电间设施接地							
	10	幕墙框架和金属门窗的接地							

施工单位检查、评定结论	本检验批实测 点，符合要求 点，符合要求率 %。不符合要求点的最大偏差为规定值的 %。依据中国建筑工程总公司《建筑工程施工质量统一标准》ZJQ00-SG-013-2006 的相关规定，本检验批质量：□合格 □优良 项目专职质量检查员： 年 月 日
参加验收、评定人员（签字）	专业工长（施工员）： 年 月 日
	分包单位项目技术负责人： 年 月 日
	总包项目专业技术负责人： 年 月 日
监理（建设）单位验收结论	□同意 □不同意 上述评定意见。 监理工程师（建设单位项目专业技术负责人）： 年 月 日

表 C.0.1-24 接闪器安装检验批质量验收、评定记录

工程名称		分项工程名称		验收部位	
施工总包单位		项目经理		专业工长	
分包单位		分包项目经理		施工班组长	
施工执行标准名称及编号			设计图纸（变更）编号		

检查项目		企业质量标准的规定	质量检查、评定记录	总包项目部验收记录
主控项目	1	建筑物顶部的避雷针、避雷带（网）等必须与顶部外露的其他金属物体连成一个整体的电气通路，与防雷引下线连接		
一般项目	2	避雷针、避雷带安装位置正确		
		焊接固定的焊缝饱满无遗漏		
		螺栓固定的防松零件齐全		
		焊接部分防腐油漆完整		
	3	避雷带平整顺直，固定点支持件间距均匀、固定可靠		
		每个支持件能承受 49N（5kg）的垂直拉力		
		当设计无要求时，支持件的间距要求		

施工单位检查、评定结论	本检验批实测　点，符合要求　点，符合要求率　％。不符合要求点的最大偏差为规定值的　％。依据中国建筑工程总公司《建筑工程施工质量统一标准》ZJQ00-SG-013-2006 的相关规定，本检验批质量：□合格　□优良 项目专职质量检查员： 年　月　日
参加验收、评定人员（签字）	专业工长（施工员）：　　　　　　　　　　　　　　　　　　年　月　日
	分包单位项目技术负责人：　　　　　　　　　　　　　　　　年　月　日
	总包项目专业技术负责人：　　　　　　　　　　　　　　　　年　月　日
监理（建设）单位验收结论	□同意　　□不同意　上述评定意见。 监理工程师（建设单位项目专业技术负责人）： 年　月　日

表 C.0.1-25 建筑物等电位联结检验批质量验收、评定记录

工程名称		分项工程名称		验收部位	
施工总包单位		项目经理		专业工长	
分包单位		分包项目经理		施工班组长	
施工执行标准名称及编号			设计图纸（变更）编号		

检查项目		企业质量标准的规定	质量检查、评定记录	总包项目部验收记录
主控项目	1	建筑物等电位联结干线必须从与接地装置有不少于 2 处直接接地的接地干线或总等电位箱引出		
		等电位联结支线间严禁串联连接		
		等电位联结干线或局部等电位箱间的连接线形成环行网路，环行网路应就近与等电位联结干线或局部等电位箱连接		
		等电位联结端子板的截面不得小于所接等电位联结线截面		
	2	等电位联结的线路最小允许截面		
一般项目	3	等电位联结的可接近裸露导体或其他金属部件、构件与支线连接应可靠，熔焊、钎焊或机械紧固应导通正常		

续表C.0.1-25

检查项目		企业质量标准的规定	质量检查、评定记录								总包项目部验收记录
一般项目	4	需等电位联结的高级装修金属部件或零件，应有专用接线螺栓与等电位联结支线连接，且有标识；连接处螺帽紧固、防松零件齐全									

施工单位检查、评定结论	本检验批实测 点，符合要求 点，符合要求率 ％。不符合要求点的最大偏差为规定值的 ％。依据中国建筑工程总公司《建筑工程施工质量统一标准》ZJQ00-SG-013-2006的相关规定，本检验批质量：□合格 □优良 项目专职质量检查员： 年 月 日
参加验收、评定人员（签字）	专业工长（施工员）： 年 月 日 分包单位项目技术负责人： 年 月 日 总包项目专业技术负责人： 年 月 日
监理（建设）单位验收结论	□同意 □不同意 上述评定意见。 监理工程师（建设单位项目专业技术负责人）： 年 月 日

12—108

附录 D 分项工程质量验收、评定记录

D.0.1 分项工程质量评定（验收）记录由项目专职质量检查员填写，质量控制资料的检查应由项目专业技术负责人检查并做结论意见。分项工程质量验收、评定记录，见表 D.0.1。

D.0.2 当建设方不采用本标准作为工程质量的验收标准时，不需要监理（建设）单位参加内部验收并签署意见。

表 D.0.1 _____ 分项工程质量验收、评定记录

工程名称		结构类型		检验批数量	
施工总包单位		项目经理		项目技术负责人	
分项工程分包单位		分包单位负责人		分包项目经理	
序号	检验批部位、区段	分包单位检查结果		总包单位评定（验收）结论	监理（建设）单位验收意见
1					
2					
3					
4					
5					
6					
7					
8					
9					
10					
11					
12					

续表 D.0.1

质量控制资料	应有　份，实有　份，资料内容　基本详实□　详实准确　□ 核查结论：基本齐全□　　齐全完整□。 项目专业技术负责人： 年　月　日
分项工程综合评定（验收）结论	该分项工程共有　个质量检验批，其中有　个检验批质量为合格，有　个检验批质量为优良，优良率为　%，该分项工程的施工操作依据及质量控制资料（基本完整□　齐全完整□），依据中国建筑工程总公司《建筑工程施工质量统一标准》ZJQ00-SG-013-2006 的相关规定，该分项工程的质量：合格□　优良□ 项目专职质量检查员： 年　月　日
参加评定（验收）人员（签字）	总包单位项目负责人　（签字）　　　　　年　月　日 项目专业技术负责人　（签字）　　　　　年　月　日 分包项目技术负责人　（签字）　　　　　年　月　日
监理（建设单位）验收结论	同意□　不同意□，总包单位验收意见。 监理工程师（建设单位项目专业技术负责人） 年　月　日

附录 E 建筑电气安装工程分部（子分部）工程质量验收、评定记录

E.0.1 分部（子分部）工程的质量验收评定记录应由总包项目专职质量检查员填写，总包企业的技术管理、质量管理部门均应参加验收。分部（子分部）工程验收、评定记录，见表 E.0.1。

E.0.2 当建设方不采用本标准作为工程质量的验收标准时，不需要勘察、设计、监理（建设）单位参加内部验收并签署意见。

表 E.0.1 _____ 分部（子分部）工程验收、评定记录

工程名称		施工总包单位			
技术部门负责人		质量部门负责人		项目专职质量检查员	
分包单位		分包单位负责人		分包项目经理	
序号	分项工程名称	检验批数量	检验批优良率（%）	核定意见	
1				施工总包单位质量管理部门（盖章） 年 月 日	
2					
3					
4					
5					
6					
7					
8					
9					
技术管理资料	份	质量控制资料	份	安全和功能检验（检测）报告	份

续表 E.0.1

资料验收意见	应形成　份，实际　份，　结论：基本齐全 □　齐全完整 □
观感质量验收	应得　分数，实得　分数，得分率　%，结论：合格 □　优良 □
分部（子分部）工程验收结论	该分部（子分部）工程共含　个分项工程，其中优良分项　个，分项优良率为　%，各项资料（基本齐全　齐全完整），观感质量（合格　优良），依据中国建筑工程总公司《建筑工程施工质量统一标准》ZJQ00-SG-013-2006 的有关规定，该分部工程：合格 □　优良 □

参加评定人员			
	分包单位项目经理	（签字）	年　月　日
	分包单位技术负责人	（签字）	年　月　日
	总包单位质量管理部门负责人	（签字）	年　月　日
	总包单位项目技术负责人	（签字）	年　月　日
	总包单位项目经理	（签字）	年　月　日
	勘察单位项目负责人	（签字）	年　月　日
	设计单位项目专业负责人	（签字）	年　月　日
	监理（建设）单位项目总监（建设单位项目专业负责人）	（签字）	年　月　日

附录 F 建筑电气安装工程质量控制资料核查记录

F.0.1 单位（子单位）工程质量控制资料由总包和各分包单位根据项目总、分包管理的有关规定负责各自资料的形成、收集，并应由总包项目部资料管理人员统一整理、装订。建筑电气工程质量控制资料核查记录，见表 F.0.1。

F.0.2 当建设方不采用本标准作为工程质量的验收标准时，不需要监理（建设）单位参加内部验收并签署意见。

表 F.0.1 建筑电气工程质量控制资料核查记录

工程名称		施工总包单位			
序号	资 料 名 称	份数	核查意见	抽查结果	核查人
1	施工组织设计、施工方案、技术交底				
2	图纸会审、设计变更、洽商记录				
3	材料、设备出厂合格证及进场检（试）验报告				
4	电气设备交接试验记录				
5	自检、互检记录				
6	空载试运行和负荷试运行记录				
7	接地、绝缘电阻测试记录				
8	建筑物照明通电试运行记录				

续表 F.0.1

序号	资料名称	份数	核查意见	抽查结果	核查人
9	隐蔽工程验收记录				
10	工序交接合格等施工安装记录				
11	检验批、分项、分部工程质量验收记录				
12					

核查意见	质量控制资料：基本齐全 □　　齐全完整 □

参加核查人员（签字）	分包单位项目质量负责人：	年　月　日
	分包单位项目技术负责人：	年　月　日
	施工总包单位项目质量负责人：	年　月　日
	施工总包单位项目技术负责人：	年　月　日
	总监理工程师（建设单位项目专业负责人）：	年　月　日

附录 G 建筑电气安装工程安全和功能检验资料及主要功能抽查、核查记录

G.0.1 建筑电气安装工程安全和功能检验资料及主要功能抽查、核查记录，见表 G.0.1。

G.0.2 当建设方不采用本标准作为工程质量的验收标准时，不需要监理（建设）单位参加内部验收并签署意见。

表 G.0.1 建筑电气安装工程安全和功能检验资料及主要功能抽查、核查记录

工程名称							
			施工单位				
序号	项目	安全和功能检查项目	份数	核查意见	抽查结果	核查人	
1	室外电气和电气照明安装工程	照明全负荷试验记录					
2	室内电气照明安装	大型灯具牢固性试验记录					
3	室外电气、变配电室、供电干线、电气动力、电气照明安装、备用和不间断电源安装	线路绝缘电阻测试记录					
4	室外电气、备用和不间断电源安装、防雷及接地安装	防雷接地电阻测试记录					
5	电气照明安装	线路、器具、插座等接地（零）检验记录					

续表 G.0.1

结论意见：共抽（检）查　　项，符合相应规范要求　　项，存在问题　　项，□可以　　□不可以投入使用。存在问题的项目应在　　日内整改完毕并重新进行检测。 总包项目技术负责人： 年　月　日		
参加核查人员 （签字）	分包单位项目技术负责人：	年　月　日
	分包单位项目经理：	年　月　日
	施工总包单位项目技术负责人：	年　月　日
	施工总包单位项目经理：	年　月　日
	总监理工程师（建设单位项目专业负责人）：	年　月　日

附录 H 建筑电气工程观感质量验收、评定

H.0.1 建筑电气工程观感质量验收、评定，见表 H.0.1。

表 H.0.1 建筑电气工程观感质量验收、评定表

工程名称		施工单位					
序号	项 目 名 称	标准分	评 分 等 级				备注
			一级 100%	二级 85%	三级 70%	四级 0	
1	明配穿线管	2					
2	配电箱（盘、柜）	3					
3	设备、器具	2					
4	开关、插座、接线盒	2					
5	母线、桥架、线槽	3					
6	防雷、接地	2					
7							
合　计							
评分结果	应得　　分，实得　　分，得分率　　%						
评定结论	该电气安装工程观感质量的得分率为　　%，依据《建筑电气工程施工质量标准》ZJQ00-SG-024-2006，该项工程的观感质量验收合格，并评定为：□ 合格　　□ 优良 项目专职质量检查员： 年　月　日						
验收评定人员（签字）	分包单位项目技术负责人：						年　月　日
	总包单位技术负责人：						年　月　日
	总包单位项目经理：						年　月　日

本标准用词说明

1 执行本标准时,对要求严格程度不同的用词说明如下:
　　1)表示很严格,非这样做不可的,正面词采用"必须",反面词采用"严禁"。
　　2)表示严格,即在正常情况下均应这样做的,正面词采用"应",反面词采用"不应"或"不得"。
　　3)表示允许有选择,但在条件允许时应首先这样做的,正面词采用"宜"或"可",反面词采用"不宜";
　　表示允许选择,在一定条件下可以这样做的,采用"可"。
2 条文中必须按指定的标准、规范或其他有关规定执行时,写法为"应按……执行"或"应符合……要求"。

建筑电气工程施工质量标准

ZJQ00-SG-024-2006

条 文 说 明

目 次

1 总则 ·· 12—123
2 术语 ·· 12—123
3 基本规定 ·· 12—123
　3.1 一般规定 ·· 12—123
　3.2 主要材料、设备、成品和半成品进场验收 ································· 12—124
　3.3 施工工序交接确认 ·· 12—125
　3.4 施工质量检验评定 ·· 12—126
4 架空线路及杆上电气设备安装 ·· 12—126
　4.1 主控项目 ·· 12—126
　4.2 一般项目 ·· 12—127
5 变压器、箱式变电所安装 ·· 12—127
　5.1 主控项目 ·· 12—127
　5.2 一般项目 ·· 12—128
6 成套配电柜、控制柜（屏、台）和动力、照明
　　配电箱（盘）安装 ··· 12—129
　6.1 主控项目 ·· 12—129
　6.2 一般项目 ·· 12—130
7 低压电动机、电加热器及电动执行机构检查接线 ···························· 12—131
　7.1 主控项目 ·· 12—131
　7.2 一般项目 ·· 12—131
8 柴油发电机组安装 ·· 12—132
　8.1 主控项目 ·· 12—132
　8.2 一般项目 ·· 12—132
9 不间断电源安装 ··· 12—132
　9.1 主控项目 ·· 12—132
　9.2 一般项目 ·· 12—133
10 低压电气动力设备试验和试运行 ··· 12—133
　10.1 主控项目 ·· 12—133
　10.2 一般项目 ·· 12—134
11 裸母线、封闭母线、插接式母线安装 ··· 12—134
　11.1 主控项目 ·· 12—134
　11.2 一般项目 ·· 12—135
12 电缆桥架安装和桥架内电缆敷设 ··· 12—135

  12.1 主控项目 ·· 12—135
  12.2 一般项目 ·· 12—136
 13 电缆沟内和电缆竖井内电缆敷设 ·· 12—136
  13.1 主控项目 ·· 12—136
  13.2 一般项目 ·· 12—136
 14 电线导管、电缆导管和线槽敷设 ·· 12—137
  14.1 主控项目 ·· 12—137
  14.2 一般项目 ·· 12—137
 15 电线、电缆穿管和线槽敷线 ··· 12—139
  15.1 主控项目 ·· 12—139
  15.2 一般项目 ·· 12—139
 16 槽板配线 ·· 12—139
 17 钢索配线 ·· 12—140
  17.1 主控项目 ·· 12—140
  17.2 一般项目 ·· 12—140
 18 电缆头制作、接线和线路绝缘测试 ··· 12—140
  18.1 主控项目 ·· 12—140
  18.2 一般项目 ·· 12—141
 19 普通灯具安装 ··· 12—141
  19.1 主控项目 ·· 12—141
  19.2 一般项目 ·· 12—142
 20 专用灯具安装 ··· 12—142
  20.1 主控项目 ·· 12—142
  20.2 一般项目 ·· 12—143
 21 建筑物景观照明灯、航空障碍标志灯和庭院灯安装 ···················· 12—143
  21.1 主控项目 ·· 12—143
  21.2 一般项目 ·· 12—144
 22 开关、插座、风扇安装 ·· 12—144
  22.1 主控项目 ·· 12—144
  22.2 一般项目 ·· 12—145
 23 建筑物照明通电试运行 ·· 12—145
  23.1 主控项目 ·· 12—145
 24 接地装置安装 ··· 12—146
  24.1 主控项目 ·· 12—146
  24.2 一般项目 ·· 12—146
 25 避雷引下线和变配电室接地干线敷设 ·· 12—146
  25.1 主控项目 ·· 12—146
  25.2 一般项目 ·· 12—147
 26 接闪器安装 ·· 12—147

26.1 主控项目 ……………………………………………………………… 12—147
26.2 一般项目 ……………………………………………………………… 12—147
27 建筑物等电位联结…………………………………………………………… 12—148
27.1 主控项目 ……………………………………………………………… 12—148
27.2 一般项目 ……………………………………………………………… 12—148

1 总 则

1.0.1 明确制定本标准的目的，是为统一中国建筑工程总公司建筑电气工程质量的验收和评定。
1.0.2 说明了本标准适用的范围。
1.0.3 本条明确了具体落实本标准时与中国建筑工程总公司其他相应标准的关系。
1.0.5 规定了建筑电气工程的含义和适用的电压等级。
1.0.6 建筑电气工程施工质量的验收，涉及面很广，本标准不可能包含全部内容，本条款规定除应执行本标准的规定外，尚应符合现行有关国家标准、规范的规定。
1.0.7 说明了本标准的编制要求。

2 术 语

本章给出的25个术语，是在本标准的章节中大量引用的。主要是从本标准的角度来阐述其涵义的，不能作为术语的定义来使用。在编写本章术语时，参考了《建筑工程施工质量验收统一标准》GB 50300-2001、《建筑电气工程施工质量验收规范》GB 50300-2002等国家标准中的相关术语。同时给出了相应的推荐性英文术语，仅供参考使用。

3 基本规定

3.1 一般规定

3.1.1 说明了本标准对建筑电气工程施工现场质量管理，在专业人员和计量检测器具等方面的具体要求。
3.1.2 阐明了建筑电气工程施工现场应具备的必要的施工技术条件，施工主要技术（质量）标准包括：本标准、相关国家标准、行业标准、地方标准和企业标准等。
3.1.3 按照经批准的工程设计文件、资料进行工程的施工，是质量验收的基本条件。建筑安装工程施工是让时间意图转化为现实，因此具体的施工部门无权任意修改设计，本条款规定若修改设计应按设计（总承包）单位出具的设计变更通知单为准，这对保证工程质量有重要作用。

3.1.4 在不同的建筑工程施工中，建筑电气工程实际的情况会有很大不同。不论是工程量，还是工程施工的内容和难度以及对工程施工管理和技术的要求，都会有较大的不同。尽管从国际惯例来说，工程承包没有严格的资质要求，但为了更好地保证工程施工质量，本标准规定施工企业应具有相应的资质，是符合目前我国的现状的。

3.1.5 明确了本标准对建筑电气分部工程及子分部、分项工程的划分。

3.1.6 明确了本标准对建筑电气分项工程的划分原则。

3.1.7 检验批是工程验收的最小单位，是分项工程质量验收的基础，分项工程可由一个或若干个检验批组成，检验批一般根据施工质量控制和专业验收的需要等进行划分。本条说明了建筑电气分项工程中检验批的划分方法。

3.1.8 规定了施工单位和总承包单位在工程施工过程中对工程施工质量进行检查验收的程序和责任。

3.1.9 明确了建筑电气分部工程中高压和低压交流、直流电器设备、器具和材料的划分界线。

3.1.10 对建筑电气分部工程中电气设备上计量仪表和与电气保护有关的仪表，投入试运行前应具备的条件，作出了明确的规定。

3.1.13 经业主或监理批准后的施工方案，是工程施工的前提条件，也是保证工程施工质量所必须的。建筑电气分部工程中建筑电气动力工程的负荷试运行工作涉及面广，并具有一定的危险性，本条款对其作出了程序性的规定。

3.1.14 动力和照明工程的漏电保护装置是关系到安全的重要装置，必须模拟试验合格后，方可投入使用。

3.2 主要材料、设备、成品和半成品进场验收

3.2.1 建筑电气工程采用的主要材料、器具和设备的质量，直接影响到建筑电气工程的整体质量，本条款对其进场验收作出了基本规定。

3.2.2 对建筑电气分部工程中有异议的主要材料、器具和设备等的处置作出了基本规定。

3.2.3 对建筑电气工程中依法定程序批准进入市场的新电气设备、器具和材料的进场验收，作出了基本规定。

3.2.4 对建筑电气工程中使用的进口电气设备、器具和材料的进场验收，作出了基本规定。

3.2.5 对建筑电气工程中使用的型钢和电焊条的管理，作出了明确的规定。

3.2.6 对建筑电气工程中使用的镀锌制品（支架、横担、接地极、避雷用型钢等）和外线金具的管理，作出了明确的规定。

3.2.7 对建筑电气工程中使用的钢筋混凝土电杆和其他混凝土制品的管理，作出了明确的规定。

3.2.8 对建筑电气工程中使用的钢制灯柱的管理，作出了明确的规定。

3.2.9 对建筑电气工程中使用的变压器、箱式变电所、高压电器及电瓷制品的管理，作出了明确的规定。

3.2.10 本条对建筑电气工程中使用的高低压成套配电柜、蓄电池柜、不间断电源柜、控制柜（屏、台）及电力、照明配电箱（盘）的管理，作出了明确的规定。

3.2.11 对建筑电气工程中使用的电动机、电加热器、电动执行机构和低压开关设备的管理，作出了明确的规定。

3.2.12 对建筑电气工程中使用的柴油发电机组的管理，作出了明确的规定。

3.2.13 对建筑电气工程中使用的裸母线、裸导线的管理，作出了明确的规定。

3.2.14 对建筑电气工程中使用的封闭母线、插接式母线的管理，作出了明确的规定。

3.2.15 对建筑电气工程中使用的电缆桥架、线槽的管理，作出了明确的规定。

3.2.16 对建筑电气工程中使用的电线、电缆的管理，作出了明确的规定。

3.2.17 对建筑电气工程中使用的电缆头部件及接线端子的管理，作出了明确的规定。

3.2.18 对建筑电气工程中使用的导管的管理，作出了明确的规定。

3.2.19 对建筑电气工程中使用的照明灯具及附件的管理，作出了明确的规定。

3.2.20 对建筑电气工程中使用的开关、插座、接线盒和风扇及其附件的管理，作出了明确的规定。

3.3 施工工序交接确认

3.3.1 对建筑电气工程施工前，相关各专业之间的交接，作出了明确的规定。

3.3.2 对建筑电气工程隐蔽工程验收，作出了基本的规定。

3.3.3 对在承力建筑钢结构构件上连接固定电气线路、设备和器具的支架、螺栓等部件，作出了规定。

3.3.4 对建筑电气工程施工中上下道施工工序之间的交接，作出了规定。

3.3.5 对架空线路及杆上电气设备安装的施工程序作出了规定。

3.3.6 对变压器、箱式变电所安装的施工程序作出了规定。

3.3.7 对成套配电柜、控制柜（屏、台）和电力、照明配电箱（盘）安装的施工程序作出了规定。

3.3.8 对低压电动机、电加热器及电动执行机构安装的施工程序作出了规定。

3.3.9 对柴油发电机组安装的施工程序作出了规定。

3.3.10 对不间断电源安装的施工程序作出了规定。

3.3.11 对低压电气动力设备试验和试运行的施工程序作出了规定。

3.3.12 对裸母线、封闭母线、插接式母线安装的施工程序作出了规定。

3.3.13 对电缆桥架安装和桥架内电缆敷设的施工程序作出了规定。

3.3.14 对电缆在沟内、竖井内支架上敷设的施工程序作出了规定。

3.3.15 对电线导管、电缆导管和线槽敷设的施工程序作出了规定。

3.3.16 对电线、电缆穿管及线槽敷线的施工程序作出了规定。

3.3.17 对钢索配线安装的施工程序作出了规定。

3.3.18 对电缆头制作和接线的施工程序作出了规定。

3.3.19 对各类照明灯具安装的施工程序作出了规定。

3.3.20 对照明开关、插座、风扇安装的施工程序作出了规定。

3.3.21 对照明系统的测试和通电试运行的施工程序作出了规定。
3.3.22 对接地装置安装的施工程序作出了规定。
3.3.23 对引下线安装的施工程序作出了规定。
3.3.24 对接闪器安装的施工程序作出了规定。
3.3.25 对等电位联结的施工程序作出了规定。
3.3.26 对防雷接地系统测试的施工程序作出了规定。

3.4 施工质量检验评定

3.4.1 明确了本标准的检验批、分项、分部（子分部）工程质量验收等级。
3.4.2 规定了检验批合格质量标准。
3.4.3 规定了检验批优良质量标准。
3.4.4 规定了分项工程合格质量标准。
3.4.5 规定了分项工程优良质量标准。
3.4.6 规定了分部（子分部）工程合格质量标准。
3.4.7 规定了分部（子分部）工程优良质量标准。
3.4.8 规定了当建筑电气工程质量不符合要求时，进行处理的程序。

4 架空线路及杆上电气设备安装

4.1 主控项目

4.1.1 架空线路的杆型、拉线设置及两者的埋设深度，在施工设计时是依据所在地的气象条件、土壤特性、地形情况等因素加以考虑决定的。埋设深度是否足够，涉及线路的抗风能力和稳固性，太深会使材料浪费。允许偏差的数值与现行国家标准《电气装置安装工程 35kV 及以下架空线路施工及验收规范》GB 50173 的规定相一致。一般电杆的埋深基本上（除 15m 杆以外）可为电杆高度的 1/10 加 0.7m；拉线坑的深度不宜小于 1.2m。

4.1.2 标准中要测量的弧垂值，是指档距内的最大弧垂值，因建筑电气工程中的架空线路处于地形平坦处居多，所以最大弧垂值的位置在档距的 1/2 处。施工时紧线器收紧程度越大，导线受到的张力越大，弧垂值越小。施工设计时依据导线规格大小和架空线路的档距大小，经计算或查表给定弧垂值，但要注意弧垂值的大小与环境温度有关，通常设计给定是标准气温下的，施工中测量要经实际温度下换算修正。为了使导线摆动时不致相互碰线，所以要求导线间弧垂值偏差不大于 50mm。允许偏差的数据与现行国家标准《电气装置安装工程 35kV 及以下架空线路施工及验收规范》GB 50173 的规定相一致。

4.1.3 变压器的中性点即变压器低压侧三相四线输出的中性点（N端子）。为了用电安全，建筑电气设计选用中性点（N）接地的系统，并规定与其相连的接地装置接地电阻最大值，施工后实测值不允许超过规定值。由接地装置引出的干线，以最近距离直接与变压器中性点（N端子）可靠连接，以确保低压供电系统可靠、安全地运行。

4.1.4 架空线路的高压绝缘子、高压隔离开关、跌落式熔断器等对地的绝缘电阻，在安装前应逐个（逐相）用2500V兆欧表摇测。高压绝缘子、高压隔离开关、跌落式熔断器还要做交流工频耐压试验，试验数据和时间按现行国家标准《电气装置安装工程电气设备交接试验标准》GB 50150执行。

4.1.5 低压部分的交接试验分为线路和装置两个单元，线路仅测量绝缘电阻，装置既要测量绝缘电阻又要做工频耐压试验，目的是对出厂试验的复核，以使通电前对供电的安全性和可靠性作出判断。

4.2 一 般 项 目

4.2.1 拉线是使线路稳固的主要部件之一，且受震动和易受人们不经意的扰动，所以其紧固金具是否齐全是关系到拉线能否正常受力，保持张紧状态，不使电杆因受力不平衡或受风力影响而发生歪斜倾覆的关键。拉线的位置要正确，目的是使电杆横向受力处于平衡状态，理论上说，拉线位置对了，正常情况下，电杆只受垂直向下的压力。

4.2.2 本条是对电杆组立的形位要求，目的是在线路架设后，使电杆和线路的受力状态处于合理和允许的情况下，即线路受力正常，电杆受的弯矩也是最小。

4.2.3 本条是约定俗成和合理布置相结合的规定。优良标准主要是对细部做法和观感的要求。

4.2.4 优良标准主要是对施工过程应注意方面的要求。

4.2.5 本条是线路架设中或连接时必须注意的安全规定，有两层含义，即确保绝缘可靠和便于带电维修。优良标准主要是对细部做法和观感的要求。

4.2.6 因考虑到打开跌落式熔断器时，有电弧产生，防止在有风天气下打开发生飞弧现象而导致相间断路，所以安装时必须大于规定的最小距离。优良标准主要是对施工细部做法和观感的要求。

5 变压器、箱式变电所安装

5.1 主 控 项 目

5.1.1 本条是对变压器安装的基本要求，位置正确是指中心线和标高符合设计要求。采用定尺寸的封闭母线做引出入线的，则更应控制变压器的安装定位位置。油浸变压器若有渗油现象，则说明密封不好，是不应存在的现象。

5.1.2 变压器的接地既有高压部分的保护接地，又有低压部分的工作接地。低压供电系统在建筑电气工程中普遍采用 TN-S 和 TN-C-S 系统，即不同形式的保护接零系统，且两者共用同一个接地装置，在变配电室要求接地装置从地下引出的接地干线，应以最近的路径直接引至变压器壳体和变压器的零母线 N（变压器的中性点）及低压供电系统的接地（PE）干线或接零（PEN）干线，中间尽量减少螺栓搭接处，决不允许经其他电气装置接地后，串联连接过来，以确保运行中人身和电气设备的安全。油浸变压器箱体、干式变压器的铁芯和金属件，以及有保护外壳的干式变压器金属箱体，均是电气装置中重要的经常为人接触的非带电可接近裸露导体，为了人身及动物和设备安全，其保护接地要十分可靠。

5.1.3 变压器安装好后，必须经交接试验合格，并出具报告后，才具备通电条件。交接试验的内容和要求，即合格的判定条件是依据现行国家标准《电气装置安装工程电气设备交接试验标准》GB 50150。

5.1.4 箱式变电所在建筑电气安装工程中，以住宅小区室外设置为主要形式，本体有较好的防雨雪和通风性能，但其底部不是全密闭的，故而要注意防积水入侵，其基础的高度及周围排水通道设置应在施工图上加以明确。因产品的固定形式有两种，所以分别加以描述。

5.1.5 目前国内箱式变电所主要有两种产品，前者为高压柜、低压柜、变压器三个独立的单元组合而成，后者为引进技术生产的高压开关设备和变压器设在一个油箱内的箱式变电所。根据产品的技术要求不同，试验的内容和具体的规定也不一样。

5.2 一 般 项 目

5.2.1 为提高供电质量，建筑电气安装工程经常采用有载调压变压器，而且是以自动调节为主，通电前除应做电气交接试验外，还应对有载调压开关裸露在（油）箱外的机械传动部分做检查，要在点动试验符合要求后，才能切换到自动位置。自动切换调节的有载调压变压器，由于控制调整的元件不同，调整试验时，还应注意要符合产品技术文件的特殊规定。

5.2.2 变压器就位后，要在其上部配装进出入母线和其他有关部件，往往由于工作不慎，在施工中会给变压器外部的绝缘器件造成损伤，所以交接试验和通电前均应认真检查是否有损坏，且外表不应有灰垢，否则初通电时会有电气故障发生。变压器的测温仪表在安装前应对其准确度进行检定，尤其是带讯号发送的更应这样做。

5.2.3 装有滚轮的变压器定位在钢制的轨道（滑道），就位找正纵横中心线后，即应按施工图纸装好制动装置，不拆卸滑轮，便于变压器日后退出吊芯和维修。但也有明显的缺点，就是轻度的地震或受到意外的冲力时，变压器很容易发生位移，导致器身和上部外接线损坏而造成电气安全事故，所以安装好制动装置攸关着变压器的安全运行。

5.2.4 器身不做检查的条件是与《电气装置安装工程电力变压器、油浸电抗器、互感器施工及验收规范》GBJ 148 的规定相一致的。从总体来看，变压器在施工现场不做器身检查是发展趋势，除施工现场条件不如制造厂条件好这一因素外，在产品结构设计和质量管理及货运管理水平日益提高的情况下，器身检查发现的问题日益减少，有些引进的变压器等设备在技术文件中明确不准进行器身检查，是由供货方作出担保的。优良标准主要是对器身查看时应注意方面的补充要求。

5.2.7 气体继电器是油浸变压器保护继电器之一，装在变压器箱体与油枕的连通管水平段中间。当变压器过载或局部故障时，使线圈有机绝缘或变压器油发生气化，升至箱体顶部，为有利气体流向气体继电器发出报警信号，并使气体经油枕泄放，因而要有规定的升高坡度，决不允许倒置。安装无气体继电器的小型油浸变压器，为了同样的理由，使各种原因产生的气体方便经油枕、呼吸器泄放，有升高坡度，是合理的。优良标准主要是对施工过程应注意方面的要求。

6 成套配电柜、控制柜（屏、台）和动力、照明配电箱（盘）安装

6.1 主控项目

6.1.1 对高压开关柜而言是保护接地，对低压柜而言是接零。因低压供电系统布线或制式不同，有 TN-C、TN-C-S、TN-S 不同的系统，而将保护地线分别称为接地（PE）线和接零（PEN）线。显然，在正常情况下接地（PE）线内无电流流通，其电位与接地装置的电位相同；而接零（PEN）线内当三相供电不平衡时，有电流流通，各点的电位也不相同，靠近接地装置端最低，与接地干线引出端的电位相同。设计时对此已作了充分考虑，对接地电阻值、接地（PE）线和接零（PEN）线的大小规格、是否要重复接地、继电保护设置等做出选择安排，而施工时要保证各接地连接可靠，正常情况下不松动，且标识明显，使人身、设备在通电运行中确保安全。施工操作虽工艺简单，但施工质量是至关重要的。

6.1.2 依据现行国家标准《低压成套开关设备和控制设备第一部分：型式试验和部分型式试验成套设备》GB 7251.1 idt IEC 439-1 7.4 电击防护规定，低压成套设备中的接地（PE）线要符合该标准 7.4.3.1.7 表 4 的要求，且指明接地（PE）线的导体材料和相线导体材料不同时，要将接地（PE）线导体截面积的确定，换算至与表 4 相同的导电要求，其理由是使载流容量足以承受流过的接地故障电流，使保护器件动作，在保护器件动作电流和时间范围内，不会损坏保护导体或破坏它的电连续性。诚然也不应在发生故障至保护器件动作这个时段内危及人身安全。本条款规定的原则是适用于供电系统各级的接地（PE）线导体截面积的选择。

6.1.3 本条规定，产品质量是要确保达到的，也是安装后必须检查的项目。动、静触头中心线一致使通电可靠，接地触头的先入后出是保证安全的必要措施，家用电器的插头制造也是遵循保护接地先于电源接通，后于电源断开这一普遍性的安全原则。

6.1.4 高压开关柜内的电气设备，要经电气交接试验，并由试验室出具试验报告，判定符合要求后，才能通电试运行。控制回路的校验、试验与控制回路中的元器件的规格型号

有关，整组试验的有关参数通常由设计单位给定，并得到当地供电单位的确认，目的是既保证建筑电气工程本身的稳定可靠运行，又不影响整个供电电网的安全。由于技术进步和创新，高压配电柜内的主回路和二次回路的元器件必然会相继涌现新的产品，因而其试验要求还来不及纳入规范而已在较大范围内推广应用，所以要按新产品提供的技术要求进行试验。

6.1.7 本条试验的要求和规定与现行国家标准《电气装置安装工程电气设备交接试验标准》GB 50150 的规定一致。

6.1.8 直流屏柜是指蓄电池的充电整流装置、直流电配电开关和蓄电池组合在一起的成套柜，即交流电源送入、直流电源分路送出的成套柜，其投入运行前应按产品技术文件要求做相关试验和操作，并对其主回路的绝缘电阻进行检测。

6.1.9 每个接线端子上的电线连接不超过 2 根，是为了连接紧密，不因通电后由于冷热交替等时间因素而过早在检修期内发生松动，同时也考虑到方便检修，不使因检修而扩大停电范围。同一垫圈下的螺丝两侧压的电线截面积和线径均应一致，实际上这是一个结构是否合理的问题，如不一致，螺丝既受拉力，又受弯矩，必然使电线芯线一根压紧，另一根稍差，对导电不利。

漏电保护装置的设置和选型由设计确定。本条款强调对漏电保护装置的检测，数据要符合要求，本标准所述是指对民用建筑电气工程而言，与《民用建筑电气工程设计规范》JGJ/T 16-92 相一致。

目前在建筑电气安装工程中，尤其是在照明工程中，TN-S 系统，即三相五线制应用普遍，要求接地（PE）线和 N 线截然分开，所以在照明配电箱内要分设接地（PE）排和 N 排。这不仅要求施工时要严格区分，日后维修时也要注意不能因误接而失去应有的保护作用。

因照明配电箱额定容量有大小，小容量的出线回路少，仅2～3个回路，可以用数个接线柱（如绝缘的多孔瓷或胶木接头）分别组合成接地（PE）和 N 接线排，但决不允许两者混合连接。

优良标准主要是对施工过程应注意方面的要求。

6.2 一 般 项 目

6.2.2 本条规定用螺栓连接固定，既方便拆卸更迭，又避免因焊接固定而造成柜箱壳涂层防腐损坏，使用寿命缩短。优良标准是对施工细部做法和观感方面的要求。

6.2.3 在原有关标准规范中，除有垂直度、相互间接缝、成列柜面间的安装要求外，还有柜顶的高度差规定。由于高压开关柜的生产技术从国外引进较多，其标准也不同，尤其表现在柜的高度方面，这样对柜顶标高的控制就失去了实际意义。如订货时并列安装的高压开关柜来自同一家制造商，且明确外形尺寸，控制好基础型钢的安装尺寸，柜顶标高一般是会自然形成一致的。

6.2.4、6.2.5 本条款规定了在施工中检查和施工后检验及试动作的质量要求，这是常规，这样，才能确保通电运行正常，安全保护可靠，日后操作维修方便。

6.2.6 柜盘等的内部接线由制造商完成。本条款的规定是指柜盘间的二次回路连线的敷设，也适用于因设计变更需要在施工现场对盘柜内二次回路连线的修改，为了不相互干扰，成束绑扎时要分开，标识清楚便于检修。

6.2.7 如制造商按订货图制造，设计不作变更，本条款规定在施工中基本很少应用。用铜芯软导线做加强绝缘保护层、端部固定等，均是为了在运行中保护电线不致反复弯曲受力而折断线芯、破坏绝缘，同时也为了开启或闭合面板时，防止电线两端的元器件接线端子受到不应有的机械应力，而使通电中断。上述措施均是为了达到安全运行的目的。优良标准是对细部做法和防火方面的要求。

6.2.8 标识齐全、正确是为方便使用和维修，防止误操作而发生人身触电事故。优良标准主要是对细部做法和观感方面的要求。

7 低压电动机、电加热器及电动执行机构检查接线

7.1 主 控 项 目

7.1.1 建筑电气的低压动力工程采用何种供电系统，由设计选定，但可接近的裸露导体（即原规范中的非带电金属部分）必须接地或接零，以确保使用安全。

7.1.2、7.1.3 建筑电气安装工程中电动机、电加热器及电动执行机构容量一般不大，其启动控制也不甚复杂，所以交接试验内容也不多，主要是绝缘电阻检测和大电机的直流电阻检测。

7.2 一 般 项 目

7.2.2 关于电动机是否要抽芯是有争论的，有的认为施工现场条件没有制造厂车间内条件好，在现场拆卸检查没有好处，况且有的制造厂说明书明确规定不允许拆卸检查（如某些特殊电动机或进口的电动机）；另一种意见认为，电动机安装前应做抽芯检查，只要在施工现场找一个干净通风、湿度在允许范围内的场所即可，尤其是开启式电动机一定要抽芯检查。为此现行国家标准《电气装置安装工程旋转电机施工及验收规范》GB 50170 第 3.2.2 条对是否要抽芯的条件作出了规定，同时也明确了制造厂不允许抽芯的电动机要另行处理。可以理解为电动机有抽芯检查的必要，而制造厂又明确说明不允许抽芯，则应召集制造厂代表会同协商处理，以明确责任。

7.2.3 本条仅对抽芯检查的部位和要求作出了相应的规定。优良标准主要是对抽芯检查记录和观感方面的要求。

7.2.4 本条是对操作过电压可能引起放电，避免发生事故而作出的规定。与有关的制造标准相互协调一致。优良标准主要是对细部做法和观感方面的要求。

8 柴油发电机组安装

8.1 主控项目

8.1.1 在建筑电气安装工程中，自备电源的柴油发电机，均选用380V/220V的低压发电机，发电机在制造厂均做出厂试验，合格后与柴油发动机组成套供货。安装后应按本标准规定做交接试验。

由于电气交接试验是在空载情况下对发电机性能的考核，而负载情况下的考核要和柴油机有关试验一并进行，包括柴油机的调速特性能否满足供电质量要求等。

8.1.2 由柴油发电机至配电室或经配套的控制柜至配电室的馈电线路，以绝缘电线或电力电缆来考虑，通电前应按本条款规定进行试验；如馈电线路是封闭母线，则应按本标准对封闭母线的验收规定进行检查和试验。

8.1.3 核相是两个电源向同一供电系统供电的必经手续，虽然不出现并列运行，但相序一致才能确保用电设备的性能和安全。

8.2 一般项目

8.2.1 有的柴油发电机及其控制柜、配电柜在出厂时已做负载试验，并按产品制造要求对发电机本体保护的各类保护装置做出标定或锁定。考虑到成套供应的柴油发电机，经运输保管和施工安装，有可能随机各柜的紧固件发生松动移位，所以要认真检查，以确保安全运行。优良标准主要是对观感方面的要求。

8.2.2 优良标准主要是对细部做法和观感方面的要求。

8.2.3 与柴油发电机馈电有关的电气线路及其元器件的试验均合格后，才具有作为备用电源的可能性。而其可靠性检验是在建筑物尚未正式投入使用时进行的，按设计预案，使柴油发电机带上预定负荷，经12h连续运转，无机械和电气故障，方可认为这个备用电源是可靠的。

现行国家标准《工频柴油发电机组通用技术条件》GB 2820 第7.14"额定工况下的连续试运行"也明确指出："连续运行12h内应无漏油、漏水、漏气等不正常现象"。

优良标准是对试验记录方面的要求。

9 不间断电源安装

9.1 主控项目

9.1.1 现行国家标准《不间断电源设备》GB 7260 中明确，其功能单元由整流装置、逆变装置、静态开关和蓄电池组四个功能单元组成，由制造厂以柜式出厂供货，有的组合在一起，容量大的分柜供应，安装时基本与柜盘安装要求相同。但有其独特性，即供电质量和其他技术指标是由设计根据负荷性质对产品提出特殊要求，因而对规格型号的核对和内部线路的检查显得十分必要。优良标准主要是对施工观感方面的要求。

9.1.2 不间断电源的整流、逆变、静态开关等各个功能单元都要单独试验合格，才能进行整个不间断电源试验。这种试验根据供货协议可以在工厂或安装现场进行，以安装现场试验为最佳选择，因为如无特殊说明，在制造厂试验一般使用的是电阻性负载，与现场实际负载有一定差异。无论采用何种方式，都必须符合工程设计文件和产品技术条件的要求。优良标准主要是对系统图方面的要求。

9.1.4 不间断电源输出端的中性线（N极）一般是处于悬浮状态的，必须通过接地装置引入干线做重复接地，有利于遏制中性点漂移，使三相电压均衡度提高。同时，当引向不间断电源供电侧的中性线意外断开时，可确保不间断电源输出端不会引起电压升高而损坏，尤其供电的重要用电设备，以保证整幢建筑物的安全使用。

9.2 一般项目

9.2.1 本条是对机架组装质量的规定。优良标准主要是对施工观感方面的要求。

9.2.2 本条是为防止运行中的相互干扰，确保屏蔽可靠，而作出的规定。优良标准主要是对细部做法和观感方面的要求。

9.2.4 本条是对噪声的规定。既考核产品制造质量，又维护了环境质量，有利于保护有人值班的变配电室工作人员的身体健康。

10 低压电气动力设备试验和试运行

10.1 主控项目

10.1.1 建筑电气安装工程和其他电气工程一样，反映它的施工质量有两个方面，一是静态的检查检测是否符合本标准的有关规定；另一是动态的空载试运行及与其他建筑设备一起的负荷试运行，试运行符合要求，才能最终判定施工质量为合格。鉴于在整个施工过程中，大量的时间为安装阶段，即静态的验收阶段，而施工的最终阶段为试运行阶段，两个阶段相隔时间很长，在同一个分项工程中来填表检验很不方便，故而单列这个分项，把动态检查验收分离出来，更具有可操作性。

电气动力设备试运行前，各项电气交接试验均应合格，而交接试验的核心是承受电压冲击的能力，也就是确保了电气装置的绝缘状态良好，各类开关和控制保护动作正确，使在试运行中检验电流承受能力和冲击有可靠的安全保护。

10.1.2 在试运行前，要对相关的现场单独安装的各类低压电器进行单体的试验和检测，符合本标准规定，才具有试运行的必备条件。与试运行有关的成套柜、屏、台、箱、盘应已在试运行前试验合格。

10.2 一 般 项 目

10.2.1 试运行时要检测有关仪表的指示，并作记录，要对照电气设备的铭牌标示值有否超标，以判定试运行是否正常。优良标准是对试运行记录方面的要求。

10.2.2 电动机的空载电流一般为额定电流的30%（指异步电动机）以下，机身的温升经2h空载试运行不会太高，重点是考核机械装配质量，尤其要注意噪声是否太大或有异常撞击声响，此外要检查轴承的温度是否正常，如滚动轴承润滑油脂填充量过多，会导致轴承温度过高，且试运行中温度上升急剧。

10.2.3 电动机启动瞬时电流要比额定电流大，有的达6～8倍，虽然空载（设备不投料）无负荷，但因被拖动的设备转动惯量大（如风机等），启动电流衰减的速度慢、时间长。为防止因启动频繁造成电动机线圈过热，而作此规定。调频调速启动的电动机要按产品技术文件的规定确定启动的间隔时间。

10.2.4 在负荷试运行时，随着设备负荷的增大，电气装置主回路的负荷电流也增大，直至达到设计预期的最大值，这时主回路导体的温度随着试运行时间延续而逐渐稳定在允许范围内的最高值，这是正常现象。只要设计选择无失误，主回路的导体本身是不会有问题的，而要出现故障的往往是其各个连接处，所以试运行时要对连接处的发热情况注意检查，防止因过热而发生故障。这也是对导体连接质量的最终检验。过去采用观察连接处导体的颜色变化或用变色漆指示；一般不能用测温仪表直接去测带电导体的温度，可使用红外线遥测温度仪进行测量，这也是使用单位为日常维护需要通常配备的仪表。通过调研，反馈意见认为以630A为界较妥。优良标准是对施工细部做法和观感方面的要求。

10.2.5 电动执行机构的动作方向，在手动或点动时已经确认与工艺装置要求一致，但在联动试运行时，仍需仔细检查，否则工艺的工况会出现不正常，有的会导致诱发安全事故。

11 裸母线、封闭母线、插接式母线安装

11.1 主 控 项 目

11.1.1 母线是供电主干线，凡与其相关的可接近的裸露导体要接地或接零的理由主要是：发生漏电可导入接地装置，确保接触电压不危及人身安全，同时也给具有保护或讯号的控制回路正确发出讯号提供可能。为防止接地或接零支线线间的串联连接，所以规定不能作为接地或接零的中间导体。

11.1.2 建筑电气工程选用的母线均为矩形铜、铝硬母线，不选用软母线和管形母线。本

标准仅对矩形母线的安装作了规定。所有规定均与现行国家标准《电气装置安装工程母线装置施工及验收规范》GBJ 149一致。其中第3款"垫圈间应有大于3mm的间隙"是指钢垫圈。

11.1.3 由于封闭、插接式母线是定尺寸按施工图订货和供应，制造商提供的安装技术要求文件，指明连接程序、伸缩节设置和连接以及其他说明，所以安装时要注意符合产品技术文件要求。

11.1.4 安全净距指带电导体与非带电物体或不同相带电导体间的空间最近距离。保持这个距离可以防止各种原因引起的过电压而发生空气击穿现象，诱发短路事故等电气故障，规定的数值与现行国家标准《电气装置安装工程母线装置施工及验收规范》GBJ 149一致。

11.1.5 母线和其他供电线路一样，安装完毕后，要做电气交接试验。必须注意，6kV以上（含6kV）的母线试验时与穿墙套管要断开，因为有时两者的试验电压是不同的。

11.2 一般项目

11.2.2 本条是为防止电化腐蚀而作出的规定。因每种金属的化学活泼程度不同，相互接触表现正负极性也不相同。在潮湿场所会形成电池，而导致金属腐蚀，采用过渡层，可降低接触处的接触电压，而缓解腐蚀速度。而腐蚀速度往往取决于环境的潮湿与否和空气的洁净程度。

11.2.3 本条是为了鉴别相位而作的规定，以方便维护检修和扩建结线等。

11.2.4 本条是对矩形母线在支持绝缘子上固定的技术要求，是保证母线通电后，在负荷电流下不发生短路环涡流效应，使母线可自由伸缩，防止局部过热及产生热膨胀后应力增大而影响母线安全运行。

11.2一般项目中的优良标准均是对施工细部做法和观感方面的要求。

12 电缆桥架安装和桥架内电缆敷设

12.1 主控项目

12.1.1 建筑电气工程中的电缆桥架均为钢制产品，较少采用在工业工程中为了防腐蚀而使用的非金属桥架或铝合金桥架。所以其接地或接零至关重要，目的是为了保证供电干线电路的使用安全。有的施工设计在桥架内底部，全线敷设一支铜或镀锌扁钢制成的保护地线（PE），且与桥架每段有数个电气连通点，则桥架的接地或接零保护十分可靠，因而验收时可不做本条第2、3款的检查。

12.1.2 要在每层电缆敷设完成后，进行检查；全部敷设完毕，经检查后，才能盖上桥架的盖板。

12.2 一般项目

12.2.1 直线敷设的电缆桥架，要考虑因环境温度变化而引起膨胀或收缩，所以要装补偿的伸缩节，以免产生过大的引力而破坏桥架本体。建筑物伸缩缝处的桥架补偿装置是为了防止建筑物沉降等发生位移时，切断桥架和电缆的措施，以保证供电安全可靠。电缆敷设要保持电缆弯曲半径不小于最小允许弯曲半径值，目的是防止破坏电缆的绝缘层和外护层，太小了可能引起断裂而破坏导电功能，数据来自制造和检验标准。为了使电缆供电时散热良好和当气体管道发生故障时，最大限度地减少对桥架及电缆的影响，因而作出敷设位置和注意事项的规定，同时根据防火需要提出应做好防火隔堵措施等均是必要的防范规定。优良标准均是对施工细部做法和观感方面的要求。

12.2.2 所有对固定点的规定，是为了使电缆固定时受力合理，保证固定可靠，不因受到意外冲击时发生脱位而影响正常供电。出入口、管子口的封堵目的，是防火、防小动物入侵、防异物跌入的需要，均是为安全供电而设置的技术防范措施。优良标准是对施工观感方面的要求。

12.2.3 为运行中巡视和方便维护检修而作出的规定。优良标准是对施工观感方面的要求。

13 电缆沟内和电缆竖井内电缆敷设

13.1 主控项目

13.1.1 本条是根据电气装置的可接近的裸露导体（旧称非带电金属部分）均应接地或接零这一原则提出的，目的是保护人身安全和供电安全，如整个建筑物要求等电位联结，更毋庸置疑，要接地或接零。

13.1.2 在电缆沟内和竖井内的支架上敷设电缆，其外观检查，可以全部敷设完后进行，它不同于桥架内要分层检查，原因是查验时的可见情况好。

13.2 一般项目

13.2.1 电缆在沟内或竖井内敷设，要用支架支持或固定，因而支架的安装是关键，其相互间距离是否恰当，将影响通电后电缆的散热状况是否良好、对电缆的日常巡视和维修是否方便，以及在电缆弯曲处的弯曲半径是否合理。优良标准是对施工观感方面的要求。

13.2.2 优良标准是对施工细部做法和观感方面的要求。

13.2.3 本条是电缆敷设在支架上的基本要求，也是为了安全供电应该作出的规定。尤其在采用预制电缆头做分支连接时，要防止分支处电缆芯线单相固定时，采用的夹具和支架形成闭合铁磁回路。电缆在竖井内敷设完毕，先做电气交接试验，合格后再按设计要求做防火隔堵措施。防火隔堵是否符合要求,是施工验收时必检的项目。优良标准是对施工观感方面的要求。

13.2.4 为运行中巡视和方便维护检修而作出的规定。优良标准是对施工观感方面的要求。

14 电线导管、电缆导管和线槽敷设

14.1 主控项目

14.1.1 电气装置的可接近的裸露导体要接地和接零是用电安全的基本要求,以防产生电击现象。本条款主要突出对镀锌与非镀锌的不同处理方法和要求。设计选用镀锌的材料,理由是抗锈蚀性好,使用寿命长,施工中不应破坏锌保护层,保护层不仅是外表面,还包括内壁表面,如果焊接接地线用熔焊法,则必然会破坏内外表面的锌保护层,外表面尚可用刷油漆补救,而内表面则无法刷漆。这显然违背了施工设计采用镀锌材料的初衷,若施工设计既选用镀锌材料,说明中又允许熔焊处理,其推理上必然相悖。

14.1.2 镀锌管不能熔焊连接的理由如第14.1.1条所述,考虑到技术经济原因,钢导管不得采用熔焊对口连接,技术上熔焊会产生烧穿,内部结瘤,使穿线缆时损坏绝缘层,埋入混凝土中会渗入浆水导致导管堵塞,这种现象是不容许发生的;若使用高素质焊工,采用气体保护焊方法,进行焊口破坏性抽检,在建筑电气配管来说没有这个必要,不仅施工工序烦琐,使施工效率低下,在经济上也是不合算的。现在已有不少薄壁钢导管的连接工艺标准问世,如螺纹连接、紧定连接、卡套连接等,技术上既可行,经济上又价廉,只要依据具体情况选用不同连接方法,薄壁钢导管的连接工艺问题是可以解决的。本条款规定仅是不允许安全风险太大的熔焊连接工艺的应用。如果紧定连接、卡套连接等的工艺标准经鉴定,镀锌钢导管的连接处可不跨接接地线,且各种状况下的试验数据齐全,足以证明这种连接工艺的接地导通可靠持久,则连接处不跨接接地线的理由成立。

本条中的薄壁钢导管是指壁厚小于等于2mm的钢导管;壁厚大于2mm的称厚壁钢导管。

14.1.3 倒扣连接管螺纹长,接口不严密,尤其是正压防爆,充保护气体防爆,极易发生泄漏现象,破坏防爆性能,是不允许的。且市场上有与防爆等级相适配的各类导管安装用配件供应,是完全可能做到的。

14.2 一般项目

14.2.1 建筑电气工程的室外部分与主体建筑的电气工程往往是紧密相连的,如庭院布置的需要、对建筑景观照明的需要,且维修更新的周期短,人来车往接触频繁。因此设计中考虑的原则也不一样,不能与工厂或长途输电的电缆一样采用直埋敷设;敷设的位置也很难避免车辆和人流的干扰。为确保安全,均规定为穿导管敷设,且要有一定的埋设深度。电线导管直埋于土壤内,尤其是薄壁的很易腐蚀,使用寿命不长。优良标准是对施工细部做法方面的要求。

14.2.2 管口设在盒箱和建筑物内,是为防止雨水侵入;管口密封有两层含义,一是防止异物进入;二是最大限度地减少管内凝露,以减缓内壁锈蚀现象。优良标准是对管口施工观感方面的要求。

14.2.4 非镀锌钢导管的防腐,对外壁防腐的争论不大,内壁防腐尤其是管径小,较难处理,主要是工艺较麻烦,不是做不到。根据《电气安装用导管的技术要求——通用要求》GB/T 1338.1附录A和《电气安装用导管的特殊要求——金属导管》GB/T 14823.1两个与IEC 614标准相一致的国家推荐性标准介绍,钢导管要有防护能力,分为5个等级,并作出防护试验的细则规定。由此可以认为,非镀锌钢导管应做防护(防腐),不过什么场所选用何种等级,是施工设计要明确的,否则仅认为导管内外壁要做油漆处理。

14.2.5 管口高出基础面的目的是防止尘埃等异物进入管子,也避免清扫冲洗地面时,水流流入管内,以使管子的防腐和电线的绝缘处于良好状态;管口太高了也不合适,会影响电线或电缆的上引和柜箱盘内下部电气设备的接线。优良标准是对施工细部做法方面的要求。

14.2.6 暗配管要有一定的埋设深度,太深不利于与盒箱连接,有时剔槽太深会影响墙体等建筑物的质量;太浅同样不利于与盒箱连接,还会使建筑物表面有裂纹,在某些潮湿场所(如实验室等),钢导管的锈蚀会印显在墙面上,所以埋设深度恰当,既保护导管又不影响建筑物质量。明配管要合理设置固定点,是为了穿线缆时不发生管子移位脱落现象,也是为了使电气线路有足够的机械强度,受到冲击(如轻度地震)仍安全可靠地保持使用功能。优良标准是对明配管施工观感方面的要求。

14.2.7 线槽内的各种连接螺栓,均要由内向外穿,应尽量使螺栓的头部与线槽内壁平齐,以利敷线,不致敷线时损坏导线的绝缘护层。优良标准是对线槽施工观感方面的要求。

14.2.8 在建筑电气工程中,需要按防爆标准施工的具有爆炸和火灾危险环境的场所,主要是锅炉房和自备柴油发电机机组的燃油或燃气供给运转室,以及燃料的小额储备室。其配管应按防爆要求执行。由于防爆线路明确用低压流体镀锌钢管做导管,管子间连接、管子与电气设备器具间连接一律采用螺纹连接,且要在丝扣上涂电力复合酯,使导管具有导电连续性,所以除设计要求外,可以不跨接接地线。同时有些防爆接线盒等器具是铝合金的,也不宜焊接,因而施工设计中通常有专用保护地线(PE线)与设备、器具及零部件用螺栓连接,使接地可靠连通。

14.2.9 刚性绝缘导管可以螺纹连接,更适宜用胶合剂胶接,胶接可方便与设备器具间的连接,效率高、质量好、便于施工。优良标准是对施工细部做法和观感方面的要求。

14.2.10 在建筑电气工程中,不能将柔性导管用作线路的敷设,仅在刚性导管不能准确配入电气设备器具时,作过渡导管用,所以要限制其长度,且动力工程和照明工程有所不同,其规定的长度是结合工程实际,经向各地调研后取得共识而确定的。优良标准是对照明工程做法方面的要求。

15 电线、电缆穿管和线槽敷线

15.1 主控项目

15.1.1 本条是为了防止产生涡流效应必须遵守的规定。

15.1.2 本条是为防止相互干扰,避免发生故障时扩大影响面而作出的规定。同一交流回路要穿在同一金属管内的目的,也是为了防止产生涡流效应。回路是指同一个控制开关及保护装置引出的线路,包括相线和中性线或直流正、负两根电线,且线路自始端至用电设备器具之间或至下一级配电箱之间不再设置保护装置。

15.1.3 由于现行国家标准 GB 5023.1~5023.7 idt IEC227 的聚氯乙烯绝缘电缆的额定电压提高为 450/750V,故而将电压提高为 750V,其余规定与《电气装置安装工程爆炸和火灾危险环境电气装置施工及验收规范》GB 50257 相一致。

15.2 一般项目

15.2.2 电线外护层的颜色不同是为区别其功能不同而设定的,对识别和方便维护检修均有利。接地(PE)线的颜色是全世界统一的,其他电线的颜色还未一致起来。要求同一建筑物内不同功能的电线绝缘层颜色有区别是提高服务质量的体现。

15.2.3 为方便识别和检修,对每个回路在线槽内进行分段绑扎;由于线槽内电线有相互交叉和平行紧挨现象,所以要注意有抗电磁干扰要求的线路采取屏蔽和隔离措施。

15.2 一般项目中的优良标准是对施工细部做法和观感方面的要求。

16 槽板配线

在建筑电气安装工程的照明工程中,随着人们物质生活水平的提高,大型公用建筑已基本不用槽板配线,在一般民用建筑或有些古建筑的修复工程中,以及个别地区仍有较多的使用。

槽板配线除应注意材料的防火外,更应注意敷设牢固和建筑物棱线的协调,使之具有装饰美观的效果;槽板要根据不同的建筑结构及装修材料,采用不同的固定方法,但严禁用木楔固定槽板的底板。主控项目中增加了槽板配线允许偏差及检验方法。优良标准是对细部做法和观感方面的要求。

17 钢索配线

17.1 主控项目

17.1.1 采用镀锌钢索是为抗锈蚀而延长使用寿命；规定钢索直径是为使钢索柔性好，且在使用中不因经常摆动而发生钢丝过早断裂；不采用含油芯的钢索可以避免积尘，便于清扫。

17.1.2 固定电气线路的钢索，其端部固定是否可靠是影响安全的关键，所以必须注意。钢索是电气装置的可接近的裸露导体，为防触电危险，故必须接地或接零。

17.1.3 钢索配线有一个弧垂问题，弧垂的大小应按设计要求调整，装设花篮螺栓的目的是便于调整弧垂值。弧垂值的大小在某些场所是个敏感的事，太小会使钢索超过允许受力值；太大钢索摆动幅度大，不利于固定在其上的线路和灯具等正常运行，还要考虑其自由振荡频率与同一场所的其他建筑设备的运转频率的关系，不要产生共振现象，所以要将弧垂值调整适当。

17.2 一般项目

17.2.1 钢索有中间吊架，可改善钢索受力状态。为防止钢索受震动而跳出破坏整条线路，所以在吊架上要有锁定装置，锁定装置是既可打开放入钢索，又可闭合防止钢索跳出，锁定装置和吊架一样，与钢索间无强制性固定。优良标准是对钢索施工观感方面的要求。

17.2.2 本条是对钢索的荷载试验要求。

17.2.3 本条是为确保钢索上线路可靠固定而制定。其数值与原《电气装置安装工程1kV 及以下配线工程施工及验收规范》GB 50258的规定一致。优良标准是对钢索配线施工观感方面的要求。

18 电缆头制作、接线和线路绝缘测试

18.1 主控项目

18.1.1、18.1.2 馈电线路敷设完毕，电缆做好电缆头、电线做好连接端子后，与其他电气设备器具一样，要做电气交接试验，合格后，方能通电运行。

18.1.3 接地线的截面积应根据电缆线路故障时，接地电流的大小而选定。在建筑电气工程中由于容量比发电厂、大型变电所小，故障电流也较小，加上实际工程也缺乏设计提供

的资料，所以本条款表中推荐值为经常选用值，在使用中尚未发现因故障而熔断现象。使用镀锡铜纺织线，更有利于方便橡塑电缆头焊接地线，如用铜绞线也应先搪锡再焊接。

18.1.4 接线准确，是指定位准确，不要错接开关的位号或编号，也不要把相位接错，以避免送电时造成失误而引发重大安全事故。并联运行的线路设计通常采用同规格型号，使之处于最经济合理状态，而施工同样要使负荷电流平衡达到设计要求，所以要十分注意长度和连接方法。相位一致是并联运行的基本条件，也是必检项目，否则不可能并联运行。

18.2 一般项目

18.2.1 为保证导线与设备器具连接可靠，不致通电运行后发生过热效应，并诱发燃烧事故，作此规定。要说明的是，芯线的端子即端部的接头，俗称铜接头、铝接头，也有称接线鼻子的；设备、器具的端子指设备、器具的接线柱、接线螺丝或其他形式的接线处，即俗称的接线桩头；而标示线路符号套在电线端部做标记用的零件称端子头；有些设备内、外部接线的接口零件称端子板。

18.2.2 大规格金具、端子与小规格芯线连接，如焊接要多用焊料，不经济，如压接更不可取，压接不到位会压不紧，电阻大，运行时可能过热而出故障；反之小规格金具、端子与大规格芯线连接，必然要截去部分芯线，同样不能保证连接质量，而在使用中易引发电气故障，所以必须两者适配。开口端子一般用于实验室或调试用的临时线路上，以便拆装，不应用在永久性连接的线路上，否则可靠性就无法保证。

18.2.3 本条是为日常巡视和方便维护检修需要而作的规定。

18.2 一般项目中的优良标准是对电缆头制作、接线施工细部做法和观感方面的要求。

19 普通灯具安装

19.1 主控项目

19.1.1 由于灯具悬于人们日常生活工作的正上方，能否可靠固定，在受外力冲击情况下，也不致坠落（如轻度地震）而危害人身安全，是至关重要的。普通软线吊灯，已大部分由双股塑料软线替代砂包双芯花线，其抗张强度降低，以 227IEC06（RV）导线为例，其所用的塑料是 PVC/D，交货状态的抗张强度为 $10N/mm^2$，在 80℃空气中经一周老化后为（10±20%）N/mm^2，取下限为 $8N/mm^2$，而软线吊灯的自重连塑料灯伞、灯头、灯泡在内质量不超过 0.5kg，为确保安全，将普通吊线灯的质量规定为 0.5kg，超过时要用吊链。其余的规定与原《电气装置安装工程电气照明装置施工及验收规范》GB 50258 规定一致。

19.1.2 固定灯具的吊钩与灯具一致，是等强度概念。若直径小于 6mm，吊钩易受意外拉力而变直、发生灯具坠落现象，故规定此下限。大型灯具的固定及悬吊装置由施工设计经计算后出图预埋安装，为检验其牢固程度是否符合图纸要求，故应做过载试验，同样是

12—141

为了使用安全。

19.1.3 钢管吊杆与灯具和吊杆上端法兰均为螺纹连接，直径太小，壁厚太薄，均不利套丝，套丝后强度不能保证，受外力冲撞或风吹后易发生螺纹断裂现象，于安全使用不利，故作此规定。

19.1.4 灯具制造标准中已有此项规定，施工中用于固定灯具或另外提供安装的防触电保护材料同样也要遵守此项规定。

19.1.5 在建筑电气照明工程中，通常由施工设计确定，施工时应严格按设计要求执行。本条仅作设计的补充。

19.1.6 据统计，人站立时平均伸臂范围最高处约可达 2.4m 高度，也即是可能碰到可接近的裸露导体的高限，故而当灯具安装高度距地面小于 2.4m 时，其可接近的裸露导体必须接地或接零，以确保人身的安全。

19.2 一 般 项 目

19.2.1 为保证电线能承受一定的机械应力和可靠地安全运行，根据不同使用场所和电线种类，规定了引向灯具的电线最小允许芯线截面积。由于制造电线的标准已采用 IEC 227 标准，因此仅对有关规范规定的非推荐性标称截面积作了修正，如 $0.4mm^2$ 改为 $0.5mm^2$；$0.8mm^2$ 改为 $1.0mm^2$。

19.2.3 为确保灯具维修时的人身安全，同时也不致因维修需要而使变配电设备正常供电中断，造成不必要的损失，故作此规定。

19.2.4 白炽灯泡发热量较大，离绝缘台过近，不管绝缘台是木质的还是塑料制成的，均会因过热而烤焦或老化，导致燃烧，故应在灯泡与绝缘台间设置隔热阻燃制品，如石棉布等。优良标准是对施工观感方面的要求。

19.2.7 灯具制造标准《灯具一般安全要求与试验》GB 7000.1（与 IEC 598-1 相同）"4.17 排水孔"中的一段文字是这样描述的："防滴、防淋、防溅和防喷灯具应设计得如果灯具内积水能及时有效地排出，比如开一个或多个排水孔。"同样室外的壁灯应防淋，如有积水，应可以及时排放，如灯具本身不会积水，则无开排水孔的需要，也就是说水密型或伞形壁灯可以不开排水孔。制定这条规定是要引起注意，施工中查验排水孔是否通畅，没有的话，要加工钻孔。优良标准是根据现场施工经验需要而增加的，室内安装在潮湿场所的灯具应按照设计要求执行，此条款的规定仅作为无设计要求时的补充规定。

20 专用灯具安装

20.1 主 控 项 目

20.1.1 在建筑电气安装工程中，除在某些特殊场所，如电梯井道底坑、技术层的某些部位为检修安全而设置固定的低压照明电源外，大都是作工具用的移动便携式低压电源和灯具。

双圈的行灯变压器次级线圈只要有一点接地或接零即可钳制电压，在任何情况下不会超过安全电压，即使初级线圈因漏电而窜入次级线圈时也能得到有效保护。

20.1.2 采用何种安全防护措施，由施工设计确定，但施工时要依据已确定的防护措施按本标准规定执行。

20.1.3 手术台上无影灯质量较大，使用中根据需要经常调节移动，子母式的更是如此，所以其固定和防松是安装的关键。它的供电方式由设计选定，通常由双回路引向灯具，而其专用控制箱由多个电源供电，以确保供电绝对可靠，施工中要注意多电源的识别和连接，如有应急直流供电的话要区别标识。

20.1.4 应急疏散照明是现代大型建筑中，保障人身安全和减少财产损失的必备安全设施。当建筑物处于特殊情况下，如火灾、空袭、市电供电中断等，使建筑物的某些关键位置的照明器具仍能持续工作，并有效指导人群安全撤离，所以是至关重要的。本条款所述各项规定虽然应在施工设计中按有关规范作出明确要求，但是均为实际施工中应认真执行的条款，有的还需施工终结时给予试验和检测，以确认是否达到预期的功能要求。

20.1.5 防爆灯具的安装主要是严格按图纸规定选用规格型号，且不混淆，更不能用非防爆产品替代。各泄放口上下方不得安装灯具，主要因为泄放时有气体冲击，会损坏防爆灯具，如管道放出的是爆炸性气体，更加危险。

20.2 一般项目

20.2.2 手术室应是无菌洁净场所，不能积尘，要便于清扫消毒，保持无影灯安装密闭、表面整洁，不仅是给病人一个宁静安谧的观感，更主要是卫生工作的需要。

20.2.3 应急照明是在特殊情况起关键作用的照明，有争分夺秒的含义，只要通电需瞬时发光，故其灯源不能用延时点燃的高汞灯泡等。疏散指示灯要明亮醒目，且在人群通过时偶尔碰撞也应不会损坏。

20.2 一般项目中的优良标准均是对专用灯具施工细部做法和观感方面的要求。

21 建筑物景观照明灯、航空障碍标志灯和庭院灯安装

21.1 主 控 项 目

21.1.1 彩灯安装在建筑物的外部，通常与建筑物的轮廓线一致，以显示建筑造型的魅力。正由于在室外，密闭防水是施工的关键。垂直安装的彩灯采用直敷钢索配线，在室外要受风力的侵扰，悬挂装置的机械强度至关重要。所有可接近的裸露导体均应保护接地，是为了防止人身触电事故的发生。

21.1.2 霓虹灯为高压气体放电装饰用灯具，通常安装在临街商店的正面，人行道的正上方，要特别注意安装牢固可靠，防止高电压泄漏和气体放电使灯管破碎下落而伤人，同样也要防止风力破坏下落伤人。

21.1.3 随着城市美化，建筑物景观照明灯中的立面反射灯应用众多，有的由于位置关系，灯架安装在人员来往密集的场所或易被人接触的位置，因而要有严格的防灼伤和防触电的措施。

21.1.4 随高层建筑物和高耸构筑物的增多，航空障碍标志灯的安装也深为人们关心，虽然其位置选型由施工设计确定，但施工中应掌握的原则还是要纳入本标准，以防止误装、误用。由于其装在建筑物或构筑物外侧高处，维护和更换光源既不方便也不安全，所以要有专门措施，而这种措施要由建筑设计来提供，如预留悬梯的挂件或可活动的专用平台等，这些在图纸会审时要加以注意。

21.1.5 庭院灯形式多种，结构上高矮不一，造型上花样众多，材料上有金属和非金属之分，但有着装在室外要防雨水入侵、人们日常易接触灯具表面、随着园艺更新而灯具更迭周期短等共同点，因而灯具绝缘、密闭防水、牢固稳妥、接地可靠是要严格注意的，尤其是灯具的接地支线不能串联连接使用，以防止个别灯具移位或更换其他灯具失去接地保护作用，而发生人身安全事故。在大的公园内要注意重复接地极的必要性和每套灯具熔断器熔芯的适配性。

21.2 一 般 项 目

21.2.2 霓虹灯变压器是升压变压器，输出电压高，要注意变压器本体安全保护，又不应危及人身安全。如商店橱窗内装有霓虹灯，当有人进入橱窗进行商品布置或维修灯具时，应将橱窗门打开，直至人员退出橱窗门才关闭，这样可避免高电压危及人的安全。

21.2.4 航空障碍标志灯安装位置高，检修不方便，要在安装前调试灯，符合要求后就位，可最大限度地减少危险的高空作业。

21.2.5 为了节约用电，庭院灯和杆上路灯现通常具有根据自然光的亮度而自动启闭，所以要进行调试，不像以前只要装好后，用人工开断试亮即可。由于庭院灯的作用除亮人们使行动方便或点缀园艺外，实则还有夜间安全警卫的作用，所以每套灯具的熔丝要适配，否则某套灯具的故障会造成整个回路停电，较大面积没有照明，是对人们行动和安全不利的。

21.2 一般项目中的优良标准均是根据现场施工经验增加的，强调了对特殊灯具施工细部做法和观感方面的要求。

22 开关、插座、风扇安装

22.1 主 控 项 目

22.1.1 同一场所装有交流和直流的电源插座，或不同电压等级的插座，是为不同需要的用电设备而设置的，用电时不能插错，否则会导致设备损坏或危及人身安全，这是常规知识，但必须在措施上作出保证。

22.1.2 为了统一接线位置，确保用电安全，尤其三相五线制在建筑电气工程中较普遍地得到推广应用，零线和保护地线不能混同，除在变压器中性点可互连外，其余各处均不能相互连通，在插座的接线位置更要严格区分，否则有可能导致线路工作不正常和危及人身安全。

22.1.4 照明开关是人们每日接触最频繁的电气器具，为方便实用，要求通断位置一致，也可给维修人员提供安全操作保障，就是说，如位置紊乱、不切断相线，易给维修人员造成认知上的错觉，检修时较易产生触电现象。

22.1.5 本条款规定的主旨是为确保使用安全。吊扇为转动的电气器具，运转时有轻微的振动，为防安装器件松动而发生坠落，故其减振防松措施要保证安全。

22.1.6 由于城乡住宅高度趋低，吊扇使用屡有事故发生。壁扇应用较多，固定可靠和转动部分防护措施完善及运转正常是鉴别壁扇制造和安装质量的要点。

22.2 一 般 项 目

22.2.1 插座的安装高度首先应以方便使用为原则，但在某些易引起触电事故的场所，如小学校等易发生用导电异物去触及插座导电部分的事件，所以应加以限制。同一场所的插座高度一致是为了观感舒适的要求，此条款中优良标准就是根据现场施工经验增加的，强调了观感舒适的要求。

22.2.2 此条中优良标准是根据现场施工经验增加的。

22.2.3 本条是为方便使用，注意观感作出的规定。

22.2.4 本条是为不影响人们的日常行动，避免由于不慎伤及人身作出的规定。其余为观感要求。

22.2一般项目中的优良标准均是对开关、插座和风扇施工细部做法和观感方面的要求。

23 建筑物照明通电试运行

23.1 主 控 项 目

23.1.1 照明工程包括照明配电箱、线路、开关、插座和灯具等。安装施工结束后，要做通电试验，以检验施工质量和设计的预期功能，符合要求方能认为合格。

23.1.2 大型公用建筑的照明工程负荷大、灯具众多，且本身要求可靠性严，所以要做连续负荷试验，以检查整个照明工程的发热稳定性和安全性。同时也可暴露一些灯具和光源的质量问题，以便于更换，若有照明照度自动控制系统，则试灯时可检测照度随着开启回路多少而变化的规律，给建筑智能化软件设计提供依据和检验其设计的符合性。民用建筑也要通电试运行以检查线路和灯具的可靠性和安全性，但由于容量与大型公用建筑相比要小，故而通电时间较短。

上述两条中的优良标准均是根据现场施工经验增加的要求。

24 接地装置安装

24.1 主控项目

24.1.1 由于人工接地装置、利用建筑物基础钢筋的接地装置或两者联合的接地装置，均会随着时间的推移、地下水位的变化、土壤导电率的变化，其接地电阻值也会发生变化。故要对接地电阻值进行检测监视，则每幢有接地装置的建筑物要设置检测点，通常不少于2个。施工中不可遗漏。

24.1.2 由于建筑物性质不同，建筑物内的建筑设备种类不同，对接地装置的设置和接地电阻的要求也不同，所以施工设计要给出接地电阻值数据，施工结束要检测。检测结果必须符合要求，若不符合应由原设计单位提出措施，进行完善后再经检测，直至符合要求为止。

24.1.3 在施工设计时，一般应尽量避免防雷接地干线穿越人行通道，以防止雷击时跨步电压过高而危及人身安全。

24.1.4、24.1.5 接地模块是新型的人工接地体，埋设时除按本规范规定执行外，还要参阅供货商提供的有关技术说明。

24.2 一般项目

24.2.2 热浸镀锌锌层厚，抗腐蚀，有较长的使用寿命，材料使用的最小允许规格的规定与国家标准《电气装置安装工程接地装置施工及验收规范》GB 50169 相一致。但不能作为施工中选择接地体的依据，选择的依据是施工设计，但施工设计也不应选择比最小允许规格还小的规格。

24.2 一般项目中的优良标准均是对接地装置安装施工细部做法和观感方面的要求。

25 避雷引下线和变配电室接地干线敷设

25.1 主控项目

25.1.1 避雷引下线的敷设方式由施工设计选定，如埋入抹灰层内的引下线则应分段卡牢固定，且紧贴砌体表面，不能有过大的起伏，否则会影响抹灰施工，也不能保证应有的抹灰层厚度。避雷引下线允许焊接连接和专用支架固定，但焊接处要刷油漆防腐，如用专用卡具连接或固定，不宜破坏锌保护层。优良标准是根据现场施工经验增加的，强调了"利用建筑物柱内主筋作引下线时，引下线数量和做法正确"。

25.1.2 本条是为保证供电系统接地可靠和故障电流的流散畅通而作出的规定。

25.2 一般项目

25.2.2 明敷接地引下线的间距均匀是观感的需要，规定间距的数值是考虑受力和可靠，使线路能顺直；要注意同一条线路的间距均匀一致，可以在给定的数值范围根据实际情况选取一个定值。

25.2.3 保护套管的作用是避免引下线受到意外冲击而损坏或脱落。钢保护套管要与引下线做电气连通，可使雷电泄放电流以最小阻抗向接地装置泄放，不连通的钢管则如一个短路环一样，套在引下线外部，互抗存在，泄放电流受阻，引下线电压升高，易产生反击现象。

25.2.5 本条是为使零序电流互感器正确反映电缆运行情况，并防止离散电流的影响而使零序保护错误发出讯号或动作而作出的规定。

25.2一般项目中的优良标准均是对避雷引下线和变配电室接地干线敷设施工细部做法和观感方面的要求。

26 接闪器安装

26.1 主控项目

26.1.1 形成等电位，可防静电危害。与现行国家标准《电气装置安装工程接地装置施工及验收规范》GB 50169的规定相一致。本条款优良标准是根据施工经验增加的，主要强调连接牢固可靠。

26.2 一般项目

26.2.2 本条是为使避雷带顺直、固定可靠，不因受外力作用而发生脱落现象而作出的规定。

26.2一般项目中的优良标准均是对接闪器安装施工细部做法和观感方面的要求。

27 建筑物等电位联结

27.1 主控项目

27.1.1 建筑物是否需要等电位联结、哪些部位或设施需等电位联结、等电位联结干线或等电位箱的布置均应由施工设计来确定。本标准仅对等电位联结施工中应遵守的事项作出规定。主旨是连接可靠合理，不因某个设施的检修而使等电位联结系统开断。

27.1.2 此条中优良标准是根据现场施工经验增加的，强调了对等电位联结端子板用材的控制，以保证等电位联结系统的可靠性。

27.2 一般项目

27.2.2 在高级装修的卫生间、浴室内等处，各种装修金属部件或零件外观华丽，应在内侧设置专用的等电位联结点与暗敷的等电位联结支线连通，这样就不会因乱接而影响观感质量。

27.2 一般项目中的优良标准均是对等电位联结施工细部做法和观感方面的要求。

电梯工程施工质量标准

Standard for installation quality of lifts,
escalators and passenger conveyors

ZJQ00-SG-025-2006

中国建筑工程总公司

前 言

本标准根据中国建筑工程总公司（简称中建总公司）中建市管字［2004］5 号文《关于全面开展中建总公司建筑工程各项专业施工标准编制工作的通知》的要求，由中国建筑第八工程局组织有关单位共同编制。

本标准以国家标准《电梯工程施工质量验收规范》GB 50310-2002 和中国建筑工程总公司《建筑工程施工质量统一标准》ZJQ00-SG-013-2006 为基础，并融入了国家质量监督检验总局发布的《电梯质量监督检验规程》（2002）、《液压电梯监督检验规程》（2003）、《自动扶梯和自动人行道监督检验规程》（2002）等标准中对电梯安装质量方面的要求，增加了各检查项目的检查方法等内容，并融入工程质量等级评定，以便统一中国建筑工程总公司系统电梯安装工程施工质量的内部验收方法、质量标准、质量等级评定和程序，为创工程质量的"过程精品"奠定基础。

本标准将根据国家有关规定的变化和企业发展的需要进行定期或不定期修订，请各级施工单位在执行本标准过程中注意积累资料，总结经验，并请将意见或建议及有关资料及时反馈中国建筑工程总公司质量管理部门，以供本标准修订时参考。

主编单位：中国建筑第八工程局
参加单位：中国建筑第八工程局工业设备安装公司
主　　编：肖绪文
副 主 编：谢刚奎　罗能镇　裴正强　张成林
编写人员：宁文华　祁　春　苗冬梅　曹丹桂　谢上冬　张玉年

目　　次

1 总则 ·· 13—5
2 术语 ·· 13—5
3 基本规定 ·· 13—7
4 电力驱动的曳引式或强制式电梯安装工程质量验收 ··············· 13—8
　4.1 设备进场验收 ··· 13—8
　4.2 土建交接检验 ··· 13—9
　4.3 驱动主机 ·· 13—11
　4.4 导轨 ··· 13—11
　4.5 门系统 ·· 13—12
　4.6 轿厢 ··· 13—13
　4.7 对重（平衡重） ·· 13—14
　4.8 安全部件 ·· 13—15
　4.9 悬挂装置、随行电缆、补偿装置 ·· 13—15
　4.10 电气装置 ·· 13—16
　4.11 整机安装验收 ·· 13—18
5 液压电梯安装工程质量验收 ·· 13—21
　5.1 设备进场验收 ··· 13—21
　5.2 土建交接检验 ··· 13—22
　5.3 液压系统 ·· 13—22
　5.4 导轨 ··· 13—23
　5.5 门系统 ·· 13—23
　5.6 轿厢 ··· 13—23
　5.7 平衡重 ·· 13—23
　5.8 安全部件 ·· 13—23
　5.9 悬挂装置、随行电缆 ··· 13—23
　5.10 电气装置 ·· 13—24
　5.11 整机安装验收 ·· 13—24
6 自动扶梯、自动人行道安装工程质量验收 ······························· 13—27
　6.1 设备进场验收 ··· 13—27
　6.2 土建交接检验 ··· 13—28
　6.3 整机安装验收 ··· 13—29
7 分项工程、分部（子分部）工程质量验收 ······························· 13—32
　7.1 一般要求 ·· 13—32

7.2 分项工程的验收 ··· 13—32
7.3 分部（子分部）工程的验收 ··· 13—32
7.4 质量分级 ··· 13—33
8 必须具备的技术资料 ··· 13—33
附录 A 设备进场开箱验收记录 ··· 13—34
附录 B 土建交接检验记录 ··· 13—38
附录 C 电梯安装分项工程质量验收、评定记录 ································ 13—42
附录 D 子分部工程质量验收、评定记录 ··· 13—65
附录 E 分部工程质量验收、评定记录 ·· 13—66
本标准用词说明 ·· 13—67
条文说明 ·· 13—68

1 总 则

1.0.1 为了加强电梯安装工程质量管理，统一电梯安装工程施工质量的验收，保证工程质量，制定本标准。
1.0.2 本标准适用于中国建筑工程总公司承担的电力驱动的曳引式或强制式电梯、液压电梯、自动扶梯和自动人行道安装工程质量的验收；本标准不适用于杂物电梯安装工程的质量验收。
1.0.3 本标准应与中国建筑工程总公司标准《建筑工程施工质量统一标准》ZJQ00-SG-013-2006 配套使用。
1.0.4 本标准以黑体字印刷的条文为强制性条文，必须严格执行。
1.0.5 电梯安装工程质量验收为全数检查，且检测数据必须达到本标准规定的合格要求。
1.0.6 电梯安装工程质量验收除执行本标准外，尚应符合现行有关国家标准的规定。

2 术 语

2.0.1 电梯安装工程 installation of lifts, escalators and passenger conveyors
电梯生产单位出厂后的产品，在施工现场装配成整机至交付使用的过程。
注：本标准中的"电梯"是指电力驱动的曳引式或强制式电梯、液压电梯、自动扶梯和自动人行道。
2.0.2 电梯安装工程质量验收 acceptance of installation quality of lifts, escalators and passenger conveyors
电梯安装的各项工程在履行质量检验的基础上，由监理单位（或建设单位）、土建施工单位、安装单位等几方共同对安装工程的质量控制资料、隐蔽工程和施工检查记录等档案资料进行审查，对安装工程进行普查和整机运行考核，并对主控项目全验和一般项目抽验，根据《电梯工程施工质量验收标准》GB 50310-2002 和本标准以书面形式对电梯安装工程质量的检验结果做出确认。
2.0.3 土建交接检验 handing over inspection of machine rooms and wells
电梯安装前，应由监理单位（或建设单位）、土建施工单位、安装单位共同对电梯井道和机房（如果有）按本标准的要求进行检查，对电梯安装条件做出确认。
2.0.4 平层准确度 leveling accuracy
轿厢到站停靠后，轿厢地坎上平面与层门地坎上平面之间垂直方向的偏差值。
2.0.5 机房 machine room

安装一台或多台曳引机及其附属设备的专用房间。

2.0.6　层站 landing
各楼层用于出入轿厢的地点。

2.0.7　电梯曳引绳曳引比 hoist ropes ratio of lift
悬吊轿厢的钢丝绳根数与曳引轮单侧的钢丝绳根数之比。

2.0.8　地坎 sill
轿厢或层门入口处出入轿厢的带槽金属踏板。

2.0.9　曳引机 traction machine；machine driving；machine
包括电动机、制动器和曳引轮在内的靠曳引绳和曳引轮槽摩擦力驱动或停止电梯的装置。

2.0.10　随行电缆 traveling cable；trailing cable
连接于运行的轿厢底部与井道固定点之间的电缆。

2.0.11　反绳轮 diversion sheave
设置在轿厢架和对重框架上部的动滑轮。根据需要曳引绳绕过反绳轮可以构成不同的曳引比。

2.0.12　导轨 guide rails；guide
供轿厢和对重运行的导向部件。

2.0.13　导轨支架 rail brackets；rail support
固定在井道壁或横梁上，支撑和固定导轨用的构件。

2.0.14　承重梁 machine supporting beams
敷设在机房楼板上面或下面，承受曳引机自重及其负载的钢梁。

2.0.15　限速器 overspeed governor；governor
当电梯的运行速度超过额定速度一定值时，其动作能导致安全钳起作用的安全装置。

2.0.16　安全钳装置 safety gear
限速器动作时，使轿厢或对重停止运行保持静止状态，并能夹紧在导轨上的一种机械安全装置。

2.0.17　门锁装置；联锁装置 door interlock；locks；door locking device
轿门与层门关闭后锁紧，同时接通控制回路，轿厢方可运行的机电联锁安全装置。

2.0.18　对重 counterweight
由曳引绳经曳引轮与轿厢相连接，在运行过程中起平衡作用的装置。

2.0.19　自动扶梯 escalator
带有循环运行梯级，用于向上或向下倾斜输送乘客的固定电力驱动设备。

2.0.20　自动人行道 passenger conveyor
带有循环运行（板式或带式）走道，用于水平或倾斜角不大于12°输送乘客的固定电力驱动设备。

2.0.21　扶手带 handrail
位于扶手装置的顶面，与梯级踏板或胶带同步运行，供乘客扶握的带状部件。

2.0.22　踏板 pallets
循环运行在自动人行道桁架上，供乘客站立的板状部件。

2.0.23 梳齿板 combs

位于运行的梯级或踏板出入口，为方便乘客上下过渡，与梯级或踏板相啮合的部件。

3 基 本 规 定

3.0.1 安装单位施工现场质量安全管理应符合下列规定：
    1 具有完善的验收标准、安装工艺及施工操作规程。
    2 具有健全的安装过程控制制度。

3.0.2 电梯安装工程施工质量控制应符合下列规定：
    1 电梯安装前应按本标准进行土建交接检验。
    2 电梯安装前应按本标准进行电梯设备进场验收。
    3 电梯安装的各分项工程应按本标准进行质量控制，每个分项工程应有自检记录。

3.0.3 电梯安装工程施工质量验收应符合下列的规定：
    1 参加安装工程施工和质量验收人员应具备相应的资格。
    2 承担有关安全性能检测的单位，必须具有相应资质。仪器设备应满足精度要求，并应在检定有效期内。
    3 分项工程质量验收均应在电梯安装单位自检合格的基础上进行。
    4 分项工程质量应分别按本标准的主控项目和一般项目检查验收。
    5 隐蔽工程应在电梯安装单位检查合格后，于隐蔽前通知有关单位检查验收，并形成验收文件。
    6 本标准条款中无特殊说明时，各检查项目的检查数量为全数检查。

3.0.4 电梯安装工程分部、子分部、分项工程划分应符合表3.0.4的规定。

表3.0.4 电梯安装工程分部、子分部、分项工程的划分

分部工程	子分部工程	分 项 工 程
电梯安装工程	电力驱动的曳引式或强制式电梯安装	设备进场验收，土建交接检验，驱动主机，导轨，门系统，轿厢，对重（平衡重），安全部件，悬挂装置、随行电缆、补偿装置，电气装置，整机安装验收
	液压电梯安装	设备进场验收，土建交接检验，液压系统，导轨，门系统，轿厢，对重（平衡重），安全部件，悬挂装置、随行电缆，电气装置，整机安装验收
	自动扶梯、自动人行道安装	设备进场验收，土建交接检验，整机安装验收

3.0.5 质量分级

电梯工程的分部工程、子分部工程、分项工程的质量等级分为合格与优良两个等级。各质量等级的评定标准见本标准第7.4节。

4 电力驱动的曳引式或强制式电梯安装工程质量验收

4.1 设备进场验收

主 控 项 目

4.1.1 随机文件必须包括下列资料：
1 土建布置图；
2 产品出厂合格证；
3 门锁装置、限速器、安全钳及缓冲器的型式试验证书复印件。
检验方法：按规定检查相关文件。

一 般 项 目

4.1.2 随机文件还应包括下列资料：
1 装箱单；
2 安装、使用维护说明书；
3 动力电路和安全电路的电气原理图。
检验方法：按规定检查相关文件。

4.1.3 设备零部件应与装箱单内容相符。
检验方法：根据装箱清单逐件核对设备零部件。

4.1.4 设备外观不应存在明显的损坏。
检验方法：观察检查。

优良工程附加条款

4.1.5 随机文件还应包括：
1 应有限速器与渐近式安全钳调试证书副本；
2 使用维护说明书中应有电梯润滑汇总图表和电梯标准功能表；
3 电气敷线图；
4 部件安装图。
检验方法：按规定检查相关文件。

4.2 土建交接检验

主 控 项 目

4.2.1 机房(如果有)内部、井道土建(钢架)结构及布置必须符合电梯土建布置图的要求。

　　检验方法：尺量、观察检查。

4.2.2 主电源开关必须符合下列规定：

　　1 主电源开关应能够切断电梯正常使用情况下最大电流；

　　2 对有机房电梯该开关应能从机房入口处方便地接近；

　　3 对无机房电梯该开关应设置在井道外工作人员方便接近的地方，且应具有必要的安全防护。

　　检验方法：检查主电源开关的质量证明文件；观察检查。

4.2.3 井道必须符合下列规定：

　　1 当底坑底面下有人员能到达的空间存在，且对重(或平衡重)上未设有安全钳装置时，对重缓冲器必须能安装在(或平衡重运行区域的下边必须)一直延伸到坚固地面上的实心桩墩上；

　　2 电梯安装之前，所有层门预留孔必须设有高度不小于 **1.2m** 的安全保护围封，并应保证有足够的强度；

　　3 当相邻两层门地坎间的距离大于 **11m** 时，其间必须设置井道安全门，井道安全门严禁向井道内开启，且必须装有安全门处于关闭时电梯才能运行的电气安全装置。当相邻轿厢间有相互救援用轿厢安全门时，可不执行本款。

　　检验方法：尺量、观察检查。

一 般 项 目

4.2.4 机房(如果有)还应符合下列规定：

　　1 机房内应设有固定的电气照明，地板表面上的照度不应小于200lx。机房内应设置一个或多个电源插座。在机房内靠近入口的适当高度处应设有一个开关或类似装置控制机房照明电源。

　　2 机房内应通风良好，从建筑物其他部分抽出的陈腐空气，不得排入机房内。

　　3 应根据产品供应商的要求，提供设备进场所需要的通道和搬运空间。

　　4 电梯工作人员应能方便地进入机房或滑轮间，而不需要临时借助于其他辅助设施。

　　5 机房应采用经久耐用且不易产生灰尘的材料建造，机房内的地板应采用防滑材料。

　　注：此项可在电梯安装后验收。

　　6 在一个机房内，当有两个以上不同平面的工作平台，且相邻平台高度差大于0.5m时，应设置楼梯或台阶，并应设置高度不小于0.9m的安全防护栏杆。当机房地面有深度大于 0.5m 的凹坑或槽坑时，均应盖住。供人员活动空间和工作台面以上的净高度不应小于1.8m。

7 供人员进出的检修活板门应有不小于0.8m×0.8m的净通道,开门到位后应能自行保持在开启位置。检修活板门关闭后应能支撑两个人的重量(每个人按在门的任意0.2m×0.2m面积上作用1000N的力计算),不得有永久性变形。

8 门或检修活板门应装有带钥匙的锁,它应从机房内部用钥匙打开。只供运送器材的活板门,可只在机房内部锁住。

9 电源零线和接地线应分开。机房内接地装置的接地电阻值不应大于4Ω。

10 机房应有良好的防渗、防漏水保护。

检验方法:观察检查及用照度计、电阻接地测试仪、尺量检查。

4.2.5 井道还应符合下列规定:

1 井道尺寸是指垂直于电梯设计运行方向的井道截面沿电梯设计运行方向投影所测定的井道最小净空尺寸,该尺寸应和土建布置图所要求的一致,允许偏差应符合下列规定:

  1)当电梯行程高度小于等于30m时为0~+25mm;
  2)当电梯行程高度大于30m且小于等于60m时为0~+35mm;
  3)当电梯行程高度大于60m且小于等于90m时为0~+50mm;
  4)当电梯行程高度大于90m时,允许偏差应符合土建布置图要求。

2 全封闭或部分封闭的井道,井道的隔离保护、井道壁、底坑底面和顶板应具有安装电梯部件所需要的足够强度,应采用非燃烧材料建造,且应不易产生灰尘。

3 当底坑深度大于2.5m且建筑物布置允许时,应设置一个符合安全门要求的底坑进口;当没有进底坑的其他通道时,应设置一个从层门进入底坑的永久性装置,且此装置不得凸入电梯运行空间。

4 井道应为电梯专用,井道内不得装设与电梯无关的设备、电缆等。井道可装设采暖设备,但不得采用蒸汽和水作为热源,且采暖设备的控制与调节装置应在井道外面。

5 井道内应设置永久性电气照明,井道内照度应不得小于50lx,井道最高点和最低点0.5m以内应各装一盏灯,再设中间灯,并分别在机房和底坑设置一控制开关。

6 装有多台电梯的井道内各电梯的底坑之间应设置最低点离底坑地面不大于0.3m,且至少延伸到最低层站楼面以上2.5m高度的隔障,在隔障宽度方向上隔障与井道壁之间的间隙不应大于150mm。

当轿顶边缘和相邻电梯运动部件(轿厢、对重或平衡重)之间的水平距离小于0.5m时,隔障应延长贯穿整个井道的高度。隔障的宽度不得小于被保护的运动部件(或其部分)的宽度每边再各加0.1m。

7 底坑内应有良好的防渗、防漏水保护,底坑内不得有积水。

8 每层前室楼面应有水平面基准标识。

检验方法:观察检查及用照度计、尺量检查,动作试验。

优良工程附加条款

4.2.6 底坑内坑底面和墙面应平整,不得有杂物。

检验方法:观察检查。

4.3 驱动主机

主控项目

4.3.1 紧急操作装置动作必须正常。可拆卸的装置必须置于驱动主机附近易接近处，紧急救援操作说明必须贴于紧急操作时易见处。

检验方法：目测检查。

一般项目

4.3.2 当驱动主机承重梁需埋入承重墙时，埋入端长度应超过墙厚中心至少 20mm，且支承长度不应小于 75mm。

检验方法：尺量检查或检查施工记录。

4.3.3 制动器动作应灵活，制动间隙调整应符合产品设计要求。

检验方法：观察及用塞尺检查。

4.3.4 驱动主机、驱动主机底座与承重梁的安装应符合产品设计要求。

检验方法：观察及尺量检查。

4.3.5 驱动主机减速箱（如果有）内油量应在油标所限定的范围内。

检验方法：观察油标尺及尺量检查。

4.3.6 机房内钢丝绳与楼板孔洞边间隙应为 20～40mm，通向井道的孔洞四周应设置高度不小于 50mm 的台缘。

检验方法：观察及尺量检查。

优良工程附加条款

4.3.7 同一机房内有多台电梯时，各台曳引机应有编号区别，排列整体，不得有杂物和污染。

检验方法：观察检查。

4.3.8 曳引轮、导向轮在空载或满载情况下对垂直线的偏差均不大于 2mm。

检验方法：用磁力线锤沿曳引轮或导向轮边缘垂下，用塞尺测量锤线与轮之间的间隙。

4.3.9 松闸扳手应涂成红色，盘车轮应涂成黄色，可拆卸的盘车手轮应放置在机房内容易接近的明显部位。在电动机或盘车轮上应有与轿厢升降方向相对应的标志。

检验方法：观察检查。

4.4 导 轨

主控项目

4.4.1 导轨安装位置必须符合土建布置图要求。

检验方法：根据土建布置图检查导轨位置。

一 般 项 目

4.4.2 两列导轨顶面间的距离偏差应为：轿厢导轨 0～+2mm；对重导轨 0～+3mm。
检验方法：用量规检查，至少测量井道中的上、中、下三点。

4.4.3 导轨支架在井道壁上的安装应固定可靠。预埋件应符合土建布置图要求。锚栓（如膨胀螺栓等）固定应在井道壁的混凝土构件上使用，其连接强度与承受振动的能力应满足电梯产品设计要求，混凝土构件的抗压强度应符合土建布置图要求。
检验方法：按图纸逐项检查，尺量检查及检查试验报告。

4.4.4 每列导轨工作面（包括侧面与顶面）与安装基准线每 5m 的偏差均不应大于下列数值：轿厢导轨和设有安全钳的对重（平衡重）导轨为 0.6mm；不设安全钳的对重（平衡重）导轨为 1.0mm。
检验方法：使用激光垂准仪或 5m 长磁力线锤沿导轨侧面和顶面测量，用 5m 铅垂线分段连续检测，每面不少于 3 段。

4.4.5 轿厢导轨和设有安全钳的对重（平衡重）导轨工作面接头处不应有连续缝隙，导轨接头处台阶不应大于 0.05mm。如超过应修平，修平长度应大于 150mm。
检验方法：局部缝隙用塞尺测量；接头处台阶用直线度为 0.01/300 的平直尺和塞尺测量。

4.4.6 不设安全钳的对重（平衡重）导轨接头处缝隙不应大于 1.0mm，导轨工作面接头处台阶不应大于 0.15mm。
检验方法：目测和尺量检查。

优良工程附加条款

4.4.7 每根导轨至少有 2 个导轨支架，其间的距离不大于 2.5m；如间距大于 2.5m 应有计算依据。
检验方法：目测和尺量检查。

4.4.8 本标准第 4.4.5 条规定的修平长度应不小于 300mm。

4.5 门 系 统

主 控 项 目

4.5.1 层门地坎至轿厢地坎之间的水平距离偏差为 0～+3mm，且最大距离严禁超过 35mm。
检验方法：轿厢至平层位置后，用卷尺或直尺测量层门地坎与轿厢地坎的间隙，计算偏差。

4.5.2 层门强迫关门装置必须动作正常。
检验方法：观察及试开关检查。

4.5.3 动力操纵的水平滑动门在关门开始的 1/3 行程之后，阻止关门的力严禁超过 150N。

　　检验方法：试开关及用测力器检查。

4.5.4 层门锁钩必须动作灵活，在证实锁紧的电气安全装置动作之前，锁紧元件的最小啮合长度为 7mm。

　　检验方法：外观检查，并用直尺测量电气装置触点刚刚闭合时，锁紧元件的啮合长度。

一 般 项 目

4.5.5 门刀与层门地坎、门锁滚轮与轿厢地坎间隙不应小于 5mm。

　　检验方法：将轿厢开到门刀与层门地坎平行位置，在层门处用塞尺或直尺测量间隙；将轿厢开到轿门地坎与门锁滚轮平行位置，在轿厢内用塞尺或直尺测量间隙。

4.5.6 层门地坎水平度不得大于 2/1000，地坎应高出装修地面 2~5mm。

　　检验方法：水平尺及尺量检查。

4.5.7 层门指示灯盒、召唤盒和消防开关盒应安装正确，其面板与墙面贴实，横竖端正。

　　检验方法：水平尺及尺量检查。

4.5.8 门扇与门扇、门扇与门套、门扇与门楣、门扇与门口处轿壁、门扇下端与地坎的间隙，乘客电梯不应大于 6mm，载货电梯不应大于 8mm。

　　检验方法：观察及尺量检查。在门扇底部水平拉动门扇，检查间隙。

优良工程附加条款

4.5.9 层门、轿门运行不应卡阻、脱轨或在行程终端时错位。

　　检验方法：运行试验。

4.5.10 呼梯、楼层显示等信号系统功能有效，指示正确，动作无误。

　　检验方法：电梯停在各层，外观检查并接通信号试验。

4.5.11 层门与轿门的锁闭应满足如下要求：

　　1 在正常运行和轿厢未停止在开锁区域内，层门应不能打开；

　　2 如果一个层门或轿门（在多扇门中的任一扇门）打开，电梯应不能正常启动或继续正常运行。

　　检验方法：当电梯运行时，打开层门或轿门时电梯应停止运行。电梯停后，打开任一层门或轿门，电梯应不能启动。

4.5.12 井道内表面与轿厢地坎、轿门或门框的间距不大于 0.15m。

　　检验方法：用尺测量。

4.6 轿 厢

主 控 项 目

4.6.1 当距轿底面在 1.1m 以下使用玻璃轿壁时，必须在距轿底面 0.9~1.1m 的高度安装扶手，且扶手必须独立地固定，不得与玻璃有关。

检验方法：目测及尺量检查。

一 般 项 目

4.6.2 井道内的导向滑轮、曳引轮和轿架上固定的反绳轮，应设置防护装置（保护罩和挡绳装置），以避免悬挂绳脱槽伤人和进入杂物。

检验方法：外观检查。

4.6.3 当轿顶外侧边缘至井道壁水平方向的自由距离大于0.3m时，轿顶应装设防护栏及警示性标识。

检验方法：观察及尺量检查。

优良工程附加条款

4.6.4 轿厢内操纵按钮动作应灵活，信号显示清晰，控制功能正确有效。轿厢超载装置或称重装置动作可靠。

检验方法：在轿厢内分别进行内选、检修运行、有司机操作等功能试验，检查指示和控制功能正确性。

4.6.5 轿厢与对重之间的间隔距离应不小于50mm。限速器钢丝绳和选层器钢带应张紧，在运行中不得与轿厢或对重相碰触。

检验方法：用卷尺测量。

4.7 对重（平衡重）

一 般 项 目

4.7.1 当对重（平衡重）架有反绳轮，反绳轮应设置防护装置和挡绳装置。

检验方法：目测检查。

4.7.2 对重（平衡重）块应可靠固定。

检验方法：目测检查。

优良工程附加条款

4.7.3 轿厢在两端站平层位置时，轿厢、对重的撞板与缓冲器顶面间的距离：耗能型缓冲器应为150～400mm；蓄能缓冲器应为200～350mm。轿厢、对重装置的撞板中心与缓冲器中心的偏差不大于20mm，同一基础上缓冲器顶部与轿底对应距离差不大于2mm。

检验方法：分别将轿厢停在底层和顶层平层位置，用尺测量。

4.8 安全部件

主控项目

4.8.1 限速器动作速度整定封记必须完好,且无拆动痕迹。

检验方法:观察检查。

4.8.2 当安全钳可调节时,整定封记应完好,且无拆动痕迹。

检验方法:观察检查。

一般项目

4.8.3 限速器张紧装置与其限位开关相对位置安装应正确。

检验方法:观察检查。

4.8.4 安全钳与导轨的间隙应符合产品设计要求。

检验方法:对照安装图纸检查。

4.8.5 轿厢在两端站平层位置时,轿厢、对重的缓冲器撞板与缓冲器顶面间的距离应符合土建布置图要求。轿厢、对重的缓冲器撞板中心与缓冲器中心的偏差不应大于20mm。

检验方法:观察及尺量检查。

4.8.6 液压缓冲器柱塞铅垂度不应大于0.5%,充液量应正确。

检验方法:观察和测量检查。

优良工程附加条款

4.8.7 轿厢、对重的缓冲器撞板中心与缓冲器中心的偏差不应大于15mm。

4.9 悬挂装置、随行电缆、补偿装置

主控项目

4.9.1 绳头组合必须安全可靠,且每个绳头组合必须安装防螺母松动和脱落的装置。

检验方法:目测检查。

4.9.2 钢丝绳严禁有死弯。

检验方法:目测检查。

4.9.3 当轿厢悬挂在两根钢丝绳或链条上,且其中一根钢丝绳或链条发生异常相对伸长时,为此装设的电气安全开关应动作可靠。

检验方法:目测检查。

4.9.4 随行电缆严禁有打结和波浪扭曲现象。

检验方法:目测检查。

一 般 项 目

4.9.5 每根钢丝绳张力与平均值偏差不应大于5%。

检验方法：轿厢在井道的2/3高度处，用50～100N的弹簧秤在轿厢上以同等拉开距离测量对重侧各曳引绳张力，取其平均值，再将各绳张力与该平均值进行比较。

4.9.6 随行电缆的安装应符合下列规定：

　1　随行电缆端部应固定可靠；

　2　随行电缆在运行中应避免与井道内其他部件干涉。当轿厢完全压在缓冲器上时，随行电缆不得与底坑地面接触。

检验方法：目测检查。

4.9.7 补偿绳、链、缆等补偿装置的端部应固定可靠。

检验方法：目测检查。

4.9.8 对补偿绳的张紧轮，验证补偿绳张紧的电气安全开关应动作可靠。张紧轮应安装防护装置。

检验方法：目测检查及人为使电气开关动作，检查其动作是否可靠。

优良工程附加条款

4.9.9 固定绳端的弹簧、螺母、开口销等部件无缺损。钢丝绳末端应固定在轿厢、对重（或平衡重）或系结钢丝绳固定部件的悬挂部位上。固定时，须采用金属或树脂填充的绳套、自锁紧楔形绳套、至少带有三个合适绳夹的鸡心环套、手工捻结绳环、环圈（或套筒）压紧式绳环，或具有同等安全的其他装置。

检验方法：目测检查。

4.9.10 随行电缆不得与轿厢底边框接触。

检验方法：目测检查。

4.10 电 气 装 置

主 控 项 目

4.10.1 电气设备接地必须符合下列规定：

　1　所有电气设备及导管、线槽的外露可导电部分均必须可靠接地（PE）；

　2　接地支线应分别直接接至接地干线接线柱上，不得互相连接后再接地。

检验方法：观察检查。

4.10.2 导体之间和导体对地之间的绝缘电阻必须大于1000Ω/V，且其值不得小于：

　1　动力电路和电气安全装置电路：0.5MΩ；

　2　其他电路（控制、照明、信号等）：0.25MΩ。

检验方法：动力电路用1000V摇表测量，控制、照明、信号等用500V数字式兆欧表分别测量。测量时应断开主电源开关，并断开所有电子元件。

一 般 项 目

4.10.3 主电源开关不应切断下列供电电路：
 1 轿厢照明和通风；
 2 机房和滑轮间照明；
 3 机房、轿顶和底坑的电源插座；
 4 井道照明；
 5 报警装置。
 检验方法：断开主电源开关，检查照明、插座、通风和报警装置是否被切断。同时检查开关配置、布置和标识是否符合规定，是否满足电梯使用要求。

4.10.4 机房和井道内应按产品要求配线。软线和无护套电缆应在导管、线槽或能确保起到等效防护作用的装置中使用。护套电缆和橡套软电缆可明敷于井道或机房内使用，但不得明敷于地面。
 检验方法：目测检查。

4.10.5 导管、线槽的敷设应整齐牢固。线槽内导线总面积不应大于线槽净面积60%；导管内导线总面积不应大于导管内净面积40%；软管固定间距不应大于1m，端头固定间距不应大于0.1m。
 检验方法：目测检查。

4.10.6 接地支线应采用黄绿相间的绝缘导线。
 检验方法：观察检查。

4.10.7 控制柜（屏）的安装位置应符合电梯土建布置图中的要求。
 检验方法：对照土建布置图检查。

优良工程附加条款

4.10.8 电气元件标志和导线端子编号或接插件编号应清晰，并与技术资料相符。电气元件工作无异常。
 检验方法：观察检查。

4.10.9 系统接地型式应根据供电系统采用TN—S或TN—C—S系统，进入机房起中性线（N）与保护线（PE）应始终分开。
 检验方法：将主电源断开，在进线端断开零线，用万用表检查零线和地线之间是否连通。

4.10.10 易于意外带电的部件与机房接地端连通性应良好，且之间的电阻值不大于0.5Ω。在TN供电系统中，严禁电气设备外壳单独接地。电梯轿厢可利用随行电缆的钢芯或芯线作保护线，采用电缆芯线作保护线时不得少于2根。
 检验方法：用万用表测量曳引机、电源开关、线槽、轿厢等部件与机房接地端的电阻值。

4.11 整机安装验收

主控项目

4.11.1 安全保护验收必须符合下列规定：
  1 必须检查以下安全装置或功能：
    1）断相、错相保护装置或功能
      当控制柜三相电源中任何一相断开或任何二相错接时，断相、错相保护装置或功能应使电梯不发生危险故障。
      注：当错相不影响电梯正常运行时可没有错相保护装置或功能。
    2）短路、过载保护装置
      动力电路、控制电路、安全电路必须有与负载匹配的短路保护装置；动力电路必须有过载保护装置。
    3）限速器
      限速器上的轿厢（对重、平衡重）下行标志必须与轿厢（对重、平衡重）的实际下行方向相符。限速器铭牌上的额定速度、动作速度必须与被检电梯相符。限速器必须与其型式试验证书相符。
    4）安全钳
      安全钳必须与其型式试验证书相符。
    5）缓冲器
      缓冲器必须与其型式试验证书相符。
    6）门锁装置
      门锁装置必须与其型式试验证书相符。
    7）上、下极限开关
      上、下极限开关必须是安全触点，在端站位置进行动作试验时必须动作正常。在轿厢或对重（如果有）接触缓冲器之前必须动作，且缓冲器完全压缩时，保持动作状态。
    8）位于轿顶、机房（如果有）、滑轮间（如果有）、底坑的停止装置的动作必须正常。
  2 下列安全开关，必须动作可靠：
    1）限速器绳张紧开关；
    2）液压缓冲器复位开关；
    3）有补偿张紧轮时，补偿绳张紧开关；
    4）当额定速度大于3.5m/s时，补偿绳轮防跳开关；
    5）轿厢安全窗（如果有）开关；
    6）安全门、底坑门、检修活板门（如果有）的开关；
    7）对可拆卸式紧急操作装置所需要的安全开关；
    8）悬挂钢丝绳（链条）为两根时，防松动安全开关。

检验方法：按要求逐项对照检查。安全钳、缓冲器、门锁装置对照厂家提供的型式试验证书检查。

4.11.2 限速器—安全钳联动试验必须符合下列规定：

1 限速器与安全钳电气开关在联动试验中必须动作可靠，且应使驱动主机立即制动；

2 对瞬时式安全钳，轿厢应载有均匀分布的额定载重量；对渐进式安全钳，轿厢应载有均匀分布的125%额定载重量。当短接限速器及安全钳电气开关，轿厢以检修速度下行，人为使限速器机械动作时，安全钳应可靠动作，轿厢必须可靠制动，且轿底倾斜度不应大于5%。

检验方法：观察检查，必要时吊线锤检查。

4.11.3 层门与轿门的试验必须符合下列规定：

1 每层层门必须能够用三角钥匙正常开启；

2 当一个层门或轿门（在多扇门中任何一扇门）非正常打开时，电梯严禁启动或继续运行。

检验方法：进行试运行检查。

4.11.4 曳引式电梯的曳引能力试验必须符合下列规定：

1 轿厢在行程上部范围空载上行及行程下部范围载有125%额定载重量下行，分别停层3次以上，轿厢必须可靠地制停（空载上行工况应平层）。轿厢载有125%额定载重量以正常运行速度下行时，切断电动机与制动器供电，电梯必须可靠制动。

2 当对重完全压在缓冲器上，且驱动主机按轿厢上行方向连续运转时，空载轿厢严禁向上提升。

检验方法：

1 观察检查。

2 将上限位开关和极限开关短接，慢慢将轿厢提起使对重压在缓冲器上，继续提升轿厢不应被提起。

一 般 项 目

4.11.5 曳引式电梯的平衡系数应为 0.4～0.5。

检验方法：轿厢分别承载0%、25%、50%、75%、100%的额定载荷，进行沿全程直驶运行试验，分别记录轿厢上下行至与对重同一水平面时的电流、电压或速度值。对于交流电动机通过电流测量并结合速度测量，做电流—载荷曲线或速度—载荷曲线，以上、下运行曲线交点确定平衡系数。应用钳形电流表从交流电动机输入端测量电流。对于直流电动机通过电流测量并结合电压测量，做电流—载荷曲线或电压—载荷曲线，确定平衡系数。

4.11.6 电梯安装后应进行运行试验：轿厢分别在空载、额定载荷工况下，按产品设计规定的每小时启动次数和负载持续率各运行1000次（每天不少于8h），电梯应运行平稳、制动可靠、连续运行无故障。

检验方法：在调试过程中观察检查或查看试运行记录。

4.11.7 噪声检验应符合下列规定：

1 机房噪声：对额定速度小于等于4m/s的电梯，不应大于80dB（A）；对额定速度大于 4m/s 的电梯，不应大于 85dB（A）。

2 乘客电梯和病床电梯运行中轿内噪声：对额定速度小于等于 4m/s 的电梯，不应大于 55dB（A）；对额定速度大于 4m/s 的电梯，不应大于 60dB（A）。

3 乘客电梯和病床电梯的开关门过程噪声不应大于 65dB（A）。

4 电梯的各机构和电气设备在工作时不得有异常振动或撞击声响。

检验方法：

1 机房噪声测试：当电梯正常运行时，传感器距地面 1.5m、距声源 1m 处进行测试，测试点不少于 3 点，取最大值。

2 运行中轿厢内噪声测试：传感器置于轿厢内中央距轿厢地面 1.5m 处，取最大值。

3 开关门过程噪声测试：传感器分别置于层门和轿门宽度的中央，距门 0.24m、距地面高 1.5m，取最大值。

4.11.8 平层准确度检验应符合下列规定：

1 额定速度小于等于 0.63m/s 的交流双速电梯，应在 ±15mm 的范围内；

2 额定速度大于 0.63m/s 且小于等于 1.0m/s 的交流双速电梯，应在 ±30mm 的范围内；

3 其他调速方式的电梯，当电梯生产厂家无要求时，应在 ±15mm 的范围内。

检验方法：在空载工况和额定载重量工况时进行试验，电梯停靠层站后，测量轿厢地坎上平面与层门地坎上平面在开门宽度 1/2 处垂直方向的差值。

4.11.9 运行速度检验应符合下列规定：

当电源为额定频率和额定电压、轿厢载有 50% 额定载荷时，向下运行至行程中段（除去加速和减速段）时的速度，不应大于额定速度的 105%，且不应小于额定速度的 92%。

检验方法：在速度稳定时（除去加、减速段），用秒表或电梯速度测试仪检查。

4.11.10 观感检查应符合下列规定：

1 轿门带动层门开、关运行，门扇与门扇、门扇与门套、门扇与门楣、门扇与门口处轿壁、门扇下端与地坎应无刮碰现象；

2 门扇与门扇、门扇与门套、门扇与门楣、门扇与门口处轿壁、门扇下端与地坎之间各自的间隙在整个长度上应基本一致；

3 对机房（如果有）、导轨支架、底坑、轿顶、轿内、轿门、层门及门地坎等部位应进行清理。

检验方法：观察检查。

优良工程附加条款

4.11.11 对耗能型缓冲器需进行复位试验，复位时间应不大于 120s。

检验方法：对照厂家提供的型式试验证书检查。

4.11.12 当轿厢面积不能限制载荷超过额定值时，需要 150% 额定载荷做曳引静载检查，历时 10min，曳引绳无打滑现象。

检验方法：在曳引轮上将钢丝绳和曳引轮的相对位置做出标记，轿厢承载 150% 额定载荷，历时 10min，检查是否出现打滑现象。

4.11.13 进行运行试验时制动器温升不应超过 60K，曳引机减速器油温温升不应超过

60K，其温度不应超过85℃。曳引机减速器，除蜗杆轴伸出一端只允许有轻微的渗漏油，其余各处不得有渗漏油。

　　检验方法：观察检查，必要时用点温计测量油温。

4.11.14 超载运行试验：电梯在110%额定载荷，通电持续率40%的情况下，起、制动运行30次，电梯应可靠地启动、运行和停止（平层不计），曳引机工作正常。

　　检验方法：断开超载控制电路，进行运行试验。

5 液压电梯安装工程质量验收

5.1 设备进场验收

5.1.1 随机文件必须包括下列资料：
　　1　土建布置图；
　　2　产品出厂合格证；
　　3　门锁装置、限速器、限速切断阀、安全钳及缓冲器的型式试验证书复印件，其中限速器与渐近式安全钳还须有调试证书副本；
　　4　高压软管的出厂检验合格证明。

　　检验方法：按规定检查相关文件。

一 般 项 目

5.1.2 随机文件还应包括下列资料：
　　1　装箱单；
　　2　安装、使用维护说明书（应含液压电梯润滑汇总图表和液压电梯标准功能表）；
　　3　动力电路和安全电路的电气原理图；
　　4　液压系统原理图。

　　检验方法：按规定检查相关文件。

5.1.3 设备零部件应与装箱单内容相符。

　　检验方法：根据装箱清单逐件核对设备零部件。

5.1.4 设备外观不应存在明显的损坏。

　　检验方法：观察检查。

优良工程附加条款

5.1.5 随机文件应包括下列资料：
　　1　限速器与渐近式安全钳还须有调试证书副本；

2 高压软管的出厂检验合格证明；
3 电气敷线图；
4 部件安装图；
5 限速切断阀调定合格证及调节示意图。
检验方法：按规定检查相关文件。

5.2 土建交接检验

5.2.1 土建交接检验应符合本标准4.2节的规定。

5.3 液压系统

主 控 项 目

5.3.1 液压泵站及液压顶升机构的安装必须按土建布置图进行。顶升机构必须安装牢固，缸体垂直度严禁大于0.4‰。
检验方法：用磁性线锤、钢直尺测量。

一 般 项 目

5.3.2 液压管路应可靠连接，且无渗漏现象。
检验方法：
1 检查施工记录，应按安装说明书要求在联结部位使用密封件；
2 用力矩扳手检查联结部位的拧紧程度，应满足安装说明书的要求；
3 轿厢载有额定载重量停在最高层站，观察和用手触摸各个管路接头，检查是否有渗漏。

5.3.3 液压泵站油位显示应清晰、准确。
检验方法：观察油箱的油位显示器，油量应在最大和最小标记之间。

5.3.4 显示系统工作压力的压力表应清晰、准确。
检验方法：
1 观察压力表外观，不应有损坏。
2 如果液压泵站控制阀组上有备用的外接压力表接口时，连接一个在检定周期内的标准压力表，两表的显示值应相同。如果没有备用接口，可将轿厢停在某一层站，记录压力值后，将轿厢停在最低层站，关闭截止阀，换上标准压力表，读取示值，再打开截止阀，将轿厢停在同一层站。两次的压力显示应相同。

优良工程附加条款

5.3.5 液压管路及其附件，应可靠固定，且应安装在检修人员易于接近的位置。如果管路在敷设时需穿墙或地板，则应在穿墙或地板处加金属套管，套管内应无管接头。

检验方法：观察检查。

5.4 导　　轨

5.4.1 导轨安装应符合本标准第4.4节的规定。

5.5 门　系　统

5.5.1 门系统安装应符合本标准第4.5节的规定。

5.6 轿　　厢

5.6.1 轿厢安装应符合本标准第4.6节的规定。

5.7 平　衡　重

5.7.1 如果有平衡重，应符合本标准第4.7节的规定。

5.8 安　全　部　件

5.8.1 如果有限速器、安全钳或缓冲器，应符合本标准第4.8节的有关规定。

5.9 悬挂装置、随行电缆

主　控　项　目

5.9.1 如果有绳头组合，必须符合本标准第4.9.1条的规定。

5.9.2 如果有钢丝绳，严禁有死弯。

检验方法：观察检查。

5.9.3 当轿厢悬挂在两根钢丝绳或链条上，其中一根钢丝绳或链条发生异常相对伸长时，为此装设的电气安全开关必须动作可靠。对具有两个或多个液压顶升机构的液压电梯，每一组悬挂钢丝绳均应符合上述要求。

检验方法：观察检查。

5.9.4 随行电缆严禁有打结和波浪扭曲现象。

检验方法：观察检查。

一　般　项　目

5.9.5 如果有钢丝绳或链条，每根张力与平均值偏差不应大于5%。

检验方法：用弹簧秤测试。

5.9.6 随行电缆的安装还应符合下列规定：

　　1 随行电缆端部应固定可靠。

　　2 随行电缆在运行中应避免与井道内其他部件干涉。当轿厢完全压在缓冲器上时，随行电缆不得与底坑地面接触。

　　检验方法：观察检查。

优良工程附加条款

5.9.7 钢丝绳或链条不得有锈蚀和断股。

5.10 电 气 装 置

5.10.1 电气装置安装应符合本标准第4.10节的规定。

5.11 整机安装验收

主 控 项 目

5.11.1 液压电梯安全保护验收必须符合下列规定：

　　1 必须检查以下安全装置或功能：

　　　　1）断相、错相保护装置或功能：当控制柜三相电源中任何一相断开或任何二相错接时，断相、错相保护装置或功能应使电梯不发生危险故障。

　　　　注：当错相不影响电梯正常运行时可没有错相保护装置或功能。

　　　　2）短路、过载保护装置：动力电路、控制电路、安全电路必须有与负载匹配的短路保护装置；动力电路必须有过载保护装置。

　　　　3）防止轿厢坠落、超速下降的装置：液压电梯必须装有防止轿厢坠落、超速下降的装置，且各装置必须与其型式试验证书相符。

　　　　4）门锁装置：门锁装置必须与其型式试验证书相符。

　　　　5）上极限开关：上极限开关必须是安全触点，在端站位置进行动作试验时必须动作正常。它必须在柱塞接触到其缓冲制停装置之前动作，且柱塞处于缓冲制停区时保持动作状态。

　　　　6）机房、滑轮间（如果有）、轿顶、底坑停止装置：位于轿顶、机房、滑轮间（如果有）、底坑的停止装置的动作必须正常。

　　　　7）液压油温升保护装置：当液压油达到产品设计温度时，温升保护装置必须动作，使液压电梯停止运行。

　　　　8）移动轿厢的装置：在停电或电气系统发生故障时，移动轿厢的装置必须能移动轿厢上行或下行，且下行时还必须装设防止顶升机构与轿厢运动相脱离的装置。

2 下列安全开关，必须动作可靠：

　　1）限速器（如果有）张紧开关；

　　2）液压缓冲器（如果有）复位开关；

　　3）轿厢安全窗（如果有）开关；

　　4）安全门、底坑门、检修活板门（如果有）的开关；

　　5）悬挂钢丝绳（链条）为两根时，防松动安全开关。

　　检验方法：按要求逐项对照检查。对于缓冲器还应对照厂家提供的形式试验证书。

5.11.2 限速器（安全绳）安全钳联动试验必须符合下列规定：

1 限速器（安全绳）与安全钳电气开关在联动试验中必须动作可靠，且应使电梯停止运行。

2 联动试验时轿厢载荷及速度应符合下列规定：

　　1）当液压电梯额定载重量与轿厢最大有效面积符合表5.11.2的规定时，轿厢应载有均匀分布的额定载重量；当液压电梯额定载重量小于表5.11.2规定的轿厢最大有效面积对应的额定载重量时，轿厢应载有均匀分布的125%的液压电梯额定载重量，但该载荷不应超过表5.11.2规定的轿厢最大有效面积对应的额定载重量。

　　2）对瞬时式安全钳，轿厢应以额定速度下行；对渐进式安全钳，轿厢应以检修速度下行。

3 当装有限速器安全钳时，使下行阀保持开启状态（直到钢丝绳松弛为止）的同时，人为使限速器机械动作，安全钳应可靠动作，轿厢必须可靠制动，且轿底倾斜度不应大于5%。

4 当装有安全绳安全钳时，使下行阀保持开启状态（直到钢丝绳松弛为止）的同时，人为使安全绳机械动作，安全钳应可靠动作，轿厢必须可靠制动，且轿底倾斜度不应大于5%。

表5.11.2　额定载重量与轿厢最大有效面积之间关系

额定载重量 (kg)	轿厢最大有效面积 (m^2)	额定载重量 (kg)	轿厢最大有效面积 (m^2)	额定载重量 (kg)	轿厢最大有效面积 (m^2)	额定载重量 (kg)	轿厢最大有效面积 (m^2)
100[1]	0.37	525	1.45	900	2.20	1275	2.95
180[2]	0.58	600	1.60	975	2.35	1350	3.10
225	0.70	630	1.66	1000	2.40	1425	3.25
300	0.90	675	1.75	1050	2.50	1500	3.40
375	1.10	750	1.90	1125	2.65	1600	3.56
400	1.17	800	2.00	1200	2.80	2000	4.20
450	1.30	825	2.05	1250	2.90	2500[3]	5.00

注：1　一人电梯的最小值；

　　2　二人电梯的最小值；

　　3　额定载重量超过2500kg时，每增加100kg面积增加0.16m^2，对中间的载重量其面积由线性插入法确定。

5 如液压电梯采用其他的防坠落装置，则需按照上述的试验条件进行试验。

检验方法：轿厢按检验内容与要求装载试验载荷，将轿厢移动至下端站的上一层，短接限速器和安全钳电气开关，人为使限速器动作，在轿顶操纵轿厢以检修速度向下运行，安全钳应将轿厢可靠制停，钢丝绳松弛。

5.11.3 层门与轿门的试验符合下列规定：

层门与轿门的试验必须符合本标准第4.11.3条的规定。

5.11.4 超载试验必须符合下列规定：

当轿厢载荷达到110%额定载重量，且10%的额定载重量的最小值按75kg计算时，液压电梯严禁启动。

检验方法：试运行试验。

一 般 项 目

5.11.5 液压电梯安装后应进行运行试验；轿厢在额定载重量工况下，按产品设计规定的每小时启动次数运行1000次（每天不少于8h），液压电梯应平稳、制动可靠、连续运行无故障。

检验方法：试运行试验。

5.11.6 噪声检验应符合下列规定：

1 液压电梯的机房噪声不应大于85dB（A）；

2 乘客液压电梯和病床液压电梯运行中轿内噪声不应大于55dB（A）；

3 乘客液压电梯和病床液压电梯的开关门过程噪声不应大于65dB（A）。

检验方法：

1 机房噪声测试：当电梯正常运行时，传感器距地面1.5m、距声源1m处进行测试，测试点不少于3点，取最大值。

2 运行中轿厢内噪声测试：传感器置于轿厢内中央距轿厢地面1.5m处，取最大值。

3 开关门过程噪声测试：传感器分别置于层门和轿门宽度的中央，距门0.24m、距地面高1.5m，取最大值。

5.11.7 平层准确度检验应符合下列规定：

液压电梯平层准确度应在±15mm范围内。

检验方法：在空载工况和额定载重量工况时进行试验，电梯停靠层站后，测量轿厢地坎上平面与层门地坎上平面在开门宽度1/2处垂直方向的差值。

5.11.8 运行速度检验应符合下列规定：

空载轿厢上行速度与上行额定速度的差值不应大于上行额定速度的8%；载有额定载重量的轿厢下行速度与下行额定速度的差值不应大于下行额定速度的8%。

检验方法：在速度稳定时（除去加、减速段），用秒表检查。

5.11.9 额定载重量沉降量试验应符合下列规定：

载有额定载重量的轿厢停靠在最高层站时，停梯10min，沉降量不应大于10mm，但因油温变化而引起的油体积缩小所造成的沉降不包括在10mm内。

检验方法：将轿厢停靠在上端站平层，切断主电源，在轿厢内均匀加以额定载荷，保持10min后，用钢直尺测量轿厢地坎与层门地坎之间的垂直距离。

5.11.10 液压泵站溢流阀压力检查应符合下列规定：

液压泵站上的溢流阀应设定在系统压力为满载压力的140%～170%时动作。

检验方法：当液压电梯上行时，逐渐地关闭截止阀，直至溢流阀开启，读取压力表上的示值，是否在满载压力的140%～170%。

5.11.11 压力试验应符合下列规定：

轿厢停靠在最高层站，在液压顶升机构和截止阀之间施加200%的满载压力，持续5min后，液压系统应完好无损。

检验方法：操作手动油泵使轿厢上行至柱塞的极限位置，当系统压力达到200%的满载压力时，停止操作手动油泵，持续5min，观察液压系统是否有明显的泄漏和破损。

5.11.12 观感检查应符合本标准第4.11.10条的规定。

优良工程附加条款

5.11.13 噪声检测结果应不大于标准规定值的95%。

检验方法：

1 机房噪声测试：当电梯正常运行时，传感器距地面1.5m、距声源1m处进行测试，测试点不少于3点，取最大值。

2 运行中轿厢内噪声测试：传感器置于轿厢内中央距轿厢地面1.5m处，取最大值。

3 开关门过程噪声测试：传感器分别置于层门和轿门宽度的中央，距门0.24m、距地面高1.5m，取最大值。

6 自动扶梯、自动人行道安装工程质量验收

6.1 设备进场验收

主控项目

6.1.1 必须提供以下资料：

1 技术资料：

　1）梯级或踏板的型式试验报告复印件，或胶带的断裂强度证明文件复印件；

　2）对公共交通型自动扶梯、自动人行道应有扶手带的断裂强度证书复印件。

2 随机文件：

　1）土建布置图；

　2）产品出厂合格证。

检验方法：按规定检查相关文件。

一 般 项 目

6.1.2 随机文件还应提供以下资料：
1 装箱单；
2 安装、使用维护说明书；
3 动力电路和安全电路的电气原理图。
检验方法：按规定检查相关文件。

6.1.3 设备零部件应与装箱单内容相符。
检验方法：根据装箱清单逐件核对设备零部件。

6.1.4 设备外观不应存在明显的损坏。
检验方法：观察检查。

6.2 土建交接检验

主 控 项 目

6.2.1 自动扶梯的梯级或自动人行道的踏板或胶带上空，垂直净高度严禁小于2.3m。
检验方法：尺量检查。

6.2.2 在安装之前，井道周围必须设有保证安全的栏杆或屏障，其高度严禁小于1.2m。
检验方法：观察及尺量检查。

一 般 项 目

6.2.3 土建工程应按照土建布置图进行施工，且其主要尺寸允许误差应为：
提升高度－15～＋15mm；跨度0～＋15mm。
检验方法：核对土建布置图，尺量检查。

6.2.4 根据产品供应商的要求应提供设备进场所需的通道和搬运空间。
检验方法：目测检查。

6.2.5 在安装之前，土建施工单位应提供明显的水平基准线标识。
检验方法：目测检查。

6.2.6 电源零线和接地线应始终分开。接地装置的接地电阻值不应大于4Ω。
检验方法：将主电源断开，在进线端断开零线，用万用表检查零线和地线之间是否连通。每一单独设备的接地线必须直接接至接地干线上，不得互相串接后再接地。用接地电阻测试仪测试接地电阻。

优良工程附加条款

6.2.7 土建构筑物表面不得有杂物。

6.3 整机安装验收

主 控 项 目

6.3.1 在下列情况下,自动扶梯、自动人行道必须自动停止运行,且第4款至第11款情况下的开关断开的动作必须通过安全触点或安全电路来完成。

　　1 无控制电压;
　　2 电路接地的故障;
　　3 过载;
　　4 控制装置在超速和运行方向非操纵逆转下动作;
　　5 附加制动器(如果有)动作;
　　6 直接驱动梯级、踏板或胶带的部件(如链条或齿条)断裂或过分伸长;
　　7 驱动装置与转向装置之间的距离(无意性)缩短;
　　8 梯级、踏板或胶带进入梳齿板处有异物夹住,且产生损坏梯级、踏板或胶带支撑结构;
　　9 无中间出口的连续安装的多台自动扶梯、自动人行道中的一台停止运行;
　　10 扶手带入口保护装置动作;
　　11 梯级或踏板下陷。
　　检验方法:运行试验。

6.3.2 应测量不同回路导线对地的绝缘电阻。测量时,电子元件应断开。导体之间和导体对地之间的绝缘电阻应大于 1000 Ω/V,且其值必须大于:
　　1 动力电路和电气安全装置电路 0.5MΩ;
　　2 其他电路(控制、照明、信号等)0.25MΩ。
　　检验方法:绝缘测试仪检测。

6.3.3 电气设备接地必须符合本标准第 4.10.1 条的规定。

一 般 项 目

6.3.4 整机安装检查应符合下列规定:
　　1 梯级、踏板、胶带的楞齿及梳齿板应完整、光滑。
　　2 在自动扶梯、自动人行道入口处应设置使用须知的标牌。
　　3 内盖板、外盖板、围裙板、扶手支架、扶手导轨、护壁板接缝应平整。接缝处的凸台不应大于 0.5mm。
　　4 梳齿板梳齿与踏板面齿槽的啮合深度不应小于 6mm,梳齿板梳齿与踏板面齿槽的间隙不应大于 4mm。
　　5 梳齿板梳齿或踏板面齿应完好,不得有缺损。
　　6 围裙板与梯级、踏板或胶带任何一侧的水平间隙不应大于 4mm,两边的间隙之和不应大于 7mm。当自动人行道的围裙板设置在踏板或胶带之上时,踏板表面与围裙板下端之间的垂直间隙不应大于4mm。当踏板或胶带有横向摆动时，踏板或胶带的侧边与围裙板垂直投影之间不得产生间隙。

7 梯级间或踏板间的间隙在工作区段内的任何位置，从踏面测得的两个相邻梯级或两个相邻踏板之间的间隙不应大于6mm。在自动人行道过渡曲线区段，踏板的前缘和相邻踏板的后缘啮合，其间隙不应大于8mm。

8 护壁板之间的空隙不应大于4mm。

检验方法：目测检查，必要时直尺、塞尺测量。

6.3.5 性能试验应符合下列规定：

1 在额定频率和额定电压下，梯级、踏板或胶带沿运行方向空载时的速度与额定速度之间的允许偏差为±5%；

2 扶手带的运行速度相对梯级、踏板或胶带的速度允许偏差为0%~+2%。

检验方法：

1 在直线运行段，用秒表、卷尺测量空载运行时的时间和距离，并计算运行速度，检查是否符合要求；也可用转速表测量梯级踏板或胶带的速度，然后计算。

2 在直线运行段取长度L，在运行起点用线坠确定左、右扶手带与梯级、踏板或胶带的对应测量点。运行长度L后，再用线坠和直尺测量左、右扶手带与梯级、踏板或胶带对应测量点在倾斜面上的直线错位距离l，计算并检查$l/L \times 100\%$是否符合要求（扶手带应超前）。也可用转速表分别测量左右扶手带和梯级速度，然后计算。

6.3.6 自动扶梯、自动人行道制动试验应符合下列规定：

1 自动扶梯、自动人行道应进行空载制动试验，制停距离应符合表6.3.6-1的规定。

表6.3.6-1 制 停 距 离

额定速度 (m/s)	制停距离范围 (m)	
	自动扶梯	自动人行道
0.50	0.20~1.00	0.20~1.00
0.65	0.30~1.30	0.30~1.30
0.75	0.35~1.50	0.35~1.50
0.90	—	0.40~1.70

注：若速度在上述数值之间，制停距离用插入法计算。制停距离应从电气制动装置动作开始测量。

2 自动扶梯应进行载有制动载荷的下行制停距离试验（除非制停距离可以通过其他方法检验），制动载荷应符合表6.3.6-2的规定，制停距离应符合表6.3.6-1的规定；对自动人行道，制造商应提供按载有表6.3.6-2规定的制动载荷计算的制停距离，且制停距离应符合表6.3.6-1的规定。

表6.3.6-2 制 动 载 荷

梯级、踏板或胶带 的名义宽度z (m)	自动扶梯每个 梯级上的载荷 (kg)	自动人行道每0.4m 长度上的载荷 (kg)
$z \leqslant 0.6$	60	50

续表 6.3.6-2

梯级、踏板或胶带的名义宽度 z（m）	自动扶梯每个梯级上的载荷（kg）	自动人行道每0.4m长度上的载荷（kg）
$0.6 < z \leqslant 0.8$	90	75
$0.8 < z \leqslant 1.1$	120	100

注：1 自动扶梯受载的梯级数量由提升高度除以最大可见梯级踢板高度求得，在试验时允许将总制动载荷分布在所求得的2/3的梯级上；
2 当自动人行道倾斜角度不大于6°，踏板或胶带的名义宽度大于1.1m时，宽度每增加0.3m，制动载荷应在每0.4m长度上增加25kg；
3 当自动人行道在长度范围内有多个不同倾斜角度（高度不同）时，制动载荷应仅考虑到那些能组合成最不利载荷的水平区段和倾斜区段。

检验方法：
1 1）在梯级、踏板或胶带和围裙板上做好标记；2）操作自动扶梯或自动人行道运行至标记重合对齐时切断电源；3）测量两标记之间的制停距离是否符合要求。
2 将总制动载荷分布在自动扶梯上部2/3的梯级上，向下启动电梯，进入正常运行即切断电源，检查制停距离是否符合要求。

6.3.7 电气装置还应符合下列规定：
1 主电源开关不应切断电源插座、检修和维护所必需的照明电源。
2 配线应符合本标准第4.10.4、4.10.5、4.10.6条的规定。
3 电气元件标志和导线端子编号应清晰，并与技术资料相符。

检验方法：
1 切断电源进行检查。
2 目测检查。
3 外观检查，查阅资料。

6.3.8 观感检查应符合下列规定：
1 上行和下行自动扶梯、自动人行道，梯级、踏板或胶带与围裙板之间应无刮碰现象（梯级、踏板或胶带上的导向部分与围裙板接触除外），扶手带外表面应无刮痕。
2 对梯级（踏板或胶带）、梳齿板、扶手带、护壁板、围裙板、内外盖板、前沿板及活动盖板等部位的外表面应进行清理。

检验方法：观察检查。

优良工程附加条款

6.3.9 扶手带外缘与墙壁或其他障碍物之间的水平距离在任何情况下均不得小于80mm。
检验方法：目测检查，必要时卷尺测量。

6.3.10 对相互邻近平行或交错设置的自动扶梯，扶手带的外缘间距离至少为120mm。
检验方法：目测检查，必要时卷尺测量。

7 分项工程、分部（子分部）工程质量验收

7.1 一般要求

7.1.1 电梯工程分部、子分部、分项工程的划分见本标准表3.0.4。

7.1.2 电梯安装工程不设检验批，最小质量验收单位为分项工程。

7.1.3 当电梯安装工程质量不合格时，应按下列规定处理：
　　1 经返工重做、调整或更换部件的分项工程，应重新验收；
　　2 通过以上措施仍不能达到本标准要求的电梯安装工程，不得验收合格。

7.2 分项工程的验收

7.2.1 分项工程的验收标准：
　　1 主控项目、一般项目、优质工程附加条款（如果有）均应进行全数检查，其中的主控项目、一般项目必须符合要求。
　　2 应具有完整的施工操作依据、质量检查记录。

7.2.2 分项工程质量验收的程序和组织：
　　在分项工程完工后，施工单位组织自检。在自检合格的基础上，由项目部提供自检数据，由监理工程师（建设单位项目专业技术负责人）组织施工单位项目专业质量（技术）负责人等进行验收。

7.2.3 当地方政府主管部门对分项工程质量验收记录无统一规定时，可按附录A、附录B、附录C中的表式进行记录。

7.3 分部（子分部）工程的验收

7.3.1 分部（子分部）工程应符合下列规定：
　　1 分部（子分部）工程所含的各子分部工程（或分项工程）的质量均应验收合格且验收记录应完整。可按附录D、附录E进行记录。
　　2 质量控制资料应完整。
　　3 观感质量应符合本标准的要求。
　　4 有关安全及功能的检验和抽样检测结果应符合规定。

7.3.2 分部（子分部）工程质量验收的程序和组织：
　　分部（子分部）工程应由总监理工程师（建设单位项目负责人）组织施工单位项目负责人和技术、质量负责人等进行验收。

7.4 质量分级

7.4.1 电梯工程的分项工程、分部（子分部）工程的质量等级分为合格与优良两个质量等级。

7.4.2 分项工程：

1 合格：
   1) 主控项目、一般项目符合标准要求。
   2) 具有完整的施工操作依据、质量检查记录。

2 优良：
   1) 主控项目、一般项目、优质工程附加条款（如果有）均符合标准要求。
   2) 具有完整的施工操作依据、质量检查记录。

7.4.3 分部（或子分部）工程。

1 合格：
   1) 分部（或子分部）工程中所含的子分部（或分项工程）质量全部达到本标准规定的"合格"等级。
   2) 子分部（或分项工程）工程验收记录完整。
   3) 有关安全及功能的检验和抽样检测结果应符合规定。
   4) 观感质量验收应符合要求。

2 优良：
   1) 分部（或子分部）工程中所含的子分部（或分项工程）质量全部达到本标准规定的"合格"等级，且有 50% 以上的子分部（或分项工程）达到本标准规定的"优良"等级。
   2) 子分部（或分项工程）验收记录完整。
   3) 有关安全及功能的检验和抽样检测结果应符合规定。
   4) 观感质量验收应符合要求。

8 必须具备的技术资料

8.0.1 电梯安装单位在电梯安装施工过程中应注意搜集、保管有关的技术资料。

8.0.2 电梯安装单位在电梯安装工程交工验收时应提供（但不限于）如下技术资料：

1 应有的随机文件；
2 分项、分部、单位工程技术人员名单；
3 竣工图、变更设计证明文件；
4 电梯设备开箱记录；
5 设备开箱后缺陷处理记录；

6 电梯井道复测记录；
7 电梯安装放线记录；
8 液压系统安装记录；
9 电梯轨道安装记录；
10 电梯轿厢安装记录；
11 电梯层门安装记录；
12 电梯机房安装记录；
13 电梯电气设备安装记录；
14 电梯安全保护装置安装记录；
15 轿厢平层度检查记录；
16 电梯减速、限位开关作用测定记录；
17 安全钳试验记录；
18 电梯试运转记录；
19 分项、单台、分部、单位工程质量检验评定表；
20 施工方案；
21 电梯安全技术检测报告。

附录 A 设备进场开箱验收记录

A.0.1 设备进场时应由施工总包单位、电梯安装施工单位、电梯生产厂家、监理（建设）单位等有关人员共同开箱检验，并对设备的完好性、随机文件的完整性进行确认并在表 A.0.1-1、表 A.0.1-2、表 A.0.1-3 中签字认可。

A.0.2 当建设单位不采用本标准作为工程质量的验收标准时，或总包范围不包括电梯安装分部时，可不采用表 A.0.1-1、表 A.0.1-2、表 A.0.1-3 作为设备进场开箱验收记录。

表 A.0.1-1 设备进场开箱验收记录（曳引式或强制式电梯）

工程名称		施工总包单位	
安装地点		总包项目经理	
产品合同号/安装合同号		梯 号	
电梯供应商		代 表	
安装单位		项目负责人	
施工执行标准名称及编号			

续表 A.0.1-1

企业施工质量标准的规定			检验结果	
			合格	优良
主控项目	1	随机文件必须包括下列资料： 1 土建布置图； 2 产品出厂合格证； 3 门锁装置、限速器、安全钳及缓冲器的型式试验证书复印件		
一般项目	1	随机文件还应包括下列资料： 1 装箱单； 2 安装、使用维护说明书； 3 动力电路和安全电路的电气原理图		
	2	设备零部件应与装箱单内容相符		
	3	设备外观不应存在明显的损坏		
优良工程附加条款	1	随机文件还应包括： 1 应有限速器与渐近式安全钳调试证书副本； 2 使用维护说明书中应有电梯润滑汇总图表和电梯标准功能表； 3 电气敷线图； 4 部件安装图		

验收结论	合格□　　优良□		
参 加 验收单位	电梯供应商代表	（签字）	年 月 日
	安装单位项目负责人	（签字）	年 月 日
	总包单位项目负责人	（签字）	年 月 日
	监理（建设）单位代表	（签字）	年 月 日

表 A.0.1-2 设备进场开箱验收记录（液压电梯）

工程名称				施工总包单位		
安装地点				总包项目经理		
产品合同号/安装合同号				梯　号		
电梯供应商				代　表		
安装单位				项目负责人		
施工执行标准名称及编号						

		企业施工质量标准的规定	检验结果	
			合格	优良
主控项目	1	随机文件必须包括下列资料： 1 土建布置图； 2 产品出厂合格证； 3 门锁装置、限速器、限速切断阀、安全钳及缓冲器的型式试验证书复印件		
一般项目	1	随机文件应包括下列资料： 1 装箱单； 2 安装、使用维护说明书（应含液压电梯润滑汇总图表和液压电梯标准功能表）； 3 动力电路和安全电路的电气原理图； 4 液压系统原理图		
	2	设备零部件应与装箱单内容相符		
	3	设备外观不应存在明显的损坏		
优良工程附加条款	1	随机文件应包括下列资料： 1 限速器与渐近式安全钳还须有调试证书副本； 2 高压软管的出厂检验合格证明； 3 电气敷线图； 4 部件安装图； 5 限速切断阀调试合格证及调节示意图		
验收结论	合格□　　优良□			

参加验收单位	电梯供应商代表	（签字）	年　月　日
	安装单位项目负责人	（签字）	年　月　日
	总包单位项目负责人	（签字）	年　月　日
	总监理工程师（建设单位项目负责人）	（签字）	年　月　日

表 A.0.1-3 设备进场开箱验收记录（自动扶梯、自动人行道）

工程名称				施工总包单位		
安装地点				总包项目经理		
产品合同号/安装合同号				梯　　　号		
电 梯 供 应 商				代　　　表		
安　装　单　位				项目负责人		
施工执行标准名称及编号						
		企业施工质量标准的规定			检 验 结 果	
					合 格	优 良
主控项目	1	必须提供以下资料： 1 技术资料 1）梯级或踏板的型式试验报告复印件，或胶带的断裂强度证明文件复印件； 2）对公共交通型自动扶梯、自动人行道应有扶手带的断裂强度证书复印件 2 随机文件 1）土建布置图； 2）产品出厂合格证				
一般项目	1	随机文件应提供以下资料： 1 装箱单； 2 安装、使用维护说明书； 3 动力电路和安全电路的电气原理图				
	2	设备零部件应与装箱单内容相符				
	3	设备外观不应存在明显的损坏				
优良工程附加条款	1	随机文件应提供电气接线图				
验收结论	合格□　　优良□					
参 加 验收单位	电梯供应商代表		（签字）			年 月 日
	安装单位项目负责人		（签字）			年 月 日
	总包单位项目负责人		（签字）			年 月 日
	总监理工程师（建设单位项目负责人）		（签字）			年 月 日

附录 B 土建交接检验记录

B.0.1 土建交接检验应由土建施工单位、电梯安装单位、项目施工总包单位、监理（建设）单位的有关人员共同确认，并对土建工程提供的质量进行评定。土建交接检验记录，见表 B.0.1-1、表 B.0.1-2。

B.0.2 当建设单位不采用本标准作为工程质量的验收标准，或总包范围不包括电梯安装分部时，可不采用表 B.0.1-1、表 B.0.1-2 作为土建交接检验记录。

表 B.0.1-1 土建交接检验记录（曳引式、强制式、液压电梯）

工程名称			施工总包单位		
安装地点			总包项目经理		
产品合同号/安装合同号			梯 号		
施 工 单 位			项目负责人		
安 装 单 位			项目负责人		
施工执行标准名称及编号					
	企业施工质量标准的规定			检验结果	
				合 格	优 良
主控项目	1	机房（如果有）内部、井道土建（钢架）结构及布置必须符合电梯土建布置图的要求			
	2	主电源开关必须符合下列规定： 1 主电源开关应能够切断电梯正常使用情况下最大电流； 2 对有机房电梯该开关应能从机房入口处方便地接近； 3 对无机房电梯该开关应设置在井道外工作人员方便接近的地方，且应具有必要的安全防护			
	3	井道必须符合下列规定： 1 当底坑底面下有人员能到达的空间存在，且对重（或平衡重）上未设有安全钳装置时，对重缓冲器必须能安装在（或平衡重运行区域的下边必须）一直延伸到坚固地面上的实心桩墩上； 2 电梯安装之前，所有层门预留孔必须设有高度不小于 1.2m 的安全保护围封，并应保证有足够的强度； 3 当相邻两层门地坎间的距离大于 11m 时，其间必须设置井道安全门，井道安全门严禁向井道内开启，且必须装有安全门处于关闭时电梯才能运行的电气安全装置。当相邻轿厢间有相互救援用轿厢安全门时，可不执行本款			

续表 B.0.1-1

		企业施工质量标准的规定	检验结果	
			合格	优良
一般项目	1	机房（如果有）还应符合下列规定： 1 机房内应设有固定的电气照明，地板表面上的照度不应小于200lx。机房内应设置一个或多个电源插座。在机房内靠近入口的适当高度处应设有一个开关或类似装置控制机房照明电源。 2 机房内应通风良好，从建筑物其他部分抽出的陈腐空气，不得排入机房内。 3 应根据产品供应商的要求，提供设备进场所需要的通道和搬运空间。 4 电梯工作人员应能方便地进入机房或滑轮间，而不需要临时借助于其他辅助设施。 5 机房应采用经久耐用且不易产生灰尘的材料建造，机房内的地板应采用防滑材料。 注：此项可在电梯安装后验收。 6 在一个机房内，当有两个以上不同平面的工作平台，且相邻平台高度差大于0.5m时，应设置楼梯或台阶，并应设置高度不小于0.9m的安全防护栏杆。当机房地面有深度大于0.5m的凹坑或槽坑时，均应盖住。供人员活动空间和工作台面以上的净高度不应小于1.8m。 7 供人员进出的检修活板门应有不小于0.8m×0.8m的净通道，开门到位后能自行保持在开启位置。检修活板门关闭后应能支撑两个人的重量（每个人按在门的任意0.2m×0.2m面积上作用1000N的力计算），不得有永久性变形。 8 门或检修活板门应装有带钥匙的锁，它应从机房内不用钥匙打开。只供运送器材的活板门，可只在机房内部锁住。 9 电源零线和接地线应分开。机房内接地装置的接地电阻值不应大于4Ω。 10 机房应有良好的防渗、防漏水保护		
	2	井道还应符合下列规定： 1 井道尺寸是指垂直于电梯设计运行方向的井道截面沿电梯设计运行方向投影所测定的井道最小净空尺寸，该尺寸应和土建布置图所要求的一致，允许偏差应符合下列规定： 1）当电梯行程高度小于等于30m时为0～+25mm； 2）当电梯行程高度大于30m且小于等于60m时为0～+35mm； 3）当电梯行程高度大于60m且小于等于90m时为0～+50mm； 4）当电梯行程高度大于90m时，允许偏差应符合土建布置图要求。 2 全封闭或部分封闭的井道，井道的隔离保护、井道壁、底坑底面和顶板应具有安装电梯部件所需要的足够强度，应采用非燃烧材料建造，且应不易产生灰尘。 3 当底坑深度大于2.5m且建筑物布置允许时，应设置一个符合安全门要求的底坑进口；当没有进底坑的其他通道时，应设置一个从层门进入底坑的永久性装置，且此装置不得凸入电梯运行空间。 4 井道应为电梯专用，井道内不得装设与电梯无关的设备、电缆等。井道可装设采暖设备，但不得采用蒸汽和水作为热源，且采暖设备的控制与调节装置应装在井道外面		

13—39

续表 B.0.1-1

		企业施工质量标准的规定	检验结果	
			合格	优良
一般项目	2	5 井道内应设置永久性电气照明,井道内照度应不得小于 50 lx,井道最高点和最低点 0.5m 以内应各装一盏灯,并分别在机房和底坑设置一控制开关。 6 装有多台电梯的井道内各电梯的底坑之间应设置最低点离底坑地面不大于 0.3m,且至少延伸到最低层站楼面以上 2.5m 高度的隔障,在隔障宽度方向上隔障与井道壁之间的间隙不应大于 150mm。 当轿顶边缘和相邻电梯运动部件(轿厢、对重或平衡重)之间的水平距离小于 0.5m 时,隔障应延长贯穿整个井道的高度。隔障的宽度不得小于被保护的运动部件(或其部分)的宽度每边再各加 0.1m。 7 底坑内应有良好的防渗、防漏水保护,底坑内不得有积水。 8 每层前室楼面应有水平面基准标识		
优良工程附加条款	1	底坑内坑底面和墙面平整且不得有杂物		
验收结论	合格□ 优良□			

参加验收单位	土建施工单位技术负责人	(签字)	年 月 日
	电梯安装单位技术负责人	(签字)	年 月 日
	施工总包单位技术负责人	(签字)	年 月 日
	总监理工程师(建设项目负责人)	(签字)	年 月 日

表 B.0.1-2 土建交接检验记录（自动扶梯、自动人行道）

工程名称				施工总包单位		
安装地点				总包项目经理		
产品合同号/安装合同号				梯　　号		
施工单位				项目负责人		
安装单位				项目负责人		
施工执行标准名称及编号						
		企业施工质量标准的规定			检验结果	
					合格	优良
主控项目	1	自动扶梯的梯级或自动人行道的踏板或胶带上空，垂直净高度严禁小于 2.3m				
	2	在安装之前，井道周围必须设有保证安全的栏杆或屏障，其高度严禁小于 1.2m				
一般项目	1	土建工程应按照土建布置图进行施工，且其主要尺寸允许误差应为：提升高度 −15～+15mm；跨度 0～+15mm				
	2	根据产品供应商的要求应提供设备进场所需的通道和搬运空间				
	3	在安装之前，土建施工单位应提供明显的水平基准线标识				
	4	电源零线和接地线应始终分开，接地装置的接地电阻值不应大于 4Ω				
优良工程附加条款	1	土建构筑物表面不得有杂物				
验收结论	合格 □　　　优良 □					
参　加验收单位		土建施工单位技术负责人		（签字）		年 月 日
		安装单位项目技术负责人		（签字）		年 月 日
		总包单位项目技术负责人		（签字）		年 月 日
		总监理工程师（建设单位项目负责人）		（签字）		年 月 日

附录 C 电梯安装分项工程质量验收、评定记录

C.0.1 分项工程质量验收、评定记录由项目专职质量检查员填写，质量控制资料的检查应由项目专业技术负责人检查并作结论意见。电力拖动的曳引式或强制式电梯安装分项工程质量验收、评定记录，见表 C.0.1-1～表 C.0.1-13。

C.0.2 当建设方不采用本标准作为工程质量的验收标准时，不需要监理（建设）单位参加内部验收并签署意见。

表 C.0.1-1 驱动主机安装分项工程质量验收、评定记录
（曳引式或强制式电梯）

工程名称			施工总包单位		
安装地点			总包项目经理		
产品合同号/安装合同号			梯　号		
安 装 单 位			项目负责人		
施工执行标准名称及编号					
		企业施工质量标准的规定		质量评定	
				合格	优良
主控项目	1	紧急操作装置动作必须正常。可拆卸的装置必须置于驱动主机附近易接近处，紧急救援操作说明必须贴于紧急操作时易见处			
一般项目	1	当驱动主机承重梁需埋入承重墙时，埋入端长度应超过墙厚中心至少 20mm，且支承长度不应小于 75mm			
	2	制动器动作应灵活，制动间隙调整应符合产品设计要求			
	3	驱动主机、驱动主机底座与承重梁的安装应符合产品设计要求			
	4	驱动主机减速箱（如果有）内油量应在油标所限定的范围内			
	5	机房内钢丝绳与楼板孔洞边间隙应为 20～40mm，通向井道的孔洞四周应设置高度不小于 50mm 的台缘			

续表 C.0.1-1

企业施工质量标准的规定			质量评定	
			合格	优良
优良工程附加条款	1	同一机房内有多台电梯时，各台曳引机应有编号区别，排列整齐，不得有杂物和污染		
	2	曳引轮、导向轮在空载或满载情况下对垂直线的偏差均不大于2mm		
	3	松闸扳手应涂成红色，盘车轮应涂成黄色，可拆卸的盘车手轮应放置在机房内容易接近的明显部位。在电动机或盘车轮上应有与轿厢升降方向相对应的标志		
质量控制资料核查	应有　　份，实用　　份，资料内容：基本详实 □　详实准确 □ 核查结论：基本完整 □　齐全完整 □ 项目专业技术负责人： 　　　　　　　　　　　　　　　　　　　　　　　　　年　月　日			
验收结论	该分项工程施工操作依据准确，质量控制资料（基本符合要求　符合要求），依据中国建筑工程总公司《建筑工程施工质量统一标准》ZJQ00-SG-013-2006的相关规定，该分项工程的质量： 合格 □　优良 □ 项目专职质量检查员： 　　　　　　　　　　　　　　　　　　　　　　　　　年　月　日			
参加验收单位	安装单位项目负责人	（签字）		年　月　日
	总包单位项目负责人	（签字）		年　月　日
	总监理工程师（建设单位项目负责人）	（签字）		年　月　日

表C.0.1-2 液压系统安装分项工程质量验收、评定记录（液压电梯）

工程名称			施工总包单位	
安装地点			总包项目经理	
产品合同号/安装合同号			梯 号	
安 装 单 位			项目负责人	
施工执行标准名称及编号				

		企业施工质量标准的规定	质量评定	
			合格	优良
主控项目	1	液压泵站及液压顶升机构的安装必须按土建布置图进行。顶升机构必须安装牢固，缸体垂直度严禁大于0.4‰		
一般项目	1	液压管路应可靠连接，且无渗漏现象		
	2	液压泵站油位显示应清晰、准确		
	3	显示系统工作压力的压力表应清晰、准确		
优良工程附加条款	1	液压管路及其附件，应可靠固定，且应安装在检修人员易于接近的位置。如果管路在敷设时需穿墙或地板，则应在穿墙或地板处加金属套管，套管内应无管接头		

质量控制资料核查	应有　　份，实有　　份，资料内容：基本详实 □　详实准确 □ 核查结论：基本完整 □　齐全完整 □ 项目专业技术负责人： 年　月　日
验收结论	该分项工程施工操作依据准确，质量控制资料（基本符合要求　符合要求），依据中国建筑工程总公司《建筑工程施工质量统一标准》ZJQ00-SG-013-2006的相关规定，该分项工程的质量： 合格 □　优良 □ 项目专职质量检查员： 年　月　日

参加验收单位	安装单位项目负责人	（签字）	年　月　日
	总包单位项目负责人	（签字）	年　月　日
	总监理工程师（建设单位项目负责人）	（签字）	年　月　日

表C.0.1-3 导轨安装分项工程质量验收、评定记录

工程名称				施工总包单位	
安装地点				总包项目经理	
产品合同号/安装合同号				梯　　　号	
安　装　单　位				项目负责人	
施工执行标准名称及编号					

		企业施工质量标准的规定		质量评定	
				合格	优良
主控项目	1	导轨安装位置必须符合土建布置图要求			
一般项目	1	两列导轨顶面间的距离偏差应为：轿厢导轨0～+2mm；对重导轨 0～+3mm			
	2	导轨支架在井道壁上的安装应固定可靠。预埋件应符合土建布置图要求。锚栓（如膨胀螺栓等）固定应在井道壁的混凝土构件中使用，其连接强度与承受振动的能力应满足电梯产品设计要求，混凝土构件的压缩强度应符合土建布置图要求			
	3	每列导轨工作面（包括侧面与顶面）与安装基准线每5m的偏差均不应大于下列数值：轿厢导轨和设有安全钳的对重（平衡重）导轨为0.6mm；不设安全钳的对重（平衡重）导轨为1.0mm			
	4	轿厢导轨和设有安全钳的对重（平衡重）导轨工作面接头处不应有连续缝隙，导轨接头处台阶不应大于0.05mm。如超过应修平，修平长度应大于150mm			
	5	不设安全钳的对重（平衡重）导轨接头处缝隙不应大于1.0mm，导轨工作面接头处台阶不应大于0.15mm			
优良工程附加条款	1	每根导轨至少有2个导轨支架，其间的距离不大于2.5m；如间距大于2.5m应有计算依据			
	2	轿厢导轨和设有安全钳的对重（平衡重）导轨工作面接头处不应有连续缝隙，导轨接头处台阶不应大于0.05mm。如超过应修平，修平长度应不小于300mm			

质量控制资料核查	应有　份，实有　份，资料内容：基本详实□　　详实准确□ 核查结论：基本完整□　齐全完整□ 项目专业技术负责人： 　　　　　　　　　　　　　　　　　　　　　　　　　年　月　日
验收结论	该分项工程施工操作依据准确，质量控制资料（基本符合要求　符合要求），依据中国建筑工程总公司《建筑工程施工质量统一标准》ZJQ00-SG-013-2006的相关规定，该分项工程的质量：合格□　优良□ 项目专职质量检查员： 　　　　　　　　　　　　　　　　　　　　　　　　　年　月　日

参加验收单位	安装单位项目负责人	（签字）	年　月　日
	总包单位项目负责人	（签字）	年　月　日
	总监理工程师（建设单位项目负责人）	（签字）	年　月　日

表 C.0.1-4　门系统安装分项工程质量验收、评定记录

工程名称			施工总包单位	
安装地点			总包项目经理	
产品合同号/安装合同号			梯　　号	
安装单位			项目负责人	
施工执行标准名称及编号				

		企业施工质量标准的规定	质量评定	
			合　格	优　良
主控项目	1	层门地坎至轿厢地坎之间的水平距离偏差为 0～+3mm，且最大距离严禁超过 35mm		
	2	层门强迫关门装置必须动作正常		
	3	动力操纵的水平滑动门在关门开始的 1/3 行程之后，阻止关门的力严禁超过 150N		
	4	层门锁钩必须动作灵活，在证实锁紧的电气安全装置动作之前，锁紧元件的最小啮合长度为 7mm		
一般项目	1	门刀与层门地坎、门锁滚轮与轿厢地坎间隙不应小于 5mm		
	2	层门地坎水平度不得大于 2/1000，地坎应高出装修地面 2～5mm		
	3	层门指示灯盒、召唤盒和消防开关盒应安装正确，其面板与墙面贴实，横竖端正		
	4	门扇与门扇、门扇与门套、门扇与门楣、门扇与门口处轿壁、门扇下端与地坎的间隙，乘客电梯不应大于 6mm，载货电梯不应大于 8mm		
优良工程附加条款	1	层门、轿门运行不应卡阻、脱轨或在行程终端时错位		
	2	呼梯、楼层显示等信号系统功能有效，指示正确，动作无误		
	3	层门与轿门的锁闭应满足如下要求： 1 在正常运行和轿厢未停止在开锁区域内，层门应不能打开 2 如果一个层门或轿门（在多扇门中的任一扇门）打开，电梯应不能正常启动或继续正常运行		
	4	井道内表面与轿厢地坎、轿门或门框的间距不大于 0.15m		

质量控制资料核查	应有　份，实有　份，资料内容：基本详实 □　　详实准确 □ 核查结论：基本完整 □　齐全完整 □ 　　　　　　　　　　　　　　　　　　　项目专业技术负责人： 　　　　　　　　　　　　　　　　　　　　　　　　　　　　年　月　日
验收结论	该分项工程施工操作依据准确，质量控制资料（基本符合要求　符合要求），依据中国建筑工程总公司《建筑工程施工质量统一标准》ZJQ00-SG-013-2006 的相关规定，该分项工程的质量：合格 □　　优良 □ 　　　　　　　　　　　　　　　　　　　项目专职质量检查员： 　　　　　　　　　　　　　　　　　　　　　　　　　　　　年　月　日

参加验收单位	安装单位项目负责人	（签字）	年　月　日
	总包项目负责人	（签字）	年　月　日
	总监理工程师（建设单位项目负责人）	（签字）	年　月　日

表 C.0.1-5 轿厢安装分项工程质量验收记录

工程名称				施工总包单位	
安装地点				总包项目经理	
产品合同号/安装合同号				梯 号	
安 装 单 位				项目负责人	
施工执行标准名称及编号					

		企业施工质量标准的规定	质量评定	
			合格	优良
主控项目	1	当距轿底面在1.1m以下使用玻璃轿壁时,必须在距轿底面0.9～1.1m的高度安装扶手,且扶手必须独立地固定,不得与玻璃有关		
一般项目	1	井道内的导向滑轮、曳引轮和轿架上固定的反绳轮,应设置防护装置(保护罩和挡绳装置),以避免悬挂绳脱槽伤人和进入杂物		
	2	当轿顶外侧边缘至井道壁水平方向的自由距离大于0.3m时,轿顶应装设防护栏及警示性标识		
优良工程附加条款	1	轿厢内操纵按钮动作应灵活,信号显示清晰,控制功能正确有效。轿厢超载装置或称重装置动作可靠		
	2	轿厢与对重之间的间隔距离应不小于50mm。限速器钢丝绳和选层器钢带应张紧,在运行中不得与轿厢或对重相碰触		

质量控制资料核查	应有 份,实有 份,资料内容:基本详实 □ 详实准确 □ 核查结论:基本完整 □ 齐全完整 □ 项目专业技术负责人: 年 月 日
验收结论	该分项工程施工操作依据准确,质量控制资料(基本符合要求 符合要求),依据中国建筑工程总公司《建筑工程施工质量统一标准》ZJQ00-SG-013-2006的相关规定,该分项工程的质量: 合格 □ 优良 □ 项目专职质量检查员: 年 月 日
参加验收单位	安装单位项目负责人 (签字) 年 月 日
	总包单位项目负责人 (签字) 年 月 日
	总监理工程师(建设单位项目负责人) (签字) 年 月 日

表C.0.1-6 对重（平衡重）安装分项工程质量验收、评定记录

工程名称				施工总包单位	
安装地点				总包项目经理	
产品合同号/安装合同号				梯 号	
安 装 单 位				项目负责人	
施工执行标准名称及编号					

		企业施工质量标准的规定		质量评定	
				合 格	优 良
一般项目	1	当对重（平衡重）架有反绳轮，反绳轮应设置防护装置和挡绳装置			
	2	对重（平衡重）块应可靠固定			
优良工程附加条款	1	轿厢在两端站平层位置时，轿厢、对重的撞板与缓冲器顶面间的距离：耗能型缓冲器应为150～400mm；蓄能缓冲器应为200～350mm。轿厢、对重装置的撞板中心与缓冲器中心的偏差不大于20mm，同一基础上缓冲器顶部与轿底对应距离差不大于2mm			

质量控制资料核查	应有 份，实有 份，资料内容：基本详实 □　详实准确 □ 核查结论：基本完整 □　齐全完整 □ 项目专业技术负责人： 　　　　　　　　　　　　　　　　　　　　　　　　　　　　　年　月　日

验收结论	该分项工程施工操作依据准确，质量控制资料（基本符合要求　符合要求），依据中国建筑工程总公司《建筑工程施工质量统一标准》ZJQ00-SG-013-2006的相关规定，该分项工程的质量： 合格 □　优良 □ 项目专职质量检查员： 　　　　　　　　　　　　　　　　　　　　　　　　　　　　　年　月　日

参加验收单位	安装单位项目负责人	（签字）	年　月　日
	总包单位项目负责人	（签字）	年　月　日
	总监理工程师（建设单位项目负责人）	（签字）	年　月　日

表 C.0.1-7 安全部件安装分项工程质量验收、评定记录

工程名称		施工总包单位	
安装地点		总包项目经理	
产品合同号/安装合同号		梯 号	
安 装 单 位		项目负责人	
施工执行标准名称及编号			

		企业施工质量标准的规定	质量评定	
			合格	优良
主控项目	1	限速器动作速度整定封记必须完好,且无拆动痕迹		
	2	当安全钳可调节时,整定封记应完好,且无拆动痕迹		
一般项目	1	限速器张紧装置与其限位开关相对位置安装应正确		
	2	安全钳与导轨的间隙应符合产品设计要求		
	3	轿厢在两端站平层位置时,轿厢、对重的缓冲器撞板与缓冲器顶面间的距离应符合土建布置图要求。轿厢、对重的缓冲器撞板中心与缓冲器中心的偏差不应大于 20mm		
	4	液压缓冲器柱塞铅垂度不应大于 0.5%,充液量应正确		
优良工程附加条款	1	轿厢、对重的缓冲器撞板中心与缓冲器中心的偏差不应大于 15mm		

质量控制资料核查	应有 份,实有 份,资料内容:基本详实 □ 详实准确 □ 核查结论:基本完整 □ 齐全完整 □ 项目专业技术负责人: 年 月 日
验收结论	该分项工程施工操作依据准确,质量控制资料(基本符合要求 符合要求),依据中国建筑工程总公司《建筑工程施工质量统一标准》ZJQ00-SG-013-2006 的相关规定,该分项工程的质量: 合格 □ 优良 □ 项目专职质量检查员: 年 月 日

参加验收单位	安装单位项目负责人	(签字)	年 月 日
	总包单位项目负责人	(签字)	年 月 日
	总监理工程师(建设单位项目负责人)	(签字)	年 月 日

表 C.0.1-8 悬挂装置、随行电缆、补偿装置安装分项工程质量验收、评定记录（曳引式或强制式电梯）

工程名称				施工总包单位		
安装地点				总包项目经理		
产品合同号/安装合同号				梯　　　号		
安 装 单 位				项目负责人		
施工执行标准名称及编号						
		企业施工质量标准的规定			质 量 评 定	
					合 格	优 良
主控项目	1	绳头组合必须安全可靠，且每个绳头组合必须安装防螺母松动和脱落的装置				
	2	钢丝绳严禁有死弯				
	3	当轿厢悬挂在两根钢丝绳或链条上，且其中一根钢丝绳或链条发生异常相对伸长时，为此装设的电气安全开关应动作可靠				
	4	随行电缆严禁有打结和波浪扭曲现象				
一般项目	1	每根钢丝绳张力与平均值偏差不应大于5%				
	2	随行电缆的安装应符合下列规定： 1 随行电缆端部应固定可靠； 2 随行电缆在运行中应避免与井道内其他部件干涉。当轿厢完全压在缓冲器上时，随行电缆不得与底坑地面接触				
	3	补偿绳、链、缆等补偿装置的端部应固定可靠				
	4	对补偿绳的张紧轮，验证补偿绳张紧的电气安全开关应动作可靠。张紧轮应安装防护装置				
优良工程附加条款	1	固定绳端的弹簧、螺母、开口销等部件无缺损。钢丝绳末端应固定在轿厢、对重（或平衡重）或系结钢丝绳固定部件的悬挂部位上。固定时，须采用金属或树脂填充的绳套、自锁紧楔形绳套、至少带有三个合适绳夹的鸡心环套、手工捻结绳环、环圈（或套筒）压紧式绳环，或具有同等安全的其他装置				
	2	随行电缆不得与轿厢底边框接触				

续表 C.0.1-8

质量控制资料核查	应有　　份，实有　　份，资料内容：基本详实 □　　详实准确 □ 核查结论：　基本完整 □　　齐全完整 □ 　　　　　　　　　　　　　　　项目专业技术负责人： 　　　　　　　　　　　　　　　　　　　　　　年　月　日		
验收结论	该分项工程施工操作依据准确，质量控制资料（基本符合要求　符合要求），依据中国建筑工程总公司《建筑工程施工质量统一标准》ZJQ00-SG-013-2006 的相关规定，该分项工程的质量： 合格 □　　优良 □ 　　　　　　　　　　　　　　　项目专职质量检查员： 　　　　　　　　　　　　　　　　　　　　　　年　月　日		
参加验收单位	安装单位项目负责人	（签字）	年　月　日
	总包单位项目负责人	（签字）	年　月　日
	总监理工程师 （建设单位项目负责人）	（签字）	年　月　日

表 C.0.1-9 悬挂装置、随行电缆安装分项工程质量
验收、评定记录（液压电梯）

工程名称				施工总包单位		
安装地点				总包项目经理		
产品合同号/安装合同号				梯 号		
安 装 单 位				项目负责人		
施工执行标准名称及编号						
		企业施工质量标准的规定			质量评定	
					合格	优良
主控项目	1	如果有绳头组合，绳头组合必须安全可靠，且每个绳头组合必须安装防螺母松动和脱落的装置				
	2	如果有钢丝绳，严禁有死弯				
	3	当轿厢悬挂在两根钢丝绳或链条上，其中一根钢丝绳或链条发生异常相对伸长时，为此装设的电气安全开关必须动作可靠。对具有两个或多个液压顶升机构的液压电梯，每一组悬挂钢丝绳均应符合上述要求				
	4	随行电缆严禁有打结和波浪扭曲现象				
一般项目	1	如果有钢丝绳或链条，每根张力与平均值偏差不应大于5%				
	2	随行电缆的安装应符合下列规定： 1 随行电缆端部应固定可靠； 2 随行电缆在运行中应避免与井道内其他部件干涉。当轿厢完全压在缓冲器上时，随行电缆不得与底坑地面接触				
优良工程附加条款	1	钢丝绳或链条不得有锈蚀和断股				
质量控制资料核查	应有　　份，实有　　份，资料内容：基本详实 □　详实准确 □ 核查结论：基本完整 □　　齐全完整 □ 项目专业技术负责人： 　　　　　　　　　　　　　　　　　　　　　　　　　　年　月　日					
验收结论	该分项工程施工操作依据准确，质量控制资料（基本符合要求　符合要求），依据中国建筑工程总公司《建筑工程施工质量统一标准》ZJQ00-SG-013-2006的相关规定，该分项工程的质量： 合格 □　　优良 □ 项目专职质量检查员： 　　　　　　　　　　　　　　　　　　　　　　　　　　年　月　日					
参加验收单位	安装单位项目负责人		（签字）			年　月　日
	总包单位项目负责人		（签字）			年　月　日
	总监理工程师 （建设单位项目负责人）		（签字）			年　月　日

表 C.0.1-10 电气装置安装分项工程质量验收、评定记录

工程名称				施工总包单位		
安装地点				总包项目经理		
产品合同号/安装合同号				梯　号		
安　装　单　位				项目负责人		
施工执行标准名称及编号						

		企业施工质量标准的规定	质量评定	
			合格	优良
主控项目	1	电气设备接地必须符合下列规定： 1 所有电气设备及导管、线槽的外露可导电部分均必须可靠接地（PE）； 2 接地支线应分别直接接至接地干线接线柱上，不得互相连接后再接地		
	2	导体之间和导体对地之间的绝缘电阻必须大于 $1000\Omega/V$，且其值不得小于： 1 动力电路和电气安全装置电路：$0.5M\Omega$； 2 其他电路（控制、照明、信号等）：$0.25M\Omega$		
一般项目	1	主电源开关不应切断下列供电电路： 1 轿厢照明和通风；2 机房和滑轮间照明；3 机房、轿顶和底坑的电源插座；4 井道照明；5 报警装置		
	2	机房和井道内应按产品要求配线。软线和无护套电缆应在导管、线槽或能确保起到等效防护作用的装置中使用。护套电缆和橡套软电缆可明敷于井道或机房内使用，但不得明敷于地面		
	3	导管、线槽的敷设应整齐牢固。线槽内导线总面积不应大于线槽净面积60%；导管内导线总面积不应大于导管内净面积40%；软管固定间距不应大于1m，端头固定间距不应大于0.1m		
	4	接地支线应采用黄绿相间的绝缘导线		
	5	控制柜（屏）的安装位置应符合电梯土建布置图中的要求		

续表 C.0.1-10

企业施工质量标准的规定			质量评定	
			合格	优良
优良工程附加条款	1	系统接地型式应根据供电系统采用 TN—S 或 TN—C—S 系统，进入机房起中性线（N）与保护线（PE）应始终分开		
	2	易于意外带电的部件与机房接地端连通性应良好，且之间的电阻值不大于 0.5Ω。在 TN 供电系统中，严禁电气设备外壳单独接地。电梯轿厢可利用随行电缆的钢芯或芯线作保护线，采用电缆芯线作保护线时不得少于 2 根		

质量控制资料核查	应有　　份，实有　　份，资料内容：基本详实 □　　详实准确 □ 核查结论：基本完整 □　　齐全完整 □ 项目专业技术负责人： 　　　　　　　　　　　　　　　　　　　　　　　年　　月　　日
验收结论	该分项工程施工操作依据准确，质量控制资料（基本符合要求　符合要求），依据中国建筑工程总公司《建筑工程施工质量统一标准》ZJQ00-SG-013-2006 的相关规定，该分项工程的质量： 合格 □　　优良 □ 项目专职质量检查员： 　　　　　　　　　　　　　　　　　　　　　　　年　　月　　日

参加验收单位	安装单位项目负责人	（签字）	年　　月　　日
	总包单位项目负责人	（签字）	年　　月　　日
	总监理工程师 （建设单位项目负责人）	（签字）	年　　月　　日

表 C.0.1-11 整机安装验收分项工程质量验收、评定记录（曳引式或强制式电梯）

工程名称		施工总包单位	
安装地点		总包项目经理	
产品合同号/安装合同号		梯 号	
安 装 单 位		项目负责人	
施工执行标准名称及编号			

		企业施工质量标准的规定	质量评定	
			合格	优良
主控项目	1	安全保护验收必须符合下列规定： 1 必须检查以下安全装置或功能； 1）断相、错相保护装置或功能： 当控制柜三相电源中任何一相断开或任何二相错接时，断相、错相保护装置或功能应使电梯不发生危险故障。 注：当错相不影响电梯正常运行时可没有错相保护装置或功能。 2）短路、过载保护装置： 动力电路、控制电路、安全电路必须有与负载匹配的短路保护装置；动力电路必须有过载保护装置。 3）限速器： 限速器上的轿厢（对重、平衡重）下行标志必须与轿厢（对重、平衡重）的实际下行方向相符。限速器铭牌上的额定速度、动作速度必须与被检电梯相符。限速器必须与其型式试验证书相符。 4）安全钳： 安全钳必须与其型式试验证书相符。 5）缓冲器： 缓冲器必须与其型式试验证书相符。 6）门锁装置： 门锁装置必须与其型式试验证书相符。 7）上、下极限开关： 上、下极限开关必须是安全触点，在端站位置进行动作试验时必须动作正常。在轿厢或对重（如果有）接触缓冲器之前必须动作，且缓冲器完全压缩时，保持动作状态。 8）位于轿顶、机房（如果有）、滑轮间（如果有）、底坑的停止装置的动作必须正常。 2 下列安全开关，必须动作可靠： 1）限速器绳张紧开关； 2）液压缓冲器复位开关； 3）有补偿张紧轮时，补偿绳张紧开关； 4）当额定速度大于3.5m/s时，补偿绳轮防跳开关； 5）轿厢安全窗（如果有）开关； 6）安全门、底坑门、检修活板门（如果有）的开关； 7）对可拆卸式紧急操作装置所需要的安全开关； 8）悬挂钢丝绳（链条）为两根时，防松动安全开关		

续表 C.0.1-11

		企业施工质量标准的规定	质量评定	
			合格	优良
主控项目	2	限速器—安全钳联动试验必须符合下列规定： 1 限速器与安全钳电气开关在联动试验中必须动作可靠，且应使驱动主机立即制动； 2 对瞬时式安全钳，轿厢应载有均匀分布的额定载重量；对渐进式安全钳，轿厢应载有均匀分布的125%额定载重量。当短接限速器及安全钳电气开关，轿厢以检修速度下行，人为使限速器机械动作时，安全钳应可靠动作，轿厢必须可靠制动，且轿底倾斜度不应大于5%		
	3	层门与轿门的试验必须符合下列规定： 1 每层层门必须能够用三角钥匙正常开启； 2 当一个层门或轿门（在多扇门中任何一扇门）非正常打开时，电梯严禁启动或继续运行		
	4	曳引式电梯的曳引能力试验必须符合下列规定： 1 轿厢在行程上部范围空载上行及行程下部范围载有125%额定载重量下行，分别停层3次以上，轿厢必须可靠地制停（空载上行工况应平层）。轿厢载有125%额定载重量以正常运行速度下行时，切断电动机与制动器供电，电梯必须可靠制动； 2 当对重完全压在缓冲器上，且驱动主机按轿厢上行方向连续运转时，空载轿厢严禁向上提升		
一般项目	1	曳引式电梯的平衡系数应为0.4~0.5		
	2	电梯安装后应进行运行试验；轿厢分别在空载、额定载荷工况下，按产品设计规定的每小时启动次数和负载持续率各运行1000次（每天不少于8h），电梯应运行平稳、制动可靠、连续运行无故障		
	3	噪声检验应符合下列规定： 1 机房噪声：对额定速度小于等于4m/s的电梯，不应大于80dB（A）；对额定速度大于4m/s的电梯，不应大于85dB（A）； 2 乘客电梯和病床电梯运行中轿内噪声：对额定速度小于等于4m/s的电梯，不应大于55dB（A）；对额定速度大于4m/s的电梯，不应大于60dB（A）； 3 乘客电梯和病床电梯的开关门过程噪声不应大于65dB（A）； 4 电梯的各机构和电气设备在工作时不得有异常振动或撞击声响		
	4	平层准确度检验应符合下列规定： 1 额定速度小于等于0.63m/s的交流双速电梯，应在±15mm的范围内； 2 额定速度大于0.63m/s且小于等于1.0m/s的交流双速电梯，应在±30mm的范围内； 3 其他调速方式的电梯，当电梯生产厂家无要求时，应在±15mm的范围内		
	5	运行速度检验应符合下列规定： 当电源为额定频率和额定电压、轿厢载有50%额定载荷时，向下运行至行程中段（除去加速和减速段）时的速度，不应大于额定速度的105%，且不应小于额定速度的92%		

续表 C.0.1-11

企业施工质量标准的规定			质量评定	
			合格	优良
一般项目	6	观感检查应符合下列规定： 1 轿门带动层门开、关运行，门扇与门扇、门扇与门套、门扇与门楣、门扇与门口处轿壁、门扇下端与地坎应无刮碰现象； 2 门扇与门扇、门扇与门套、门扇与门楣、门扇与门口处轿壁、门扇下端与地坎之间各自的间隙在整个长度上应基本一致； 3 对机房（如果有）、导轨支架、底坑、轿顶、轿内、轿门、层门及门地坎等部位应进行清理		
优良工程附加条款	1	对耗能型缓冲器需进行复位试验，复位时间应不大于120s		
	2	当轿厢面积不能限制载荷超过额定值时，需要150％额定载荷做曳引静载检查，历时10min，曳引绳无打滑现象		
	3	进行运行试验时制动器温升不应超过60K，曳引机减速器油温温升不应超过60K，其温度不应超过85℃。曳引机减速器，除蜗杆轴伸出一端只允许有轻微的渗漏油，其余各处不得有渗漏油		
	4	超载运行试验：电梯在110％额定载荷，通电持续率40％的情况下，起、制动运行30次，电梯应可靠地启动、运行和停止（平层不计），曳引机工作正常		

质量控制资料核查	应有　　份，实有　　份，资料内容：基本详实□　详实准确□ 核查结论：基本完整□　齐全完整□ 项目专业技术负责人： 　　　　　　　　　　　　　　　　　　　　　　　　　年　月　日	
验收结论	该分项工程施工操作依据准确，质量控制资料（基本符合要求　符合要求），依据中国建筑工程总公司《建筑工程施工质量统一标准》ZJQ00-SG-013-2006的相关规定，该分项工程的质量： 合格□　优良□ 项目专职质量检查员： 　　　　　　　　　　　　　　　　　　　　　　　　　年　月　日	
参加验收单位	安装单位项目负责人	（签字）　　　　　　　　　　　　　　年　月　日
	总包单位项目负责人	（签字）　　　　　　　　　　　　　　年　月　日
	总监理工程师 （建设单位项目负责人）	（签字）　　　　　　　　　　　　　　年　月　日

表 C.0.1-12 整机安装验收分项工程质量验收、
评定记录（液压电梯）

工程名称				施工总包单位	
安装地点				总包项目经理	
产品合同号/安装合同号				梯　　号	
安　装　单　位				项目负责人	
施工执行标准名称及编号					

		企业施工质量标准的规定	质量评定	
			合格	优良
主控项目	1	液压电梯安全保护验收必须符合下列规定： 1　必须检查以下安全装置或功能： 1）断相、错相保护装置或功能： 当控制柜三相电源中任何一相断开或任何二相错接时，断相、错相保护装置或功能应使电梯不发生危险故障。 注：当错相不影响电梯正常运行时可没有错相保护装置或功能。 2）短路、过载保护装置： 动力电路、控制电路、安全电路必须有与负载匹配的短路保护装置；动力电路必须有过载保护装置。 3）防止轿厢坠落、超速下降的装置： 液压电梯必须装有防止轿厢坠落、超速下降的装置，且各装置必须与其型式试验证书相符。 4）门锁装置： 门锁装置必须与其型式试验证书相符。 5）上极限开关： 上极限开关必须是安全触点，在端站位置进行动作试验时必须动作正常。它必须在柱塞接触到其缓冲制停装置之前动作，且柱塞处于缓冲制停区时保持动作状态。 6）机房、滑轮间（如果有）、轿顶、底坑停止装置： 位于轿顶、机房、滑轮间（如果有）、底坑的停止装置的动作必须正常。 7）液压油温升保护装置： 当液压油达到产品设计温度时，温升保护装置必须动作，使液压电梯停止运行。 8）移动轿厢的装置： 在停电或电气系统发生故障时，移动轿厢的装置必须能移动轿厢上行或下行，且下行时还必须装设防止顶升机构与轿厢运动相脱离的装置。 2　下列安全开关，必须动作可靠： 1）限速器（如果有）张紧开关； 2）液压缓冲器（如果有）复位开关； 3）轿厢安全窗（如果有）开关； 4）安全门、底坑门、检修活板门（如果有）开关； 5）悬挂钢丝绳（链条）为两根时，防松动安全开关		

续表 C.0.1-12

		企业施工质量标准的规定		质量评定	
				合格	优良
主控项目	2	限速器（安全绳）安全钳联动试验必须符合下列规定： 1 限速器（安全绳）与安全钳电气开关在联动试验中必须动作可靠，且应使电梯停止运行。 2 联动试验时轿厢载荷及速度应符合下列规定： 1）当液压电梯额定载重量与轿厢最大有效面积符合下表的规定时，轿厢应载有均匀分布的额定载重量；当液压电梯额定载重量小于下表规定的轿厢最大有效面积对应的额定载重量时，轿厢应载有均匀分布的125％的液压电梯额定载重量，但该载荷不应超过下表规定的轿厢最大有效面积对应的额定载重量：			

额定载重量(kg)	轿厢最大有效面积(m^2)	额定载重量(kg)	轿厢最大有效面积(m^2)	额定载重量(kg)	轿厢最大有效面积(m^2)	额定载重量(kg)	轿厢最大有效面积(m^2)
100[1]	0.37	525	1.45	900	2.20	1275	2.95
180[2]	0.58	600	1.60	975	2.35	1350	3.10
225	0.70	630	1.66	1000	2.40	1425	3.25
300	0.90	675	1.75	1050	2.50	1500	3.40
375	1.10	750	1.90	1125	2.65	1600	3.56
400	1.17	800	2.00	1200	2.80	2000	4.20
450	1.30	825	2.05	1250	2.90	2500[3]	5.00

注：1 一人电梯的最小值；
2 二人电梯的最小值；
3 额定载重量超过2500kg时，每增加100kg面积增加0.16m^2，对中间的载重量其面积由线性插入法确定。

2）对瞬时式安全钳，轿厢应以额定速度下行；对渐进式安全钳，轿厢应以检修速度下行。
3 当装有限速器安全钳时，使下行阀保持开启状态（直到钢丝绳松弛为止）的同时，人为使限速器机械动作，安全钳应可靠动作，轿厢必须可靠制动，且轿底倾斜度不应大于5％。
4 当装有安全绳安全钳时，使下行阀保持开启状态（直到钢丝绳松弛为止）的同时，人为使安全绳机械动作，安全钳应可靠动作，轿厢必须可靠制动，且轿底倾斜度不应大于5％。
5 如液压电梯采用其他的防坠落装置，则需按照上述的试验条件进行试验

续表 C.0.1-12

		企业施工质量标准的规定	质量评定	
			合格	优良
主控项目	3	层门与轿门的试验必须符合下列规定： 1 每层层门必须能够用三角钥匙正常开启； 2 当一个层门或轿门（在多扇门中任何一扇门）非正常打开时，电梯严禁启动或继续运行		
	4	超载试验必须符合下列规定： 当轿厢载荷达到110%额定载重量，且10%的额定载重量的最小值按75kg计算时，液压电梯严禁启动		
一般项目	1	液压电梯安装后应进行运行试验：轿厢在额定载重量工况下，按产品设计规定的每小时启动次数运行1000次（每天不少于8h），液压电梯应平稳、制动可靠、连续运行无故障		
	2	噪声检验应符合下列规定： 1 液压电梯的机房噪声不应大于85dB（A）； 2 乘客液压电梯和病床液压电梯运行中轿内噪声不应大于55dB（A）； 3 乘客液压电梯和病床液压电梯的开关门过程噪声不应大于65dB（A）		
	3	电梯平层准确度应在±15mm范围内		
	4	运行速度检验应符合下列规定： 空载轿厢上行速度与上行额定速度的差值不应大于上行额定速度的8%；载有额定载重量的轿厢下行速度与下行额定速度的差值不应大于下行额定速度的8%		
	5	额定载重量沉降量试验应符合下列规定： 载有额定载重量的轿厢停靠在最高层站时，停梯10min，沉降量不应大于10mm，但因油温变化而引起的油体积缩小所造成的沉降不包括在10mm内		
	6	液压泵站溢流阀压力检查应符合下列规定： 液压泵站上的溢流阀应设定在系统压力为满载压力的140%~170%时动作		
	7	压力试验应符合下列规定： 轿厢停靠在最高层站，在液压顶升机构和截止阀之间施加200%的满载压力，持续5min后，液压系统应完好无损		

续表 C.0.1-12

企业施工质量标准的规定			质量评定	
			合格	优良
一般项目	8	观感检查应符合下列规定： 1 轿门带动层门开、关运行，门扇与门扇、门扇与门套、门扇与门楣、门扇与门口处轿壁、门扇下端与地坎应无刮碰现象； 2 门扇与门扇、门扇与门套、门扇与门楣、门扇与门口处轿壁、门扇下端与地坎之间各自的间隙在整个长度上应基本一致； 3 对机房（如果有）、导轨支架、底坑、轿顶、轿内、轿门、层门及门地坎等部位应进行清理		
优良工程附加条款	1	噪声检测结果应不大于标准规定值的95%		
质量控制资料核查	应有　　份，实有　　份，资料内容：基本详实 □　　详实准确 □ 核查结论：基本完整 □　　齐全完整 □ 　　　　　　　　　　　　　　　　项目专业技术负责人： 　　　　　　　　　　　　　　　　　　　　　　　　　　年　　月　　日			
验收结论	该分项工程施工操作依据准确，质量控制资料（基本符合要求　符合要求），依据中国建筑工程总公司《建筑工程施工质量统一标准》ZJQ00-SG-013-2006的相关规定，该分项工程的质量： 　　合格 □　　优良 □ 　　　　　　　　　　　　　　　　项目专职质量检查员： 　　　　　　　　　　　　　　　　　　　　　　　　　　年　　月　　日			
参加验收单位	安装单位项目负责人	（签字）	年　月　日	
	总包单位项目负责人	（签字）	年　月　日	
	总监理工程师 （建设单位项目负责人）	（签字）	年　月　日	

表 C.0.1-13 整机安装验收分项工程质量验收、评定记录（自动扶梯、自动人行道）

工程名称		施工总包单位	
安装地点		总包项目经理	
产品合同号/安装合同号		梯 号	
安 装 单 位		项目负责人	
施工执行标准名称及编号			

		企业施工质量标准的规定	质 量 评 定	
			合 格	优 良
主控项目	1	在下列情况下，自动扶梯、自动人行道必须自动停止运行，且第 4 款至第 11 款情况下的开关断开的动作必须通过安全触点或安全电路来完成。 1 无控制电压； 2 电路接地的故障； 3 过载； 4 控制装置在超速和运行方向非操纵逆转下动作； 5 附加制动器（如果有）动作； 6 直接驱动梯级、踏板或胶带的部件（如链条或齿条）断裂或过分伸长； 7 驱动装置与转向装置之间的距离（无意性）缩短； 8 梯级、踏板或胶带进入梳齿板处有异物夹住，且产生损坏梯级、踏板或胶带支撑结构； 9 无中间出口的连续安装的多台自动扶梯、自动人行道中的一台停止运行； 10 扶手带入口保护装置动作； 11 梯级或踏板下陷		
	2	应测量不同回路导线对地的绝缘电阻。测量时，电子元件应断开。导体之间和导体对地之间的绝缘电阻应大于 1000Ω/V，且其值必须大于： 1 动力电路和电气安全装置电路 0.5MΩ； 2 其他电路（控制、照明、信号等）0.25MΩ		
	3	电气设备接地必须符合下列规定： 1 所有电气设备及导管、线槽的外露可导电部分均必须可靠接地（PE）； 2 接地支线应分别直接接至接地干线接线柱上，不得互相连接后再接地		

续表 C.0.1-13

		企业施工质量标准的规定	质量评定	
			合格	优良
一般项目	1	整机安装检查应符合下列规定： 1 梯级、踏板、胶带的楞齿及梳齿板应完整、光滑； 2 在自动扶梯、自动人行道入口处应设置使用须知的标牌； 3 内盖板、外盖板、围裙板、扶手支架、扶手导轨、护壁板接缝应平整。接缝处的凸台不应大于0.5mm； 4 梳齿板梳齿与踏板面齿槽的啮合深度不应小于6mm，梳齿板梳齿与踏板面齿槽的间隙不应大于4mm； 5 梳齿板梳齿或踏板面齿应完好，不得有缺损； 6 围裙板与梯级、踏板或胶带任何一侧的水平间隙不应大于4mm，两边的间隙之和不应大于7mm。当自动人行道的围裙板设置在踏板或胶带之上时，踏板表面与围裙板下端之间的垂直间隙不应大于4mm。当踏板或胶带有横向摆动时，踏板或胶带的侧边与围裙板垂直投影之间不得产生间隙； 7 梯级间或踏板间的间隙在工作区段内的任何位置，从踏面测得的两个相邻梯级或两个相邻踏板之间的间隙不应大于6mm。在自动人行道过渡曲线区段，踏板的前缘和相邻踏板的后缘啮合，其间隙不应大于8mm； 8 护壁板之间的空隙不应大于4mm		
	2	性能试验应符合下列规定： 1 在额定频率和额定电压下，梯级、踏板或胶带沿运行方向空载时的速度与额定速度之间的允许偏差为±5%； 2 扶手带的运行速度相对梯级、踏板或胶带的速度允许偏差为0%～+2%		
	3	自动扶梯、自动人行道制动试验应符合下列规定： 1 自动扶梯、自动人行道应进行空载制动试验，制停距离应符合下表的规定：		

额定速度 (m/s)	制停距离范围（m）	
	自动扶梯	自动人行道
0.5	0.20～1.00	0.20～1.00
0.65	0.30～1.30	0.30～1.30
0.75	0.35～1.50	0.35～1.50
0.90	—	0.40～1.70

注：若速度在上述数值之间，制停距离用插入法计算。
制停距离应从电气制动装置动作开始测量

2 自动扶梯应进行载有制动载荷的下行制停距离试验（除非制停距离可以通过其他方法检验），制动载荷应符合下表规定，制停距离应符合上表的规定；对自动人行道，制造商应提供按载有下表规定的制动载荷计算的制停距离，且制停距离应符合上表的规定：

梯级、踏板或胶带的名义宽度 z(m)	自动扶梯每个梯级上的载荷(kg)	自动人行道每0.4m长度上的载荷(kg)
z≤0.6	60	50
0.6<z≤0.8	90	75
0.8<z≤1.1	120	100

注：1 自动扶梯受载的梯级数量由提升高度除以最大可见梯级踢板高度求得，在试验时允许将总制动载荷分布在所求得的2/3的梯级上；
2 当自动人行道倾斜角度不大于6°，踏板或胶带的名义宽度大于1.1m时，宽度每增加0.3m，制动载荷应在每0.4m长度上增加25kg；
3 当自动人行道在长度范围内有多个不同倾斜角度（高度不同）时，制动载荷应仅考虑到那些能组合成最不利载荷的水平区段和倾斜区段

13—63

续表 C.0.1-13

企业施工质量标准的规定			质量评定	
			合格	优良
一般项目	4	电气装置还应符合下列规定： 1 主电源开关不应切断电源插座、检修和维护所必需的照明电源； 2 机房和井道内应按产品要求配线。软线和无护套电缆应在导管、线槽或能确保起到等效防护作用的装置中使用。护套电缆和橡套软电缆可明敷于井道或机房内使用，但不得明敷于地面； 3 导管、线槽的敷设应整齐牢固。线槽内导线总面积不应大于线槽净面积60%；导管内导线总面积不应大于导管内净面积40%；软管固定间距不应大于1m，端头固定间距不应大于0.1m； 4 接地支线应采用黄绿相间的绝缘导线； 5 电气元件标志和导线端子编号应清晰，并与技术资料相符		
	5	观感检查应符合下列规定： 1 上行和下行自动扶梯、自动人行道，梯级、踏板或胶带与围裙板之间应无刮碰现象（梯级、踏板或胶带上的导向部分与围裙板接触除外），扶手带外表面应无刮痕； 2 对梯级（踏板或胶带）、梳齿板、扶手带、护壁板、围裙板、内外盖板、前沿板及活动盖板等部位的外表面应进行清理		
优良工程附加条款	1	扶手带外缘与墙壁或其他障碍物之间的水平距离在任何情况下均不得小于80mm		
	2	对相互邻近平行或交错设置的自动扶梯，扶手带的外缘间距离至少为120mm		

质量控制资料核查	应有　　份，实有　　份，资料内容：基本详实 □　详实准确 □ 核查结论：基本完整 □　　齐全完整 □ 项目专业技术负责人： 　　　　　　　　　　　　　　　　　　　　　　　　　　　年　月　日
验收结论	该分项工程施工操作依据准确，质量控制资料（基本符合要求　符合要求），依据中国建筑工程总公司《建筑工程施工质量统一标准》ZJQ00-SG-013-2006的相关规定，该分项工程的质量：合格 □　优良 □ 项目专职质量检查员： 　　　　　　　　　　　　　　　　　　　　　　　　　　　年　月　日

参加验收单位	安装单位项目负责人	（签字）	年　月　日
	总包单位项目负责人	（签字）	年　月　日
	总监理工程师 （建设单位项目负责人）	（签字）	年　月　日

附录 D 子分部工程质量验收、评定记录

D.0.1 子分部工程的质量验收评定记录应由总包项目专职质量检查员填写,总包企业的技术管理、质量管理部门均应参加验收。子分部工程质量验收、评定记录,见表 D.0.1。

D.0.2 当建设方不采用本标准作为工程质量的验收标准时,不需要监理(建设)单位参加内部验收并签署意见。

表 D.0.1 子分部工程质量验收记录

工程名称			施工总包单位		
产品合同号/安装合同号			总包项目经理		
安装单位			项目负责人		
安装地点			梯号		
序号	分项工程名称			检验结果	
				合格	优良
技术管理资料	份	质量控制资料	份	安全和功能检验(检测)报告	份
资料验收意见	应形成 份,实有 份,结论:基本完整 □ 齐全完整 □				
验收结论	该子分部工程共含 个分项工程,其中优良分项 个,分项优良率 %,依据中国建筑工程总公司《建筑工程施工质量统一标准》ZJQ00-SG-013-2006 的有关规定,该子分部质量: 合格 □ 优良 □				
参加验收、评定人员	安装单位项目经理	(签字)		年 月 日	
	安装单位技术负责人	(签字)		年 月 日	
	总包单位质量管理部门	(签字)		年 月 日	
	总包单位项目技术负责人	(签字)		年 月 日	
	总包单位项目经理	(签字)		年 月 日	
	监理单位项目总监理工程师(建设单位项目负责人)	(签字)		年 月 日	

附录 E 分部工程质量验收、评定记录

E.0.1 分部工程的质量验收、评定记录应由总包项目专职质量检查员填写,总包企业的技术管理、质量管理部门均应参加验收。分部工程质量验收、评定记录,见表 E.0.1。

E.0.2 当建设方不采用本标准作为工程质量的验收标准时,不需要勘察、设计、监理(建设)单位参加内部验收并签署意见。

表 E.0.1 分部工程质量验收记录

工程名称				安装地点		
施工总包单位				总包项目经理		
安装单位				项目负责人		
子分部工程名称				检验、评定结果		
				合 格		优 良
合同号		梯 号	安装单位			
技术管理资料	份	质量控制资料	份	安全和功能检测(检验)报告		份
资料验收结论	应形成 份,实有 份,结论:基本完整 □ 齐全完整 □					
分部工程质量验收结论	该分部工程共含 个子分部工程,其中优良子分部 个,各项资料(基本完整 齐全完整),依据中国建筑工程总公司《建筑工程施工质量统一标准》ZJQ00-SG-013-2006 的相关规定,该分部工程质量:合格 □ 优良 □					
参加验收、评定人员	安装单位项目经理		(签字)		年 月 日	
	安装单位技术负责人		(签字)		年 月 日	
	总包单位质量管理部门		(签字)		年 月 日	
	总包单位项目技术负责人		(签字)		年 月 日	
	总包单位项目经理		(签字)		年 月 日	
	勘察单位项目技术负责人		(签字)		年 月 日	
	设计单位项目技术负责人		(签字)		年 月 日	
	项目总监理工程师 (建设单位项目负责人)		(签字)		年 月 日	

本标准用词说明

1 为便于在执行本标准条文时区别对待,对要求严格程度不同的用词,说明如下:

  1)表示很严格,非这样做不可的用词:

    正面词采用"必须",反面词采用"严禁"。

  2)表示严格,在正常情况下均应这样做的用词:

    正面词采用"应",反面词采用"不应"或"不得"。

  3)表示允许稍有选择,在条件许可时,首选应这样做的用词:

    正面词采用"宜",反面词采用"不宜";

    表示有选择,在一定条件下可以这样做的用词,采用"可"。

  2 本标准中指明应按其他有关标准、规范执行的写法为"应符合……要求或规定"或"应按……执行"。

电梯工程施工质量标准

ZJQ00-SG-025-2006

条 文 说 明

目 次

1 总则 ··· 13—70
2 术语 ··· 13—70
3 基本规定 ··· 13—70
4 电力驱动的曳引式或强制式电梯安装工程质量验收 ············· 13—70
5 液压电梯安装工程质量验收 ······································· 13—71
6 自动扶梯、自动人行道安装工程质量验收 ······················· 13—71
7 分项工程、分部（子分部）工程质量验收 ······················· 13—71
   7.1 一般要求 ··· 13—71
   7.2 分项工程的验收 ··· 13—72

1 总　　则

1.0.4　《电梯安装工程质量检验评定标准》GBJ 310-88第1.0.4条明确规定"全数检查"。本标准的要求与该标准相一致，即电梯工程的检查比例为100%。

《电梯工程施工质量验收规范》GB 50310-2002第1.0.4条规定："所规定的项目必须达到合格"，即电梯工程不允许存在不合格的检查项目。

2 术　　语

2.0.4~2.0.23　为了满足本标准的需要，根据《电梯、自动扶梯、自动人行道术语》GB/T 7024-1997增加的术语。

3 基 本 规 定

3.0.3　第6款，见条文说明第1.0.4条。
3.0.4　本条内容引自《建筑工程施工质量统一标准》GB 50300-2001。

4 电力驱动的曳引式或强制式电梯安装工程质量验收

4.1.5　本条为优良工程附加条款。优良工程附加条款是对优良等级电梯安装工程的要求。设置优良工程附加条款是本标准与总公司其他质量标准不同之处。原因如下：

电梯安装工程必须受地方技术监督局的质检部门监督检验，而地方技术监督局的质检部门在进行电梯质量检验时，要求所有的检测数据都要符合要求，不允许有一个检测数据不合格。这样，就无法用允许偏差项目中的实测数据合格率来判定工程的优良或者合格（如果这样做，就可能出现按企业标准评定合格的工程却不能通过地方技术监督局质检部门检测的情况）。本标准通过设置"优良工程条款"的方法，对优良等级的电梯安装工程提出了更高的要求。

4.4.8 经咨询业界及《电梯工程施工质量验收规范》GB 50310-2002编制人，均认为增加修平长度是可行的。

4.8.7 在第4.8.5条基础上提高了要求。"轿厢、对重的缓冲器撞板中心与缓冲器中心的偏差不应大于20mm"提高为"轿厢、对重的缓冲器撞板中心与缓冲器中心的偏差不应大于15mm"。

4.9.10 根据《电梯监督检验规程》(2002)附录2第5.2条，并根据《电梯制造与安装安全规范》GB 7588-2003第9.2.3条第1款进行了修改。《电梯制造与安装安全规范》GB 7588-2003的第9.2.3条第1款表述为："固定绳端的弹簧、螺母、开口销等部件无缺损。钢丝绳末端应固定在轿厢、对重（或平衡重）或系结钢丝绳固定部件的悬挂部位上。固定时，须采用金属或树脂填充的绳套、自锁紧楔形绳套、至少带有三个合适绳夹的鸡心环套、手工捻结绳环、环圈（或套筒）压紧式绳环，或具有同等安全的其他装置。"

《电梯监督检验规程》(2002)附录2第5.2条和《电梯制造与安装安全规范》GB 7588-1995的第9.2.3条第1款的表述略有不同："钢丝绳末端应固定在轿厢、对重或悬挂部位上。固定时，须采用金属或树脂填充的绳套、自锁紧楔形绳套、至少带有三个合适绳夹的鸡心环套、手工捻结绳环、带绳孔的金属吊杆或具有同等安全的任何其他装置。"

5 液压电梯安装工程质量验收

5.11.13 对于优良工程，提高了对噪声指标的要求。

6 自动扶梯、自动人行道安装工程质量验收

6.2.7 本条是对优良工程提出的要求。

7 分项工程、分部（子分部）工程质量验收

7.1 一般要求

7.1.2 经咨询有关专家，确认了电梯工程不引入检验批的规定，其最小验收单元为分项

工程。

7.2 分项工程的验收

7.2.1 分项工程验收,《电梯安装工程质量检验评定标准》GBJ 310-88 第 1.0.4 条明确规定"全数检查"。本标准的要求与该标准相一致。

7.2.2 本条原则上与《电梯工程施工质量验收标准》GB 50310-2002 一致。